Engineering Mechanics 제6판

STATICS 정역학

Engineering Mechanics **제6판**

STATICS 정역학

Anthony Bedford • Wallace Fowler 지음
이형일 • 김문홍 • 김호욱 • 이상욱 • 이성호 • 최정호 옮김

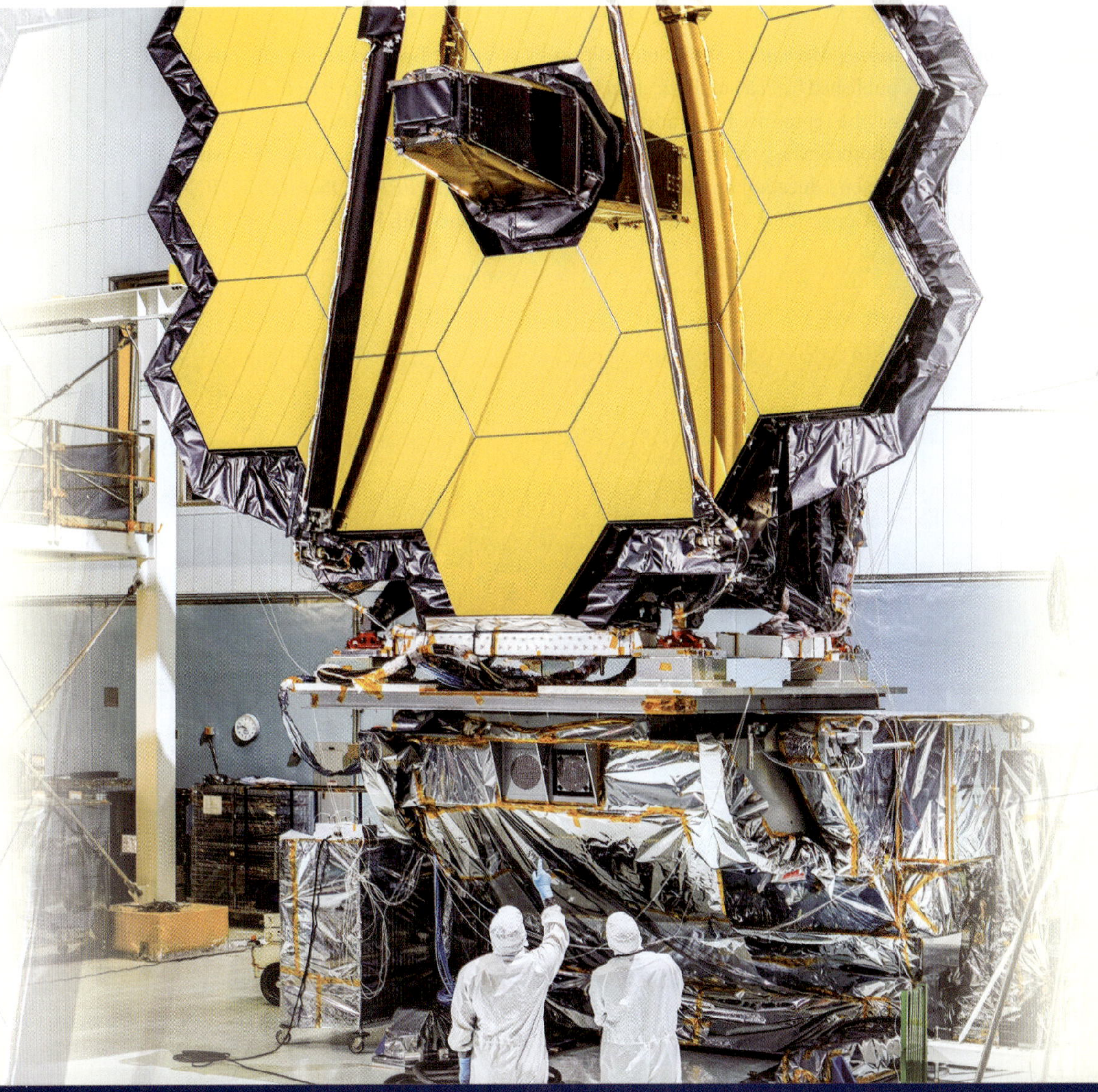

Pearson
한빛아카데미 Hanbit Academy, Inc.

Pearson Education South Asia Pte Ltd
3 Temasek Avenue #21-23, Centennial Tower
Singapore 039190

Pearson Education offices in Asia: *Bangkok, Beijing, Ho Chi Minh City, Hong Kong, Jakarta, Kuala Lumpur, Manila, Seoul, Singapore, Taipei, Tokyo*

3 2 1
26 25 24

Cover Image by BEST-BACKGROUNDS/Shutterstock

발행일: 2024년 8월 5일
공급처: 한빛아카데미㈜(02-336-7112/question@hanbit.co.kr)
ISBN: 978-981-3351-02-8(93550)
가격: 39,000원

Pearson

http://pearson.com/asia

역자 서문

정역학은 기계공학, 항공우주공학, 조선공학, 토목공학, 건축공학 등의 분야에서 가장 먼저 배우는 주요 기초 과목이다. 따라서 정역학 교재는 재료역학, 고체역학, 구조역학의 선수 과목으로서 기초 지식을 제공하고, 향후에 산업 현장에서 실무에 종사할 때 필요한 기본 지식을 제공해야 한다.

텍사스대학교(오스틴 캠퍼스)의 앤서니 베드퍼드(Anthony Bedford) 교수와 월리스 파울러(Wallace Fowler) 교수가 저술한 《Engineering Mechanics: Statics》 제6판은 정역학의 기본 개념을 충실히 다루고, 다양한 그래픽 효과를 이용해 독자의 관심을 유도하면서도 이해하기 쉽게 구성되어 있다. 각 장의 도입부, 본문에 수록된 풍부한 사진, 시각적으로 명확한 구성 등이 돋보이며, 각 절은 독자의 경험이나 일상과 관련된 질문을 던지면서 시작해 호기심을 불러일으킨다. 다른 정역학 교재보다 예제와 연습문제의 사진이 흥미롭고 현실감 있어 즐겁게 학습할 수 있는 교재이다.

특히 예제는 '전략', '풀이', '비판적 사고'로 구성되어 독자의 흥미를 끌고 다양한 그림으로 이론 적용, 문제에 대한 접근, 결과 도출 및 결과를 평가하는 방법을 알려줌으로써 문제 해결 능력을 배양할 수 있다. 그중에서도 '비판적 사고'는 풀이의 중요한 기능, 적용 방법의 확장, 공학적인 응용에 관한 내용을 포함하고 있다. 그리고 일부 예제는 설계에 중점을 두고 공학 설계에 정역학을 적용하는 방법을 자세히 다룬다.

이 책의 또 다른 장점은 개념과 접근 방법을 얼마나 잘 이해하고 있는지 독자 스스로 평가할 수 있도록 설계된 연습문제를 풍부하게 제공한다는 것이다. 이러한 연습문제는 내용 이해를 확인하는 데 많은 시간을 할애하도록 학습 동기를 부여한다. 또한 부록에 수록된 '실습 문제 풀이'와 '선별된 문제 해답'을 통해 이해도를 평가할 수도 있다.

이 책을 번역하면서 기계학회 용어집을 참조하고, 그 밖의 용어는 원문의 느낌을 살리면서도 독자가 이해할 수 있게 번역하려고 노력했다. 번역하는 과정에서 오류가 없도록 최대한 노력했지만, 모든 일이 그렇듯 완벽할 수는 없을 것이다. 책에서 발견한 오류나 개선점을 출판사로 알려주면 추후 증쇄할 때 보완할 것을 약속드린다.

2024년 7월

역자 일동

저자 서문

우리는 정역학과 동역학 수업에서 눈살을 찌푸리는 대신 미소를 짓고 고개를 끄덕이게 만든 다년간의 경험을 살려 그와 같은 방식으로 문제를 설명하는 책을 만들기로 했다. 일련의 그림을 사용해 단계별 전개를 설명하고 결과를 도출하는 등 시각적인 학습에 중점을 두었다. 이론을 어떻게 적용하는지뿐만 아니라 문제에 접근하고 결과를 평가하는 방법을 알려줄 수 있도록 예제를 구조화했다. 제5판에서는 기술적인 설명을 더 쉽게 읽고 이해할 수 있도록 확장된 캡션을 적용한 통합된 내용과 시각 자료를 도입했는데, 제6판에도 이를 적용했다.

제6판의 새로운 내용

- 학생과 강사의 제안에 따라 각도를 설명하는 데 사용되는 단위, 알짜 힘, 나사산의 마찰, 강체의 운동 에너지, 궤도 역학 등 다양한 주제에 대해 명확하게 설명했다.
- 전략, 풀이, 비판적 사고로 구성된 예제를 새롭게 추가했다.
- 텍사스대학교(오스틴 캠퍼스)의 케네스 리히티(Kenneth M. Liechti) 교수를 초빙해 제9장에서 다룬 건마찰의 현대적 발전에 대한 내용을 보완했다.
- 연습문제의 30%를 수정 또는 교체하고, 복잡하고 어려운 문제를 별표로 표시했다.
- 각 절은 독자의 관심과 호기심을 유도하는 질문인 '생각해보기'(독자의 경험과 어떻게 관련되는지, 소개할 기술 용어는 어떤 일상적인 단어와 관련되는지)로 시작한다. 이 질문은 독자가 해당 절에서 배워야 할 내용을 포함하고 있다.
- 각 장의 도입부, 본문의 사진, 예제, 연습문제 등이 업데이트되었다. 시각적으로 명확하도록 색상을 구분하고 광범위하게 수정했다.
- 다양성, 형평성, 포용성과 관련된 문제를 개선하기 위해 외부 검토 결과에 따라 내용과 그림을 수정했다.

특징적 요소

예제

독자가 공학 문제 해결 기술을 개발하는 데 도움이 되도록 설계된 **전략**, **풀이**, **비판적 사고**로 구성되었다. '전략'에서는 문제 풀이를 계획하는 방법을 보여주고, '풀이'에서는 필요한 결과를 얻는 데 필요한 세부 단계를 설명한다. 그리고 '비판적 사고'에서는 풀이의 중요한 기능, 사용한 방법의 확장, 공학적인 응용에 대한 의견을 제시한다.

일부 예제는 설계에 중점을 두고 공학 설계에 정역학을 적용하는 방법에 대한 자세한 설명을 제공한다.

실습 예제

독자 스스로 개념과 접근 방법에 대한 이해도를 평가하는 데 도움이 된다. 끝부분의 '실습 문제'는 실습 예제를 풀면서 내용을 이해했는지 확인하도록 학습 동기를 부여한다. 제시된 답을 참고하거나 부록에 수록된 풀이를 이용해서 이해도를 쉽게 평가할 수 있다.

결과 정리

예제와 연습문제를 이해하는 데 필요한 개념과 식을 각 절의 끝부분에 정리했다. 이해를 돕기 위해 실습 예제에 사용된 것과 동일한 형식으로 기술했다. 독자는 이 결과 정리를 참고해서 예제와 연습문제를 공부할 수 있다.

컴퓨터를 사용한 역학

일부 강사는 컴퓨터 사용을 강조하지 않고 정역학을 가르치는 것을 선호하지만, 정역학 수업을 통해 공학 분야의 컴퓨터 사용법을 소개하고 낮은 수준의 프로그래밍 언어로 프로그램을 작성하거나 더 높은 수준의 상용 소프트웨어를 사용하는 강사도 있다. 이 책은 두 가지 접근 방식에 모두 적합하다.

시각 자료

학생들이 역학 문제를 시각화하도록 돕는 것은 중요하다. 학생들은 현실적인 상황을 선호하고, 그것을 통해 더욱 동기 부여가 된다. 따라서 실제 응용 프로그램을 시각화하고 실제 엔지니어링 실습과 밀접하게 연관되는 데 도움이 되는 사실적인 렌더링 그림과 사진을 풍부하게 담았다.

일관된 식별 색상

독자가 그림의 요소를 인식하고 해석할 수 있도록 일관된 식별 색상을 사용했다.

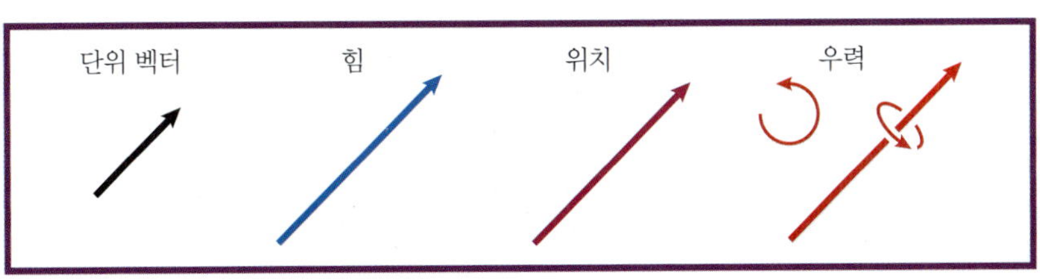

텍사스 오스틴에서

Anthony Bedford, Wallace Fowler

저자 소개

Anthony Bedford

텍사스대학교(오스틴 캠퍼스) 항공우주공학 및 공학역학 명예교수이다. 1968년부터 교수로 재직했으며, 주요 전문 활동은 공학역학 관련 교육과 연구이다. 그는 Sandia National Laboratories의 Douglas Missiles and Space Systems Division과 TRW에서 Apollo 프로그램에 참여하는 등 산업 및 컨설팅 경험을 쌓았다. 저서로 《Hamilton's Principle in Continuum Mechanics》, 《Mechanics of Materials》(Kenneth M. Liechti와 공저), 《Introduction to Elastic Wave Propagation》(Douglas S. Drumheller와 공저) 등이 있다.

Wallace Fowler

텍사스대학교(오스틴 캠퍼스) Paul D. & Betty Robertson Meek 100주년 공학 명예교수이자 Space Grant Consortium 명예이사로, 주요 연구 및 교육 분야는 우주 시스템 엔지니어링 및 설계이다. 또한 미국항공우주학회(AIAA)와 미국공학교육학회(ASEE)의 회원이다. 그는 1976년 General Dynamics Teaching Excellence Award, 1985년 AIAA-ASEE John Leland Atwood Award, 1990~1991년 University of Texas System Chancellor's Council Teaching Award, 1994년 ASEE Fred Merryfield Design Teaching Award를 수상했다. 1997년에 텍사스대학교 우수 교사 아카데미 회원으로 선출되었으며, 2000~2001년에 미국공학교육협회 전국 회장을 역임했다.

Anthony Bedford(좌), Wallace Fowler(우)

차례

03 힘 Forces

04 힘과 모멘트의 계 Systems of Forces and Moments

05 평형상태의 물체 Objects in Equilibrium

06 평형 구조 Structures in Equilibrium

07 도심과 질량 중심 Centroids and Centers of Mass

08 관성모멘트 Moments of Inertia

09 마찰 Friction

10 내력과 모멘트 Internal Forces and Moments

11 가상일과 퍼텐셜 에너지 Virtual Work and Potential Energy

CHAPTER

1

개요

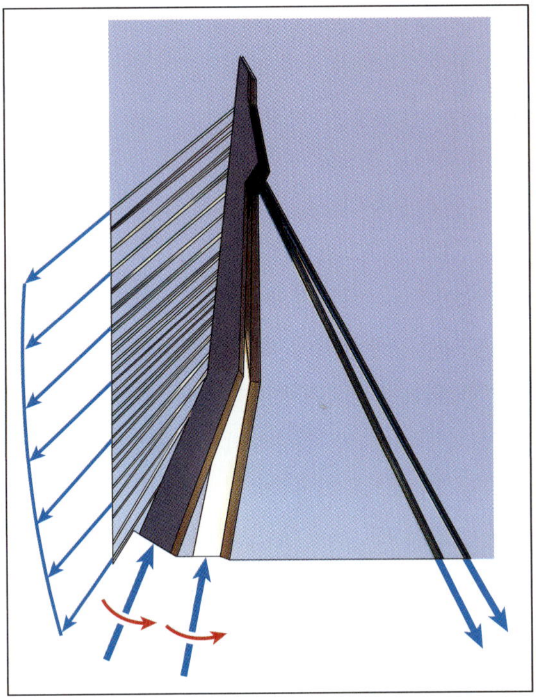

출처: Vichie81/123RF 제공

엔지니어는 의자, 연필깎이와 같은 단순한 물체부터 댐, 자동차, 비행기, 우주선과 같은 복잡한 물체에 이르기까지 우리가 사용하는 장치를 어떻게 설계하고 만들까? 이들은 그러한 장치의 설계에 기초가 되는 물리학에 대해 깊이 이해하고 있어야 하며 수학적 모델을 사용해 장치의 동작을 예측할 수 있어야 한다. 공학을 전공하는 학생들은 역학을 공부함으로써 물리적 시스템의 동작을 분석하고 예측하는 방법을 배우기 시작한다.

▲ 엔지니어는 이 교량과 같은 구조물의 설계 및 조립 전반에 걸쳐 정역학 원리를 적용해야 한다. 정역학은 구조 설계 기술의 기초가 되는 과학 중 하나이다.

1.1 공학과 역학

생각해보기

- 역학의 과학은 무엇이며, 공학과 어떤 관련이 있는가?
- 누군가에게 두 도시가 얼마나 떨어져 있는지 말할 때는 길이 단위인 마일이나 킬로미터로 알려준다. 역학에서는 어떤 다른 종류의 단위를 사용하는가?

배경

엔지니어는 복잡한 시스템을 설계하고 만들기 전에 어떻게 그 특성을 예측할 수 있을까? 엔지니어는 새로운 설계를 개발하기 위해 항상 이전 설계에 대한 지식, 실험, 독창성 및 창의성에 의존해왔다. 현대 엔지니어는 강력한 기술을 추가한다. 즉 자신이 설계하는 장치의 물리적 특성을 기반으로 수학 방정식을 개발한다. 엔지니어는 자신이 설계한 시스템을 실제 제작하기 전에 이러한 수학적 모델을 사용해 동작을 예측하고 수정하며 테스트한다. 항공우주 엔지니어는 수학적 모델을 사용해 비행기와 우주선이 비행 중에 따라갈 경로를 예측한다. 토목 기술자는 수학적 모델을 사용해 건물과 기초에 대한 하중의 영향을 분석한다.

역학의 가장 기초가 되는 부분은 힘과 그 효과에 대한 연구이다. 기초역학은 평형상태에 있는 물체를 연구하는 **정역학**과 운동하는 물체를 연구하는 **동역학**으로 나뉜다. 기초역학에서 얻은 결과는 다양한 공학 분야에 직접 적용된다. 구조물을 설계하는 기계 및 토목 엔지니어는 정역학에서 파생된 평형방정식을 사용한다. 지진에 대한 건물의 반응을 분석하는 토목 엔지니어와 위성의 궤적을 결정하는 항공우주 엔지니어는 동역학에서 유도된 운동방정식을 사용한다.

역학은 최초의 분석과학이었다. 결과적으로 기본 개념, 분석 방법 및 역학의 접근 방법은 거의 모든 공학 분야에서 발견된다. 화학 및 전기 공학 학생들은 원래의 기계적 관점에서 학습함으로써 평형, 에너지, 안정성과 같은 해당 분야의 기본 개념에 대해 더 깊이 이해할 수 있다. 역학을 학습함으로써 그들은 이러한 아이디어의 역사적 발전을 따라간다.

역학은 물체의 거동을 지배하는 광범위한 원리들로 구성되어 있다. 이 책에서는 이러한 원리들을 설명하고 적용 사례를 보여주는 예제를 제공한다. 이러한 예제와 유사한 작업 문제를 연습하는 것이 중요하고 또 이러한 종류의 문제가 이 책에는 많이 포함되어 있지만, 최종 목표는 새로운 상황에 적용할 수 있을 만큼 원리를 이해하도록 돕는 것이다. 각 세대의 엔지니어는 늘 새로운 문제에 직면한다.

문제 해결

역학 공부에서는 앞으로 배울 과목과 공학도로서의 경력 전반에 걸쳐 사용할 문제를 해결하는 절차를 배운다. 다양한 유형의 문제에는 다양한 접근 방식이 필요하지만 대부분의 문제에는 다음 단계가 적용된다.

- 제공된 정보와 얻어야 할 정보 또는 답을 확인한다. 자신의 말로 문제를 다시 설명하는 것이 도움이 되는 경우가 많다. 가능하면 관련된 물리적 시스템이나 모델을 이해했는지 확인하라.
- 문제를 풀 **전략**을 개발하라. 이는 적용되는 원리와 방정식을 식별하고 이를 사용해 문제를 해결하는 방법을 결정하는 것을 의미한다. 가능하면 문제를 시각화하고 해결하는 데 도움이 되는 다이어그램을 그린다.
- 가능하면 답을 예측하라. 이렇게 하면 직관력이 발달하고 종종 잘못된 답을 인식하는 데 도움이 된다.
- 방정식을 풀고 가능하면 결과를 해석하고 예측과 비교하라. 이 마지막 단계는 **가능성 점검**이다. 구한 정답은 합리적인가?

학생들은 때때로 해답 매뉴얼이나 풀어야 하는 다양한 유형의 문제와 유사한 예제 풀이를 제공해달라고 요청한다. 그러나 해답을 찾아내는 것 자체가 교육 경험의 필수적인 부분이다. 영화 〈크리스마스 스토리〉에서 랠프가 말한 "어른들은 그런 말을 좋아했지만 아이들은 더 잘 알고 있었습니다"가 생각나겠지만, 실제 엔지니어일 때를 미리 예상해보라. 필연적으로 완전히 새로운 문제에 직면하게 될 것이고 비슷한 예제에 대한 풀이는 주어지지 않는다. 일부 문제는 앞에서 이야기한 방정식에 숫자를 직접 대입하는 단순한 문제이지만, 다른 문제는 익숙하지 않은 상황에서 결과와 결론으로 이어지는 일련의 단계를 찾아야 하는 어려운 문제이다. 결국 그것이 엔지니어가 일하는 방식이며, 이 과목이나 다른 과목에서 스스로 푸는 모든 문제는 한 명의 엔지니어가 되기 위한 하나의 단계이다. 그리고 성공은 성공을 바탕으로 이루어진다는 것을 알게 될 것이다. 처음에는 장애물이 많겠지만 점점 더 능숙해질 것이다.

숫자

공학 측정, 계산, 결과는 숫자로 표현된다. 예제와 문제에서 숫자를 어떻게 표현하는지, 계산한 결과를 어떻게 표현하는지 알아야 한다.

유효 숫자 주어진 숫자의 유효 자릿수는 해당 숫자에 포함된 정확한 자릿수를 나타내며, 0이 아닌 첫 번째 숫자부터 시작해 왼쪽에서 오른쪽으로 헤아린다. 예를 들어 숫자 2, 6, 9, 5가 정확하다고 알려진 경우 숫자 2695, 2.695, 0.002695는 각각 4개의 유효 숫자를 가진다. 숫자는 사용 편의성을 위해 또는 더 높은 정확도가 필요하지 않거나 보장되지 않을 때에는 더 작은 유효 자릿수로 '반올림'하는 경우가 많다. 예를 들어 숫자 34,662는 34,700으로 쓰면 유효 자릿수 3자리로 반올림할 수 있다. 두 개의 0은 숫자의 크기를 나타내는 '위치 지정자' 역할을 한다. 이 반올림된 숫자의 세 번째 자릿수는 7이다. 34,700이 34,600보다 34,662에 더 가깝기 때문이다.

숫자 34,662는 **과학적 표기법**으로 3.47×10^4으로 쓰면 유효 숫자 3자리로 표현할 수 있다. 이 책에서는 현재 기술 소프트웨어에서 일반적으로 사용되는 표기법을 사용해 3.47E4와 같이 숫자를 나타낸다.

34,650이라는 숫자를 유효 숫자 3자리로 어떻게 표현할까? 34,600 또는 34,700이 동일하게 유효하다. 우리가 따르는 가장 일반적인 관행은 이러한 숫자를 더 높은 자리로 반올림하는 것이므로 34,700 또는 3.47E4로 쓴다.

이 책에서 숫자의 사용 우리는 일반적으로 예제의 중간 결과와 답, 문제에 대한 답을 유효 숫자 3자리 이상으로 표현한다. 계산기를 사용하면 결과가 그만큼 정확해야 한다. 일련의 계산을 할 때 중간 결과를 반올림해 발생하는 반올림 오류를 피하라. 대신 계산기에 값을 유지해 최대한 정확하게 계산을 수행하라.

공간과 시간

공간은 단순히 우리가 살고 있는 3차원 공간을 의미한다. 우리의 일상 경험에 따라 공간과 공간 내 지점의 위치를 직관적으로 인식한다. 공간에서 두 점 사이의 거리는 두 점을 연결하는 직선의 길이이다.

공간의 점 사이의 거리를 측정하려면 길이 단위가 필요하다. 이 책에서는 국제 단위계, 즉 SI 단위와 미국 관습 단위를 모두 사용한다. SI 단위에서 길이의 단위는 미터(m)이다. 미국 관습 단위에서 길이의 단위는 피트(ft)이다.

물론 시간은 친숙하며 우리의 삶은 시간으로 측정한다. 빛과 어둠의 일일 주기와 시계로 측정되는 시, 분, 초는 우리에게 시간에 대한 직관적인 개념을 제공한다. 시간은 시계 진자의 진동이나 시계 수정의 진동과 같은 반복 가능한 이벤트 사이의 간격으로 측정된다. SI 단위와 미국 관습 단위 모두에서 시간 단위는 초(s)이다. 분(min), 시(h), 일(day)도 자주 사용된다.

어떤 기준점에 대한 공간 내 한 점의 위치가 시간에 따라 변한다면, 그 위치의 변화율을 **속도**라고 하고, 속도의 변화율을 **가속도**라고 한다. SI 단위에서 속도는 초당 미터(m/s)로 표시되고 가속도는 초당 초당 미터 또는 제곱 초당 미터(m/s^2)로 표시된다. 미국 관습 단위에서 속도는 초당 피트(ft/s)로 표시되고 가속도는 제곱 초당 피트(ft/s^2)로 표시된다.

뉴턴의 법칙

고전 역학이라고도 불리는 뉴턴 역학은 1687년 아이작 뉴턴이 《자연철학의 수학적 원리(Philosophiae Naturalis Principia Mathematica)》를 출판하면서 확립되었다. 이는 매우 독창적이었지만 이해를 위한 길고도 어려운 투쟁을 통해 다른 많은 사람이 개발한 기본 개념을 기반으로 구축되었다(그림 1.1).

뉴턴은 운동의 세 가지 '법칙'을 언급했는데, 이를 현대 용어로 나타내면 다음과 같다.

1. 입자에 작용하는 힘의 합이 0이면 입자의 속도는 일정하다. 특히 입자가 처음에 정지해 있었다면 정지된 상태를 유지한다.
2. 입자에 작용하는 힘의 합이 0이 아닐 때 힘의 합은 입자의 선형 운동량의 변화율과 같다. 질량이 일정하면 힘의 합은 입자의 질량과 가속도의 곱과 같다.
3. 두 입자가 서로에게 가하는 힘은 크기가 같고 방향이 반대이다.

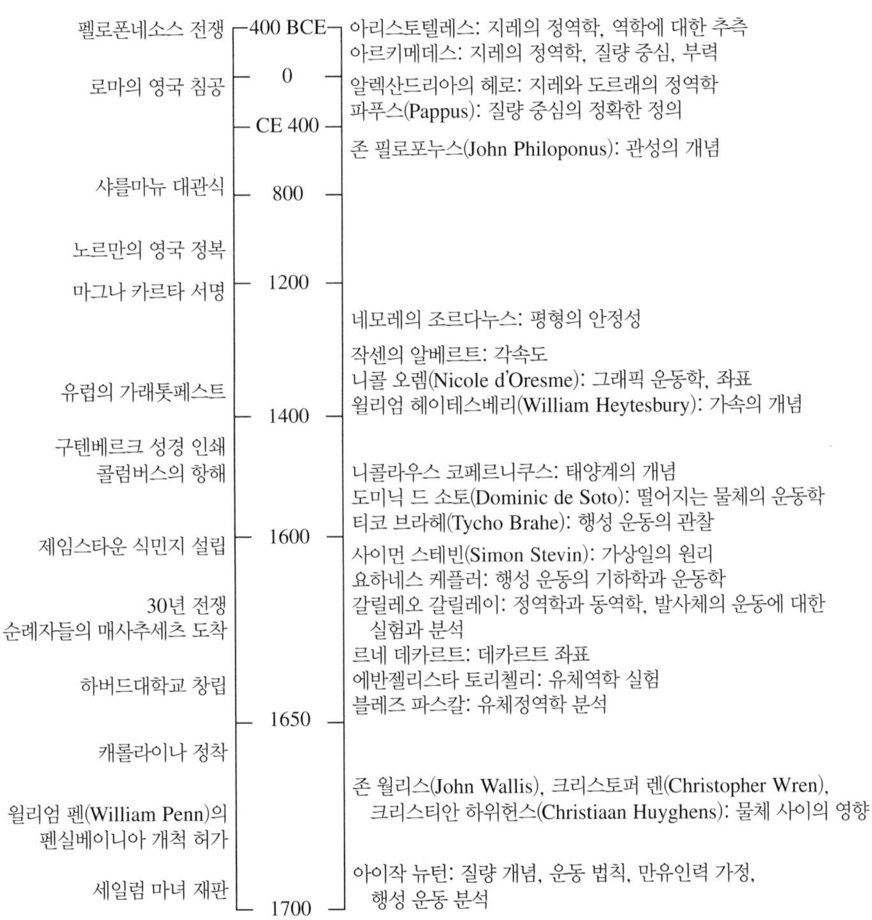

그림 1.1

역사상의 다른 사건과 관련해서 뉴턴의 《프린키피아》가 출판될 때까지 역학 발전의 연대기

뉴턴의 법칙을 설명하기 전에는 힘과 질량을 정의하지 않았다. 이러한 용어가 제2법칙에 의해 정의된다는 것이 최근 견해이다. 이를 설명하기 위해 임의의 물체를 선택하고 단위 질량을 가진다고 가정한다. 그런 다음 힘의 단위를 단위 질량에 단위 크기의 가속도를 발생시키는 힘으로 정의한다. 이론적으로는 모든 물체의 질량을 결정할 수 있다. 물체에 단위 힘을 적용하고 결과 가속도를 측정한 다음 제2법칙을 사용해서 질량을 결정한다. 또한 힘의 크기를 결정할 수도 있다. 이를 단위 질량에 적용하고 결과 가속도를 측정한 다음 제2법칙을 사용해서 힘을 결정한다.

따라서 뉴턴의 제2법칙은 **질량**과 **힘**이라는 용어에 정확한 의미를 부여한다. SI 단위에서 질량 단위는 킬로그램(kg)이다. 힘의 단위는 뉴턴(N)으로, 1킬로그램의 질량에 제곱 초당 1미터의 가속도를 주는 데 필요한 힘이다. 미국 관습 단위에서 힘의 단위는 파운드(lb)이다. 질량의 단위는 슬러그(slug)이며, 이는 1파운드의 힘에 의해 제곱 초당 1피트의 속도로 가속된 질량이다.

이 책에서 설명하는 내용은 공학 실무에서 만나는 많은 문제에 적용 가능하지만 뉴턴의 법칙의 타당성에는 한계가 있다. 예를 들어 문제가 빛의 속도(3×10^8 m/s)에 비해 작지 않은 속도와 관련된 경우에는 정확한 결과를 얻을 수 없다. 그러한 문제에는 아인슈타인의 특수 상대성 이론을 적용해야 한다. 기초역학은 원자 차원에 비해 크지 않은 크기의 물체와 관련된 문제에도 부적절하다. 원자 규모의 현상을 설명하는 데에는 양자역학을 사용해야 한다.

국제 표준 단위계

SI 단위에서 길이는 미터(m)로 측정되고 질량은 킬로그램(kg)으로 측정된다. 시간은 초(s) 단위로 측정되지만 편의에 따라 분(min), 시간(h), 일(day)과 같은 다른 친숙한 단위도 사용된다. 미터, 킬로그램, 초를 SI 시스템의 **기본 단위**라고 한다. 힘은 뉴턴(N)으로 측정된다. 이러한 단위는 뉴턴의 제2법칙에 의해 서로 연관되어 있음을 기억하라. 1뉴턴은 질량 1킬로그램의 물체에 제곱 초당 1미터의 가속도를 발생시키는 데 필요한 힘이다.

$$1\ \text{N} = (1\ \text{kg})(1\ \text{m/s}^2) = 1\ \text{kg-m/s}^2$$

뉴턴은 기본 단위로 정의되므로 **파생 단위**라고 한다. 원칙적으로 역학에서 다루는 양은 기본 단위로 표현될 수 있지만 그렇게 하는 것이 불편하거나 직관적이지 않은 경우가 많다. 물체가 5뉴턴의 힘을 받는다고 하는 것은 초당 5킬로그램-미터의 힘을 받는다는 뜻은 아니다.

편리한 크기의 숫자로 수량을 표현하기 위해 단위의 배수는 접두사로 표시한다. 가장 일반적인 접두사와 해당 약어 및 이들이 나타내는 배수가 표 1.1에 나와 있다. 예를 들어 1 km는 1킬로미터(1000 m)이고, 1 Mg는 1메가그램(10^6 g 또는

표 1.1 SI 단위에 사용되는 공통 접두사와 의미하는 배수

접두사	약어	배수
나노-(nano-)	n	10^{-9}
마이크로-(micro-)	μ	10^{-6}
밀리-(milli-)	m	10^{-3}
킬로-(kilo-)	k	10^3
메가-(mega-)	M	10^6
기가-(giga-)	G	10^9

1000 kg)이다. 우리는 킬로뉴턴(kN)을 자주 사용한다.

미국 관습 단위

미국 관습 단위에서 길이는 피트(ft)로 측정되고 힘은 파운드(lb)로 표시된다. 시간은 초(s) 단위로 측정된다. 이는 미국 관습 시스템의 기본 단위이다. 이 단위 체계에서는 질량이 파생 단위이다. 질량의 단위는 슬러그(slug)로, 1파운드의 힘에 의해 초당 1피트의 속도로 가속된 물질의 질량이다. (미국 관습 단위는 영국에서 가끔 사용되는 영국식 단위 체계와 동일하다.)

뉴턴의 제2법칙에 따르면 1 lb = (1 slug)(1 ft/s^2)이다. 이 식에서 1 slug = 1 lb-s^2/ft를 얻는다.

마일(1 mi = 5280 ft) 및 인치(1 ft = 12 in)와 같은 다른 미국 관습 단위도 사용된다. 또한 1000파운드인 킬로파운드(kip)도 사용된다.

각도 단위

그림 1.2에 표시된 각도 θ는 수평선에 대한 기울어진 방사형 선의 위치를 지정한다. 각은 전통적으로 각도로 측정된다. 방사형 선이 초기 위치를 중심으로 완전히 일회전하는 각도는 360도 각도로 정의하고 $\theta = 360°$로 표시한다. 선이 원을 중심으로 1/4만큼 회전하면 $\theta = 90°$이고 절반을 회전하면 $\theta = 180°$가 된다. 도의 분수를 표현하기 위해 도는 60개의 호 '분'으로 세분화되고 분은 60개의 호 '초'로 세분화된다. 예를 들어 60도, 20분, 10초에 사용되는 표기법은 60°20′10″이다. 그러나 이와 같은 각도를 (유효 숫자 5자리까지) 60.336°로 표현하는 것이 더 편리한 경우가 많다.

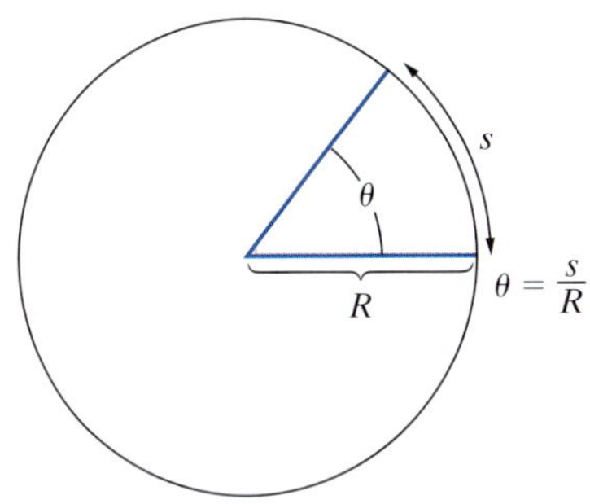

그림 1.2
라디안의 각도 정의

각도가 훨씬 더 친숙하지만 분석 작업에서는 라디안(rad)으로 각도를 표현하는 것이 유리하다. 라디안으로 표시한 각도 θ에 대한 방정식이 그림 1.2에 나와 있다. 그 값은 θ에 해당하는 원의 원주 길이를 반지름으로 나눈 값이다. 완전한 원은 360°이고 원의 전체 원주는 $2\pi R$이므로 360°는 2π 라디안과 같다.

각도를 라디안으로 표현하면 각도가 포함된 방정식은 거의 모든 경우에 문제없이 유도된다. 도 단위의 각도 값을 방정식으로 대입하려면 일반적으로 먼저 이를 라디안으로 변환해야 한다. 이 규칙의 예외는 계산기를 사용해 $\sin\theta$와 같은 함수를 평가하는 경우이다. 대부분의 계산기에서는 각도를 도 단위로 입력해야 한다.

단위 변환

공학 실무에서는 한 종류의 단위로 표현된 값을 다른 단위의 값으로 변환해야 하는 상황이 많이 발생한다. 예를 들어 방정식에 사용되는 데이터 중 일부는 SI 단위로 제공되고 일부는 미국 관습 단위로 제공되는 경우 방정식으로 대체하기 전에

표 1.2 단위 변환

시간	1 minute	= 60 seconds
	1 hour	= 60 minutes
	1 day	= 24 hours
길이	1 foot	= 12 inches
	1 mile	= 5280 feet
	1 inch	= 25.4 millimeters
	1 foot	= 0.3048 meters
각도	2π radians	= 360 degrees
질량	1 slug	= 14.59 kilograms
힘	1 pound	= 4.448 newtons

모두 하나의 단위계로 표현해야 한다. 단위 변환은 간단하지만 조심해서 수행해야 한다.

시간당 1마일(mi/h)을 초당 피트(ft/s)로 표현한다고 가정해보자. 1마일은 5280 피트이고 1시간은 3600초이므로 값이 1인 비율로 다음 식과 같이 환산할 수 있다.

$$\left(\frac{5280\ \text{ft}}{1\ \text{mi}}\right) \quad \text{그리고} \quad \left(\frac{1\ \text{h}}{3600\ \text{s}}\right)$$

이런 방법으로 다음의 결과를 얻는다.

$$1\ \text{mi/h} = (1\ \text{mi/h})\left(\frac{5280\ \text{ft}}{1\ \text{mi}}\right)\left(\frac{1\ \text{h}}{3600\ \text{s}}\right) = 1.47\ \text{ft/s}$$

몇 가지 유용한 단위 변환이 표 1.2에 주어져 있다.

결과 정리

- 주어진 정보와 구해야 할 답을 확인한다.
- 전략을 개발한다. 적용되는 원리와 방정식을 정의하고 어떻게 사용할 것인지 결정한다.
- 가능할 때마다 답을 예측한다.
- 가능할 때마다 답을 찾고, 해석하고 예측과 비교한다.

← 문제 해결: 이 단계는 다양한 유형의 문제에 적용된다.

주어진 숫자의 유효 자릿수는 해당 숫자에 포함된 정확한 자릿수를 나타내며, 0이 아닌 첫 번째 숫자부터 시작해 왼쪽에서 오른쪽으로 헤아린다. 숫자는 종종 더 작은 유효 자릿수로 '반올림'된다. 예를 들어 숫자 34,662는 34,700 또는 3.47E4로 작성해 3자리 유효 숫자로 반올림할 수 있다.

← 유효 숫자

SI 단위: 기본 단위는 시간(초), 길이(m), 질량(kg)이다. 힘의 단위는 뉴턴(N)으로, 1 kg의 질량을 1 m/s의 속도로 가속시키는 데 필요한 힘이다.

미국 관습 단위: 기본 단위는 시간(초), 길이(ft), 힘(lb)이다. 질량의 단위는 슬러그(slug)로, 1 lb의 힘에 의해 1 ft/s^{2}로 가속된 질량이다.

단위 체계

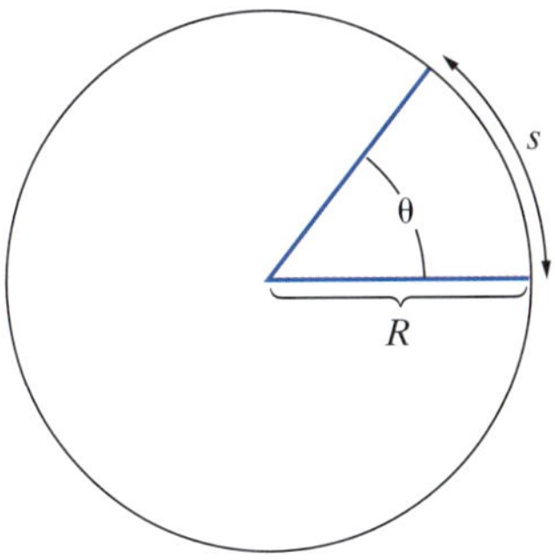

$$\theta = \frac{s}{R}$$

각도를 라디안 단위로 정의

1시간 = 60분과 같은 등가의 양은 값이 1인 비율로 쓸 수 있다.

$$\left(\frac{1\ \text{h}}{60\ \text{min}}\right) = 1$$

그리고 단위를 변환하는 데 사용된다. 예를 들어

$$15\ \text{min} = 15\ \text{min}\left(\frac{1\ \text{h}}{60\ \text{min}}\right) = 0.25\ \text{h}$$

단위 변환

실습 예제 1.1 단위 변환

한 남자가 초당 6미터(m/s)의 속도로 자전거를 타고 있다. 그의 속력은 시속 킬로미터(km/h) 단위로 얼마인가?

출처: Stefan Schurr/Shutterstock 제공

전략

1킬로미터는 1000미터이고, 1시간은 60분 × 60초 = 3600초이다. 이러한 단위 변환을 사용해 속도를 km/h 단위로 결정할 수 있다.

풀이

미터를 킬로미터로 변환한다.

$$6\ \text{m/s} = 6\ \text{m/s}\left(\frac{1\ \text{km}}{1000\ \text{m}}\right)\left(\frac{3600\ \text{s}}{1\ \text{h}}\right)$$

초를 시간으로 변환한다.

$$= 21.6\ \text{km/h}$$

실습 문제 한 남자가 초당 10피트(ft/s)의 속도로 자전거를 타고 있다. 그의 속력은 시간당 마일(mi/h)로는 얼마인가?

답: 6.82 mi/h

실습 예제 1.2 압력 단위 변환

출처: WaterFrame_tfr/Alamy Stock Photo 제공

심해잠수정의 선체 지점에 가해지는 압력이 3.00×10^6 Pa(파스칼)이다. 1파스칼은 평방미터당 1뉴턴이다. 평방피트당 파운드 단위로 압력을 표시하라.

전략

표 1.2에서 1파운드 = 4.448뉴턴, 1피트 = 0.3048미터이다. 이러한 단위 변환을 통해 압력을 평방피트당 파운드 단위로 계산할 수 있다.

풀이

압력(유효 숫자 3자리)은 다음과 같다.

뉴턴을 파운드로 변환한다.

m^2를 ft^2로 변환한다.

$$3.00 \times 10^6\ \mathrm{N/m^2} = (3.00 \times 10^6\ \mathrm{N/m^2})\left(\frac{1\ \mathrm{lb}}{4.448\ \mathrm{N}}\right)\left(\frac{0.3048\ \mathrm{m}}{1\ \mathrm{ft}}\right)^2$$
$$= 62{,}700\ \mathrm{lb/ft^2}$$

실습 문제 잠수정에 가해지는 압력은 평방인치당 파운드 단위로 얼마인가?

답: 435 $\mathrm{lb/in^2}$

실습 예제 1.3 방정식에서 단위 결정

다음 식을 고려하자.

$$Fd = \frac{1}{2}mv^2$$

여기에서 F는 뉴턴 단위의 힘, m은 킬로그램 단위의 질량, v는 m/s 단위의 속도이다.

(a) SI 기본 단위에서 d의 단위는 무엇인가?

(b) 만약 SI 단위계로 $\frac{1}{2}mv^2 = 40$이라면 미국 관습 단위로는 얼마인가?

전략

(a)에서는 SI 시스템의 파생 단위인 뉴턴을 기본 단위로 표현해야 한다. 다음으로 명시적으로 표시된 항의 단위로 주어진 방정식을 작성함으로써 d의 단위를 유추할 수 있다. (b)에서는 질량과 속도의 단위를 SI 단위에서 미국 관습 단위로 변환해야 한다.

풀이

(a) 뉴턴은 뉴턴의 제2법칙을 사용해 정의된다는 점을 기억하라.

$$1\ \text{N} = (1\ \text{kg})(1\ \text{m/s}^2)$$

기본 단위로 나타낸 뉴턴은 다음과 같다.

$$1\ \text{N} = 1\ \text{kg-m/s}^2$$

명시적으로 표시된 단위를 사용해 주어진 방정식을 작성하면,

이 식의 단위는 $\frac{\text{kg-m}^2}{\text{s}^2}$에 d의 단위를 곱한 것이다.

이 식의 단위는 $\frac{\text{kg-m}^2}{\text{s}^2}$이다.

$$(F\ \text{kg-m/s}^2)d = \frac{1}{2}(m\ \text{kg})(v\ \text{m/s})^2$$

d의 단위는 미터여야 함을 알 수 있다.

(b) SI 단위계를 이용한 표현은 위의 수식과 같다. 단위 변환 요소를 사용하면 다음과 같은 식을 얻을 수 있다.

킬로그램을 슬러그로 변환

m^2를 ft^2로 변환

$$\begin{aligned} 40\ \text{kg-m}^2/\text{s}^2 &= 40\ \text{kg-m}^2/\text{s}^2\left(\frac{0.0685\ \text{slug}}{1\ \text{kg}}\right)\left(\frac{3.281\ \text{ft}}{1\ \text{m}}\right)^2 \\ &= 29.5\ \text{slug-ft}^2/\text{s}^2 \end{aligned}$$

실습 문제 다음 식을 고려하자.

$$\sigma = \frac{My}{I}$$

미국 관습 단위에서 σ는 lb/ft^2, M은 ft-lb, y는 ft로 표시된다.

(a) 미국 관습 단위로 I는 무엇인가?

(b) $\sigma = 60\ \text{lb/ft}^2$이면 N/m^2 단위로는 얼마인가?

답: (a) I의 단위는 ft^4이다. (b) $\sigma = 2870\ \text{N/m}^2$

연습문제

(별표는 해결 방법이 더 길거나 더 어려운 문제를 나타낸다.)

1.1 1967년 국제도량형위원회는 1초를 세슘-133 원자의 두 양자 상태 사이의 전이 9,192,631,770주기에 필요한 시간으로 정의했다. 2초 동안의 사이클 수를 유효 숫자 4자리로 나타내라.

1.2 자연로그의 밑은 $e = 2.71828183\ldots$이다. (a) e를 유효 숫자 3자리까지 나타내라. (b) e^2의 값을 유효 숫자 3자리까지 나타내라. (c) (a)에서 얻은 e 값을 사용해 e^2의 값을 유효 숫자 3자리로 나타내라. [(b)와 (c)의 답을 비교하면 계산 과정에서 반올림된 값을 사용하는 것이 위험하다는 것을 알 수 있다.]

1.3 자연로그(연습문제 1.2 참조)의 밑은 다음의 무한급수로 주어진다.

$$e = 2 + \frac{1}{2!} + \frac{1}{3!} + \frac{1}{4!} + \cdots$$

해당 값은 급수의 처음 몇 항을 합산해 대략적으로 계산할 수 있다. 5자리로 반올림한 대략적인 값이 5자리로 반올림한 정확한 값과 같으려면 몇 개의 항이 필요한가?

1.4 축구 골대 입구가 폭 24 ft, 높이 8 ft이므로 면적은 24 ft × 8 ft = 192 ft^2이다. m^2 단위로 유효 숫자 3자리까지의 면적은 얼마인가?

연습문제 1.4

1.5 2020년에 중국과 네팔 팀은 GPS 위성을 사용해 독립적으로 측정한 다음 에베레스트산의 높이가 8848.86미터라고 결정했다. 다음 두 단위로 산의 높이를 유효 숫자 3자리로 나타내라. (a) 킬로미터 단위, (b) 마일 단위

1.6 거리 D = 6 in(인치)이다. 점 P에 대한 힘 F = 12 lb(파운드)의 모멘트 크기는 $M_P = FD$로 얻어진다. M_P의 값은 N-m(뉴턴미터) 단위로 얼마인가?

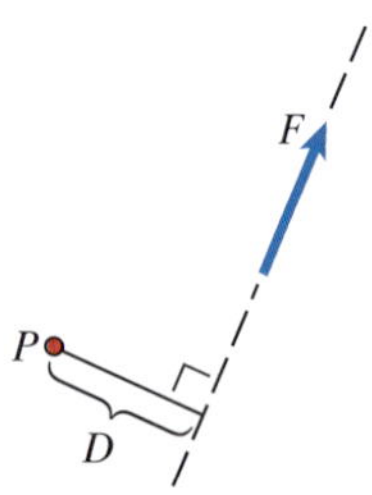

연습문제 1.6

1.7 사진 속 보잉 737의 길이는 110 ft 4 in이고 날개 길이는 117 ft 5 in이다. 최대 이륙 중량은 154,500 lb이다. 최대 비행 범위는 3365해리이다. 각 수량을 SI 단위, 유효 숫자 3자리로 나타내라.

연습문제 1.7

1.8 상하이에서 푸둥 공항으로 가는 자기부상열차는 시속 430 km의 속력에 도달한다. 이 속력을 다음 두 단위로 나타내라. (a) mi/h, (b) ft/s

출처: Qilai Shen/EPA/Shutterstock 제공

연습문제 1.8

1.9 2006년 동계 올림픽 남자 크로스컨트리 스키 15 km 경기에서 안드루스 베르팔루(에스토니아)가 38분 1.3초의 기록으로 우승했다. 평균 속도(이동 거리를 소요된 시간으로 나눈 값)를 다음의 단위로 유효 자릿수 3자리로 구하라. (a) km/h 단위, (b) mi/h 단위

1.10 포르쉐 엔진은 4600 rpm에서 229 ft-lb(피트-파운드)의 토크를 발휘한다. N-m(뉴턴미터) 단위로 토크 값을 구하라.

연습문제 1.10

1.11 실습 예제 1.1에서 남자의 운동 에너지는 $\frac{1}{2}mv^2$으로 주어진다. 여기에서 m은 그의 질량이고 v는 그의 속도이다. 남자의 질량은 68 kg이고 6 m/s의 속도로 움직이고 있으므로 그의 운동 에너지는 $\frac{1}{2}$(68 kg)(6 m/s)^2 = 1224 kg-m^2/s^2이다. 운동 에너지는 미국 관습 단위로 얼마인가?

1.12 해수면에서의 중력 가속도는 SI 단위로 g = 9.81 m/s^2이다. 단위를 변환해 이 값을 사용해서 미국 관습 단위로 해수면에서의 중력으로 인한 가속도를 구하라.

1.13 SI 단위의 만유인력상수 값은 $G = 6.67\text{E}-11\ \text{m}^3/\text{kg-s}^2$이다. 이 값을 사용하고 단위를 변환해 미국 관습 단위로 G 값을 구하라.

1.14 알루미늄의 밀도(단위 부피당 질량)는 2700 kg/m^3이다. 밀도를 slug/ft^3 단위로 구하라.

1.15 C12 × 30 미국 표준 채널 철제 빔의 단면적은 $A = 8.81\ \text{in}^2$이다. 단면적은 mm^2 단위로 얼마인가?

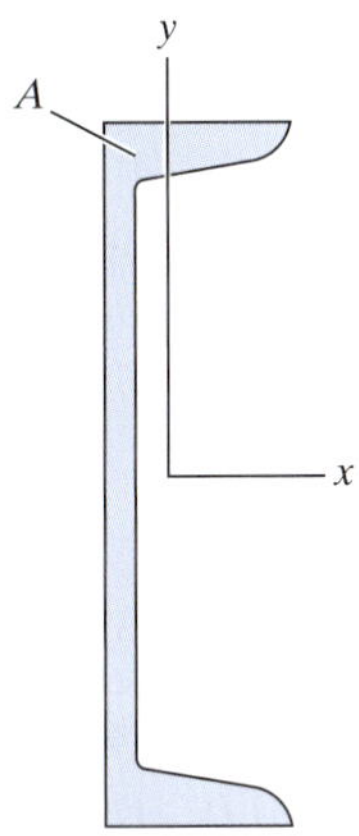

연습문제 1.15

1.16 압력센서가 300 lb/in^2의 값을 측정했다. 파스칼 단위로 압력 값을 구하라. 파스칼(Pa)은 제곱미터당 1뉴턴이다.

1.17 마력은 550 ft-lb/s이다. 1와트는 1 N-m/s이다. 7000 마력을 생산하는 여객기 엔진에서 생성되는 전력은 몇 와트인가?

연습문제 1.17

1.18 PGA 투어에서 드라이버 헤드의 일반적인 속도는 시속 100마일이다. 속도를 ft/s, m/s, km/h 단위로 환산하라.

출처: Takanakai/123RF 제공

연습문제 1.18

1.19 2000년에 탄소 나노튜브는 63 GPa(기가파스칼)의 인장 응력을 지탱하는 것으로 밝혀졌다. 1파스칼은 1 N/m^2이다. 이 인장 응력의 값을 lb/in^2 단위로 구하라. [이것은 단면적이 1평방인치인 이 재료의 막대가 이론적으로 견딜 수 있는 장력(파운드)이다.]

1.20 동역학에서 물체의 관성모멘트는 (질량)×(길이)^2 단위로 표현된다. 특정 물체의 관성모멘트 중 하나가 slug-ft^2라면, 그 값은 kg-m^2 단위로 얼마인가?

1.21 비행기의 항력 계수 C_D는 다음 수식과 같이 정의된다.

$$C_D = \frac{D}{S\frac{1}{2}\rho v^2}$$

여기에서 D는 공기에 의해 비행기에 가해지는 항력, S는 날개 면적, ρ는 공기의 밀도(단위 부피당 질량), v는 비행기 속도의 크기이다. 사진 속 순간에 항력 $D = 5300$ N, 날개 면적 $S = 100\ \text{m}^2$, 공기 밀도 $\rho = 1.226\ \text{kg/m}^3$, 속도 $v = 60$ m/s이다. (a) 이때 항력 계수의 값은 얼마인가? (b) 미국 관습 단위로 D, S, ρ, v 값을 구하고 이를 사용해 항력 계수를 계산하라.

출처: Fasttailwind/Shutterstock 제공

연습문제 1.21

1.2 뉴턴의 중력

생각해보기

- 물체의 무게와 질량의 차이점은 무엇인가? 만약 어떤 물체의 무게가 얼마나 되는지 알면, 그 질량을 어떻게 구하는가?
- 사람이 지구 주위의 궤도에 있으면 '무중력'이라고 한다. 이것이 사실인가?

배경

뉴턴은 거리 r(그림 1.3)만큼 떨어져 있는 질량 m_1과 m_2의 두 입자가 서로에게 작용하는 중력은 방향이 반대이고 크기가 같다고 가정했다.

$$F = \frac{Gm_1m_2}{r^2} \tag{1.1}$$

여기에서 G는 만유인력상수라고 부른다. G의 값은 6.67E−11 $m^3/kg\text{-}s^2$ 또는 3.44E−8 $ft^3/slug\text{-}s^2$이다. 이 가정을 바탕으로 뉴턴은 질량이 m_1인 입자와 질량이 m_2인 균질한 구 사이의 중력을 계산하고 이것이 식 (1.1)로도 주어진다는 것을 발견했다. 이때 r은 입자에서 구 중심까지의 거리를 나타낸다. 지구는 균질한 구형이 아니지만 이 결과를 사용해서 지구 중력 인력으로 인한 질량 m인 물체의 무게를 대략적으로 계산할 수 있다.

$$W = \frac{Gmm_E}{r^2} \tag{1.2}$$

주어진 식에서 m_E는 지구의 질량이고, r은 지구 중심에서 물체까지의 거리이다. 물체의 무게는 위치에 따라 달라진다는 점에 유의하라. 반면에 물체의 질량은 물체가 포함하고 있는 물질의 양을 측정한 것이며 위치에 의존하지 않는다.

물체의 무게가 물체에 작용하는 유일한 힘일 때, 결과로 나타나는 가속도를 중

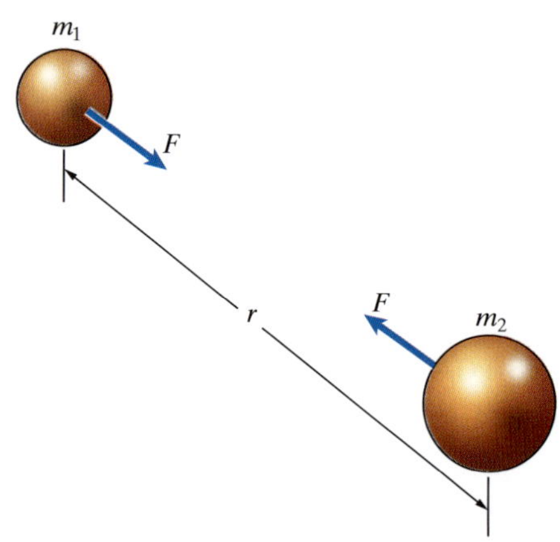

그림 1.3
두 입자 사이의 중력은 크기가 동일하며 두 입자 사이의 선을 따라 향한다.

력 가속도라고 한다. 이 경우 뉴턴의 제2법칙은 $W = ma$이며, 식 (1.2)에서 중력 가속도는 다음 식과 같음을 알 수 있다.

$$a = \frac{Gm_E}{r^2} \tag{1.3}$$

해수면에서의 중력 가속도는 g로 표시된다. R_E로 지구의 반경을 나타내는 식 (1.3)은 $Gm_E = gR_E^2$이다. 이 결과를 식 (1.3)에 적용해 지구 중심으로부터 거리 r에서의 중력 가속도를 해수면에서의 중력 가속도로 표현하면 식 (1.4)와 같다.

$$a = g\frac{R_E^2}{r^2} \tag{1.4}$$

물체의 무게 $W = ma$이므로 지구 중심에서 거리 r에 있는 물체의 무게는 다음과 같다.

$$W = mg\frac{R_E^2}{r^2} \tag{1.5}$$

해수면($r = R_E$)에서 물체의 무게는 간단한 관계식에 의해 질량으로 표현된다.

$$W = mg \tag{1.6}$$

g 값은 지구 표면의 위치에 따라 다르다. 예제와 문제에서 사용하는 값은 SI 단위로는 $g = 9.81\ \text{m/s}^2$이고 미국 관습 단위로는 $g = 32.2\ \text{ft/s}^2$이다.

고전 역학이나 뉴턴 역학에서 물체의 질량은 위치에 의존하지 않는 상수이다. 대조적으로 물체의 무게는 중력이 물체에 가하는 힘이며, 앞에서 살펴본 것처럼 위치에 따라 달라진다.

결과 정리

$$F = \frac{Gm_1m_2}{r^2} \tag{1.1}$$

식 (1.1)은 거리 r만큼 떨어져 있는 질량 m_1과 m_2의 두 입자 사이의 중력이다. 만유인력상수 G의 값은 6.67E−11 m³/kg-s² 또는 3.44E−8 ft³/slug-s²이다.

$$a = \frac{Gm_E}{r^2} \tag{1.3}$$

식 (1.3)은 중심으로부터 거리 r에 있는 지구(균질한 구로 모델링됨)의 중력으로 인한 가속도이다. 여기에서 m_E는 지구의 질량이다.

$$a = g\frac{R_E^2}{r^2} \tag{1.4}$$

식 (1.4)는 중심으로부터 거리 r에 있는 지구의 중력으로 인한 가속도이다. 여기에서 R_E는 지구의 반경이고 g는 해수면에서의 중력 가속도이다. 이것은 식 (1.3)의 대체 형태이다.

$$W = mg\frac{R_E{}^2}{r^2} \qquad (1.5)$$

식 (1.5)는 지구 중심으로부터 거리 r에 있는 질량 m인 물체의 무게이다. 여기에서 R_E는 지구의 반경이고 g는 해수면에서의 중력 가속도이다.

$$W = mg \qquad (1.6)$$

식 (1.6)은 지구상의 해수면에서 물체의 무게 m이며, 여기에서 g는 해수면에서의 중력 가속도이다.

우리가 사용하는 두 가지 단위계의 관점에서 식 (1.6)은 다음과 같다.

해수면에서의 무게(파운드) = 슬러그로 표현한 질량 × 해수면에서 중력으로 인한 가속도 32.2 ft/s²

해수면에서의 무게(뉴턴) = 킬로그램으로 표현한 질량 × 해수면에서 중력으로 인한 가속도 9.81 m/s²

실습 예제 1.4 무게와 질량

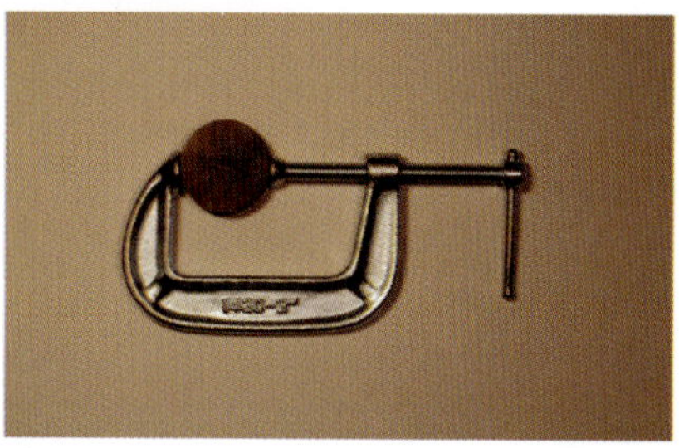

C-클램프의 무게가 해수면 기준 14 oz이다[16 oz(온스) = 1 lb]. 해수면에서 중력으로 인한 가속도는 g = 32.2 ft/s²이다. 슬러그로 표현한 C-클램프의 질량은 얼마인가?

전략

먼저 C-클램프의 무게를 파운드 단위로 구해야 한다. 다음으로 식 (1.6)을 사용할 수 있다. 그리고 질량을 슬러그 단위로 구한다.

풀이

$$14 \text{ oz} = 14 \text{ oz}\left(\frac{1 \text{ lb}}{16 \text{ oz}}\right) = 0.875 \text{ lb}$$

무게를 온스에서 파운드로 변환한다.

$$m = \frac{W}{g} = \frac{0.875 \text{ lb}}{32.2 \text{ ft/s}^2} = 0.0272 \text{ slug}$$

식 (1.6)을 사용해 질량을 슬러그로 계산한다.

실습 문제 C-클램프의 질량은 0.397 kg이다. 해수면에서 중력 가속도는 g = 9.81 m/s²이다. 이때 C-클램프의 무게는 뉴턴으로 얼마인가?

답: 3.89 N

실습 예제 1.5 지면 근처에 있는 물체의 무게

물체가 지구 표면 근처에 있을 때 무게에 미치는 지구 중심으로부터의 거리의 영향은 종종 무시될 수 있으며, 그 무게는 해수면에서의 무게 $W = mg$로 가정할 수 있다. 이를 설명하기 위해 물체의 무게가 $0.999mg$로 감소하는 해발 높이를 구하라.

출처: Valentin Valkov/123RF 제공

전략

지구 중심으로부터 거리 r에 있는 물체의 무게를 식 (1.5)를 통해 구할 수 있다. 이를 사용해 물체의 무게가 $0.999mg$인 지상 높이 h를 구할 수 있다.

풀이

$$mg\frac{R_E{}^2}{(R_E + h)^2} = 0.999mg$$

← 식 (1.5)를 사용해 관계식을 만든다.

이 방정식을 풀면 $h = 0.000500375R_E$를 얻는다. 지구의 반경 $R_E = 6370$ km이므로 $h = 3.19$ km(10,500 ft)이다.

이 예제에는 중요한 의미가 있다. 정역학 및 동역학의 대부분의 문제에서 물체의 무게는 해수면에서의 무게인 상수로 처리할 수 있다.

실습 문제 해왕성의 반경은 24,600 km이고 질량은 1.02E26 kg이다. 균질한 구로 모델링하는 경우 표면의 중력 가속도는 얼마인가?

답: 11.2 m/s^2

실습 예제 1.6 물체의 무게 결정

화성 탐사선 큐리오시티의 질량은 899 kg이다. 화성 표면의 중력 가속도는 3.72 m/s^2이고, 화성의 반경은 3390 km이다.

(a) 지구 해수면에 있을 때 탐사선의 무게는 얼마인가?

(b) 화성 표면에서의 무게는 얼마인가?

출처: NASA 제공

전략

(a)에서 지구의 해수면에서 중력으로 인한 가속도가 $g = 9.81$ m/s^2임을 알고 있다. 식 (1.6)을 사용해 무게를 구할 수 있다. 또한 $g_M = 3.72$ m/s^2로 주어진 화성 표면의 중력 가속도를 적용해 (b)에 대해 식 (1.6)을 사용할 수 있다.

풀이

$$W = mg$$
$$= (899\ \text{kg})(9.81\ \text{m/s}^2)$$
$$= 8820\ \text{N}\ (1980\ \text{lb})$$

(a) 식 (1.6)은 해수면에서의 물체의 무게를 나타낸다.

$$W_M = mg_M$$
$$= (899\ \text{kg})(3.72\ \text{m/s}^2)$$
$$= 3340\ \text{N}\ (752\ \text{lb})$$

(b) 표면에서의 무게를 얻기 위해 식 (1.6)을 적용한다.

실습 문제 큐리오시티를 실은 우주선이 화성에 접근했을 때 화성 표면 위 125 km에서 진입 단계가 시작되었다. 그 시점에서 로버의 무게는 얼마인가?

답: 3110 N(699 lb)

연습문제

1.22 어떤 사람의 질량이 72 kg이다. (a) 해수면에서의 무게는 뉴턴 단위로 얼마인가? (b) 슬러그로 나타낸 물체의 질량은 얼마인가? (c) 해수면에서의 무게는 파운드 단위로 얼마인가?

1.23 1 ft × 1 ft × 1 ft 철제 큐브의 무게가 해수면에서 490 lb이다. 해수면에서 동일한 재료로 이루어진 1 m × 1 m × 1 m 큐브의 무게를 뉴턴 단위로 구하라.

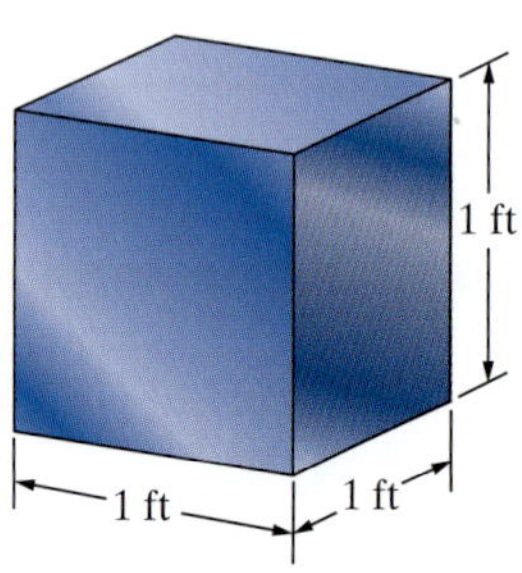

연습문제 1.23

1.24 태평양의 면적은 64,186,000평방마일이고 평균 깊이는 12,925 ft이다. 바닷물의 단위 부피당 무게가 64 lb/ft³라고 가정하라. 태평양의 질량을 (a) 슬러그 단위로, (b) 킬로그램 단위로 구하라.

1.25 해수면에서 각각 8 oz(온스) 무게의 오렌지 두 개가 3 ft 떨어져 있다. (a) 두 물체가 서로에게 작용하는 중력 F의 크기는 얼마인가? (b) 질량이 m인 정지 물체가 일정한 힘 F를 받고 다른 힘은 전혀 받지 않는 경우, 속도 v에 도달하는 데 필요한 시간은 $t = \frac{mv}{F}$의 식으로 구할 수 있다. 오렌지 중 하나에 (a)에서 결정한 힘과 동일한 힘을 가하고 다른 힘은 가하지 않는다면 1 ft/s의 속도에 도달하는 데 얼마나 걸리는가?

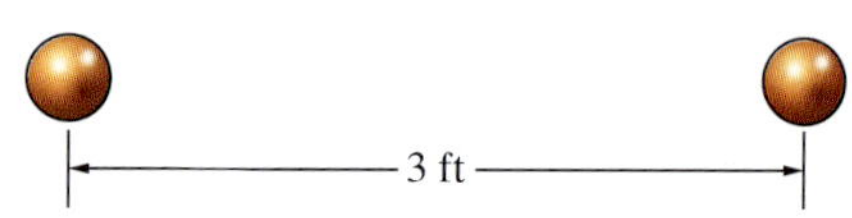

연습문제 1.25

1.26 사람의 몸무게가 해수면에서 180 lb이다. 지구의 반경은 3960 mi이다. 이 사람이 지구 표면 위 200 mi 궤도에 있는 우주정거장에 있다면, 지구의 중력이 그 사람에게 가하는 힘은 얼마인가?

1.27 달 표면의 중력 가속도는 1.62 m/s²이다. 달의 반경은 R_M = 1738 km이다(실습 예제 1.6 참조). (a) 달 표면에서 질량이 10 kg인 물체의 무게는 뉴턴 단위로 얼마인가? (b) 실습 예제 1.6에서 설명한 접근 방식을 사용해서 물체가 달 표면 위 1738 km에 위치할 경우 달의 중력이 물체에 가하는 힘을 구하라.

1.28 물체가 지구 표면 근처에 있는 경우 지구 중심으로부터의 거리에 따른 무게 변화는 종종 무시될 수 있다. 해수면에서 중력 가속도는 $g = 9.81\ \text{m/s}^2$이며, 지구 반경은 6370 km이다. 해수면에서 물체의 무게는 mg이고 여기에서 m은 질량이다. 물체의 무게가 0.99 mg로 감소하는 지구 표면 위 높이는 얼마인가?

1.29 어떤 사람의 질량이 72 kg이다. 지구의 반지름은 6370 km이다. (a) 해수면에서의 체중은 뉴턴과 파운드 단위로 얼마인가? (b) 그 사람이 지구 표면에서 420 km 떨어진 우주 정거장에 있다면, 지구의 중력이 그 사람에게 가하는 힘은 뉴턴과 파운드 단위로 얼마인가?

1.30 지구를 균질한 구로 모델링하는 경우 체중이 해수면에서의 체중의 절반으로 감소하는 해발 고도는 얼마인가? (a) 킬로미터 단위로 답하라. (b) 마일 단위로 답하라. (지구의 반지름은 6370 km이다.)

벡터

CHAPTER 2

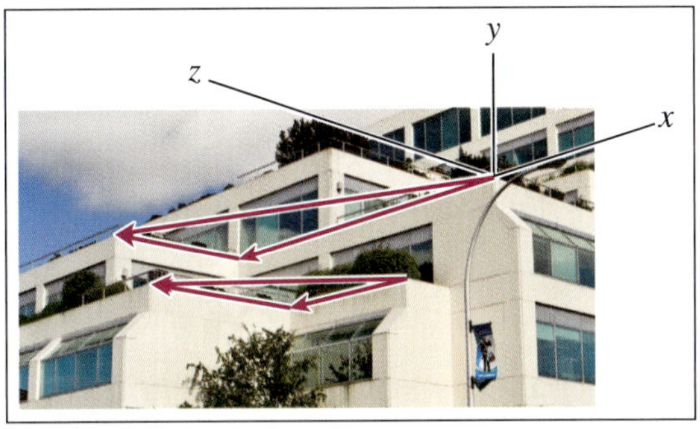

출처: Sherab/Alamy Stock Photo 제공

물체가 서로 다른 크기를 가지고 서로 다른 방향으로 작용하는 여러 힘을 받는 경우, 물체에 작용하는 전체 힘의 크기와 방향은 어떻게 결정될 수 있을까? 힘은 벡터이므로 벡터 합의 정의에 따라 합산되어야 한다. 공학에서는 크기와 방향을 모두 가지며 벡터로 표현되고 분석될 수 있는 많은 양을 다룬다. 이 장에서는 벡터 연산을 검토하고, 벡터를 성분으로 표현하고, 벡터를 공학에 응용하는 사례를 제시한다.

▲ 벡터는 아파트 건물의 점과 같은 위치, 방향, 거리를 지정하는 데 사용된다. 벡터는 힘, 모멘트, 속도, 가속도를 포함해서 크기와 방향을 가지는 모든 양을 설명하는 데 사용된다.

2.1 스칼라와 벡터

생각해보기

- 어떤 종류의 양을 벡터로 표현해야 하는가?
- 벡터를 더하거나 빼는 것은 무엇을 의미하는가?

배경

하나의 실수로 완전히 설명되는 물리량을 **스칼라양**이라고 한다. 시간은 스칼라양이다. 질량도 스칼라양이다. 예를 들어 자동차의 가치가 1200 kg이라고 말함으로써 자동차의 질량을 완벽하게 설명한다.

반대로 벡터양을 설명하려면 음이 아닌 실수 또는 **크기**와 방향을 모두 지정해야 한다. 두 벡터양은 크기와 방향이 모두 동일한 경우에만 동일하다고 정의된다.

공간 내의 다른 점에 대한 한 점의 위치는 벡터양이다. 여러분의 집과 관련된 한 도시의 위치를 설명하려면, 그것이 100마일 떨어져 있다고 말하는 것만으로는 충분하지 않다. 집에서 서쪽으로 100마일 떨어져 있다고 말해야 한다. 힘도 벡터양이다. 바닥을 가로질러 가구를 밀 때, 가구를 움직이기에 충분한 크기의 힘을 가하고 가구가 움직이기를 원하는 방향으로 힘을 가한다.

벡터는 굵은 글씨 **U**, **V**, **W**, ...로 표시하고 벡터 **U**의 크기는 $|\mathbf{U}|$로 표시된다. 벡터는 그래픽적으로 화살표로 표시된다. 화살표의 방향은 벡터의 방향을 나타내며, 화살표의 길이는 크기에 비례하도록 정의된다. 예를 들어 그림 2.1a에 있는 지점 A와 B를 고려해보자. 그림 2.1b의 벡터 $\mathbf{r}_{AB}$를 사용해 점 A를 기준으로 점 B의 위치를 구할 수 있다. $\mathbf{r}_{AB}$의 방향은 점 A에서 점 B까지의 방향을 나타낸다. 두 점 사이의 거리가 200 mm이면 크기는 $|\mathbf{r}_{AB}| = 200$ mm이다.

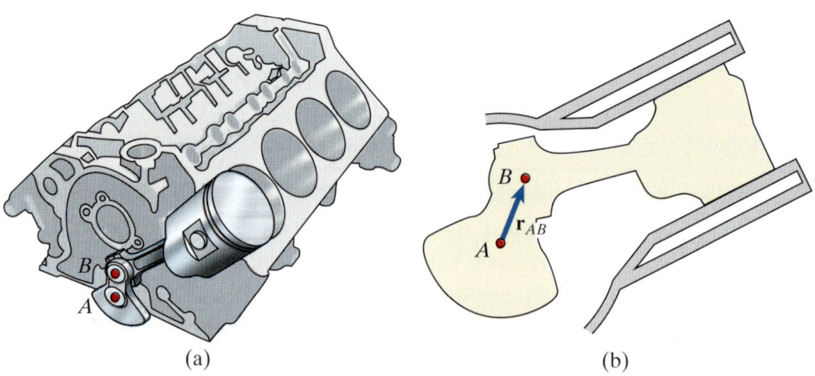

그림 2.1

(a) 메커니즘의 두 지점 A와 B, (b) A에서 B까지의 벡터 $\mathbf{r}_{AB}$

그림 2.2의 케이블 AB는 텔레비전 송신탑을 지지하는 데 도움이 된다. 그림과 같이 케이블이 타워에 가하는 힘을 벡터 **F**로 나타낼 수 있다. 케이블이 타워에 800 N의 힘을 가하면 $|\mathbf{F}| = 800$ N이 된다. (이런 방식으로 매달린 케이블은 약간의 처짐이나 곡률을 나타내며 장력은 길이에 따라 달라진다. 지금은 매달린 케이블과 로프의 곡률과 장력의 변화를 무시할 수 있다고 가정한다. 이것은 장력에 비해 로프나 케이블의 무게가 작을 경우 근사적으로 타당하다. 매달린 케이블과 로프에 대해서는 제10장에서 자세히 논의하고 분석한다.)

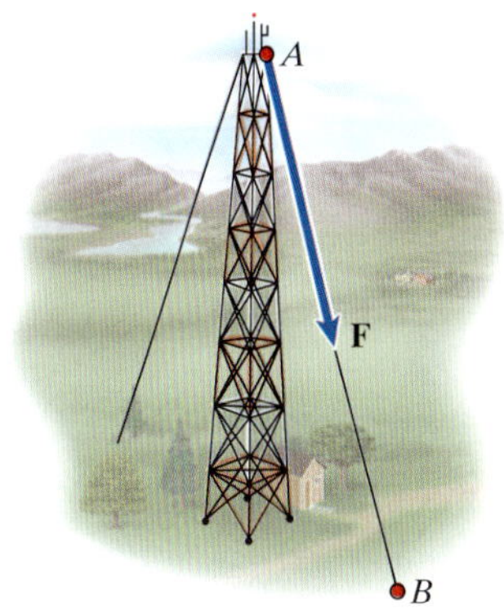

그림 2.2
케이블 AB가 타워에 가하는 힘을 벡터 **F**로 나타낸다.

벡터는 크기와 방향을 가지는 물리량을 표현하는 편리한 수단이지만 그 외에도 많은 효용성이 있다. 실수가 덧셈, 뺄셈, 곱셈 등에 대한 친숙한 규칙을 사용해서 다루는 것처럼 벡터를 다루는 데에도 규칙이 있다. 이러한 규칙은 엔지니어링 분석을 위한 강력한 도구를 제공한다.

벡터 덧셈

물체가 공간의 한 위치에서 다른 위치로 이동할 때 변위가 발생한다고 한다. 그림 2.3a와 같이 책(더 정확하게 말하면 책의 일부 지점)을 테이블의 한 위치에서 다른 위치로 이동하면 변위를 벡터 **U**로 나타낼 수 있다. **U**의 방향은 변위의 방향을 나타내고 $|\mathbf{U}|$는 책이 이동하는 거리이다.

그림 2.3b와 같이 책에 두 번째 변위 **V**를 부여한다고 가정하자. 두 변위 **U**와 **V**는 책의 초기 위치에서 최종 위치까지의 단일 변위와 동일하며, 이는 그림 2.3c의 벡터 **W**로 표시된다. 책의 최종 위치는 먼저 변위 **U**를 부여한 다음 변위 **V**를 부여하든 변위 **V**를 먼저 부여한 다음 변위 **U**를 부여하든 동일하다(그림 2.3d). 변위 **W**는 변위 **U**와 **V**의 합으로 정의된다. 수식으로는 다음과 같다.

$$\mathbf{U} + \mathbf{V} = \mathbf{W}$$

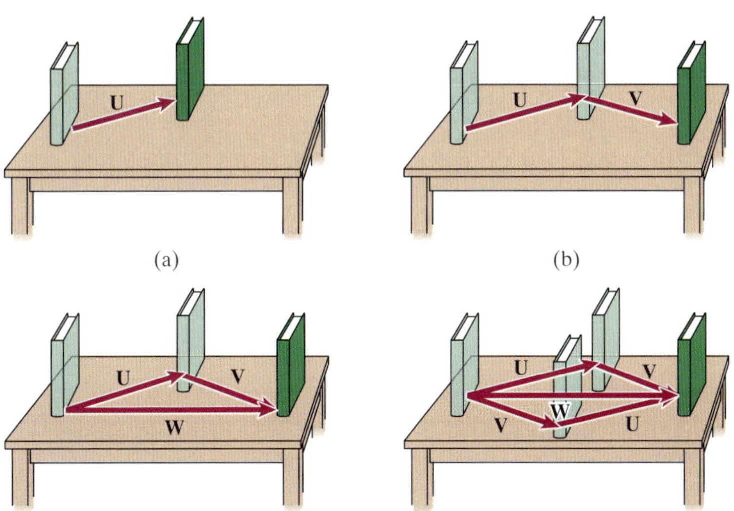

그림 2.3
(a) 벡터 **U**로 표현되는 변위
(b) 변위 **U**와 변위 **V**
(c) 변위 **U**와 **V**는 변위 **W**와 동일하다.
(d) 책의 최종 위치는 이동 순서에 영향을 받지 않는다.

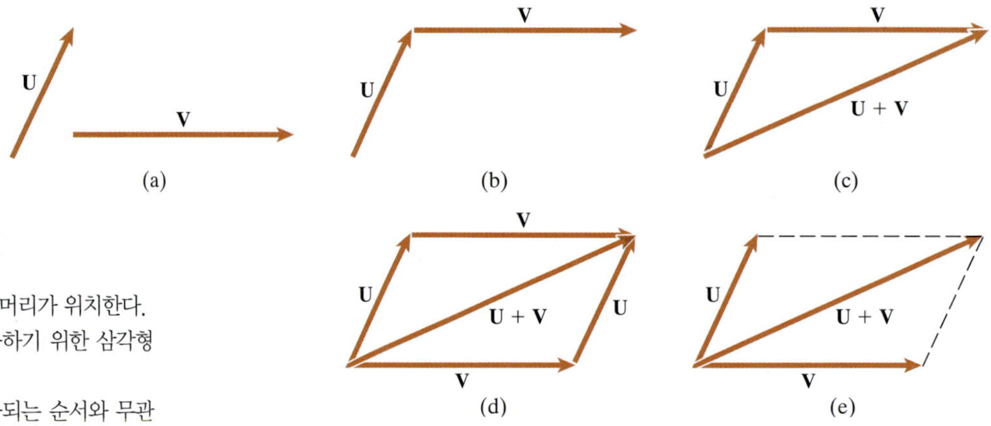

그림 2.4
(a) 두 벡터 **U**와 **V**
(b) **V**의 꼬리에 **U**의 머리가 위치한다.
(c) **U**와 **V**의 합을 구하기 위한 삼각형 법칙
(d) 합은 벡터가 추가되는 순서와 무관하다.
(e) **U**와 **V**의 합을 구하기 위한 평행사변형 법칙

벡터 덧셈의 정의는 변위 합산에 의해 필요성이 제기되었다. 그림 2.4a에 표시된 두 벡터 **U**와 **V**를 고려하자. 머리에 꼬리를 배치하면(그림 2.4b), 그 합은 **U**의 꼬리에서 **V**의 머리까지의 벡터로 정의된다(그림 2.4c). 이를 벡터 덧셈의 **삼각형 법칙**이라고 한다. 그림 2.4d는 벡터 합이 벡터가 머리에서 꼬리까지 배치되는 순서와 무관하다는 것을 보여준다. 이 그림은 **평행사변형 법칙**을 이용한 벡터 덧셈을 설명한다(그림 2.4e).

벡터 덧셈의 정의에 따르면 다음을 알 수 있다.

$$\mathbf{U} + \mathbf{V} = \mathbf{V} + \mathbf{U} \quad \text{벡터 덧셈은 교환 법칙이 성립한다.} \tag{2.1}$$

$$(\mathbf{U} + \mathbf{V}) + \mathbf{W} = \mathbf{U} + (\mathbf{V} + \mathbf{W}) \quad \text{벡터 덧셈은 결합 법칙이 성립한다.} \tag{2.2}$$

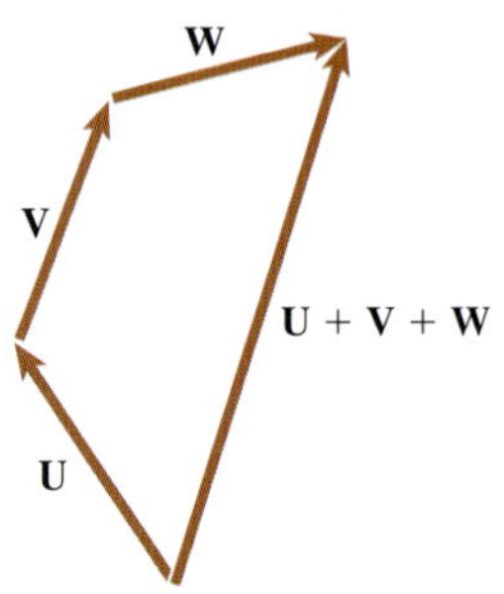

그림 2.5
세 벡터 **U**, **V**, **W**의 합

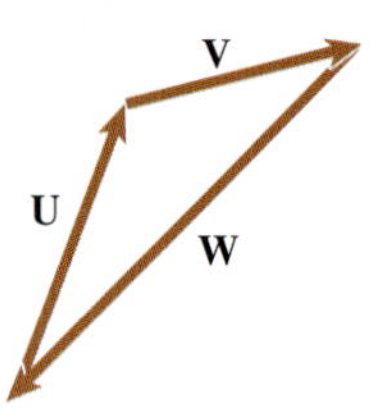

그림 2.6
합이 0인 세 개의 벡터 **U**, **V**, **W**

이 결과를 참조하면, 모든 벡터 **U**, **V**, **W**에 대해 두 개 이상의 벡터를 합할 때 합산 순서는 중요하지 않음을 알 수 있다. 한 벡터의 머리에 다른 벡터의 꼬리를 임의의 순서로 배치해 벡터 합을 구할 수 있으며, 첫 번째 벡터의 꼬리에서 마지막 벡터의 머리까지의 벡터가 합벡터이다(그림 2.5). 두 개 이상의 벡터의 합이 0인 경우 머리부터 꼬리까지 배치하면 닫힌 다각형을 형성한다(그림 2.6).

크기와 방향이 있고 벡터 덧셈의 정의를 따르는 물리량을 벡터라고 한다. 이미 살펴봤듯이 변위가 벡터이다. 공간 내에서 다른 점에 대한 한 점의 위치도 벡터양이다. 그림 2.7에서 A에서 C까지의 벡터 $\mathbf{r}_{AC}$는 $\mathbf{r}_{AB}$와 $\mathbf{r}_{BC}$의 합이다. 힘에는 방향과 크기가 있지만 이 힘은 벡터 덧셈의 정의를 따르는가? 지금은 그렇다고 가정하자. 동역학을 공부할 때 뉴턴의 제2법칙은 힘이 벡터라는 것을 암시함을 증명할 것이다.

스칼라와 벡터의 곱

스칼라(실수) a와 벡터 **U**의 곱은 $a\mathbf{U}$로 작성된 벡터이다. 크기는 $|a||\mathbf{U}|$이며, 여기에서 $|a|$는 스칼라 a의 절댓값이다. $a\mathbf{U}$의 방향은 **U**의 방향과 동일하다. a가

음수일 때는 방향이 반대로 된다.

곱 $(-1)\mathbf{U}$는 $-\mathbf{U}$로 표기되며 '벡터 $\mathbf{U}$의 음'이라고 한다. 이는 $\mathbf{U}$와 크기는 같지만 방향은 반대이다. 벡터 $\mathbf{U}$를 스칼라 a로 나누는 것이 다음 곱으로 정의된다.

$$\frac{\mathbf{U}}{a} = \left(\frac{1}{a}\right)\mathbf{U}$$

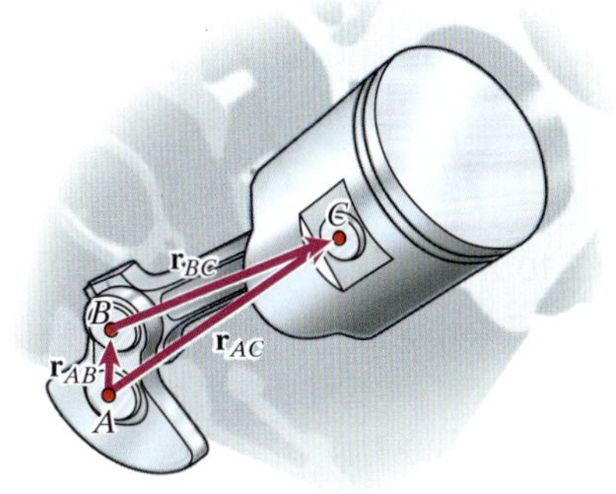

그림 2.7

점의 상대적 위치를 나타내는 화살표는 벡터이다.

그림 2.8은 벡터 $\mathbf{U}$와 스칼라 2, -1, 1/2을 사용한 $\mathbf{U}$의 곱을 보여준다.

벡터 덧셈의 정의와 스칼라와 벡터의 곱에 따르면 다음 법칙이 성립한다.

$$a(b\mathbf{U}) = (ab)\mathbf{U} \quad \text{곱은 스칼라 곱셈에 대해 결합 법칙이 성립한다.} \tag{2.3}$$

$$(a + b)\mathbf{U} = a\mathbf{U} + b\mathbf{U} \quad \text{곱은 스칼라 덧셈에 대해 분배 법칙이 성립한다.} \tag{2.4}$$

$$a(\mathbf{U} + \mathbf{V}) = a\mathbf{U} + a\mathbf{V} \quad \text{곱은 벡터 덧셈에 대해 분배 법칙이 성립한다.} \tag{2.5}$$

이는 임의의 스칼라 a, b 및 벡터 $\mathbf{U}$, $\mathbf{V}$에 대한 것이다. 벡터의 성분을 논의할 때 이러한 결과가 필요하다.

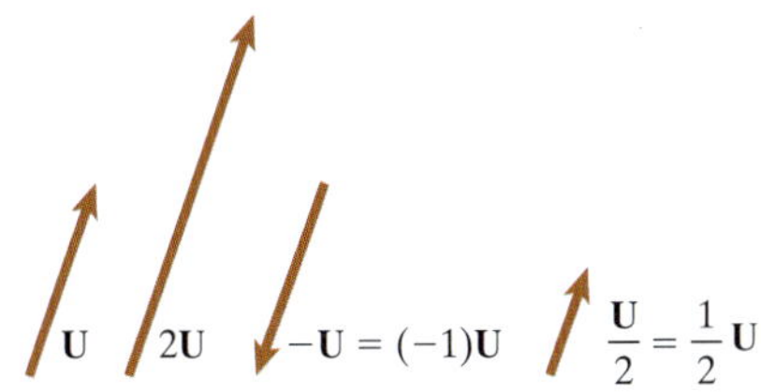

그림 2.8

벡터 $\mathbf{U}$와 그 스칼라곱의 예

벡터 뺄셈

두 벡터 $\mathbf{U}$와 $\mathbf{V}$의 차이는 벡터 (-1)에 $\mathbf{U}$를 더해 구한다.

$$\mathbf{U} - \mathbf{V} = \mathbf{U} + (-1)\mathbf{V} \tag{2.6}$$

그림 2.9a에 표시된 두 벡터 $\mathbf{U}$와 $\mathbf{V}$를 고려하자. 벡터 $(-1)\mathbf{V}$는 벡터 $\mathbf{V}$와 크기는 동일하지만 방향은 반대이다(그림 2.9b). 그림 2.9c에서는 벡터 $\mathbf{U}$를 벡터 $(-1)\mathbf{V}$에 합해 $\mathbf{U} - \mathbf{V}$를 얻는다.

단위 벡터

단위 벡터는 단순히 크기가 1인 벡터이다. 단위 벡터는 방향을 지정하고 특정 방향을 가지는 벡터를 표현하는 편리한 방법을 제공한다. 단위 벡터 $\mathbf{e}$와 벡터 $\mathbf{U}$의

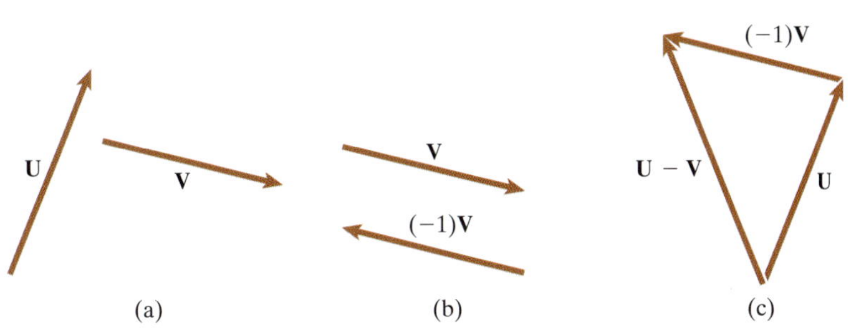

그림 2.9

(a) 두 벡터 $\mathbf{U}$와 $\mathbf{V}$

(b) 벡터 $\mathbf{V}$ 및 $(-1)\mathbf{V}$

(c) $\mathbf{U}$와 $(-1)\mathbf{V}$의 합은 벡터 차이 $\mathbf{U} - \mathbf{V}$이다.

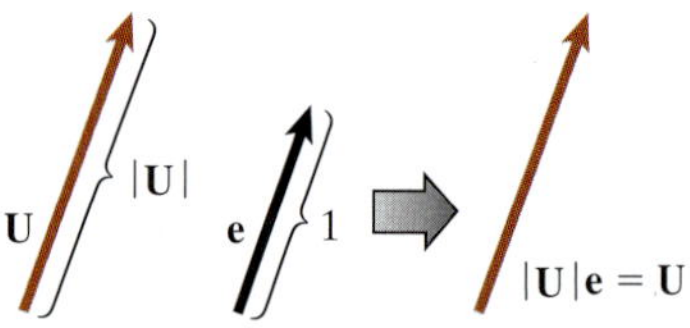

그림 2.10

U와 **e**가 동일한 방향이므로 벡터 **U**는 **U**의 크기에 **e**를 곱한 것과 동일하다.

방향이 같은 경우 **U**를 크기 |**U**|와 단위 벡터 **e**의 곱으로 나타낼 수 있다(그림 2.10).

$$\mathbf{U} = |\mathbf{U}|\mathbf{e}$$

모든 벡터 **U**는 크기와 **U**와 동일한 방향을 가지는 단위 벡터의 곱으로 간주될 수 있다. 이 방정식의 양변을 |**U**|로 나누면 다음과 같다.

$$\frac{\mathbf{U}}{|\mathbf{U}|} = \mathbf{e}$$

벡터를 크기로 나누면 동일한 방향을 가지는 단위 벡터가 생성된다.

결과 정리

실수로 완전히 설명되는 물리량을 스칼라라고 한다. 벡터는 크기와 방향을 모두 정의된 덧셈 규칙을 만족한다. 벡터는 그래픽적으로 길이가 크기에 비례하도록 정의된 화살표로 표시된다.

벡터 덧셈

두 벡터 **U**와 **V**의 합은 삼각형 법칙 또는 평행사변형 법칙으로 구할 수 있다.

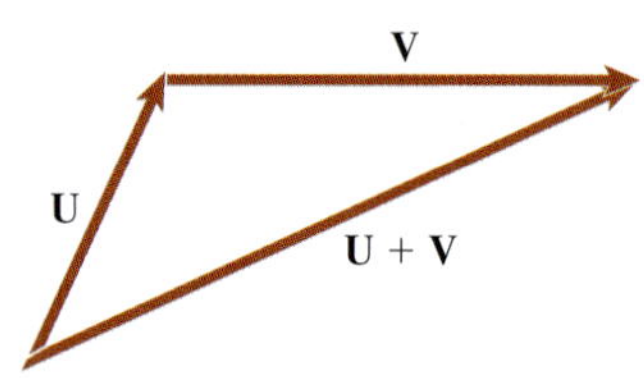

삼각형 법칙

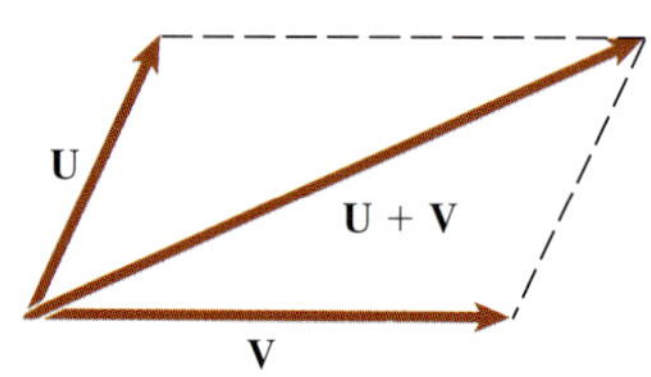

평행사변형 법칙

스칼라와 벡터의 곱

스칼라 a와 벡터 **U**의 곱은 $|a|$|**U**| 크기의 벡터 a**U**로 정의된다. 그 방향은 a가 양수일 때 **U**의 방향과 같고 a가 음수일 때 **U**의 방향과 반대이다. **U**를 a로 나누는 것은 곱 $(1/a)$**U**로 정의된다.

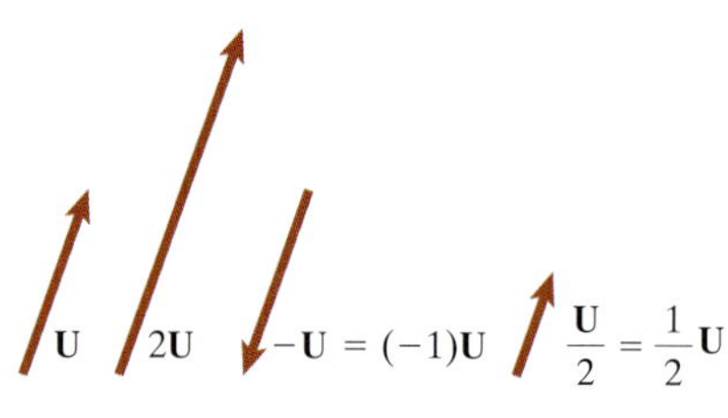

벡터 뺄셈
두 벡터 **U**와 **V**의 차이는 다음과 같이 정의된다.

$$\mathbf{U} - \mathbf{V} = \mathbf{U} + (-1)\mathbf{V}$$

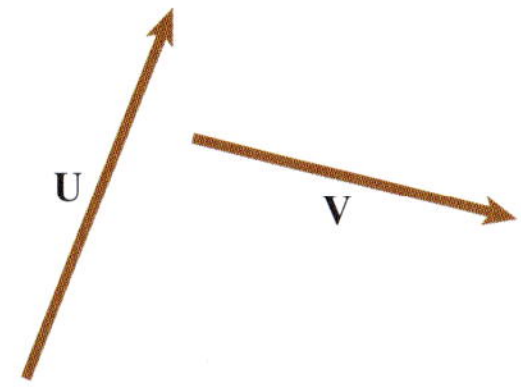

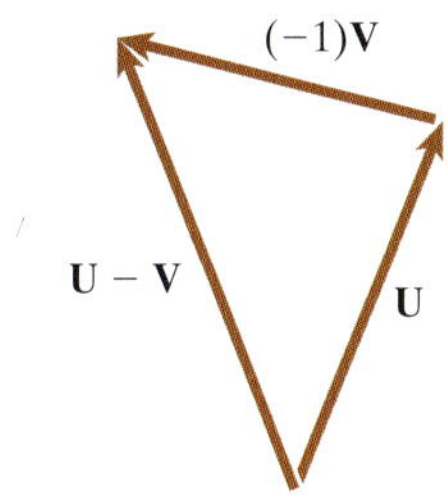

단위 벡터
단위 벡터는 크기가 1인 벡터이다. 모든 벡터 **U**는 |**U**|**e**로 표현된다. 여기에서 **e**는 **U**와 동일한 방향을 가지는 단위 벡터이다. 벡터 **U**를 크기로 나누면 **U**와 같은 방향의 단위 벡터가 생성된다.

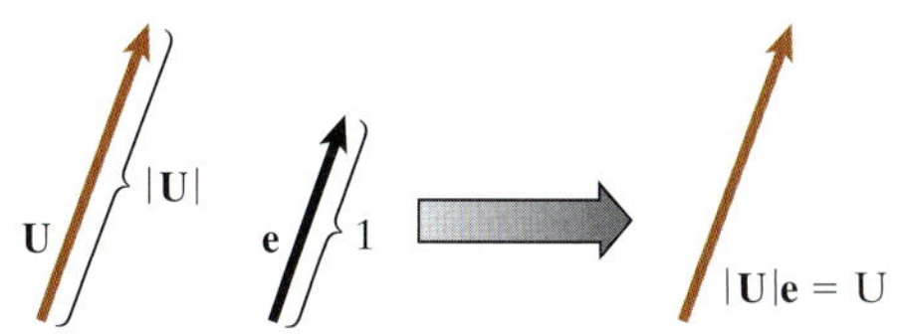

실습 예제 2.1 벡터 연산

표시된 벡터의 크기는 |**U**| = 8, |**V**| = 3이다. 벡터 **V**는 수직 방향이다. 벡터 **U** + 2**V**의 크기를 그래픽으로 구하라.

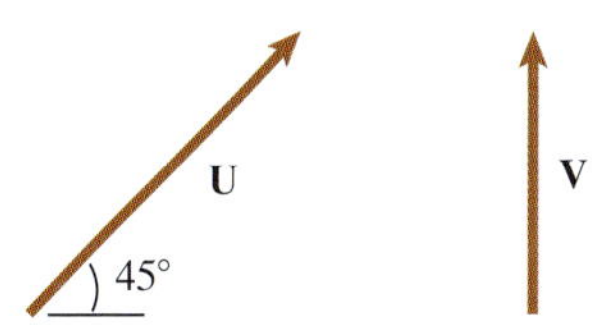

전략

벡터를 축척에 맞춰 그리고 덧셈을 위한 삼각형 법칙을 적용함으로써 벡터 **U** + 2**V**의 크기를 측정할 수 있다.

풀이

벡터 **U**와 2**V**를 축척에 맞춰 그린 다음 머리에 꼬리를 배치한다.

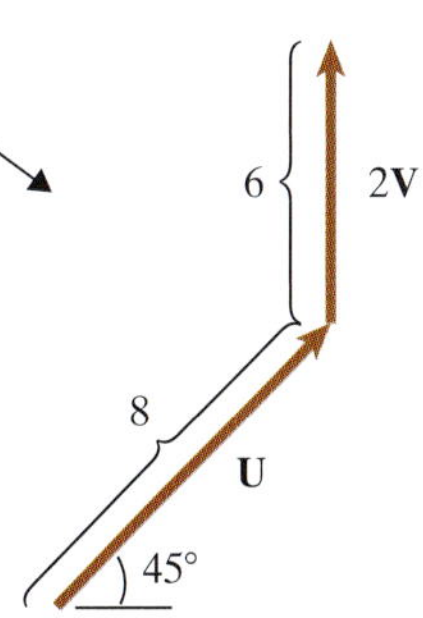

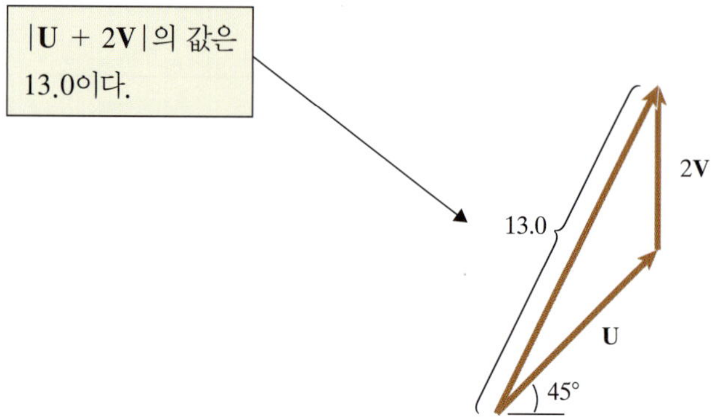

실습 문제 그림에 표시된 벡터의 크기는 $|\mathbf{U}| = 8$, $|\mathbf{V}| = 3$이다. 벡터 **V**는 수직이다. 벡터 $\mathbf{U} - 2\mathbf{V}$의 크기를 그래픽으로 구하라.

답: $|\mathbf{U} + 2\mathbf{V}| = 5.7$

예제 2.2 벡터 합

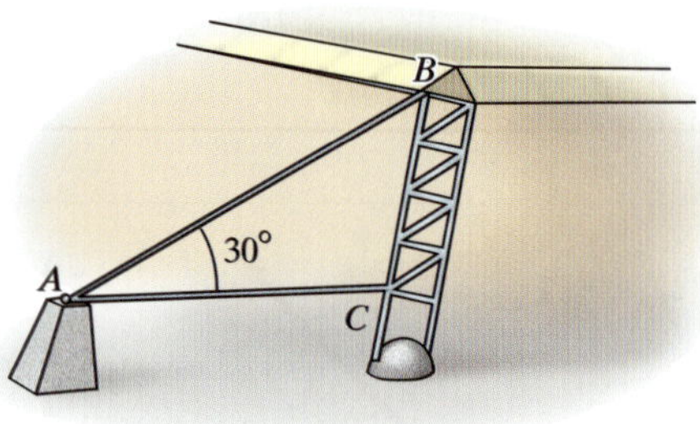

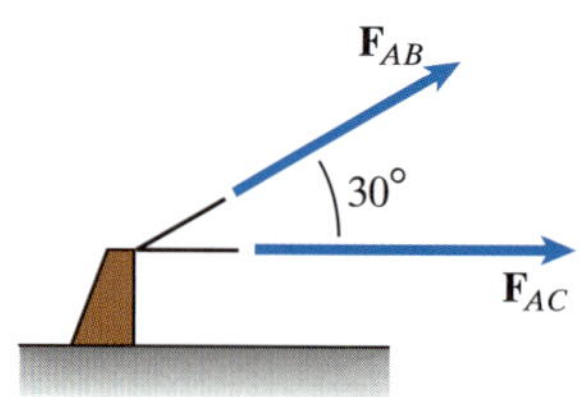

스포츠 경기장 지붕의 일부가 케이블 AB, AC로 지지된다. 케이블이 연결된 철탑에 가하는 힘은 벡터 $\mathbf{F}_{AB}$, $\mathbf{F}_{AC}$로 표시된다. 힘의 크기는 $|\mathbf{F}_{AB}| = 100$ kN, $|\mathbf{F}_{AC}| = 60$ kN이다. 케이블이 철탑에 가하는 힘의 합의 크기와 방향을 구하라.

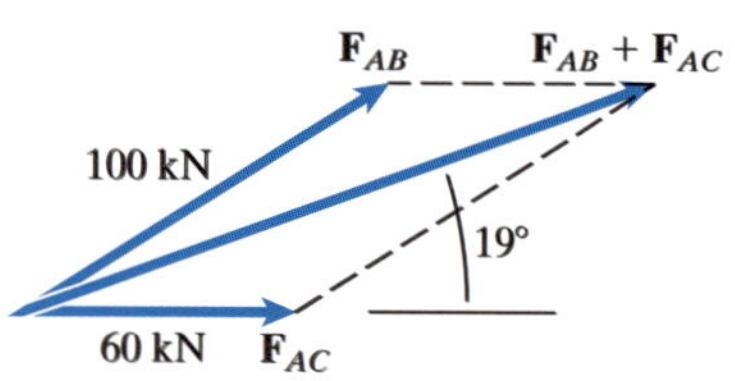

(a) 그림을 이용한 풀이

전략

축척에 맞춰 그린 벡터에 두 힘을 더하는 평행사변형을 그려 그 합의 크기와 방향을 측정할 수 있다.

풀이

크기에 비례하는 $\mathbf{F}_{AB}$, $\mathbf{F}_{AC}$의 길이로 두 힘의 합을 얻기 위한 평행사변형 법칙을 그림으로 적용한다(그림 a). 그림을 측정하면 벡터 $\mathbf{F}_{AB} + \mathbf{F}_{AC}$의 크기는 155 kN이고 방향은 수평 위 19°인 것으로 추정된다.

비판적 사고

엔지니어링 응용 분야에서 벡터 연산은 거의 항상 분석적으로 수행된다. 그렇다면 그림을 이용한 방법으로 경험을 쌓는 것이 왜 도움이 되는가? 이렇게 하면 벡터에 대한 직관력이 향상되고 벡터 연산을 이해하는 데 도움이 된다. 또한 그래픽 풀이를 스케치하면 분석 솔루션을 유도하는 데 도움이 되는 경우가 많다.

연습문제

2.1 그림과 같이 **U**, **V** 방향의 벡터를 고려하자. 크기는 $|\mathbf{U}| = 8$, $|\mathbf{V}| = 3$이다. 벡터 $2\mathbf{U} - 3\mathbf{V}$의 크기를 그래픽으로 구하라.

연습문제 2.1

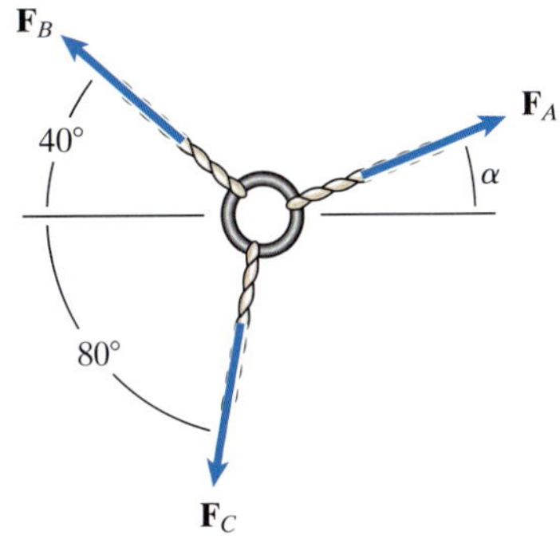

연습문제 2.5/2.6

2.2 예제 2.2의 철탑이 경기장에 더 가깝게 이동되어 힘 F_{AB}와 F_{AC} 사이의 각도가 45°라고 한다. 새로운 방향의 케이블을 사용해 구조의 스케치를 그린다. 힘의 크기는 $|\mathbf{F}_{AB}| = 100$ kN, $|\mathbf{F}_{AC}| = 60$ kN이다. 케이블이 A의 철탑에 가하는 힘의 합의 크기와 방향을 그래픽으로 구하라.

2.3 두 단위 벡터 $\mathbf{e}_1$, $\mathbf{e}_2$는 그림과 같이 방향이 주어진다. 벡터 $\mathbf{U} = 2\mathbf{e}_1 + 3\mathbf{e}_2$의 크기를 그래픽으로 구하라.

2.4 두 단위 벡터 $\mathbf{e}_1$, $\mathbf{e}_2$는 그림과 같이 방향이 주어진다. 벡터 $\mathbf{U} = 4\mathbf{e}_1 - 3\mathbf{e}_2$의 크기를 그래픽으로 구하라.

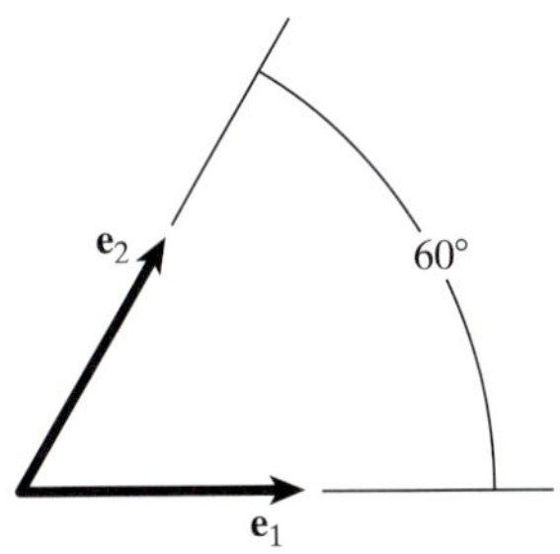

연습문제 2.3/2.4

2.5 세 힘이 링에 작용한다. 그 합은 0이다. 즉 $\mathbf{F}_A + \mathbf{F}_B + \mathbf{F}_C = 0$이다. 크기는 $|\mathbf{F}_B| = 100$ N, $|\mathbf{F}_C| = 160$ N이다. $\mathbf{F}_A$의 크기와 각도 α를 그래픽으로 구하라.

2.6 세 힘이 링에 작용한다. 그 합은 0이다. 즉 $\mathbf{F}_A + \mathbf{F}_B + \mathbf{F}_C = 0$이다. 크기는 $|\mathbf{F}_C| = 200$ lb이다. $\mathbf{F}_A$의 크기가 최소가 되는 각도 α의 값을 그래픽으로 구하라. α에 해당 값이 있으면 $\mathbf{F}_A$, $\mathbf{F}_B$의 크기는 얼마인가?

2.7 T자형 구조 부재가 케이블에 매달려 있다. 부재는 세 가지 힘, 즉 케이블이 가하는 힘 $\mathbf{F}_A$, $\mathbf{F}_B$와 무게 **W**를 받는다. 부재의 무게는 $|\mathbf{W}| = 1000$ lb이다. 힘의 합은 0이다. $\mathbf{F}_A$, $\mathbf{F}_B$의 크기를 그래픽으로 구하라.

2.8 T자형 구조 부재가 케이블에 매달려 있다. 부재는 케이블이 가하는 힘 $\mathbf{F}_A$, $\mathbf{F}_B$와 케이블의 무게 **W**라는 세 가지 힘을 받는다. 힘의 합은 0이다. 두 케이블 중 하나가 가하는 힘의 크기가 1200 lb를 초과할 수 없다고 한다. 이러한 방식으로 매달릴 수 있는 무게 **W**의 최대 크기를 그래픽으로 구하라.

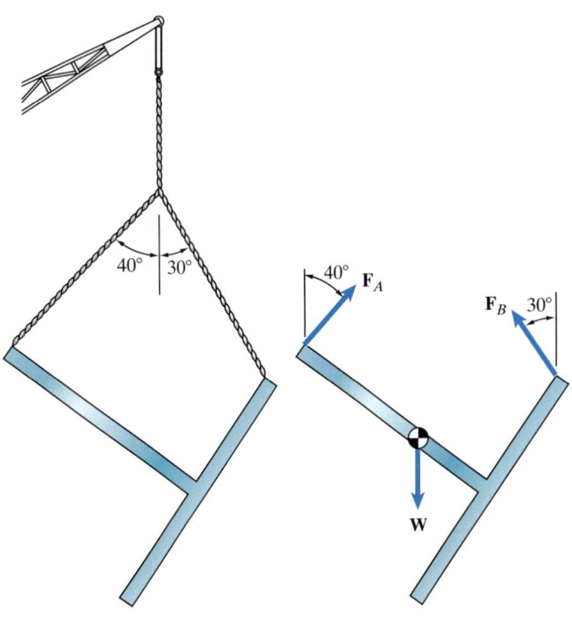

연습문제 2.7/2.8

2.9 2700 kg의 트랙터가 경사면에 정지해 있다. 각도는 수평을 기준으로 $\alpha = 30°$이다. 경사면이 트랙터 타이어에 가하는 힘은 표면에 수직인 수직력 **N**과 표면에 접선인 마찰력 **f**로 주어진다. 수직력, 마찰력, 트랙터 중량의 합은 0이다. 즉 $\mathbf{N} + \mathbf{f} + \mathbf{W} = \mathbf{0}$이다. **N**과 **f**의 크기를 뉴턴 단위로 그래픽으로 구하라.

2.10 2700 kg의 트랙터가 경사면에 정지해 있다. 경사면이 트랙터 타이어에 가하는 힘은 표면에 수직인 수직력 **N**과 표면에 접선인 마찰력 **f**로 표시된다. 수직력, 마찰력, 트랙터 중량의 합은 0이다. 즉 $\mathbf{N} + \mathbf{f} + \mathbf{W} = \mathbf{0}$이다. **N**과 **f**의 크기가 동일한 수평에 대한 각도 α의 값을 그래픽으로 구하라. 그 크기는 얼마인가?

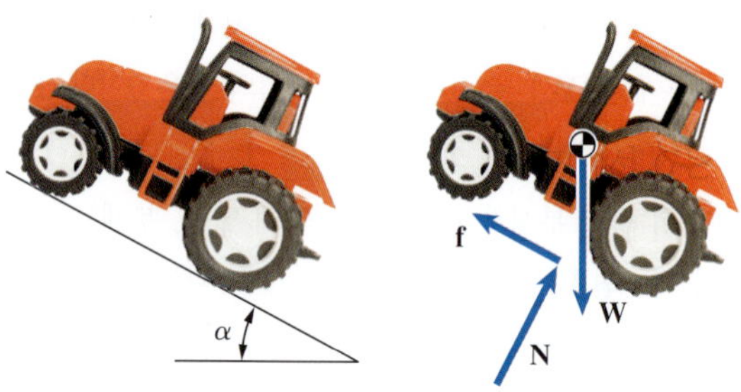

출처: Tka4ko/Shutterstoc 제공

연습문제 2.9/2.10

2.11 구형 저장 탱크가 케이블에 매달려 있다. 탱크는 세 가지 힘, 즉 케이블이 가하는 힘 $\mathbf{F}_A$, $\mathbf{F}_B$와 무게 **W**를 받는다. 탱크 무게는 $|\mathbf{W}| = 800$ lb이다. 탱크에 작용하는 힘의 벡터 합은 0이다. $\mathbf{F}_A$, $\mathbf{F}_B$의 크기를 그래픽으로 구하라.

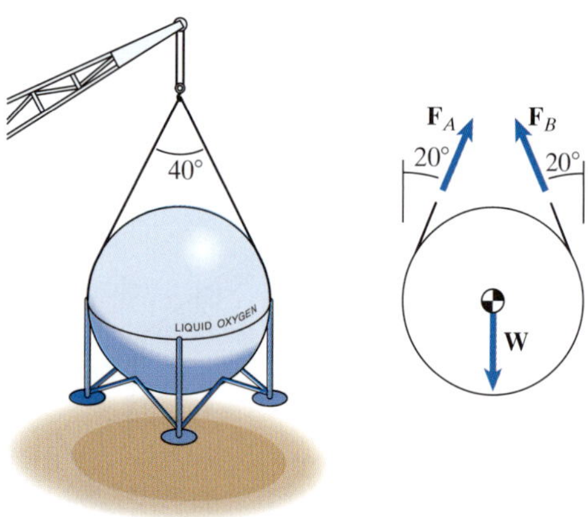

연습문제 2.11

2.12 로프 ABC가 B에 있는 블록에 동일한 크기의 힘 $\mathbf{F}_{BA}$, $\mathbf{F}_{BC}$를 가한다. 두 힘이 블록에 가하는 총힘의 크기는 200 lb이다. 그래픽으로 $|\mathbf{F}_{BA}|$를 구하라.

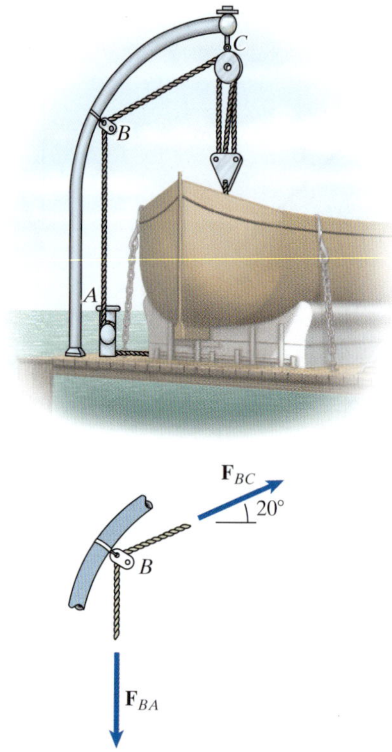

연습문제 2.12

2.13 두 개의 설상차가 남극 맥머도 기지 근처의 새로운 장소로 비상 대피소를 견인하고 있다. (위쪽 시점 그림과 같이 케이블은 수평이다.) 대피소에 가해지는 총힘 $\mathbf{F}_A + \mathbf{F}_B$는 선 L 방향에 있으며 크기는 300 lb이다. $\mathbf{F}_A$, $\mathbf{F}_B$의 크기를 그래픽으로 구하라.

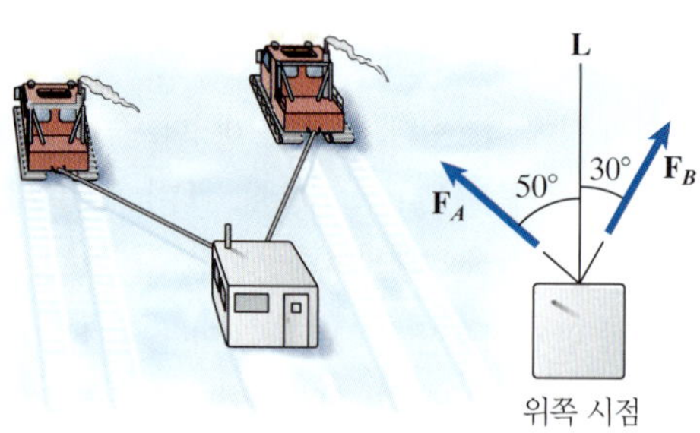

연습문제 2.13

2.14 측량사가 A에서 B까지의 수평 거리는 400 m이고 A에서 C까지의 수평 거리는 600 m라고 결정했다. 벡터 $\mathbf{r}_{BC}$의 크기와 각도 α를 그래픽을 이용해 구하라.

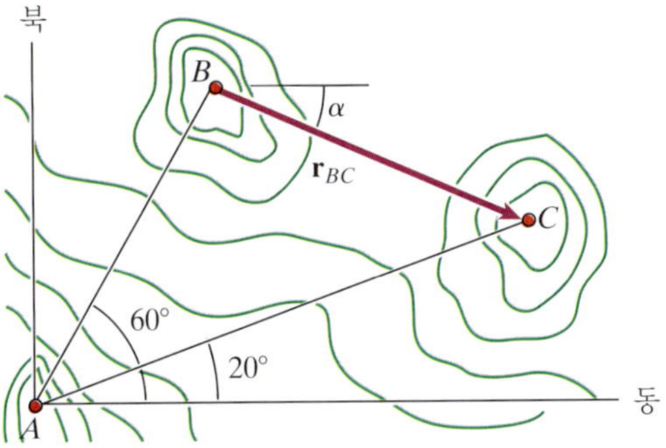

연습문제 2.14

2.15 그림은 구조물의 접합부에 작용하는 세 가지 힘을 나타낸다. $\mathbf{F}_C$의 크기는 60 kN이고 $\mathbf{F}_A + \mathbf{F}_B + \mathbf{F}_C = 0$이다. $\mathbf{F}_A$, $\mathbf{F}_B$의 크기를 그래픽으로 구하라.

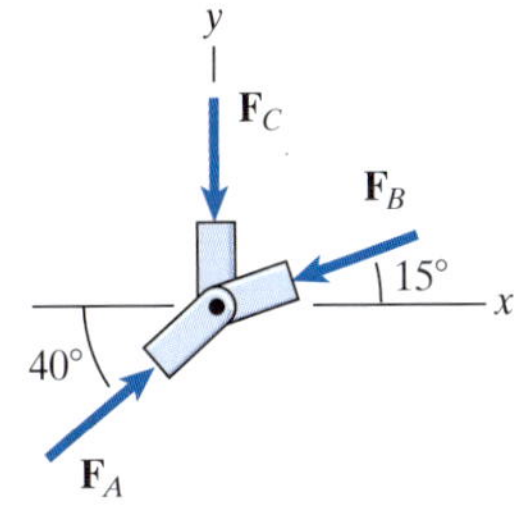

연습문제 2.15

2.16 벡터의 스케치를 그려 왜 $\mathbf{U} + (\mathbf{V} + \mathbf{W}) = (\mathbf{U} + \mathbf{V}) + \mathbf{W}$인지 설명하라.

2.2 2차원 성분

생각해보기

- 벡터의 '성분'이란 무엇을 의미하며, 이를 어떻게 결정할 수 있는가?
- 단위 벡터는 무엇인가? 그것의 의미는 무엇인가?

배경

벡터는 서로 수직인 벡터 성분으로 표현하면 계산이 훨씬 쉽다. 이 절에서는 직교 성분으로 벡터를 표현하는 방법을 설명하고 성분을 사용한 벡터를 다루는 예를 설명한다.

그림 2.11a의 벡터 $\mathbf{U}$를 고려해보자. 벡터 $\mathbf{U}$가 x–y 평면에 평행하도록 직교 좌표계를 배치하면 이 벡터를 x, y축에 평행한 수직 벡터 성분 $\mathbf{U}_x$, $\mathbf{U}_y$의 합으로 나타낼 수 있다(그림 2.11b).

$$\mathbf{U} = \mathbf{U}_x + \mathbf{U}_y$$

그런 다음 양의 x축 방향의 단위 벡터 $\mathbf{i}$와 양의 y축 방향의 단위 벡터 $\mathbf{j}$(그림 2.11c)를 도입해 벡터 $\mathbf{U}$를 식 (2.7)과 같이 표현할 수 있다.

$$\mathbf{U} = U_x\mathbf{i} + U_y\mathbf{j} \tag{2.7}$$

스칼라 U_x와 U_y는 벡터 U의 스칼라 성분이다. 단순히 벡터의 성분이라 할 때 이는 벡터의

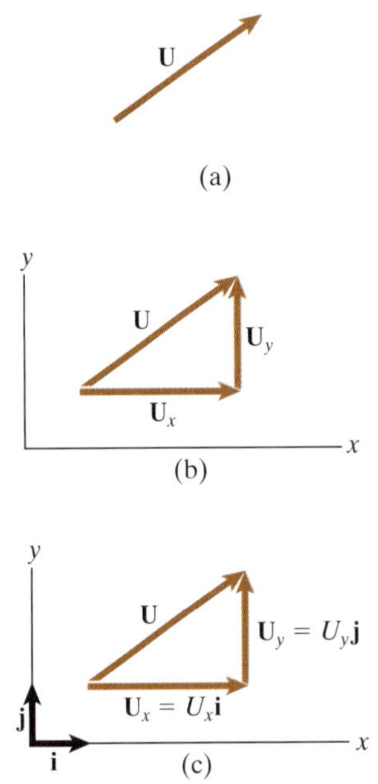

그림 2.11

(a) 벡터 $\mathbf{U}$
(b) 벡터 성분 $\mathbf{U}_x$, $\mathbf{U}_y$
(c) 벡터 성분은 $\mathbf{i}$와 $\mathbf{j}$로 표현될 수 있다.

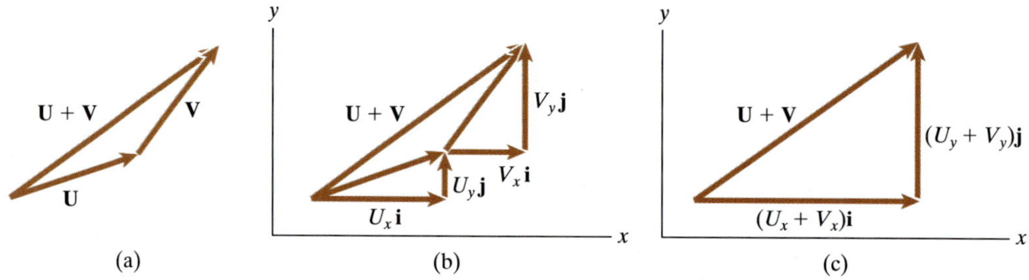

그림 2.12

(a) **U**와 **V**의 합, (b) **U**와 **V**의 성분, (c) 각 좌표 방향의 성분의 합은 해당 방향의 **U** + **V** 성분과 같다.

스칼라 성분을 의미한다. $\mathbf{U}_x$와 $\mathbf{U}_y$를 각각 **U**의 x, y 성분이라 정의한다.

벡터의 성분은 직교 좌표계를 기준으로 한 방향과 크기를 모두 지정한다. 벡터 **U**와 벡터 성분(그림 2.11c)으로 형성된 직각삼각형에서 **U**의 크기는 피타고라스 정리, 즉 식 (2.8)에 의해 성분으로 표시된다는 것을 알 수 있다.

$$|\mathbf{U}| = \sqrt{U_x{}^2 + U_y{}^2} \tag{2.8}$$

이 방정식을 사용하면 벡터의 성분을 알 수 있을 때 벡터의 크기를 결정할 수 있다.

성분을 이용한 벡터 계산

성분을 이용한 두 벡터 **U**와 **V**의 합은 다음과 같다.

$$\begin{aligned} \mathbf{U} + \mathbf{V} &= (U_x\mathbf{i} + U_y\mathbf{j}) + (V_x\mathbf{i} + V_y\mathbf{j}) \\ &= (U_x + V_x)\mathbf{i} + (U_y + V_y)\mathbf{j} \end{aligned} \tag{2.9}$$

U + **V**의 성분들은 벡터 **U**와 **V**의 성분들의 합이다. 식 (2.2), (2.4), (2.5)를 사용해 이 결과들을 얻었다는 것을 기억하라.

식 (2.9)를 그림으로 유도하는 것이 도움이 된다. **U**와 **V**의 합은 그림 2.12a에 설명되어 있다. 그림 2.12b에는 사용된 좌표계와 **U**와 **V**의 성분들이 설명되어 있다. 그림 2.12c에서 x와 y 성분을 각각 합산해 식 (2.9)를 얻는다.

U의 성분에 대한 숫자 a와 벡터 **U**의 곱은 다음과 같다.

$$a\mathbf{U} = a(U_x\mathbf{i} + U_y\mathbf{j}) = aU_x\mathbf{i} + aU_y\mathbf{j}$$

각 좌표 방향의 a**U** 성분은 해당 방향으로 **U**의 성분에 a를 곱한 것과 같다. 식 (2.3)과 식 (2.5)를 사용하면 구할 수 있다.

성분을 이용한 위치 벡터

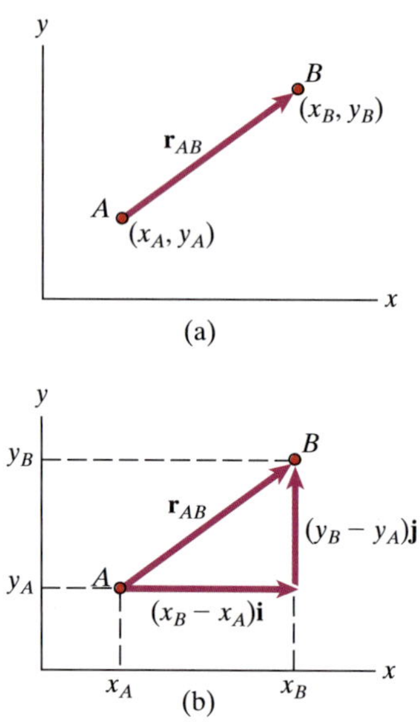

그림 2.13

(a) 두 점 A, B 및 A에서 B까지의 위치 벡터 $\mathbf{r}_{AB}$

(b) $\mathbf{r}_{AB}$의 성분은 점 A와 B의 좌표로부터 구할 수 있다.

점들의 직교 좌표를 이용해 한 점을 기준으로 다른 한 점의 위치 벡터를 표현할 수 있다. 좌표 (x_A, y_A)의 점 A와 좌표 (x_B, y_B)의 점 B를 고려해보자. $\mathbf{r}_{AB}$를 A에 대한

B의 위치를 지정하는 벡터로 설정한다(그림 2.13a). 즉 점 A에서 점 B까지의 벡터를 $\mathbf{r}_{AB}$로 표시한다. 그림 2.13b에서 식 (2.10)에 의해 $\mathbf{r}_{AB}$는 점 A와 B의 좌표로 주어진다는 것을 알 수 있다.

$$\mathbf{r}_{AB} = (x_B - x_A)\mathbf{i} + (y_B - y_A)\mathbf{j} \tag{2.10}$$

점 A에서 점 B까지의 위치 벡터의 x 성분은 B의 x 좌표에서 A의 x 좌표를 뺀 값이고, y 성분은 A의 y 좌표에서 B의 y 좌표를 뺀 값임을 알 수 있다.

결과 정리

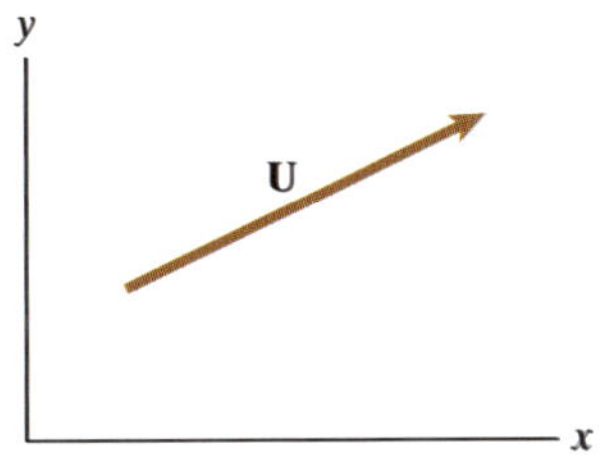

x–y 평면상의 벡터 $\mathbf{U}$는 다음 식으로 표현될 수 있다.

$$\mathbf{U} = U_x\mathbf{i} + U_y\mathbf{j} \tag{2.7}$$

여기에서 $\mathbf{i}$는 양의 x축 방향의 단위 벡터이고 $\mathbf{j}$는 양의 y축 방향의 단위 벡터이다.

$\mathbf{U}$의 크기는 식 (2.8)로 구할 수 있다.

$$|\mathbf{U}| = \sqrt{U_x^2 + U_y^2} \tag{2.8}$$

성분을 이용한 벡터 계산

$$\begin{aligned} \mathbf{U} + \mathbf{V} &= (U_x\mathbf{i} + U_y\mathbf{j}) + (V_x\mathbf{i} + V_y\mathbf{j}) \\ &= (U_x + V_x)\mathbf{i} + (U_y + V_y)\mathbf{j} \\ a\mathbf{U} &= a(U_x\mathbf{i} + U_y\mathbf{j}) \\ &= aU_x\mathbf{i} + aU_y\mathbf{j} \end{aligned} \tag{2.9}$$

벡터의 덧셈(또는 뺄셈)과 벡터의 숫자 곱셈은 성분을 이용해 구할 수 있다.

성분을 이용한 위치 벡터

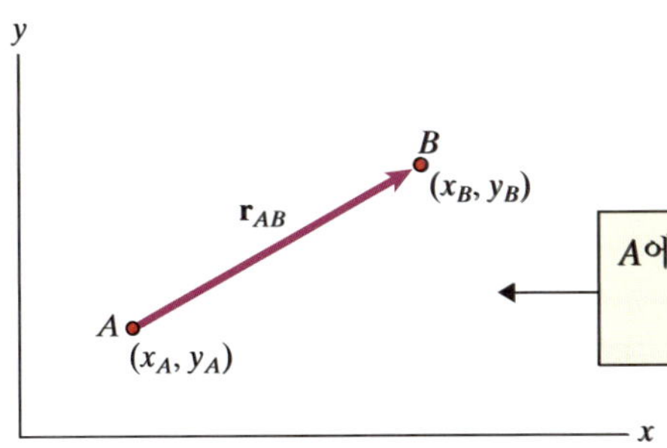

A에서 B까지의 위치 벡터는 다음 식으로 구한다.

$$\mathbf{r}_{AB} = (x_B - x_A)\mathbf{i} + (y_B - y_A)\mathbf{j} \tag{2.10}$$

실습 예제 2.3 성분 결정

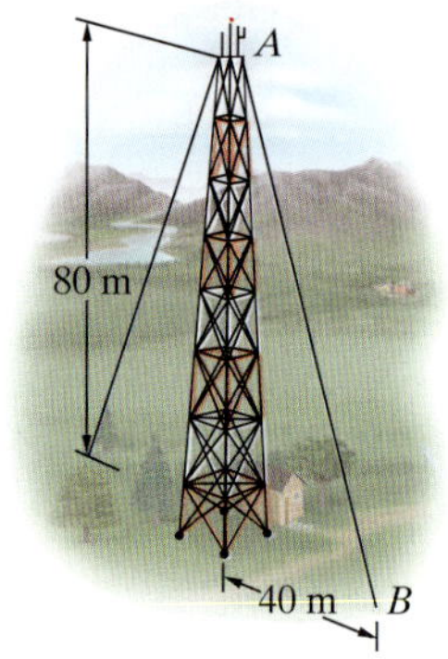

A 지점에서 B 지점으로 향하는 케이블이 벡터 **F**로 표시되는 900 N의 힘을 텔레비전 송신탑 꼭대기에 가한다. 그림에 표시된 좌표계를 사용해 성분으로 **F**를 표현하라.

전략

벡터 **F**의 성분은 두 가지 방법으로 구한다. 첫 번째 방법에서는 **F**와 y축 사이의 각도를 구하고 삼각법을 사용해서 성분을 구한다. 두 번째 방법에서는 케이블 AB의 주어진 기울기를 사용하고 닮은꼴 삼각형을 적용해서 **F**의 성분을 구한다.

풀이

첫 번째 방법

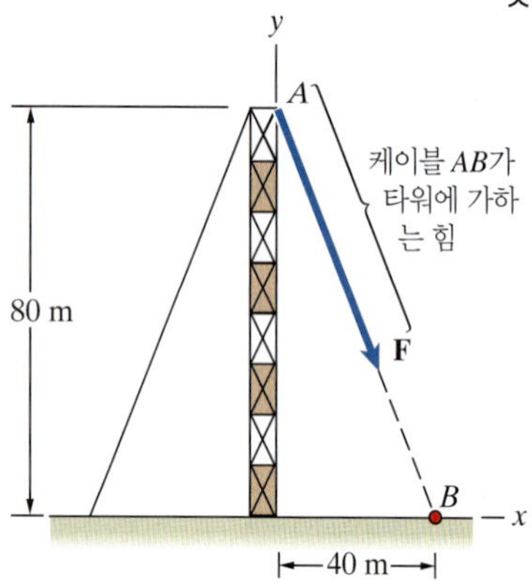

F와 y축 사이의 각도를 구한다. 즉

$$\alpha = \arctan\left(\frac{40}{80}\right) = 26.6°$$

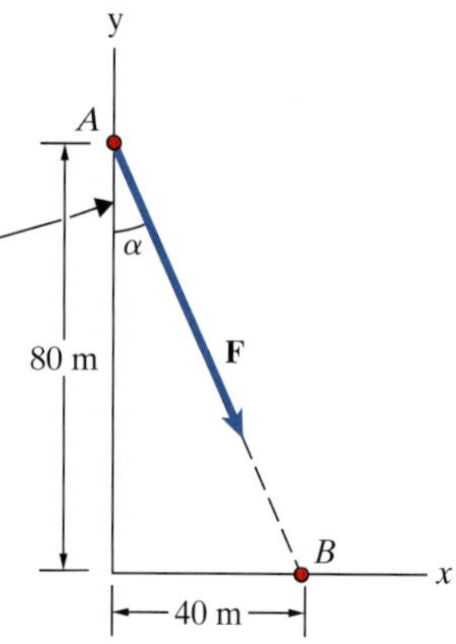

삼각법을 사용해서 **F**의 성분을 구한다.

$$\begin{aligned}\mathbf{F} &= |\mathbf{F}|\sin\alpha\mathbf{i} - |\mathbf{F}|\cos\alpha\mathbf{j} \\ &= 900\sin 26.6°\,\mathbf{i} - 900\cos 26.6°\,\mathbf{j}\ (\text{N}) \\ &= 402\mathbf{i} - 805\mathbf{j}\ (\text{N})\end{aligned}$$

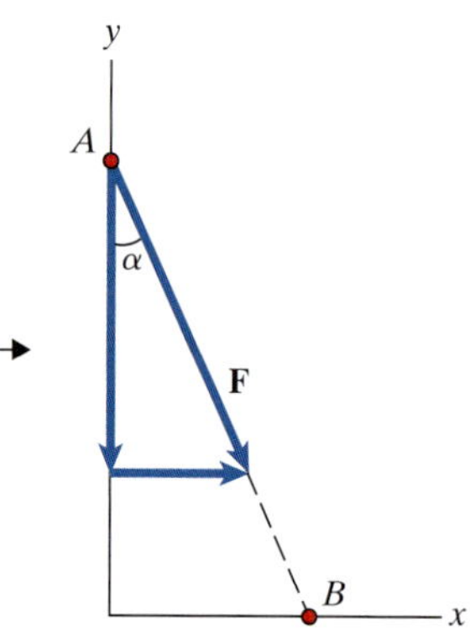

두 번째 방법

주어진 치수를 사용해서 A에서 B까지의 거리를 계산한다.

$$\sqrt{(40\text{ m})^2 + (80\text{ m})^2} = 89.4\text{ m}$$

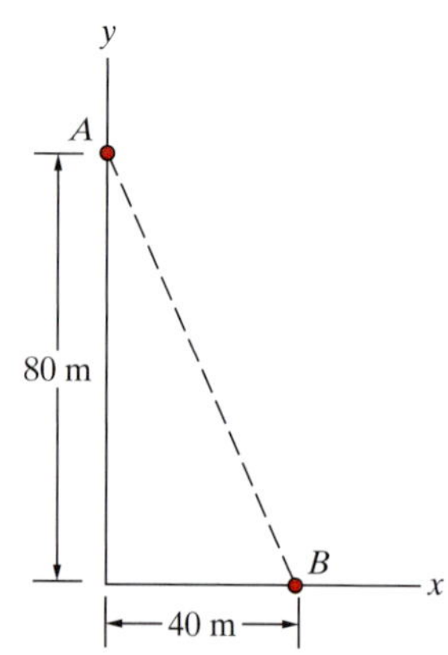

닮은꼴 삼각형을 사용해서 **F**의 성분을 구한다.

$$\frac{|F_x|}{|\mathbf{F}|} = \frac{40\text{ m}}{89.4\text{ m}} \qquad \frac{|F_y|}{|\mathbf{F}|} = \frac{80\text{ m}}{89.4\text{ m}}$$

따라서

$$\mathbf{F} = \frac{40}{89.4}(900\text{ N})\mathbf{i} - \frac{80}{89.4}(900\text{ N})\mathbf{j}$$
$$= 402\mathbf{i} - 805\mathbf{j}\text{ (N)}$$

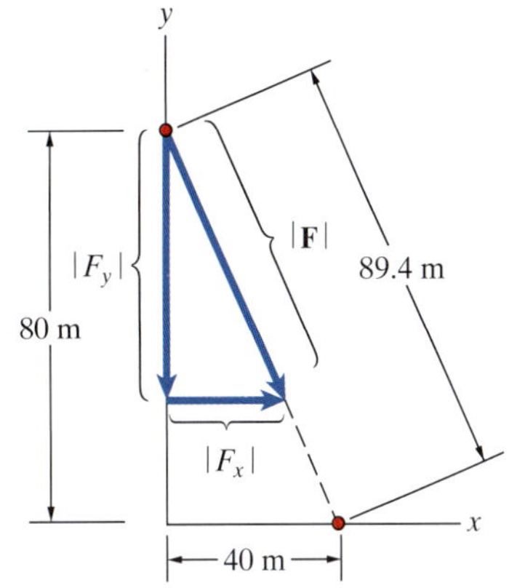

실습 문제 A 지점에서 B 지점으로 향하는 케이블이 벡터 **F**로 표시되는 900 N의 힘을 텔레비전 송신탑 꼭대기에 가한다. **F**의 y 성분 크기가 x 성분 크기의 3배가 되도록 B 지점의 위치를 변경한다고 가정하자. **F**를 성분을 이용해 나타내라. B는 좌표계 원점에서 x축을 따라 얼마나 멀리 배치되어야 하는가?

답: F = 285**i** − 854**j** (N). 원점에서 26.7 m 지점에 점 B를 배치한다.

예제 2.4 각도로 성분 결정

많은 기계 장치에서 힘을 작용하기 위해 유압 실린더가 사용된다. 이 힘은 실린더 내의 피스톤에 가압된 액체(유압 유체)에 의해 작용된다. 유압 실린더 AB가 점 B에서 덤프트럭의 바닥에 4000 lb의 힘 **F**를 작용한다. 그림에 표시된 좌표계를 사용해서 성분으로 **F**를 표현하라.

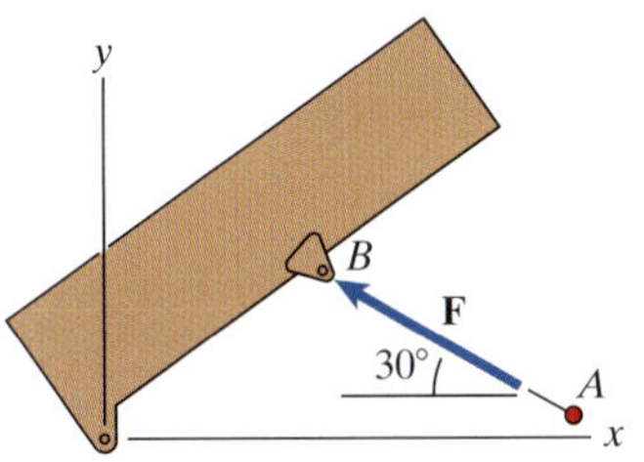

전략

이 예제와 같이 벡터의 방향을 각도로 지정하면 벡터와 그 성분이 이루는 직각삼각형으로부터 성분의 값을 구할 수 있다.

풀이

그림 a와 같이 벡터 **F**와 그 성분을 그린다. 그림의 직각삼각형에서 $\mathbf{F}_x$의 크기는 다음과 같다.

$$|\mathbf{F}_x| = |\mathbf{F}|\cos 30° = (4000\text{ lb})\cos 30° = 3460\text{ lb}$$

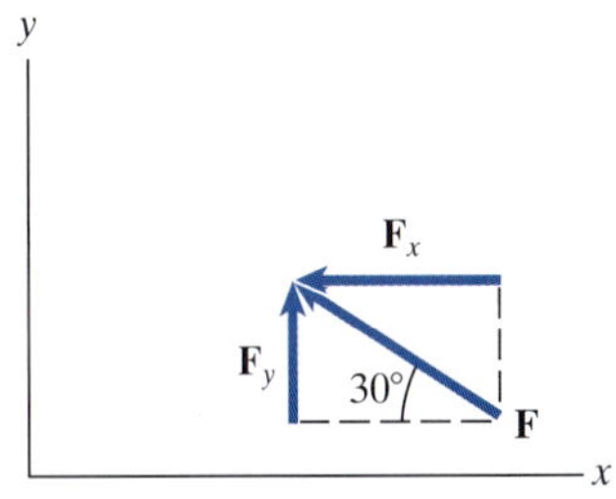

(a) 직각삼각형을 이용해 표현한 힘 **F**와 그 성분

$\mathbf{F}_x$는 음의 x 방향을 가리키므로 다음과 같다.

$$\mathbf{F}_x = -3460\mathbf{i} \text{ (lb)}$$

$\mathbf{F}_y$의 크기는 다음과 같다.

$$|\mathbf{F}_y| = |\mathbf{F}|\sin 30^\circ = (4000 \text{ lb})\sin 30^\circ = 2000 \text{ lb}$$

벡터의 성분 $\mathbf{F}_y$는 양의 y 방향을 향하므로 다음과 같다.

$$\mathbf{F}_y = 2000\mathbf{j} \text{ (lb)}$$

벡터 $\mathbf{F}$를 성분으로 표시하면 $\mathbf{F} = \mathbf{F}_x + \mathbf{F}_y = -3460\mathbf{i} + 2000\mathbf{j}$ (lb)이다. $\mathbf{F}$의 x 성분은 -3460 lb이고 y 성분은 2000 lb이다.

비판적 사고

주어진 벡터의 성분을 구한 후에는 해당 성분이 타당한지 확인해야 한다. 이 예제에서는 벡터 방향을 고려할 때 x 성분은 음수이고 y 성분은 양수여야 한다. 또한 벡터 성분이 올바른 크기를 나타내는지 확인해야 한다. 이 예제에서는

$$|\mathbf{F}| = \sqrt{(-3460 \text{ lb})^2 + (2000 \text{ lb})^2} = 4000 \text{ lb}$$

예제 2.5 알 수 없는 벡터 크기 결정

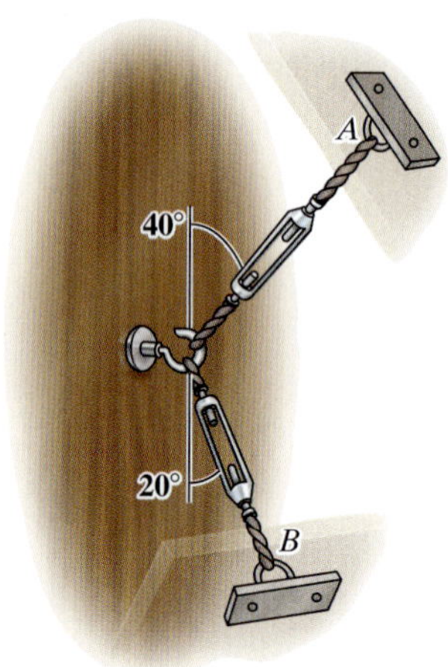

케이블 A, B가 후크에 $\mathbf{F}_A$, $\mathbf{F}_B$의 힘을 가한다. $\mathbf{F}_A$의 크기는 100 lb이다. 케이블 B의 장력이 합력 $\mathbf{F}_A + \mathbf{F}_B$가 후크가 부착된 벽에 수직이 되도록 조정되었다.

(a) $\mathbf{F}_B$의 크기는 얼마인가?

(b) 두 케이블이 후크에 가하는 총힘의 크기는 얼마인가?

전략

두 힘의 벡터 합은 벽에 수직이므로 벽에 평행한 성분의 합은 0이다. 이 조건으로부터 $\mathbf{F}_B$의 크기에 대한 방정식을 얻을 수 있다.

풀이

(a) 그림 a에 표시된 좌표계의 관점에서 $\mathbf{F}_A$, $\mathbf{F}_B$의 성분은 다음과 같다.

$$\mathbf{F}_A = |\mathbf{F}_A|\sin 40^\circ\mathbf{i}\; |F_A|\cos 40^\circ\mathbf{j}$$
$$\mathbf{F}_B = |\mathbf{F}_B|\sin 20^\circ\mathbf{i} - |F_B|\cos 20^\circ\mathbf{j}$$

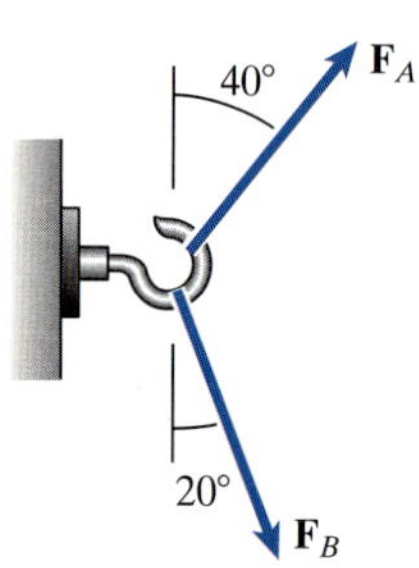

총힘은 다음과 같다.

$$\mathbf{F}_A + \mathbf{F}_B = (|\mathbf{F}_A|\sin 40^\circ + |\mathbf{F}_B|\sin 20^\circ)\mathbf{i} + (|\mathbf{F}_A|\cos 40^\circ - |\mathbf{F}_B|\cos 20^\circ)\mathbf{j}$$

이제 벽에 평행한 총힘의 성분(y 성분)을 0으로 설정한다.

$$|\mathbf{F}_A|\cos 40^\circ - |\mathbf{F}_B|\cos 20^\circ = 0$$

다음으로 $\mathbf{F}_B$의 크기에 대한 방정식을 얻는다.

$$|\mathbf{F}_B| = \frac{|\mathbf{F}_A|\cos 40^\circ}{\cos 20^\circ} = \frac{(100\ \text{lb})\cos 40^\circ}{\cos 20^\circ} = 81.5\ \text{lb}$$

(b) 이제 $\mathbf{F}_B$의 크기를 알았으므로 후크에 작용하는 총힘을 구할 수 있다.

$$\begin{aligned}\mathbf{F}_A + \mathbf{F}_B &= (|\mathbf{F}_A|\sin 40^\circ + |\mathbf{F}_B|\sin 20^\circ)\mathbf{i} \\ &= [(100\ \text{lb})\sin 40^\circ + (81.5\ \text{lb})\sin 20^\circ]\mathbf{i} = 92.2\mathbf{i}\ (\text{lb})\end{aligned}$$

총힘의 크기는 92.2 lb이다.

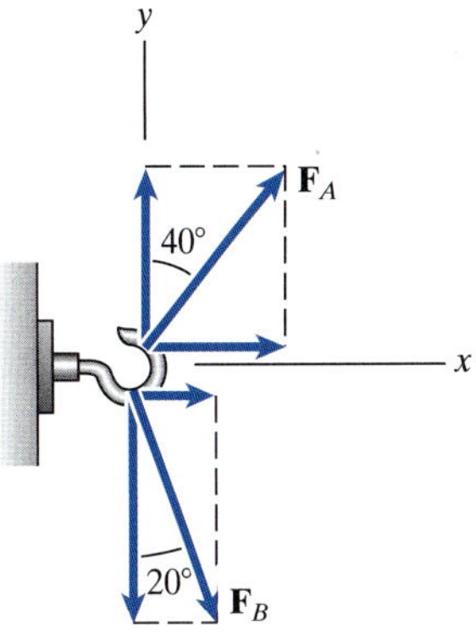

(a) $\mathbf{F}_A$, $\mathbf{F}_B$를 벽에 평행하고 수직인 성분으로 분해한다.

비판적 사고

우회적인 방법으로 (a)에 대한 해를 구할 수 있다. 벽에 평행한 총힘의 성분이 0인 경우 그림 a에서 $\mathbf{F}_A$의 수직 성분의 크기는 $\mathbf{F}_B$의 수직 성분의 크기와 같아야 함을 알 수 있다.

$$|\mathbf{F}_A|\cos 40^\circ = |\mathbf{F}_B|\cos 20^\circ$$

따라서 $\mathbf{F}_B$의 크기는

$$|\mathbf{F}_B| = \frac{|\mathbf{F}_A|\cos 40^\circ}{\cos 20^\circ} = \frac{(100\ \text{lb})\cos 40^\circ}{\cos 20^\circ} = 81.5\ \text{lb}$$

연습문제

2.17 두 힘의 성분이 각각 $\mathbf{F}_A = 60\mathbf{i} - 20\mathbf{j}$ (lb), $\mathbf{F}_B = 30\mathbf{i} + 40\mathbf{j}$ (lb)로 주어진다. (a) 힘의 크기는 얼마인가? (b) 그 합 $\mathbf{F}_A + \mathbf{F}_B$의 크기는 얼마인가?

전략: 식 (2.8)을 이용해서 성분으로 벡터의 크기를 구한다.

2.18 세 개의 벡터 $\mathbf{A} = 12\mathbf{i} + 8\mathbf{j}$, $\mathbf{B} = B_x\mathbf{i} + B_y\mathbf{j}$, $\mathbf{C} = C_x\mathbf{i} + C_y\mathbf{j}$를 고려하자. 그 합은 0, 즉 $\mathbf{A} + \mathbf{B} + \mathbf{C} = 0$이며, $\mathbf{B}$, $\mathbf{C}$의 성분은 $B_x = -2B_y$, $C_x = 3C_y$를 만족한다. $\mathbf{B}$, $\mathbf{C}$의 크기는 얼마인가?

2.19 벡터 $\mathbf{r} = x\mathbf{i} + y\mathbf{j}$가 다음 그림의 식으로 주어진 곡선 상의 점으로 향한다. 벡터의 크기가 최소가 되는 x, y의 값을 구하라. 최소 크기는 얼마인가?

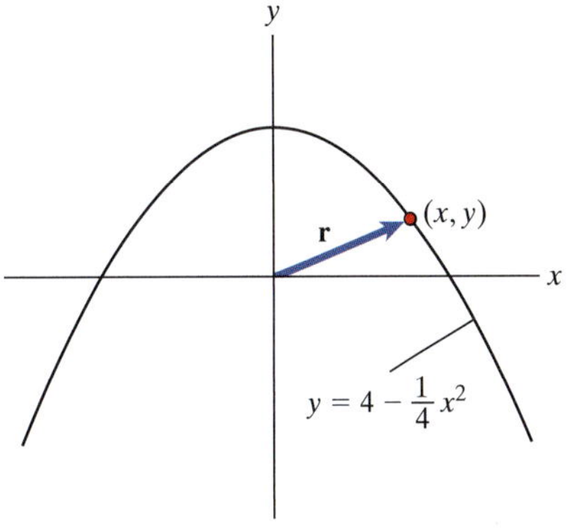

연습문제 2.19

2.20 힘 $\mathbf{F}_A = 90\mathbf{i}$ (kN), $\mathbf{F}_B = 60\mathbf{j}$ (kN)이다. 힘 $\mathbf{F}_C = c(-2\mathbf{i} - \mathbf{j})$이며, 여기에서 c는 매개변수이다. 세 가지 힘이 빔에 가하는 총힘의 크기가 최소가 되도록 c 값을 구하라. 최소 크기는 얼마인가?

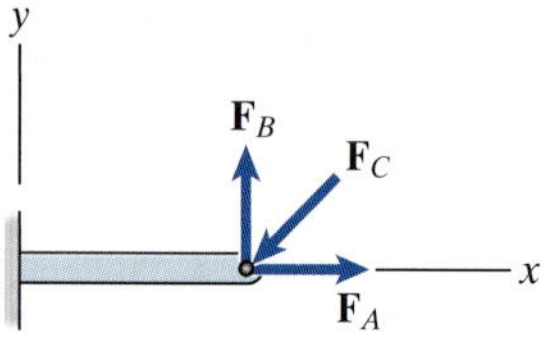

연습문제 2.20

2.21 범선에 작용하는 힘이 무게 $\mathbf{W} = -500\mathbf{j}$ (lb), 양력 $\mathbf{L}$, 항력 $\mathbf{D}$이다. 양력 벡터 $\mathbf{L}$과 수직 y축 사이의 각도는 20°이고 항력 벡터는 리프트 벡터에 수직이다. 그림에 표시된 순간에 범선에 작용하는 힘의 합은 0, 즉 $\mathbf{L} + \mathbf{D} + \mathbf{W} = 0$이다. $\mathbf{L}$과 $\mathbf{D}$의 크기를 구하라.

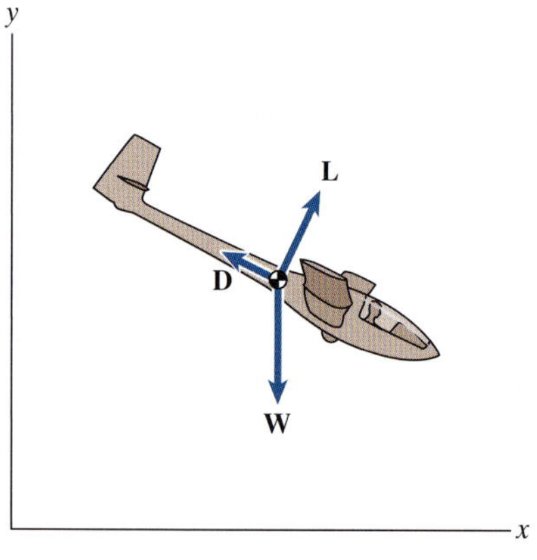

연습문제 2.21

2.22 두 단위 벡터 $\mathbf{e}_1$, $\mathbf{e}_2$가 그림과 같다. 벡터 $\mathbf{U} = 2\mathbf{e}_1 + 3\mathbf{e}_2$의 크기를 구하라.

전략: 직교 좌표계를 도입하고 $\mathbf{e}_1$, $\mathbf{e}_2$를 해당 성분으로 나타낸다.

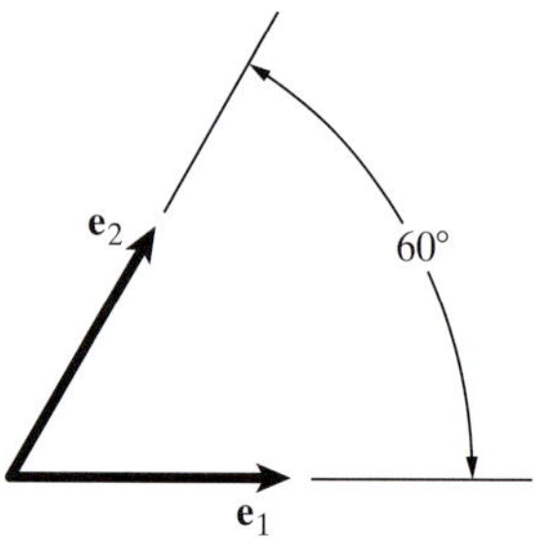

연습문제 2.22

2.23 두 힘이 지지대에 작용하고 있다. 그 크기는 $|\mathbf{F}_A| = 300$ lb, $|\mathbf{F}_B| = 200$ lb이다. 두 힘이 지지대에 가하는 합력 $|\mathbf{F}_A + \mathbf{F}_B|$의 크기를 구하라.

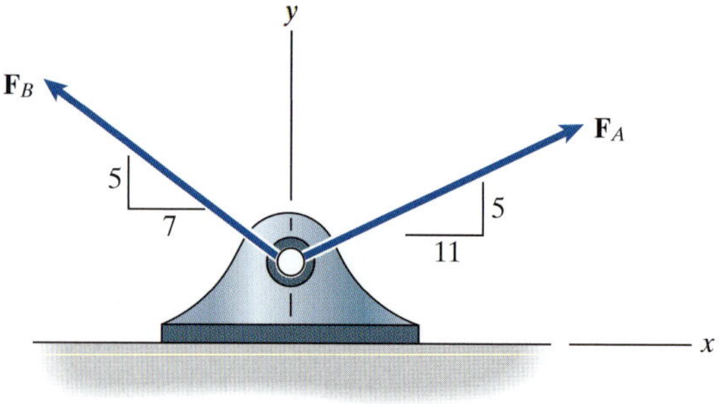

연습문제 2.23

2.24 어떤 사람이 상자를 트럭 위로 밀기 위해 30 lb의 힘 $\mathbf{F}$를 가한다. (a) 그림에 표시된 좌표계를 사용해 $\mathbf{F}$를 성분으로 나타내라. (b) 상자의 무게는 120 lb이다. 사람이 가한 힘과 상자의 무게를 합한 크기는 얼마인가?

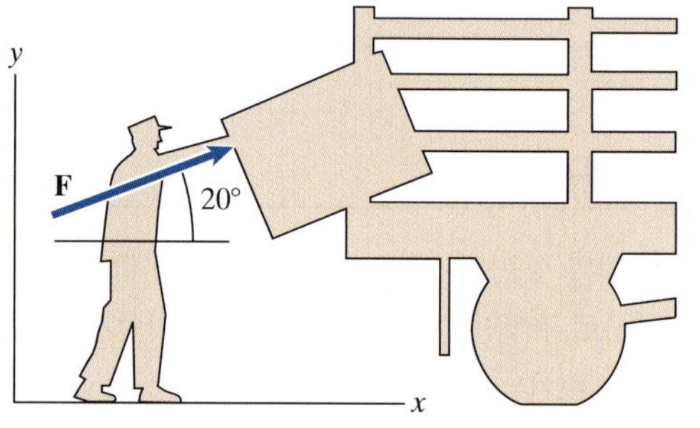

연습문제 2.24

2.25 미사일의 엔진이 130 kN의 추력 $\mathbf{F}$를 발휘한다. (a) 그림에 표시된 좌표계를 사용해 $\mathbf{F}$를 성분의 관점에서 나타내라. (b) 미사일의 질량은 1800 kg이다. 추력 $\mathbf{F}$와 미사일 무게의 합은 얼마인가?

연습문제 2.25

2.26 힘 $\mathbf{F}_A$의 크기가 8 kN, 수직력 $\mathbf{F}_B$의 크기가 2 kN이다. $0 \le \alpha \le 90°$ 범위에서 α가 얼마일 때 두 힘의 합력의 크기가 9 kN이 되는가?

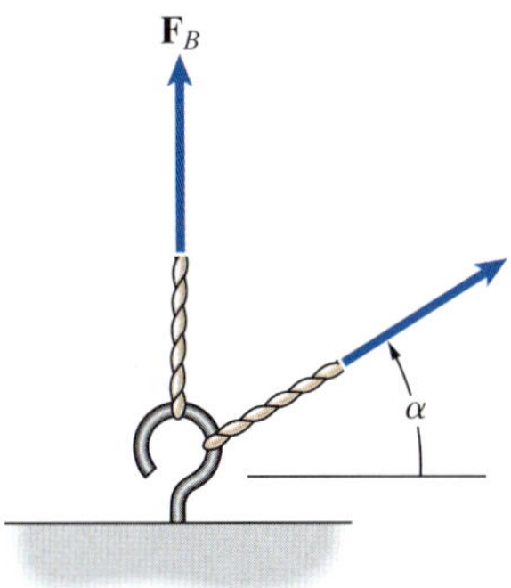

연습문제 2.26

2.27 x축은 막대 AB와 평행이고 x'축은 막대 BC와 평행이다. 벡터 $\mathbf{F}$의 크기는 200 lb이다. (a) $\mathbf{F}$를 x–y 좌표계 성분으로 나타내라. 이 성분들을 사용해 $\mathbf{F}$의 크기를 구하라. (b) $\mathbf{F}$를 x'–y' 좌표계 성분으로 나타내라. 이 성분들을 사용해 $\mathbf{F}$의 크기를 구하라.

2.28 벡터 F의 x'축에 평행한 성분 크기가 150 lb라고 하자. (a) $\mathbf{F}$의 크기는 얼마인가? (b) x–y 좌표계의 성분으로 $\mathbf{F}$를 나타내라.

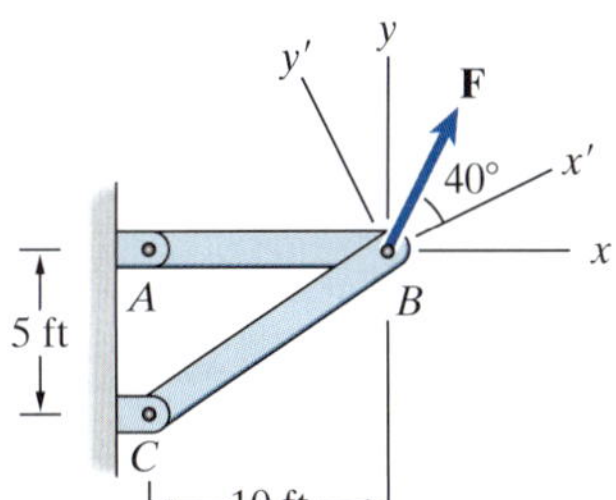

연습문제 2.27/2.28

2.29 크기가 $|\mathbf{A}| = 12$, $|\mathbf{B}| = 10$일 때, (a) $\mathbf{A}$를 x'–y' 좌표계 성분으로 나타내라. (b) $\mathbf{B}$를 x–y 좌표계 성분으로 나타내라.

2.30 크기가 $|\mathbf{A}| = 12$, $|\mathbf{B}| = 10$일 때 $|\mathbf{A} + \mathbf{B}|$를 구하라.

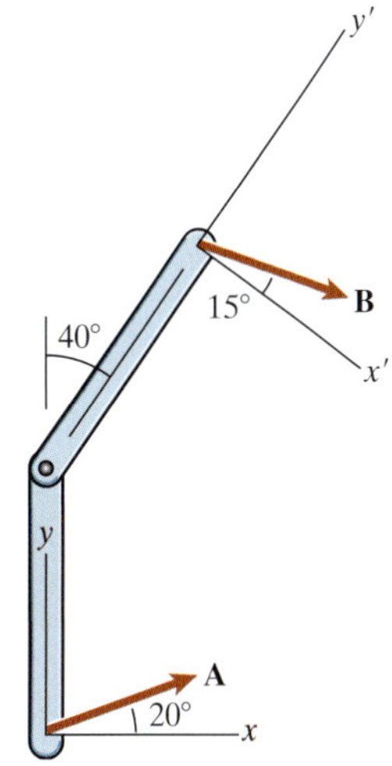

연습문제 2.29/2.30

2.31 실습 예제 2.3에서 케이블 AB가 타워 꼭대기에 900 N의 힘을 가한다. 부착점 B가 타워로부터 멀어지는 방향으로 수평 이동하고, 케이블이 타워 꼭대기에 가하는 힘 $\mathbf{F}$의 크기는 케이블의 길이에 비례한다고 가정하자. (a) 힘의 크기가 1000 N이라면 탑에서 점 B까지의 거리는 얼마인가? (b) 그림에 표시된 좌표계를 사용해 1000 N의 힘 $\mathbf{F}$를 성분으로 나타내라.

2.32 (a) $\theta = 30°$일 때, (b) $\theta = 225°$일 때 위치 벡터 $\mathbf{r}_{AB}$를 성분으로 나타내라.

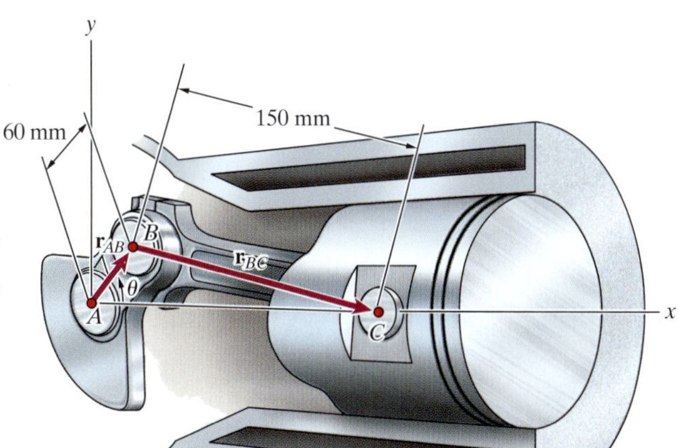

연습문제 2.32

2.33 예제 2.4에서 고정점 A의 좌표가 (17, 1) ft이다. 운전자는 점 B의 좌표가 (9, 3) ft인 새로운 위치로 트럭의 적재함을 내린다. 적재함이 새로운 위치에 있을 때 유압 실린더가 적재함에 가하는 힘 **F**는 4800 lb이다. 새로운 상황에 대한 스케치를 그려라. **F**를 성분으로 나타내라.

2.34 측량사는 레이저 장비를 사용해 점 B의 좌표가 x = 120 m, y = 122 m임을 알았다. $|\mathbf{r}_{OA}|$ = 125 m, $|\mathbf{r}_{AB}|$ = 62 m이다. 벡터 $\mathbf{r}_{OA}$를 구하라.

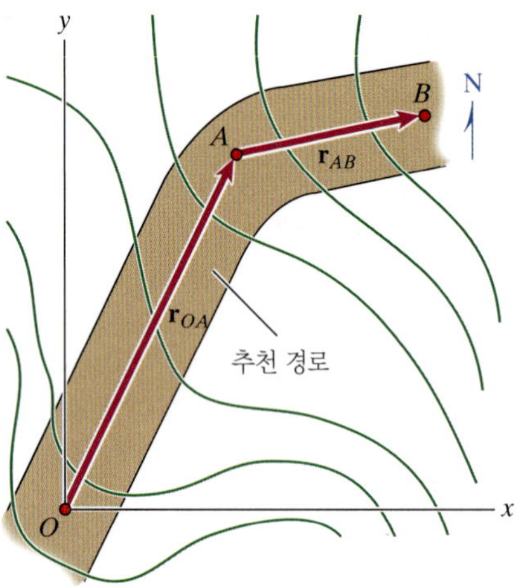

연습문제 2.34

2.35 점 B에서 점 A까지의 위치 벡터 $\mathbf{r}_{BA}$의 크기가 6 m이고 점 C에서 점 A까지의 위치 벡터 $\mathbf{r}_{CA}$의 크기가 4 m이다. $\mathbf{r}_{BA}$의 성분은 무엇인가?

2.36 연습문제 2.35에서 점 C에서 점 A를 가리키는 단위 벡터 $\mathbf{e}_{CA}$의 성분을 구하라.

전략: $\mathbf{r}_{CA}$의 성분을 구한 다음 벡터 $\mathbf{r}_{CA}$를 크기로 나눈다.

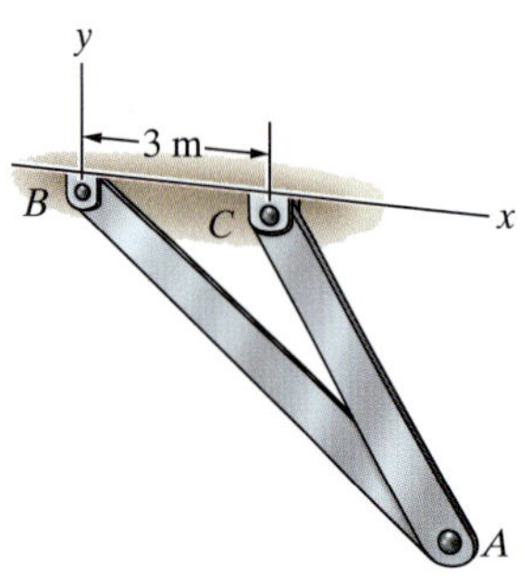

연습문제 2.35/2.36

2.37 유압 실린더 BC가 C에 있는 크레인의 붐에 힘 **F**를 가한다. 힘은 B에서 C를 향하고 크기는 $|\mathbf{F}|$ = 300 kN이다. **F**의 성분을 구하라.

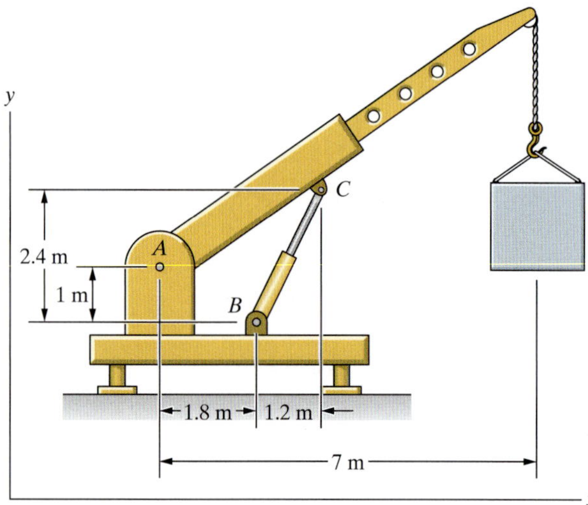

연습문제 2.37

2.38 철근 AB의 길이가 0.6 m이다. 점 A에서 점 B를 가리키는 단위 벡터 $\mathbf{e}_{AB}$의 성분을 구하라.

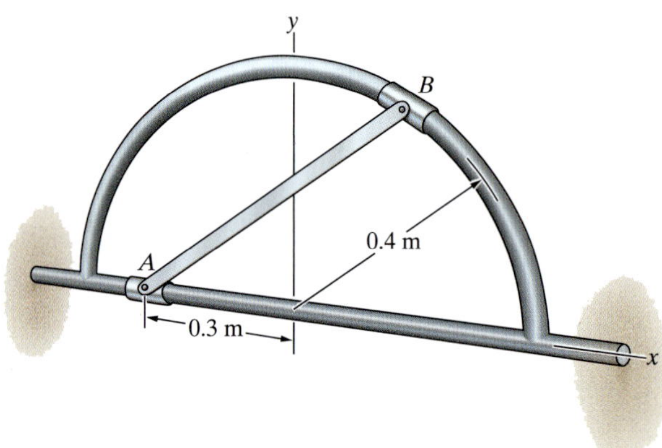

연습문제 2.38

2.39 링크 AC가 C의 유압 실린더에 힘 $\mathbf{F}_{AC}$를 가한다. 힘은 C에서 A를 향하고 그 크기는 $|\mathbf{F}_{AC}|$ = 650 N이다. $\mathbf{F}_{AC}$의 성분을 구하라.

2.40 링크 CD가 C의 유압 실린더에 힘 $\mathbf{F}_{CD}$를 가한다. 힘은 C에서 D를 향하고 그 크기는 $|\mathbf{F}_{CD}| = 600$ N이다. $\mathbf{F}_{CD}$의 성분을 구하라.

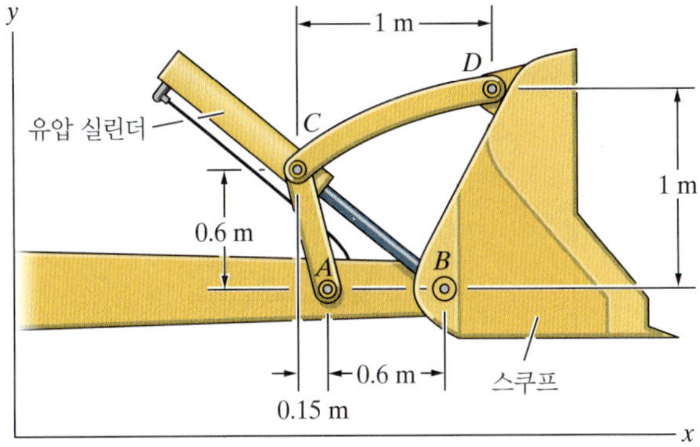

연습문제 2.39/2.40

2.41 측량사가 선 OA의 길이가 1500 m, 선 OB의 길이가 2000 m임을 알았다. (a) 점 A에서 점 B까지의 위치 벡터의 성분을 구하라. (b) 점 A에서 점 B를 가리키는 단위 벡터의 성분을 구하라.

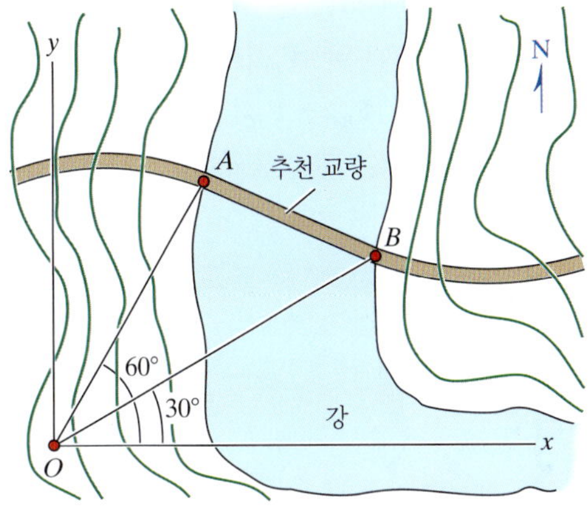

연습문제 2.41

2.42 케이블이 가하는 힘의 크기가 $|\mathbf{T}_1| = 2800$ lb, $|\mathbf{T}_2| = 3200$ lb, $|\mathbf{T}_3| = 4000$ lb, $|\mathbf{T}_4| = 5000$ lb이다. 네 개의 케이블이 가하는 총힘의 크기는 얼마인가?

2.43 네 개의 케이블의 장력이 $|\mathbf{T}_1| = T$, $|\mathbf{T}_2| = 1.5T$, $|\mathbf{T}_3| = 2.5T$, $|\mathbf{T}_4| = 3T$일 때, 네 개의 케이블이 지지대에 24 kN 크기의 합력을 가하도록 T 값을 구하라.

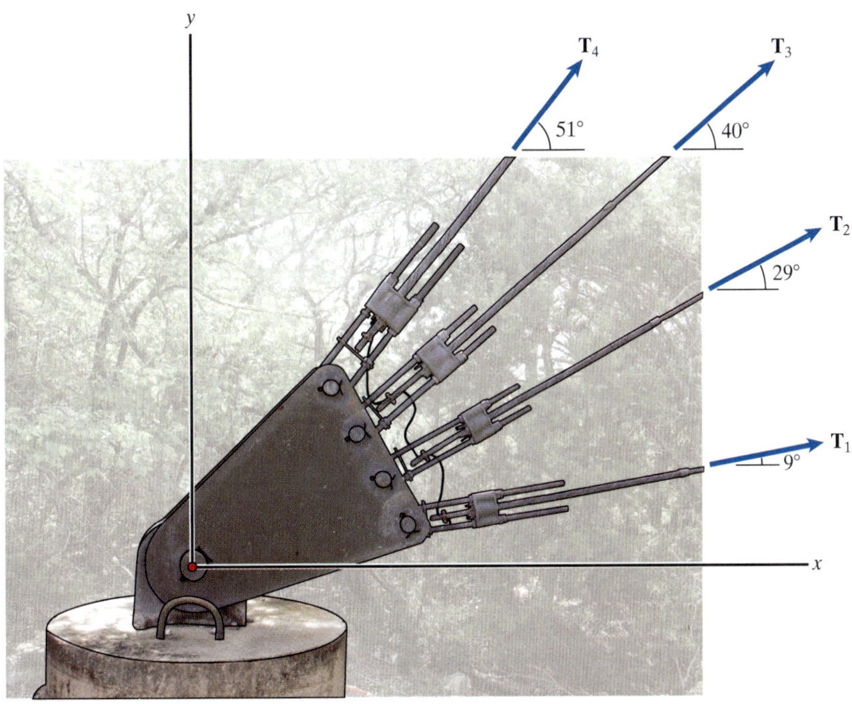

연습문제 2.42/2.43

2.44 로프 ABC가 B에 있는 블록에 크기가 동일한 힘 $\mathbf{F}_{BA}$, $\mathbf{F}_{BC}$를 가한다. 즉 $|\mathbf{F}_{BA}| = |\mathbf{F}_{BC}|$이다. 로프가 B의 블록에 가하는 합력의 크기는 $|\mathbf{F}_{BA} + \mathbf{F}_{BC}| = 920$ N이다. 힘 $\mathbf{F}_{BA}$, $\mathbf{F}_{BC}$를 성분으로 나타내어 $|\mathbf{F}_{BA}|$를 구하라.

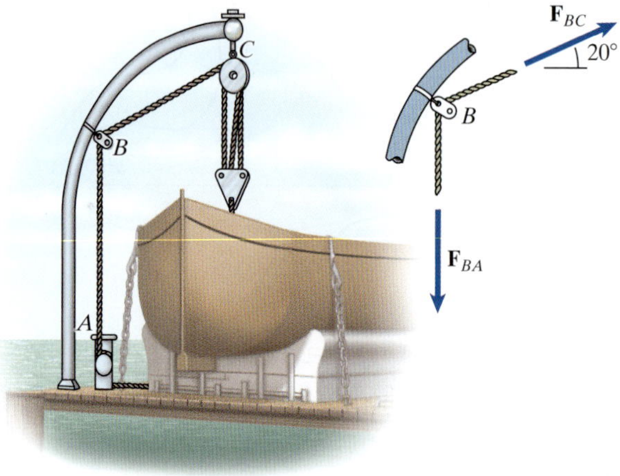

연습문제 2.44

2.45 수평력 $\mathbf{F}_1$의 크기가 5 kN이고 $\mathbf{F}_1 + \mathbf{F}_2 + \mathbf{F}_3 = 0$이다. $\mathbf{F}_2$, $\mathbf{F}_3$의 크기는 얼마인가?

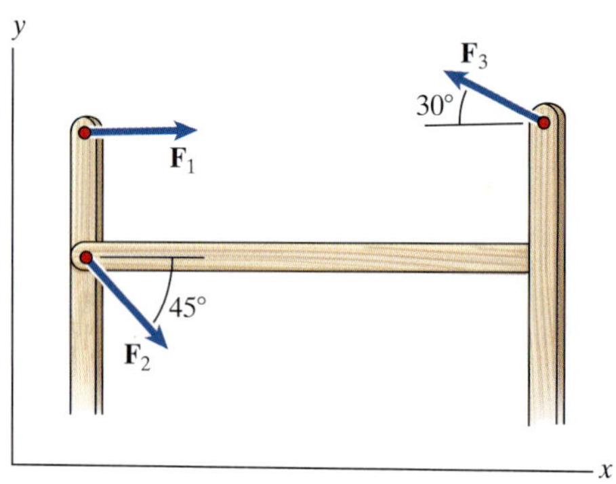

연습문제 2.45

2.46 네 그룹이 줄다리기를 벌인다. 그룹 B, C, D가 가하는 힘의 크기는 $|\mathbf{F}_B| = 800$ lb, $|\mathbf{F}_C| = 1000$ lb, $|\mathbf{F}_D| = 900$ lb이다. 네 힘의 벡터 합이 0이라면 $\mathbf{F}_A$의 크기와 각도 α는 얼마인가?

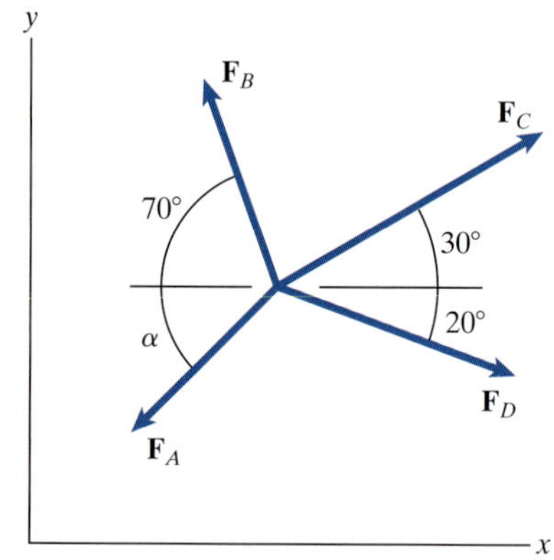

연습문제 2.46

2.47 예제 2.5에서 케이블 A의 부착점이 이동해 케이블과 벽 사이의 각도가 40°에서 55°로 증가한다고 가정하고 두 케이블이 후크에 가하는 힘을 나타내는 스케치를 그려라. 합력 $\mathbf{F}_A + \mathbf{F}_B$의 크기가 200 lb이고 벽에 수직인 방향이 되려면 $\mathbf{F}_A$, $\mathbf{F}_B$의 크기는 얼마여야 하는가?

2.48 브래킷이 그림에 표시된 두 힘을 지지해야 한다. 여기에서 $|\mathbf{F}_1| = |\mathbf{F}_2| = 2$ kN일 때, 한 엔지니어가 브래킷이 모든 방향에서 3.5 kN 크기의 합력을 안전하게 지지한다고 판단했다. $0 \le \alpha \le 90°$라고 할 때 각도 α의 안전 범위는 얼마인가?

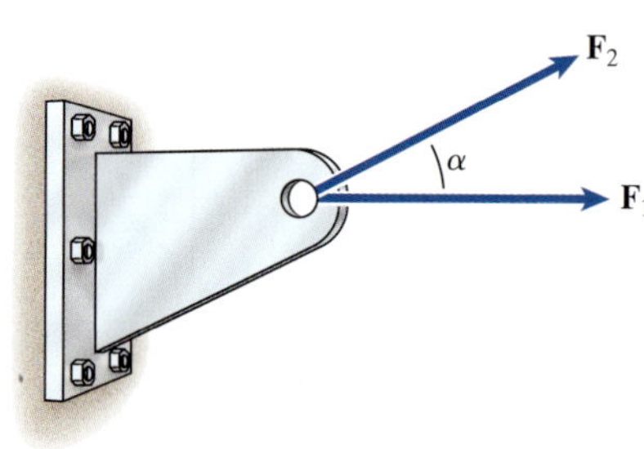

연습문제 2.48

2.49 다음 그림은 구조물의 접합부에 작용하는 세 가지 힘을 나타낸다. $\mathbf{F}_C$의 크기는 80 kN이고 $\mathbf{F}_A + \mathbf{F}_B + \mathbf{F}_C = 0$이다. $\mathbf{F}_A$, $\mathbf{F}_B$의 크기는 얼마인가?

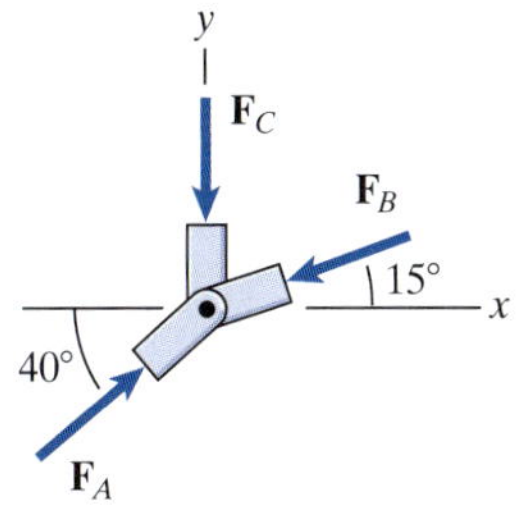

연습문제 2.49

2.50 네 개의 동일 평면력이 빔에 작용한다. 힘 $\mathbf{F}_B$, $\mathbf{F}_C$는 수직 방향이고, 전체 힘의 벡터 합은 0이며, 두 힘의 크기가 각각 $|\mathbf{F}_B| = 10$ kN, $|\mathbf{F}_C| = 5$ kN이라고 가정할 때, $\mathbf{F}_A$, $\mathbf{F}_D$의 크기를 구하라.

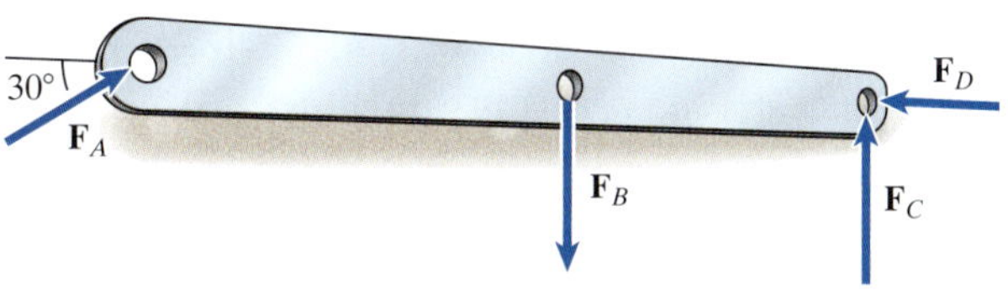

연습문제 2.50

2.51 여섯 개의 힘이 건물 뼈대의 일부분인 보에 작용한다. 힘의 벡터 합은 0이다. 크기가 $|\mathbf{F}_B| = |\mathbf{F}_E| = 20$ kN, $|\mathbf{F}_C| = 16$ kN, $|\mathbf{F}_D| = 9$ kN일 때, $\mathbf{F}_A$, $\mathbf{F}_G$의 크기를 구하라.

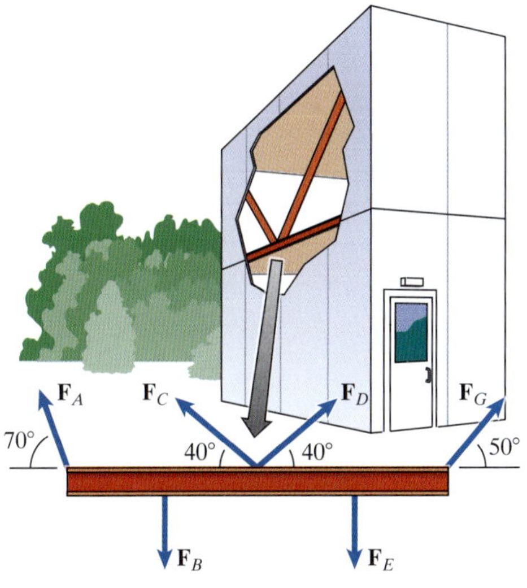

연습문제 2.51

2.52 사람과 파라세일의 총무게가 $|\mathbf{W}| = 230$ lb이다. 항력 $\mathbf{D}$는 양력 $\mathbf{L}$에 수직이다. 세 힘의 벡터 합이 0이라면 $\mathbf{L}$, $\mathbf{D}$의 크기는 얼마인가?

연습문제 2.52

2.53 자동차에 작용하는 세 가지 힘이 그림과 같다. 힘 $\mathbf{T}$는 x축에 평행하고 힘 $\mathbf{W}$의 크기는 14 kN이다. $\mathbf{T} + \mathbf{W} + \mathbf{N} = 0$이면 힘 $\mathbf{T}$, $\mathbf{N}$의 크기는 얼마인가?

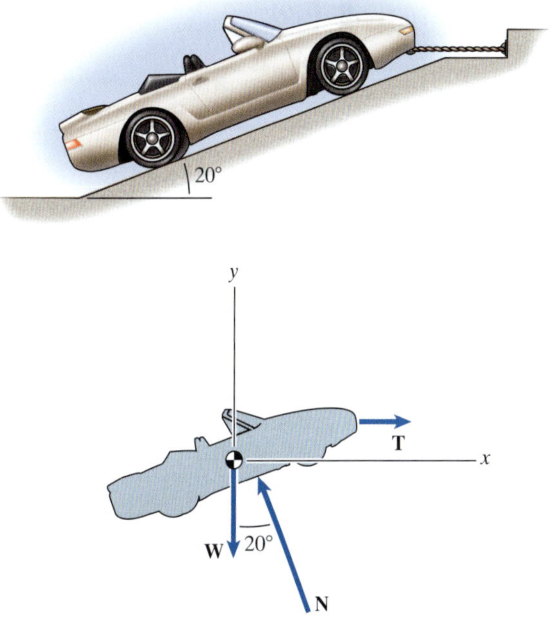

연습문제 2.53

2.54 보에 작용하는 세 힘의 합력이 0이다. 즉 $\mathbf{F}_A + \mathbf{F}_B + \mathbf{F}_C = 0$이다. $\mathbf{F}_A$의 크기 $|\mathbf{F}_A| = 800$ lb이다. $\mathbf{F}_C$, $\mathbf{F}_B$의 크기를 구하라.

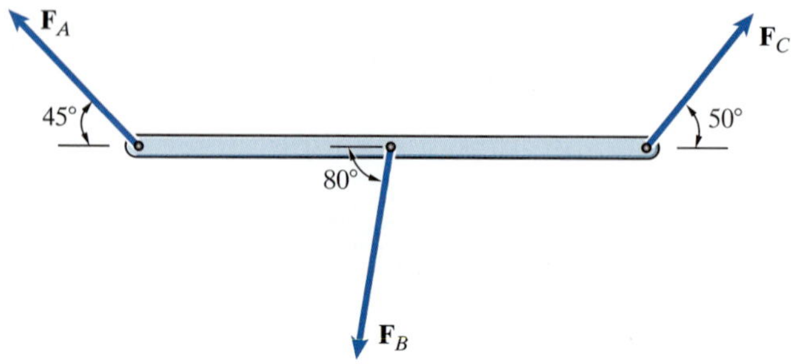

연습문제 2.54

2.55 범선의 포스테이 AB와 백스테이 BC가 마스트 B 상단에 가하는 총힘이 $180\mathbf{i} - 820\mathbf{j}$ (N)이다. 케이블 AB, BC가 B에 가하는 힘의 크기는 얼마인가?

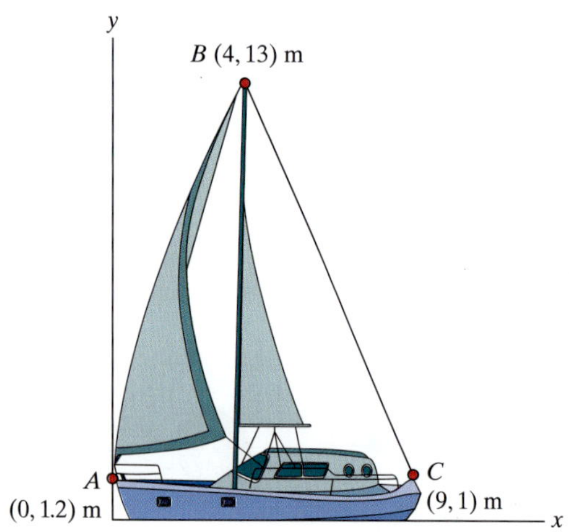

연습문제 2.55

2.56 그림의 구조물은 오케스트라 셸의 지붕을 지지하기 위해 건축 엔지니어가 설계한 트러스의 일부이다. 부재 AB, AC, AD가 조인트 A에 힘 $\mathbf{F}_{AB}$, $\mathbf{F}_{AC}$, $\mathbf{F}_{AD}$를 작용한다. 크기 $|\mathbf{F}_{AB}| = 4$ kN이다. 세 힘의 벡터 합이 0이면 $\mathbf{F}_{AC}$, $\mathbf{F}_{AD}$의 크기는 얼마인가?

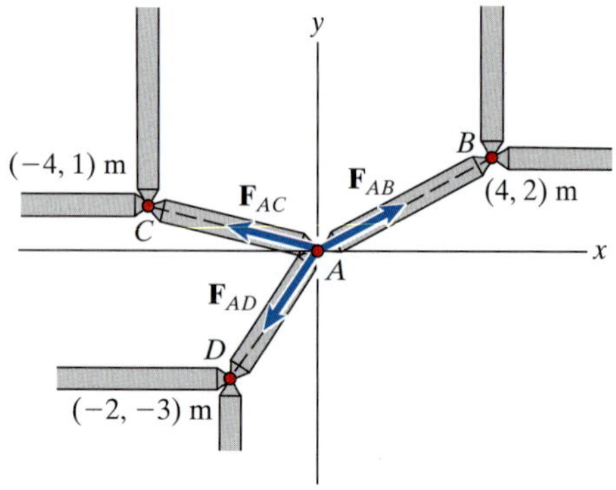

연습문제 2.56

2.57 길이 $s = 45$ in일 때, (a) B에서 A를 가리키는 단위 벡터 $\mathbf{e}_{BA}$를 구하라. (b) (a)에서 얻은 단위 벡터를 사용해 칼라 C의 좌표를 구하라.

2.58 칼라 C의 x, y 좌표를 거리 s의 함수로 구하라.

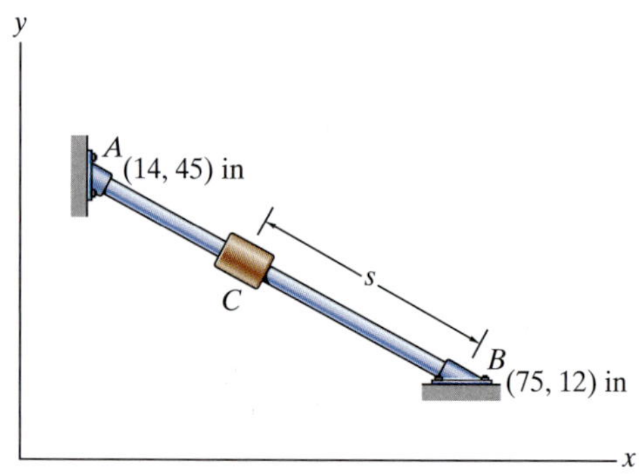

연습문제 2.57/2.58

2.59 벡터 $\mathbf{U}$는 x–y 좌표계 또는 x'–y' 좌표계의 성분으로 나타낼 수 있다.

$$\begin{aligned}\mathbf{U} &= U_x\mathbf{i} + U_y\mathbf{j}\\ &= U_{x'}\mathbf{i}' + U_{y'}\mathbf{j}'\end{aligned}$$

성분 $U_{x'}$은 $U_{x'} = U_x \cos\theta + U_y \sin\theta$에 의해 성분 U_x, U_y와 각도 θ로 주어진다는 것을 알 수 있다. 성분 U_x, U_y와 각도 θ를 사용해 성분 $U_{y'}$을 나타내라.

전략: U_x, U_y, $U_{x'}$, $U_{y'}$ 성분을 보여주는 다이어그램을 그리고 삼각법을 적용해 $U_{y'}$을 구한다.

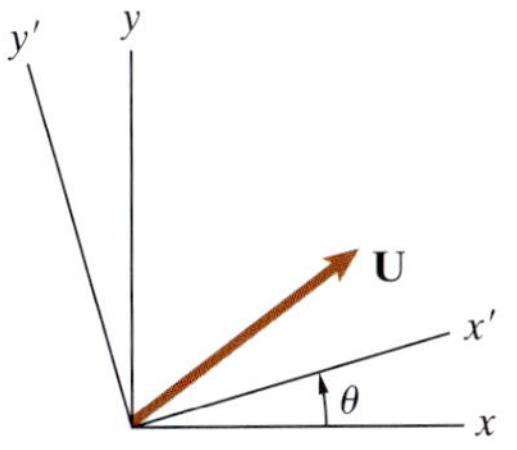

연습문제 2.59

2.60 $\mathbf{r}$을 점 C에서 A와 B 사이의 직선을 따라 점 A로부터 s 미터 거리에 있는 점까지의 위치 벡터라고 할 때, $\mathbf{r}$을 성분으로 나타내라(답변은 s로 나타내라).

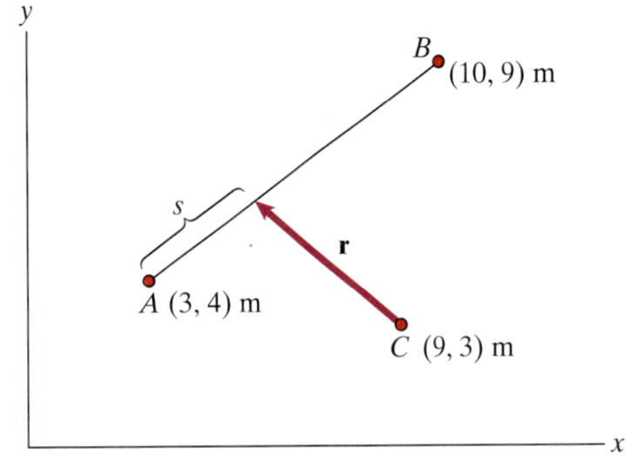

연습문제 2.60

2.3 3차원 성분

생각해보기

- 벡터가 3차원에서 얼마나 많은 성분을 가지고 있는지 추측할 수 있는가?
- 벡터의 방향을 3차원으로 어떻게 지정할 수 있는가?

배경

많은 공학 분야에서 벡터를 이용할 때 3차원 좌표계 성분으로 표현해야 한다. 이 절에서는 이 방법을 설명하고 3차원 벡터 조작을 설명한다.

먼저 물체를 3차원으로 그리는 방법을 검토한다. 큐브와 같은 3차원 물체를 생각해볼 때, 시점이 큐브의 면 중 하나에 수직일 때 큐브를 그려보면 그림 2.14a를 얻을 수 있다. 이렇게 보면 지면에 수직인 치수를 볼 수 없어 큐브가 2차원으로 보인다. 이것을 해결하기 위해 보는 위치를 위쪽, 오른쪽으로 옮기면 그림 2.14b를 얻을 수 있다. 이 비스듬한 시점에서는 3차원으로 보인다. 큐브의 숨겨진 가장자리는 점선으로 표시된다.

이 방법을 사용하면 3차원 좌표계를 그릴 수 있다. 그림 2.14c에서 3차원 직교

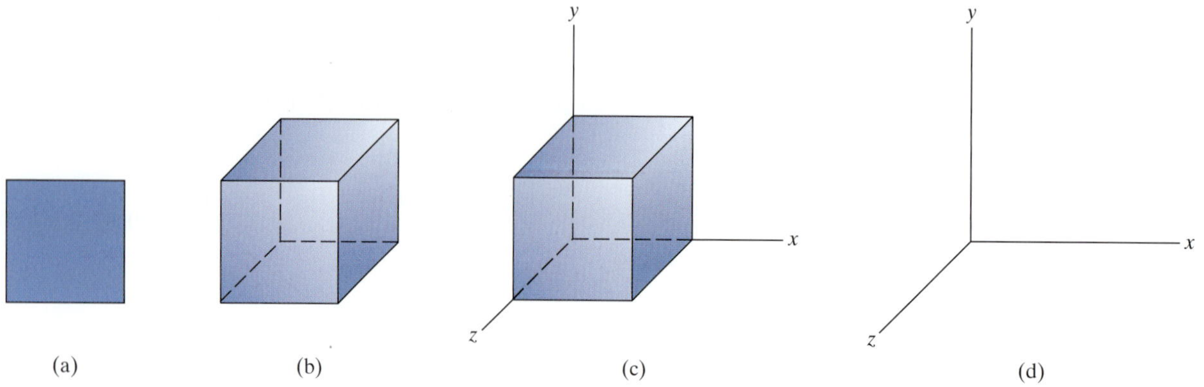

그림 2.14

(a) 면에 수직인 시각으로 관측된 큐브
(b) 비스듬한 시각으로 관측된 큐브
(c) 큐브의 가장자리와 정렬된 직교 좌표계
(d) 좌표계의 3차원 표현

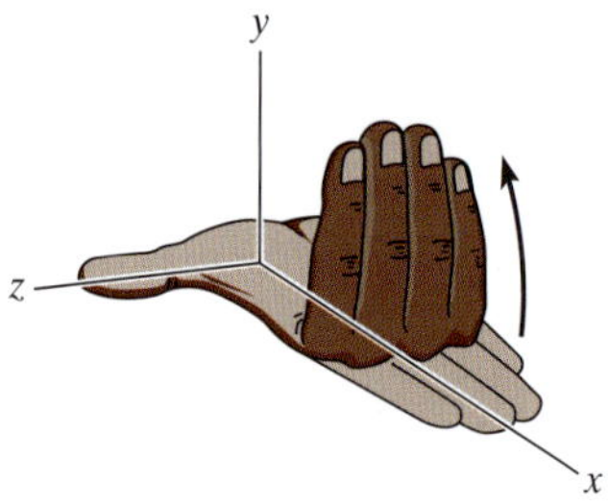

그림 2.15

오른손 법칙에 따른 좌표계 설명

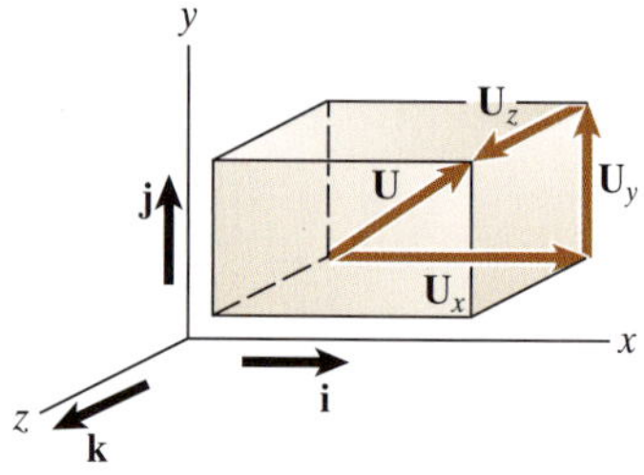

그림 2.16

벡터 **U** 및 벡터 성분

좌표계의 x, y, z축을 큐브의 가장자리와 정렬한다. 좌표계만의 3차원 표현은 그림 2.14d에 주어져 있다. 표시된 좌표계는 **오른손 법칙**을 따른다. 오른손 손가락이 양의 x축 방향으로 향한 다음 양의 y축을 향해 구부리는 경우(주먹을 만들기 위한 준비), 엄지손가락은 양의 z축 방향을 가리킨다(그림 2.15). 그렇지 않으면 좌표계는 왼손 법칙이다. 수학과 공학에서 사용하는 식 중에는 왼손 법칙 좌표계를 사용하면 정확한 결과가 나오지 않기 때문에 오른손 법칙 좌표계만 사용한다.

벡터 **U**를 x, y, z축과 평행한 벡터 성분 $\mathbf{U}_x$, $\mathbf{U}_y$, $\mathbf{U}_z$ 성분으로 다음 식과 같이 표현할 수 있다(그림 2.16).

$$\mathbf{U} = \mathbf{U}_x + \mathbf{U}_y + \mathbf{U}_z \tag{2.11}$$

(벡터 성분의 방향을 시각화하는 데 도움이 되도록 벡터 주위에 상자를 그렸다.) 양의 x, y, z 방향의 단위 벡터 **i**, **j**, **k**를 도입해 스칼라 성분으로 **U**를 다음 식과 같이 표현할 수 있다.

$$\mathbf{U} = U_x\mathbf{i} + U_y\mathbf{j} + U_z\mathbf{k} \tag{2.12}$$

스칼라 $\mathbf{U}_x$, $\mathbf{U}_y$, $\mathbf{U}_z$를 **U**의 x, y, z 성분이라고 한다.

성분을 이용한 벡터의 크기

벡터 **U**와 그 벡터 성분을 고려해볼 때(그림 2.17a), 벡터 $\mathbf{U}_y$, $\mathbf{U}_z$ 및 그 합에 의해 형성된 직각삼각형(그림 2.17b)에서 다음 식을 확인할 수 있다.

$$|\mathbf{U}_y + \mathbf{U}_z|^2 = |\mathbf{U}_y|^2 + |\mathbf{U}_z|^2 \tag{2.13}$$

벡터 **U**는 벡터 $\mathbf{U}_x$ 및 $\mathbf{U}_y + \mathbf{U}_z$의 합이다. 이 세 개의 벡터는 직각삼각형(그림 2.17c)을 형성하며, 이로부터 다음 식을 얻을 수 있다.

$$|\mathbf{U}|^2 = |\mathbf{U}_x|^2 + |\mathbf{U}_y + \mathbf{U}_z|^2$$

식 (2.13)을 이 결과에 대입하면 다음 방정식을 얻는다.

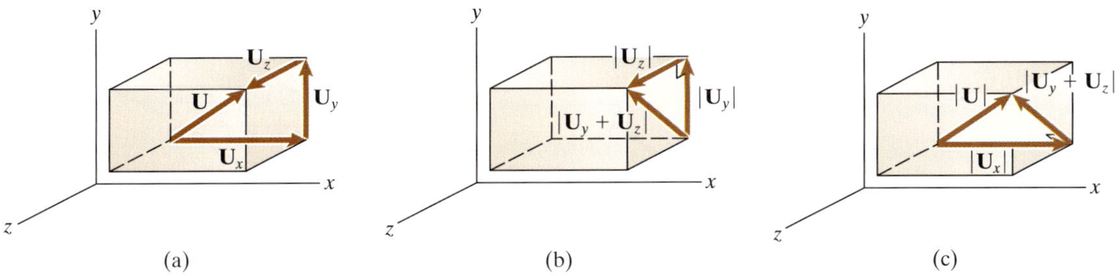

그림 2.17

(a) 벡터 **U** 및 벡터 성분

(b) 벡터 $\mathbf{U}_y$, $\mathbf{U}_z$ 및 $\mathbf{U}_y + \mathbf{U}_z$로 구성된 직각삼각형

(c) 벡터 **U**, $\mathbf{U}_x$ 및 $\mathbf{U}_y + \mathbf{U}_z$로 구성된 직각삼각형

$$|\mathbf{U}|^2 = |\mathbf{U}_x|^2 + |\mathbf{U}_y|^2 + |\mathbf{U}_z|^2 = U_x^2 + U_y^2 + U_z^2$$

따라서 벡터 **U**의 크기는 다음 식에 의해 3차원 성분으로 구할 수 있다.

$$|\mathbf{U}| = \sqrt{U_x^2 + U_y^2 + U_z^2} \tag{2.14}$$

방향 코사인

앞에서 벡터와 좌표축 중 하나 사이의 각도를 지정함으로써 2차원 직교 좌표계에 대한 벡터의 방향을 지정하는 방법을 설명했다. 3차원 공간에서 벡터의 방향을 설명할 수 있는 방법 중 하나는 벡터와 양의 좌표축 사이의 각도 θ_x, θ_y, θ_z를 구하는 것이다(그림 2.18a).

그림 2.18b~d에서, 벡터 **U**의 성분이 각각 각도 θ_x, θ_y, θ_z(식 2.15)에 의해 얻어진다는 것을 알 수 있다.

$$U_x = |\mathbf{U}|\cos\theta_x \quad U_y = |\mathbf{U}|\cos\theta_y \quad U_z = |\mathbf{U}|\cos\theta_z \tag{2.15}$$

$\cos\theta_x$, $\cos\theta_y$, $\cos\theta_z$를 벡터 **U**의 **방향 코사인**이라 한다. 벡터의 방향 코사인은 서로 독립적이지 않다. 식 (2.15)를 식 (2.14)에 대입하면, 방향 코사인이 다음 관계식을 만족한다는 것을 알 수 있다.

$$\cos^2\theta_x + \cos^2\theta_y + \cos^2\theta_z = 1 \tag{2.16}$$

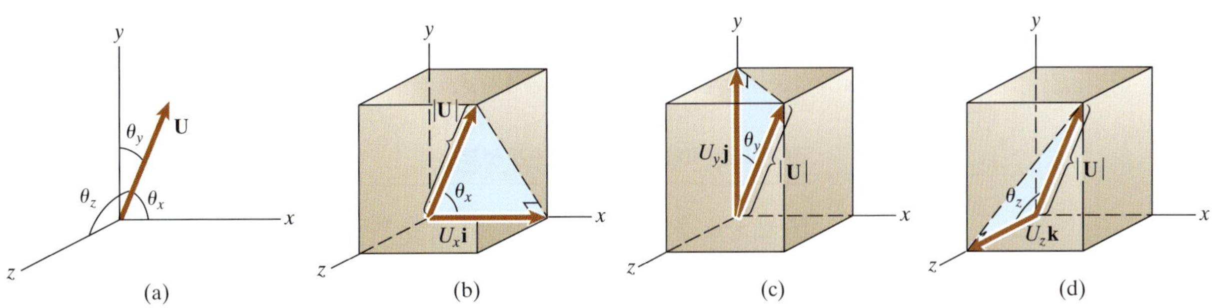

그림 2.18

(a) 벡터 **U** 및 각도 θ_x, θ_y, θ_z

(b)~(d) 각도 θ_x, θ_y, θ_z 및 **U**의 벡터 성분

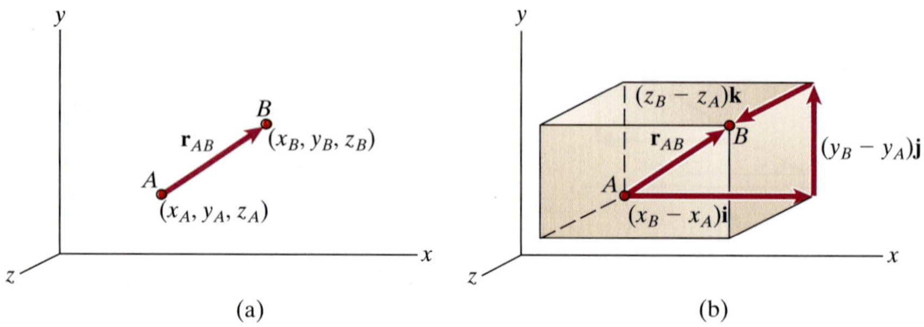

그림 2.19

(a) 점 A에서 점 B까지의 위치 벡터
(b) $\mathbf{r}_{AB}$의 성분은 점 A, B의 좌표로부터 구할 수 있다.

e가 **U**와 동일한 방향을 가진 단위 벡터라고 가정하므로 위와 같은 수식이 도출된다.

$$\mathbf{U} = |\mathbf{U}|\mathbf{e}$$

성분으로 표시하면 이 식은 다음과 같다.

$$U_x\mathbf{i} + U_y\mathbf{j} + U_z\mathbf{k} = |\mathbf{U}|(e_x\mathbf{i} + e_y\mathbf{j} + e_z\mathbf{k})$$

따라서 **U**와 **e**의 성분 사이의 관계는 다음 식과 같다.

$$U_x = |\mathbf{U}|e_x \quad U_y = |\mathbf{U}|e_y \quad U_z = |\mathbf{U}|e_z$$

이들을 식 (2.15)와 비교해 다음 식을 유도할 수 있다.

$$\cos\theta_x = e_x \quad \cos\theta_y = e_y \quad \cos\theta_z = e_z$$

벡터 **U**의 방향 코사인은 **U**와 동일한 방향을 가진 단위 벡터의 성분들이다.

성분으로 나타낸 위치 벡터

2차원 사례를 점 A의 좌표 (x_A, y_A, z_A)와 점 B의 좌표 (x_B, y_B, z_B)인 경우에 응용해 보자. 그림 2.19a에 표시된 점 A에서 점 B로 향하는 위치 벡터 $\mathbf{r}_{AB}$는 다음 식과 같이 점 A와 점 B의 좌표로 나타낼 수 있다.

$$\mathbf{r}_{AB} = (x_B - x_A)\mathbf{i} + (y_B - y_A)\mathbf{j} + (z_B - z_A)\mathbf{k} \qquad (2.17)$$

성분들은 점 B의 좌표에서 점 A의 좌표를 빼서 얻는다(그림 2.19b).

주어진 직선에 평행한 벡터의 성분

3차원 응용 분야에서 벡터의 방향은 종종 벡터와 평행한 선 위에서 두 점의 좌표를 지정해 정의한다. 이 정보를 사용해서 벡터의 성분을 구할 수 있다.

벡터 **U**와 평행한 직선상의 두 점 A와 B의 좌표를 알고 있다고 가정하자(그림 2.20a). 식 (2.17)을 이용해 점 A에서 점 B로 향하는 위치 벡터 $\mathbf{r}_{AB}$를 구할 수 있다(그림 2.20b). 벡터 $\mathbf{r}_{AB}$를 그 크기로 나누면 점 A에서 점 B로 향하는 단위 벡터

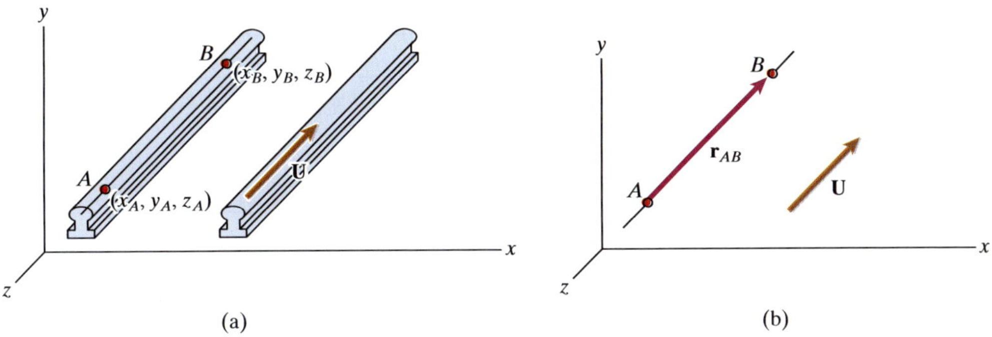

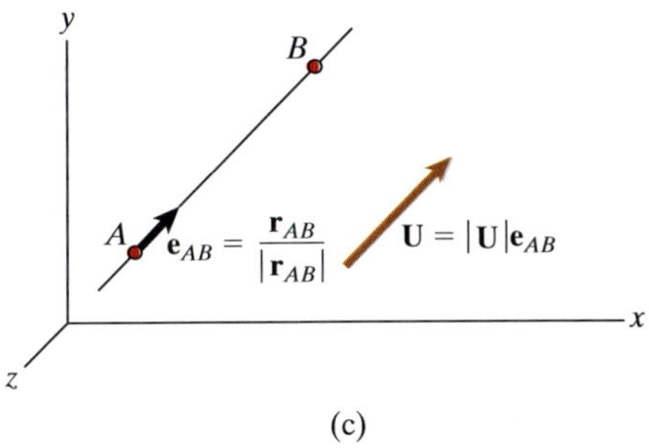

그림 2.20

(a) **U**와 평행한 선의 두 점 A, B

(b) A에서 B로 향하는 위치 벡터

(c) A에서 B로 향하는 단위 벡터 $\mathbf{e}_{AB}$

$\mathbf{e}_{AB}$를 얻을 수 있다(그림 2.20c). $\mathbf{e}_{AB}$는 **U**와 동일한 방향을 가지기 때문에 크기 및 $\mathbf{e}_{AB}$의 산물로 표현해 스칼라 성분으로 **U**를 나타낼 수 있다.

보다 일반적으로 벡터 **U**의 크기와 **U**와 같은 방향을 가진 벡터 **V**의 성분을 알고 있다고 가정하자. $\mathbf{V}/|\mathbf{V}|$는 **U**와 동일한 방향을 가진 단위 벡터이며 $\mathbf{U} = |\mathbf{U}|(\mathbf{V}/|\mathbf{V}|)$로 표현해 **U**의 성분을 구할 수 있다.

결과 정리

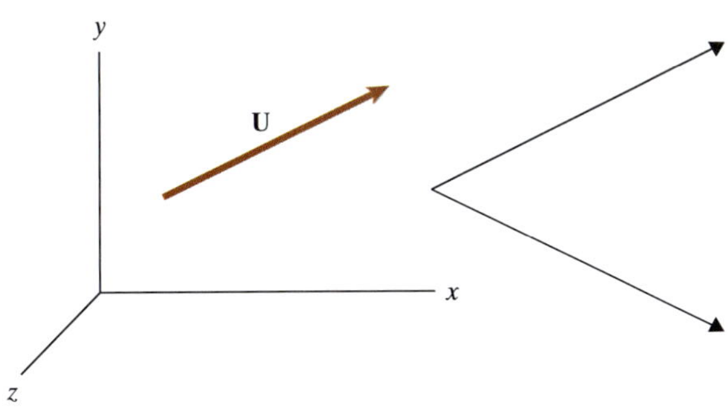

모든 벡터 **U**는 다음 식으로 표현된다.

$$\mathbf{U} = U_x\mathbf{i} + U_y\mathbf{j} + U_z\mathbf{k} \qquad (2.12)$$

여기에서 **i**는 양의 x축 방향의 단위 벡터, **j**는 양의 y축 방향의 단위 벡터, **k**는 양의 z축 방향의 단위 벡터이다.

U의 크기는 다음 식과 같이 주어진다.

$$|\mathbf{U}| = \sqrt{U_x^2 + U_y^2 + U_z^2} \qquad (2.14)$$

방향 코사인

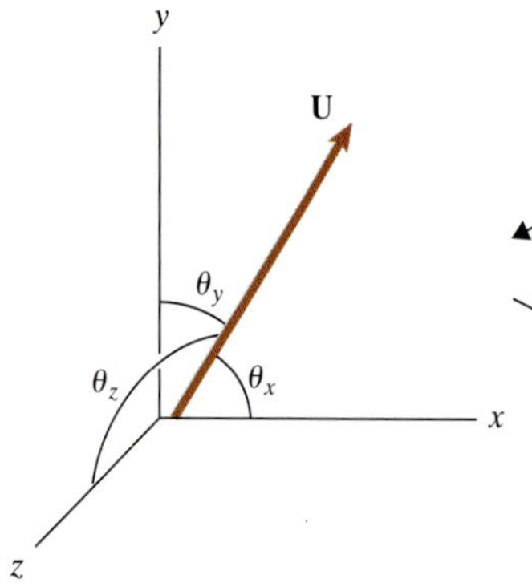

주어진 좌표계에 대한 벡터 **U**의 방향은 벡터와 양의 좌표축 사이의 각도 θ_x, θ_y, θ_z에 의해 정의될 수 있다.

U의 성분은 다음 식으로 주어진다.

$$U_x = |\mathbf{U}|\cos\theta_x$$
$$U_y = |\mathbf{U}|\cos\theta_y \qquad (2.15)$$
$$U_z = |\mathbf{U}|\cos\theta_z$$

$\cos\theta_x$, $\cos\theta_y$, $\cos\theta_z$라는 용어는 **U**의 방향 코사인이라고 한다. 방향 코사인은 **U**와 동일한 방향을 가진 단위 벡터의 성분이다.

성분으로 나타낸 위치 벡터

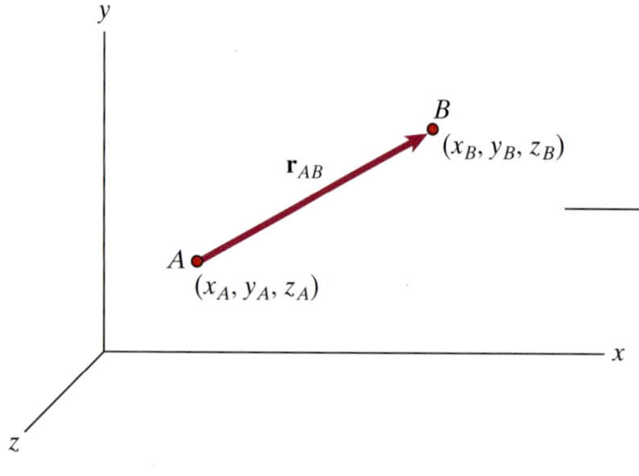

A에서 B로 향하는 위치 벡터는 다음 식으로 주어진다.

$$\mathbf{r}_{AB} = (x_B - x_A)\mathbf{i} + (y_B - y_A)\mathbf{j} + (z_B - z_A)\mathbf{k} \qquad (2.17)$$

주어진 직선에 평행한 벡터의 성분

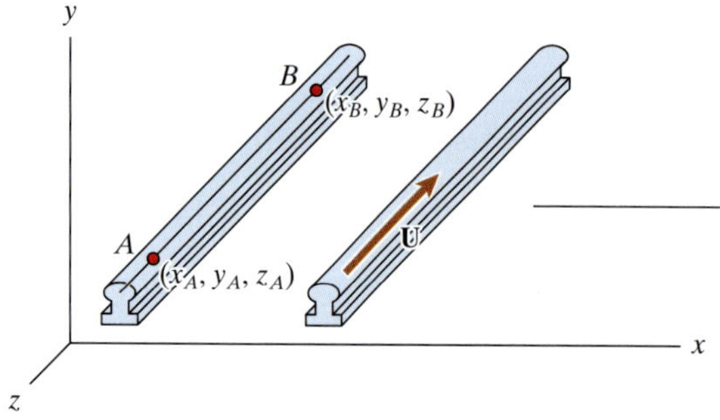

벡터 **U**는 점 A, B를 통과하는 선과 평행이다. A에서 B로 향하는 위치 벡터 $\mathbf{r}_{AB}$를 성분으로 표시한다. 선과 평행한 단위 벡터 $\mathbf{e}_{AB}$를 얻기 위해 $\mathbf{r}_{AB}$를 그 크기로 나눈다. 다음으로 벡터 **U**를 성분으로 나타내면 $\mathbf{U} = |\mathbf{U}|\mathbf{e}_{AB}$로 주어진다.

실습 예제 2.6 방향 코사인

트러스의 점 C의 좌표가 $x_C = 4$ m, $y_C = 0$, $z_C = 0$이고 점 D의 좌표가 $x_D = 2$ m, $y_D = 3$ m, $z_D = 1$ m이다. 위치 벡터 $\mathbf{r}_{CD}$의 점 C에서 점 D로 향하는 벡터의 방향 코사인은 얼마인가?

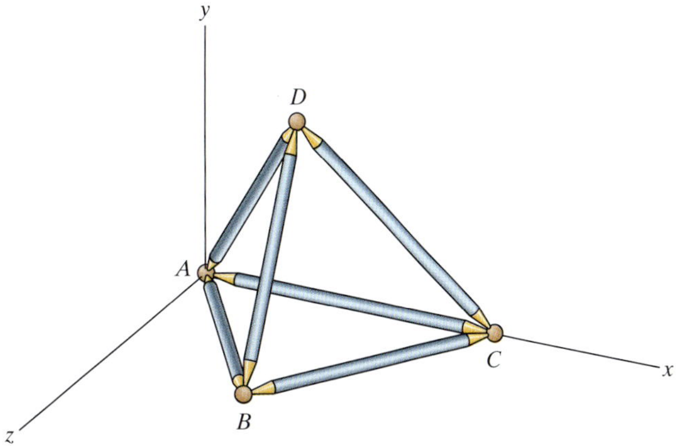

전략

점 C, D의 좌표를 알면 성분 측면에서 $\mathbf{r}_{CD}$를 구할 수 있다. 그런 다음 $\mathbf{r}_{CD}$의 크기(C에서 D까지의 거리)를 계산하고 식 (2.15)를 사용해서 방향 코사인을 얻을 수 있다.

풀이

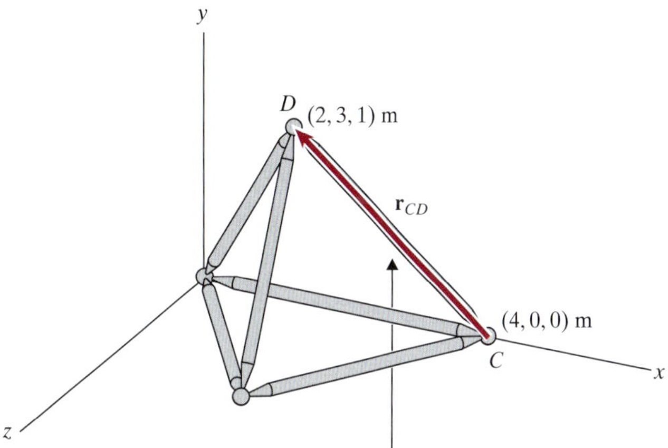

$$\begin{aligned}\mathbf{r}_{CD} &= (x_D - x_C)\mathbf{i} + (y_D - y_C)\mathbf{j} + (z_D - z_C)\mathbf{k} \\ &= (2-4)\mathbf{i} + (3-0)\mathbf{j} + (1-0)\mathbf{k}\ (\text{m}) \\ &= -2\mathbf{i} + 3\mathbf{j} + \mathbf{k}\ (\text{m})\end{aligned}$$

위치 벡터 $\mathbf{r}_{CD}$의 성분으로 나타낸다.

$$\begin{aligned}|\mathbf{r}_{CD}| &= \sqrt{r_{CDx}^2 + r_{CDy}^2 + r_{CDz}^2} \\ &= \sqrt{(-2\ \text{m})^2 + (3\ \text{m})^2 + (1\ \text{m})^2} \\ &= 3.74\ \text{m}\end{aligned}$$

$\mathbf{r}_{CD}$의 크기를 계산한다.

$$\cos\theta_x = \frac{\mathbf{r}_{CDx}}{|\mathbf{r}_{CD}|} = \frac{-2\ \text{m}}{3.74\ \text{m}} = -0.535$$

$$\cos\theta_y = \frac{\mathbf{r}_{CDy}}{|\mathbf{r}_{CD}|} = \frac{3\ \text{m}}{3.74\ \text{m}} = 0.802$$

$$\cos\theta_z = \frac{\mathbf{r}_{CDz}}{|\mathbf{r}_{CD}|} = \frac{1\ \text{m}}{3.74\ \text{m}} = 0.267$$

방향 코사인을 구한다.

실습 문제 트러스의 점 B의 좌표는 $x_B = 2.4$ m, $y_B = 0$ m, $z_B = 3$ m이다. 점 B에서 점 D로 향하는 단위 벡터 $\mathbf{e}_{BD}$의 성분을 구하라.

답: $\mathbf{e}_{BD} = -0.110\mathbf{i} + 0.827\mathbf{j} - 0.551\mathbf{k}$

예제 2.7 3차원 성분 결정

크레인이 케이슨에서 600 lb의 힘 **F**를 가한다. **F**와 x축 사이의 각도는 54°이고 **F**와 y축 사이의 각도는 40°이다. **F**의 z 성분은 양수이다. **F**를 성분으로 나타내라.

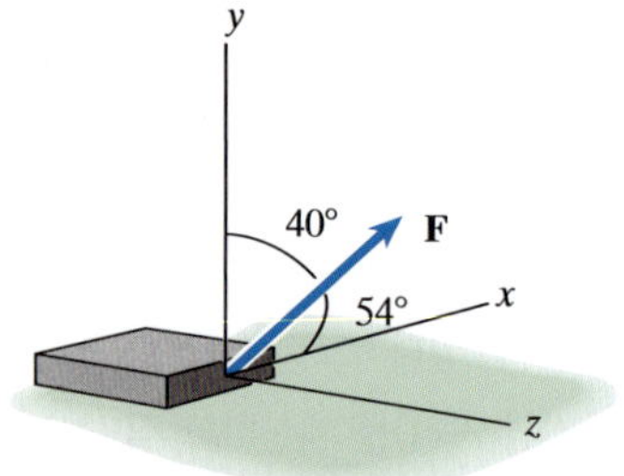

전략

벡터와 양의 좌표축 사이의 두 각도만 주어졌지만 식 (2.16)을 사용해 세 번째 각도를 구한다. 그런 다음 식 (2.15)를 사용해 **F**의 성분을 구할 수 있다.

풀이

F와 양의 좌표축 사이의 각도는 다음 관계를 가진다.

$$\cos^2\theta_x + \cos^2\theta_y + \cos^2\theta_z = (\cos 54°)^2 + (\cos 40°)^2 + \cos^2\theta_z = 1$$

$\cos\theta_z$에 대해 방정식을 풀면 두 가지 해 $\cos\theta_z = 0.260$ 또는 $\cos\theta_z = -0.260$을 얻는다. 따라서 $\theta_z = 74.9°$ 또는 $\theta_z = 105.1°$이다. 벡터 **F**의 z 성분은 양수이므로 **F**와 양의 z축 사이의 각도는 90° 미만이다. 따라서 $\theta_z = 74.9°$이다.

F의 성분은 다음과 같다.

$$F_x = |\mathbf{F}|\cos\theta_x = 600\cos 54° = 353 \text{ lb}$$
$$F_y = |\mathbf{F}|\cos\theta_y = 600\cos 40° = 460 \text{ lb}$$
$$F_z = |\mathbf{F}|\cos\theta_z = 600\cos 74.9° = 156 \text{ lb}$$

비판적 사고

숫자의 제곱을 알더라도 그 숫자를 정확하게 정의하는 것은 불가능하다. $a^2 = 4$인 경우 숫자 a는 2 또는 −2일 수 있다. 이 예제에서 각도 θ_x, θ_y를 알고 있으므로 식 (2.16)을 이용해 $\cos^2\theta_z$의 값을 구할 수 있었으며, 이를 이용해 각도 θ_z의 두 가지 가능한 해를 구했다. 이 원리는 기하학적으로 간단하게 설명할 수 있다. 두 각도 θ_x, θ_y는 벡터 **F**와 평행한 선을 정의하기에 충분하지만 해당 선을 따른 **F**의 방향은 구할 수 없다. 앞에서 구한 θ_z의 두 값은 선을 따른 **F**의 가능한 두 방향에 해당한다. 방향을 지정하려면 추가 정보가 필요하다. 이 예제에서 추가 정보는 **F**의 z 성분이 양수라는 것이다.

예제 2.8 3차원에서 성분 결정

풍선의 끈이 고리 O에 800 N의 힘 $\mathbf{F}$를 가한다. 수직선 AB는 x–z 평면과 점 A에서 교차한다. z축과 OA 사이의 각도는 60°이고 OA와 $\mathbf{F}$ 사이의 각도는 45°이다. $\mathbf{F}$를 성분으로 나타내라.

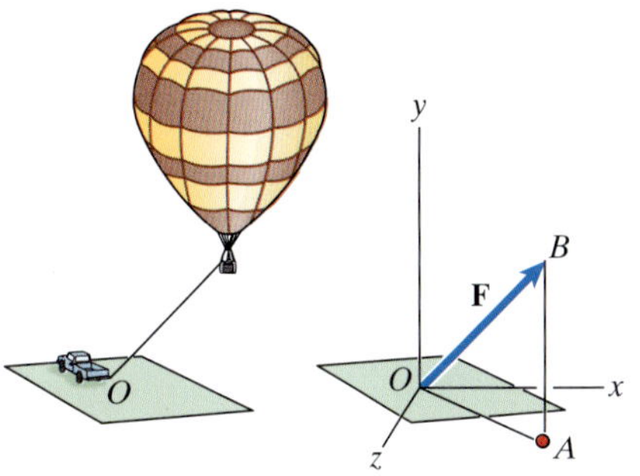

전략

주어진 기하학적 정보로부터 $\mathbf{F}$의 성분을 두 단계로 구할 수 있다. 먼저 $\mathbf{F}$를 OA와 AB에 평행한 두 벡터 성분의 합으로 표현한다. AB에 평행한 성분은 벡터 성분 $\mathbf{F}_y$이다. 그런 다음 OA에 평행한 성분을 사용해 벡터 성분 $\mathbf{F}_x$, $\mathbf{F}_z$를 구할 수 있다.

풀이

그림 a에서 $\mathbf{F}$를 y 성분 $\mathbf{F}_y$와 OA에 평행한 성분 $\mathbf{F}_h$의 합으로 표현한다. $\mathbf{F}_y$의 크기는 다음과 같다.

$$|\mathbf{F}_y| = |\mathbf{F}|\sin 45° = (800\ \text{N})\sin 45° = 566\ \text{N}$$

그리고 $\mathbf{F}_h$의 크기는 다음과 같다.

$$|\mathbf{F}_h| = |\mathbf{F}|\cos 45° = (800\ \text{N})\cos 45° = 566\ \text{N}$$

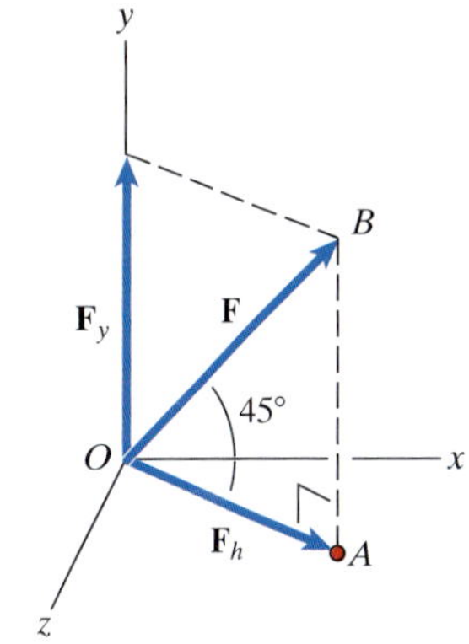

(a) $\mathbf{F}$를 OA, AB에 평행한 벡터 성분으로 분해한다.

그림 b에서는 $\mathbf{F}_h$를 벡터 성분 $\mathbf{F}_x$, $\mathbf{F}_z$로 표현한다. $\mathbf{F}_x$의 크기는 다음과 같다.

$$|\mathbf{F}_x| = |\mathbf{F}_h|\sin 60° = (566\ \text{N})\sin 60° = 490\ \text{N}$$

그리고 $\mathbf{F}_z$의 크기는 다음과 같다.

$$|\mathbf{F}_z| = |\mathbf{F}_h|\cos 60° = (566\ \text{N})\cos 60° = 283\ \text{N}$$

벡터 성분 $\mathbf{F}_x$, $\mathbf{F}_y$, $\mathbf{F}_z$는 모두 양의 축 방향을 가리키므로 $\mathbf{F}$의 스칼라 성분은 양수이다.

$$\mathbf{F} = 490\mathbf{i} + 566\mathbf{j} + 283\mathbf{k}\ (\text{N})$$

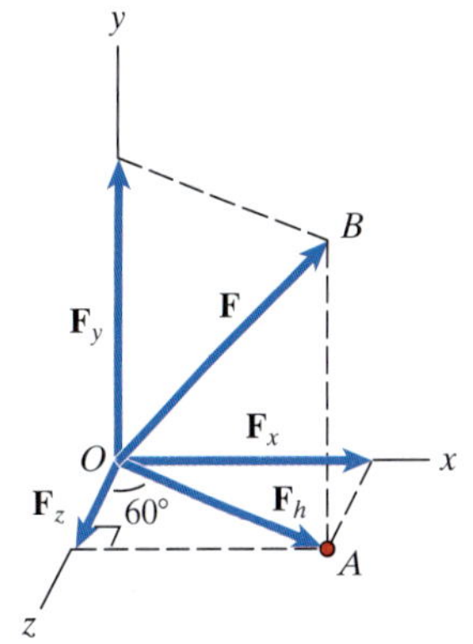

(b) $\mathbf{F}_h$를 x축과 z축에 평행한 벡터 성분으로 분해한다.

비판적 사고

이 예제에서 볼 수 있듯이 3차원 좌표계를 기준으로 벡터의 방향을 지정하려면 두 개의 각도가 필요하다. 사용된 두 각도는 예제와 같은 방식으로 정의되지 않을 수 있지만 정의된 방식에 관계없이 이 예제에서 사용한 방법과 유사한 방법을 통해 크기와 지정된 두 각도를 이용해서 벡터의 성분을 구할 수 있다.

예제 2.9 3차원에서 벡터 성분 결정

로프가 A에서 벽에 부착된 금속 고리를 통해 점 B에서 점 C까지 뻗어 있다. 로프는 점 A에서 고리에 $|\mathbf{F}_{AB}| = |\mathbf{F}_{AC}| = 200$ lb의 힘을 가한다. 로프가 고리에 작용하는 총힘 $\mathbf{F} = \mathbf{F}_{AB} + \mathbf{F}_{AC}$의 크기는 얼마인가?

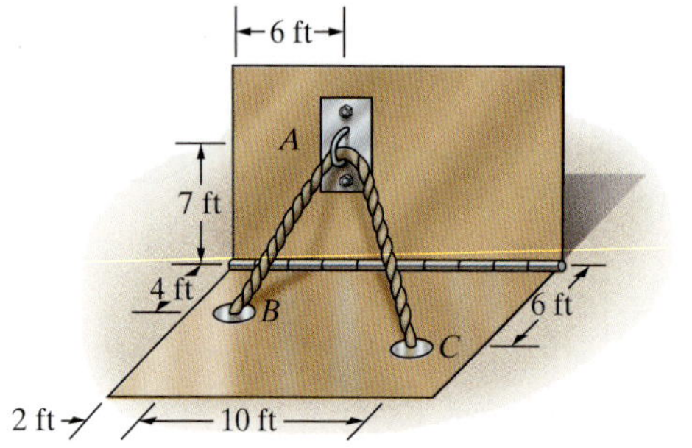

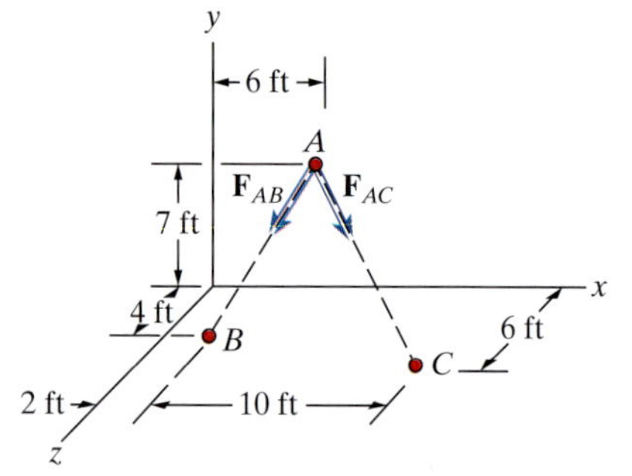

전략

힘 $\mathbf{F}_{AB}$는 A에서 B로 향하는 선에 평행하고, 힘 $\mathbf{F}_{AC}$는 A에서 C로 향하는 선에 평행하다. 주어진 치수에서 점 A, B, C의 좌표를 구할 수 있기 때문에 두 힘과 방향이 같은 단위 벡터의 성분을 구하고, 그것들을 사용해 힘을 스칼라 성분으로 나타낼 수 있다.

풀이

$\mathbf{r}_{AB}$를 점 A에서 점 B로 향하는 위치 벡터라고 하고, $\mathbf{r}_{AC}$를 점 A에서 점 C로 향하는 위치 벡터라고 하자(그림 a). 주어진 치수에서 점 A, B, C의 좌표는 다음과 같다.

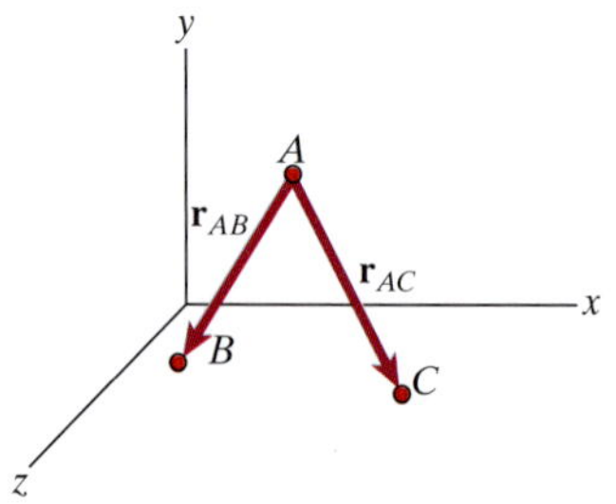

(a) 위치 벡터 $\mathbf{r}_{AB}$, $\mathbf{r}_{AC}$

$$A: (6,\ 7,\ 0)\ \text{ft} \qquad B: (2,\ 0,\ 4)\ \text{ft} \qquad C: (12,\ 0,\ 6)\ \text{ft}$$

따라서 $\mathbf{r}_{AB}$, $\mathbf{r}_{AC}$의 성분은 치수가 ft인 다음 두 식으로 주어진다.

$$\begin{aligned}\mathbf{r}_{AB} &= (x_B - x_A)\mathbf{i} + (y_B - y_A)\mathbf{j} + (z_B - z_A)\mathbf{k} \\ &= (2 - 6)\mathbf{i} + (0 - 7)\mathbf{j} + (4 - 0)\mathbf{k} \\ &= -4\mathbf{i} - 7\mathbf{j} + 4\mathbf{k}\ (\text{ft})\end{aligned}$$

$$\begin{aligned}\mathbf{r}_{AC} &= (x_C - x_A)\mathbf{i} + (y_C - y_A)\mathbf{j} + (z_C - z_A)\mathbf{k} \\ &= (12 - 6)\mathbf{i} + (0 - 7)\mathbf{j} + (6 - 0)\mathbf{k} \\ &= 6\mathbf{i} - 7\mathbf{j} + 6\mathbf{k}\ (\text{ft})\end{aligned}$$

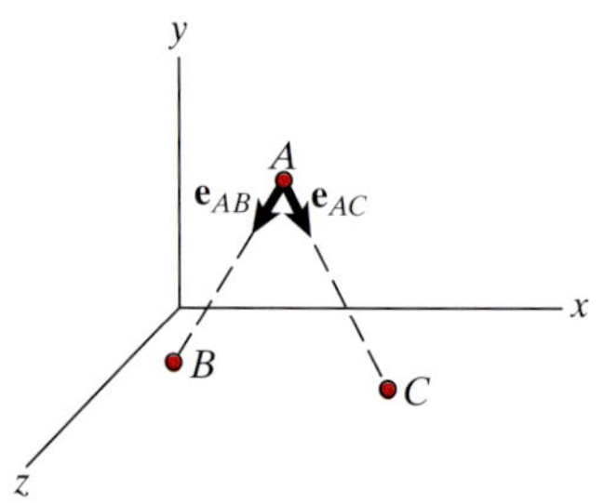

(b) 단위 벡터 $\mathbf{e}_{AB}$, $\mathbf{e}_{AC}$

크기는 $|\mathbf{r}_{AB}| = 9$ ft, $|\mathbf{r}_{AC}| = 11$ ft이다. $\mathbf{r}_{AB}$, $\mathbf{r}_{AC}$를 크기로 나누어 $\mathbf{F}_{AB}$, $\mathbf{F}_{AC}$의 방향을 나타내는 단위 벡터 $\mathbf{e}_{AB}$, $\mathbf{e}_{AC}$를 구한다(그림 b).

$$\mathbf{e}_{AB} = \frac{\mathbf{r}_{AB}}{|\mathbf{r}_{AB}|} = -0.444\mathbf{i} - 0.778\mathbf{j} + 0.444\mathbf{k}$$

$$\mathbf{e}_{AC} = \frac{\mathbf{r}_{AC}}{|\mathbf{r}_{AC}|} = -0.545\mathbf{i} - 0.636\mathbf{j} + 0.545\mathbf{k}$$

$\mathbf{F}_{AB}$, $\mathbf{F}_{AC}$는 다음과 같다.

$$\mathbf{F}_{AB} = (200 \text{ lb})\mathbf{e}_{AB} = -88.9\mathbf{i} - 155.6\mathbf{j} + 88.9\mathbf{k} \text{ (lb)}$$
$$\mathbf{F}_{AC} = (200 \text{ lb})\mathbf{e}_{AC} = 109.1\mathbf{i} - 127.3\mathbf{j} + 109.1\mathbf{k} \text{ (lb)}$$

로프가 고리에 가하는 총힘은 다음과 같다.

$$\mathbf{F} = \mathbf{F}_{AB} + \mathbf{F}_{AC} = 20.2\mathbf{i} - 282.8\mathbf{j} + 198.0\mathbf{k} \text{ (lb)}$$

그리고 그 크기는 다음과 같다.

$$|\mathbf{F}| = \sqrt{(20.2)^2 + (-282.8)^2 + (198.0)^2} = 346 \text{ lb}$$

비판적 사고

로프가 A의 금속 루프에 가하는 총힘의 크기와 방향이 벡터 $\mathbf{F} = \mathbf{F}_{AB} + \mathbf{F}_{AC}$의 크기와 방향에 의해 결정된다는 것을 어떻게 알 수 있는가? 역학 개발의 현재 상태에서는 증명 없이 힘이 벡터라고 가정한다. 동역학에서 뉴턴의 제2법칙에 따르면 힘이 벡터라는 것을 알 수 있다.

예제 2.10 풀리 계에 평형 적용

케이블 AB가 점 A의 칼라에 50 N의 힘 $\mathbf{T}$를 가한다. 성분을 이용해 $\mathbf{T}$를 나타내라.

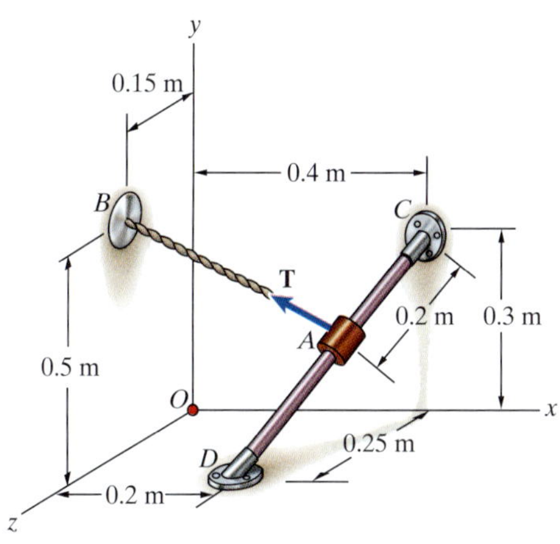

전략

$\mathbf{r}_{AB}$를 A에서 B까지의 위치 벡터라고 하자. $\mathbf{r}_{AB}$를 그 크기로 나누어 힘 $\mathbf{T}$와 같은 방향을 가지는 단위 벡터 $\mathbf{e}_{AB}$를 구한다. 다음으로 $\mathbf{T}$의 크기와 $\mathbf{e}_{AB}$의 곱으로 표현함으로써 $\mathbf{T}$를 스칼라 성분으로 나타낼 수 있다. 이를 위해 먼저 칼라 A의 좌표를 구해야 한다. 점 C에서 점 D로 향하는 단위 벡터 $\mathbf{e}_{CD}$를 구하고 그것에 0.2 m를 곱해 C에 대한 칼라 A의 위치를 구하면 된다.

풀이

점 A의 좌표 구하기 미터 단위의 좌표로 C에서 D로 향하는 위치 벡터를 나타내

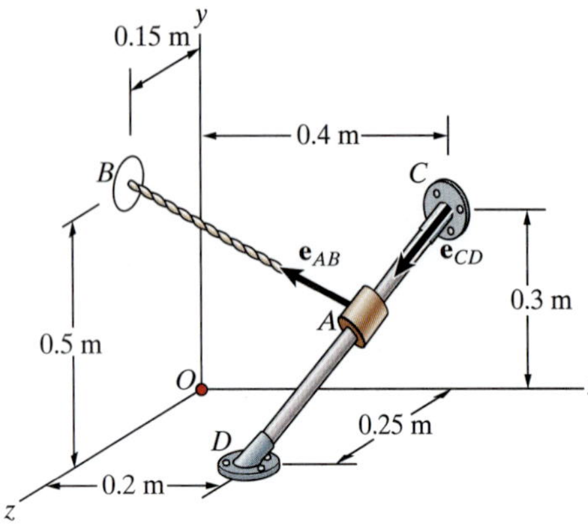

(a) 단위 벡터 $\mathbf{e}_{AB}$, $\mathbf{e}_{CD}$

면 다음과 같다.

$$\mathbf{r}_{CD} = (0.2 - 0.4)\mathbf{i} + (0 - 0.3)\mathbf{j} + (0.25 - 0)\mathbf{k}$$
$$= -0.2\mathbf{i} - 0.3\mathbf{j} + 0.25\mathbf{k} \text{ (m)}$$

이 벡터를 그 크기로 나누면 단위 벡터 $\mathbf{e}_{CD}$를 구할 수 있다(그림 a).

$$\mathbf{e}_{CD} = \frac{\mathbf{r}_{CD}}{|\mathbf{r}_{CD}|} = \frac{-0.2\mathbf{i} - 0.3\mathbf{j} + 0.25\mathbf{k}}{\sqrt{(-0.2)^2 + (-0.3)^2 + (0.25)^2}}$$
$$= -0.456\mathbf{i} - 0.684\mathbf{j} + 0.570\mathbf{k}$$

이 벡터를 사용해 C에서 A로 향하는 위치 벡터를 얻는다.

$$\mathbf{r}_{CA} = (0.2 \text{ m})\mathbf{e}_{CD} = -0.091\mathbf{i} - 0.137\mathbf{j} + 0.114\mathbf{k} \text{ (m)}$$

좌표계 원점에서 C까지의 위치 벡터 $\mathbf{r}_{OC} = 0.4\mathbf{i} + 0.3\mathbf{j}$ (m)이므로 원점에서 A까지의 위치 벡터는 다음과 같다.

$$\mathbf{r}_{OA} = \mathbf{r}_{OC} + \mathbf{r}_{CA} = (0.4\mathbf{i} + 0.3\mathbf{j}) + (-0.091\mathbf{i} - 0.137\mathbf{j} + 0.114\mathbf{k})$$
$$= 0.309\mathbf{i} + 0.163\mathbf{j} + 0.114\mathbf{k} \text{ (m)}$$

A의 좌표는 (0.309, 0.163, 0.114) m이다.

T의 성분 구하기 점 A의 좌표를 사용해 A에서 B로 향하는 위치 벡터를 구하면 다음과 같다.

$$\mathbf{r}_{AB} = (0 - 0.309)\mathbf{i} + (0.5 - 0.163)\mathbf{j} + (0.15 - 0.114)\mathbf{k}$$
$$= -0.309\mathbf{i} + 0.337\mathbf{j} + 0.036\mathbf{k} \text{ (m)}$$

이 벡터를 크기로 나누면 단위 벡터 $\mathbf{e}_{AB}$를 얻는다(그림 a).

$$\mathbf{e}_{AB} = \frac{\mathbf{r}_{AB}}{|\mathbf{r}_{AB}|} = \frac{-0.309\mathbf{i} + 0.337\mathbf{j} + 0.036\mathbf{k} \text{ (m)}}{\sqrt{(-0.309 \text{ m})^2 + (0.337 \text{ m})^2 + (0.036 \text{ m})^2}}$$
$$= -0.674\mathbf{i} + 0.735\mathbf{j} + 0.079\mathbf{k}$$

힘 **T**는 다음과 같다.

$$\mathbf{T} = |\mathbf{T}|\mathbf{e}_{AB} = (50 \text{ N})(-0.674\mathbf{i} + 0.735\mathbf{j} + 0.079\mathbf{k})$$
$$= -33.7\mathbf{i} + 36.7\mathbf{j} + 3.9\mathbf{k} \text{ (N)}$$

비판적 사고

이 예제에서 단위 벡터가 사용된 두 가지 방법을 알 수 있다. 단위 벡터 $\mathbf{e}_{CD}$는 위치 벡터 $\mathbf{r}_{CA}$의 성분을 구하는 데 사용되었으며 이를 통해 점 A의 좌표를 구할 수 있었다. 다음으로 점 A의 좌표를 사용해 **T**의 성분으로 힘을 표현하는 데 사용된 단위 벡터 $\mathbf{e}_{AB}$를 구했다.

연습문제

2.61 벡터 $\mathbf{U} = 3\mathbf{i} - 4\mathbf{j} - 12\mathbf{k}$이다. 이 벡터의 크기는 얼마인가?

전략: 벡터의 크기는 성분에 따라 식 (2.14)로 얻는다.

2.62 두 힘 벡터의 성분이 $\mathbf{F}_A = 60\mathbf{i} - 20\mathbf{j} + 30\mathbf{k}$ (lb), $\mathbf{F}_B = 30\mathbf{i} + 40\mathbf{j} - 10\mathbf{k}$ (lb)이다. (a) 힘의 크기는 얼마인가? (b) 합력 $\mathbf{F}_A + \mathbf{F}_B$의 크기는 얼마인가?

전략: 성분으로 표시된 벡터의 크기는 식 (2.14)로 얻는다.

2.63 세 개의 벡터 $\mathbf{A} = 12\mathbf{i} + 8\mathbf{j} - 16\mathbf{k}$, $\mathbf{B} = B_x\mathbf{i} + B_y\mathbf{j} + B_z\mathbf{k}$, $\mathbf{C} = C_x\mathbf{i} + C_y\mathbf{j} + C_z\mathbf{k}$가 주어져 있다. 그 합 $\mathbf{A} + \mathbf{B} + \mathbf{C} = 0$이며 $\mathbf{B}$와 $\mathbf{C}$의 성분들은 $B_x = -2B_y$, $B_y = -B_z$, $C_x = 3C_y$ 관계를 만족한다. $\mathbf{B}$와 $\mathbf{C}$의 크기는 얼마인가?

2.64 벡터 $\mathbf{U} = U_x\mathbf{i} + U_y\mathbf{j} + U_z\mathbf{k}$의 크기는 $|\mathbf{U}| = 30$이다. 벡터의 성분들은 $U_y = -2U_x$, $U_z = 4U_y$를 만족한다. 벡터의 성분을 구하라.

2.65 물체에 두 힘 $\mathbf{F}_1 = 20\mathbf{i} + 30\mathbf{j} - 24\mathbf{k}$ (kN), $\mathbf{F}_2 = -60\mathbf{i} + 20\mathbf{j} + 40\mathbf{k}$ (kN)가 작용한다. 물체에 작용하는 총 힘의 크기는 얼마인가?

2.66 위치 벡터 $\mathbf{r}_{AB}$가 점 A에서 점 B로 향한다. (a) $\mathbf{r}_{AB}$를 성분으로 나타내라. (b) $\mathbf{r}_{AB}$의 크기 또는 $|\mathbf{r}_{AB}|$를 구하라.

2.67 위치 벡터 $\mathbf{r}_{AB}$가 점 A에서 점 B로 향한다. (a) $\mathbf{r}_{AB}$의 방향 코사인을 구하라. (b) $\mathbf{r}_{AB}$와 동일한 방향을 가진 단위 벡터의 성분을 구하라.

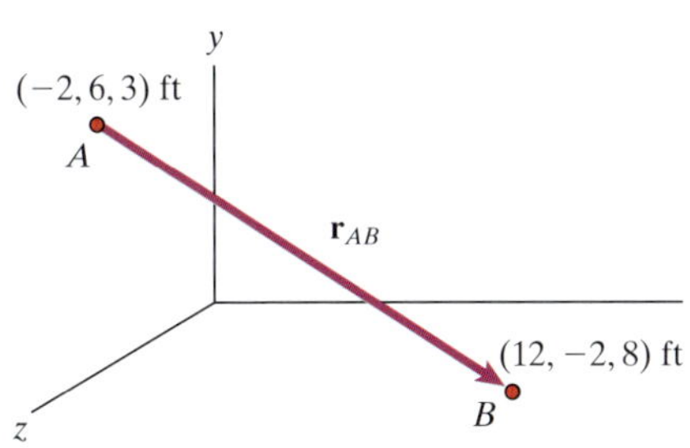

연습문제 2.66/2.67

2.68 힘 벡터의 성분이 $\mathbf{F} = 10\mathbf{i} - 20\mathbf{j} - 20\mathbf{k}$ (N)이다. (a) $\mathbf{F}$의 방향 코사인은 무엇인가? (b) $\mathbf{F}$와 동일한 방향을 가진 단위 벡터 $\mathbf{e}$의 성분을 구하라.

2.69 점 B에서 점 D까지의 위치 벡터 $\mathbf{r}_{BD}$를 성분으로 나타내라. 방향 코사인은 무엇인가?

2.70 B에서 C까지의 케이블이 점 B에서 막대 AB에 힘을 가한다. 힘은 B에서 C를 향하며 그 크기는 80 N이다. 힘을 성분으로 나타내라.

2.71* 매달린 추 E에 의해 막대 AB의 점 B에 800 N의 하향 힘이 작용한다. B에서 C로 연결되는 케이블이 점 B에서 막대에 B에서 C로 향하는 힘을 가하지만 그 크기를 알 수 없고, B에서 D로 연결되는 케이블이 점 B에서 막대에 B에서 D로 향하는 힘을 가하지만 그 크기를 알 수 없다. 막대 AB의 무게를 무시할 수 있는 경우, B에서 막대에 가해진 세 힘의 합이 막대에 평행한 벡터일 때 케이블 BC와 BD가 가하는 힘의 크기를 구하라.

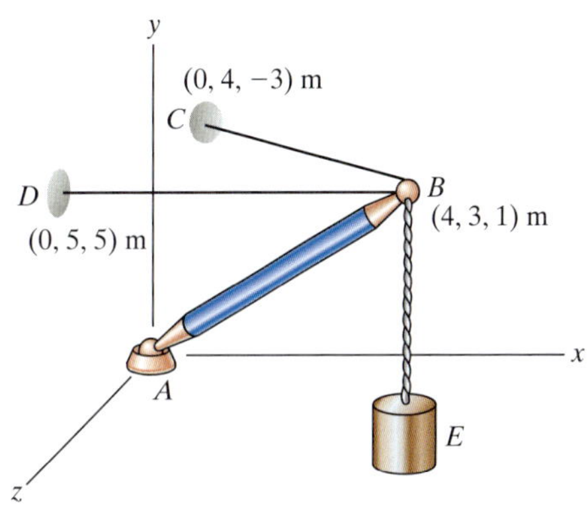

연습문제 2.69~2.71

연습문제 2.72~2.75를 풀 때 다음 그림을 참조하라.

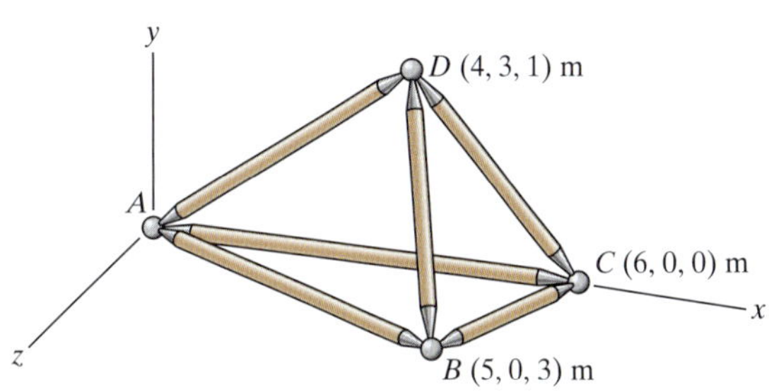

연습문제 2.72~2.75

2.72 점 B에서 점 D로 향하는 위치 벡터 $\mathbf{r}_{BD}$의 성분을 구하고, 그 결과를 이용해 B에서 D까지의 거리를 구하라.

2.73 점 B에서 점 D로 향하는 위치 벡터 $\mathbf{r}_{BD}$의 방향 코사인을 구하라.

2.74 점 C에서 점 D로 향하는 단위 벡터 $\mathbf{e}_{CD}$의 성분을 구하라.

2.75 점 C에서 점 D로 향하는 단위 벡터 $\mathbf{e}_{CD}$의 방향 코사인을 구하라.

2.76 예제 2.7에서 케이슨이 지상의 새로운 위치로 이동한다고 가정하자. 힘 $\mathbf{F}$의 크기는 600 lb로 유지된다. 새 위치에서 힘 $\mathbf{F}$와 x축 사이의 각도는 60°이고 $\mathbf{F}$와 z축 사이의 각도는 70°이다. $\mathbf{F}$를 성분으로 나타내라.

2.77 우주왕복선의 우주비행사는 레이더를 사용해 두 위성 A와 B의 위치 벡터의 크기와 방향 코사인을 결정한다. 우주왕복선에서 위성 A까지의 벡터 $\mathbf{r}_A$의 크기는 2 km이고 방향 코사인 $\cos\theta_x = 0.768$, $\cos\theta_y = 0.384$, $\cos\theta_z = 0.512$이다. 우주왕복선에서 위성 B까지의 벡터 $\mathbf{r}_B$의 크기는 4 km이고 방향 코사인 $\cos\theta_x = 0.743$, $\cos\theta_y = 0.557$, $\cos\theta_z = -0.371$이다. 위성 사이의 거리는 얼마인가?

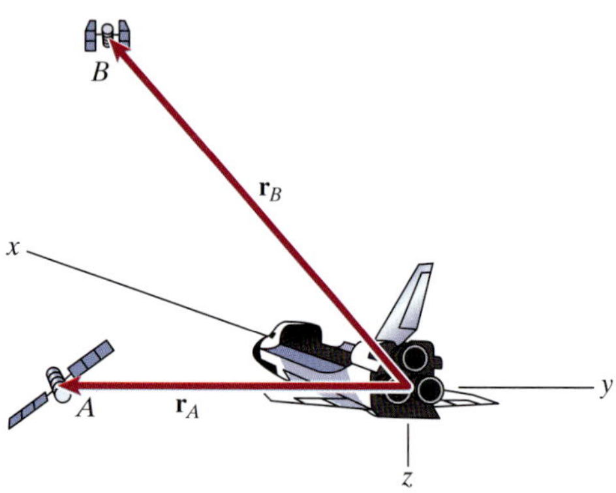

연습문제 2.77

2.78 고고학자들이 콜럼버스 이전 시대의 의식용 구조물을 측정하고 그림에 표시된 치수를 얻었다. (a) 크기, (b) A 지점에서 B 지점까지의 위치 벡터의 방향 코사인을 구하라.

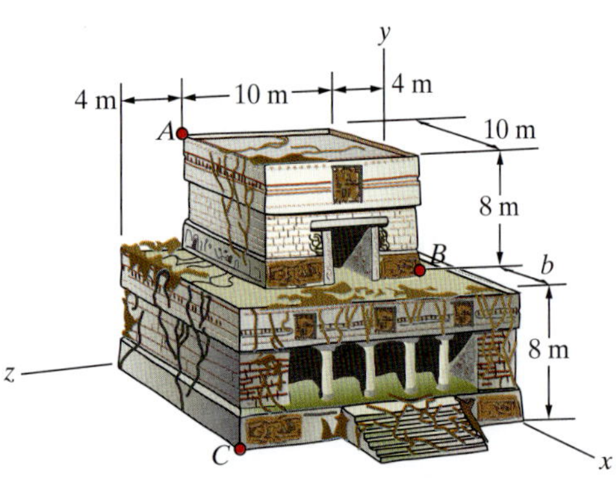

연습문제 2.78

2.79 연습문제 2.78에서 설명한 구조를 생각해보라. 미국으로 돌아온 후 한 고고학자는 대학원생이 b 치수가 포함된 유일한 데이터 파일을 지운 것을 발견했다. 그러나 기록된 GPS 데이터를 통해 그는 점 B에서 점 C까지의 거리가 16.61 m라는 것을 계산할 수 있다. (a) 거리 b는 얼마인가? (b) B에서 C로 향하는 위치 벡터의 방향 코사인을 구하라.

2.80 A와 B의 관찰자들이 경위의를 이용해 비행 중인 로켓까지의 방향을 측정한다. 특정 순간에 로켓 위치의 좌표가 (4, 4, 2) km라면, 관찰자가 그 순간에 측정할 벡터 $\mathbf{r}_{AR}$, $\mathbf{r}_{BR}$의 방향 코사인을 구하라.

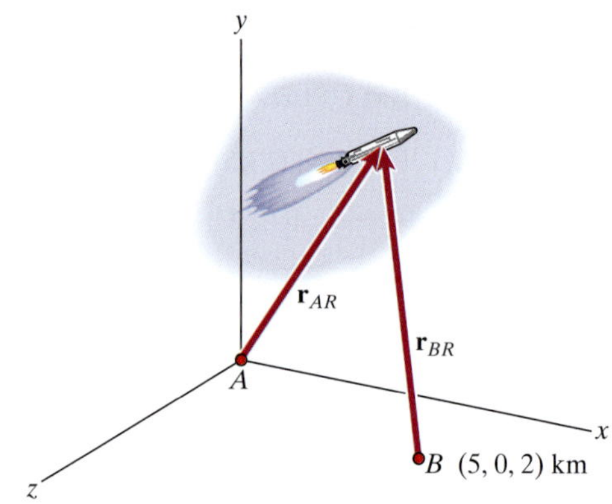

연습문제 2.80

2.81 점 p가 x–z 평면에 있다. 점 p에서 벡터 $\mathbf{r}$의 끝부분까지의 선은 y축과 평행하다. $\mathbf{r} = 12\mathbf{i} + 6\mathbf{j} + 10\mathbf{k}$ (m)이면 각도 ϕ, ψ는 얼마인가?

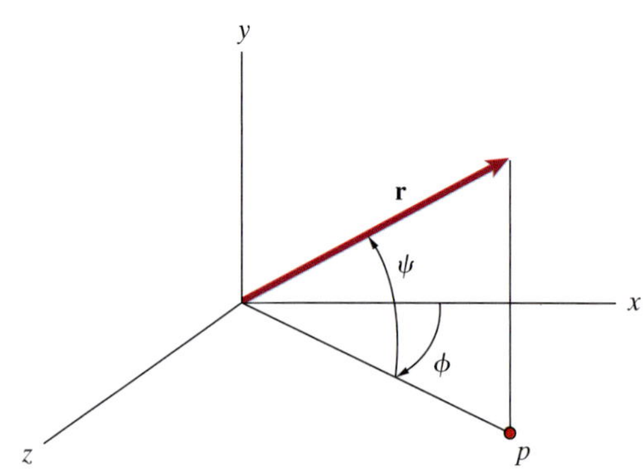

연습문제 2.81

2.82 원래 에베레스트산의 높이는 측량사가 다음과 같은 방법으로 측정한다. 먼저 두 점의 고도와 그 사이의 수평 거리를 측정한다. 예를 들어 점 A와 B가 해발 3000 m이고 10,000 m 떨어져 있다고 가정하자. 다음으로 경위의를 사용해 점 A에서 꼭대기 P까지의 벡터 $\mathbf{r}_{AP}$, B에서 P까지의 벡터 $\mathbf{r}_{BP}$의 방향 코사인을 측정한다. $\mathbf{r}_{AP}$의 방향 코사인을 $\cos\theta_x = 0.5179$, $\cos\theta_y = 0.6906$, $\cos\theta_z = 0.5048$이라고 가정하고, $\mathbf{r}_{BP}$의 방향 코사인을 $\cos\theta_x = -0.3743$, $\cos\theta_y = 0.7486$, $\cos\theta_z = 0.5472$라고 가정하자. 이 데이터를 사용해 에베레스트산의 해발 고도를 구하라.

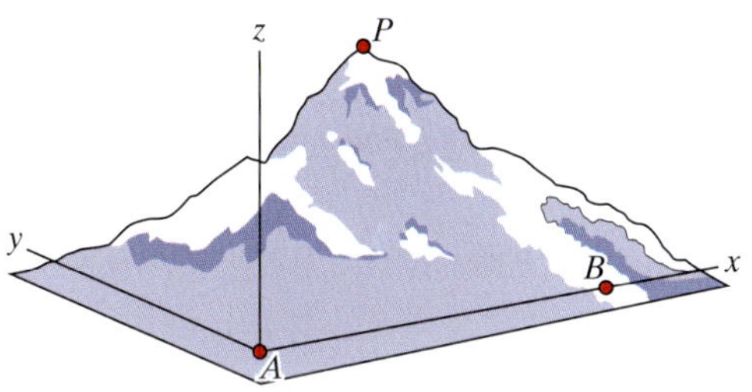

연습문제 2.82

2.83 점 O에서 점 A까지의 거리가 20 ft이다. 직선 AB는 y축에 평행하고 점 B는 x–z 평면에 있다. 벡터 $\mathbf{r}_{OA}$를 성분으로 나타내라.

전략: $\mathbf{r}_{OA}$를 O에서 B로의 벡터와 B에서 A로의 벡터의 합으로 표현한다. 다음 O에서 B로의 벡터를 x축과 z축에 평행한 벡터 성분의 합으로 나타낼 수 있다. 예제 2.8을 참조하라.

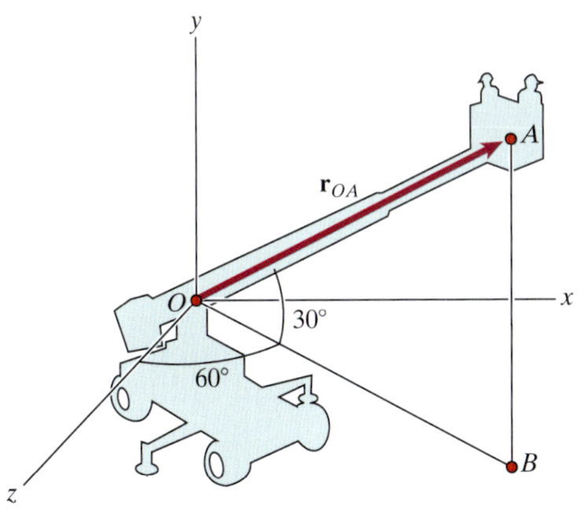

연습문제 2.83

2.84 두 힘 벡터의 크기가 $|\mathbf{F}_A| = 140$ lb, $|\mathbf{F}_B| = 100$ lb이다. 합력 $\mathbf{F}_A + \mathbf{F}_B$의 크기를 구하라.

2.85 벡터 $\mathbf{F}_A$, $\mathbf{F}_B$의 방향 코사인을 구하라.

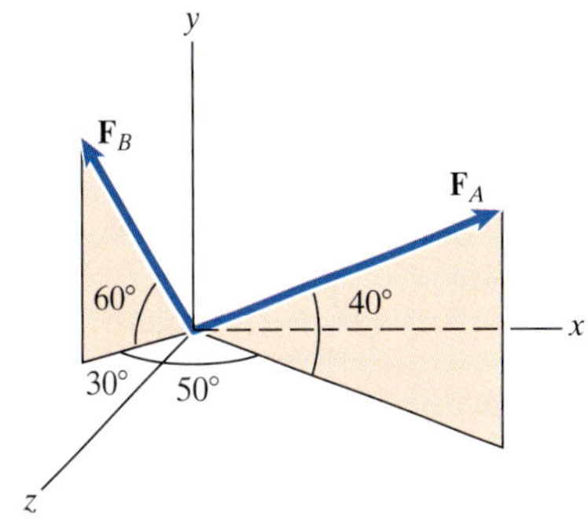

연습문제 2.84/2.85

2.86 관제탑을 기준으로 두 비행기 A와 B의 위치가 레이더로 결정된다. 관제탑으로부터의 거리는 $|\mathbf{r}_A| = 16$ km, $|\mathbf{r}_B| = 12$ km이다. 비행기 A에서 비행기 B까지의 위치 벡터 $\mathbf{r}_{AB}$(즉 비행기 A에 대한 비행기 B의 위치를 지정하는 벡터)의 성분을 구하라. 두 비행기 사이의 직선 거리는 얼마인가?

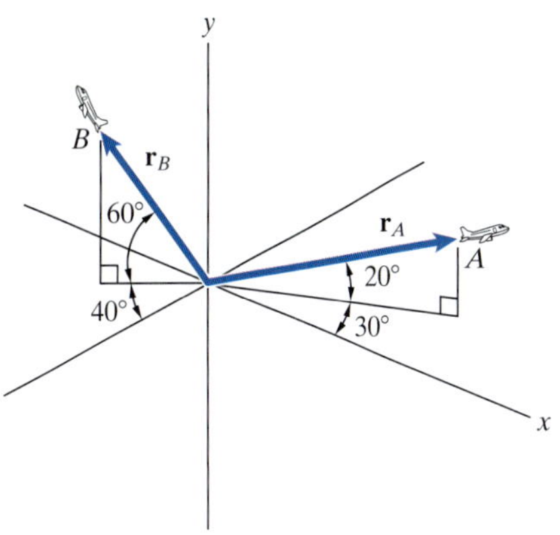

연습문제 2.86

2.87 한 공학자가 지오데식 돔의 보 중 한 곳에서 축력의 크기를 $|\mathbf{P}| = 7.65$ kN으로 계산했다. 직선 보의 끝점 A와 B의 직각 좌표는 각각 $(-12.4, 22.0, -18.4)$ m, $(-9.2, 24.4, -15.6)$ m이다. 힘 $\mathbf{P}$를 성분으로 나타내라.

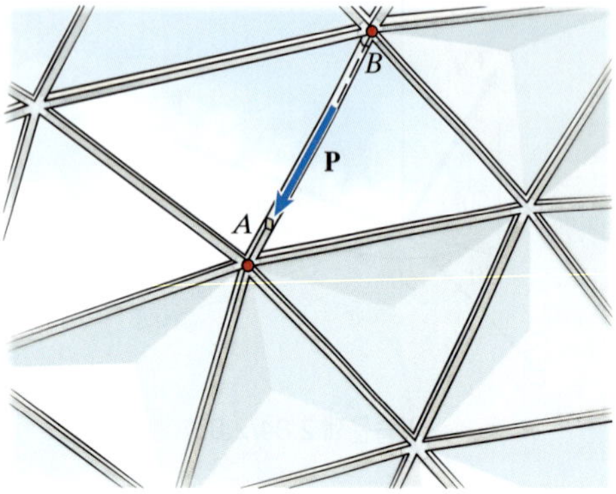

연습문제 2.87

2.88 케이블 BC가 점 B에서 막대 AB에 8 kN의 힘 $\mathbf{F}$를 가한다. (a) 점 B에서 점 C로 향하는 단위 벡터의 성분을 구하라. (b) $\mathbf{F}$를 성분으로 나타내라.

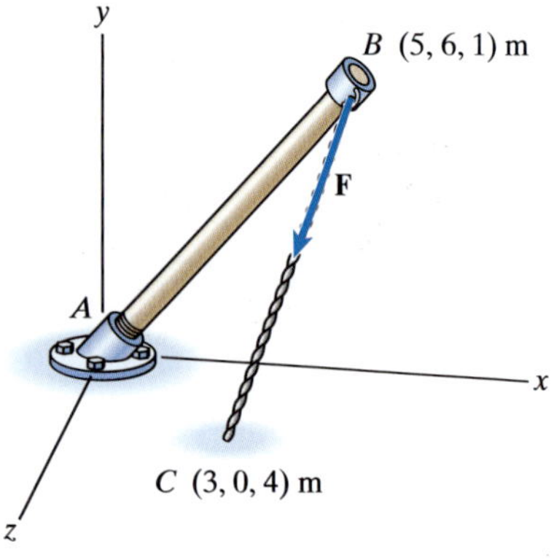

연습문제 2.88

2.89 케이블이 점 C에서 점 E로 향한다. 케이블은 C에서 E로 향하는 직선 방향으로 플레이트의 점 C에 50 lb의 힘 $\mathbf{T}$를 가한다. $\mathbf{T}$를 성분으로 나타내라.

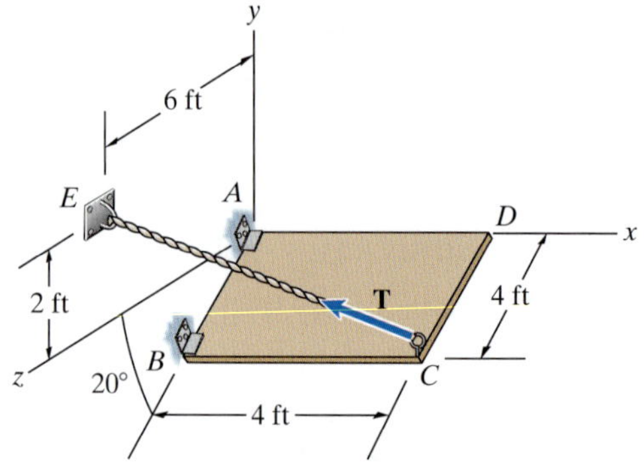

연습문제 2.89

2.90 케이블이 점 B에서 점 D로 향한다. 케이블은 B에서 D로 향하는 직선 방향으로 막대의 점 B에 30 lb의 힘을 가한다. 힘을 성분으로 나타내라.

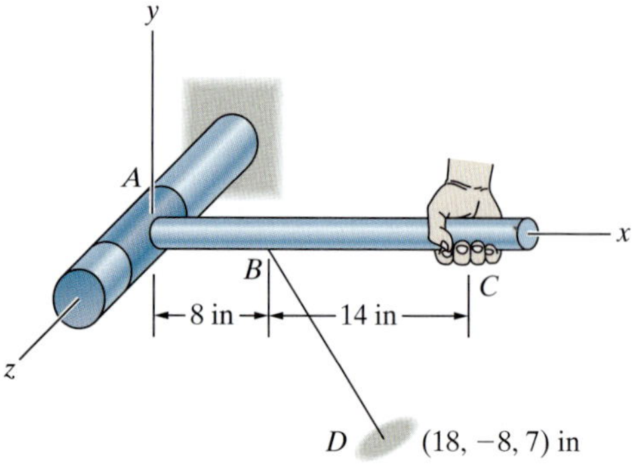

연습문제 2.90

2.91 케이블 AB가 A에서 B까지의 선을 따라 향하는 지점 A에서 200 lb의 힘 $\mathbf{F}_{AB}$를 가한다. $\mathbf{F}_{AB}$를 성분으로 나타내라.

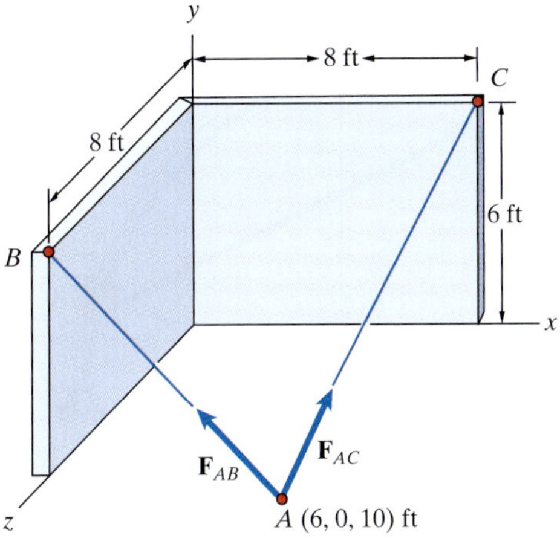

연습문제 2.91

2.92 케이블 CD가 C에서 D로 향하는 방향으로 막대의 점 C에 6 kN의 힘을 가한다. 힘을 성분으로 나타내라.

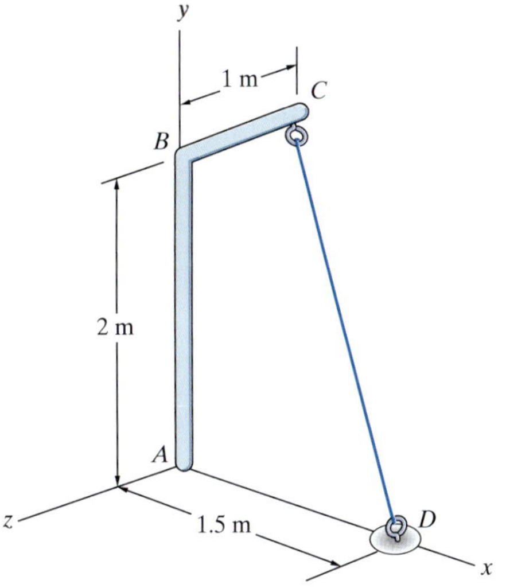

연습문제 2.92

2.93 70 m 높이의 탑이 $\mathbf{F}_{AB}$, $\mathbf{F}_{AC}$, $\mathbf{F}_{AD}$를 작용시키는 세 개의 케이블로 지탱된다. 각 힘의 크기는 2 kN이다. 세 개의 케이블이 탑에 작용하는 총힘을 성분으로 나타내라.

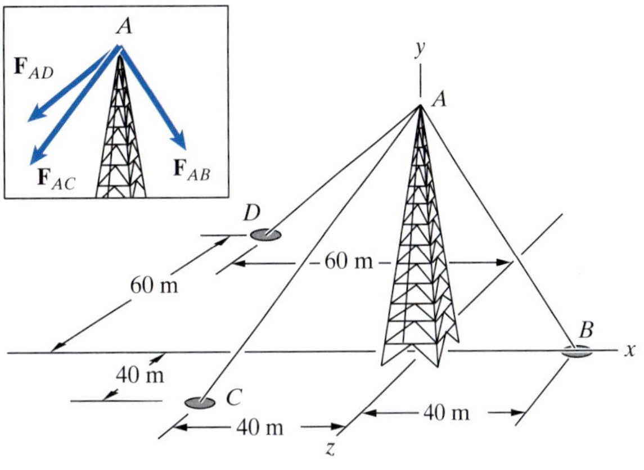

연습문제 2.93

2.94 두 힘 벡터의 크기가 $|\mathbf{F}_A| = 4.6$ kN, $|\mathbf{F}_B| = 5.2$ kN이다. 합력 $\mathbf{F}_A + \mathbf{F}_B$의 크기를 구하라. (벡터 $\mathbf{F}_B$와 양의 x축 사이의 각도는 $180° - 57° = 123°$임에 유의하라.)

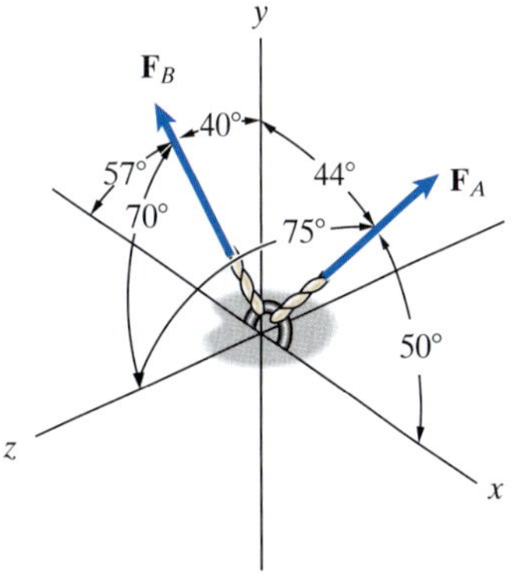

연습문제 2.94

2.95 로프 BD가 막대 ABC의 점 B에 부착되어 있다. A에서 B까지의 거리는 3 m이다. 점 B에서 점 D까지 위치 벡터 $\mathbf{r}_{BD}$의 성분을 구하라.

2.96 로프 BD가 막대 ABC의 점 B에 부착되어 있다. A에서 B까지의 거리는 3 m이다. 로프는 B에서 D 방향으로 막대의 점 B에 2 kN의 힘을 가한다. 힘의 성분을 구하라.

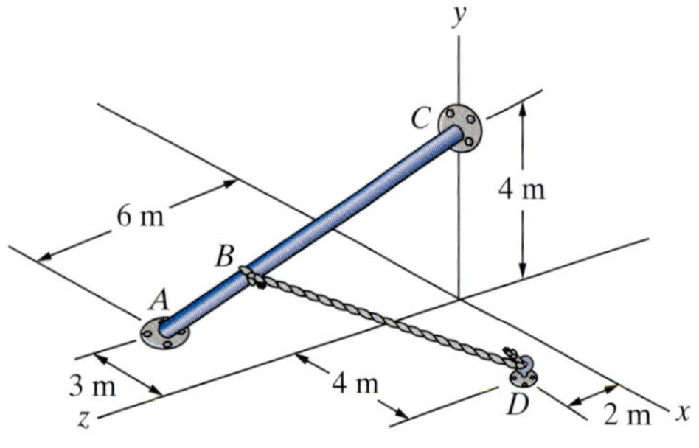

연습문제 2.95/2.96

2.97 반경이 4 m인 원형 막대가 x–y 평면에 놓여 있다. 점 B에서 A의 칼라까지의 위치 벡터를 성분으로 나타내라.

2.98 케이블 AB가 A에서 B로 향한 선을 따라 A의 칼라에 60 N의 힘 **T**를 가한다. **T**를 성분으로 나타내라.

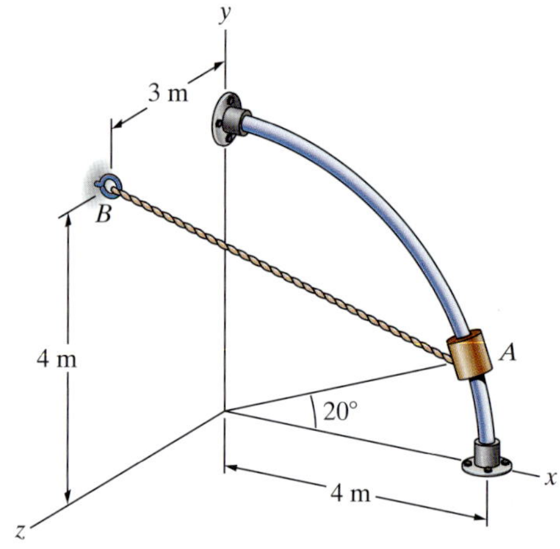

연습문제 2.97/2.98

2.4 내적

생각해보기

- 두 벡터의 '내적'은 무엇인가? 내적을 이용해 무엇을 할 수 있는가?
- 두 벡터 성분을 알고 있다면 내적은 어떻게 구하는가?

배경

두 종류의 벡터 곱셈인 내적과 외적은 과학 및 공학, 특히 역학 및 전자기장 이론에 응용되고 있다. 제4장에서 이 두 곱을 모두 사용해 점과 선에 대한 힘의 모멘트를 구한다.

두 벡터의 내적은 주어진 선에 평행한 벡터의 성분과 수직인 벡터의 성분을 구하고 공간에서 두 선 사이의 각도를 구하는 것을 포함해 다양한 용도로 사용된다.

정의

두 벡터 **U**와 **V**에 대해(그림 2.21a), **U** · **V**(따라서 'dot product'라는 명칭을 사용)로 표시되는 **U**와 **V**의 내적(dot product)은 **U**의 크기, **V**의 크기 및 **U**와 **V**의 꼬리를 일치시킬 때의 각도 θ의 코사인 곱으로 정의된다(그림 2.21b).

$$\mathbf{U} \cdot \mathbf{V} = |\mathbf{U}||\mathbf{V}| \cos\theta \tag{2.18}$$

내적의 결과가 스칼라이기 때문에 내적을 스칼라곱이라고도 한다. 내적의 단위는 두 벡터 단위의 곱이다. 0이 아닌 두 벡터의 내적은 벡터가 수직인 경우에만 0이 되는 것을 명심하라.

내적은 다음과 같은 특성이 있다.

임의의 스칼라 a와 벡터 $\mathbf{U}$, $\mathbf{V}$, $\mathbf{W}$에 대해

$$\mathbf{U} \cdot \mathbf{V} = \mathbf{V} \cdot \mathbf{U} \quad \text{내적은 교환 법칙을 만족한다.} \tag{2.19}$$

$$a(\mathbf{U} \cdot \mathbf{V}) = (a\mathbf{U}) \cdot \mathbf{V} = \mathbf{U} \cdot (a\mathbf{V}) \quad \text{내적은 스칼라곱에 대해 결합 법칙을 만족한다.} \tag{2.20}$$

$$\mathbf{U} \cdot (\mathbf{V} + \mathbf{W}) = \mathbf{U} \cdot \mathbf{V} + \mathbf{U} \cdot \mathbf{W} \quad \text{내적은 벡터 덧셈에 대해 결합 법칙을 만족한다.} \tag{2.21}$$

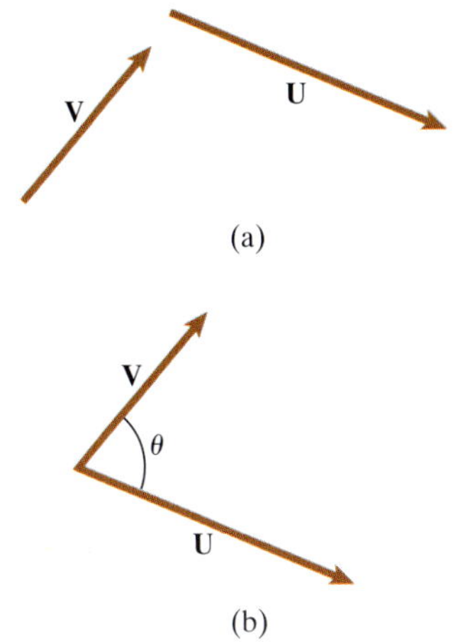

그림 2.21
(a) 벡터 $\mathbf{U}$와 $\mathbf{V}$
(b) 두 벡터의 꼬리를 일치시킬 때 $\mathbf{U}$와 $\mathbf{V}$ 사이의 각도 θ

성분을 이용한 내적

이 절에서는 스칼라 성분을 알고 있는 경우 두 벡터의 내적을 구할 수 있는 방정식을 유도한다. 또한 유도 과정에서 벡터 사이의 각도에 대한 방정식을 얻을 수 있다. 첫 번째 단계는 단위 벡터 $\mathbf{i}$, $\mathbf{j}$, $\mathbf{k}$ 사이의 내적을 구하는 것이다. 내적 $\mathbf{i} \cdot \mathbf{i}$를 구해보자. 크기 $|\mathbf{i}| = 1$이고 두 개의 동일한 벡터 사이의 각도는 0이므로 다음 결과를 얻는다.

$$\mathbf{i} \cdot \mathbf{i} = |\mathbf{i}||\mathbf{i}| \cos(0) = (1)(1)(1) = 1$$

$\mathbf{i}$와 $\mathbf{j}$의 내적은 다음과 같다.

$$\mathbf{i} \cdot \mathbf{j} = |\mathbf{i}||\mathbf{j}| \cdot \cos(90°) = (1)(1)(0) = 0$$

동일한 방법으로 다음 식을 유도할 수 있다.

$$\begin{aligned} \mathbf{i} \cdot \mathbf{i} &= 1, & \mathbf{i} \cdot \mathbf{j} &= 0, & \mathbf{i} \cdot \mathbf{k} &= 0 \\ \mathbf{j} \cdot \mathbf{i} &= 0, & \mathbf{j} \cdot \mathbf{j} &= 1, & \mathbf{j} \cdot \mathbf{k} &= 0 \\ \mathbf{k} \cdot \mathbf{i} &= 0, & \mathbf{k} \cdot \mathbf{j} &= 0, & \mathbf{k} \cdot \mathbf{k} &= 1 \end{aligned} \tag{2.22}$$

두 벡터 $\mathbf{U}$와 $\mathbf{V}$의 내적은 해당 성분을 이용해 다음과 같이 얻을 수 있다.

$$\begin{aligned} \mathbf{U} \cdot \mathbf{V} &= (U_x\mathbf{i} + U_y\mathbf{j} + U_z\mathbf{k}) \cdot (V_x\mathbf{i} + V_y\mathbf{j} + V_z\mathbf{k}) \\ &= U_xV_x(\mathbf{i} \cdot \mathbf{i}) + U_xV_y(\mathbf{i} \cdot \mathbf{j}) + U_xV_z(\mathbf{i} \cdot \mathbf{k}) \\ &\quad + U_yV_x(\mathbf{j} \cdot \mathbf{i}) + U_yV_y(\mathbf{j} \cdot \mathbf{j}) + U_yV_z(\mathbf{j} \cdot \mathbf{k}) \\ &\quad + U_zV_x(\mathbf{k} \cdot \mathbf{i}) + U_zV_y(\mathbf{k} \cdot \mathbf{j}) + U_zV_z(\mathbf{k} \cdot \mathbf{k}) \end{aligned}$$

이 식을 유도하기 위해 식 (2.20)과 식 (2.21)이 사용되었다. 이 식에 식 (2.22)를 대입하면 두 벡터의 스칼라 성분으로 내적에 대한 다음 식을 얻는다.

$$\mathbf{U} \cdot \mathbf{V} = U_x V_x + U_y V_y + U_z V_z \tag{2.23}$$

식 (2.23)에 의해 주어진 내적에 대한 식을 내적의 정의(식 2.18)에 적용하고 cos θ에 대해 풀면 다음 식과 같다.

$$\cos\theta = \frac{\mathbf{U} \cdot \mathbf{V}}{|\mathbf{U}||\mathbf{V}|} = \frac{U_x V_x + U_y V_y + U_z V_z}{|\mathbf{U}||\mathbf{V}|} \tag{2.24}$$

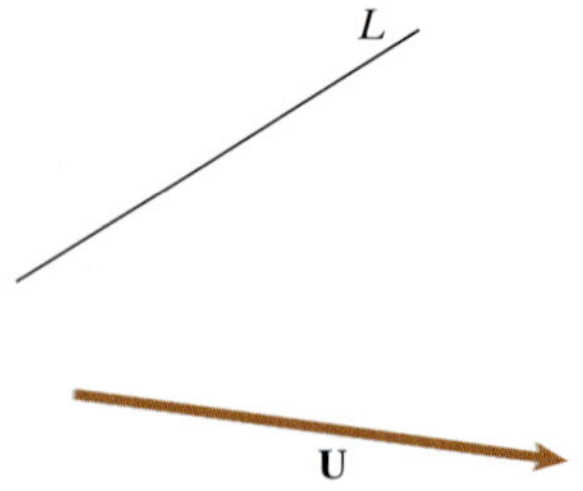

(a)

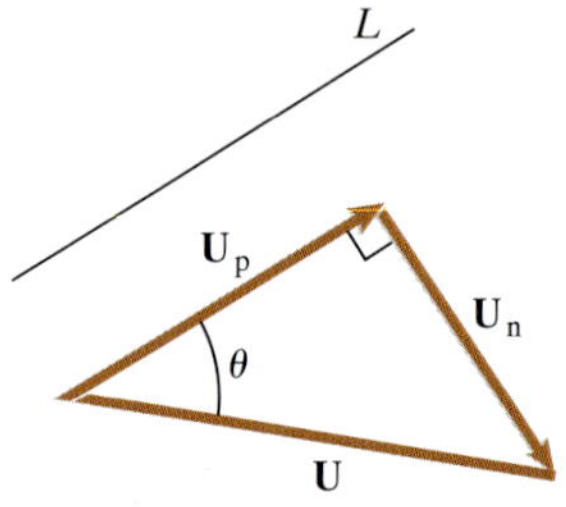

(b)

그림 2.22

(a) 벡터 **U**와 직선 L

(b) **U**를 L에 평행하고 수직인 성분으로 분해한다.

선에 평행인 벡터 성분과 수직인 벡터 성분

일부 엔지니어링 응용 예에서 벡터는 주어진 선에 평행하고 법선(수직)인 벡터 성분으로 표현되어야 한다. 선에 평행한 벡터의 성분을 선에 대한 벡터의 **투영**이라고 한다. 예를 들어 벡터가 힘을 나타낼 때 선에 대한 힘의 투영은 선 방향의 힘의 성분이다.

내적을 사용해 선에 평행하고 수직인 벡터의 성분을 구할 수 있다. 벡터 **U**와 직선 L을 고려하자(그림 2.22a). **U**를 L에 평행인 벡터 성분 $\mathbf{U}_p$와 법선인 $\mathbf{U}_n$의 합으로 표현할 수 있다(그림 2.22b).

평행 성분 **U**와 벡터 성분 $\mathbf{U}_p$ 사이의 각도 θ에 대해 $\mathbf{U}_p$의 크기는 다음과 같다.

$$|\mathbf{U}_p| = |\mathbf{U}|\cos\theta \tag{2.25}$$

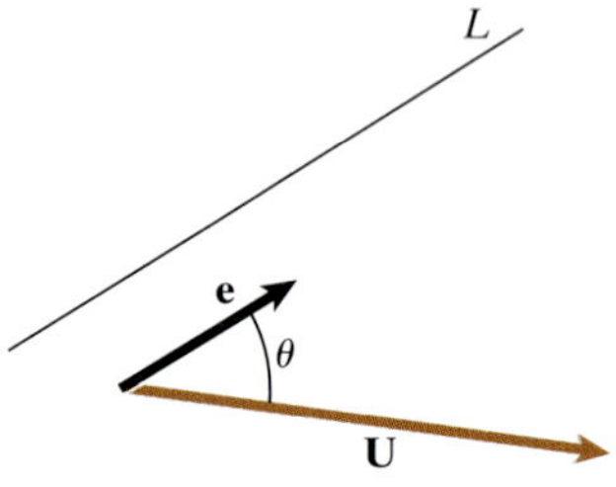

그림 2.23

단위 벡터 **e**는 L과 평행하다.

e를 L에 평행한 단위 벡터라고 하면(그림 2.23), **e**와 **U**의 내적은 다음과 같다.

$$\mathbf{e} \cdot \mathbf{U} = |\mathbf{e}||\mathbf{U}|\cos\theta = |\mathbf{U}|\cos\theta$$

이 결과를 식 (2.25)와 비교하면 $\mathbf{U}_p$의 크기는 다음과 같다.

$$|\mathbf{U}_p| = \mathbf{e} \cdot \mathbf{U}$$

따라서 평행 벡터 성분, 즉 **U**를 L로 투영하는 것은 다음과 같다.

$$\mathbf{U}_p = (\mathbf{e} \cdot \mathbf{U})\mathbf{e} \tag{2.26}$$

(이 방정식은 **e**가 $\mathbf{U}_p$ 방향을 가리키지 않더라도 성립한다. 이 경우 각도 $\theta > 90°$이고 $\mathbf{e} \cdot \mathbf{U}$는 음수이다.) 벡터의 성분과 직선 L에 평행한 단위 벡터 **e**의 성분을 알고 있을 때 식 (2.26)을 사용해 L에 평행한 벡터의 성분을 구할 수 있다.

수직 성분 평행 벡터 성분이 결정되면 $\mathbf{U} = \mathbf{U}_p + \mathbf{U}_n$으로부터 수직인 벡터 성분을 얻을 수 있다.

$$\mathbf{U}_n = \mathbf{U} - \mathbf{U}_p \tag{2.27}$$

결과 정리

내적

두 벡터 **U**와 **V**의 내적은 다음과 같이 정의된다.

$$\mathbf{U}\cdot\mathbf{V} = |\mathbf{U}||\mathbf{V}|\cos\theta \qquad (2.18)$$

여기에서 θ는 두 벡터의 꼬리를 일치시킬 때 벡터 사이의 각도이다. $\mathbf{U}\cdot\mathbf{U} = |\mathbf{U}|^2$이라는 점에 명심하라. $|\mathbf{U}| \neq 0$, $|\mathbf{V}| \neq 0$인 경우, **U**와 **V**가 수직인 경우에만 $\mathbf{U}\cdot\mathbf{V} = 0$임에 주의하라.

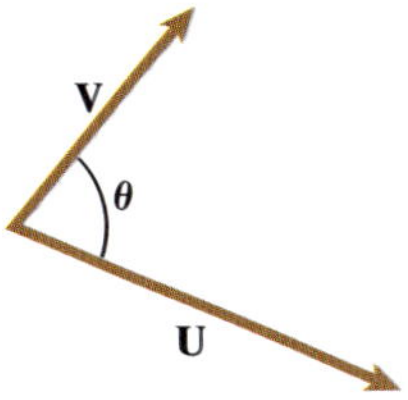

성분을 이용한 내적

U와 **V**의 내적은 다음 식과 같이 벡터의 성분으로 구할 수 있다.

$$\mathbf{U}\cdot\mathbf{V} = U_xV_x + U_yV_y + U_zV_z \qquad (2.23)$$

선에 평행인 벡터 성분과 수직인 벡터 성분

벡터 **U**는 주어진 선 L에 평행한 벡터 성분 $\mathbf{U}_p$와 L에 수직인 벡터 성분 $\mathbf{U}_n$으로 분해될 수 있다. **e**가 L에 평행한 단위 벡터인 경우 **U**의 평행 성분은 다음과 같이 구할 수 있다.

$$\mathbf{U}_p = (\mathbf{e}\cdot\mathbf{U})\mathbf{e} \qquad (2.26)$$

수직 성분은 다음 식으로부터 구할 수 있다.

$$\mathbf{U}_n = \mathbf{U} - \mathbf{U}_p \qquad (2.27)$$

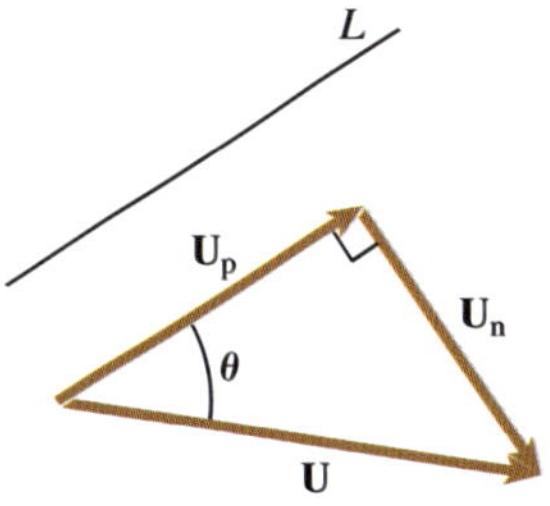

실습 예제 2.11 내적

두 벡터 **U**, **V**의 성분이 $\mathbf{U} = 6\mathbf{i} - 5\mathbf{j} - 3\mathbf{k}$, $\mathbf{V} = 4\mathbf{i} + 2\mathbf{j} + 2\mathbf{k}$이다. (a) $\mathbf{U}\cdot\mathbf{V}$의 값은 얼마인가? (b) **U**와 **V**를 꼬리를 맞대고 배치했을 때 둘 사이의 각도는 얼마인가?

전략

U와 **V**의 성분을 알면 식 (2.23)을 이용해 $\mathbf{U}\cdot\mathbf{V}$의 값을 구할 수 있다. 그러면 내적의 정의인 식 (2.18)을 이용해 벡터 사이의 각도를 계산할 수 있다.

풀이

벡터의 성분을 사용해 $\mathbf{U}\cdot\mathbf{V}$ 값을 구한다. →

$$\begin{aligned}\mathbf{U}\cdot\mathbf{V} &= U_xV_x + U_yV_y + U_zV_z \\ &= (6)(4) + (-5)(2) + (-3)(2) \\ &= 8\end{aligned}$$

U · V의 정의를 사용해 θ를 구한다.

$$\mathbf{U}\cdot\mathbf{V} = |\mathbf{U}||\mathbf{V}|\cos\theta$$

따라서

$$\cos\theta = \frac{\mathbf{U}\cdot\mathbf{V}}{|\mathbf{U}||\mathbf{V}|}$$

$$= \frac{8}{\sqrt{(6)^2 + (-5)^2 + (-3)^2}\sqrt{(4)^2 + (2)^2 + (2)^2}}$$

$$= 0.195$$

따라서 $\theta = 78.7°$

실습 문제 두 벡터 **U**, **V**의 성분이 $\mathbf{U} = 6\mathbf{i} - 5\mathbf{j} - 3\mathbf{k}$, $\mathbf{V} = V_x\mathbf{i} + 2\mathbf{j} + 2\mathbf{k}$이다. 벡터 **U**와 **V**가 수직이 되도록 성분 V_x의 값을 구하라.

답: $V_x = 2.67$

예제 2.12 내적을 사용한 각도 결정

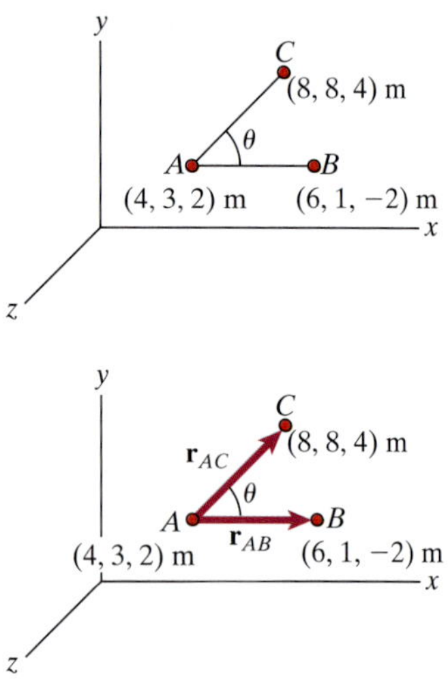

(a) 위치 벡터 $\mathbf{r}_{AB}$, $\mathbf{r}_{AC}$

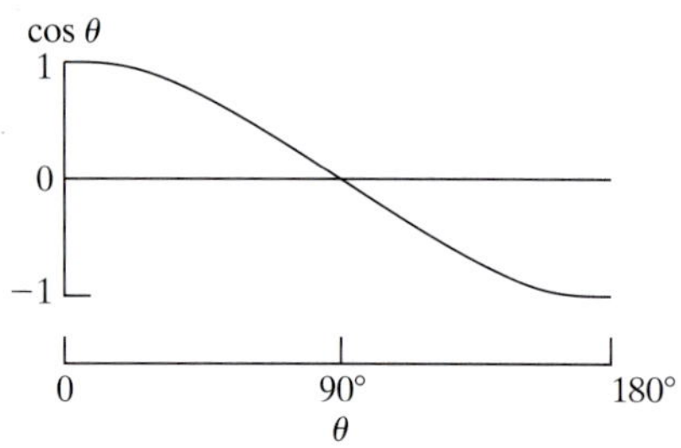

(b) cos θ의 그래프

선 AB와 AC 사이의 각도 θ는 얼마인가?

전략

점 A, B, C의 좌표를 알고 있으므로 A에서 B까지의 벡터 $\mathbf{r}_{AB}$와 A에서 C까지의 벡터 $\mathbf{r}_{AC}$의 성분을 구할 수 있다(그림 a). 그런 다음 식 (2.24)를 사용해서 θ를 구할 수 있다.

풀이

미터 단위의 좌표를 가지는 벡터 $\mathbf{r}_{AB}$, $\mathbf{r}_{AC}$는 다음과 같다.

$$\mathbf{r}_{AB} = (6-4)\mathbf{i} + (1-3)\mathbf{j} + (-2-2)\mathbf{k} = 2\mathbf{i} - 2\mathbf{j} - 4\mathbf{k}\ (\text{m})$$
$$\mathbf{r}_{AC} = (8-4)\mathbf{i} + (8-3)\mathbf{j} + (4-2)\mathbf{k} = 4\mathbf{i} + 5\mathbf{j} + 2\mathbf{k}\ (\text{m})$$

그 크기는 다음과 같다.

$$|\mathbf{r}_{AB}| = \sqrt{(2\text{ m})^2 + (-2\text{ m})^2 + (-4\text{ m})^2} = 4.90\text{ m}$$
$$|\mathbf{r}_{AC}| = \sqrt{(4\text{ m})^2 + (5\text{ m})^2 + (2\text{ m})^2} = 6.71\text{ m}$$

$\mathbf{r}_{AB}$와 $\mathbf{r}_{AC}$의 내적은 다음과 같다.

$$\mathbf{r}_{AB}\cdot\mathbf{r}_{AC} = (2\text{ m})(4\text{ m}) + (-2\text{ m})(5\text{ m}) + (-4\text{ m})(2\text{ m})$$
$$= -10\text{ m}^2$$

그러므로 다음 식이 성립한다.

$$\cos\theta = \frac{\mathbf{r}_{AB}\cdot\mathbf{r}_{AC}}{|\mathbf{r}_{AB}||\mathbf{r}_{AC}|} = \frac{-10\text{ m}^2}{(4.90\text{ m})(6.71\text{ m})} = -0.304$$

각도 θ는 arccos(−0.304), 즉 107.7°이다.

비판적 사고

두 벡터의 내적이 음수라는 것은 무엇을 의미하는가? 식 (2.18)과 코사인 그래프 (그림 b)에서 이 예제와 같이 두 벡터 사이의 닫힌 각도가 90°보다 큰 경우에만 내적이 음수임을 알 수 있다.

예제 2.13 선에 평행인 벡터 성분과 수직인 벡터 성분

케이블 OA를 잡아당겨 O에 50 N의 힘 $\mathbf{F}$를 가한다고 가정하자. 케이블 OB에 평행하고 수직인 $\mathbf{F}$의 벡터 성분은 무엇인가?

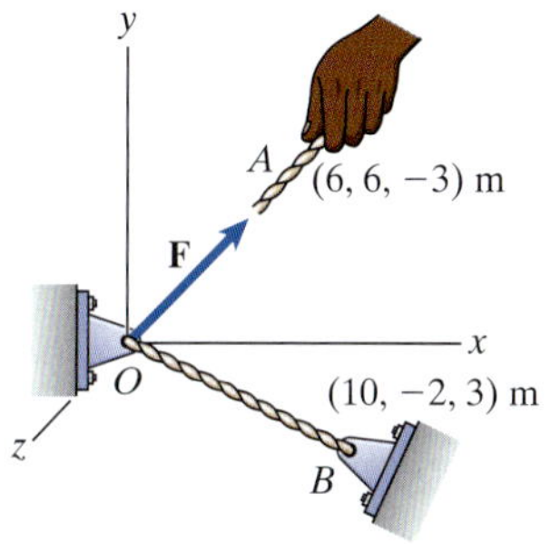

전략

$\mathbf{F}$를 OB에 평행인 벡터 성분과 수직인 벡터 성분의 합으로 표현하면(그림 a), 식 (2.26)과 식 (2.27)을 사용해 벡터 성분을 구할 수 있다. 그러나 이를 적용하려면 먼저 $\mathbf{F}$를 스칼라 성분으로 나타내고 OB에 평행한 단위 벡터를 스칼라 성분으로 나타내야 한다. O에서 A로 향하는 단위 벡터의 성분을 구하고 $|\mathbf{F}|$를 곱해 $\mathbf{F}$의 성분을 얻는다.

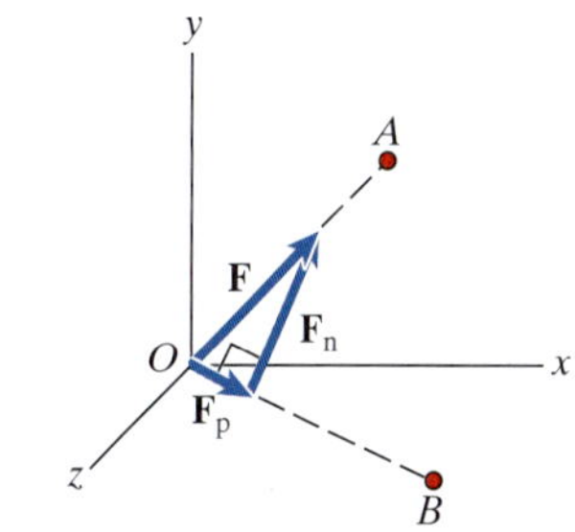

(a) OB에 평행인 성분과 수직인 $\mathbf{F}$의 성분

풀이

O에서 A로, O에서 B로 향하는 위치 벡터는 다음과 같다(그림 b).

$$\mathbf{r}_{OA} = 6\mathbf{i} + 6\mathbf{j} - 3\mathbf{k}\ (\text{m})$$
$$\mathbf{r}_{OB} = 10\mathbf{i} - 2\mathbf{j} + 3\mathbf{k}\ (\text{m})$$

크기가 $|\mathbf{r}_{OA}| = 9$ m, $|\mathbf{r}_{OB}| = 10.6$ m인 이 벡터를 크기로 나누면 원점에서 A와 B를 가리키는 단위 벡터를 얻으며 다음과 같다(그림 c).

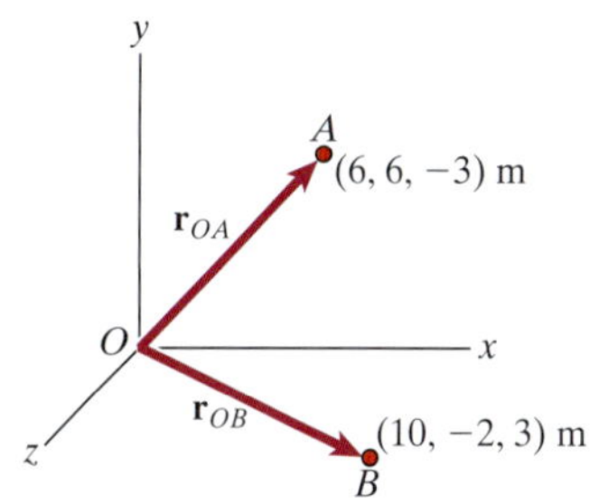

(b) 위치 벡터 $\mathbf{r}_{OA}$, $\mathbf{r}_{OB}$

$$\mathbf{e}_{OA} = \frac{\mathbf{r}_{OA}}{|\mathbf{r}_{OA}|} = \frac{6\mathbf{i} + 6\mathbf{j} - 3\mathbf{k}\ (\text{m})}{9\ \text{m}} = 0.667\mathbf{i} + 0.667\mathbf{j} - 0.333\mathbf{k}$$
$$\mathbf{e}_{OB} = \frac{\mathbf{r}_{OB}}{|\mathbf{r}_{OB}|} = \frac{10\mathbf{i} - 2\mathbf{j} + 3\mathbf{k}\ (\text{m})}{10.6\ \text{m}} = 0.941\mathbf{i} - 0.188\mathbf{j} + 0.282\mathbf{k}$$

힘 $\mathbf{F}$를 스칼라 성분으로 나타내면 다음과 같다.

$$\begin{aligned}\mathbf{F} &= |\mathbf{F}|\mathbf{e}_{OA} = (50\ \text{N})(0.667\mathbf{i} + 0.66\mathbf{j} - 0.333\mathbf{k}) \\ &= 33.3\mathbf{i} + 33.3\mathbf{j} - 16.7\mathbf{k}\ (\text{N})\end{aligned}$$

$\mathbf{e}_{OB}$와 $\mathbf{F}$의 내적을 취하면 다음 결과를 얻는다.

$$\begin{aligned}\mathbf{e}_{OB} \cdot \mathbf{F} &= (0.941)(33.3\ \text{N}) + (-0.188)(33.3\ \text{N}) + (0.282)(-16.7\ \text{N}) \\ &= 20.4\ \text{N}\end{aligned}$$

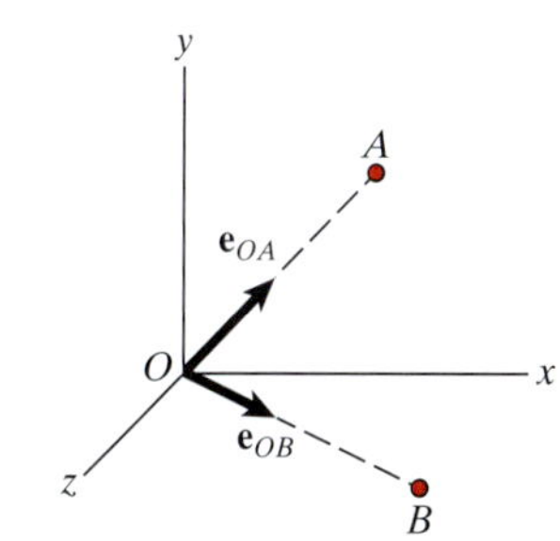

(c) 단위 벡터 $\mathbf{e}_{OA}$, $\mathbf{e}_{OB}$

$\mathbf{F}$의 평행 벡터 성분은 다음과 같다.

$$\begin{aligned}\mathbf{F}_{\text{p}} &= (\mathbf{e}_{OB} \cdot \mathbf{F})\mathbf{e}_{OB} = (20.4\ \text{N})(0.941\mathbf{i} - 0.188\mathbf{j} + 0.282\mathbf{k}) \\ &= 19.2\mathbf{i} - 3.83\mathbf{j} + 5.75\mathbf{k}\ (\text{N})\end{aligned}$$

수직 벡터 성분은 다음과 같다.

$$\mathbf{F}_\mathrm{n} = \mathbf{F} - \mathbf{F}_\mathrm{p} = 14.2\mathbf{i} + 37.2\mathbf{j} - 22.4\mathbf{k} \text{ (N)}$$

비판적 사고

두 벡터가 수직인지 어떻게 확인할 수 있는가? 식 (2.18)로부터 0이 아닌 두 벡터의 내적은 두 벡터 사이의 각도가 90°인 경우에만 0이라는 것이 분명하다. 이 테스트를 사용해 이 예제에서 얻은 **F**의 성분이 수직인지 확인할 수 있다. 뉴턴 단위의 성분으로 $\mathbf{F}_\mathrm{p}$와 $\mathbf{F}_\mathrm{n}$의 내적을 구하면 다음을 얻는다.

$$\mathbf{F}_\mathrm{p} \cdot \mathbf{F}_\mathrm{n} = (19.2)(14.2) + (-3.83)(37.2) + (5.75)(-22.4) = 0$$

연습문제

2.99 실습 예제 2.11에서 벡터 **V**가 $\mathbf{V} = 4\mathbf{i} - 6\mathbf{j} - 10\mathbf{k}$로 변경되었다고 하자. (a) $\mathbf{U} \cdot \mathbf{V}$의 값은 얼마인가? (b) **U**와 **V**의 꼬리를 일치시켰을 때 둘 사이의 각도는 얼마인가?

2.100 예제 2.12에서 점 B의 좌표가 (6, 4, 4) m로 변경되었다고 가정할 때, 선 AB와 AC 사이의 각도 θ는 얼마인가?

2.101 다음 벡터에 대해 내적 $\mathbf{U} \cdot \mathbf{V}$, $\mathbf{U} \cdot \mathbf{W}$, $\mathbf{V} \cdot \mathbf{W}$의 값을 구하라.

$$\mathbf{U} = 12\mathbf{i} + 4\mathbf{j} - 8\mathbf{k}$$
$$\mathbf{V} = -6\mathbf{i} + 8\mathbf{j} + 14\mathbf{k}$$
$$\mathbf{W} = 8\mathbf{i} - 8\mathbf{j} + 8\mathbf{k}$$

결과에서 세 벡터에 대해 추론할 수 있는 것은 무엇인가?

2.102 위치 벡터 **P**, **Q**를 고려하자. (a) 식 (2.18)의 정의를 사용해 내적 $\mathbf{P} \cdot \mathbf{Q}$를 구하라. (b) 식 (2.23)을 사용해 내적 $\mathbf{P} \cdot \mathbf{Q}$를 구하라.

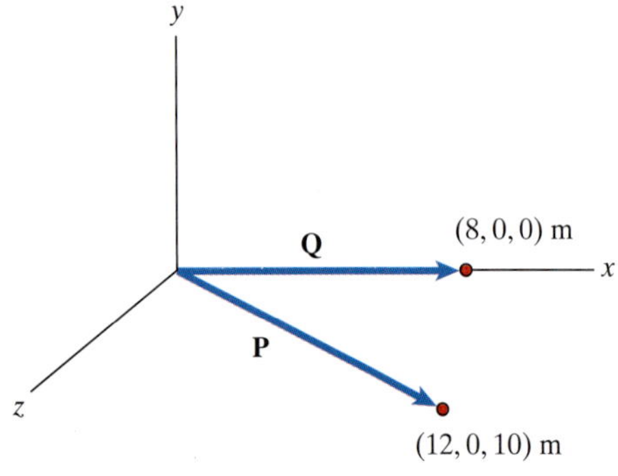

연습문제 2.102

2.103 수직인 두 벡터의 성분이 $\mathbf{U} = U_x\mathbf{i} - 4\mathbf{j} + 6\mathbf{k}$, $\mathbf{V} = 3\mathbf{i} + 2\mathbf{j} - 3\mathbf{k}$이다. 내적을 사용해 성분 U_x를 구하라.

2.104 벡터 **P**, **Q**와 $\mathbf{F} = F_x\mathbf{i} + F_y\mathbf{j}$는 x–y 평면에 있다. **P**, **Q**의 크기는 각각 4 m, 5 m이다. 내적 $\mathbf{P} \cdot \mathbf{F} = 50$ N-m(뉴턴미터), $\mathbf{Q} \cdot \mathbf{F} = 60$ N-m이다. 성분 F_x, F_y를 구하라.

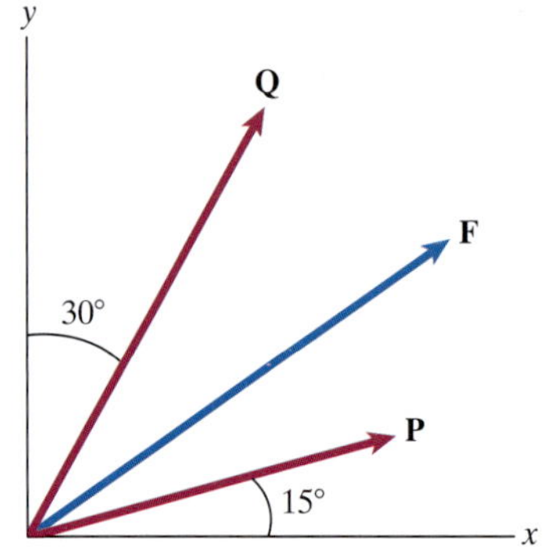

연습문제 2.104

2.105 크기 $|\mathbf{U}| = 10$, $|\mathbf{V}| = 20$이다. (a) 식 (2.18)을 이용해 $\mathbf{U} \cdot \mathbf{V}$를 구하라. (b) 식 (2.23)을 이용해 $\mathbf{U} \cdot \mathbf{V}$를 구하라.

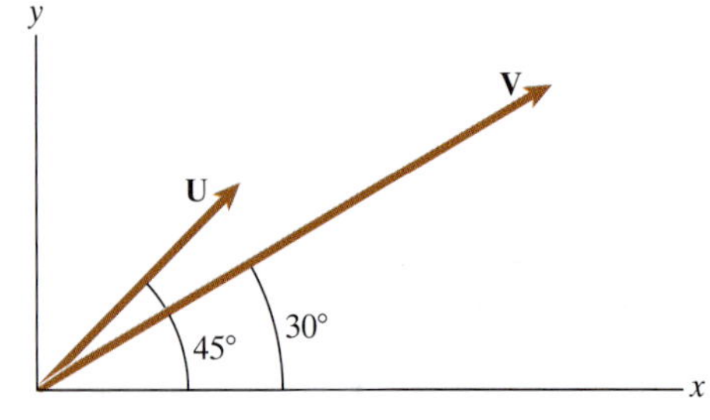

연습문제 2.105

2.106 로프 OA와 OB 사이의 각도는 얼마인가?

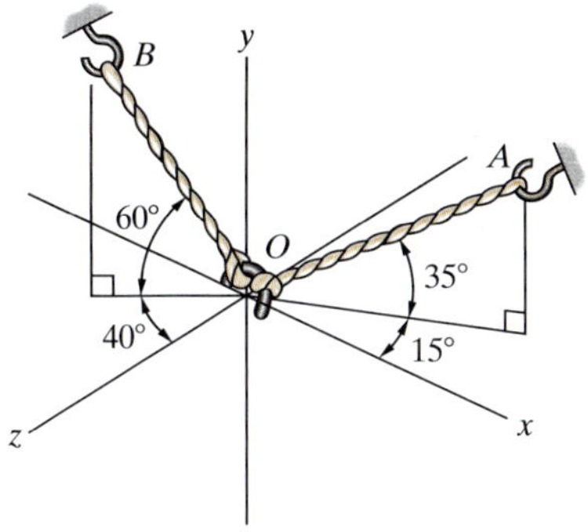

연습문제 2.106

2.107 내적을 사용해 범선의 포스테이(케이블 AB)와 백스테이(케이블 BC) 사이의 각도를 구하라.

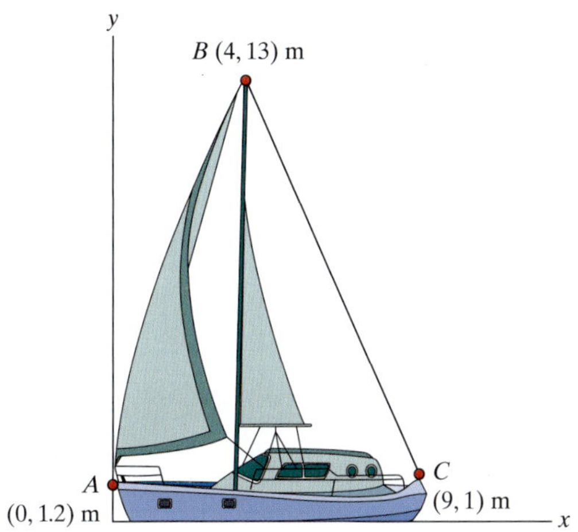

연습문제 2.107

2.108 다음 두 방법으로 선 AB와 AC 사이의 각도 θ를 구하라. (a) 코사인 법칙을 사용(부록 A 참조), (b) 내적을 이용

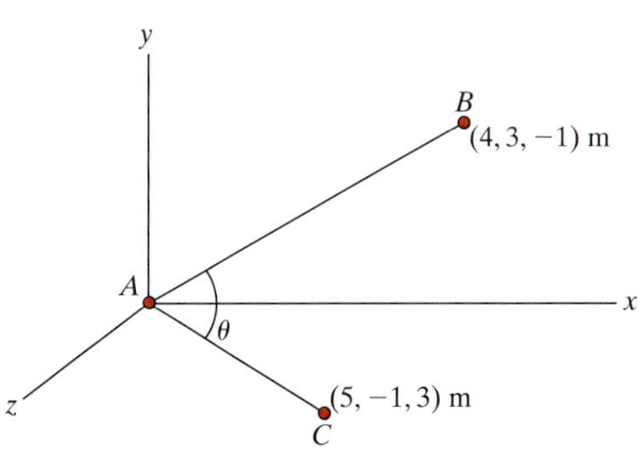

연습문제 2.108

2.109 선박 O는 선박 A와 비행기 B의 위치를 측정하고 그림에 표시된 좌표를 얻는다. 시선 OA와 OB 사이의 각도 θ는 얼마인가?

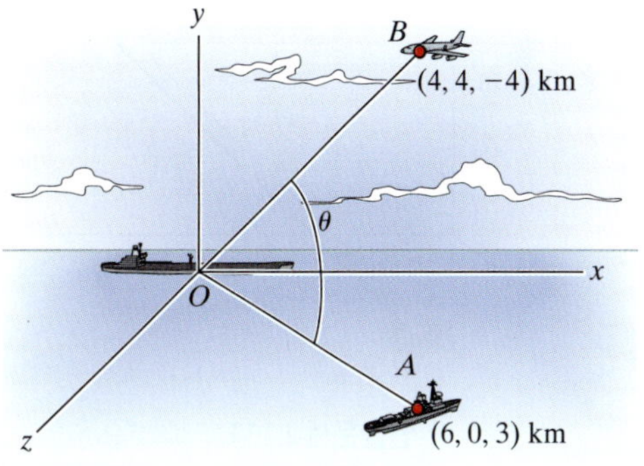

연습문제 2.109

2.110 우주왕복선의 우주비행사가 레이더를 사용해 두 위성 A, B의 위치 벡터의 크기와 방향 코사인을 구한다. 왕복선에서 위성 A까지의 벡터 $\mathbf{r}_A$는 크기가 2 km이고 방향 코사인이 $\cos\theta_x = 0.768$, $\cos\theta_y = 0.384$, $\cos\theta_z = 0.512$이다. 왕복선에서 위성 B까지의 벡터 $\mathbf{r}_B$는 크기가 4 km이고 방향 코사인이 $\cos\theta_x = 0.743$, $\cos\theta_y = 0.557$, $\cos\theta_z = -0.371$이다. 벡터 $\mathbf{r}_A$와 $\mathbf{r}_B$ 사이의 각도 θ는 얼마인가?

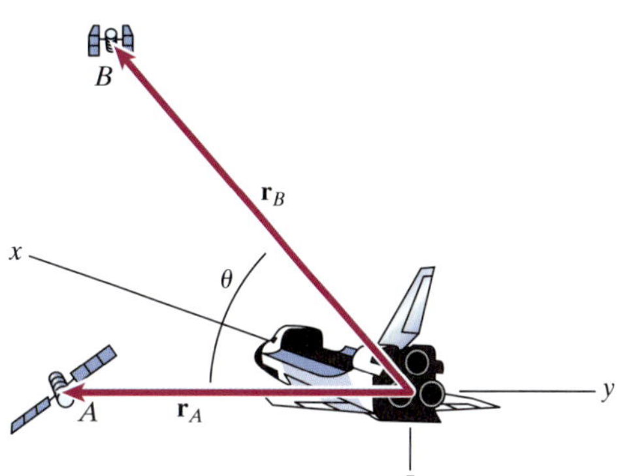

연습문제 2.110

2.111 막대의 세그먼트 AB가 x축과 평행하다. 직선 세그먼트 AB와 BC 사이의 각도 θ를 구하라.

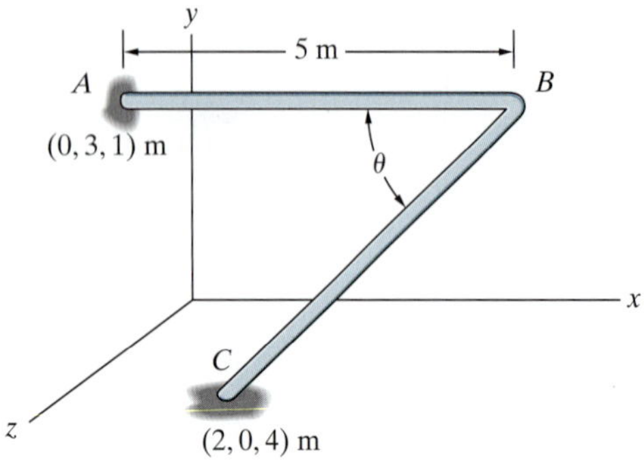

연습문제 2.111

2.112 사람이 운동 기구의 손잡이에 $\mathbf{F} = -60\mathbf{i} - 40\mathbf{j}$ (N)의 힘을 가한다. 식 (2.26)을 사용해 원점 O에서 사람이 손잡이를 잡는 선과 평행한 $\mathbf{F}$의 벡터 성분을 구하라.

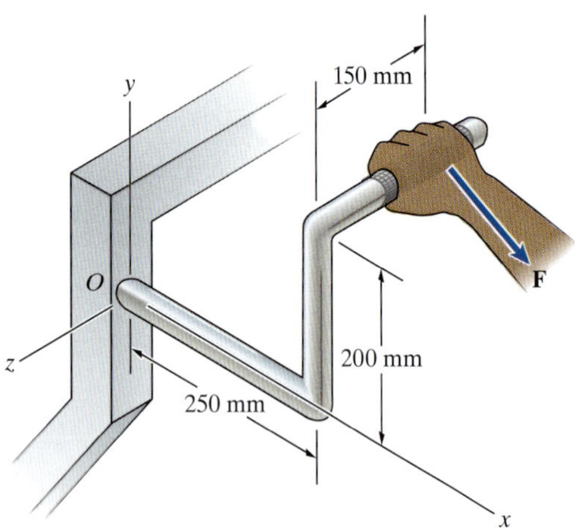

연습문제 2.112

2.113 그림에 표시된 순간에 해리어의 추력 벡터 $\mathbf{T} = 4.22\mathbf{i} + 21.6\mathbf{j} - 3.30\mathbf{k}$ (kip)이고 속도 벡터 $\mathbf{v} = 24.4\mathbf{i} + 8.86\mathbf{j} + 2.44\mathbf{k}$ (ft/s)이다. (a) 속도 벡터에 평행하고 직각인(수직) 추력 벡터의 성분을 구하라. (b) $\mathbf{T} \cdot \mathbf{v}$ 항은 엔진이 비행기로 전달하는 동력이다. 동력은 마력으로 얼마인가?

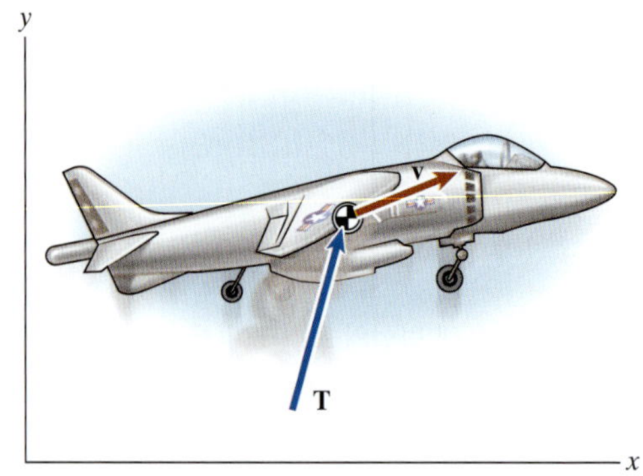

연습문제 2.113

2.114 그림에 표시된 3차원 트러스에 대해 부재 AB와 AD 사이의 각도를 구하라.

2.115 그림에 표시된 3차원 트러스에 대해 부재 AC와 CD 사이의 각도를 구하라.

2.116 3차원 트러스가 A에서 $\mathbf{F} = 25\mathbf{i} - 100\mathbf{j} - 30\mathbf{k}$ (lb)의 힘을 받는다. 부재 AD에 평행한 $\mathbf{F}$의 성분과 직각(수직)인 성분을 구하라.

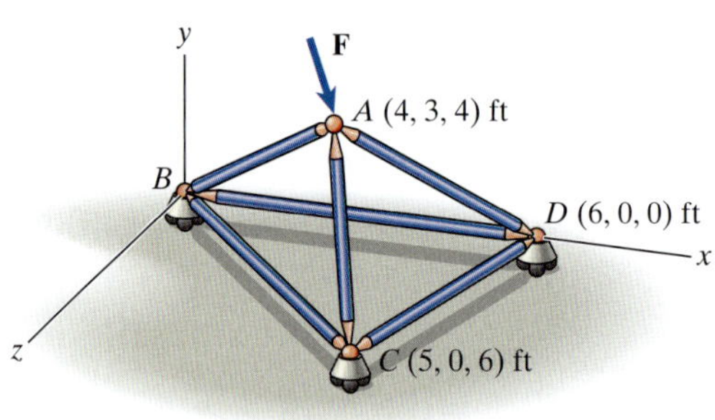

연습문제 2.114~2.116

2.117 로프 AB가 칼라 A에 50 N의 힘 $\mathbf{T}$를 가한다. 막대 CD에 평행한 $\mathbf{T}$의 벡터 성분을 구하라.

2.118 연습문제 2.117에서 막대 CD에 수직인 $\mathbf{T}$의 벡터 성분을 구하라.

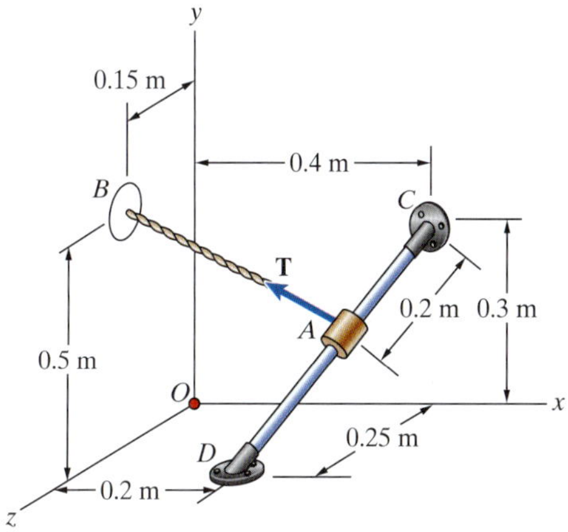

연습문제 2.117/2.118

2.119 두 힘 벡터의 크기가 $|\mathbf{F}_A| = 200$ lb, $|\mathbf{F}_B| = 160$ lb이다. 두 벡터 사이의 각도는 얼마인가?

2.120 두 힘 벡터의 크기가 $|\mathbf{F}_A| = 200$ lb, $|\mathbf{F}_B| = 160$ lb이다. $\mathbf{F}_A$에 평행인 성분과 $\mathbf{F}_B$에 수직인 성분을 구하라.

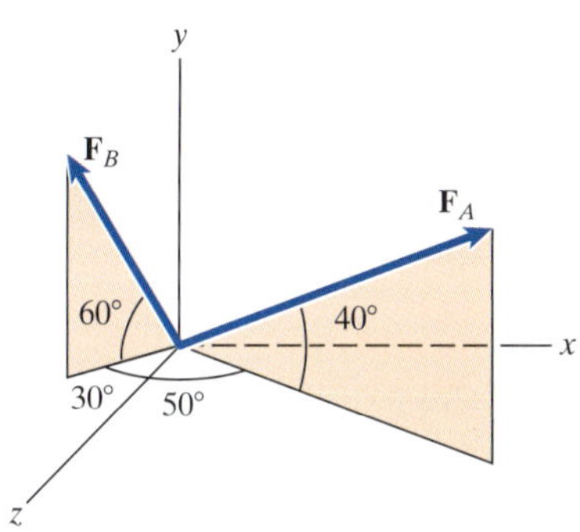

연습문제 2.119/2.120

2.121 조종실에 탑승한 우주비행사가 ISS에 접근하고 있다. 임의의 순간에 정류장은 정류장 좌표계 원점을 기준으로 관측자의 위치 $\mathbf{r}_G = 50\mathbf{i} + 80\mathbf{j} + 180\mathbf{k}$ (m)이고 관측 속도 $\mathbf{v} = -2.2\mathbf{j} - 3.6\mathbf{k}$ (m/s)임을 알려준다. 에어록의 위치 $\mathbf{r}_A = -12\mathbf{i} + 20\mathbf{k}$ (m)이다. 비행사의 속도 벡터와 비행사 위치에서 에어록으로 향하는 직선 사이의 각도를 구하라.

2.122 연습문제 2.121에서 우주비행사의 위치에서 에어록으로 향하는 직선에 평행한 우주비행사 속도의 벡터 성분을 구하라.

출처: Marc Ward/Shutterstock 제공

연습문제 2.121/2.122

2.123 점 P는 노바스코샤와 프랑스 사이의 대서양상 경도 30°W, 위도 45°N에 있고, 점 Q는 아라비아해의 경도 60°E, 위도 20°N에 있다. 내적을 사용해 지구의 반경 R_E를 기준으로 P에서 Q까지 지구 표면을 따른 최단 거리를 구하라.

전략: 내적을 사용해 선 OP와 OQ 사이의 각도를 구한 다음 라디안 단위의 각도 정의를 사용해 P에서 Q까지 지구 표면을 따른 거리를 구한다.

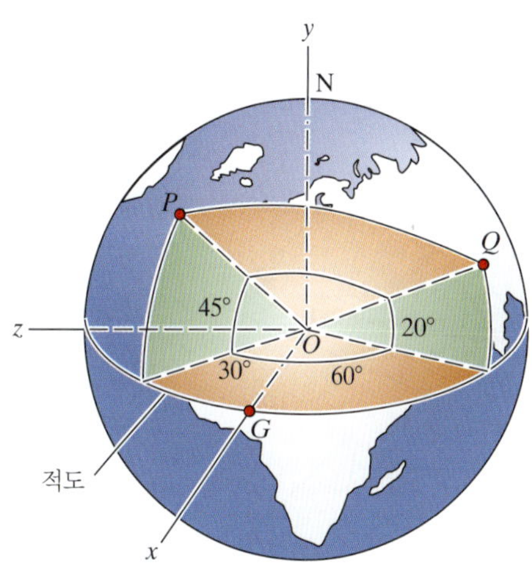

연습문제 2.123

2.5 외적(벡터곱)

생각해보기

- 두 벡터의 외적은 벡터이다. 그 방향은 어떻게 정의하는가?
- 두 벡터의 벡터곱이 0이라는 것을 알고 있다면 이로부터 무엇을 알 수 있는가?

배경

내적과 마찬가지로 두 벡터의 외적은 유체 입자의 회전 속도를 구하고 자기장이 하전 입자에 가하는 힘을 계산하는 등 다양한 용도로 사용된다. 외적은 힘의 모멘트를 구하는 데 사용하므로 역학에서 없어서는 안 될 도구이다. 이 절에서는 벡터곱을 구하는 방법을 설명하고 간단한 응용 예를 보여준다.

정의

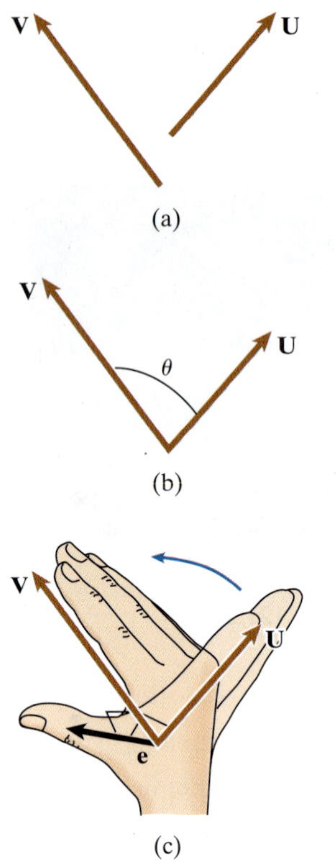

그림 2.24

(a) 벡터 **U**와 **V**

(b) 벡터의 꼬리를 일치시킬 때 벡터 사이의 각도 θ

(c) 오른손 법칙에 따라 **e**의 방향을 구한다.

두 벡터 **U**와 **V**를 고려하자(그림 2.24a). **U** × **V**로 표시되는 **U**와 **V**의 외적(cross product)은 다음 식으로 정의된다.

$$\mathbf{U} \times \mathbf{V} = |\mathbf{U}||\mathbf{V}| \sin\theta \, \mathbf{e} \tag{2.28}$$

각도 θ는 **U**와 **V**가 꼬리를 맞대고 배치되었을 때 둘 사이의 각도이다(그림 2.24b). 벡터 **e**는 **U**와 **V** 모두에 수직인 단위 벡터이다. 이에 따르면 **e**의 방향은 두 방향이 가능하고 벡터 **U**, **V**, **e**는 오른손 법칙으로 얻어진다. **e**의 방향을 구하는 오른손 법칙은 그림 2.24c에 설명되어 있다. 오른손 손가락이 벡터 **U**(외적의 첫 번째 벡터) 방향을 가리키고 벡터 **V**(외적의 두 번째 벡터) 방향으로 구부리면 엄지손가락은 **e** 방향을 가리킨다.

외적의 결과가 벡터이기 때문에 벡터곱이라고도 한다. 외적의 단위는 두 벡터의 단위의 곱이다. 0이 아닌 두 벡터의 외적은 두 벡터가 평행인 경우에만 0이다.

외적의 흥미로운 특성은 교환 법칙이 성립하지 않는다는 것이다. 식 (2.28)에 따르면 벡터 **U** × **V**의 크기가 벡터 **V** × **U**의 크기와 동일하지만, 오른손 법칙에 따르면 둘의 방향이 반대임을 알 수 있다(그림 2.25).

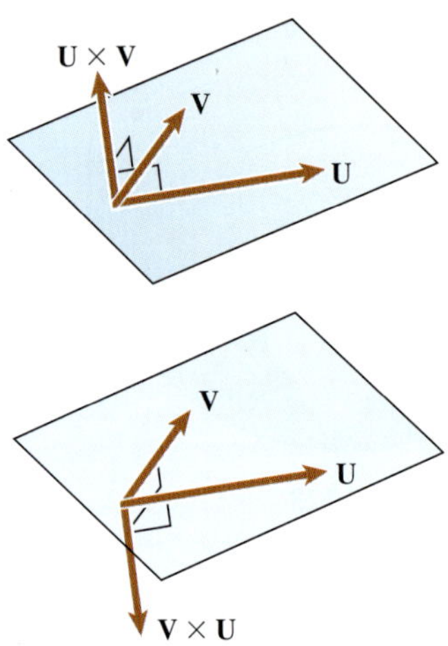

그림 2.25

U × **V**, **V** × **U**의 방향

$$\mathbf{U} \times \mathbf{V} = -\mathbf{V} \times \mathbf{U} \quad \text{외적은 교환 법칙이 성립하지 않는다.} \tag{2.29}$$

외적도 임의의 스칼라 a와 벡터 **U**, **V**, **W**에 대해 다음 관계식을 만족한다.

$$a(\mathbf{U} \times \mathbf{V}) = (a\mathbf{U}) \times \mathbf{V} = \mathbf{U} \times (a\mathbf{V}) \quad \text{외적은 스칼라곱에 대해 결합 법칙을 만족한다.} \tag{2.30}$$

$$\mathbf{U} \times (\mathbf{V} + \mathbf{W}) = (\mathbf{U} \times \mathbf{V}) + (\mathbf{U} \times \mathbf{W}) \quad (2.31)$$

외적은 벡터 덧셈에 대해 분배 법칙을 만족한다.

성분을 이용한 외적

성분을 이용해 두 벡터의 외적을 구하는 식을 얻으려면 단위 벡터 **i**, **j**, **k** 사이의 외적을 알아야 한다. 꼬리를 맞댄 두 개의 동일한 벡터 사이의 각도는 0이기 때문에 다음이 성립한다.

$$\mathbf{i} \times \mathbf{i} = |\mathbf{i}||\mathbf{i}| \sin(0)\mathbf{e} = \mathbf{0}$$

벡터곱 $\mathbf{i} \times \mathbf{j}$는 다음과 같다.

$$\mathbf{i} \times \mathbf{j} = |\mathbf{i}||\mathbf{j}| \sin 90° \mathbf{e} = \mathbf{e}$$

여기에서 **e**는 **i**와 **j**에 수직인 단위 벡터이다. $\mathbf{e} = \mathbf{k}$ 또는 $\mathbf{e} = -\mathbf{k}$이다. 오른손 법칙을 적용하면 $\mathbf{e} = \mathbf{k}$임을 알 수 있다(그림 2.26). 따라서

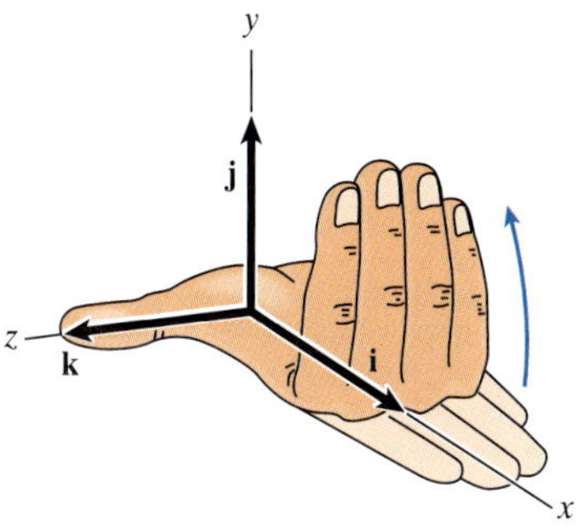

그림 2.26
오른손 법칙에 따라 $\mathbf{i} \times \mathbf{j} = \mathbf{k}$임을 알 수 있다.

$$\mathbf{i} \times \mathbf{j} = \mathbf{k}$$

이런 식으로 계속하면 다음 식을 얻을 수 있다.

$$\begin{aligned} &\mathbf{i} \times \mathbf{i} = \mathbf{0}, \quad \mathbf{i} \times \mathbf{j} = \mathbf{k}, \quad \mathbf{i} \times \mathbf{k} = -\mathbf{j} \\ &\mathbf{j} \times \mathbf{i} = -\mathbf{k}, \quad \mathbf{j} \times \mathbf{j} = \mathbf{0}, \quad \mathbf{j} \times \mathbf{k} = \mathbf{i} \\ &\mathbf{k} \times \mathbf{i} = \mathbf{j}, \quad \mathbf{k} \times \mathbf{j} = -\mathbf{i}, \quad \mathbf{k} \times \mathbf{k} = \mathbf{0} \end{aligned} \quad (2.32)$$

이러한 결과는 그림 2.27a와 같이 단위 벡터를 원으로 배열하면 쉽게 기억할 수 있다. 인접한 벡터의 외적은 외적의 벡터 순서가 화살표로 표시된 순서인 경우 양의 부호를 가진 세 번째 벡터와 동일하고 그렇지 않으면 음의 부호를 가진다. 예를 들어 그림 2.27b에서 $\mathbf{i} \times \mathbf{j} = \mathbf{k}$이지만 $\mathbf{i} \times \mathbf{k} = -\mathbf{j}$이다.

두 벡터 **U**와 **V**의 외적은 해당 성분을 이용해 다음과 같이 구할 수 있다.

$$\begin{aligned} \mathbf{U} \times \mathbf{V} &= (U_x\mathbf{i} + U_y\mathbf{j} + U_z\mathbf{k}) \times (V_x\mathbf{i} + V_y\mathbf{j} + V_z\mathbf{k}) \\ &= U_xV_x(\mathbf{i} \times \mathbf{i}) + U_xV_y(\mathbf{i} \times \mathbf{j}) + U_xV_z(\mathbf{i} \times \mathbf{k}) \\ &\quad + U_yV_x(\mathbf{j} \times \mathbf{i}) + U_yV_y(\mathbf{j} \times \mathbf{j}) + U_yV_z(\mathbf{j} \times \mathbf{k}) \\ &\quad + U_zV_x(\mathbf{k} \times \mathbf{i}) + U_zV_y(\mathbf{k} \times \mathbf{j}) + U_zV_z(\mathbf{k} \times \mathbf{k}) \end{aligned}$$

이 식에 식 (2.32)를 대입하면 다음 식을 얻는다.

$$\begin{aligned} \mathbf{U} \times \mathbf{V} = (U_yV_z - U_zV_y)\mathbf{i} - (U_xV_z - U_zV_x)\mathbf{j} \\ + (U_xV_y - U_yV_x)\mathbf{k} \end{aligned} \quad (2.33)$$

이 결과는 다음과 같이 행렬식으로 간략하게 표현할 수 있다.

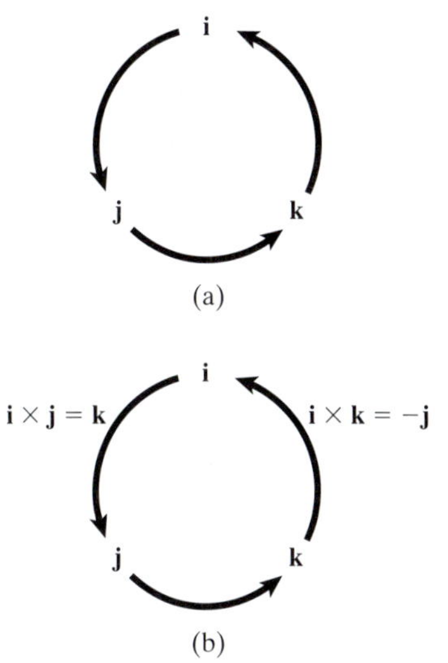

그림 2.27
(a) 단위 벡터를 원 안에 화살표로 배열해서 순서를 표시한다.
(b) 원을 사용해 벡터곱을 구할 수 있다.

$$\mathbf{U} \times \mathbf{V} = \begin{vmatrix} \mathbf{i} & \mathbf{j} & \mathbf{k} \\ U_x & U_y & U_z \\ V_x & V_y & V_z \end{vmatrix} \tag{2.34}$$

이 방정식은 오른손 좌표계를 이용한 식 (2.32)를 기반으로 한다. 오른손 좌표계를 사용해 **U**와 **V**의 성분을 표시하는 경우에만 외적을 올바르게 구할 수 있다.

3 × 3 행렬식 계산

3 × 3 행렬식은 다음과 같이 표현할 수 있다.

$$\begin{vmatrix} \mathbf{i} & \mathbf{j} & \mathbf{k} \\ U_x & U_y & U_z \\ V_x & V_y & V_z \end{vmatrix} = \mathbf{i}\begin{vmatrix} U_y & U_z \\ V_y & V_z \end{vmatrix} - \mathbf{j}\begin{vmatrix} U_x & U_z \\ V_x & V_z \end{vmatrix} + \mathbf{k}\begin{vmatrix} U_x & U_y \\ V_x & V_y \end{vmatrix}$$

오른쪽 항은 3 × 3 행렬식의 첫 번째 행의 각 요소에 해당 요소의 행과 열을 지워 얻은 2 × 2 행렬식을 곱해서 얻는다. 예를 들어 첫 번째 행의 첫 번째 요소 **i**에 2 × 2 행렬식을 곱한다.

$$\begin{vmatrix} \mathbf{i} & \mathbf{j} & \mathbf{k} \\ U_x & U_y & U_z \\ V_x & V_y & V_z \end{vmatrix}$$

두 번째 항은 뺄셈이라는 점을 꼭 기억하라. 2 × 2 행렬식을 확장하면 행렬식의 값을 얻는다.

$$\begin{vmatrix} \mathbf{i} & \mathbf{j} & \mathbf{k} \\ U_x & U_y & U_z \\ V_x & V_y & V_z \end{vmatrix} = (U_yV_z - U_zV_y)\mathbf{i} - (U_xV_z - U_zV_x)\mathbf{j} + (U_xV_y - U_yV_x)\mathbf{k}$$

혼합 삼중곱

제4장에서는 선에 대한 힘의 모멘트를 논의할 때 다음 식으로 정의되는 **혼합 삼중곱**이라는 연산을 사용한다.

$$\mathbf{U} \cdot (\mathbf{V} \times \mathbf{W}) \tag{2.35}$$

벡터의 스칼라 성분을 이용하면,

$$\mathbf{U}\cdot(\mathbf{V}\times\mathbf{W}) = (U_x\mathbf{i}+U_y\mathbf{j}+U_z\mathbf{k})\cdot\begin{vmatrix}\mathbf{i} & \mathbf{j} & \mathbf{k}\\ V_x & V_y & V_z\\ W_x & W_y & W_z\end{vmatrix}$$

$$\begin{aligned}&= (U_x\mathbf{i}+U_y\mathbf{j}+U_z\mathbf{k})\cdot[(V_yW_z - V_zW_y)\mathbf{i}\\ &\quad -(V_xW_z - V_zW_x)\mathbf{j} + (V_xW_y - V_yW_x)\mathbf{k}]\\ &= U_x(V_yW_z - V_zW_y) - U_y(V_xW_z - V_zW_x)\\ &\quad + U_z(V_xW_y - V_yW_x)\end{aligned}$$

이 결과는 행렬식으로 표현할 수 있다.

$$\mathbf{U}\cdot(\mathbf{V}\times\mathbf{W}) = \begin{vmatrix}U_x & U_y & U_z\\ V_x & V_y & V_z\\ W_x & W_y & W_z\end{vmatrix} \tag{2.36}$$

혼합 삼중곱의 벡터 중 두 개를 교환하면 부호가 변경되지만 결과의 절댓값은 변경되지 않는다. 이와 같은 예로는 다음이 있다.

$$\mathbf{U}\cdot(\mathbf{V}\times\mathbf{W}) = -\mathbf{W}\cdot(\mathbf{V}\times\mathbf{U})$$

그림 2.28의 벡터 **U**, **V**, **W**가 오른쪽 방향 시스템을 형성하면 평행육면체의 부피는 $\mathbf{U}\cdot(\mathbf{V}\times\mathbf{W})$와 같음을 알 수 있다.

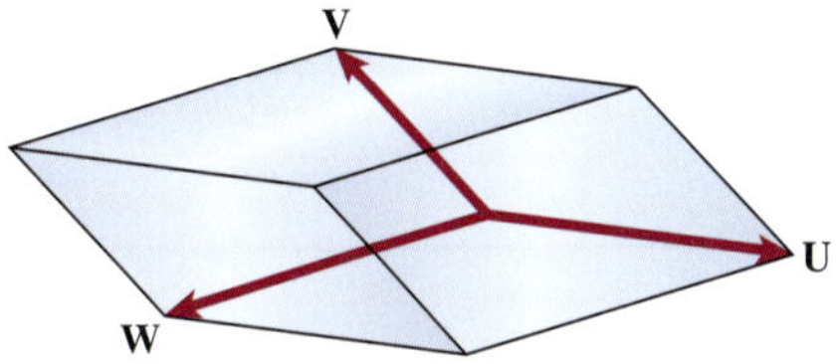

그림 2.28
벡터 **U**, **V**, **W**로 정의된 평행육면체

결과 정리

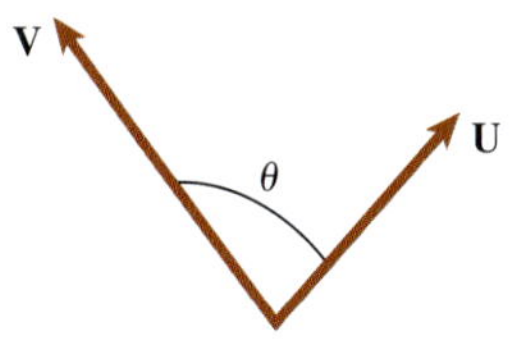

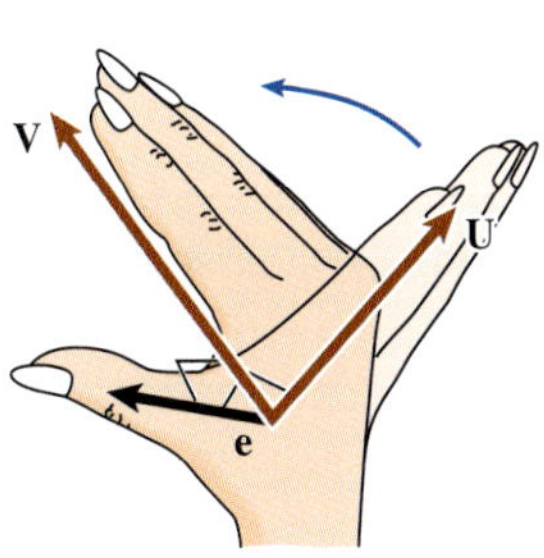

외적

두 벡터 **U**와 **V**의 외적은 다음과 같이 정의된다.

$$\mathbf{U}\times\mathbf{V} = |\mathbf{U}||\mathbf{V}|\sin\theta\,\mathbf{e} \tag{2.28}$$

내적에서와 같이 θ는 벡터의 꼬리를 일치시킬 때 벡터 사이의 각도이다. 단위 벡터 **e**는 **U**에 수직, **V**에 수직으로 정의되며 **U**, **V**, **e**가 오른손 법칙을 만족한다. 만약 $|\mathbf{U}| \neq 0$, $|\mathbf{V}| \neq 0$이면 **U**와 **V**가 평행인 경우에만 $\mathbf{U}\times\mathbf{V} = 0$이 된다.

성분을 이용한 외적

U와 **V**의 외적은 벡터의 성분을 이용해 다음과 같이 주어진다.

$$\mathbf{U}\times\mathbf{V} = (U_yV_z - U_zV_y)\mathbf{i} - (U_xV_z - U_zV_x)\mathbf{j} + (U_xV_y - U_yV_x)\mathbf{k} \quad (2.33)$$

$$= \begin{vmatrix} \mathbf{i} & \mathbf{j} & \mathbf{k} \\ U_x & U_y & U_z \\ V_x & V_y & V_z \end{vmatrix} \quad (2.34)$$

혼합 삼중곱

연산 $\mathbf{U}\cdot(\mathbf{V}\times\mathbf{W})$를 벡터 **U**, **V**, **W**의 혼합 삼중곱이라고 한다. 이는 다음 행렬식에 의해 벡터의 성분으로 나타낼 수 있다.

$$\mathbf{U}\cdot(\mathbf{V}\times\mathbf{W}) = \begin{vmatrix} U_x & U_y & U_z \\ V_x & V_y & V_z \\ W_x & W_y & W_z \end{vmatrix} \quad (2.36)$$

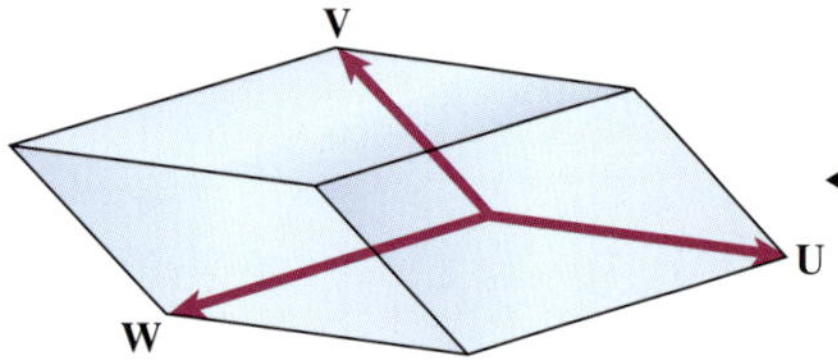

U, **V**, **W**가 오른손 법칙을 만족할 때 평행육면체의 부피는 $\mathbf{U}\cdot(\mathbf{V}\times\mathbf{W})$와 같다.

실습 예제 2.14 외적

두 벡터 **U**, **V**의 성분이 $\mathbf{U} = 6\mathbf{i} - 5\mathbf{j} - \mathbf{k}$, $\mathbf{V} = 4\mathbf{i} + 2\mathbf{j} + 2\mathbf{k}$이다. (a) 외적 $\mathbf{U}\times\mathbf{V}$를 구하라. (b) 내적을 사용해 $\mathbf{U}\times\mathbf{V}$가 **U**에 수직임을 증명하라.

전략

(a) **U**와 **V**의 성분을 알면 식 (2.33)을 사용해 $\mathbf{U}\times\mathbf{V}$를 구할 수 있다. (b) 벡터 $\mathbf{U}\times\mathbf{V}$의 성분을 구한 후에는 $(\mathbf{U}\times\mathbf{V})\cdot\mathbf{U} = 0$임을 보여줌으로써 이 벡터가 **U**에 수직임을 증명할 수 있다.

풀이

$$\begin{aligned}\mathbf{U}\times\mathbf{V} &= (U_yV_z - U_zV_y)\mathbf{i} - (U_xV_z - U_zV_x)\mathbf{j} \\ &\quad + (U_xV_y - U_yV_x)\mathbf{k} \\ &= [(-5)(2) - (-1)(2)]\mathbf{i} - [(6)(2) - (-1)(4)]\mathbf{j} \\ &\quad + [(6)(2) - (-5)(4)]\mathbf{k} \\ &= -8\mathbf{i} - 16\mathbf{j} + 32\mathbf{k}\end{aligned}$$

(a) 벡터의 성분을 사용해 $\mathbf{U}\times\mathbf{V}$를 구한다.

$$(\mathbf{U}\times\mathbf{V})\cdot\mathbf{U} = (\mathbf{U}\times\mathbf{V})_x U_x + (\mathbf{U}\times\mathbf{V})_y U_y + (\mathbf{U}\times\mathbf{V})_z U_z$$
$$= (-8)(6) + (-16)(-5) + (32)(-1)$$
$$= 0$$

(b) $(\mathbf{U}\times\mathbf{V})\cdot\mathbf{U} = 0$임을 밝힌다.

실습 문제 두 벡터 **U**, **V**의 성분 $\mathbf{U} = 3\mathbf{i} + 2\mathbf{j} - \mathbf{k}$, $\mathbf{V} = 5\mathbf{i} - 3\mathbf{j} - 4\mathbf{k}$이다. **U**에 수직이고 **V**에 수직인 단위 벡터의 성분을 구하라.

답: $\mathbf{e} = -0.477\mathbf{i} + 0.304\mathbf{j} - 0.825\mathbf{k}$ 또는 $\mathbf{e} = 0.477\mathbf{i} - 0.304\mathbf{j} + 0.825\mathbf{k}$

예제 2.15 점에서 선까지의 최소 거리

직선 OA와 OB를 고려하자.

(a) OA와 OB 모두에 수직인 단위 벡터의 성분을 구하라.

(b) 점 A에서 선 OB까지의 최소 거리는 얼마인가?

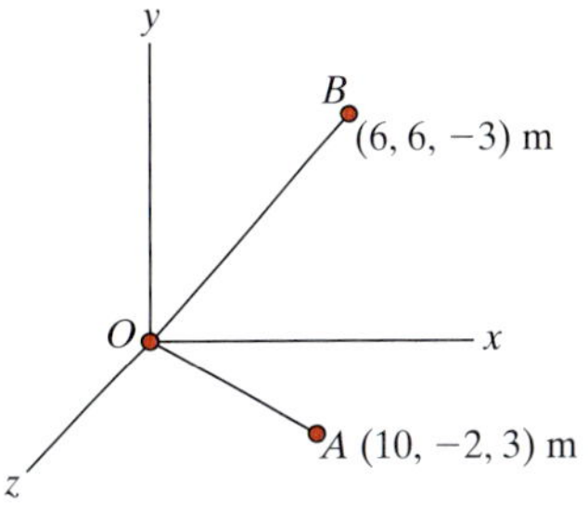

전략

(a) $\mathbf{r}_{OA}$와 $\mathbf{r}_{OB}$를 O에서 A로, O에서 B로의 위치 벡터라고 할 때(그림 a), 외적 $\mathbf{r}_{OA}\times\mathbf{r}_{OB}$는 $\mathbf{r}_{OA}$, $\mathbf{r}_{OB}$에 수직이므로 이를 구한 뒤 크기로 나누어 선 OA, OB에 수직인 단위 벡터를 얻는다.

(b) A에서 선 OB까지의 최소 거리는 A에서 OB까지 OB에 수직인 직선의 길이 d이다(그림 b). $d = |\mathbf{r}_{OA}|\sin\theta$, 여기에서 θ는 $\mathbf{r}_{OA}$와 $\mathbf{r}_{OB}$ 사이의 각도이다. 외적의 정의로부터 $\mathbf{r}_{OA}\times\mathbf{r}_{OB}$의 크기는 $|\mathbf{r}_{OA}||\mathbf{r}_{OB}|\sin\theta$이므로 $\mathbf{r}_{OA}\times\mathbf{r}_{OB}$의 크기를 $\mathbf{r}_{OB}$의 크기로 나누어 d를 구할 수 있다.

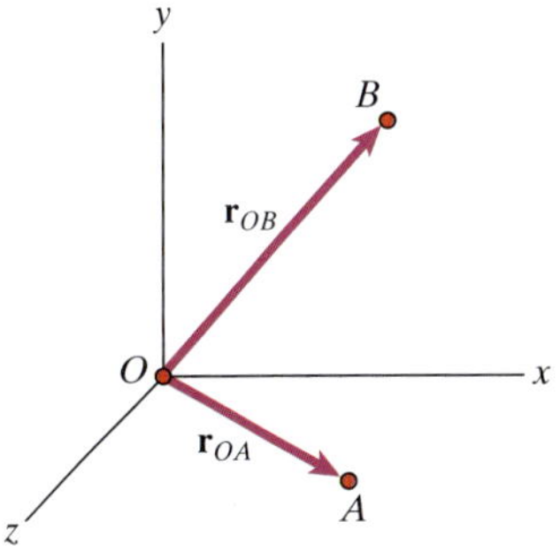

(a) 벡터 $\mathbf{r}_{OA}$, $\mathbf{r}_{OB}$

풀이

(a) $\mathbf{r}_{OA}$, $\mathbf{r}_{OB}$의 성분은 다음과 같다.

$$\mathbf{r}_{OA} = 10\mathbf{i} - 2\mathbf{j} + 3\mathbf{k}\ (\text{m})$$
$$\mathbf{r}_{OB} = 6\mathbf{i} + 6\mathbf{j} - 3\mathbf{k}\ (\text{m})$$

식 (2.34)를 이용해 $\mathbf{r}_{OA}\times\mathbf{r}_{OB}$를 구한다.

$$\mathbf{r}_{OA}\times\mathbf{r}_{OB} = \begin{vmatrix} \mathbf{i} & \mathbf{j} & \mathbf{k} \\ 10 & -2 & 3 \\ 6 & 6 & -3 \end{vmatrix} = -12\mathbf{i} + 48\mathbf{j} + 72\mathbf{k}\ (\text{m}^2)$$

이 벡터는 $\mathbf{r}_{OA}$, $\mathbf{r}_{OB}$에 수직이다. 이를 크기로 나누면 선 OA, OB에 수직인 단위 벡터 **e**를 얻는다.

$$\mathbf{e} = \frac{\mathbf{r}_{OA}\times\mathbf{r}_{OB}}{|\mathbf{r}_{OA}\times\mathbf{r}_{OB}|} = \frac{-12\mathbf{i} + 48\mathbf{j} + 72\mathbf{k}\ (\text{m}^2)}{\sqrt{(-12\ \text{m}^2)^2 + (48\ \text{m}^2)^2 + (72\ \text{m}^2)^2}}$$
$$= -0.137\mathbf{i} + 0.549\mathbf{j} + 0.824\mathbf{k}$$

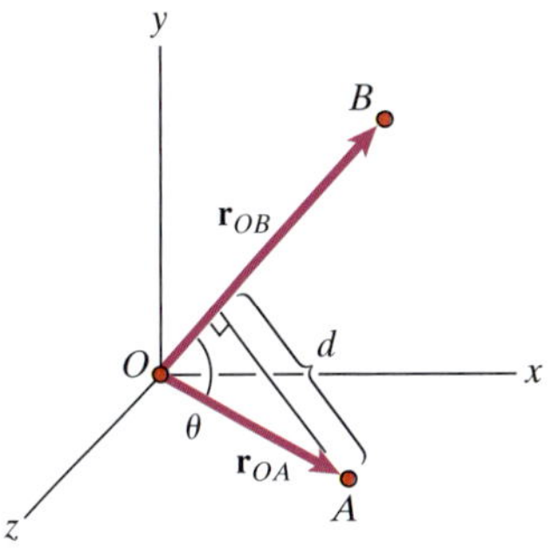

(b) A에서 선 OB까지의 최소 거리 d

(b) 그림 b에서 최소 거리 d는 다음과 같다.

$$d = |\mathbf{r}_{OA}|\sin\theta$$

$\mathbf{r}_{OA} \times \mathbf{r}_{OB}$의 크기는 다음과 같다.

$$|\mathbf{r}_{OA} \times \mathbf{r}_{OB}| = |\mathbf{r}_{OA}||\mathbf{r}_{OB}|\sin\theta$$

$\sin\theta$에 대해 이 방정식을 풀면 거리 d는 다음과 같다.

$$d = |\mathbf{r}_{OA}|\left(\frac{|\mathbf{r}_{OA} \times \mathbf{r}_{OB}|}{|\mathbf{r}_{OA}||\mathbf{r}_{OB}|}\right) = \frac{|\mathbf{r}_{OA} \times \mathbf{r}_{OB}|}{|\mathbf{r}_{OB}|}$$

$$= \frac{\sqrt{(-12\text{ m}^2)^2 + (48\text{ m}^2)^2 + (72\text{ m}^2)^2}}{\sqrt{(6\text{ m})^2 + (6\text{ m})^2 + (-3\text{ m})^2}} = 9.71\text{ m}$$

비판적 사고

이 예제는 벡터 방법의 힘을 보여준다. 점 A에서 선 OB까지의 최소 거리를 구하는 것은 미분학의 최소화 문제로 공식화될 수 있지만 여기에서 제시하는 벡터 해답은 훨씬 간단하다.

예제 2.16 평면에 수직인 벡터의 성분

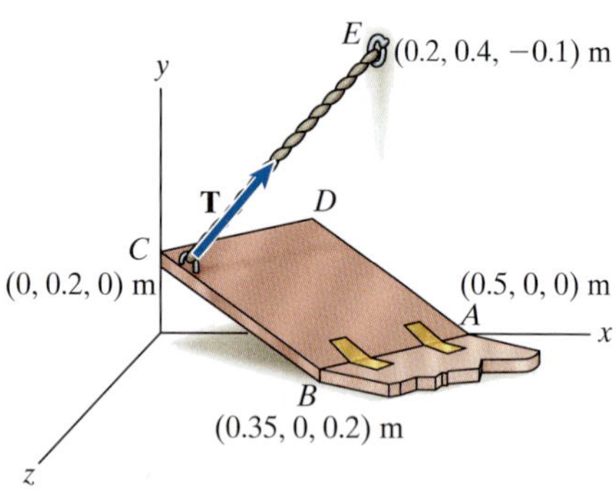

로프 CE가 문 $ABCD$에 500 N의 힘 $\mathbf{T}$를 가한다. 문에 수직인 $\mathbf{T}$ 성분의 크기는 얼마인가?

전략

문의 모서리 A, B, C의 좌표가 그림에 주어져 있다. C에서 B로의 위치 벡터 $\mathbf{r}_{CB}$와 C에서 A로의 위치 벡터 $\mathbf{r}_{CA}$의 외적을 취하면 문에 수직인 벡터를 얻을 수 있다. 결과 벡터를 크기로 나누어 문에 수직인 단위 벡터를 얻은 다음 식 (2.26)을 적용해 문에 수직인 $\mathbf{T}$의 성분을 구할 수 있다.

풀이

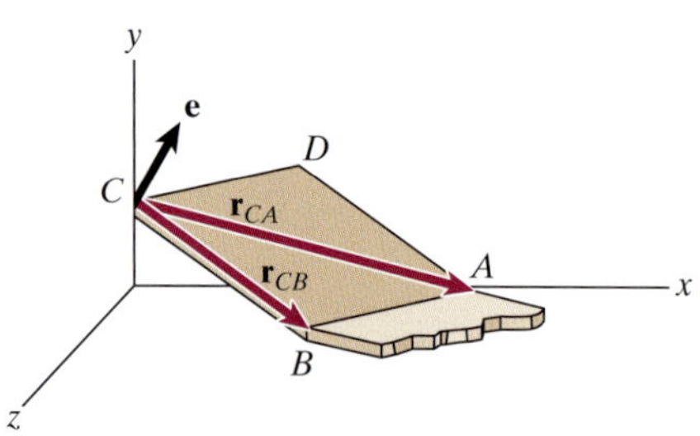

(a) 문에 수직인 단위 벡터를 구한다.

$\mathbf{r}_{CB}$, $\mathbf{r}_{CA}$의 성분은 다음과 같다.

$$\mathbf{r}_{CB} = 0.35\mathbf{i} - 0.2\mathbf{j} + 0.2\mathbf{k}\ (\text{m})$$
$$\mathbf{r}_{CA} = 0.5\mathbf{i} - 0.2\mathbf{j}\ (\text{m})$$

이들의 외적은 다음과 같다.

$$\mathbf{r}_{CB} \times \mathbf{r}_{CA} = \begin{vmatrix} \mathbf{i} & \mathbf{j} & \mathbf{k} \\ 0.35 & -0.2 & 0.2 \\ 0.5 & -0.2 & 0 \end{vmatrix} = 0.04\mathbf{i} + 0.1\mathbf{j} + 0.03\mathbf{k}\ (\text{m}^2)$$

이 벡터를 그 크기로 나누어 문에 수직인 단위 벡터 $\mathbf{e}$를 얻는다(그림 a).

$$\mathbf{e} = \frac{\mathbf{r}_{CB} \times \mathbf{r}_{CA}}{|\mathbf{r}_{CB} \times \mathbf{r}_{CA}|} = \frac{0.04\mathbf{i} + 0.1\mathbf{j} + 0.03\mathbf{k}\ (\text{m}^2)}{\sqrt{(0.04\ \text{m}^2)^2 + (0.1\ \text{m}^2)^2 + (0.03\ \text{m}^2)^2}}$$
$$= 0.358\mathbf{i} + 0.894\mathbf{j} + 0.268\mathbf{k}$$

식 (2.26)을 사용하려면 **T**를 스칼라 성분으로 표현해야 한다. C에서 E까지의 위치 벡터는 다음과 같다.

$$\mathbf{r}_{CE} = 0.2\mathbf{i} + 0.2\mathbf{j} - 0.1\mathbf{k}\ (\text{m})$$

따라서 힘 **T**를 다음과 같이 표현할 수 있다.

$$\mathbf{T} = |\mathbf{T}|\frac{\mathbf{r}_{CE}}{|\mathbf{r}_{CE}|} = (500\ \text{N})\frac{0.2\mathbf{i} + 0.2\mathbf{j} - 0.1\mathbf{k}\ (\text{m})}{\sqrt{(0.2\ \text{m})^2 + (0.2\ \text{m})^2 + (-0.1\ \text{m})^2}}$$
$$= 333\mathbf{i} + 333\mathbf{j} - 167\mathbf{k}\ (\text{N})$$

문에 수직인 **T**의 성분인 단위 벡터 **e**에 평행한 **T**의 성분은 다음과 같다.

$$(\mathbf{e} \cdot \mathbf{T})\mathbf{e} = [(0.358)(333\ \text{N}) + (0.894)(333\ \text{N}) + (0.268)(-167\ \text{N})]\mathbf{e}$$
$$= 373\mathbf{e}\ (\text{N})$$

문에 수직인 **T** 성분의 크기는 373 N이다.

비판적 사고

문에 수직인 힘 **T**의 성분을 구하는 것이 왜 유용한가? y축이 수직이고 로프 CE가 문이 떨어지는 것을 방지하는 유일한 요소인 경우, 문을 제자리에 고정하는 것은 문에 수직인 힘의 성분이라는 것을 직관적으로 알 수 있다. 제5장에서 이런 종류의 문제를 풀 것이다.

연습문제

2.124 다음 벡터를 고려하자.

$$\mathbf{U} = 12\mathbf{i} + 4\mathbf{j} - 8\mathbf{k}$$
$$\mathbf{V} = -6\mathbf{i} + 8\mathbf{j} + 14\mathbf{k}$$

(a) 벡터 $\mathbf{W} = \mathbf{U} \times \mathbf{V}$의 성분을 구하라. (b) 내적 $\mathbf{U} \cdot \mathbf{W}$, $\mathbf{V} \cdot \mathbf{W}$를 구하라. 이 두 결과에서 알 수 있는 것은 무엇인가?

2.125 두 벡터 $\mathbf{U} = 3\mathbf{i} + 2\mathbf{j}$, $\mathbf{V} = 2\mathbf{i} + 4\mathbf{j}$에 대해, (a) 외적 $\mathbf{U} \times \mathbf{V}$는 무엇인가? (b) 외적 $\mathbf{V} \times \mathbf{U}$는 무엇인가?

2.126 위치 벡터 **P**와 **Q**를 고려해볼 때, (a) 식 (2.28)의 정의를 사용해 외적 $\mathbf{P} \times \mathbf{Q}$를 구하라. (b) 식 (2.34)을 이용해 내적 $\mathbf{P} \cdot \mathbf{Q}$를 구하라.

2.127 위치 벡터 **P**와 **Q**를 고려할 때, (a) 식 (2.28)의 정의를 사용해 외적 $\mathbf{Q} \times \mathbf{P}$를 구하라. (b) 식 (2.34)을 이용해 내적 $\mathbf{Q} \cdot \mathbf{P}$를 구하라.

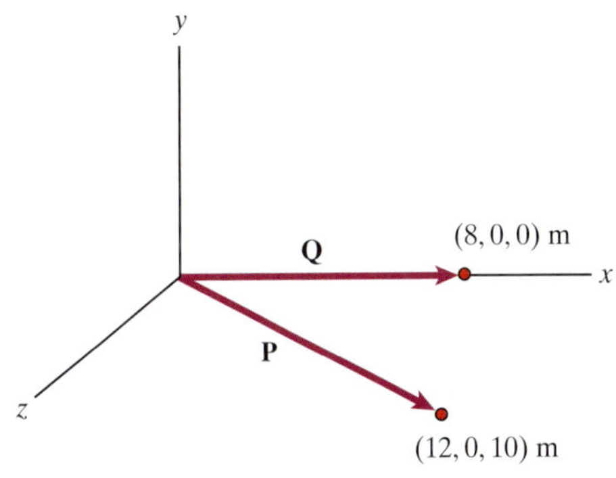

연습문제 2.126/2.127

2.128 두 벡터 **U**, **V**의 외적이 $\mathbf{U} \times \mathbf{V} = 0$이라고 가정하자. $|\mathbf{U}| \neq 0$이라면, 벡터 **V**에 대해 알 수 있는 것은 무엇인가?

2.129 두 벡터 **U**와 **V**의 외적이 $\mathbf{U} \times \mathbf{V} = -30\mathbf{i} + 40\mathbf{k}$이다. 벡터 $\mathbf{V} = 4\mathbf{i} - 2\mathbf{j} + 3\mathbf{k}$이다. 벡터 $\mathbf{U} = 4\mathbf{i} + U_y\mathbf{j} + U_z\mathbf{k}$라 할 때 U_y, U_z를 구하라.

2.130 (a) 선 AB에 평행하고 A에서 B를 가리키는 단위 벡터 $\mathbf{e}_p$의 성분을 구하라. (b) 선 AB에 수직인 단위 벡터 $\mathbf{e}_n$의 성분을 구하라. (결과가 단위 벡터인지 확인하라.) $\mathbf{e}_p \cdot \mathbf{e}_n = 0$임을 이용해 선에 수직인지 확인하라.

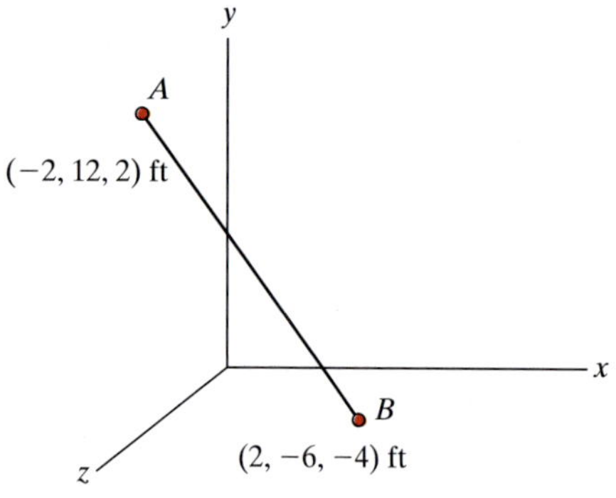

연습문제 2.130

2.131 힘 $\mathbf{F} = 10\mathbf{i} - 4\mathbf{j}$ (N)이다. 외적 $\mathbf{r}_{AB} \times \mathbf{F}$를 구하라.

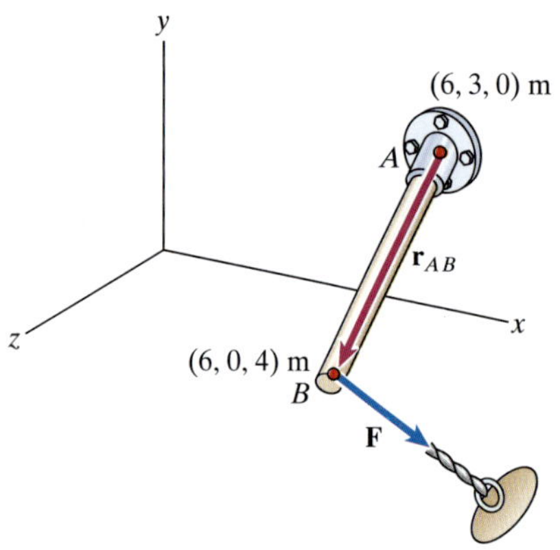

연습문제 2.131

2.132 외적 $\mathbf{U} \times \mathbf{V}$를 이용해 항등식 $\sin(\theta_1 - \theta_2) = \sin\theta_1 \cos\theta_2 - \cos\theta_1 \sin\theta_2$를 증명하라.

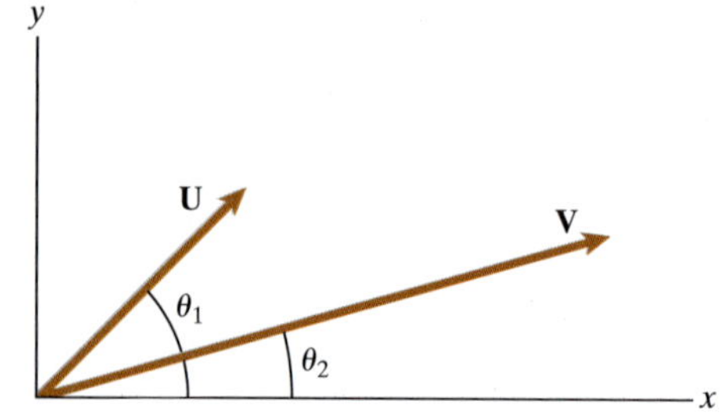

연습문제 2.132

2.133 예제 2.15에서 점 B에서 선 OA까지의 최소 거리는 얼마인가?

2.134 (a) 외적 $\mathbf{r}_{OA} \times \mathbf{r}_{OB}$는 무엇인가? (b) $\mathbf{r}_{OA}$, $\mathbf{r}_{OB}$에 수직인 단위 벡터 **e**를 구하라.

2.135 외적을 사용해 점 B에서 점 O, A를 통과하는 최단 직선 길이를 구하라.

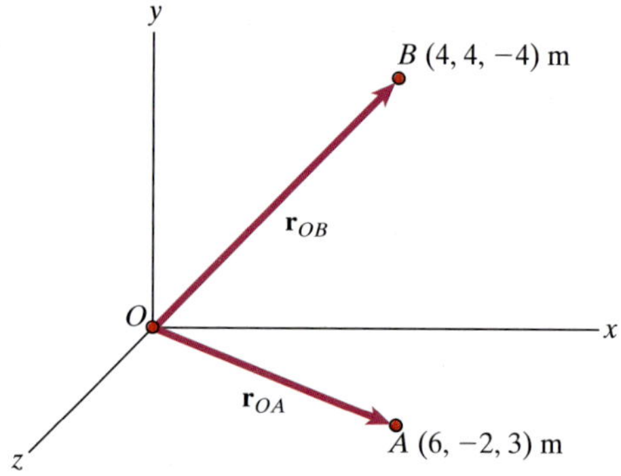

연습문제 2.134/2.135

2.136 케이블 BC가 B의 고리에 1000 lb의 힘 **F**를 가한다. $\mathbf{r}_{AB} \times \mathbf{F}$를 구하라.

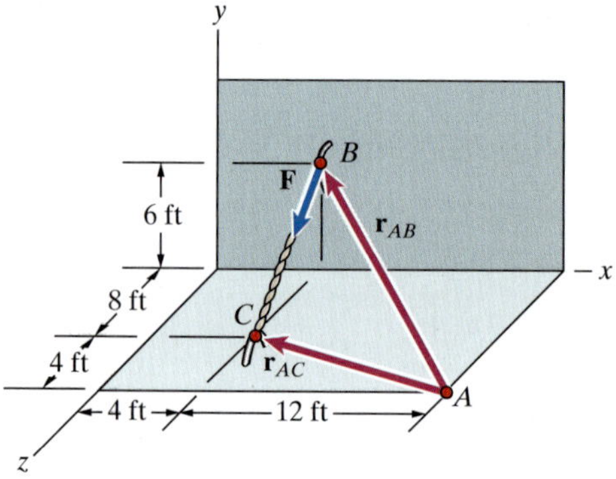

연습문제 2.136

2.137* 힘 $\mathbf{F} = 200\mathbf{i} + 180\mathbf{j} + 100\mathbf{k}$ (lb)일 때, 평판 ACD에 법선(수직)인 $\mathbf{F}$의 벡터 성분을 구하라.

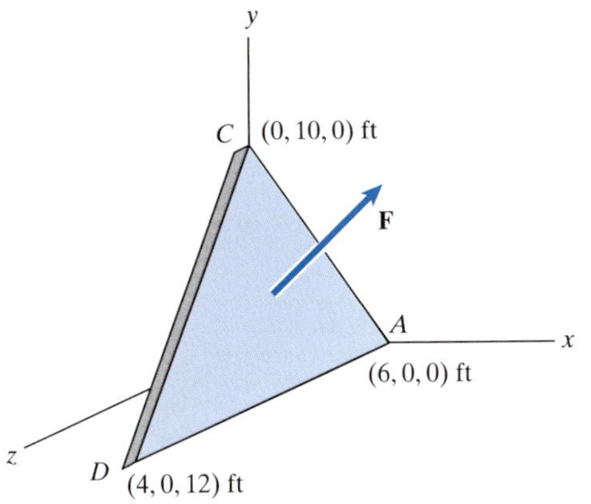

연습문제 2.137

2.138 로프 AB가 A의 칼라에 50 N의 힘 $\mathbf{T}$를 가한다. $\mathbf{r}_{CA}$를 점 C에서 점 A까지의 위치 벡터라 하자. 외적 $\mathbf{r}_{CA} \times \mathbf{T}$를 구하라.

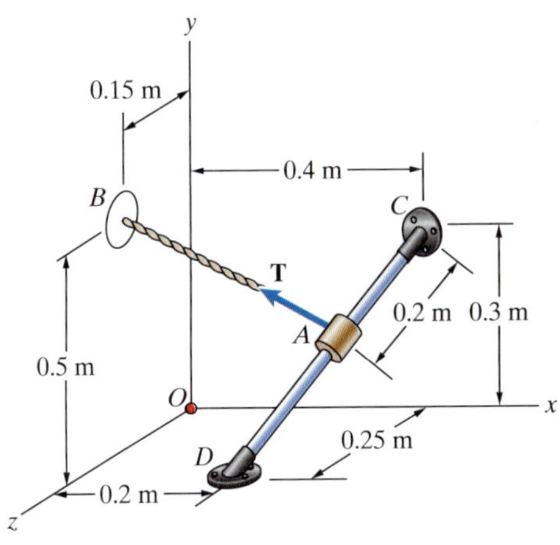

연습문제 2.138

2.139 예제 2.16에서 부착점 E가 (0.3, 0.3, 0) m 위치로 이동하고 $\mathbf{T}$의 크기가 600 N으로 증가한다고 가정하자. 문에 수직인 $\mathbf{T}$ 성분의 크기는 얼마인가?

2.140 가느다란 막대 AB의 길이가 14 ft이고 평판 ACD에 수직이다. (a) 판 ACD에 수직이고 A에서 B로 향하는 방향의 단위 벡터 $\mathbf{e}$의 성분을 구하라. (b) 점 B의 좌표 (x_B, y_B, z_B)를 구하라.

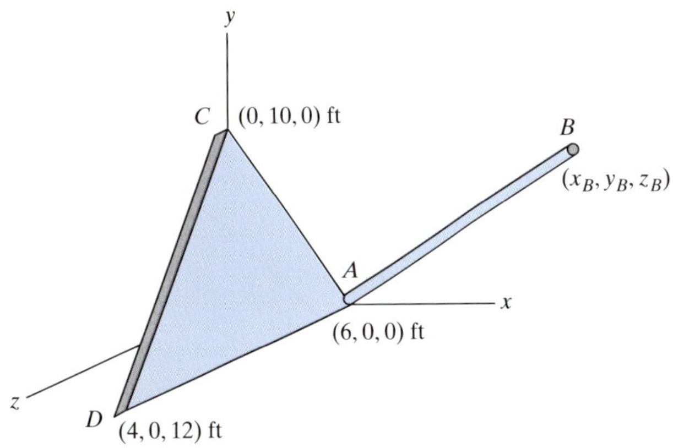

연습문제 2.140

2.141* 점 P에서 세 점 A, B, C로 정의되는 평면까지의 최소 거리를 구하라.

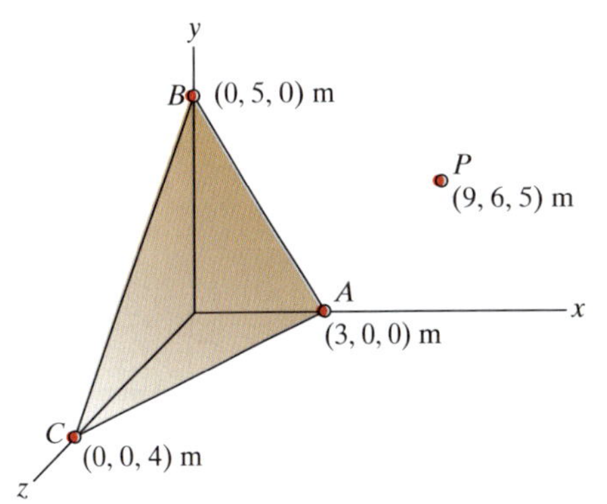

연습문제 2.141

2.142 벡터 $\mathbf{U} = 6\mathbf{i} + 2\mathbf{j} - 4\mathbf{k}$, $\mathbf{V} = 2\mathbf{i} + 7\mathbf{j}$, $\mathbf{W} = 3\mathbf{i} + 2\mathbf{k}$일 때 다음 혼합 삼중곱을 구하라.

(a) $\mathbf{U} \cdot (\mathbf{V} \times \mathbf{W})$

(b) $\mathbf{W} \cdot (\mathbf{V} \times \mathbf{U})$

(c) $\mathbf{V} \cdot (\mathbf{W} \times \mathbf{U})$

2.143 두 개의 직교 좌표계가 그림과 같다. $x'y'z'$ 좌표계의 단위 벡터 $\mathbf{i}'$, $\mathbf{j}'$이 xyz 좌표계의 성분으로 다음과 같이 주어진다.

$$\mathbf{i}' = 0.743\mathbf{i} + 0.557\mathbf{j} + 0.371\mathbf{k}$$
$$\mathbf{j}' = -0.408\mathbf{i} + 0.816\mathbf{j} - 0.408\mathbf{k}$$

(a) xyz 좌표계의 성분으로 $x'y'z'$ 좌표계의 단위 벡터 $\mathbf{k}'$을 구하라. (b) 힘 $\mathbf{F} = 40\mathbf{i} + 80\mathbf{j} + 20\mathbf{k}$ (N)이다. 내적을 사용해 $x'y'z'$ 좌표계로 $\mathbf{F}$의 성분을 구하라.

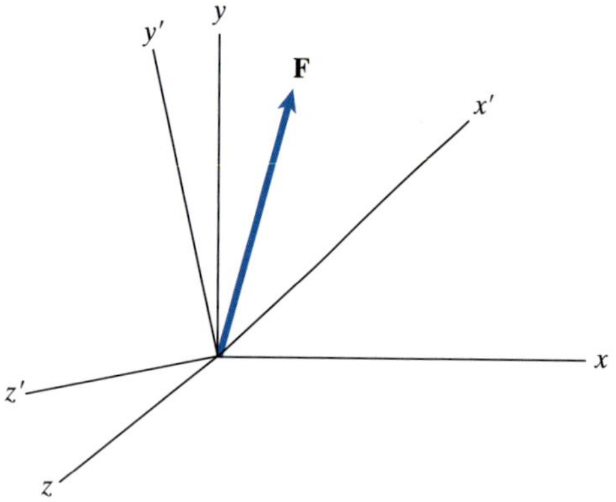

연습문제 2.143

2.144 혼합 삼중곱을 이용해 평행육면체의 부피를 구하라.

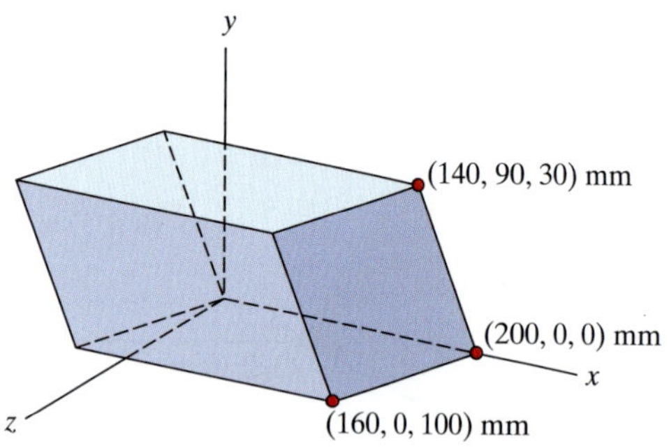

연습문제 2.144

2.145 식 (2.23)과 식 (2.34)를 사용해 다음이 성립함을 밝혀라.

$$\mathbf{U}\cdot(\mathbf{V}\times\mathbf{W}) = \begin{vmatrix} U_x & U_y & U_z \\ V_x & V_y & V_z \\ W_x & W_y & W_z \end{vmatrix}$$

2.146 두 힘 벡터의 크기가 $|\mathbf{F}_A| = 200$ lb, $|\mathbf{F}_B| = 160$ lb이다. 외적 $\mathbf{F}_A \times \mathbf{F}_B$의 크기를 구하라.

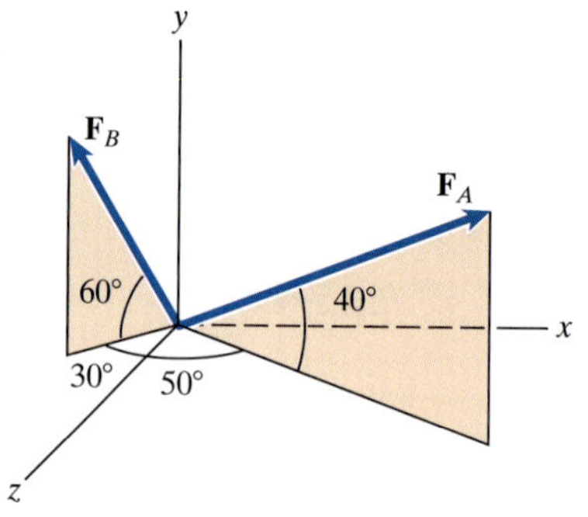

연습문제 2.146

복습문제

2.147 F의 크기가 8 kN이다. F를 스칼라 성분으로 나타내라.

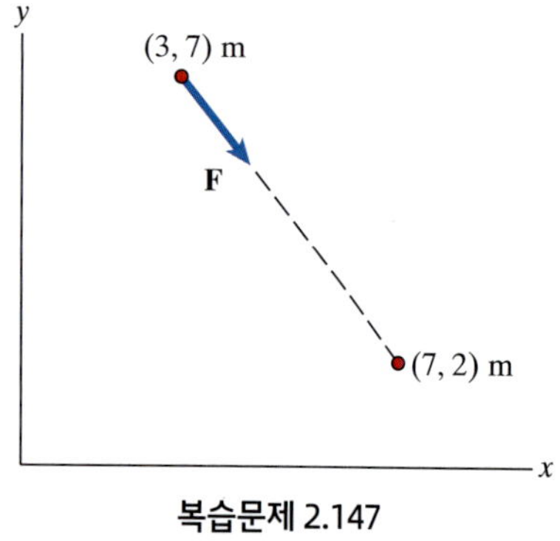

복습문제 2.147

2.148 수직력 $\mathbf{W}$의 크기가 600 lb, 힘 $\mathbf{B}$의 크기가 1500 lb이다. $\mathbf{A} + \mathbf{B} + \mathbf{W} = 0$일 때 힘 $\mathbf{A}$의 크기와 각도 α를 구하라.

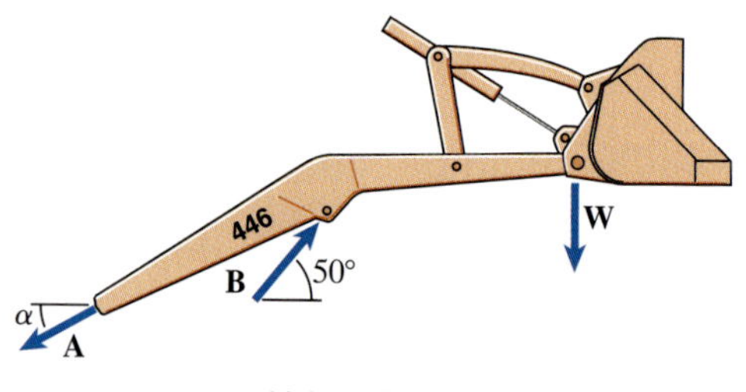

복습문제 2.148

2.149 수직 힘 벡터 **A**의 크기가 200 lb이다. **A** + **B** + **C** = 0이면 힘 벡터 **B**와 **C**의 크기는 얼마인가?

2.150 수평 힘 벡터 **D**의 크기가 280 lb이다. **D** + **E** + **F** = 0이면 힘 벡터 **E**와 **F**의 크기는 얼마인가?

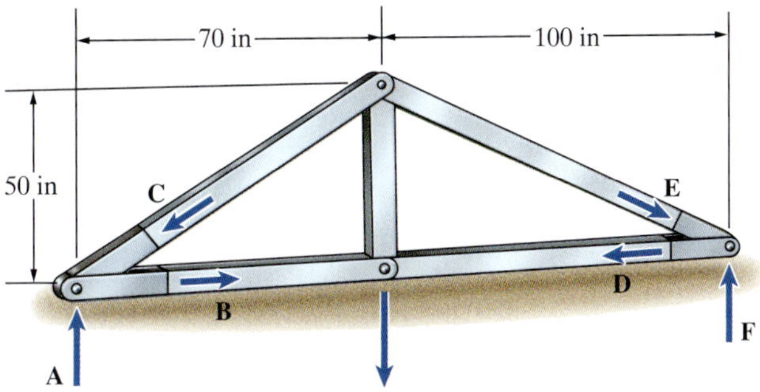

복습문제 2.149/2.150

복습문제 2.151~2.157을 풀 때 다음 그림을 참고하라.

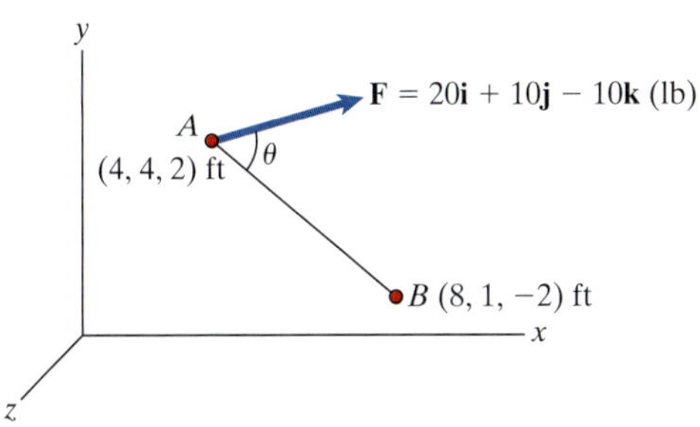

복습문제 2.151~2.157

2.151 **F**의 방향 코사인은 무엇인가?

2.152 A에서 B로 향하는 선 AB에 평행한 단위 벡터의 성분을 구하라.

2.153 선 AB와 힘 **F** 사이의 각도 θ는 얼마인가?

2.154 선 AB와 평행한 **F**의 벡터 성분을 구하라.

2.155 선 AB에 수직인 **F**의 벡터 성분을 구하라.

2.156 벡터 $\mathbf{r}_{BA} \times \mathbf{F}$를 구하라. 여기에서 $\mathbf{r}_{BA}$는 B에서 A까지의 위치 벡터이다.

2.157 (a) 점 A에서 점 B까지의 위치 벡터 $\mathbf{r}_{AB}$를 성분으로 구하라. (b) 벡터 **R**은 크기 $|\mathbf{R}| = 200$ lb이고 A에서 B로 향하는 직선과 평행하다. **R**의 성분을 구하라.

2.158 줄이 막대의 꼭대기 B에 $|\mathbf{F}| = 200$ lb 크기의 힘을 가한다. (a) 벡터 $\mathbf{r}_{AB} \times \mathbf{F}$를 구하라. 여기에서 $\mathbf{r}_{AB}$는 A에서 B로 향하는 위치 벡터이다. (b) 벡터 $\mathbf{r}_{AC} \times \mathbf{F}$를 구하라. 여기에서 $\mathbf{r}_{AC}$는 A에서 C로 향하는 위치 벡터이다.

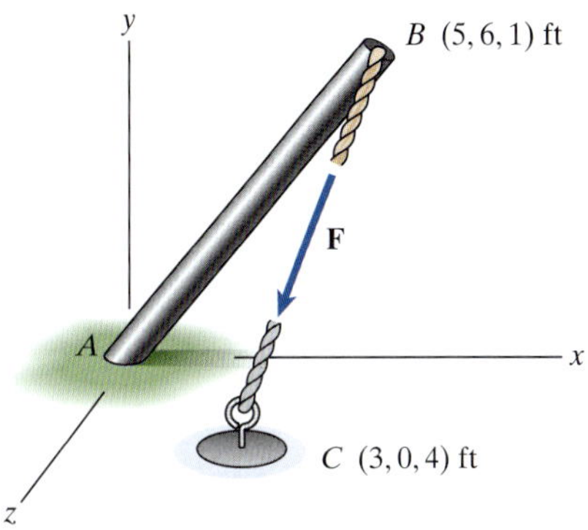

복습문제 2.158

2.159 표지판을 지지하는 기둥이 x축과 평행하고 길이가 6 ft이다. 점 A는 y–z 평면에 포함되어 있다. (a) 벡터 **r**을 성분으로 나타내라. (b) **r**의 방향 코사인은 무엇인가?

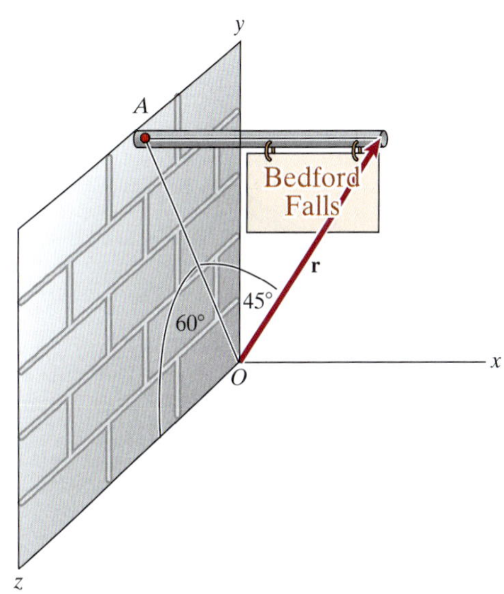

복습문제 2.159

2.160 힘 $\mathbf{F}$의 z 성분이 80 lb이다. (a) $\mathbf{F}$를 성분으로 나타내라. (b) $\mathbf{F}$와 양의 좌표축 사이의 각도 θ_x, θ_y, θ_z를 구하라.

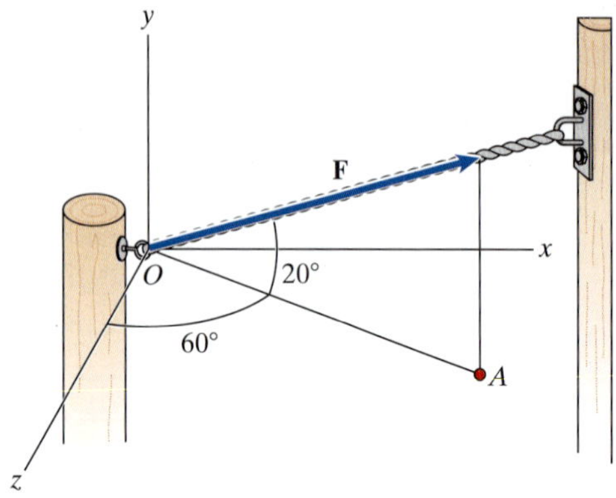

복습문제 2.160

2.161 힘 벡터 $\mathbf{F}_B$의 크기가 2 kN이다. 성분으로 나타내라.

2.162 수직력 벡터 $\mathbf{F}$의 크기가 6 kN이다. B에서 D로 향하는 직선에 평행한 $\mathbf{F}$의 벡터 성분과 수직인 $\mathbf{F}$의 벡터 성분을 구하라.

2.163 수직력 벡터 $\mathbf{F}$의 크기가 6 kN이다. $\mathbf{F} + \mathbf{F}_A + \mathbf{F}_B + \mathbf{F}_C = 0$이라 할 때 $\mathbf{F}_A$, $\mathbf{F}_B$, $\mathbf{F}_C$의 크기는 얼마인가?

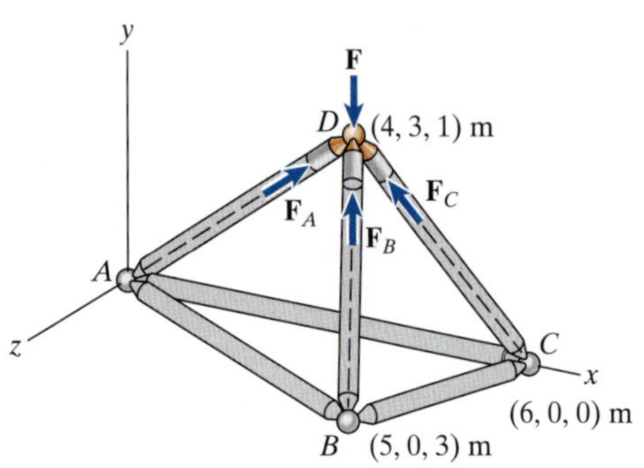

복습문제 2.161~2.163

2.164 수직력 $\mathbf{W}$의 크기가 160 N이다. A에서 B로 향하는 위치 벡터의 방향 코사인은 $\cos\theta_x = 0.500$, $\cos\theta_y = 0.866$, $\cos\theta_z = 0$이고, B에서 C로 향하는 위치 벡터의 방향 코사인은 $\cos\theta_x = 0.707$, $\cos\theta_y = 0.619$, $\cos\theta_z = -0.342$이다. 점 G는 B에서 C로 향하는 직선의 중간점이다. 벡터 $\mathbf{r}_{AG} \times \mathbf{W}$를 구하라. 여기에서 $\mathbf{r}_{AG}$는 A에서 G로 향하는 위치 벡터이다.

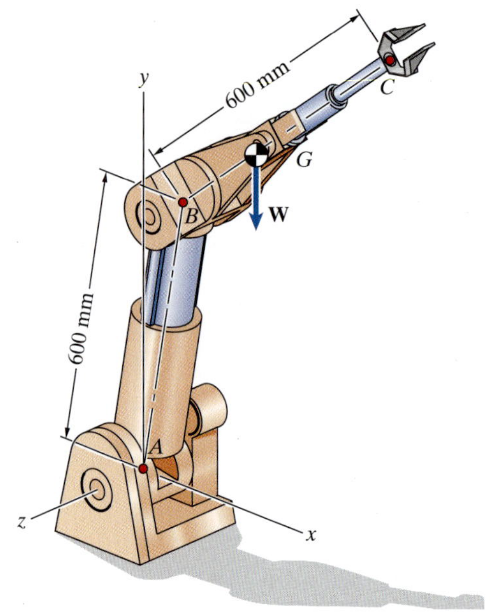

복습문제 2.164

2.165 로프 CE가 경첩이 달린 문에 500 N의 힘 $\mathbf{T}$를 가한다. (a) $\mathbf{T}$를 성분으로 나타내라. (b) 점 A에서 점 B로 향하는 직선에 평행한 $\mathbf{T}$의 벡터 성분을 구하라.

2.166 복습문제 2.165에서 $\mathbf{r}_{BC}$가 점 B에서 점 C로 향하는 위치 벡터일 때 외적 $\mathbf{r}_{BC} \times \mathbf{T}$를 구하라.

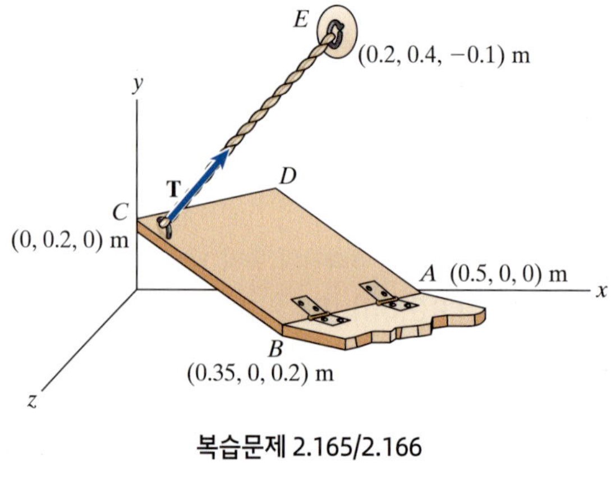

복습문제 2.165/2.166

CHAPTER 3

힘

출처: Yanlev/123RF 제공

제2장에서는 힘을 벡터로 표현하고 벡터 덧셈을 사용해 힘의 합을 구했다. 이 장에서는 힘에 대해 더 자세히 설명하고 역학에서 가장 중요한 두 가지 개념인 평형과 자유물체도를 소개한다. 자유물체도를 사용해 물체에 가해지는 힘을 식별하고 평형식을 사용해 미지의 힘을 결정한다.

▲ 등반가의 체중은 로프가 가하는 힘과 바위가 신발에 가하는 힘으로 지탱된다. 이 장에서는 자유물체도를 사용해 평형상태의 물체에 작용하는 힘을 분석한다.

3.1 힘, 평형, 자유물체도

생각해보기

- 물체가 평형상태인지 어떻게 알 수 있는가? 평형상태라는 것을 안다면 그것은 무엇을 의미하는가?
- 자유물체도란 무엇이며 왜 그렇게 중요한가? 자유물체도에서 '자유'라고 불리는 이유는 무엇인가?

배경

힘은 일상적인 대화에서 밀기, 당기기, 들기라는 단어에서 알 수 있듯이 친숙한 개념이다. 공학에서는 다양한 크기의 다양한 유형의 힘을 다룬다. 이 절에서는 힘을 설명하는 데 사용되는 몇 가지 용어를 정의하고, 공학 응용 분야에서 자주 발생하는 특정 유형의 힘에 대해 논의하며, 평형과 자유물체도의 개념을 소개한다.

용어

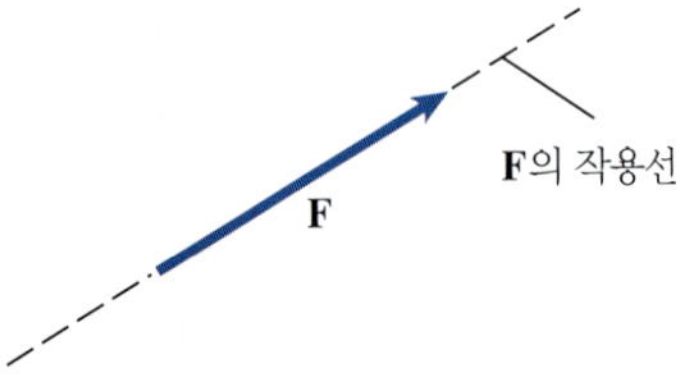

그림 3.1
힘 **F**와 그 작용선

힘의 작용선 힘을 벡터로 표현할 때 벡터와 동일선상의 직선을 **힘의 작용선**이라고 한다(그림 3.1).

힘의 계 힘의 계는 단순히 특정 힘들의 집합체이다. 힘의 작용선이 평면에 놓여 있는 경우 힘의 계는 **동일 평면**, 즉 **2차원**이다. 그렇지 않으면 **3차원**이다. 힘의 작용선이 한 지점에서 교차하는 경우 힘의 계는 **공점적**이라고 하며(그림 3.2a), 작용선이 평행한 경우 **평행적**이라고 한다(그림 3.2b).

합력 공점적 힘으로 구성된 계의 합을 그 계의 **합력**이라고 한다.

외력과 내력 어떤 물체가 다른 물체로부터 힘을 받으면 **외력**을 받는다고 말한다.

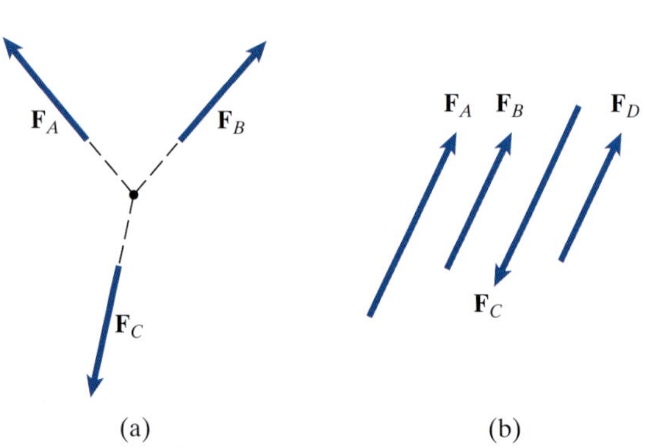

그림 3.2
(a) 공점을 가진 힘
(b) 평행한 힘

어떤 물체의 한 부분이 같은 물체 내 다른 부분으로부터 힘을 받는 경우 **내력**을 받는다고 말한다. 이러한 정의를 사용하려면 고려 중인 대상을 명확하게 정의해야 한다. 예를 들어 여러분이 물체라고 가정해보자. 여러분이 마루에 서 있을 때 상대 물체인 마루가 여러분의 발에 외력을 가한다. 두 손을 모으면 왼손은 오른손에 내력을 가한다. 그러나 오른손이 물체라고 가정하면 왼손에 가해지는 힘은 외력이 된다.

체적력과 표면력 물체에 작용하는 힘이 물체의 부피에 작용하는 경우 **체적력**, 표면에 작용하는 경우 **표면력**이라고 한다. 물체에 작용하는 중력은 체적력이다. 표면력은 다른 물체와의 접촉에 의해 물체에 작용할 수 있다. 체적력과 표면력 모두 전자기 효과로 인해서도 발생할 수 있다.

중력

무거운 물건을 들 때 지구 중력이 물체에 가하는 힘을 알 수 있다. 물체의 중력, 즉 무게는 벡터로 나타낼 수 있다(그림 3.3).

무게의 크기는 질량 m과 다음과 같이 연관된다.

$$|\mathbf{W}| = mg \tag{3.1}$$

여기에서 g는 해수면 높이에서 중력으로 인한 가속도이다. g는 SI 단위로 9.81 m/s^2, 미국 관습 단위로 32.2 ft/s^{2}이다.

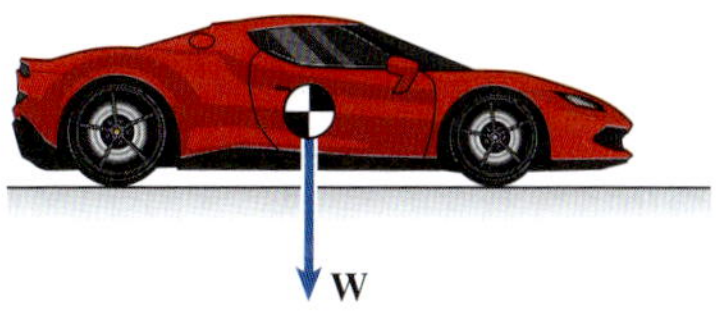

그림 3.3
물체의 무게를 벡터로 표현

중력과 전자기력은 멀리 떨어진 곳에서 작용한다. 이러한 힘이 작용하는 물체는 힘을 가하는 물체와 반드시 접촉하고 있는 것은 아니다. 다음 절에서는 물체 간의 접촉으로 인해 발생하는 힘에 관해 설명한다.

접촉력

접촉력은 물체 사이의 접촉으로 인해 발생하는 힘이다. 예를 들어 벽을 밀면 접촉력이 발생한다(그림 3.4a). 손의 표면은 벽의 표면에 벡터 **F**로 표현되는 힘을 가한다(그림 3.4b). 벽은 크기가 같고 방향이 반대인 −**F**를 손에 가한다(그림 3.4c). (뉴턴의 제3법칙을 떠올려보라. 두 입자가 서로에게 가하는 힘은 크기가 같고 방

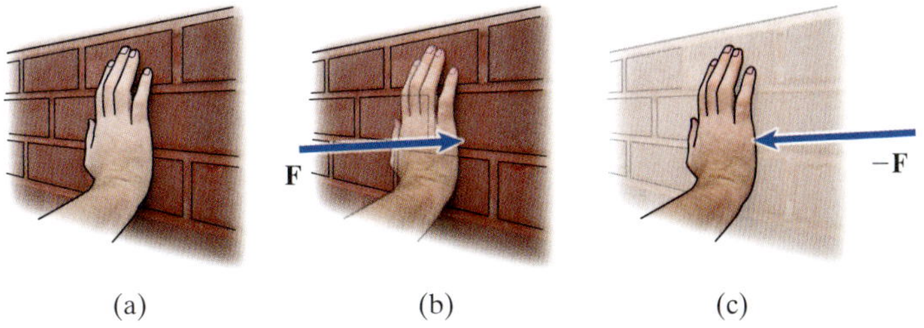

그림 3.4
(a) 벽을 밀어서 벽에 접촉력을 가한다.
(b) 벡터 **F**는 손이 벽에 가하는 힘을 나타낸다.
(c) 벽이 손에 −**F**의 힘을 가한다.

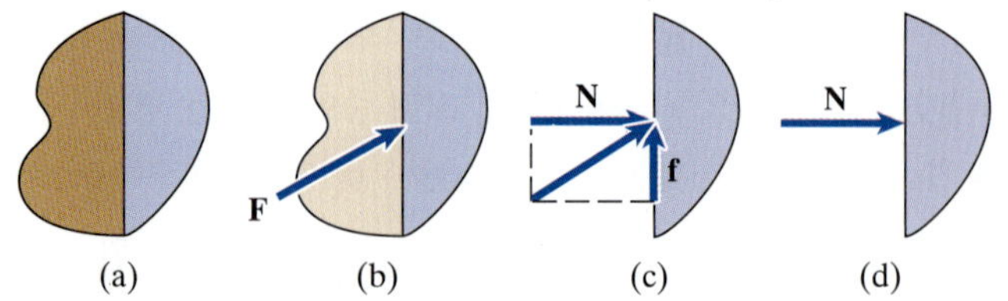

그림 3.5

(a) 접촉 중인 두 평면 표면
(b) 오른쪽 표면에 가해지는 힘 **F**
(c) 힘 **F**는 표면에 수직 및 평행한 성분으로 분해된다.
(d) 마찰을 무시하면 수직력만 나타난다.

향이 반대이다. 벽이 손에 힘을 가하는 것이 의심스럽다면 롤러스케이트를 탄 채로 벽을 밀어보라.)

다른 물체의 표면과 접촉하거나 로프, 케이블, 스프링이 물체에 가하는 접촉력에 대해 살펴보자.

표면 접촉하는 두 개의 평면 표면을 생각해보라(그림 3.5a). 그림 3.5b에서 왼쪽 표면이 오른쪽 표면에 가하는 힘을 벡터 **F**로 표현한다. **F**는 표면에 대해 수직인 성분 **N**과 표면에 평행한 성분 **f**로 분해할 수 있다(그림 3.5c). 성분 **N**을 **수직력**이라고 하고, 성분 **f**를 **마찰력**이라고 한다. 때때로 두 표면 사이의 마찰력이 수직력에 비해 무시할 수 있다고 가정하기도 한다. 그럴 때 표면이 **매끄럽다**고 말한다. 이 경우 수직력만 표시한다(그림 3.5d). 마찰력을 무시할 수 없는 경우 표면이 **거칠다**고 말한다.

접촉면이 곡면인 경우(그림 3.6a), 수직력과 마찰력은 접촉 지점에서 표면에 접하는 평면에 수직 및 평행하다(그림 3.6b).

로프와 케이블 로프나 케이블을 물체에 부착하고 당겨서 물체에 접촉력을 가할 수 있다. 그림 3.7a에서는 크레인의 케이블이 건축 자재가 담긴 컨테이너에 부착되어 있다. 케이블이 컨테이너에 가하는 힘을 벡터 **T**로 나타낼 수 있다(그림 3.7b). **T**의 크기를 케이블의 **장력**이라고 하며, **T**의 작용선은 케이블과 일직선상에 있다. 케이블은 크레인에 크기가 같고 방향이 반대인 힘 −**T**를 가한다(그림 3.7c).

케이블이 직선이고 케이블이 컨테이너에 연결된 곳의 장력이 크레인 근처의 장력과 같다고 가정했다는 점에 유의하라. 케이블의 무게가 장력에 비해 작은 경우

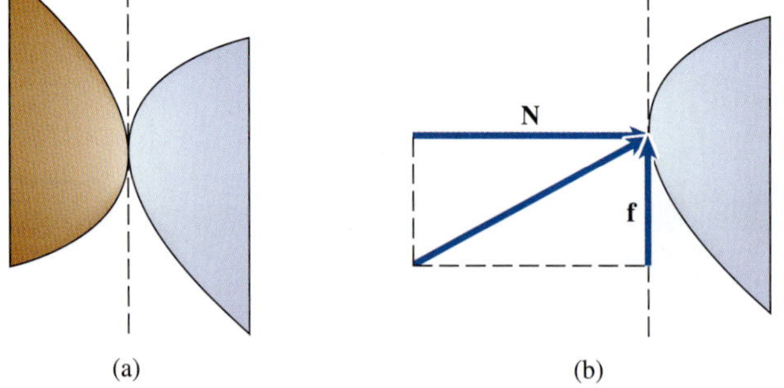

그림 3.6

(a) 곡선 형태 접촉면. 점선은 접촉점에서 표면에 접하는 평면을 나타낸다.
(b) 오른쪽 표면에서의 수직력과 마찰력

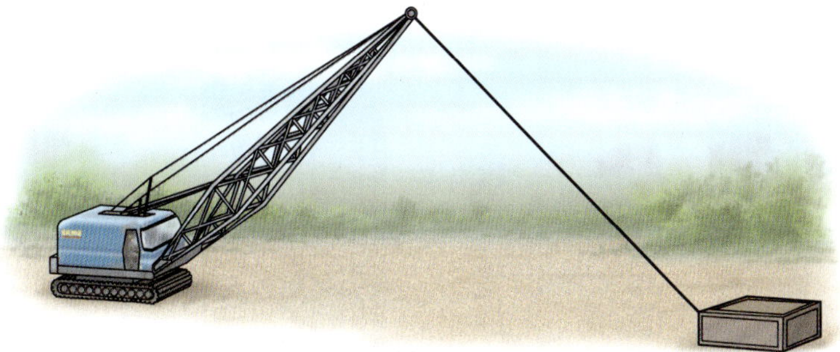

(a)

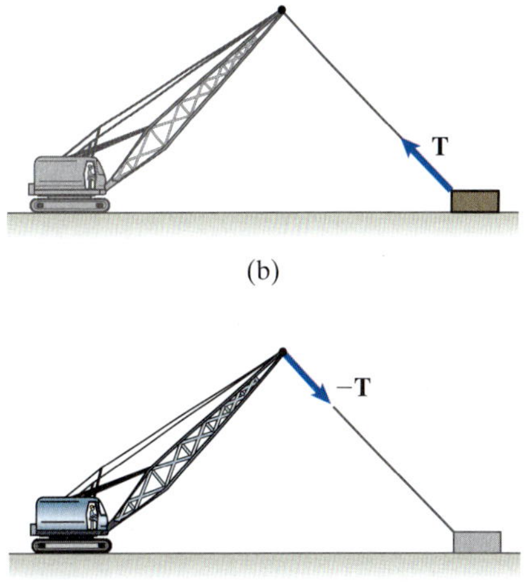

(b)

(c)

그림 3.7

(a) 케이블이 컨테이너에 연결된 크레인

(b) 케이블이 컨테이너에 가하는 힘 **T**

(c) 케이블이 크레인에 가하는 힘 −**T**

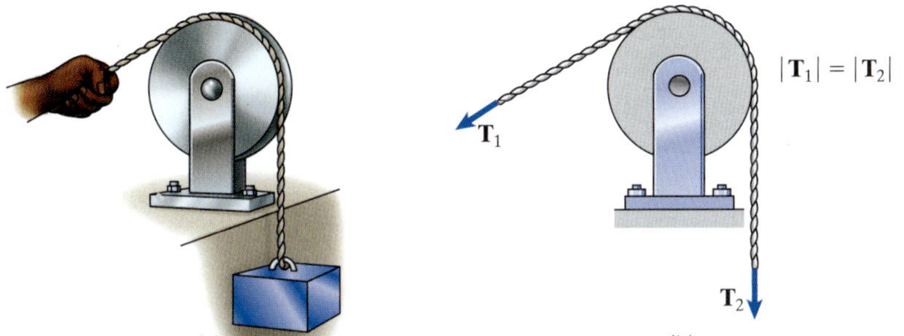

(a) (b)

그림 3.8

(a) 풀리는 로프나 케이블의 방향을 변경한다.

(b) 여기에서는 풀리의 양쪽 장력이 같다고 가정해야 한다.

이는 거의 맞는 가정이다. 그렇지 않으면 케이블이 크게 처지고 장력이 길이를 따라 달라진다. 제9장에서는 장력에 비해 무게가 작지 않은 로프와 케이블에 관해 설명할 것이다. 여기에서는 로프와 케이블이 직선이고 길이를 따라 장력이 일정하다고 가정한다.

풀리는 로프나 케이블의 방향을 바꾸는 데 사용할 수 있는 홈이 있는 테두리를 가진 바퀴이다(그림 3.8a). 여기에서는 풀리의 양쪽에서 장력이 동일하다고 가정한다(그림 3.8b). 이 가정은 풀리가 자유롭게 회전할 수 있고, 로프 또는 케이블이 정지하거나 일정한 속도로 돌 때 맞거나 적어도 대략적으로는 맞다.

스프링 스프링은 예를 들어 자동차 현가장치와 같은 기계 장치에서 접촉력을 발휘하는 데 사용된다(그림 3.9). 스프링이 자유롭게 놓였을 때의 길이가 L_0인 코일 스프링을 생각해보라(그림 3.10a). 스프링이 L_0보다 더 큰 길이인 L로 늘어나면(그림 3.10b), 스프링은 부착된 물체를 힘 **F**로 당긴다(그림 3.10c). 물체는 스프링에 크기가 같으면서 반대 방향인 힘 −**F**를 가한다(그림 3.10d). 스프링이 L_0(그림 3.11a, b)보다 더 작은 길이 L로 압축되면 스프링은 힘 **F**로 물체를 밀고 물체는 스프링에 크기가 같고 반대 방향인 힘 −**F**를 가한다(그림 3.11c, d). 스프링이

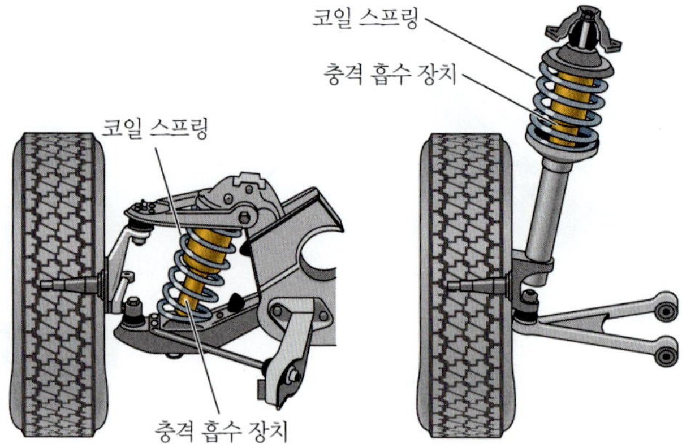

그림 3.9
자동차 현가장치의 코일 스프링. 오른쪽과 같은 배치를 맥퍼슨 스트럿이라고 부른다.

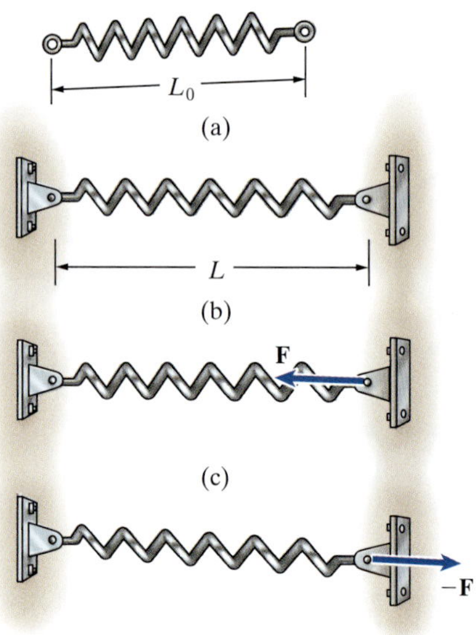

그림 3.10
(a) 자유 길이 L_0의 스프링
(b) 길이 $L > L_0$로 늘어난 스프링
(c), (d) 스프링이 가하는 힘 **F**와 스프링에 작용하는 힘 −**F**

너무 많이 압축되면 좌굴될 수 있다(그림 3.11e). 압축되어 힘을 발휘하도록 설계된 스프링은 좌굴을 방지하기 위해 원통형 슬리브로 감싸는 등 측면 지지대가 있는 경우가 많다. 그림 3.9에 표시된 자동차 현가장치에서는 코일 내부의 충격 흡수 장치가 스프링이 좌굴되는 것을 방지한다.

스프링이 가하는 힘의 크기는 스프링의 재질, 디자인, 늘어나거나 압축된 길이가 얼마나 큰지에 따라 달라진다. 자유 길이에 비해 길이 변화가 너무 크지 않은 경우, 기계 장치에 일반적으로 사용되는 코일 스프링은 길이의 변화에 거의 비례하는 힘을 발휘한다.

$$|\mathbf{F}| = k|L - L_0| \tag{3.2}$$

스프링 힘이 길이 변화에 비례하는 선형 함수이므로(그림 3.12), 이런 스프링을 선형 스프링이라고 한다. 스프링 상수 k 값은 스프링의 재질과 설계에 따라 달라진다. 스프링 상수의 치수는 (힘)/(길이)이다. 식 (3.2)에서 k는 스프링을 단위 길이로 늘

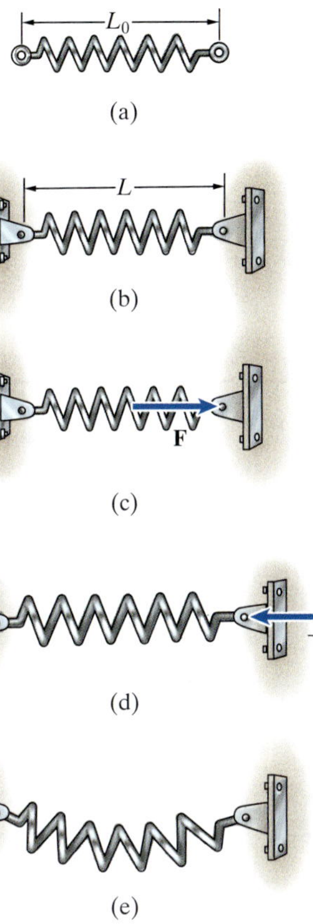

그림 3.11

(a) 길이 L_0의 스프링

(b) 길이 $L < L_0$로 압축된 스프링

(c), (d) 스프링이 물체에 힘 **F**를 가하고, 물체가 스프링에 힘 −**F**를 가한다.

(e) 코일 스프링은 너무 많이 압축될 경우 좌굴될 수 있다.

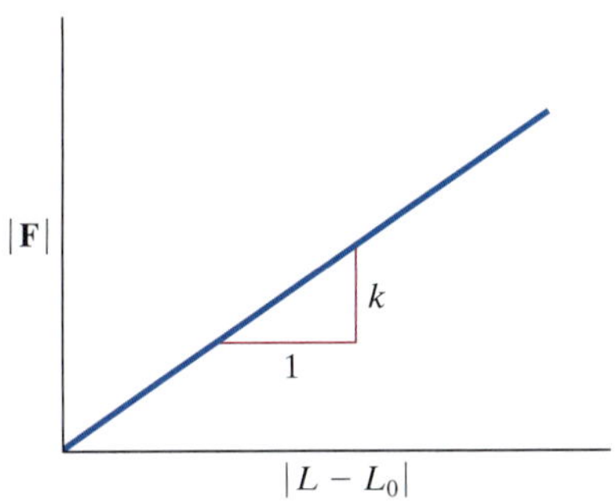

그림 3.12

선형 스프링이 발휘하는 힘과 길이 변화 간의 관계를 나타내는 선형 그래프이며, 기울기가 k이다.

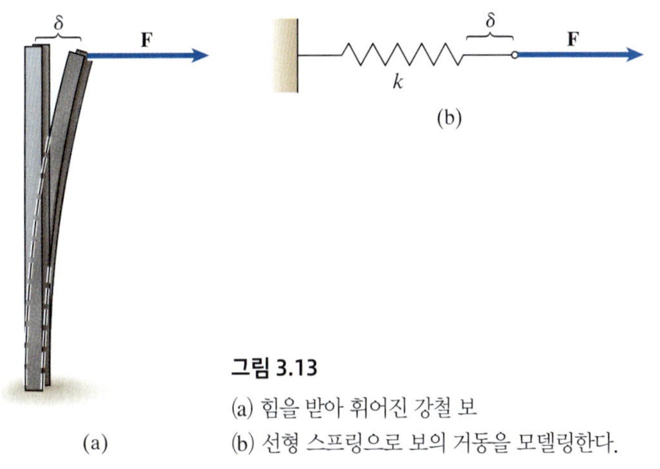

그림 3.13

(a) 힘을 받아 휘어진 강철 보

(b) 선형 스프링으로 보의 거동을 모델링한다.

이거나 압축하는 데 필요한 힘의 크기와 같다는 것을 알 수 있다.

스프링의 자유 길이 $L_0 = 1$ m이고 $k = 3000$ N/m일 때 스프링을 길이 $L = 1.2$ m로 늘이면 스프링이 당기는 힘의 크기는 다음과 같다.

$$k|L - L_0| = 3000(1.2 - 1) = 600 \text{ N}$$

코일 스프링은 일반적으로 기계 장치에 사용되는 것이지만, 다른 이유로도 관심이 간다. 스프링은 힘이 변위에 따라 달라지는 상황을 모델링하는 데 사용할 수 있다. 예를 들어 그림 3.13a에서 강철 보를 구부리는 데 필요한 힘은 변위 δ가 아주 크지 않을 경우 다음과 같이 δ의 선형 함수가 된다.

$$|\mathbf{F}| = k\delta$$

따라서 선형 스프링으로 보의 힘-변형 거동을 모델링할 수 있다(그림 3.13b).

평형

일상적인 대화에서 평형은 변하지 않는 상태, 즉 평온한 상태를 의미한다. 역학에서 이 용어가 정확히 무엇을 의미하는지 설명하기 전에 몇 가지 친숙한 예를 들어 보자. 이 글을 읽고 있는 여러분이 건물 안에 있다면, 주변에서 관찰할 수 있는 가구와 같이 **건물에 대해 정지상태**에 있는 물체는 평형상태에 있다. 건물을 기준으로 앉거나 서 있는 사람 역시 평형상태에 있다. 열차가 직선 선로에서 일정한 속도로 주행하는 경우, 열차 좌석이나 통로에 서 있는 승객과 같이 열차에 대해 정지상태인 물체는 평형상태에 있다(그림 3.14a). **건물에 대해 정지상태인 사람과 열차에 대해 정지상태인 승객은 가속하지 않는다.** 그러나 열차가 속도를 높이거나 낮추기 시작하면 열차 통로에 서 있는 사람은 더 이상 평형상태를 유지하지 못하고 균형을 잃을 수 있다(그림 3.14b).

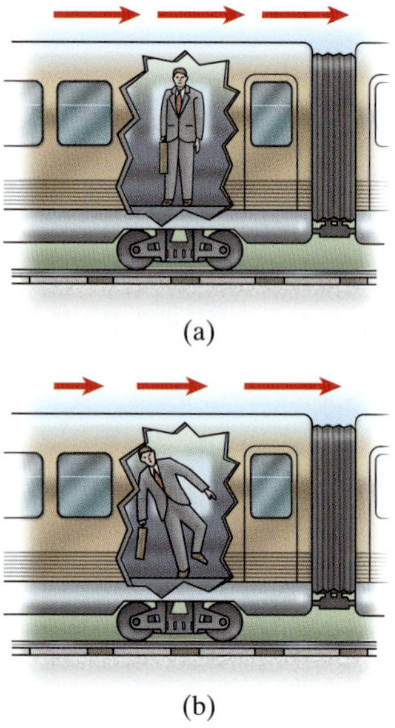

그림 3.14

(a) 열차가 일정한 속도로 움직이는 동안 통로에 서 있는 사람은 평형상태를 유지한다.
(b) 열차가 속도를 내기 시작하면 그 사람은 더 이상 평형상태를 유지하지 못한다.

물체의 각 지점이 동일한 등속도를 가진 경우에만 물체가 **평형상태**에 있다고 정의하며, 이를 **안정한 병진운동**이라고 한다. 속도는 뉴턴의 법칙이 유효한 프레임을 기준으로 측정해야 한다. 이러한 프레임을 **뉴턴식 프레임** 또는 **관성 기준 프레임**이라고 한다. 많은 공학 응용 분야에서 지구를 기준으로 고정된 프레임은 관성 기준 프레임으로 간주할 수 있다. 따라서 지구를 기준으로 안정한 병진운동 중인 물체는 평형상태에 있다고 가정할 수 있다. 이 책 전체에 걸쳐 이러한 가정을 상정한다. 방금 인용한 예시에서 건물 안에 정지해 있는 가구와 사람은 지구에 대해 안정한 병진운동 상태이고 따라서 평형상태에 놓여 있다. 직선 선로를 따라 일정한 속도로 달리는 열차에서 좌석이나 통로에 서 있는 승객도 지구를 기준으로 안정한 병진운동 상태이고 따라서 평형상태에 있다.

평형상태의 물체에 작용하는 외력의 벡터 합은 0이다. 외력의 합을 나타내기 위해 $\Sigma\mathbf{F}$ 기호를 사용한다. 따라서 물체가 평형상태일 때,

$$\Sigma\mathbf{F} = \mathbf{0} \tag{3.3}$$

어떤 상황에서는 이 **평형방정식**을 사용해 평형상태의 물체에 작용하는 미지의 힘을 알아낼 수 있다. 첫 번째 단계는 물체에 작용하는 외력을 식별하기 위해 **자유물체도**를 그리는 것이다.

자유물체도

자유물체도는 관심 있는 물체에 주의를 집중시키고 물체에 작용하는 외력을 식별하는 데 도움이 된다. 정역학에서는 평형상태의 물체에만 관심을 가지지만, 자유물체도는 동역학에서도 물체의 움직임을 연구하는 데 사용된다.

역학에서 가장 중요한 도구 중 하나인 자유물체도는 간단한 개념이다. 이는 물체와 그 물체에 작용하는 외력을 그린 그림이다. 관심 있는 물체 외에는 아무것도 넣지 않는다. 이 그림은 물체가 주변 환경으로부터 격리되어 있거나 자유로워진 상태를 보여준다.

자유물체도를 그리려면 세 단계를 거쳐야 한다.

1. **격리하려는 물체 식별:** 다음에 나올 예에서 볼 수 있듯이, 결정하려는 특정 힘에 의해 물체 선택이 종종 좌우된다.
2. **주변 환경과 격리된 물체의 스케치를 그리고 관련 치수 및 각도를 표시:** 그림은 상당히 정확해야 하지만 관련 없는 세부 사항은 생략할 수 있다.
3. **격리된 물체에 작용하는 모든 외력을 나타내는 벡터를 표시하고 레이블을 지정:** 중력을 의도적으로 무시하지 않는 한 중력을 포함하는 것을 잊으면 안 된다.

좌표계는 격리된 물체에 가해지는 힘을 성분별로 표현하는 데 필요하다. 자유물체도를 그리기 전에 좌표계를 선택하는 것이 편리한 경우가 많지만, 경우에 따라서는 좌표계를 그린 후에야 가장 적합한 좌표계가 무엇인지 알 수 있는 경우도 있다.

간단한 예제를 통해 자유물체도를 이용해서 특정 힘을 결정하는 방법과 외력과 내력을 주의 깊게 구분해야 하는 이유를 알아보자. 그림 3.15에는 무게 W인 두 개의 동일한 블록이 케이블로 매달려 있다. 이 계는 평형상태이다. 두 케이블의 장력을 구하려 한다고 가정하자.

케이블 AB의 장력을 구하기 위해 먼저 하부 블록과 케이블 AB의 일부로 구성된 '물체'를 격리한다(그림 3.16a). 그런 다음 그림에 포함되지 않은 물체가 격리된 물체에 어떤 힘을 가할 수 있는지 생각해보자. 지구는 블록에 크기 W의 중력을 가한다. 또한 케이블 AB를 '절단'하는 경우 케이블에는 케이블의 장력과 동일한 접촉력이 가해진다(그림 3.16b). 이 그림에서 화살표는 힘의 방향을 나타낸다. W는 블록의 무게, T_{AB}는 케이블 AB의 장력이다. 자유물체도에 포함된 케이블 일부분의 무게는 블록의 무게와 비교해서 무시할 수 있다고 가정한다.

자유물체도는 평형상태이므로 외력의 합은 0과 같다. y축이 위쪽인 좌표계(그림 3.16c)에서 다음과 같은 평형방정식을 구할 수 있다.

$$\Sigma \mathbf{F} = T_{AB}\mathbf{j} - W\mathbf{j} = (T_{AB} - W)\mathbf{j} = \mathbf{0}$$

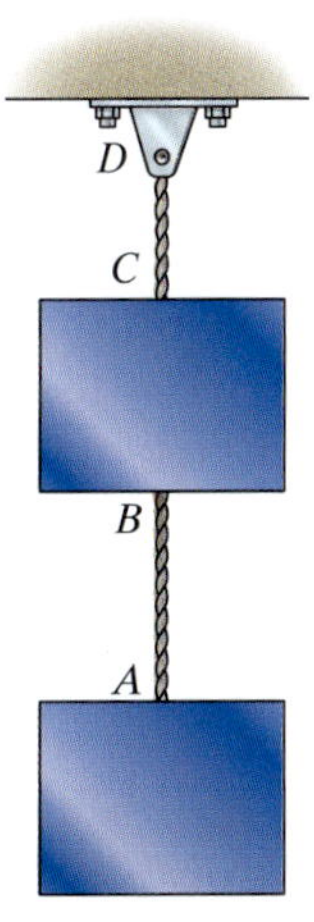

그림 3.15
케이블로 고정된 블록

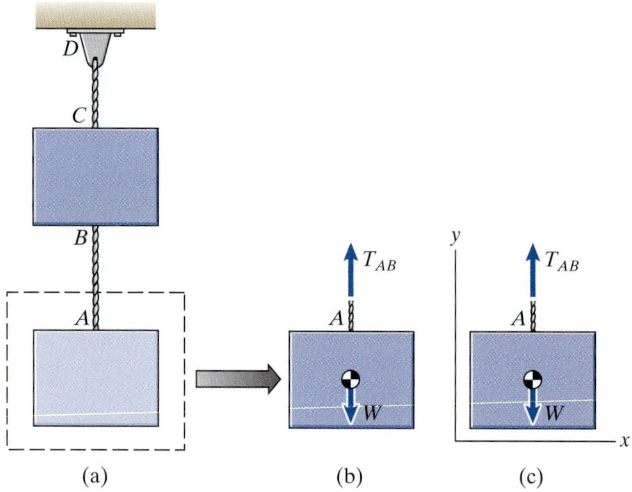

그림 3.16

(a) 하단 블록과 케이블 AB의 일부를 격리
(b) 외력을 표시해 자유물체도 완성
(c) 좌표계 도입

따라서 케이블 AB의 장력은 $T_{AB} = W$이다.

상단 블록을 격리해 케이블 CD의 장력도 확인할 수 있다(그림 3.17a). 외력은 상부 블록의 무게와 두 케이블의 장력이다(그림 3.17b). 이 경우 다음과 같은 평형방정식을 구할 수 있다.

$$\Sigma \mathbf{F} = T_{CD}\mathbf{j} - T_{AB}\mathbf{j} - W\mathbf{j} = (T_{CD} - T_{AB} - W)\mathbf{j} = \mathbf{0}$$

$T_{AB} = W$이므로 $T_{CD} = 2W$가 된다.

또한 두 블록과 케이블 AB를 하나의 물체로 취급해 케이블 CD의 장력을 구할 수도 있다(그림 3.18a, b). 평형방정식은 다음과 같다.

$$\Sigma \mathbf{F} = T_{CD}\mathbf{j} - W\mathbf{j} - W\mathbf{j} = (T_{CD} - 2W)\mathbf{j} = \mathbf{0}$$

이로써 다시 $T_{CD} = 2W$를 얻는다.

그림 3.18b의 자유물체도에 케이블 AB의 장력이 표시되지 않은 이유는 무엇인

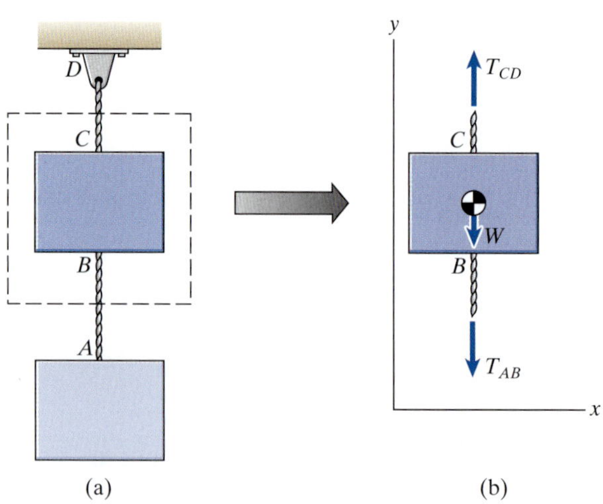

그림 3.17

(a) 상단 블록을 격리해 케이블 CD의 장력을 구한다.
(b) 상단 블록에 대한 자유물체도

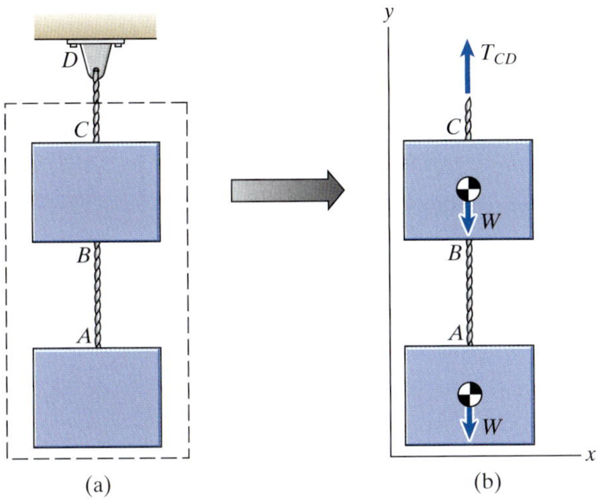

그림 3.18

(a) 케이블 CD의 장력을 구하기 위한 다른 선택

(b) 두 블록과 케이블 AB를 모두 포함한 자유물체도

가? 자유물체도에는 외력만 표시된다는 것을 기억하라. 이 경우 케이블 AB는 자유물체도의 일부이므로 케이블 AB가 상부 및 하부 블록에 가하는 힘은 내력이다.

결과 정리

작용선
힘을 나타내는 벡터와 일직선상에 있는 직선이 그 힘의 작용선이다.

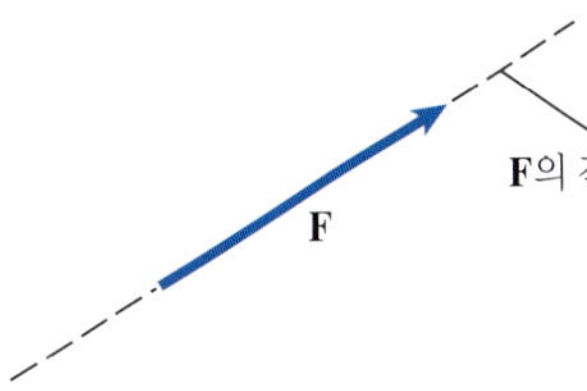

힘의 계
힘의 작용선이 평면에 놓여 있는 경우 힘의 계는 2차원이다. 그렇지 않으면 3차원이다. 힘의 작용선이 한 지점에서 교차하는 경우 힘의 계는 공점적이며, 작용선이 평행한 경우 평행적이다.

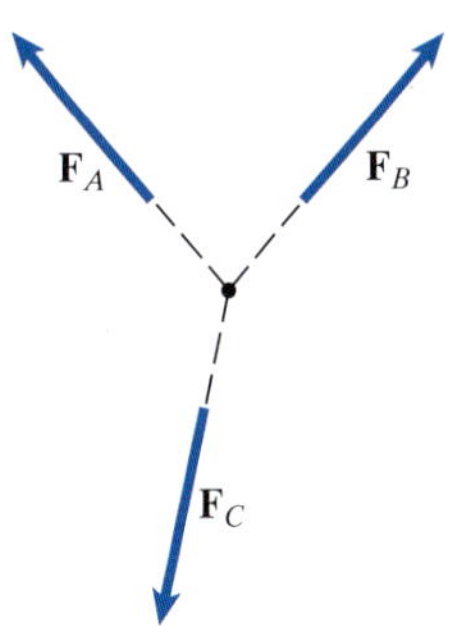

공점을 가진 힘

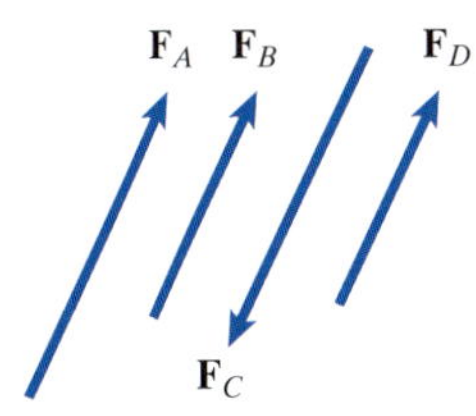

평행한 힘

합력
공점적 힘으로 구성된 계의 합을 그 계의 합력이라고 한다.

외력과 내력
다른 물체에 의해 힘이 가해지면 물체는 외력을 받는다고 한다. 같은 물체 내에서 물체의 일부끼리 가하는 힘을 내력이라고 한다.

중력

물체의 무게는 벡터로 나타낼 수 있다. 해수면 높이에서 그 크기는 다음과 같이 물체의 질량 m과 관련이 있다.

$$|\mathbf{W}| = mg \tag{3.1}$$

여기에서 g는 해수면 높이에서의 중력으로 인한 가속도이다.

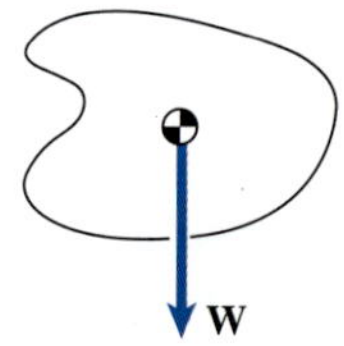

접촉력

접촉하는 물체는 서로에게 같은 크기이면서 방향이 반대인 힘을 가한다.

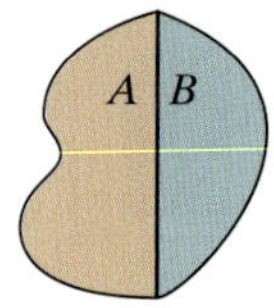

평면 표면을 가진 맞닿아 있는 물체 A와 B

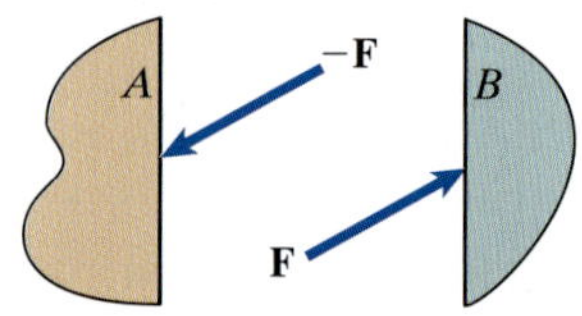

A와 B의 접촉력이 서로에게 작용

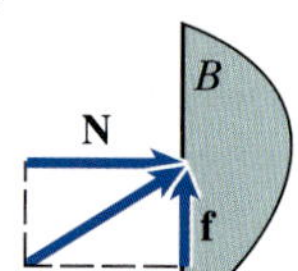

B에 가해지는 힘을 수직력과 마찰력으로 분해

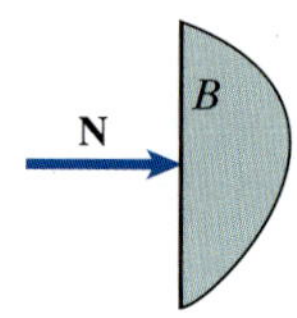

마찰을 무시하면 수직력만 존재

로프와 케이블

두 물체를 연결하는 로프나 케이블의 무게가 장력에 비해 무시할 수 있는 수준이라면, 로프나 케이블과 평행한 물체에는 같은 크기이면서 방향이 반대인 힘이 작용한다.

케이블로 연결된 물체 A와 B

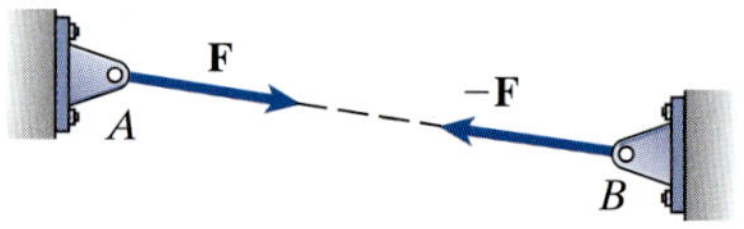

A와 B에 작용하는 힘

선형 스프링

선형 스프링으로 연결된 두 물체에 가해지는, 크기가 같고 방향이 반대인 힘의 크기는

$$|\mathbf{F}| = k|L - L_0| \tag{3.2}$$

여기에서 k는 스프링 상수, L은 스프링의 길이, L_0는 스프링의 자유 길이이다.

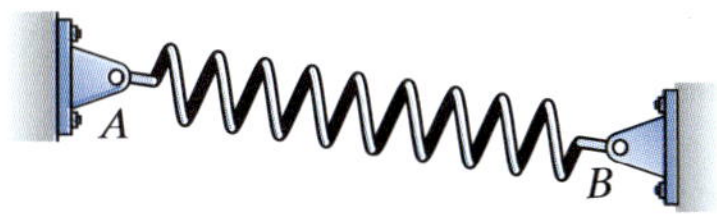

스프링으로 연결된 물체 A와 B

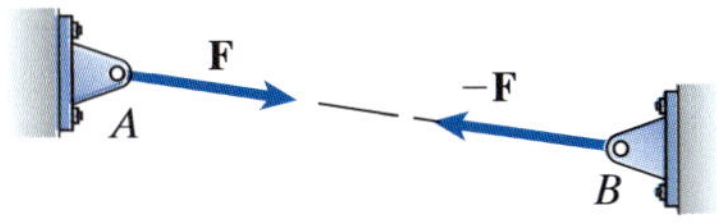

A와 B에 작용하는 힘

평형

물체가 관성 기준 프레임에 대해 안정한 병진운동 중이면(물체의 각 점이 동일한 등속도를 가짐) 물체는 평형상태에 있다. 평형상태의 물체에 작용하는 외력의 합은 0이다.

$$\Sigma\mathbf{F} = \mathbf{0} \tag{3.3}$$

자유물체도

자유물체도는 물체를 주변 환경과 격리해서 물체에 작용하는 외력을 보여주는 그림이다. 자유물체도를 그리는 과정은 세 단계로 이루어진다.

1. 격리하려는 물체를 식별한다.
2. 주변 환경과 격리된 물체의 스케치를 그린다.
3. 물체에 작용하는 외력을 나타내는 벡터를 그린다.

3.2 2차원 힘의 계

생각해보기

- '2차원' 힘의 계란 무엇을 의미하는가?
- 특정 미지의 힘을 구하기 위해 자유물체도를 어떻게 선택하는가?

평형상태의 물체에 작용하는 외력의 계가 2차원(동일 평면)이라고 가정하자. 힘이 x–y 평면에 놓이도록 좌표계의 방향을 지정하면 외력의 합을 다음과 같이 표현할 수 있다.

$$\Sigma\mathbf{F} = (\Sigma F_x)\mathbf{i} + (\Sigma F_y)\mathbf{j} = \mathbf{0}$$

여기에서 ΣF_x, ΣF_y는 힘의 x, y 성분의 합이다. 벡터는 각 성분이 0일 때만 0이 되므로 두 개의 스칼라양으로 나타낸 평형방정식을 다음과 같이 구할 수 있다.

$$\Sigma F_x = 0, \qquad \Sigma F_y = 0 \tag{3.4}$$

평형상태의 물체에 작용하는 외력의 x, y 성분의 합은 각각 0이어야 한다.

실습 예제 3.1 평형을 사용한 힘 결정

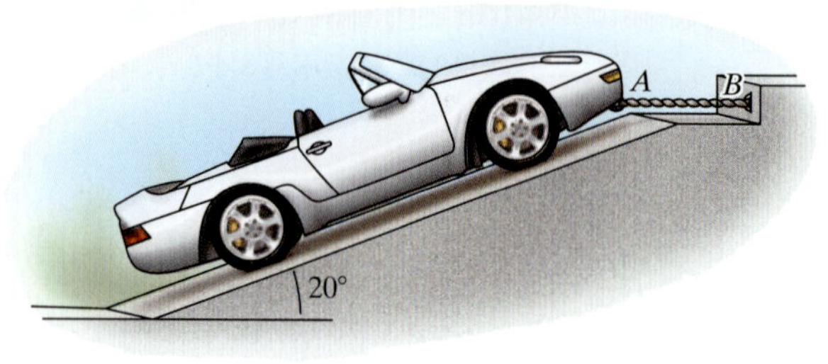

1440 kg의 자동차가 경사로에서 수평 케이블 AB로 고정되어 있다. 자동차의 브레이크가 작동하지 않으므로 타이어는 경사로에서 오직 수직력만 작용한다. 케이블이 자동차에 가하는 힘의 크기를 구하라.

전략

자동차는 평형상태에 있으므로 자유물체도를 그리면 식 (3.4)를 사용해 케이블이 가하는 힘을 구할 수 있다.

풀이

자동차에 대한 자유물체도 그리기

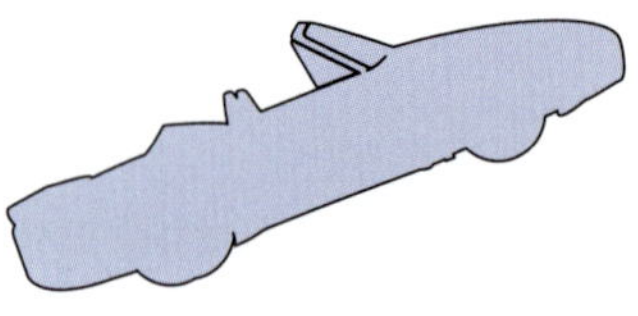

격리된 자동차의 스케치를 그린다.

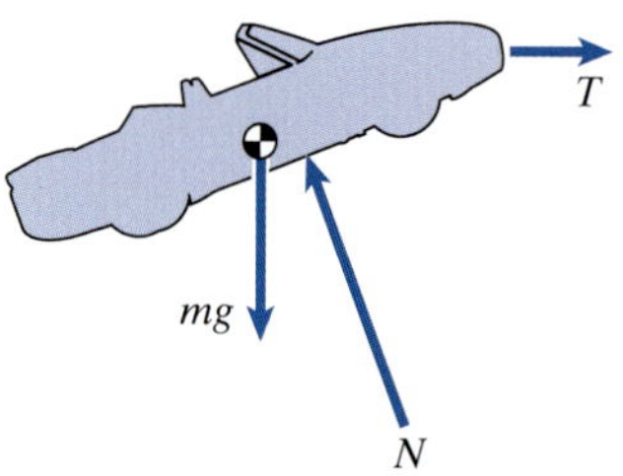

자동차의 무게, 케이블, 경사로가 자동차에 가하는 힘을 표시해 자유물체도를 완성한다.

평형방정식 적용하기

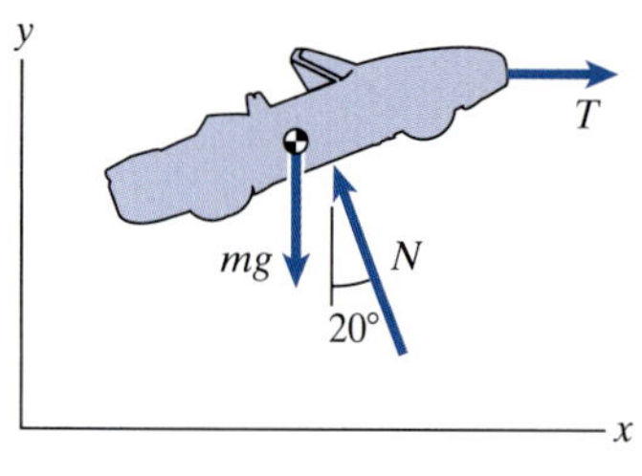

$$\Sigma F_x = T - N \sin 20° = 0$$

$$\Sigma F_y = N \cos 20° - mg = 0$$

N을 제거해 다음을 얻는다.

$$T = \frac{mg \sin 20°}{\cos 20°} = \frac{(1440 \text{ kg})(9.81 \text{ m/s}^2)\sin 20°}{\cos 20°}$$

$$= 5140 \text{ N}$$

실습 문제 케이블이 경사로와 평행이 되도록 케이블 부착 지점 B를 위쪽으로 이동한다고 가정하자. 케이블이 자동차에 가하는 힘의 크기를 구하라.

답: 4830 N

예제 3.2 자유물체도 선택

자동차 엔진 블록이 여러 개의 케이블 계에 의해 매달려 있다. 블록의 질량은 200 kg이다. 이 계는 정지해 있다. 케이블 AB, AC의 장력은 얼마인가?

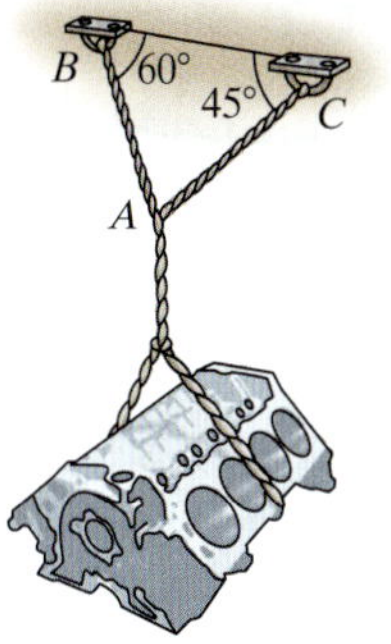

전략

구하고 싶은 힘이 들어 있는 자유물체도가 필요하다. 케이블이 만나는 지점 A 근처에서 케이블 계의 일부를 격리하면 블록의 무게와 케이블 AB, AC의 미지의 장력이 들어 있는 자유물체도를 얻을 수 있다.

풀이

자유물체도 그리기 지점 A 근처에서 케이블 계의 일부를 격리하면(그림 a), 블록의 무게 $W = mg = (200\ \text{kg})(9.81\ \text{m/s}^2) = 1962\ \text{N}$과 케이블 AB, AC의 장력이 들어 있는 자유물체도를 얻을 수 있다(그림 b).

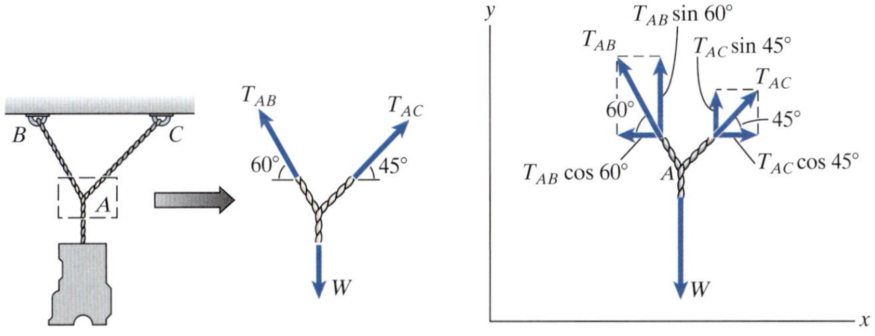

(a) 케이블 계의 일부를 격리 (b) 완성된 자유물체도 (c) 좌표계 선택 및 힘을 성분별로 분해

평형방정식 적용하기 그림 c에 표시된 좌표계를 선택하고 케이블 장력을 x, y 성분으로 분해한다. 결과로 나온 평형방정식은 다음과 같다.

$$\Sigma F_x = T_{AC}\cos 45^\circ - T_{AB}\cos 60^\circ = 0$$
$$\Sigma F_y = T_{AC}\sin 45^\circ + T_{AB}\sin 60^\circ - 1962\ \text{N} = 0$$

이 방정식을 풀면 케이블의 장력이 $T_{AB} = 1436$ N, $T_{AC} = 1016$ N이라는 것을 알 수 있다.

비판적 사고

특정한 미지의 힘을 결정할 수 있는 자유물체도를 어떻게 선택해야 하는가? 자유물체도를 선택하는 데에는 명확한 규칙이 없다. 제시된 예제를 통해 많은 경우에 어떻게 해야 하는지 배울 수 있지만, 새로운 상황에 직면하게 될 수도 있다. 필요한 정보를 제공하는 자유물체도를 찾기 위해서는 여러 가지 형태의 자유물체도를 시도해야 할 수도 있다. 구하려는 힘은 자유물체도에서 외력으로 나타나야 하며, 목표는 미지의 힘의 개수와 같은 개수의 평형방정식을 구하는 것임을 기억하라.

예제 3.3 풀리 계에 평형 적용

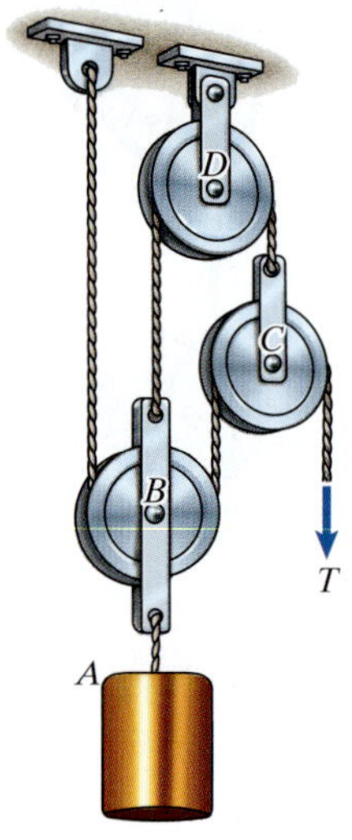

풀리 계 내 각 풀리의 질량이 m이고, 여기에 매달린 물체 A의 질량이 m_A이다. 이 계가 평형을 이루기 위해 필요한 힘 T를 구하라.

전략

개별 풀리의 자유물체도를 그리고 평형을 적용하면 힘 T를 풀리 및 물체 A의 무게와 연관시킬 수 있다.

풀이

먼저 힘 T가 가해지는 풀리 C에 대한 자유물체도를 그린다(그림 a). 풀리가 지탱하는 케이블의 장력이 양쪽에서 동일한 T라고 가정한다(그림 3.8 참조). 평형방정식에서 다음을 얻을 수 있다.

$$T_D - T - T - mg = 0$$

풀리 D로 지지되는 케이블의 장력을 다음과 같이 구한다.

$$T_D = 2T + mg$$

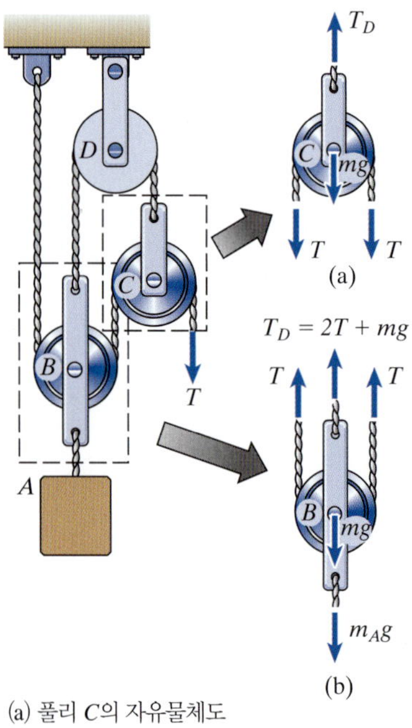

(a) 풀리 C의 자유물체도
(b) 풀리 B의 자유물체도

이제 풀리 C와 D에서 풀리 B로 이어지는 케이블의 장력을 T의 관점에서 알 수 있다. 풀리 B의 자유물체도(그림 b)를 그리면 평형방정식을 구할 수 있다.

$$T + T + 2T + mg - mg - m_A g = 0$$

이를 풀면 T = $m_A g/4$이다.

비판적 사고

그림 a와 b에서 격리된 물체에 케이블 일부가 포함되어 있음을 알 수 있다. 이러한 케이블 일부의 무게는 자유물체도에서 외력으로 작용한다. 그런데 왜 이런 케이블 무게를 포함하지 않았는가? 풀리와 물체 A의 무게에 비해 케이블 일부의 무게는 무시할 수 있다고 암묵적으로 가정했기 때문이다. 이 책을 읽다 보면 물체에 작용하는 힘을 분석할 때 물체의 무게를 종종 무시하는 경우가 많다는 것을 알 수 있다. 이는 주어진 물체에 작용하는 다른 힘에 비해 물체의 무게가 작을 경우 근사적으로 유효하다. 그러나 실제 공학 응용 분야에서는 이 가정을 신중하게 평가해야 한다. 물체의 무게에 대해서는 제7장에서 더 자세히 설명한다.

예제 3.4 평형상태의 비행기에 가해지는 힘

그림은 수직면을 비행하는 비행기와 그 자유물체도를 보여준다. 비행기에 작용하는 힘으로 비행기의 무게 W, 엔진이 가하는 추력 T, 비행기 표면의 압력 분포로 인한 공기역학적 힘이 있다. 점선은 비행기가 이동하는 경로를 나타낸다. 공기역학적 힘은 경로에 수직인 성분인 양력 L과 경로에 평행한 성분인 항력 D로 분해된다. 수평선과 경로 사이의 각도 γ를 비행경로 각, α를 받음각이라고 한다. 비행기가 일정 시간 동안 평형상태를 유지하면 정상 비행 중이라고 하자. $\gamma = 6°$, $D = 125$ kN, $L = 680$ kN이고 비행기의 질량이 72,000 kg일 때, 비행기가 정상 비행을 유지하기 위해 필요한 T, α의 값은 얼마인가?

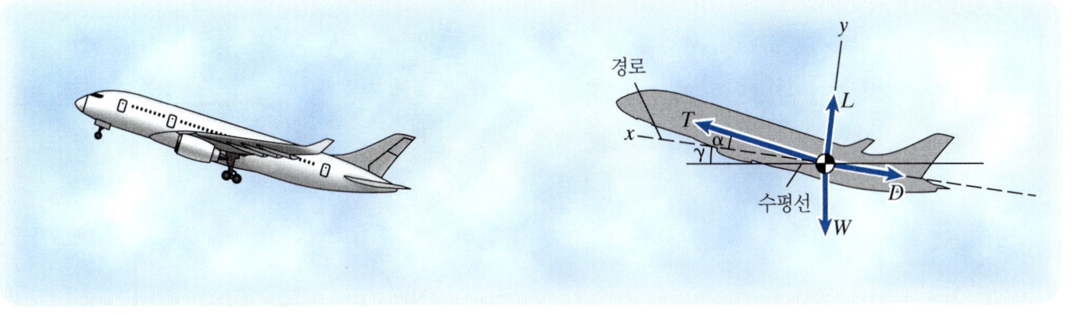

전략

비행기가 평형상태에 있다고 가정한다. 제시된 자유물체도에 식 (3.4)를 적용하면 T와 α를 구하는 두 개의 방정식을 구할 수 있다.

풀이

그림에 제시된 좌표계를 사용하면 평형방정식은 다음과 같다.

$$\Sigma F_x = T\cos\alpha - D - W\sin\gamma = 0 \quad (1)$$

$$\Sigma F_y = T\sin\alpha + L - W\cos\gamma = 0 \quad (2)$$

여기에서 비행기의 무게는 $W = (72{,}000 \text{ kg})(9.81 \text{ m/s}^2) = 706{,}000$ N이다. 식 (2)에서 $\sin\alpha$를 풀고 식 (1)에서 $\cos\alpha$를 풀어 나누면 $\tan\alpha$에 대한 방정식을 구할 수 있다.

$$\tan\alpha = \frac{W\cos\gamma - L}{W\sin\gamma + D}$$

$$= \frac{(706{,}000 \text{ N})\cos 6° - 680{,}000 \text{ N}}{(706{,}000 \text{ N})\sin 6° + 125{,}000 \text{ N}} = 0.113$$

받음각 $\alpha = \arctan(0.113) = 6.44°$이다. 이제 식 (1)을 사용해 추력을 구한다.

$$T = \frac{W\sin\gamma + D}{\cos\alpha}$$

$$= \frac{(706{,}000 \text{ N})\sin 6° + 125{,}000 \text{ N}}{\cos 6.44°} = 200{,}000 \text{ N}$$

정상 비행에 필요한 추력은 비행기 무게의 28%이다.

연습문제

3.1 링의 무게가 5 lb이며 평형상태에 있다. y축은 수직 방향이다. (a) 힘 F_2의 크기가 최소가 되도록 각도 α를 구하라. (b) α가 (a)에서 구한 값을 가지는 경우 F_1, F_2의 값은 얼마인가?

전략: (a)를 풀기 위해 링에 작용하는 세 개의 힘의 합을 나타내는 벡터 다이어그램을 그린다.

3.2 링의 무게가 5 lb이며 평형상태에 있다. 힘 $F_1 = 4.5$ lb이다. 힘 F_2와 각도 α를 구하라.

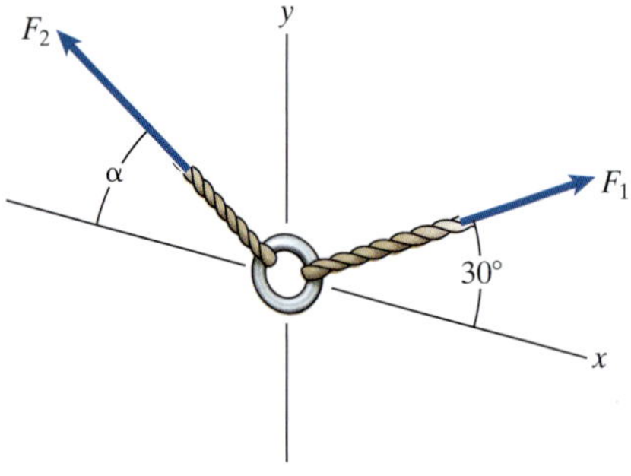

연습문제 3.1/3.2

3.3 비행기에 작용하는 힘이 비행기의 무게 $W = 28{,}000$ lb, 추력 $T = 16{,}200$ lb, 양력 L, 항력 D이다. 추력과 항력이 평행하고 양력은 항력에 수직이라고 가정하자. 비행기는 평형상태에 있다. 양력과 항력을 구하라.

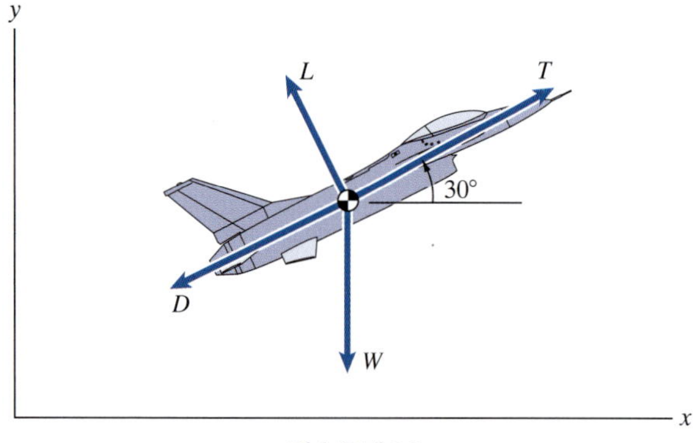

연습문제 3.3

3.4 200 kg의 엔진 블록이 케이블 AB, AC로 매달려 있다. 각도 $\alpha = 40°$이다. 점선으로 표시된 부분을 격리해 구한 자유물체도가 제시되어 있다. 힘 T_{AB}, T_{AC}를 구하라.

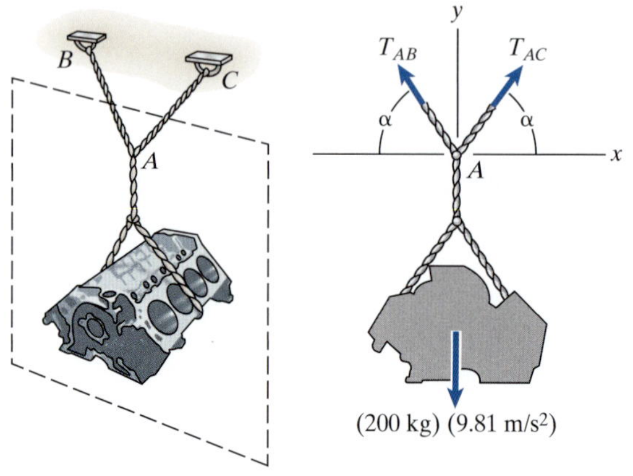

연습문제 3.4

3.5 유람선의 정박용 줄로 사용되는 무거운 밧줄이 그림과 같이 처져 있다. 밧줄의 질량이 90 kg일 때, A와 B에서 밧줄의 장력은 얼마인가?

연습문제 3.5

3.6 110 lb의 무용수가 한 발로 균형을 잡고 있다. 발의 무게를 무시하고 아킬레스건의 장력 F_A와 발목 관절의 반력 F_J를 구하라.

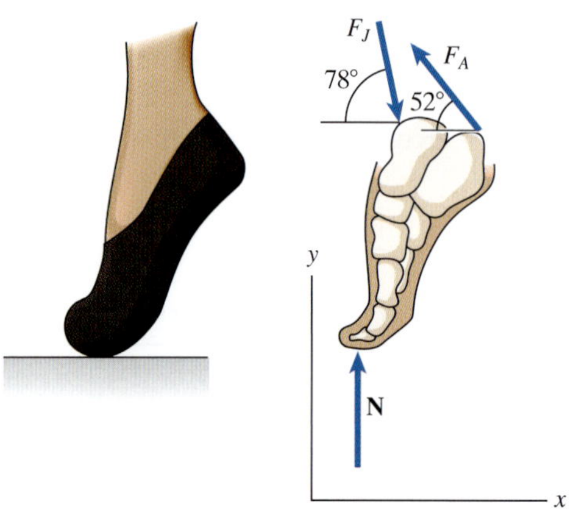

연습문제 3.6

3.7 동일한 두 개의 스프링의 자유 길이가 250 mm이고 스프링 상수 k = 1200 N/m이다. (a) 블록 A의 자유물체도를 그려라. (b) 블록 B의 자유물체도를 그려라. (c) 두 블록의 질량은 얼마인가?

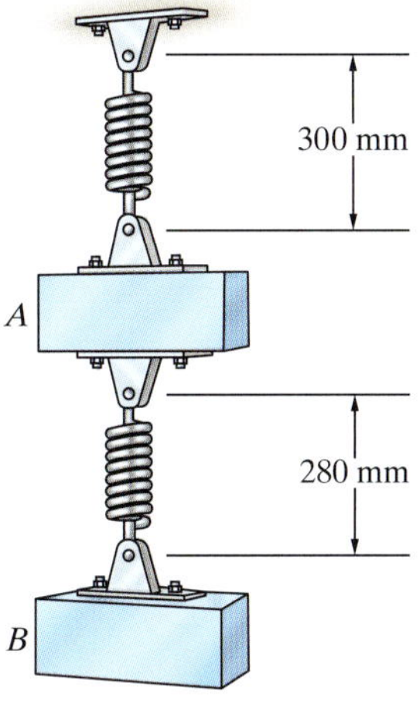

연습문제 3.7

3.8 슬개골에 가해지는 힘을 분석하면 사람의 슬개대퇴 관절에 가해지는 압축력을 구할 수 있다. 그림에서 T는 슬개골과 대퇴사두근 힘줄의 장력이다. 슬개골의 무게는 무시할 수 있는 수준이다. T = 120 N일 때 압축력의 크기 P와 각도 α를 구하라.

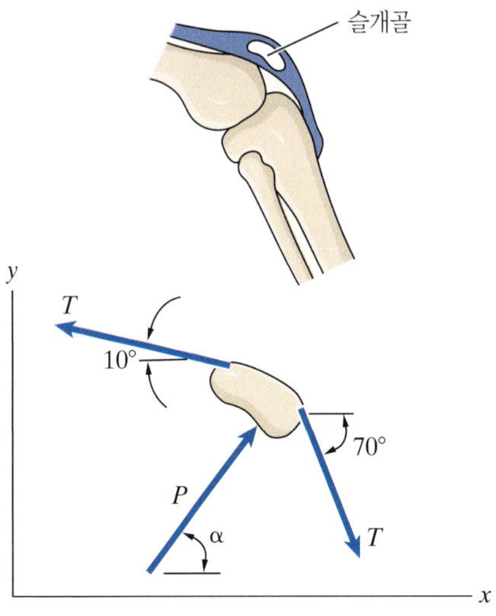

연습문제 3.8

3.9 매끈한 경사면이 있다('매끈하다'는 것은 마찰을 무시할 수 있다는 의미이다). 동일한 두 개의 스프링의 자유 길이가 250 mm이고 스프링 상수 k = 1200 N/m이다. 블록 A, B의 질량은 얼마인가?

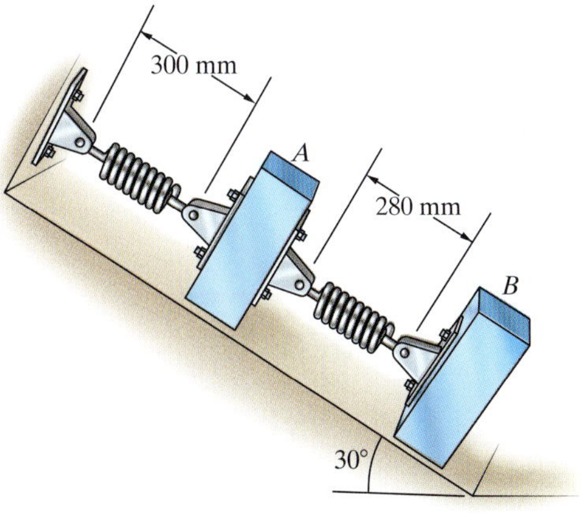

연습문제 3.9

3.10 그림은 사람의 머리가 아래로 기울어졌을 때 머리에 작용하는 힘을 보여준다. y축은 수직 방향이다. 머리의 질량은 5 kg이다. 힘 F_A는 대후두 관절에 의해, 힘 F_E는 목 신전근에 의해 나타난다. 머리는 평형상태에 있다. F_A, F_E를 구하라.

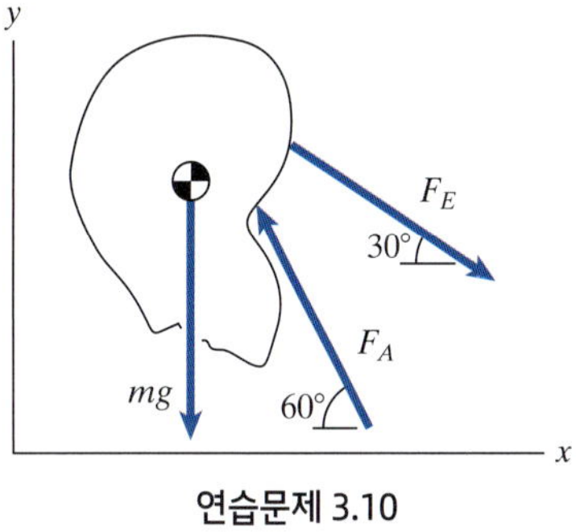

연습문제 3.10

3.11 매끈한 경사면에서 100 kg의 상자가 케이블에 가해지는 힘 T에 의해 고정되어 있다. (a) 상자의 자유물체도를 그려라. (b) 힘 T를 구하라.

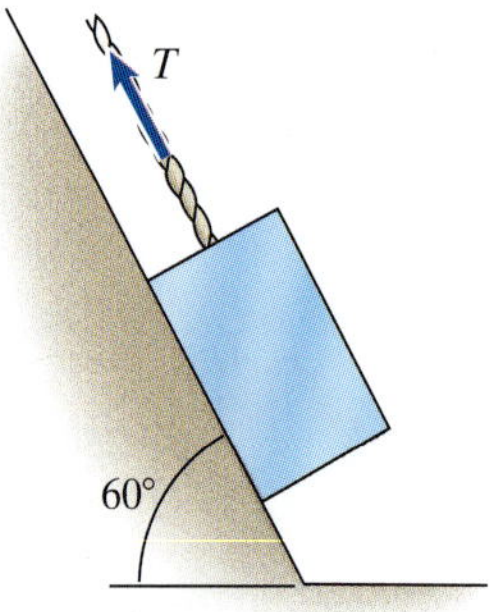

연습문제 3.11

3.12 1200 kg의 자동차가 경사진 도로에 정지해 있다. (a) $\alpha = 20°$일 때, 도로가 자동차의 타이어에 가하는 총수직력과 마찰력의 크기는 얼마인가? (b) 자동차는 평형에 필요한 총마찰력이 총수직력의 0.6배보다 크지 않은 경우에만 정지상태를 유지할 수 있다. 자동차가 정지상태를 유지할 수 있는 최대 각도 α는 얼마인가?

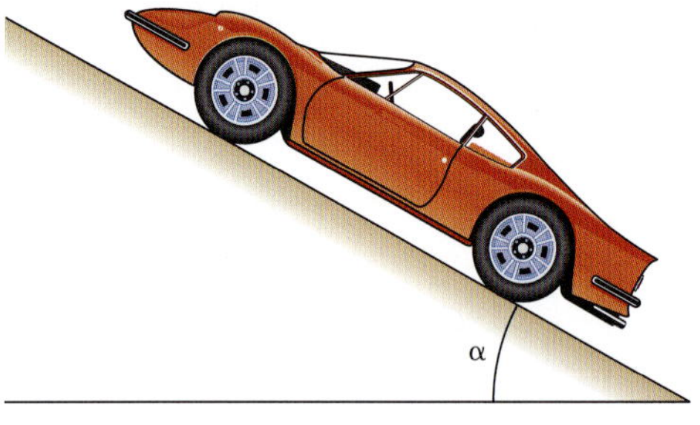

연습문제 3.12

3.13 막대 BC가 점 B에서 C에서 B로 향하는 방향의 힘을 케이블에 가한다. 케이블에 매달린 하중의 질량은 180 kg이다. 케이블 AB의 장력은 얼마인가?

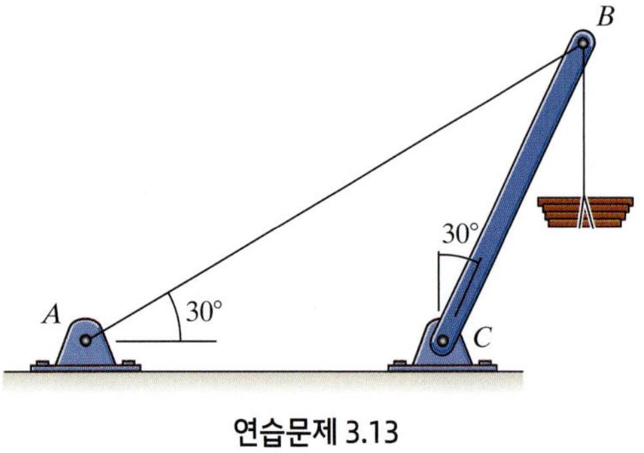

연습문제 3.13

3.14 600 lb의 상자가 밧줄 AB에 의해 덤프트럭의 매끄러운 바닥에 고정되어 있다. (a) $\alpha = 25°$일 때, 밧줄의 장력은 얼마인가? (b) 밧줄이 400 lb의 장력을 안전하게 지탱할 수 있다면, α의 최대 허용값은 얼마인가?

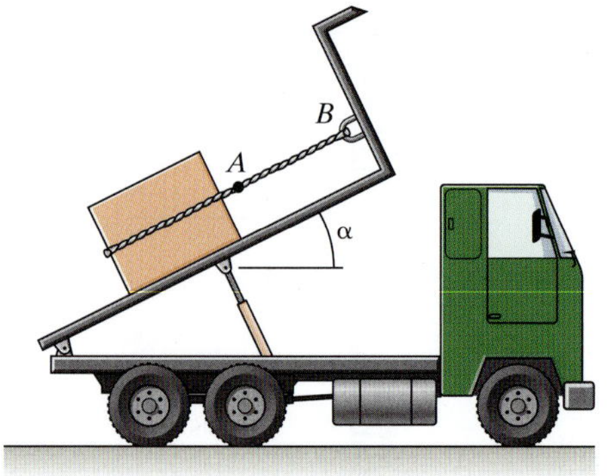

연습문제 3.14

3.15 80 lb의 상자가 밧줄 AB에 의해 매끄러운 경사면에 고정되어 있다. 밧줄의 장력과 경사면이 상자에 가하는 수직력을 구하라.

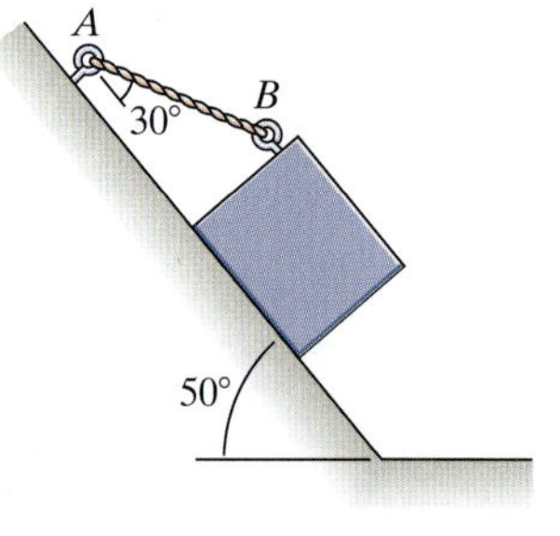

연습문제 3.15

3.16 세그먼트 AB, BC에 사용되는 와이어가 1.2 kN 이하의 장력을 안전하게 지지할 수 있다. 이 기준에 따라 이 방법으로 지탱할 수 있는 최대 질량 m은 얼마인가? 세그먼트 AB, BC의 장력은 결과적으로 얼마인가?

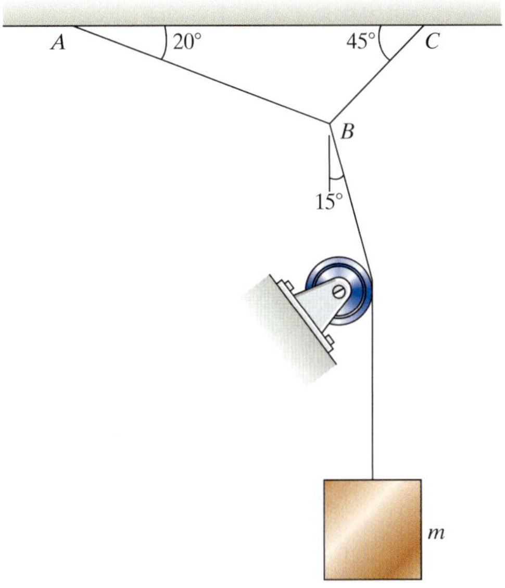

연습문제 3.16

3.17 50 lb 상자가 줄 AB에 의해 매끄러운 경사면에서 평형상태를 유지하고 있다. 줄의 장력은 얼마인가? 매끄러운 표면이 상자에 가하는 수직력의 크기는 얼마인가?

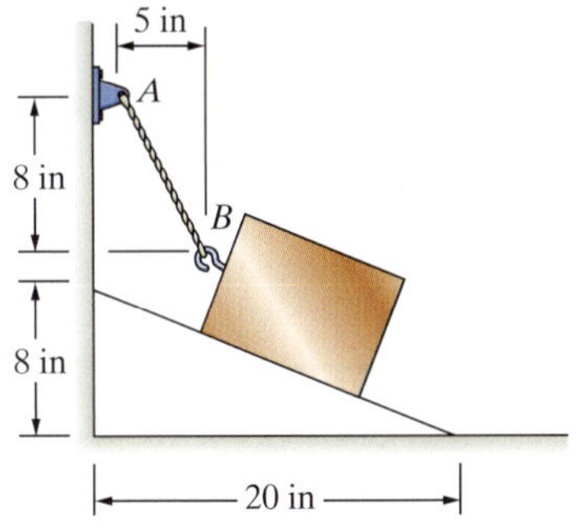

연습문제 3.17

3.18 10 kg의 그림이 못으로 지지된 와이어로 매달려 있다. 와이어의 길이는 1.3 m이다. (a) 와이어의 장력은 얼마인가? (b) 와이어가 못에 가하는 힘의 크기는 얼마인가?

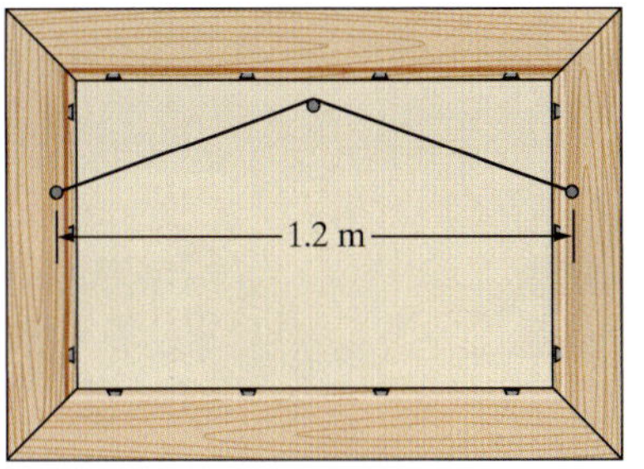

연습문제 3.18

3.19 카이트 서퍼가 카이트에 가하는 힘이 $55\mathbf{i} + 32\mathbf{j}$ (lb)이다. (y축은 수직 방향이다.) 장비를 포함한 서퍼의 몸무게는 145 lb이다. 서퍼가 평형상태에 있다면, 물이 서퍼에게 가하는 힘의 크기는 얼마인가?

출처: Arterra Picture Library/Clement Philippe/Alamy Stock Photo 제공

연습문제 3.19

3.20 600 lb의 상자가 로프 AB에 의해 트럭의 매끄러운 바닥에 고정되어 있다. (a) $\alpha = 30°$일 때, 로프의 장력은 얼마인가? (b) 로프는 400 lb 이하의 장력을 안전하게 지탱할 수 있다. 이 기준에 따라 α의 최대 허용값은 얼마인가?

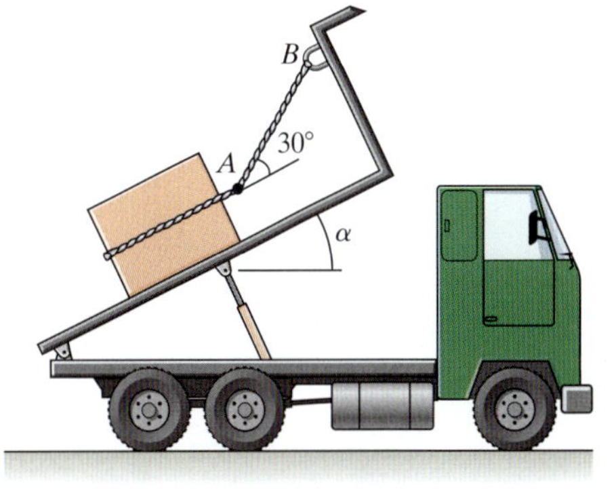

연습문제 3.20

3.21 80 kg의 등반가가 평형상태에 있다고 가정하자. 수평선에 대한 로프의 세그먼트 A, B의 각도가 표시되어 있다. 두 세그먼트의 장력은 얼마인가?

출처: Design Pics Inc/Tom Evans/Alamy Stock Photo 제공

연습문제 3.21

3.22 매달린 물체 각각의 질량이 12 kg이다. 케이블 AB, BD의 장력은 얼마인가?

3.23 매달린 물체 각각의 질량이 12 kg이다. 케이블 CD, DE의 장력은 얼마인가?

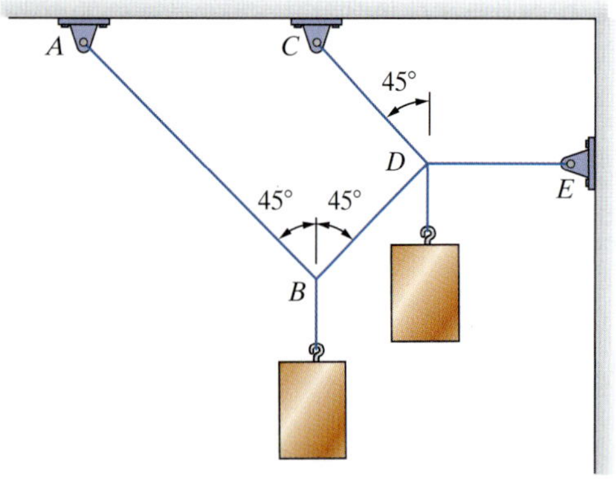

연습문제 3.22/3.23

3.24 한 사람이 200 lb의 상자를 오른쪽으로 미끄러지게 하고자 한다. 이를 이루려면 밧줄이 상자에 가하는 힘의 수평 성분이 바닥이 상자에 가하는 수직력의 0.35배와 같아야 한다. 그림 a에서는 사람이 표시된 방향으로 직접 밧줄을 당긴다. 그림 b에서는 밧줄을 지지대에 부착하고 사람이 밧줄을 위쪽으로 당긴다. 각 경우에서 사람이 밧줄에 가해야 하는 힘의 크기는 얼마인가?

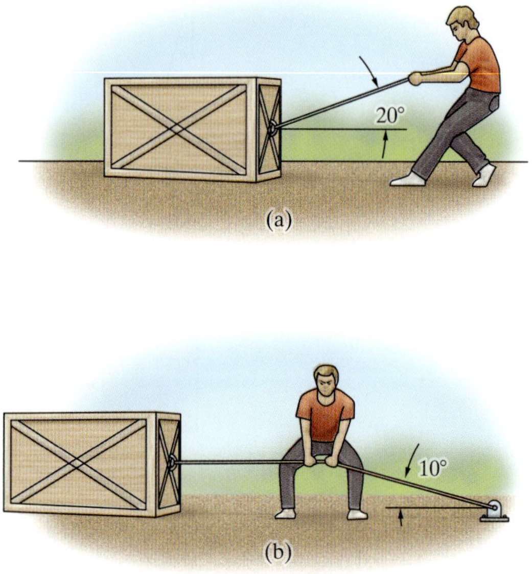

연습문제 3.24

3.25 상자가 매끄러운 표면에 놓여 있다. 상자를 연결하는 밧줄은 수평이다. 상자 A의 질량 $m_A = 20$ kg이다. 상자 B의 질량은 얼마인가? 밧줄의 장력은 얼마인가?

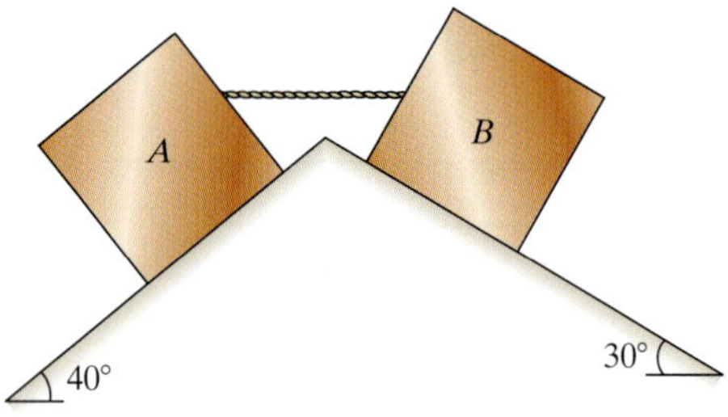

연습문제 3.25

3.26 매달려 있는 물체의 질량이 300 kg이다. 점 A, C는 같은 높이에 있다. 케이블 AB의 길이는 2 m이고 케이블 BC의 길이는 4 m이다. 케이블 AB, BC의 장력을 구하라.

전략: 부록 A에 있는 관계식을 사용해 기하 도형을 분석한다.

3.27* 매달려 있는 물체의 질량이 300 kg이다. 점 A, C는 같은 높이에 있다. 케이블 BC의 길이는 4 m이고 케이블 AB의 길이는 조정할 수 있다. 두 케이블의 장력이 2.4 kN을 초과하지 않게 하려는 경우 케이블 AB의 허용 가능한 최소 길이는 얼마인가?

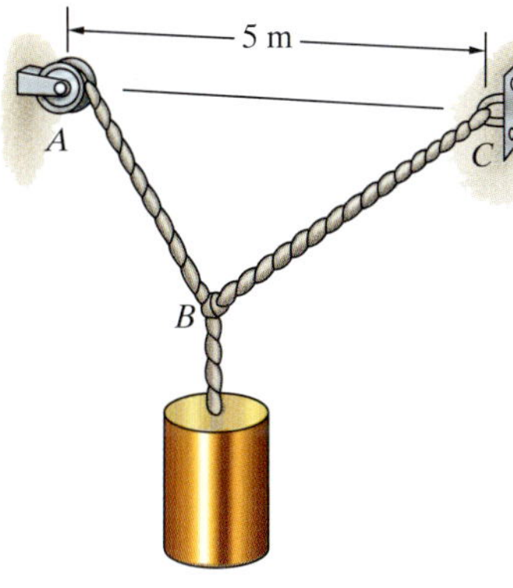

연습문제 3.26/3.27

3.28 케이블 세그먼트 AB의 길이가 10 ft이다. 각도 $\alpha = 30°$이다. 600 lb 상자를 지탱하는 데 필요한 힘 T는 얼마인가?

3.29* 케이블 세그먼트 AB의 길이가 10 ft이다. 600 lb 상자가 평형상태이고 $T = 500$ lb인 경우 각도 α는 얼마인가?

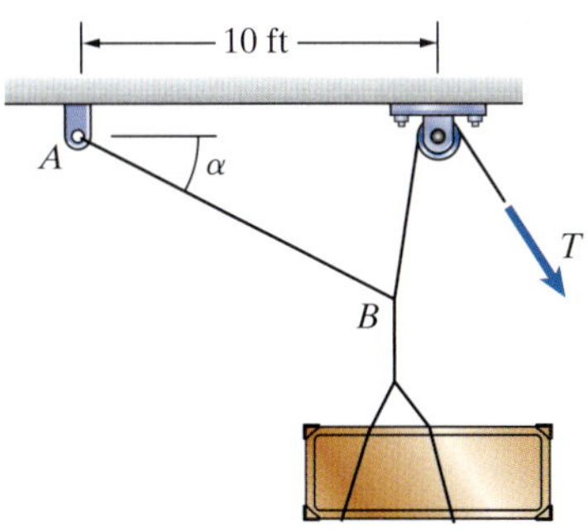

연습문제 3.28/3.29

3.30 우주비행사 후보생이 공중 플랫폼에서 실험을 진행하고 있다. 캘리브레이션을 수행하는 동안 플랫폼은 수평 테더 AB, AC, AD에 의해 제자리에 고정된다. 테더가 가하는 힘은 플랫폼에 작용하는 유일한 수평 힘이다. 테더 AC의 장력이 2 N이면 다른 두 테더의 장력은 얼마인가?

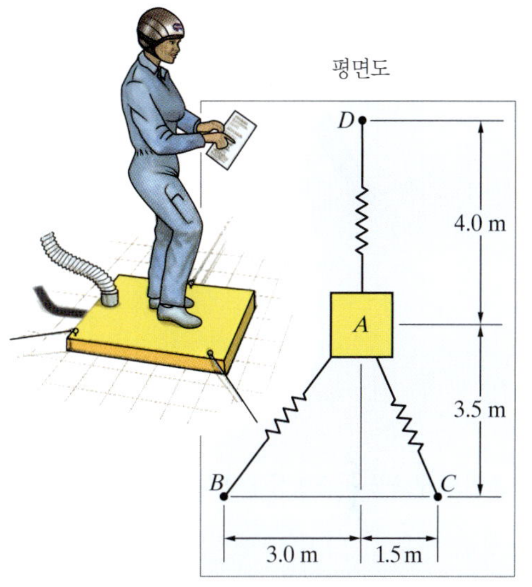

연습문제 3.30

3.31 버킷에 콘크리트가 들어 있고 무게는 5800 lb이다. 케이블 AB, AC의 장력은 얼마인가?

연습문제 3.31

3.32 30 lb의 슬라이더 A가 와이어에 의해 매끄러운 경사 막대에 고정되어 있다. 와이어의 장력은 얼마인가?

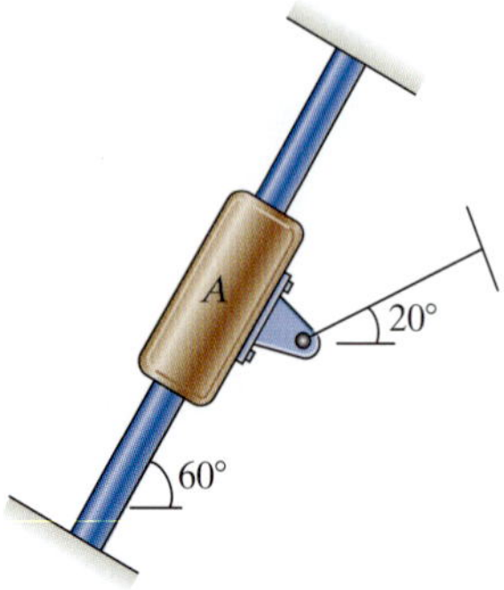

연습문제 3.32

3.33 다음 장치는 왼쪽에 있는 고정된 물체에 큰 힘을 가하도록 설계되었다. 잭은 B에 400 lb의 상향 힘을 가하고, 그 결과 링크 BC는 B에서 C 방향으로 고정 지지대 C에 힘을 가하며, 링크 AB는 B에서 A 방향으로 왼쪽 물체 A에 힘을 가한다. 링크 AB가 왼쪽 물체 A에 가하는 힘의 크기는 얼마인가? 그 수평 성분의 크기는 얼마인가?

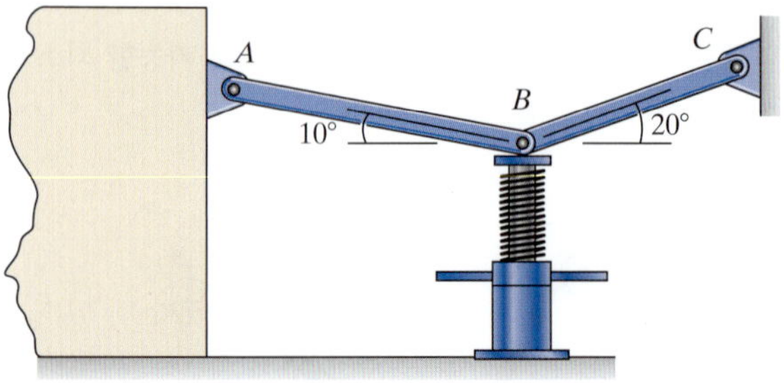

연습문제 3.33

3.34 조인트 구조물이 평형상태에 있다. $F_A = 1000$ lb, $F_D = 5000$ lb일 때 F_B, F_C는 얼마인가?

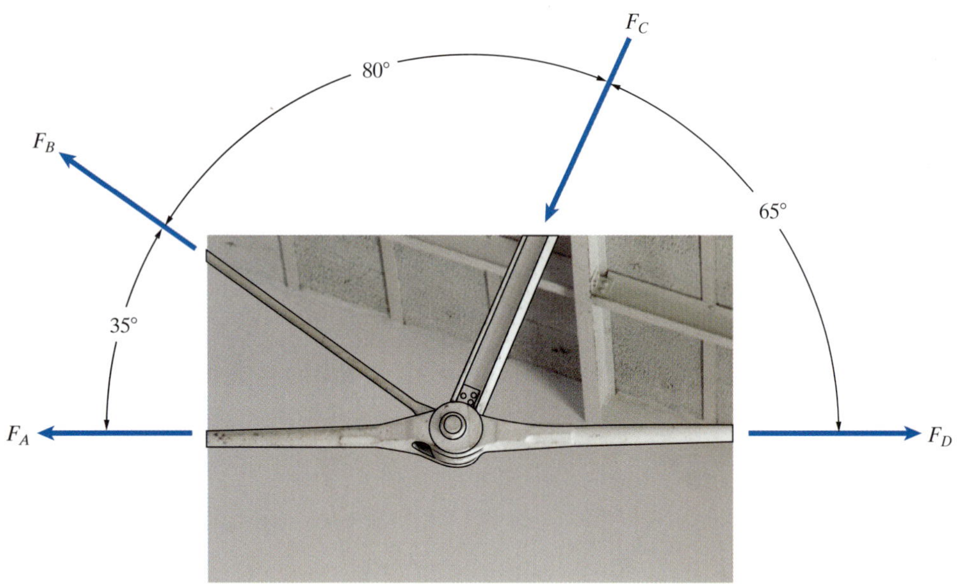

연습문제 3.34

3.35 칼라 A가 매끄러운 수직 막대에서 미끄러진다. 질량은 $m_A = 20$ kg, $m_B = 10$ kg이다. $h = 0.1$ m일 때 스프링은 늘어나지 않은 상태이다. 이 계가 평형상태일 때 $h = 0.3$ m이다. 스프링 상수 k를 구하라.

3.36* 칼라 A가 매끄러운 수직 막대에서 미끄러진다. 질량은 $m_A = 16$ kg, $m_B = 20$ kg이다. $h = 0.1$ m일 때 스프링은 늘어나지 않은 상태이다. 스프링 상수 $k = 300$ N/m일 때, 이 계가 평형상태를 이루기 위한 거리 h는 얼마인가?

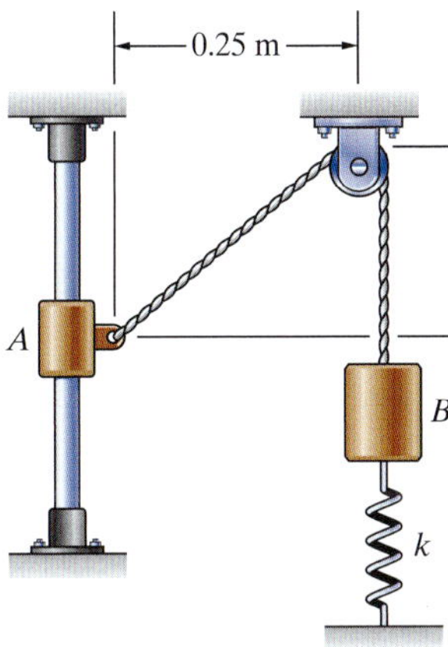

연습문제 3.35/3.36

3.37 영화 세트장 위에 1000 lb의 조명 뱅크를 케이블 계로 매달아놓았다. 케이블 AB, CD, CE의 장력을 구하라.

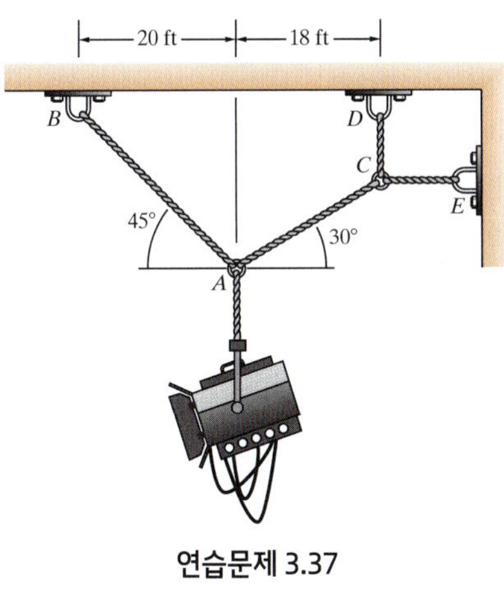

연습문제 3.37

3.38 스프링 AB의 자유 길이가 12 in이고 스프링 상수 $k = 50$ lb/in이다. 케이블 BC의 길이는 10 in이다. 각도 $\alpha = 25°$일 때 이 계가 평형상태라면, 매달린 물체의 무게 W는 얼마인가?

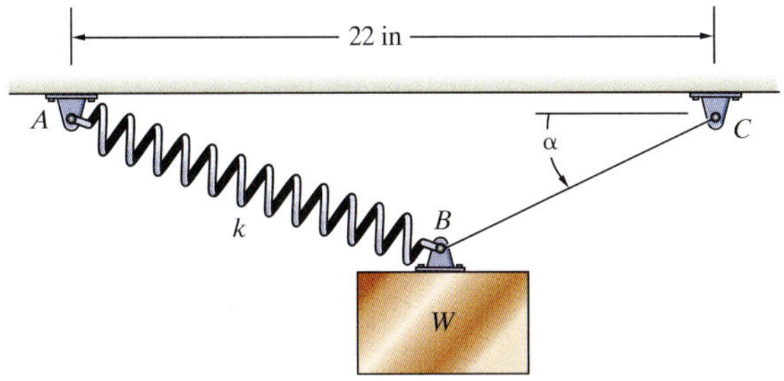

연습문제 3.38

3.39 각 링의 무게가 5 lb이다. (위쪽 방향이 $+y$축이다.) 로프 B의 장력이 10 lb이면 로프 C의 장력은 얼마인가?

3.40 각 링의 무게가 5 lb이다. (위쪽 방향이 $+y$축이다.) 로프 B의 장력이 10 lb이면, 로프 D의 장력은 얼마인가?

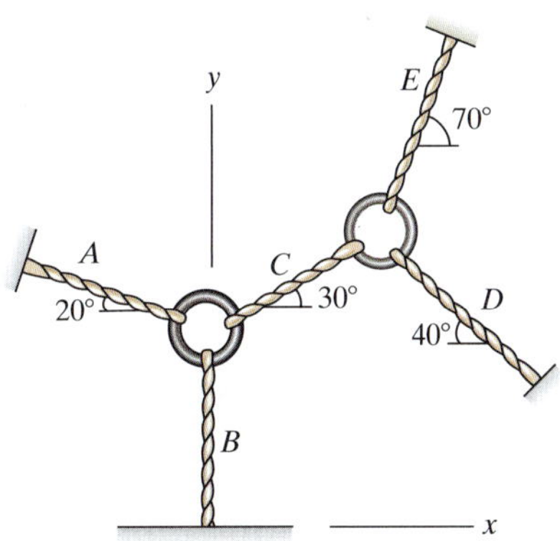

연습문제 3.39/3.40

3.41 스프링의 자유 길이가 0.25 m이고, 스프링 상수 $k = 430$ N/m이다. 매달린 물체의 질량은 얼마인가?

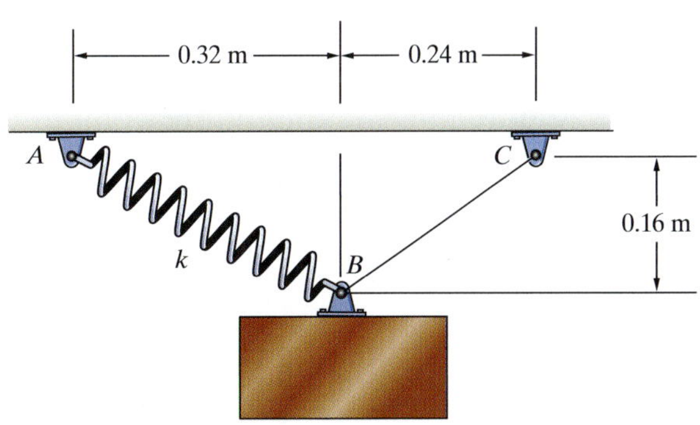

연습문제 3.41

3.42 스프링의 자유 길이가 12 in이고, 스프링 상수 $k = 3$ lb/in이다. 매달린 무게 $W = 50$ lb이다. 케이블 AB, AD의 장력은 얼마인가?

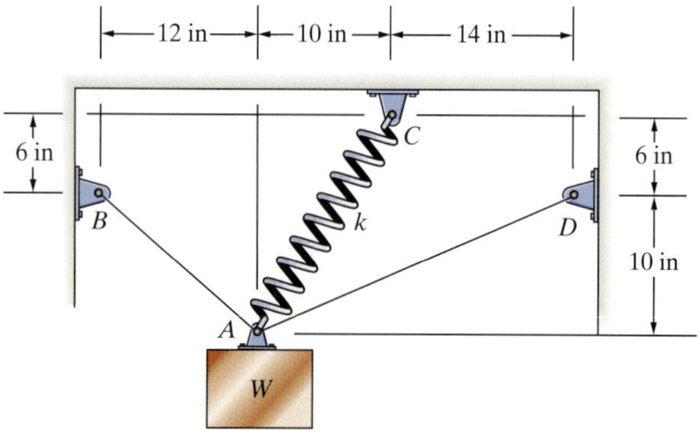

연습문제 3.42

3.43* 케이블 ABC의 길이가 1.4 m이며, 작은 풀리에 2 kN의 힘이 가해지고 있다. 이 계는 움직이지 않고 있다. 케이블의 장력은 얼마인가?

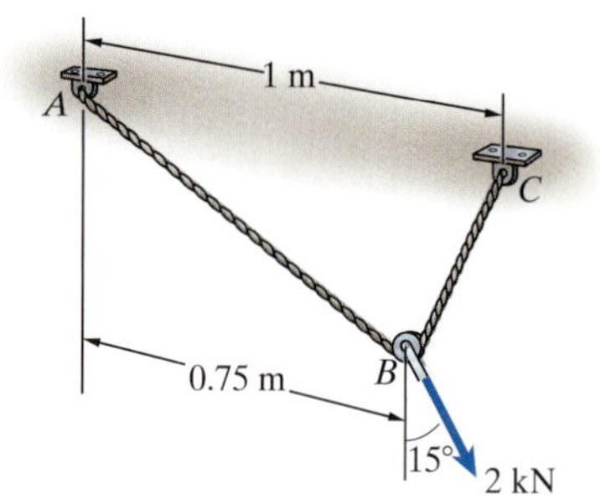

연습문제 3.43

3.44 질량 $m_1 = 12$ kg, $m_2 = 6$ kg이 케이블 계에 의해 매달려 있다. 케이블 BC는 수평이다. 각도 α와 케이블 AB, BC, CD의 장력을 구하라.

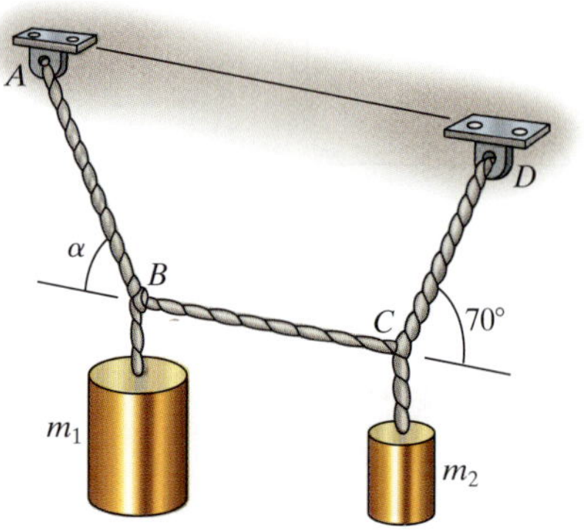

연습문제 3.44

3.45 무게추 W_1, W_2가 케이블 계에 의해 매달려 있다. $W_2 = 20$ lb일 때 케이블 AB, BC, CD의 장력은 얼마인가?

3.46 $W_2 = W_1/2$이라고 가정하자. 지지 케이블의 어느 곳이든 장력이 200 lb를 초과하지 않도록 허용할 수 있는 W_1의 최댓값은 얼마인가?

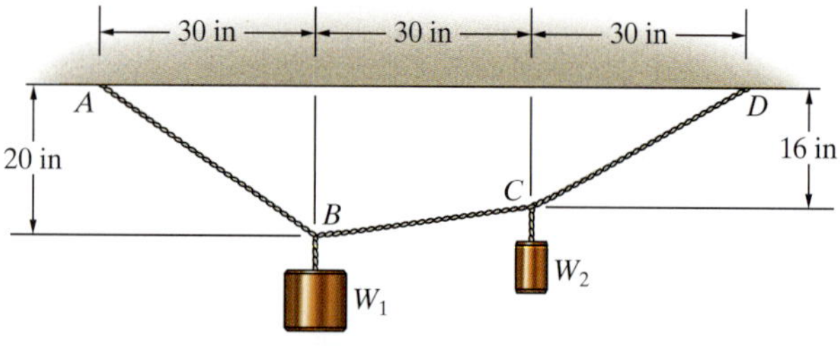

연습문제 3.45/3.46

3.47* 물체 A, B, C의 무게가 각각 30 lb, 35 lb, 20 lb이다. 각도 α_1, α_2를 구하라.

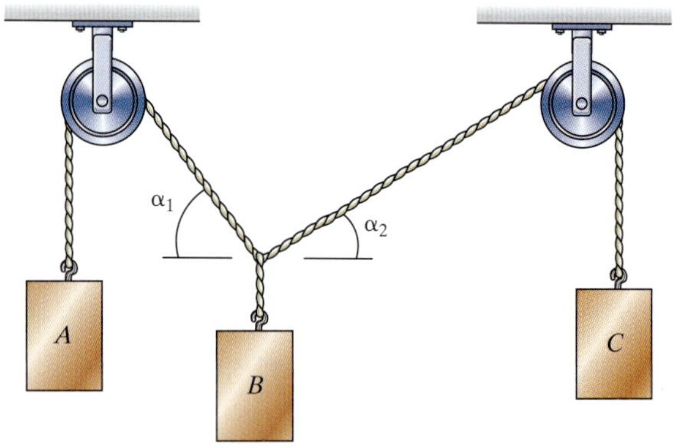

연습문제 3.47

3.48 50 lb의 원통이 두 개의 매끄러운 표면 위에 놓여 있다. (a) 원통의 자유물체도를 그려라. (b) $\alpha = 30°$일 때, 왼쪽과 오른쪽 표면이 원통에 가하는 힘의 크기는 얼마인가?

3.49 왼쪽 표면이 50 lb 원통에 가하는 수직력의 크기가 40 lb일 때, 각도 α는 얼마인가?

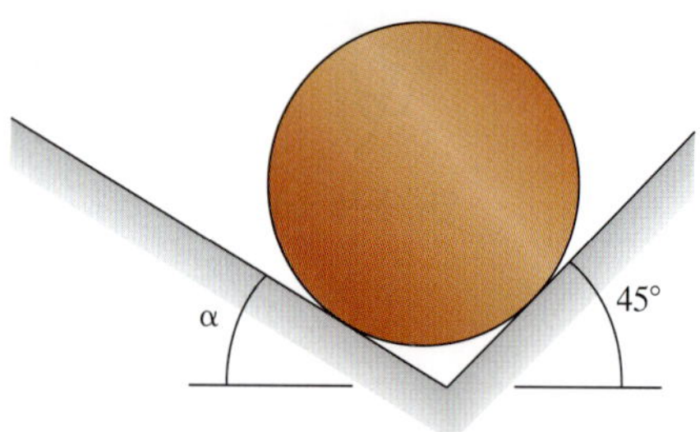

연습문제 3.48/3.49

3.50 동일한 두 스프링의 자유 길이가 0.4 m이다. 50 kg의 질량이 B에 매달려 있을 때, 각 스프링의 길이는 0.6 m로 증가한다. 스프링 상수 k는 얼마인가?

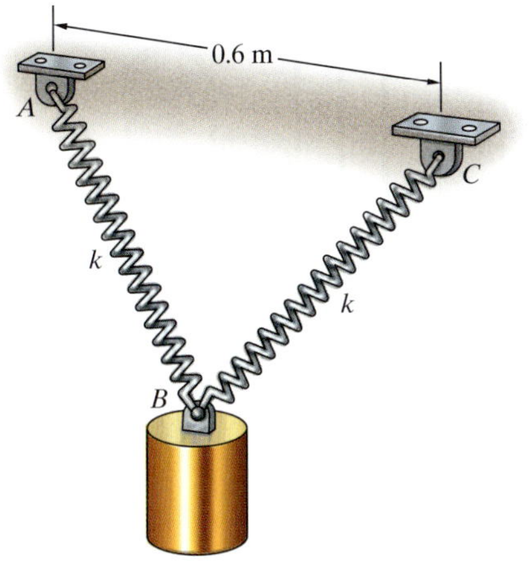

연습문제 3.50

3.51 케이블 AB의 길이가 0.5 m이다. 스프링의 자유 길이는 0.4 m이고, 50 kg의 질량이 B에 매달려 있을 때 스프링의 길이는 0.45 m로 증가한다. 스프링 상수 k는 얼마인가?

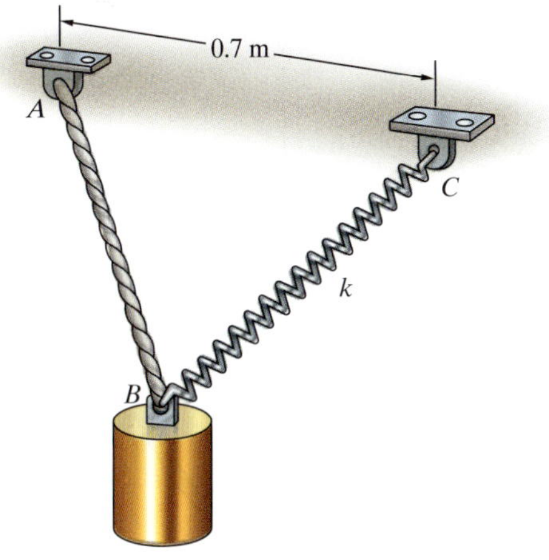

연습문제 3.51

3.52 왼쪽 그림에서 세 개의 스프링은 늘어나지 않은 상태이다. 중앙 스프링의 스프링 상수 $k_1 = 200$ N/m이고, 두 개의 외곽 스프링의 스프링 상수 $k_2 = 160$ N/m이다. 오른쪽 그림에서 질량 m이 스프링에 매달려 있다. $h = 1$ m이면 질량 m은 킬로그램 단위로 얼마인가?

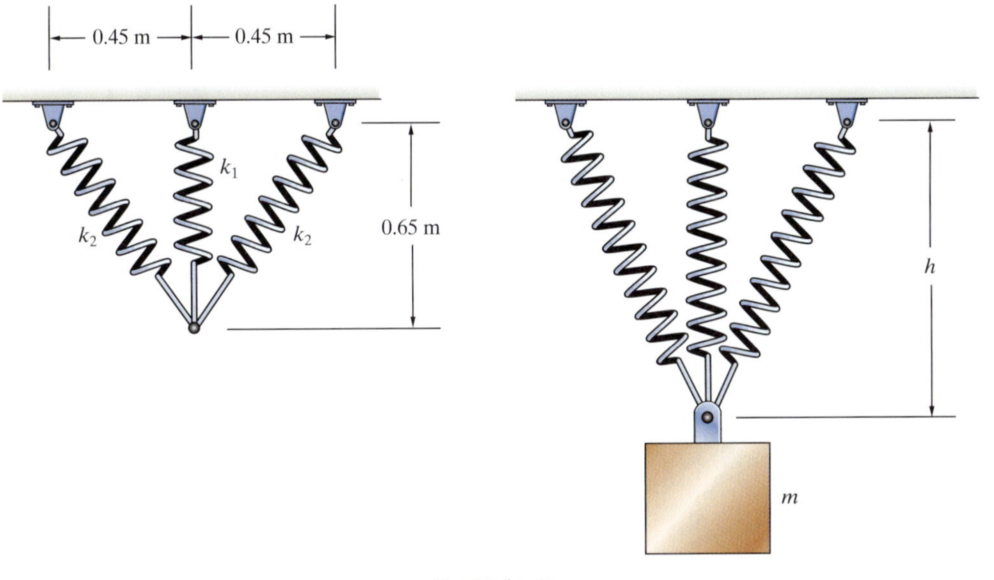

연습문제 3.52

3.53* 수평 힘 F가 매끄러운 곡선 막대에서 무게가 W인 작은 슬라이더를 평형상태로 유지하고 있다. 막대의 중심선은 그림에 표시된 방정식으로 묘사된다. F는 W와 슬라이더의 x 좌표로 $F = 2Wx$로 주어짐을 밝혀라.

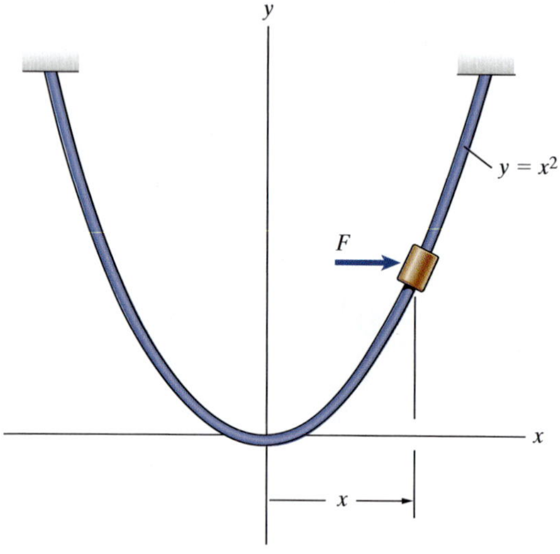

연습문제 3.53

3.54 20 lb의 슬라이더 A가 스프링에 의해 매끄러운 경사 막대에 멈춰 있다. 스프링의 자유 길이는 6 in이다. 스프링 상수 k는 얼마인가?

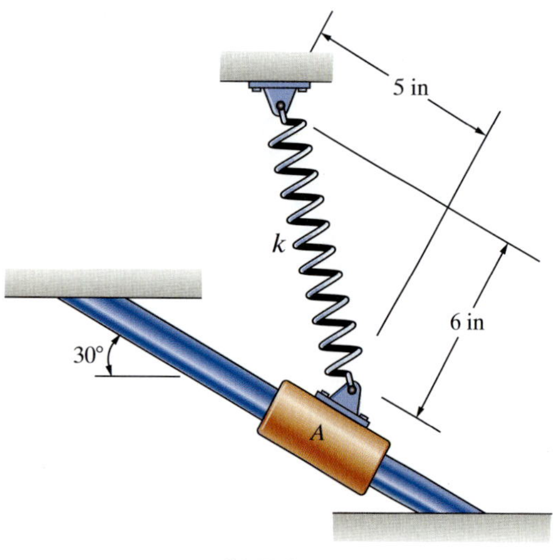

연습문제 3.54

3.55 각 도르래의 질량이 m이고 매달린 물체 A의 질량이 m_A이다. 이 계가 평형을 이루기 위해 필요한 힘 T를 구하라.

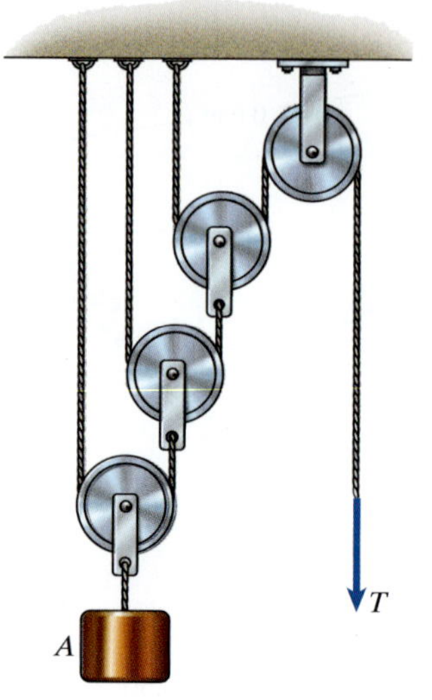

연습문제 3.55

3.56 매달려 있는 질량 $m_1 = 50$ kg이다. 도르래의 질량을 무시하고, 이 계가 평형을 이루는 데 필요한 질량 m_2의 값을 구하라.

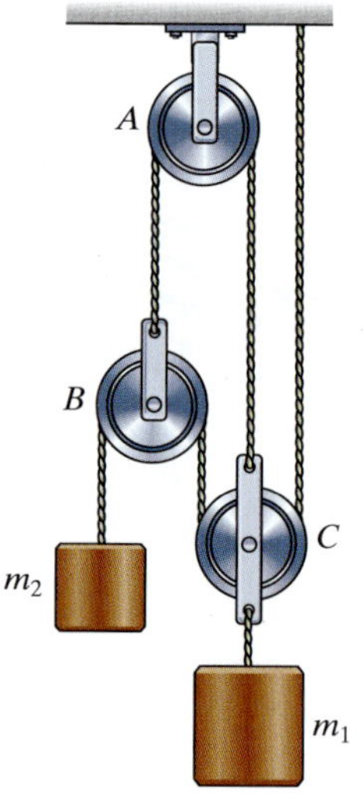

연습문제 3.56

3.57 한 소년이 블록과 태클을 사용해서 몸을 들어 올리고 있다. 블록과 태클의 무게가 무시할 수 있는 수준이고, 소년과 그가 앉은 보의 무게를 합친 것이 120 lb일 때, 소년이 일정한 속도로 몸을 들어 올리기 위해 밧줄에 가해야 하는 힘은 얼마인가? (밧줄이 수직선에서 벗어나는 것은 무시하라.)

연습문제 3.57

3.58 도르래의 무게와 밧줄이 수직선에서 벗어나는 것은 무시하자. 물체 A의 무게는 200 lb이다. 이 물체를 지탱하는 데 필요한 힘 T를 구하라.

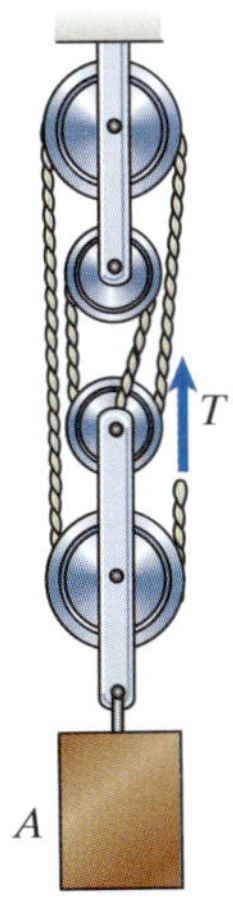

연습문제 3.58

3.59 다음 계 유형에서 도르래의 수는 임의의 수 N개로 확장될 수 있다. (a) 도르래의 무게는 무시하고, 무게 W를 지탱하는 데 필요한 힘 T를 계의 도르래의 수 N의 함수로 구하라. (b) (a)의 결과를 사용해, 도르래가 10개인 계에서 무게 W를 지탱하는 데 필요한 힘 T를 구하라.

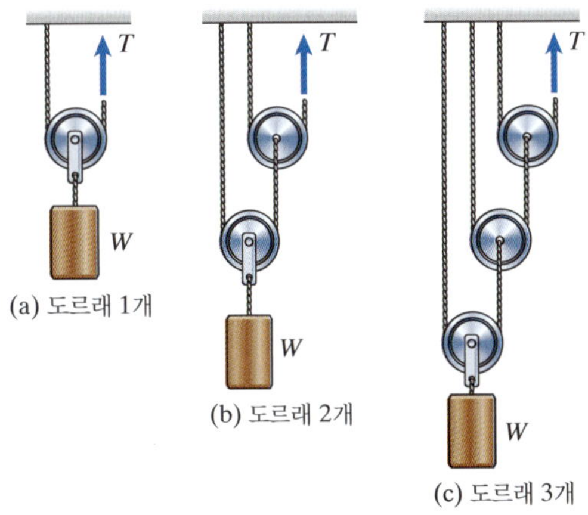

연습문제 3.59

3.60 20 lb의 구가 매끄러운 경사면에 의해 지지되고 있다. (위쪽 방향이 $+y$축이다. 구의 무게는 구의 중심에 작용한다.) 표면 A, B가 구에 가하는 힘의 크기는 얼마인가?

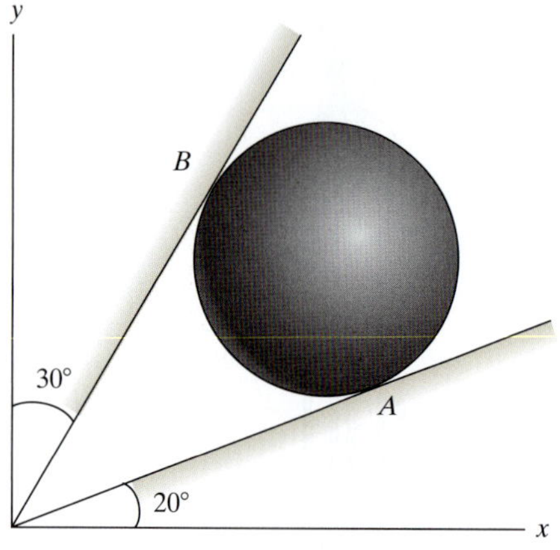

연습문제 3.60

3.61 20 lb의 구가 수평 방향의 힘으로 매끄러운 원형 표면에서 평형을 유지하고 있다. 각도 α는 얼마인가?

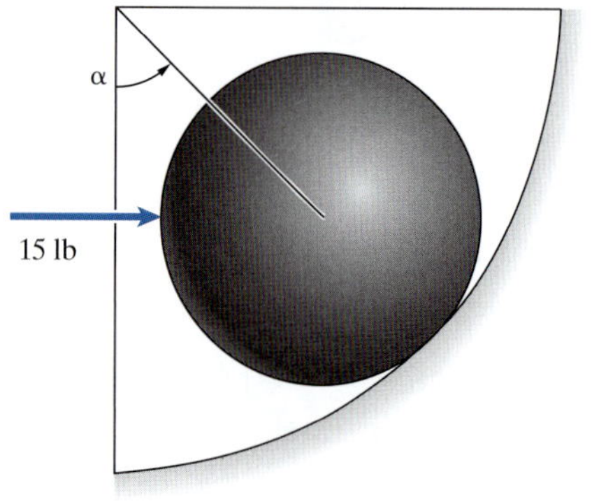

연습문제 3.61

3.62 피스톤 A가 선형 스프링에 의해 매끄러운 경사 슬롯에서 평형을 유지하고 있다. 스프링의 자유 길이는 0.18 m, 스프링 상수 $k = 6$ kN/m이다. 거리 $d = 0.12$ m일 때 피스톤의 질량은 얼마인가?

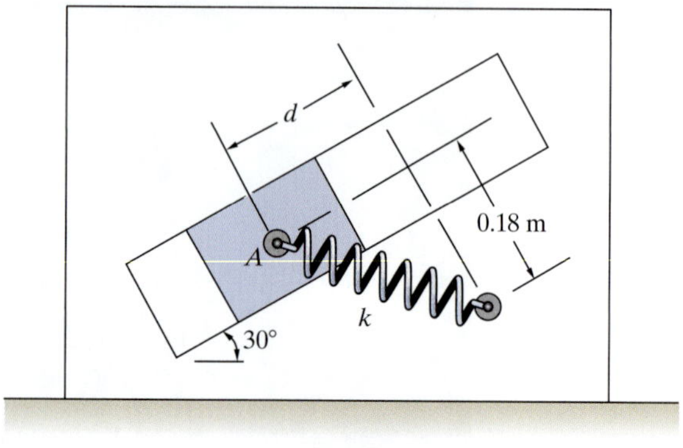

연습문제 3.62

3.3 3차원 힘의 계

생각해보기

- '3차원' 힘의 계란 무엇을 의미하는가?
- 스칼라곱을 3차원 평형 문제에 어떻게 적용할 수 있는가?

지금까지 살펴본 평형상태는 오직 동일 평면상의 힘만 고려했다. 평형상태의 물체에 작용하는 외력의 계가 3차원일 때 외력의 합은 다음과 같이 표현할 수 있다.

$$\Sigma\mathbf{F} = (\Sigma F_x)\mathbf{i} + (\Sigma F_y)\mathbf{j} + (\Sigma F_z)\mathbf{k} = \mathbf{0}$$

이 수식의 각 성분은 0과 같아야 하므로 세 개의 스칼라 평형방정식이 성립한다.

$$\Sigma F_x = 0 \quad \Sigma F_y = 0 \quad \Sigma F_z = 0 \tag{3.5}$$

평형상태의 물체에 작용하는 외력의 x, y, z 성분의 합은 각각 0이어야 한다.

실습 예제 3.5

100 kg의 실린더가 B, C, D 지점에 연결된 케이블에 의해 천장에 매달려 있다. 케이블 AB, AC, AD의 장력은 얼마인가?

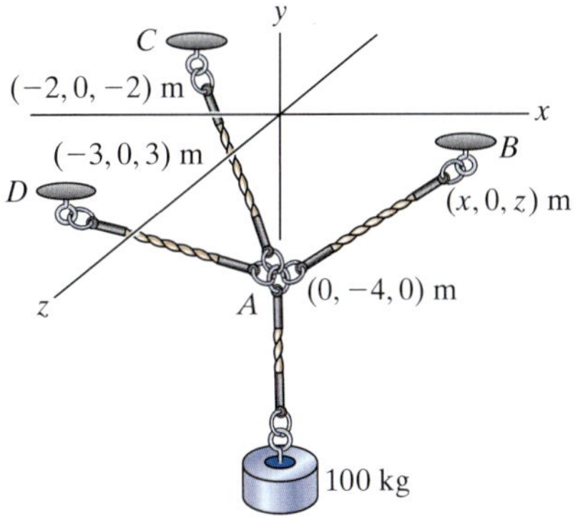

전략

점 A 근처에서 케이블 계의 일부를 격리하면 케이블의 장력으로 인해 힘을 받는 점 A에 대한 자유물체도를 얻을 수 있다. x, y, z 방향의 외력의 합은 각각 0이어야 하므로 미지의 세 개의 장력에 대한 세 개의 평형방정식을 구할 수 있다. 이를 위해서는 장력이 가하는 힘을 성분으로 나타내야 한다.

풀이

자유물체도를 그려서 평형상태 적용하기

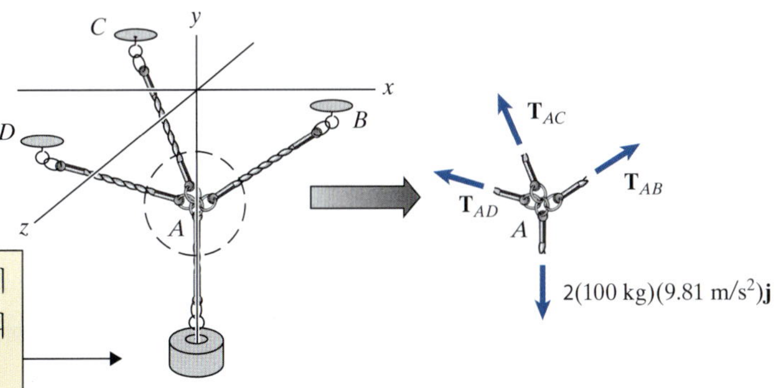

점 A 근처 케이블 계의 일부를 격리하고 케이블의 장력이 가하는 힘을 표시한다. 힘의 합은 0과 같아야 한다.

$$\Sigma\mathbf{F} = \mathbf{T}_{AB} + \mathbf{T}_{AC} + \mathbf{T}_{AD} - (981\ \text{N})\mathbf{j} = \mathbf{0}$$

힘을 성분으로 나타내기

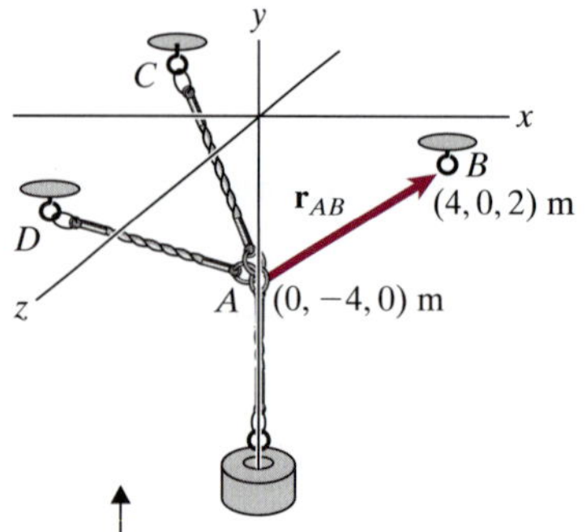

점 A에서 점 B로 향하는 위치 벡터 $\mathbf{r}_{AB}$의 크기로 힘 $\mathbf{T}_{AB}$를 나누어 $\mathbf{T}_{AB}$와 같은 방향을 가지는 단위 벡터를 구한다.

$$\mathbf{r}_{AB} = (x_B - x_A)\mathbf{i} + (y_B - y_A)\mathbf{j} + (z_B - z_A)\mathbf{k} = 4\mathbf{i} + 4\mathbf{j} + 2\mathbf{k}\ (\text{m})$$

$$\mathbf{e}_{AB} = \frac{\mathbf{r}_{AB}}{|\mathbf{r}_{AB}|} = 0.667\mathbf{i} + 0.667\mathbf{j} + 0.333\mathbf{k}$$

힘 $\mathbf{T}_{AB}$를 케이블 AB의 장력 T_{AB}와 단위 벡터 $\mathbf{e}_{AB}$의 곱으로 작성해 그 성분으로 나타낸다. 동일한 절차를 사용해서 힘 $\mathbf{T}_{AC}$, $\mathbf{T}_{AD}$를 성분으로 나타낸다.

$$\mathbf{T}_{AB} = T_{AB}\mathbf{e}_{AB} = T_{AB}(0.667\mathbf{i} + 0.667\mathbf{j} + 0.333\mathbf{k})$$

$$\mathbf{T}_{AC} = T_{AC}(-0.408\mathbf{i} + 0.816\mathbf{j} - 0.408\mathbf{k})$$

$$\mathbf{T}_{AD} = T_{AD}(-0.514\mathbf{i} + 0.686\mathbf{j} + 0.514\mathbf{k})$$

다음 식을 평형방정식에 대입한다.

$$\mathbf{T}_{AB} + \mathbf{T}_{AC} + \mathbf{T}_{AD} - (981\ \text{N})\mathbf{j} = \mathbf{0}$$

i, **j**, **k** 성분은 각각 0이어야 하므로 세 개의 방정식이 생성된다.

$$0.667T_{AB} - 0.408T_{AC} - 0.514T_{AD} = 0$$

$$0.667T_{AB} + 0.816T_{AC} + 0.686T_{AD} - 981\ \text{N} = 0$$

$$0.333T_{AB} - 0.408T_{AC} + 0.514T_{AD} = 0$$

이 세 개의 방정식을 풀면 $T_{AB} = 519$ N, $T_{AC} = 636$ N, $T_{AD} = 168$ N이 나온다.

실습 문제 케이블 AB, AC, AD를 연장해서 부착점 A가 (0, −6, 0) m 지점에 위치하게 한다고 가정할 때, 케이블들의 장력은 얼마인가?

답: $T_{AB} = 432$ N, $T_{AC} = 574$ N, $T_{AD} = 141$ N

예제 3.6 스칼라곱의 응용

100 lb의 '슬라이더' C가 케이블 AC에 의해 매끄러운 막대에 고정되어 있다. 케이블의 장력과 막대가 슬라이더에 가하는 힘을 구하라.

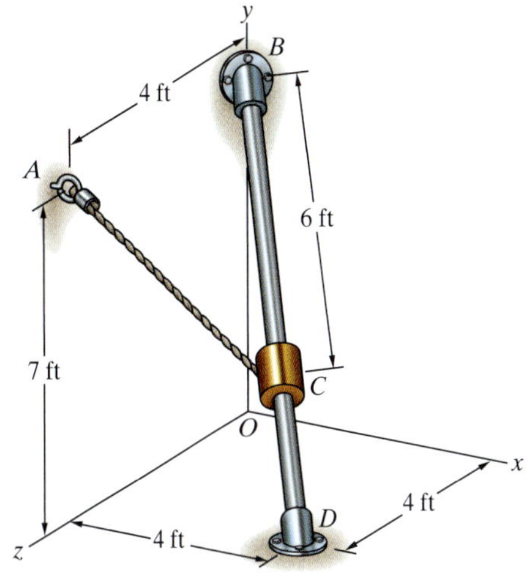

전략

슬라이더에 작용하는 힘을 구하려면 슬라이더에 대한 자유물체도를 그려야 한다. 슬라이더에 작용하는 외력은 슬라이더의 무게와 케이블과 막대가 슬라이더에 가하는 힘이다. 이전 예제에서와 같이 이 예제를 푼다면, 다음 단계는 힘을 성분으로 나타내는 것이다. 하지만 막대가 슬라이더에 가하는 힘의 방향은 알 수 없다. 매끄러운 막대에서 마찰력은 무시할 수 있기 때문에 막대가 가하는 힘이 막대의 축에 수직이라는 것은 알고 있다. 따라서 막대에 평행한 단위 벡터와 $\Sigma \mathbf{F} = \mathbf{0}$ 방정식 간 스칼라곱을 취해 방정식에서 이 힘을 제거할 수 있다.

풀이

자유물체도 그리기 슬라이더를 격리하고(그림 a) 슬라이더의 무게, 케이블의 장력 $\mathbf{T}$, 막대가 가하는 수직력 $\mathbf{N}$을 표시해 자유물체도를 완성한다(그림 b).

평형방정식 적용하기 자유물체도에 작용하는 외력의 합은 다음과 같다.

$$\Sigma \mathbf{F} = \mathbf{T} + \mathbf{N} - (100 \text{ lb})\mathbf{j} = \mathbf{0} \tag{1}$$

$\mathbf{e}_{BD}$를 점 B에서 점 D로 향하는 단위 벡터라고 둔다. $\mathbf{N}$은 막대에 수직이므로, $\mathbf{e}_{BD} \cdot \mathbf{N} = 0$이 된다. 따라서 다음과 같다.

$$\mathbf{e}_{BD} \cdot (\Sigma \mathbf{F}) = \mathbf{e}_{BD} \cdot [\mathbf{T} - (100 \text{ lb})\mathbf{j}] = 0 \tag{2}$$

$\mathbf{e}_{BD}$ 구하기: 점 B에서 점 D까지의 벡터를 구한다.

$$\mathbf{r}_{BD} = (4-0)\mathbf{i} + (0-7)\mathbf{j} + (4-0)\mathbf{k} = 4\mathbf{i} - 7\mathbf{j} + 4\mathbf{k} \text{ (ft)}$$

그리고 이를 그 크기로 나누어 단위 벡터 $\mathbf{e}_{BD}$를 구한다.

$$\mathbf{e}_{BD} = \frac{\mathbf{r}_{BD}}{|\mathbf{r}_{BD}|} = \frac{4}{9}\mathbf{i} - \frac{7}{9}\mathbf{j} + \frac{4}{9}\mathbf{k}$$

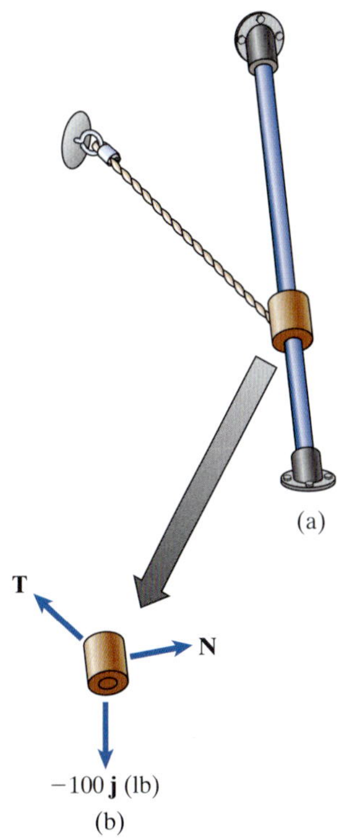

(a) 슬라이더 격리
(b) 슬라이더 무게, 케이블, 막대가 가하는 힘을 나타내는 자유물체도

T를 성분으로 나타내기: 먼저 슬라이더 C의 좌표를 구할 필요가 있다. B에서 C까지의 벡터를 단위 벡터 $\mathbf{e}_{BD}$로 쓸 수 있다.

$$\mathbf{r}_{BC} = 6\mathbf{e}_{BD} = 2.67\mathbf{i} - 4.67\mathbf{j} + 2.67\mathbf{k} \text{ (ft)}$$

그리고 이를 원점 O에서 B까지의 벡터에 더해 다음과 같이 O에서 C까지의 벡터를 구한다.

$$\begin{aligned}\mathbf{r}_{OC} &= \mathbf{r}_{OB} + \mathbf{r}_{BC} = 7\mathbf{j} + (2.67\mathbf{i} - 4.67\mathbf{j} + 2.67\mathbf{k}) \\ &= 2.67\mathbf{i} + 2.33\mathbf{j} + 2.67\mathbf{k} \text{ (ft)}\end{aligned}$$

이 벡터의 성분은 점 C의 좌표이다. 이제 $\mathbf{T}$와 같은 방향을 가진 단위 벡터를 구할 수 있다. C에서 A까지의 벡터는 다음과 같다.

$$\begin{aligned}\mathbf{r}_{CA} &= (0 - 2.67)\mathbf{i} + (7 - 2.33)\mathbf{j} + (4 - 2.67)\mathbf{k} \\ &= -2.67\mathbf{i} + 4.67\mathbf{j} + 1.33\mathbf{k}\ (\text{ft})\end{aligned}$$

그리고 점 C에서 점 A를 향하는 단위 벡터는 다음과 같다.

$$\mathbf{e}_{CA} = \frac{\mathbf{r}_{CA}}{|\mathbf{r}_{CA}|} = -0.482\mathbf{i} + 0.843\mathbf{j} + 0.241\mathbf{k}$$

T를 케이블 AC의 장력이라고 둔다. 그러면 벡터 $\mathbf{T}$를 다음과 같이 쓸 수 있다.

$$\mathbf{T} = T\mathbf{e}_{CA} = T(-0.482\mathbf{i} + 0.843\mathbf{j} + 0.241\mathbf{k})$$

$\mathbf{T}$와 $\mathbf{N}$ 구하기: $\mathbf{e}_{BD}$와 $\mathbf{T}$의 성분에 대한 식을 식 (2)에 대입하면 다음과 같은 결과가 나온다.

$$\begin{aligned}0 &= \mathbf{e}_{BD} \cdot [\mathbf{T} - (100\ \text{lb})\mathbf{j}] \\ &= \left(\frac{4}{9}\mathbf{i} - \frac{7}{9}\mathbf{j} + \frac{4}{9}\mathbf{k}\right) \cdot [-0.482T\mathbf{i} + (0.843T - 100\ \text{lb})\mathbf{j} + 0.241T\mathbf{k}] \\ &= -0.762T + 77.8\ \text{lb}\end{aligned}$$

그리고 장력 $T = 102$ lb가 나온다.

이제 식 (1)을 사용해 막대가 슬라이더에 가하는 힘을 구할 수 있다.

$$\begin{aligned}\mathbf{N} &= -\mathbf{T} + (100\ \text{lb})\mathbf{j} \\ &= -(102\ \text{lb})(-0.482\mathbf{i} + 0.843\mathbf{j} + 0.241\mathbf{k}) + (100\ \text{lb})\mathbf{j} \\ &= 49.1\mathbf{i} + 14.0\mathbf{j} - 24.6\mathbf{k}\ (\text{lb})\end{aligned}$$

비판적 사고

슬라이더에 대한 평형방정식을 매끄러운 막대 BD와 평행한 단위 벡터 $\mathbf{e}_{BD}$와 스칼라곱을 취함으로써 식 (2)를 구할 수 있는데, 이 수식에는 수직력 $\mathbf{N}$이 포함되어 있지 않다. 왜 이런 일이 발생하는가? 표면적인 답은 $\mathbf{e}_{BD}$가 $\mathbf{N}$에 수직이므로 $\mathbf{e}_{BD} \cdot \mathbf{N} = 0$이라는 것이다. 그러나 식 (2)를 물리적으로 해석하면 더 설득력 있는 설명이 나온다. 즉 막대에 평행한 슬라이더 무게의 성분은 막대에 평행한 $\mathbf{T}$의 성분과 균형을 이룬다는 것이다. 매끄러운 막대가 슬라이더에 가하는 수직력은 막대에 평행한 방향으로의 성분이 없다. 따라서 수직력 $\mathbf{N}$을 몰라도 케이블의 장력을 해결할 수 있다.

연습문제

3.63 케이블 AB, AC, AD가 결합된 곳에 힘 $\mathbf{F} = 800\mathbf{i}$ (lb)가 작용한다. 세 케이블의 장력은 얼마인가?

3.64 힘 $\mathbf{F} = 600\mathbf{i} + 200\mathbf{j} + 100\mathbf{k}$ (lb)가 케이블 AB, AC, AD가 결합된 곳에 작용한다. 세 케이블의 장력은 얼마인가?

3.65* 케이블 AB, AC, AD의 최종 장력이 같아지도록 만드는 방향으로 점 A에 1000 lb의 힘 $\mathbf{F}$를 가한다고 가정한다. $\mathbf{F}$의 성분을 구하라.

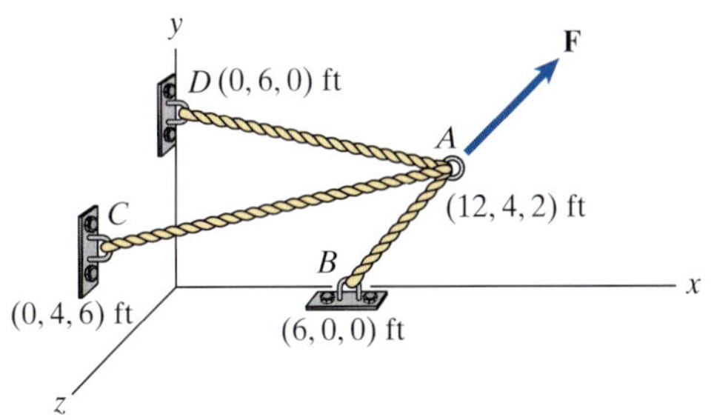

연습문제 3.63~3.65

3.66 매달린 물체의 질량 $m = 20$ kg이다. y축은 수직 방향이다. 막대 AB의 무게는 무시할 수 있다. 막대 AB는 A에서 B로 향하는 선을 따라 B에 힘을 가한다. 케이블 BC, BD의 장력은 얼마인가?

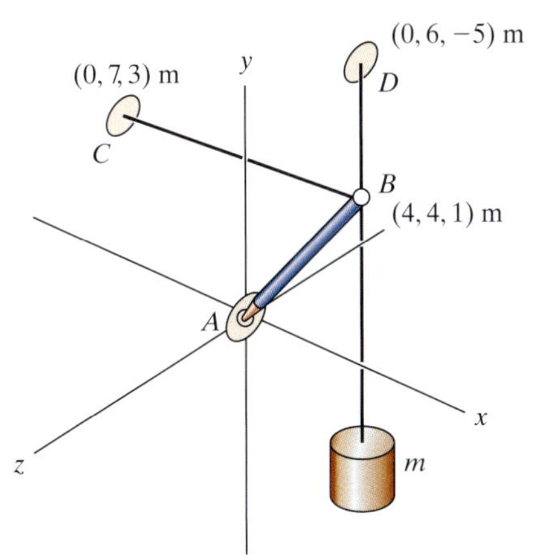

연습문제 3.66

3.67 불도저가 A에 힘 $\mathbf{F} = 2\mathbf{i}$ (kip)를 가하고 있다. 케이블 AB, AC, AD의 장력은 얼마인가?

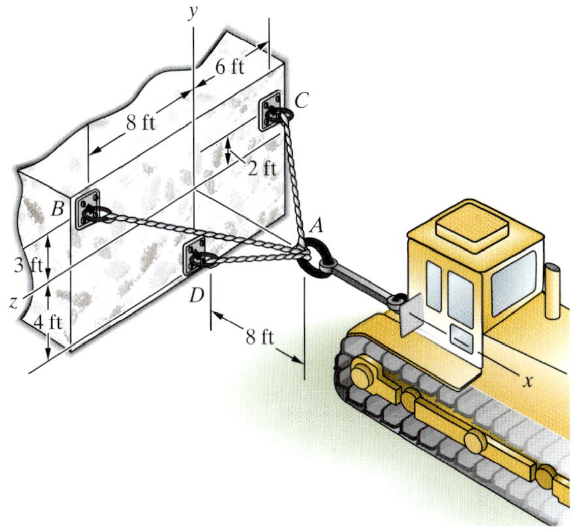

연습문제 3.67

3.68 50 kg의 질량 m이 크기가 R, S, T인 세 개의 힘으로 지지되고 있다. 각 벡터의 방향은 아랫변이 $x-z$ 평면에 놓인 직각삼각형으로 정의된다. R, S, T의 크기를 구하라.

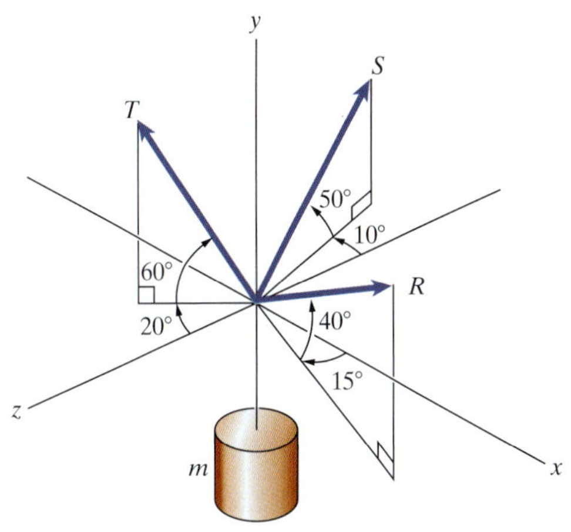

연습문제 3.68

3.69 20 kg의 질량이 2 m의 수직기둥 세 개에 연결된 케이블에 의해 매달려 있다. 점 A는 (0, 1.2, 0) m에 있다. 케이블 AB, AC, AD의 장력을 구하라.

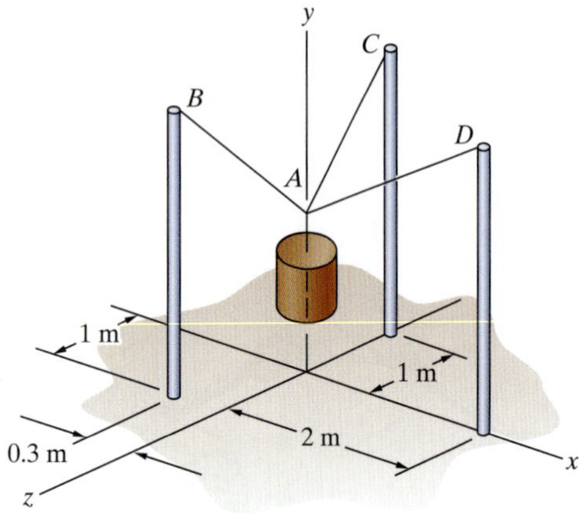

연습문제 3.69

3.70 수평 직사각형 플레이트가 케이블로 지지되고 있다. 치수는 미터 단위이다. 스트레인 게이지를 통해 케이블 AB의 장력이 1.05 kN임을 알았다고 하자. 케이블 AC, AD의 장력과 플레이트의 질량을 구하라.

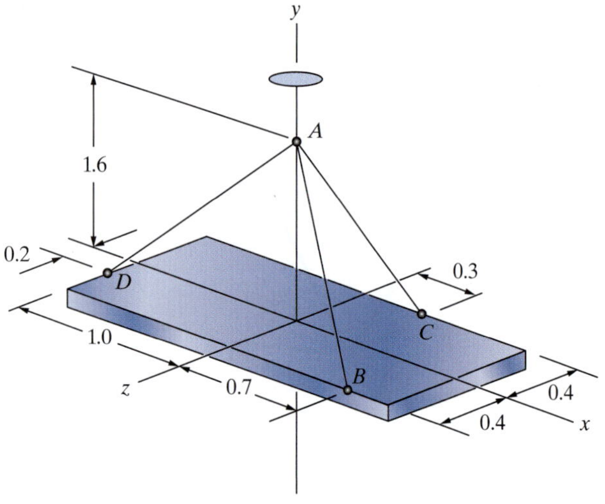

연습문제 3.70

3.71 매달려 있는 물체의 질량이 40 kg이다. 케이블 AB, AC, AD의 장력을 구하라.

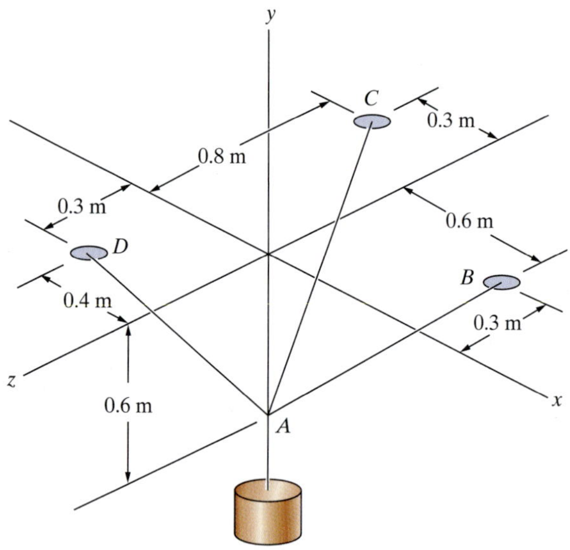

연습문제 3.71

3.72 헬리콥터에 매달린 680 kg의 하중이 평형상태를 이루고 있다. 하중에 대한 공기역학적 항력은 수평 방향이다. y축은 수직 방향이고, 케이블 OA는 $x-y$ 평면상에 놓여 있다. 항력의 크기와 케이블 OA의 장력을 구하라.

3.73 세 개의 케이블 연결 지점 B, C, D의 좌표가 각각 $(-3.3, -4.5, 0)$ m, $(1.1, -5.3, 1)$ m, $(1.6, -5.4, -1)$ m이다. 케이블 OB, OC, OD의 장력은 얼마인가?

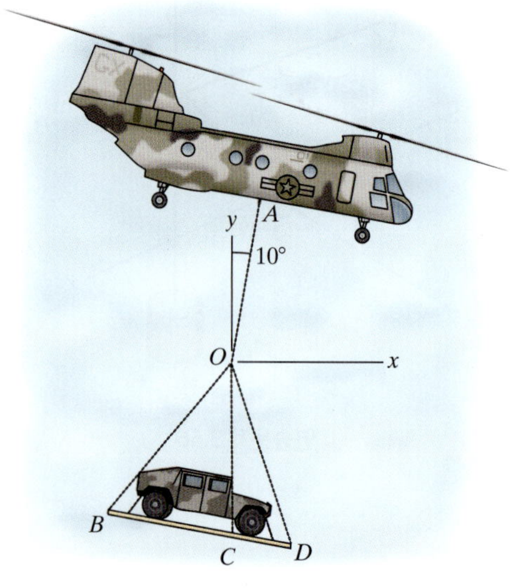

연습문제 3.72/3.73

3.74 100 lb의 물체가 케이블 AB, AC에 의해 매끄러운 평면에서 정지상태로 유지되고 있다. 단위 벡터 $\mathbf{e} = 0.743\mathbf{i} + 0.557\mathbf{j} + 0.371\mathbf{k}$는 평면에 대해 수직이다. 케이블 AB, BC의 장력은 얼마인가? 매끄러운 평면이 물체에 가하는 수직력의 크기는 얼마인가?

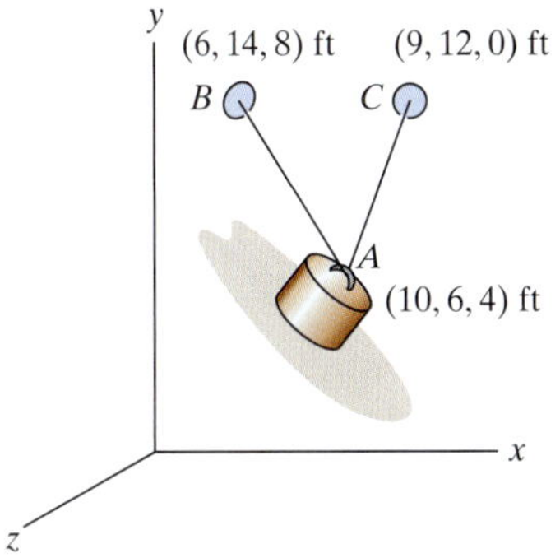

연습문제 3.74

3.75* 3400 lb의 자동차가 평면에서 정지해 있다. 단위 벡터 $\mathbf{e}_n = 0.456\mathbf{i} + 0.570\mathbf{j} + 0.684\mathbf{k}$는 평면에 대해 수직이다. 자동차의 바퀴가 평면에 가하는 총수직력 $\mathbf{N}$과 총마찰력 $\mathbf{f}$의 크기를 구하라.

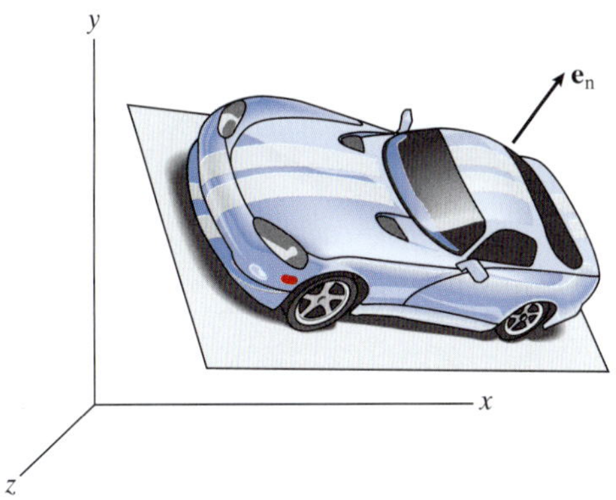

연습문제 3.75

3.76 원형 링이 와이어 AB, AC, AD에 매달려 있다. 각 와이어의 길이는 1 m이다. 링의 질량은 5 kg이다. 와이어 부착 지점의 상대적 위치는 평면도에 표시되어 있다. 세 와이어의 장력은 얼마인가?

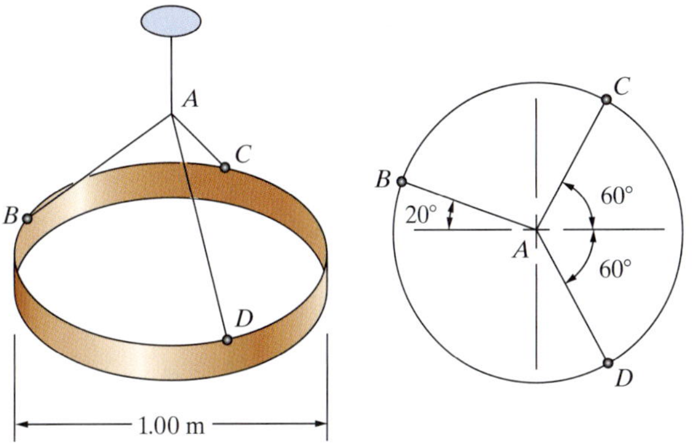

연습문제 3.76

3.77 100 lb의 칼라 A가 케이블 AB에 의해 매끄러운 막대 CD에서 평형을 유지하고 있다. 칼라 A는 막대의 중간점에 있다. y축은 수직 방향이다. 케이블 AB의 장력은 얼마인가?

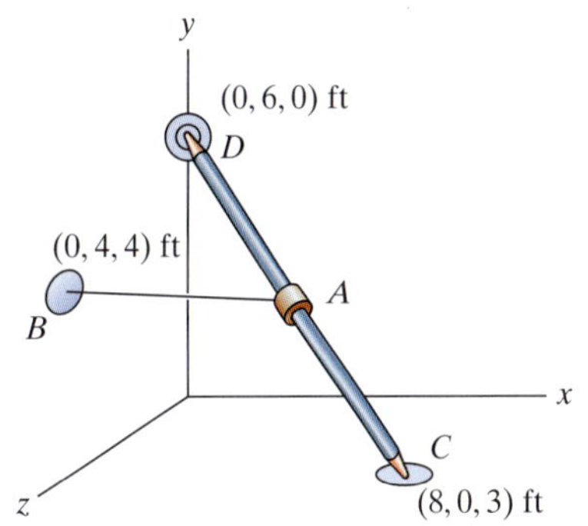

연습문제 3.77

3.78 점 A에 있는 200 kg의 슬라이더가 케이블 AB에 의해 매끄러운 수직 막대에 고정되어 있다. (a) 케이블의 장력을 구하라. (b) 막대가 슬라이더에 가하는 힘을 구하라.

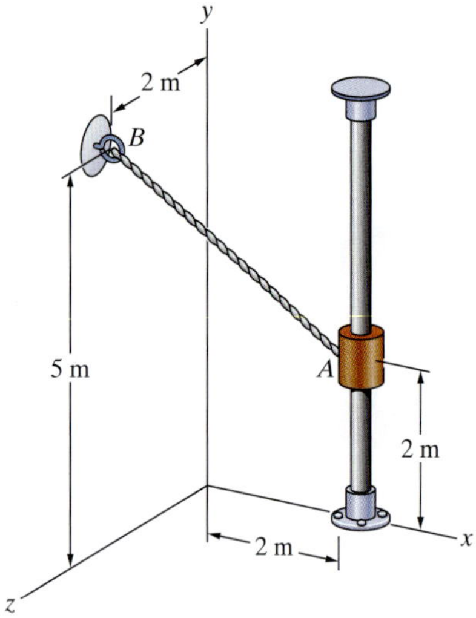

연습문제 3.78

3.79 예제 3.6에서 케이블 AC를 더 긴 케이블로 교체해 지점 B에서 슬라이더 C까지의 거리가 6 ft에서 8 ft로 늘어난다고 가정하자. 케이블의 장력을 구하라.

3.80 케이블 AB가 8 kg의 칼라 A를 매끄러운 막대 CD에 고정하고 있다. y축은 위쪽 방향이다. 케이블의 장력은 얼마인가?

3.81* 매끄러운 막대가 칼라 A에 가하는 수직력의 크기를 구하라.

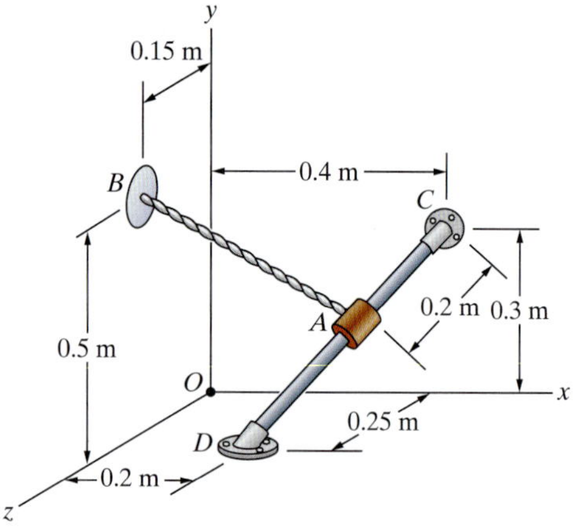

연습문제 3.80/3.81

3.82* 20 kg의 물체 A가 삼각형의 거친 평면 BCD에 정지해 있다. y축은 수직 방향이다. 평면이 물체에 가하는 수직력과 마찰력의 크기는 얼마인가?

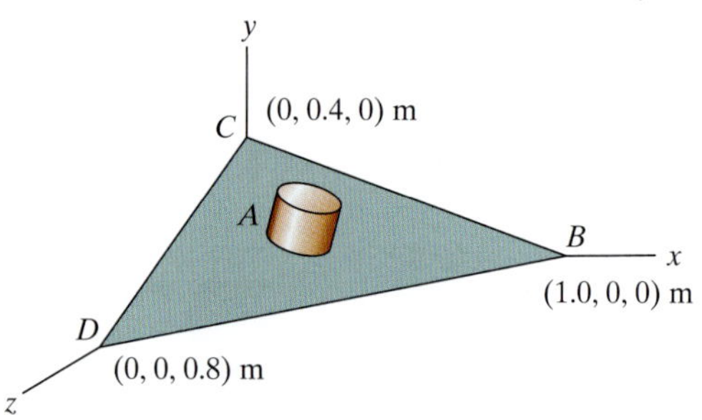

연습문제 3.82

복습문제

3.83 30 kg의 상자가 로프 AB에 의해 매끄러운 평면에 고정되어 있다. 로프의 장력과 평면이 상자에 가하는 수직력의 크기를 구하라.

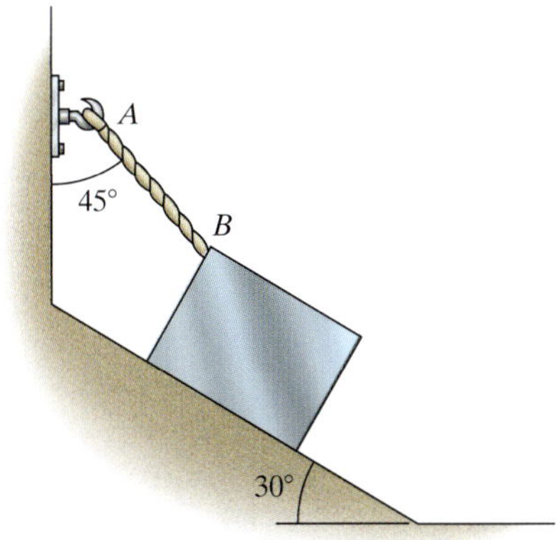

복습문제 3.83

3.84 다음 시스템을 러셀의 견인이라고 한다. 환자의 다리가 A, B에 가하는 아래 방향 힘의 합은 32.2 lb이다. 무게 W는 얼마인가?

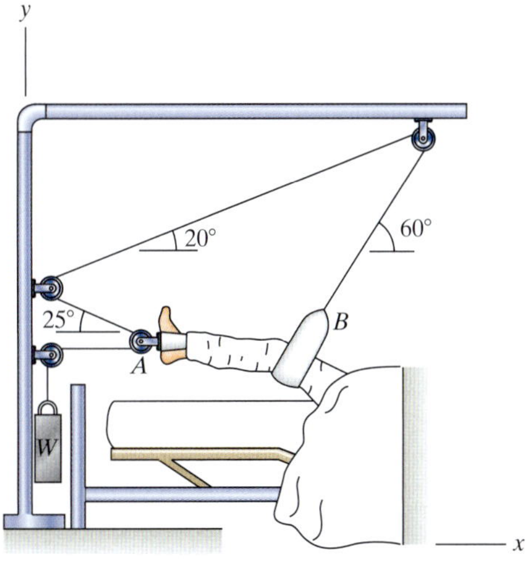

복습문제 3.84

3.85 엔진 블록이 케이블로 매달려 있다. 점선 속 계의 일부를 격리해서 얻은 자유물체도가 표시되어 있다. 장력 T_{AB} = 330 lb인 경우 장력 T_{AC}와 엔진 블록의 무게 W는 얼마인가?

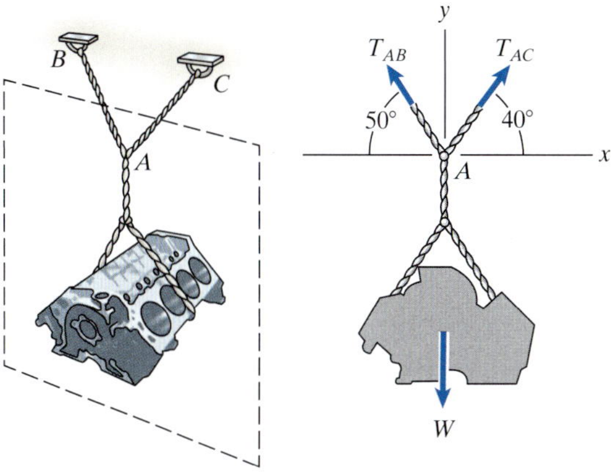

복습문제 3.85

3.86 케이블 AB가 수평이고 오른쪽 상자의 무게가 100 lb이며 표면은 매끈하다. (a) 케이블의 장력은 얼마인가? (b) 왼쪽 상자의 무게는 얼마인가?

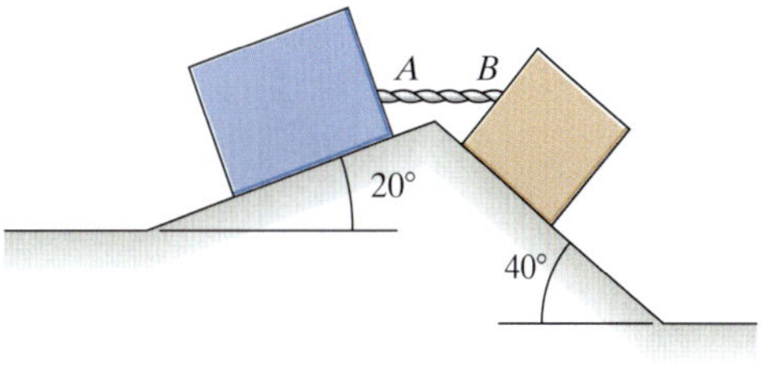

복습문제 3.86

3.87 '굴뚝'의 경사진 벽이 170 lb의 등반가에게 가하는 힘이 벽에 대해 수직이라고 가정하자. 등반가가 평형상태에 있고 로프에 160 lb의 힘을 가하고 있다면, 왼쪽과 오른쪽 벽이 등반가에게 가하는 힘의 크기는 얼마인가?

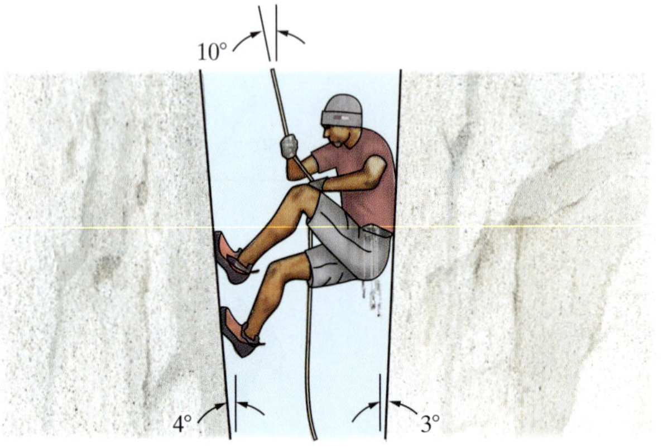

복습문제 3.87

3.88 도르래의 무게가 무시할 수 있는 수준이다. 장력 T = 50 lb일 때 매달린 물체 A의 무게는 얼마인가?

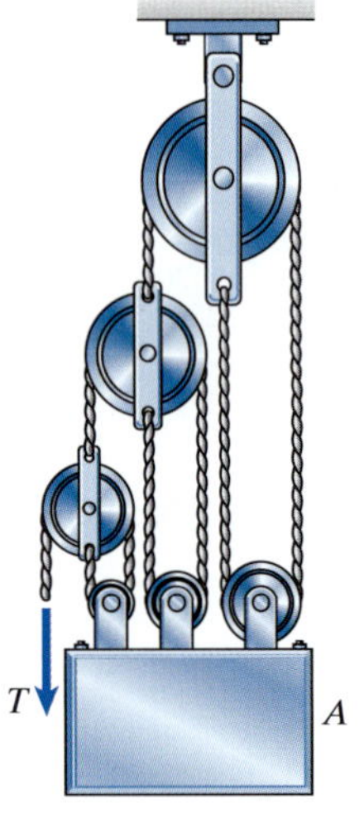

복습문제 3.88

3.89 도르래를 포함한 어셈블리 A의 무게가 60 lb이다. 이 계가 평형을 이루기 위해 필요한 힘 F는 얼마인가?

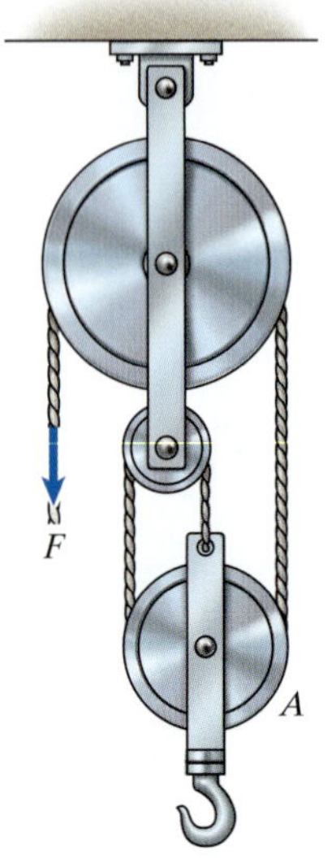

복습문제 3.89

3.90 블록 A의 질량이 42 kg이고 블록 B의 질량이 50 kg이다. 표면은 매끈하다. 블록들이 평형을 이루고 있다면 힘 F는 얼마인가?

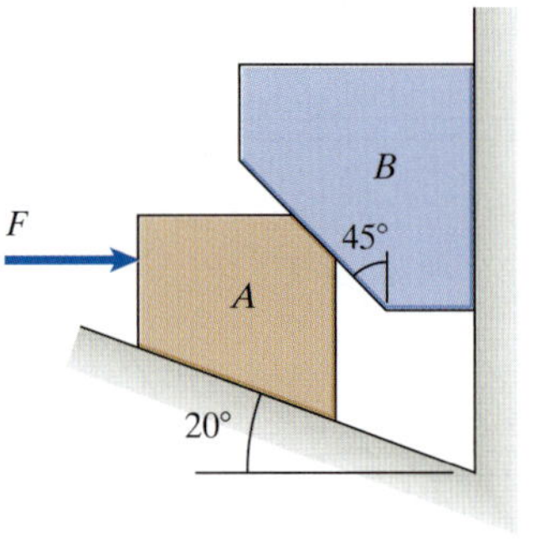

복습문제 3.90

3.91 등반가 A가 두 친구의 도움을 받아 빙판 면을 오르고 있다. 그의 질량은 80 kg이고, 경사면이 그에게 가하는 힘의 방향 코사인은 $\cos\theta_x = -0.286$, $\cos\theta_y = 0.429$, $\cos\theta_z = 0.857$이다. y축은 수직 방향이다. 등반가가 그림에 표시된 위치에서 평형을 이루고 있을 때, 로프 AB, AC의 장력과 경사면이 그에게 가하는 힘의 크기는 얼마인가?

3.92 복습문제 3.91에서 등반가 A가 친구들의 도움을 받고 있는 상황을 고려하자. 로프의 장력을 좀 더 같게 만들기 위해 B에 있는 친구가 (4, 2, 0) m 위치로 이동한다. 로프 AB, AC에 걸리는 새로운 장력과 경사면이 등반가에게 가하는 힘의 크기는 얼마인가?

복습문제 3.91/3.92

3.93 한 등반가가 친구를 도와 빙판 면을 오르고 있다. 친구는 보급품 상자를 운반하고 있다. 친구의 질량은 90 kg이고 보급품의 질량은 22 kg이다. 로프 AB, CD의 장력은 얼마인가? 경사면은 매끈하다고 가정한다. 즉 친구와 상자에는 오직 경사면에 의한 수직력만 작용하고 있다.

복습문제 3.93

3.94 무게가 1080 kg인 자동차가 경사진 도로에서 일정한 속도로 달리고 있다. 자동차에 작용하는 공기역학적 힘은 항력 $D = 420$ N과 도로에 수직인 양력 $L = 260$ N이다. 도로가 자동차에 가하는 수직력과 마찰력의 크기를 구하라.

복습문제 3.94

3.95 새로운 전파 망원경을 위한 예비 설계 연구를 수행하는 엔지니어가 동일한 간격으로 놓인 40 m 타워 세 개에 케이블로 매달린 삼각형 수신 플랫폼을 구상하고 있다. 수신 플랫폼의 질량은 20 Mg(메가그램)이며 타워 꼭대기에서 10 m 아래에 있다. 케이블에 걸리는 장력은 얼마인가?

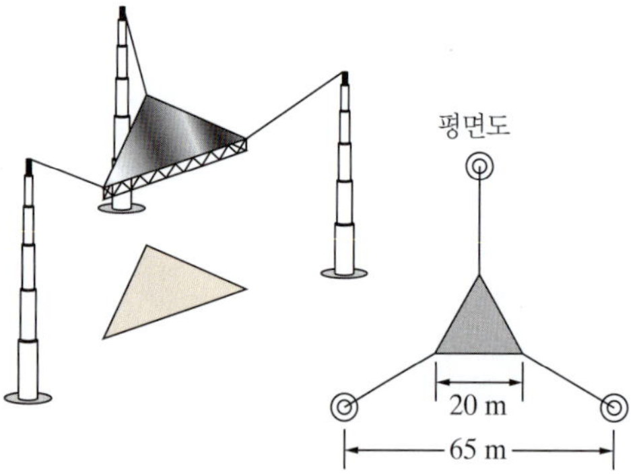

복습문제 3.95

3.96 텐트를 지탱하려면 로프 *AB*의 장력이 35 lb가 되어야 한다. 로프 *AC*, *AD*, *AE*의 장력은 얼마인가?

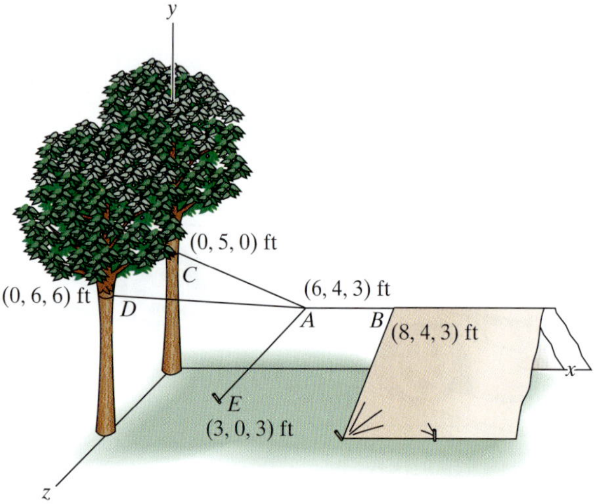

복습문제 3.96

3.97 케이블 *AB*가 3 m의 수직기둥 상단에 부착되며 장력은 50 kN이다. 케이블 *AO*, *AC*, *AD*의 장력은 얼마인가?

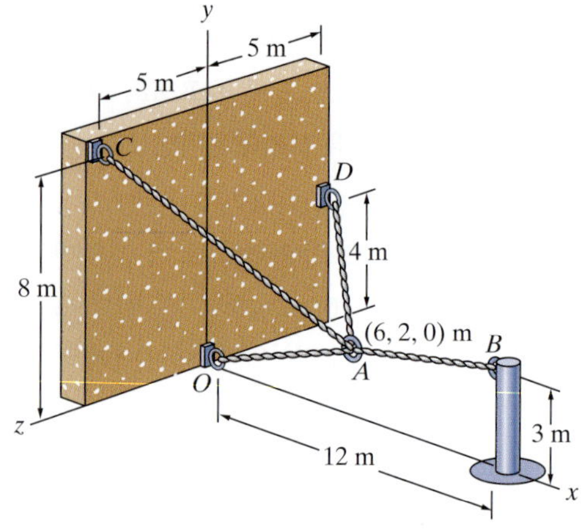

복습문제 3.97

3.98* 20 kg의 칼라 *B*가 케이블 *BD*에 의해 매끄러운 막대 *AC*에서 평형을 유지하고 있다. *A*에서 *B*까지의 거리는 3 m이며 *y*축은 수직 방향이다. 케이블 *BD*의 장력은 얼마인가?

3.99* 20 kg의 칼라 *B*가 케이블 *BD*에 의해 매끄러운 막대 *AC*에서 평형을 유지하고 있다. *A*에서 *B*까지의 거리는 3 m이며 *y*축은 수직 방향이다. 매끄러운 막대가 칼라에 가하는 수직력의 크기는 얼마인가?

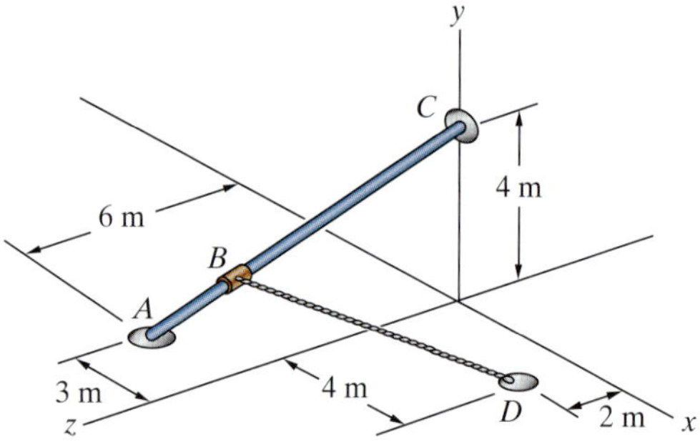

복습문제 3.98/3.99

설계 프로젝트 1

물체의 무게를 재는 간단한 저울로서 가능한 디자인이 제시되어 있다. 줄 *AB*의 길이는 0.5 m이다. 물체를 접시에 올리면 스프링이 늘어나면서 줄 *AB*가 회전한다. 물체의 무게는 각도 α의 변화를 관찰해서 구할 수 있다.

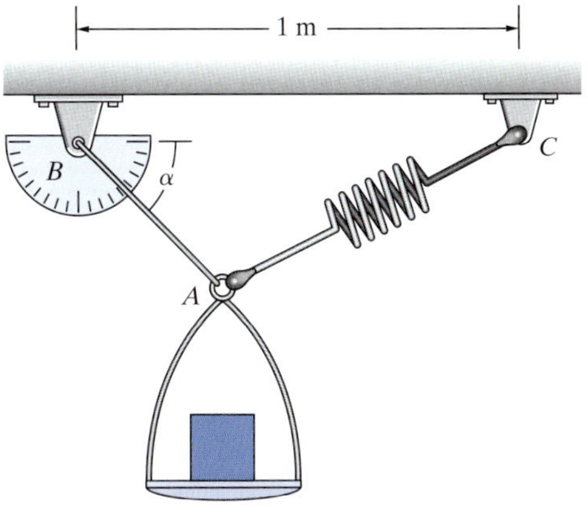

(a) 질량이 0.2~2 kg 범위인 물체의 무게를 측정한다고 가정하자. 이 범위의 무게를 정확하게 판독하기 위한 스프링의 자유 길이와 스프링 상수를 구하라(접시와 스프링의 무게는 무시한다. 무게를 정확하게 측정하려면 각도 α가 크게 변할 필요가 있다는 점에 유의하라).

(b) 동일한 구성 요소(접시, 각도기, 스프링, 줄)와 하나 이상의 도르래를 사용할 수 있다고 가정하자. 다른 가능한 저울 구성안을 제안하라. 정역학을 사용해서 제안한 구성안을 분석하고 질량이 0.2~2 kg 범위인 물체에 대해 위에 제시된 구성과 정확도를 비교하라.

설계 프로젝트 2

100 kg의 질량을 매달고 있는 케이블 계의 점 *A*, *C*, *D*의 위치는 고정되어 있지만, 점 *B*의 *x*, *z* 좌표는 자유롭게 선택할 수 있다고 가정하고, 점 *B*의 위치를 다르게 선택했을 때 케이블의 장력에 미치는 영향을 조사하라. 케이블 *AB*의 가격이 케이블의 장력과 케이블 길이의 곱에 비례한다면, 점 *B*의 위치를 다르게 선택했을 때 케이블 비용에 미치는 영향을 조사하라. 조사 결과를 설명하고 점 *B*의 위치를 제안하는 간단한 보고서를 작성하라.

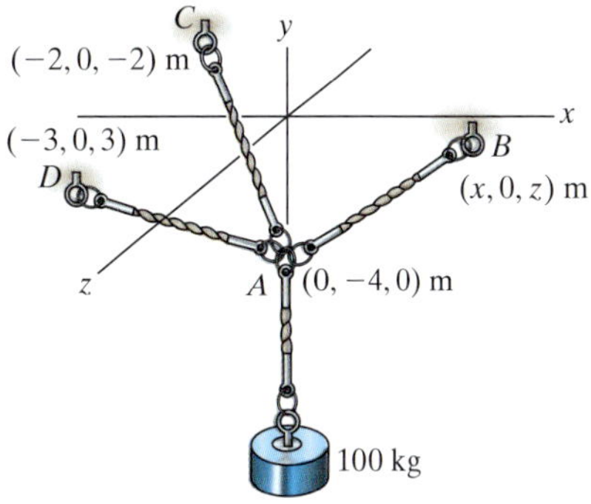

CHAPTER 4

힘과 모멘트의 계

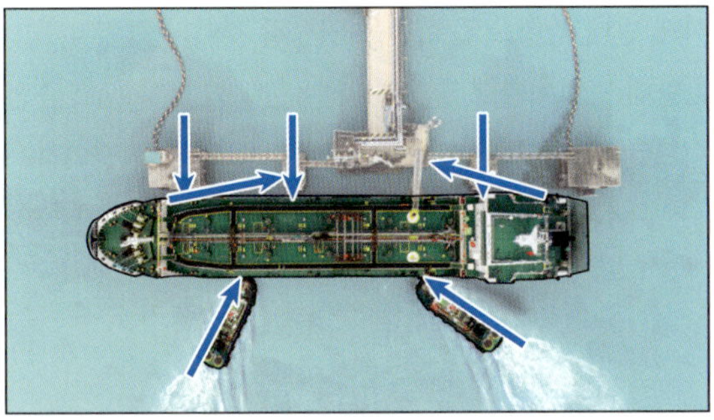

출처: Studio concept/Shutterstock 제공

힘의 효과는 힘의 크기와 방향뿐만 아니라 그것이 발휘하는 모멘트, 즉 토크에 따라 달라질 수 있다. 차량의 바퀴, 엔진의 크랭크축, 발전기의 회전자 등 물체의 회전은 힘의 모멘트에 의해 발생한다. 물체가 평형상태인 경우, 물체에 작용하는 힘으로 인한 모멘트는 어느 지점에서도 0이다. 이 장에서는 자유물체도와 평형에 대한 논의를 이어가기 위해 모멘트를 계산하는 방법을 설명하고 힘과 모멘트의 등가 계의 개념을 소개한다.

▲ 힘의 계는 예인선, 닻줄, 부두 범퍼가 배에 가하는 힘이다. 이 장에서는 힘의 모멘트를 소개하고 힘과 모멘트의 계를 분석한다.

4.1 모멘트의 2차원적 표현

생각해보기

- 힘의 '모멘트'란 무엇을 의미하는가? 왜 유용한 개념인가?
- 모멘트가 양(+)인지 음(−)인지 어떻게 판단할 수 있는가?

배경

크기 F의 힘과 점 P를, 이 둘을 포함하는 평면에 수직인 방향에서 살펴보자(그림 4.1a). P에 대한 힘의 **모멘트 크기**는 DF의 곱이며, 여기에서 D는 P에서 힘의 작용선까지의 수선 거리이다(그림 4.1b). 이 예에서 힘은 점 P를 중심으로 시계 반대 방향으로 회전하는 경향이 있다. 즉 점 P를 중심으로 회전할 수 있는 물체에 힘이 작용한다고 가정하면 힘은 시계 반대 방향으로 회전을 일으킬 것이다(그림 4.1c). 이럴 때 **모멘트의 방향**이 시계 반대 방향이라고 말한다. **시계 반대 방향의 모멘트를 양(+), 시계 방향의 모멘트를 음(−)으로 정의한다.** (시계 방향 모멘트를 양으로 정의하는 것이 더 편리한 상황도 있지만, 이것이 일반적인 관례이다.) 따라서 P에 대한 힘의 모멘트는 다음과 같다.

$$M_P = DF \tag{4.1}$$

F의 작용선이 P를 통과하는 경우 수선 거리 $D = 0$이고, 따라서 P에 대한 F의 모멘트는 0이다.

모멘트의 치수는 (거리) × (힘)이다. 예를 들어 모멘트는 SI 단위로는 N-m, 미국 관습 단위로는 ft-lb로 표현할 수 있다.

선반에 TV를 올려놓고 싶은데 그 선반이 TV를 지지할 수 있을 만큼 튼튼하게 벽에 붙어 있을지 확실히 모른다고 가정해보자. TV를 벽에서 먼 곳에 놓으면(그림 4.2b) 선반이 무너질 가능성이 크다는 것을 직관적으로 알기 때문에 벽에 가까운 곳에 놓는다(그림 4.2a). 두 경우의 차이점은 무엇인가? TV의 무게로 인해 선반에 가해지는 힘의 크기와 방향은 두 경우 모두 동일하지만, 선반 지지대에 가해

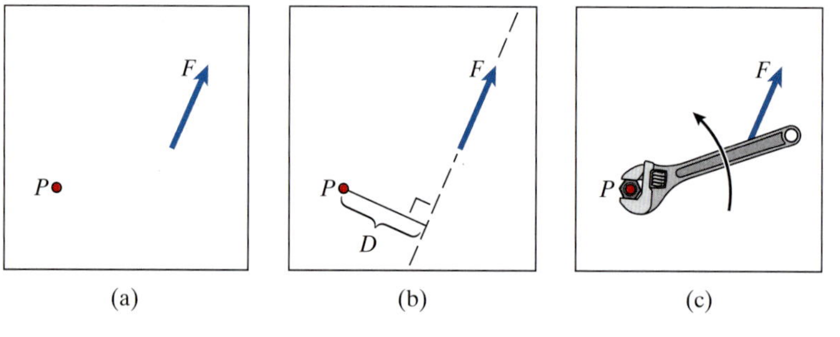

그림 4.1

(a) 힘과 점 P

(b) 점 P에서 F의 작용선까지의 수선 거리 D

(c) 모멘트 방향은 시계 반대 방향이다.

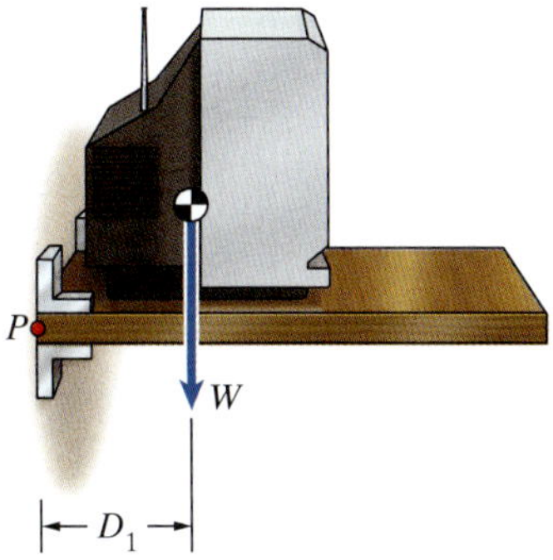

(a)

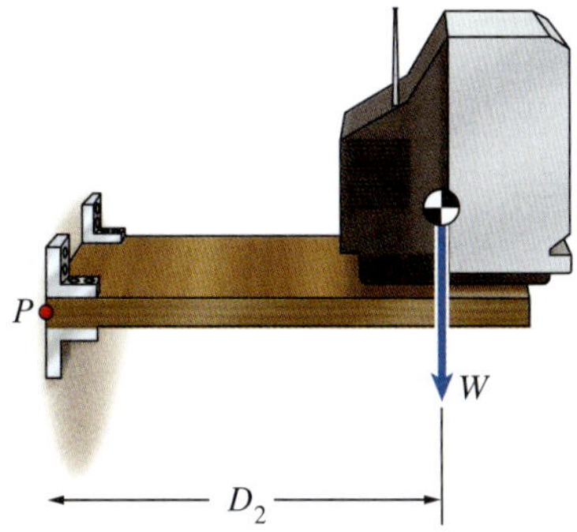

(b)

그림 4.2

(a) TV를 벽 가까이에 놓으면 선반 지지대의 점 P에 가해지는 모멘트를 최소화할 수 있다.

(b) TV를 벽에서 먼 곳에 놓으면 점 P에 큰 모멘트가 가해져 무너질 수 있다.

지는 모멘트는 다르다. 벽 근처에 있을 때 TV 무게가 점 P에 작용하는 모멘트는 $M_P = -D_1W$이고 이것은 벽에서 멀리 떨어져 있을 때 점 P에 대한 모멘트 $M_P = -D_2W$보다 더 작다.

이 절에서 설명하는 방법을 사용해 힘이 2차원(동일 평면)이고 어떤 한 점이 같은 평면에 있는 경우 그 점에 대한 힘의 계의 모멘트 합을 구할 수 있다. 예를 들어 그림 4.3에 표시된 건설 크레인을 생각해보자. 하중 W_1과 평형추 W_2가 점 P에 가하는 모멘트 합은 다음과 같다.

$$\Sigma M_P = D_1W_1 - D_2W_2$$

이 모멘트는 수직 타워의 상단을 회전시키려 하기 때문에 붕괴의 원인이 될 수 있다. 거리 D_2를 $D_1W_1 = D_2W_2$가 되도록 조정하면 점 P 기준으로 하중과 평형추에

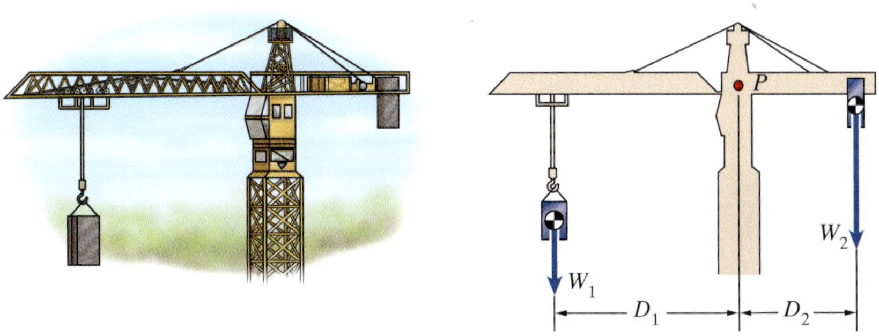

그림 4.3

고층 빌딩 건설에 사용되는 타워 크레인

의한 모멘트가 0이 된다.

힘을 성분으로 표현하는 경우, 점 P에 대한 힘의 모멘트는 점 P에 대한 각 성분의 모멘트 합과 같다. 다음 절에서 이것이 매우 유용한 결과임을 증명할 것이다.

결과 정리

크기 F의 힘 벡터와 점 P가 모두 같은 종이 면에 놓여 있다.

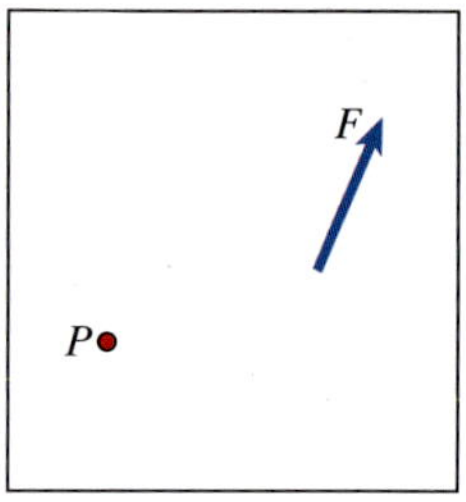

모멘트의 크기

P에 대한 F의 모멘트 크기는 DF 곱이며, 여기에서 D는 P에서 F의 작용선까지의 수선 거리이다.

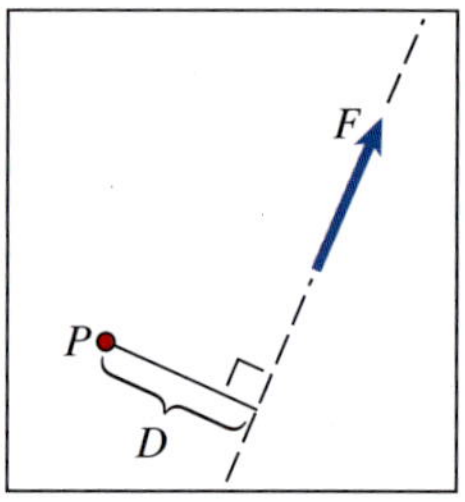

모멘트의 방향과 부호

모멘트의 방향은 F가 P에 핀 고정된 물체를 중심으로 시계 반대 방향으로 회전시키는 경향이 있는 경우 시계 반대 방향이라고 한다. 달리 명시하지 않는 한 시계 반대 방향 모멘트는 양(+), 시계 방향 모멘트는 음(−)으로 정의한다. 따라서 그림에서 힘 F의 점 P에 대한 모멘트는

$$M_P = DF \tag{4.1}$$

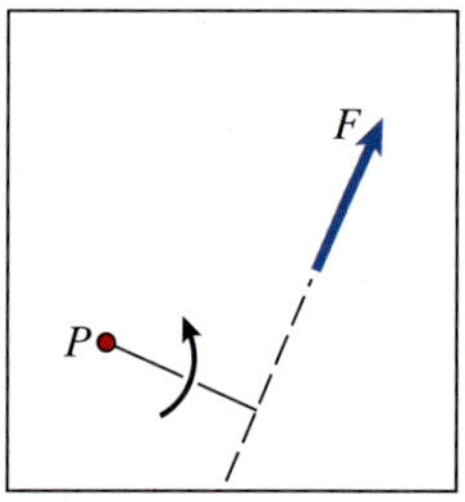

F를 성분으로 표현할 경우, P에 대한 F의 모멘트는 P에 대한 F의 성분에 의한 모멘트 합과 같다.

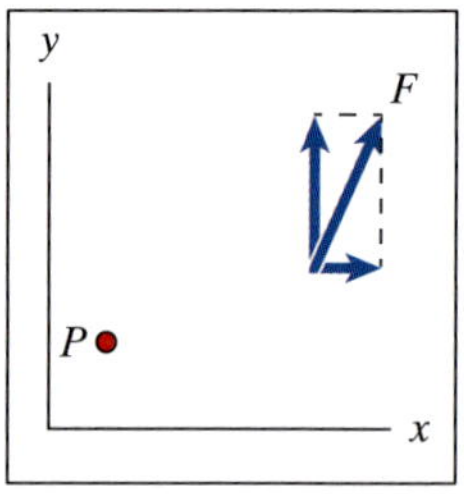

실습 예제 4.1 모멘트 구하기

40 kN 힘의 점 A에 대한 모멘트는 얼마인가?

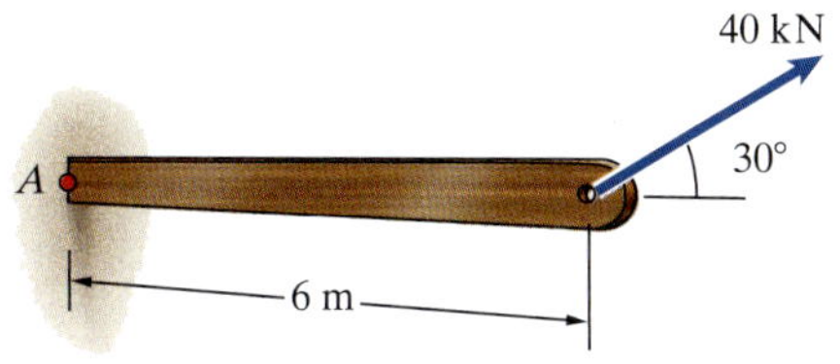

전략

점 A에서 힘의 작용선까지의 수선 거리를 구해 모멘트의 크기를 계산할 수 있다.

풀이

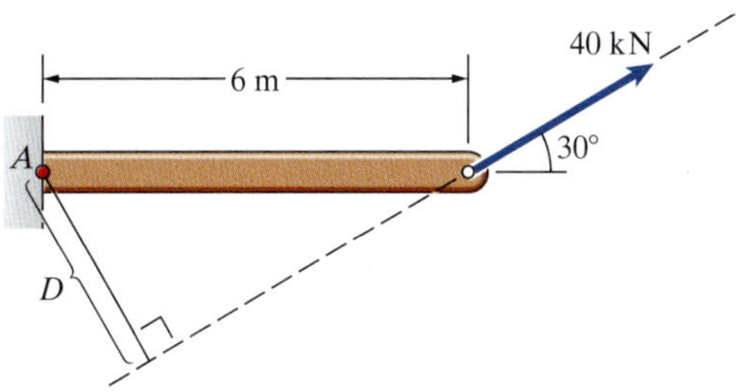

A에서 힘의 작용선까지의 수선 거리는

$$D = (6\text{ m})\sin 30^\circ = 3\text{ m}$$

따라서 모멘트의 크기는

$$(3\text{ m})(40\text{ kN}) = 120\text{ kN-m}$$

모멘트의 방향은 시계 반대 방향이다. 따라서

$$M_A = 120\text{ kN-m}$$

실습 문제 40 kN의 힘을 수평 및 수직 성분으로 분해하고 A에 대한 성분별 모멘트 합을 계산하라.

답: 120 kN-m

예제 4.2 힘의 계의 모멘트

기계 부품에 네 개의 힘이 작용하고 있다. 원점 O에 대한 힘의 모멘트 합은 얼마인가?

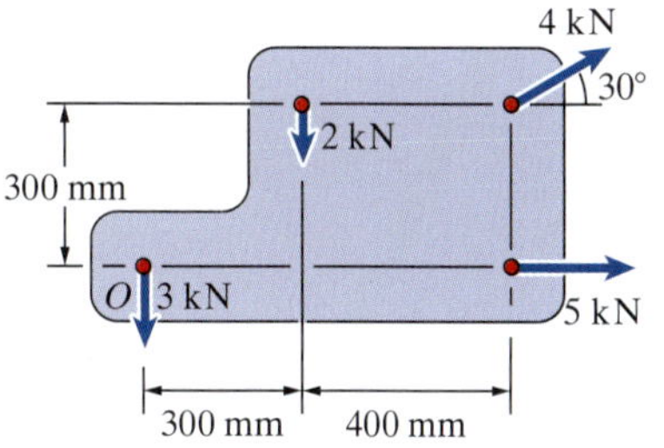

전략

주어진 정보에서 4 kN의 힘을 제외한 나머지 힘은 점 O에 대한 모멘트를 직접 구할 수 있다. 모멘트를 성분으로 나타내고 그 성분의 모멘트를 합산해 최종 모멘트를 구한다.

풀이

3 kN 힘의 모멘트 3 kN 힘의 작용선은 O를 통과한다. 따라서 점 O에 대해 모멘트를 가하지 않는다.

5 kN 힘의 모멘트 5 kN 힘의 작용선도 O를 통과한다. 이 역시 점 O에 대해 모멘트를 가하지 않는다.

2 kN 힘의 모멘트 O에서 2 kN 힘의 작용선까지의 수선 거리는 0.3 m이고, O에 대한 모멘트의 방향은 시계 방향이다. O에 대한 2 kN 힘의 모멘트는

$$-(0.3 \text{ m})(2 \text{ kN}) = -0.600 \text{ kN-m}$$

(수선 거리를 mm에서 m로 변환해 kN-m 단위로 결과를 얻었음을 참고하라.)

4 kN 힘의 모멘트 그림 a에서 좌표계를 도입하고 4 kN 힘을 x, y 성분으로 나타낸다. O에서 x 성분의 작용선까지의 수선 거리는 0.3 m이고, O에 대한 모멘트의 방향은 시계 방향이다. O에 대한 x 성분의 모멘트는

$$-(0.3 \text{ m})(4 \cos 30° \text{ kN}) = -1.039 \text{ kN-m}$$

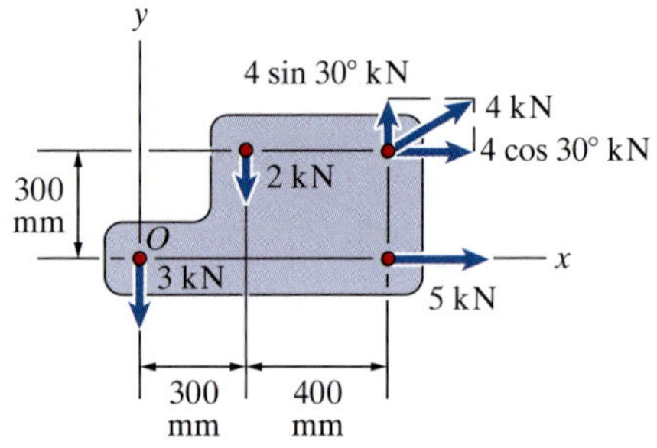

(a) 4 kN의 힘을 성분으로 분해

점 O에서 y 성분의 작용선까지의 수선 거리는 0.7 m이고, O에 대한 모멘트의 방향은 시계 반대 방향이다. O에 대한 y 성분의 모멘트는

$$(0.7 \text{ m})(4 \sin 30° \text{ kN}) = 1.400 \text{ kN-m}$$

점 O에 대한 네 개의 힘의 모멘트 합은

$$\Sigma M_0 = -0.600 - 1.039 + 1.400 = -0.239 \text{ kN-m}$$

네 개의 힘은 점 O에 대해 시계 방향으로 0.239 kN-m의 모멘트를 가한다.

비판적 사고

물체에 알려진 힘의 계가 작용하는 경우, 주어진 점에 대한 힘의 모멘트 합을 구하는 것이 유용한 이유는 무엇인가? 제5장에서 설명하듯이 물체는 어떤 점에 대한 모멘트 합이 0일 때만 평형상태에 있으므로, 모멘트 합을 계산하면 평형상태를 테스트할 수 있다. (이 예제의 물체는 평형상태가 아니다.) 또한 동역학에서는 물체의 각운동(angular motion)을 해석하기 위해 물체에 작용하는 힘의 모멘트 합을 구해야 한다.

예제 4.3 모멘트를 합산해 미지의 힘 구하기

무게 W = 300 lb이다. 무게 W와 케이블 AB가 막대 CA에 가하는 힘으로 인한 C에 대한 모멘트 합은 0이다. 케이블의 장력은 얼마인가?

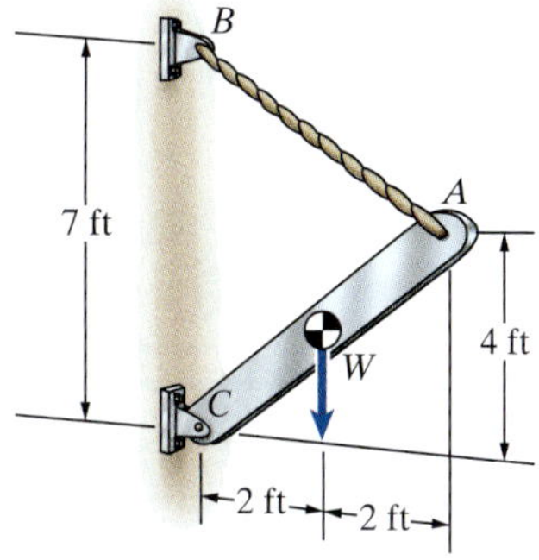

전략

T를 케이블 AB의 장력이라고 둔다. 주어진 치수를 사용해 케이블이 막대에 가하는 힘의 수평 및 수직 성분을 T로 나타낼 수 있다. 그런 다음 막대의 무게와 케이블이 가하는 힘으로 인한 C에 대한 모멘트 합을 0으로 설정하면 T에 대한 방정식을 구할 수 있다.

풀이

닮은꼴 삼각형을 사용해 케이블이 막대에 가하는 힘을 수평 및 수직 성분으로 나타낸다(그림 a). 막대의 무게와 케이블 AB가 가하는 힘으로 인한 C에 대한 모멘트 합은

$$\Sigma M_C = 4\left(\frac{4}{5}T\right) + 4\left(\frac{3}{5}T\right) - 2W = 0$$

T에 대해 풀면 다음을 구할 수 있다.

$$T = 0.357W = 107.1 \text{ lb}$$

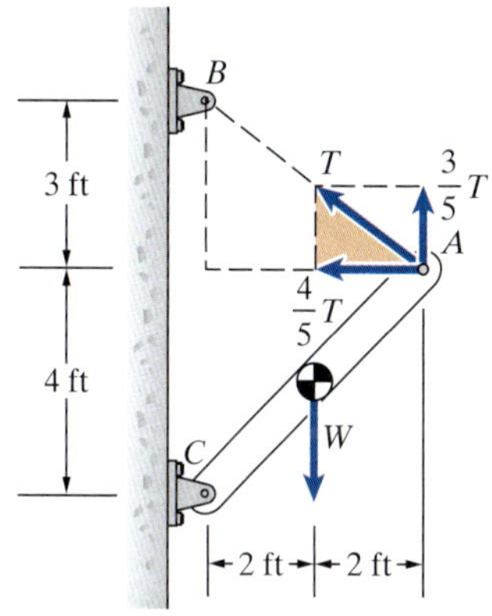

(a) 케이블이 가하는 힘을 수평 및 수직 성분으로 분해

비판적 사고

이 예제는 제5장에서 고려할 응용 문제의 사전 검토이며, 힘의 모멘트를 계산하는 방법을 알아야 하는 이유를 보여준다. 막대가 평형상태이면 C에 대한 모멘트 합은 0이 된다. 이 조건을 통해 케이블의 장력을 구할 수 있었다. 왜 지지점 C가 막대에 가하는 힘을 고려할 필요가 없었는가? C에 대한 힘의 모멘트가 0이라는 것을 알고 있기 때문이다.

연습문제

4.1 실습 예제 4.1에서 40 kN의 힘은 수평보다 30° 위를 가리킨다. 여기에서는 힘이 수평보다 30° 아래를 가리킨다고 가정하자. 힘의 새로운 방향으로 보의 스케치를 그려라. 점 A에 대한 힘의 모멘트는 얼마인가?

4.2 질량 m_1 = 20 kg이다. 두 개의 매달린 질량의 무게가 막대 AB에 가하는 힘으로 인한 B에 대한 총모멘트의 크기는 170 N-m이다. 점 A에 대한 총모멘트의 크기는 얼마인가?

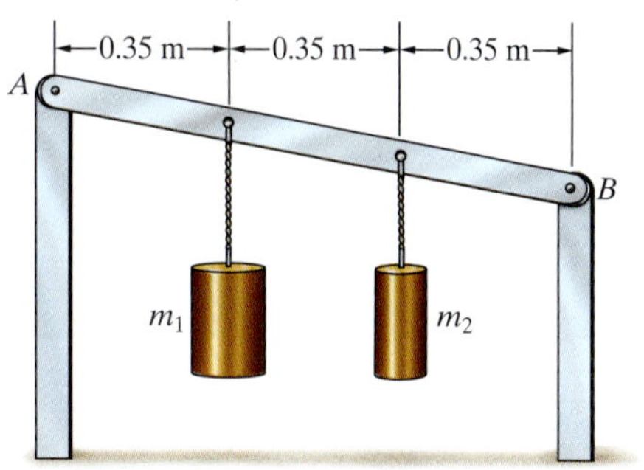

연습문제 4.2

4.3 오버헤드 크레인의 바퀴가 *B*와 *C*에서 수평 I-빔에 아래 방향 힘을 가하고 있다. *B*에 가해지는 힘이 40 kip이고 *C*에 가해지는 힘이 44 kip라면, (a) 점 *A*에 대해, (b) 점 *D*에 대해 보에 가해지는 힘의 모멘트 합을 구하라.

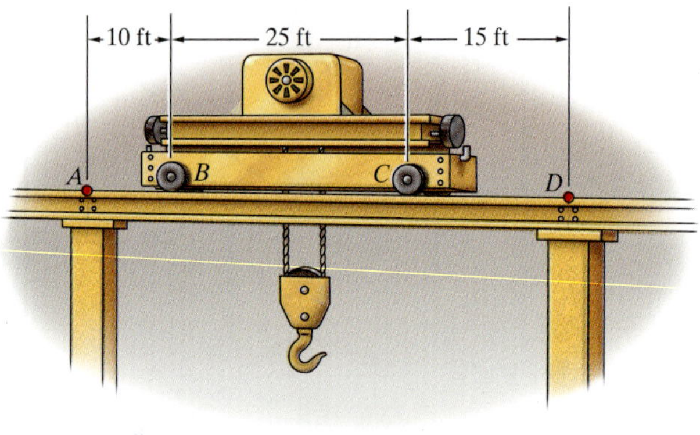

연습문제 4.3

4.4 지면이 비행기 바퀴에 가하는 수직력의 크기가 26.6 kN이다. 이 힘으로 인해 핀 연결부 *P*에 가해지는 모멘트는 얼마인가?

연습문제 4.4

4.5 그림과 같이 렌치에 동일한 크기의 두 힘 *F*가 가해진다. 너트를 푸는 데 50 N-m의 모멘트가 필요한 경우 필요한 *F*의 값은 얼마인가?

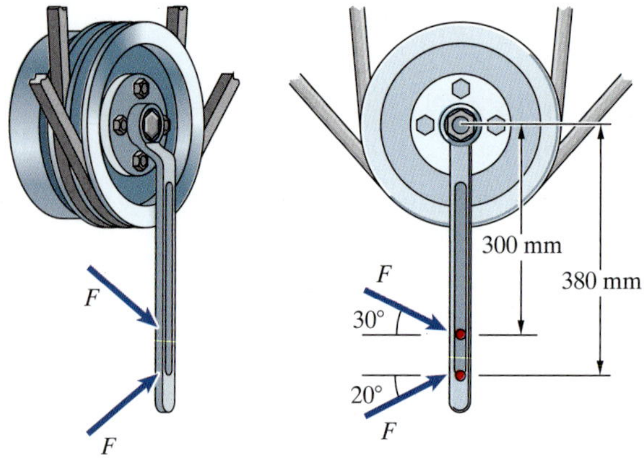

연습문제 4.5

4.6 힘 $F = 8$ kN이다. 점 *P*에 대한 힘의 모멘트는 얼마인가?

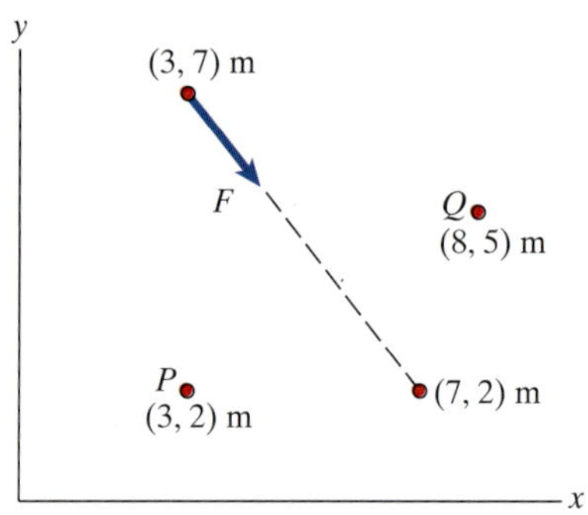

연습문제 4.6

4.7 $0 \le \alpha \le 90°$라고 가정하자. 점 *P*에 대한 *F*의 모멘트는 시계 방향으로 70 ft-lb이고, 점 *Q*에 대한 *F*의 모멘트는 시계 반대 방향으로 85 ft-lb이다. *F*의 크기와 각도 α를 구하라.

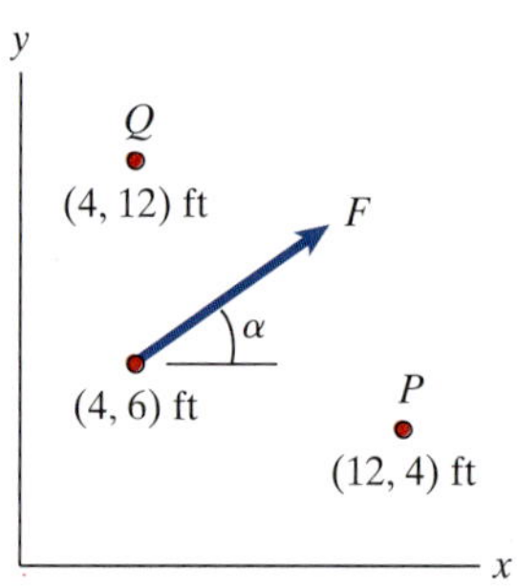

연습문제 4.7

4.8 렌치에 가해지는 힘의 크기가 30 lb이다. 점 P에 대한 모멘트는 얼마인가?

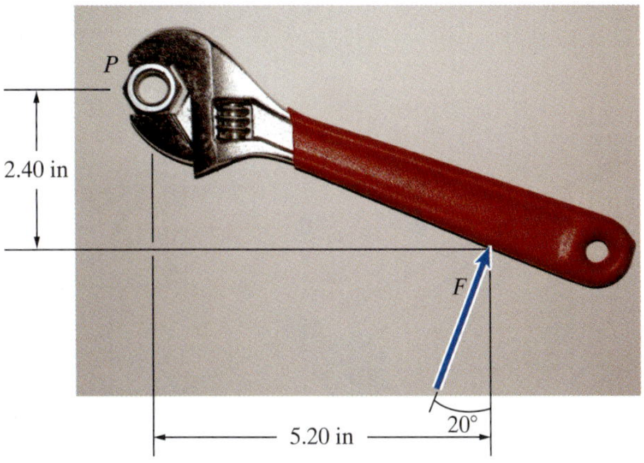

연습문제 4.8

4.9 막대 AP의 길이가 650 mm, 풀리의 반경이 120 mm이다. 동일한 힘 $T = 50$ N이 케이블의 양 끝에 작용한다. (a) 점 A에 대해, (b) 점 P에 대해 힘의 모멘트 합은 얼마인가?

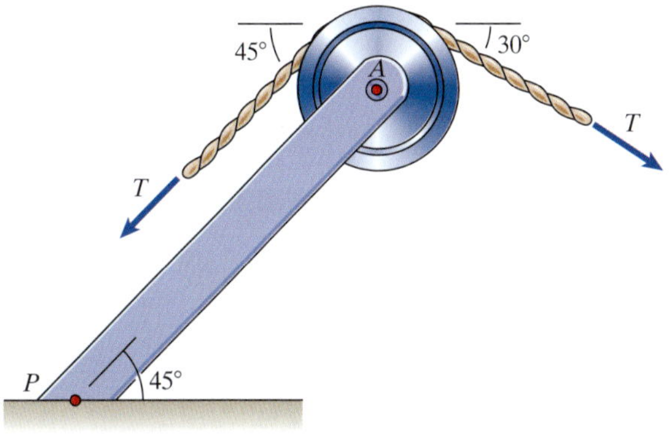

연습문제 4.9

4.10 힘 $F = 200$ lb이다. 점 P에 대한 모멘트를 구하라.

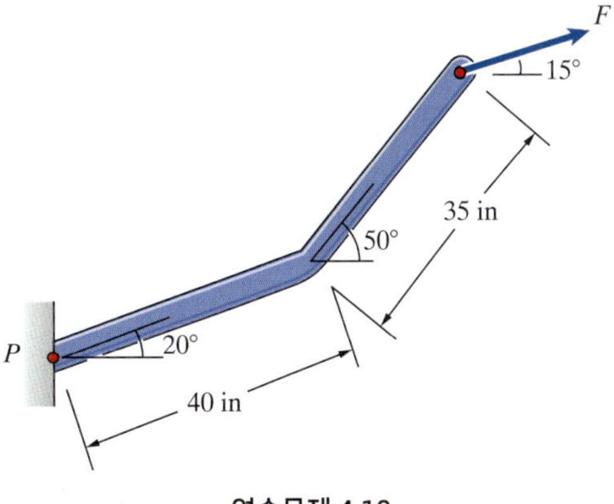

연습문제 4.10

4.11 막대 AB의 길이가 350 mm이다. 수직 방향 힘 F가 점 B, C에 가하는 모멘트는 $M_B = -1.75$ kN-m, $M_C = -4.20$ kN-m이다. 힘 F와 막대 AC의 길이를 구하라.

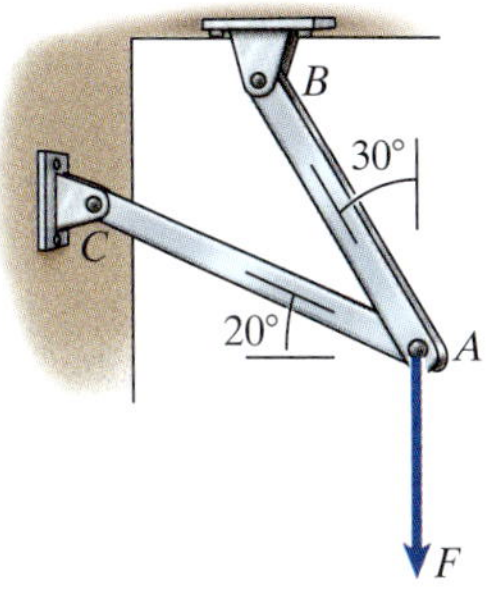

연습문제 4.11

4.12 질량 m을 매달고 있는 사람의 팔뚝에 작용하는 힘이 그림에 표시되어 있다. 질량 $m = 10$ kg, 팔뚝의 질량 $m_F = 2.2$ kg이다. 수직 방향 힘 F_B가 이두근에 의해 가해진다. 팔꿈치 관절 E에 대한 세 개의 힘의 모멘트 합은 0이다. F_B를 구하라.

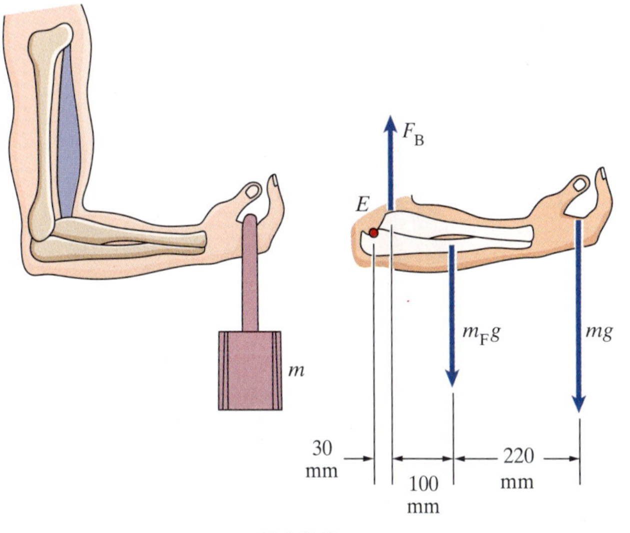

연습문제 4.12

4.13 두 개의 크기가 같고 방향이 반대인 힘이 보에 작용하고 있다. (a) 점 P에 대해, (b) 점 Q에 대해, (c) 좌표 $x = 7$ m, $y = 5$ m인 점에 대해 두 힘의 모멘트 합을 구하라.

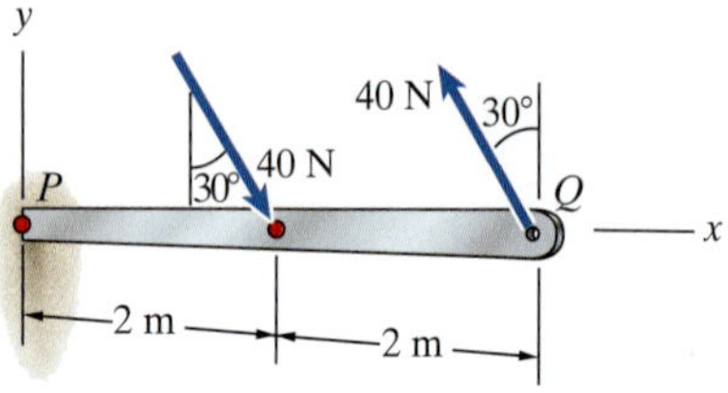

연습문제 4.13

4.14 발목용 무게추의 질량이 1.2 kg이다. 평형상태라고 가정하고 발목용 무게추로 인한 무릎 관절 P에 대한 모멘트는 얼마인가?

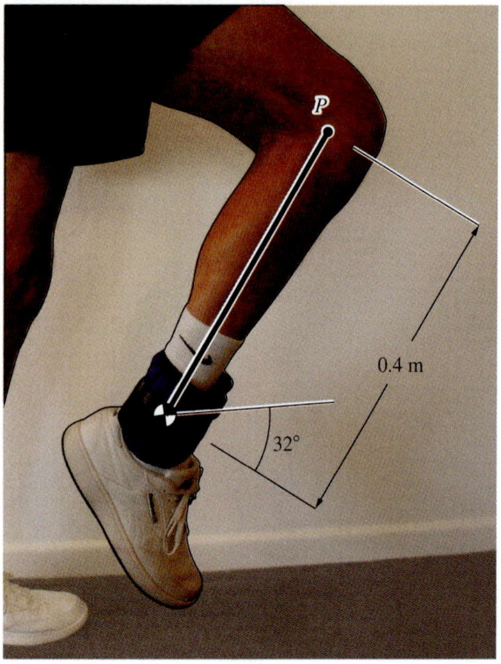

연습문제 4.14

4.15 케이블 A, B, C가 D에서 기둥에 가하는 힘의 크기가 동일하다. 즉 $F_A = F_B = F_C$이다. D에서 세 개의 케이블 힘으로 인한 E에 대한 총모멘트의 크기는 1350 kN-m이다. F_A는 얼마인가?

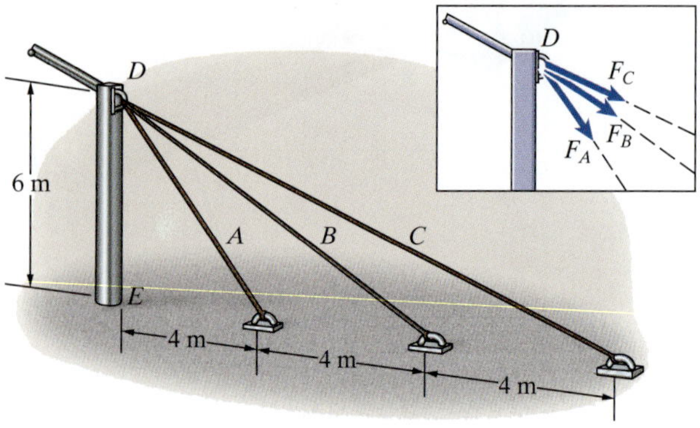

연습문제 4.15

4.16 힘 $F = 120$ lb이다. 보에 가해지는 힘의 합이 0이고 점 A에 대한 모멘트 합도 0이다. (a) 힘 A_x, A_y, B의 값을 구하라. (b) 점 B에 대한 힘의 모멘트 합은 얼마인가?

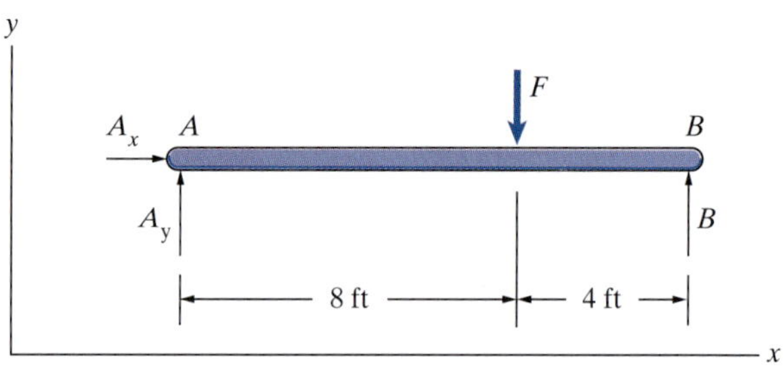

연습문제 4.16

4.17 힘 $F_1 = 30$ N, $F_2 = 80$ N, $F_3 = 40$ N이다. 점 A에 대한 힘의 모멘트 합은 얼마인가?

4.18 힘 $F_1 = 60$ N이다. 점 A에 대한 세 힘의 모멘트 합은 150 N-m이다. 점 B에 대한 세 힘의 모멘트 합은 50 N-m이다. F_2, F_3를 구하라.

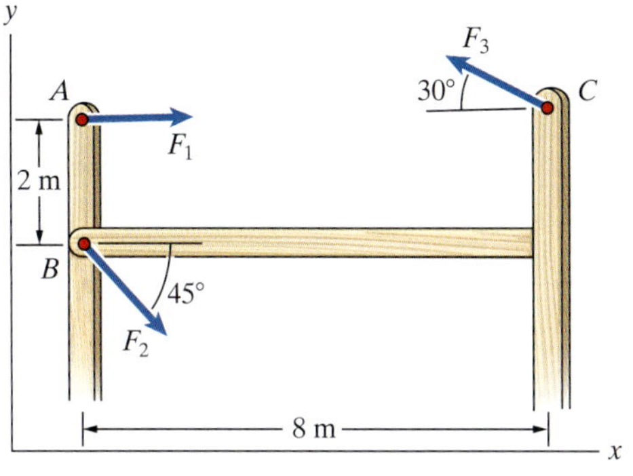

연습문제 4.17/4.18

4.19 힘 $F_A = 30$ lb, $F_B = 40$ lb, $F_C = 20$ lb, $F_D = 30$ lb이다. 좌표계의 원점에 대한 힘의 모멘트 합은 얼마인가?

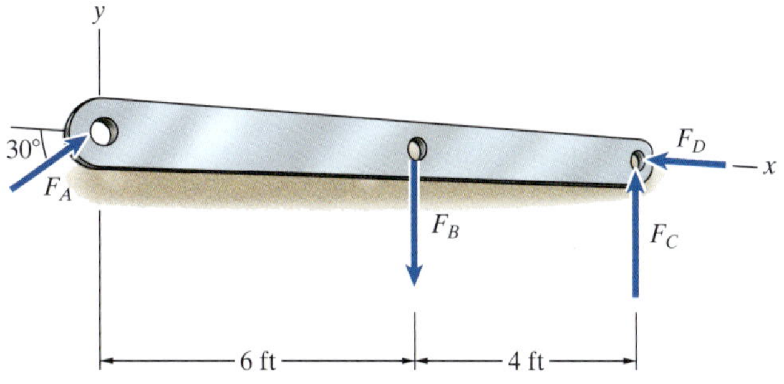

연습문제 4.19

4.20 힘 $F_A = 120$ N, $F_B = 100$ N이다. 렌치가 너트에 가하는 총모멘트는 얼마인가?

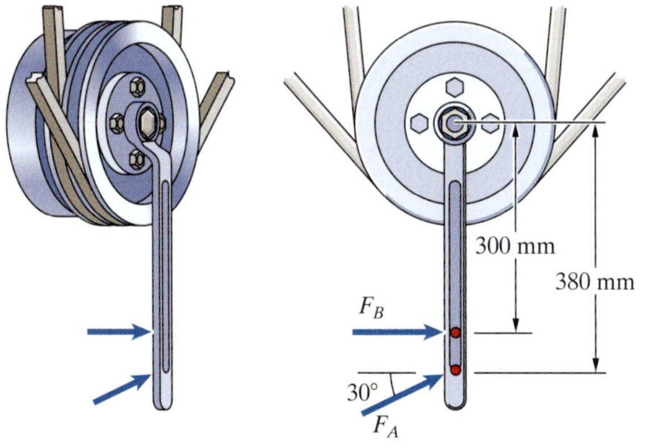

연습문제 4.20

4.21 세 개의 힘이 자동차에 작용한다. 힘의 합이 0이고 점 P에 대한 힘의 모멘트 합도 0이다. (a) 힘 A, B를 구하라. (b) 점 Q에 대한 힘의 모멘트 합을 구하라.

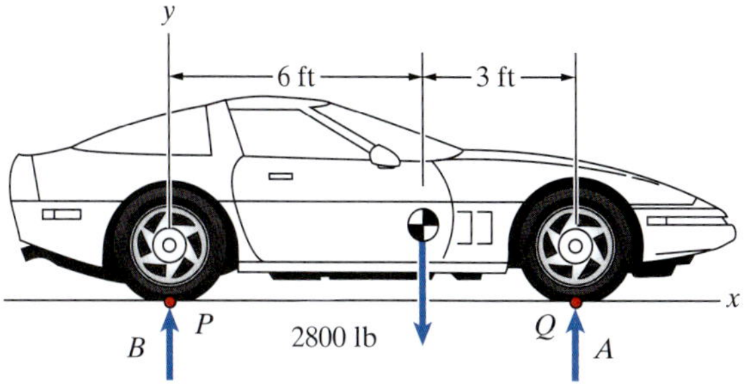

연습문제 4.21

4.22 요트의 마스트헤드 피팅이 포스테이와 백스테이를 마스트 상단에 연결한다. 두 스테이가 마스트에 가하는 총힘은 아래쪽으로 똑바로 향하며 그 크기는 480 N이다. 두 스테이가 점 P에 대해 가하는 모멘트를 구하라.

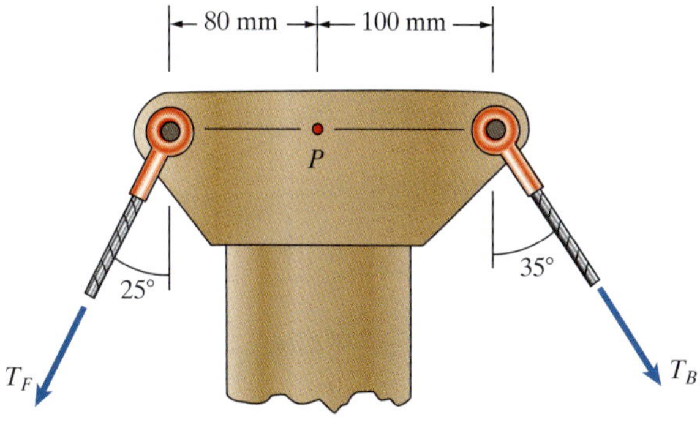

연습문제 4.22

4.23 구조물의 부재 AB, BC, CD, …의 길이가 각각 1 m이다. (a) A에 대한 힘의 모멘트 합을 구하라. (b) B에 대한 힘의 모멘트 합을 구하라.

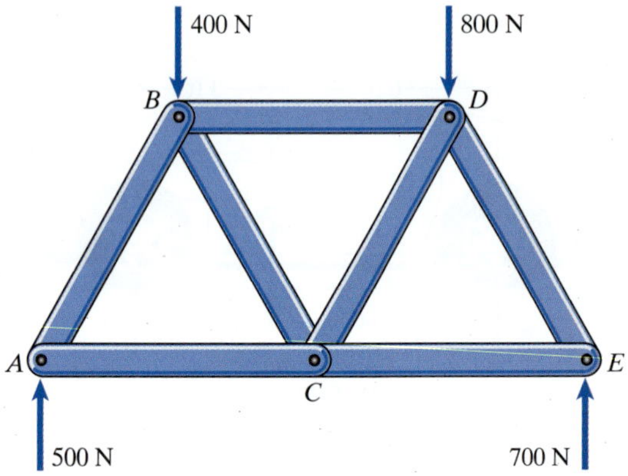

연습문제 4.23

4.24 풀리의 양쪽에서 케이블의 장력이 동일하다. 800 lb의 힘과 B, C에서 케이블이 막대에 가하는 힘으로 인한 점 A에 대한 모멘트 합은 0이다. 케이블의 장력은 얼마인가?

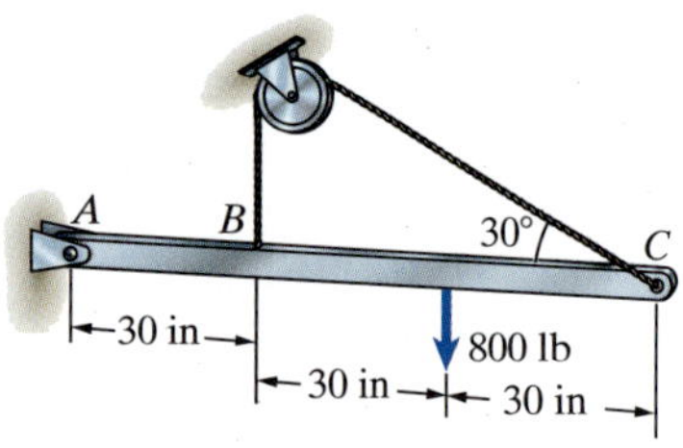

연습문제 4.24

4.25 로봇 조작기의 팔 무게 160 N이 팔 AB, BC 각각의 중간점에 작용하고 있다. A에 대한 세 개의 무게의 모멘트 합을 구하라.

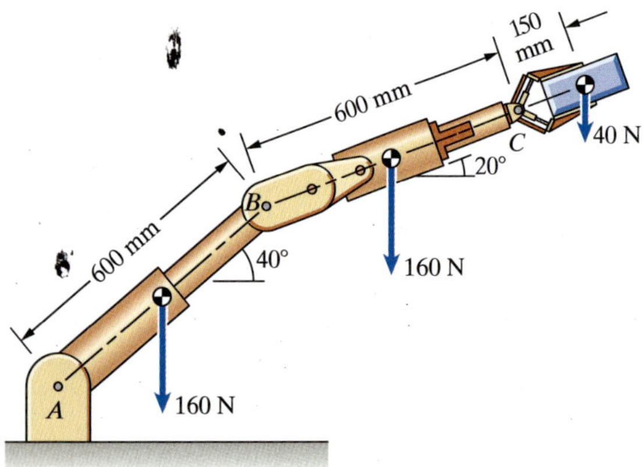

연습문제 4.25

4.26 우주왕복선의 자세 추진기가 두 개의 힘 F를 발휘한다. 이 추진기는 질량 중심 G에 대해 시계 반대 방향으로 560 N-m의 모멘트를 가한다. F를 구하라.

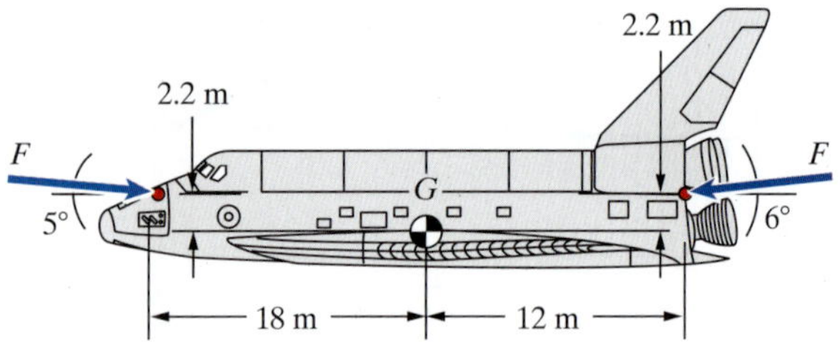

연습문제 4.26

4.27 사람과 '체리 피커' 리프트의 상부 팔을 합친 무게인 620 lb가 G에서 작용하고 있다. (a) 점 A에 대해, (b) 점 B에 대해 그 무게로 인한 모멘트를 구하라.

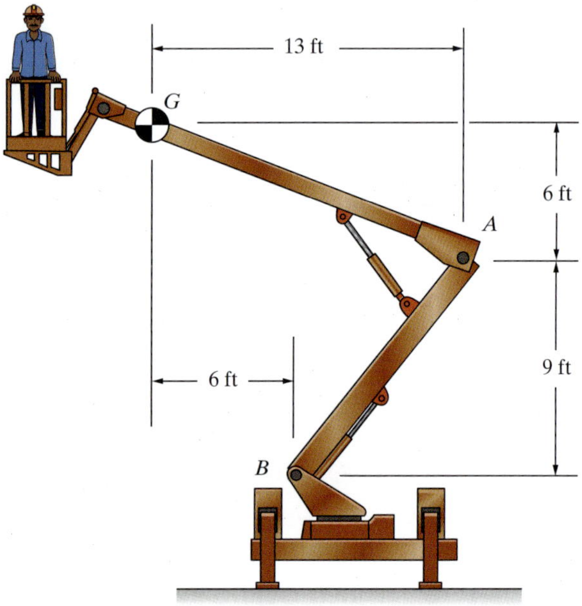

연습문제 4.27

4.28 힘 F가 A에 대해 시계 반대 방향으로 약 200 ft-lb의 모멘트를 가하고, B에 대해 시계 방향으로 100 ft-lb 모멘트를 가한다. F와 θ는 얼마인가?

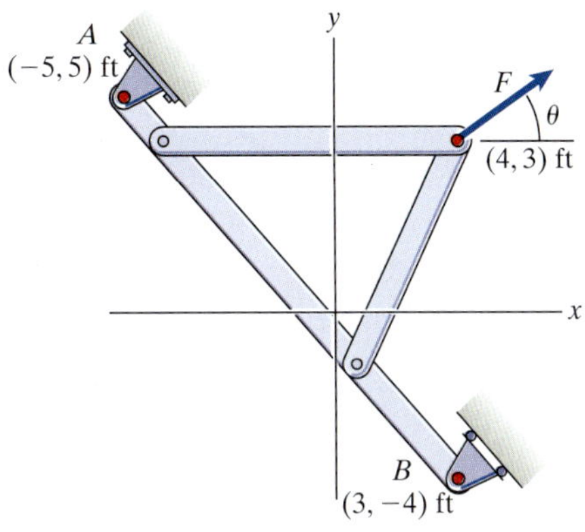

연습문제 4.28

4.29 토목공학과 학생이 설계 프로젝트 목적으로 만든 모형 트러스에 다섯 개의 힘이 작용한다. 치수는 $b = 300$ mm, $h = 400$ mm, $F = 100$ N이다. A_x, A_y가 작용하는 지점에 대한 힘의 모멘트 합은 0이다. 트러스의 무게가 무시할 수 있는 수준이라면 힘 B는 얼마인가?

4.30 $b = 3$ ft, $h = 5$ ft이다. 트러스에 작용하는 힘의 벡터 합은 0이고, A_x, A_y가 작용하는 지점에 대한 힘의 모멘트 합은 0이다. (a) 힘 A_x, A_y, B를 구하라. (b) 힘 B가 작용하는 지점에 대한 힘의 모멘트 합을 구하라.

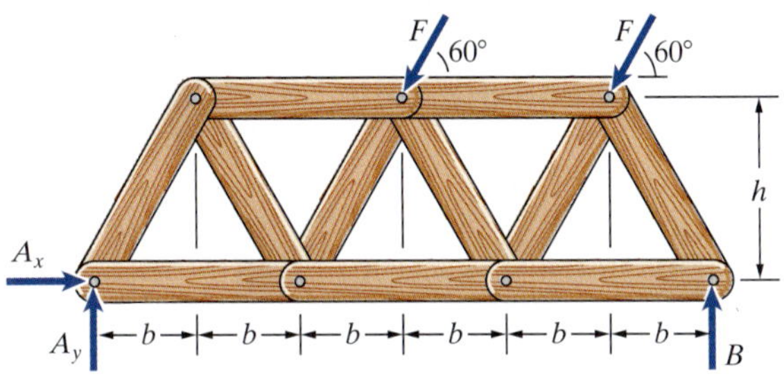

연습문제 4.29/4.30

4.31 질량 $m = 70$ kg이다. 케이블이 보의 점 B에 가하는 힘으로 인한 점 A에 대한 모멘트는 얼마인가?

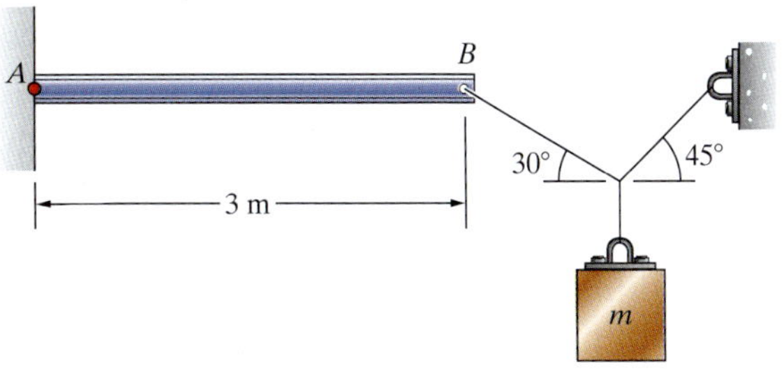

연습문제 4.31

4.32 무게추 $W_1 = 20$ lb 및 W_2가 케이블 계에 매달려 있다. 케이블 BC는 수평이다. 케이블 CD가 수직 기둥의 D에 가하는 힘으로 인한 점 P에 대한 모멘트를 구하라.

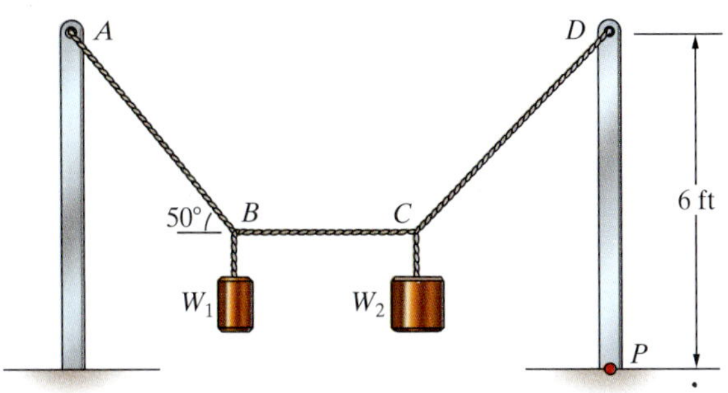

연습문제 4.32

4.33 막대 AB가 수직 옹벽을 지지하는 데 도움이 되는 힘을 B에 가하고 있다. 이 힘은 막대와 평행하다. 토목 기술자는 막대가 O에 대해 38 kN-m의 모멘트를 발휘하기를 원한다. 막대가 가해야 하는 힘의 크기는 얼마인가?

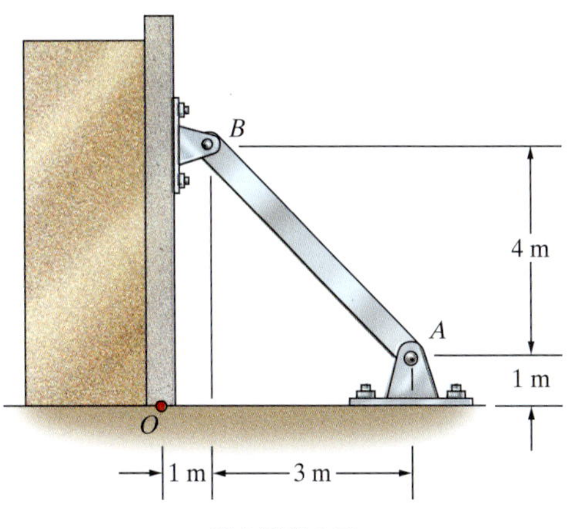

연습문제 4.33

4.34 네 개의 케이블의 장력이 $|\mathbf{T}_1| = 2.4$ kN, $|\mathbf{T}_2| = 3.2$ kN, $|\mathbf{T}_3| = 4.6$ kN, $|\mathbf{T}_4| = 6.0$ kN이다. 액션 라인의 힘 $\mathbf{T}_1$, $\mathbf{T}_2$, $\mathbf{T}_3$, $\mathbf{T}_4$는 원점을 통과한다. (a) 점 P에 대한 각 힘의 모멘트를 구하라. 모멘트를 합해 네 개의 힘으로 인한 P에 대한 총모멘트를 구하라. (b) $\mathbf{T} = \mathbf{T}_1 + \mathbf{T}_2 + \mathbf{T}_3 + \mathbf{T}_4$로 두자. $\mathbf{T}$의 성분을 구하고 점 P에 대한 $\mathbf{T}$의 모멘트를 계산하라.

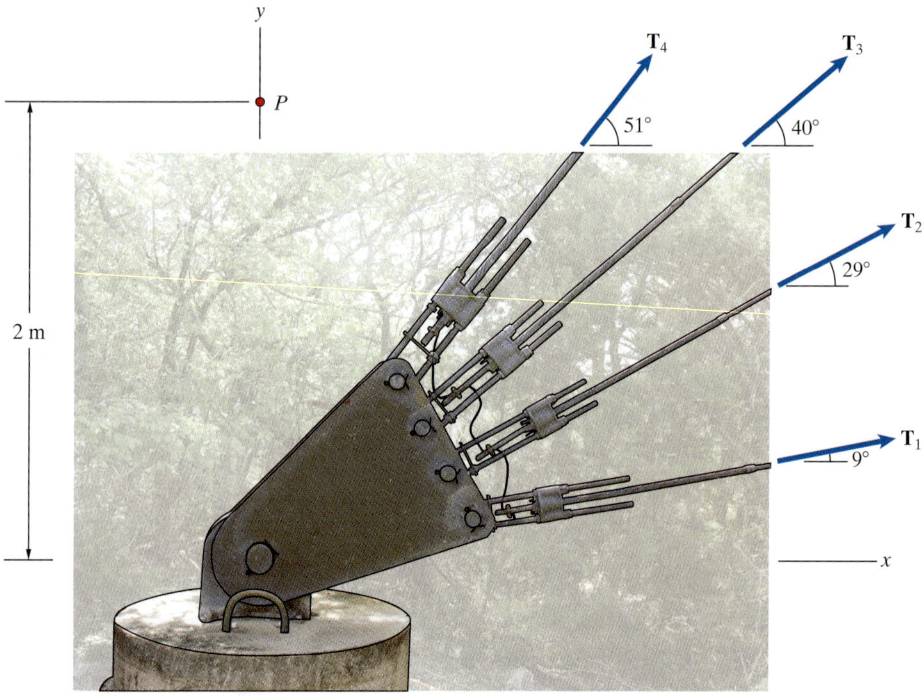

연습문제 4.34

4.35 막대 BC의 길이가 6 m, 매달린 하중의 질량이 260 kg이다. 매달린 하중을 지지하는 케이블이 막대 B에 아래 방향 힘을 가하고 있다. 아래 방향 힘으로 인한 점 C에 대한 모멘트를 구하라.

4.36 막대 BC의 길이가 12 ft, 매달린 하중의 질량이 800 lb이다. 바의 무게가 무시할 수 있을 정도로 작으면, B에서 두 케이블이 가하는 힘으로 인한 점 C에 대한 모멘트 합은 0이다. 케이블 AB의 장력은 얼마인가?

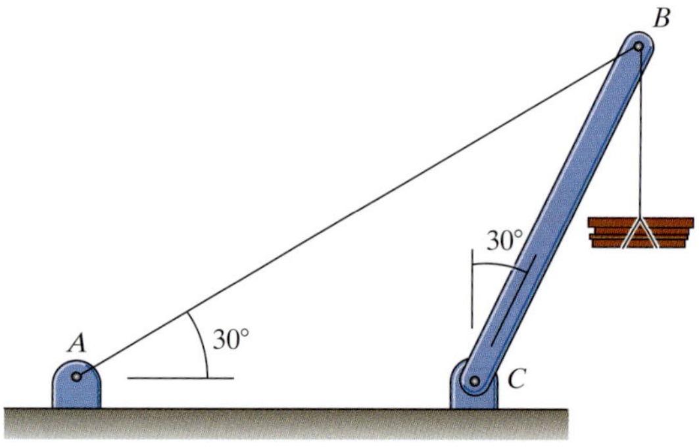

연습문제 4.35/4.36

4.37 케이블 AB가 B에서 크레인의 붐에 290 kN의 힘을 가하고 있다. 케이블 AC는 C에서 붐에 148 kN의 힘을 가하고 있다. 케이블 AB, AC가 붐에 가하는 힘으로 인한 P에 대한 모멘트 합을 구하라.

4.38 하나의 케이블이 A의 풀리를 통해 B에서 C로 연결된다. 케이블의 장력은 120 kN이다. 풀리가 B, C에 가하는 힘과 G에 작용하는 무게로 인한 P에 대한 모멘트 합은 0이다. G에서의 무게는 얼마인가?

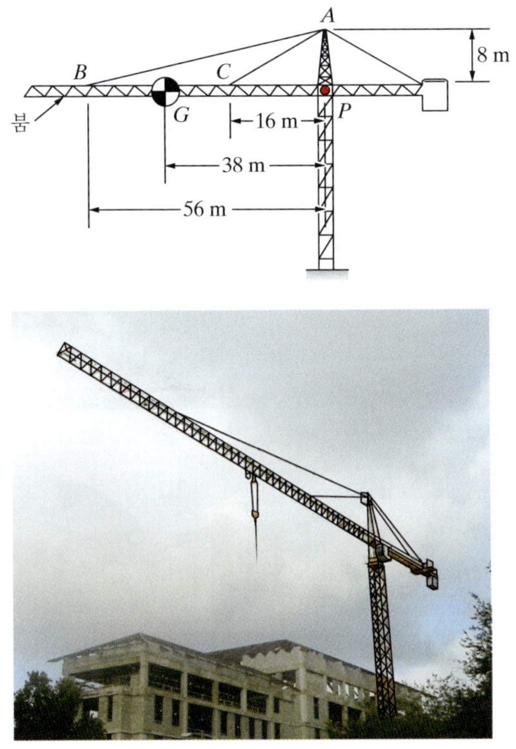

연습문제 4.37/4.38

4.39 수하물 캐리어와 여행 가방을 합한 질량이 12 kg이다. 그것들의 무게는 점 A에서 작용한다. 점 A에서 작용하는 무게와 수화물 캐리어의 손잡이에 가해지는 수직 방향 힘 F로 인한 원점에 대한 모멘트 합은 0이다. (a) $\alpha = 30°$인 경우, (b) $\alpha = 50°$인 경우 힘 F를 구하라.

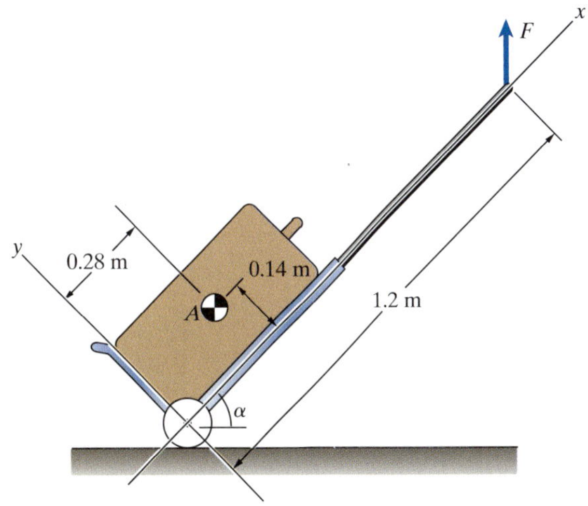

연습문제 4.39

4.40 다음의 시스템이 평형상태에 있다. 가스 압력은 정지된 피스톤의 상단에 2500 lb의 아래 방향 힘을 가한다. 피스톤은 커넥팅 로드 BC가 C에 가하는 힘에 의해 매끄러운 실린더에서 평형을 유지한다. 그 힘은 B에서 C까지의 선을 따라 전달되며, 커넥팅 로드는 크랭크축 AB의 점 B에 크기가 같고 방향이 반대인 힘을 가한다. 크랭크축 B에 가해지는 힘으로 인한 A에 대한 모멘트는 얼마인가?

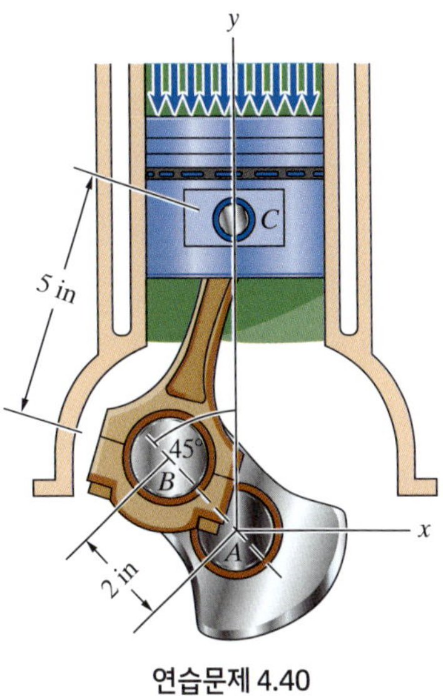

연습문제 4.40

4.41 유압 피스톤 *AB*가 피스톤과 평행한 방향으로 사다리의 *B*에 400 lb의 힘을 가하고 있다. 피스톤이 사다리에 가하는 힘과 사다리의 무게 *W*로 인한 *C*에 대한 모멘트 합은 0이다. 사다리의 무게는 얼마인가?

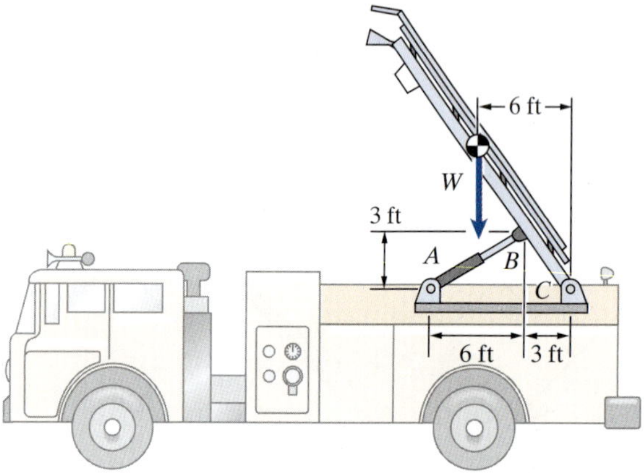

연습문제 4.41

4.42 유압 실린더가 실린더와 평행하면서 *C*에서 *B*로 향하는 방향으로 *B*에 8 kN의 힘을 가한다. 점 *A*, *D*에 대한 힘의 모멘트를 구하라.

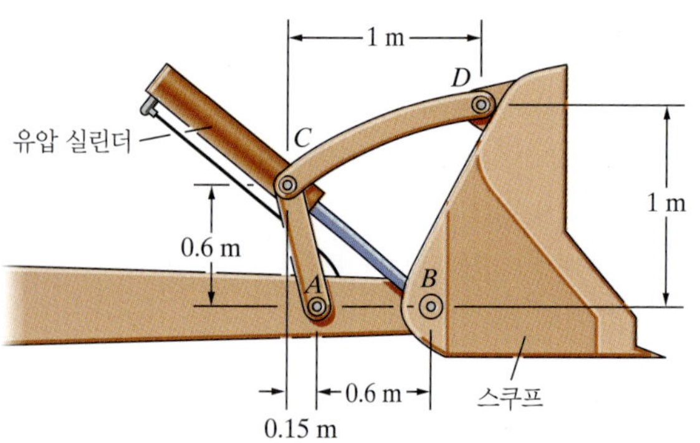

연습문제 4.42

4.43 그림에 표시된 구조는 굴착기의 스쿠프를 지지하는 두 개의 동일한 구조 중 하나를 나타낸다. 막대 *BC*는 *C*에서 *B*로 향하는 방향으로 700 N의 힘을 가한다. 이 힘의 *K*에 대한 모멘트는 얼마인가?

4.44 막대 *BC*가 점 *C*에서 *C*에서 *B*로 향하는 힘을 가한다. 유압 실린더 *DH*가 점 *D*에서 *D*에서 *H*로 향하는 1550 N의 힘을 가한다. *K*에 대한 이 두 힘의 모멘트 합은 0이다. 막대 *BC*가 *C*에 가하는 힘의 크기는 얼마인가?

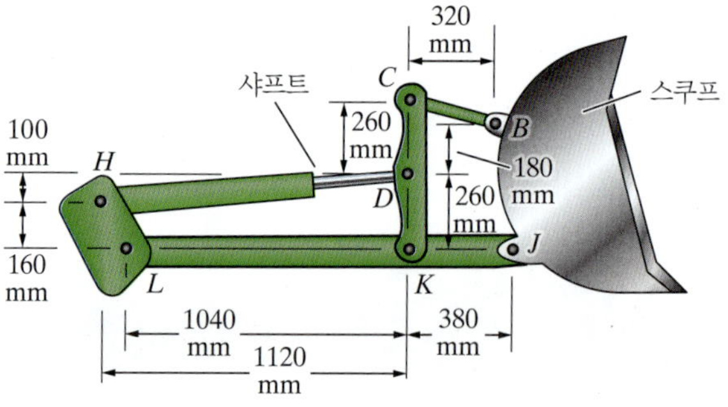

연습문제 4.43/4.44

4.2 모멘트 벡터

생각해보기

- 왜 벡터곱으로 한 점에 대한 힘의 모멘트 크기와 방향을 알 수 있는가?
- '오른손 법칙'이란 무엇인가? 이것이 의미하는 바는 무엇인가?

배경

한 점에 대한 힘의 모멘트는 벡터이다. 이 절에서는 이 벡터를 정의하고 이를 평가하는 방법을 설명한다. 그런 다음 4.1절에서 설명한 2차원적 방법을 통한 모멘트의 표현 방법을 사용할 경우, 모멘트 벡터를 크기와 방향으로 나타내어 보일 것이다.

힘 벡터 **F**와 점 *P*를 생각해보자(그림 4.4a). 점 *P*에 대한 **F**의 모멘트는 다음 벡터로 정의된다.

$$\mathbf{M}_P = \mathbf{r} \times \mathbf{F} \tag{4.2}$$

여기에서 **r**은 *P*에서 **F**의 작용선상의 임의의 지점까지의 위치 벡터이다(그림 4.4b).

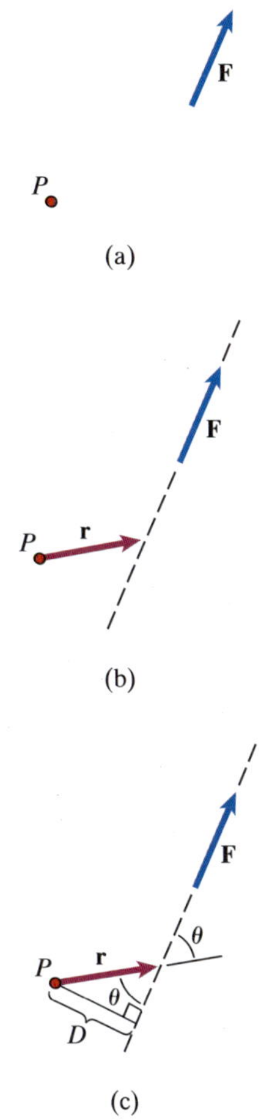

그림 4.4

(a) 힘 **F**와 점 *P*

(b) *P*에서 **F**의 작용선상의 한 지점까지의 벡터 **r**

(c) 각도 θ와 수선 거리 *D*

모멘트 크기

벡터곱(외적)의 정의에서 $\mathbf{M}_P$의 크기는

$$|\mathbf{M}_P| = |\mathbf{r}||\mathbf{F}|\sin\theta$$

여기에서 θ는 벡터 **r**과 **F**를 꼬리에 꼬리를 물고 배치했을 때 두 벡터 사이의 각도이다. *P*에서 **F**의 작용선까지의 수선 거리는 $D = |\mathbf{r}|\sin\theta$이다(그림 4.4c). 따라서 모멘트 $\mathbf{M}_P$의 크기는 *P*에서 **F**의 작용선까지의 수선 거리와 **F**의 크기를 곱한 값이다.

$$|\mathbf{M}_P| = D|\mathbf{F}| \tag{4.3}$$

벡터 $\mathbf{M}_P$와 **F**를 알고 있다면 이 수식은 수선 거리 *D*에 대해 풀 수 있다.

모멘트 방향

벡터곱의 정의로부터 $\mathbf{M}_P$가 **r**과 **F**에 모두 수직이라는 것을 알 수 있다. 즉 $\mathbf{M}_P$는 *P*와 **F**를 포함하는 평면에 수직이다(그림 4.5a). 이 그림에서 벡터 주위에 원형 화살표로 모멘트를 표시한 것을 볼 수 있다.

$\mathbf{M}_P$의 방향은 또한 모멘트의 방향을 나타낸다. 오른손 엄지를 $\mathbf{M}_P$ 방향으로 가리키면 손가락의 '원호'는 **F**가 *P*에 대해 일으키는 회전의 방향을 나타낸다(그림

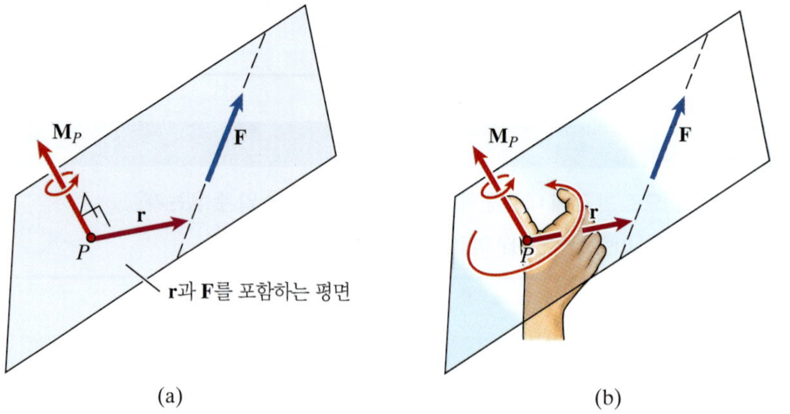

그림 4.5

(a) $\mathbf{M}_P$는 P와 **F**를 포함하는 평면에 수직이다.
(b) $\mathbf{M}_P$의 방향은 모멘트의 방향을 나타낸다.

4.5b).

이 논의에서 힘 **F**가 동일한 작용선의 다른 지점에 가해져도 모멘트는 변하지 않는다는 것을 알 수 있다. 이를 **전달성의 원리**라고 한다. 또한 모멘트는 위치 벡터가 작용선과 만나는 지점에 따라 변하지도 않는다. 그림 4.6a의 벡터 **r**을 사용하는 대신 그림 4.6b의 벡터 **r**′을 사용할 수도 있다. 벡터 $\mathbf{r} = \mathbf{r}' + \mathbf{u}$이며, 여기에서 **u**는 **F**와 평행하다(그림 4.6c). 따라서 다음과 같다.

$$\mathbf{r} \times \mathbf{F} = (\mathbf{r}' + \mathbf{u}) \times \mathbf{F} = \mathbf{r}' \times \mathbf{F}$$

왜냐하면 평행한 벡터 **u**와 **F**의 벡터곱이 0이기 때문이다.

요약하면 점 P에 대한 힘 **F**의 모멘트는 세 가지 속성을 가진다.

1. $\mathbf{M}_P$의 크기는 **F**의 크기와 P에서 **F**의 작용선까지의 수선 거리의 곱과 같다. 만약 **F**의 작용선이 P를 통과한다면 $\mathbf{M}_P = 0$이다.
2. $\mathbf{M}_P$는 P와 **F**를 포함하는 평면에 수직이다.
3. $\mathbf{M}_P$의 방향은 오른손 법칙을 통해 모멘트의 방향을 나타낸다(그림 4.5b). 벡터곱은 교환 법칙이 성립하지 않으므로 방정식 $\mathbf{M}_P = \mathbf{r} \times \mathbf{F}$에서 벡터를 올바른 순서대로 유지하는 것이 필수적이다.

그림 4.7a에서 점 P에 대한 힘 **F**의 모멘트를 구해보자. 식 (4.2)의 벡터 **r**은 **F**

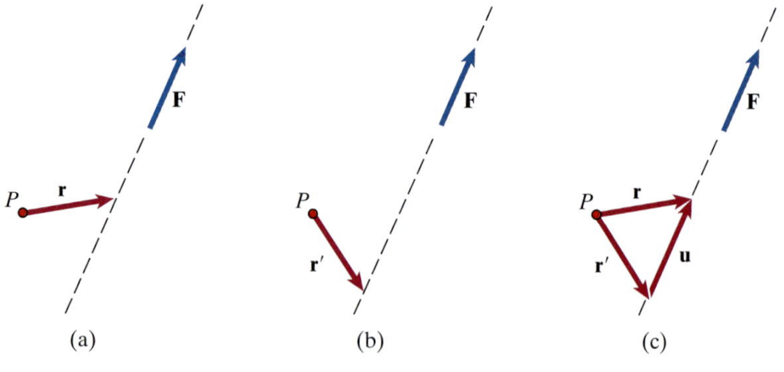

그림 4.6

(a) P에서 **F**의 작용선까지의 벡터 **r**
(b) 또 다른 벡터 **r**′
(c) $\mathbf{r} = \mathbf{r}' + \mathbf{u}$

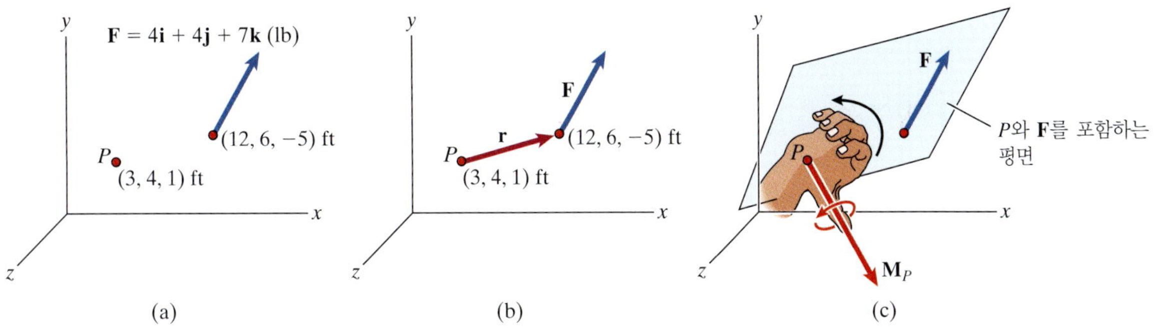

그림 4.7

(a) 힘 **F**와 점 P

(b) P에서 **F**의 작용점까지의 벡터 **r**

(c) $\mathbf{M}_P$는 P와 **F**를 포함하는 평면에 수직이다. 오른손 법칙은 모멘트의 방향을 나타낸다.

의 작용선상의 모든 지점에 대한 위치 벡터가 될 수 있으므로, P에서 **F**의 작용점까지의 벡터를 사용할 수 있다(그림 4.7b).

$$\mathbf{r} = (12 - 3)\mathbf{i} + (6 - 4)\mathbf{j} + (-5 - 1)\mathbf{k} = 9\mathbf{i} + 2\mathbf{j} - 6\mathbf{k} \text{ (ft)}$$

모멘트는

$$\mathbf{M}_P = \mathbf{r} \times \mathbf{F} = \begin{vmatrix} \mathbf{i} & \mathbf{j} & \mathbf{k} \\ 9 & 2 & -6 \\ 4 & 4 & 7 \end{vmatrix} = 38\mathbf{i} - 87\mathbf{j} + 28\mathbf{k} \text{ (ft-lb)}$$

$\mathbf{M}_P$의 크기는

$$|\mathbf{M}_P| = \sqrt{(38)^2 + (-87)^2 + (28)^2} = 99.0 \text{ ft-lb}$$

이것은 **F**의 크기와 점 P에서 **F**의 작용선까지의 수선 거리 D의 곱과 같다. 따라서

$$D = \frac{|\mathbf{M}_P|}{|\mathbf{F}|} = \frac{99.0 \text{ ft-lb}}{9 \text{ lb}} = 11.0 \text{ ft}$$

$\mathbf{M}_P$의 방향은 P와 **F**를 포함하는 평면의 방향과 모멘트의 방향을 모두 알려준다(그림 4.7c).

2차원적 표현과의 관계

점 P와 힘 **F**를 포함하는 평면에 수직인 방향에서 관찰하고 있는 경우, 4.1절에서 사용한 모멘트의 2차원적 표현으로 벡터 $\mathbf{M}_P$의 크기와 방향을 모두 나타낼 수 있다. 여기에서 $\mathbf{M}_P$는 종이 면에 수직이며, 오른손 법칙에 의해 $\mathbf{M}_P$가 종이 면으로부터 나오는지 아니면 들어가는지가 나타난다.

예를 들어 그림 4.8a에서 바라보는 방향은 x–y 평면에 수직이고 10 N의 힘이 x–y 평면에 포함되어 있다. 원점 O에 대한 힘의 모멘트를 구하고 싶다고 가정하자. O에서 힘의 작용선까지의 수선 거리는 4 m이다. O에 대한 힘의 모멘트의 2차원적 설명은 그 크기가 (4 m)(10 N) = 40 N-m이고 그 방향이 시계 반대 방향, 즉

$$M_O = 40 \text{ N-m}$$

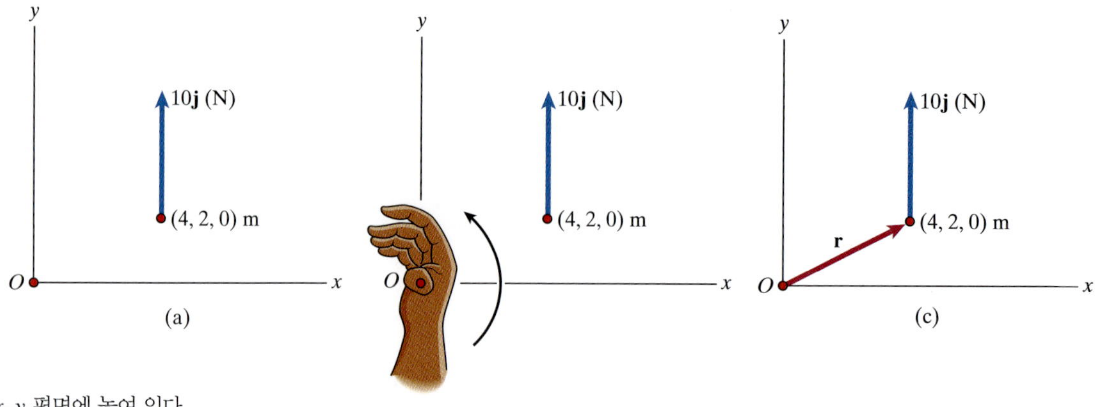

그림 4.8

(a) 힘이 x–y 평면에 놓여 있다.

(b) 시계 반대 방향 모멘트는 $\mathbf{M}_O$가 종이 면으로부터 나오는 방향임을 나타낸다.

(c) O에서 $\mathbf{F}$의 작용점까지의 벡터 $\mathbf{r}$

벡터 $\mathbf{M}_O$의 크기가 40 N-m임을 알려주며, 오른손 법칙(그림 4.8b)에 따라 벡터가 종이 면으로부터 나오는 방향임을 나타낸다. 따라서

$$\mathbf{M}_O = 40\mathbf{k} \text{ (N-m)}$$

이 결과는 식 (4.2)를 사용해 확인할 수 있다. $\mathbf{r}$을 O로부터 힘의 작용점까지의 벡터라고 하면(그림 4.8c),

$$\mathbf{M}_O = \mathbf{r} \times \mathbf{F} = (4\mathbf{i} + 2\mathbf{j}) \times 10\mathbf{j} = 40\mathbf{k} \text{ (N-m)}$$

이 예에서 알 수 있듯이 모멘트의 2차원적 표현을 통해 모멘트 벡터를 구할 수 있다. 그 반대도 마찬가지이다. $\mathbf{M}_O$의 크기는 힘의 크기와 O에서 힘의 작용선까지의 수선 거리의 곱인 40 N-m와 같으며, 벡터 $\mathbf{M}_O$의 방향은 모멘트가 시계 반대 방향임을 나타낸다(그림 4.8b).

바리뇽 정리

$\mathbf{F}_1, \mathbf{F}_2, \ldots, \mathbf{F}_N$을 한 점 Q에서 작용선이 교차하는 공점 힘의 계라고 두자. 점 P에 대한 계의 모멘트는 다음과 같다.

$$(\mathbf{r}_{PQ} \times \mathbf{F}_1) + (\mathbf{r}_{PQ} \times \mathbf{F}_2) + \cdots + (\mathbf{r}_{PQ} \times \mathbf{F}_N)$$
$$= \mathbf{r}_{PQ} \times (\mathbf{F}_1 + \mathbf{F}_2 + \cdots + \mathbf{F}_N)$$

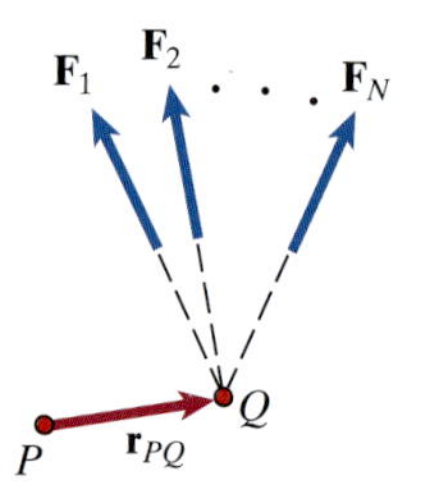

그림 4.9

공점 힘의 계와 점 P

여기에서 $\mathbf{r}_{PQ}$는 P에서 Q까지의 벡터이다(그림 4.9). 바리뇽 정리(Varignon's theorem)라고 알려진 이 결과는 벡터곱의 분배 법칙, 즉 식 (2.31)을 따른다. 이 정리는 한 점 P에 대한 힘의 모멘트가 P에 대한 힘의 성분의 모멘트 합과 같다는 것을 확인해준다.

결과 정리

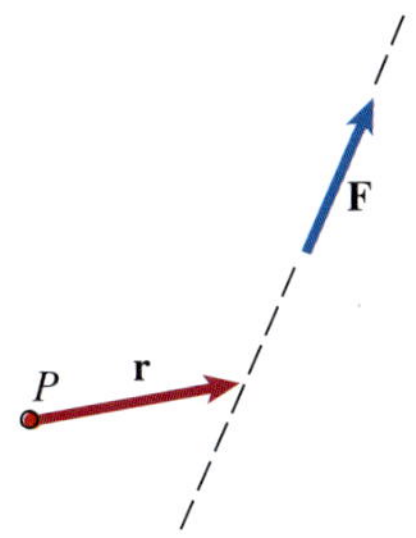

모멘트

점 P에 대한 힘 $\mathbf{F}$의 모멘트는 다음과 같이 정의된다.

$$\mathbf{M}_P = \mathbf{r} \times \mathbf{F} \tag{4.2}$$

여기에서 $\mathbf{r}$은 P에서 $\mathbf{F}$의 작용선상의 임의의 지점까지의 위치 벡터이다.

모멘트 크기

벡터 $\mathbf{M}_P$의 크기는 다음과 같다.

$$|\mathbf{M}_P| = D|\mathbf{F}| \tag{4.3}$$

여기에서 D는 P에서 $\mathbf{F}$의 작용선까지의 수선 거리이다.

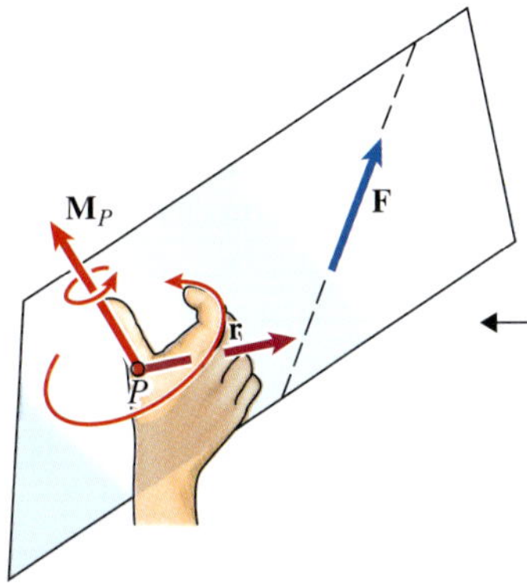

모멘트 방향

벡터 $\mathbf{M}_P$는 점 P와 벡터 $\mathbf{F}$가 포함된 평면에 수직이다. 오른손 엄지가 $\mathbf{M}_P$ 방향은 가리키면 나머지 손가락이 $\mathbf{F}$가 P를 중심으로 회전하는 방향을 가리킨다.

실습 예제 4.4 모멘트 구하기

90 lb인 힘 $\mathbf{F}$의 점 A에 대한 모멘트를 구하라.

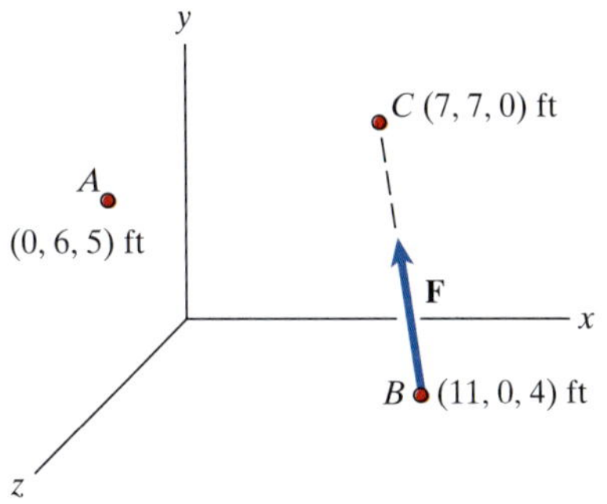

전략

식 (4.2)를 적용하려면 힘 $\mathbf{F}$를 그 성분으로 나타내야 한다. 벡터 $\mathbf{r}$은 점 A에서 $\mathbf{F}$의 작용선상의 임의의 점까지의 벡터이므로, 점 A에서 점 B까지의 벡터를 사용할 수 있다.

풀이

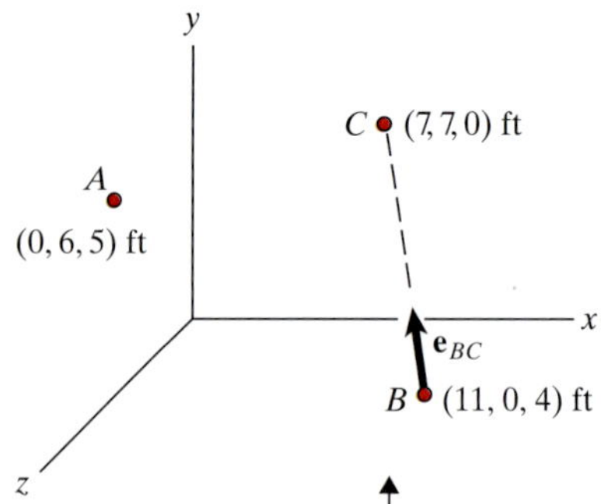

$$\mathbf{r}_{BC} = (x_C - x_B)\mathbf{i} + (y_C - y_B)\mathbf{j} + (z_C - z_B)\mathbf{k}$$
$$= -4\mathbf{i} + 7\mathbf{j} - 4\mathbf{k}\ (\text{ft})$$
$$\mathbf{e}_{BC} = \frac{\mathbf{r}_{BC}}{|\mathbf{r}_{BC}|} = -\frac{4}{9}\mathbf{i} + \frac{7}{9}\mathbf{j} - \frac{4}{9}\mathbf{k}$$

점 B에서 점 C까지의 위치 벡터를 그 크기로 나누어 힘 **F**와 같은 방향을 가지는 단위 벡터를 구한다.

$$\mathbf{F} = (90\ \text{lb})\mathbf{e}_{BC}$$
$$= (90\ \text{lb})\left(-\frac{4}{9}\mathbf{i} + \frac{7}{9}\mathbf{j} - \frac{4}{9}\mathbf{k}\right)$$
$$= -40\mathbf{i} + 70\mathbf{j} - 40\mathbf{k}\ (\text{lb})$$

힘 **F**를 그 크기와 단위 벡터 $\mathbf{e}_{BC}$의 곱으로 나타낸 후 성분으로 다시 세분한다.

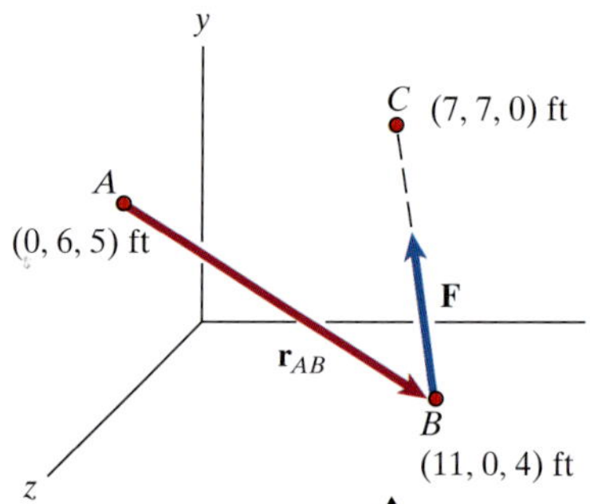

$$\mathbf{r}_{AB} = (x_B - x_A)\mathbf{i} + (y_B - y_A)\mathbf{j} + (z_B - z_A)\mathbf{k}$$
$$= 11\mathbf{i} - 6\mathbf{j} - \mathbf{k}\ (\text{ft})$$
$$\mathbf{M}_A = \mathbf{r}_{AB} \times \mathbf{F}$$
$$= \begin{vmatrix} \mathbf{i} & \mathbf{j} & \mathbf{k} \\ 11 & -6 & -1 \\ -40 & 70 & -40 \end{vmatrix}$$
$$= 310\mathbf{i} + 480\mathbf{j} + 530\mathbf{k}\ (\text{ft-1b})$$

식 (4.2)를 적용해 점 A에 대한 **F**의 모멘트를 구한다.

실습 문제 (a) 식 (4.2)를 사용해서 점 A에 대한 **F**의 모멘트를 구하라. 이때 벡터 **r**은 점 A에서 점 C까지의 위치 벡터로 둔다. (b) 점 A에서 **F**의 작용선까지의 수선 거리를 구하라.

답: (a) $\mathbf{M}_A = 310\mathbf{i} + 480\mathbf{j} + 530\mathbf{k}$ (ft-lb), (b) 8.66 ft

예제 4.5 모멘트 벡터 적용하기

케이블 AB, AC가 바닥의 부착점 A에서 벽의 부착점 B, C까지 연결되어 있다. 케이블 AB의 장력이 10 kN이고 케이블 AC의 장력이 20 kN이다. 두 케이블이 부착점 A에 가하는 힘으로 인한 O에 대한 모멘트 합은 얼마인가?

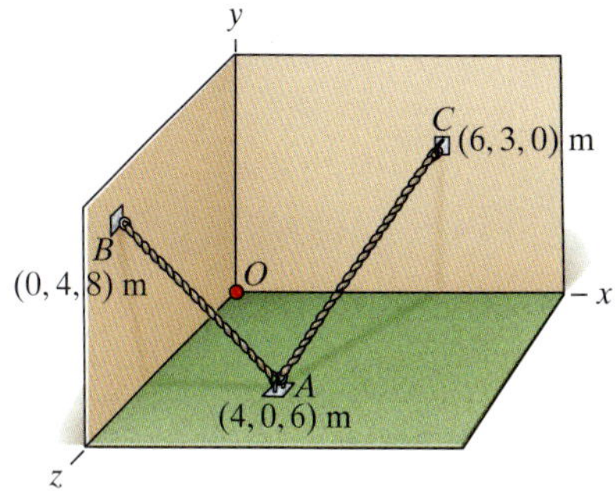

전략

두 케이블이 부착점 A에 가하는 힘을 성분으로 나타내야 한다. 그러면 식 (4.2)를 사용해서 힘이 O에 대해 가하는 모멘트를 구할 수 있다.

풀이

$\mathbf{F}_{AB}$, $\mathbf{F}_{AC}$를 두 케이블이 부착점 A에 가하는 힘이라고 둔다(그림 a). $\mathbf{F}_{AB}$를 성분으로 나타내기 위해 A에서 B까지의 위치 벡터를 구한다.

$$(0-4)\mathbf{i} + (4-0)\mathbf{j} + (8-6)\mathbf{k} = -4\mathbf{i} + 4\mathbf{j} + 2\mathbf{k}\ (\text{m})$$

이를 그 크기로 나누어 $\mathbf{F}_{AB}$와 같은 방향의 단위 벡터 $\mathbf{e}_{AB}$를 구한다(그림 b).

$$\mathbf{e}_{AB} = \frac{-4\mathbf{i} + 4\mathbf{j} + 2\mathbf{k}\ (\text{m})}{\sqrt{(-4\ \text{m})^2 + (4\ \text{m})^2 + (2\ \text{m})^2}} = -\frac{2}{3}\mathbf{i} + \frac{2}{3}\mathbf{j} + \frac{1}{3}\mathbf{k}$$

이제 $\mathbf{F}_{AB}$를 다음과 같이 작성한다.

$$\mathbf{F}_{AB} = 10\mathbf{e}_{AB} = -6.67\mathbf{i} + 6.67\mathbf{j} + 3.33\mathbf{k}\ (\text{kN})$$

힘 $\mathbf{F}_{AC}$를 동일한 방식으로 성분으로 나타낸다.

$$\mathbf{F}_{AC} = 5.71\mathbf{i} + 8.57\mathbf{j} - 17.14\mathbf{k}\ (\text{kN})$$

벡터 r 선택 두 힘의 작용선이 점 A를 통과하므로 O에서 A까지의 벡터를 사용해 점 O에 대한 두 힘의 모멘트를 구할 수 있다(그림 a).

$$\mathbf{r} = 4\mathbf{i} + 6\mathbf{k}\ (\text{m})$$

r × F 계산 모멘트의 합은 다음과 같다.

$$\begin{aligned}\Sigma\mathbf{M}_O &= (\mathbf{r}\times\mathbf{F}_{AB}) + (\mathbf{r}\times\mathbf{F}_{AC})\\ &= \begin{vmatrix}\mathbf{i} & \mathbf{j} & \mathbf{k}\\ 4 & 0 & 6\\ -6.67 & 6.67 & 3.33\end{vmatrix} + \begin{vmatrix}\mathbf{i} & \mathbf{j} & \mathbf{k}\\ 4 & 0 & 6\\ 5.71 & 8.57 & -17.14\end{vmatrix}\\ &= -91.4\mathbf{i} + 49.5\mathbf{j} + 61.0\mathbf{k}\ (\text{kN-m})\end{aligned}$$

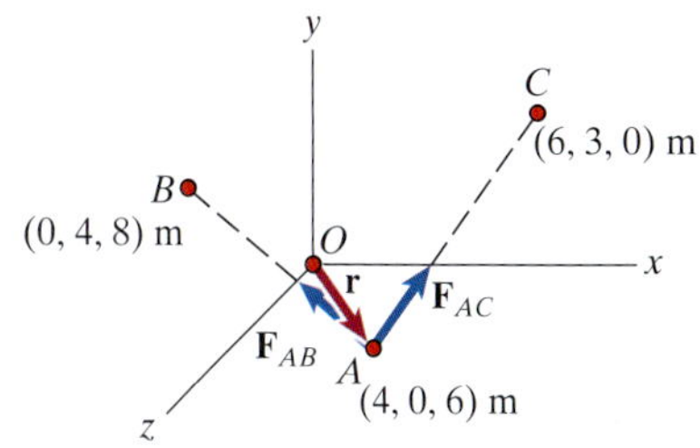

(a) 케이블이 A에 가하는 힘 $\mathbf{F}_{AB}$, $\mathbf{F}_{AC}$

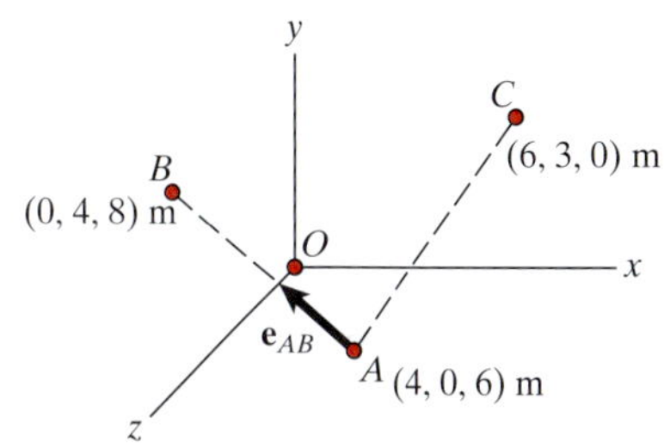

(b) 단위 벡터 $\mathbf{e}_{AB}$의 방향은 $\mathbf{F}_{AB}$와 동일하다.

비판적 사고

힘 $\mathbf{F}_{AB}$, $\mathbf{F}_{AC}$의 작용선은 A에서 교차한다. 바리뇽의 정리에 따르면, 먼저 힘을 합산해 다음을 얻을 수 있다.

$$\mathbf{F}_{AB} + \mathbf{F}_{AC} = -0.952\mathbf{i} + 15.24\mathbf{j} - 13.81\mathbf{k}\ (\text{kN})$$

그리고 O에 대한 두 힘의 합에 의한 모멘트를 계산함으로써 O에 대한 두 힘의 모멘트 합을 구한다.

$$\Sigma \mathbf{M}_O = \mathbf{r} \times (\mathbf{F}_{AB} + \mathbf{F}_{AC}) = \begin{vmatrix} \mathbf{i} & \mathbf{j} & \mathbf{k} \\ 4 & 0 & 6 \\ -0.952 & 15.24 & -13.81 \end{vmatrix} = -91.4\mathbf{i} + 49.5\mathbf{j} + 61.0\mathbf{k} \text{ (kN-m)}$$

연습문제

4.45 크기 $|\mathbf{F}| = 20$ N인 힘 벡터 $\mathbf{F} = F_x\mathbf{i} + F_y\mathbf{j}$가 한 점 $(x, y, 0)$에서 작용하고 있다. 원점에 대한 힘의 모멘트는 $\mathbf{M} = 40\mathbf{k}$ (N-m)이다. (a) 단위 벡터 $\mathbf{k}$가 여러분을 향해 오도록 좌표계를 쳐다볼 때, 그 모멘트는 시계 방향인가, 아니면 시계 반대 방향인가? (b) 원점에서 $\mathbf{F}$의 작용선까지의 수선 거리는 얼마인가?

4.46 식 (4.2)를 사용해서 (a) $\mathbf{r}$을 O에서 A까지의 벡터로 두었을 때, (b) $\mathbf{r}$을 O에서 B까지의 벡터로 두었을 때 원점 O에 대한 80 N 힘의 모멘트를 구하라.

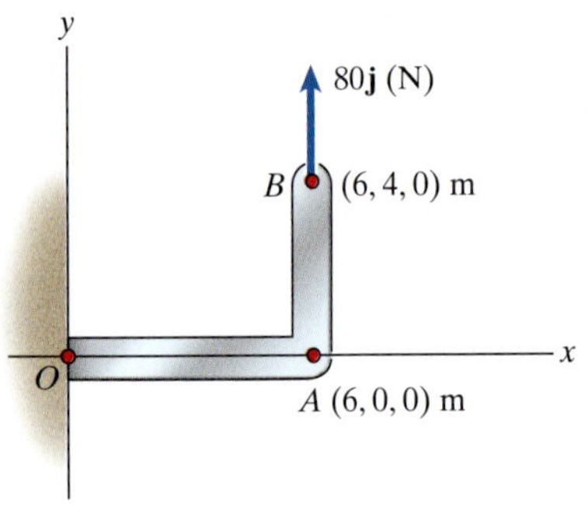

연습문제 4.46

4.47 투창에 가해지는 힘의 크기 $|\mathbf{F}| = 360$ N이고, 수평에 대한 벡터의 각도가 50°이다. 선수가 투창을 들고 있는 지점의 좌표는 $x = 0.52$ m, $y = 0.14$ m이다. 식 (4.2)를 사용해 어깨 관절 O에 가해지는 힘의 모멘트를 구하라.

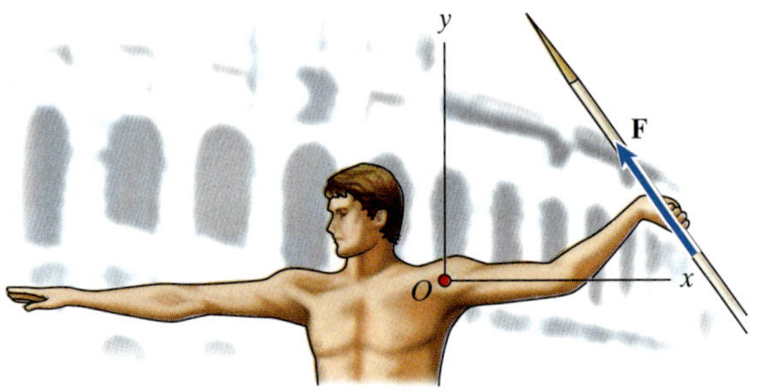

연습문제 4.47

4.48 식 (4.2)를 사용해서 (a) 점 A에 대해, (b) 점 B에 대해 100 kN 힘의 모멘트를 구하라.

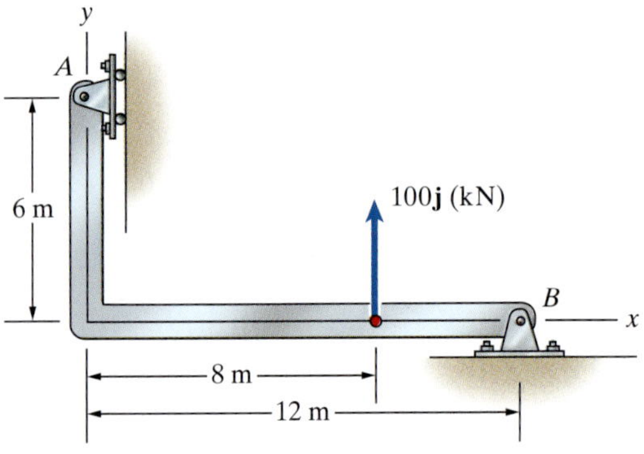

연습문제 4.48

4.49 케이블 AB가 지지점 A에 200 N의 힘을 A에서 B로 향하는 방향으로 가하고 있다. 식 (4.2)를 사용해서 (a) $\mathbf{r}$을 P에서 A까지의 벡터로 두었을 때, (b) $\mathbf{r}$을 P에서 B까지의 벡터로 두었을 때 점 P에 대한 이 힘의 모멘트를 구하라.

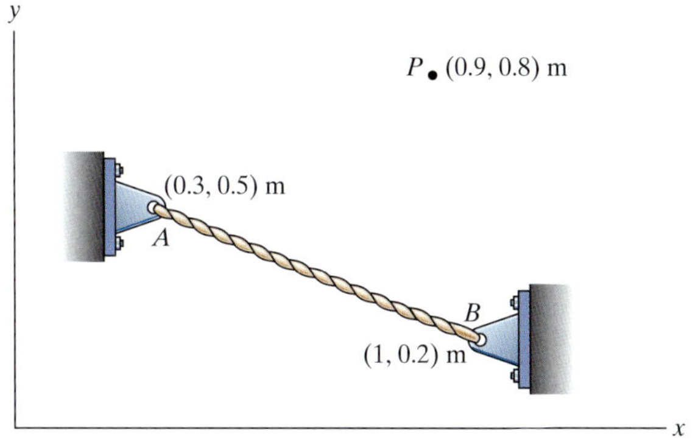

연습문제 4.49

4.50 $\mathbf{F}$의 작용선이 x–y 평면에 놓여 있다. O에 대한 $\mathbf{F}$의 모멘트가 $190\mathbf{k}$ (N-m)이고, A에 대한 $\mathbf{F}$의 모멘트가 $330\mathbf{k}$ (N-m)이다. $\mathbf{F}$의 성분은 무엇인가?

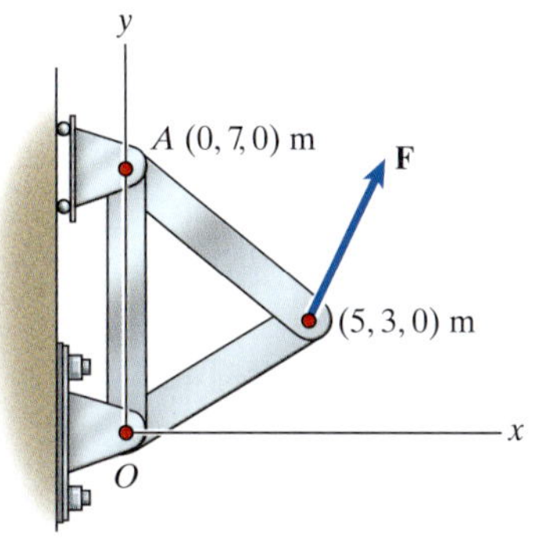

연습문제 4.50

4.51 식 (4.2)를 사용해서 (a) A에 대해, (b) B에 대해 세 힘의 모멘트 합을 구하라.

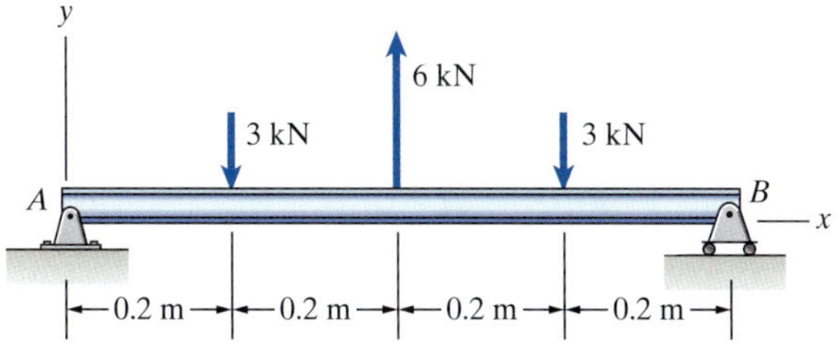

연습문제 4.51

4.52 (a) 점 A의 좌표가 (0, 3, 0) m이다. 식 (4.2)를 사용해서 원점 O에 대한 두 힘의 모멘트 합을 구하라. (b) P는 좌표 (x, y, z) (미터 단위)를 가진 임의의 점이다. 식 (4.2)를 사용해서 P에 대한 두 힘의 모멘트 합을 구하라.

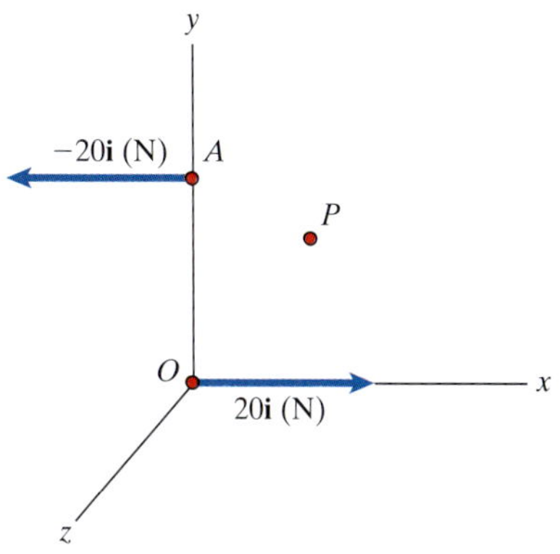

연습문제 4.52

4.53 평판에 세 개의 힘이 작용하고 있다. 식 (4.2)를 사용해 점 P에 대한 세 힘의 모멘트 합을 구하라.

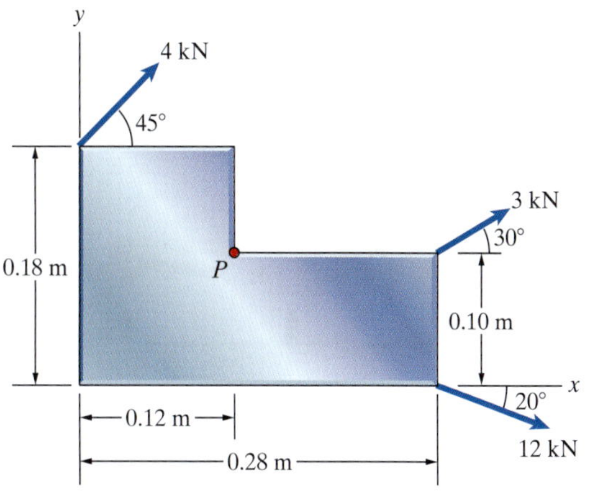

연습문제 4.53

4.54 (a) A에서 힘의 작용선까지의 수선 거리를 계산해 A에 대한 150 N 힘의 모멘트 크기를 구하라. (b) 식 (4.2)를 사용해 A에 대한 150 N 힘의 모멘트 크기를 구하라.

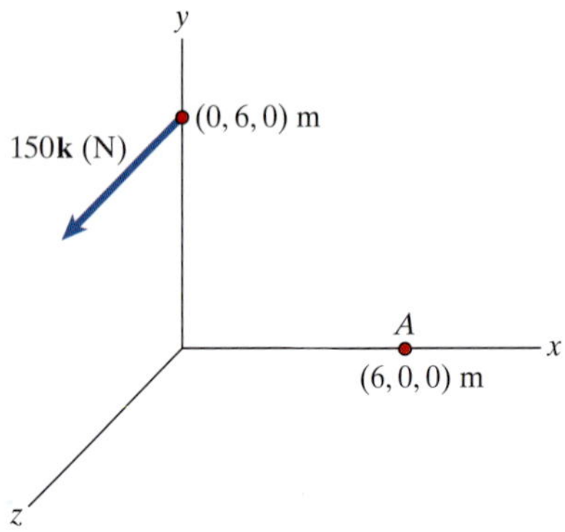

연습문제 4.54

4.55 비행기의 다섯 바퀴가 활주로에 가하는 힘이 $\mathbf{F}_A = 8.22\mathbf{k}$ (kN), $\mathbf{F}_B = 7.94\mathbf{k}$ (kN), $\mathbf{F}_C = 1.12\mathbf{k}$ (kN)이다. 원점에 대한 세 힘의 모멘트 합을 구하라.

출처: Miglena Pencheva/Shutterstock 제공

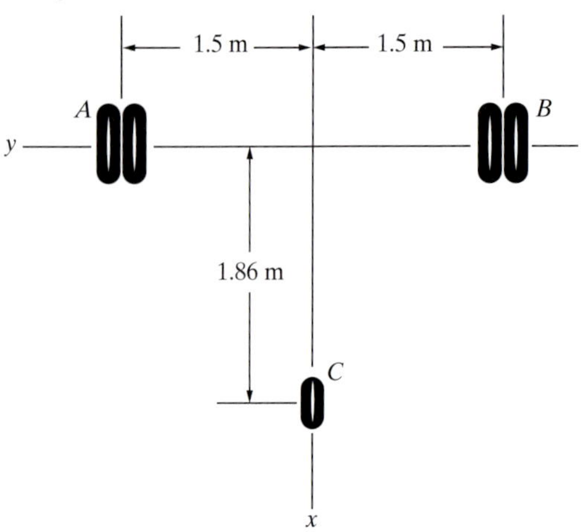

연습문제 4.55

4.56 점 B에 대한 $\mathbf{F}$의 모멘트 크기는 얼마인가?

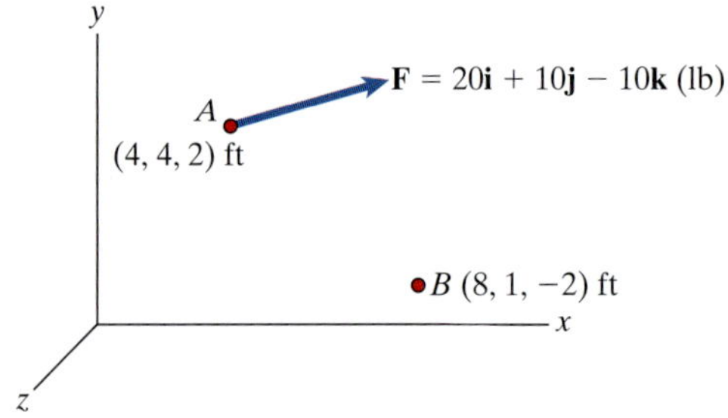

연습문제 4.56

4.57 케이블 CD의 장력이 6 kN이다. 점 C에서 케이블이 막대에 가하는 힘으로 인한 A에 대한 모멘트 크기는 얼마인가?

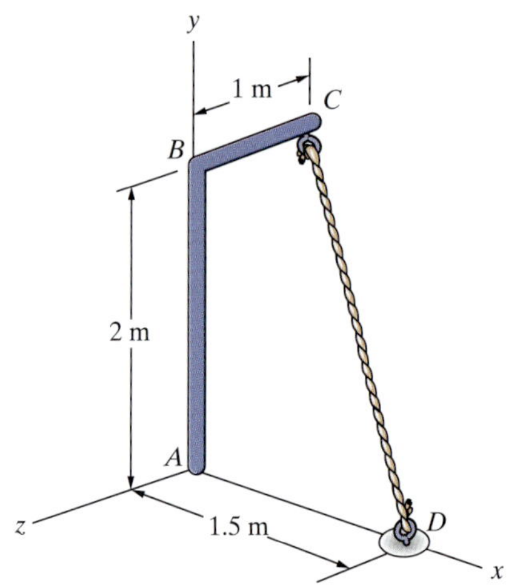

연습문제 4.57

4.58 A에 대한 $\mathbf{F}$의 모멘트 크기가 1200 ft-lb이다. $\mathbf{F}$의 크기는 얼마인가?

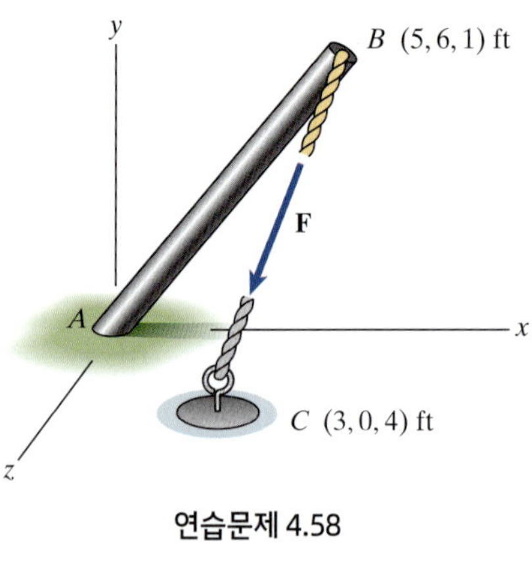

연습문제 4.58

4.59 힘 $\mathbf{F} = 30\mathbf{i} + 20\mathbf{j} - 10\mathbf{k}$ (N)이다. (a) A에 대한 $\mathbf{F}$의 모멘트 크기를 구하라. (b) 그 크기를 일정하게 유지하면서 $\mathbf{F}$의 방향을 바꿀 수 있다고 가정하고, A에 대한 $\mathbf{F}$의 모멘트를 최대화하는 방향을 선택하려고 한다. 그 결과로 나오는 최대 모멘트 크기는 얼마인가?

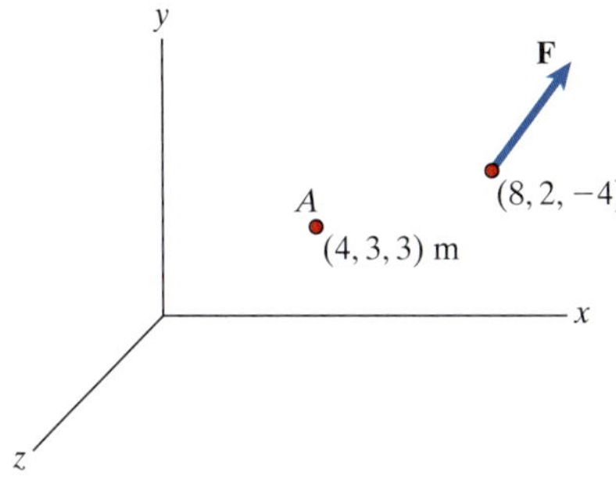

연습문제 4.59

4.60 한 사람이 러그 렌치에 힘 $\mathbf{F} = -14\mathbf{i} - 12\mathbf{j} - \mathbf{k}$ lb를 가하고 있다. 이 사람이 가하는 힘이 좌표 $x = 8$ in, $y = -10$ in, $z = 4$ in 지점에서 효과적으로 작용한다. 원점에 위치한 러그 너트에 대한 $\mathbf{F}$의 모멘트를 구하라.

연습문제 4.60

4.61 운동기구의 그립에 가해지는 힘 $\mathbf{F}$가 단위 벡터 $\mathbf{e} = 2/3\mathbf{i} - 2/3\mathbf{j} + 1/3\mathbf{k}$의 방향으로 작용하고 그 크기는 120 N이다. 원점 O에 대한 $\mathbf{F}$의 모멘트 크기를 구하라.

4.62 힘 $\mathbf{F}$가 단위 벡터 $\mathbf{e} = 2/3\mathbf{i} - 2/3\mathbf{j} + 1/3\mathbf{k}$의 방향으로 작용하고 있다. O의 지지점은 크기 560 N-m의 모멘트를 안전하게 지지한다. (a) 이 기준에 따르면, $\mathbf{F}$가 최대로 안전한 값은 얼마인가? (b) 힘 $\mathbf{F}$가 어떤 방향으로든 작용한다고 할 때, 최대로 안전한 값은 얼마인가?

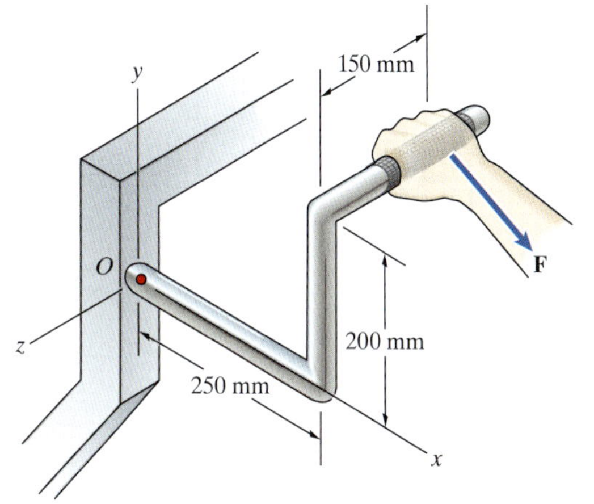

연습문제 4.61/4.62

4.63 콜로라도주 볼더시의 한 토목 엔지니어가 예상되는 가장 심한 치누크 강풍이 불 때 고속도로 표지판에 가해지는 총 힘이 $\mathbf{F} = 2.8\mathbf{i} - 1.8\mathbf{j}$ (kN)이 될 것으로 추정한다. $\mathbf{M}_O$가 표지판을 지지하는 원통형 기둥의 밑면 O에 대한 $\mathbf{F}$에 의한 모멘트라고 할 때, $\mathbf{M}_O$의 y 성분을 원통형 기둥의 밑면에 가해지는 비틀림 모멘트라고 하고, x–z 평면에 평행한 $\mathbf{M}_O$의 성분을 굽힘모멘트라고 한다. 비틀림 모멘트와 굽힘모멘트의 크기를 구하라.

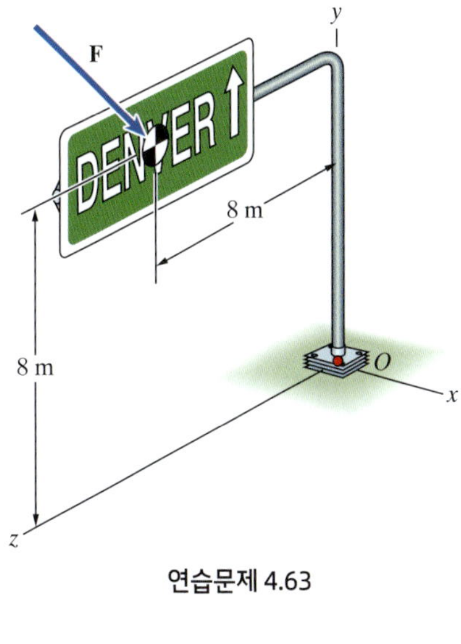

연습문제 4.63

4.64 로봇 조작기의 팔 OA, AB의 무게가 그 중간점에서 작용한다. 팔 OA의 중심선의 방향 코사인은 $\cos\theta_x = 0.500$, $\cos\theta_y = 0.866$, $\cos\theta_z = 0$이고, 팔 AB의 중심선의 방향 코사인은 $\cos\theta_x = 0.707$, $\cos\theta_y = 0.619$, $\cos\theta_z = -0.342$이다. 두 힘으로 인한 O에 대한 모멘트 합은 얼마인가?

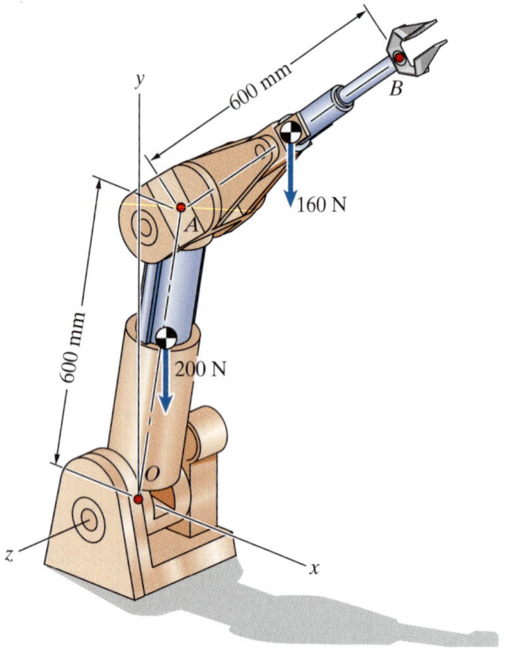

연습문제 4.64

4.65 케이블 AB의 장력이 100 lb이다. 나무의 밑면 O를 중심으로 두 개의 로프가 나무에 가하는 힘으로 인한 모멘트 크기를 1500 ft-lb로 만들려고 한다면, 로프 AC에 필요한 장력은 얼마인가?

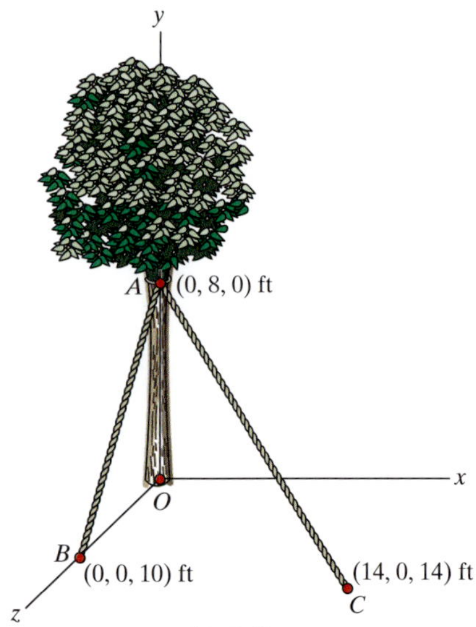

연습문제 4.65

4.66 운전자가 자동차 핸들에 두 힘을 가하고 있다. 좌표 (53.0, 183, −15.0) mm의 점 A에 힘 $\mathbf{F}_A = 2.02\mathbf{i} - 2.43\mathbf{j} + 1.42\mathbf{k}$ (N)이 가해지고, 좌표 (328, 360, −56.0) mm의 점 B에 $\mathbf{F}_B = -3.84\mathbf{i} + 2.02\mathbf{j} - 0.844\mathbf{k}$ (N)이 가해진다. 휠의 중심 P의 좌표는 (233, 206, 0) mm이다. P에 대한 두 힘의 모멘트 합의 성분을 구하라.

연습문제 4.66

4.67 힘 $\mathbf{F} = 5\mathbf{i}$ (kN)가 케이블 AB, AC, AD가 결합된 링 A에 작용한다. 힘 $\mathbf{F}$와 케이블이 링에 가하는 세 개의 힘으로 인한 점 D에 대한 모멘트 합은 얼마인가?

전략: 링은 평형상태이다. 링에 작용하는 네 개의 힘에 대해 알고 있는 것을 활용한다.

4.68 연습문제 4.67에서 케이블 AB가 링 A에 가하는 힘으로 인한 점 D에 대한 모멘트를 구하라.

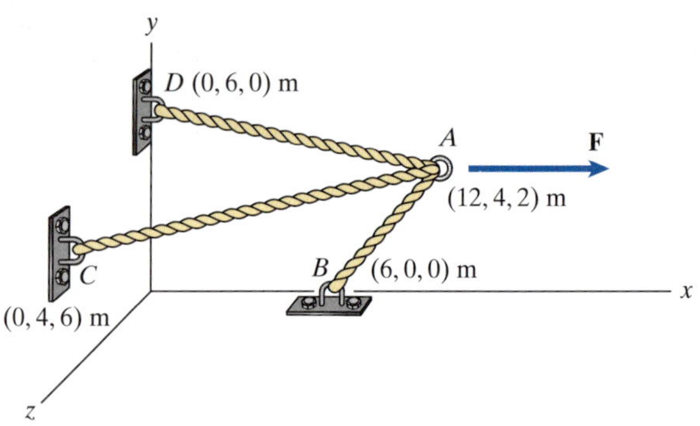

연습문제 4.67/4.68

4.69 힘 $\mathbf{F}_A$의 크기가 80 N이고, 원점에서 점 P까지의 직선 길이가 6 m이다. 점 P에 대한 $\mathbf{F}_A$의 모멘트의 성분을 구하라.

4.70 힘 $\mathbf{F}_B$의 크기가 120 N이고, 원점에서 점 P까지의 직선 길이가 6 m이다. (a) 점 P에 대한 $\mathbf{F}_B$의 모멘트 크기를 구하라. (b) 점 P에서 $\mathbf{F}_B$의 작용선까지 최단 직선 길이는 얼마인가?

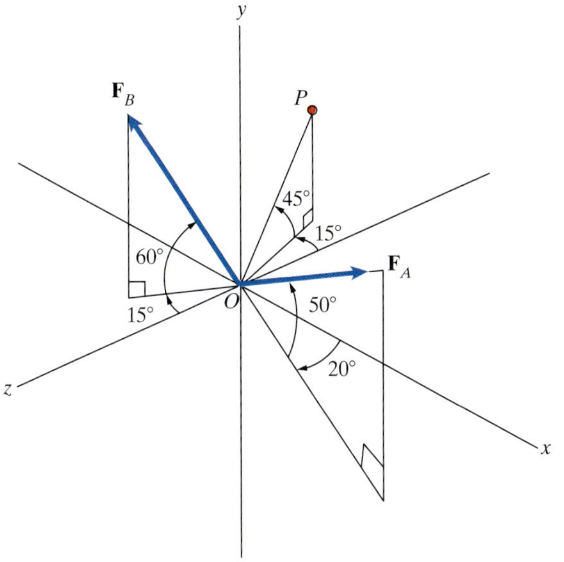

연습문제 4.69/4.70

4.71 칼라 A가 막대의 중간점에 있다. 케이블 AB의 장력이 100 lb라고 가정하고, 케이블이 칼라에 가하는 힘으로 인한 점 C에 대한 모멘트의 성분을 구하라.

4.72* 100 lb의 칼라 A가 케이블 AB에 의해 매끄러운 막대에서 평형을 유지하고 있다. [양(+)의 y축은 위쪽 방향이다.] 칼라는 막대의 중간점에 있다. 케이블이 칼라에 가하는 힘으로 인한 점 C에 대한 모멘트 크기를 구하라.

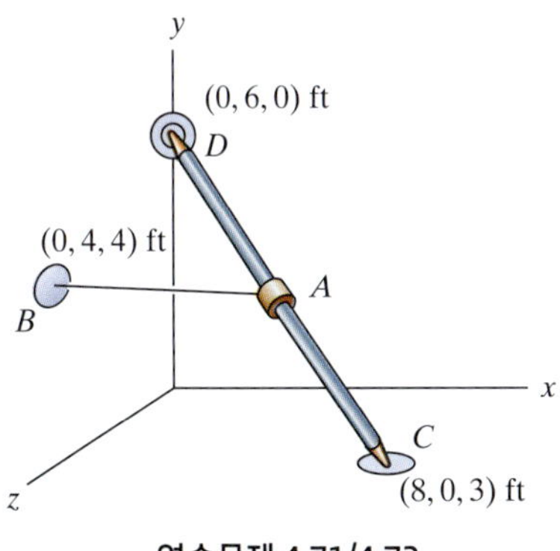

연습문제 4.71/4.72

4.73 케이블 BD의 장력이 1 kN이다. 케이블 BD는 B에 B에서 D로 향하는 방향으로 1 kN의 힘을 결과적으로 가한다. 점 A에 대한 이 힘의 모멘트를 구하라.

4.74* 매달린 물체 E의 질량이 100 kg이고 막대 AB의 질량이 20 kg이다. 막대의 무게가 중간점에서 작용한다고 가정하자. 막대의 무게와 세 개의 케이블 BC, BD, BE가 B에 가하는 힘으로 인한 점 A에 대한 모멘트 합이 0인 경우, 케이블 BC, BD의 장력을 구하라.

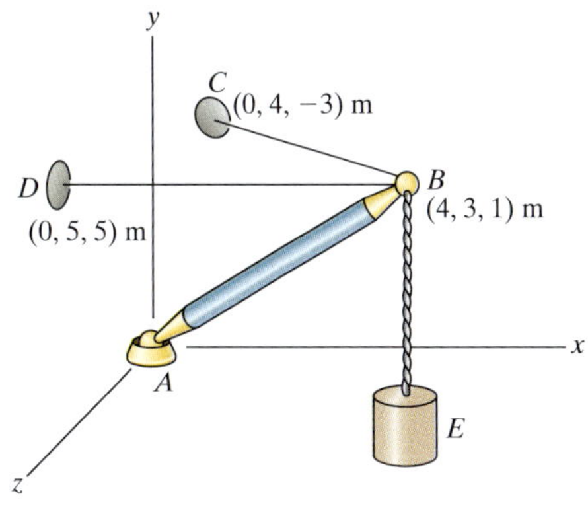

연습문제 4.73/4.74

4.75 A에서 200 kg의 슬라이더가 케이블 AB에 의해 매끄러운 수직 막대에 고정되어 있다. 케이블이 슬라이더에 가하는 힘으로 인한 막대의 바닥에 대한 모멘트를 구하라(점 C의 좌표는 $x = 2$ m, $y = z = 0$).

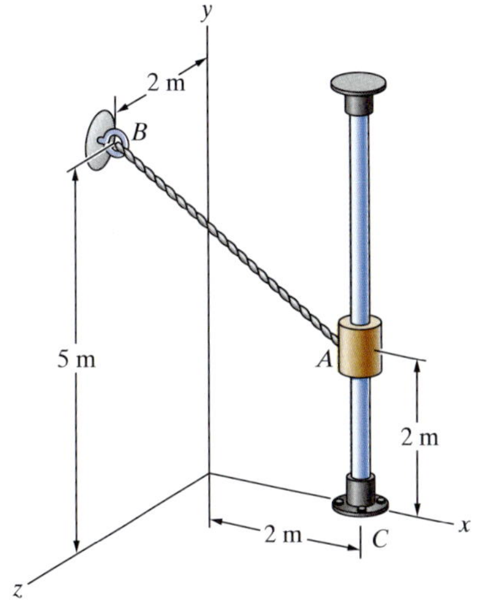

연습문제 4.75

4.76 수직 철제 기둥 설계의 적절성을 평가하려면 케이블 AB가 점 B에 가하는 힘으로 인한 기둥 바닥에 대한 모멘트를 구해야 한다. 케이블 AC에 장착된 스트레인 게이지에 따르면 케이블 AC의 장력은 22 kN이다. 모멘트는 얼마인가?

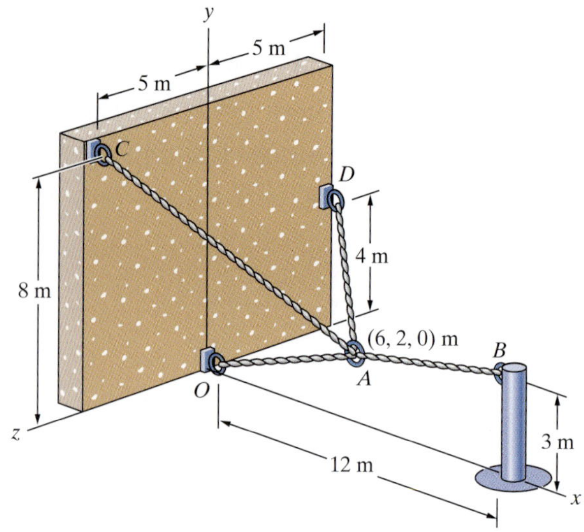

연습문제 4.76

4.3 선에 대한 힘의 모멘트

생각해보기

- 선에 대한 힘의 모멘트는 무엇을 의미하며, 왜 유용한가?
- 점에 대한 힘의 모멘트와 선에 대한 힘의 모멘트의 차이점은 무엇인가? 둘은 관련이 있는가?

배경

그림 4.10의 캡스턴(capstan)이라 부르는 장치는 사각 돛 범선 시절에 사용되었다. 선원들은 그림 4.10a와 같이 손잡이를 밀어서 이 장치를 돌렸으며, 닻을 올리거나 활대를 들어 올리는 등의 작업에 사용했다. 그림 4.10b와 같이 손잡이 중 하나에 수직력 **F**를 가하면, 비록 두 경우 모두 점 P에 대한 모멘트의 크기가 $d|\mathbf{F}|$더라도 캡스턴이 회전하지 않는다.

선 또는 축을 중심으로 회전을 일으키는 힘의 경향을 측정하는 것을 선에 대한 힘의 모멘트라고 한다. 축 L을 중심으로 회전하는 터빈과 같은 물체에 힘 **F**가 작용한다고 가정하고, 그림 4.11의 좌표계에서 **F**를 성분으로 분해한다. 성분 F_x, F_z는 캡스턴의 축에 평행한 힘이 회전을 일으키지 못하는 것처럼 터빈을 회전시키지 못한다. 성분 F_y는 터빈 축에 대해 크기 aF_y의 모멘트를 가해 회전을 일으킨다. 이 예제에서는 좌표계가 편리하게 배치되어 있기 때문에 L에 대한 **F**의 모멘트를 쉽게 구할 수 있다. 이제 어떤 선에 대한 힘의 모멘트를 구하는 식을 알아보자.

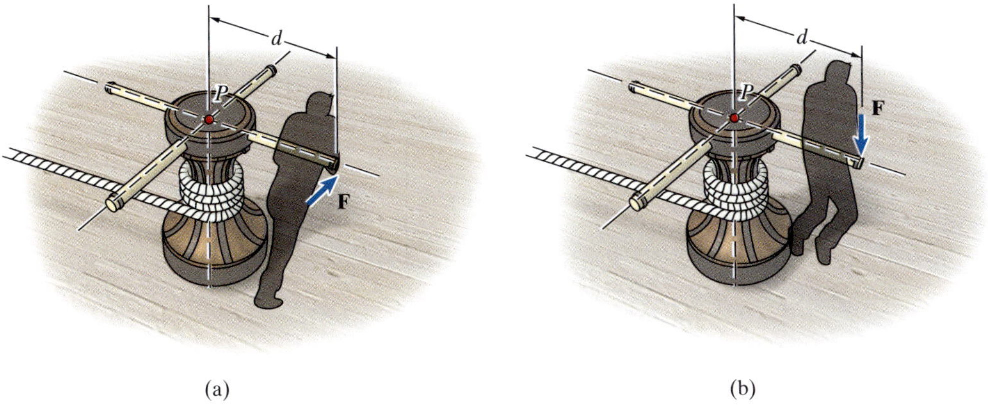

그림 4.10

(a) 캡스턴 돌리기
(b) 수직력으로는 캡스턴을 돌릴 수 없다.

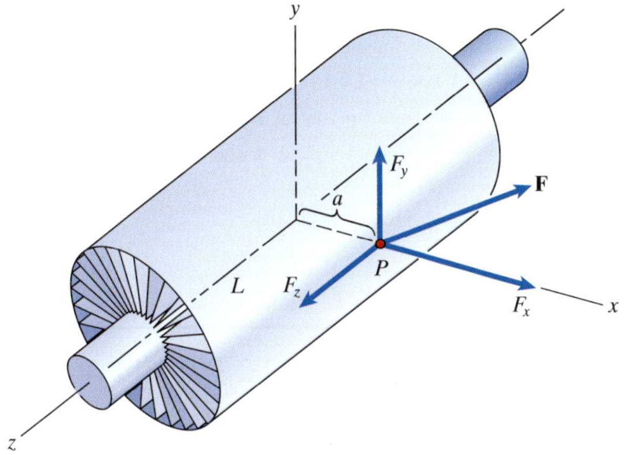

그림 4.11

회전축이 L인 터빈에 힘 가하기

정의

선 L과 힘 $\mathbf{F}$를 생각해보자(그림 4.12a). $\mathbf{M}_P$를 L상의 임의의 점 P에 대한 $\mathbf{F}$의 모멘트로 두자(그림 4.12b). L에 대한 $\mathbf{F}$의 모멘트는 L에 평행한 $\mathbf{M}_P$의 성분이며, 이를 $\mathbf{M}_L$로 표시한다(그림 4.12c). L에 대한 $\mathbf{F}$의 모멘트 크기는 $|\mathbf{M}_L|$이고, 오른손의 엄지가 $\mathbf{M}_L$의 방향을 가리킬 때 손가락의 원호는 L에 대한 모멘트의 방향을 나타낸다. L을 따르는 단위 벡터 $\mathbf{e}$의 항으로(그림 4.12d), $\mathbf{M}_L$은 다음과 같다.

$$\mathbf{M}_L = (\mathbf{e} \cdot \mathbf{M}_P)\mathbf{e} \tag{4.4}$$

(단위 벡터 $\mathbf{e}$는 어느 방향이나 가리킬 수 있다. 선에 평행하고 수직인 벡터 성분에 대한 설명은 2.5절을 참조하라.) 모멘트 $\mathbf{M}_P = \mathbf{r} \times \mathbf{F}$이므로 $\mathbf{M}_L$을 다음과 같이 표현할 수도 있다.

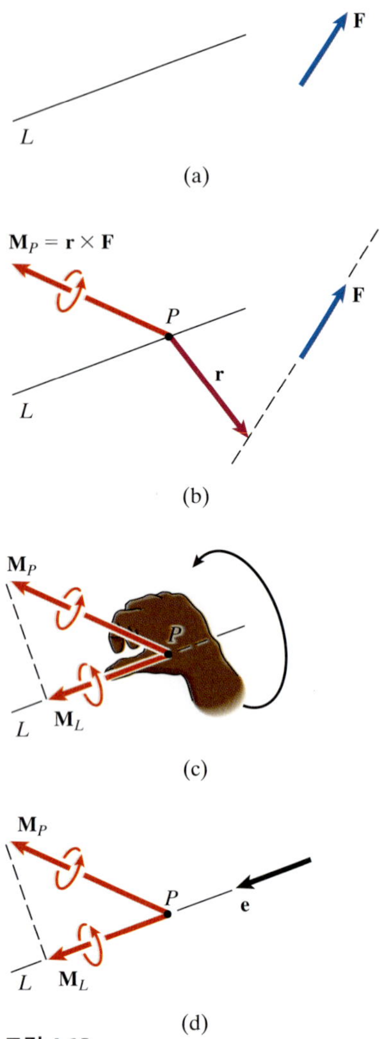

그림 4.12

(a) 선 L과 힘 $\mathbf{F}$

(b) $\mathbf{M}_P$는 L상의 임의의 지점에 대한 $\mathbf{F}$의 모멘트이다.

(c) 성분 $\mathbf{M}_L$은 L에 대한 $\mathbf{F}$의 모멘트이다.

(d) L을 따르는 단위 벡터 $\mathbf{e}$

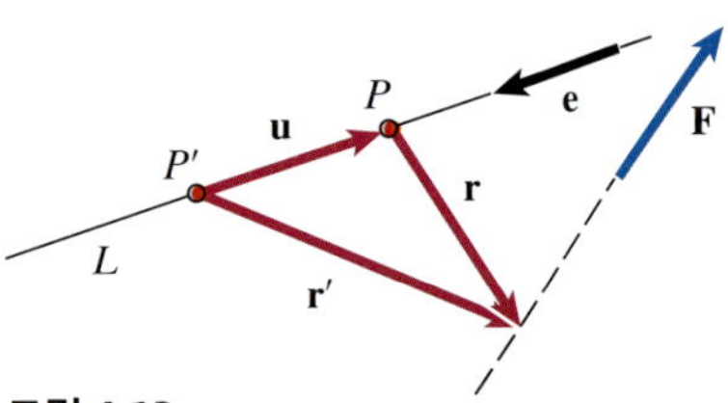

그림 4.13

두 개의 다른 점 P와 P'을 사용해 L에 대한 $\mathbf{F}$의 모멘트를 계산한다.

$$\mathbf{M}_L = [\mathbf{e}\cdot(\mathbf{r}\times\mathbf{F})]\mathbf{e} \tag{4.5}$$

이 식의 혼합 삼중곱은 세 벡터의 성분 항으로 다음과 같이 주어진다.

$$\mathbf{e}\cdot(\mathbf{r}\times\mathbf{F}) = \begin{vmatrix} e_x & e_y & e_z \\ r_x & r_y & r_z \\ F_x & F_y & F_z \end{vmatrix} \tag{4.6}$$

스칼라 $\mathbf{e}\cdot\mathbf{M}_P = \mathbf{e}\cdot(\mathbf{r}\times\mathbf{F})$의 값에 따라 $\mathbf{M}_L$의 크기와 방향이 모두 결정된다. $\mathbf{e}\cdot\mathbf{M}_P$의 절댓값은 $\mathbf{M}_L$의 크기이다. $\mathbf{e}\cdot\mathbf{M}_P$가 양이면 $\mathbf{M}_L$은 $\mathbf{e}$의 방향을 가리키고, $\mathbf{e}\cdot\mathbf{M}_P$가 음이면 $\mathbf{M}_L$은 $\mathbf{e}$의 반대 방향을 가리킨다.

식 (4.4) 또는 식 (4.5)로 얻은 결과는 $\mathbf{M}_P = \mathbf{r}\times\mathbf{F}$를 구하기 위해 L상에서 어떤 점을 선택했는지에 따라 달라지지 않는다. 그림 4.13에서 점 P를 L에 대한 $\mathbf{F}$의 모멘트를 구하는 데 사용한다면 식 (4.5)로 나타낸 결과를 얻는다. 점 P 대신 점 P'을 사용한다고 해도 동일한 결과를 얻는다.

$$\begin{aligned}[\mathbf{e}\cdot(\mathbf{r}'\times\mathbf{F})]\mathbf{e} &= \{\mathbf{e}\cdot[(\mathbf{r}+\mathbf{u})\times\mathbf{F}]\}\mathbf{e} \\ &= [\mathbf{e}\cdot(\mathbf{r}\times\mathbf{F}) + \mathbf{e}\cdot(\mathbf{u}\times\mathbf{F})]\mathbf{e} \\ &= [\mathbf{e}\cdot(\mathbf{r}\times\mathbf{F})]\mathbf{e}\end{aligned}$$

왜냐하면 $\mathbf{u}\times\mathbf{F}$가 $\mathbf{e}$에 수직이기 때문이다.

적용

그림 4.11의 터빈으로 돌아가서 $\mathbf{M}_L$이 L을 중심으로 $\mathbf{F}$가 회전을 일으키는 경향을 측정한 것임을 증명해보자. Q를 원점으로부터 임의의 거리 b에 있는 L의 한 점이라고 두자(그림 4.14a). Q에서 P까지의 벡터 $\mathbf{r}$은 $\mathbf{r} = a\mathbf{i} - b\mathbf{k}$이므로, Q에 대한 $\mathbf{F}$의 모멘트는 다음과 같다.

$$\mathbf{M}_Q = \mathbf{r}\times\mathbf{F} = \begin{vmatrix} \mathbf{i} & \mathbf{j} & \mathbf{k} \\ a & 0 & -b \\ F_x & F_y & F_z \end{vmatrix} = bF_y\mathbf{i} - (aF_z + bF_x)\mathbf{j} + aF_y\mathbf{k}$$

z축이 L과 일치하기 때문에 단위 벡터 $\mathbf{k}$는 L을 따라서 있다. 따라서 L에 대한 $\mathbf{F}$의 모멘트는 다음과 같다.

$$\mathbf{M}_L = (\mathbf{k}\cdot M_Q)\mathbf{k} = aF_y\mathbf{k}$$

성분 F_x, F_z는 L에 대해 아무런 모멘트를 발휘하지 않는다. F_y가 양이라고 가정하면 그림 4.14b에 표시된 방향으로 터빈 축에 대해 크기 aF_y의 모멘트를 발휘한다.

이제 임의의 선 L에 대한 힘의 모멘트를 구해보자(그림 4.15a). 첫 번째 단

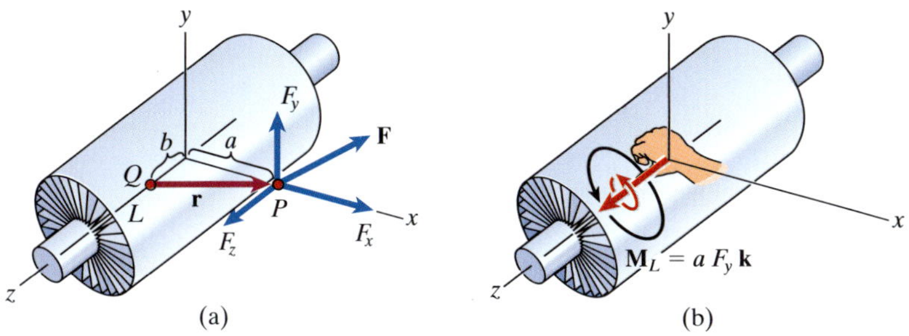

그림 4.14

(a) L상의 임의의 점 Q와 Q에서 P까지의 벡터 $\mathbf{r}$

(b) $\mathbf{M}_L$과 L에 대한 모멘트 방향

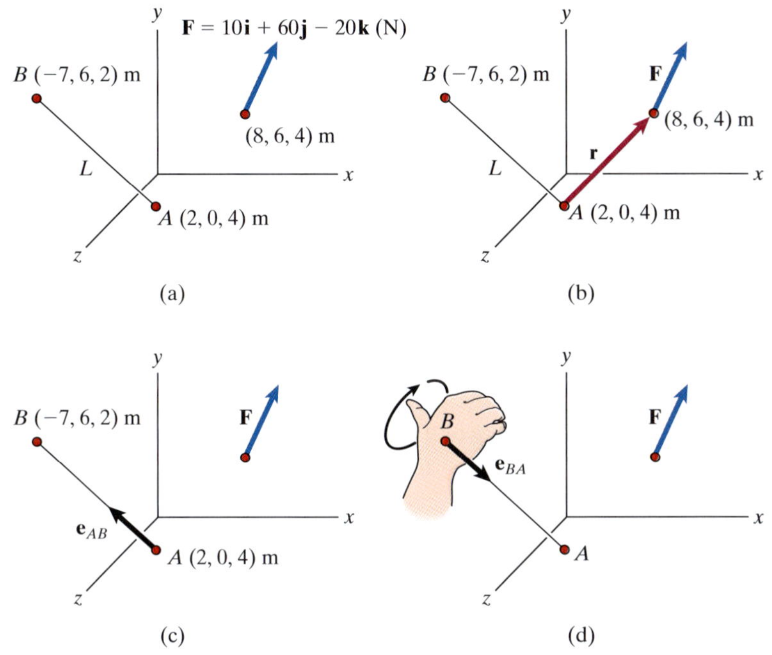

그림 4.15

(a) 힘 $\mathbf{F}$와 선 L

(b) A에서 $\mathbf{F}$의 작용점까지의 벡터 $\mathbf{r}$

(c) $\mathbf{e}_{AB}$는 A에서 B로 향한다.

(d) 오른손 법칙은 모멘트 방향을 나타낸다.

계는 선상의 한 점을 선택하는 것이다. 점 A를 선택하면(그림 4.15b), A에서 $\mathbf{F}$의 작용점까지의 벡터 $\mathbf{r}$은 다음과 같다.

$$\mathbf{r} = (8 - 2)\mathbf{i} + (6 - 0)\mathbf{j} + (4 - 4)\mathbf{k} = 6\mathbf{i} + 6\mathbf{j}\ (\text{m})$$

A에 대한 $\mathbf{F}$의 모멘트는 다음과 같다.

$$\mathbf{M}_A = \mathbf{r} \times \mathbf{F} = \begin{vmatrix} \mathbf{i} & \mathbf{j} & \mathbf{k} \\ 6 & 6 & 0 \\ 10 & 60 & -20 \end{vmatrix}$$
$$= -120\mathbf{i} + 120\mathbf{j} + 300\mathbf{k}\ (\text{N-m})$$

다음 단계는 L을 따라 단위 벡터를 구하는 것이다. A에서 B까지의 벡터는 다음과 같다.

$$(-7 - 2)\mathbf{i} + (6 - 0)\mathbf{j} + (2 - 4)\mathbf{k} = -9\mathbf{i} + 6\mathbf{j} - 2\mathbf{k}\ (\text{m})$$

이 벡터를 그 크기로 나누면 A에서 B로 향하는 단위 벡터 $\mathbf{e}_{AB}$를 구할 수 있다(그림

4.15c).

$$\mathbf{e}_{AB} = -\frac{9}{11}\mathbf{i} + \frac{6}{11}\mathbf{j} - \frac{2}{11}\mathbf{k}$$

L에 대한 $\mathbf{F}$의 모멘트는 다음과 같다.

$$\begin{aligned}\mathbf{M}_L &= (\mathbf{e}_{AB} \cdot \mathbf{M}_A)\mathbf{e}_{AB} \\ &= \left[\left(-\frac{9}{11}\right)(-120 \text{ N-m}) + \left(\frac{6}{11}\right)(120 \text{ N-m}) + \left(-\frac{2}{11}\right)(300 \text{ N-m})\right]\mathbf{e}_{AB} \\ &= 109\mathbf{e}_{AB} \text{ (N-m)}\end{aligned}$$

$\mathbf{M}_L$의 크기는 109 N-m이며, 오른손 엄지를 $\mathbf{e}_{AB}$ 방향으로 가리키면 $\mathbf{M}_L$의 방향을 나타낸다.

B에서 A로 향하는 단위 벡터 $\mathbf{e}_{BA}$를 사용해 $\mathbf{M}_L$을 계산하면 다음과 같다.

$$\mathbf{M}_L = -109\mathbf{e}_{BA} \text{ (N-m)}$$

이는 같은 크기 값이 얻어지며, 음(−)의 부호는 $\mathbf{M}_L$이 $\mathbf{e}_{BA}$와 반대되는 방향을 가리킨다는 것을 의미하므로 $\mathbf{M}_L$의 방향도 동일하다. 따라서 오른손 법칙은 같은 방향을 나타낸다(그림 4.15d).

앞의 예제는 좀 더 일반적인 용어로 설명할 수 있는 세 가지 유용한 결과를 보여준다.

- $\mathbf{F}$의 작용선이 L을 포함하는 평면에 수직인 경우(그림 4.16a), L에 대한 $\mathbf{F}$의 모멘트 크기는 $\mathbf{F}$의 크기와 L에서 작용선이 평면과 교차하는 지점까지의 수선 거리 D의 곱과 같다. 즉 $|\mathbf{M}_L| = |\mathbf{F}|D$이다.
- $\mathbf{F}$의 작용선이 L과 평행할 때(그림 4.16b), L에 대한 F의 모멘트는 0이다. 즉 $\mathbf{M}_L = 0$이다. $\mathbf{M}_P = \mathbf{r} \times \mathbf{F}$는 $\mathbf{F}$에 수직이므로 $\mathbf{M}_P$는 L에 수직이고 L에 평행한 $\mathbf{M}_P$의 벡터 성분은 0이다.
- $\mathbf{F}$의 작용선이 L과 교차할 때(그림 4.16c), L에 대한 $\mathbf{F}$의 모멘트는 0이다. $\mathbf{M}_P$를 평가하기 위해 L상의 임의의 점을 선택할 수 있으므로 $\mathbf{F}$의 작용선이 L과 교차하는 지점을 사용할 수 있다. 그 점에 대한 모멘트 $\mathbf{M}_P$는 0이므로 L에 평행한 벡터 성분은 0이다.

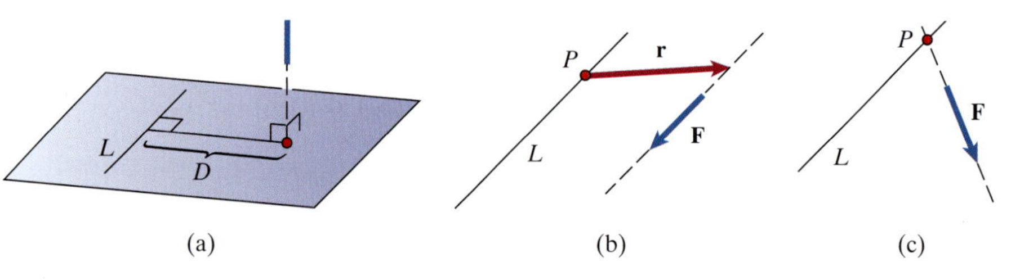

그림 4.16
(a) $\mathbf{F}$는 L을 포함하는 평면에 수직이다.
(b) $\mathbf{F}$는 L과 평행하다.
(c) $\mathbf{F}$의 작용선은 P에서 L과 교차한다.

결과 정리

선 L에 대한 힘 F의 모멘트 구하기

선상의 임의의 점 P를 선택하고 P에 대한 $\mathbf{F}$의 모멘트 $\mathbf{M}_P$를 구한다. →

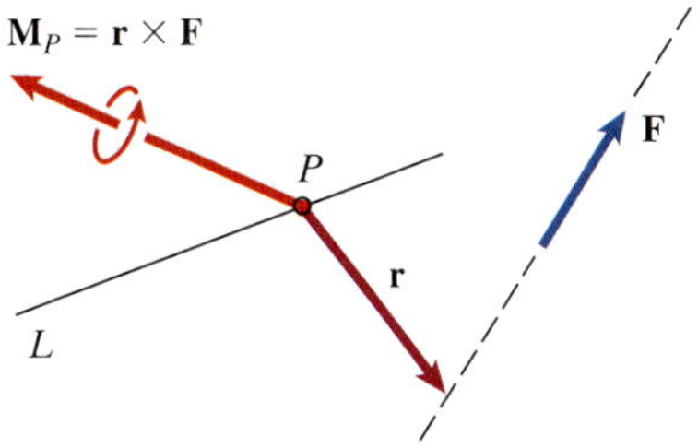

$\mathbf{M}_L$로 표시되는 L에 평행한 $\mathbf{M}_P$의 성분은 선에 대한 $\mathbf{F}$의 모멘트이다. (오른손 엄지를 $\mathbf{M}_L$ 방향으로 가리키면 다른 손가락이 선에 대한 모멘트 방향을 가리킨다.) →

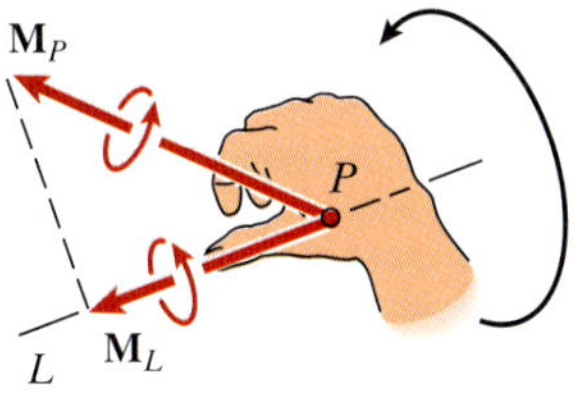

↓

$\mathbf{e}$가 L에 평행한 단위 벡터인 경우

$$\mathbf{M}_L = (\mathbf{e} \cdot \mathbf{M}_P)\,\mathbf{e} \tag{4.4}$$

특수한 사례

$\mathbf{F}$의 작용선이 L을 포함하는 평면에 수직인 경우 $|\mathbf{M}_L| = |\mathbf{F}|D$이며, 여기에서 D는 L에서 작용선이 평면과 교차하는 지점까지의 수선 거리이다. →

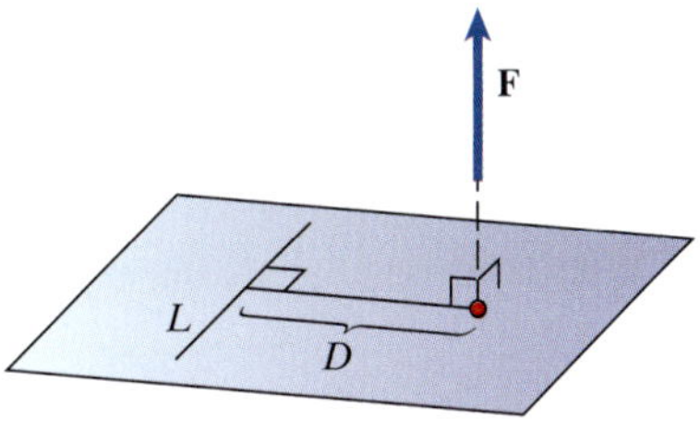

$\mathbf{F}$의 작용선이 L과 평행할 때 $\mathbf{M}_L = 0$이다. →

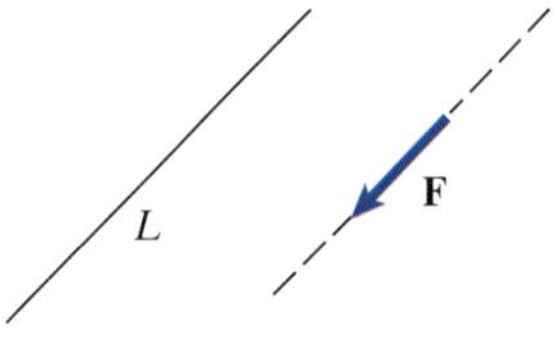

$\mathbf{F}$의 작용선이 L과 교차할 때 $\mathbf{M}_L = 0$이다. →

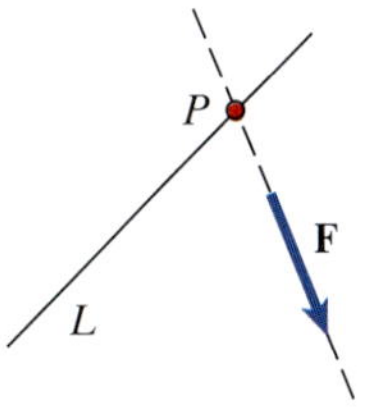

실습 예제 4.6 선에 대한 힘의 모멘트

막대 BC의 축에 대한 힘 $\mathbf{F}$의 모멘트는 얼마인가?

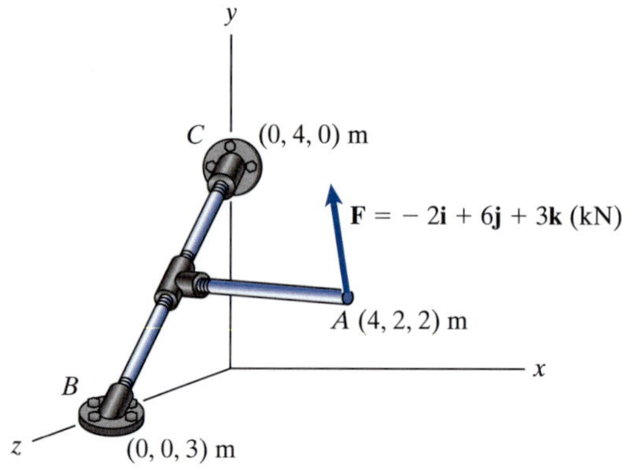

전략

점 A, B, C의 좌표를 알고 있으므로 막대의 축상의 한 점에 대한 $\mathbf{F}$에 의한 모멘트를 구할 수 있다. 점 B에 대한 모멘트를 구할 것이다. 축 BC에 평행한 모멘트의 성분은 그 축에 대한 $\mathbf{F}$의 모멘트이다. 그 축에 평행한 단위 벡터를 구함으로써 식 (4.4)를 사용해 평행 성분을 구할 수 있다.

풀이

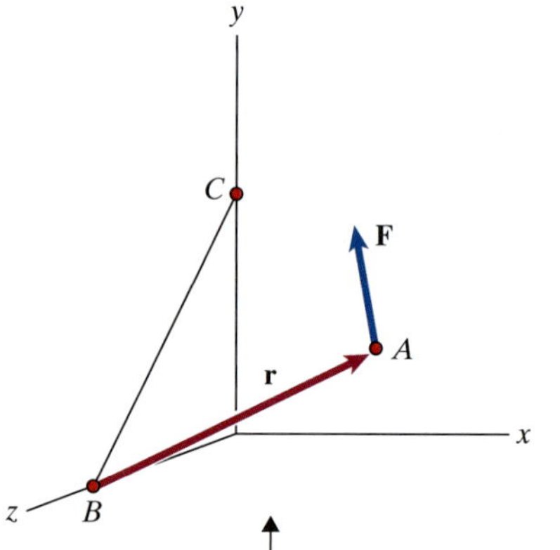

$$\mathbf{r} = (x_A - x_B)\mathbf{i} + (y_A - y_B)\mathbf{j} + (z_A - z_B)\mathbf{k} = 4\mathbf{i} + 2\mathbf{j} - \mathbf{k}\ (\text{m})$$

점 B에서 $\mathbf{F}$의 작용점까지의 벡터 성분을 구한다.

$$\mathbf{M}_B = \mathbf{r} \times \mathbf{F} = \begin{vmatrix} \mathbf{i} & \mathbf{j} & \mathbf{k} \\ 4 & 2 & -1 \\ -2 & 6 & 3 \end{vmatrix} = 12\mathbf{i} - 10\mathbf{j} + 28\mathbf{k}\ (\text{kN-m})$$

점 B에 대한 $\mathbf{F}$의 모멘트를 계산한다.

$$\mathbf{r}_{BC} = (x_C - x_B)\mathbf{i} + (y_C - y_B)\mathbf{j} + (z_C - z_B)\mathbf{k}$$
$$= 4\mathbf{j} - 3\mathbf{k}\ (\text{m})$$
$$\mathbf{e}_{BC} = \frac{\mathbf{r}_{BC}}{|\mathbf{r}_{BC}|} = 0.8\mathbf{j} - 0.6\mathbf{k}$$

점 B에서 점 C까지의 위치 벡터를 그 크기로 나누어 축 BC에 평행한 단위 벡터를 구한다.

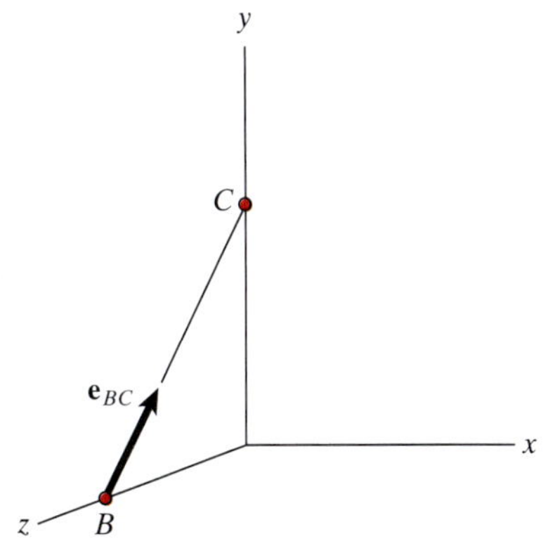

$$\mathbf{M}_{BC} = (\mathbf{e}_{BC} \cdot \mathbf{M}_B)\,\mathbf{e}_{BC}$$
$$= [(0)(12) + (0.8)(-10) + (-0.6)(28)]\,\mathbf{e}_{BC}$$
$$= -24.8\mathbf{e}_{BC}\ (\text{kN-m})$$

식 (4.4)를 적용해서 축 BC에 대한 **F**의 모멘트를 구한다. 음의 결괏값이 나옴을 주목하라. 오른손 엄지를 단위 벡터 $\mathbf{e}_{BC}$의 방향과 반대로 가리키면 다른 손가락이 축 BC에 대한 **F**의 모멘트 방향을 가리킨다.

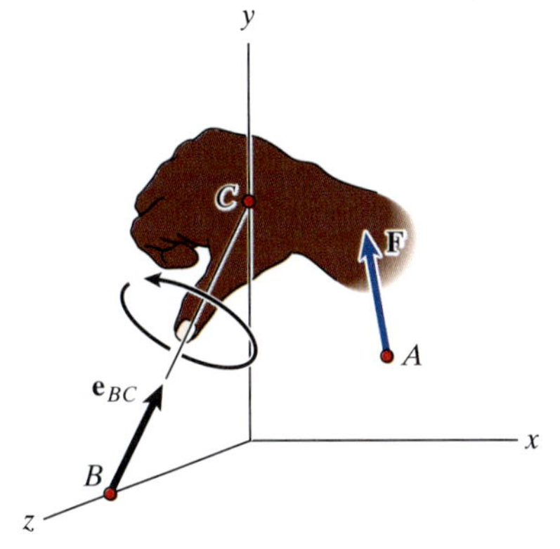

실습 문제 점 C에 대한 힘 **F**의 모멘트 $\mathbf{M}_C$를 구하라. 이를 사용해서 축에 평행한 $\mathbf{M}_C$의 성분을 구해 축 BC에 대한 **F**의 모멘트를 계산하라.

답: $\mathbf{M}_{BC} = -24.8\mathbf{e}_{BC}\ (\text{kN-m})$

예제 4.7 x축에 대한 힘의 모멘트

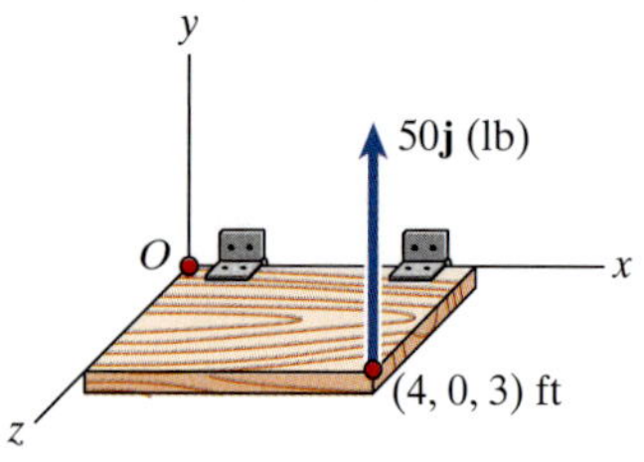

x축에 대한 50 lb 힘의 모멘트는 얼마인가?

전략

두 가지 방법으로 모멘트를 구할 수 있다.

첫 번째 방법 식 (4.5)와 식 (4.6)을 사용할 수 있다. **r**은 x축의 어느 지점에서나 힘의 작용선까지 확장될 수 있으므로, O에서 힘의 작용점까지의 벡터를 사용할 수 있다. 벡터 **e**는 x축을 따르는 단위 벡터여야 하므로 **i** 또는 −**i**를 사용할 수 있다.

두 번째 방법 이 예제는 50 lb의 힘이 x–z 평면에 수직이기 때문에 앞서 설명한 특수한 사례 중 첫 번째 예이다. 주어진 정보로부터 직접 모멘트의 크기와 방향을 구할 수 있다.

풀이

첫 번째 방법 벡터 **r**을 구한다. O에서 힘의 작용점까지의 벡터는(그림 a)

$$\mathbf{r} = 4\mathbf{i} + 3\mathbf{k}\ (\text{ft})$$

벡터 **e**를 구한다. 단위 벡터 **i**를 사용할 수 있다.

$\mathbf{M}_L$을 계산한다. 식 (4.6)에서 혼합 삼중곱은

$$\mathbf{i}\cdot(\mathbf{r}\times\mathbf{F}) = \begin{vmatrix} 1 & 0 & 0 \\ 4 & 0 & 3 \\ 0 & 50 & 0 \end{vmatrix} = -150\ \text{ft-lb}$$

그런 다음 식 (4.5)에서 x축에 대한 힘의 모멘트는

$$\mathbf{M}_{x축} = [\mathbf{i}\cdot(\mathbf{r}\times\mathbf{F})]\mathbf{i} = -150\mathbf{i}\ (\text{ft-lb})$$

모멘트의 크기는 150 ft-lb이며, 그 방향은 그림 b와 같다.

두 번째 방법 50 lb의 힘은 x축을 포함하는 평면(x–z 평면)에 수직이므로, x축에 대한 모멘트의 크기는 x축에서 힘의 작용선이 x–z 평면과 교차하는 지점까지의 수선 거리와 같다(그림 c).

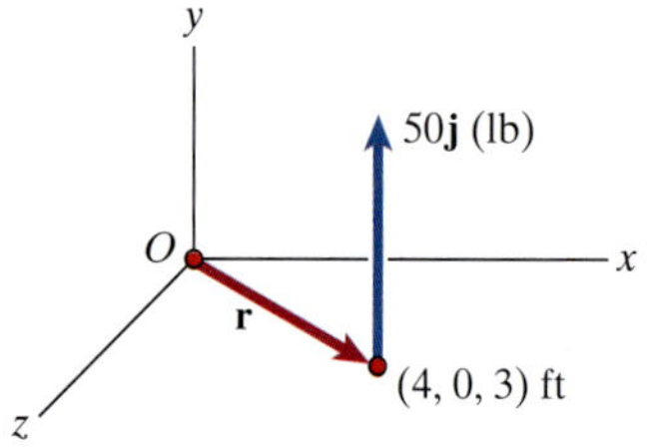

(a) O에서 힘의 작용점까지의 벡터 **r**

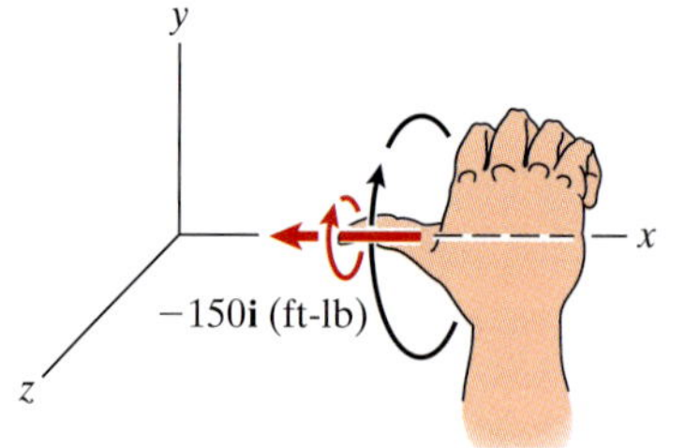

(b) 모멘트의 방향

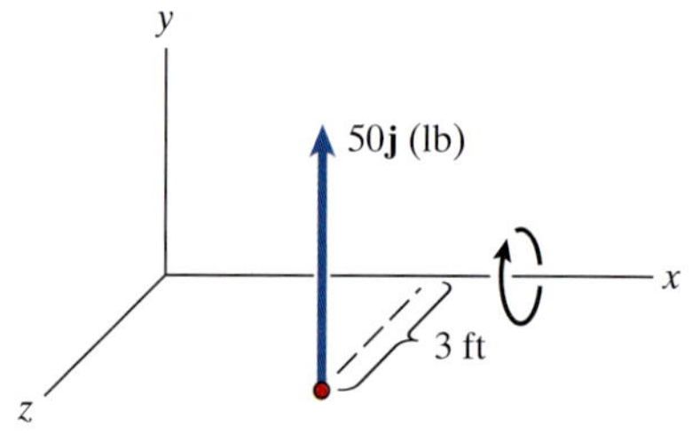

(c) x축에서 힘의 작용선이 x–z 평면과 교차하는 지점까지의 거리는 3 ft이다. 화살표는 x축을 중심으로 한 모멘트의 방향을 나타낸다.

$$|\mathbf{M}_{x축}| = (3\text{ ft})(50\text{ lb}) = 150\text{ ft-lb}$$

손가락의 원호를 x축에 대한 모멘트 방향으로 가리키면(그림 c), 오른손 법칙에 따라 $\mathbf{M}_{x축}$이 음의 x축 방향을 가리키고 있음을 알 수 있다. 따라서

$$\mathbf{M}_{x축} = -150\mathbf{i}\ (\text{ft-lb})$$

비판적 사고

이 예제의 경첩 달린 문은 x축을 중심으로 회전하도록 설계되었다. 문에 다른 힘이 작용하지 않는다면 50 lb의 위쪽 방향 힘으로 인해 문이 위쪽으로 회전하는 경향이 있음을 알 수 있다. 특정 지점에 대한 힘의 모멘트가 아니라 x축에 대한 힘의 모멘트로, 경첩에서 문을 회전시키는 힘의 경향을 측정한다. 더 나아가 x축에 대한 힘의 모멘트 방향은 힘으로 인해 문이 회전하는 방향을 나타낸다(그림 b 참조).

예제 4.8 회전 기계

한 선원이 윈치의 손잡이에 힘 $\mathbf{F} = 4\mathbf{j} + 32\mathbf{k}$ N을 가하고 있다. 선원이 가하는 총 모멘트를 (a) 점 O에 대해, (b) x축과 일치하는 윈치의 축에 대해 구하라.

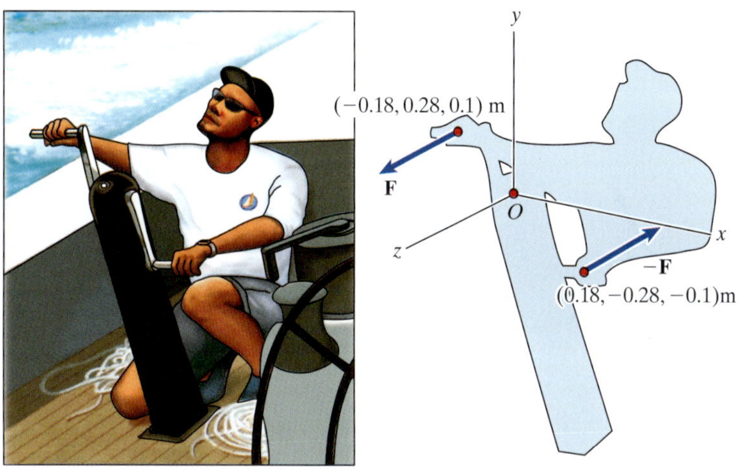

전략

(a) 점 O에 대한 총모멘트를 구하려면 O에 대한 두 힘의 모멘트를 합해야 한다. 이 합을 $\Sigma\mathbf{M}_O$로 표시한다.

(b) 점 O가 x축에 있으므로 x축에 대한 총모멘트는 x축에 평행한 $\Sigma\mathbf{M}_O$의 성분이고 이것은 $\Sigma\mathbf{M}_O$의 x 성분이다.

풀이

(a) 점 O에 대한 총모멘트는

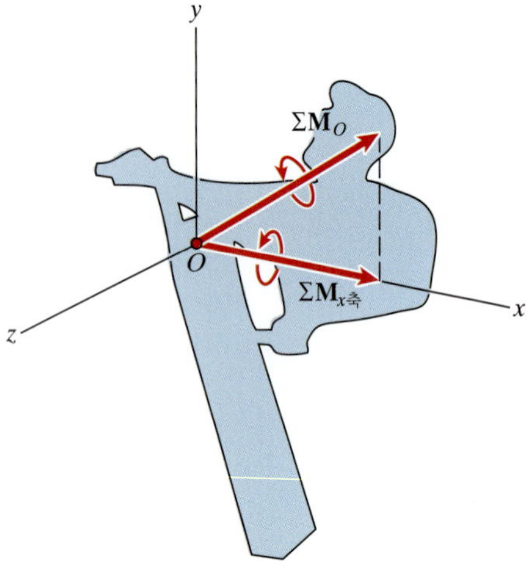

(a) x축에 대한 총모멘트

$$\Sigma\mathbf{M}_O = \begin{vmatrix} \mathbf{i} & \mathbf{j} & \mathbf{k} \\ -0.18 & 0.28 & 0.1 \\ 0 & 4 & 32 \end{vmatrix} + \begin{vmatrix} \mathbf{i} & \mathbf{j} & \mathbf{k} \\ 0.18 & -0.28 & -0.1 \\ 0 & -4 & -32 \end{vmatrix}$$
$$= 17.1\mathbf{i} + 11.5\mathbf{j} - 1.4\mathbf{k}\ (\text{N-m})$$

(b) x축에 대한 총모멘트는 $\Sigma\mathbf{M}_O$의 x 성분이다(그림 a).

$$\Sigma\mathbf{M}_{x축} = 17.1\ (\text{N-m})$$

이것은 식 (4.4)를 통해 나오는 결과이다. $\mathbf{i}$는 x축에 평행한 단위 벡터이기 때문이다.

$$\Sigma\mathbf{M}_{x축} = (\mathbf{i}\cdot\Sigma\mathbf{M}_O)\mathbf{i}$$
$$= 17.1\ (\text{N-m})$$

연습문제

4.77 힘 $\mathbf{F} = 20\mathbf{i} + 40\mathbf{j} - 10\mathbf{k}$ (N)이다. 예제 4.7에서 설명한 두 절차를 모두 사용해서 z축에 대한 $\mathbf{F}$에 의한 모멘트를 구하라.

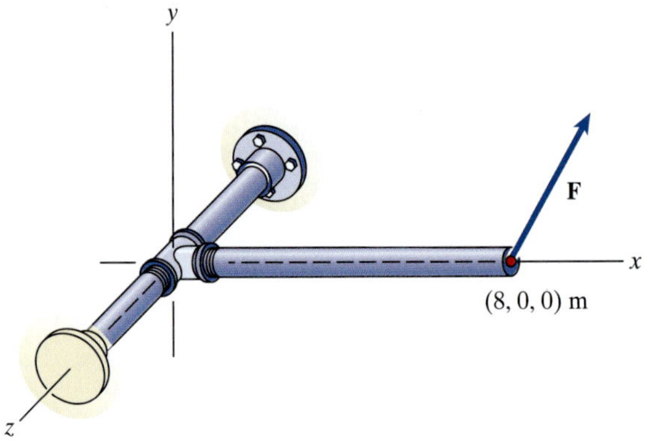

연습문제 4.77

4.78 식 (4.5)와 식 (4.6)을 사용해서 (a) x축, (b) y축, (c) z축에 대한 20 N 힘의 모멘트를 구하라. (먼저 수식을 사용하지 않고 결과를 적을 수 있는지 확인하라.)

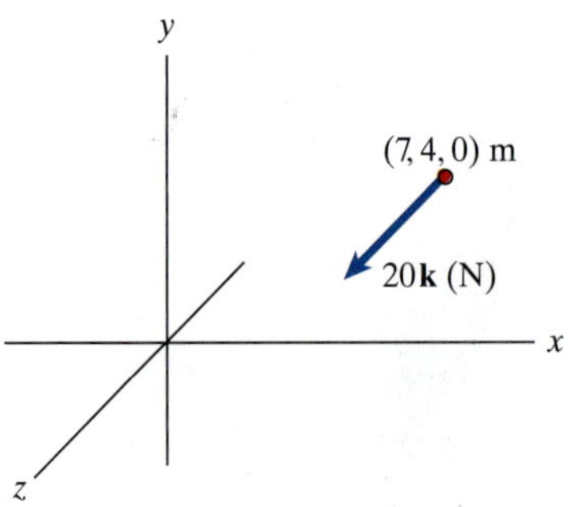

연습문제 4.78

4.79 직사각형 판에 y축에 평행한 세 개의 힘이 작용하고 있다. 식 (4.5)와 식 (4.6)을 사용해 x축에 대한 힘의 모멘트 합을 구하라. (먼저 수식을 사용하지 않고 결과를 적을 수 있는지 확인하라.)

4.80 세 개의 힘이 y축에 평행하다. (a) y축에 대해, (b) z축에 대해 힘의 모멘트 합을 구하라.

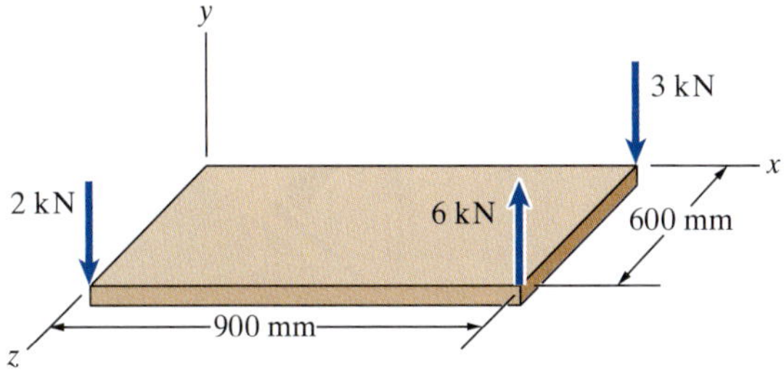

연습문제 4.79/4.80

4.81 한 사람이 C에서 게이트에 힘 $\mathbf{F} = 0.2\mathbf{i} - 0.4\mathbf{j} + 1.2\mathbf{k}$ (lb)를 가하고 있다. 점 C는 x–y 평면에 놓여 있다. 이 사람이 y축과 일치하는, 게이트의 경첩 축에 대해 발휘하는 모멘트는 얼마인가?

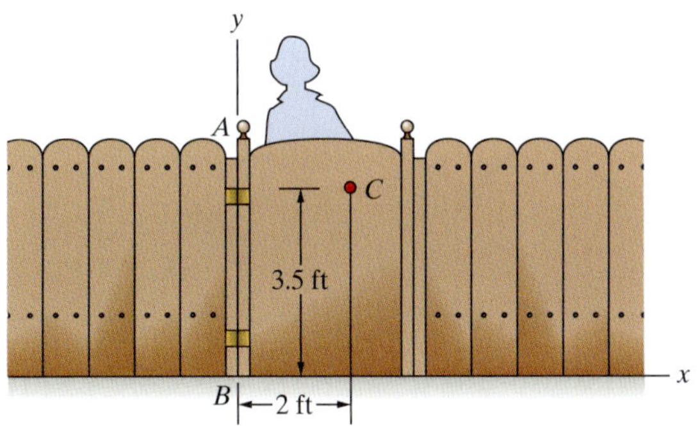

연습문제 4.81

4.82 네 개의 힘이 플레이트에 작용하고 있다. 그 성분은

$$\mathbf{F}_A = -2\mathbf{i} + 4\mathbf{j} + 2\mathbf{k}\ (\text{kN})$$
$$\mathbf{F}_B = 3\mathbf{j} - 3\mathbf{k}\ (\text{kN})$$
$$\mathbf{F}_C = 2\mathbf{j} + 3\mathbf{k}\ (\text{kN})$$
$$\mathbf{F}_D = 2\mathbf{i} + 6\mathbf{j} + 4\mathbf{k}\ (\text{kN})$$

(a) x축에 대해, (b) z축에 대해 힘의 모멘트 합을 구하라.

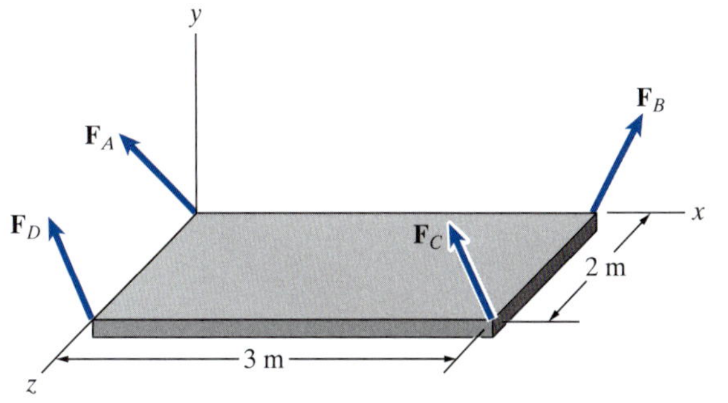

연습문제 4.82

4.83 힘 $\mathbf{F} = 30\mathbf{i} + 20\mathbf{j} - 10\mathbf{k}$ (lb)이다. (a) y축에 대한 $\mathbf{F}$의 모멘트는 얼마인가? (b) $\mathbf{F}$의 크기는 고정된 값으로 유지하되, y축에 대한 $\mathbf{F}$의 모멘트를 가능한 한 크게 만들기 위해 방향을 바꾼다고 가정하자. 그 결과로 나오는 모멘트의 크기는 얼마인가?

4.84 x축에 대한 힘 $\mathbf{F}$의 모멘트가 $-80\mathbf{i}$ (ft-lb)이고, y축에 대한 모멘트가 0이며, z축에 대한 모멘트는 $160\mathbf{k}$ (ft-lb)이다. 만약 $F_y = 80$ lb라면, F_x, F_z는 얼마인가?

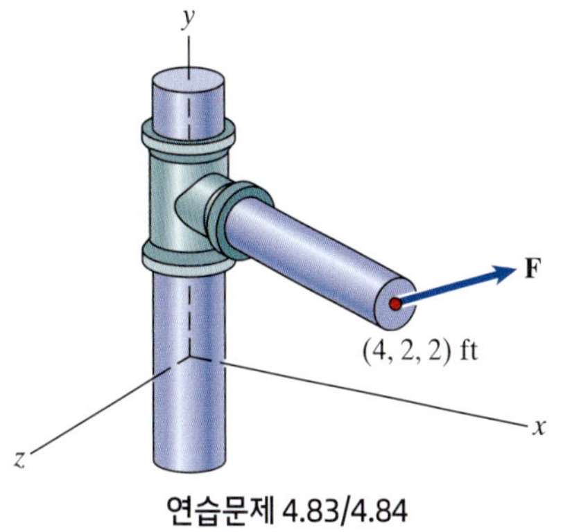

연습문제 4.83/4.84

4.85 로봇 조작기가 고정되어 있고 팔 AB, BC의 무게가 그 중간점에서 작용한다. 팔 AB의 중심선의 방향 코사인은 $\cos\theta_x = 0.500$, $\cos\theta_y = 0.866$, $\cos\theta_z = 0$이고, 팔 BC의 중심선의 방향 코사인은 $\cos\theta_x = 0.707$, $\cos\theta_y = 0.619$, $\cos\theta_z = -0.342$이다. 팔의 무게에 의한 z축에 대한 총모멘트는 얼마인가?

4.86 연습문제 4.85에서 팔의 무게에 의한 x축에 대한 총모멘트는 얼마인가?

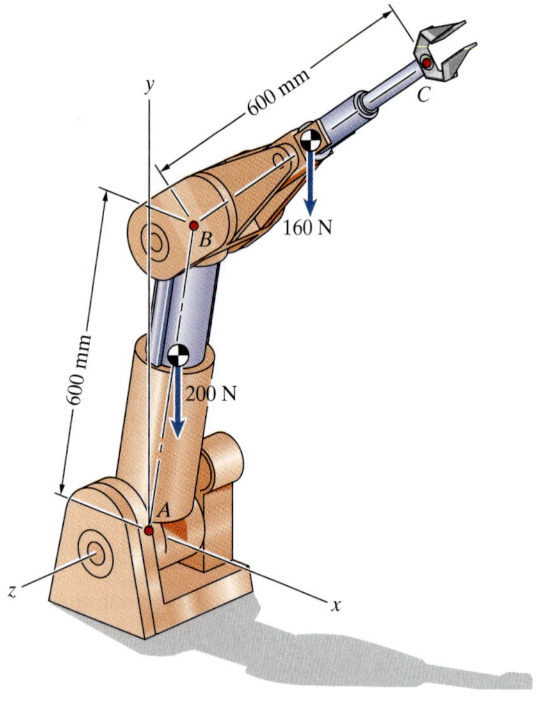

연습문제 4.85/4.86

4.87 실습 예제 4.6에서 힘이 $\mathbf{F} = -2\mathbf{i} + 3\mathbf{j} + 6\mathbf{k}$ (kN)로 바뀐다고 가정하자. 막대 BC의 축에 대한 힘의 모멘트 크기를 구하라.

4.88 한 사람이 러그 렌치에 힘 $\mathbf{F} = -14\mathbf{i} - 12\mathbf{j} - \mathbf{k}$ lb를 가하고 있다. 이 사람이 가하는 힘이 좌표 $x = 8$ in, $y = -10$ in, $z = 4$ in 지점에서 효과적으로 작용한다. z축에 대한 $\mathbf{F}$의 모멘트, 즉 러그 너트를 조이는 모멘트를 구하라.

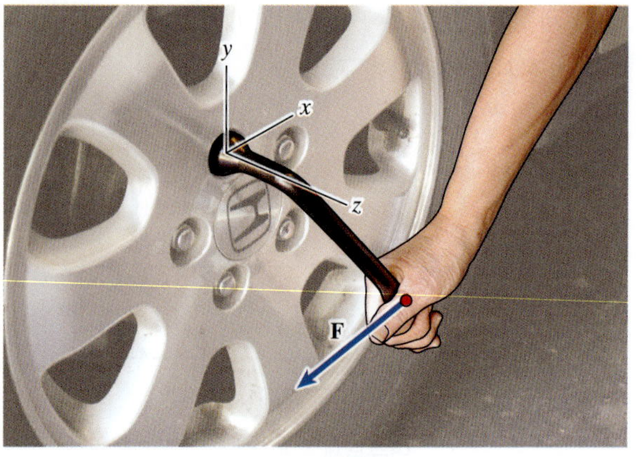

연습문제 4.88

4.89 힘 $\mathbf{F} = -10\mathbf{i} + 5\mathbf{j} - 5\mathbf{k}$ (kip)이다. 선 AB에 대한 $\mathbf{F}$의 모멘트를 구하라. 모멘트의 방향을 나타내는 스케치를 그려라.

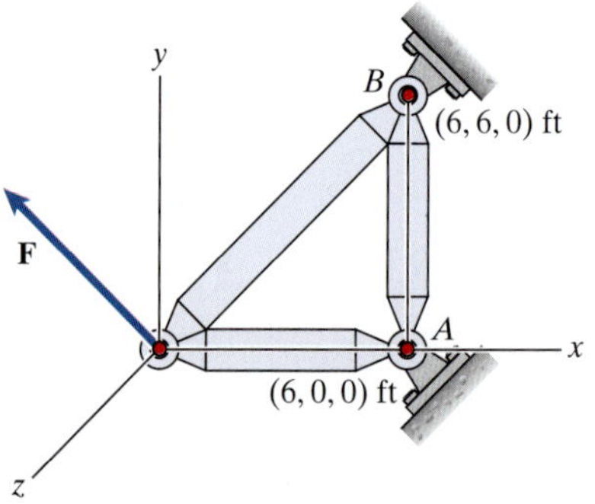

연습문제 4.89

4.90 힘 $\mathbf{F} = -15\mathbf{i} + 10\mathbf{j} + 20\mathbf{k}$ (kN)이다. 선 OA에 대한 $\mathbf{F}$의 모멘트 크기를 구하라.

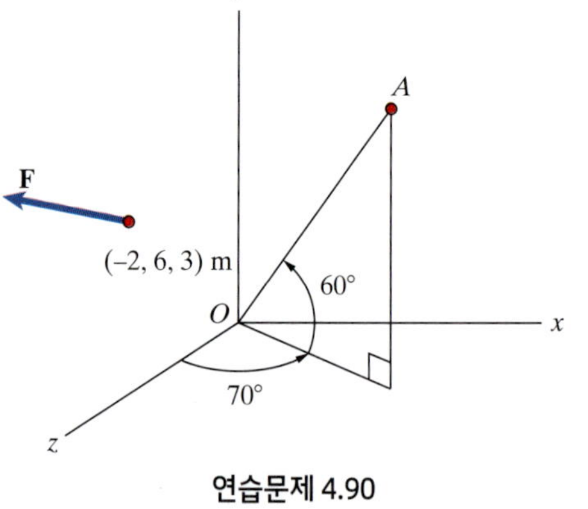

연습문제 4.90

4.91 경첩이 달린 직사각형 문의 무게로 인해 로프 AB에 80 lb의 장력이 생긴다. 로프가 문의 점 B에 가하는 힘으로 인한 x축에 대한 모멘트를 구하라.

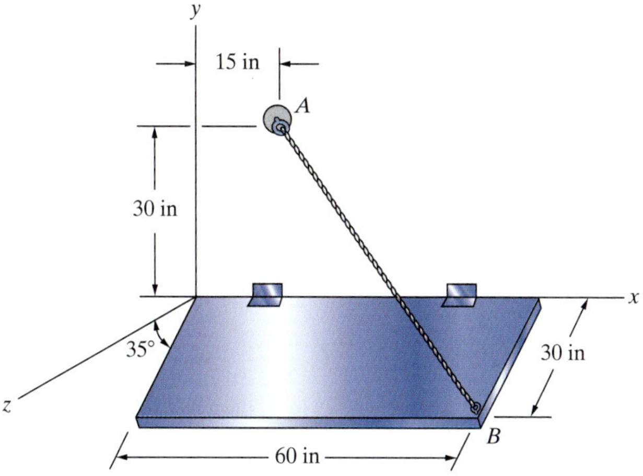

연습문제 4.91

4.92 경첩 A, B를 통과하는 직선에 대한 D에 가해지는 힘의 모멘트를 구하라. (A, B를 통과하는 선은 y–z 평면에 놓여 있다.)

4.93 케이블 CE의 장력이 160 lb이다. 경첩 A, B를 통과하는 직선에 대해 케이블이 해치의 C에 가하는 힘의 모멘트를 구하라.

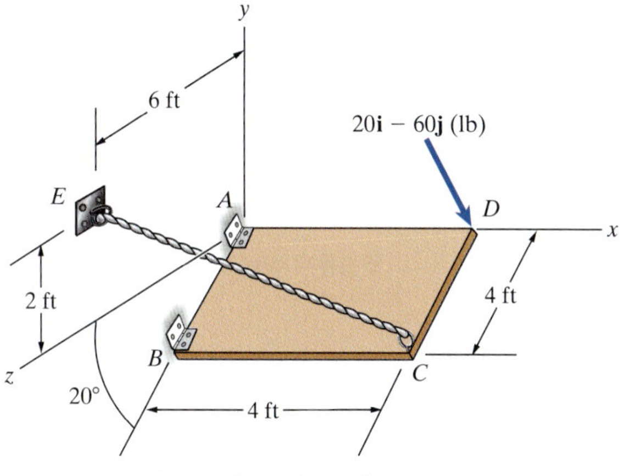

연습문제 4.92/4.93

4.94 A의 좌표가 (−2.4, 0, −0.6) m이고, B의 좌표가 (−2.2, 0.7, −1.2) m이다. 요트의 메인 시트 AB가 B에 가하는 힘은 130 N이다. 돛대의 중심선(y축)에 대한 힘의 모멘트를 구하라. 그 모멘트의 방향을 나타내는 스케치를 그려라.

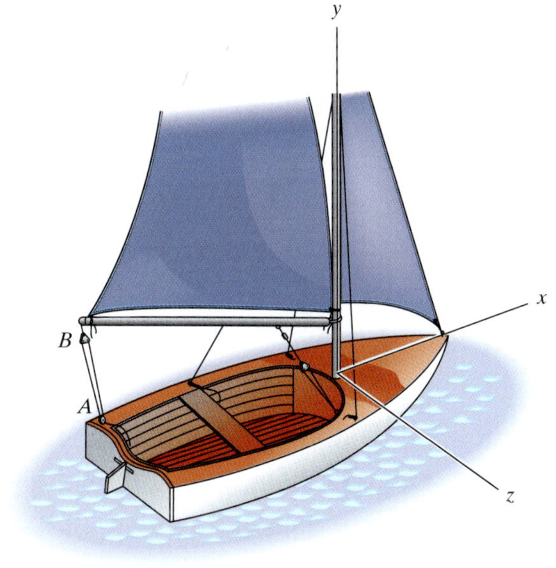

연습문제 4.94

4.95 원판의 반경이 0.4 m이고, 각도 $\alpha = 0$일 때 스프링 AB는 늘어나지 않은 상태이다. 스프링 상수 $k = 200$ N/m이다. $\alpha = 60°$일 때 스프링이 원판의 B에 가하는 힘으로 인한 x축에 대한 모멘트를 구하라.

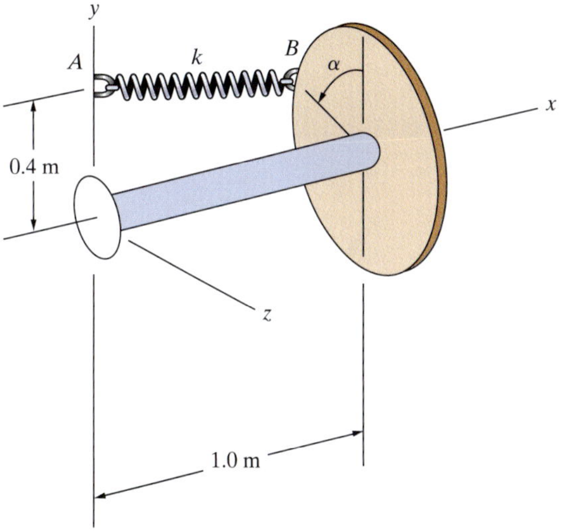

연습문제 4.95

4.96 증기 노즐이 터빈의 블레이드에 가하는 총힘 $\mathbf{F} = 20\mathbf{i} - 120\mathbf{j} + 100\mathbf{k}$ (N)이며, 이는 (100, 80, 300) mm 지점에서 효과적으로 작용한다. 터빈의 축(x축)에 대해 가해지는 모멘트는 얼마인가?

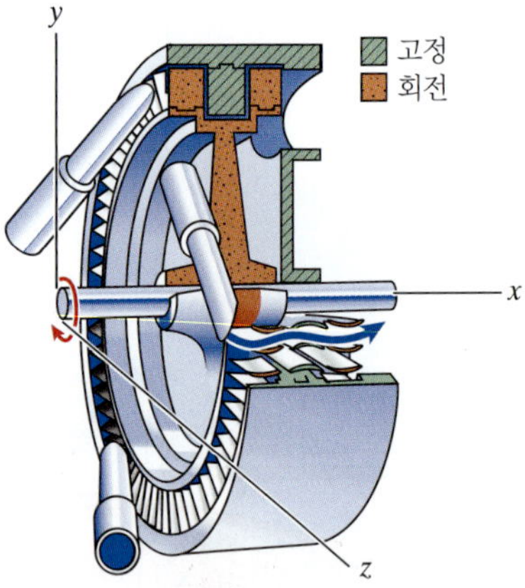

연습문제 4.96

4.97 공압 지지대 AB가 트렁크 덮개를 제자리에 고정하고 있다. 이 지지대는 고정 장치의 점 B에 A에서 B로 향하는 방향으로 35 N의 힘을 가한다. 덮개의 경첩 축, 즉 z축에 대한 힘의 모멘트 크기를 구하라.

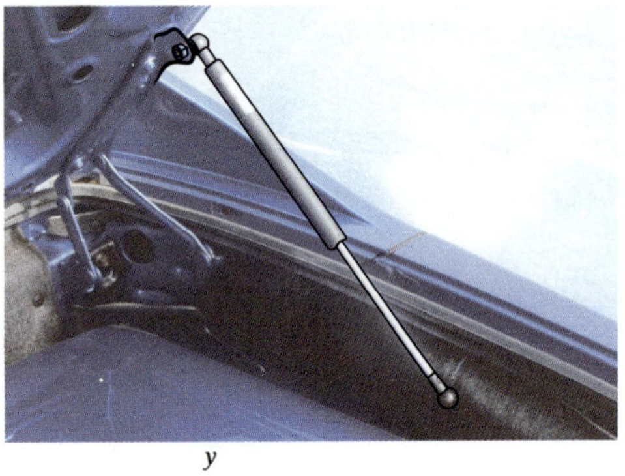

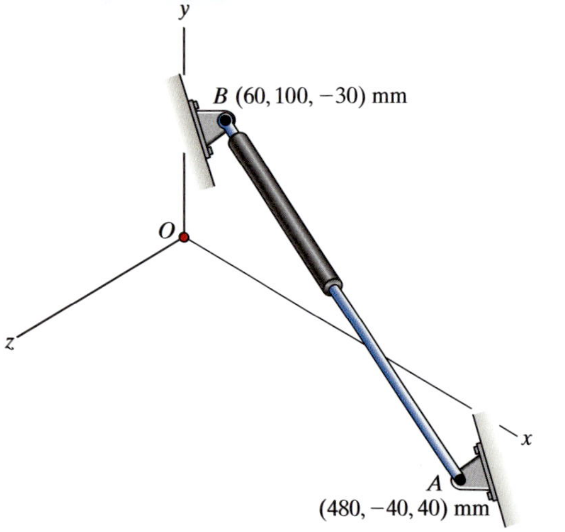

연습문제 4.97

4.98 케이블 AB의 장력이 80 lb이다. 케이블이 벽의 B에 가하는 힘으로 인한 선 CD에 가해지는 모멘트는 얼마인가?

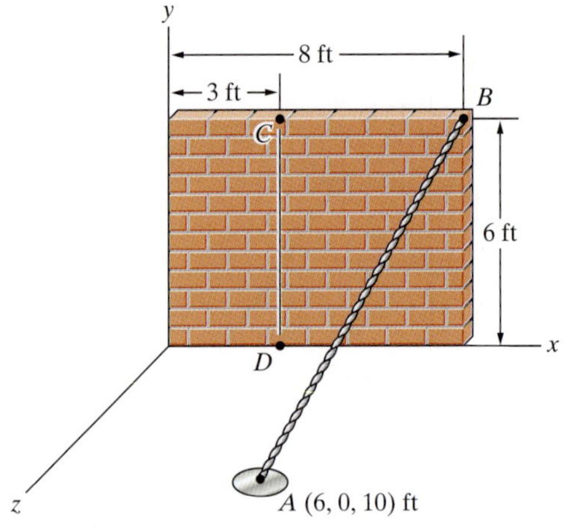

연습문제 4.98

4.99 힘 $\mathbf{F}$의 크기가 0.2 N이고 방향 코사인은 $\cos\theta_x = 0.727$, $\cos\theta_y = -0.364$, $\cos\theta_z = 0.582$이다. 스풀의 축 AB에 대한 $\mathbf{F}$의 모멘트 크기를 구하라.

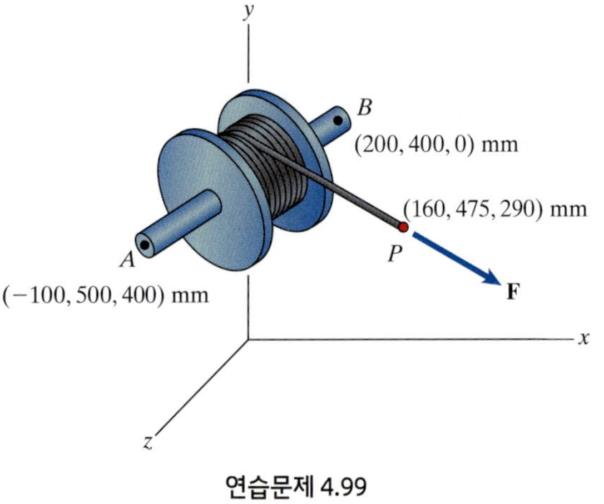

연습문제 4.99

4.100 운전자가 그림에 표시된 두 개의 힘을 가해 러그 너트를 푼다. **F**의 방향 코사인은 $\cos\theta_x = 4/13$, $\cos\theta_y = 12/13$, $\cos\theta_z = 3/13$이다. 너트를 풀려면 x축에 대한 모멘트 크기가 32 ft-lb여야 할 때, 운전자가 가해야 하는 힘의 크기는 얼마인가?(예제 4.8 참조)

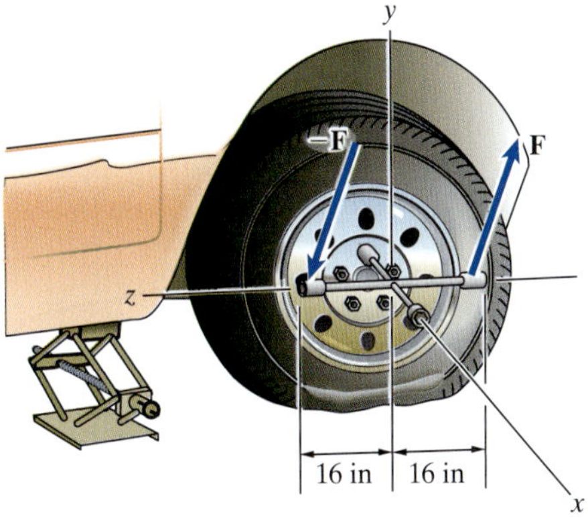

연습문제 4.100

4.101 케이블 AB의 장력이 2 kN이다. 케이블이 A에 가하는 힘으로 인한 샤프트 CD에 대한 모멘트 크기는 얼마인가? 샤프트에 대한 모멘트의 방향을 나타내는 스케치를 그려라.

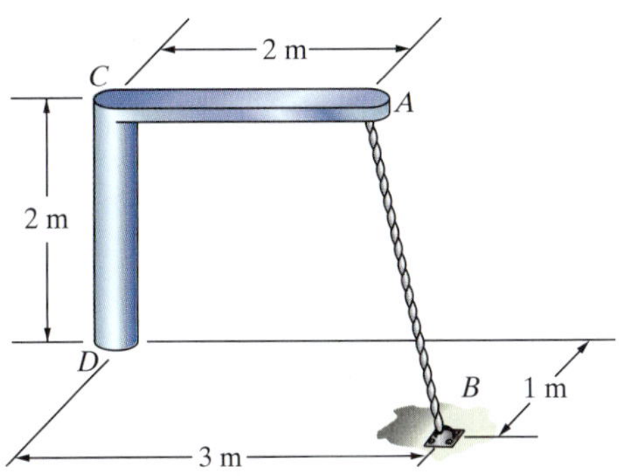

연습문제 4.101

4.102 자동차 바퀴의 축이 좌표계의 원점을 통과하며 방향 코사인은 $\cos\theta_x = 0.940$, $\cos\theta_y = 0$, $\cos\theta_z = 0.342$이다. 도로가 타이어에 가하는 힘은 $x = 0$, $y = -0.36$ m, $z = 0$인 지점에서 효과적으로 작용하며 $\mathbf{F} = -720\mathbf{i} + 3660\mathbf{j} + 1240\mathbf{k}$ (N)이다. 바퀴의 축에 대한 **F**의 모멘트는 얼마인가?

연습문제 4.102

4.103 중심선 OA의 방향 코사인이 $\cos\theta_x = 0.500$, $\cos\theta_y = 0.866$, $\cos\theta_z = 0$이고, 선 AG의 방향 코사인이 $\cos\theta_x = 0.707$, $\cos\theta_y = 0.619$, $\cos\theta_z = -0.342$이다. 250 N의 무게로 인한 OA에 대한 모멘트는 얼마인가? 샤프트에 대한 모멘트의 방향을 나타내는 스케치를 그려라.

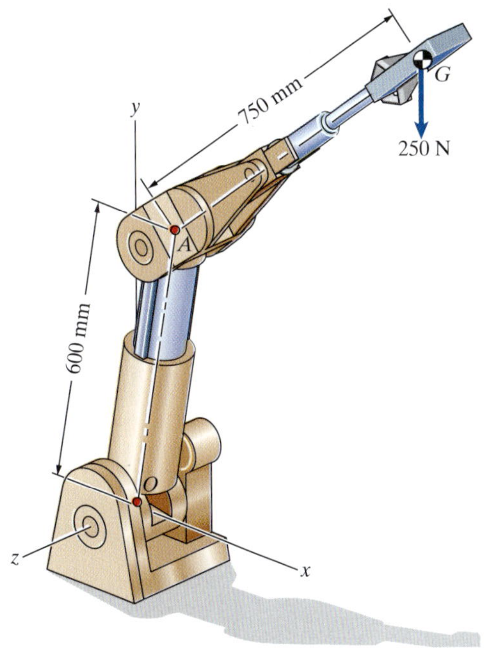

연습문제 4.103

4.104 운전자가 자동차 운전대에 두 개의 힘을 가하고 있다. 힘 $\mathbf{F}_A = 7.20\mathbf{i} - 9.35\mathbf{j} + 5.00\mathbf{k}$ (oz)는 좌표 (2.08, 7.20, −0.600) in의 점 A에 작용한다. 힘 $\mathbf{F}_B = -13.0\mathbf{i} + 7.20\mathbf{j} - 4.30\mathbf{k}$ (oz)는 좌표 (12.9, 14.2, −2.20) in의 점 B에 작용한다. 운전대의 중심 P의 좌표는 (9.20, 8.10, 0) in이다. 운전대의 축은 단위 벡터 $0.342\mathbf{j} + 0.940\mathbf{k}$에 평행하다. 축에 대한 두 힘의 모멘트 합의 크기는 얼마인가?

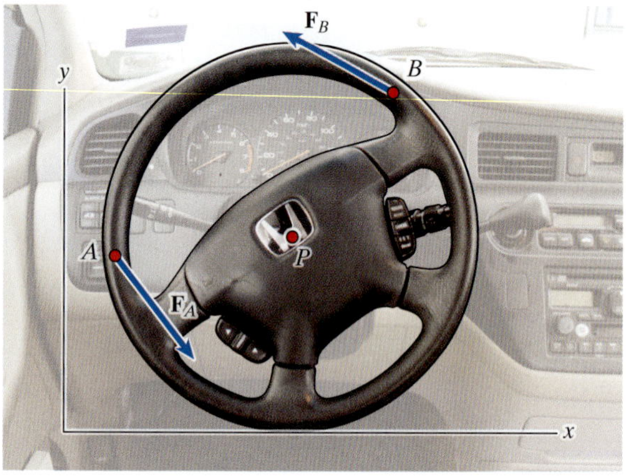

연습문제 4.97

4.105* 힘 $\mathbf{F}$의 크기가 10 N이다. 선 L에 대한 모멘트 크기가 최대가 되도록 힘 $\mathbf{F}$의 방향을 선택하려 한다고 가정하고, $\mathbf{F}$의 성분과 L에 대한 모멘트의 크기를 구하라. ($\mathbf{F}$에 대한 두 가지 해가 있다.)

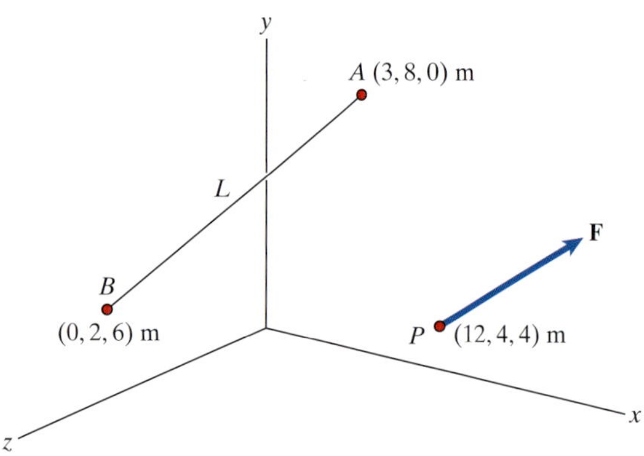

연습문제 4.105

4.106 무게 W가 케이블 CD에 100 lb의 장력을 유발한다. $d = 2$ ft일 때, 케이블 CD가 점 C에 가하는 힘으로 인한 z축에 대한 모멘트는 얼마인가?

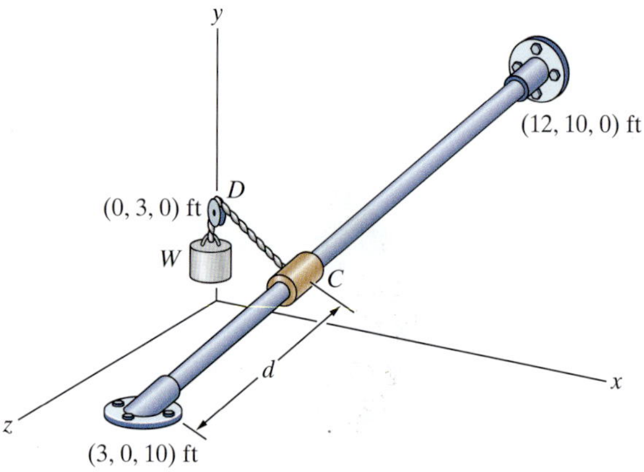

연습문제 4.106

4.107* y축이 위쪽 방향이고, 4 kg 직사각형 판의 무게가 판의 중간점 G에 작용한다. 판의 무게와 케이블 CD가 판에 가하는 힘으로 인해 지지점 A, B를 통과하는 직선에 대한 모멘트의 합은 0이다. 케이블의 장력은 얼마인가?

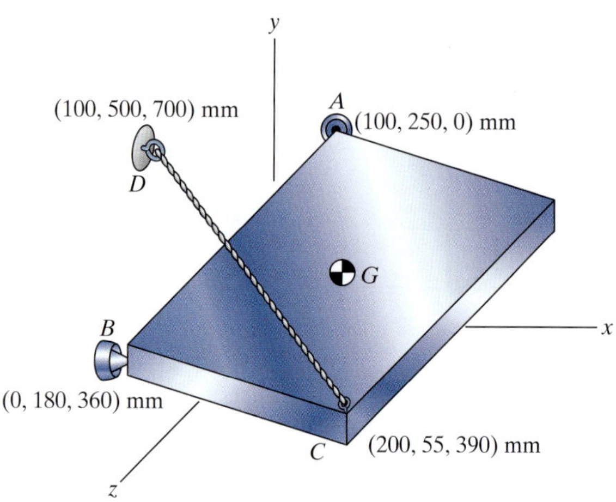

연습문제 4.107

4.4 우력

생각해보기

- 물체를 '밀지' 않고 '비틀고' 싶다면 어떻게 할 수 있는가?
- 우력으로 인한 모멘트는 어느 지점에서나 동일하다. 어떻게 그럴 수 있는가?

배경

힘으로 인한 모멘트를 계산하는 방법을 설명했으니 이제 이 질문을 생각해보자. 물체에 알짜 힘을 가하지 않고도 물체에 모멘트를 가할 수 있는가? 정답은 '그렇다'이며, 이는 콤팩트디스크가 회전하기 시작하거나 드라이버로 나사를 돌릴 때 발생한다. 이러한 물체에는 힘이 가해지지만, 알짜 힘은 0이면서 알짜 모멘트는 0이 아닌 방식으로 작용한다.

크기가 같고 방향이 반대이며 작용선이 다른 두 힘을 **우력**이라고 한다(그림 4.17a). 우력은 힘의 벡터 합이 0이더라도 물체의 회전을 일으키는 경향이 있으며, 어느 지점에서나 작용하는 모멘트가 동일하다는 주목할 만한 성질을 가지고 있다.

우력의 모멘트는 단순히 한 점 P에 대한 힘의 모멘트를 합한 것이다(그림 4.17b).

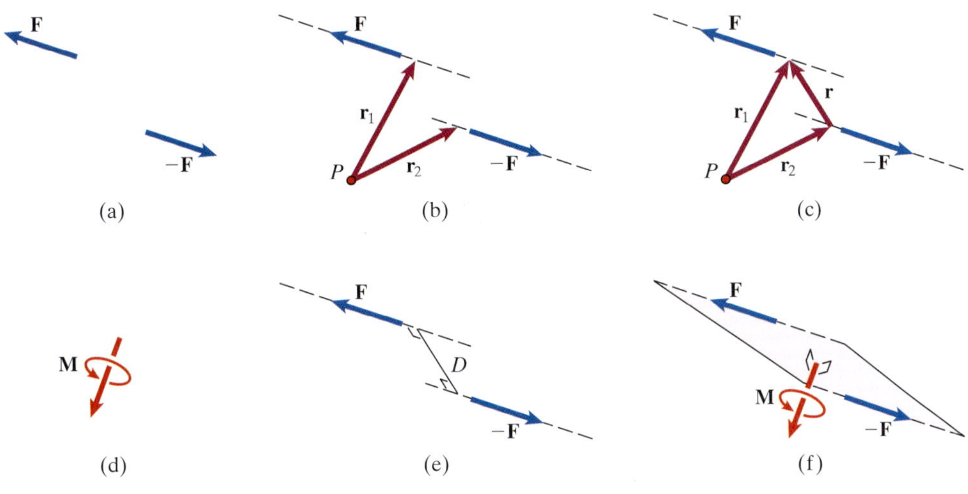

그림 4.17

(a) 우력
(b) P에 대한 모멘트 결정하기
(c) 벡터 $\mathbf{r} = \mathbf{r}_1 - \mathbf{r}_2$
(d) 우력의 모멘트를 표현하기
(e) 작용선 사이의 거리 D
(f) **M**은 **F**와 −**F**를 포함하는 평면에 수직이다.

$$\mathbf{M} = [\mathbf{r}_1 \times \mathbf{F}] + [\mathbf{r}_2 \times (-\mathbf{F})] = (\mathbf{r}_1 - \mathbf{r}_2) \times \mathbf{F}$$

벡터 $\mathbf{r}_1 - \mathbf{r}_2$는 그림 4.17c에 표시된 벡터 $\mathbf{r}$과 같으므로 모멘트를 다음과 같이 표현할 수 있다.

$$\mathbf{M} = \mathbf{r} \times \mathbf{F}$$

$\mathbf{r}$은 P의 위치에 의존하지 않으므로, 모멘트 $\mathbf{M}$은 임의의 지점 P에 대해 동일하다.

우력이 모멘트를 발휘하지만, 힘의 합이 0이기 때문에 다이어그램에서 단순히 모멘트를 나타내는 방식으로 표현하는 경우가 많다(그림 4.17d). 《이상한 나라의 앨리스》에 나오는 체셔 고양이가 미소만 남기고 사라진 것처럼 힘은 나타나지 않고 힘이 만들어낸 모멘트만 보인다. 하지만 그 근원을 인식할 수 있도록 이를 **우력의 모멘트** 또는 단순히 **우력**이라고 지칭한다.

그림 4.17c에서 $\mathbf{M} = \mathbf{r} \times \mathbf{F}$는 힘 $-\mathbf{F}$의 작용선상의 한 점에 대한 $\mathbf{F}$의 모멘트임을 알 수 있다. 한 점에 대한 힘의 모멘트 크기는 힘의 크기와 점에서 힘의 작용선까지의 수선 거리의 곱과 같으므로 $|\mathbf{M}| = D|\mathbf{F}|$이며, 여기에서 D는 두 힘의 작용선 사이의 수선 거리이다(그림 4.17e). 벡터곱 $\mathbf{r} \times \mathbf{F}$는 $\mathbf{r}$과 $\mathbf{F}$에 수직이며, 이는 $\mathbf{M}$이 $\mathbf{F}$와 $-\mathbf{F}$를 포함하는 평면에 수직임을 의미한다(그림 4.17f). 오른손 엄지를 $\mathbf{M}$ 방향으로 가리키면 다른 손가락의 원호가 그 모멘트의 방향을 나타낸다.

그림 4.18a에서 보는 방향은 두 힘이 포함된 평면에 수직이다. 두 힘의 작용선 사이의 거리가 4 m이므로 우력의 모멘트 크기는 $|\mathbf{M}| = (4\text{ m})(2\text{ kN}) = 8\text{ kN-m}$이다. 모멘트 $\mathbf{M}$은 두 힘을 포함하는 평면에 수직이다. 오른손 손가락의 원호를 시계 반대 방향으로 가리키면 오른손 법칙에 따라 $\mathbf{M}$이 종이 면으로부터 나오는 방향을 가리키고 있음을 알 수 있다. 따라서 우력의 모멘트는 다음과 같다.

$$\mathbf{M} = 8\mathbf{k}\ (\text{kN-m})$$

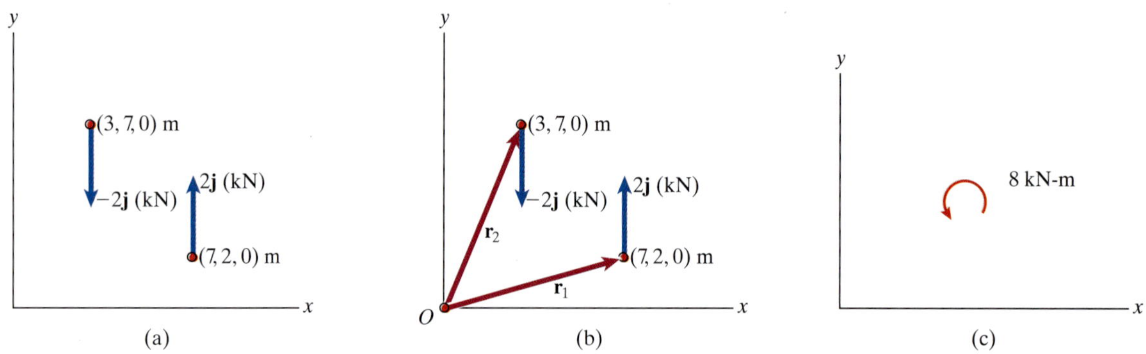

그림 4.18

(a) 2 kN의 힘으로 구성된 우력
(b) O에 대한 힘의 모멘트 합 결정
(c) 우력을 2차원으로 표현

또한 임의의 점에 대한 두 힘의 모멘트 합을 계산해 우력의 모멘트를 구할 수도 있다. 원점 O에 대한 힘의 모멘트 합은 다음과 같다(그림 4.18b).

$$\begin{aligned}\mathbf{M} &= [\mathbf{r}_1 \times (2\mathbf{j})] + [\mathbf{r}_2 \times (-2\mathbf{j})] \\ &= [(7\mathbf{i} + 2\mathbf{j}) \times (2\mathbf{j})] + [(3\mathbf{i} + 7\mathbf{j}) \times (-2\mathbf{j})] \\ &= 8\mathbf{k}\ (\text{kN-m})\end{aligned}$$

이 예와 같은 2차원 상황에서는 벡터가 종이 면에 수직이기 때문에 모멘트 벡터를 표시해서 우력을 표현하는 것이 편리한 건 아니다. 대신 그 크기와 방향을 나타내는 원형 화살표를 표시해서 우력을 표현한다(그림 4.18c).

봉을 잡고 비틀면(그림 4.19a), 그 축을 중심으로 모멘트를 가할 수 있다(그림 4.19b). 가해지는 힘의 계는 봉의 표면에 복잡한 방식으로 분포되어 있지만, 그 효과는 두 개의 크기가 같고 방향이 반대인 힘이 가해지는 것과 같다(그림 4.19c). 그림 4.19b에서와 같이 우력을 표현하거나 모멘트 벡터 **M**으로 표시함으로써, 어떤 힘의 계가 그 모멘트를 가한다는 것을 암시한다. 힘의 계(예: 봉을 비틀 때 가해지는 힘 또는 자동차의 구동축에 모멘트를 가하는 크랭크축의 힘)는 거의 항상 두 개의 크기가 같고 방향이 반대인 힘보다 더 복잡하지만 그 효과는 동일하다. 이러한 이유로 실제 계를 두 개의 힘으로 이루어진 단순한 계로 **모델링**할 수 있다.

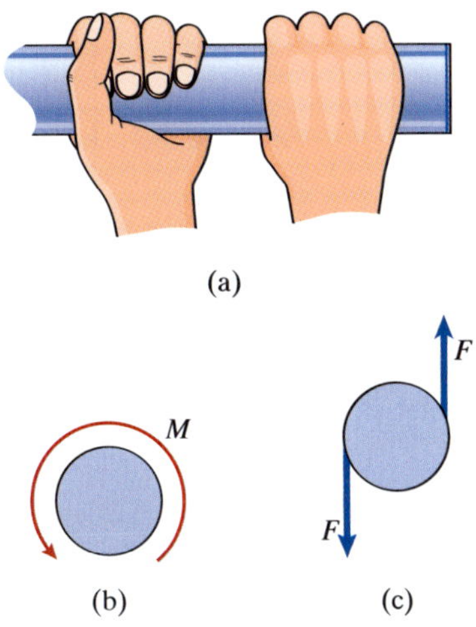

그림 4.19

(a) 막대 비틀기

(b) 막대의 축에 관한 모멘트

(c) 두 개의 크기가 같고 방향이 반대인 힘을 가해 동일한 효과를 얻는다.

결과 정리

크기가 같고 방향이 반대이며 작용선이 다른 두 힘을 우력이라고 한다.

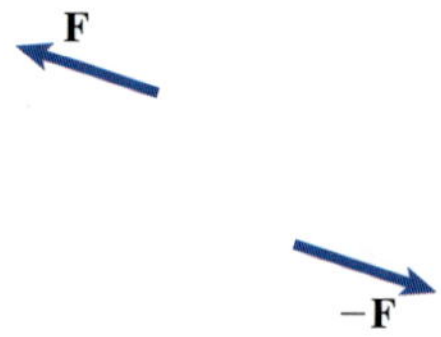

우력으로 인한 한 점에 대한 모멘트는 해당 점에 대한 두 힘의 모멘트를 합한 것이다. 우력으로 인한 모멘트 **M**은 어느 지점에서나 동일하다. 그 크기는 $D|\mathbf{F}|$이며, 여기에서 D는 두 힘의 작용선 사이의 수선 거리이다. 벡터 **M**은 힘의 작용선이 포함된 평면에 수직이다.

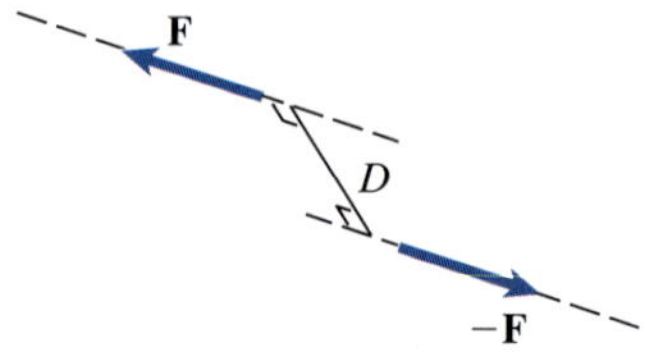

우력이 가하는 힘의 총합은 0이기 때문에 우력은 종종 우력이 가하는 모멘트로 표현된다.

우력의 힘의 작용선이 x–y 평면에 놓여 있을 때, 우력은 그 크기와 방향을 나타내는 원형 화살표로 나타낼 수 있다.

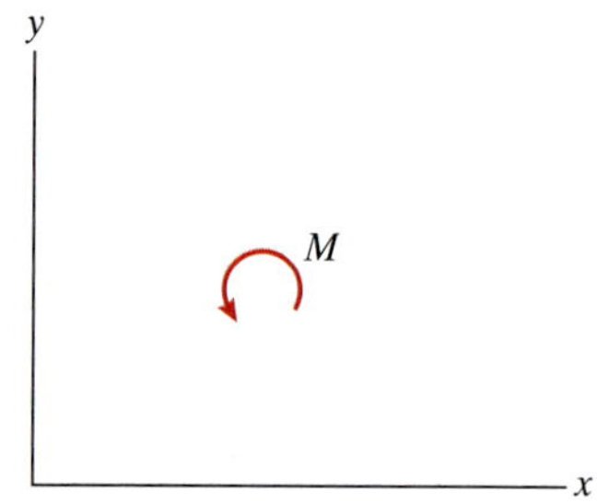

실습 예제 4.9 우력의 모멘트

힘 $\mathbf{F} = 10\mathbf{i} - 4\mathbf{j}$ (N)이다. 우력으로 인한 모멘트를 구하라. 모멘트를 그 크기와 방향을 나타내는 원형 화살표로 나타내라.

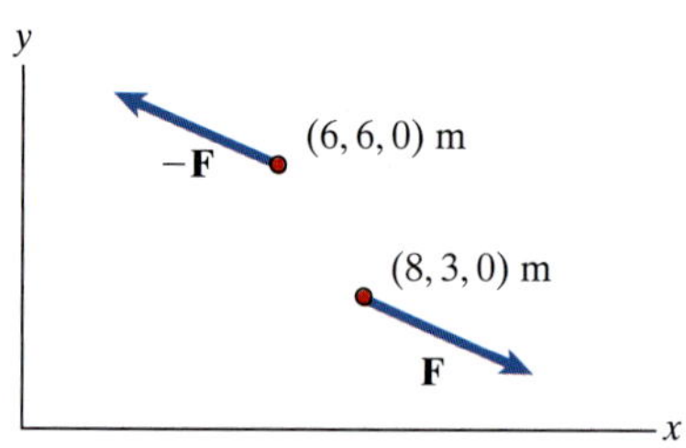

전략

두 가지 방법으로 모멘트를 구할 것이다. 첫 번째 방법에서는 한 점을 선택하고 그 점에 대한 두 힘의 모멘트 합을 계산한다. 우력으로 인한 모멘트는 어느 지점에서나 동일하기 때문에 편리한 지점을 선택할 수 있다. 두 번째 방법에서는 힘의 x, y 성분에 의해 만들어지는 두 우력의 모멘트를 합산한다.

풀이

첫 번째 방법

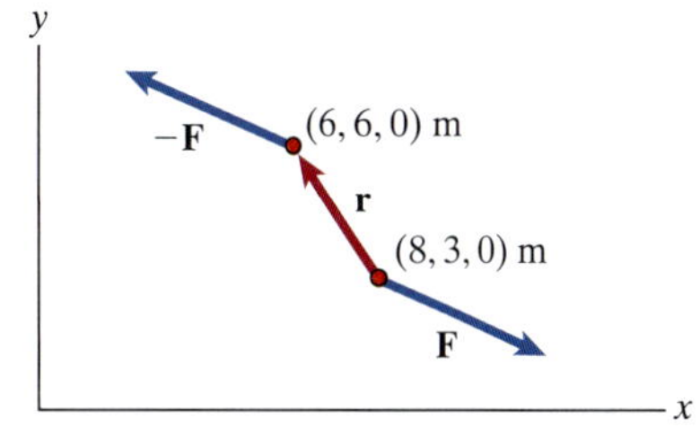

힘 **F**의 작용점에 대한 두 힘의 모멘트 합을 계산한다.

$$\begin{aligned}\mathbf{M} &= \mathbf{r} \times (-\mathbf{F})\\ &= (-2\mathbf{i} + 3\mathbf{j}) \times (-10\mathbf{i} + 4\mathbf{j})\\ &= 22\mathbf{k}\ (\text{N-m})\end{aligned}$$

모멘트의 크기는 22 N-m이다. 오른손 엄지를 단위 벡터 **k**의 방향으로 가리키면 x–y 평면에서 모멘트의 방향이 시계 반대 방향임을 알 수 있다.

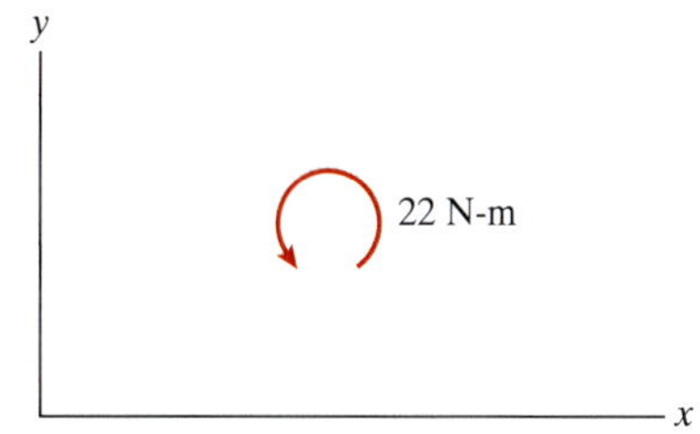

두 번째 방법

두 힘의 성분은 두 개의 우력을 만든다.

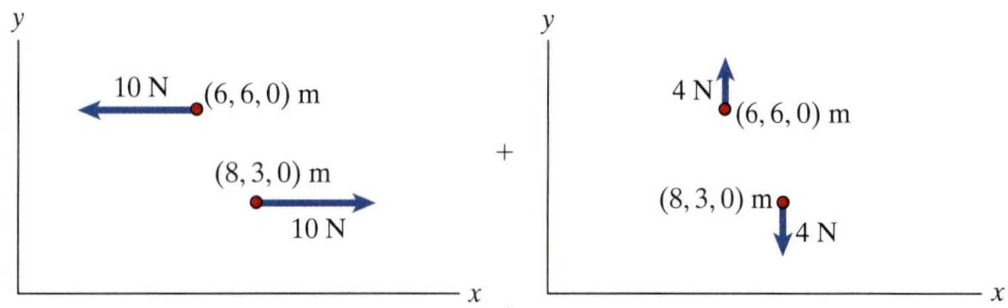

10 N의 우력으로 인한 모멘트 크기는 (3 m)(10 N) = 30 N-m이며, 시계 반대 방향이다. 4 N의 우력으로 인한 모멘트 크기는 (2 m)(4 N) = 8 N-m이며, 시계 방향이다. 따라서 시계 반대 방향의 총모멘트는 30 − 8 = 22 N-m이다.

실습 문제 벡터곱을 사용해 좌표 (10, 7, 3) m의 점 P에 대한 힘 **F**와 −**F**의 모멘트 합을 계산하라. 모멘트를 그 크기와 방향을 나타내는 원형 화살표로 나타내라.

답: 22**k** (N-m) 또는 시계 반대 방향으로 22 N-m

예제 4.10 미지의 힘 구하기

두 개의 힘 A, B 그리고 200 ft-lb의 우력이 보에 작용하고 있다. 힘의 합은 0이고 보의 왼쪽 끝점에 대한 모멘트의 합도 0이다. 힘 A, B는 얼마인가?

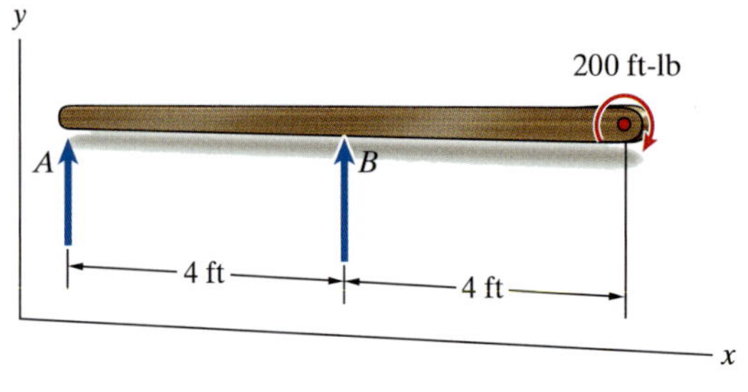

전략

두 힘(우력은 보에 어떠한 알짜 힘도 가하지 않음)을 합산하고 보의 왼쪽 끝점에 대한 힘과 우력으로 인한 모멘트를 합산하면 미지의 두 힘에 대한 두 개의 방정식을 구할 수 있다.

풀이

힘의 합은 다음과 같다.

$$\Sigma F_y = A + B = 0$$

우력의 모멘트(시계 방향으로 200 ft-lb)는 어느 지점에서나 동일하므로 보의 왼쪽 끝점에 대한 모멘트의 합은 다음과 같다.

$$\Sigma M_{\text{왼쪽 끝점}} = (4\ \text{ft})\,B - 200\ \text{ft-lb} = 0$$

두 힘은 $B = 50$ lb, $A = -50$ lb이다.

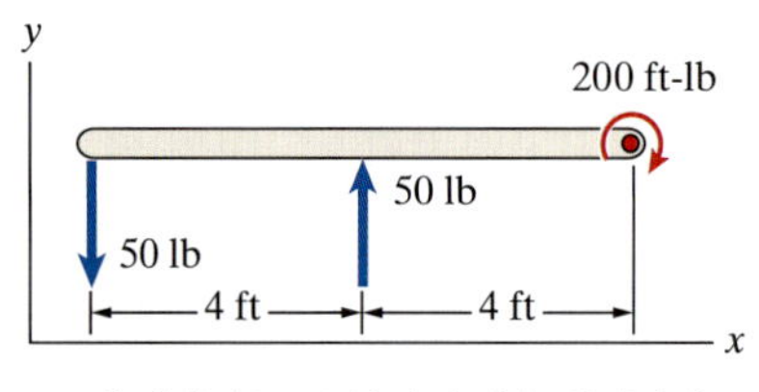

보에 가해지는 두 힘이 우력을 형성한다.

비판적 사고

보의 왼쪽 끝점에 대한 총모멘트는 힘 B로 인한 모멘트와 200 ft-lb 우력으로 인한 모멘트의 합이라는 것을 주목하라. 제5장에서 살펴보겠지만, 힘과 우력을 받는 물체가 평형상태라면 힘의 합은 0이고 우력으로 인한 모멘트를 포함해 어떤 점에 대해서도 모멘트의 합은 0이다. 이 예제에서는 미지의 힘 A와 B를 구하기 위해 이 두 가지 조건이 모두 필요했다.

예제 4.11 두 개의 우력에 의한 모멘트 합

두 우력이 파이프에 가하는 모멘트의 합을 구하라.

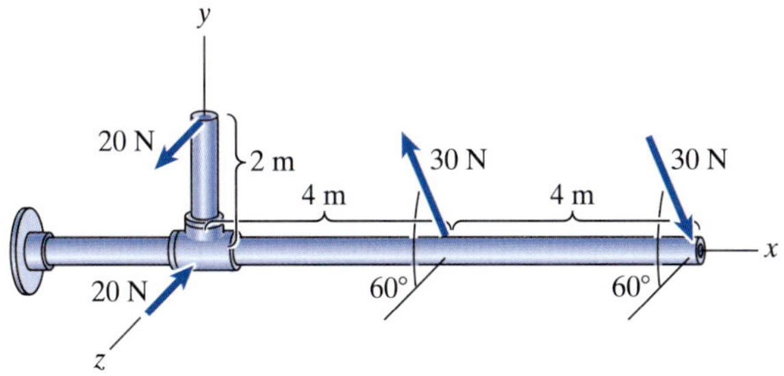

전략

각 우력이 가하는 모멘트를 벡터로 나타낸다. 30 N의 우력을 벡터로 표현하기 위해 힘을 성분으로 표현한다. 그런 다음 모멘트 벡터를 합산해 우력이 가하는 모멘트의 합을 구한다.

풀이

20 N 우력을 생각해보자. 이 우력의 모멘트 크기는 (2 m)(20 N) = 40 N-m이다. 모멘트 벡터의 방향은 y–z 평면에 수직이며, 오른손 법칙으로부터 양의 x축 방향을 가리키고 있다. 20 N 우력의 모멘트는 40**i** (N-m)로 나타낸다.

30 N의 힘을 y, z 성분으로 분해하면 그림 a에서 두 개의 우력을 얻을 수 있다. y 성분에 의해 만들어지는 우력의 모멘트는 $-(30 \sin 60)(4)\mathbf{k}$ (N-m)이고, z 성분에 의해 만들어지는 우력의 모멘트는 $(30 \cos 60)(4)\mathbf{j}$ (N-m)이다.

따라서 모멘트의 합은 다음과 같다.

$$\begin{aligned}\Sigma\mathbf{M} &= 40\mathbf{i} + (30\cos 60°)(4)\mathbf{j} - (30\sin 60°)(4)\mathbf{k}\ (\text{N-m})\\ &= 40\mathbf{i} + 60\mathbf{j} - 104\mathbf{k}\ (\text{N-m})\end{aligned}$$

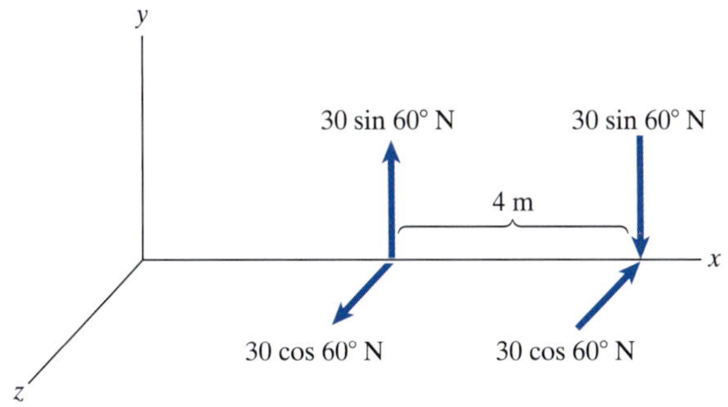

(a) 30 N의 힘을 y, z 성분으로 분해

비판적 사고

이 예제에서 사용한 방법은 모멘트의 합에 대한 개별 우력의 기여도를 아는 데에는 도움이 되지만, 힘의 방향과 그 작용점의 좌표가 매우 간단한 경우에만 편리하게 사용할 수 있다. 그렇지 않은 경우에는 임의의 지점을 선택하고 그 지점에 대한 힘의 모멘트 합을 계산해 모멘트의 합을 구할 수 있다.

연습문제

4.108 실습 예제 4.9에서 힘 **F**의 작용점이 (8, 3, 0) m에서 (8, 8, 0) m로 이동한다고 가정하고, 힘의 새로운 위치를 나타내는 스케치를 그려라. 스케치에서 우력으로 인한 모멘트가 시계 방향인가, 아니면 시계 반대 방향인가? 우력으로 인한 모멘트를 계산하라. 모멘트를 크기와 방향을 나타내는 원형 화살표로 표시하라.

4.109 두 힘은 x–y 평면에 놓여 있다. (a) 원점에 대한 두 힘의 모멘트 합을 구하라. (b) 좌표 $x = 20$ in, $y = 16$ in인 점에 대한 두 힘의 모멘트 합은 얼마인가?

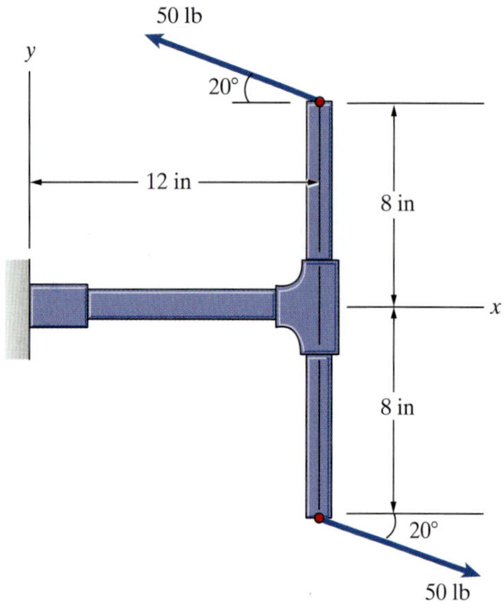

연습문제 4.109

4.110 두 힘이 x–y 평면에 놓여 있다. (a) $\alpha = 20°$일 때, 우력의 모멘트는 얼마인가? (b) $0 \le \alpha \le 90°$ 범위에서 α의 어떤 값에 대해 우력의 모멘트 크기가 최대가 되는가? 최대 모멘트는 얼마인가?

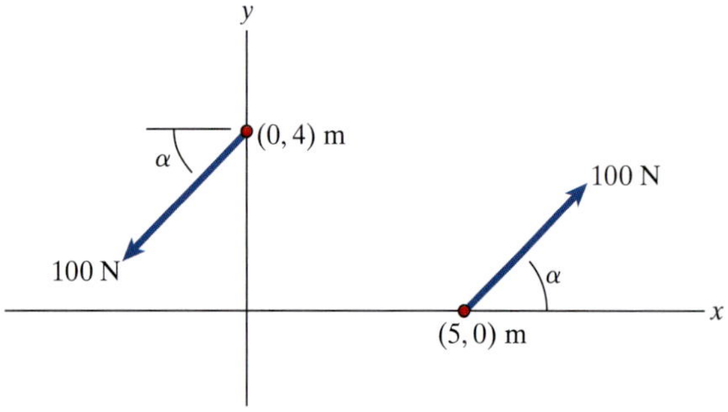

연습문제 4.110

4.111 점 P가 x–y 평면에 놓여 있으며, $|\mathbf{F}| = 100$ N, 우력의 모멘트는 $-500\mathbf{k}$ (N-m)이다. P의 좌표를 구하라.

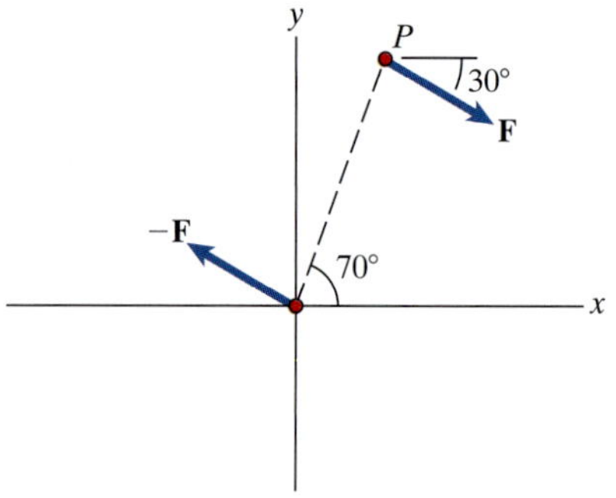

연습문제 4.111

4.112 같은 크기의 세 힘이 정삼각형의 변에 평행하게 가해진다. (a) 힘의 모멘트 합이 어느 점에서나 동일함을 밝혀라. (b) 모멘트 합의 크기를 구하라.

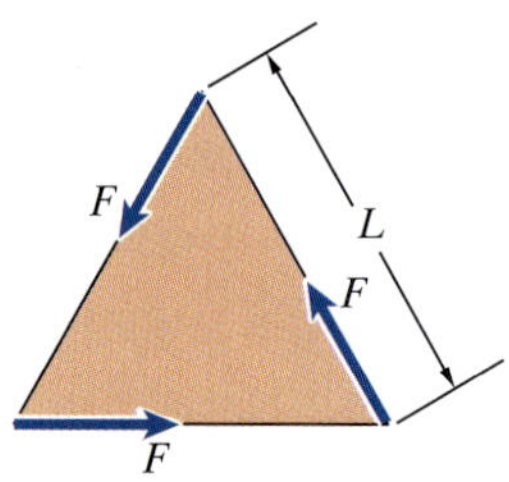

연습문제 4.112

4.113 예제 4.10에서 200 ft-lb의 우력이 시계 방향이 아닌 시계 반대 방향이라고 가정하자. 보에 작용하는 힘과 우력을 보여주는 보의 스케치를 그려라. 힘 A, B는 얼마인가?

4.114 두 우력의 모멘트가 표시되어 있다. 점 P에 대한 모멘트의 합은 얼마인가?

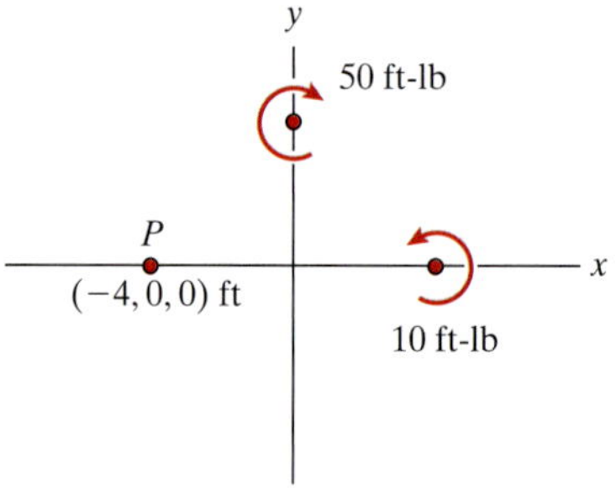

연습문제 4.114

4.115 두 우력이 평판에 가하는 모멘트의 합을 구하라.

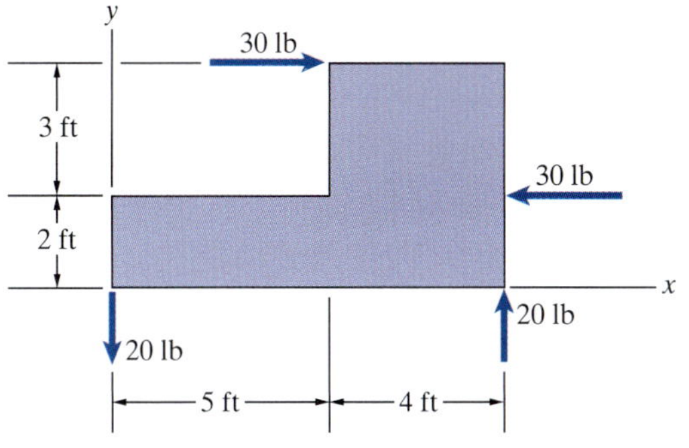

연습문제 4.115

4.116 우력과 두 힘이 A에 가하는 모멘트의 합을 구하라.

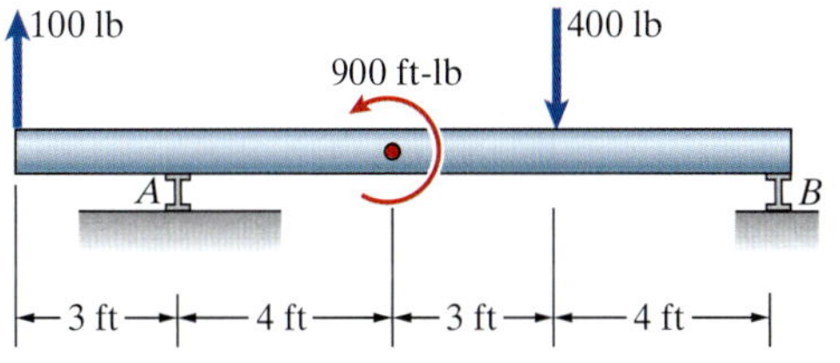

연습문제 4.116

4.117 우력과 두 힘이 A에 가하는 모멘트의 합을 구하라.

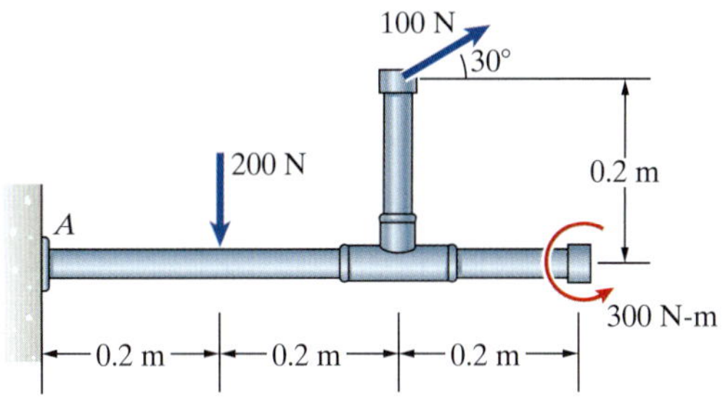

연습문제 4.117

4.118 막대에 작용하는 힘과 우력으로 인한 점 A에 대한 모멘트의 합이 0이다. (a) 우력 C의 크기는 얼마인가? (b) 막대에 작용하는 힘과 우력으로 인한 점 B에 대한 모멘트의 합을 구하라.

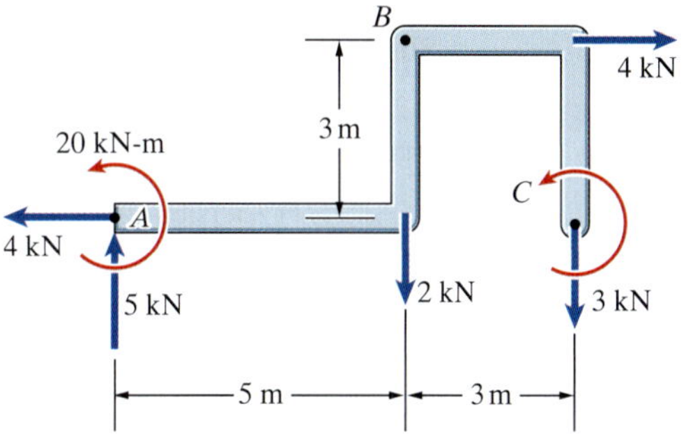

연습문제 4.118

4.119 예제 4.11에서 위쪽 20 N의 힘이 양의 z축 방향으로 작용하는 대신 양의 x축 방향으로 작용하고, 아래쪽 20 N의 힘이 음의 z축 방향으로 작용하는 대신 음의 x축 방향으로 작용한다고 가정하자. 파이프에 작용하는 힘을 나타내는 파이프의 스케치를 그려라. 두 우력이 파이프에 가하는 모멘트의 합을 구하라.

4.120 힘 $\mathbf{F}$의 크기가 80 lb이고, 원점에서 점 P까지의 직선의 길이가 4 ft이다. 우력의 모멘트를 구하라.

4.121 힘 $\mathbf{F}$의 크기가 200 N이고, 원점에서 점 P까지의 직선 길이가 3 m이다. (a) 우력의 모멘트 크기는 얼마인가? (b) 두 힘의 작용선 사이의 수선 거리는 얼마인가?

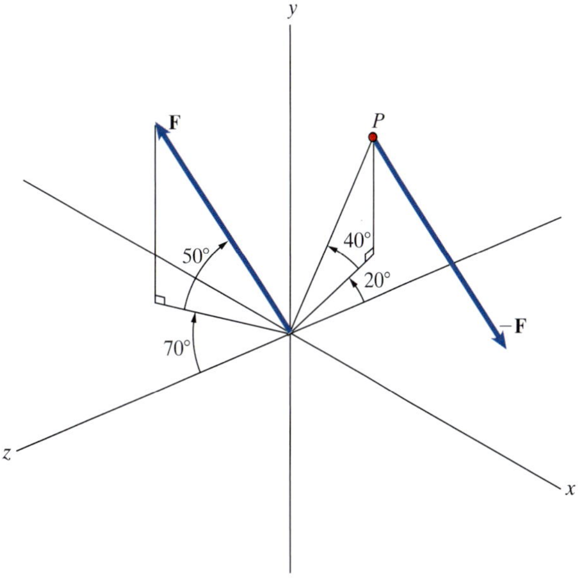

연습문제 4.120/4.121

4.122 두 우력이 T자형 구조물에 가한 모멘트 합의 크기는 얼마인가?

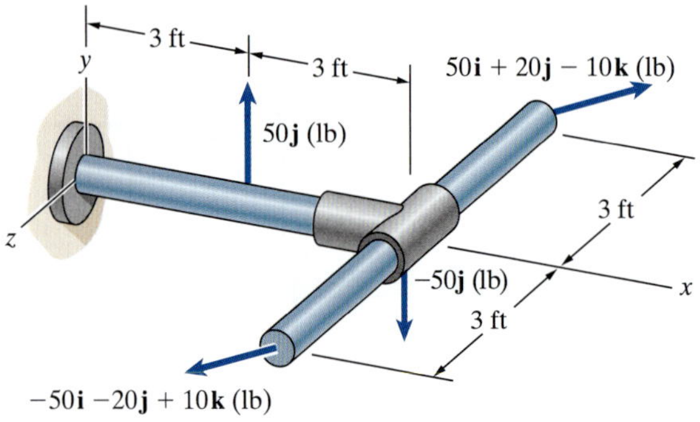

연습문제 4.122

4.123 한 사람이 러그 렌치에 우력을 가하고 있다. **F**의 방향을 나타내는 직각삼각형의 아랫변은 x–z 평면에 놓여 있다. (a) 사람이 x축에 대해 20 N-m의 모멘트를 가하려는 경우(러그 너트를 느슨하게 하는 모멘트), 필요한 **F**의 크기는 얼마인가? (b) **F**가 (a)에서 구한 크기를 가진다면, y축에 대해 결과적으로 나오는 모멘트는 얼마인가?

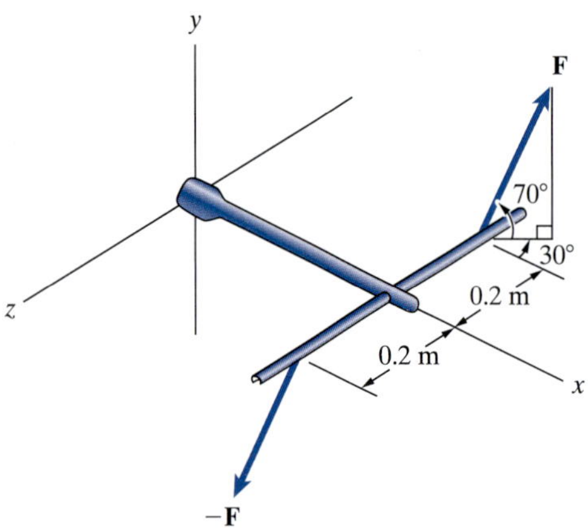

연습문제 4.123

4.124 케이블 AB, CD가 수직 파이프에 우력을 작용하고 있다. 각 케이블의 장력은 8 kN이다. 케이블이 파이프에 가하는 모멘트의 크기를 구하라.

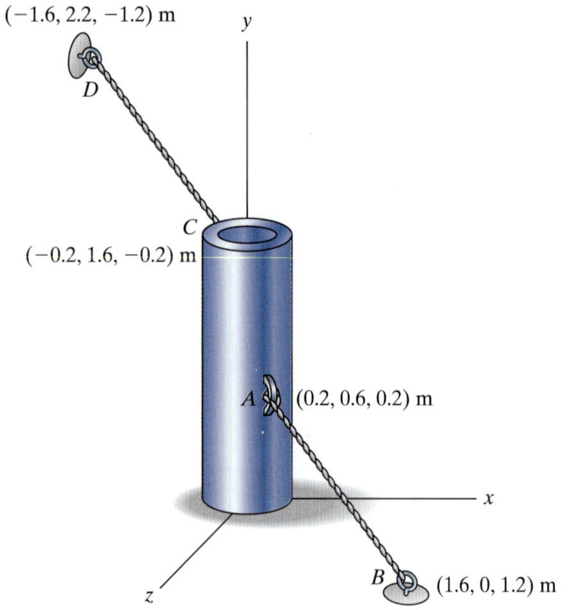

연습문제 4.124

4.125 운전자가 자동차의 운전대에 두 개의 힘을 가하고 있다. 좌표 (53.0, 183, −15.0) mm의 점 A에 힘 $\mathbf{F} = 3.84\mathbf{i} - 2.02\mathbf{j} + 0.844\mathbf{k}$ (N)가 적용된다. 힘 $-\mathbf{F}$는 좌표 (328, 360, −56.0) mm의 점 B에 적용된다. 운전대의 축은 단위 벡터 $0.342\mathbf{j} + 0.940\mathbf{k}$에 평행하다. 축에 대해 두 힘이 발휘하는 모멘트의 크기는 얼마인가?

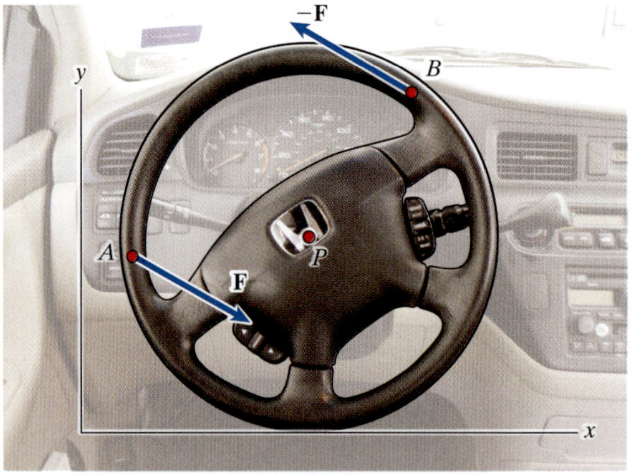

연습문제 4.125

4.126 다음과 같은 두 힘과

$$\mathbf{F}_B = 2\mathbf{i} + 6\mathbf{j} + 3\mathbf{k}\ (\text{kN})$$
$$\mathbf{F}_C = \mathbf{i} - 2\mathbf{j} + 2\mathbf{k}\ (\text{kN})$$

우력

$$\mathbf{M}_C = M_{Cy}\mathbf{j} + M_{Cz}\mathbf{k}\ (\text{kN-m})$$

가 있다. 두 힘과 우력이 점 A에 대한 모멘트의 합이 0이 되도록 M_{Cy}, M_{Cz}의 값을 구하라.

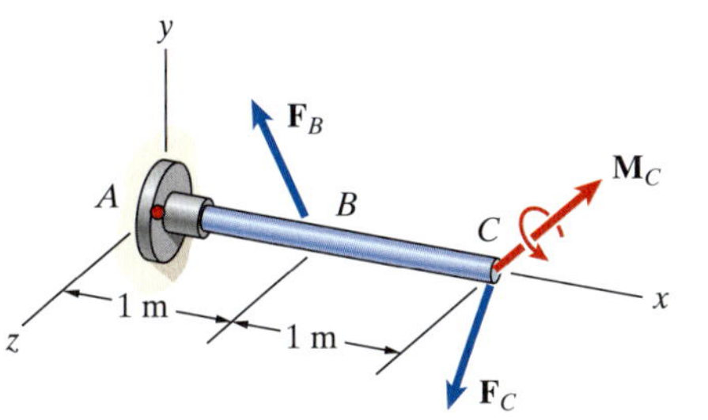

연습문제 4.126

4.127 엘보 피팅을 조일 때 두 개의 렌치를 사용한다. 오른쪽 렌치에 가해지는 힘 $\mathbf{F} = 10\mathbf{k}$ (lb)는 (6, −5, −3) in에, 왼쪽 렌치에 가해지는 힘 $-\mathbf{F}$는 (4, −5, 3) in에 각각 작용한다. (a) 오른쪽 렌치에 가해지는 힘으로 인한 x축에 대한 모멘트를 구하라. (b) 두 렌치에 가해지는 힘에 의해 만들어지는 우력의 모멘트를 구하라. (c) (a), (b)의 결과를 바탕으로 두 개의 렌치가 사용되는 이유를 설명하라.

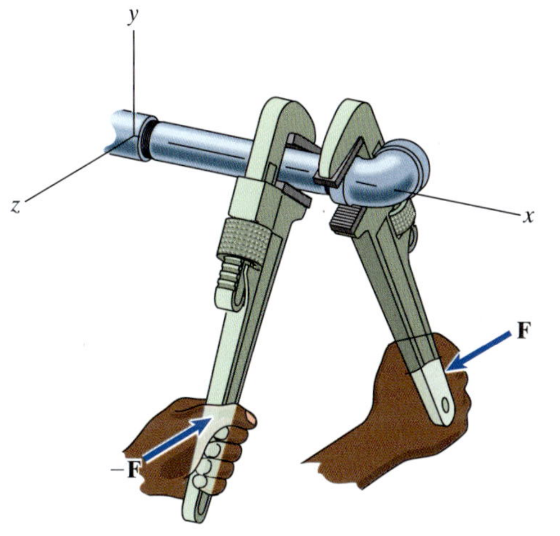

연습문제 4.127

4.5 등가 계

생각해보기

- 힘과 모멘트의 두 개의 계가 동등하다는 것은 무엇을 의미하는가?
- 힘과 모멘트의 복잡한 계를 더 간단한 계로 표현할 수 있는가? 이는 얼마나 간단한가?

배경

힘과 모멘트의 계는 단순히 힘과 우력의 모멘트의 특정한 집합이다. 공학에서 다루는 힘과 모멘트의 계는 복잡할 수 있다. 댐에 물이 가하는 수압과 같이 분산된 힘의 경우 특히 그렇다. 다행히도 가해지는 총힘과 모멘트에만 관심이 있다면 복잡한 힘과 모멘트의 계를 훨씬 간단한 계로 나타낼 수 있다.

등가 조건

계 1과 계 2로 지정된 두 개의 힘과 모멘트의 계는 힘의 합이 같고, 즉

$$(\Sigma\mathbf{F})_1 = (\Sigma\mathbf{F})_2 \tag{4.7}$$

이고, 한 점 P에 대한 모멘트의 합이 같으면, 즉

$$(\Sigma\mathbf{M}_P)_1 = (\Sigma\mathbf{M}_P)_2 \tag{4.8}$$

이면 등가로 정의한다. 등가 조건이 무엇을 의미하는지 알아보기 위해 그림 4.20a의 힘과 모멘트의 계를 생각해보자. 계 1에서 물체는 두 개의 힘 $\mathbf{F}_A$, $\mathbf{F}_B$와 우력 $\mathbf{M}_C$를 받고 있다. 계 2에서 물체는 힘 $\mathbf{F}_D$와 두 개의 우력 $\mathbf{M}_E$, $\mathbf{M}_F$를 받고 있다. 등가의 첫 번째 조건은 다음과 같다.

$$\begin{aligned}(\Sigma\mathbf{F})_1 &= (\Sigma\mathbf{F})_2:\\ \mathbf{F}_A + \mathbf{F}_B &= \mathbf{F}_D\end{aligned} \tag{4.9}$$

그림 4.20b에서 점 P에 대한 모멘트의 합을 구하면 등가에 대한 두 번째 조건은 다음과 같다.

$$\begin{aligned}(\Sigma\mathbf{M}_P)_1 &= (\Sigma\mathbf{M}_P)_2:\\ (\mathbf{r}_A \times \mathbf{F}_A) + (\mathbf{r}_B \times \mathbf{F}_B) + \mathbf{M}_C &= (\mathbf{r}_D \times \mathbf{F}_D) + \mathbf{M}_E + \mathbf{M}_F\end{aligned} \tag{4.10}$$

이러한 조건들이 충족되면 계 1과 2는 등가이다.

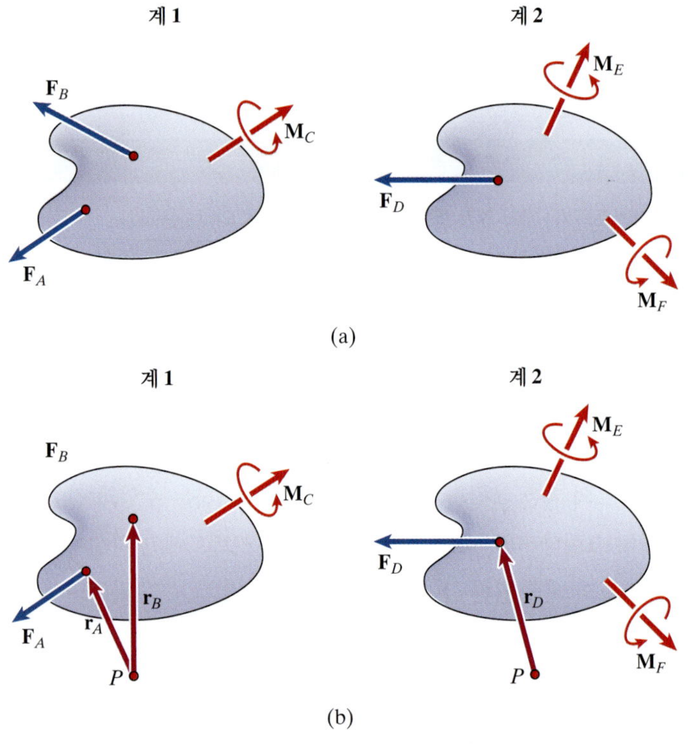

그림 4.20

(a) 물체에 가해지는 힘과 모멘트의 서로 다른 계

(b) 각 계의 점 P에 대한 모멘트의 합 결정

이 예를 사용해 두 개의 힘과 모멘트의 계에서 힘의 합이 같고, 한 점 P에 대한 모멘트의 합이 같으면 어떠한 점에 대해서라도 모멘트의 합이 같다는 것을 밝힐 것이다. 그림 4.20b에서 식 (4.9)가 만족되고 식 (4.10)이 점 P에 대해 만족된다고 가정하자. 또 다른 점 P'(그림 4.21)에 대해 다음과 같이 나타난다.

$$\begin{aligned}(\Sigma \mathbf{M}_{P'})_1 &= (\Sigma \mathbf{M}_{P'})_2: \\ (\mathbf{r}'_A \times \mathbf{F}_A) + (\mathbf{r}'_B \times \mathbf{F}_B) + \mathbf{M}_C &= (\mathbf{r}'_D \times \mathbf{F}_D) + \mathbf{M}_E + \mathbf{M}_F\end{aligned} \tag{4.11}$$

P'에서 P까지의 벡터 $\mathbf{r}$의 항으로, 그림 4.21의 벡터 $\mathbf{r}'_A$, $\mathbf{r}'_B$, $\mathbf{r}'_D$와 그림 4.20b의 벡터 $\mathbf{r}_A$, $\mathbf{r}_B$, $\mathbf{r}_D$ 간의 관계는 다음과 같다.

$$\mathbf{r}'_A = \mathbf{r} + \mathbf{r}_A \qquad \mathbf{r}'_B = \mathbf{r} + \mathbf{r}_B \qquad \mathbf{r}'_D = \mathbf{r} + \mathbf{r}_D$$

이 식을 식 (4.11)에 대입하면 다음과 같다.

$$\begin{aligned}[(\mathbf{r} + \mathbf{r}_A) \times \mathbf{F}_A] + [(\mathbf{r} + \mathbf{r}_B) \times \mathbf{F}_B] + \mathbf{M}_C \\ = [(\mathbf{r} + \mathbf{r}_D) \times \mathbf{F}_D] + \mathbf{M}_E + \mathbf{M}_F\end{aligned}$$

항을 재배열해 수식을 다음과 같이 쓸 수 있다.

$$[\mathbf{r} \times (\Sigma \mathbf{F})_1] + (\Sigma \mathbf{M}_P)_1 = [\mathbf{r} \times (\Sigma \mathbf{F})_2] + (\Sigma \mathbf{M}_P)_2$$

이는 식 (4.9)와 식 (4.10)의 관점을 뒷받침한다.

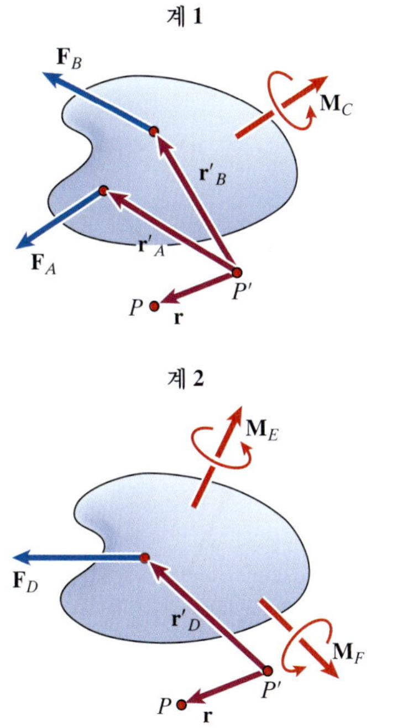

그림 4.21

또 다른 점 P'에 대한 모멘트의 합 결정

등가 계로 계를 표현하기

주어진 힘과 모멘트의 계가 물체에 가하는 총힘과 총모멘트에만 관심이 있다면, 그 계를 등가 계로 더할 수 있다. 즉 물체에 작용하는 실제 힘과 우력을 표시하는 대신 동일한 총힘과 총모멘트를 가진 또 다른 계로 표시할 수 있음을 의미한다. 이러한 방식으로 주어진 계를 덜 복잡한 계로 대체해서 물체에 작용하는 힘과 모멘트의 분석을 단순화하고 물체에 미치는 영향을 더 직관적으로 이해할 수 있다. 힘과 모멘트의 계를 단일 힘으로 구성된 등가 계로 나타낼 수 있는 경우, 그 단일 힘을 계의 합력이라고 부른다.

힘과 우력으로 계 표현하기 임의의 힘과 모멘트의 계와 한 점 P를 생각해보자(그림 4.22의 계 1). 이 계는 P에 작용하는 단일 힘과 단일 우력으로 구성된 계로 나타낼 수 있다(계 2). 등가의 조건은 다음과 같다.

$$\begin{aligned}(\Sigma \mathbf{F})_2 &= (\Sigma \mathbf{F})_1: \\ \mathbf{F} &= (\Sigma \mathbf{F})_1\end{aligned}$$

그리고

$$\begin{aligned}(\Sigma \mathbf{M}_P)_2 &= (\Sigma \mathbf{M}_P)_1: \\ \mathbf{M} &= (\Sigma \mathbf{M}_P)_1\end{aligned}$$

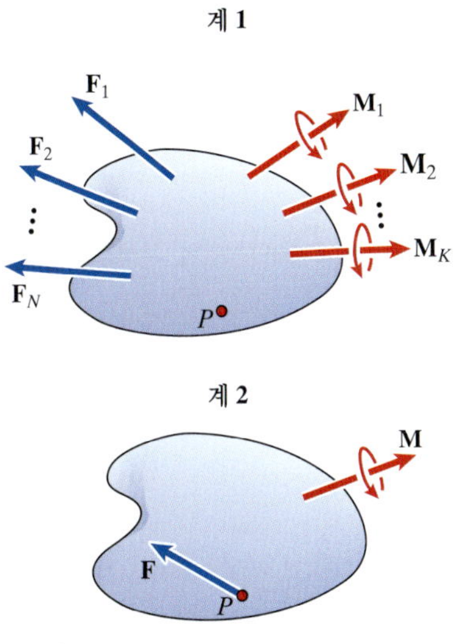

그림 4.22

(a) 임의의 힘과 모멘트의 계

(b) P에 작용하는 힘과 우력

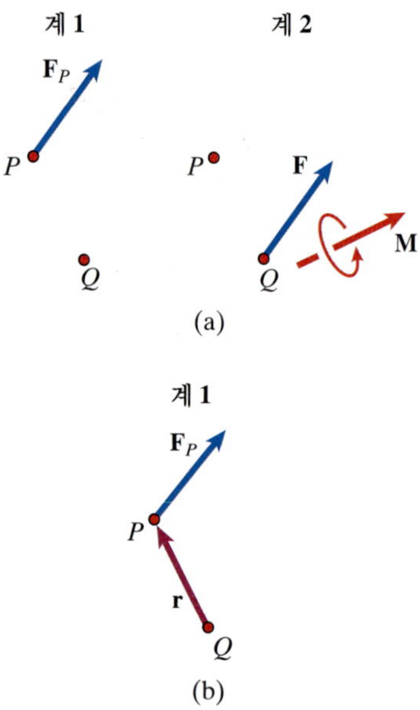

그림 4.23

(a) 계 1은 점 P에 작용하는 힘 $\mathbf{F}_P$이다. 계 2는 점 Q에 작용하는 힘 $\mathbf{F}$와 우력 $\mathbf{M}$으로 구성된다.
(b) 점 Q에 대한 계 1의 모멘트 결정

이 조건들은 $\mathbf{F}$가 계 1의 힘의 합과 같고 $\mathbf{M}$이 계 1의 P에 대한 모멘트의 합과 같으면 충족된다.

따라서 힘과 모멘트의 계가 아무리 복잡하더라도 주어진 지점에서 작용하는 단일 힘과 단일 우력으로 표현할 수 있다.

힘과 우력으로 힘 표현하기 한 점 P에 작용하는 힘 $\mathbf{F}_P$(그림 4.23a의 계 1)는 또 다른 점 Q에 작용하는 힘 $\mathbf{F}$와 우력 $\mathbf{M}$으로 표현할 수 있다(계 2). 점 Q에 대한 계 1의 모멘트는 $\mathbf{r} \times \mathbf{F}_P$이며, 여기에서 $\mathbf{r}$은 Q에서 P까지의 벡터이다(그림 4.23b). 등가의 조건은 다음과 같다.

$$(\Sigma\mathbf{F})_2 = (\Sigma\mathbf{F})_1:$$
$$\mathbf{F} = \mathbf{F}_P$$

그리고

$$(\Sigma\mathbf{M}_Q)_2 = (\Sigma\mathbf{M}_Q)_1:$$
$$\mathbf{M} = \mathbf{r} \times \mathbf{F}_P$$

힘 $\mathbf{F}$가 힘 $\mathbf{F}_P$와 같고 우력 $\mathbf{M}$이 Q에 대한 $\mathbf{F}_P$의 모멘트와 같으면 두 계는 등가이다.

단일 힘으로 표현되는 공점 힘 한 점 P에서 작용선이 교차하는 공점 힘의 계(그림 4.24의 계 1)는 작용선이 P와 교차하는 단일 힘, 즉 합력(계 2)으로 나타낼 수 있다. 다음과 같은 경우 두 계에서 힘의 합은 동일하다.

$$\mathbf{F} = \mathbf{F}_1 + \mathbf{F}_2 + \cdots + \mathbf{F}_N$$

P에 대한 모멘트의 합이 각각의 계에서 0이므로 힘 $\mathbf{F}$가 계 1의 힘의 합과 같으면 두 계는 등가이다.

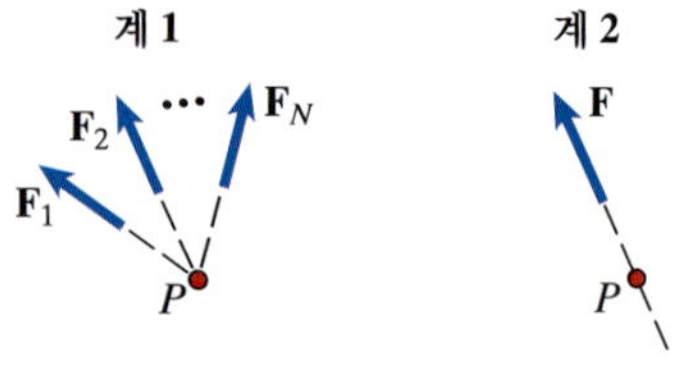

그림 4.24

공점 힘의 계와 단일 힘, 즉 합력 $\mathbf{F}$로 구성된 계

단일 힘으로 표현되는 평행 힘 합이 0이 아닌 평행 힘의 계는 단일 힘, 즉 합력 $\mathbf{F}$로 표현할 수 있다(그림 4.25). 예제 4.14에서 이 결과를 보여준다.

렌치로 계를 표현하기

임의의 힘과 모멘트의 계가 주어진 한 점에 작용하는 단일 힘과 단일 우력으로 표

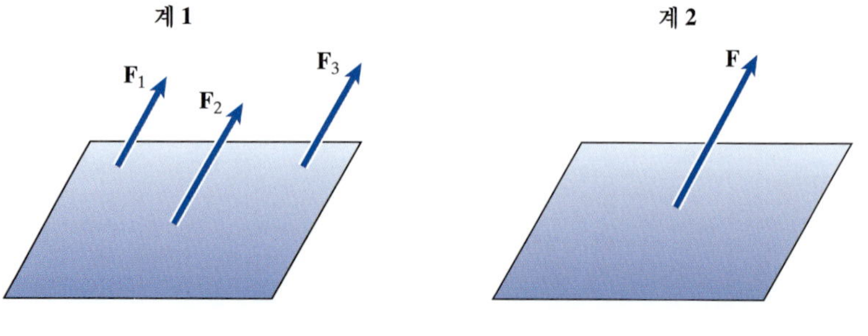

그림 4.25

평행한 힘의 계와 단일 힘 $\mathbf{F}$로 구성된 계

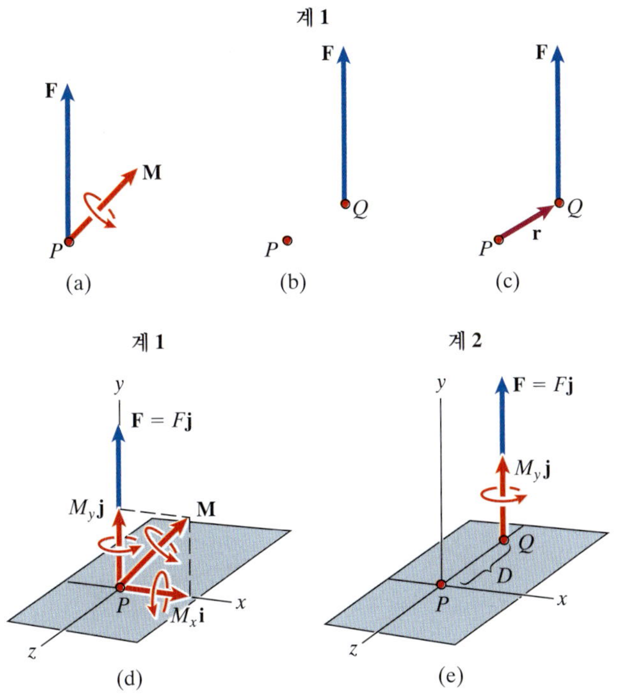

그림 4.26

(a) 계 1은 단일 힘과 단일 우력이다.

(b) 계 1을 우력이 없는 단일 힘으로 표현할 수 있는가?

(c) P에 대한 **F**의 모멘트는 **r** × **F**이다.

(d) **F**는 y축을 따라 있고 **M**은 x–y 평면에 놓여 있다.

(e) 계 2는 힘 **F**와 **F**에 평행한 **M**의 성분이다.

현될 수 있음을 보았다. 이것은 다음의 흥미로운 질문을 제기한다. 어떤 힘과 모멘트의 계와 등가이면서 가장 간단한 계는 무엇인가?

이 질문을 생각해보기 위해 한 점 P에 작용하는 임의의 힘 **F**와 임의의 우력 **M**으로 시작해 이 계(그림 4.26a의 계 1)를 더 간단한 계로 나타낼 수 있는지 살펴보자. 예를 들어 우력 없이 또 다른 점 Q에 작용하는 힘 **F**로만 나타낼 수 있는가(그림 4.26b)? 힘의 합은 계 1과 동일하다. **r** × **F** = **M**이 되도록 점 Q를 선택할 수 있다면[여기에서 **r**은 P에서 Q까지의 벡터(그림 4.26c)], P에 대한 모멘트의 합은 계 1과 같고 따라서 두 계는 등가가 된다. 그러나 벡터 **r** × **F**는 **F**에 수직이므로 **M**이 **F**에 수직인 경우에만 **M**과 같을 수 있다. 즉 일반적으로 힘 **F**만으로는 계 1을 나타낼 수 없다.

그러나 계 1은 한 점 Q에 작용하는 힘 **F**와, **F**와 평행한 **M**의 성분으로 나타낼 수 있다. 그림 4.26d는 **F**가 y축을 따라 있고 **M**이 x–y 평면에 놓이도록 좌표계를 설정한 계 1을 보여준다. 이 좌표계를 이용해서 힘과 우력을 $\mathbf{F} = F\mathbf{j}$, $\mathbf{M} = M_x\mathbf{i} + M_y\mathbf{j}$로 표현할 수 있다. 그림 4.26e의 계 2는 z축의 한 지점에 작용하는 힘 **F**와, **F**와 평행한 **M**의 성분으로 구성되어 있다. $D = M_x/F$가 되도록 거리 D를 선택하면 계 2는 계 1과 등가이다. 각 계의 힘의 합은 **F**이고, 계 1의 P에 대한 모멘트의 합이 **M**이며, 계 2의 P에 대한 모멘트의 합이 다음과 같기 때문이다.

$$(\Sigma \mathbf{M}_P)_2 = [(-D\mathbf{k}) \times (F\mathbf{j})] + M_y\mathbf{j} = M_x\mathbf{i} + M_y\mathbf{j} = \mathbf{M}$$

힘 **F**와 **F**에 평행한 우력 $\mathbf{M}_p$를 렌치라고 한다. 이는 임의의 힘과 모멘트의 계가 등가

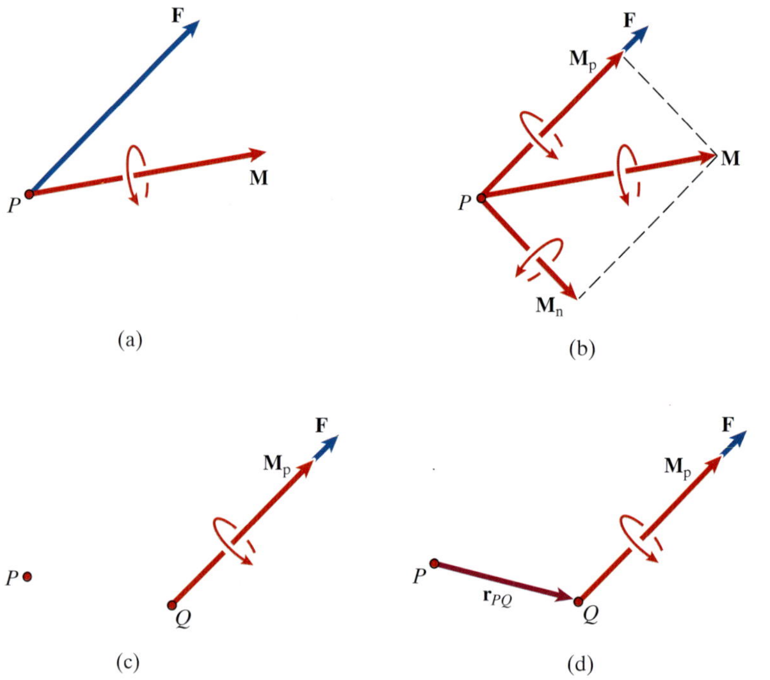

그림 4.27

(a) 필요한 경우 먼저 계를 단일 힘과 단일 우력으로 표현한다.
(b) **F**에 평행하고 수직인 **M**의 성분
(c) 렌치
(d) P에 대한 **F**의 모멘트가 **M**의 수직 성분과 같도록 Q를 선택한다.

일 수 있는 가장 간단한 계이다.

주어진 힘과 모멘트의 계를 어떻게 렌치로 나타낼 수 있는가? 계가 단일 힘 또는 단일 우력이거나 힘 **F**와 **F**에 평행한 우력으로 구성된 경우가 렌치이며, 여기에서 더 이상 단순화할 수 없다. 계가 단일 힘과 단일 우력보다 더 복잡하다면, 편리한 한 점 P를 선택하고 계를 P에 작용하는 힘 **F**와 우력 **M**으로 표현하는 것(그림 4.27a)으로 시작할 수 있다. 이 계를 렌치로 표현하려면 두 단계가 필요하다.

1. **F**에 평행하고 수직인 **M**의 성분을 구한다(그림 4.27b).
2. 렌치는 한 점 Q에 작용하는 힘 **F**와 $\mathbf{M}_p$의 평행 성분으로 구성된다(그림 4.27c). 등가를 얻으려면 P에 대한 **F**의 모멘트가 $\mathbf{M}_n$의 수직 성분과 같도록(그림 4.27d), 즉 $\mathbf{r}_{PQ} \times \mathbf{F} = \mathbf{M}_n$이 되도록 점 Q를 선택해야 한다.

결과 정리

힘과 모멘트의 등가 계

힘과 모멘트의 계는 단순히 힘과 우력의 모멘트의 특정한 집합이다. 다음 두 가지 조건이 충족되면 계 1과 계 2로 지정된 힘과 모멘트의 두 계는 등가로 정의한다.

1. 계 1의 힘의 합은 계 2의 힘의 합과 같다.
2. 계 1의 힘과 모멘트로 인한 임의의 점 P에 대한 모멘트의 합은 계 2의 힘과 모멘트로 인한 동일한 점 P에 대한 모멘트의 합과 같다.

등가 계로 힘과 모멘트의 계를 표현하기

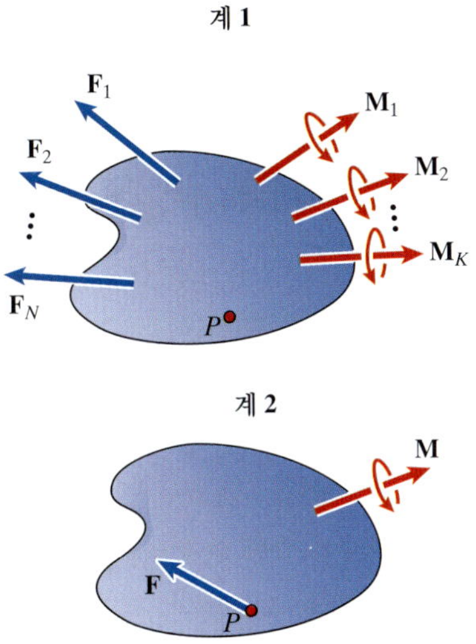

힘과 우력으로 임의의 계 표현하기

힘과 모멘트의 어떠한 계(계 1)도 한 점 P에 작용하는 힘 **F**와 우력 **M**으로 구성된 등가 계(계 2)로 나타낼 수 있다. **F**가 계 1의 힘의 합과 같고 **M**이 계 1의 힘과 모멘트로 인한 P에 대한 모멘트의 합과 같으면 두 계는 등가이다. 계를 단일 힘 **F**로 구성된 등가 계로 나타낼 수 있는 경우, 힘 **F**를 계의 합력이라고 한다.

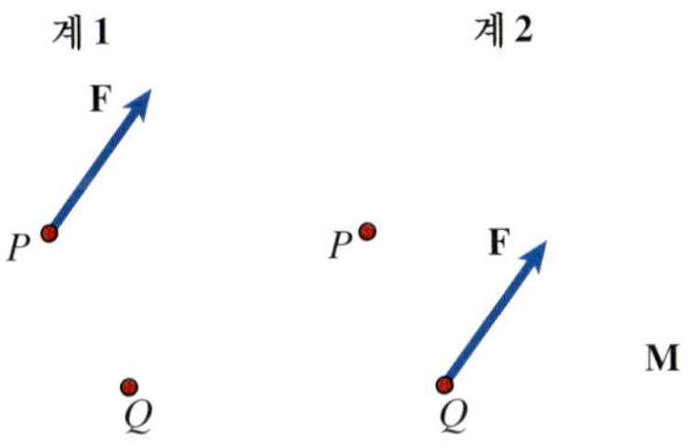

힘과 우력으로 힘 표현하기

한 점 P에 작용하는 힘 **F**(계 1)는 또 다른 점 Q에 작용하는 힘 **F**와 우력 **M**으로 구성된 등가 계(계 2)로 나타낼 수 있다. **M**이 계 1로 인한 점 Q에 대한 모멘트와 같으면 두 계는 등가이다.

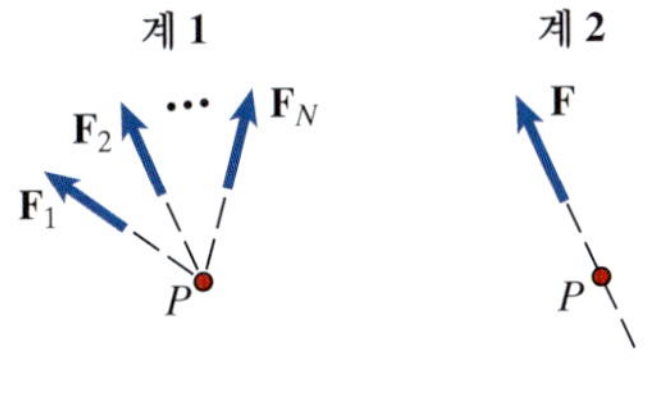

힘으로 공점 힘 표현하기

한 점 P에서 작용선이 교차하는 공점 힘의 계(계 1)는 작용선이 P를 통과하는 힘, 즉 합력 **F**로 구성된 등가 계(계 2)로 나타낼 수 있다. **F**가 계 1의 힘의 합과 같으면 두 계는 등가이다.

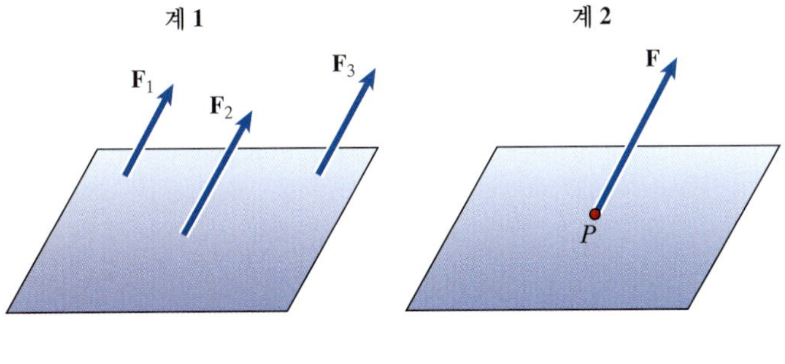

힘으로 평행 힘 표현하기

합이 0이 아닌 평행한 힘의 계(계 1)는 점 P에 작용하는 힘, 즉 합력 **F**로 구성된 등가 계(계 2)로 나타낼 수 있다. **F**가 계 1의 힘의 합과 같고, 계 1의 힘으로 인한 어떤 점에 대한 모멘트의 합이 계 2의 힘으로 인한 같은 점에 대한 모멘트의 합과 같다면 두 계는 등가이다.

실습 예제 4.12

계 1이 다음과 같은 힘과 우력으로 구성된다.

$$\mathbf{F}_A = -10\mathbf{i} + 10\mathbf{j} - 15\mathbf{k}\ (\text{kN})$$
$$\mathbf{F}_B = 30\mathbf{i} + 5\mathbf{j} + 10\mathbf{k}\ (\text{kN})$$
$$\mathbf{M}_C = -90\mathbf{i} + 150\mathbf{j} + 60\mathbf{k}\ (\text{kN-m})$$

계 1을 좌표 (4, 3, −2) m의 점 P에 작용하는 힘 **F**와 우력 **M**으로 구성된 등가 계(계 2)로 표현하기를 원한다. **F**와 **M**을 구하라.

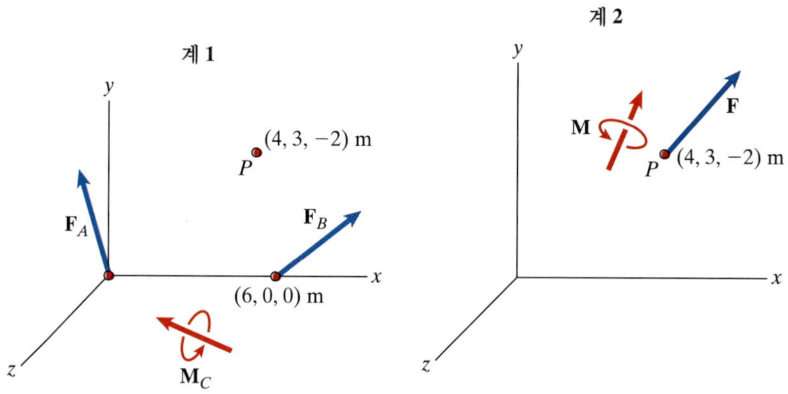

전략

등가 조건은 **F**가 계 1의 힘의 합과 같고 **M**이 계 1의 힘과 모멘트로 인한 점 P에 대한 모멘트의 합과 같으면 충족된다. 이러한 조건을 사용해서 **F**와 **M**을 구할 수 있다.

풀이

힘 **F**는 계 1의 힘의 합과 같아야 한다. →

$$\mathbf{F} = \mathbf{F}_A + \mathbf{F}_B = 20\mathbf{i} + 15\mathbf{j} - 5\mathbf{k}\ (\text{kN})$$

우력 **M**은 계 1의 힘과 모멘트로 인해 점 P에 대한 모멘트의 합과 같아야 한다. →

$$\mathbf{M} = \begin{vmatrix} \mathbf{i} & \mathbf{j} & \mathbf{k} \\ -4 & -3 & 2 \\ -10 & 10 & -15 \end{vmatrix} + \begin{vmatrix} \mathbf{i} & \mathbf{j} & \mathbf{k} \\ 2 & -3 & 2 \\ 30 & 5 & 10 \end{vmatrix} + (-90\mathbf{i} + 150\mathbf{j} + 60\mathbf{k})$$
$$= -105\mathbf{i} + 110\mathbf{j} + 90\mathbf{k}\ (\text{kN-m})$$

실습 문제 계 2를 좌표계의 원점에 작용하는 힘 **F′**과 우력 **M′**으로 구성된 등가 계(계 3)로 표현하고 싶다고 가정하자. **F′**와 **M′**을 구하라.

답: $\mathbf{F}' = 20\mathbf{i} + 15\mathbf{j} - 5\mathbf{k}$ (kN), $\mathbf{M}' = -90\mathbf{i} + 90\mathbf{j} + 90\mathbf{k}$ (kN-m)

예제 4.13 계를 더 간단한 등가 계로 표현하기

계 1이 파이프에 작용하는 두 개의 힘과 한 개의 우력으로 구성되어 있다. 계 1을 (a) 좌표계의 원점 O에 작용하는 단일 힘과 단일 우력, (b) 단일 힘, 즉 합력으로 나타내라.

계 1

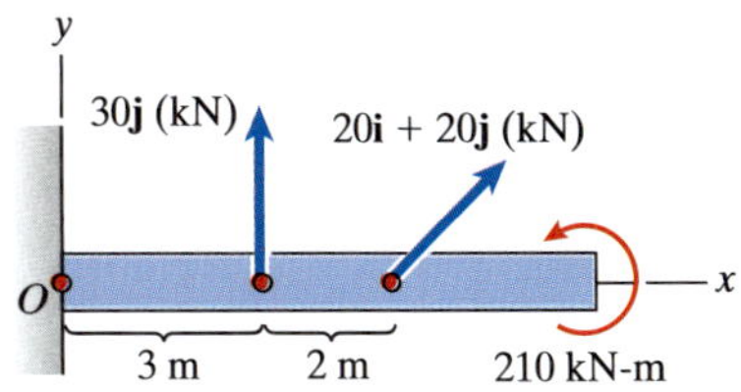

전략

(a) 계 1을 원점에 작용하는 힘 **F**와 우력 M으로 나타내고(그림 a의 계 2), 등가 조건을 사용해 **F**와 **M**을 구한다. (b) 힘 **F**의 작용점을 x축을 따라 거리 D만큼 떨어진 곳에 위치시킨다고 가정하자(그림 b의 계 3). 힘의 합은 계 2와 계 3에서 동일하다. 계 3에서 O에 대한 모멘트가 **M**과 같도록 거리 D를 선택할 수 있다면 계 3은 계 2와 등가가 되고 따라서 계 1과도 등가가 된다.

계 2

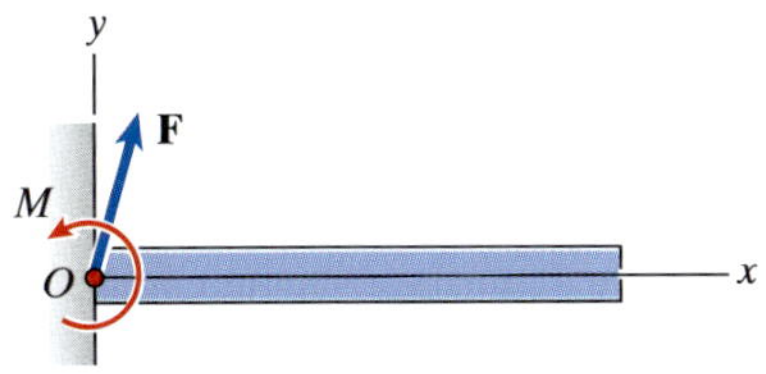

(a) O에 작용하는 힘 **F**와 우력 M

계 3

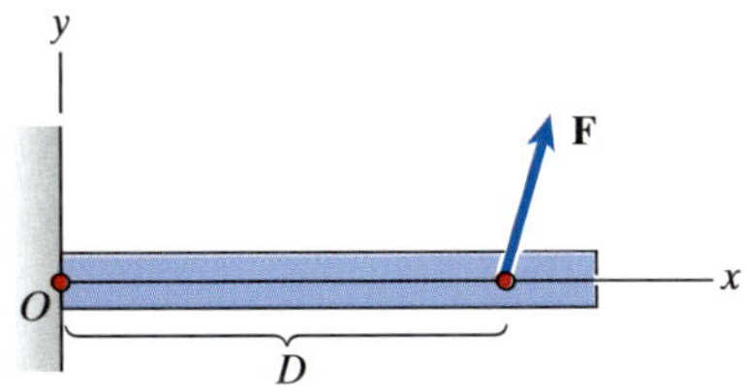

(b) x축의 한 지점에서 작용하는 힘 **F**로 구성된 계

풀이

(a) 등가 조건은 다음과 같다.

$$(\Sigma \mathbf{F})_2 = (\Sigma \mathbf{F})_1:$$
$$\mathbf{F} = 30\mathbf{j} + (20\mathbf{i} + 20\mathbf{j})\ (\text{kN}) = 20\mathbf{i} + 50\mathbf{j}\ (\text{kN})$$

그리고

$$(\Sigma M_O)_2 = (\Sigma M_O)_1:$$
$$M = (30\ \text{kN})(3\ \text{m}) + (20\ \text{kN})(5\ \text{m}) + 210\ \text{kN-m}$$
$$= 400\ \text{kN-m}$$

(b) 계 2와 3의 힘의 합은 같다. O에 대한 모멘트의 합을 같게 두면 다음의 결과가 나온다.

$$(\Sigma M_O)_3 = (\Sigma M_O)_2:$$
$$(50\ \text{kN})D = 400\ \text{kN-m}$$

그리고 $D = 8$ m일 경우 계 3은 계 2와 등가임을 알 수 있다.

비판적 사고

(b)에서 힘의 작용점이 x축에 있다고 가정한 이유는 무엇인가? 그림 a의 계를 단일 힘으로 표현하기 위해서는 힘이 시계 반대 방향으로 O에 대해 400 kN-m의 모멘트를 발휘하도록 힘의 작용선을 위치시킬 필요가 있었다. 힘의 작용점을 x축을 따라 D만큼 떨어진 곳에 위치시키는 것은 이를 달성하기 위한 편리한 방법이었다.

예제 4.14 단일 힘으로 평행한 힘 표현하기

계 1

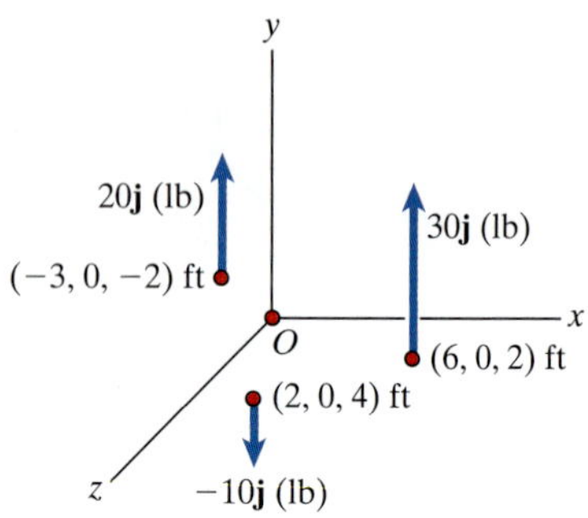

계 2

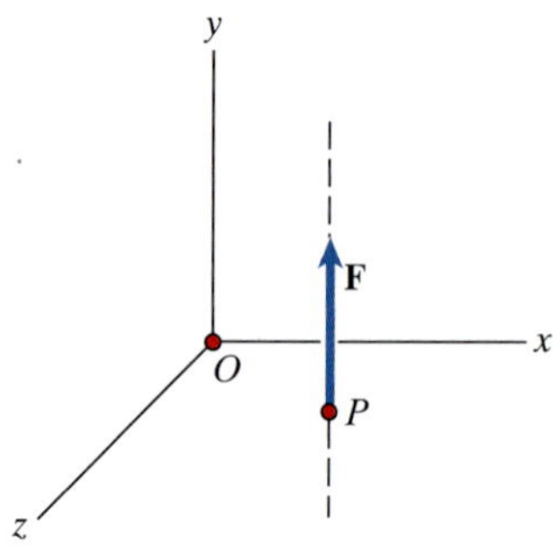

평행한 힘으로 구성된 계 1을 단일 힘, 즉 합력 **F**(계 2)로 표현하고 싶다고 가정하자. **F**는 얼마이며, 그 힘의 작용선이 x–z 평면과 교차하는 지점은 어디인가?

전략

두 계의 힘의 합이 같아야 한다는 조건에서 **F**를 구할 수 있다. 두 계가 등가가 되려면 어떤 한 점에 대한 모멘트의 합이 같도록 작용점 P를 선택해야 한다. 이 조건은 작용선이 x–z 평면과 교차하는 지점을 알려준다.

풀이

힘의 합은 같아야 한다.

$$(\Sigma \mathbf{F})_2 = (\Sigma \mathbf{F})_1:$$
$$\mathbf{F} = 30\mathbf{j} + 20\mathbf{j} - 10\mathbf{j}\ (\text{lb}) = 40\mathbf{j}\ (\text{lb})$$

임의의 점에 대한 모멘트의 합도 같아야 한다. 점 P의 좌표를 (x, y, z)로 둔다. 원점 O에 대한 모멘트의 합은 같아야 한다.

$$(\Sigma \mathbf{M}_O)_2 = (\Sigma \mathbf{M}_O)_1:$$
$$\begin{vmatrix} \mathbf{i} & \mathbf{j} & \mathbf{k} \\ x & y & z \\ 0 & 40 & 0 \end{vmatrix} = \begin{vmatrix} \mathbf{i} & \mathbf{j} & \mathbf{k} \\ 6 & 0 & 2 \\ 0 & 30 & 0 \end{vmatrix} + \begin{vmatrix} \mathbf{i} & \mathbf{j} & \mathbf{k} \\ 2 & 0 & 4 \\ 0 & -10 & 0 \end{vmatrix} + \begin{vmatrix} \mathbf{i} & \mathbf{j} & \mathbf{k} \\ -3 & 0 & -2 \\ 0 & 20 & 0 \end{vmatrix}$$

행렬식을 확장하면 다음을 얻는다.

$$[20\ \text{ft-lb} + (40\ \text{lb})z]\mathbf{i} + [100\ \text{ft-lb} - (40\ \text{lb})x]\mathbf{k} = \mathbf{0}$$

원점에 대한 모멘트의 합은 다음과 같은 경우 동일하다.

$$x = 2.5\ \text{ft}$$
$$z = -0.5\ \text{ft}$$

$\mathbf{F} = 40\mathbf{j}$ (lb)이고 그 작용선이 $x = 2.5$ ft, $z = -0.5$ ft에서 x–z 평면을 가로지르는 경우 두 계는 등가이다. P의 y 좌표에 대한 방정식을 얻지 못했다는 점을 알아두라. 작용선을 따라 어느 지점에서든 **F**를 적용하면 두 계는 등가이다.

비판적 사고

이 예제에서는 점 P의 x, z 좌표를 더 간단한 방법으로 구할 수 있었다. 두 계가 등가가 되려면 어떤 점에 대한 모멘트의 합이 같아야 하므로 어떤 선에 대한 모멘트의 합도 같아야 한다. x축에 대한 모멘트의 합을 같게 두면

$$(\Sigma M_{x축})_2 = (\Sigma M_{x축})_1:$$
$$-(40\ \text{lb})z = -(30\ \text{lb})(2\ \text{ft}) + (10\ \text{lb})(4\ \text{ft}) + (20\ \text{lb})(2\ \text{ft})$$

그리고 $z = -0.5$ ft를 얻는다. 또한 z축에 대한 모멘트의 합을 같게 두면

$$(\Sigma M_{z축})_2 = (\Sigma M_{z축})_1:$$
$$(40\ \text{lb})x = (30\ \text{lb})(6\ \text{ft}) - (10\ \text{lb})(2\ \text{ft}) - (20\ \text{lb})(3\ \text{ft})$$

그리고 $x = 2.5$ ft를 얻는다.

예제 4.15 렌치로 힘과 우력을 표현하기

계가 다음과 같은 힘과 우력으로 구성되어 있다.

$$\mathbf{F} = 3\mathbf{i} + 6\mathbf{j} + 2\mathbf{k} \text{ (N)}$$
$$\mathbf{M} = 12\mathbf{i} + 4\mathbf{j} + 6\mathbf{k} \text{ (N-m)}$$

이를 렌치로 표현하고, 렌치의 힘의 작용선이 x–z 평면과 교차하는 지점을 구하라.

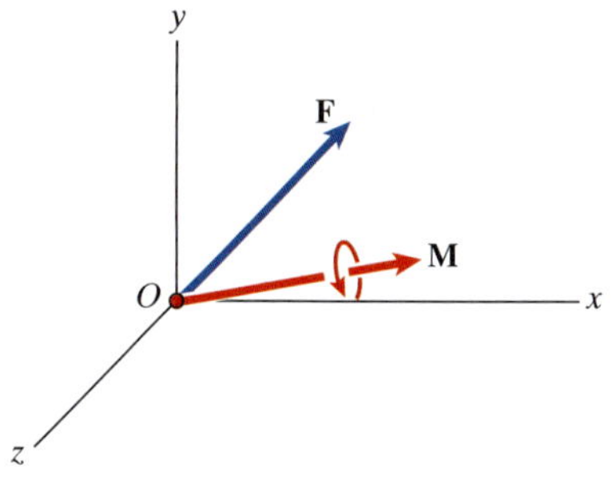

전략

렌치는 힘 **F**와 **F**에 평행한 **M**의 성분이다(그림 a, b). O에 대한 **F**의 모멘트가 수직 성분 $\mathbf{M}_n$과 같도록 작용점 P를 선택해야 한다. P를 x–z 평면상의 임의의 점이라 두면 **F**의 작용선이 그 평면과 교차하는 위치를 구할 수 있다.

풀이

F를 그 크기로 나누면 **F**와 방향이 같은 단위 벡터 **e**를 구할 수 있다.

$$\mathbf{e} = \frac{\mathbf{F}}{|\mathbf{F}|} = \frac{3\mathbf{i} + 6\mathbf{j} + 2\mathbf{k} \text{ (N)}}{\sqrt{(3 \text{ N})^2 + (6 \text{ N})^2 + (2 \text{ N})^2}} = 0.429\mathbf{i} + 0.857\mathbf{j} + 0.286\mathbf{k}$$

e를 사용해 **F**에 평행한 **M**의 성분을 계산할 수 있다.

$$\begin{aligned}\mathbf{M}_p &= (\mathbf{e} \cdot \mathbf{M})\mathbf{e} = [(0.429)(12 \text{ N-m}) + (0.857)(4 \text{ N-m}) + (0.286)(6 \text{ N-m})]\mathbf{e} \\ &= 4.408\mathbf{i} + 8.816\mathbf{j} + 2.939\mathbf{k} \text{ (N-m)}\end{aligned}$$

F에 수직인 **M**의 성분은 다음과 같다.

$$\mathbf{M}_n = \mathbf{M} - \mathbf{M}_p = 7.592\mathbf{i} - 4.816\mathbf{j} + 3.061\mathbf{k} \text{ (N-m)}$$

렌치는 그림 b에 표시되어 있으며, P의 좌표는 $(x, 0, z)$로 둔다. O에 대한 **F**의 모멘트는 다음과 같다.

$$\mathbf{r}_{OP} \times \mathbf{F} = \begin{vmatrix} \mathbf{i} & \mathbf{j} & \mathbf{k} \\ x & 0 & z \\ 3 & 6 & 2 \end{vmatrix} = -6z\mathbf{i} - (2x - 3z)\mathbf{j} + 6x\mathbf{k} \text{ (N-m)}$$

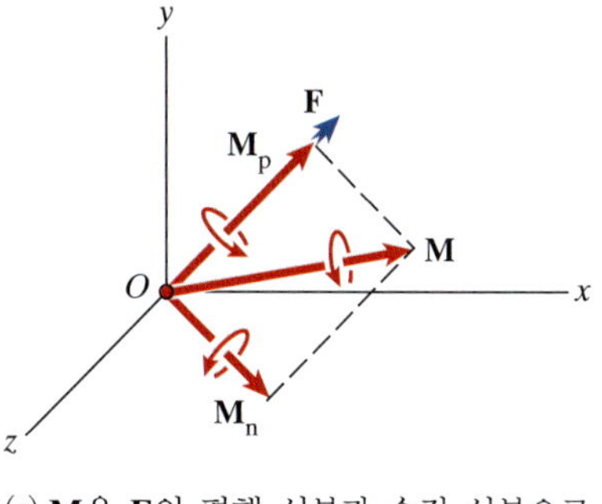

(a) **M**을 **F**의 평행 성분과 수직 성분으로 분해

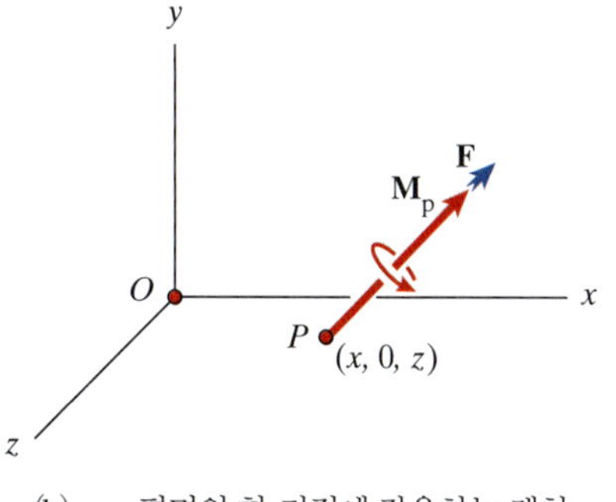

(b) x–z 평면의 한 지점에 작용하는 렌치

이 모멘트를 $\mathbf{M}_n$과 같게 두면,

$$-6z\mathbf{i} - (2x - 3z)\mathbf{j} + 6x\mathbf{k}\ (\text{N-m}) = 7.592\mathbf{i} - 4.816\mathbf{j} + 3.061\mathbf{k}\ (\text{N-m})$$

다음과 같은 식을 얻을 수 있다.

$$\begin{aligned} -6z &= 7.592 \\ -2x + 3z &= -4.816 \\ 6x &= 3.061 \end{aligned}$$

이 방정식을 풀면 점 P의 좌표가 $x = 0.510$ m, $z = -1.265$ m임을 알 수 있다.

비판적 사고

왜 점 P를 x–z 평면의 임의의 점 $(x, 0, z)$에 위치시켰는가? 목표는 O에 대한 $\mathbf{F}$의 모멘트가 $\mathbf{M}_n$과 같아지는 조건을 만족하도록 렌치의 힘 $\mathbf{F}$의 작용선을 위치시키는 것이었다. $\mathbf{F}$의 작용점을 점 $(x, 0, z)$에 위치시키고 이 조건을 사용해서 x와 z를 구하는 것은 작용선의 필요한 위치를 결정하는 데 편리한 방법이었다. 점 $(x, 0, z) = (0.510, 0, -1.265)$ m는 작용선과 x–z 평면의 교차점이다.

연습문제

4.128 두 개의 등가 힘 계가 보에 작용하고 있다. 힘 F와 거리 D를 구하라.

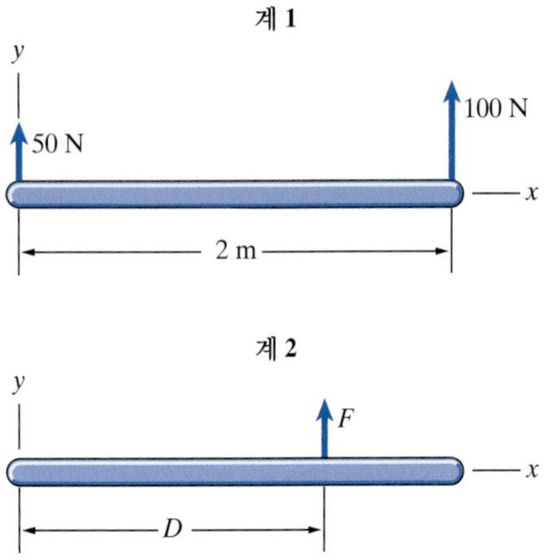

연습문제 4.128

4.129 힘과 모멘트의 두 계가 보에 작용하고 있다. 이 두 계는 등가인가?

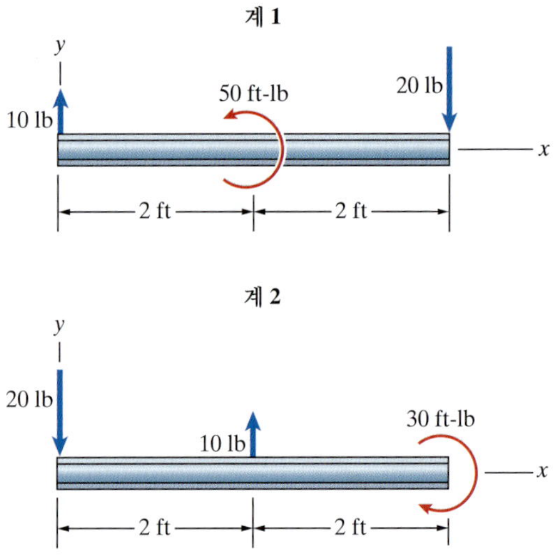

연습문제 4.129

4.130 8 m의 보에 힘과 모멘트의 네 계가 작용하고 있다. 어떤 계가 등가인가?

4.131 두 개의 등가 힘 계가 보에 작용하고 있다. 힘 F_1, F_2를 구하라.

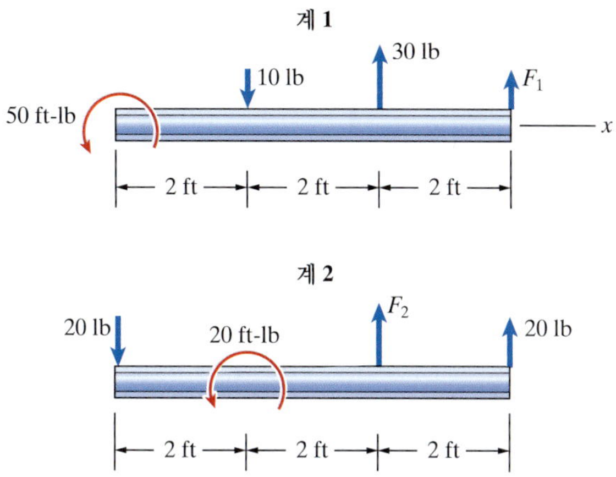

연습문제 4.131

4.132 두 개의 등가 힘과 모멘트의 계가 구조 부재에 작용하고 있다. 힘 F와 우력 C를 구하라.

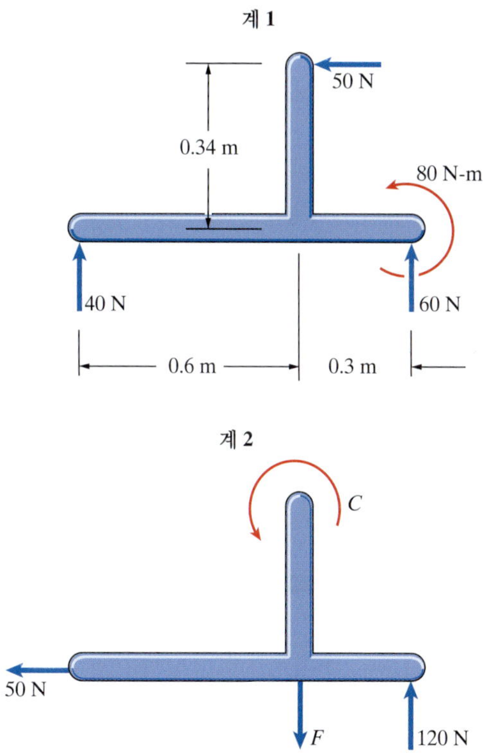

연습문제 4.132

4.133 계 1에서 케이블 AB가 통나무의 B에 2.4 kN의 힘을 가하고 있다. 계 2에서 케이블 CD, CE가 통나무의 D, E에 힘을 가하고 있다. 계 2의 케이블이 통나무에 가하는 힘의 벡터 합은 계 1의 케이블이 통나무에 가하는 힘과 같다. (a) 케이블 CD, CE의 장력을 구하라. (b) 계 2의 케이블이 통나무에 가하는 힘의 계는 계 1의 케이블이 통나무에 가하는 힘과 등가인가? 이를 설명하라.

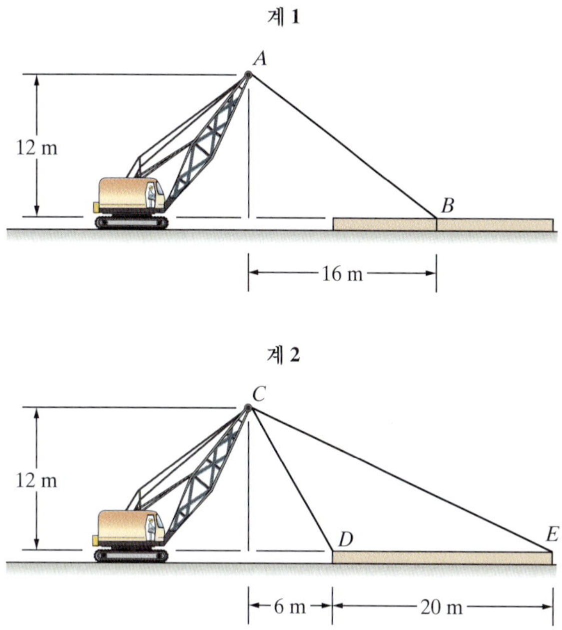

연습문제 4.133

4.134 계 1, 2가 각각 우력으로 구성되어 있다. 이들이 등가라면 F는 얼마인가?

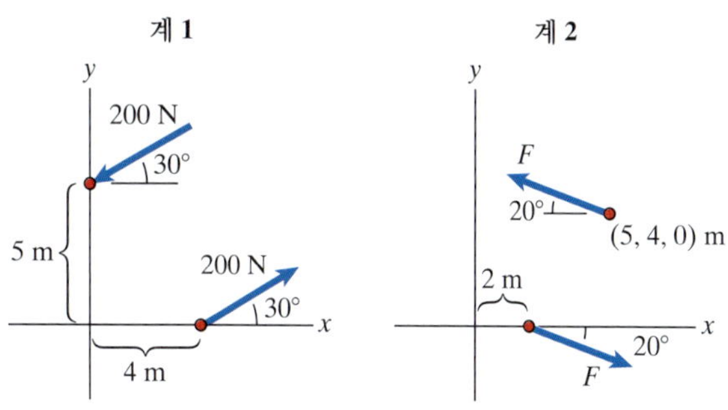

연습문제 4.134

4.135 두 개의 등가 힘과 모멘트의 계가 L자형 막대에 작용하고 있다. 힘 F_A, F_B와 우력 M을 구하라.

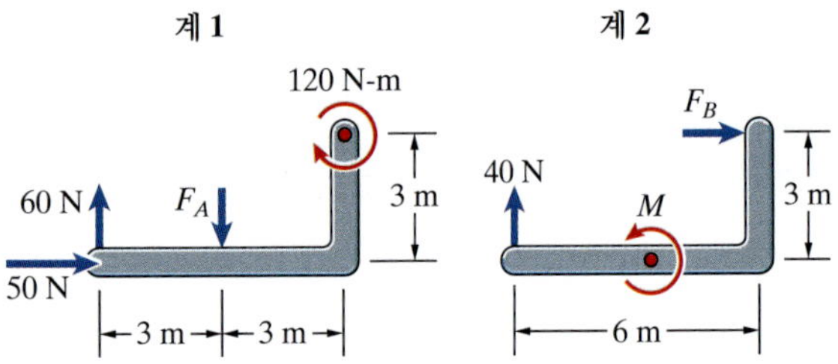

연습문제 4.135

4.136 두 개의 등가 힘과 모멘트의 계가 평판에 작용하고 있다. 힘 F와 우력 M을 구하라.

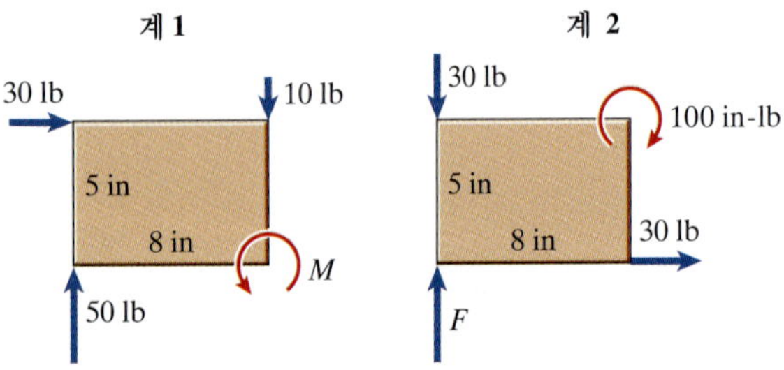

연습문제 4.136

4.137 계 1에서 보가 점 A와 점 C에 작용하는 두 개의 힘을 받고 있다. 계 1, 2가 등가이고, 계 2가 그림에 표시된 힘 F와 점 B에 작용하는 두 번째 힘으로 구성되기를 원한다고 가정하자. F의 크기는 얼마이며, 점 B에는 얼마의 힘이 작용해야 하는가?

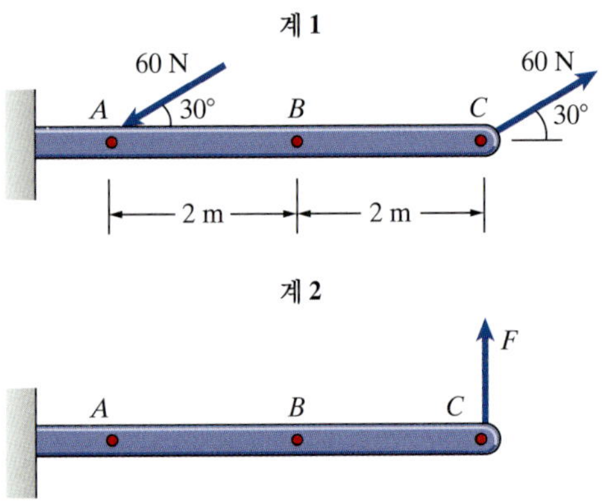

연습문제 4.137

4.138 보에 세 개의 힘과 한 개의 우력이 가해지고 있다(계 1). (a) 계 1을 A에 가해지는 힘과 우력으로 나타낸다면(계 2) $\mathbf{F}$와 M은 얼마인가? (b) 계 1을 힘 $\mathbf{F}$로 나타낸다면(계 3) 거리 D는 얼마인가?

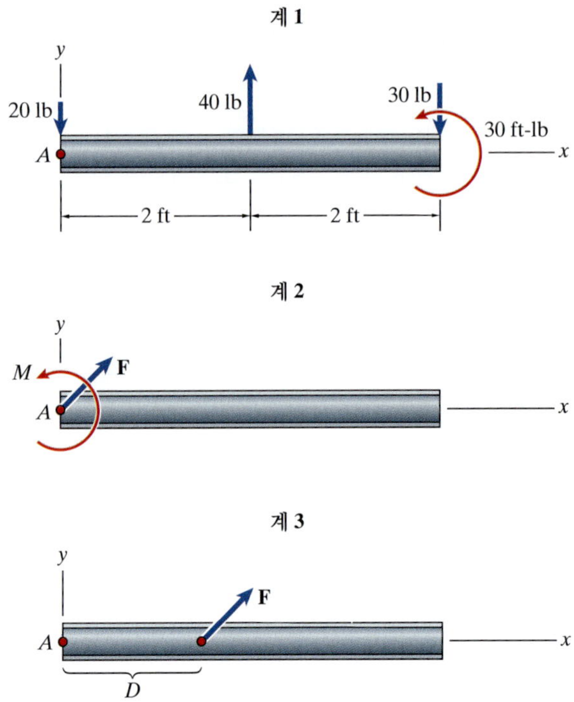

연습문제 4.138

4.139 케이블 BC가 B에서 보에 힘을 가하고 있다. 보에 가해지는 힘의 벡터 합이 0이고, 보의 왼쪽 끝에 대한 모멘트의 합도 0이다. (a) 힘 A_x, A_y와 케이블 BC의 장력을 구하라. (b) 보의 오른쪽 끝에 대한 모멘트의 합은 얼마인가? (c) 보에 작용하는 힘과 모멘트의 계를 원점에 작용하는 힘 $\mathbf{F}$와 우력 M으로 구성된 등가 계로 나타낸다면 $\mathbf{F}$와 M은 얼마인가?

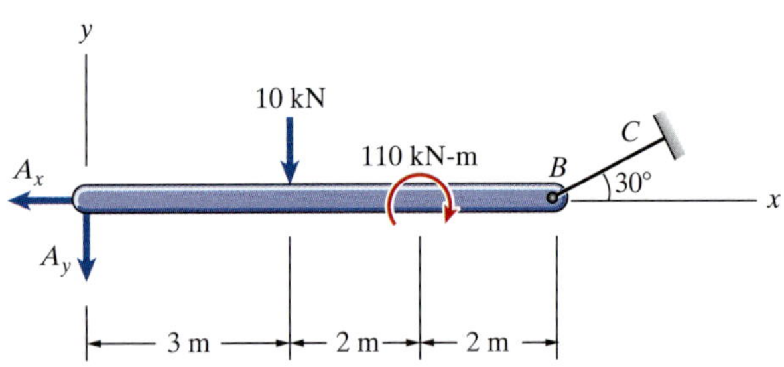

연습문제 4.139

4.140 브래킷에 세 개의 힘과 한 개의 우력이 가해지고 있다. 이 계를 단일 힘 **F**로 표현한다면 **F**는 얼마이고, 그 힘의 작용선이 x축과 교차하는 지점은 어디인가?

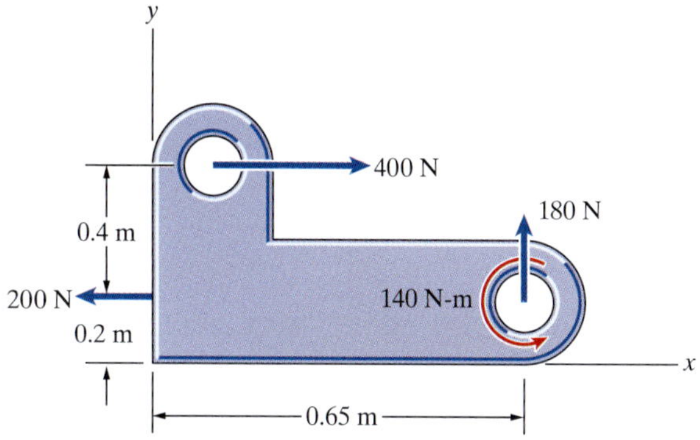

연습문제 4.140

4.141 보에 세 개의 힘과 한 개의 우력이 가해지고 있다(계 1). (a) 계 1을 A에 가해지는 힘과 우력으로 나타낸다면(계 2) **F**와 M은 얼마인가? (b) 계 1을 힘 **F**로 나타낸다면(계 3) 거리 D는 얼마인가?

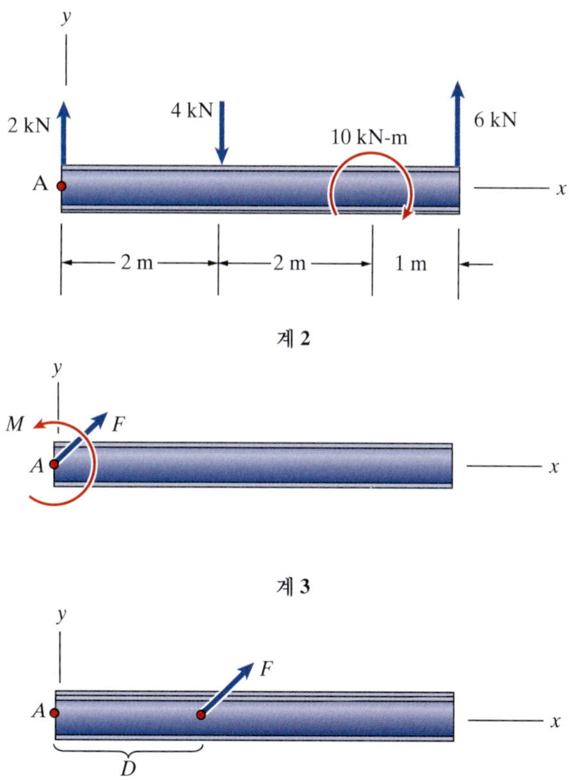

연습문제 4.141

4.142 힘 F_A, F_B가 50 lb의 무게추를 지탱하고 있다. (a) 힘 F_A, F_B의 크기를 구하라. (b) 힘 F_A, F_B를 등가 힘 **F**로 나타낸다면 **F**는 얼마이며, 그 작용선이 x축과 교차하는 지점은 어디인가?

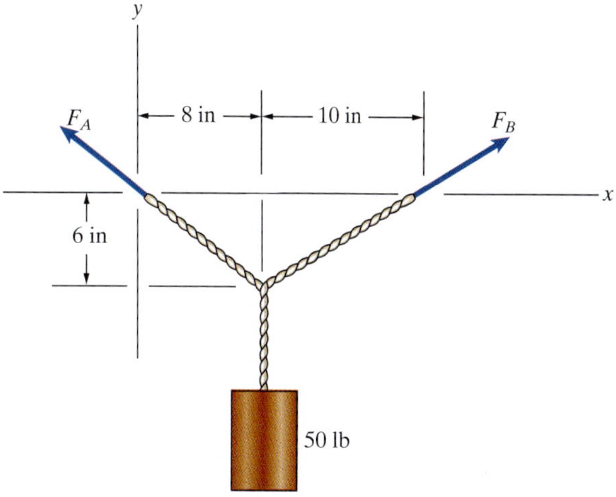

연습문제 4.142

4.143 토양이 건물 기초의 일부에 가하는 분포 힘이 다섯 개의 힘으로 표현된다. 이들을 힘 **F**로 표현하면 **F**는 얼마이며, 그 힘의 작용선이 x축과 교차하는 지점은 어디인가?

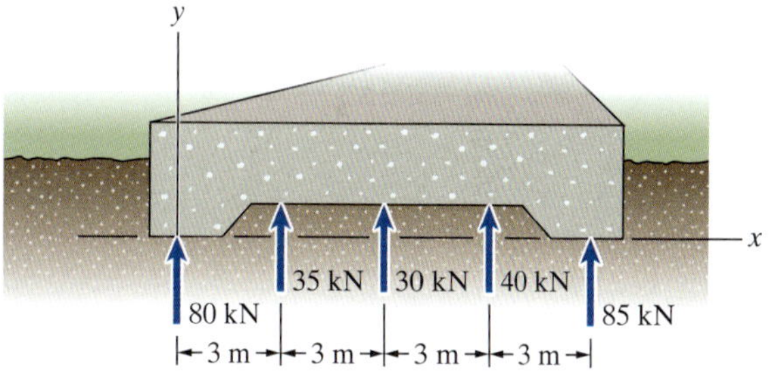

연습문제 4.143

4.144 특정 순간에 비행기 표면에 분포된 공기역학적 힘이 88 kN, 16 kN의 수직력과 시계 반대 방향으로 22 kN-m의 우력을 발휘한다. 이러한 힘과 우력을 질량 중심 G에 작용하는 힘 $\mathbf{F}$와 우력 M으로 구성된 계로 표현한다면 $\mathbf{F}$와 M은 얼마인가?

4.145 비행기에 작용하는 두 힘과 우력을 힘 $\mathbf{F}$로 표현한다면 $\mathbf{F}$는 얼마이며, 그 작용선이 x축과 교차하는 지점은 어디인가?

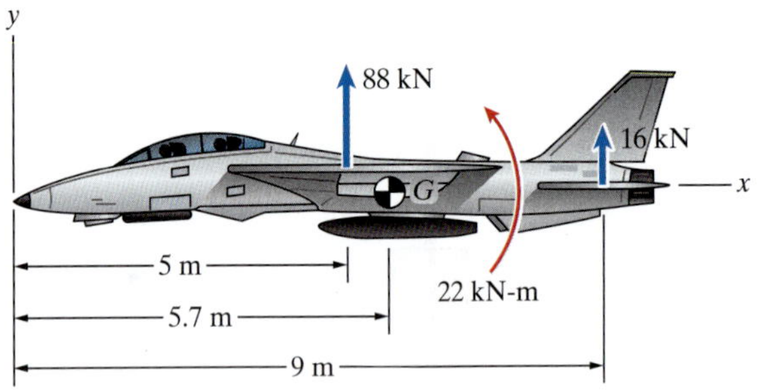

연습문제 4.144/4.145

4.146 계는 평형상태에 있다. A에 작용하는 힘 $\mathbf{F}$와 우력 $\mathbf{M}$으로 힘 $\mathbf{F}_{AB}$, $\mathbf{F}_{AC}$를 나타낸다면 $\mathbf{F}$와 $\mathbf{M}$은 얼마인가?

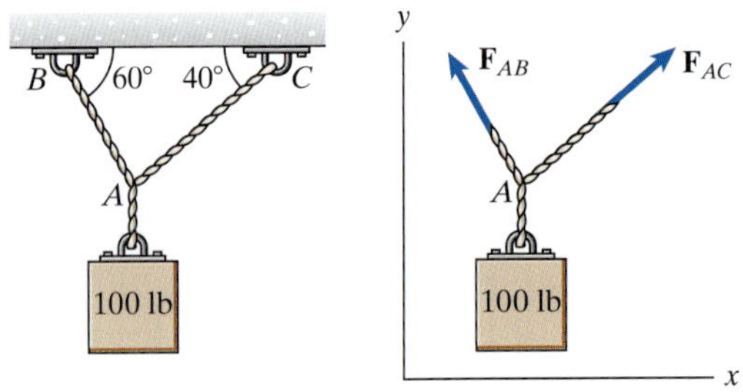

연습문제 4.146

4.147 보에 세 개의 힘이 작용하고 있다. (a) 원점 O에 작용하는 힘 $\mathbf{F}$와 우력 M으로 계를 나타내라. (b) 계를 단일 힘으로 나타내라. 힘의 작용선이 x축과 교차하는 지점은 어디인가?

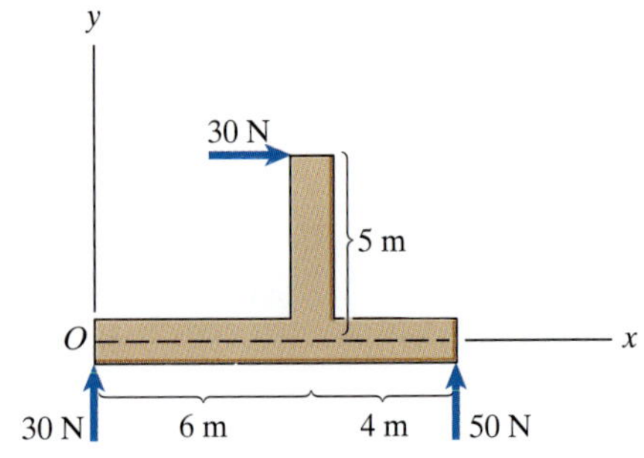

연습문제 4.147

4.148 엔진이 보잉 777에 가하는 힘이 그림에 표시되어 있다. 벡터가 x축에 평행하며 x–y 평면에 놓여 있다고 가정하자. 두 힘을 원점에 작용하는 힘 $\mathbf{F}$와 우력 M으로 구성된 등가 계로 표현하라. $\mathbf{F}$와 M은 얼마인가?

4.149 엔진이 보잉 777에 가하는 힘이 그림에 표시되어 있다. 벡터가 x축에 평행하며 x–y 평면에 놓여 있다고 가정하자. 두 힘을 단일 힘 $\mathbf{F}$로 구성된 등가 계로 표현하라. $\mathbf{F}$는 얼마이며, 그 작용선이 y축과 교차하는 지점은 어디인가?

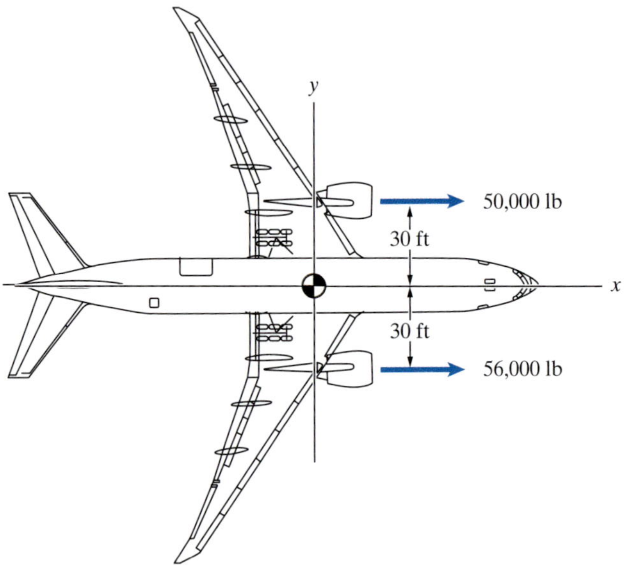

연습문제 4.148/4.149

4.150 보 단면에 작용하는 세 개의 힘을 단일 힘 **F**로 표현한다면 **F**는 얼마이며, 그 작용선이 x축과 교차하는 지점은 어디인가?

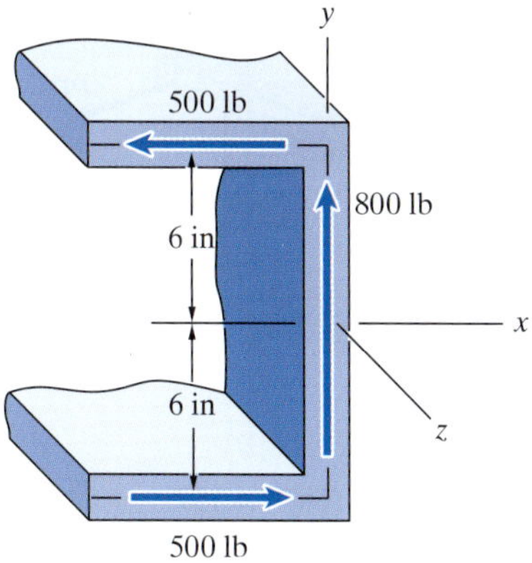

연습문제 4.150

4.151 실습 예제 4.12에서 힘 $\mathbf{F}_B$가 $\mathbf{F}_B = 20\mathbf{i} - 15\mathbf{j} + 30\mathbf{k}$ (kN)로 변경되었다고 가정하자. 좌표 (4, 3, −2) m의 점 P에 작용하는 힘 **F**와 우력 **M**으로 구성된 등가 계(계 2)로 계 1을 표현하려 할 때 **F**와 **M**을 구하라.

4.152 벽걸이 브래킷에 그림에 표시된 힘이 가해지고 있다. (a) z축에 대한 힘에 의한 모멘트를 구하라. (b) y축에 대한 힘에 의한 모멘트를 구하라. (c) 힘을 O에 작용하는 힘 **F**와 우력 **M**으로 나타낸다면 **F**와 **M**은 얼마인가?

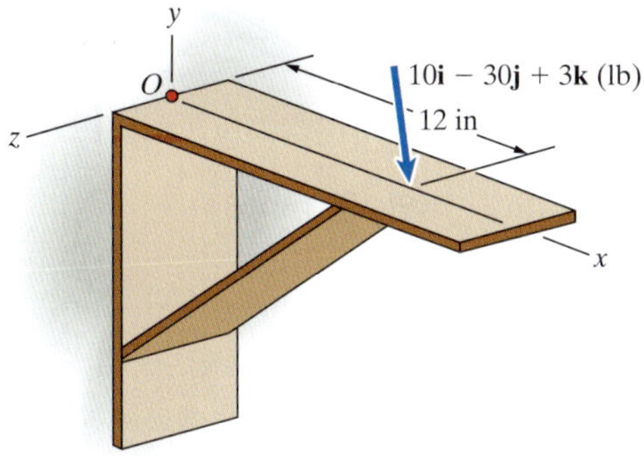

연습문제 4.152

4.153 비행기의 다섯 바퀴가 활주로에 가하는 힘이 $\mathbf{F}_A = 8.22\mathbf{k}$ (kN), $\mathbf{F}_B = 7.94\mathbf{k}$ (kN), $\mathbf{F}_C = 1.12\mathbf{k}$ (kN)이다. 이러한 힘을 단일 힘 **F**로 구성된 등가 계로 표현한다면 **F**는 얼마이며, 그 힘의 작용선이 x–y 평면과 교차하는 지점은 어디인가?

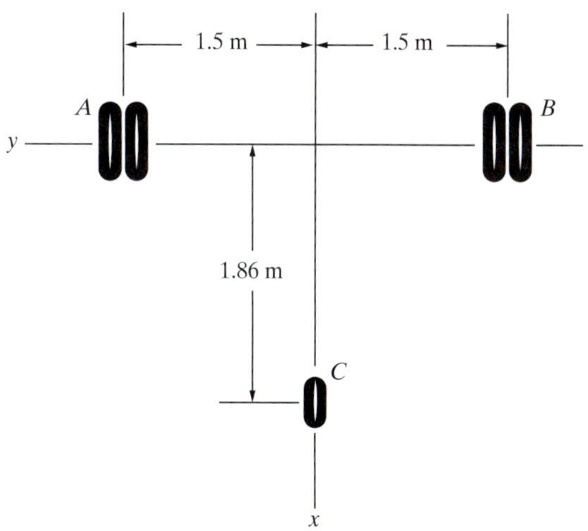

연습문제 4.153

4.154 예제 4.14에서 계 1의 위쪽 30 lb의 힘이 위쪽 25 lb의 힘으로 변경되었다고 가정하자. 단일 힘 **F**로 계 1을 나타낼 때(계 2) **F**의 작용선이 x–z 평면과 교차하는 지점은 어디인가?

4.155 도로가 자동차의 타이어에 가하는 수직력이 다음과 같다.

$$\mathbf{N}_A = 5104\mathbf{j}\ (\text{N})$$
$$\mathbf{N}_B = 5027\mathbf{j}\ (\text{N})$$
$$\mathbf{N}_C = 3613\mathbf{j}\ (\text{N})$$
$$\mathbf{N}_D = 3559\mathbf{j}\ (\text{N})$$

이러한 힘을 단일 등가 힘 **N**으로 표현할 때 **N**은 얼마이며, 그 작용선이 x–z 평면과 교차하는 지점은 어디인가?

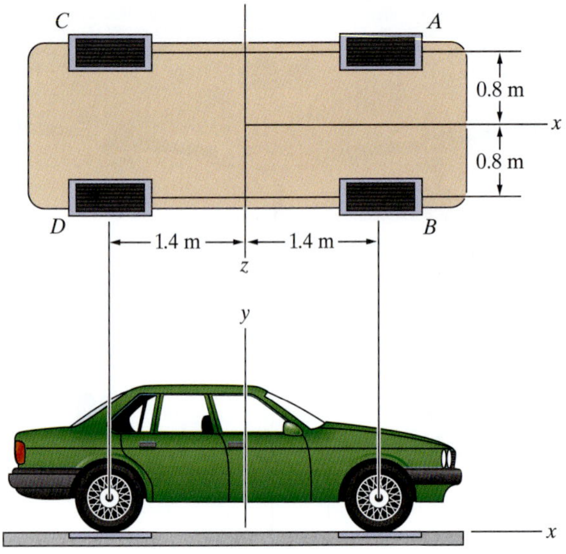

연습문제 4.155

4.156 두 개의 힘이 보에 작용하고 있다. 이를 C에 작용하는 힘 **F**와 우력 **M**으로 표현한다면 **F**와 **M**은 얼마인가?

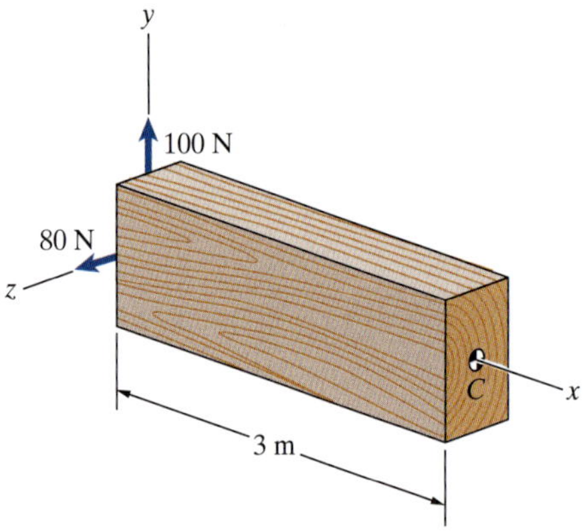

연습문제 4.156

4.157 보에 크기 P의 축력이 작용한다. 이를 원점 O에 작용하는 힘 **F**와 우력 **M**으로 표현한다면 **F**와 **M**은 얼마인가?

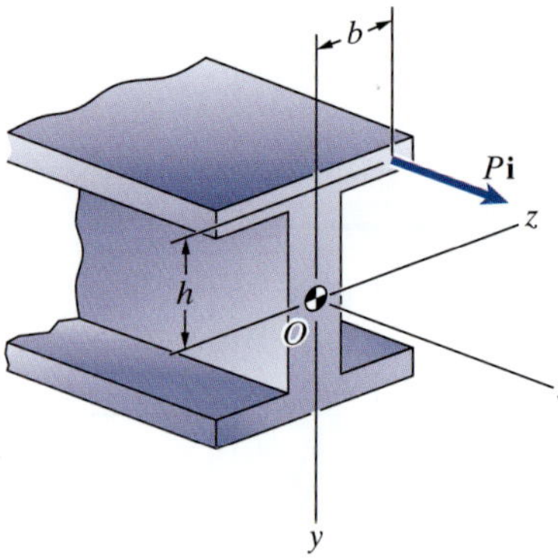

연습문제 4.157

4.158 나사를 제거하는 데 굽은 손잡이형 드라이버가 사용된다. (a) 드라이버에 작용하는 힘을 원점 O에 작용하는 힘 **F**와 우력 **M**으로 나타낼 때 **F**와 **M**은 얼마인가? (b) 드라이버에 작용하는 힘을 좌표 (x_P, y_P, z_P)의 점 P에 작용하는 힘 **F**′과 우력 **M**′으로 나타낼 때 **F**′과 **M**′은 얼마인가?

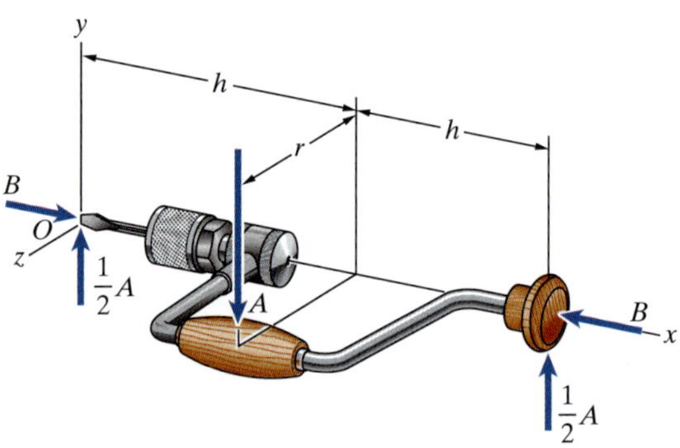

연습문제 4.158

4.159 네 개의 힘이 바퀴에 가해지고 있다. 힘 벡터가 x–y 평면에 놓여 있다고 가정하자. 이 힘들을 바퀴의 중심에 작용하는 힘 **F**와 우력 M으로 구성된 등가 계로 표현한다면 **F**와 M은 얼마인가?

4.160 네 개의 힘이 바퀴에 가해지고 있다. 힘 벡터가 x–y 평면에 놓여 있다고 가정하자. 이 힘들을 단일 힘 **F**로 구성된 등가 계로 표현한다면 **F**는 얼마이며, 그 작용선이 x축과 교차하는 지점은 어디인가?

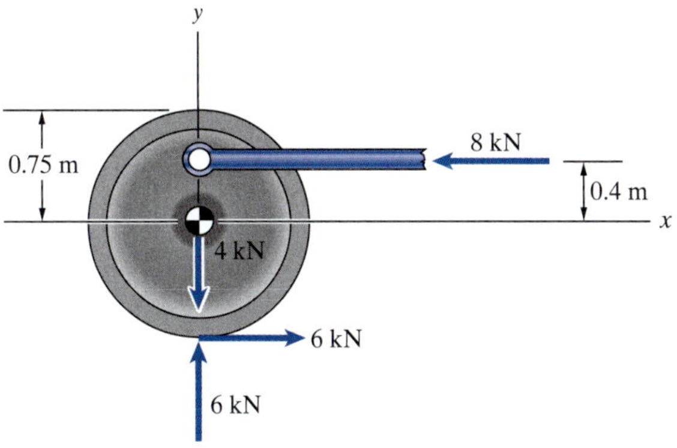

연습문제 4.159/4.160

4.161 바에 작용하는 두 개의 힘과 모멘트 계가 등가이고 다음과 같다.

$$\mathbf{F}_A = 30\mathbf{i} + 30\mathbf{j} - 20\mathbf{k}\ \text{(kN)}$$
$$\mathbf{F}_B = 40\mathbf{i} - 20\mathbf{j} + 25\mathbf{k}\ \text{(kN)}$$
$$\mathbf{M}_B = 10\mathbf{i} + 40\mathbf{j} - 10\mathbf{k}\ \text{(kN-m)}$$

F와 **M**은 얼마인가?

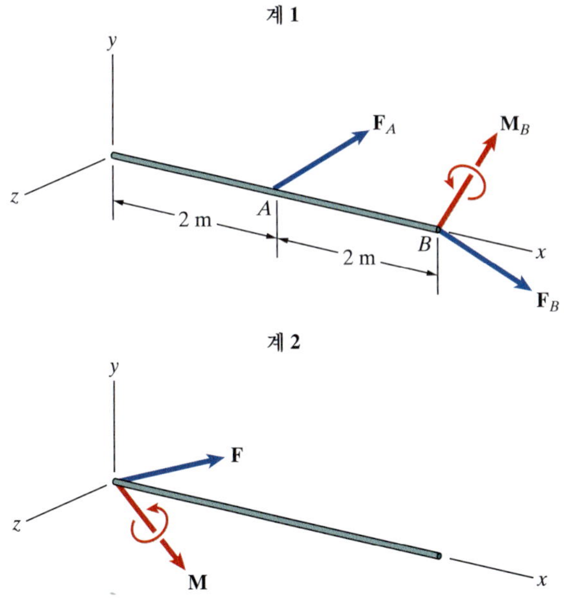

연습문제 4.161

4.162 점 G가 블록의 중앙에 있고 힘은 다음과 같다.

$$\mathbf{F}_A = -20\mathbf{i} + 10\mathbf{j} + 20\mathbf{k}\ \text{(lb)}$$
$$\mathbf{F}_B = 10\mathbf{j} - 10\mathbf{k}\ \text{(lb)}$$

두 힘을 G에 작용하는 힘 **F**와 우력 **M**으로 표현할 때 **F**와 **M**은 얼마인가?

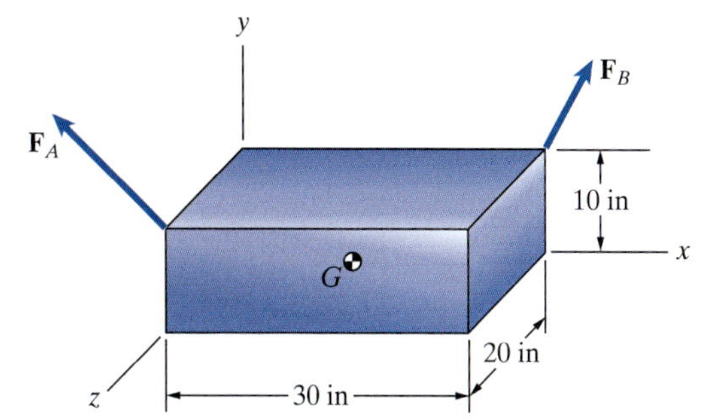

연습문제 4.162

4.163 비행기 동체 위의 엔진이 추력 T_0 = 16 kip, 날개 아래의 각 엔진이 추력 T_U = 12 kip를 발휘하고 있다. 치수는 h = 8 ft, c = 12 ft, b = 16 ft이다. 세 개의 추력을 원점 O에 작용하는 힘 **F**와 우력 **M**으로 표현한다면 **F**와 **M**은 얼마인가?

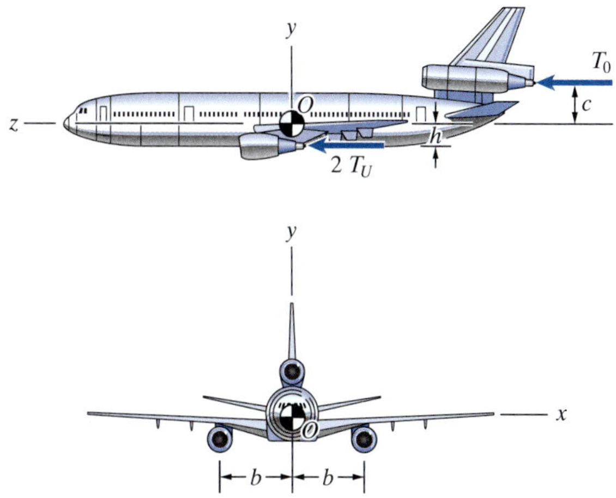

연습문제 4.163

4.164 케이블 AB, AC, AD가 40 kg의 물체를 지탱하는 힘 $\mathbf{F}_{AB}$, $\mathbf{F}_{AC}$, $\mathbf{F}_{AD}$를 가하고 있다. 단일 힘 $\mathbf{F}$로 구성된 등가 계로 $\mathbf{F}_{AB}$, $\mathbf{F}_{AC}$, $\mathbf{F}_{AD}$를 표현할 때 $\mathbf{F}$는 얼마이며, 그 작용선이 x–z 평면에서 교차하는 지점은 어디인가?

4.165 케이블 AB, AC, AD가 40 kg의 물체를 지탱하는 힘 $\mathbf{F}_{AB}$, $\mathbf{F}_{AC}$, $\mathbf{F}_{AD}$를 가하고 있다. $x = 1$ m, $y = 0$, $z = 2$ m 지점에서 작용하는 힘 $\mathbf{F}$와 우력 $\mathbf{M}$으로 구성된 등가 계로 $\mathbf{F}_{AB}$, $\mathbf{F}_{AC}$, $\mathbf{F}_{AD}$를 표현할 때 $\mathbf{F}$와 $\mathbf{M}$은 얼마인가?

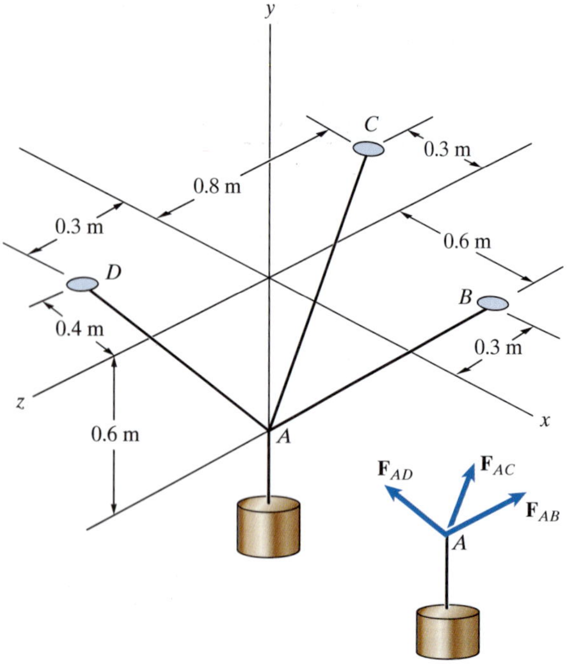

연습문제 4.164/4.165

4.166 거리 $s = 4$ m이다. 힘과 200 N-m의 우력을 원점 O에 작용하는 힘 $\mathbf{F}$와 우력 $\mathbf{M}$으로 표현한다면 $\mathbf{F}$와 $\mathbf{M}$은 얼마인가?

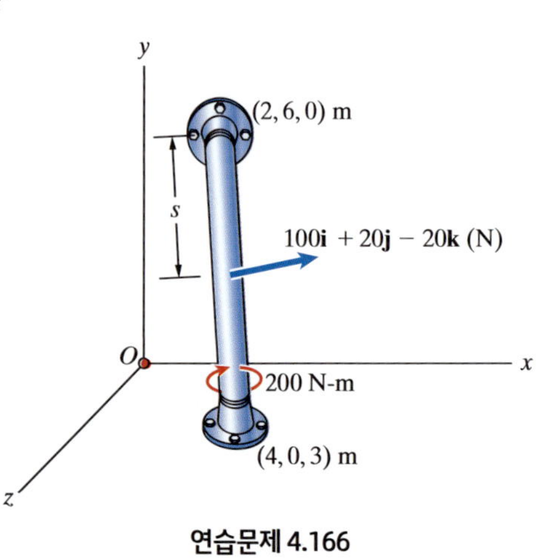

연습문제 4.166

4.167 계 1의 힘 $\mathbf{F}$와 우력 $\mathbf{M}$이 다음과 같다.

$$\mathbf{F} = 12\mathbf{i} + 4\mathbf{j} - 3\mathbf{k} \text{ (lb)}$$
$$\mathbf{M} = 4\mathbf{i} + 7\mathbf{j} + 4\mathbf{k} \text{ (ft-lb)}$$

계 1을 렌치로 표현하고 싶다고 가정하자(계 2). 우력 $\mathbf{M}_p$와 힘의 작용선이 x–z 평면과 교차하는 지점의 좌표 x, z를 구하라.

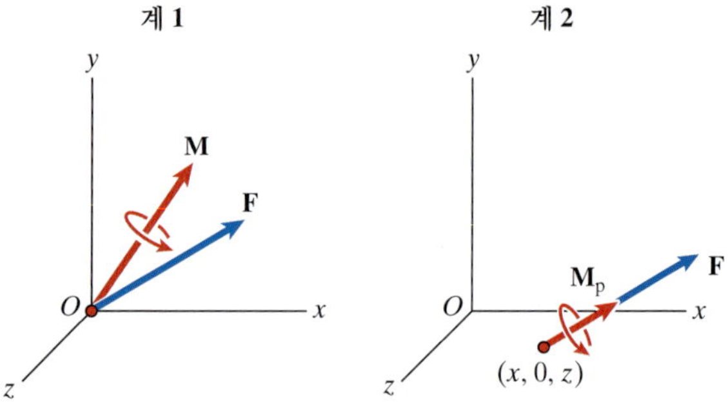

연습문제 4.167

4.168 원점 O에서 작용하는 힘 $\mathbf{F}$와 우력 $\mathbf{M}$으로 구성된 계가 다음과 같다.

$$\mathbf{F} = 10\mathbf{i} \text{ (lb)} \qquad \mathbf{M} = 20\mathbf{j} \text{ (ft-lb)}$$

힘 $\mathbf{F}$와 평행한 우력 $\mathbf{M}_p$로 구성된 렌치로 계를 표현한다면 $\mathbf{M}_p$는 얼마이며, $\mathbf{F}$의 작용선이 y–z 평면과 교차하는 지점은 어디인가?

4.169 막대에 작용하는 두 힘을 힘 $\mathbf{F}$와 평행한 우력 $\mathbf{M}_p$로 구성된 렌치로 나타내라. $\mathbf{F}$와 $\mathbf{M}_p$는 얼마이며, $\mathbf{F}$의 작용선이 x–z 평면과 교차하는 지점은 어디인가?

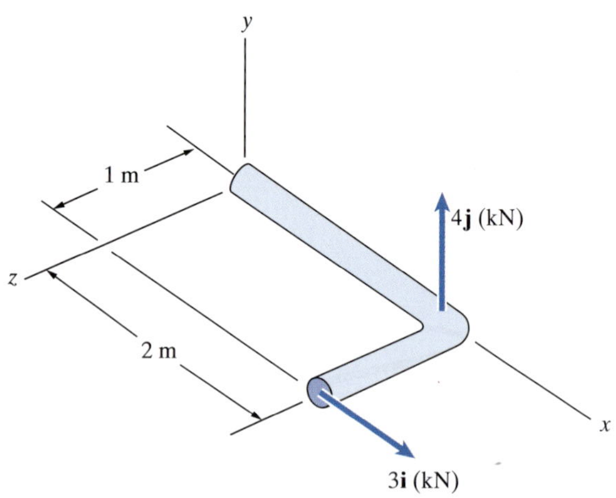

연습문제 4.169

4.170 예제 4.15에 주어진 원점 O에 작용하는 힘 **F**와 우력 **M**을 생각해보라. 이 계를 렌치로 표현한다면 힘의 작용선이 x–y 평면과 교차하는 지점은 어디인가?

4.171 예제 4.15에 주어진 원점 O에 작용하는 힘 **F**와 우력 **M**을 생각해보라. 이 계를 렌치로 표현한다면 힘의 작용선이 평면 y = 3 m와 교차하는 지점은 어디인가?

4.172 렌치가 원점 O에서 작용하는 100 N의 힘과 60 N-m의 우력으로 구성되어 있다. 힘과 우력은 O에서 (1, 1, 2) m 지점까지의 방향을 가리킨다. 렌치를 (5, 3, 1) m 지점에 작용하는 힘 **F**와 우력 **M**으로 나타낼 때 **F**와 **M**은 얼마인가?

4.173 두 개의 힘과 한 개의 우력으로 구성된 계 1을 렌치로 표현하고 싶다고 가정하자(계 2). 힘 **F**, 우력 $\mathbf{M}_p$, **F**의 작용선이 x–z 평면과 교차하는 지점의 좌표 x, z를 구하라.

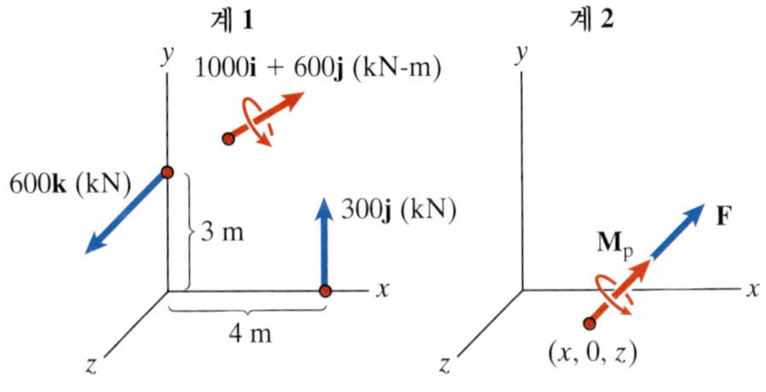

연습문제 4.173

4.174 배관공이 파이프를 풀기 위해 그림에 표시된 두 개의 힘을 가하고 있다. (a) 배관공이 파이프의 축에 대해 가하는 총모멘트는 얼마인가? (b) 두 힘을 O에 작용하는 힘 **F**와 우력 **M**으로 나타낸다면 **F**와 **M**은 얼마인가? (c) 두 힘을 힘 **F**와 평행한 우력 $\mathbf{M}_p$로 이루어진 렌치로 나타낸다면 $\mathbf{M}_p$는 얼마이며, 힘 **F**의 작용선이 x–y 평면과 교차하는 지점은 어디인가?

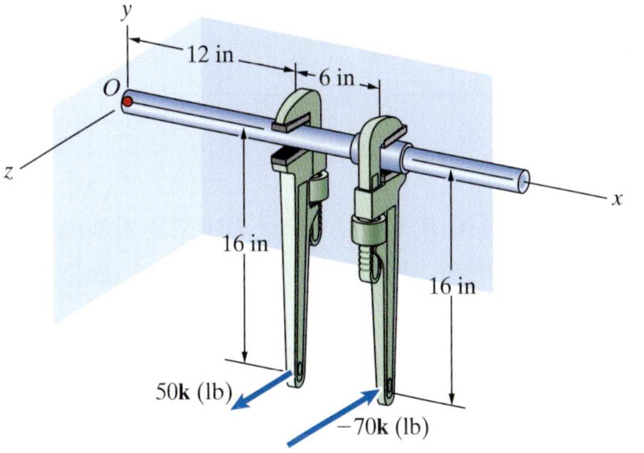

연습문제 4.174

복습문제

4.175 질량 m_1, m_2의 무게가 막대 AB에 힘을 가하고 있다. A에 대한 두 힘으로 인한 총모멘트의 크기는 275 N-m이고, B에 대한 두 힘으로 인한 총모멘트의 크기는 343 N-m이다. 질량 m_1, m_2를 구하라.

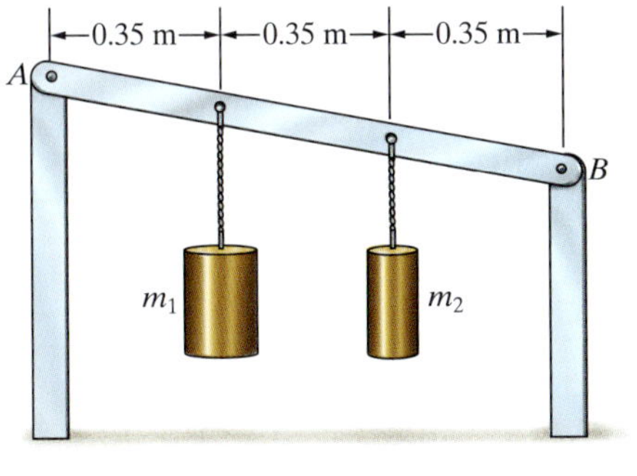

복습문제 4.175

4.176 케이블 AB가 지지점 A에 300 N의 힘을 A에서 B 방향으로 가하고 있다. 이 힘이 점 P에 대해 작용하는 모멘트의 크기를 구하라.

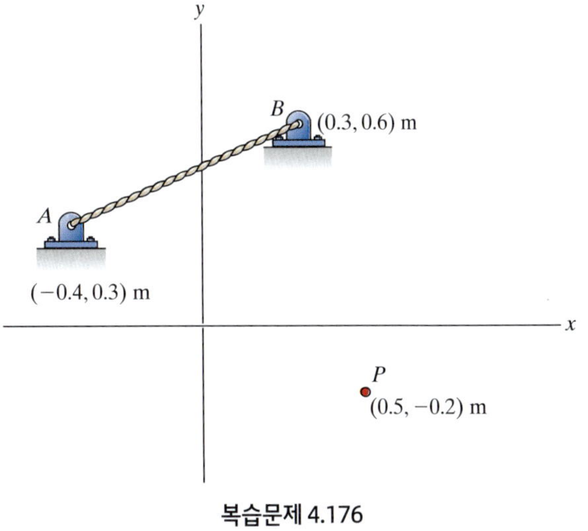

복습문제 4.176

4.177 구조물에 세 개의 힘이 작용하고 있다. 힘으로 인한 A에 대한 모멘트의 합은 0이다. 힘 F의 크기를 구하라.

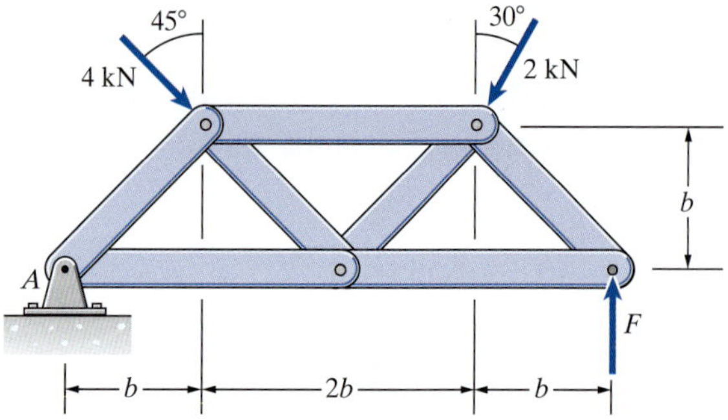

복습문제 4.177

4.178 케이블 A, B, C가 수직 기둥 D에 힘을 가하고 있다. 케이블 A가 가하는 힘 F_A = 8 kN이다. 세 개의 케이블이 D에 가하는 총 아래 방향 힘(총힘의 수직 성분)이 12 kN이고, D에 가하는 힘으로 인한 E에 대한 모멘트의 크기가 76 kN-m이다. 힘 F_B, F_C를 구하라.

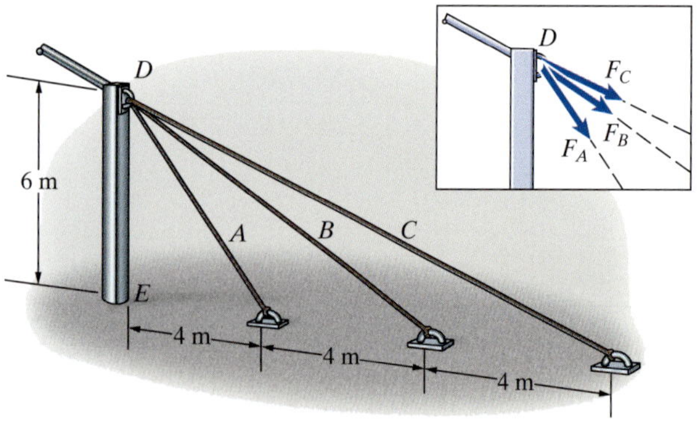

복습문제 4.178

4.179 세 개의 힘과 우력에 의한 A에 대한 모멘트의 합을 구하라.

4.180 세 개의 힘과 우력을 A에 작용하는 힘 **F**와 우력 **M**으로 구성된 등가 계로 표현할 때 **F**와 **M**의 크기는 얼마인가?

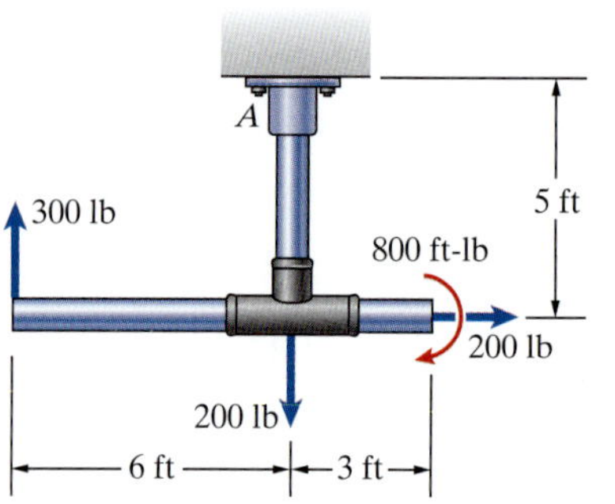

복습문제 4.179/4.180

4.181 보에 작용하는 힘의 벡터 합이 0이고, A에 대한 모멘트의 합도 0이다. (a) 힘 A_x, A_y, B는 얼마인가? (b) B에 대한 모멘트의 합은 얼마인가?

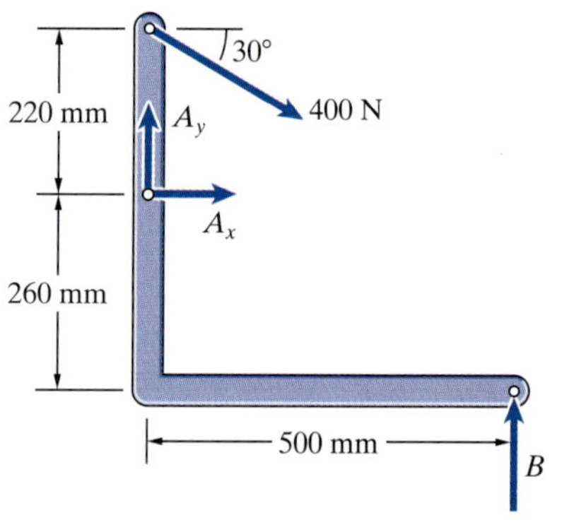

복습문제 4.181

4.182 유압 피스톤 BC가 피스톤과 평행한 방향으로 C에서 붐에 970 lb의 힘을 가하고 있다. 각도 $\alpha = 40°$이다. 피스톤이 붐에 가하는 힘과 매달린 하중의 무게로 인한 A에 대한 모멘트의 합은 0이다. 매달린 하중의 무게는 얼마인가?

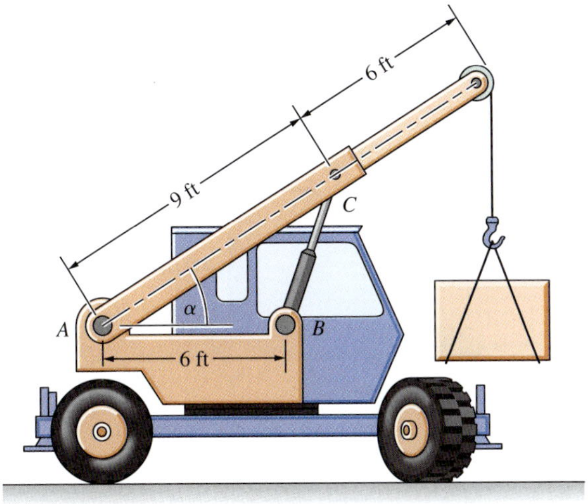

복습문제 4.182

4.183 케이블 BC의 장력이 200 N이다. 케이블 BC가 B에서 막대 AB에 가하는 힘으로 인한 A에 대한 모멘트 크기를 구하라.

4.184 케이블 BD의 장력이 200 N이다. 케이블 BD가 B에서 막대 AB에 가하는 힘으로 인한 A에 대한 모멘트 크기를 구하라.

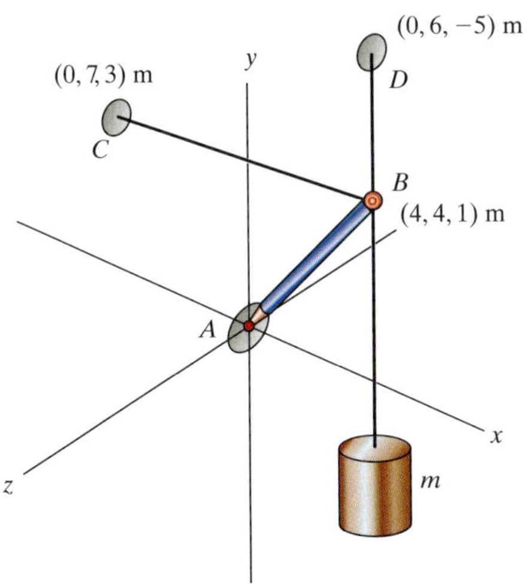

복습문제 4.183/4.184

4.185 두 우력으로 인한 총모멘트는 얼마인가? (a) 크기를 제시하고 그 모멘트가 시계 방향인지 시계 반대 방향인지를 표시하라. (b) 벡터로 표현하라.

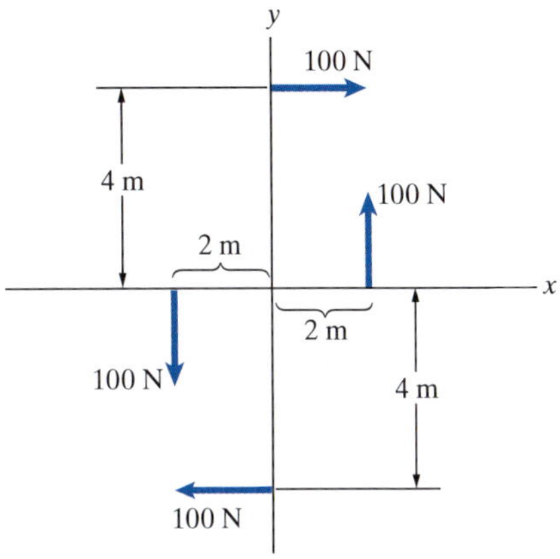

복습문제 4.185

4.186 그랜드 피아노의 뚜껑을 지지하는 막대 AB가 B에서 힘 $\mathbf{F} = -6\mathbf{i} + 35\mathbf{j} - 12\mathbf{k}$ (lb)를 가하고 있다. B의 좌표는 (3, 4, 3) ft이다. 뚜껑의 경첩 선(x축)에 대한 힘의 모멘트는 얼마인가?

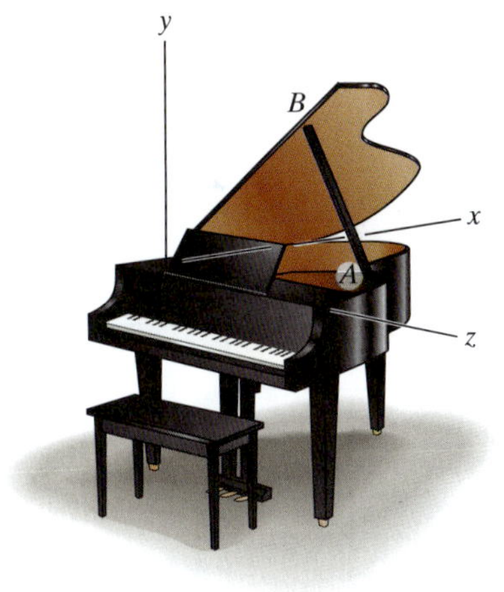

복습문제 4.186

4.187 점 C에 대한 수직 방향 800 lb 힘의 모멘트를 구하라.

4.188 점 C, D를 통과하는 직선에 대한 수직 방향 800 lb 힘의 모멘트를 구하라.

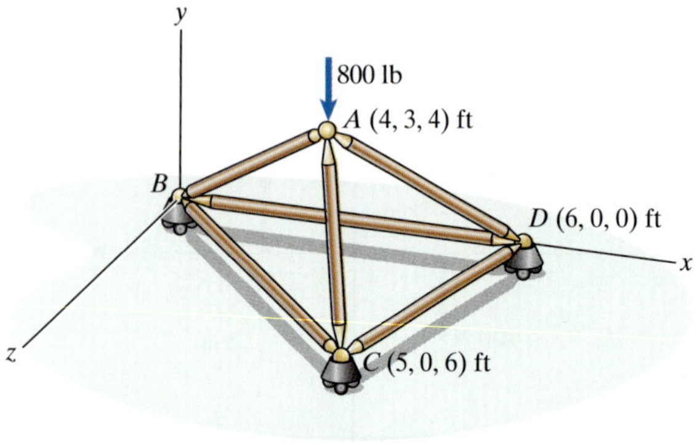

복습문제 4.187/4.188

4.189 케이블과 풀리 계가 300 lb의 작업대 무게를 지탱하고 있다. 케이블 EF가 E에 가하는 위쪽 방향 힘과 케이블 GH가 G에 가하는 위쪽 방향 힘을 단일 등가 힘 **F**로 표현할 때 **F**는 얼마이며, 그 작용선이 x축과 교차하는 지점은 어디인가?

4.190 케이블과 풀리 계가 300 lb의 작업대 무게를 지탱하고 있다. (a) 케이블 AB, CD의 장력은 얼마인가? (b) A와 C의 케이블이 작업대에 가하는 힘을 단일 등가 힘 **F**로 표현할 때 **F**는 얼마이며, 그 작용선이 x축과 교차하는 지점은 어디인가?

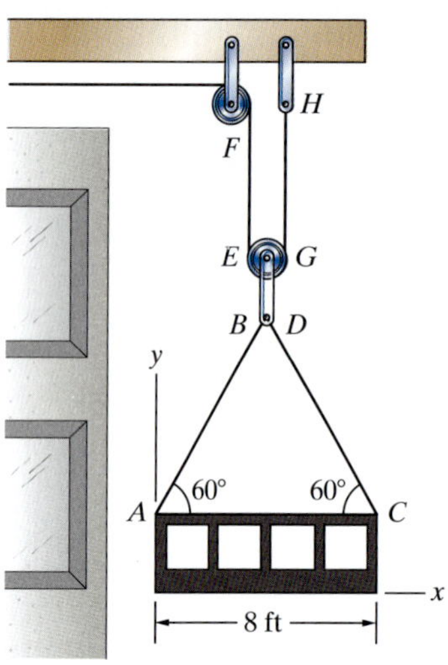

복습문제 4.189/4.190

4.191 두 계가 등가이다. 힘 A_x, A_y와 우력 M_A를 구하라.

4.192 복습문제 4.191의 등가 계들을 원점에 작용하는 힘 **F**와 우력 M으로 나타낼 때 **F**와 M은 얼마인가?

4.193 복습문제 4.191의 등가 계들을 단일 힘 **F**로 표현할 때 **F**는 얼마이며, 그 힘의 작용선이 x축과 교차하는 지점은 어디인가?

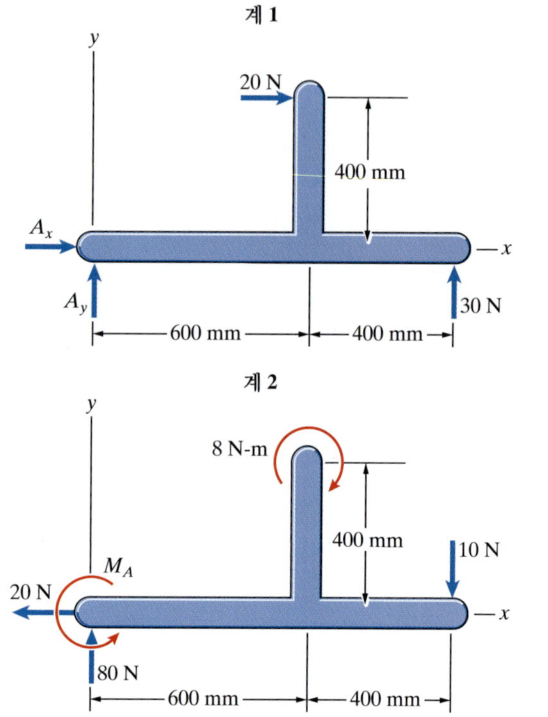

복습문제 4.191~4.193

4.194 다음 조건일 때 두 계는 등가이다. **F**′과 **M**을 구하라.

$$\mathbf{F} = -100\mathbf{i} + 40\mathbf{j} + 30\mathbf{k}\,(\text{lb})$$
$$\mathbf{M}' = -80\mathbf{i} + 120\mathbf{j} + 40\mathbf{k}\,(\text{in-lb})$$

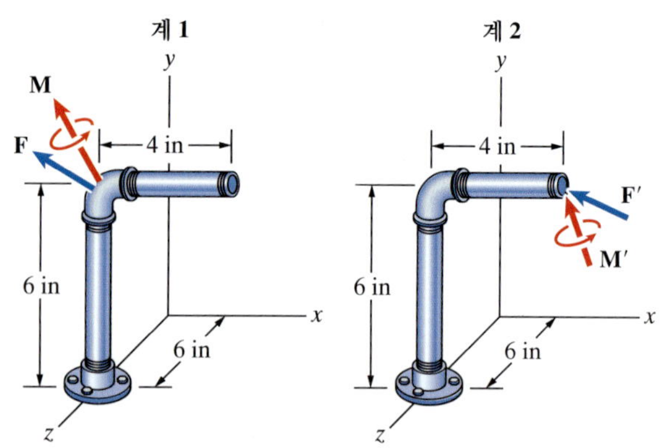

복습문제 4.194

4.195 예인선 A, B가 $F_A = 1$ kN, $F_B = 1.2$ kN의 힘을 배에 가하고 있다. 각도 $\theta = 30°$이다. 두 힘을 원점 O에 작용하는 힘 **F**와 우력 M으로 나타낸다면 **F**와 M은 얼마인가?

4.196 예인선 A, B가 $F_A = 600$ N, $F_B = 800$ N의 힘을 배에 가하고 있다. 각도 $\theta = 45°$이다. 두 힘을 단일 힘 **F**로 나타낸다면 **F**는 얼마이고, 그 힘의 작용선이 y축과 교차하는 지점은 어디인가?

4.197 예인선 A, B가 2 kN의 크기를 가진 원점 O에 작용하는 힘 **F**와 등가인 두 개의 힘을 배에 가하려고 한다. $F_A = 800$ N인 경우, 필요한 F_B와 θ의 값을 구하라.

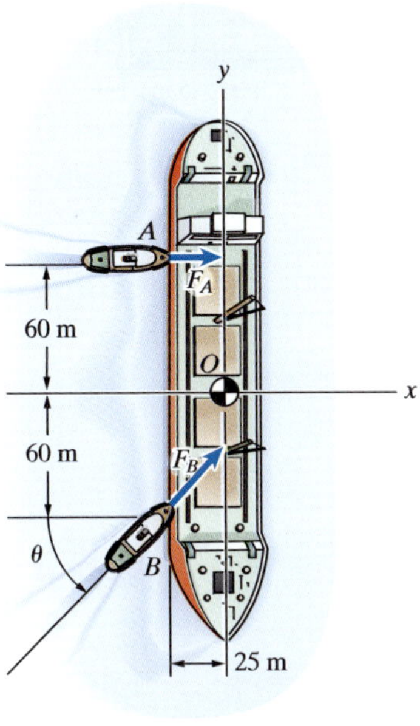

복습문제 4.195~4.197

4.198 바닥이 테이블 다리에 가하는 힘을 원점 O에 작용하는 힘 **F**와 우력 **M**으로 표현할 때 **F**와 **M**은 얼마인가?

4.199 바닥이 테이블 다리에 가하는 힘을 단일 힘 **F**로 표현할 때 **F**는 얼마이며, 그 힘의 작용선이 x–z 평면과 교차하는 지점은 어디인가?

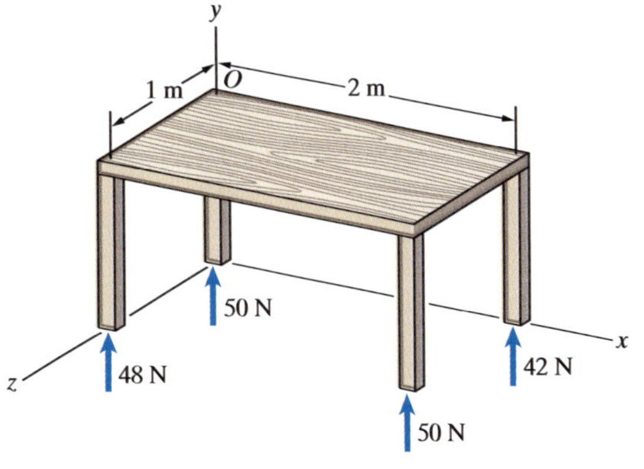

복습문제 4.198/4.199

4.200 커넥팅 로드가 크랭크축에 두 개의 힘을 가하고 있다. $\mathbf{F}_A$의 방향 코사인은 $\cos\theta_x = -0.182$, $\cos\theta_y = 0.818$, $\cos\theta_z = 0.545$이고 그 크기는 4 kN이다. $\mathbf{F}_B$의 방향 코사인은 $\cos\theta_x = 0.182$, $\cos\theta_y = 0.818$, $\cos\theta_z = -0.545$이고 그 크기는 2 kN이다. 두 힘을 원점 O에 작용하는 힘 **F**와 우력 **M**으로 표현한다면 **F**와 **M**은 얼마인가?

4.201 복습문제 4.200에서 크랭크축에 가해지는 두 개의 힘을 힘 **F**와 평행한 우력 $\mathbf{M}_p$로 구성된 렌치로 나타낼 때 **F**와 $\mathbf{M}_p$는 얼마이며, **F**의 작용선이 x–z 평면과 교차하는 지점은 어디인가?

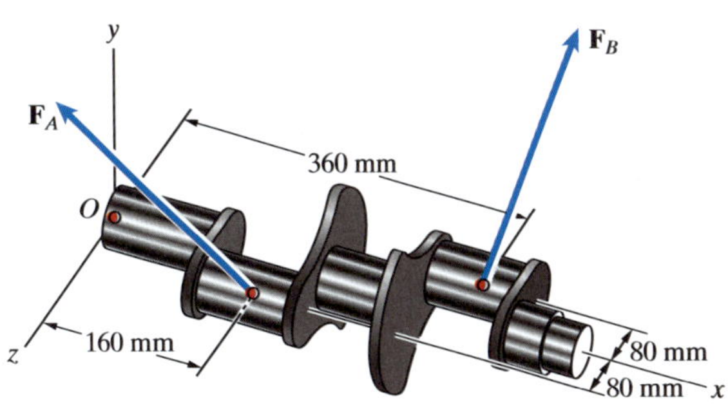

복습문제 4.200/4.201

설계 프로젝트

이두근 운동을 위한 비교적 기초적인 장치가 그림에 표시되어 있다. 더 진보된 장치 구성을 제안하라. 탄성 줄(선형 스프링처럼 작동), 무게추, 도르래를 사용할 수 있다. 장치를 사용할 때 팔꿈치 관절에 가해지는 모멘트의 변화가 현재 설계에 비해 작도록 설계안을 탐색하라. 장치의 안전성과 신뢰성 그리고 다양한 체격과 근력을 가진 사용자를 수용해야 하는 요구 사항을 고려하라. 특정한 치수를 선정하고, 고안한 장치를 사용할 때 팔꿈치 관절에 가해지는 모멘트의 크기 범위를 구하라.

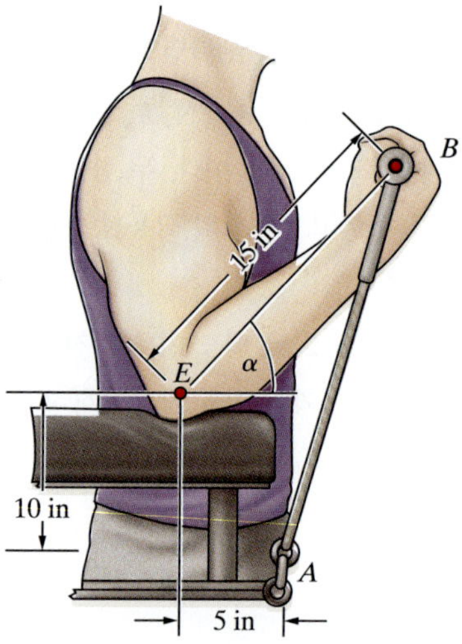

CHAPTER

5 평형상태의 물체

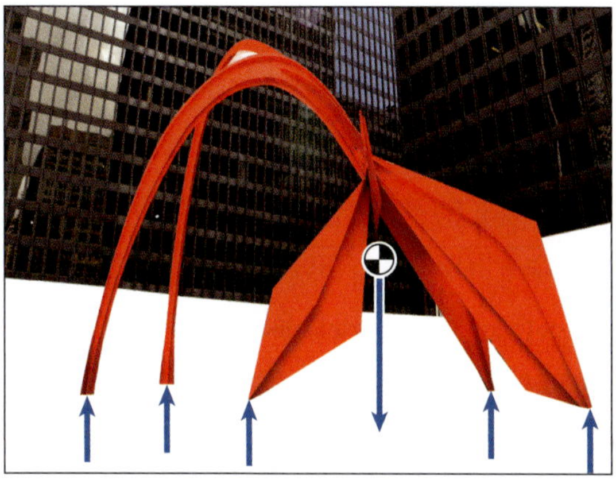

출처: Smontgom65/123RF 제공

제3장과 제4장에서 살펴본 개념을 바탕으로 먼저 일반 평형방정식을 설명한다. 이 장에서는 구조 부재를 지지하거나 제자리에 고정할 수 있는 다양한 방법을 설명한다. 그런 다음 자유물체도와 평형방정식을 사용해서 지지대가 구조 부재에 가하는 미지의 힘과 우력 모멘트를 구하는 방법을 보여준다. 이 절차의 주된 목적은 구조 분석의 필수 질문인 '엔지니어가 구조 요소에 작용하는 하중을 지지할 수 있도록 구조 요소를 어떻게 설계하는가'에 대한 대답의 첫 번째 단계라는 것이다.

▲ 미국 예술가 알렉산더 칼더(Alexander Calder, 1898~1976)의 조각품은 무게와 광장 표면에 가해지는 힘의 작용에 따라 균형을 이루고 있다. 이 장에서는 물체에 작용하는 미지의 힘과 우력 모멘트를 구하기 위해 평형방정식을 적용한다.

5.1 2차원 응용

생각해보기

- 물체가 평형상태에 있다는 것을 안다면, 그것에 대해 무엇을 알고 있는 것인가?
- '지지력'이란 무엇을 의미하는가?

배경

힘과 모멘트의 계에 의해 작용하는 물체가 평형상태에 있을 때 다음 조건이 충족된다.

1. 힘의 합은 0이다.

$$\Sigma \mathbf{F} = \mathbf{0} \tag{5.1}$$

2. 임의의 점에 대한 모멘트의 합은 0이다.

$$\Sigma \mathbf{M}_{\text{임의의 점}} = \mathbf{0} \tag{5.2}$$

제4장의 힘과 모멘트의 등가 계에 대한 논의에서 식 (5.1)과 식 (5.2)는 평형상태에 있는 물체에 작용하는 힘과 모멘트의 계가 힘과 우력이 없는 계와 동일하다는 것을 의미한다. 이는 균형의 본질에 대한 통찰력을 제공한다. 평형상태에 있는 물체에 가해지는 총힘과 총모멘트의 관점에서 볼 때, 그 효과는 물체에 힘이나 우력이 작용하지 않는 것과 같다. 이 관찰은 또한 물체에 가해지는 힘의 합이 0이고 한 점에 대한 모멘트의 합이 0이라면 모든 점에 대한 모멘트의 합도 0이라는 것을 분명히 한다.

스칼라 평형방정식

평형상태에 있는 물체에 대한 하중과 반력이 힘과 모멘트의 2차원 계를 형성할 때, 이들은 세 가지 스칼라 평형방정식으로 연계된다.

$$\Sigma F_x = 0 \tag{5.3}$$

$$\Sigma F_y = 0 \tag{5.4}$$

$$\Sigma M_{\text{임의의 점}} = 0 \tag{5.5}$$

여기에서 자연스러운 질문은 식 (5.5)에서 두 개 이상의 점에 대한 모멘트의 합을 평가해 둘 이상의 방정식을 얻을 수 있는지 여부이다. 대답은 '그렇다'이다. 어떤 경우에는 그렇게 하는 것이 편리하다. 그러나 문제가 있다. 추가 방정식들은 식

(5.3)~(5.5)와 독립적이지 않다. 즉 2차원 자유물체도에서는 세 개 이상의 독립적인 평형방정식을 얻을 수 없다. 즉 이는 미지의 힘이나 우력을 최대 세 개까지 풀 수 있다는 의미이다. 이 점에 대해서는 5.2절에서 더 자세히 논의한다.

지지대

여러분이 서 있을 때 바닥이 여러분을 지지해준다. 바닥에 발을 대고 의자에 앉으면 의자와 바닥이 지지해준다. 이 절에서는 물체를 지지하거나 제자리에 고정하는 방법에 관심을 가진다. 지지대가 물체에 가하는 힘과 우력을 **반력**이라고 하며, 이는 지지대가 물체에 작용하는 다른 힘과 우력 또는 **하중**에 '반력한다'는 사실을 표현한다. 예를 들어 다리는 지지대가 가하는 반력에 의해 지탱되고, 하중은 다리 자체의 무게, 다리를 건너는 교통, 바람이 가하는 힘이다.

일반적인 유형의 지지대는 **지지대 규칙**이라는 양식화된 모델로 표현된다. 실제 지지대는 종종 지지대 규칙과 매우 유사하지만, 그렇지 않은 경우에도 실제 지지대가 모델과 동일한(또는 거의 동일한) 반력을 나타내는 경우 이러한 규칙으로 표현한다.

핀 지지대 그림 5.1a는 핀 지지대를 보여준다. 이 자유물체도는 브래킷과 물체를 통과하는 부드러운 핀으로 물체(예: 빔)가 부착되는 브래킷을 나타낸다. 측면도는 그림 5.1b에 나와 있다.

핀 지지대가 발휘할 수 있는 반력을 이해하려면 핀 지지대에 부착된 막대를 잡는 것을 상상하는 것이 도움이 된다(그림 5.1c). 막대를 회전하지 않고 이동하려고 하면(즉 막대 이동) 지지대가 이러한 움직임을 방지하는 반력을 발휘한다. 그러나 핀 축을 기준으로 막대를 회전할 수 있다. 지지대는 회전을 방지하기 위해 핀 축 주위에 우력을 행사할 수 없다. 따라서 핀 지지대는 핀 축에 대해 우력을 가할 수 없지만 어떤 방향으로든 물체에 힘을 가할 수 있다. 이는 일반적으로 성분 측면에서 힘을 표현한다(그림 5.1d). 만일 A_x, A_y가 양수인 경우 화살표는 반력의 방향을

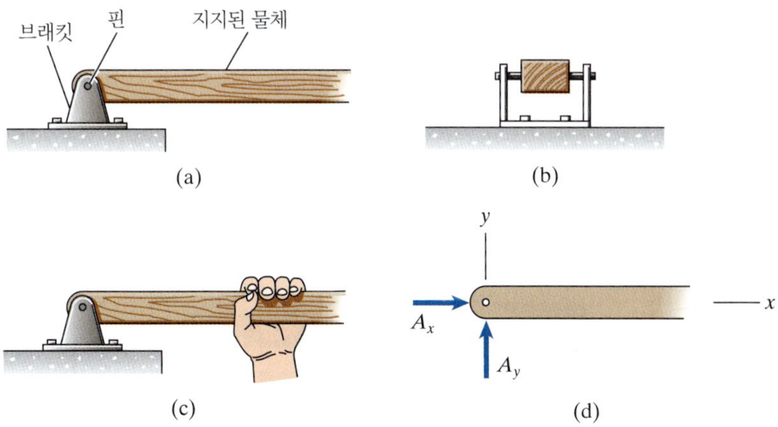

그림 5.1

(a) 핀 지지대
(b) 빔을 통과하는 핀을 보여주는 측면도
(c) 지지대를 잡는다.
(d) 핀 지지대는 두 힘 성분을 가할 수 있다.

그림 5.2
핀은 가위와 스테이플러를 지지한다.

나타낸다. A_x, A_y가 음수라고 판단되면 반력은 화살표 방향과 반대 방향이 된다.

핀 지지대는 어떤 방향으로든 힘을 가할 수 있지만 우력을 가할 수는 없는 실제 지지대를 나타내는 데 사용된다. 핀 지지대는 많은 일반 장치, 특히 연결된 부품이 서로에 대해 회전할 수 있도록 설계된 장치에 사용된다(그림 5.2).

롤러 지지대 롤러 지지대(그림 5.3a)라고 불리는 규칙은 바퀴에 장착된 핀 지지대를 나타낸다. 핀 지지대와 마찬가지로 핀 축에 대해 몇 가지 힘을 가할 수 없다. 구르는 표면과 평행한 방향으로 자유롭게 움직일 수 있기 때문에 표면에 평행한 힘을 가할 수 없으며 표면에 수직인 힘만 가할 수 있다(그림 5.3b). 그림 5.3c~e는 롤러 지지대와 동일하게 일반적으로 사용되는 기타 규칙이다. 차량의 바퀴와 기계를 지지하는 바퀴는 가해지는 마찰력이 수직 힘에 비해 무시할 수 있는 경우 롤러 지지대라고 한다. 평면의 매끄러운 표면은 롤러 지지대를 사용해 모델링할 수도 있다(그림 5.4). 빔과 교량은 때때로 이러한 방식으로 지지되어 자유롭게 열팽창과 수축을 겪게 된다.

그림 5.5에 표시된 지지대는 우력을 발휘할 수 없으며 특정 방향에 수직인 힘만 발휘할 수 있다는 점에서 롤러 지지대와 유사하다. (마찰은 무시된다.) 이러한 지

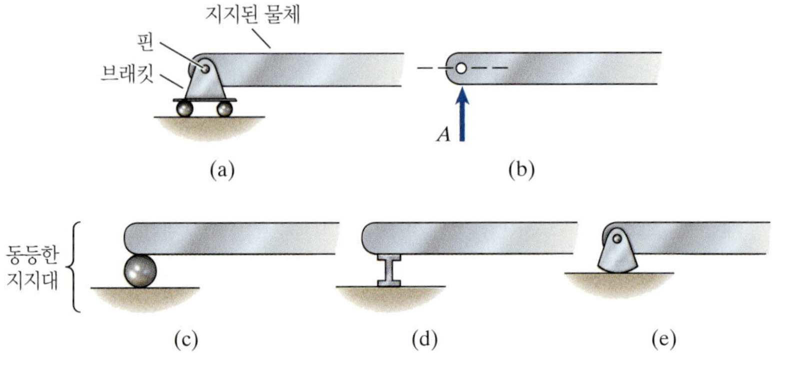

그림 5.3
(a) 롤러 지지대
(b) 반력은 표면에 수직인 힘으로 구성된다.
(c)~(e) 롤러 지지대와 동등한 지지대이다.

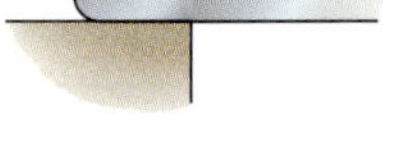

그림 5.4
평면의 매끄러운 표면으로 물체를 지지한다.

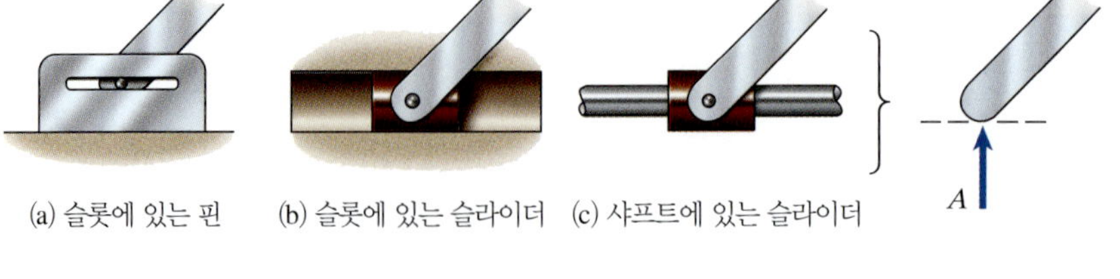

그림 5.5
수직력이 어느 방향으로든 가해질 수 있다는 점을 제외하면 롤러 지지대와 유사한 지지대이다.

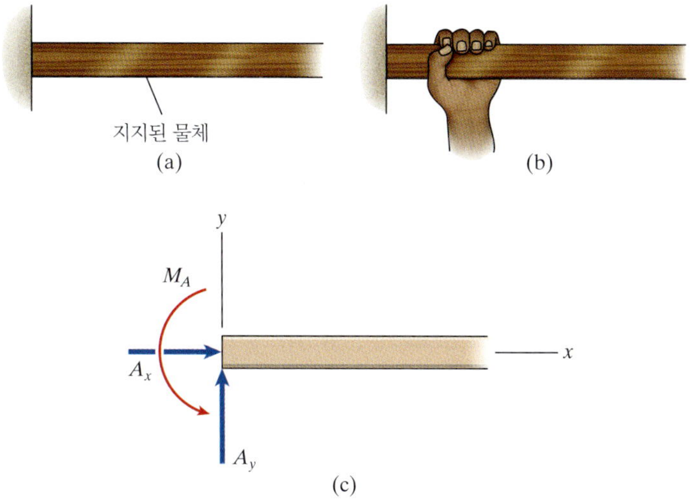

그림 5.6
(a) 고정 지지대
(b) 지지된 막대를 잡는다.
(c) 고정 지지대가 발휘할 수 있는 반력

지대에서는 지지 대상이 한 방향으로 자유롭게 움직일 수 있지만 수직 방향으로는 제한되는 핀이나 슬라이더에 부착된다. 롤러 지지대와 달리 이러한 지지대는 어느 방향으로든 수직력을 발휘할 수 있다.

고정 지지대 고정 지지대는 말 그대로 벽에 내장된 지지 물체를 나타낸다(그림 5.6a). 이 규칙을 내장 지지대라고도 한다. 반력을 이해하려면 고정 지지대에 부착된 막대를 잡고 있다고 상상해보라(그림 5.6b). 수직력이 어느 방향으로든 가해질 수 있다는 점을 제외하면 롤러 지지대와 유사한 지지대이다(그림 5.6b). 막대를 병진시키려고 하면 지지대가 병진을 방지하는 반력을 발휘하고, 막대를 회전시키려고 하면 지지대가 회전을 방지하는 반력을 발휘한다. 고정 지지대는 힘과 우력의 두 가지 성분으로 발휘할 수 있다(그림 5.6c). M_A는 지지부에 의해 작용하는 우력이며 곡선 화살표는 지지점의 방향을 나타낸다. 울타리 기둥과 가로등 기둥에는 고정 지지대가 있다. 망치 머리와 손잡이처럼 서로에 대해 움직이거나 회전할 수 없도록 연결된 부품의 부착물은 고정 지지대로 모델링할 수 있다.

표 5.1에는 제3장에서 논의한 내용을 포함해 2차원 응용 프로그램에서 일반적으로 사용되는 지지대 규칙이 요약되어 있다. 규칙의 수가 많아 보일 수도 있지만 예제와 연습문제가 익숙해지는 데 도움이 될 것이다. 또한 일상생활에서 볼 수 있는 다양한 사물이 어떻게 지지되는지 관찰하고, 각 지지대가 이러한 규칙 중 하나로 표현될 수 있는지 생각해보아야 한다.

자유물체도

제3장에서 자유물체도를 소개했고 이를 사용해서 평형상태에 있는 단순한 물체에 작용하는 힘을 구했다. 지지대 규칙을 사용해서 보다 정교한 물체를 모델링하고 자유물체도를 체계적으로 구성할 수 있다.

예를 들어 그림 5.7a의 빔은 왼쪽 끝에 핀 지지대가 있고 오른쪽 끝에 롤러 지지대가 있으며 힘 F의 하중이 가해진다. 롤러 지지대는 수평에 대해 30° 기울어진 표면에 놓여 있다. 빔의 자유물체도를 얻으려면 먼저 빔을 지지대에서 분리해야 한다(그림 5.7b). 왜냐하면 자유물체도에는 빔 외에 다른 물체가 포함되어서는 안 되기 때문이다. 지지대가 빔에 가할 수 있는 반력을 보여줌으로써 자유물체도

표 5.1 2차원 응용에 사용되는 지지대

지지대	반력
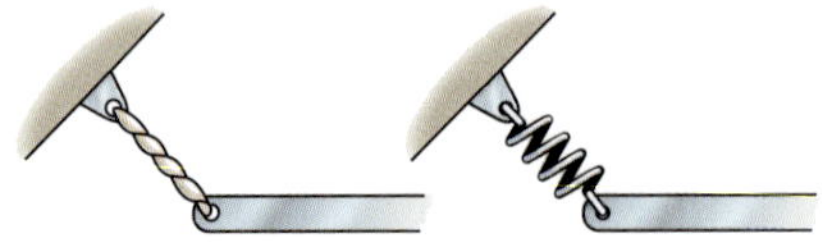 로프 또는 케이블 스프링	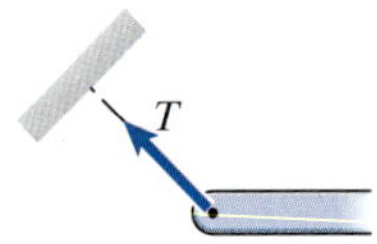 동일선상의 힘
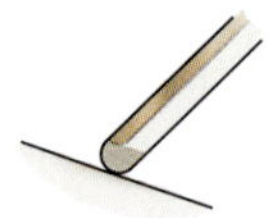 매끄러운 표면과의 접촉	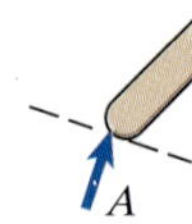 지지 표면에 수직인 힘
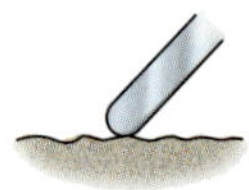 거친 표면과의 접촉	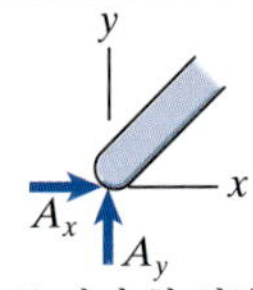 두 가지 힘 성분
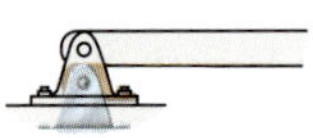 핀 지지대	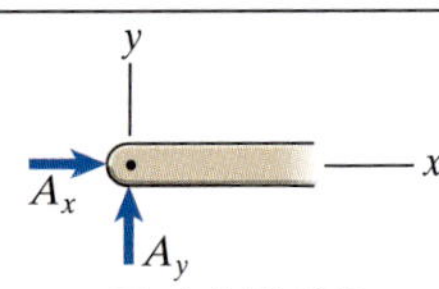 두 가지 힘 성분
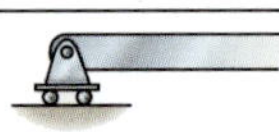 롤러 지지대 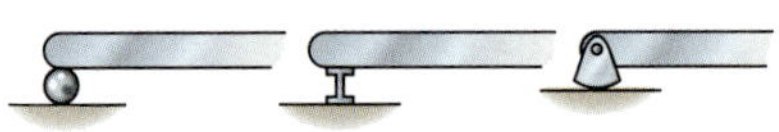 등가물	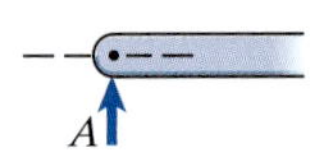 지지 표면에 수직인 힘
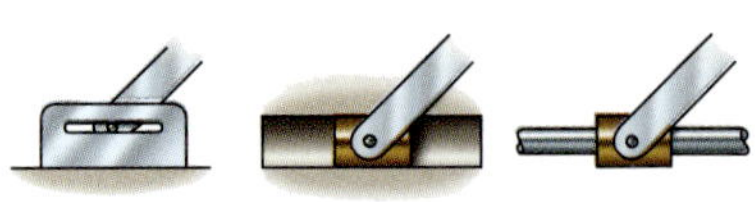 구속된 핀 또는 슬라이더	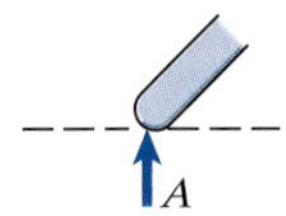 수직력
 고정(내장) 지지대	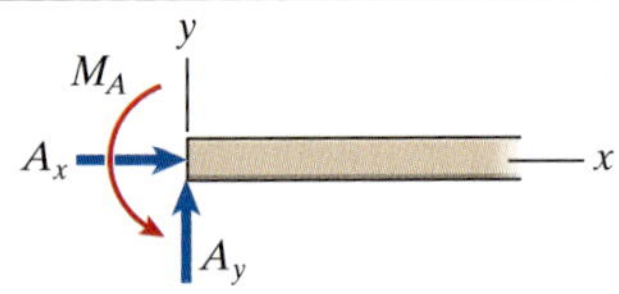 두 가지 힘 성분과 우력

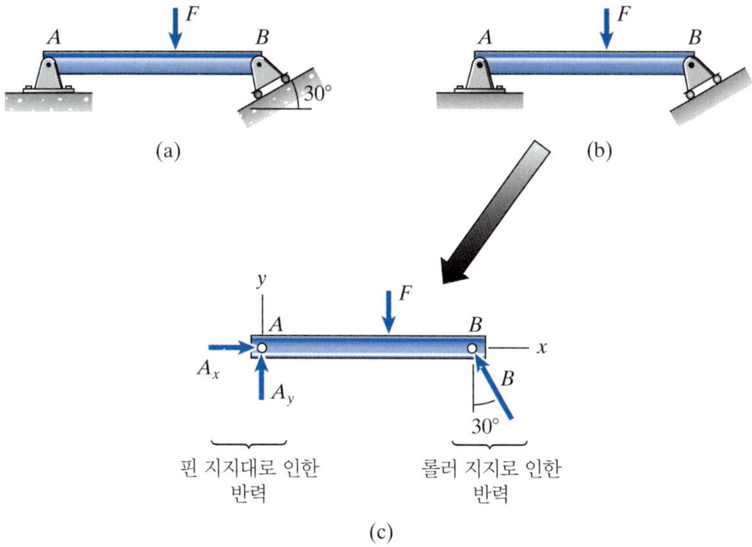

그림 5.7

(a) 핀과 롤러 지지대가 있는 빔
(b) 지지대에서 빔을 분리한다.
(c) 완성된 자유물체도

를 완성한다(그림 5.7c). 롤러 지지대가 가하는 반력 B는 지지대가 놓인 표면에 수직이다.

그림 5.8a의 물체는 왼쪽 끝에 고정된 지지대를 가지고 있다. 도르래 위를 지나가는 케이블은 두 지점에서 물체에 부착된다. 그것을 지지대로부터 분리하고(그림 5.8b) 고정 지지대에서의 반력과 케이블이 가하는 힘을 보여줌으로써 자유물체도를 완성한다(그림 5.8c). 고정된 지지대에 있는 우력을 잊지 말라. 도르래의 양쪽에서 케이블의 장력이 동일하다고 가정하므로 케이블이 가하는 두 힘의 크기 T는 동일하다.

물체에 작용하는 하중과 반력을 식별하기 위해 평형상태에 있는 물체의 자유물체도를 얻은 후에는 평형방정식을 적용할 수 있다.

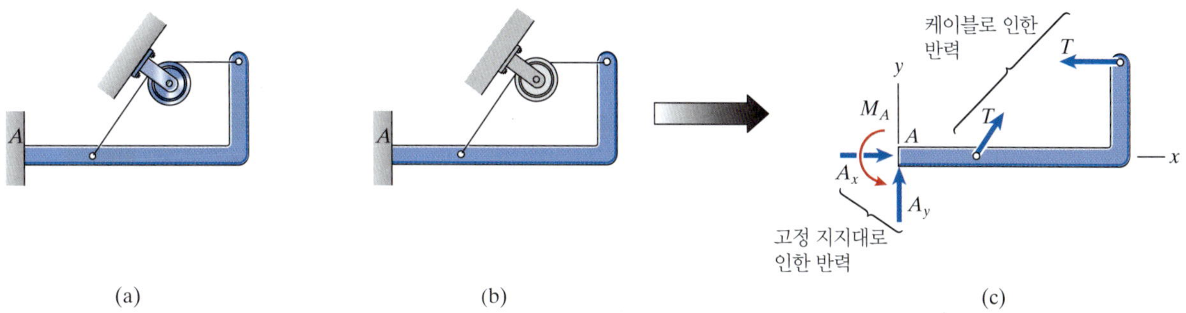

그림 5.8

(a) 고정된 지지대를 가진 물체
(b) 물체를 분리한다.
(c) 완성된 자유물체도

결과 정리

평형방정식

물체가 평형상태에 있을 때 물체에 작용하는 힘과 모멘트의 계는 두 가지 조건을 충족한다.

힘의 합은 0이다.

$$\Sigma \mathbf{F} = \mathbf{0} \qquad (5.1)$$

임의의 점에 대한 모멘트의 합은 0이다.

$$\Sigma \mathbf{M}_{\text{임의의 점}} = \mathbf{0} \qquad (5.2)$$

평형상태에 있는 물체에 작용하는 힘과 모멘트의 계가 2차원인 경우 세 가지 스칼라 평형방정식을 충족한다.

$$\Sigma F_x = 0 \qquad (5.3)$$

$$\Sigma F_y = 0 \qquad (5.4)$$

$$\Sigma M_{\text{임의의 점}} = 0 \qquad (5.5)$$

지지대

물체의 자유물체도를 그리려면 물체를 지지대에서 분리하고 지지대가 가할 수 있는 반력, 힘, 모멘트를 표시한다(표 5.1).

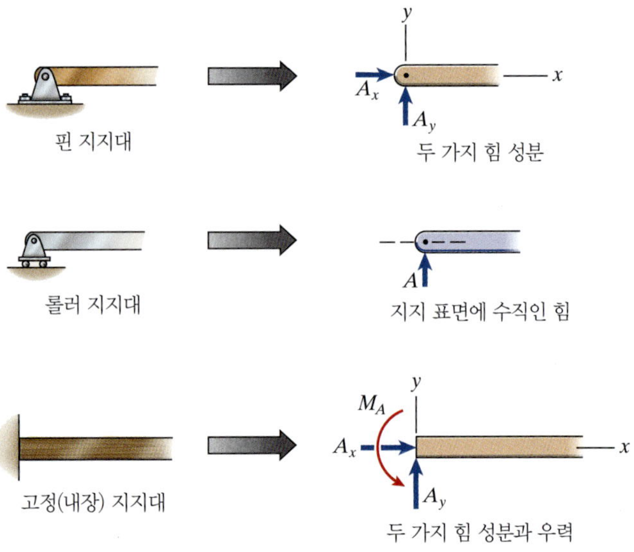

실습 예제 5.1 고정 지지대에서의 반력

빔이 A에 고정된 지지대를 가지고 있으며 4 kN의 힘을 받는다. (a) 보의 자유물체도를 그려라. (b) 고정된 지지점에서의 반력을 구하라.

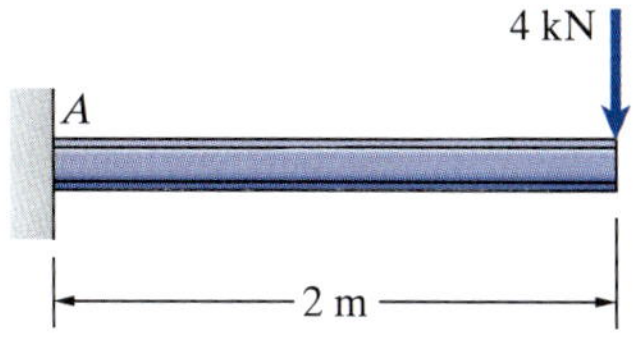

전략

빔의 자유물체도를 그리려면 빔을 내장 지지대로부터 분리하고 지지대가 발휘할 수 있는 반력을 보여야 한다. 그런 다음 평형방정식을 적용해 미지의 반력을 구할 수 있다.

풀이

(a) 고정 지지대로부터 분리한 보의 자유물체도를 그리고 지지대에 의한 반력을 보여준다.

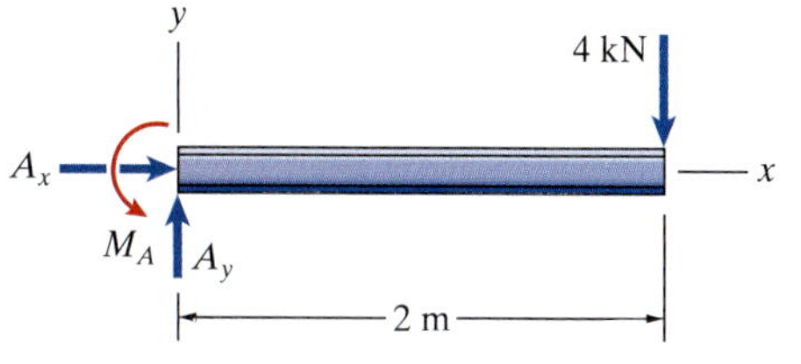

(b) 평형방정식을 작성한다.

$$\Sigma F_x = A_x = 0$$
$$\Sigma F_y = A_y - 4\text{ kN} = 0$$
$$\Sigma M_{\text{왼쪽 끝}} = M_A - (2\text{ m})(4\text{ kN}) = 0$$

이들을 계산하면 다음 결과를 얻는다.

$$A_x = 0,\ A_y = 4\text{ kN},\ M_A = 8\text{ kN-m}$$

실습 문제 빔에는 핀과 롤러 지지대가 있으며 4 kN의 힘을 받는다. (a) 보의 자유물체도를 그려라. (b) 지지점에서의 반력을 구하라.

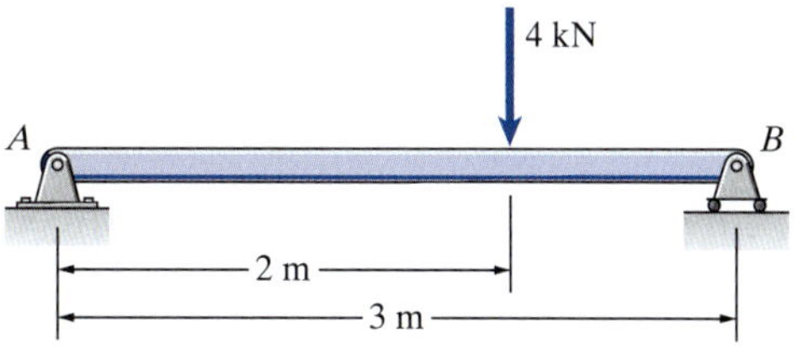

답: $A_x = 0$, $A_y = 1.33$ kN, $B = 2.67$ kN

예제 5.2 고정 지지대에서의 반력

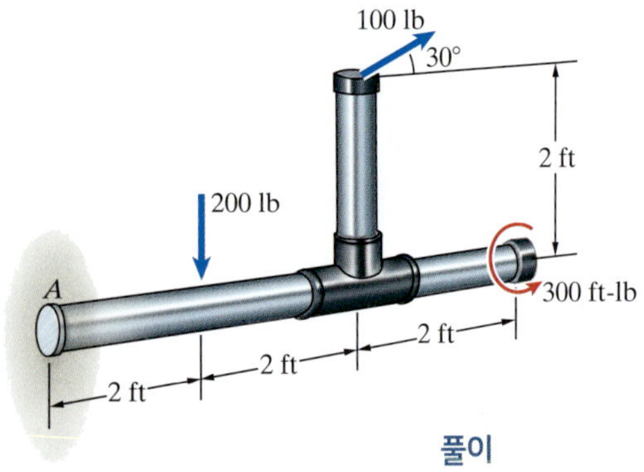

그림의 물체는 A에 고정된 지지대를 가지고 있으며 두 개의 힘과 우력을 받는다. 지지대에서의 반력은 무엇인가?

전략

A의 고정 지지대에서 물체를 분리하고 고정 지지대에 의해 작용할 수 있는 우력을 포함해 A에 가해진 반력을 보여줌으로써 자유물체도를 얻을 것이다. 그런 다음 평형방정식을 적용해 미지의 반력을 구할 수 있다.

풀이

자유물체도 그리기 물체를 지지대에서 분리하고 고정 지지대에서의 반력을 보여준다(그림 a). 미지의 세 반력이 있다. 두 개의 힘 성분 A_x, A_y와 한 개의 우력의 M_A이다. (이 화살표의 방향을 임의로 선택할 수 있다는 점을 기억하라.) 또한 100 lb 힘을 각각의 성분으로 분해한다.

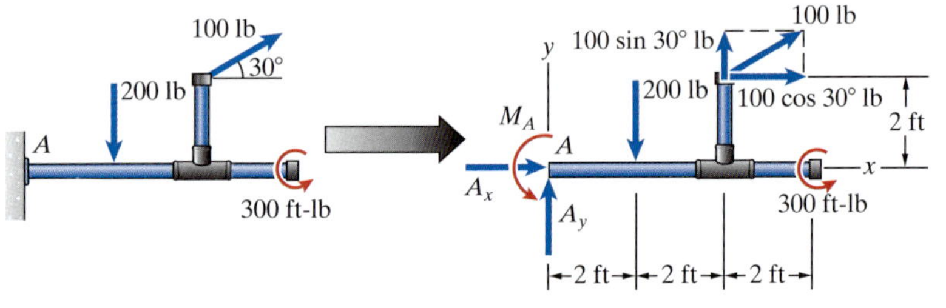

(a) 자유물체도를 그린다.

평형방정식 적용하기 점 A에 대한 모멘트를 합산하면 평형방정식은 다음과 같다.

$$\Sigma F_x = A_x + 100\cos 30°\text{ lb} = 0$$
$$\Sigma F_y = A_y - 200\text{ lb} + 100\sin 30°\text{ lb} = 0$$
$$\Sigma M_{\text{점 }A} = M_A + 300\text{ ft-lb} - (2\text{ ft})(200\text{ lb}) - (2\text{ ft})(100\cos 30°\text{ lb}) + (4\text{ ft})(100\sin 30°\text{ lb}) = 0$$

이 방정식을 풀면 $A_x = -86.6$ lb, $A_y = 150$ lb, $M_A = 73.2$ ft-lb의 반력을 얻는다.

비판적 사고

왜 300 ft-lb 우력과 고정 지지대에 의해 작용하는 우력 M_A가 처음 두 평형방정식에 나타나지 않는가? 우력은 실질적인 힘을 발휘하지 않는다는 것을 기억하라. 또한 우력에 의한 모멘트는 어느 점에서나 동일하기 때문에 300 ft-lb 시계 반대 방향 우력에 의한 A에 대한 모멘트는 시계 반대 방향으로 300 ft-lb이다.

예제 5.3 모멘트를 구하려는 지점 선택

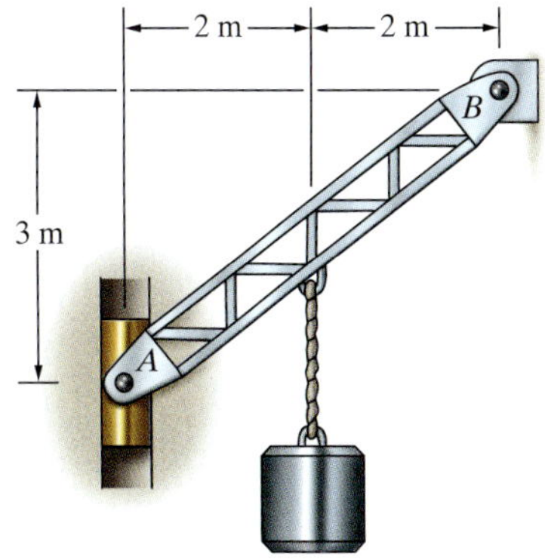

구조 AB가 부유된 2 Mg(메가그램)의 질량을 지지한다. 구조는 A의 수직 슬롯에 있는 슬라이더에 부착되고 B에는 핀 지지대가 있다. A와 B에서의 반력은 무엇인가?

전략

A와 B의 지지대를 제거해 구조와 부유 질량의 자유물체도를 그릴 것이다. A의 지지대는 수평 반력만 발휘할 수 있다는 점에 유의하라. 그런 다음 평형 방정식을 사용해 A와 B에서의 반력을 구할 수 있다.

풀이

자유물체도 그리기 지지대로부터 구조와 질량을 분리하고 지지대에서의 반력과 2000 kg 질량의 무게가 가하는 힘을 보여준다(그림 a). A의 슬롯은 슬라이더에 수평 힘만 가할 수 있다.

평형방정식 적용하기 점 B에 대한 합산 모멘트를 통해 평형방정식은 다음과 같다.

$$\Sigma F_x = A + B_x = 0$$
$$\Sigma F_y = B_y - (2000)(9.81)\text{ N} = 0$$
$$\Sigma M_{\text{점 }B} = (3\text{ m})A + (2\text{ m})[(2000)(9.81)\text{ N}] = 0$$

반력은 $A = -13.1$ kN, $B_x = 13.1$ kN, $B_y = 19.6$ kN이다.

비판적 사고

비록 평형방정식을 작성할 때 모멘트를 평가할 지점은 임의로 선택할 수 있지만, 신중한 선택이 종종 풀이 과정을 단순화할 수 있다. 이 예제에서 점 B는 미지의 두 반력 B_x, B_y의 작용선 위에 있다. B에 대한 모멘트를 평가해 A 지점의 반력인 알려지지 않은 단 한 개를 포함하는 방정식을 찾았다.

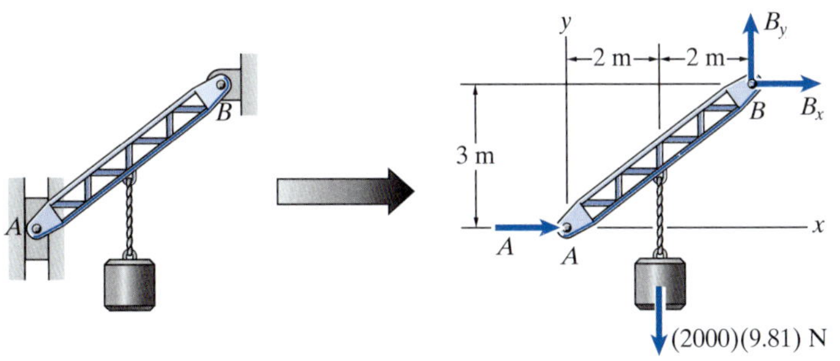

(a) 자유물체도를 그린다.

예제 5.4 수하물 캐리어 분석

그림은 공항 수하물 캐리어가 기울어진 위치에서 평형을 유지하고 있을 때의 자유물체도를 보여준다. 수하물 캐리어가 무게 $W = 50$ lb, 각도 $\alpha = 30$, $a = 8$ in, $b = 16$ in, $d = 48$ in를 지탱하는 경우 사용자가 사용해야 하는 힘 F는 얼마인가?

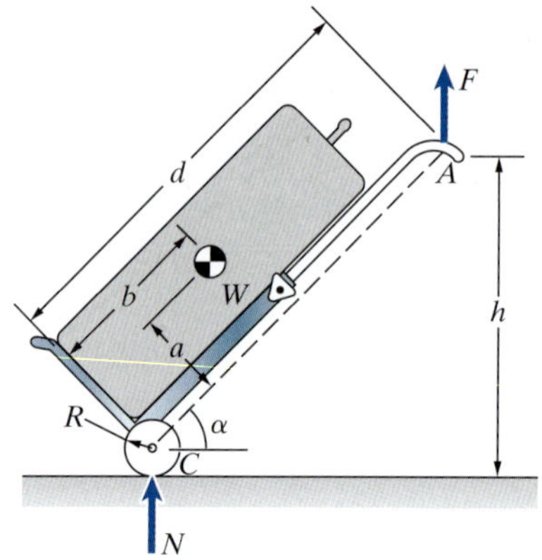

전략

자유물체도에서 미지의 반력은 힘 F와 바닥에 가해지는 수직력 N이다. 바퀴 C의 중심에 대한 모멘트를 합산하면 F가 유일하게 알려지지 않은 반력인 방정식을 얻는다.

풀이

C에 대한 모멘트를 요약하면,

$$\Sigma M_{(\text{점 } C)} = (F\cos\alpha) + a(W\sin\alpha) - b(W\cos\alpha) = 0$$

그리고 F에 대해 계산하면 다음 결과를 얻는다.

$$F = \frac{(b - a\tan\alpha)W}{d}$$

W, α, a, b, d의 값을 대체하면 풀이 과정을 통해 $F = 11.9$ lb를 찾아낼 수 있다.

연습문제

물체가 평형상태에 있다고 가정한다. 해답 설명에서 x 성분은 오른쪽으로 양수이고 y 성분은 위쪽으로 양수로 정의한다.

5.1 실습 예제 5.1에서 빔이 4 kN의 아래 방향 힘에 추가로 오른쪽 끝에서 6 kN-m의 시계 반대 방향 우력을 받는다고 가정하자. 새로운 하중을 보여주는 빔의 스케치를 그려라. 빔의 자유물체도를 그리고 평형방정식을 적용해 A에서의 반력을 구하라.

5.2 보가 A에 고정된 지지대를 가지고 있으며 두 개의 힘과 한 개 우력의 하중을 받는다. 빔의 자유물체도를 그리고 평형을 적용해 A에서의 반력을 구하라.

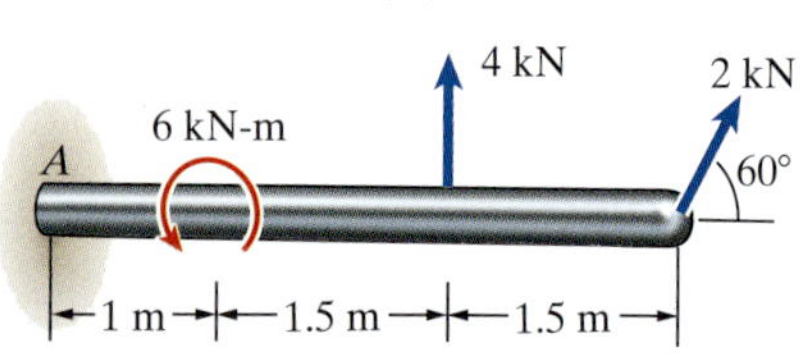

연습문제 5.2

5.3 구조물이 세 가지 힘에 의해 하중을 받는다. 지지대 A와 B에서의 반력을 구하라.

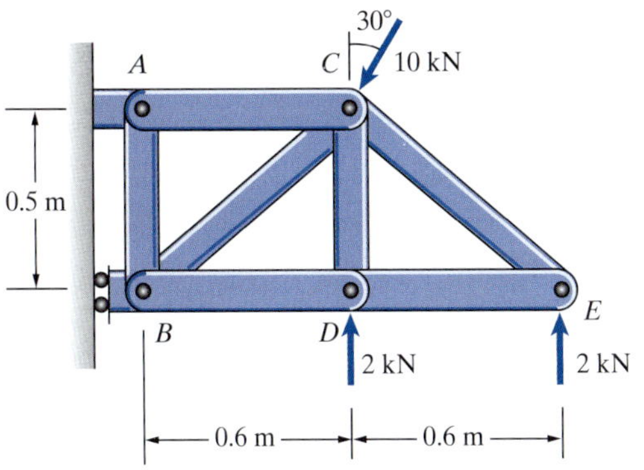

연습문제 5.3

5.4 (a) 보의 자유물체도를 그려라. (b) 로프의 장력과 B에서의 반력을 구하라.

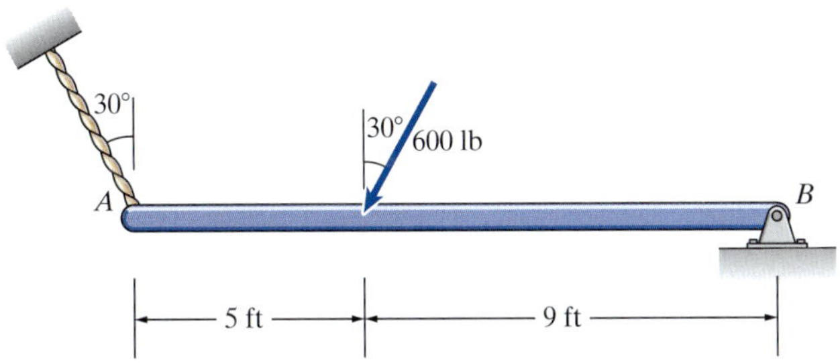

연습문제 5.4

5.5 매달린 질량 m을 붙잡고 있는 사람 팔뚝의 자유물체도에 작용하는 힘이 표시되어 있다. 질량 m = 10 kg이고 팔뚝의 질량 m_F = 2.2 kg이다. 이두근이 가하는 힘 F_B와 팔꿈치 관절에 작용하는 반력 F_E를 구하라.

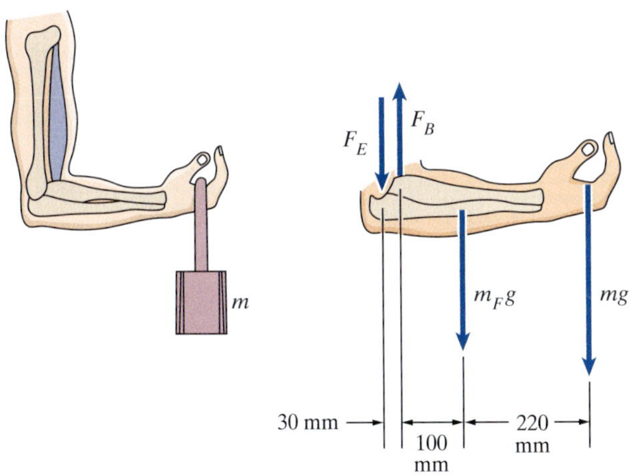

연습문제 5.5

5.6 매달린 질량 m을 붙잡고 있는 사람 팔뚝의 자유물체도에 작용하는 힘이 표시되어 있다. (이것은 연습문제 5.5의 상황에 대한 보다 완전한 모델이다.) 크기와 각도는 힘을 더 명확하게 구분할 수 있도록 축척에 맞게 그려지지 않았다. 질량 m = 10 kg이고 팔뚝의 질량 m_F = 2.2 kg이다. 팔뚝 근육이 가하는 힘 F_B와 팔꿈치 관절에 대한 반력 F_E 외에도 팔뚝은 상완근이 가하는 힘 F_C와 상완요골근이 가하는 힘 F_D를 받는다. $F_C = 0.25F_B$, $F_D = 0.16F_B$라고 가정하고, 힘 F_B, F_E의 크기와 각도를 구하라.

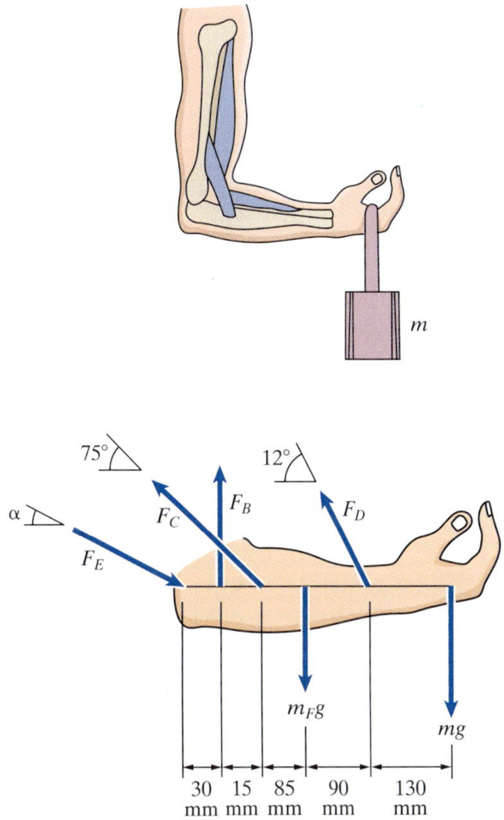

연습문제 5.6

5.7 사람이 팔을 수평으로 뻗은 채 질량 m을 들고 있다. 질량 $m = 5$ kg이고 팔의 질량 $m_A = 3.6$ kg이다. 각도 $\alpha = 15°$이다. 삼각근이 가하는 힘 F_D와 어깨 관절에서의 반력 성분 S_x, S_y를 구하라.

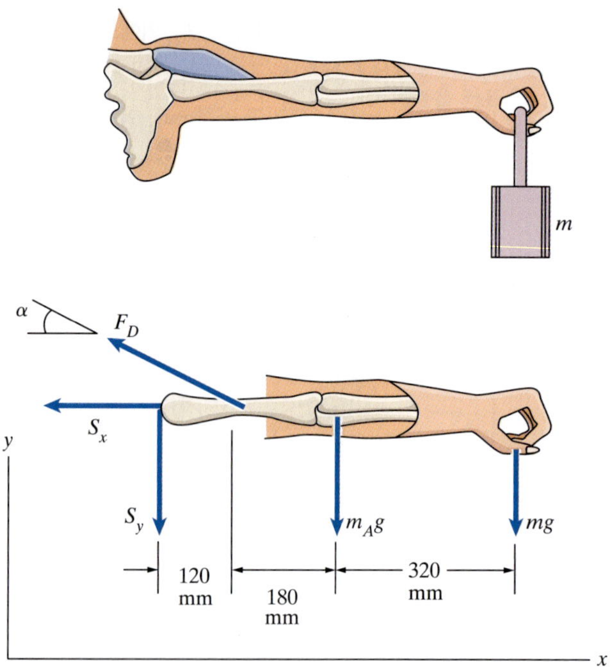

연습문제 5.7

5.8 거리 $x = 9$ m이다. (a) 보의 자유물체도를 그려라. (b) 지지점에서의 반력을 구하라.

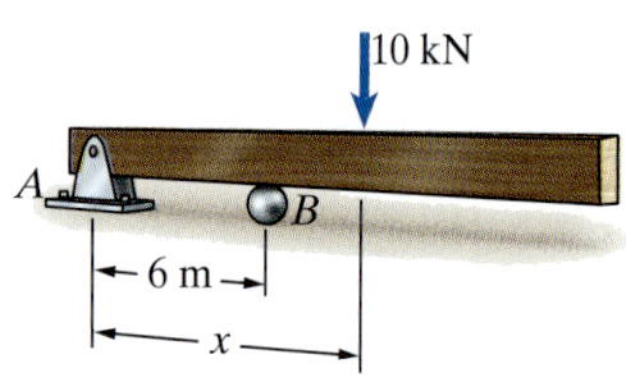

연습문제 5.8

5.9 막대 AB의 질량이 14 kg이다. 막대의 무게가 중간점에 작용한다고 가정하고, A 지점의 막대에 대한 반력과 케이블 BC의 장력을 구하라.

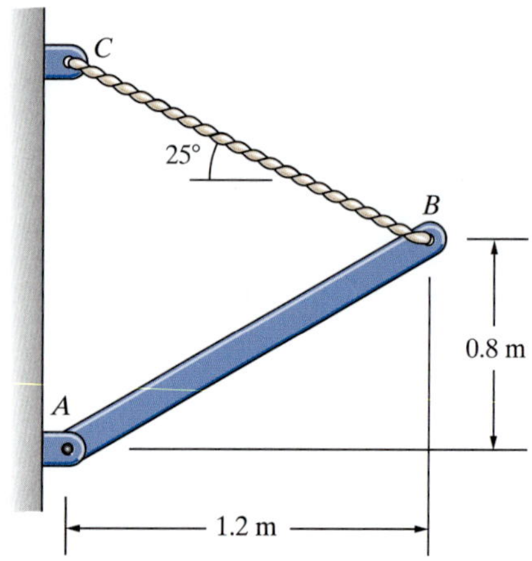

연습문제 5.9

5.10 (a) 보의 자유물체도를 그려라. (b) 지지점에서의 반력을 구하라.

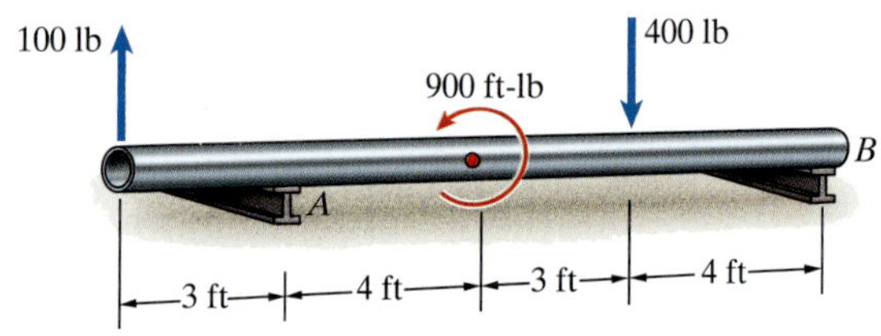

연습문제 5.10

5.11 도르래의 질량이 20 kg, 매달린 물체의 질량이 10 kg이다. C에서 도르래에 작용하는 반력을 수평 막대로 구하라.

5.12 도르래의 질량이 20 kg, 매달린 물체의 질량이 10 kg, 수평 막대의 질량이 6 kg이다. 막대의 무게가 B에 작용한다고 가정했을 때 내장 지지대 A에서 반력은 무엇인가?

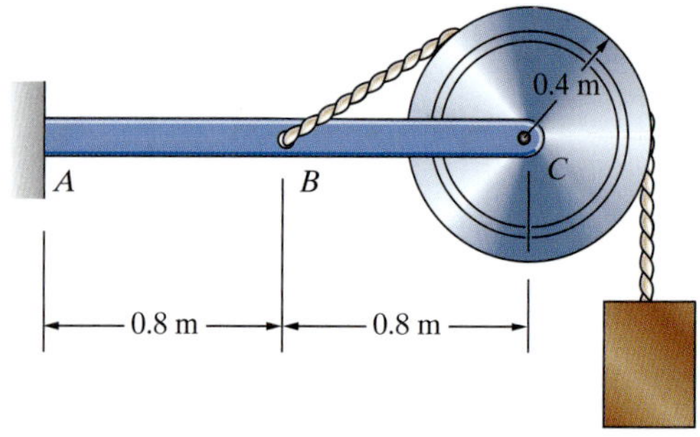

연습문제 5.11/5.12

5.13 로프 AB의 장력 T와 C에서 막대에 대한 반력을 구하라.

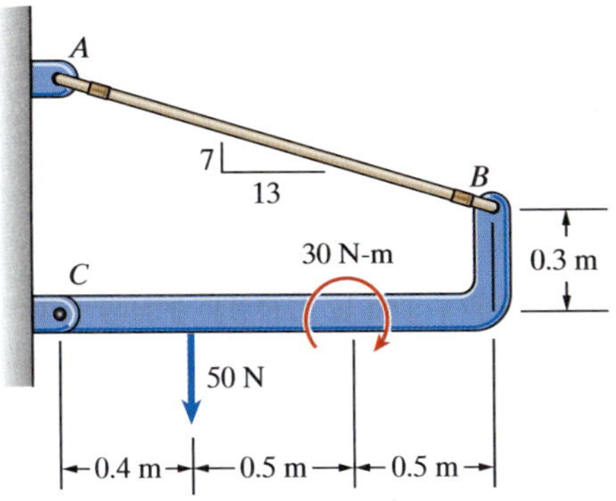

연습문제 5.13

5.14 B의 L자형 막대에 대한 반력을 구하라.

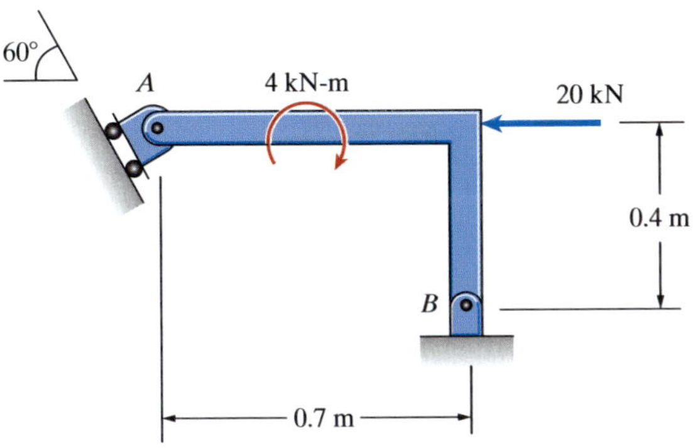

연습문제 5.14

5.15* 직사각형 판의 질량이 20 kg이다. 무게가 중간점에 작용한다고 가정하고 판의 평형방정식을 풀어 케이블 AB, CD의 각도와 장력을 구하라.

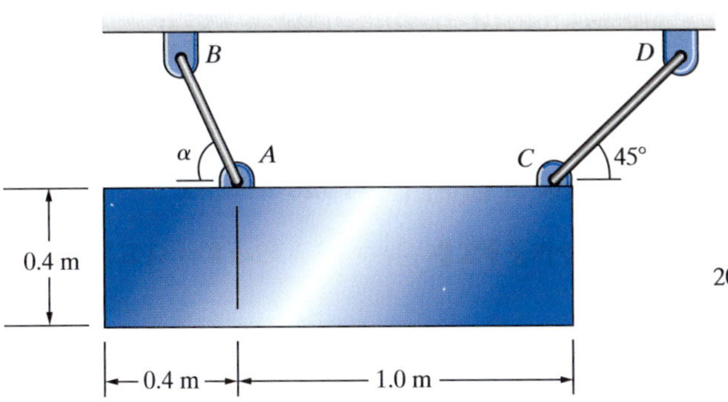

연습문제 5.15

5.16 팔굽혀펴기를 하는 사람이 그림과 같은 자세에서 잠시 멈춘다. 그의 180 lb 무게 W는 표시된 지점에서 작동한다. 치수는 a = 15 in, b = 42 in, c = 16 in이다. 바닥이 각 손과 발에 가하는 수직력을 구하라.

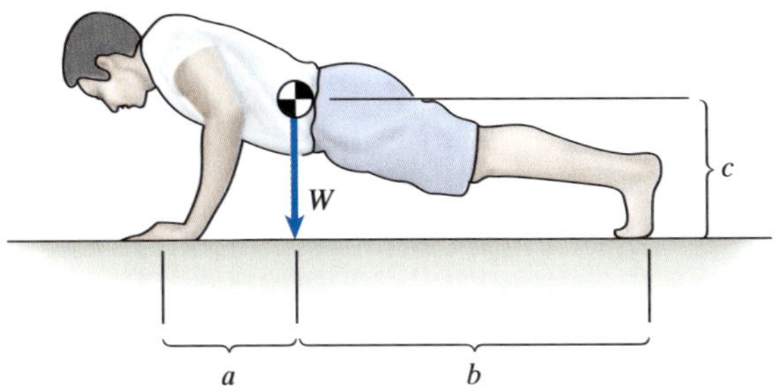

연습문제 5.16

5.17 유압 피스톤 AC가 A에서 C를 향하는 방향을 가리키는 C의 수평 빔에 6 kN의 힘을 가한다. B와 D에서 빔에 대한 반력을 구하라.

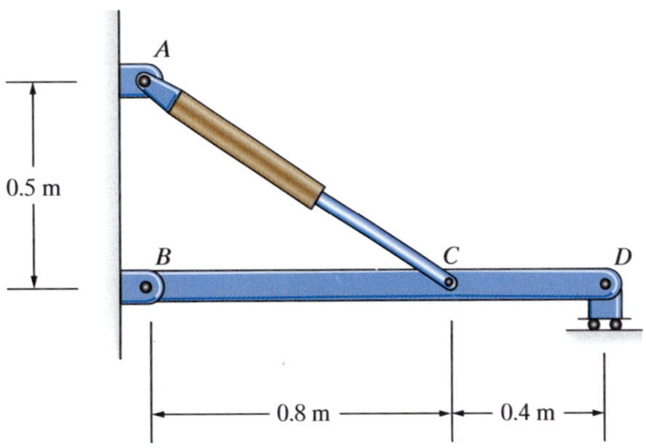

연습문제 5.17

5.18 A와 B에서 빔의 반력을 구하라.

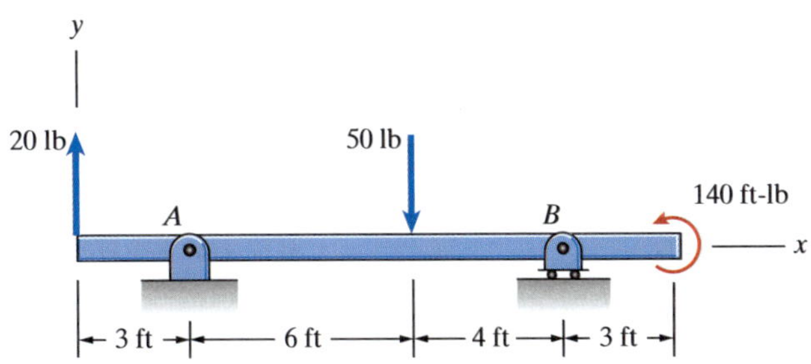

연습문제 5.18

5.19 각 도르래의 무게는 8 lb, 반경은 5 in이고 수평 막대의 무게는 20 lb이다. 막대의 무게가 중간점에 작용한다고 가정하고 코드의 장력과 A 지점의 막대에 대한 반력을 구하라.

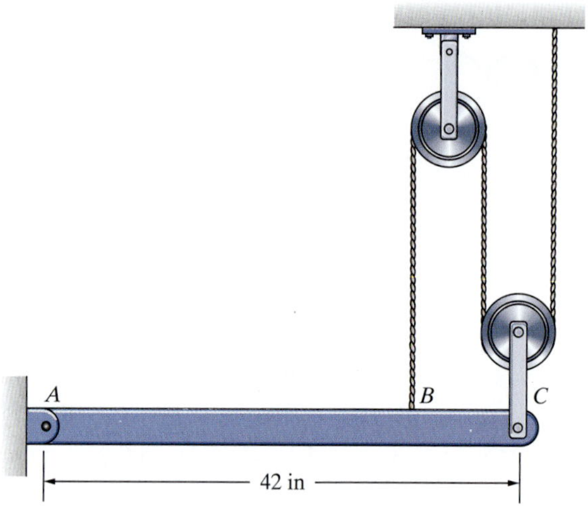

연습문제 5.19

5.20 스프링 CD의 자유 길이는 350 mm이다. 지레 ABC가 A의 매끄러운 표면에 120 N의 수직력을 가할 때, 필요한 스프링 상수 k 값과 B에서의 결과 반력을 구하라.

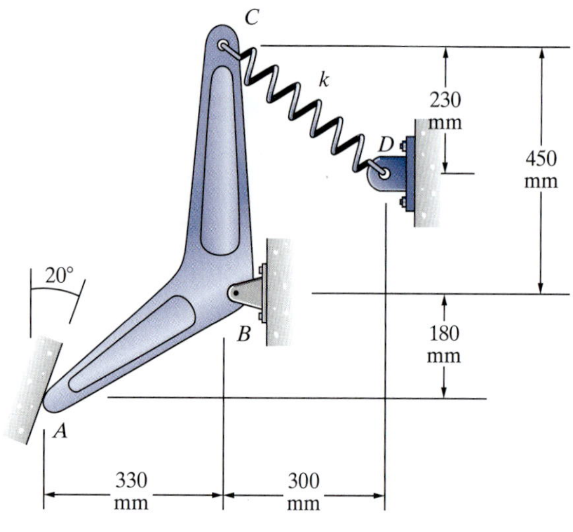

연습문제 5.20

5.21 모빌이 평형상태에 있고 물고기 B의 무게가 27 oz이다. 물고기 A, C, D의 무게를 구하라. (가로대의 무게는 무시할 수 있다.)

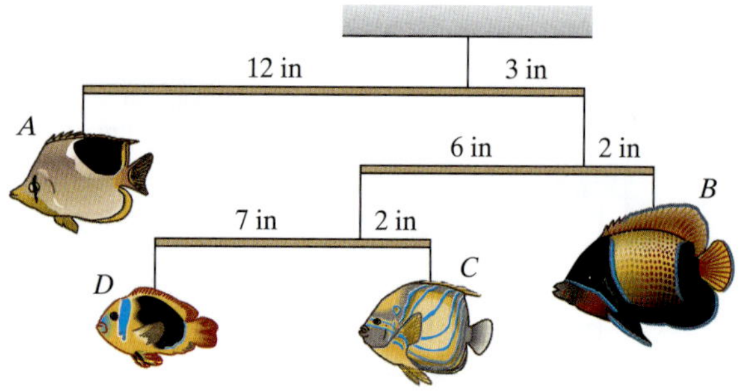

연습문제 5.21

5.22 A, B 지점에서 막대의 반력을 구하라.

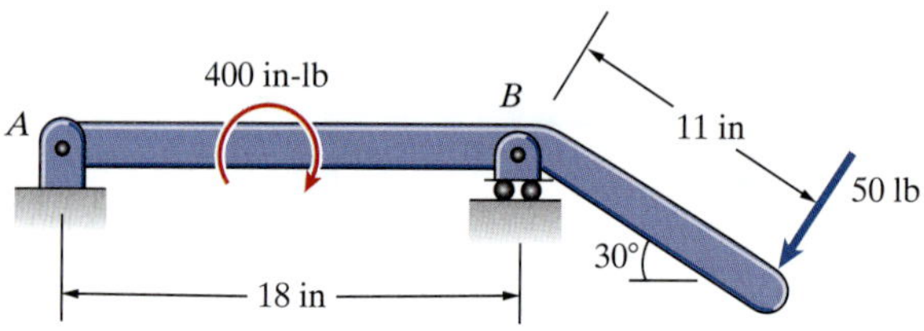

연습문제 5.22

5.23 구조 요소는 A, B, C에 롤러 지지대가 있고 800 lb의 수직 하중을 받는다. 치수 h = 2 ft이다. A, B, C에서 반력의 크기를 구하라.

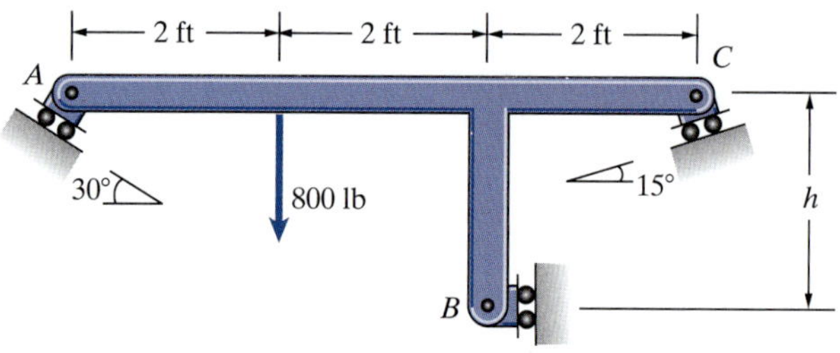

연습문제 5.23

5.24 14.5 lb의 체인톱이 절단된 통나무에 의해 A에서 하중을 받는다. 톱을 사용하는 사람이 톱을 평형상태로 유지하기 위해 적용해야 하는 반력 R, B_x, B_y를 구하라.

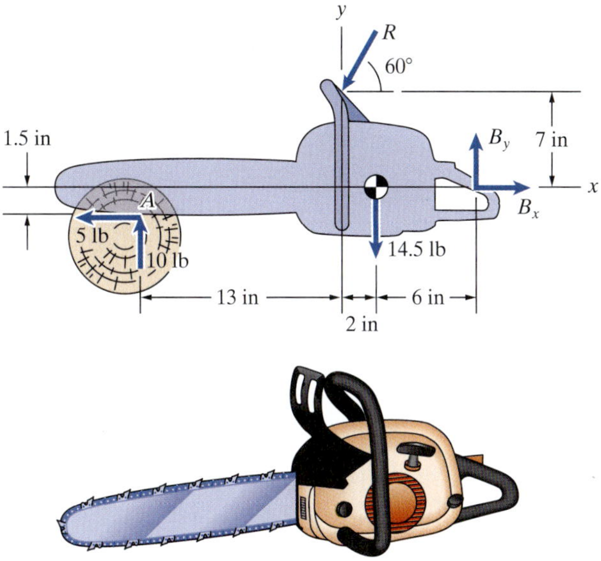

연습문제 5.24

5.25 트레일러의 질량이 3600 kg이다. 치수 $a = 2.0$ m, $b = 5.3$ m이다. 트럭은 정지해 있고 트레일러의 바퀴는 자유롭게 회전할 수 있다. 이는 도로가 트레일러에 수평 힘을 가하지 않는다는 것을 의미한다. B의 히치는 핀 지지대로 모델링할 수 있다. A에서 바퀴에 작용하는 수직력과 B에서 반력을 구하라.

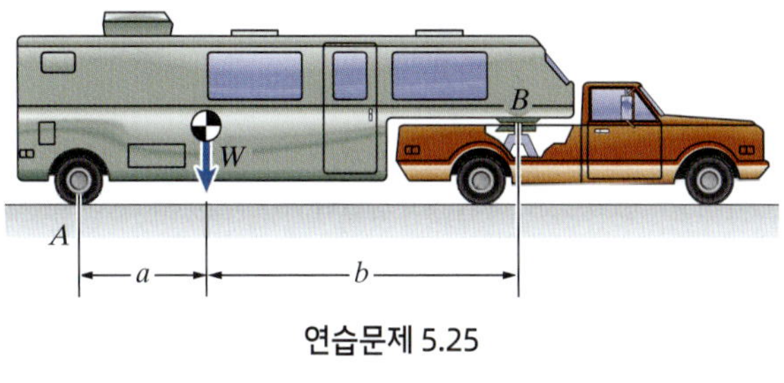

연습문제 5.25

5.26 손수레의 총중량과 하중이 $W = 100$ lb이다. (a) A 지점의 지지물을 지면에서 들어 올리는 데 필요한 위 방향 힘 F의 크기는 얼마인가? (b) 바퀴를 땅에서 들어 올리는 데 필요한 아래 방향 힘의 크기는 얼마인가?

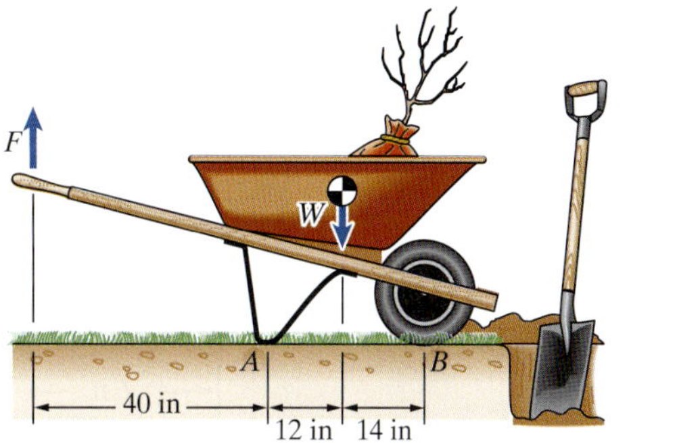

연습문제 5.26

5.27 포크리프트가 운반할 수 있는 하중에 대한 한계를 설정하는 보안 엔지니어가 주어진 상황을 분석한다. 치수 $a = 32$ in, $b = 30$ in, $c = 26$ in이고, 포크리프트와 운전자의 결합 무게 $W_F = 1200$ lb이다. 포크리프트가 지지하는 무게 W_L이 증가함에 따라 B에서 후륜이 바닥에 가하는 수직력이 감소한다. 포크리프트는 B에서 수직력이 0일 때 전복 직전이 된다. 이러한 조건을 발생시키는 W_L의 값을 구하라.

연습문제 5.27

5.28 비행기와 탑승자의 무게가 $W = 1700$ lb이다. 뒷바퀴가 잠기도록 브레이크를 적용하는 동안 조종사는 스로틀을 전진시킨다. 앞(코)바퀴는 자유롭게 회전할 수 있으므로 지면이 수평 방향의 힘을 가하지 않는다. 활주로에서 앞바퀴에 가해지는 수직력은 680 lb이다. 비행기의 추력 T는 얼마인가?

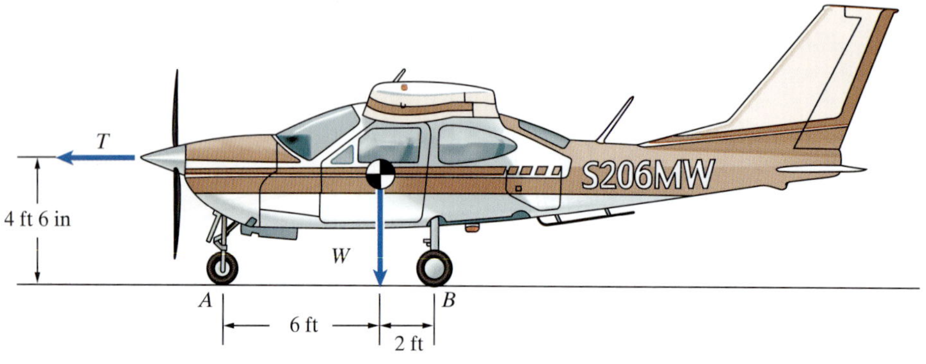

연습문제 5.28

5.29* 고생물학자는 스테고사우루스가 먹이를 먹기 위해 짧은 시간 동안 뒷다리로 서 있을 수 있었을 것이라고 추측한다. 질량이 5000 kg이라고 가정하고, 인대-근육 버팀대와 척추에 의해 작용하는 힘 B, C의 크기 및 각도를 구하라.

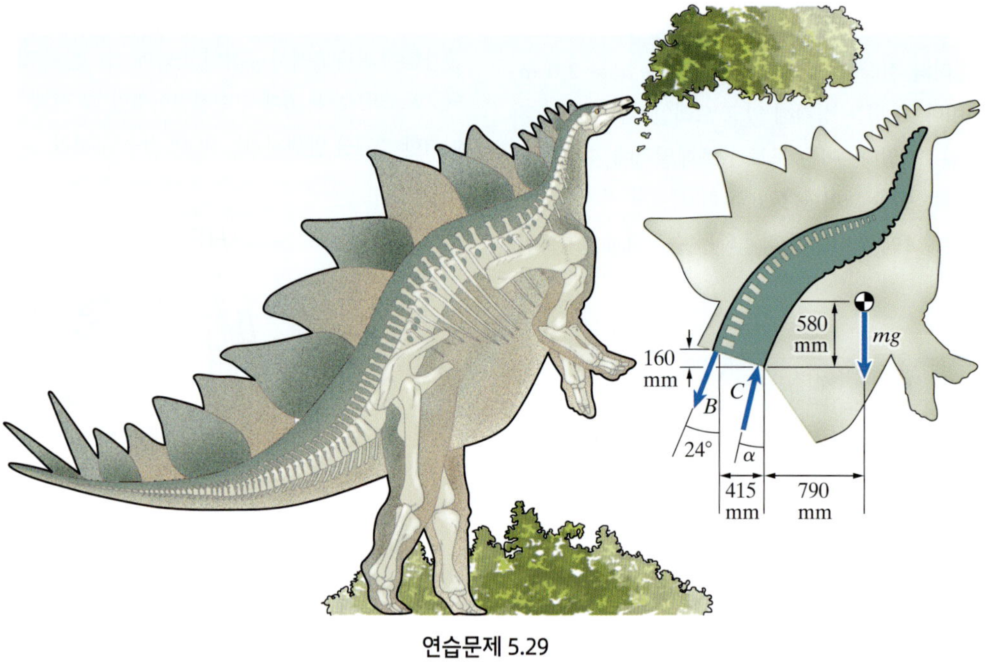

연습문제 5.29

5.30 팬의 무게 W = 20 lb이며, 베이스에는 길이 b = 12 in인 네 개의 동일한 간격의 다리가 있다. 각 다리의 끝부분에는 바닥에 닿아 팬을 지지하는 패드가 있고 높이 h = 32 in이다. 팬의 날개가 추력 T = 2 lb를 가하는 경우 A에서 두 다리에 가해지는 총수직력은 얼마인가?

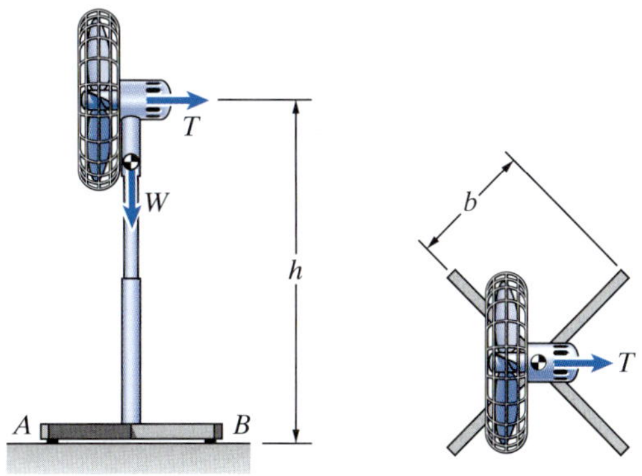

연습문제 5.30

5.31 '체리 피커' 리프트의 사람과 팔 위쪽 ABG의 질량을 합친 무게가 280 kg이고 이 무게는 G에 작용한다. 핀 지지대 A에 있는 팔에 대한 반력과 유압 실린더 BC가 B에 있는 팔에 가하는 힘의 크기를 구하라.

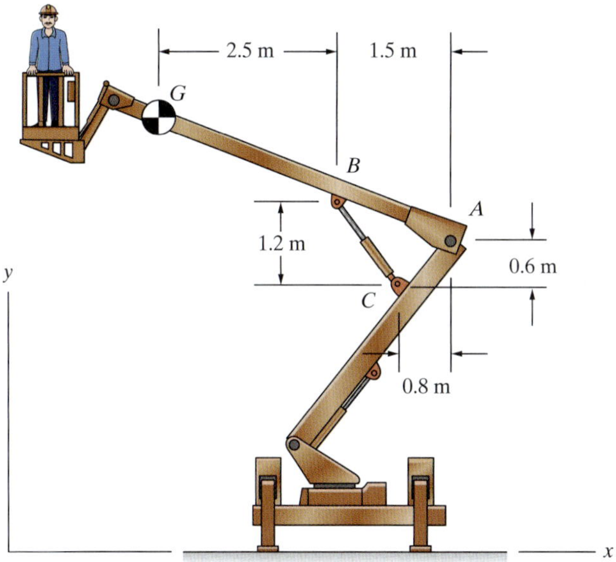

연습문제 5.31

5.32 그림은 병원 환자용으로 설계된 침대 상부의 리프팅 메커니즘을 나타낸 것으로, 침대 회전 부분의 질량이 18 kg이다. 무게가 중간점에 작용한다고 가정하자. 침대의 회전 부분에 수직인 힘 F = 130 N이 환자와 침구에 의해 가해지고, 유압 피스톤 AC가 C에서 A 방향으로 향하는 힘을 A에 가한다. B의 침대 회전 부분에 대한 반력을 구하라.

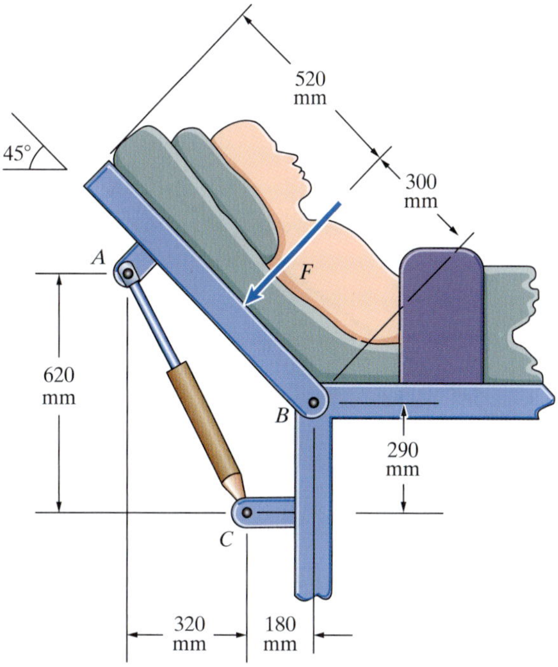

연습문제 5.32

5.33 힘 F = 400 N이 브래킷에 작용한다. A, B의 반력은 얼마인가?

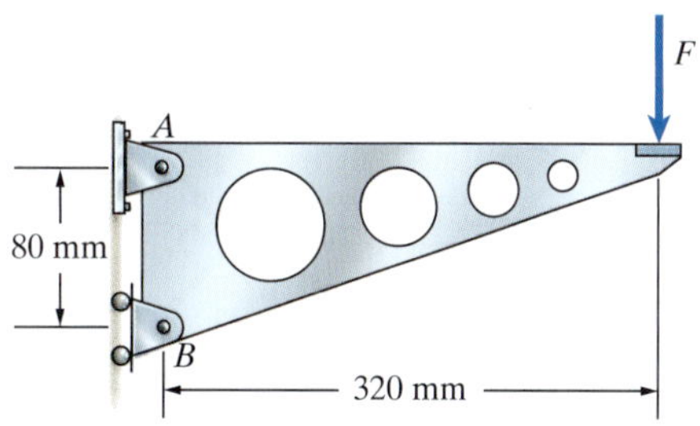

연습문제 5.33

5.34 붐 BC의 길이가 20 ft이고 무게가 200 lb이다. 붐의 무게가 중간점에 작용한다고 가정하자. 매달린 물체의 무게는 500 lb이고, 각도 $\alpha = 50°$이다. 케이블 AC의 장력과 B의 붐에 대한 반력을 구하라.

5.35* 붐 BC의 길이가 20 ft이고 무게가 200 lb이다. 붐의 무게가 중간점에 작용한다고 가정하자. 매달린 물체의 무게는 500 lb이다. 케이블 AC에 4000 lb보다 큰 장력을 가하고 싶지 않은 경우, 각도 α의 최소 허용 값은 얼마인가?

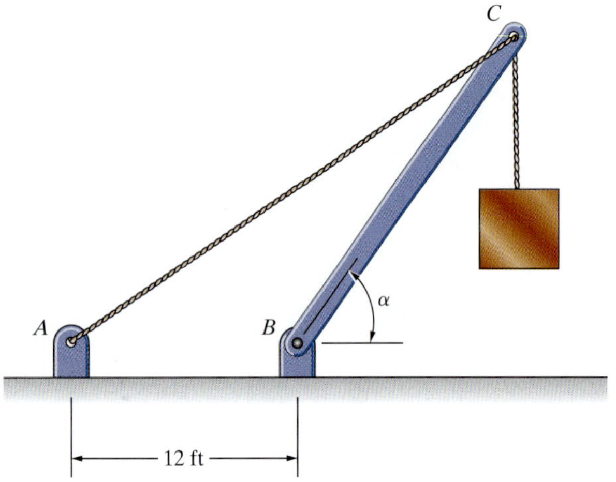

연습문제 5.34/5.35

5.36 트러스라고 불리는 이 구조는 A에 핀 지지대와 B에 롤러 지지대를 가지고 있으며 두 가지 힘에 의해 하중을 받는다(구조물의 무게는 무시할 수 있다고 가정하자). 치수는 $b = 0.25$ m, $h = 0.35$ m이다. 이들 지지대에서의 반력을 구하라.

전략: 전체 트러스를 단일 물체로 취급하는 자유물체도를 그린다.

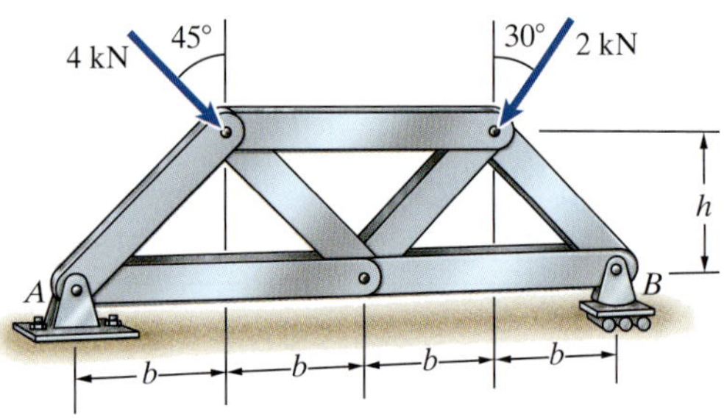

연습문제 5.36

5.37 올림픽 체조 선수가 '철십자' 자세로 정지해 있다. 왼팔의 무게와 팔을 제외한 몸의 무게는 그림에 표시되어 있고, 거리는 $a = b = 9$ in, $c = 13$ in이다. 어깨 S를 고정 지지대로 간주하고 어깨에서 반력의 크기를 구하라. 즉 어깨가 지지해야 하는 힘과 우력을 구하라.

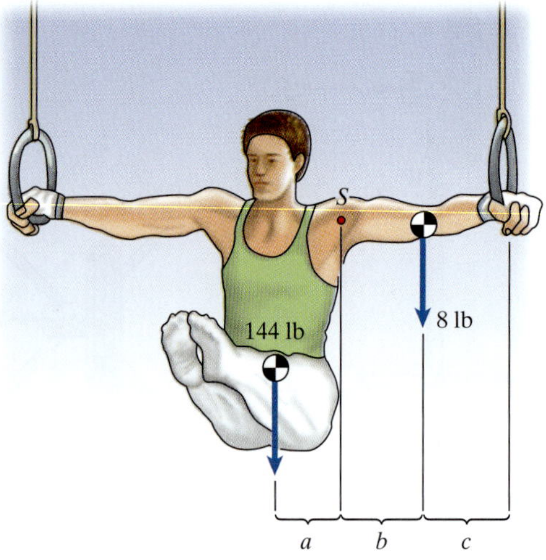

연습문제 5.37

5.38 막대의 길이 $L = 4$ ft이고, 무게 $W = 6$ lb가 막대의 중간점에 작용한다. 바닥과 벽은 매끄러우며, 각도 $\alpha = 0$일 때 스프링이 늘어나지 않는다. $\alpha = 40°$일 때 막대가 평형상태에 있다면 용수철 상수 k는 얼마인가?

5.39 막대의 무게 W가 중간점에 작용한다. 바닥과 벽은 매끄러우며, 각도 $\alpha = 0$일 때 스프링이 늘어나지 않는다. W, k, L에 대해 막대가 평형상태에 있는 각도를 구하라.

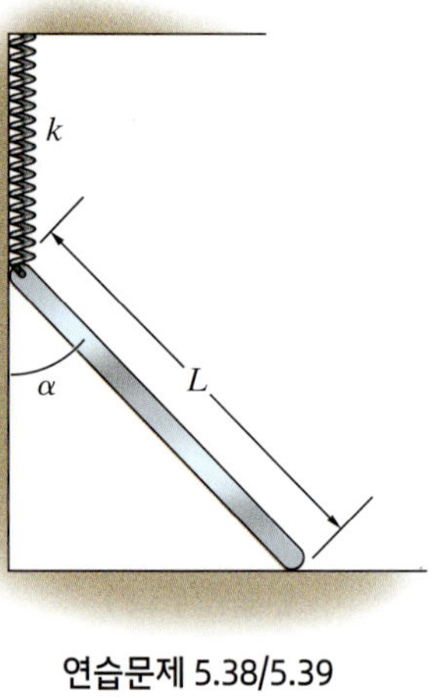

연습문제 5.38/5.39

5.40 사다리의 40 lb 무게가 136 in 길이의 중간점에 작용한다. 사람의 150 lb 체중은 그림에 표시된 지점에서 효과적으로 작용한다. 수직 벽이 매끄러우며 시스템이 평형상태에 있다고 가정하자. 각도 $\alpha = 30°$일 때 바닥이 사다리에 가하는 수직력과 마찰력의 크기는 얼마인가?

5.41* 사다리의 40 lb 무게가 136 in 길이의 중간점에 작용한다. 사람의 150 lb 체중은 그림에 표시된 지점에서 효과적으로 작용한다. 수직 벽이 매끄럽다고 가정하자. 바닥이 사다리에 가하는 수직력에 대한 바닥이 사다리에 가하는 마찰력의 비율이 0.4를 초과할 수 없다는 것을 안다면, 시스템이 평형을 유지할 수 있는 각도 α의 가장 큰 값은 얼마인가?

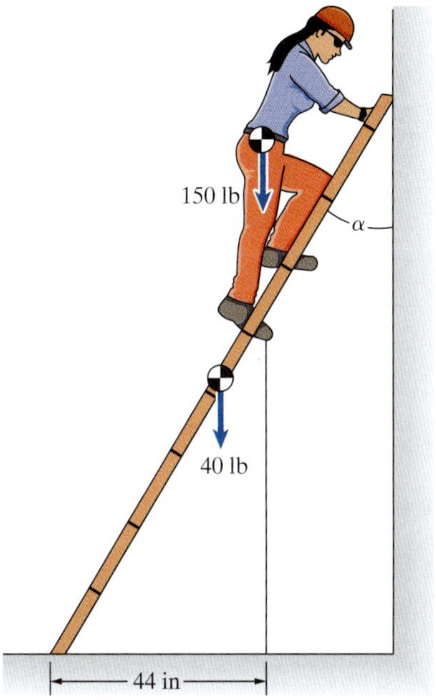

연습문제 5.40/5.41

5.42 B의 매끄러운 슬롯에 있는 핀으로 판이 지지된다. 판의 질량은 140 kg이고 무게는 중앙에 작용한다. 핀 지지대 A의 반력은 얼마인가?

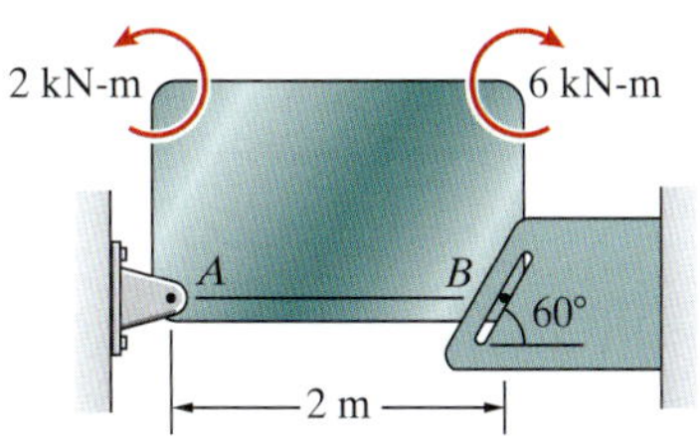

연습문제 5.42

5.43 고정 지지대 A에서의 반력을 구하라.

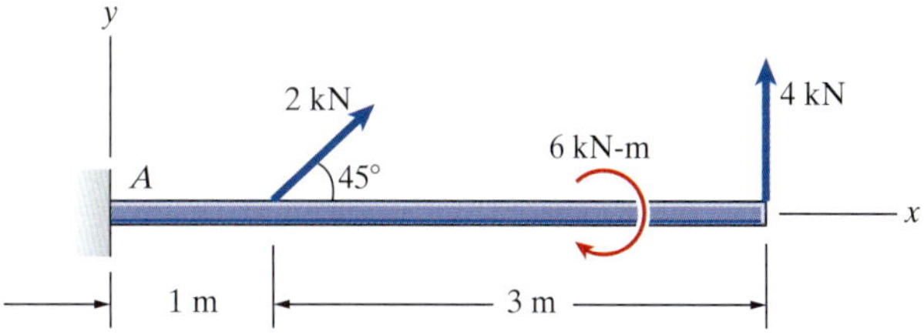

연습문제 5.43

5.44 연습문제 5.43에서 보에 작용하는 두 힘과 우력을 그림과 같이 등가 힘 **F**로 표현한다고 가정하자. 작용선이 x축과 교차하는 **F**와 거리 D를 구하라.

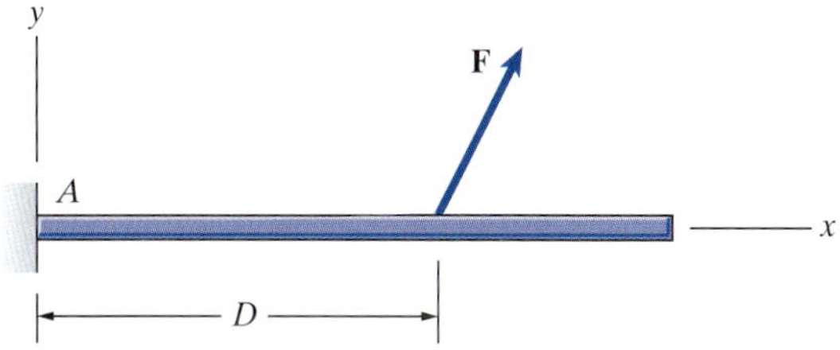

연습문제 5.44

5.45 오른쪽의 자전거 브레이크가 A의 자전거 프레임에 고정되어 있다. 상단에 있는 케이블의 장력 T는 B의 바퀴에 수평 힘을 가해 바퀴 속도를 늦추는 마찰력을 발생시킨다. B에서 브레이크에 20 N의 수평 힘을 가하는 데 필요한 T의 값을 구하라.

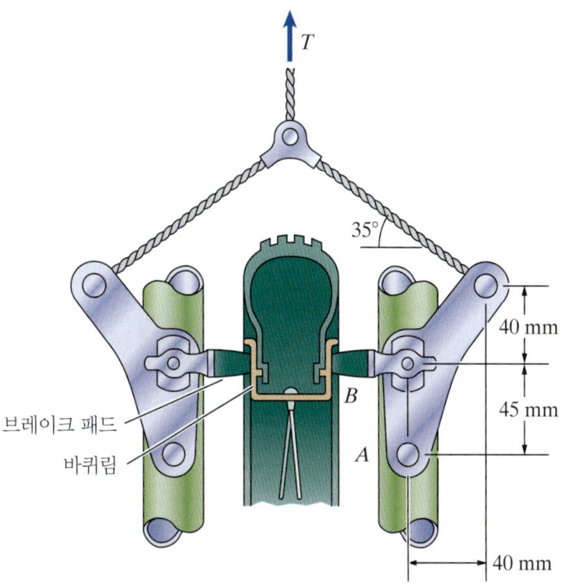

연습문제 5.45

5.46 매달린 각 추의 질량이 80 kg이다. *A*와 *E*의 지지대에서의 반력을 구하라.

5.47 매달린 추의 질량이 각각 *m*이다. *A*와 *E*의 지지대는 각각 6 kN 규모의 힘을 안전하게 지지한다. 이 기준에 따르면 *m*의 가장 큰 안전값은 얼마인가?

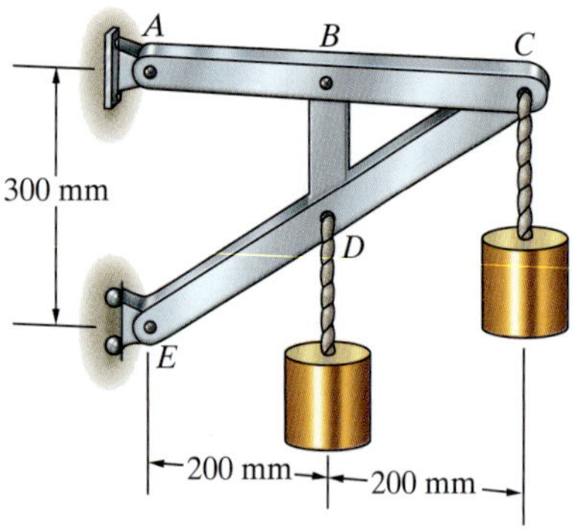

연습문제 5.46/5.47

5.48 도르래와 수평 막대의 질량은 무시할 수 있다. *A*의 막대에서 반력을 구하라.

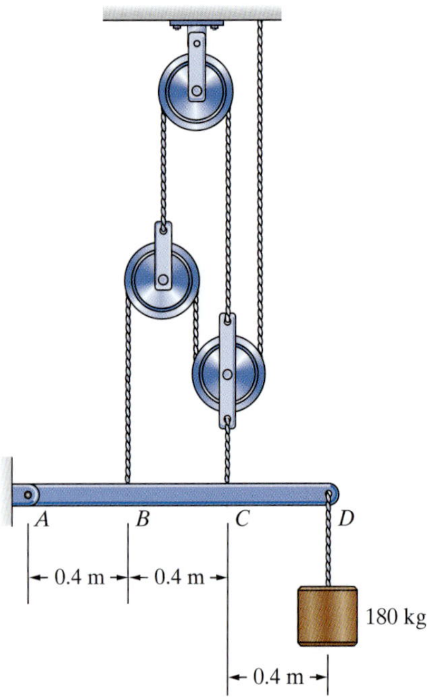

연습문제 5.48

5.49 케이블 *AB*의 장력이 2 kN이다. 다음 두 경우에 *C*의 반력을 구하라.

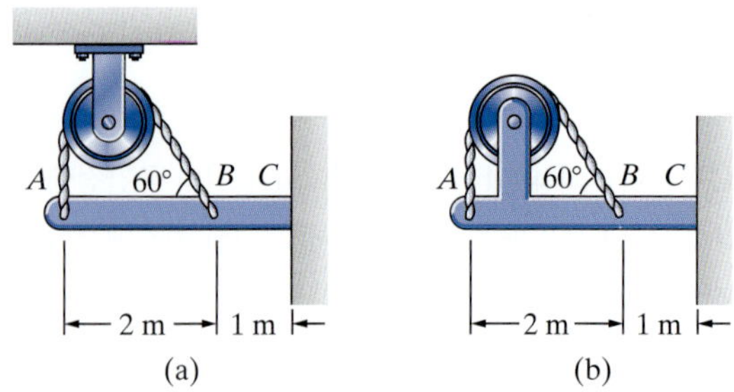

연습문제 5.49

5.50 지지점에서의 반력을 구하라.

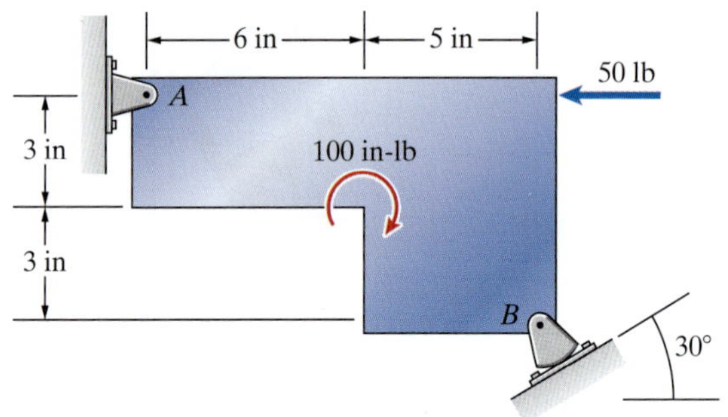

연습문제 5.50

5.51 무게 $W = 2$ kN이다. 케이블의 장력과 *A*에서의 반력을 구하라.

5.52 케이블이 6 kN의 장력을 안전하게 지지한다. 이 기준에 따르면 무게 *W*의 가장 큰 안전값은 얼마인가?

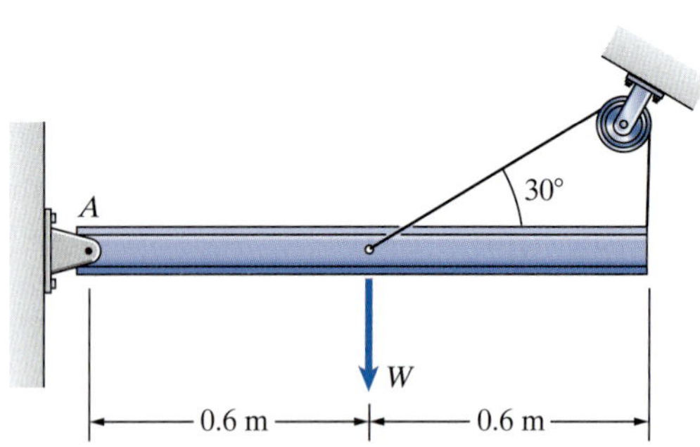

연습문제 5.51/5.52

5.53 나사산 축 BE가 B에서 E로 향하는 E의 핀에 130 N의 힘을 가한다. C의 핀이 핀 지지대처럼 거동한다고 가정하자. 클램프 암 DCE의 자유물체도를 그려 D의 블록에 가해지는 수직력과 C의 반력 크기를 구하라.

5.54 나사산 축 BE가 E에서 B로 향하는 B의 핀에 130 N의 힘을 가한다. C의 핀이 핀 지지대처럼 거동한다고 가정하자. 클램프 암 ABC의 자유물체도를 그려 A의 블록에 가해지는 수직력과 C의 반력 크기를 구하라.

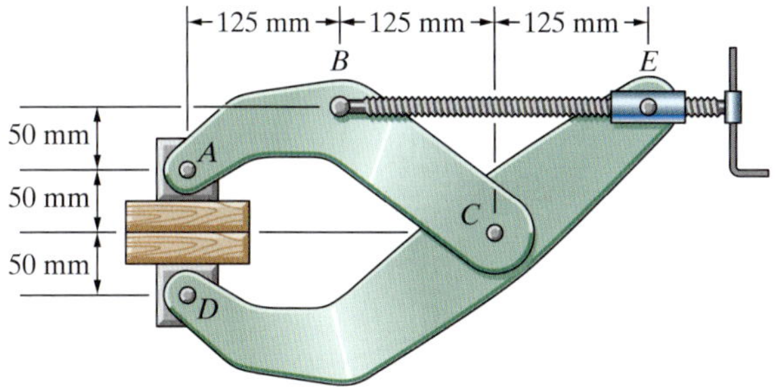

연습문제 5.53/5.54

5.55 원형 파이프(직경 = 150 mm)의 압력 p와 대기압의 차이가 10 MPa(메가파스칼, 1파스칼은 1 N/m^2)일 때 안전 밸브가 열리도록 설계한다고 가정하자. 스프링은 압축되어 있고 밸브가 닫혀 있을 때 20 mm이다. 스프링 상수의 값은 얼마가 되어야 하는가?

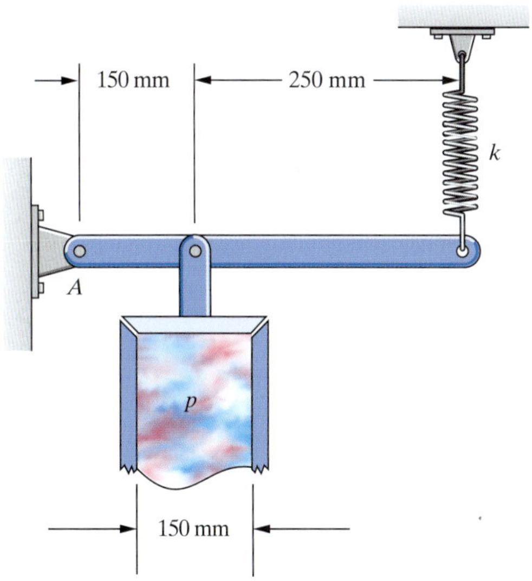

연습문제 5.55

5.56 막대 AB의 10 lb 무게가 막대의 중간점에 작용한다. 막대의 길이는 3 ft이다. 줄 BC의 장력과 A에서의 반력을 구하라.

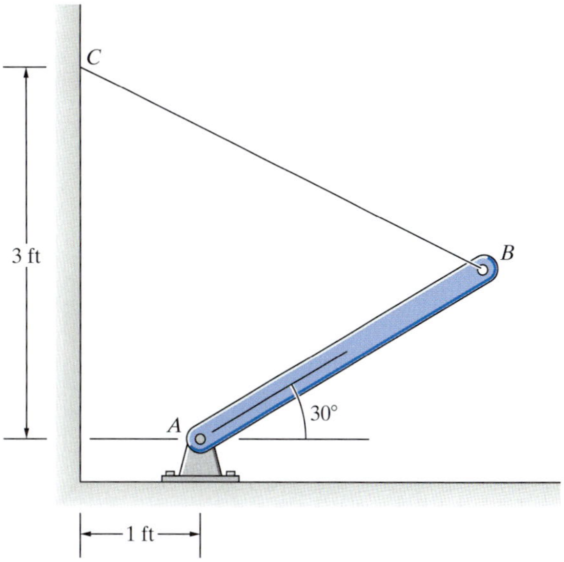

연습문제 5.56

5.57 크레인 팔 A에 핀 지지대가 있다. 유압 실린더 BC는 BC와 평행한 방향으로 C의 팔에 힘을 가한다. 크레인 팔의 질량은 200 kg이고 그 무게는 A에서 오른쪽으로 2 m 지점에 작용한다고 가정하자. 매달린 상자의 질량이 800 kg이고 시스템이 평형상태에 있다면 유압 실린더가 가하는 힘의 크기는 얼마인가?

5.58 연습문제 5.57에서 A 지점의 핀 지지대가 크레인 팔에 가하는 힘의 크기는 얼마인가?

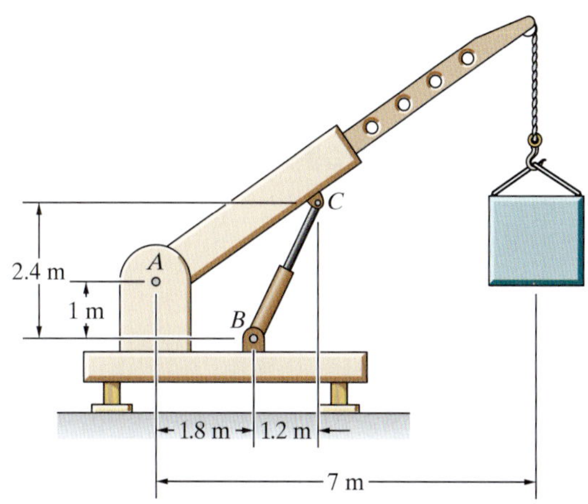

연습문제 5.57/5.58

5.59 스피커 시스템이 D, E에 연결된 케이블에 의해 매달려 있다. 스피커 시스템의 질량은 130 kg이고 무게는 G에 작용한다. 케이블의 장력과 A, C에서의 반력을 구하라.

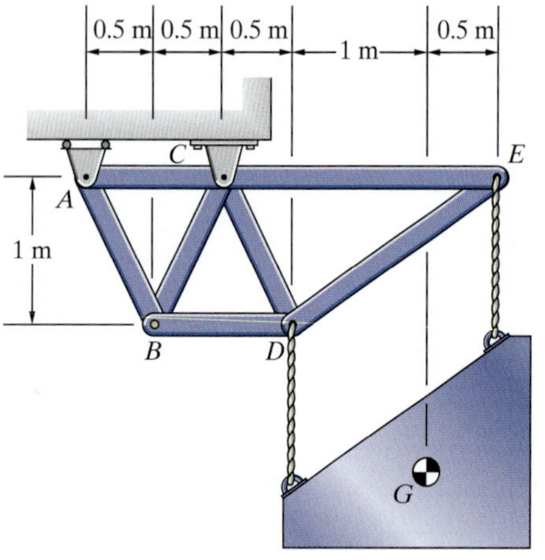

연습문제 5.59

5.60 무게 W_1 = 1000 lb이다. 막대 AB의 무게는 무시한다. 케이블이 C의 도르래 위로 지나간다. 무게 W_2와 핀 지지대 A에서의 반력을 구하라.

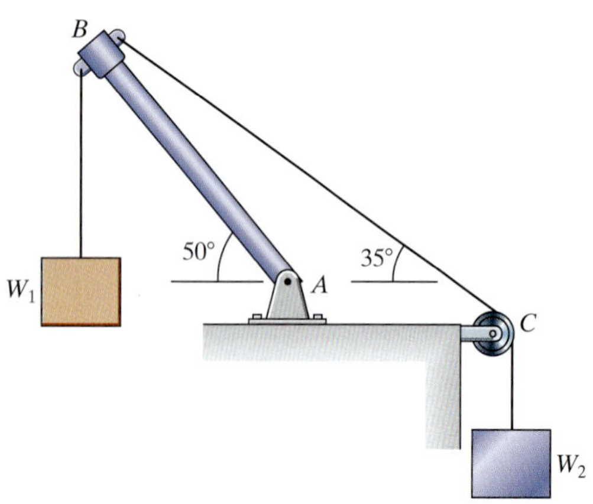

연습문제 5.60

5.61 스프링의 자유 길이가 0.2 m이고 스프링 상수 k = 8 kN/m이다. 각도 α = 0일 때 수직력 F가 시스템을 평형상태로 유지한다고 가정하자. 막대의 무게는 무시할 수 있다. F와 A의 막대에서의 반력을 구하라.

5.62* 스프링의 자유 길이가 0.2 m이고 스프링 상수 k = 8 kN/m이다. 수직력 F = 300 N이고 막대의 무게는 무시할 수 있다. 각도 α는 얼마인가?

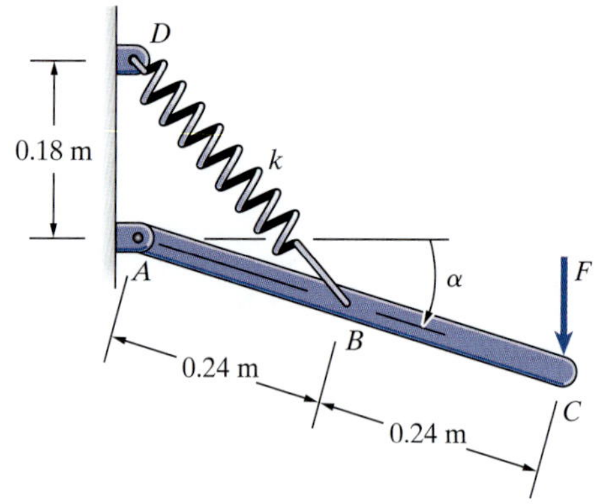

연습문제 5.61/5.62

5.63 막대의 길이가 14 in이다. 스프링의 자유 길이는 4 in이고 스프링 상수 k = 2 lb/in이다. 막대의 축과 수평 사이의 각도가 30°일 때 시스템은 평형상태에 있다. 막대의 무게와 A에서의 반력을 구하라. (막대의 무게가 중간점에서 작용한다고 가정한다.)

5.64* 막대의 길이가 14 in이고 무게가 60 lb이다. 스프링의 자유 길이는 4 in이고 스프링 상수 k = 2 lb/in이다. 막대의 무게는 중간점에서 작용한다. 시스템이 평형상태에 있는 각도를 구하라.

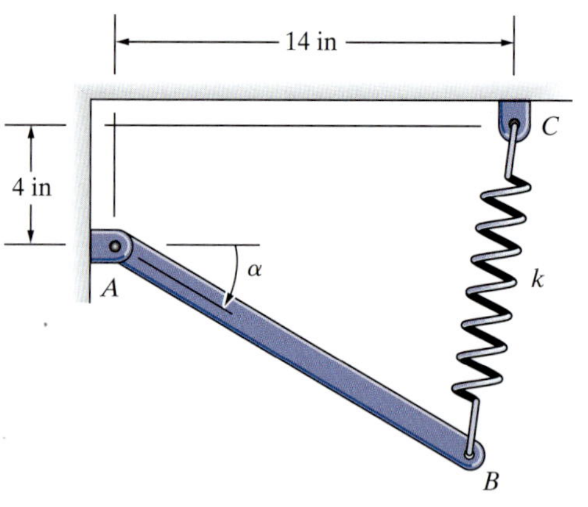

연습문제 5.63/5.64

5.65 예제 5.4에서 $\alpha = 40°$, $d = 1$ m, $a = 200$ mm, $b = 500$ mm, $R = 75$ mm이고 수하물의 질량이 40 kg일 때 F와 N을 구하라.

5.66 예제 5.4에서 $\alpha = 35°$, $d = 46$ in, $a = 10$ in, $b = 14$ in, $R = 3$ in이고 사용자가 20 lb보다 큰 힘 F를 가하는 것을 원하지 않는다고 가정하자. 캐리어에 실을 수 있는 최대 수하물 무게는 얼마인가?

5.67 예제 5.4에서 설계 결정을 내릴 때 어려운 점 중 하나는 사용자가 캐리어에 수하물을 어떻게 놓을지 모른다는 것이다. 가중치가 작용하는 지점이 '봉투' $R \leq a \leq 0.75c$, $0 \leq b \leq 0.75d$ 내의 어느 위치에 있을 수 있다고 가정하자. $\alpha = 30°$, $c = 14$ in, $d = 48$ in, $R = 3$ in, $W = 80$ lb인 경우, 수하물 배치를 위해 사용자가 가해야 하는 가장 큰 힘 F는 얼마인가?

5.68 예제 5.4에서는 바닥 위 $h = 36$ in에서 캐리어의 손잡이를 잡고 있는 사용자를 가정한다. $R = 3$ in, $a = 6$ in, $b = 12$ in, d = 4 ft라고 가정하자. 사용자가 수하물 무게에 가해야 하는 힘의 결과 비율은 $F/W = 0.132$이다. 다양한 키의 사람들이 이 캐리어를 사용하는 경우, $24 \leq h \leq 36$ in에 대해 h의 함수로 F/W 그래프를 나타내라.

5.2 정적으로 불확정한 물체

생각해보기

- 평형방정식보다 미지의 반력이 더 많을 수 있는가?
- '부적절한 지지대'란 정확히 무엇이며 언제 사용해야 하는가?

배경

5.1절에서 물체가 정지상태에서 작용하는 미지의 힘과 모멘트를 구하기 위해 평형방정식을 사용할 수 있는 예제를 살펴보았다. 그러나 이 절차가 해결 방법으로 적용되지 않는 두 가지 일반적인 상황을 이해하는 것이 중요하다. 첫째, 물체의 자유물체도에 나타난 미지의 힘이나 모멘트가 평형방정식으로 얻을 수 있는 독립적인 방정식의 수보다 많을 수 있다는 것이다. 예를 들어 2차원 문제에서는 주어진 자유물체도로부터 최대 세 개의 독립적인 평형방정식을 얻을 수 있기 때문에, 알려지지 않은 것이 세 개보다 많다면 평형방정식만으로는 모든 것을 구할 수 없다. 이것은 물체가 평형을 유지하는 데 필요한 최소한의 지지대보다 더 많은 지지대를 가질 때 발생하는데, 이 경우 물체에 **중복 지지대**가 있다고 한다. 둘째, 물체의 지지대가 물체가 작용하는 하중으로 인해 평형을 유지할 수 없도록 부적절하게 설계된 경우도 있는데, 이때는 **부적절한 지지대**를 가지고 있다고 한다. 어느 경우든 물체는 **정적으로 불확정하다**고 한다.

공학자는 중복 지지대를 사용해 강도와 안전성을 확보하곤 한다. 그러나 물체가 특정 운동을 겪을 수 있도록 물체를 완전히 지지하지 않아야 하는 설계도 있다. 이 두 가지 상황(평형을 유지하기 위해 필요한 지지대보다 더 많거나 더 적은 상황)은 매우 흔하기 때문에 여기에서는 이를 자세히 고려한다.

중복 지지대

고정 지지대가 있는 빔을 고려하자(그림 5.9a). 자유물체도(그림 5.9b)로부터 평형방정식을 얻는다.

$$\Sigma F_x = A_x = 0$$
$$\Sigma F_y = A_y - F = 0$$
$$\Sigma M_{\text{점}A} = M_A - \left(\frac{L}{2}\right)F = 0$$

하중 F를 알고 있다고 가정하면 세 개의 방정식과 세 개의 미지의 반력이 있으며 이에 대한 답으로 $A_x = 0$, $A_y = F$, $M_A = FL/2$을 얻는다.

이제 보의 오른쪽 끝에 롤러 지지대를 추가한다고 가정하자(그림 5.10a). 새로운 자유물체도(그림 5.10b)로부터 평형방정식을 얻는다.

$$\Sigma F_x = A_x = 0 \tag{5.6}$$
$$\Sigma F_y = A_y - F + B = 0 \tag{5.7}$$
$$\Sigma M_{\text{점}A} = M_A - \left(\frac{L}{2}\right)F + LB = 0 \tag{5.8}$$

이제 세 개의 방정식과 네 개의 미지의 반력이 있다. 첫 번째 방정식은 $A_x = 0$이라고 알려주지만 세 가지 반력 A_y, B, M_A에 대한 두 방정식 식 (5.7)과 식 (5.8)을 풀 수는 없다.

이러한 상황에 직면했을 때 학생들은 종종 점 B와 같은 다른 점에 대한 모멘트

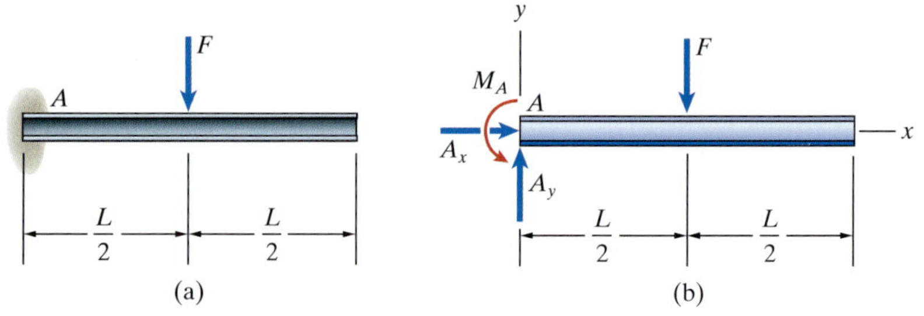

그림 5.9
(a) 고정 지지대가 있는 빔
(b) 자유물체도에는 세 가지 미지의 반력이 있다.

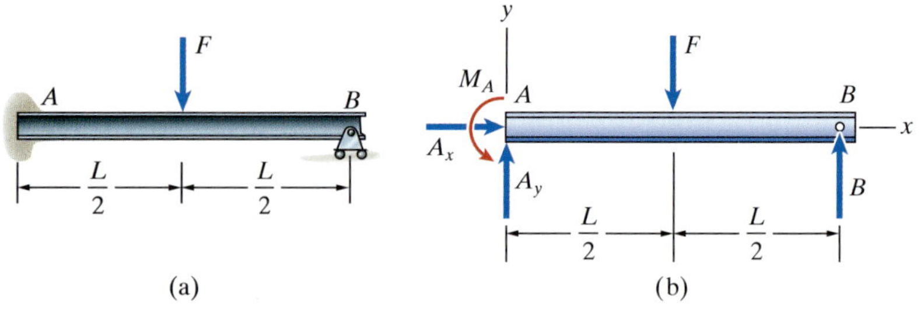

그림 5.10
(a) 고정 및 롤러 지지대가 있는 빔
(b) 자유물체도에는 네 가지 미지의 반력이 있다.

를 합산해 추가 방정식을 얻으려고 시도한다.

$$\Sigma M_{\text{점}\,B} = M_A + \left(\frac{L}{2}\right)F - LA_y = 0$$

불행하게도 이것은 도움이 되지 않는다. 이는 독립 방정식이 아니라 식 (5.7)과 식 (5.8)의 선형 조합이다.

$$\begin{aligned}\Sigma M_{\text{점}\,B} &= M_A + \left(\frac{L}{2}\right)F - LA_y \\ &= \underbrace{M_A - \left(\frac{L}{2}\right)F + LB}_{\text{식 (5.8)}} \underbrace{- L(A_y - F + B)}_{\text{식 (5.7)}}\end{aligned}$$

이 예에서 알 수 있듯이 물체에 추가된 각 지지대는 추가 반력을 일으킨다. 반력 횟수와 독립 평형방정식 수의 차이를 **중복 정도**라고 한다. 물체가 중복 지지대로 인해 정적으로 불확정하더라도 평형방정식에서 일부 반력을 구하는 것이 가능할 수 있다. 이전 예에서는 다른 반력을 구할 수 없었지만 A_x 반력은 구할 수 있었다.

중복 지지대는 어디에나 있기 때문에 평형방정식으로 반력을 구할 수 있는 물체를 분석하는 방법을 가르치는 데 왜 그렇게 많은 노력을 기울이는지 궁금할 것이다. 여기에서는 평형에 대한 이해를 높이고 평형방정식을 작성하는 연습을 하려 한다. 중복 지지대가 있는 물체에 대한 반력은 물체에 작용하는 힘과 우력 모멘트를 물체의 변형이나 모양 변화와 연관시키는 추가 방정식으로 평형방정식을 보완해서 구할 수 있다. 따라서 평형방정식을 구하는 것이 해법의 첫 번째 단계이다.

부적절한 지지대

물체에 가해지는 하중의 작용 아래에서 평형상태를 유지하지 못하는 경우 물체에 부적절한 지지력이 있다고 말한다. 따라서 부적절한 지지대를 가진 물체는 하중이 가해지면 움직일 것이다. 2차원 문제에서 이는 두 가지 방식으로 일어날 수 있다.

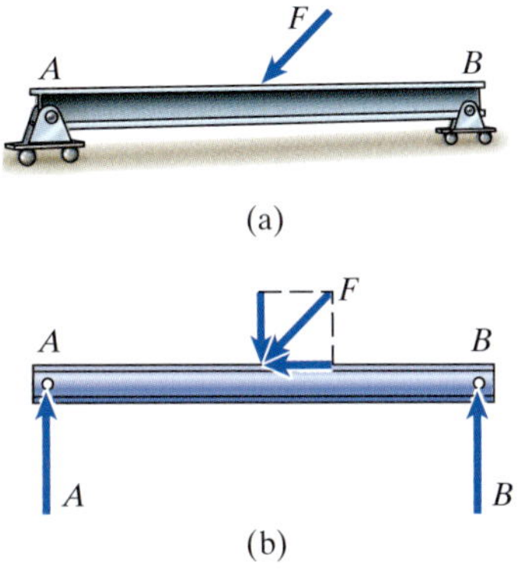

그림 5.11

(a) 두 개의 롤러 지지대가 있는 빔은 표시된 하중을 받을 때 평형상태에 있지 않다.

(b) 수평 방향의 힘의 합은 0이 아니다.

1. **지지대는 평행한 힘만 발휘할 수 있다.** 이렇게 하면 물체가 지지력에 수직인 방향으로 자유롭게 움직일 수 있다. 하중이 해당 방향으로 힘의 일부를 발휘하면 물체는 평형상태에 있지 않다. 그림 5.11a는 이러한 상황의 예를 보여준다. 두 개의 롤러 지지대는 수직 방향의 힘만 발휘할 수 있는 반면 힘 F에는 수평 방향의 힘이 작용한다. F를 적용하면 빔이 수평으로 이동한다. 이는 특히 자유물체도(그림 5.11b)에서 분명하게 드러난다. 롤러 지지대는 수직 반력만 발휘할 수 있으므로 수평 방향의 힘의 합은 0이 될 수 없다.
2. **지지대는 동시 힘만 발휘할 수 있다.** 지지력의 작용선이 교차하는 지점 주위에 하중 모멘트를 가하면 물체는 평형상태에 있지 않다. 예를 들어 그림 5.12a의

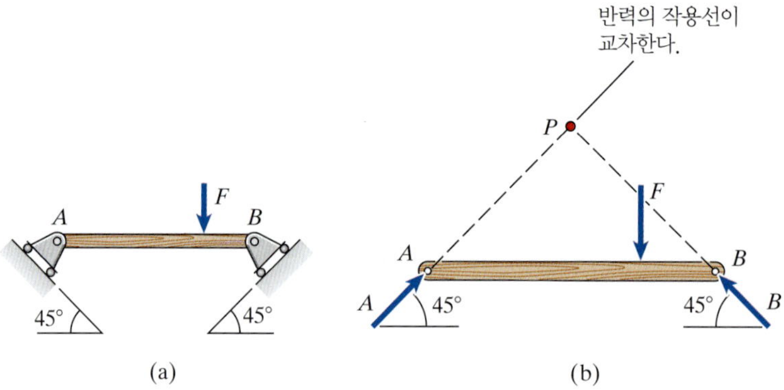

그림 5.12

(a) 경사면에 롤러 지지대가 있는 빔
(b) 점 P에 대한 모멘트의 합은 0이 아니다.

빔을 생각해보라. 자유물체도(그림 5.12b)에서 반력 A, B가 작용선이 교차하는 점 P에 대해 모멘트를 발휘하지 않지만 하중 F는 발생한다는 것을 알 수 있다. 점 P에 대한 모멘트의 합은 0이 아니며 하중이 가해질 때 빔이 회전한다.

부적절한 지지대를 명시적으로 다루는 문제를 제외하고 예제와 연습문제의 물체에는 적절한 지지대가 있다. 평형상태에 있는 물체를 검사하고 물체에 작용하는 하중에 대해 물체가 적절하게 지지되는 이유를 생각하는 습관을 길러야 한다.

결과 정리

지지되는 물체는 다음 두 가지 상황에서 정적으로 불확정하다고 한다.

중복 지지대
물체는 평형을 유지하는 데 필요한 최소 개수보다 많은 지지대를 갖고 있다. 지지대로 인한 반력 수와 독립 평형방정식 수의 차이를 중복 정도라고 한다.

부적절한 지지대
지지대는 물체에 작용하는 하중 아래에서 물체의 평형을 유지할 수 없다.

실습 예제 5.5 정적으로 불확정한 물체 인식

빔에 두 개의 핀 지지대가 있으며 2 kN의 힘으로 하중이 가해진다. (a) 빔이 정적으로 불확정하다는 것을 밝히고 중복 정도를 구하라. (b) 가능한 한 많은 반력을 구하라.

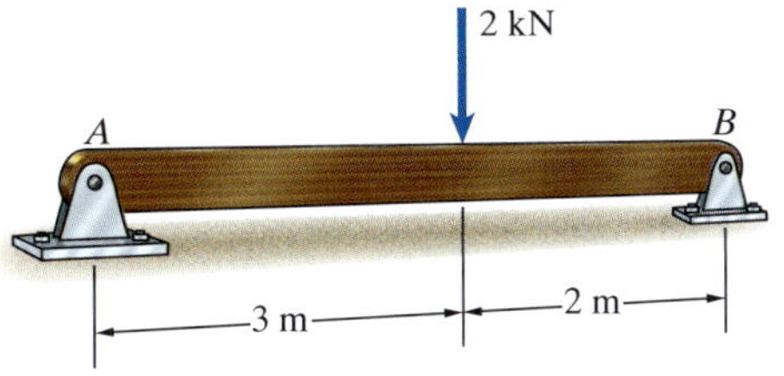

전략

빔의 자유물체도가 얻을 수 있는 독립 평형방정식의 수보다 더 많은 미지의 반력을 가진 경우 빔은 정적으로 불확정하다고 한다. 반력 수와 평형방정식 수의 차이는 중복 정도를 의미한다. 빔이 정적으로 불확정하더라도 일부 반력에 대한 평형방정식을 푸는 것이 가능할 수 있다.

풀이

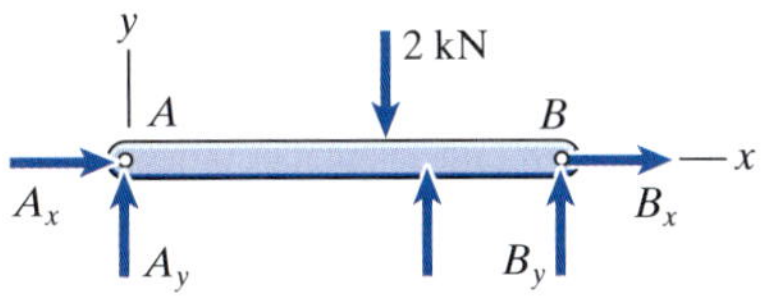

보의 자유물체도를 그린다. 네 가지 미지의 반력이 있다.

$$\begin{aligned} \Sigma F_x &= A_x + B_x = 0 \\ \Sigma F_y &= A_y + B_y - 2\text{ kN} = 0 \\ \Sigma M_{\text{점 }A} &= (5\text{ m})B_y - (3\text{ m})(2\text{ kN}) = 0 \end{aligned}$$

평형방정식을 작성한다.

세 개의 독립적인 평형방정식이 있으므로 빔은 정적으로 불확정하며 중복 정도는 $4 - 3 = 1$이다. 평형방정식에서 A_x 또는 B_x를 구할 수는 없지만 A_y, B_y는 구할 수 있다.

$$\begin{aligned} B_y &= \frac{(3\text{ m})(2\text{ kN})}{(5\text{ m})} = 1.2\text{ kN} \\ A_y &= 2\text{ kN} - B_y = 0.8\text{ kN} \end{aligned}$$

반력 A_y, B_y를 구한다.

실습 문제 보의 A 지점에 있는 핀 지지대가 고정 지지대로 교체되었다고 가정하자. (a) 빔이 정적으로 불확정하다는 것을 밝히고 중복 정도를 구하라. (b) 가능한 한 많은 반력을 구하라.

답: (a) 중복 정도는 2이다. (b) 반력을 구할 수 없다.

예제 5.6 적절한 지지대와 부적절한 지지대

각 L자형 막대가 적절하게 지지되는지 또는 부적절하게 지지되는지를 명시하라. 막대가 적절하게 지지된 경우 지지점에서의 반력을 구하라.

전략

각 막대의 자유물체도를 그려서 지지대의 반력이 막대에 평행한 힘만 가할 수 있는지 아니면 동시에 힘을 가할 수 있는지 여부를 구할 수 있다. 이렇게 하면 적용된 하중으로 인해 막대가 평형상태에 있는지 여부를 인식할 수 있다.

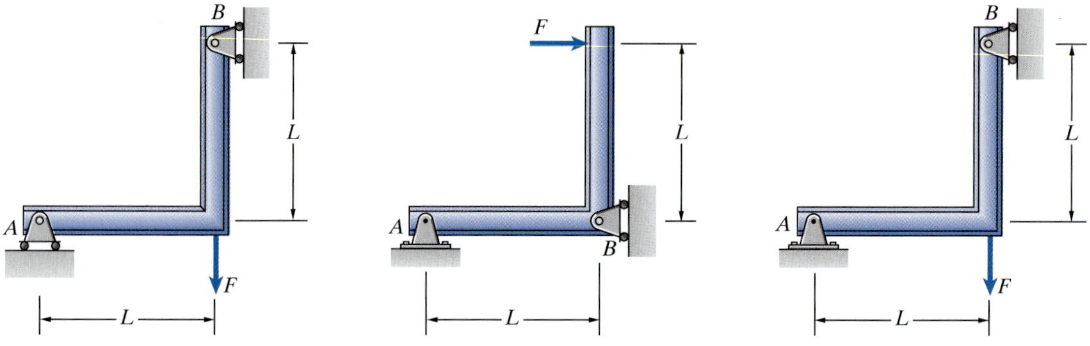

풀이

막대의 자유물체도를 고려하라(아래 참조).

막대 (a) 두 개의 롤러 지지대에 의한 반력의 작용선이 P에서 교차하고 하중 F가 P 주위에 모멘트를 가한다. 이 막대는 부적절하게 지지된다.

막대 (b) 반작용의 작용선은 A에서 교차하고 하중 F는 A 주위에 모멘트를 가한다. 이 막대도 부적절하게 지지된다.

막대 (c) 세 가지 지지력은 평행하지도 않고 동시적이지도 않다. 이 막대는 적절하게 지원된다. 평형방정식은 다음과 같다.

$$\Sigma F_x = A_x - B = 0$$
$$\Sigma F_y = A_y - F = 0$$
$$\Sigma M_{\text{점}A} = BL - FL = 0$$

이 방정식을 풀면 반력 $A_x = F$, $A_y = F$, $B = F$이다.

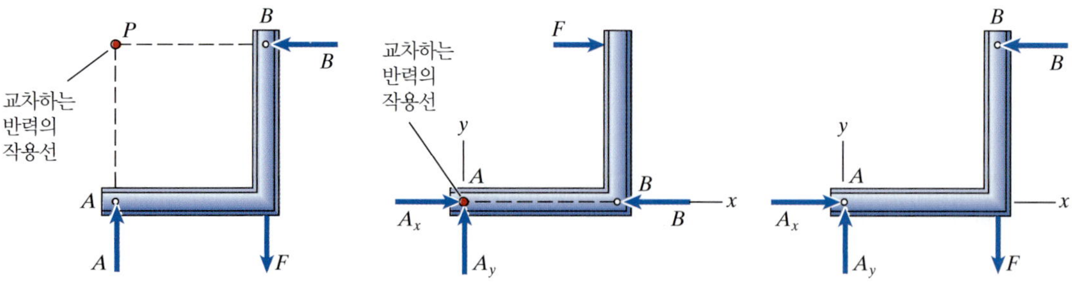

비판적 사고

역학 학습의 필수적인 부분은 우리가 연구하는 물리적 시스템의 동작에 대한 직관을 개발하는 것이다. 이 예제에서는 세 시스템에 대한 하중의 영향을 생각하고 해당 시스템이 제대로 지지되는지 여부를 예측할 수 있는지 확인한다. 하중으로 인해 막대가 움직이는가, 그렇지 않은가? 예제에서 제공하는 분석을 통해 여러분의 판단이 맞는지 확인하라.

연습문제

5.69 (a) 보의 자유물체도를 그리고 그것이 정적으로 불확정함을 밝혀라(실습 예제 5.5 참조). (b) 지지대에서의 반력을 최대한 많이 구하라.

5.70 빔이 정적으로 불확정하지 않도록 A와 B에서 지지대를 선택한다. 지지대의 반력을 구하라.

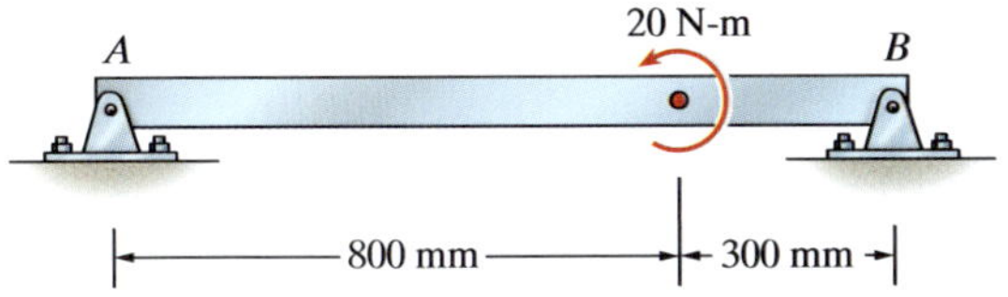

연습문제 5.69/5.70

5.71 (a) 보의 자유물체도를 그리고 그것이 정적으로 불확정함을 밝혀라(외부 우력 M_0가 알려져 있다). (b) 빔의 편향 분석을 통해 롤러 지지대가 가하는 수직 반력 $B = 2M_0/L$로 우력 M_0와 관련이 있는 것으로 결정된다. A 측 반력은 어떠한가?

5.72 빔이 정적으로 불확정하지 않도록 A와 B에서 지지대를 선택한다. 지지대의 반력을 구하라.

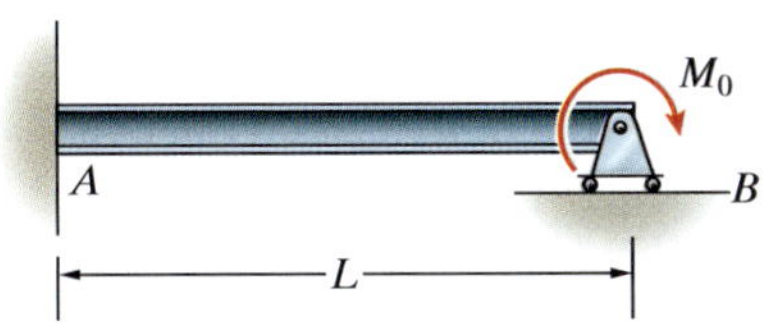

연습문제 5.71/5.72

5.73 L자형 파이프 조립체의 자유물체도를 그리고 그것이 정적으로 불확정함을 밝혀라. 최대한 많은 반력을 구하라.

전략: x축이 점 A와 B를 통과하도록 좌표계를 배치한다.

5.74 파이프 조립체가 정적으로 불확정하지 않도록 A와 B에서 지지대를 선택한다. 지지대의 반력을 구하라.

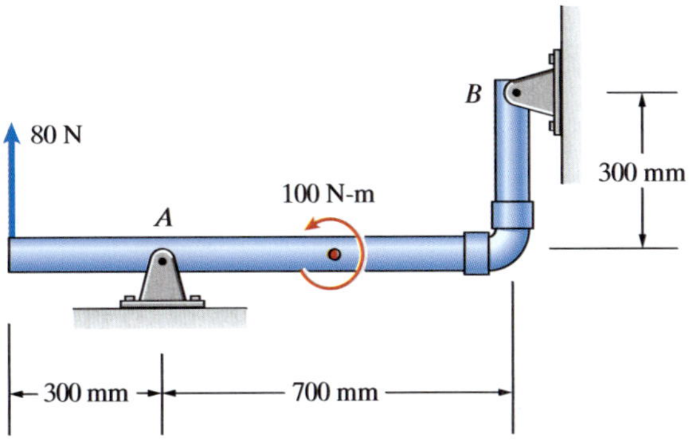

연습문제 5.73/5.74

5.75 그림에 표시된 각 L자형 막대가 적절하게 또는 부적절하게 지지되는지 여부를 기술하라. 막대가 적절하게 지지된 경우 지지대에서의 반력을 구하라(실습 예제 5.6 참조).

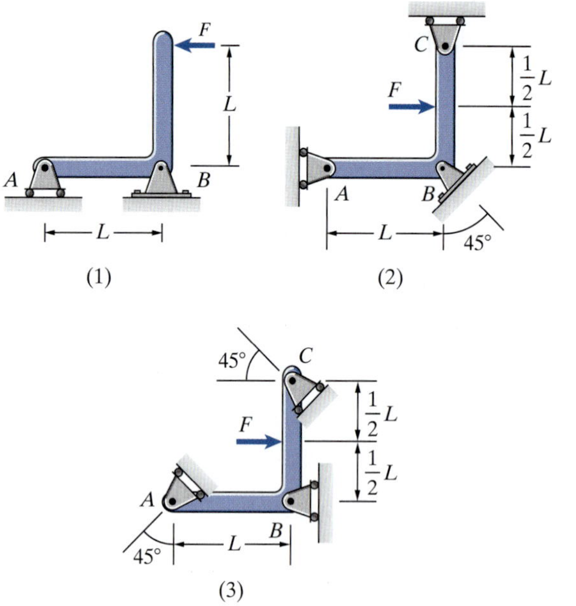

연습문제 5.75

5.76 그림에 표시된 각 L자형 막대가 적절하게 또는 부적절하게 지지되는지 여부를 기술하라. 막대가 적절하게 지지된 경우 지지대에서의 반력을 구하라(실습 예제 5.6 참조).

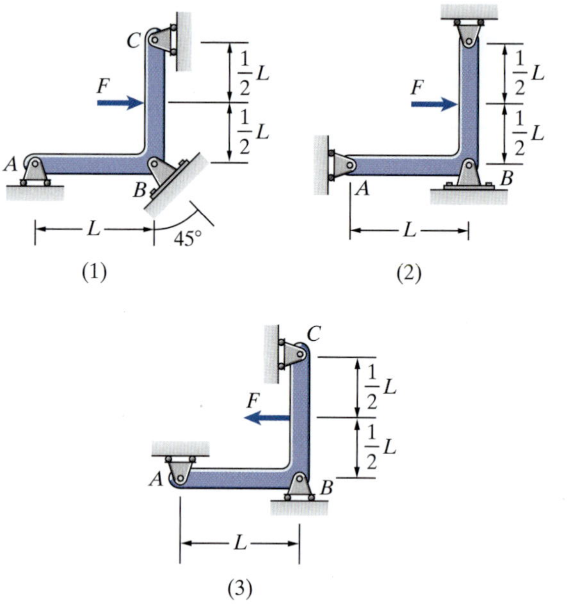

연습문제 5.76

5.3 3차원 응용

생각해보기

- 2차원에서 물체는 세 개의 독립적인 평형방정식을 가진다. 3차원에는 몇 개가 있는가?
- 3차원에서는 어떤 종류의 지지대 규칙이 사용되는가?

배경

지금까지는 평형상태에 있는 물체가 힘과 모멘트의 2차원 계에 영향을 받을 때 세 개 이상의 독립적인 평형방정식을 얻을 수 없다는 것을 보았다. 힘과 모멘트의 3차원 계의 경우 최대 여섯 개의 독립적인 평형방정식을 얻을 수 있다. 세 가지 힘의 합 성분은 0이어야 하고, 한 점에 대한 모멘트 합의 세 성분은 0과 같아야 한다. 자유물체도를 작성하고 평형방정식을 적용하는 등 3차원 힘과 모멘트의 계를 받는 물체에 대한 반력을 구하는 절차는 2차원과 동일하다.

스칼라 평형방정식

물체가 평형상태에 있을 때 물체에 작용하는 힘과 우력의 계는 식 (5.1)과 식 (5.2)를 만족한다. 힘의 합은 0이고 임의의 지점에 대한 모멘트의 합은 0이다. 이러한 방정식을 3차원의 데카르트 성분으로 표현하면 여섯 개의 스칼라 평형방정식이 생성된다.

$$\Sigma F_x = 0 \tag{5.9}$$

$$\Sigma F_y = 0 \tag{5.10}$$

$$\Sigma F_z = 0 \tag{5.11}$$

$$\Sigma M_x = 0 \tag{5.12}$$

$$\Sigma M_y = 0 \tag{5.13}$$

$$\Sigma M_z = 0 \tag{5.14}$$

모멘트의 합은 모든 지점에 대해 평가될 수 있다. 다른 점에 대한 모멘트를 합산해 더 많은 방정식을 얻을 수 있지만 위의 방정식과 독립되지는 않는다. 주어진 자유물체도에서는 여섯 개 이상의 독립적인 평형방정식을 얻을 수 없으므로 최대 여섯 개의 미지의 힘 또는 우력을 구할 수 있다.

3차원에서 반력을 구하는 데 필요한 단계는 앞에서 논의한 2차원 응용과 비슷하다. 먼저 물체를 분리하고 물체에 작용하는 하중과 반력을 보여줌으로써 자유물체도를 얻은 다음 식 (5.9)~(5.14)를 사용해 반력을 구한다.

지지대

3차원 문제에서 자주 사용되는 다섯 가지 규칙을 제시한다. 실제 지지대가 이러한 모델과 물리적으로 유사하지 않더라도 동일한(또는 거의 동일한) 반력을 나타내는 경우 모델로 표현한다.

볼-소켓 지지대 볼-소켓 지지대에서는 지지 대상이 구형 소켓 안에 들어 있는 공에 부착된다(그림 5.13a). 소켓은 공이 자유롭게 회전할 수 있도록 허용하지만(마찰은 무시됨) 공이 어떤 방향으로든 이동하는 것을 방지한다.

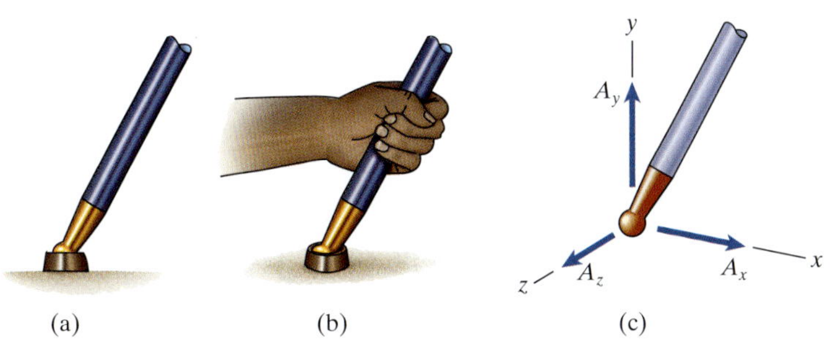

그림 5.13
(a) 볼-소켓 지지대
(b) 지지된 막대를 잡는다.
(c) 볼-소켓 지지대는 세 가지 힘 성분을 발휘할 수 있다.

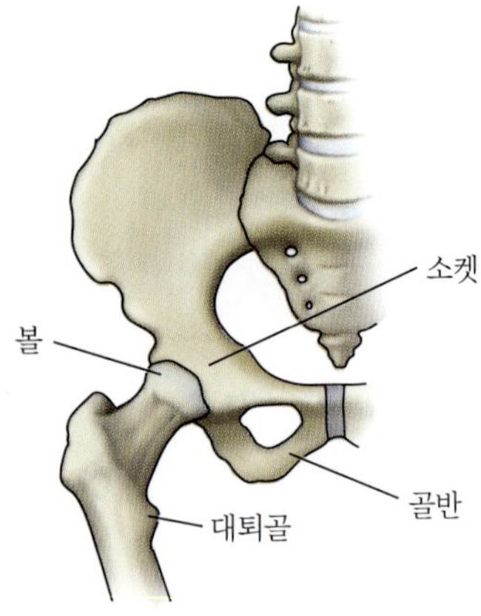

그림 5.14
인간의 대퇴골은 볼-소켓 지지대에 의해 골반에 연결되어 있다.

볼-소켓 지지대에 부착된 막대를 잡고 있다고 상상해보라(그림 5.13b). 막대를 어떤 방향으로든 이동(회전하지 않고 이동)하려고 하면 지지대가 반력을 발휘해 움직임을 방지한다. 그러나 지지대를 기준으로 막대를 회전할 수 있다. 지지대는 회전을 방지하기 위해 우력을 행사할 수 없다. 따라서 볼-소켓 지지대는 우력을 발휘할 수 없지만 세 가지 힘 성분을 발휘할 수 있다(그림 5.13c). 이는 2차원 핀 지지대의 3차원 아날로그이다.

인간의 고관절은 볼-소켓 지지대의 한 예이다(그림 5.14). 자동차의 기어 변속 레버 지지대는 레버의 동작 범위 내에서 볼-소켓 지지대로 모델링될 수 있다.

롤러 지지대 롤러 지지대(그림 5.15a)는 지지 표면에서 자유롭게 굴러갈 수 있는 볼-소켓 지지대이다. 롤러 지지대는 지지 표면에 수직인 힘만 가할 수 있다(그림 5.15b). 때때로 가구 다리를 지지하는 데 사용되는 롤링 '캐스터'가 이러한 유형의 지지대이다.

경첩 지지대 경첩 지지대는 문을 지지하는 데 사용되는 친숙한 장치이다. 이는 지지된 물체가 **경첩 축**인 선을 중심으로 자유롭게 회전할 수 있게 한다. 그림 5.16a에서는 물체가 경첩에 부착되어 있다. 좌표계의 z축은 경첩 축과 정렬된다.

경첩에 부착된 막대를 잡고 있다면(그림 5.16b) 경첩 축을 중심으로 막대를 회전할 수 있다는 점에 유의하라. 경첩은 회전을 방지하기 위해 경첩 축(z축)에 대해 우력을 행사할 수 없다. 그러나 경첩이 x축 또는 y축에 대해 우력을 작용해 동작에 저항할 수 있으므로 이들 축을 기준으로 막대를 회전할 수 없다. 또한 막대를 어떤 방향으로도 이동할 수 없다. 경첩이 물체에 미칠 수 있는 반력은 그림 5.16c에 나와 있다. 힘의 세 가지 성분인 A_x, A_y, A_z가 있고 x축과 y축에 대한 우력인 M_{Ax}, M_{Ay}가 있다.

어떤 상황에서는 경첩이 지지하는 물체에 우력을 발휘하지 못하거나 무시할 만큼 충분히 작다. 후자의 경우는 문을 지지하는 경첩의 축이 적절하게 정렬된 경우이다(개별 경첩 축이 일치한다). 이러한 상황에서 경첩은 물체에 힘만 가한다(그림 5.16d). 경첩이 물체에 우력을 발휘하지 않고 경첩 축 방향으로 힘을 가하지 않는

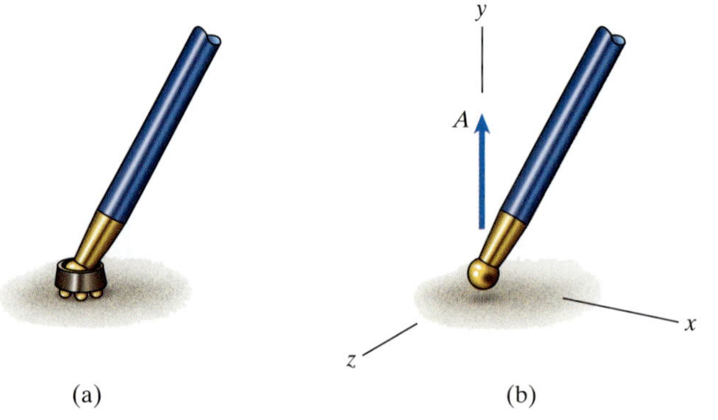

그림 5.15
(a) 롤러 지지대
(b) 반력은 지지 표면에 수직이다.

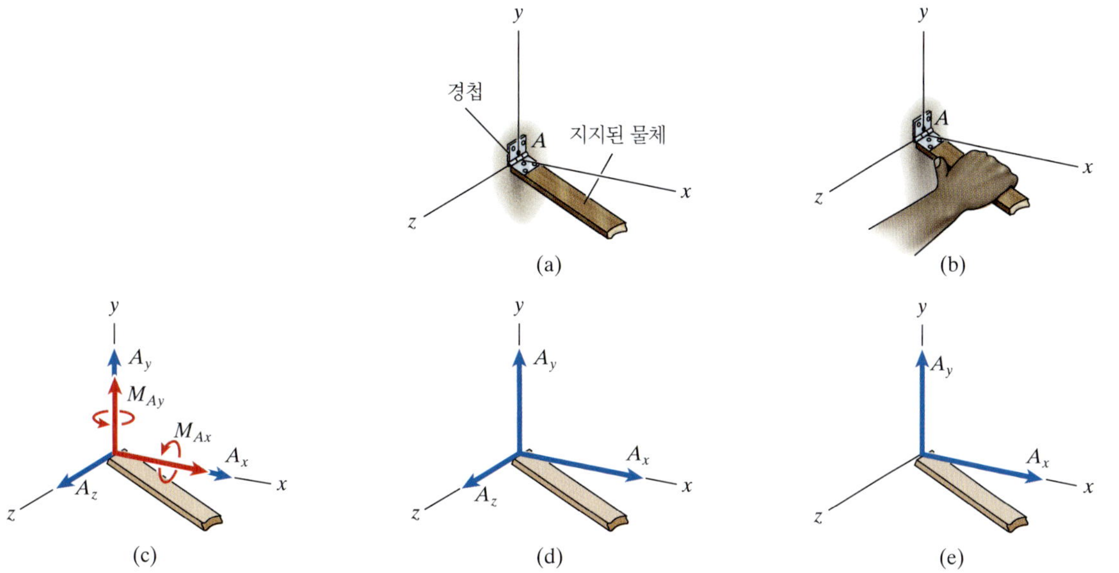

그림 5.16

(a) 경첩. z축은 경첩 축과 정렬된다.
(b) 지지된 막대를 잡는다.
(c) 일반적으로 경첩은 다섯 가지 반력, 즉 세 가지 힘 성분과 두 가지 우력 성분을 발휘할 수 있다.
(d) 경첩이 우력을 발휘하지 않을 때의 반력
(e) 경첩이 우력 모멘트를 발휘하지 않거나 경첩 축에 평행한 힘을 가하지 않을 때의 반력

상황도 발생한다(경첩 축에 평행한 힘을 지탱할 수 없도록 경첩이 설계되었을 수 있다). 그러면 경첩은 경첩 축에 수직인 방향으로만 힘을 가한다(그림 5.16e). 예제와 연습문제에서는 경첩이 그림 5.16c의 다섯 가지 반력을 모두 발휘하지 못하는 경우를 보여준다.

베어링 그림 5.17a에 표시된 베어링 유형은 원형 샤프트(축)를 지지하면서 축을 중심으로 회전하도록 허용한다. 반력은 경첩이 가하는 반력과 동일하다. 가장 일반적인 경우(그림 5.17b)에서 베어링은 지지된 샤프트에 각 좌표 방향으로 힘을 가할 수 있으며 샤프트에 수직인 축에 대해서는 우력을 가할 수 있지만 샤프트 축에 대해서는 우력을 가할 수 없다.

경첩의 경우와 마찬가지로 베어링이 우력을 가하지 않거나(그림 5.17c) 우력이 없고 샤프트 축에 평행한 힘을 가하지 않는 상황이 발생할 수 있다(그림 5.17d). 일부 베어링은 특정 용도에 대해 이러한 방식으로 설계되어 있다. 예제와 연습문제에서는 베어링이 그림 5.17b의 모든 반력을 나타내지 않는 경우를 보여준다.

고정 지지대 여러분은 이미 고정 또는 내장 지지대(그림 5.18a)에 익숙하다. 고정 지지대가 있는 막대를 잡고 있다고 상상해보라(그림 5.18b). 어떤 방향으로도 변환할 수 없으며 어떤 축을 중심으로 회전할 수도 없다. 지지대는 각 좌표 방향으로

힘 A_x, A_y, A_z를 가할 수 있으며 각 좌표축을 기준으로 M_{Ax}, M_{Ay}, M_{Az}를 연결한다 (그림 5.18c).

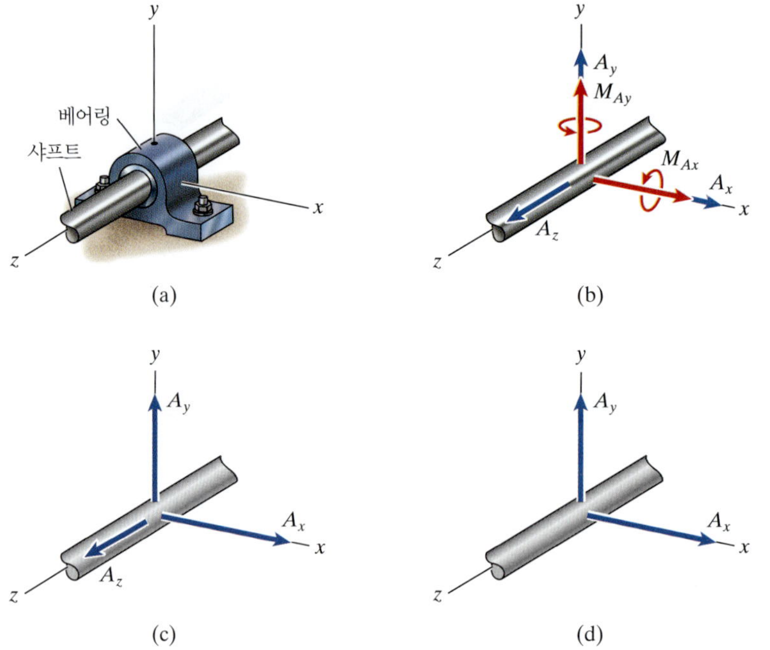

그림 5.17

(a) 베어링. z축은 샤프트 축과 정렬된다.
(b) 일반적으로 베어링은 다섯 가지 반력, 즉 세 가지 힘 성분과 두 가지 우력 성분을 나타낼 수 있다.
(c) 베어링이 우력을 발휘하지 않을 때의 반력
(d) 베어링이 우력이나 샤프트 축에 평행한 힘을 가하지 않을 때의 반력

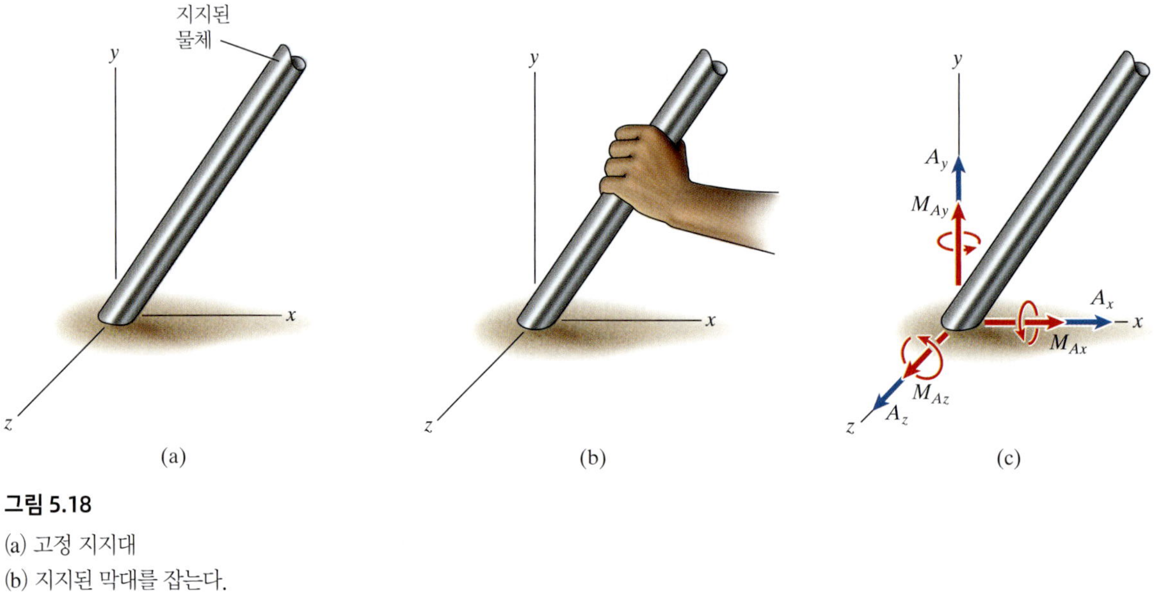

그림 5.18

(a) 고정 지지대
(b) 지지된 막대를 잡는다.
(c) 고정 지지대는 여섯 가지 반력(세 가지 힘 성분과 세 가지 우력 성분)을 발휘할 수 있다.

표 5.2에는 3차원 응용에서 일반적으로 사용되는 지지대 규칙이 요약되어 있다.

표 5.2 3차원 응용에 사용되는 지지대

지지대	반력
 로프 또는 케이블	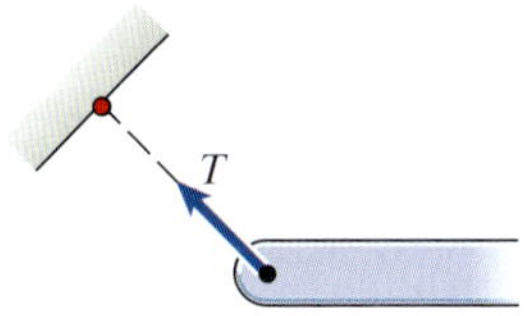 동일선상의 힘
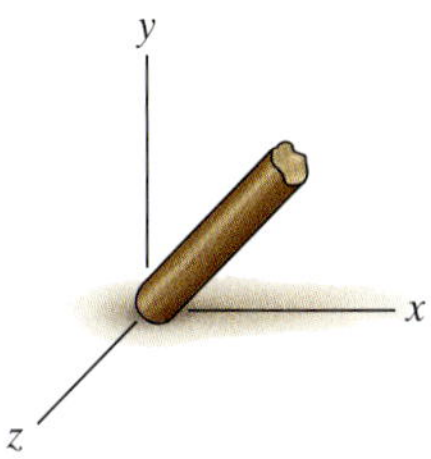 매끄러운 표면과의 접촉	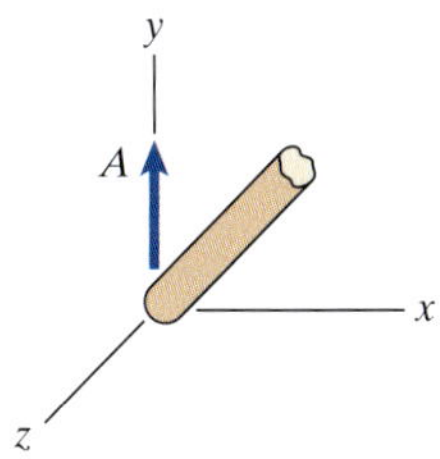 수직력
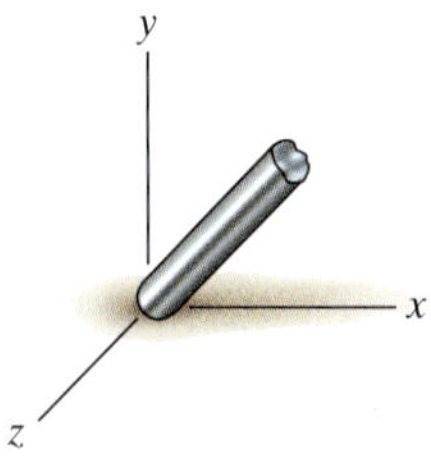 거친 표면과의 접촉	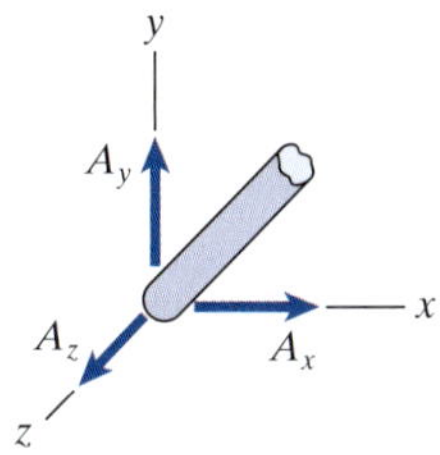 세 가지 힘 성분
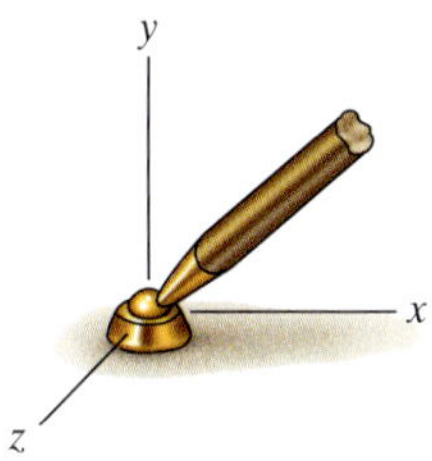 볼-소켓 지지대	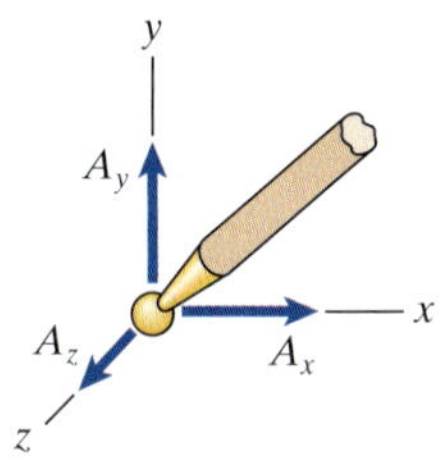 세 가지 힘 성분
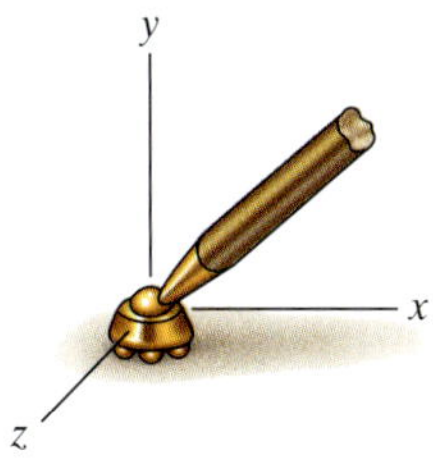 롤러 지지대	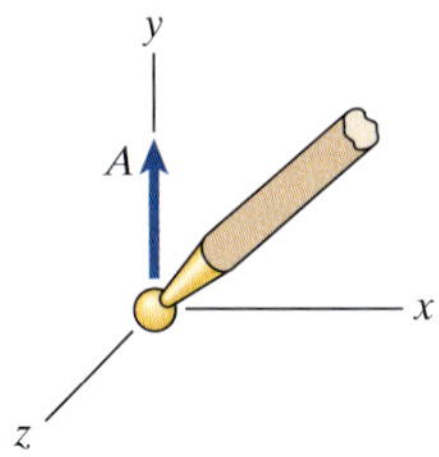 수직력

표 5.2 3차원 응용에 사용되는 지지대(계속)

지지대	반력
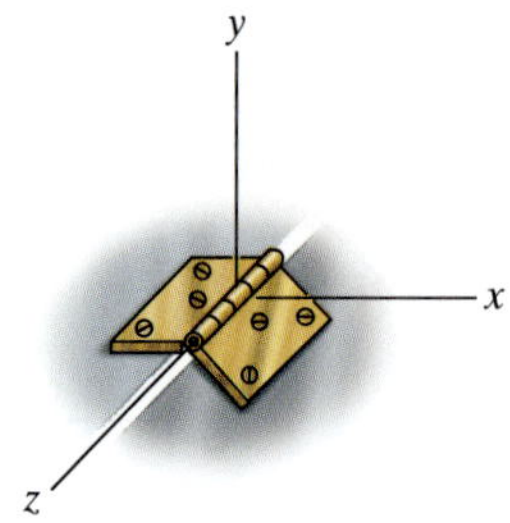 경첩 (z축은 경첩 축과 평행하다.)	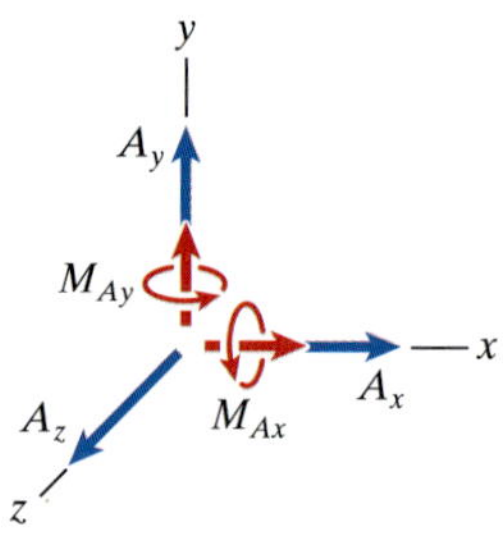 세 가지 힘 성분 두 가지 우력 성분
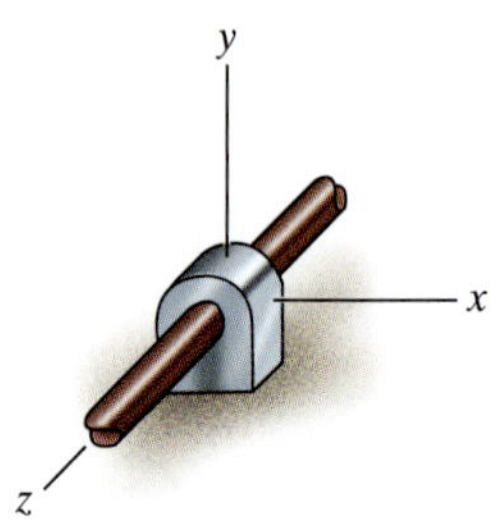 베어링 (z축은 지지되는 샤프트의 축과 평행하다.)	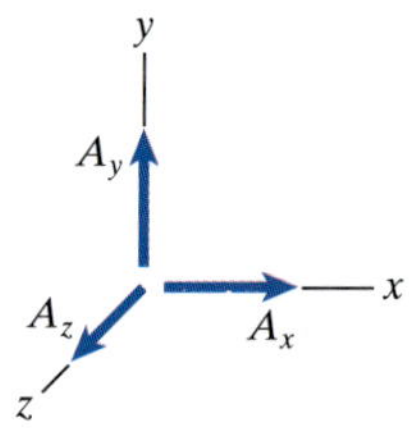 (우력이 발휘되지 않을 때) 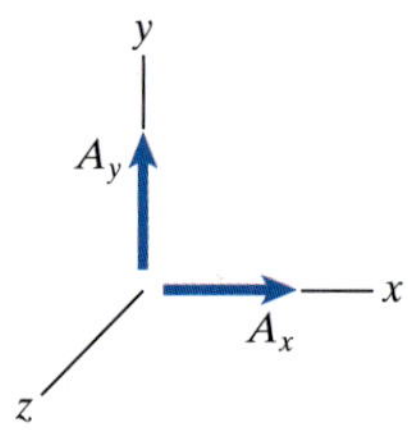 (우력이 없고 축력이 가해지지 않을 때)
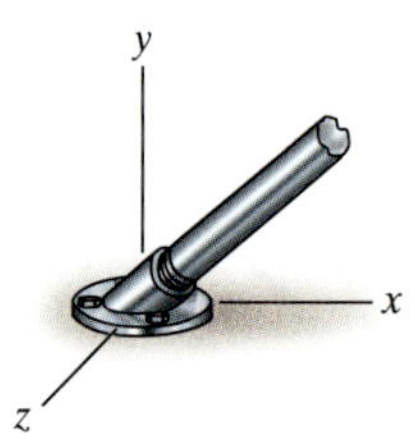 고정(내장) 지지대	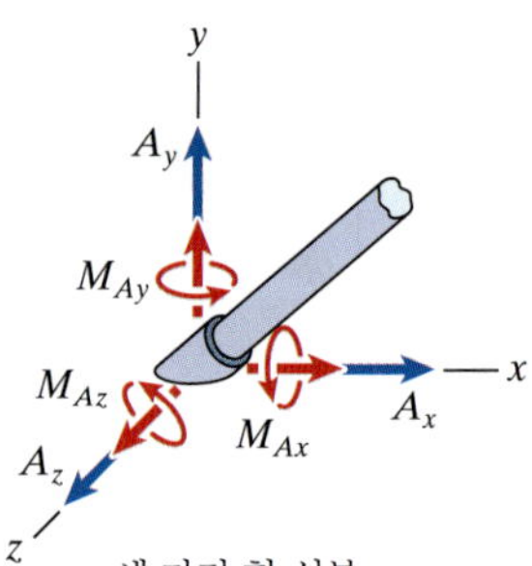 세 가지 힘 성분 두 가지 우력 성분

결과 정리

평형방정식

물체가 평형상태에 있으면 물체에 작용하는 외력의 합은 0이 된다.

$$\Sigma \mathbf{F} = \mathbf{0} \longrightarrow \begin{array}{ll} \Sigma F_x = 0 & (5.9) \\ \Sigma F_y = 0 & (5.10) \\ \Sigma F_z = 0 & (5.11) \end{array}$$

그리고 임의의 지점에 작용하는 힘과 우력으로 인한 모멘트의 합은 0이다.

$$\Sigma \mathbf{M}_{\text{임의의 지점}} = \mathbf{0} \longrightarrow \begin{array}{ll} \Sigma M_x = 0 & (5.12) \\ \Sigma M_y = 0 & (5.13) \\ \Sigma M_z = 0 & (5.14) \end{array}$$

지지대

3차원 응용에 사용되는 지지대의 예이다(표 5.2 참조).

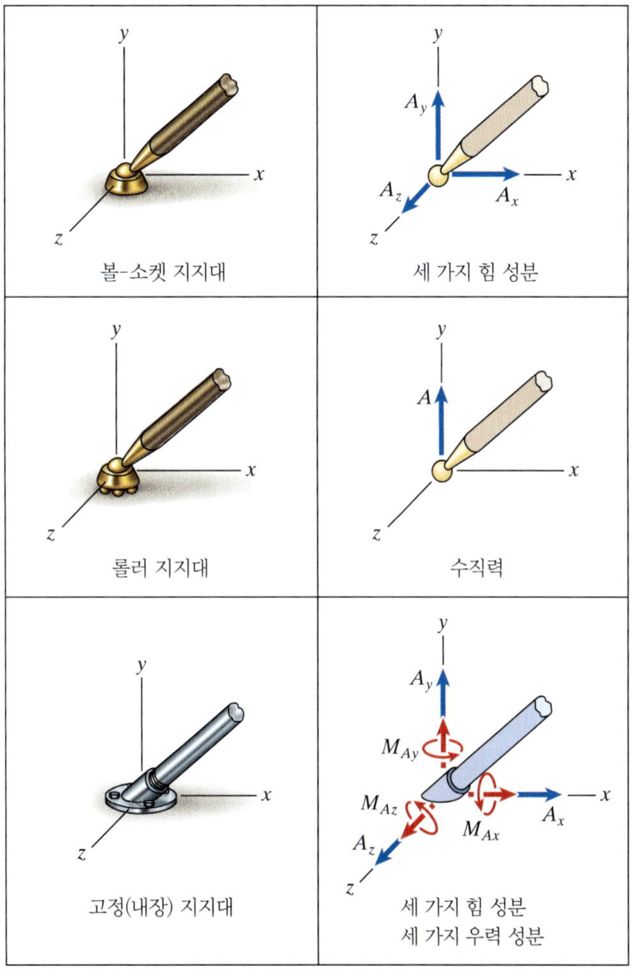

실습 예제 5.7 3차원 반력 구하기

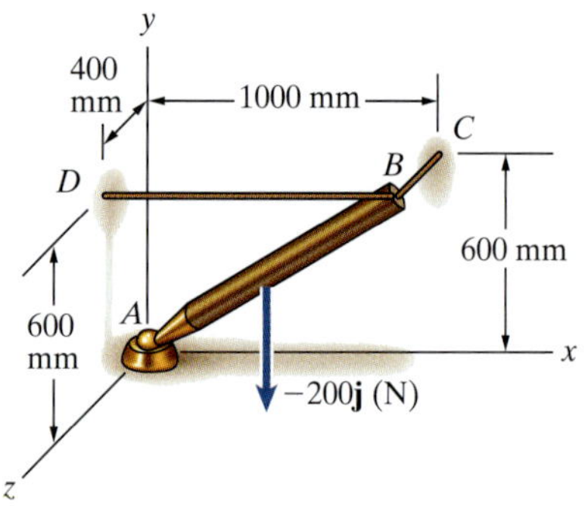

막대 AB가 케이블 BC, BD와 A의 볼-소켓 지지대에 의해 지지된다. 케이블 BC는 z축에 평행하고 케이블 BD는 x축에 평행하다. 200 N의 힘은 막대의 중간점에 작용한다. 케이블의 장력과 A에서의 반력을 구하라.

전략

막대를 분리하고 케이블과 볼-소켓 지지대가 가하는 반력을 보여줌으로써 막대의 자유물체도를 얻어야 한다. 그런 다음 평형방정식을 적용해 반력을 구할 수 있다.

풀이

막대의 자유물체도 그리기

막대를 분리하고 케이블과 볼-소켓 지지대가 가하는 반력을 보여준다.

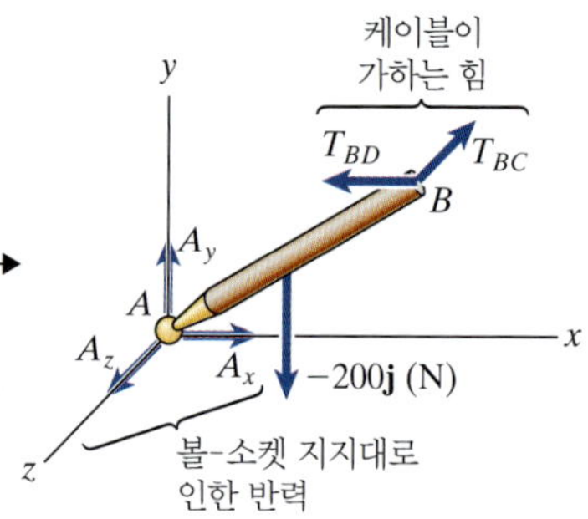

평형방정식 적용하기

$$\Sigma F_x = A_x - T_{BD} = 0$$
$$\Sigma F_y = A_y - 200\text{ N} = 0$$
$$\Sigma F_z = A_z - T_{BC} = 0$$

각 좌표 방향의 힘의 합은 0이다.

$$\Sigma \mathbf{M}_{\text{점 }A} = [\mathbf{r}_{AB} \times (-T_{BC}\mathbf{k})] + [\mathbf{r}_{AB} \times (-T_{BD}\mathbf{i})] + \left[\frac{1}{2}\mathbf{r}_{AB} \times (-200\mathbf{j})\right]$$
$$= \begin{vmatrix} \mathbf{i} & \mathbf{j} & \mathbf{k} \\ 1 & 0.6 & 0.4 \\ 0 & 0 & -T_{BC} \end{vmatrix} + \begin{vmatrix} \mathbf{i} & \mathbf{j} & \mathbf{k} \\ 1 & 0.6 & 0.4 \\ -T_{BD} & 0 & 0 \end{vmatrix} + \begin{vmatrix} \mathbf{i} & \mathbf{j} & \mathbf{k} \\ 0.5 & 0.3 & 0.2 \\ 0 & -200 & 0 \end{vmatrix}$$
$$= (-0.6T_{BC} + 40)\mathbf{i} + (T_{BC} - 0.4T_{BD})\mathbf{j} + (0.6T_{BD} - 100)\mathbf{k}$$

임의의 점에 대한 모멘트의 합은 0과 같다.

이 벡터의 성분(세 좌표축에 대한 모멘트의 합)은 각각 0과 같아야 한다.

$$\Sigma M_x = -(0.6\text{ m})T_{BC} + 40\text{ N-m} = 0$$
$$\Sigma M_y = (1\text{ m})T_{BC} - (0.4\text{ m})T_{BD} = 0$$
$$\Sigma M_z = (0.6\text{ m})T_{BD} - 100\text{ N-m} = 0$$

여섯 개의 스칼라 평형방정식을 풀면 다음이 산출된다.

$A_x = 166.7$ N, $A_y = 200$ N, $A_z = 66.7$ N, $T_{BC} = 66.7$ N, $T_{BD} = 166.7$ N

실습 문제 케이블 BC, BD가 제거되고 A의 볼-소켓 조인트가 고정 지지대로 교체되었다고 가정하자. A에서의 반력을 구하라.

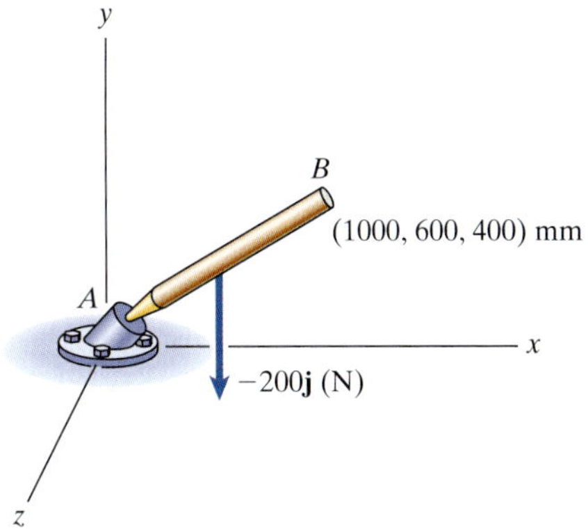

답: $A_x = 0$, $A_y = 200$ N, $A_z = 0$, $M_{Ax} = -40$ N-m, $M_{Ay} = 0$, $M_{Az} = 100$ N-m

예제 5.8 경첩 지지대의 반력

막대 AC는 길이가 4 ft이고 A의 경첩과 케이블 BD로 지지된다. 경첩 축은 z축을 따른다. 막대의 중심선은 x–y 평면에 있고 케이블 부착 지점 B는 막대의 중간점이다. 케이블의 장력과 경첩이 막대에 가하는 반력을 구하라.

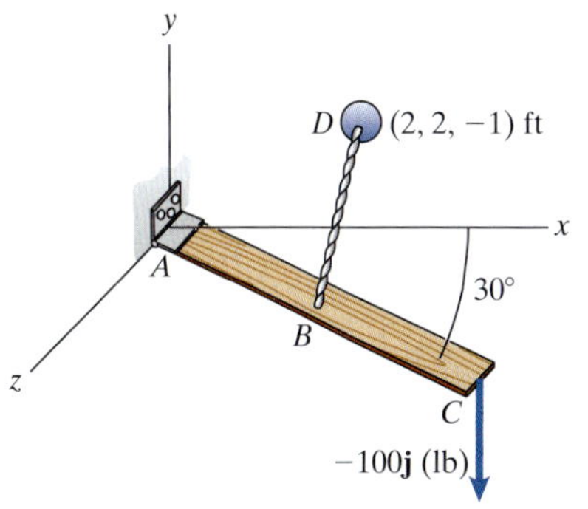

전략

케이블과 경첩으로부터 분리해서 AC 막대의 자유물체도를 얻는다. (경첩이 막대에 작용할 수 있는 반력은 표 5.2에 나와 있다.) 그런 다음 평형방정식을 적용해 반력을 구할 수 있다.

풀이

자유물체도 그리기 막대를 경첩 지지대와 케이블로부터 분리하고 이들이 발휘하는 반력을 보여준다(그림 a). A_x, A_y, A_z 항은 경첩이 가하는 힘의 성분이고, M_{Ax}, M_{Ay} 항은 x축과 y축에 대해 경첩에 가해지는 우력이다(경첩은 경첩 축을 중심으로

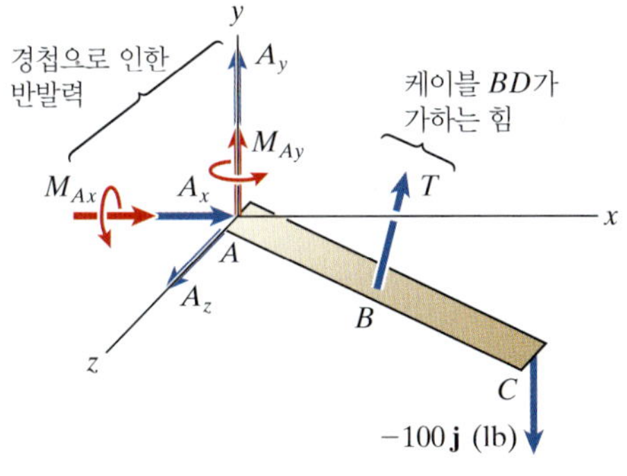

(a) 막대의 자유물체도

막대에 우력을 가할 수 없다는 점을 기억하라), T는 케이블의 장력이다.

평형방정식 적용하기 평형방정식을 작성하려면 먼저 케이블 힘을 성분으로 나타내야 한다. 점 B의 좌표는 (2cos30°, −2sin30°, 0) ft이므로 B에서 D까지의 위치 벡터는 다음과 같다.

$$\begin{aligned}\mathbf{r}_{BD} &= (2 - 2\cos 30°)\mathbf{i} + [2 - (-2\sin 30°)]\mathbf{j} + (-1 - 0)\mathbf{k} \\ &= 0.268\mathbf{i} + 3\mathbf{j} - \mathbf{k}\ (\text{ft})\end{aligned}$$

이 벡터를 크기로 나누어 점 B에서 점 D를 가리키는 단위 벡터 e_{BD}를 얻는다.

$$\mathbf{e}_{BD} = \frac{\mathbf{r}_{BD}}{|\mathbf{r}_{BD}|} = 0.084\mathbf{i} + 0.945\mathbf{j} - 0.315\mathbf{k}$$

이제 케이블 힘을 크기와 e_{BD}의 곱으로 작성할 수 있다.

$$T\mathbf{e}_{BD} = T(0.084\mathbf{i} + 0.945\mathbf{j} - 0.315\mathbf{k})$$

각 좌표 방향의 힘의 합은 0과 같아야 한다.

$$\begin{aligned}\Sigma F_x &= A_x + 0.084T = 0 \\ \Sigma F_y &= A_y + 0.945T - 100\ \text{lb} = 0 \\ \Sigma F_z &= A_z - 0.315T = 0\end{aligned} \qquad (1)$$

A에 대한 모멘트를 합산하면 결과 방정식에는 미지의 반력 A_x, A_y, A_z가 포함되지 않는다. A에서 B로, A에서 C로의 위치 벡터는 다음과 같다.

$$\begin{aligned}\mathbf{r}_{AB} &= 2\cos 30°\mathbf{i} - 2\sin 30°\mathbf{j}\ (\text{ft}) \\ \mathbf{r}_{AC} &= 4\cos 30°\mathbf{i} - 4\sin 30°\mathbf{j}\ (\text{ft})\end{aligned}$$

힘을 lb로, 거리를 ft로 해서 A 주위의 모멘트의 합을 구하면 다음과 같다.

$$\begin{aligned}\Sigma\mathbf{M}_{\text{점}A} &= M_{Ax}\mathbf{i} + M_{Ay}\mathbf{j} + [\mathbf{r}_{AB} \times (T\mathbf{e}_{BD})] + [\mathbf{r}_{AC} \times (-100\mathbf{j})] \\ &= M_{Ax}\mathbf{i} + M_{Ay}\mathbf{j} + \begin{vmatrix} \mathbf{i} & \mathbf{j} & \mathbf{k} \\ 1.732 & -1 & 0 \\ 0.084T & 0.945T & -0.315T \end{vmatrix} \\ &\quad + \begin{vmatrix} \mathbf{i} & \mathbf{j} & \mathbf{k} \\ 3.464 & -2 & 0 \\ 0 & -100 & 0 \end{vmatrix} \\ &= (M_{Ax} + 0.315T)\mathbf{i} + (M_{Ay} + 0.546T)\mathbf{j} \\ &\quad + (1.72T - 346)\mathbf{k} = 0\end{aligned}$$

이 벡터 방정식으로부터 스칼라 방정식을 얻는다.

$$\begin{aligned}\Sigma M_x &= M_{Ax} + (0.315\ \text{ft})T = 0 \\ \Sigma M_y &= M_{Ay} + (0.546\ \text{ft})T = 0 \\ \Sigma M_z &= (1.72\ \text{ft})T_{BD} - 346\ \text{ft-lb} = 0\end{aligned}$$

이 방정식을 풀면 다음과 같은 반력이 나온다.

$$T = 201 \text{ lb} \qquad M_{Ax} = -63.4 \text{ ft-lb} \qquad M_{Ay} = -109.8 \text{ ft-lb}$$

그런 다음 식 (1)에서 경첩이 막대에 가하는 힘을 구한다.

$$A_x = -17.0 \text{ lb} \qquad A_y = -90.2 \text{ lb} \qquad A_z = 63.4 \text{ lb}$$

비판적 사고

표 5.2에서 경첩이나 베어링에 가해지는 반력에는 세 가지 가능성이 있음을 알 수 있다. 어느 것을 선택해야 할지 어떻게 알 수 있는가? 특정 상황에서는 경첩이 연결된 물체에 큰 힘을 가하지 않을 수도 있고 경첩 축 방향으로 큰 힘을 가하지 않을 수도 있다. 예를 들어 물체에 두 개의 경첩 지지대가 있고 해당 축이 정렬되어 있는 경우(예제 5.9 참조) 개별 경첩이 물체에 우력을 작용하지 않는다고 종종 가정할 수 있다. 그러나 일반적으로 그러한 판단을 내리려면 경험이 필요하다. 앞으로 나올 예제와 연습문제에서는 경첩에 의해 발생한다고 가정할 수 있는 반력을 나타낼 것이다. 의심스러울 때마다 경첩이 표 5.2에 표시된 가장 일반적인 일련의 반력(세 가지 힘 성분과 두 가지 우력 성분)을 발휘할 수 있다고 가정해야 한다.

예제 5.9 적절하게 정렬된 경첩에서의 반력

플레이트가 A, B의 경첩과 케이블 CE로 지지된다. 적절하게 정렬된 경첩은 플레이트에 우력을 가하지 않으며 A의 경첩은 경첩 축 방향으로 플레이트에 힘을 가하지 않는다. 경첩의 반력과 케이블의 장력을 구하라.

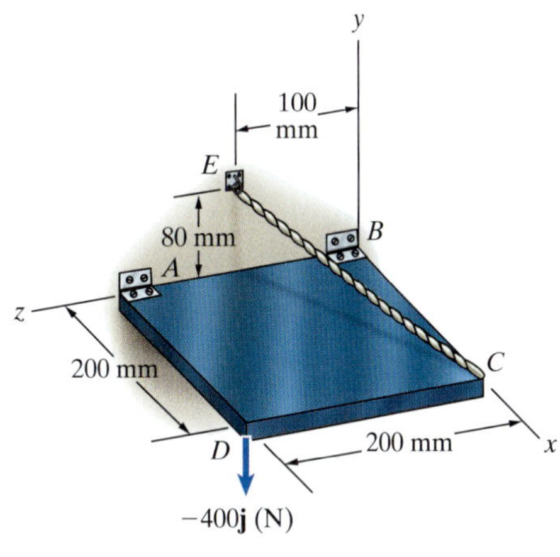

전략

A, B의 경첩이 가하는 반력에 대한 주어진 정보를 사용해서 플레이트의 자유물체도를 그릴 것이다. 평형방정식을 적용하기 전에 케이블이 플레이트에 가하는 힘을 성분으로 나타내야 한다.

풀이

자유물체도 그리기 플레이트를 분리하고 경첩에서의 반력과 케이블이 가하는 힘을 보여준다(그림 a). T는 케이블 CE가 플레이트에 가하는 힘이다.

평형방정식 적용하기 점 C와 E의 좌표를 알고 있으므로 케이블 힘을 크기 T와 C에서 E 방향으로 향하는 단위 벡터의 곱으로 나타낼 수 있다. 결과는 다음과 같다.

$$T(-0.842\mathbf{i} + 0.337\mathbf{j} + 0.421\mathbf{k})$$

각 좌표 방향의 힘의 합은 0이다.

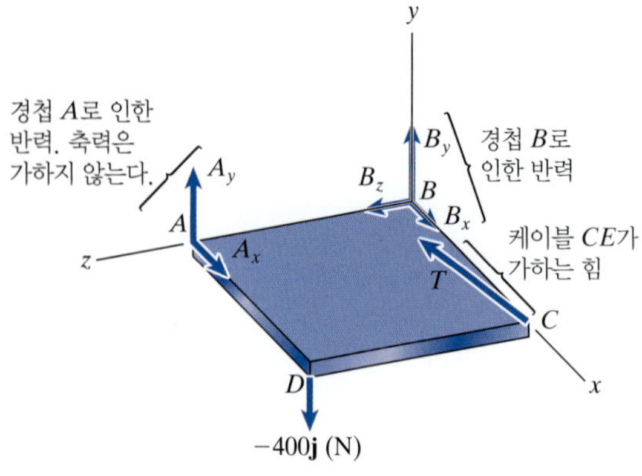

(a) 플레이트의 자유물체도

$$\begin{aligned}\Sigma F_x &= A_x + B_x - 0.842T = 0\\ \Sigma F_y &= A_y + B_y + 0.337T - 400 = 0 \qquad (1)\\ \Sigma F_z &= B_z + 0.421T = 0\end{aligned}$$

B에 대한 모멘트를 합산하면 결과 방정식에는 B에서 알려지지 않은 세 가지 반력이 포함되지 않는다. 힘이 N이고 거리가 m인 B에 대한 모멘트의 합은 다음과 같다.

$$\Sigma \mathbf{M}_{\text{점 } B} = \begin{vmatrix} \mathbf{i} & \mathbf{j} & \mathbf{k} \\ 0.2 & 0 & 0 \\ -0.842T & 0.337T & 0.421T \end{vmatrix} + \begin{vmatrix} \mathbf{i} & \mathbf{j} & \mathbf{k} \\ 0 & 0 & 0.2 \\ A_x & A_y & 0 \end{vmatrix} + \begin{vmatrix} \mathbf{i} & \mathbf{j} & \mathbf{k} \\ 0.2 & 0 & 0.2 \\ 0 & -400 & 0 \end{vmatrix}$$

$$= (-0.2A_y + 80)\mathbf{i} + (-0.0842T + 0.2A_x)\mathbf{j} + (0.0674T - 80)\mathbf{k} = 0$$

스칼라 방정식은 다음과 같다.

$$\begin{aligned}\Sigma M_x &= -(0.2\text{ m})A_y + 80\text{ N-m} = 0\\ \Sigma M_y &= -(0.0842\text{ m})T + (0.2\text{ m})A_x = 0\\ \Sigma M_z &= (0.0674\text{ m})T - 80\text{ N-m} = 0\end{aligned}$$

이 방정식을 풀면 다음과 같은 반력을 얻는다.

$$T = 1187\text{ N} \qquad A_x = 500\text{ N} \qquad A_y = 400\text{ N}$$

그러면 식 (1)로부터 B에서의 반력은 다음과 같다.

$$B_x = 500\text{ N} \qquad B_y = -400\text{ N} \qquad B_z = -500\text{ N}$$

비판적 사고

'적절하게 정렬된 경첩'이란 축이 정렬되도록 물체에 장착된 경첩을 의미한다. 이 경우, 이 예제에서와 같이 일반적으로 개별 경첩이 물체에 우력을 가하지 않는다고 가정할 수 있다. 또한 이 예제에서는 A의 경첩이 경첩 축에 평행하게 반력을 발휘하지 않지만 B의 경첩은 반력을 발휘한다고 가정했다. 경첩은 의도적으로 설계되었을 수도 있고, 설치 방식에 따라 달라질 수도 있다.

이 예제에서 유일한 목표가 장력 T를 구하는 것이라면 선 AB(z축)에 대한 모멘트의 합을 평가해 쉽게 구할 수 있었을 것이다. 경첩에서의 반력은 z축에 대해 모멘트를 가하지 않기 때문에 다음 방정식을 얻는다.

$$(0.2\text{ m})(0.337T) - (0.2\text{ m})(400\text{ N}) = 0$$

여기에서 $T = 1187$ N을 산출한다.

연습문제

5.77 막대 AB가 A에 고정 지지대를 가지고 있으며 힘에 의해 하중을 받는다.

$$\mathbf{F}_B = 2\mathbf{i} + 6\mathbf{j} + 3\mathbf{k}\ (\text{kN})$$
$$\mathbf{F}_C = \mathbf{i} - 2\mathbf{j} + 2\mathbf{k}\ (\text{kN})$$

(a) 막대의 자유물체도를 그려라. (b) A에서의 반력을 구하라.
전략: (a) 지지대에서 분리한 막대의 자유물체도를 그린다. 두 개의 외력과 고정 지지대로 인한 반력을 추가해 막대의 자유물체도를 완성한다(표 5.2 참조). (b) 스칼라 평형방정식(식 5.9~5.14)을 사용해 반력을 구한다.

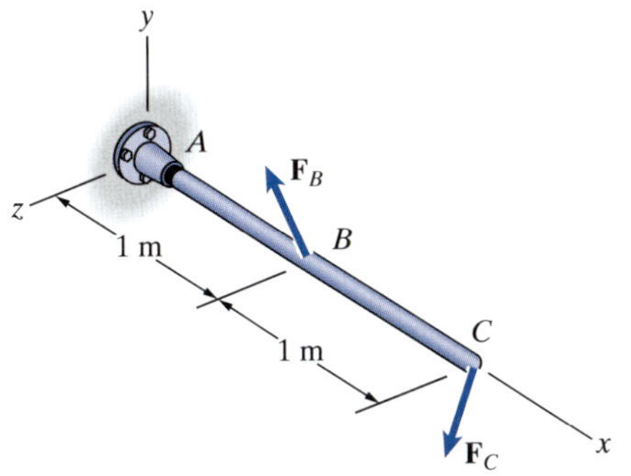

연습문제 5.77

5.78 막대 AB의 A에 고정 지지대가 있고 케이블 BC의 장력은 8 kN이다. A에서의 반력을 구하라.

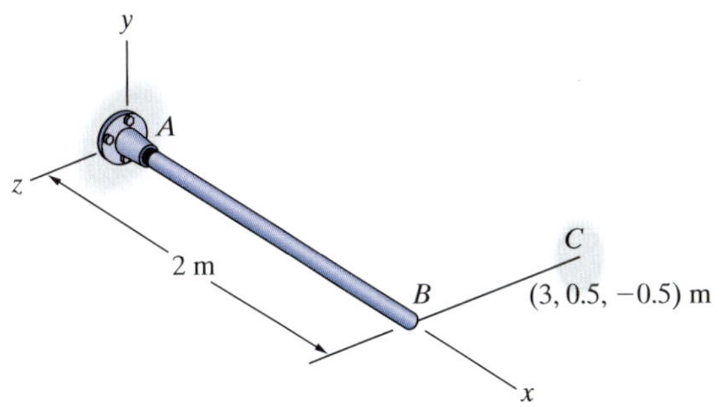

연습문제 5.78

5.79 막대 AB의 A에 고정 지지대가 있고 B의 칼라가 막대에 고정되어 있다. 로프 BC의 장력은 300 lb이다. (a) 막대의 자유물체도를 그려라. (b) A에서의 반력을 구하라.

5.80 막대 AB의 A에 고정 지지대가 있고 B의 칼라가 막대에 고정되어 있다. A의 지지대가 3000 ft-lb보다 몇 배 더 큰 영향을 받는 것을 원하지 않는다고 가정하자. 로프 BC의 최대 허용 장력은 얼마인가?

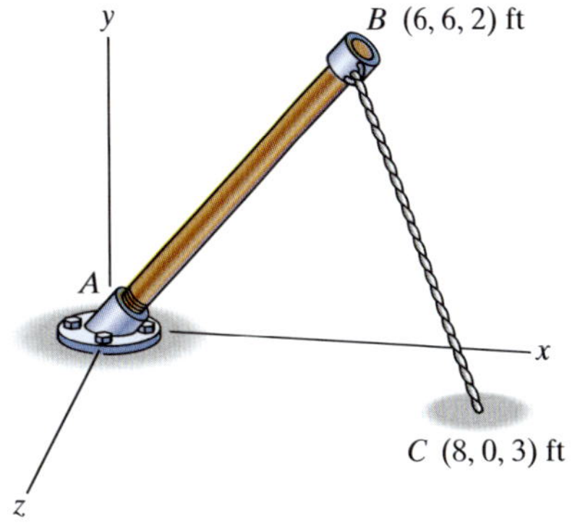

연습문제 5.79/5.80

5.81 고속도로 표지판의 무게와 예상되는 가장 극심한 바람이 표지판에 가하는 총힘이 $\mathbf{F} = 2.8\mathbf{i} - 1.8\mathbf{j}$ (kN)이다. 고정 지지대에서의 반력을 구하라.

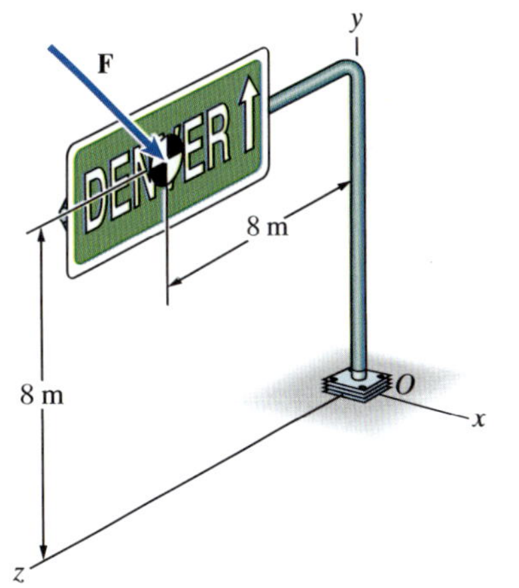

연습문제 5.81

5.82 막대의 세그먼트 BC가 z축과 평행하고, 케이블 CD의 장력이 400 N이다. 고정 지지대 A에서 막대에 대한 반력을 구하라.

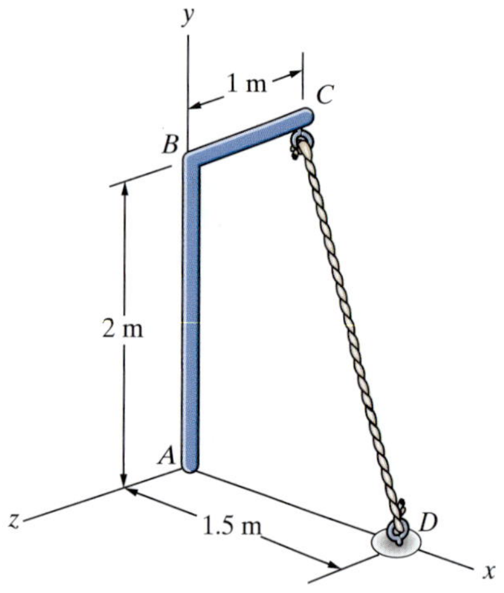

연습문제 5.82

5.83 케이블 AB의 장력이 24 kN이다. 고정 지지대 D에서의 반력을 구하라.

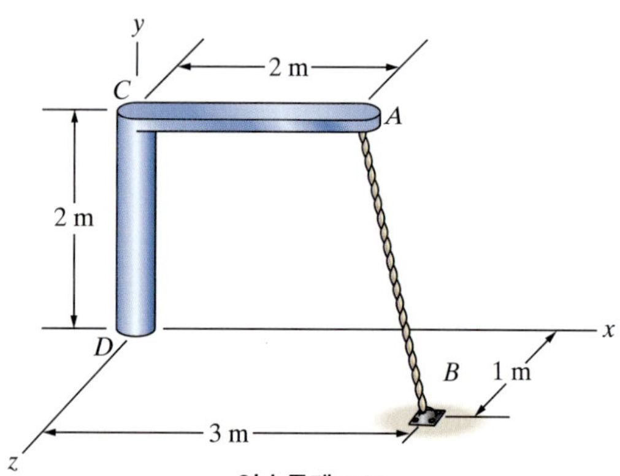

연습문제 5.83

5.84 로봇 조작기가 고정되어 있고 y축은 수직이다. 팔 AB, BC의 무게는 중간점에서 작용한다. 팔 AB 중심선의 방향 코사인은 $\cos\theta x = 0.174$, $\cos\theta y = 0.985$, $\cos\theta z = 0$이고, 팔 BC 중심선의 방향 코사인은 $\cos\theta x = 0.743$, $\cos\theta y = 0.557$, $\cos\theta z = -0.371$이다. A의 지지대는 고정 지지대처럼 동작한다. (a) 두 팔의 무게로 인해 A에 대한 모멘트의 합은 얼마인가? (b) A에서의 반력은 얼마인가?

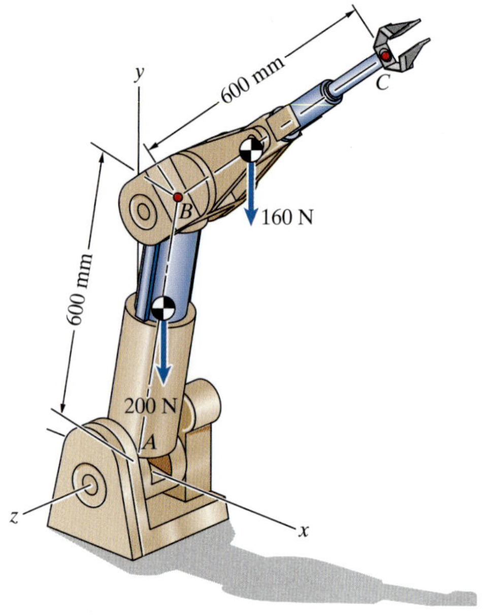

연습문제 5.84

5.85 운동기구의 그립에 가해지는 힘 $\mathbf{F} = 260\mathbf{i} - 130\mathbf{j}$ (N)이다. 점 O의 고정 지지대에서 반력을 구하라.

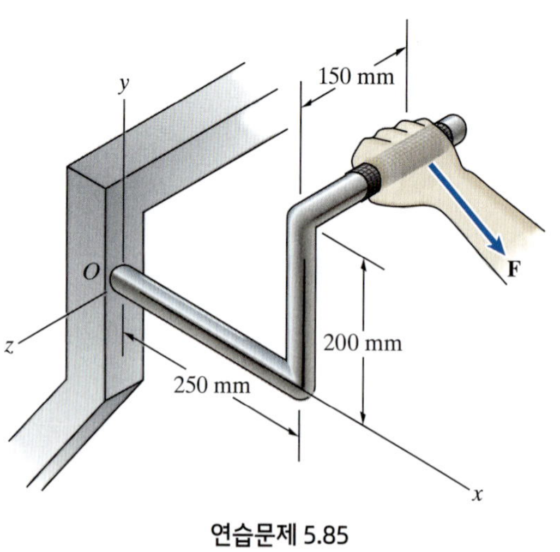

연습문제 5.85

5.86 실습 예제 5.7에서 케이블 BD가 길어지고 부착점 D가 (0, 600, 400) mm에서 (0, 600, 600) mm로 이동했다고 가정하자(막대 AB의 끝 B는 그대로 유지된다). 새로운 위치에 있는 케이블 BD를 보여주는 막대와 지지대의 스케치를 그려라. 막대의 자유물체도를 그리고 평형을 적용해 케이블의 장력과 A에서의 반력을 구하라.

5.87 C에서 붐 ABC에 작용하는 힘 F는 단위 벡터 $0.512\mathbf{i} - 0.384\mathbf{j} + 0.768\mathbf{k}$ 방향을 가리키며 그 크기는 8 kN이다. 붐은 A의 볼-소켓과 케이블 BD, BE에 의해 지지된다. B의 칼라는 붐에 고정되어 있다. (a) 붐의 자유물체도를 그려라. (b) 케이블의 장력과 A에서의 반력을 구하라.

5.88 연습문제 5.87의 케이블 BD, BE가 각각 25 kN의 장력을 안전하게 지지한다. 이 기준에 따르면 허용 가능한 최대 힘 F의 크기는 얼마인가?

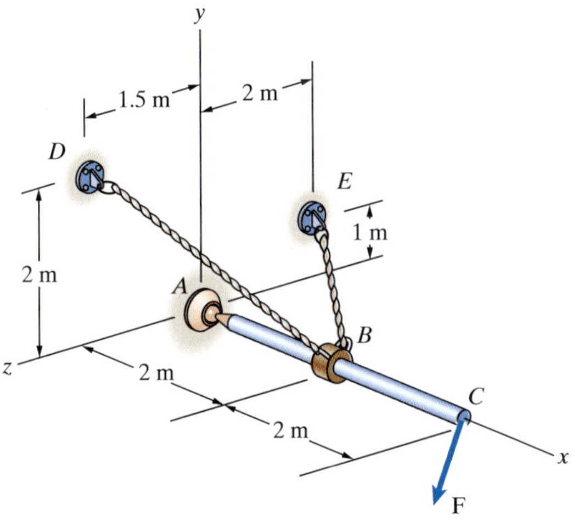

연습문제 5.87/5.88

5.89 매달린 하중이 A에서 $F = 600$ lb의 힘을 가하며, 막대 OA의 무게는 무시할 수 있다. 케이블의 장력과 볼-소켓 지지대 O의 반력을 구하라.

5.90 매달린 하중이 A에서 $F = 600$ lb의 힘을 가하며, 막대 OA의 무게는 200 lb이다. 막대의 무게가 중간점에 작용한다고 가정하고, 케이블의 장력과 볼-소켓 지지대 O의 반력을 구하라.

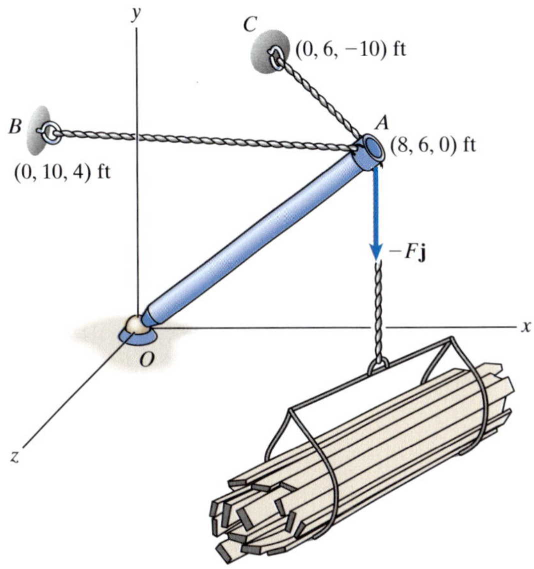

연습문제 5.89/5.90

5.91 무게 158,000 kg의 비행기가 지상에 정지해 있다($z = 0$은 지상 수준). 랜딩 기어 캐리지는 A, B, C에 있다. 비행기의 무게가 작용하는 지점 G의 좌표는 (3, 0.5, 5) m이다. 지면이 랜딩 기어에 가하는 정상적인 반력의 크기는 얼마인가?

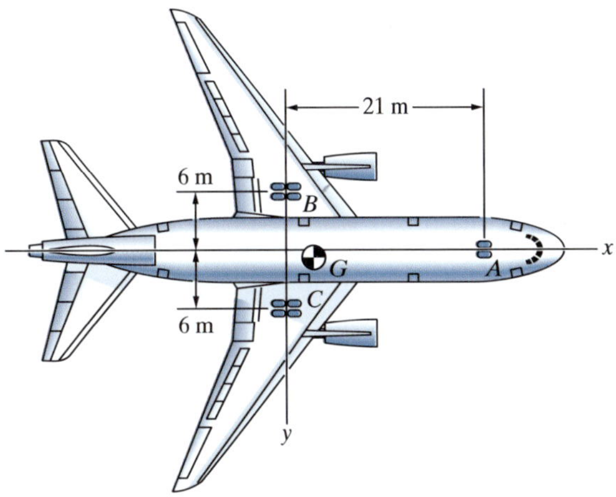

연습문제 5.91

5.92 수평 삼각형 판이 세 개의 수직 케이블 A, B, C에 의해 매달려 있다. 각 케이블의 장력은 80 N이다. 판의 무게가 효과적으로 작용하는 지점의 x, z 좌표를 구하라.

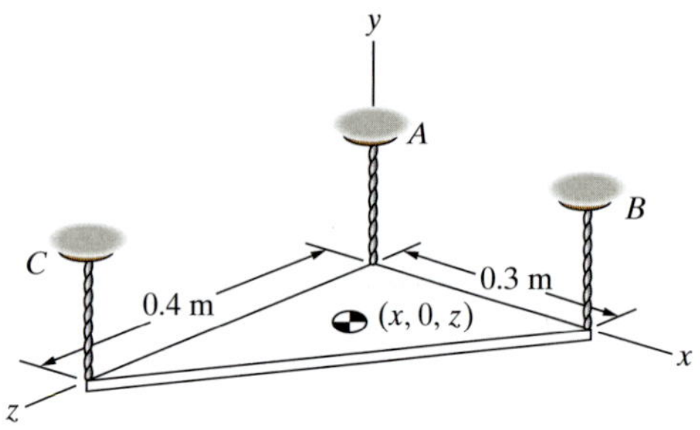

연습문제 5.92

5.93 800 kg의 수평 벽 부분이 세 개의 수직 케이블 A, B, C에 의해 지지된다. 케이블의 장력은 얼마인가?

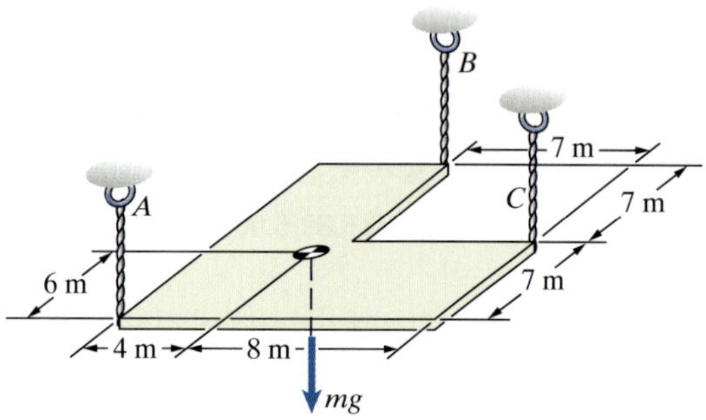

연습문제 5.93

5.94 260 lb의 수평 직사각형 플레이트가 세 개의 기둥 위에 놓여 있다. 판의 무게가 중앙에 작용한다고 가정하자. A, B, C 지점의 기둥이 판에 가하는 수직력의 크기는 얼마인가?

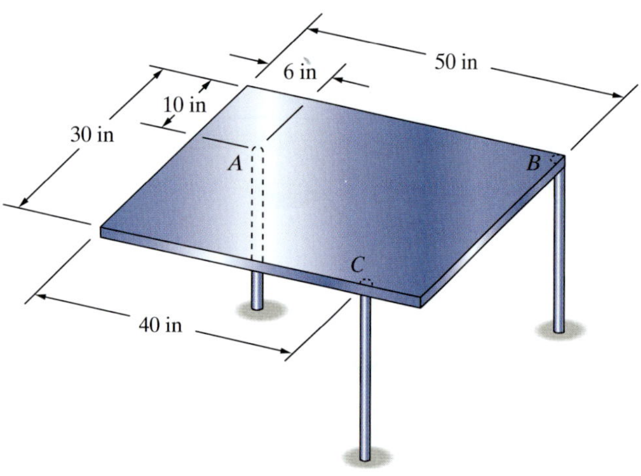

연습문제 5.94

5.95 L자형 막대가 A에서 베어링으로 지지되고 B에서는 매끄러운 수평 표면에 놓여 있다. 수직력 $F = 4$ kN이고 거리 $b = 0.15$ m이다. A와 B에서의 반력을 구하라.

5.96 수직력 $F = 4$ kN, 거리 $b = 0.15$ m이다. A와 B에서의 반력을 단일 힘으로 구성된 등가 계로 표현한다면 힘은 무엇이며, 힘의 작용선은 x–z 평면과 어디에서 교차하는가?

5.97 수직력 $F = 4$ kN이다. A의 베어링은 2.5 kN 크기의 힘과 0.5 kN-m 크기의 힘을 안전하게 지지한다. 이러한 기준에 따르면 거리 b의 허용 범위는 얼마인가?

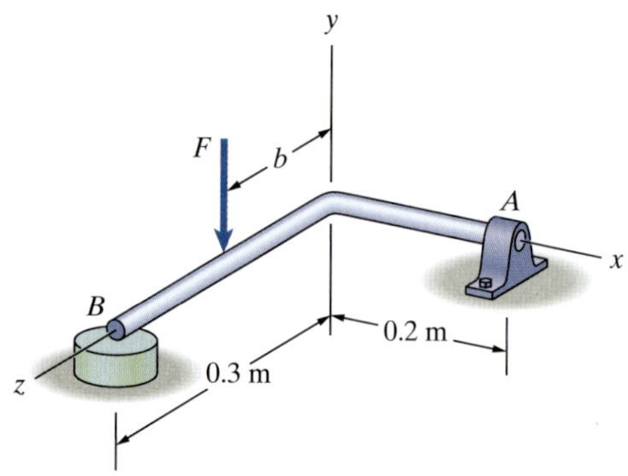

연습문제 5.95~5.97

5.98 1.1 m 막대가 A의 볼-소켓 지지대와 두 개의 부드러운 벽으로 지지된다. 수직 케이블 CD의 장력은 1 kN이다. (a) 막대의 자유물체도를 그려라. (b) A와 B에서의 반력을 구하라.

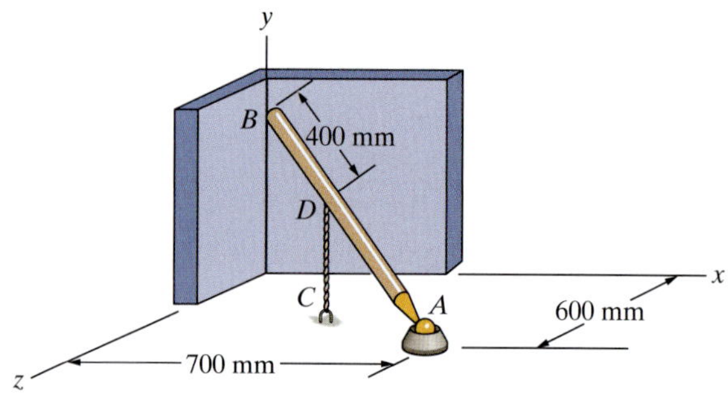

연습문제 5.98

5.99 8 ft 막대가 A의 볼-소켓 지지대, 케이블 BD, C의 롤러 지지대에 의해 지지되고, B의 칼라는 막대의 중간점에 고정되어 있다. 힘 $F = -50\mathbf{k}$ (lb)이다. 케이블 BD의 장력과 A, C의 반력을 구하라.

5.100 막대의 길이가 8 ft이고, 힘 $\mathbf{F} = F_y\,\mathbf{j} - 50\mathbf{k}$ (lb)이다. C의 롤러 지지대가 바닥에 유지되는 F_y의 가장 큰 값은 얼마인가?

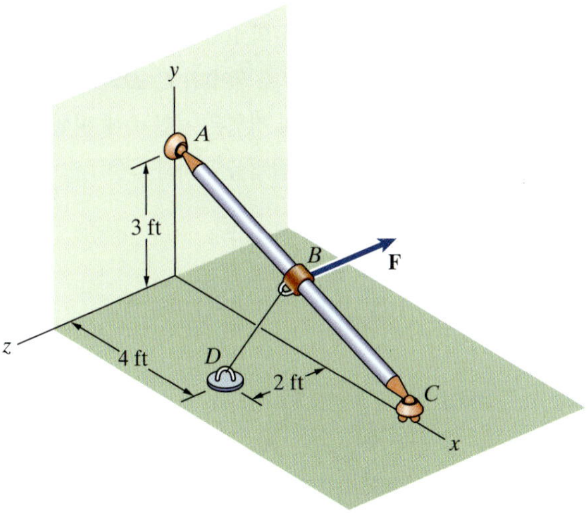

연습문제 5.99/5.100

5.101 타워의 높이가 70 m이고, 각 케이블의 장력이 2 kN이다. 타워 A의 바닥을 고정 지지대로 취급하라. A 측 반력은 얼마인가?

5.102 타워의 높이가 70 m이다. 케이블 BC의 장력이 2 kN이고 A의 고정 지지대가 타워에 가하는 우력이 0이 되게 하려면 케이블 BD, BE의 장력은 얼마여야 하는가? A에서의 결과 반력은 얼마인가?

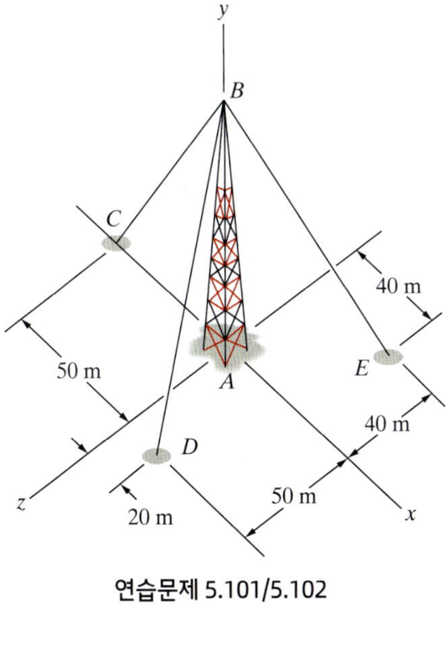

연습문제 5.101/5.102

5.103 공간 트러스가 B, C, D에 롤러 지지대를 가지고 있으며, A에서 수직력 $F = 20$ kN을 받는다. 롤러 지지대에서 반력은 얼마인가?

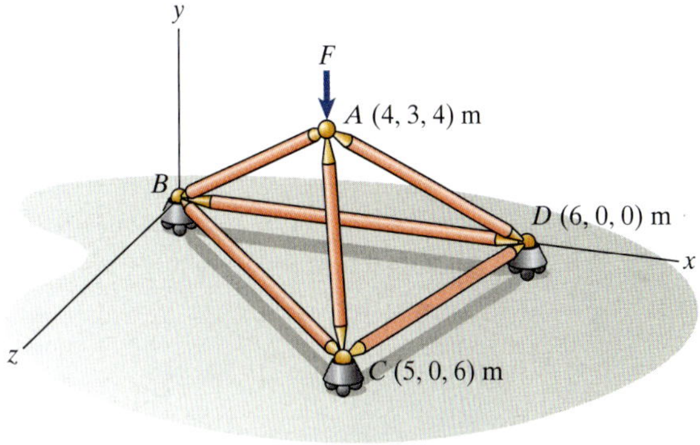

연습문제 5.103

5.104 예제 5.8에서 케이블 BD가 길어져 부착점 B가 막대의 끝 C로 이동했다고 가정하자. 부착점 D와 막대의 위치는 변경되지 않는다. 새로운 위치의 케이블 BD를 보여주는 막대의 스케치를 그려라. 막대의 자유물체도를 그리고 평형을 적용해 케이블의 장력과 A에서의 반력을 구하라.

5.105 40 lb의 문이 A, B의 경첩으로 지지되고, y축은 수직이다. 경첩은 문에 우력을 가하지 않으며 B의 경첩은 경첩 축과 평행한 힘을 가하지 않는다. 문의 무게는 중간점에서 작용한다. A와 B의 반력은 얼마인가?

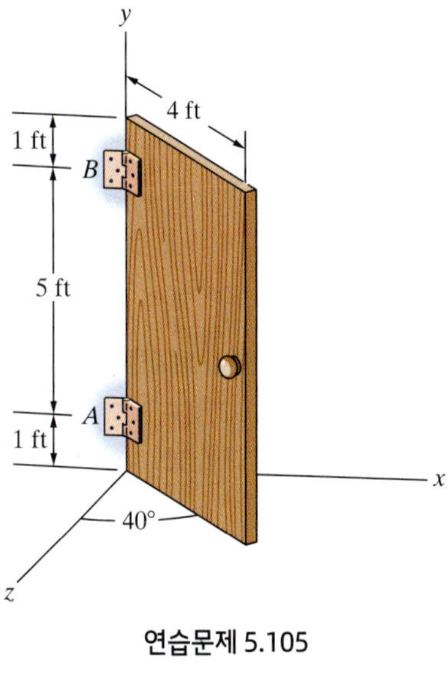

연습문제 5.105

5.106 수직 케이블이 A에 부착되어 있다. 케이블의 장력과 힘 $\mathbf{F} = 10\mathbf{i} - 30\mathbf{j} - 10\mathbf{k}$ (N)로 인한 베어링 B의 반력을 구하라.

5.107 힘 $\mathbf{F}$의 z 성분은 0이지만 그렇지 않은 경우 $\mathbf{F}$는 알 수 없다고 가정하자. B에서 베어링에 의해 샤프트에 작용하는 우력이 $\mathbf{M}_B = 6\mathbf{j} - 6\mathbf{k}$ N-m라면 케이블의 힘 $\mathbf{F}$와 장력은 얼마인가?

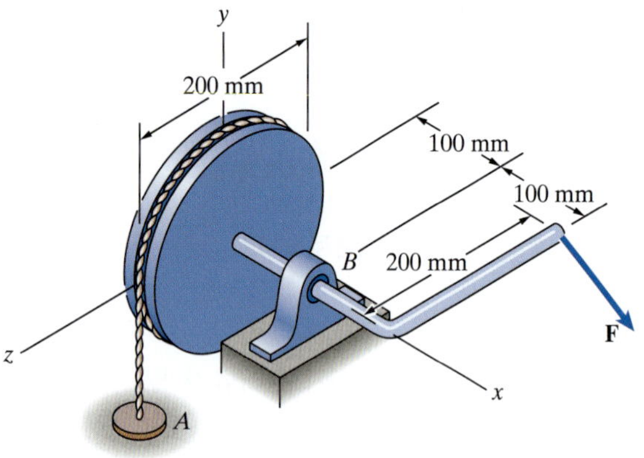

연습문제 5.106/5.107

5.108 연습문제 5.106의 장치는 B의 베어링으로 지지되어야 하는 우력으로 인해 잘못 설계되었으며, 이로 인해 베어링이 '결합'될 수 있다(하나의 경첩으로만 지지되는 문을 열려고 한다고 상상해보라). 이 개선된 설계에서 B와 C의 베어링은 우력을 지지하지 않으며 C의 베어링은 x 방향으로 힘을 가하지 않는다. 힘 $\mathbf{F} = 10\mathbf{i} - 30\mathbf{j} - 10\mathbf{k}$ (N)이면 수직 케이블의 장력과 베어링 B, C의 반력은 얼마인가?

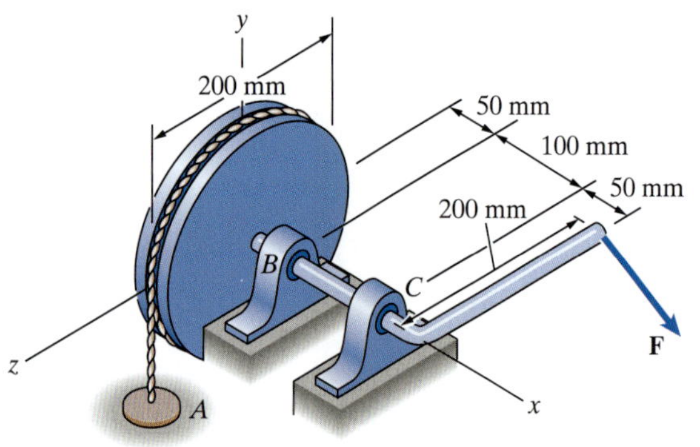

연습문제 5.108

5.109 경첩이 달린 직사각형 문의 100 lb 무게가 문의 중앙에 작용한다고 가정하자. y축은 수직이다. C, D의 경첩은 문에 우력을 작용하지 않는다. 로프 AB의 장력을 구하라.

전략: x축에 대한 모멘트를 평가한다.

5.110 경첩이 달린 직사각형 문의 100 lb 무게가 문의 중앙에 작용한다고 가정하자. y축은 수직이다. C, D의 경첩은 문에 우력을 작용하지 않으며 D의 경첩은 경첩 축에 평행한 힘을 가하지 않는다. 경첩에서의 반력을 구하라.

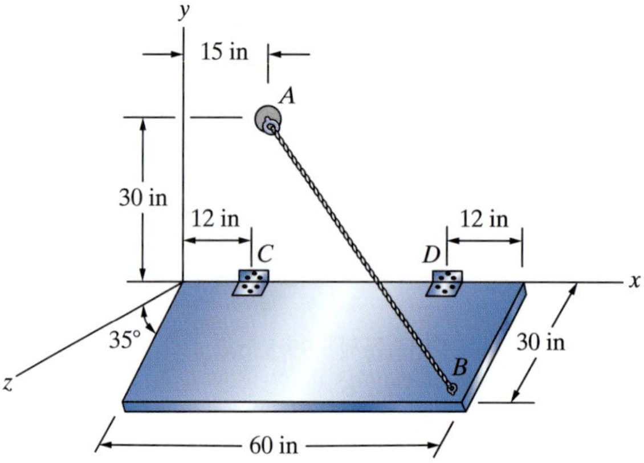

연습문제 5.109/5.110

5.111 예제 5.9에서 케이블 CE가 짧아져 부착점 E가 (0, 80, 0) mm 지점으로 이동했다고 가정하자. 플레이트는 동일한 위치에 유지된다. 케이블 CE의 새 위치를 표시하는 플레이트와 지지대의 스케치를 그려라. 판의 자유물체도를 그리고, 평형을 적용해 경첩에서의 반력과 케이블의 장력을 구하라.

5.112 크레인의 케이블 CD가 D의 고정된 물체에 부착된다. 크레인은 베어링 E, F 그리고 수평 케이블 AB에 의해 지지된다. 케이블 AB의 장력은 8 kN이다. 케이블 CD의 장력을 구하라.

전략: 베어링이 크레인에 가하는 반력은 z축에 대한 모멘트를 발휘하지 않으므로, 케이블 AB, CD가 크레인에 가하는 힘으로 인한 z축에 대한 모멘트의 합은 0이다.

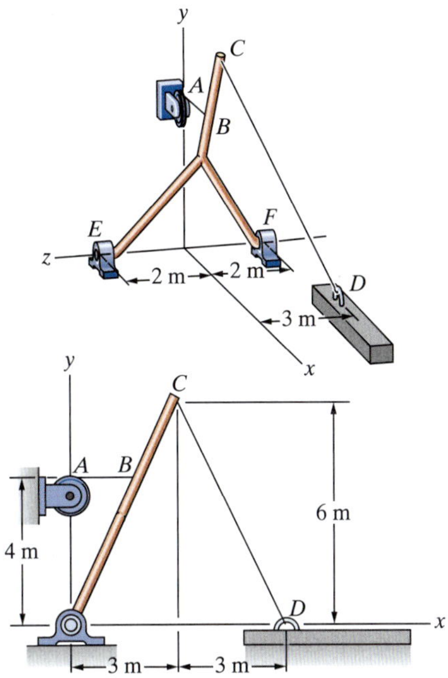

연습문제 5.112

5.113 14 kg의 수평 문의 무게가 문의 중앙에 작용한다고 가정하자. 문은 A, B의 경첩과 코드 DCE로 고정되어 있다. 경첩은 문에 우력을 가하지 않는다. C에서 도르래의 크기는 무시한다. 코드 DCE의 장력을 구하라.

5.114 14 kg의 수평 문의 무게가 문의 중앙에 작용한다고 가정하자. 문은 A, B의 경첩과 코드 DCE로 고정되어 있다. 경첩은 문에 우력을 가하지 않으며 B의 경첩은 경첩 축 방향으로 문에 힘을 가하지 않는다. C에서 도르래의 크기는 무시한다. 경첩에서의 반력을 구하라.

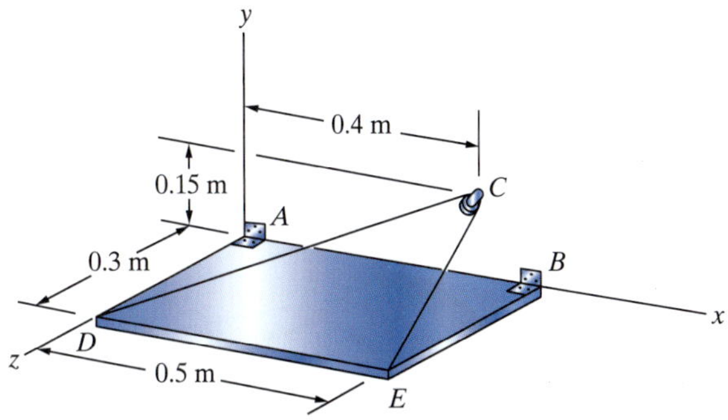

연습문제 5.113/5.114

5.115 B의 막대에 적용된 힘 $F = 2$ kN이 y축과 평행하다. 막대의 질량은 무시할 수 있다. A와 D에 볼-소켓 지지대가 있다. 케이블 CE의 장력은 얼마인가?

전략: 점 A와 D를 통과하는 선에 대한 모멘트의 합이 0이라는 사실을 이용한다.

5.116 B의 막대에 적용된 힘 $F = 2$ kN이 y축과 평행하다. 막대의 질량은 무시할 수 있다. A와 D에 볼-소켓 지지대가 있으며, D의 지지대는 x축에 평행한 반력을 일으키지 않도록 설계되었다. 막대 A와 D의 반력을 구하라.

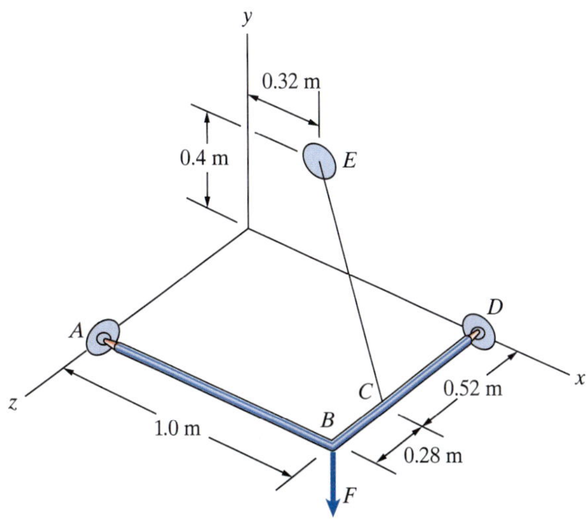

연습문제 5.115/5.116

5.117 A, B, C의 베어링이 막대에 우력을 가하지 않으며 막대의 축 방향으로 힘을 가하지 않는다. 막대에 가해지는 두 가지 힘으로 인한 베어링의 반력을 구하라.

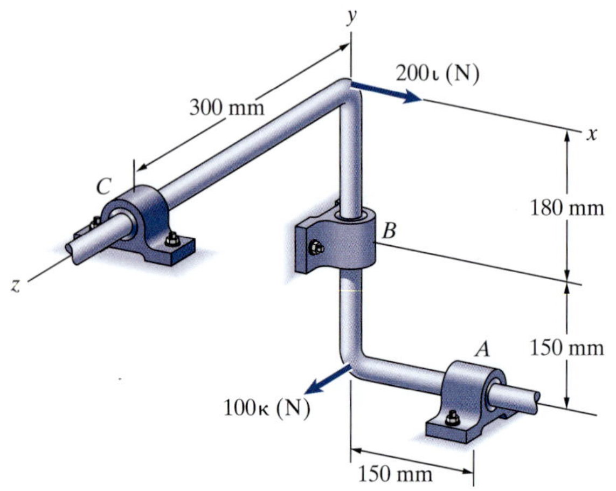

연습문제 5.117

5.118 범선의 마스트를 데크에 부착하는 지지대가 볼-소켓 지지대처럼 작동한다. 스피니커(돛)를 마스트 상단에 연결하는 라인은 마스트에 200 lb의 힘을 가하며 힘은 보트 중심선에서 15° 수평면에 있다(평면도 참조). 스피니커 폴은 P 지점의 마스트에 50 lb의 힘을 가하며 힘은 중심선에서 45° 수평면에 있다(평면도 참조). 마스트는 백스테이 AB와 포트 슈라우드 ACD라는 두 개의 케이블로 지지된다. (포스테이 AE와 우현 슈라우드 AFG가 느슨해 장력은 무시할 수 있다.) 케이블 AB와 CD의 장력과 마스트 바닥의 반력을 구하라.

5.119* 막대 AC가 케이블 BD와 축 AE를 중심으로 회전할 수 있는 베어링 A에 의해 지지된다. 사람이 C에서 $\mathbf{F} = 50\mathbf{j}$ (N)의 힘을 가한다. 케이블의 장력을 구하라.

전략: 막대의 자유물체도에 작용하는 힘으로 인해 축 AE에 대한 모멘트의 합이 0과 같아야 한다는 사실을 이용한다.

5.120* 연습문제 5.119에서 베어링 A의 반력을 구하라.

전략: 베어링에 의해 막대의 자유물체도에 작용하는 우력을 $\mathbf{M}_A = M_{Ax}\mathbf{i} + M_{Ay}\mathbf{j} + M_{Az}\mathbf{k}$로 작성한다. 그런 다음 평형방정식에 추가해 축 AE에 평행한 $\mathbf{M}_A$의 성분이 0이 되도록 요구해 방정식을 얻는다.

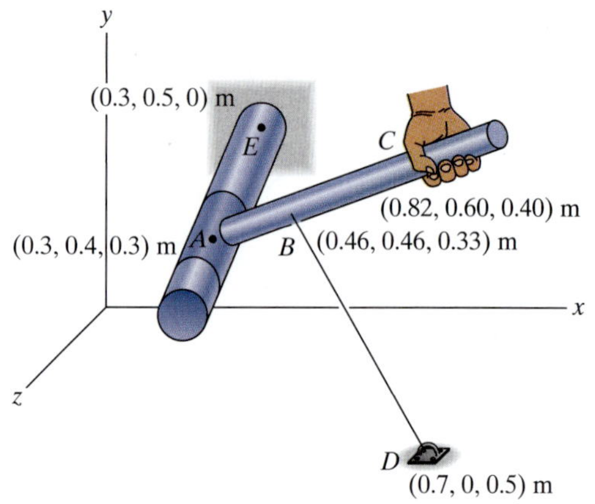

연습문제 5.119/5.120

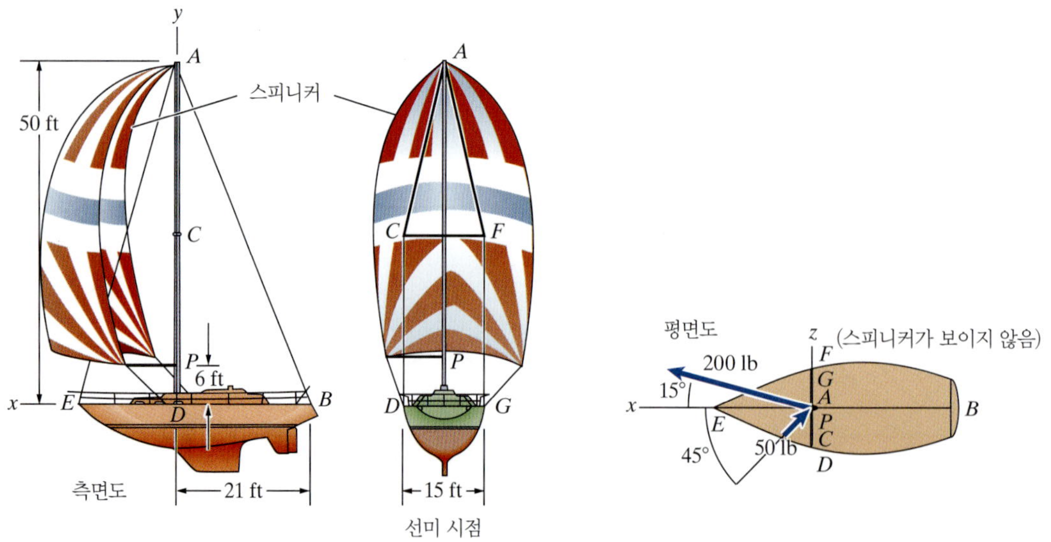

연습문제 5.118

5.4 두 힘 그리고 세 힘 부재

생각해보기

- 두 힘 부재란 무엇인가? 세 힘 부재란 무엇인가? 왜 이들을 아는 것이 유용한가?
- 왜 평형방정식은 두 힘과 세 힘 부재에 유용하지 않은가?

배경

지금까지 다양한 방식으로 지지되고 적재되는 물체를 분석하기 위해 평형방정식을 사용하는 방법을 보았다. 여기에서는 빈번하게 발생해서 특별한 주의가 필요한 두 가지 특정 유형의 하중에 대해 설명한다. 첫 번째 유형인 두 힘 부재는 특히 중요하며 제6장의 구조 분석에서 중요한 역할을 한다.

두 힘 부재

물체에 작용하는 힘과 모멘트의 계가 서로 다른 지점에 작용하는 두 힘과 같다면, 그 물체를 두 힘 부재(two-force member)라고 부른다. 예를 들어 그림 5.19a의 물체는 A와 B에서 작용선이 교차하는 두 세트의 동시 힘을 받고 있다. 이를 A와 B에 작용하는 단일 힘으로 나타낼 수 있으므로(그림 5.19b)($\mathbf{F} = \mathbf{F}_1 + \mathbf{F}_2 + \dots + \mathbf{F}_N$ 및 $\mathbf{F}' = \mathbf{F}'_1 + \mathbf{F}'_2 + \dots + \mathbf{F}'_M$), 이 물체는 두 힘 부재이다.

물체가 평형상태에 있다면 힘 $\mathbf{F}$와 $\mathbf{F}'$에 대해 무엇을 추론할 수 있는가? 힘의 합은 $\mathbf{F} = -\mathbf{F}$인 경우에만 0이 된다(그림 5.19c). 더욱이 힘 $\mathbf{F}$와 $-\mathbf{F}$는 우력을 이루므로 힘의 작용선이 점 A와 B를 통과하는 선을 따라 있지 않는 한 모멘트의 합은 0

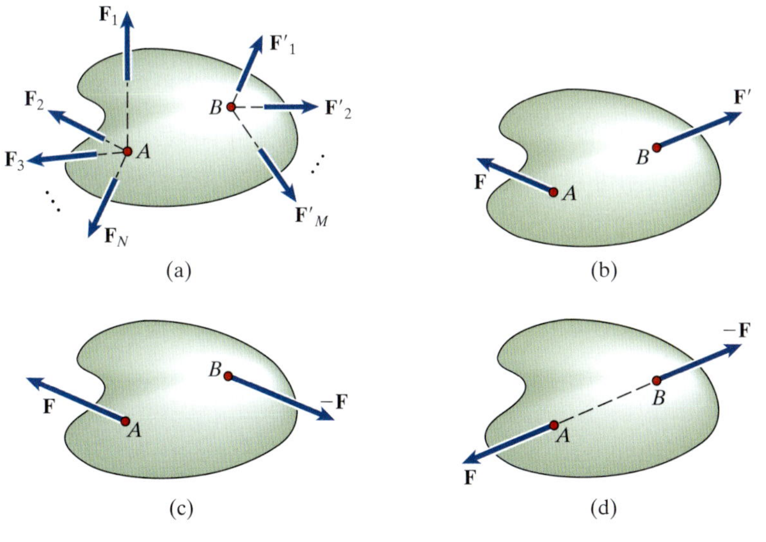

그림 5.19

(a) 두 세트의 동시 힘을 받는 물체

(b) 동시 힘을 두 힘 $\mathbf{F}$와 $\mathbf{F}'$으로 표현한다.

(c) 물체가 평형상태에 있다면 힘은 같아야 하고 방향은 반대여야 한다.

(d) 힘은 동일한 작용선을 가지지 않는 한 우력 모멘트를 이룬다.

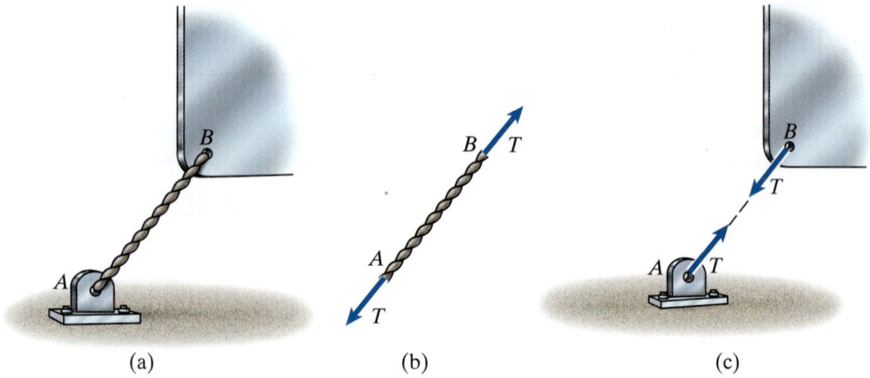

그림 5.20
(a) A와 B에 연결된 케이블
(b) 케이블은 두 힘 부재이다.
(c) 케이블이 가하는 힘

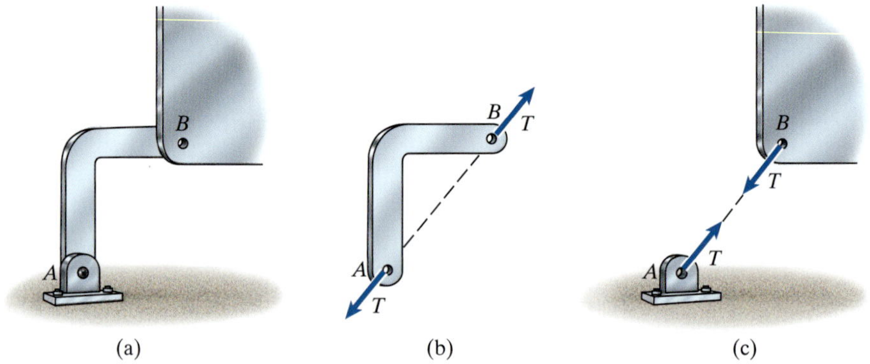

그림 5.21
(a) 막대 AB는 물체를 핀 지지대에 부착한다.
(b) 막대 AB는 두 힘 부재이다.
(c) 지지물이 가하는 힘

이 아니다(그림 5.19d). 따라서 평형은 두 힘이 크기가 같고 방향이 반대이며 동일한 작용선을 가진다는다는 것을 알려준다. 그러나 추가 정보 없이는 그 규모를 결정할 수 없다.

두 지점에 연결된 케이블(그림 5.20a)은 두 힘 부재(그림 5.20b)의 친숙한 예이다. 케이블은 케이블 사이의 선을 따라 향하는 부착 지점에 힘을 가한다(그림 5.20c).

힘만 가하는(우력 없음) 두 개의 지지대가 있고 하중을 받지 않는 막대는 두 힘 부재이다(그림 5.21a). 이러한 막대는 종종 다른 물체의 지지대로 사용된다. 막대는 두 개의 힘을 갖는 부재이기 때문에 막대에 가해지는 힘의 작용선은 지지대 사이의 선을 따라 있어야 한다(그림 5.21b). 케이블과 달리 막대는 그림 5.21c에 표시된 방향이나 반대 방향으로 A와 B에 힘을 가할 수 있다(즉 케이블은 지지대만 당길 수 있고 막대는 당기거나 밀 수 있다).

이 예에서는 지지대가 케이블과 막대에 가하는 힘을 비교해 케이블과 막대의 무게를 무시할 수 있다고 가정했다. 그렇지 않다면 그들은 분명하게 두 힘 부재가 아니다.

세 힘 부재

물체에 작용하는 힘과 모멘트의 계가 서로 다른 지점에 작용하는 세 힘과 동일하다면 이를 세 힘 부재(three-force member)라고 부른다. 세 힘 부재가 평형상태에 있으면, 세 힘이 동일 평면에 있고 평행하거나 동시적이라는 것을 보여줄 수 있다.

먼저 힘이 동일 평면에 있다는 것을 증명해보자. 이를 $\mathbf{F}_1$, $\mathbf{F}_2$, $\mathbf{F}_3$라고 하고 P를 세 가지 적용 지점을 포함하는 평면으로 두자(그림 5.22a). L은 $\mathbf{F}_1$과 $\mathbf{F}_2$의 적용점을 통과하는 선으로 설정한다. L에 대한 $\mathbf{F}_1$, $\mathbf{F}_2$의 모멘트는 0이므로 L에 대한 $\mathbf{F}_3$의 모멘트는 0과 같아야 한다(그림 5.22b).

$$[\mathbf{e} \cdot (\mathbf{r} \times \mathbf{F}_3)]\mathbf{e} = [\mathbf{F}_3 \cdot (\mathbf{e} \times \mathbf{r})]\mathbf{e} = \mathbf{0}$$

이 방정식에서는 $\mathbf{F}_3$가 $\mathbf{e} \times \mathbf{r}$에 수직이어야 하며, 이는 $\mathbf{F}_3$가 P에 포함되어 있음을 의미한다. 동일한 절차를 사용해 $\mathbf{F}_1$, $\mathbf{F}_2$가 P에 포함되어 힘이 동일 평면에 있음을 나타낼 수 있다. (적용점이 직선상에 있는 경우에는 다른 증명이 필요하지만 결과는 같다.)

만약 세 개의 평면상 힘이 평행하지 않다면 그들의 작용선이 교차하는 지점이 있을 것이다. 두 힘의 작용선이 점 Q에서 교차한다고 가정하면 Q를 중심으로 하는 두 힘의 모멘트는 모두 0이며, Q를 중심으로 하는 모멘트의 합이 0이 되려면 세 번째 힘의 작용선도 Q를 지나야 한다. 따라서 이러한 힘들은 평행하거나 동시에 작용해야 한다(그림 5.22c).

물체의 평형을 분석할 때 그것이 두 힘 부재인지 세 힘 부재인지를 인식함으로써 분석을 간소화할 수 있다. 하지만 그렇게 함으로써 얻는 것이 없다. 그림 5.20b와 5.21b처럼 두 힘 부재의 자유물체도를 그려도 평형방정식으로부터 더 이상의 정보를 얻을 수 없다. 또한 세 힘 부재에 작용하는 평행하지 않는 힘들의 작용선이 일치해야 할 경우, 각 지점에 대한 모멘트의 합이 0이며 그 조건에서 더 이상의 결과를 얻을 수 없게 된다는 사실을 이용한다.

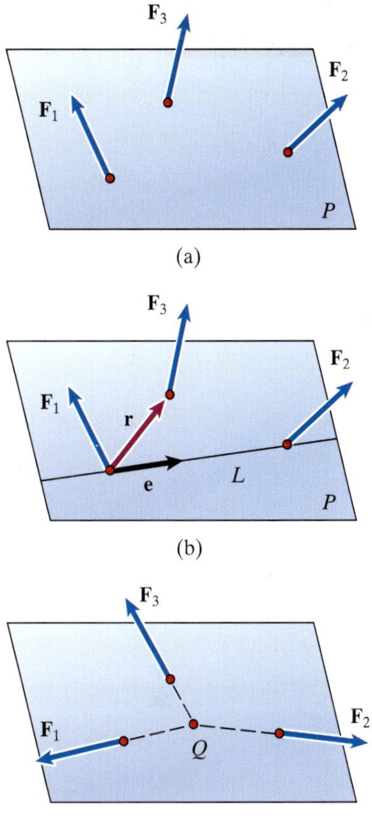

그림 5.22

(a) 세 힘과 평면 P

(b) L에 대한 힘 $\mathbf{F}_3$로 인한 모멘트를 구한다.

(c) 힘이 평행하지 않으면 동시에 작용해야 한다.

결과 정리

두 힘 부재
평형상태에 있는 물체가 서로 다른 지점에 작용하는 두 개의 힘을 받고 다른 힘이나 우력이 작용하지 않는 경우 이를 두 힘 부재라고 한다. 평형을 이루려면 두 힘이 동일하고 서로 반대 방향이며 두 점 사이의 선에 평행해야 한다.

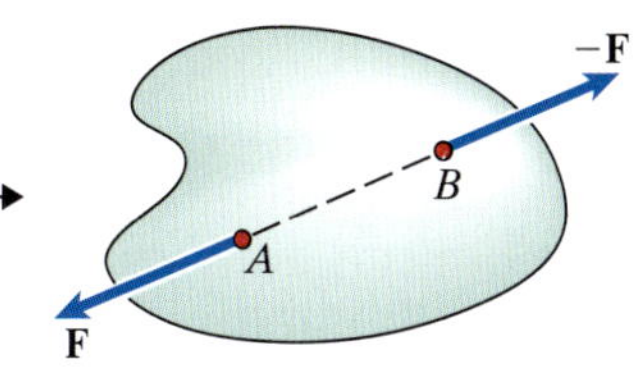

세 힘 부재
평형상태에 있는 물체가 서로 다른 지점에 작용하는 세 개의 힘을 받고 다른 힘이나 우력이 작용하지 않는 경우 이를 세 힘 부재라고 한다. 평형을 이루려면 세 힘이 동일 평면에 있어야 하고 평행하거나 동시적이어야 한다.

실습 예제 5.10 두 힘 및 세 힘 부재

직사각형 판의 100 lb 무게가 중간점에 작용한다. 링크 AB의 무게는 무시한다. B와 C에서 판에 작용하는 반력을 구하라.

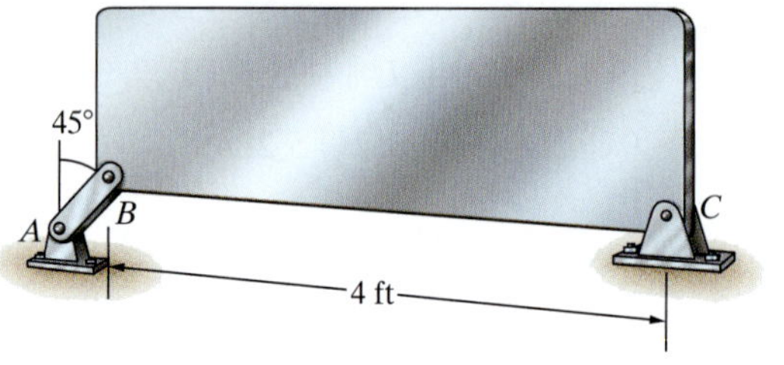

전략

판은 B와 C의 핀 지지대가 가하는 반력과 무게에 영향을 받으므로 세 힘 부재이다. 링크 BC는 두 힘 부재이므로 B에서 판에 작용하는 반력의 작용선은 A와 B 사이의 선을 따라야 한다. 이 정보를 사용해 판의 자유물체도를 단순화할 수 있다.

두 힘 부재 AB가 판에 가하는 반력은 A와 B 사이의 선을 따라야 한다.

풀이

막대 AB가 판에 가하는 힘은 A와 B 사이의 선을 따라야 하며, 판 무게의 작용선은 수직이므로 판에 작용하는 세 가지 힘은 평행하지 않다. 그러므로 그것들은 동시적이어야 한다.

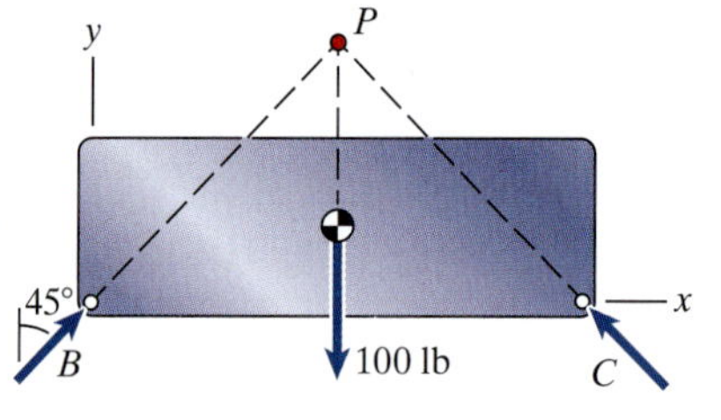

$$\sum F_x = B\sin 45° - C\sin 45° = 0$$

$$\sum F_y = B\cos 45° + C\cos 45° - 100\text{ lb} = 0$$

계산하면 반력 $B = C = 70.7$ lb가 산출된다.

평형방정식을 적용한다.

실습 문제 판이 두께(종이 면에 수직인 치수)가 일정하지 않은 100 lb 판으로 교체되었다고 가정하자. 불균일한 판의 무게의 작용선은 점 B의 오른쪽으로 3 ft이다. B와 C에서 판에 작용하는 반력을 구하라.

답: $B = 35.4$ lb, $C = 79.1$ lb

예제 5.11 두 힘 부재

L자형 막대는 A에 핀 지지대가 있고 B에 6 kN의 힘이 가해진다. 막대의 무게는 무시한다. A에서의 각도와 반력을 구하라.

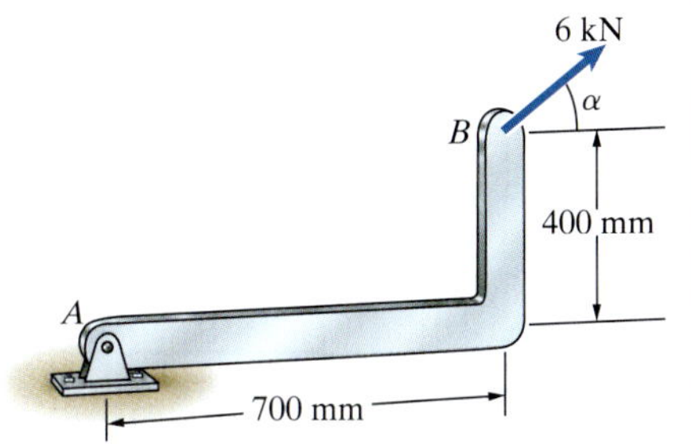

전략

막대는 B에서 6 kN의 힘과 핀 지지대가 가하는 힘만을 받기 때문에 두 힘 부재이다(만약 막대의 무게를 무시할 수 없다면 두 힘 부재가 아닐 것이다). 각도와 A의 반력을 구하기 위해 두 가지 방법을 진행한다. 첫 번째로 평형방정식을 일반적인 방법으로 적용하고, 두 번째로 막대가 두 힘 부재라는 사실을 이용한다.

풀이

평형방정식 적용 핀 지지대에서의 반력을 보여주는 그림 a에 막대의 자유물체도를 그린다. 점 A에 대한 모멘트를 합산하면 평형방정식은 다음과 같다.

$$\Sigma F_x = A_x + 6\cos\alpha \text{ kN} = 0$$
$$\Sigma F_y = A_y + 6\sin\alpha \text{ kN} = 0$$
$$\Sigma M_{\text{점} A} = (0.7 \text{ m})(6\sin\alpha \text{ kN}) - (0.4 \text{ m})(6\cos\alpha \text{ kN}) = 0$$

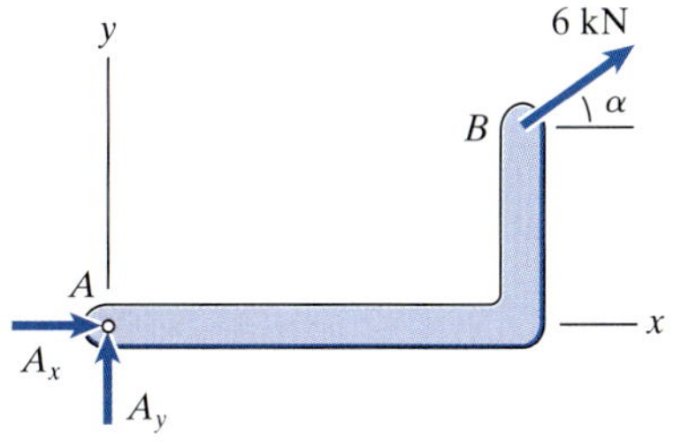

(a) 막대의 자유물체도

세 번째 식에서 $\alpha = \arctan(0.4/0.7)$을 알 수 있다. $0 \le \alpha \le 360°$ 범위에서 이 방정식에는 두 가지 해 $\alpha = 29.7°$, $\alpha = 209.7°$가 있다. 이를 알면 처음 두 평형방정식으로부터 A_x, A_y를 구할 수 있다. 두 값에 대한 해답은 다음과 같다.

$$\alpha = 29.7° \qquad A_x = -5.21 \text{ kN} \qquad A_y = -2.98 \text{ kN}$$

그리고

$$\alpha = 209.7° \qquad A_x = 5.21 \text{ kN} \qquad A_y = 2.98 \text{ kN}$$

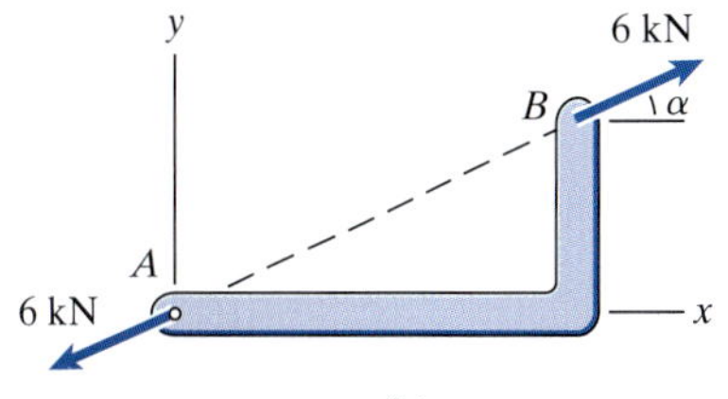

(b)

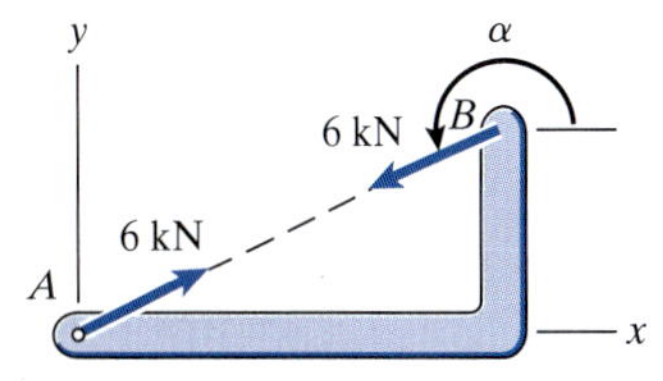

(c)

(b), (c) 힘의 가능한 방향

막대를 두 힘 부재로 취급 B에서 6 kN의 힘과 핀 지지대가 가하는 힘이 크기가 동일하고 방향은 반대이며 점 A와 B 사이의 선을 따라 향해야 한다는 것을 알고 있다. 두 가지 가능성이 그림 b와 c에 나와 있다. 따라서 막대가 두 힘 부재라는 것을 인식함으로써 A에서 가능한 힘의 방향과 반력의 크기를 즉시 알 수 있다.

그림 b에서 $\tan\alpha = 0.4/0.7$, 즉 $\alpha = 29.7°$이고 A에서의 반력 성분은 다음과 같다.

$$A_x = -6\cos 29.7° \text{ kN} = -5.21 \text{ kN}$$
$$A_y = -6\sin 29.7° \text{ kN} = -2.98 \text{ kN}$$

그림 c에서 $\alpha = 180° + 29.7° = 209.7°$를 찾을 수 있고, A 지점에서의 반력의 성분은 다음과 같다.

$$A_x = 6\cos 29.7^\circ \text{ kN} = 5.21 \text{ kN}$$
$$A_y = 6\sin 29.7^\circ \text{ kN} = 2.98 \text{ kN}$$

비판적 사고

물체가 두 힘 부재임을 인식하는 것이 왜 가치가 있는가? 그렇게 하면 물체에 작용하는 힘의 방향을 알 수 있으며, 힘이 같거나 반대라는 것도 알 수 있다. 이 예제에서 알 수 있듯이 이러한 정보는 문제 해결을 단순화하는 경우가 많다.

연습문제

5.121 실습 예제 5.10에서 A의 지지대가 이동해 막대 AB와 수직 사이의 각도가 45°에서 30°로 감소한다고 가정하자. 직사각형 판의 위치는 변경되지 않는다. 판에 작용하는 세 힘의 작용선이 교차하는 점 P를 나타내는 판의 자유물체도를 그려라. B와 C에서 판의 반력 크기를 구하라.

5.122 B에서 L자형 막대에 가해진 반력의 크기가 60 lb이다(예제 5.11 참조). (a) A에서 지지대가 막대에 가한 반력의 크기는 얼마인가? (b) A의 지지대에 의해 막대에 작용하는 반력의 x, y 성분은 얼마인가?

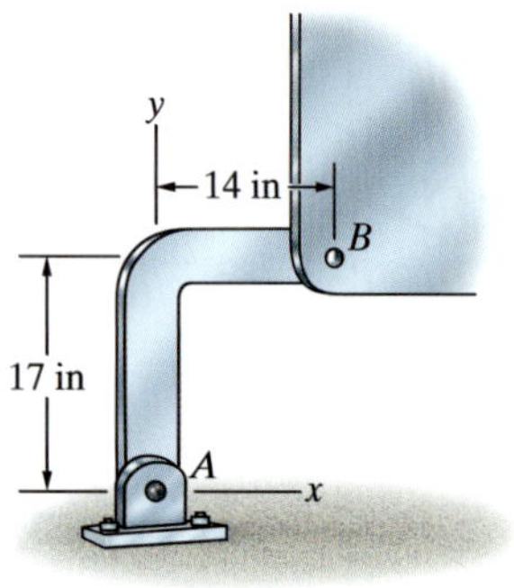

연습문제 5.122

5.123 매달린 하중의 무게가 1000 lb이다. 무게를 무시하면 구조는 세 힘 부재이다. 이 사실을 사용해 A와 B에서 반력의 크기를 구하라.

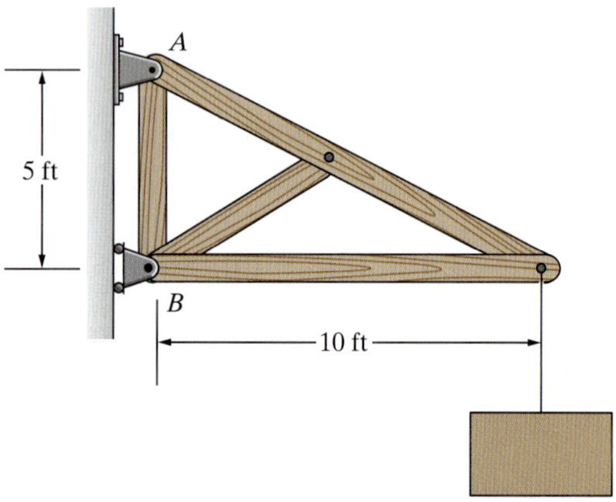

연습문제 5.123

5.124 무게 W = 50 lb가 원판 중앙에 작용한다. 원판이 세 힘 부재라는 사실을 이용해 케이블의 장력과 핀 지지대에서의 반력 크기를 구하라.

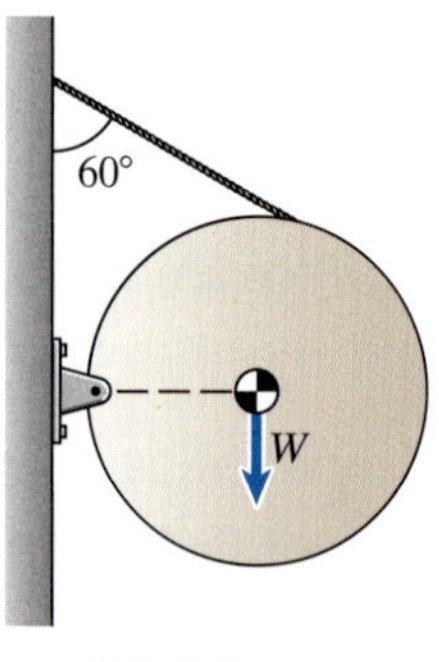

연습문제 5.124

5.125 무게 $W = 40$ N이 원판의 중심에 작용하고 표면이 거칠다. 원판을 바닥에서 들어 올리려면 어떤 힘 F가 필요한가?

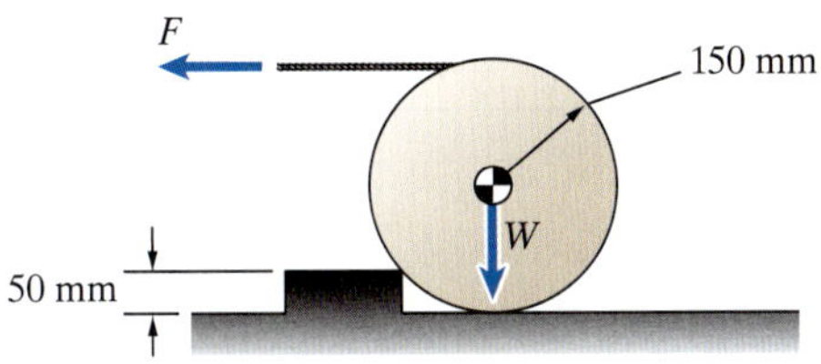

연습문제 5.125

5.126 수평 막대가 세 힘 부재라는 사실을 이용해 A, B에서의 각도와 반력의 크기를 구하라. 범위는 $0 \leq \alpha \leq 90°$로 가정하라.

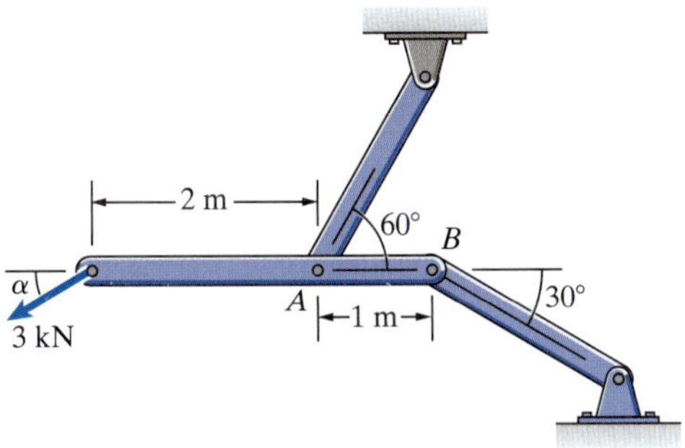

연습문제 5.126

5.127 매달린 하중의 무게가 600 lb이다. ABC가 세 힘 부재라는 사실을 이용해 A와 B에서 반력의 크기를 구하라.

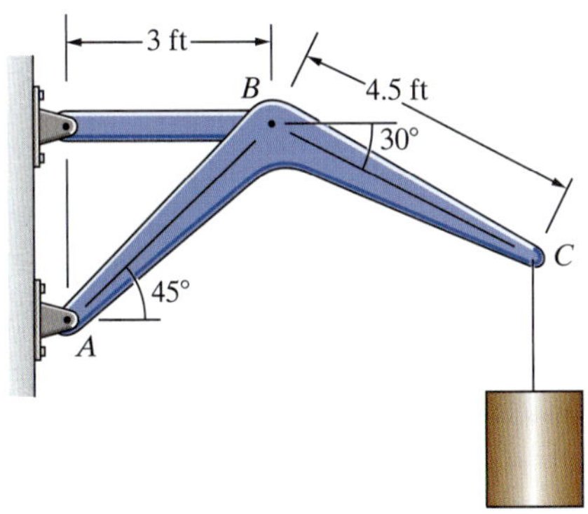

연습문제 5.127

5.128 (a) L자형 막대는 세 힘 부재인가? (b) A와 B에서 반력의 크기를 구하라. (c) L자형 막대에 세 가지 힘이 동시에 작용하는가?

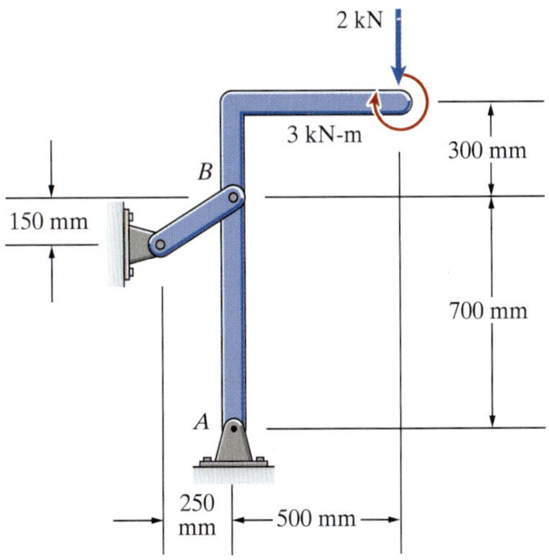

연습문제 5.128

5.129 유압 피스톤이 굴착기 버킷의 무게 $W = 1500$ lb를 지지하기 위해 B에서 수평 힘을 가한다. 유압 피스톤이 발휘해야 하는 힘의 크기를 구하라. (유압 피스톤, 두 힘 부재 AB, BD가 B에 가하는 힘의 벡터 합은 0과 같아야 한다.)

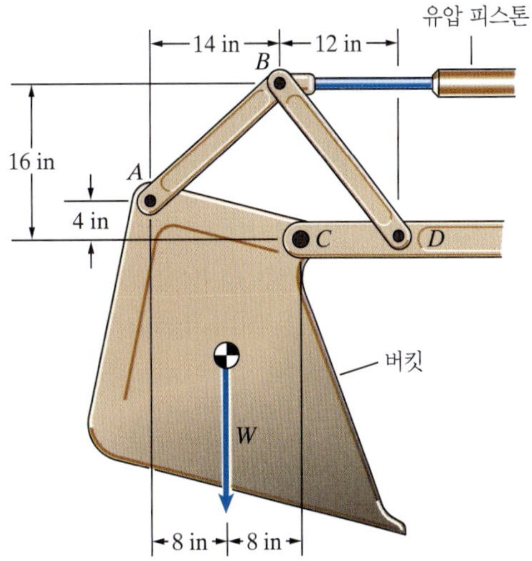

연습문제 5.129

5.130 프런트엔드 로더의 부재 ACG가 하중 $W = 2$ kN을 받고 A의 핀 지지대와 유압 실린더 BC에 의해 지지된다. 유압 실린더를 두 힘 부재로 취급하라. (a) 유압 실린더와 부재 ACG의 자유물체도를 그려라. (b) 부재 ACG에 대한 반력을 구하라.

5.131 연습문제 5.130에서 부재 ACG가 세 힘 부재라는 사실을 이용해 부재 ACG에 대한 반력을 구하라.

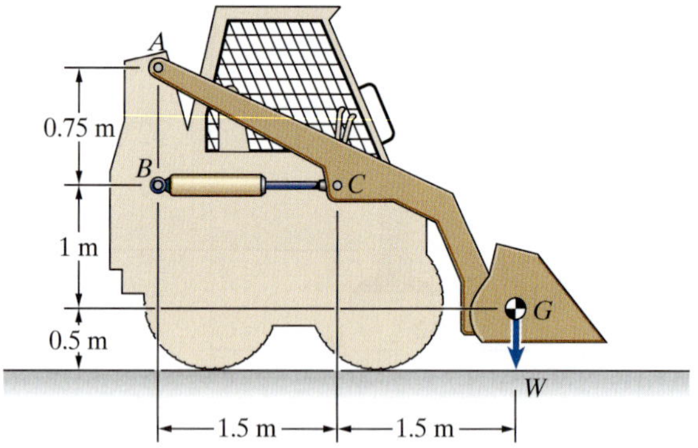

연습문제 5.130/5.131

5.132 직사각형 판에 두 가지 힘 A, B가 작용하고 있다(그림 a). 그림 b에서 두 힘은 성분으로 분해된다. A_x, A_y, B_x, B_y 성분으로 평형방정식을 작성함으로써 두 힘 A, B가 크기가 같고 방향이 반대이며 작용점 사이의 선을 따라 향함을 밝혀라.

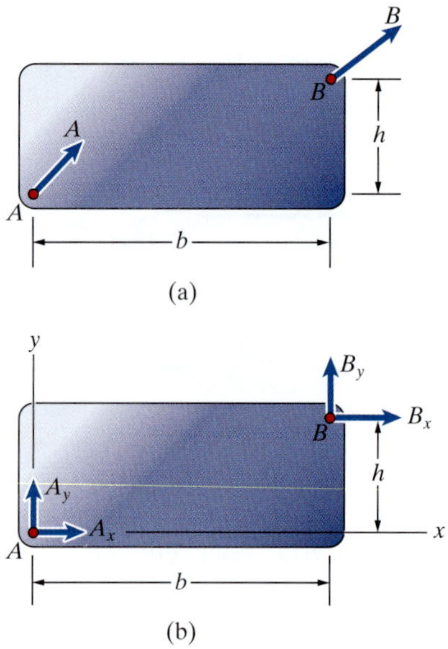

연습문제 5.132

5.133 평형상태에 있는 물체가 작용점이 직선 위에 있는 세 가지 힘을 받는다. 힘이 동일 평면상에 있음을 증명하라.

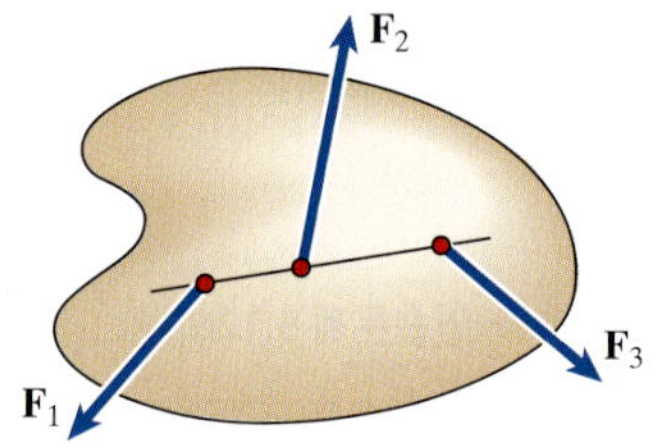

연습문제 5.133

복습문제

5.134 매달린 케이블의 무게가 12 lb이다. (a) 케이블의 자유물체도를 그려라. (A, B의 케이블 장력은 동일하지 않다.) (b) A와 B에서 케이블의 장력을 구하라. (c) 케이블의 가장 낮은 지점에서의 장력은 얼마인가?

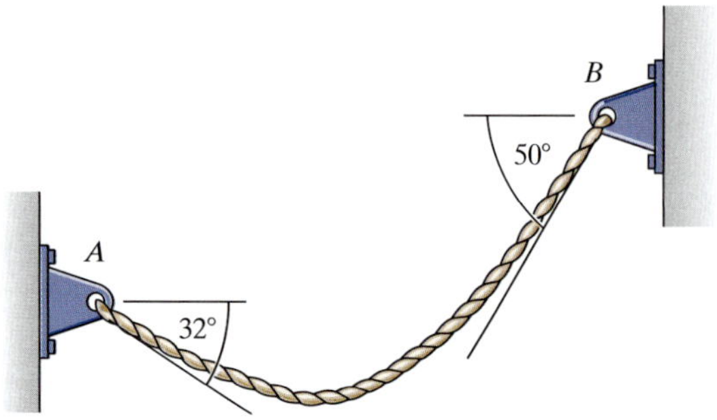

복습문제 5.134

5.135 고정 지지대에서의 반력을 구하라.

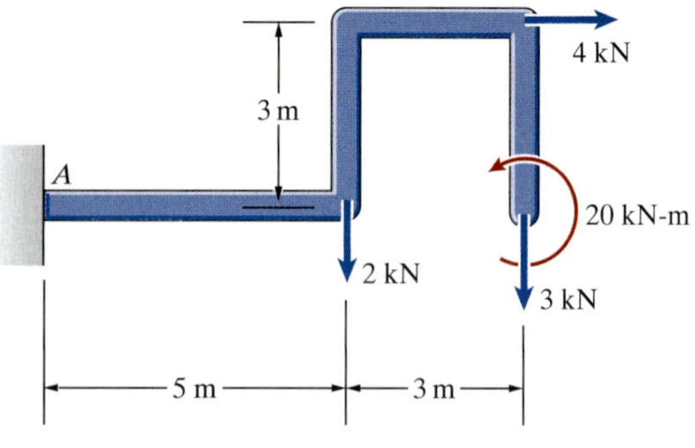

복습문제 5.135

5.136 (a) 50 lb 판의 자유물체도를 그리고 그것이 정적으로 불확정인 이유를 설명하라. (b) A와 B에서의 반력을 가능한 한 많이 구하라.

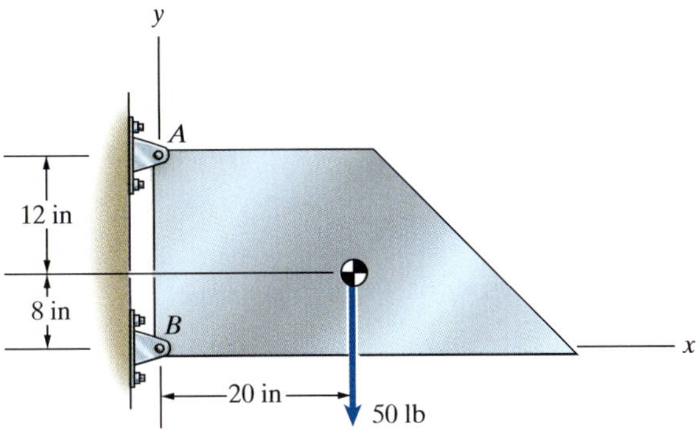

복습문제 5.136

5.137 트럭의 질량이 4000 kg이다. 바퀴는 잠겨 있고 케이블의 장력은 $T = 10$ kN이다. (a) 트럭의 자유물체도를 그려라. (b) 도로 옆 A와 B에서 트럭 바퀴에 가해지는 수직력을 구하라.

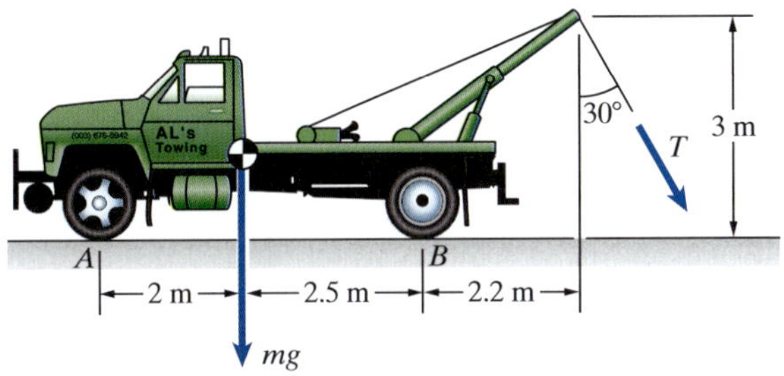

복습문제 5.137

5.138 망치가 못 머리에 가하는 힘이 수직이라고 가정하고 망치의 무게는 무시한다. (a) 망치의 자유물체도를 그려라. (b) $F = 10$ lb일 때, 망치가 못에 가하는 힘과 망치가 바닥에 가하는 수직력과 마찰력의 크기는 얼마인가?

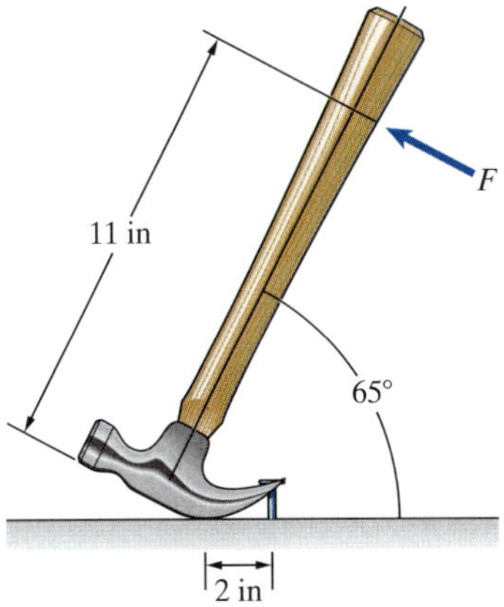

복습문제 5.138

5.139 스프링 상수 $k = 9600$ N/m이고 스프링의 자유 길이가 30 mm이다. A의 볼트를 핀 지지대로 취급하고 C의 표면이 매끄럽다고 가정할 때, A에서의 반력과 C에서의 수직력을 구하라.

5.140 해제 장치를 설계하는 엔지니어가 C에 가해지는 수직력이 120 N이 되기를 원한다. 스프링의 자유 길이가 30 mm일 때, 필요한 스프링 상수 k의 값은 얼마인가?

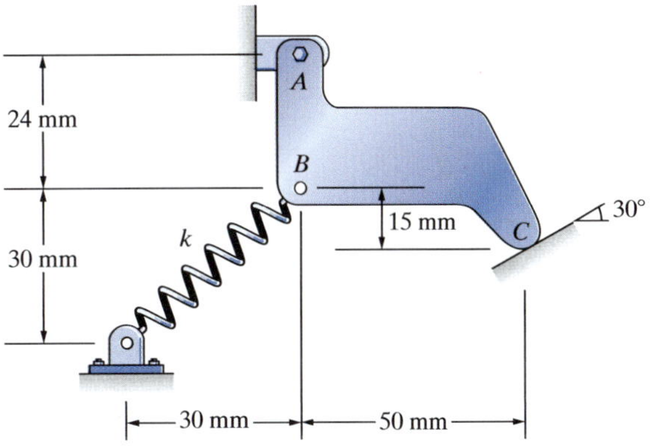

복습문제 5.139/5.140

5.141 트러스가 90 kg의 매달린 물체를 지지한다. 지지대 A, B의 반력은 얼마인가?

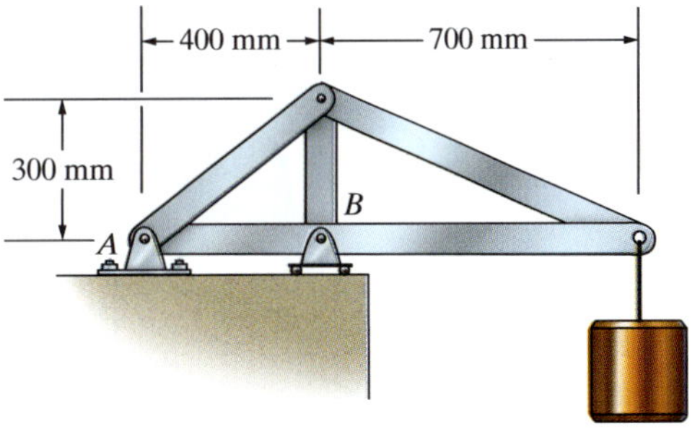

복습문제 5.141

5.142 무게 W의 수평 막대가 A의 롤러 지지대와 케이블 BC에 의해 지지된다. 막대가 세 힘 부재라는 사실을 이용해 각도, 케이블의 장력, A에서의 반력 크기를 구하라.

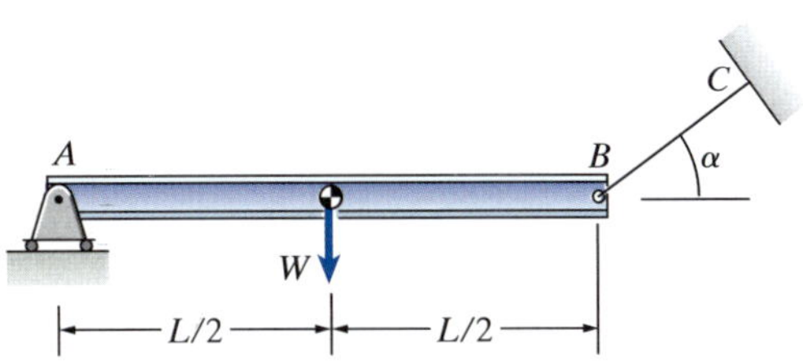

복습문제 5.142

5.143 트레일러가 15° 경사면에 주차되어 있다. 바퀴는 자유롭게 회전한다. 히치 H는 핀 지지대처럼 작동한다. A와 H에서의 반력을 구하라.

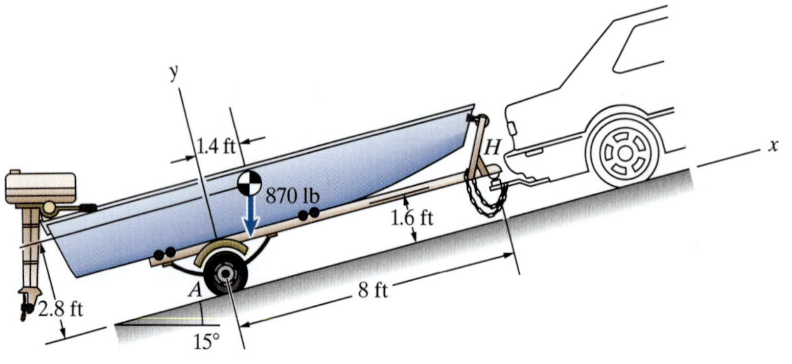

복습문제 5.143

5.144 자동차의 무게가 작용하는 지점(질량 중심)의 위치를 구하기 위해 엔지니어가 자동차를 저울 위에 놓고 두 가지 α 값에 대한 바퀴의 일반적인 반력을 측정해서 다음과 같은 결과를 얻었다.

α	A_y (kN)	B (kN)
10°	10.134	4.357
20°	10.150	3.677

거리 b와 h는 얼마인가?

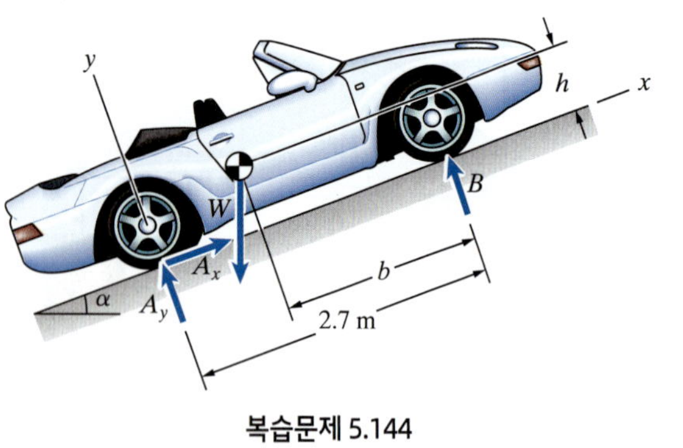

복습문제 5.144

5.145 막대가 두 개의 고정 막대에서 미끄러지는 칼라에 핀 지지대로 부착되어 있다. 질량은 10 kg, 길이는 1 m이고 무게는 중간점에 작용한다. 마찰과 칼라의 질량은 무시한다. 막대가 수직($\alpha = 0$)일 때 스프링은 늘어나지 않으며 스프링 상수 $k = 100$ N/m이다. 막대가 평형상태에 있는 0~60° 범위의 α 값을 구하라.

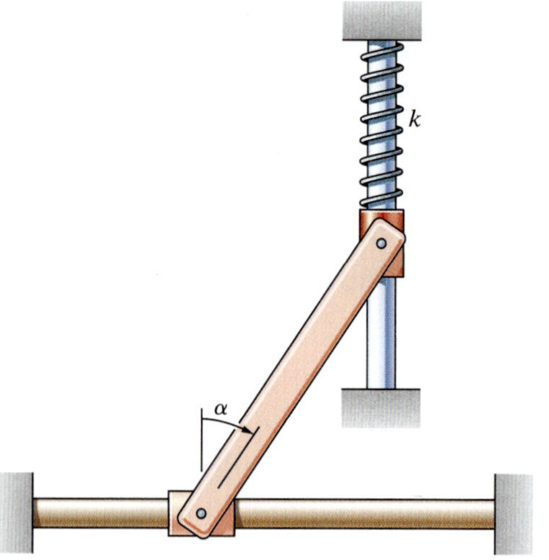

복습문제 5.145

5.146 그림에 표시된 각 장치를 사용하면 힘 F를 적용해 하중 R을 지지할 수 있으며, 이를 1급, 2급, 3급 지레라고 한다. (a) R/F 비율을 기계적 이점이라고 한다. 각 레버의 기계적 이점을 구하라. (b) 각 지레에 대한 A에서의 반력 크기를 구하라(답을 F로 표현하라).

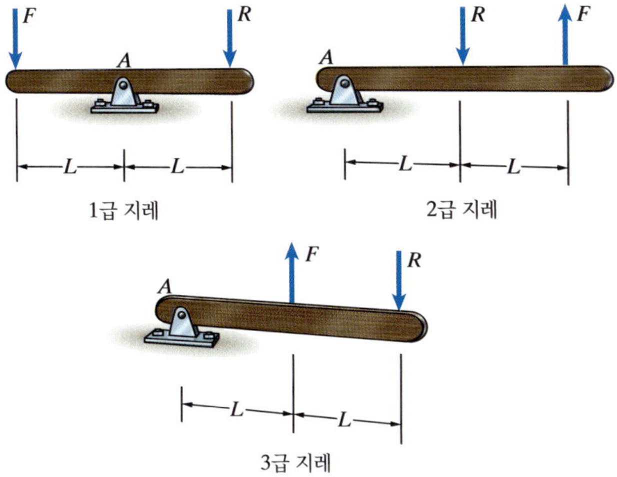

복습문제 5.146

5.147 수평 직사각형 판의 무게로 가해지는 힘이 800 N이다. 직사각형 판의 무게는 중간점에 작용한다. 단일 등가 힘으로 세 개의 케이블이 판에 가하는 반력을 표현한다면 힘은 무엇이며 힘의 작용선이 판과 교차하는 위치는 어디인가?

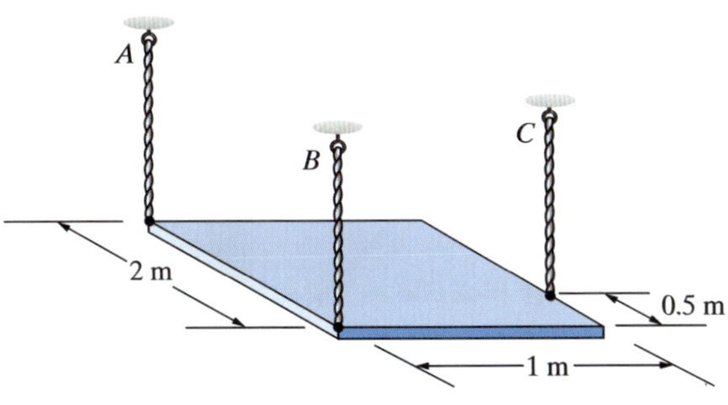

복습문제 5.146

5.148 20 kg의 질량이 세 개의 수직 2 m 기둥에 부착된 케이블에 의해 매달려 있다. 점 A는 (0, 1.2, 0) m에 있다. E의 고정 지지대에서의 반력을 구하라.

5.149 복습문제 5.147에서 각 수직 기둥의 고정 지지대가 800 N-m 크기를 안전하게 지지한다. 이 기준에 따르면 부유 질량의 최대 안전값은 얼마인가?

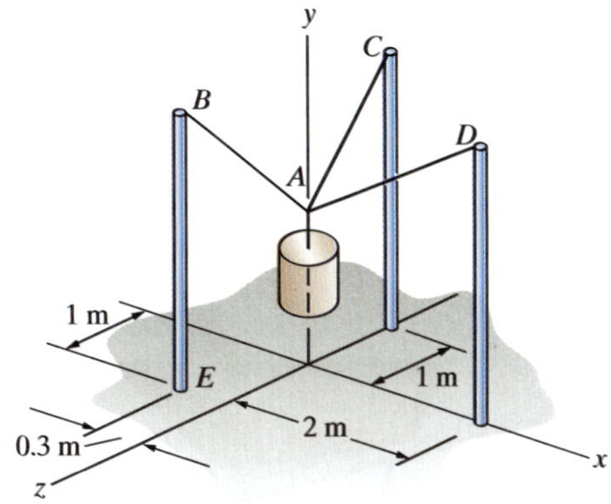

복습문제 5.148/5.149

5.150 80 lb의 막대가 A의 볼-소켓 지지대, 막대가 기대어 있는 부드러운 벽, 케이블 BC에 의해 지지된다. 막대의 무게는 중간점에 작용한다. (a) 막대의 자유물체도를 그려라. (b) 케이블 BC의 장력과 A의 반력을 구하라.

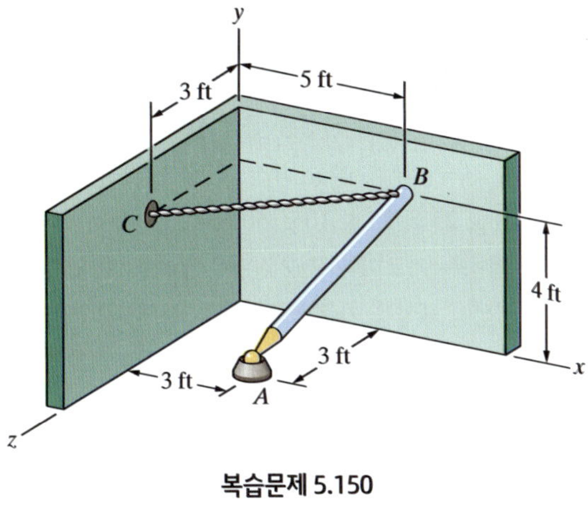

복습문제 5.150

설계 프로젝트 1

그림의 손수레는 사용자가 핸들에 가하는 위쪽 힘 F에 의해 지지되면서 하중 W를 운반하도록 설계되었다. (a) 정역학을 사용해 치수 a, b의 선택 범위가 지탱할 수 있는 하중의 크기에 미치는 영향을 분석하라. 또한 수레의 사용 용이성과 실용성에 대한 이 치수의 의미를 고려하라. (b) 이 고전적인 장치에 대해 동일한 기능을 달성하는 다른 설계를 제안하라. 하중 운반 능력과 사용 편의성 측면에서 설계를 손수레와 비교하려면 정역학을 사용하라.

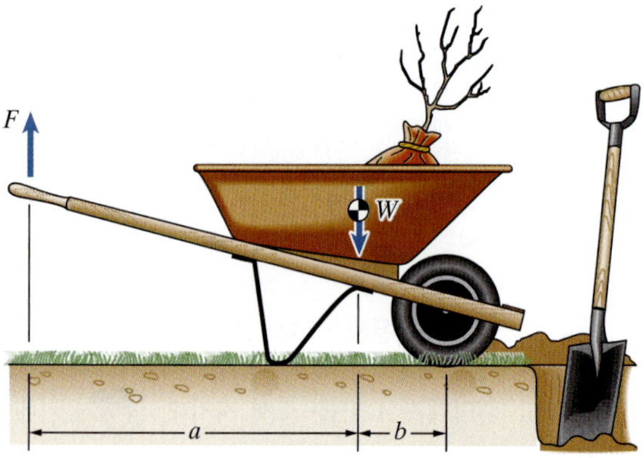

설계 프로젝트 2

그림은 미국 예술가 알렉산더 칼더(Alexander Calder, 1898~1976)가 예술 형태로 선보인 '모빌'이라는 대중적인 기구의 예를 보여준다. 태양계를 나타내는 모빌을 설계하고 행성을 나타내는 색상이 지정된 구를 선택했다고 가정하자. 수성, 금성, 지구, 화성, 목성, 토성, 천왕성, 해왕성, 명왕성은 각각 10 g, 25 g, 25 g, 10 g, 50 g, 40 g, 40 g, 40 g, 10 g이다. 사용하는 가로대와 줄의 질량은 무시할 수 있다고 가정하자. 행성이 태양을 기준으로 올바른 순서로 배열되도록 모빌을 설계하라. 설계 도면과 모빌이 균형을 이루고 있음을 증명하는 분석을 포함하는 간단한 보고서를 작성하라.

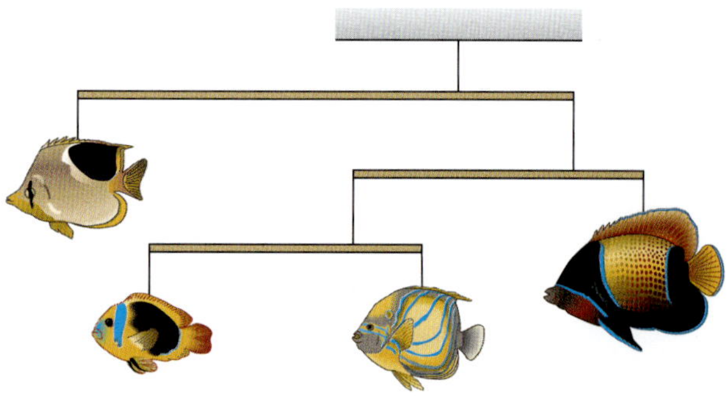

설계 프로젝트 3

덤프트럭의 적재함(그림 a)은 두 개의 직렬 유압 실린더 AB(그림 b)에 의해 올라간다. 트럭의 적재함과 화물의 질량은 16,000 kg이고 그 무게는 점 G에 작용한다. (적재함을 올려도 적재함에 대한 점 G의 위치는 변하지 않는다고 가정한다.) (a) 0~30°까지의 각도 값 α에 대해 고정식 적재함을 지지하기 위해 유압 실린더가 가해야 하는 총힘의 크기에 대한 그래프를 그려라. (b) 실행 가능해 보이는 부착점 A, B의 위치에 대한 다른 선택을 고려하고 그 선택이 크기에 어떤 영향을 미치는지 조사하라. 유압 실린더가 발휘해야 하는 총힘은 0~30°까지 다양하다. 또한 유압 실린더의 비용이 0~30°까지 변하는 최대 힘과 길이의 곱에 비례한다고 가정하고, $\alpha = 30°$일 때 부착 지점 선택 비용을 그림 a에 표시된 선택 사항과 비교하라. (c) 조사 결과를 제시하고 지점 A, B의 위치에 대한 권장 사항을 제시하는 간단한 보고서를 작성하라.

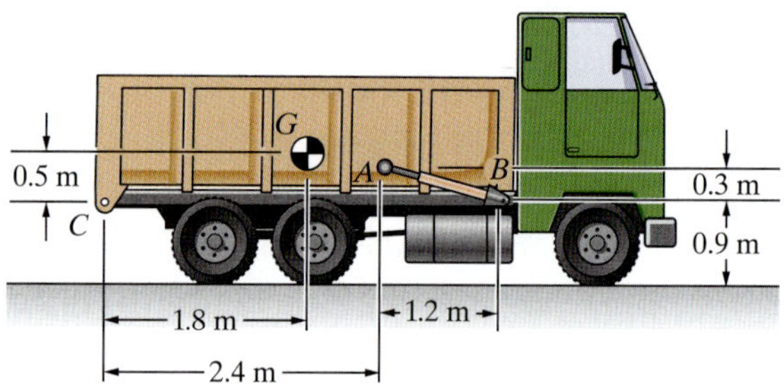

(a)

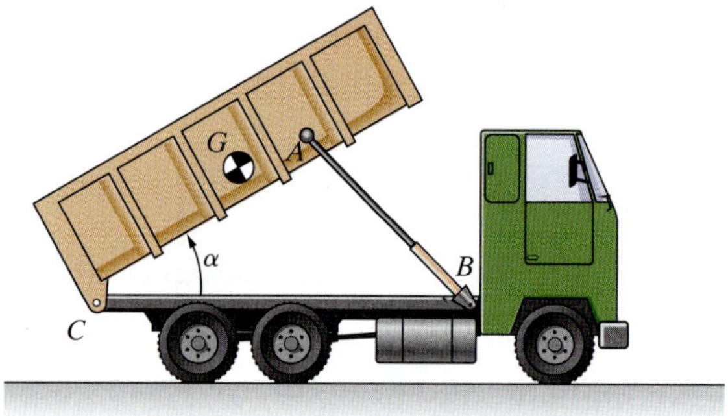

(b)

CHAPTER 6

평형 구조

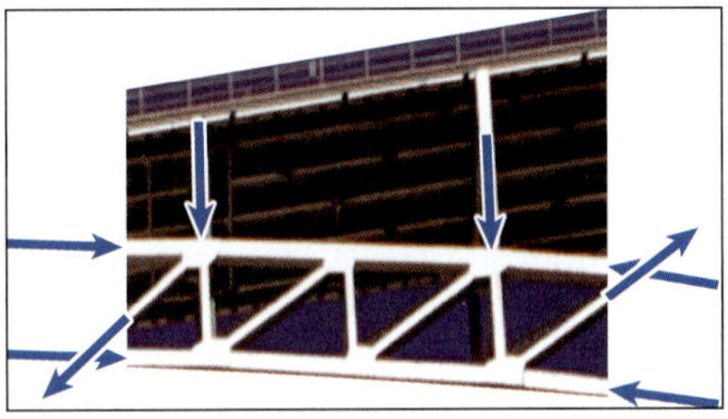

출처: Tami Freed/Shutterstock 제공

공학에서 구조라는 용어는 하중을 지지하고 발휘할 수 있는 능력을 가진 모든 물체를 의미할 수 있다. 이 장에서는 상호 연결된 부분, 즉 부재로 구성된 구조를 고려한다. 그러한 구조를 설계하거나 기존 구조가 적절한지 여부를 결정하려면 구조 전체뿐만 아니라 개별 부재에 작용하는 힘과 우력을 구하는 것이 필요하다. 먼저 두 힘 부재로 완전히 구성된 트러스라는 구조에 대해 이것이 어떻게 수행되는지 보여준다. 일부 고속도로 교량을 지지하는 친숙한 강철 부재의 뼈대는 트러스이다. 그런 다음 정지된 상태로 하중을 지지하도록 설계된 프레임이라는 구조와 이동해서 하중을 가하도록 설계된 기계라는 다른 구조들을 고려한다.

▲ 엔지니어들은 이 다리의 도로를 지지하는 아치를 만들기 위해 상대적으로 가벼운 '트러스' 구조를 사용했다. 이 장에서는 이러한 구조의 개별 부재에 작용하는 힘과 우력을 구하는 기술을 설명한다.

6.1 트러스

생각해보기

- '트러스'의 정의는 무엇인가? 이를 어떻게 알아볼 수 있는가?
- 두 힘 부재는 트러스와 어떤 관련이 있는가?

배경

그림 6.1
집은 나무 들보로 만든 트러스로 지탱된다.

간단한 예시로 집을 지탱하는 들보(그림 6.1)와 같은 트러스 구조의 특성을 설명할 수 있다. 세 개의 막대를 끝부분에 고정해 삼각형을 형성한다고 가정해보자. 그림 6.2a와 같이 지지대를 추가하면 하중 F를 지지하는 구조를 얻을 수 있다. 삼각형을 더 추가하면 보다 정교한 구조를 구축할 수 있다(그림 6.2b, c). 막대는 이러한 구조의 부재이며 막대가 함께 고정되는 장소를 조인트라고 한다. 이러한 예는 매우 간단하지만 워런(Warren) 트러스라고 부르는 그림 6.2c를 보면 다리와 집 지붕을 지지하는 데 사용되는 구조물과 유사하다는 것을 알 수 있다(그림 6.3). 이러한 구조가 조인트에서 지지되고 하중을 받으며 막대의 무게를 무시하면 각 막대는

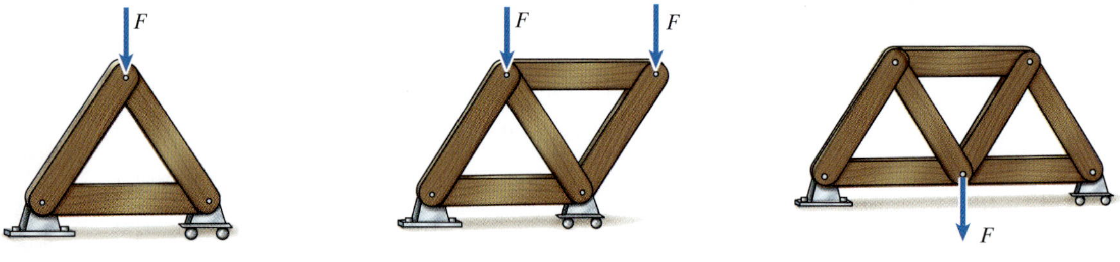

그림 6.2
막대를 서로 고정해 삼각형을 형성하는 구조를 만든다.

출처: Brownie Harris/The Image Bank/Getty Images 제공

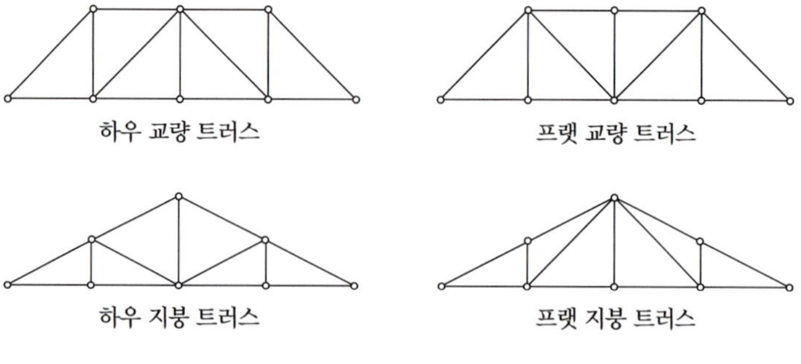

그림 6.3
교량 및 지붕 구조의 간단한 예(선은 부재를 나타내고 원은 조인트를 나타낸다.)

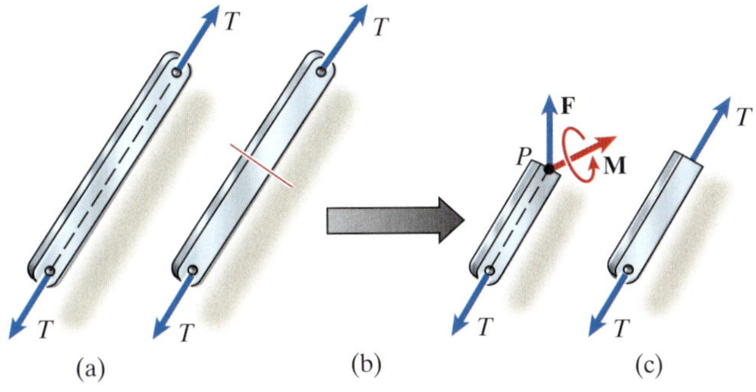

그림 6.4

(a) 트러스의 각 부재는 두 힘 부재이다.
(b) 부재 일부의 자유물체도를 구한다.
(c) 내력은 조인트에 작용하는 힘과 같고 방향이 반대이며 내부 우력 모멘트는 0이다.

두 힘 부재이다. 그러한 구조를 **트러스**라고 부른다.

그림 6.4a에 트러스 부재의 자유물체도가 나와 있다. 두 힘 부재이기 때문에 조인트에서 부재에 가해지는 힘의 합인 끝단의 힘은 크기가 동일하고 방향이 반대이며 조인트 사이의 선을 따라 향해야 한다. 힘 T를 부재의 **축력**이라고 부른다. T가 표시된 방향에서 양수일 때(즉 힘이 서로 반대 방향으로 향할 때) 부재는 **인장** 상태에 있다. 힘이 서로를 향하면 부재는 **압축** 상태이다.

그림 6.4b는 부재를 평면으로 '절단'하고 평면 한쪽에 부재 일부의 자유물체도를 그린 것이다. 자유물체도에 포함되지 않은 부분에 의해 작용하는 내력과 모멘트 계를 평면이 부재의 축과 우력 모멘트 **M**과 교차하는 지점 P에 작용하는 힘 **F**로 표현한다. P는 0과 같아야 한다. 따라서 $\mathbf{M} = \mathbf{0}$이다. 그러므로 두 힘 부재를 가지고 있다. 이는 **F**가 조인트에 작용하는 힘 **T**와 크기가 같고 방향이 반대여야 함을 의미한다(그림 6.4c). 내력은 조인트에 가해지는 장력 또는 압축과 동일한 장력 또는 압축이다. 내력이 끝에 가해지는 장력과 동일한 장력이라는 점에서 로프나 케이블과 유사하다는 점에 주목하라.

'지붕 트러스', '교량 트러스' 등 많은 실제 구조물은 끝부분이 연결된 철근으로 구성되어 있지만 고정 조인트를 갖춘 경우는 거의 없다. 예를 들어 교량 트러스의 조인트부가 그림 6.5에 나와 있다. 부재의 끝부분은 조인트부에 용접되어 있으며 자유롭게 회전할 수 없다. 그러한 조인트가 부재들에 우력 모멘트를 발휘할 수 있

그림 6.5

교량 트러스의 조인트

음은 분명하다. 이러한 구조를 트러스라고 부르는 이유는 무엇인가?

그 이유는 트러스처럼 기능하도록 설계되었기 때문이다. 즉 주로 부재에 축 방향 힘을 가해 하중을 지지한다는 의미이다. 이들은 일반적으로 트러스로 **모델링**할 수 있으며, 부재에 작용하는 우력 모멘트가 축력에 비해 작다는 가정하에 조인트를 핀 연결로 처리한다. 연습문제에서 리벳 조인트가 있는 구조를 트러스라고 언급하는 것은 해당 구조를 트러스로 모델링할 수 있다는 의미이다.

결과 정리

트러스

끝부분이 고정된 직선형 철근으로 구성되어 부재가 연결되는 조인트부에서만 지지 및 하중을 받는 구조물을 트러스라고 한다. 하중에 비해 부재의 무게는 무시할 수 있는 수준이라고 가정한다.

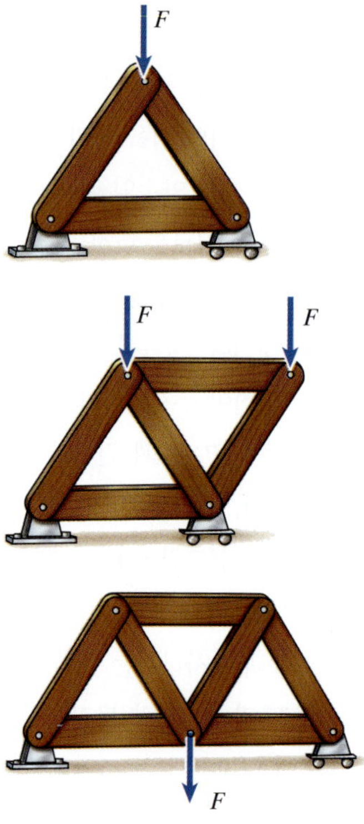

개별 부재의 자유물체도

트러스의 각 부재는 두 힘 부재이기 때문에 힘의 크기가 동일하고 방향이 반대인 축 하중만 받는다. 힘 T를 부재의 축력이라고 부른다. T가 그림에 표시된 방향에서 양수일 때(즉 힘이 서로 반대 방향으로 향할 때) 부재는 인장 상태(T)이다. 힘이 서로를 향할 때 부재는 압축 상태(C)이다.

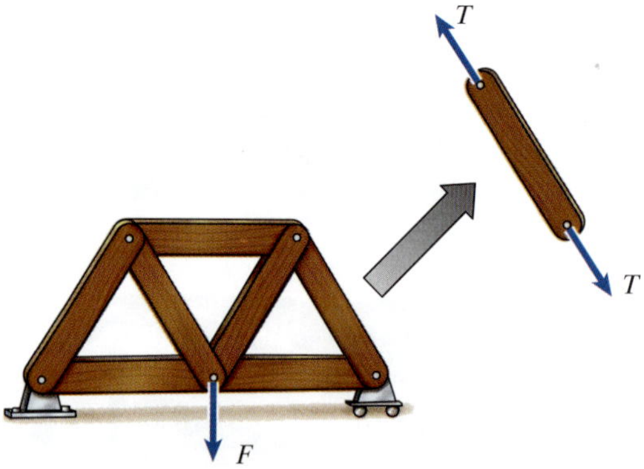

6.2 조인트 방법

생각해보기

- '조인트'는 트러스 부재의 끝부분을 함께 고정하는 곳이다. 부재의 미지의 축력을 구하기 위해 이를 어떻게 사용할 수 있는가?
- 먼저 분석해야 할 트러스 조인트부를 어떻게 구하는가?

배경

조인트 방법은 트러스 조인트의 자유물체도를 하나씩 그리고 평형방정식을 사용해 부재의 축력을 구하는 방법이다. 시작하기 전에 일반적으로 전체 트러스의 자유물체도를 그리고(즉 트러스를 단일 물체로 취급) 지지점에서의 반력을 구하는 것이 필요하다. 예를 들어 그림 6.6a의 워런 트러스는 길이가 2 m이고 B와 D에서 하중을 지지하고 있다. 그림 6.6b에 자유물체도가 그려져 있다. 평형방정식으로부터,

$$\Sigma F_x = A_x = 0$$
$$\Sigma F_y = A_y + E - 400\text{ N} - 800\text{ N} = 0$$
$$\Sigma M_{\text{점 }A} = -(1\text{ m})(400\text{ N}) - (3\text{ m})(800\text{ N}) + (4\text{ m})E = 0$$

반력 $A_x = 0$, $A_y = 500$ N, $E = 700$ N을 얻는다.

다음 단계는 조인트를 선택하고 자유물체도를 그리는 것이다. 그림 6.7a에서는 부재 AB, AC를 절단해 조인트 A를 분리한다. T_{AB}, T_{AC}는 각각 부재 AB, AC의 축력이다. 미지의 축력을 나타내는 화살표의 방향은 임의로 선택할 수 있지만, 축력에 대해 양의 값을 얻을 경우 부재가 인장 상태가 되도록 화살표 방향을 선택했다. 이러한 방식으로 방향을 일관되게 선택하면 오류를 방지하는 데 도움이

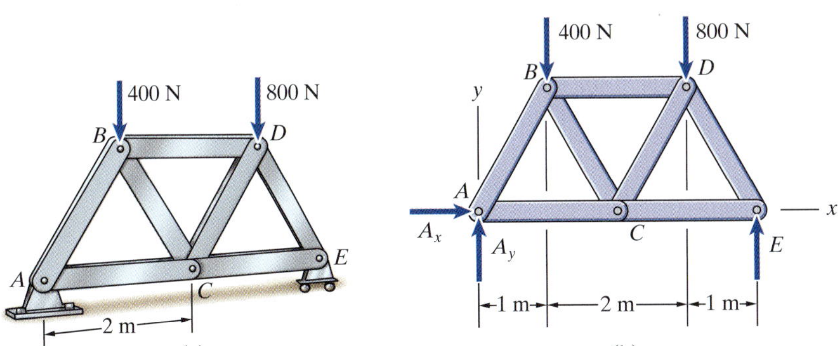

그림 6.6

(a) 두 개의 하중을 지지하는 워런 트러스

(b) 트러스의 자유물체도

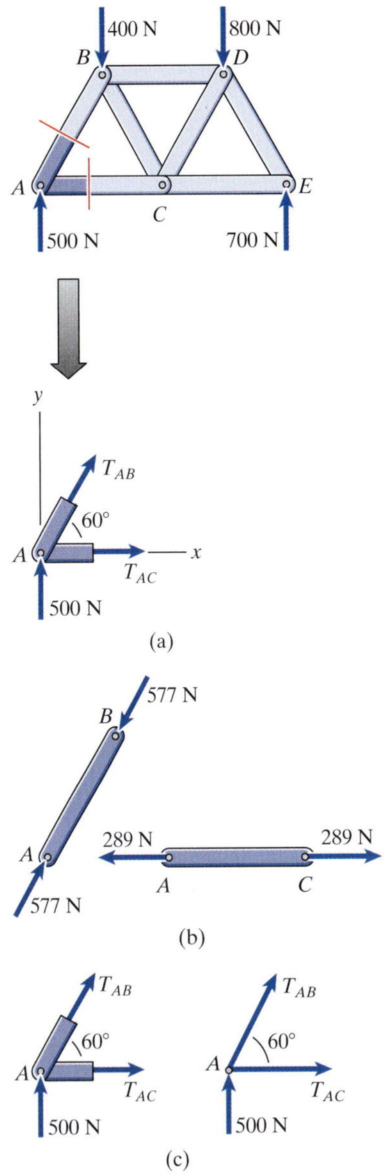

그림 6.7

(a) 조인트 A의 자유물체도를 구한다.

(b) 부재 AB, AC에 대한 축력

(c) 조인트 A의 현실적이고 간단한 자유물체도

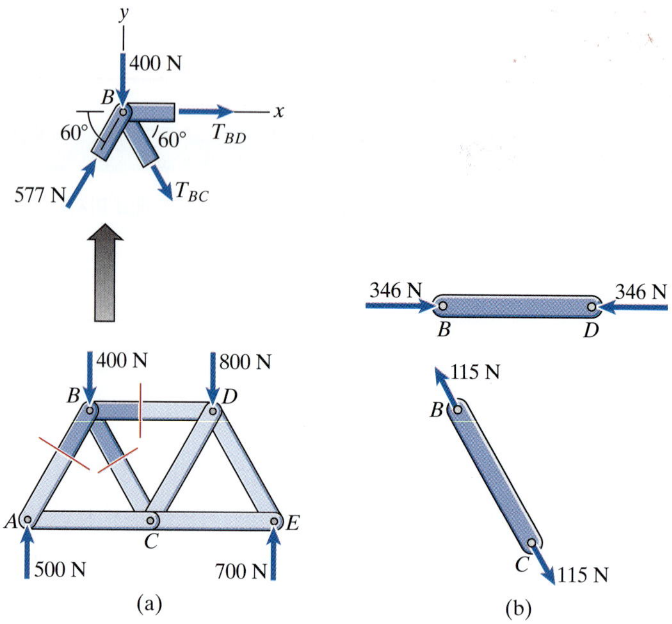

그림 6.8

(a) 조인트 B의 자유물체도를 구한다.
(b) 부재 BD, BC의 축력

된다.

조인트 A의 평형방정식은 다음과 같다.

$$\Sigma F_x = T_{AC} + T_{AB} \cos 60° = 0$$
$$\Sigma F_y = T_{AB} \sin 60° + 500 \text{ N} = 0$$

이 방정식을 풀면 축력 $T_{AB} = -577$ N, $T_{AC} = 289$ N을 얻는다. 부재 AB는 압축 상태이고 부재 AC는 인장 상태이다(그림 6.7b).

자유물체도를 이해하는 데 도움이 되도록 그림 6.7a에서는 조인트에 대한 현실적인 그림을 사용하지만, 실제 작업에서는 조인트에 작용하는 힘만 보여주는 간단한 그림을 사용할 수도 있다(그림 6.7c).

다음으로 부재 AB, BC, BD를 절단해 조인트 B의 자유물체도를 얻는다(그림 6.8a). 조인트 B의 평형방정식으로부터,

$$\Sigma F_x = T_{BD} + T_{BC} \cos 60° + 577 \cos 60° \text{ N} = 0$$
$$\Sigma F_y = -400 \text{ N} + 577 \sin 60° \text{ N} - T_{BC} \sin 60° = 0$$

$T_{BC} = 115$ N, $T_{BD} = -346$ N을 얻는다. 부재 BC는 인장 상태이고 부재 BD는 압축 상태이다(그림 6.8b). 계속해서 조인트의 자유물체도를 그리면 모든 부재의 축력을 결정할 수 있다.

2차원에서는 조인트의 자유물체도에서 두 개의 독립적인 평형방정식만 얻을 수 있다. 힘이 동시에 발생하기 때문에 점에 대한 모멘트를 합산해도 추가적인 독립 방정식이 생성되지 않는다. 따라서 조인트 방법을 적용할 때에는 미지의 힘이 두 개 이하로 작용하는 조인트를 선택해서 분석해야 한다. 이 예에서는 조인트 A가

핀 지지대와 두 가지 미지의 힘인 축력 T_{AB}, T_{AC}가 가하는 알려진 반력을 받았기 때문에 먼저 조인트 A를 분석했다(그림 6.7a). 그런 다음 조인트 B가 두 개의 알려진 힘과 두 개의 미지의 힘 T_{AB}, T_{AC}에 영향을 받았기 때문에 이를 분석할 수 있다(그림 6.8a). 조인트 B를 먼저 분석하려고 시도했다면 세 가지 미지의 힘이 있었을 것이다.

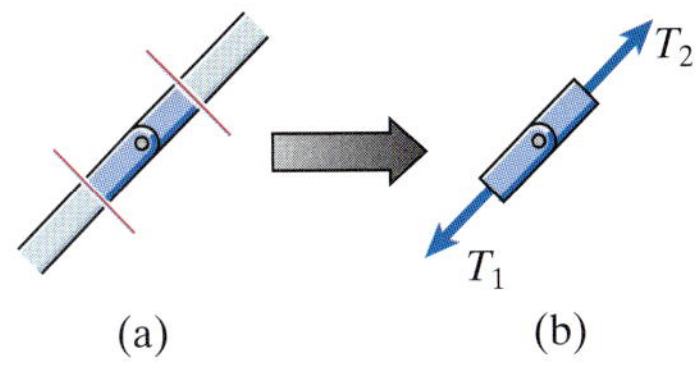

그림 6.9
(a) 두 개의 동일선상 부재가 있고 하중이 없는 조인트
(b) 조인트의 자유물체도

트러스 부재의 축력을 구할 때 세 가지 특정 유형의 조인트에 대해 잘 알고 있으면 작업이 더 간단해지는 경우가 많다.

- **두 개의 동일선상 부재가 있고 하중이 없는 트러스 조인트**(그림 6.9): 힘의 합은 0, 즉 $T_1 = T_2$와 같아야 한다. 축력은 동일하다.
- **두 개의 비공선형 부재가 있고 하중이 없는 트러스 조인트**(그림 6.10): x 방향의 힘의 합은 0과 같아야 하므로 $T_2 = 0$이다. 따라서 T_1도 0이어야 한다. 축력은 0이다.
- **세 개의 부재로 구성된 트러스 조인트(그중 두 개는 동일선상에 있고 하중이 없음)**(그림 6.11): x 방향의 힘의 합은 0과 같아야 하므로 $T_3 = 0$이다. y 방향의 힘의 합은 0과 같아야 하므로 $T_1 = T_2$이다. 동일선상 부재의 축력은 동일하며, 세 번째 부재의 축력은 0이다.

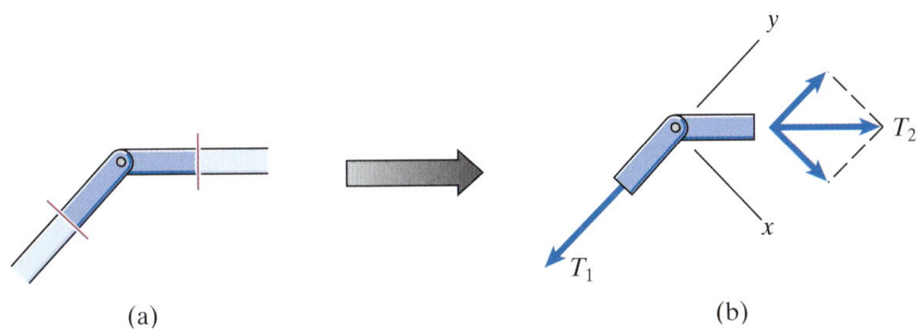

그림 6.10
(a) 두 개의 비공선형 부재가 있고 하중이 없는 조인트
(b) 조인트의 자유물체도

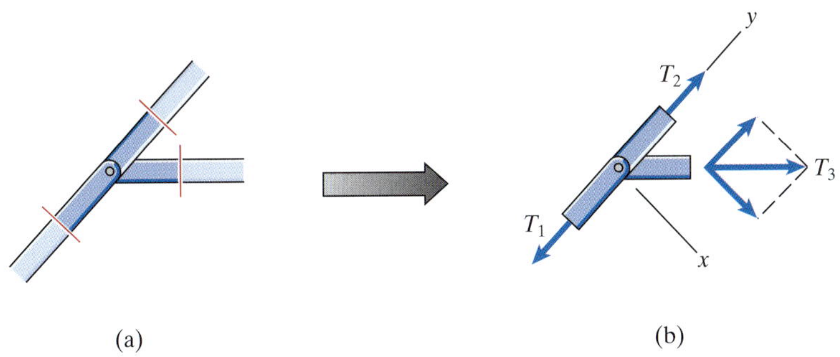

그림 6.11
(a) 세 개의 부재로 구성된 조인트. 그중 두 개는 동일선상에 있고 하중이 없다.
(b) 조인트의 자유물체도

결과 정리

조인트 방법

시작하기 전에 일반적으로 단일 물체로 간주되는 전체 트러스의 자유물체도를 그리고 지지점에서의 반력을 구하기 위한 평형방정식을 적용하는 것이 필요하다.

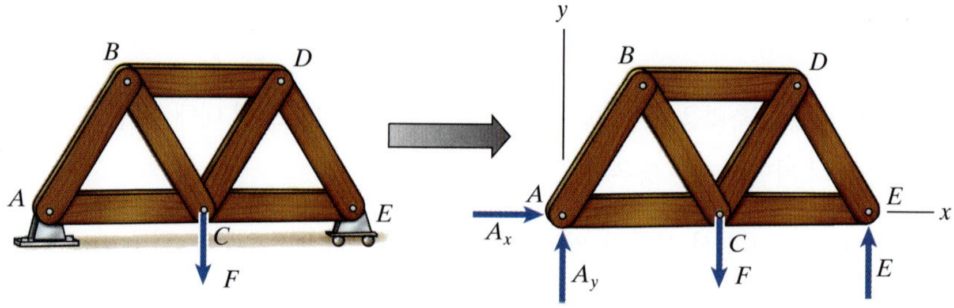

연결된 부재를 통해 평면을 통과시켜 개별 조인트를 분리한다. 부재의 축력을 표시해 자유물체도를 완성한다. 조인트의 자유물체도에 평형방정식 $\Sigma F x = 0$, $\Sigma F y = 0$을 적용한다. 원하는 축 하중이 결정될 때까지 다른 조인트에 대해 이 과정을 반복한다.

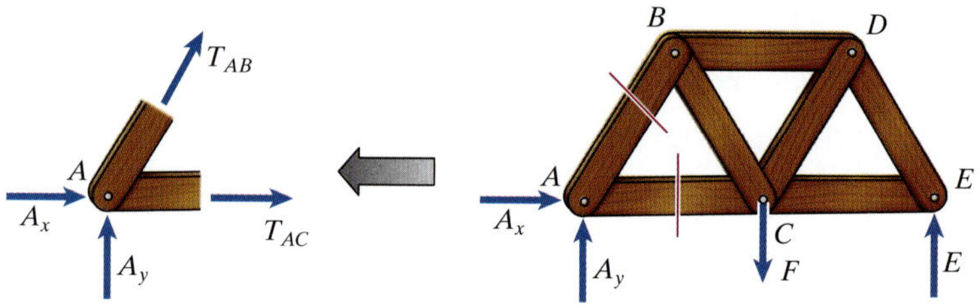

특수 조인트

조인트가 두 개의 동일선상 부재로 구성되고 조인트에 외부 하중이 가해지지 않으면 부재의 축력은 동일하다.

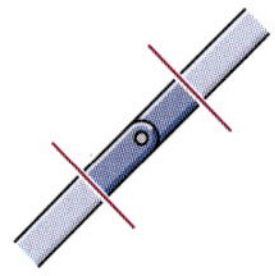

조인트가 두 개의 비공선형 부재로 구성되고 외부 하중이 조인트에 적용되지 않는 경우 두 부재 모두 축력이 없다.

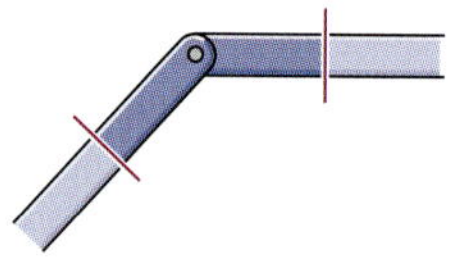

조인트가 세 개의 부재로 구성되고 그중 두 개는 동일선상에 있으며 조인트에 외부 하중이 적용되지 않는 경우 동일선상 부재의 축력은 동일하고 세 번째 부재의 축력은 0이다.

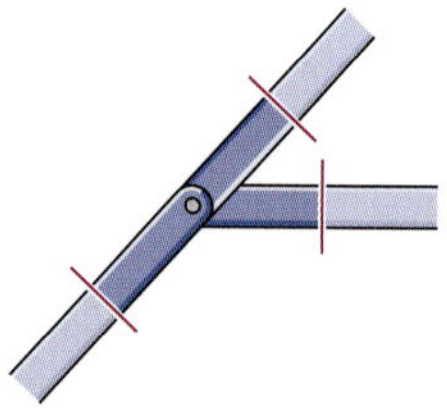

실습 예제 6.1 조인트 방법

트러스 부재 AB, AC의 축력을 구하라.

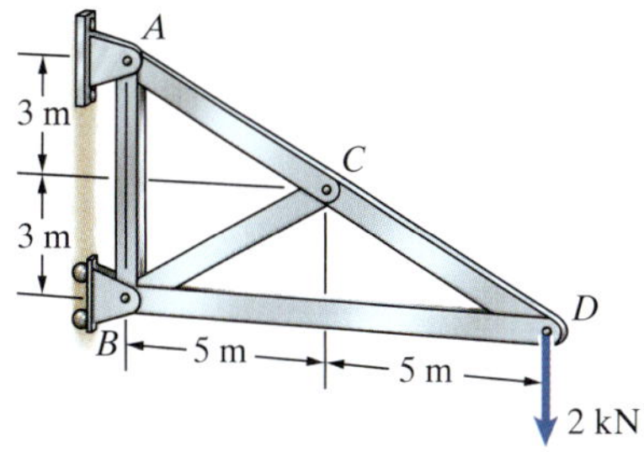

전략

먼저 전체 트러스의 자유물체도를 그려 단일 물체로 취급하고 지지대에서의 반력을 구한다. 그런 다음 조인트 A 지점의 자유물체도를 그려서 부재 AB, AC의 축력을 구할 수 있다.

풀이

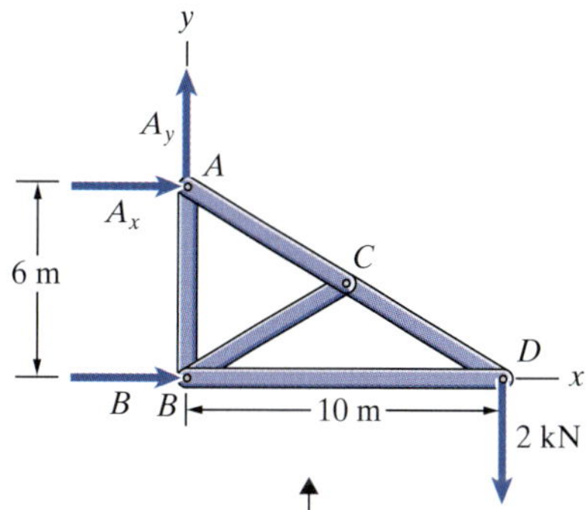

트러스 전체의 자유물체도를 그리고 평형방정식을 적용한다.

$\Sigma F_x = A_x + B = 0$, $\Sigma F_y = A_y - 2\text{ kN} = 0$

$\Sigma M_{\text{점 }B} = -(6\text{ m})A_x - (10\text{ m})(2\text{ kN}) = 0$

계산하면 $A_x = -3.33$ kN, $A_y = 2$ kN, $B = 3.33$ kN이 산출된다.

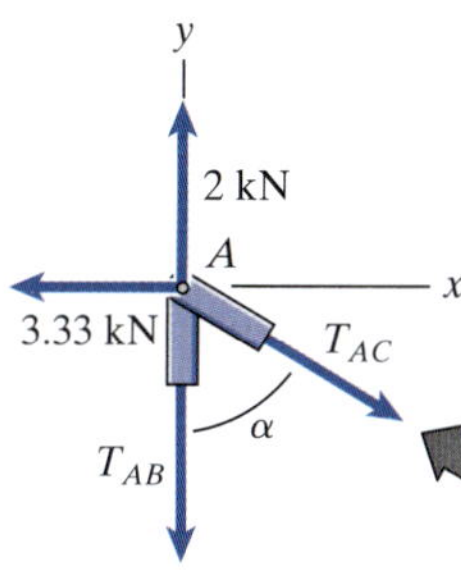

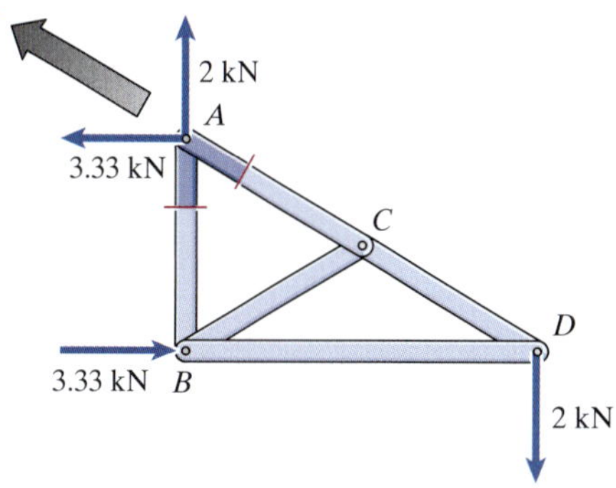

조인트 A의 자유물체도를 그리고 평형방정식을 적용한다.

각도 $\alpha = \arctan(5/3) = 59.0°$이다.

$\Sigma F_x = T_{AC} \sin\alpha - 3.33\text{ kN} = 0$

$\Sigma F_y = 2\text{ kN} - T_{AB} - T_{AC} \cos\alpha = 0$

계산하면 $T_{AB} = 0$, $T_{AC} = 3.89$ kN이 산출된다. 부재 AB의 축력은 0이고, 부재 AC의 축력은 장력 3.89 kN이며, 이를 다음과 같이 쓴다.

AB: 0, AC: 3.89 kN (T)

실습 문제 트러스 부재 BC, BD의 축력을 구하라. 이때 조인트 A의 분석을 통해 부재 AB의 축력이 0이라는 것이 이미 알려져 있다는 사실을 이용하라.

답: BC: 0, BD: 3.33 kN (C)

예제 6.2 교량 트러스

교량 구조물이 지지해야 하는 하중과 구조물이 부착될 핀 지지대가 그림 1에 나와 있다. 구조 설계를 맡은 토목공학과 학생이 그림 2에 표시된 구조를 제안했다. 부재의 축력을 구하라.

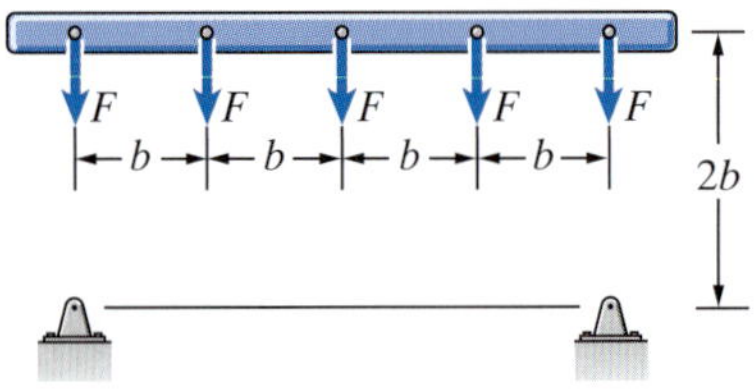

(1)

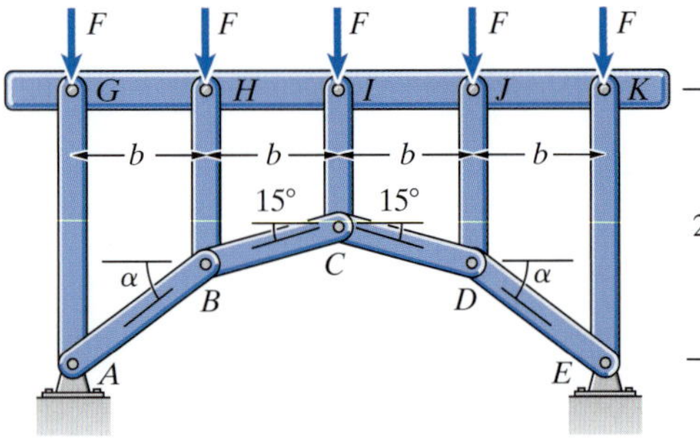

(2)

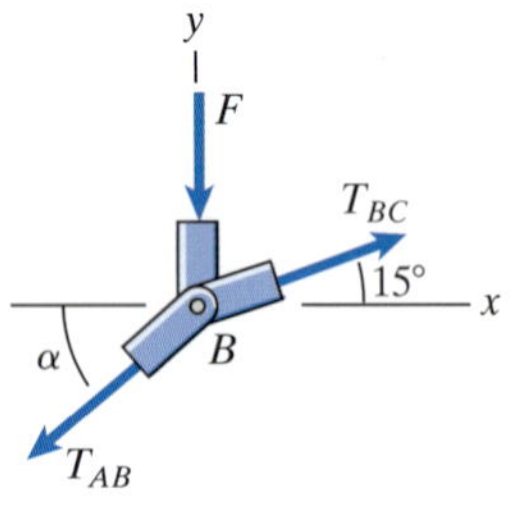

(a) 조인트 B의 자유물체도

전략

수직 부재 AG, BH, CI, DJ, EK는 크기 F의 압축력을 받고 있다. 구조의 대칭성으로 인해 조인트 C와 B를 분석해서 나머지 부재의 축 방향 하중을 구할 수 있다.

풀이

부재 BC, CD가 $1.93F$ 크기의 동일한 압축 하중을 받고 있다는 것은 조인트 C의 자유물체도를 그려서 보여주는 연습으로 남겨두겠다. 그림 a에 조인트 B의 자유물체도를 그린다. 여기에서 $T_{BC} = -1.93F$이다.

평형방정식으로부터

$$\Sigma F_x = -T_{AB}\cos\alpha + T_{BC}\cos 15° = 0$$
$$\Sigma F_y = -T_{AB}\sin\alpha + T_{BC}\sin 15° - F = 0$$

따라서 $T_{AB} = -2.39\text{F}$, $\alpha = 38.8°$를 얻는다. 대칭적으로 $T_{DE} = T_{AB}$이다. 부재의 축력은 다음 표와 같다.

교량 구조 부재의 축력

부재	축력
AG, BH, CI, EK	F (C)
AB, DE	$2.39F$ (C)
BC, CD	$1.93F$ (C)

연습문제

6.1 그림은 세 트러스 조인트의 자유물체도이다. 이들은 균형을 이루고 있다. 각각의 경우에 미지의 축력 T_{AB}, T_{AC}를 구하라.

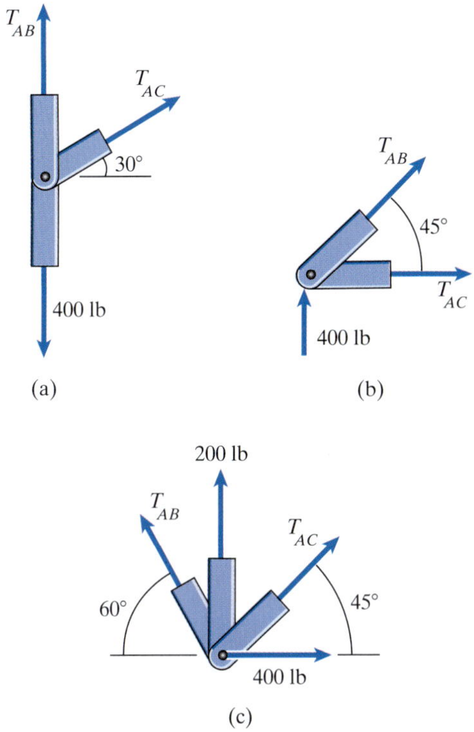

연습문제 6.1

6.2 치수 $h = 2$ ft이다. 트러스 부재의 축력을 구하고 인장(T) 또는 압축(C) 상태인지 여부를 나타내라.

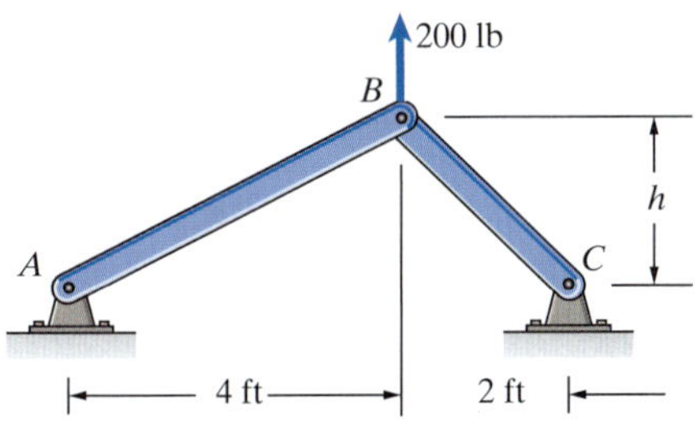

연습문제 6.2

6.3 트러스의 부재 AB가 1000 lb의 인장력을 받는다. 무게 W와 부재 AC의 축력을 구하라.

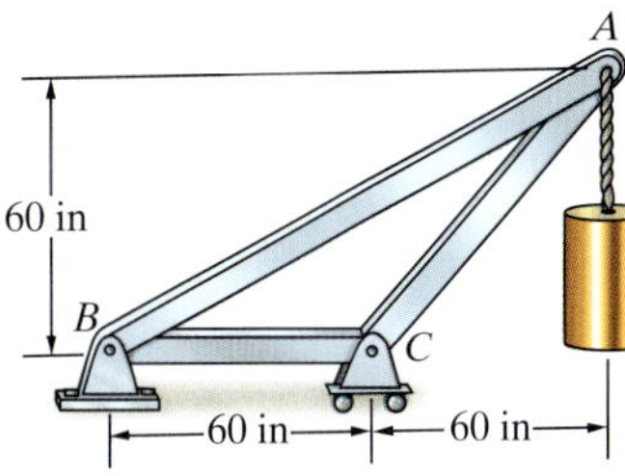

연습문제 6.3

6.4 트러스 부재의 축력을 구하라.

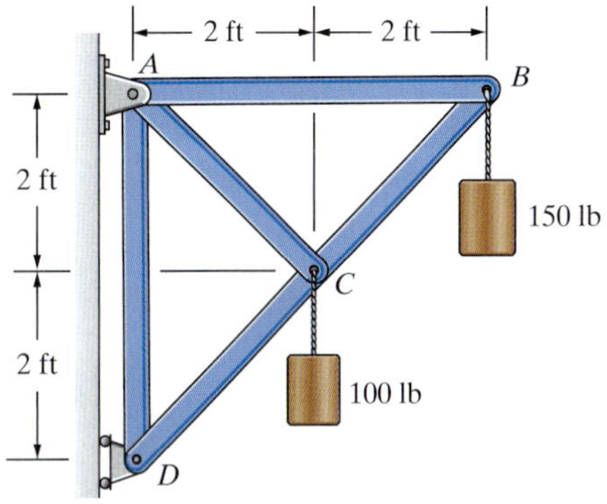

연습문제 6.4

6.5 매달린 각 무게의 질량 $m = 20$ kg이다. 트러스 부재의 축력을 구하고, 인장(T) 또는 압축(C) 상태인지 여부를 나타내라.

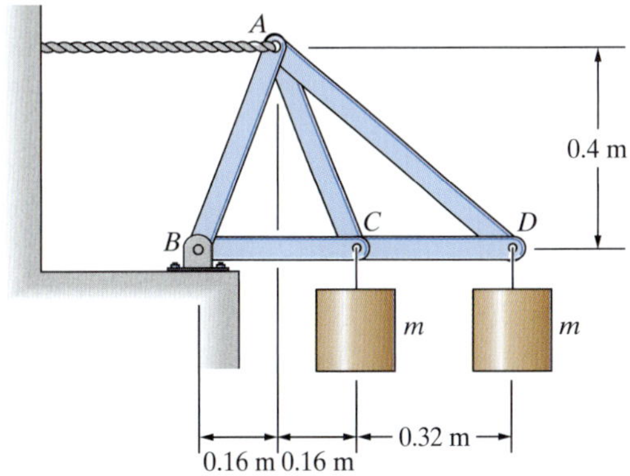

연습문제 6.5

6.6 트러스 부재 AB, BC, CD의 축력을 구하라.

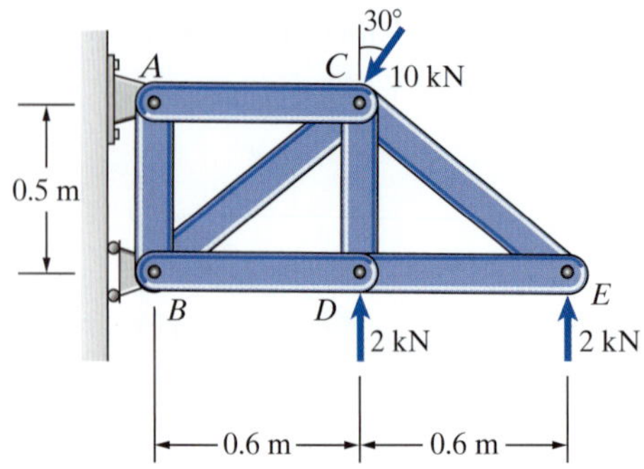

연습문제 6.6

6.7 이 강철 트러스 교량은 몬태나주 보즈먼 남쪽의 갤러틴 국유림에 있다. 그림과 같이 교량을 지지하는 직렬 트러스 중 하나가 하중을 받는다고 가정하고 부재 AB, AC, BC의 축력을 구하라.

6.8 교량 트러스의 부재에서 가장 큰 인장력과 압축력을 구하고, 그것이 발생하는 부재를 나타내라.

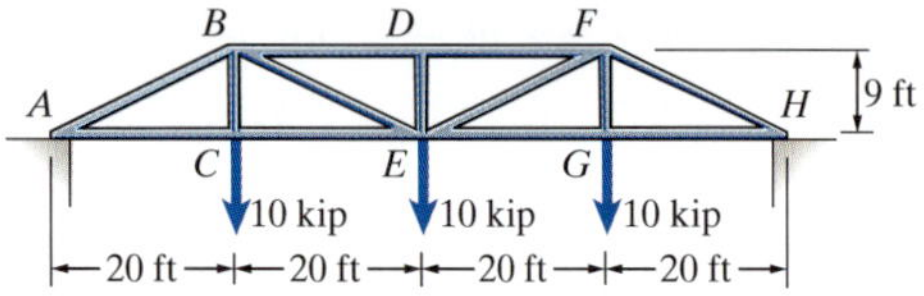

연습문제 6.7/6.8

6.9 연습문제 6.7, 6.8에서 교량을 지지하는 트러스는 프랫 트러스(Pratt truss)라고 부른다. 교량 설계자가 대신 하우(Howe) 트러스라는 트러스를 사용하기로 결정했다고 가정해 보자. 부재에서 발생하는 가장 큰 인장력과 압축력을 구하고, 그것이 발생하는 부재를 나타내라. 답을 연습문제 6.8의 답과 비교해보라.

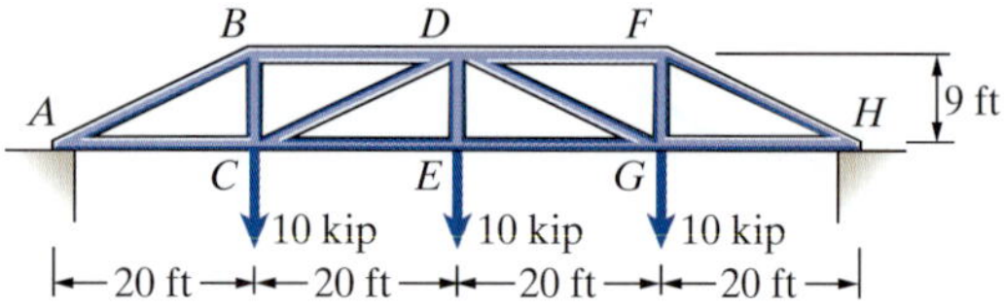

연습문제 6.9

6.10 시스템이 평형상태에 있다. 가스 압력은 왼쪽 실린더에 $F_L = 20$ kN의 힘을 가한다. 오른쪽 실린더에 작용하는 힘 F_R을 구하라.

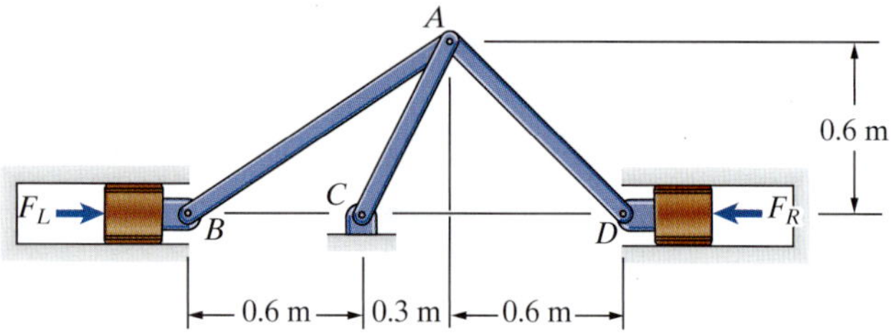

연습문제 6.10

6.11 하중 $F_1 = F_2 = 8$ kN이다. 부재 BD, BE, BG의 축력을 구하라.

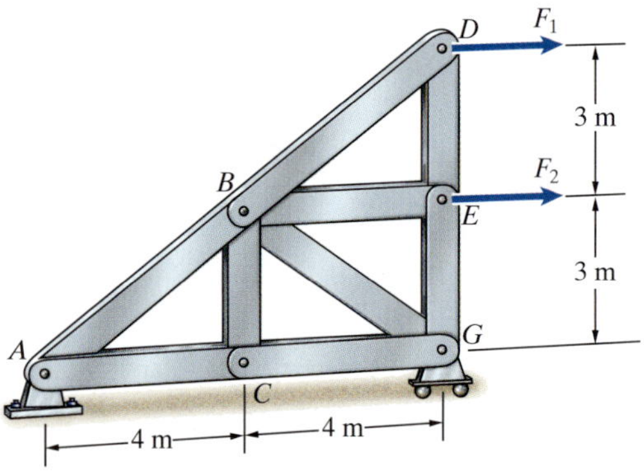

연습문제 6.11

6.12 하중 $F_1 = F_2 = 800$ lb이다. 부재 BD, CD, CE의 축력을 구하라.

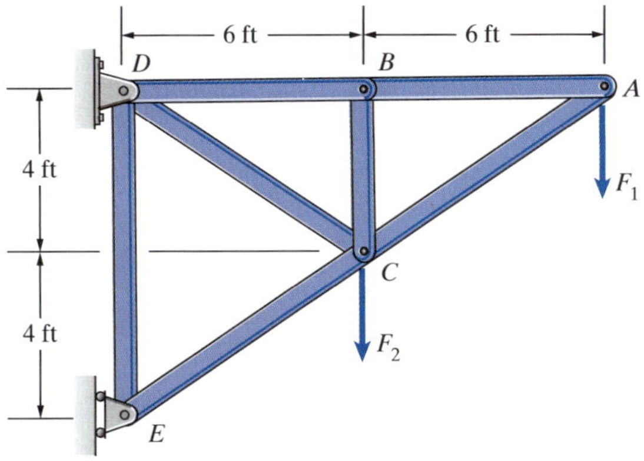

연습문제 6.12

6.13 트러스가 C와 E의 하중을 지지한다. $F = 3$ kN이면 부재 BC, BE의 축력은 얼마인가?

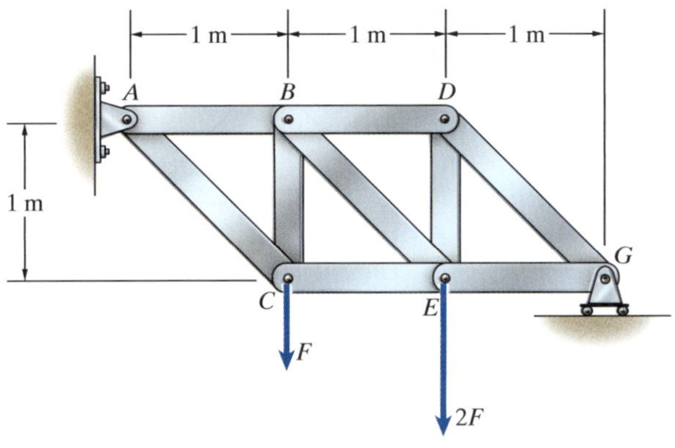

연습문제 6.13

6.14 치수 $b = h = 2$ m이다. 트러스 부재의 축력을 구하고, 인장(T) 또는 압축(C) 상태인지 여부를 나타내라.

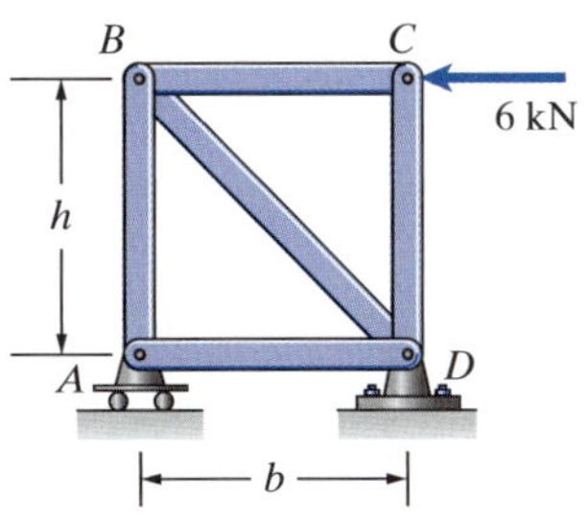

연습문제 6.14

6.15 그림의 트러스는 들것의 한쪽 끝을 구조 헬리콥터에 부착하기 위한 구조물의 예비 설계이다. 동적 시뮬레이션을 기반으로 설계 엔지니어가 들것이 A, B에서 가하는 아래 방향 힘이 1.6 kN을 넘지 않을 것이라고 추정한다. 부재 CF, DF, FG의 결과적인 축력은 얼마인가?

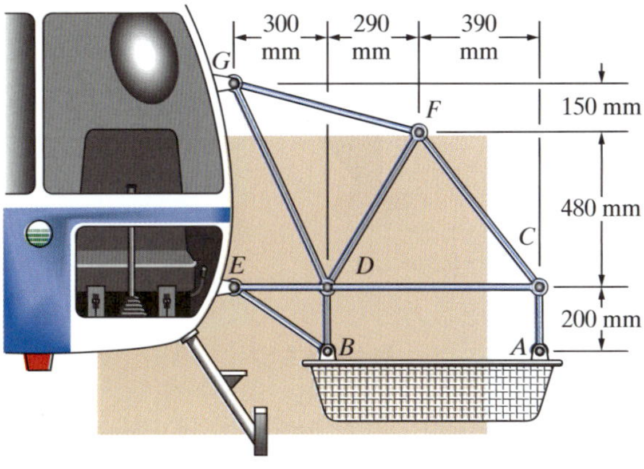

연습문제 6.15

6.16 교량 트러스의 부재 AB가 180 kN의 압축 축 방향 하중을 받고, 부재 AD가 6 kN의 압축 축 방향 하중을 받는다. 부재 AC, AE의 축 방향 하중을 구하고, 인장(T) 상태인지 압축 상태(C) 상태인지 명시하라.

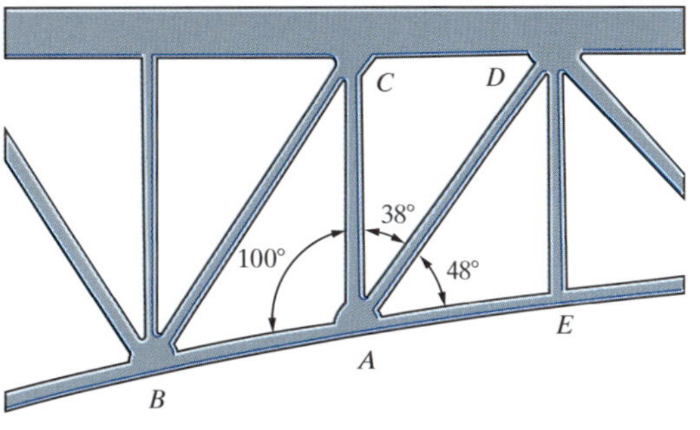

출처: Vince Streano/Corbis Documentary/Getty Images 제공

연습문제 6.16

6.17 중량 W로 부재의 축력을 구하라.

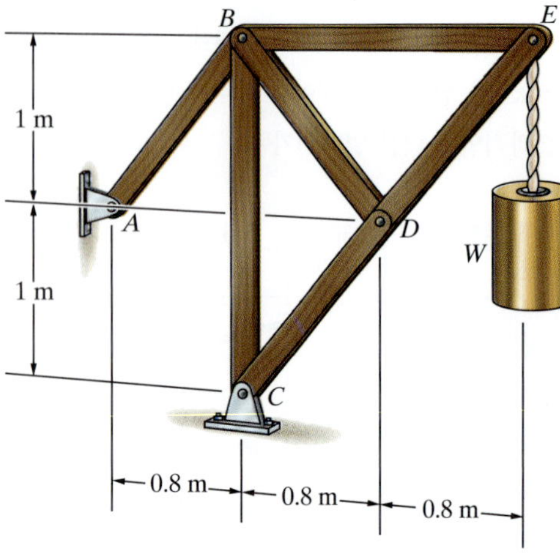

연습문제 6.17

6.18 트러스 부재의 길이가 그림과 같으며, 매달린 상자의 질량이 900 kg이다. 부재의 축력을 구하라.

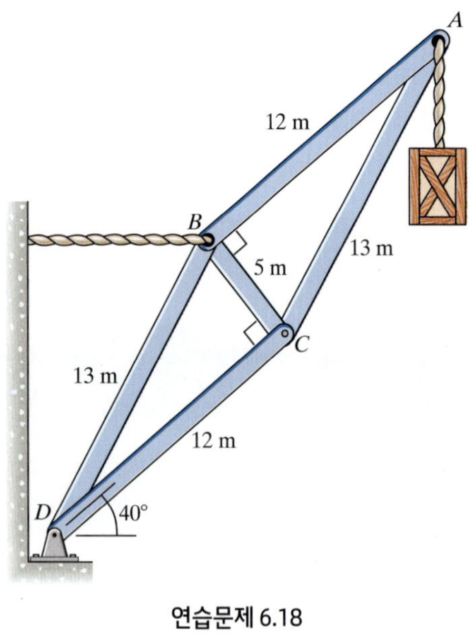

연습문제 6.18

6.19 부재 AC, BC, CD, CE의 축력을 구하라.

6.20 부재 CE, DE, EF, EG의 축력을 구하라.

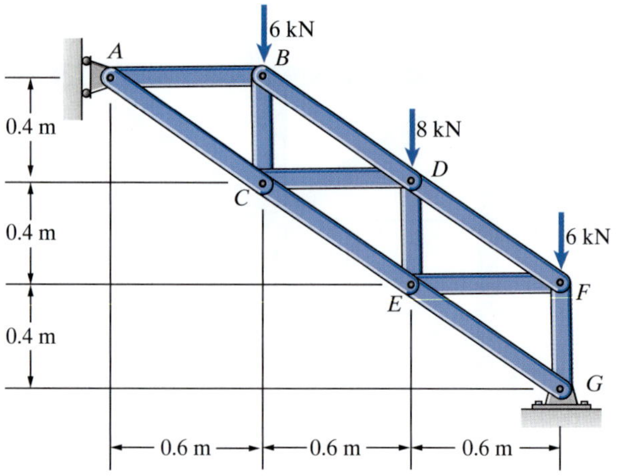

연습문제 6.19/6.20

6.21 트러스 부재 BC, CD, CE의 축력을 구하라.

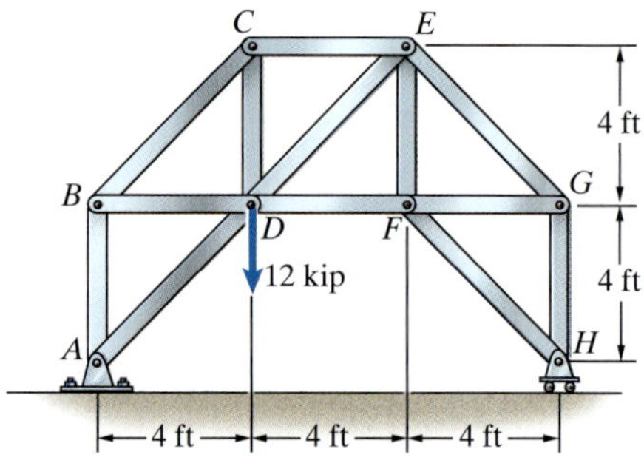

연습문제 6.21

6.22 보행로를 지지하는 워런 트러스가 B, D, F, H에서 수직 50 kN의 하중을 지지하도록 설계되었다. 트러스가 이러한 하중을 받는 경우 부재 BC, CD, CE에 발생하는 축력은 얼마인가?

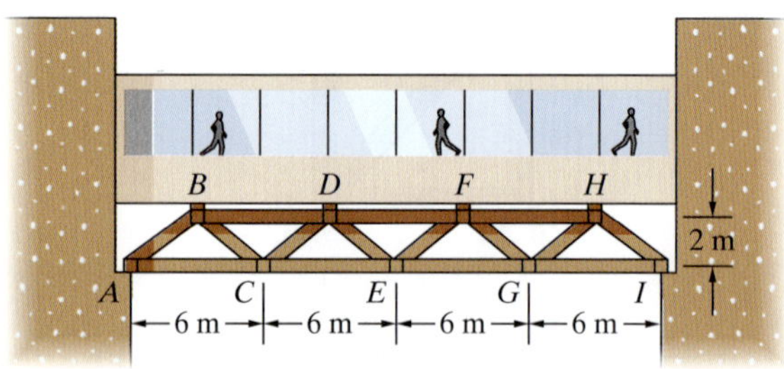

연습문제 6.22

6.23 트러스 부재 AB, BC, BD, BE의 축력을 구하라.

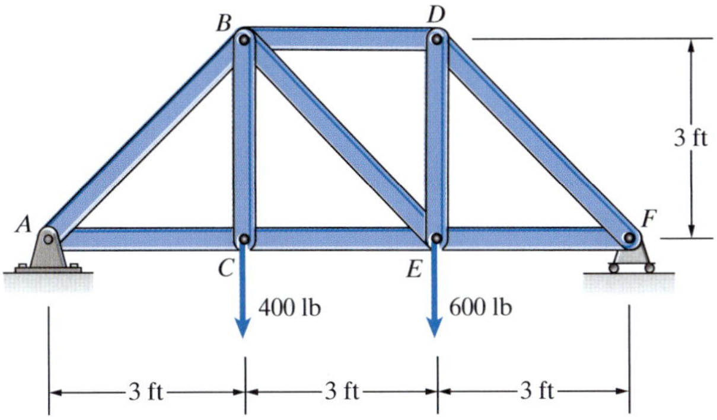

연습문제 6.23

6.24 프랫 교량 트러스가 다섯 가지 힘(F = 300 kN)을 지지한다. 치수 L = 8 m이다. 부재 BC, BI, BJ의 축력을 구하라.

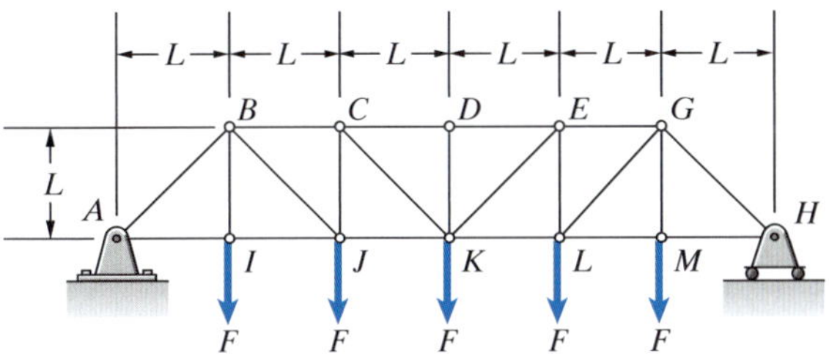

연습문제 6.24

6.25 표시된 지붕 트러스에 대해 부재 AD, BD, DE, DG의 축력을 구하라. A와 I의 지지대를 롤러 지지대로 모델링한다.

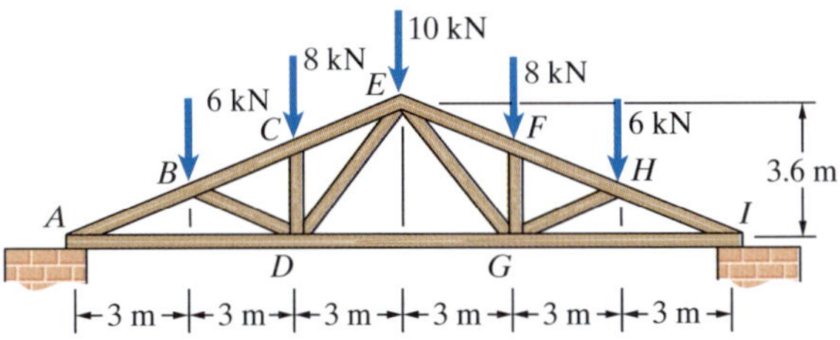

연습문제 6.25

6.26 연습문제 6.8에서 교량을 지지하는 트러스는 프랫 트러스라고 부른다. 교량 설계자가 그림에 표시된 트러스(하우 트러스라고 함)를 대신 사용하기로 결정했다고 가정하고 부재 AB, BD, CD의 축력을 구하라.

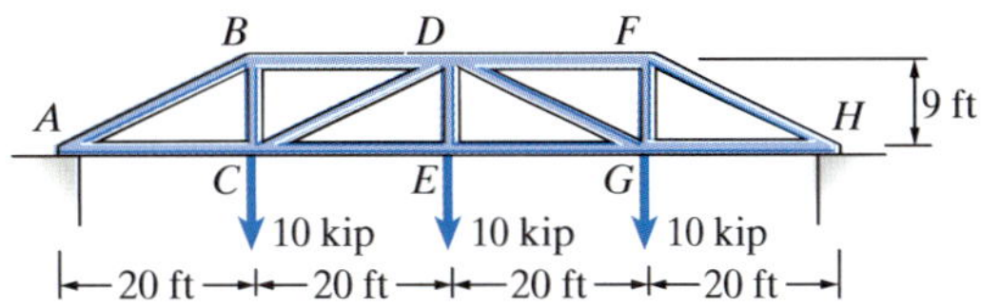

연습문제 6.26

6.27 평면 트러스가 해양 석유 플랫폼에 있는 크레인 지지대의 일부를 형성한다. 크레인은 B, C, D의 트러스에 수직 75 kN의 힘을 가한다. A의 지지대를 핀 지지대로, E의 지지대를 점선에 수직인 힘을 가할 수 있는 롤러 지지대로 모델링할 수 있다. 그러나 지지대에 평행한 힘을 행사할 수는 없다. 각도 α = 45°이다. 트러스 부재의 축력을 구하라.

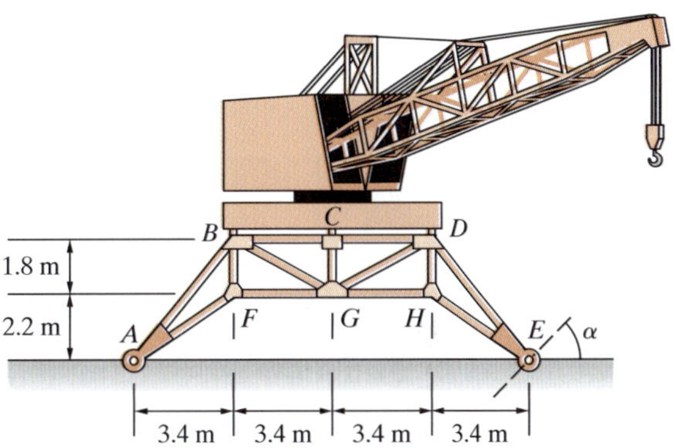

연습문제 6.27

6.28 하중 $F_1 = 2$ kip, $F_2 = 4$ kip, $F_3 = 6$ kip이다. 부재 *CD*, *DE*, *DG*의 축력을 구하라.

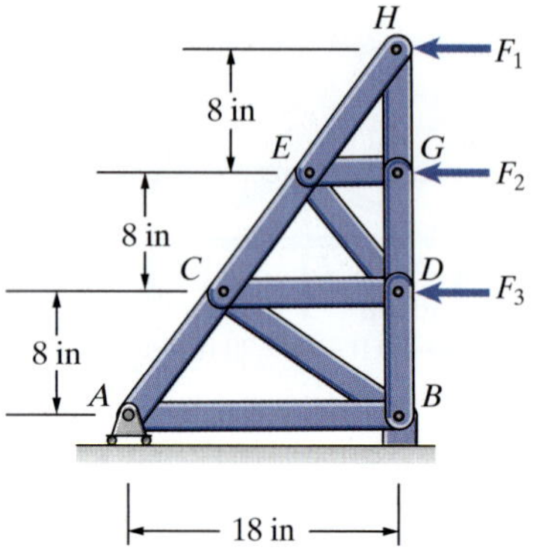

연습문제 6.28

6.29 (a) 장애물을 넘어 *C*에 가해지는 하중을 지지하는 지지대 *A*, *B*에 부착된 트러스를 설계하라. (b) (a)에서 설계한 트러스 부재의 축력을 하라.

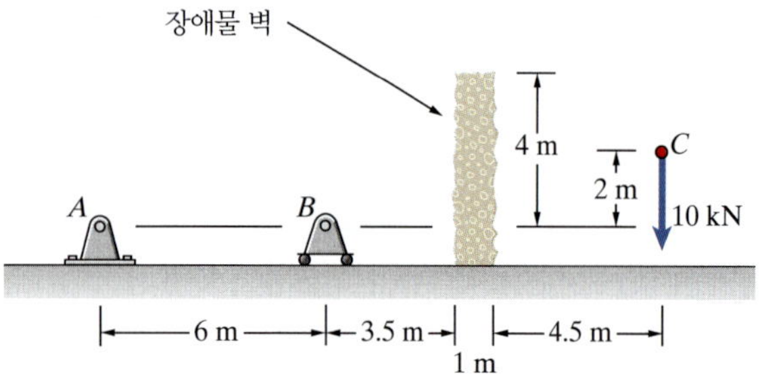

연습문제 6.29

6.30 *C*에서 3 kN의 아래 방향 하중을 지지하기 위해 *A*와 *B*(그림 a)에서 지지되는 트러스를 설계한다고 가정하자. 가장 간단한 설계(그림 b)는 부재 *AC*에 5 kN의 인장력을 가한다. 최대 인장력이 3 kN 미만이 되도록 트러스를 다시 설계하라.

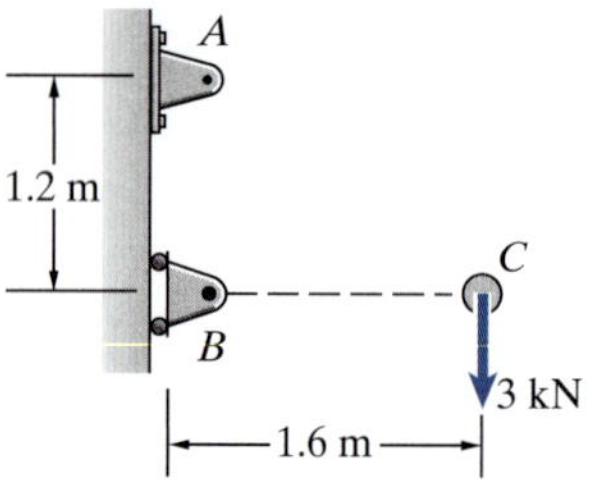

(a)

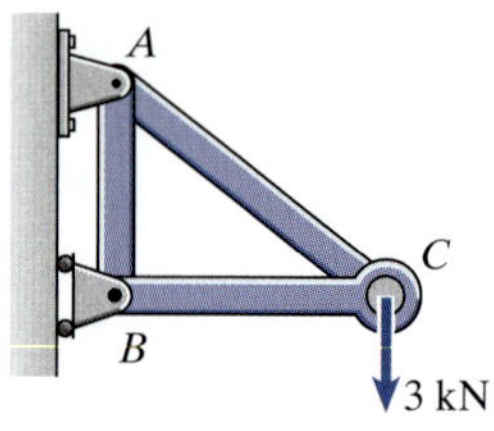

(b)

연습문제 6.30

6.31 예제 6.2의 교량 구조는 15° 각도를 20°로 증가시켜 더 높은 아치를 제공할 수 있다. 이 작업이 수행되면 부재 *AB*, *BC*, *CD*, *DE*의 축력은 얼마인가?

6.3 단면 방법

생각해보기

- 트러스의 '단면'이란 무엇인가?
- 단면 방법이 조인트 방법에 비해 유리한 이유는 무엇인가?

배경

트러스의 특정 부재에서만 축력을 알아야 할 경우 조인트 방법을 사용하는 것보다 단면 방법을 사용해서 더 빠르게 구할 수 있는 경우가 많다. 예를 들어 조인트 방법

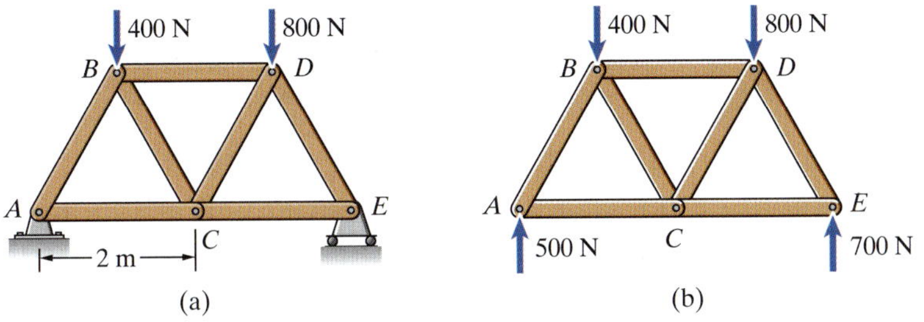

그림 6.12

(a) 두 개의 하중을 지지하는 워런 트러스

(b) 지지대에서의 반력을 보여주는 트러스의 자유물체도

을 소개하는 데 사용한 워런 트러스를 다시 생각해보자(그림 6.12a). 이것은 B와 D의 하중을 지지하며 각 부재의 길이는 2 m이다. 부재 BC의 축력만 구해야 한다고 가정하자.

조인트 방법과 마찬가지로 전체 트러스의 자유물체도를 그리고 지지대에서의 반력을 구하는 것부터 시작한다. 이 단계의 결과가 그림 6.12b에 나와 있다. 다음 단계는 부재 AC, BC, BD를 절단해 트러스의 일부 또는 단면에 대한 자유물체도를 얻는 것이다(그림 6.13). 점 B에 대한 모멘트를 합산하면 단면의 평형방정식은 다음과 같다.

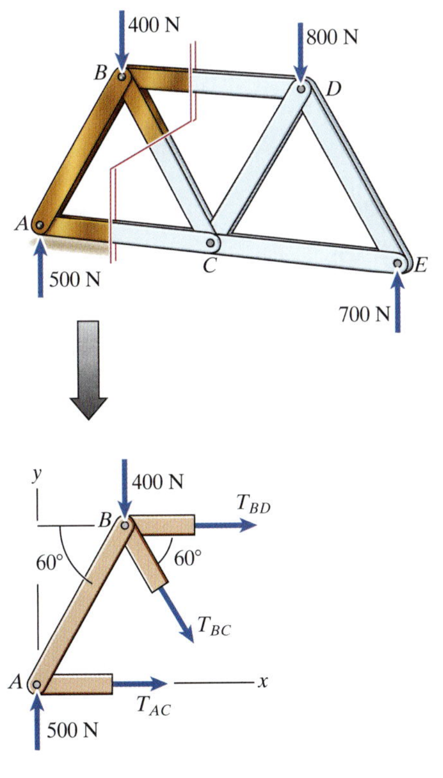

그림 6.13

트러스 단면의 자유물체도를 얻는다.

$$\Sigma F_x = T_{AC} + T_{BD} + T_{BC}\cos 60° = 0$$

$$\Sigma F_y = 500\ \mathrm{N} - 400\ \mathrm{N} - T_{BC}\sin 60° = 0$$

$$\Sigma M_{점\,B} = (2\sin 60°\ \mathrm{m})T_{AC}(2\cos 60°\ \mathrm{m})(500\ \mathrm{N}) = 0$$

이를 해결하면 $T_{AC} = 289$ N, $T_{BC} = 115$ N, $T_{BD} = -346$ N을 얻는다.

이 방법이 조인트 방법과 얼마나 유사한지 확인하라. 두 가지 방법 모두 트러스 부분의 자유물체도를 얻기 위해 부재를 절단하는 작업이 포함된다. 조인트 방법에서는 조인트에서 조인트로 이동하면서 조인트의 자유물체도를 그리고 부재의 축력을 구한다. 단면 방법에서는 특정 부재의 축력을 구할 수 있는 단일 자유물체도를 얻으려고 한다. 이 예에서는 축력을 구하려는 부재(부재 *BC*)를 포함해서 세 부재를 절단해 자유물체도를 얻었다.

조인트의 자유물체도와 달리 단면 방법에 사용된 자유물체도의 힘은 일반적으로 동시적이지 않으며, 이 예에서와 같이 세 가지 독립적인 평형방정식을 얻을 수 있다. 예외도 있지만 일반적으로 부재를 세 개 이하로 절단해야 하는 단면을 선택해야 한다. 그렇지 않으면 평형방정식보다 미지의 축력이 더 많이 발생한다.

결과 정리

단면 방법

트러스의 특정 부재에 대한 축력을 구해야 하는 경우 단면 방법이 조인트 방법보다 필요한 결과를 더 효율적으로 제공할 수 있는 경우가 많다.

시작하기 전에 단일 물체로 간주되는 전체 트러스의 자유물체도를 그리고 지지대에서의 반력을 구하기 위해 평형방정식을 적용하는 것이 일반적으로 유리하다.

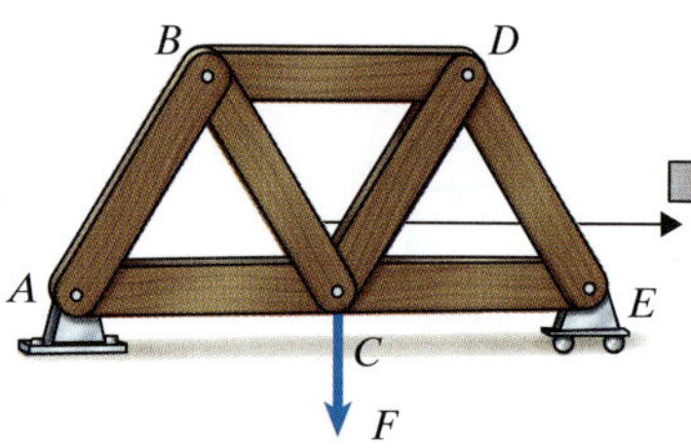

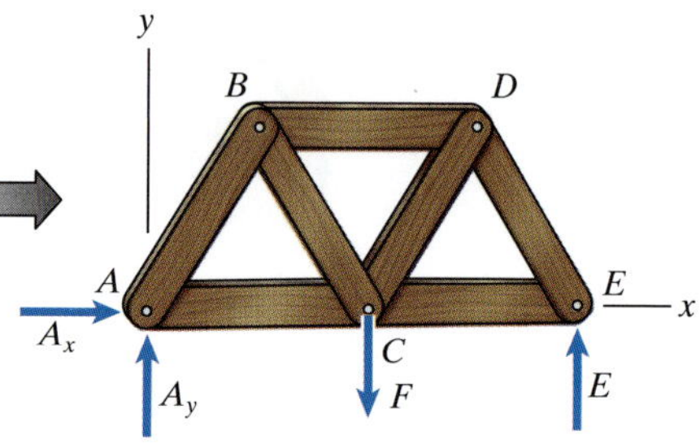

트러스의 일부 또는 단면을 분리하기에 충분한 부재를 통해 평면을 통과시키되, 축력을 구하려는 부재를 통해 평면을 통과시킨다. 부재의 축력을 표시해 단면의 자유물체도를 완성한다. 단면의 자유물체도에 평형방정식을 적용한다.

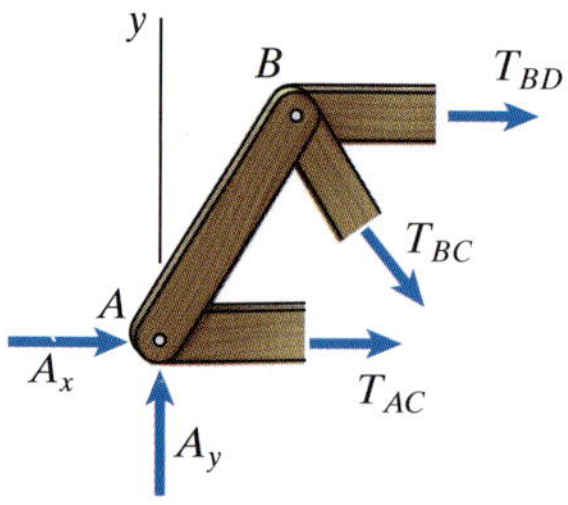

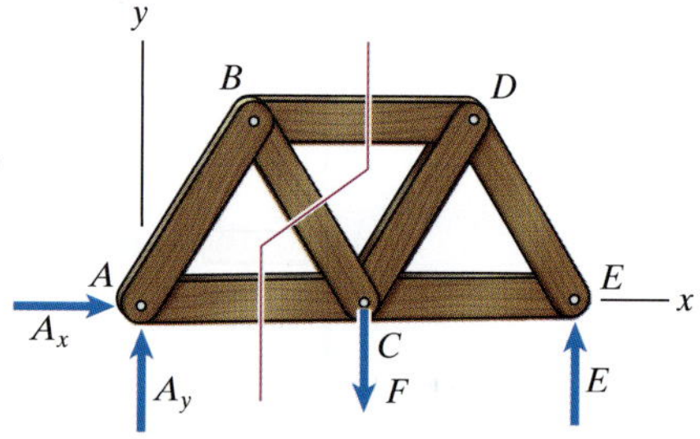

실습 예제 6.3 단면 방법

트러스의 수평 부재의 길이가 각각 1 m이다. 부재 CD, CJ, IJ의 축력을 구하라.

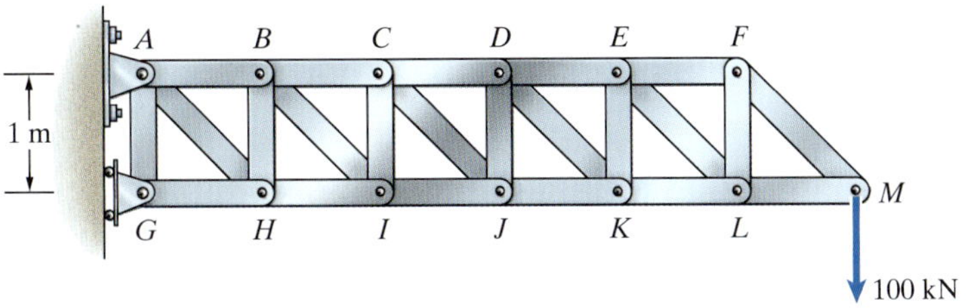

전략

부재 CD, CJ, IJ를 통과하는 평면을 통해 구하려는 축력을 얻을 수 있는 단면을 얻는다.

풀이

부재 CD, CJ, IJ를 통과해서 단면의 자유물체도를 그린다.

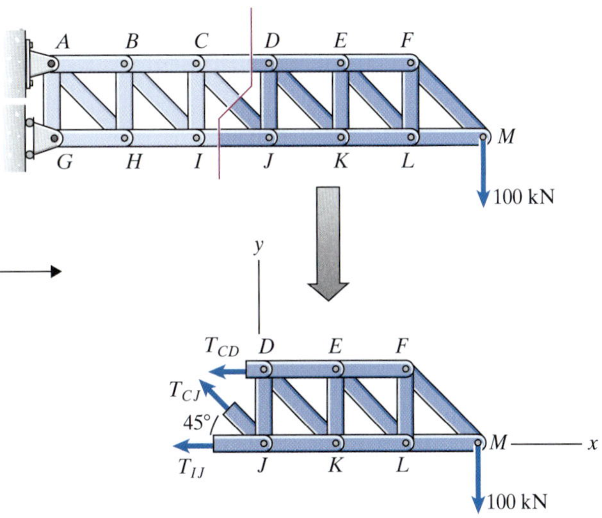

$$\sum F_x = -T_{CD} - T_{CJ}\cos 45° - T_{IJ} = 0$$

$$\sum F_y = T_{CJ}\sin 45° - 100\ \text{kN} = 0$$

$$\sum M_{\text{점}\ J} = (1\ \text{m})T_{CD} - (3\ \text{m})(100\ \text{kN}) = 0$$

계산하면 $T_{AC} = 300$ kN, $T_{CJ} = 141$ kN, $T_{IJ} = -400$ kN이 산출된다. 수직력은 다음과 같다.

CD: 300 kN (T), CJ: 141 kN (T), IJ: 400 kN (C)

평형방정식을 적용한다.

실습 문제 단면 방법을 사용해 트러스 부재 DE, DK, JK의 축력을 구하라.

답: DE: 200 kN (T), DK: 141 kN (T), JK: 300 kN (C)

예제 6.4 적절한 단면 선택

트러스 부재 DG, BE의 축력을 구하라.

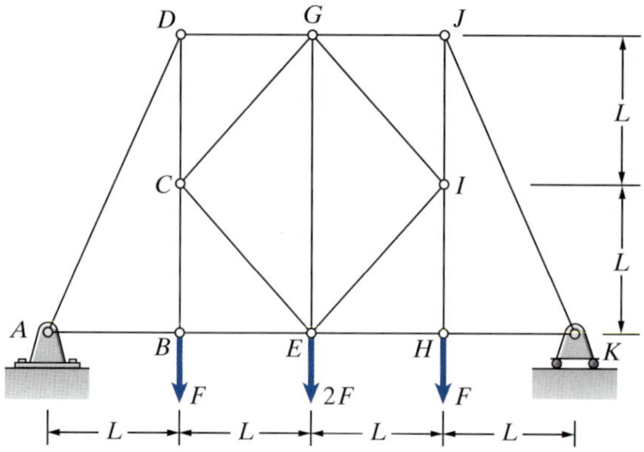

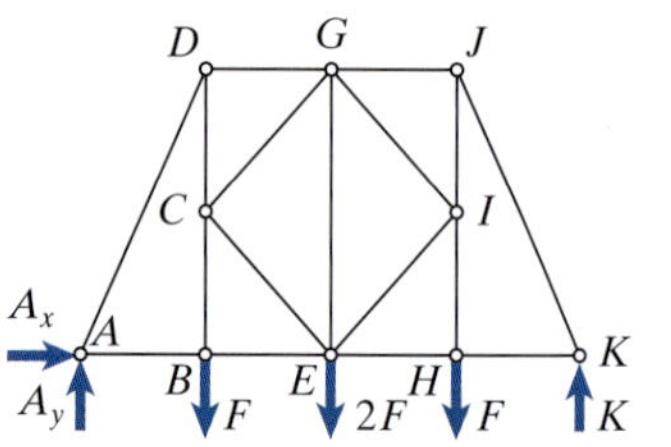

(a) 전체 트러스의 자유물체도

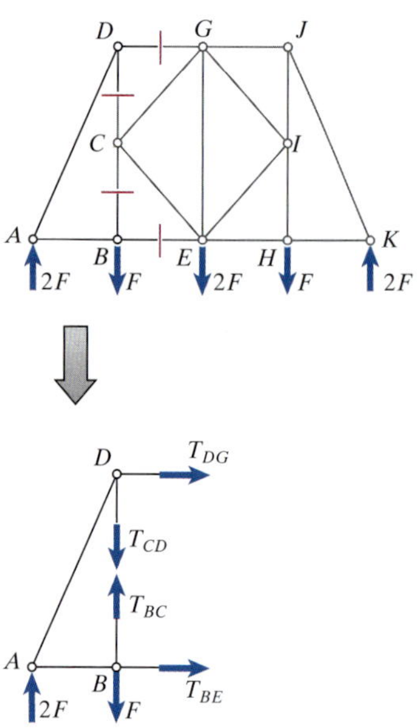

(b) 부재 DG, CD, BC, BE를 통해 평면을 통과시켜 얻은 트러스 단면

전략

셋 이상의 부재를 절단하지 않고는 부재 DG, BE를 절단한 단면을 얻을 수 없다. 그러나 부재 DG, BE, CD, BC를 절단하면 부재 DG, BE의 축력을 구할 수 있는 단면이 생성된다.

풀이

지지점에서의 반력 결정 그림 a에 전체 트러스의 자유물체도를 그린다. 평형방정식으로부터,

$$\Sigma F_x = A_x = 0$$
$$\Sigma F_y = A_y + K - F - 2F - F = 0$$
$$\Sigma M_{\text{점 } A} = -LF - (2L)(2F) - (3L)F + (4L)K = 0$$

따라서 반력 $A_x = 0$, $A_y = 2F$, $K = 2F$를 얻는다.

단면 선택 그림 b에서는 부재 DG, CD, BC, BE를 절단해 단면을 얻는다. T_{BE}, T_{BC}, T_{CD}의 작용선이 점 B를 통과하므로 B에 대한 모멘트를 합산해 T_{DG}를 구할 수 있다.

$$\Sigma M_{\text{점 } B} = -L(2F) - (2L)T_{DG} = 0$$

축력 $T_{DG} = -F$이다. 그러면 평형방정식으로부터

$$\Sigma F_x = T_{DG} + T_{BE} = 0$$

$T_{BE} = T_{DG} = -F$임을 알 수 있다. 부재 DG는 압축 상태이고 부재 BE는 인장 상태이다.

비판적 사고

이것은 영리한 예제이지만 실제로 직면하는 문제의 전형적인 예는 아니다. 이를 해결하는 데 사용되는 단면은 구조 분석 경험이 있는 사람에게도 명확하지 않을 수 있다. 그림 b의 자유물체도는 부재 DG, BE의 축력을 구하는 데 사용할 수 있지만 정적으로 불확정하다는 점에 유의하라.

연습문제

6.32 실습 예제 6.3의 단면 방법을 사용해 부재 *BC*, *BI*, *HI*의 축력을 구하라.

6.33 단면 방법을 사용해 부재 *AC*, *BC*, *BD*의 축력을 구하라.

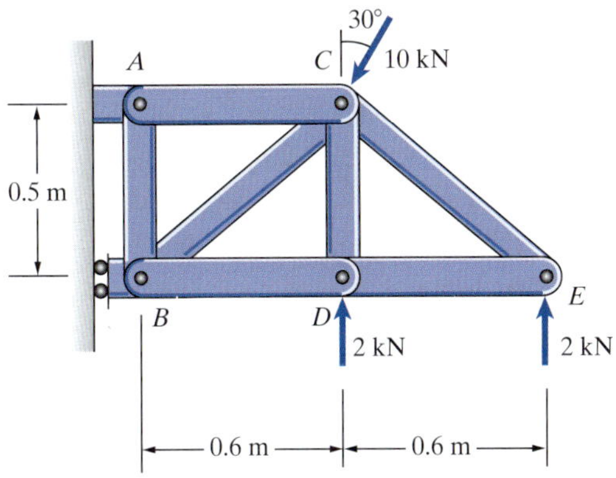

연습문제 6.33

6.34 트러스가 *J*에서 100 kN의 하중을 지지하고 수평 부재의 길이가 각각 1 m이다. (a) 조인트 방법을 사용해 부재 *DG*의 축력을 구하라. (b) 단면 방법을 사용해 부재 *DG*의 축력을 구하라.

6.35 수평 부재의 길이가 각각 1 m이다. 단면 방법을 사용해 부재 *BC*, *CF*, *FG*의 축력을 구하라.

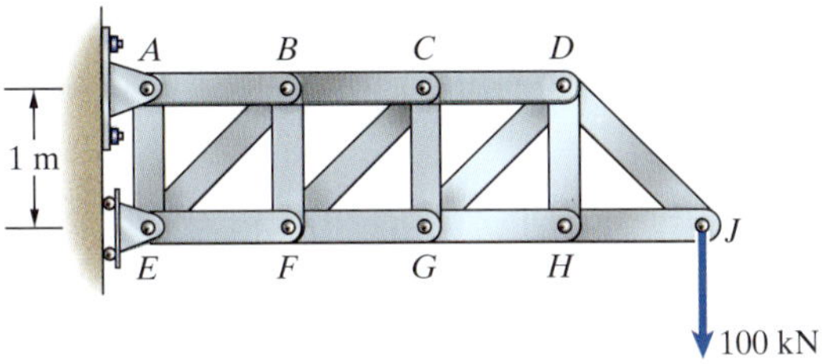

연습문제 6.34/6.35

6.36 하중 $F_1 = F_2 = 800$ lb이다. 단면 방법을 사용해 부재 *BD*, *CD*, *CE*의 축력을 구하라.

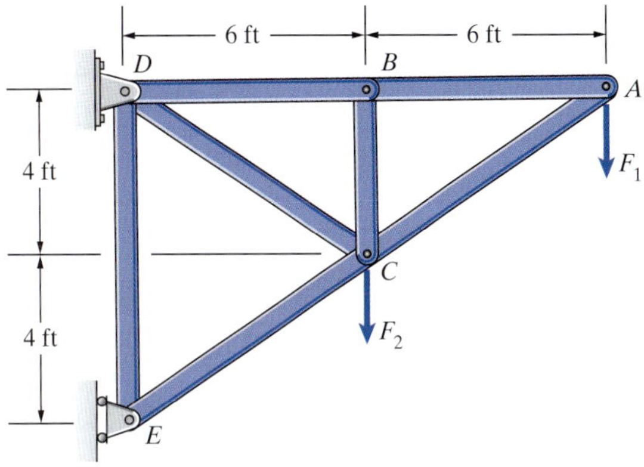

연습문제 6.36

6.37 치수 $b = h = 2$ m이다. 부재 *AB*, *BD*, *CD*를 통해 평면을 통과시켜 트러스 단면을 얻고, 이를 사용해 부재 *BD*의 축력을 구하라.

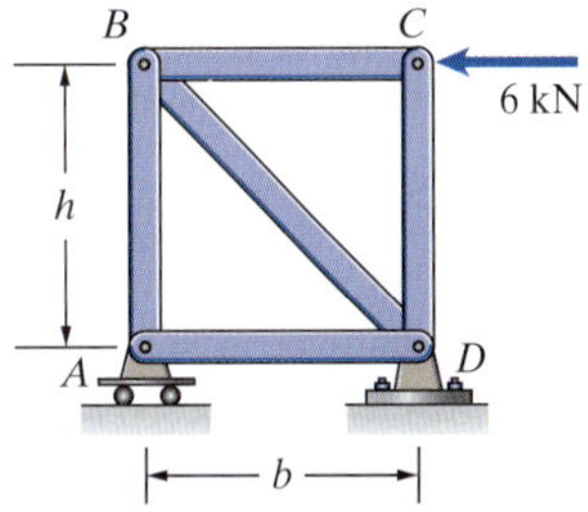

연습문제 6.37

6.38 단면 방법을 사용해 부재 *BD*, *CD*, *CE*의 축력을 구하라.

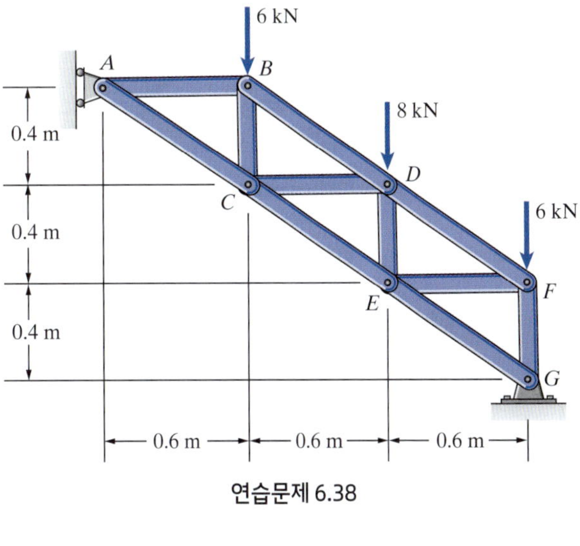

연습문제 6.38

6.39 하우 교량 트러스가 그림과 같이 하중을 받는다. 단면 방법을 사용해 부재 BD, CD, CE의 축력을 구하라.

6.40 이 하우 교량 트러스에 대해 단면 방법을 사용해 부재 DF, DG, EG의 축력을 구하라.

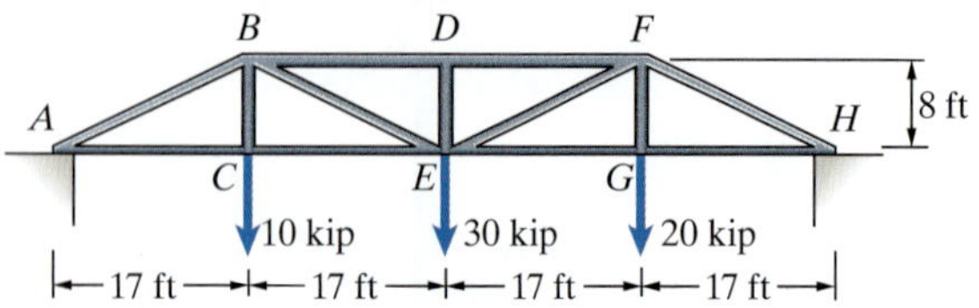

연습문제 6.39/6.40

6.41 프랫 교량 트러스가 $F = 340$ kN의 다섯 가지 힘을 지지하며, 치수 $L = 8$ m이다. 단면 방법을 사용해 부재 JK의 축력을 구하라.

6.42 연습문제 6.41의 프랫 교량 트러스에 대해 단면 방법을 사용해 부재 EK의 축력을 구하라.

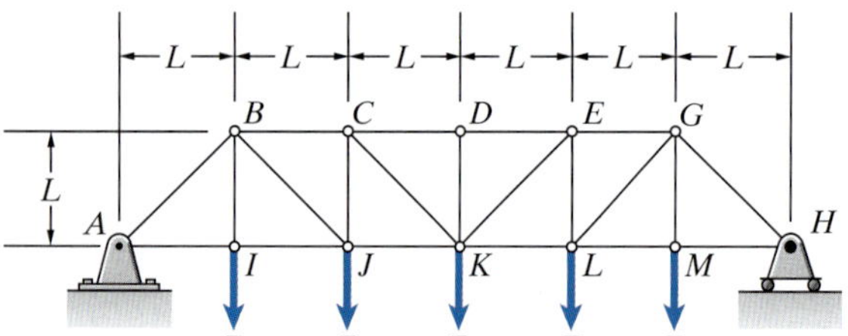

연습문제 6.41/6.42

6.43 보도가 B, D, F, H의 워런 트러스에 수직 50 kN의 하중을 가한다. 단면 방법을 사용해 부재 CE의 축력을 구하라.

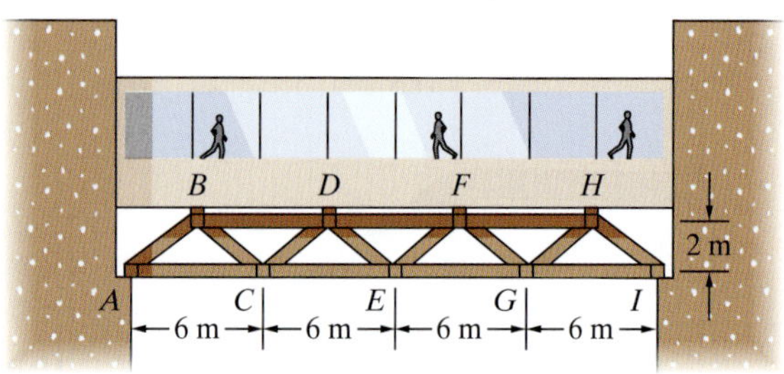

연습문제 6.43

6.44 단면 방법을 사용해 부재 BD, BE, CE의 축력을 구하라.

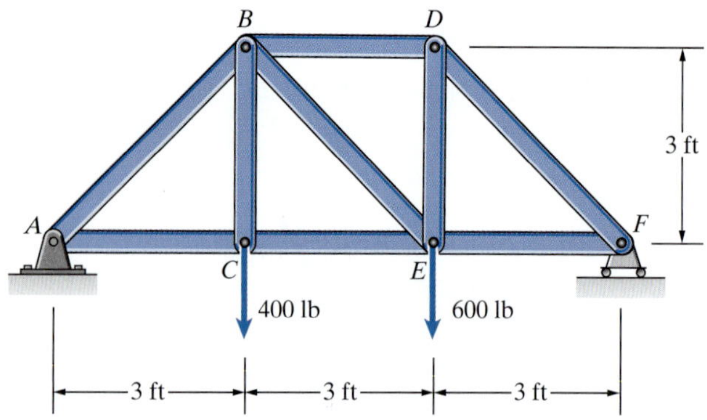

연습문제 6.44

6.45 단면 방법을 사용해 부재 FH, GH, GI의 축력을 구하라.

6.46 단면 방법을 사용해 부재 BD, CD, CE의 축력을 구하라.

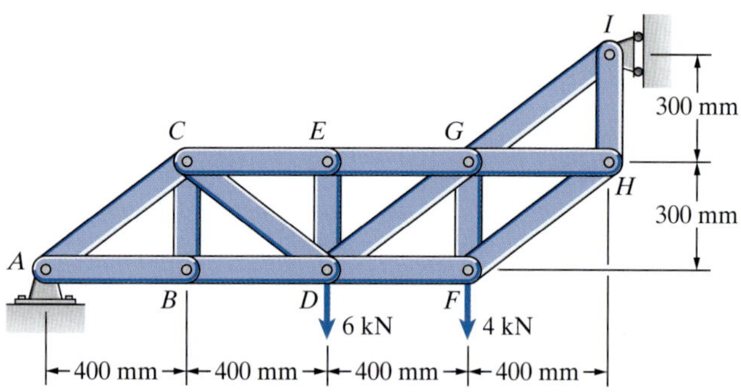

연습문제 6.45/6.46

6.47 하중 $F_1 = 2$ kip, $F_2 = 4$ kip, $F_3 = 6$ kip이다. 단면 방법을 사용해 부재 AC, BC, BD의 축력을 구하라.

6.48 하중 $F_1 = 2$ kip, $F_2 = 4$ kip, $F_3 = 6$ kip이다. 단면 방법을 사용해 부재 CE, DE, DG의 축력을 구하라.

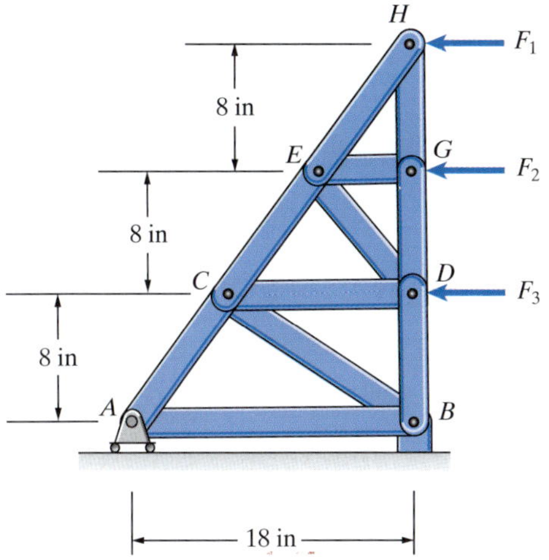

연습문제 6.47/6.48

6.49 단면 방법을 사용해 부재 CE, DE, DF의 축력을 구하라.

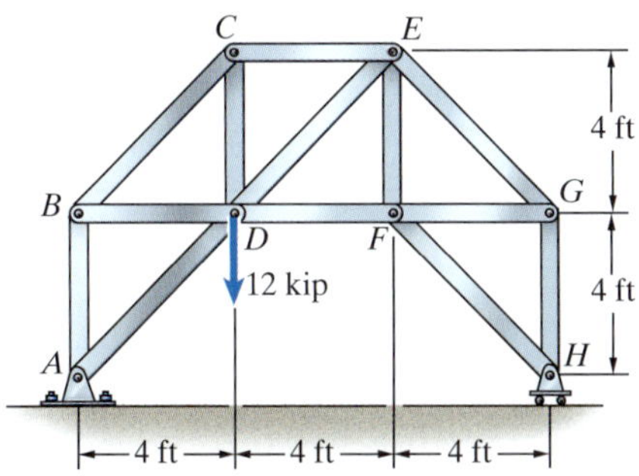

연습문제 6.49

6.50 그림의 교량 트러스에 대해 단면 방법을 사용해 부재 CE, CF, DF의 축력을 구하라.

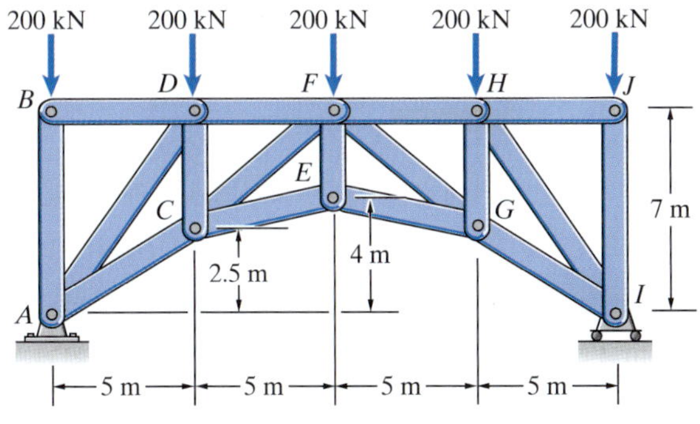

연습문제 6.50

6.51 하중 $F = 20$ kN, 치수 $L = 2$ m이다. 단면 방법을 사용해 부재 HK의 축력을 구하라.

전략: 부재 HK, HI, IJ, JM을 절단해서 단면을 확보한다. 이렇게 하면 자유물체도가 정적으로 불확정하더라도 부재 HK, JM의 축력을 구할 수 있다.

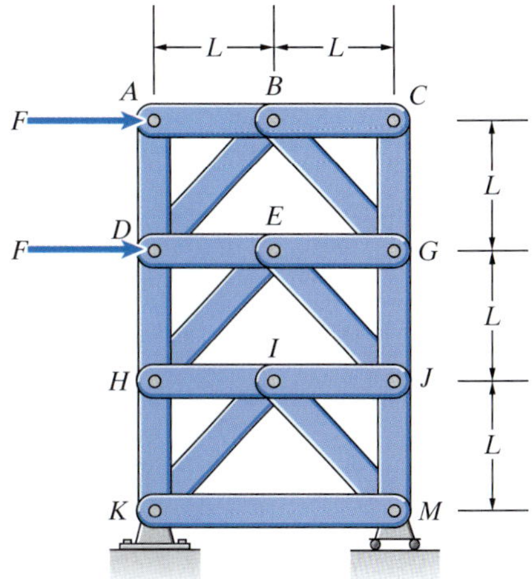

연습문제 6.51

6.52 버킷의 무게 $W = 1000$ lb이고, 케이블이 A, D의 풀리 위로 지나간다. (a) 부재 FG, HI의 축력을 구하라. (b) 단면의 자유물체도를 그려 부재 FG, HI의 축력이 동일한 이유를 설명하라.

6.53 버킷의 무게 $W = 1000$ lb이고, 케이블이 A, D의 풀리 위로 지나간다. 부재 IK, JL의 축력을 구하라.

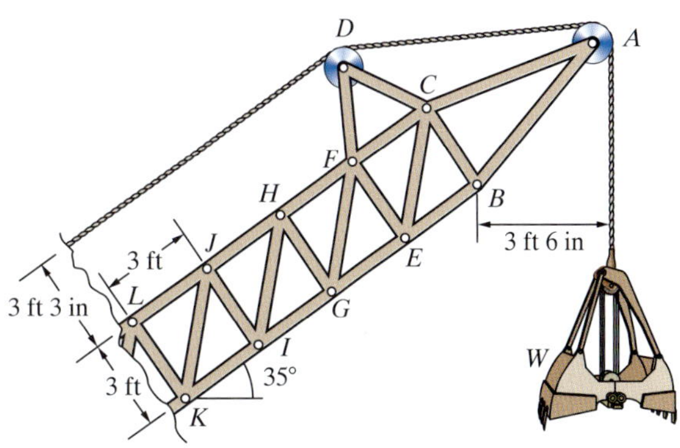

연습문제 6.52/6.53

6.54 트러스가 N, P, R의 하중을 지지한다. 부재 LN, LO, MO의 축력을 구하라.

6.55 부재 HJ, GI의 축력을 구하라.

6.56 단면의 자유물체도를 그려서 부재 EF의 축력이 0인 이유를 설명하라.

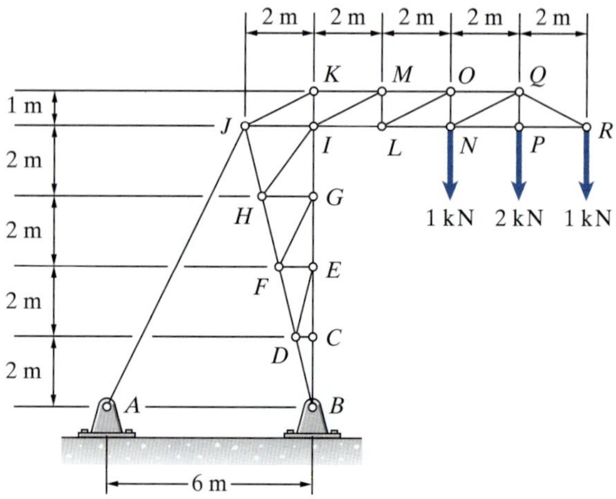

연습문제 6.54~6.56

6.4 공간 트러스

생각해보기

- '공간 트러스'는 공상과학 소설처럼 들리지만 실제로는 우주선에서 광범위하게 사용된다. 이것은 무엇인가?
- 공간 트러스의 조인트를 분석해서 미지의 축력을 얼마나 알 수 있는가?

배경

그림 6.14a와 같이 여섯 개의 막대를 끝부분에 연결해 사면체를 얻음으로써 간단한 3차원 구조를 형성할 수 있다. 부재를 추가하면 보다 정교한 구조를 얻을 수 있다(그림 6.14b, c). 이와 같은 3차원 구조는 부재에 우력 모멘트를 작용하지 않는 조인트가 있고(즉 조인트가 볼-소켓 지지대처럼 동작함) 조인트에서 하중을 받고 지지되는 경우 **공간 트러스**라고 한다. 공간 트러스는 2차원 트러스에 대해 설명한 것과 동일한 방법으로 분석된다. 유일한 차이점은 더 복잡한 형상을 처리해야 한다는 것이다.

그림 6.15a의 공간 트러스를 생각해보자. 하중 $\mathbf{F} = -2\mathbf{i} - 6\mathbf{j} - \mathbf{k}$ (kN)라고 가정하자. 조인트 A, B, C는 매끄러운 바닥에 놓여 있다. 조인트 A는 매끄러운 벽이 만나는 모서리에 의해 지지되고 조인트 C는 뒷벽에 기대어 놓인다. 이 트러스에 조인트 방법을 적용할 수 있다.

먼저 지지대(바닥과 벽)가 가하는 반력을 구해야 한다. 그림 6.15b에 전체 트러스의 자유물체도를 그려놓았다. 모서리는 A에서 세 가지 힘 성분을 발휘할 수 있

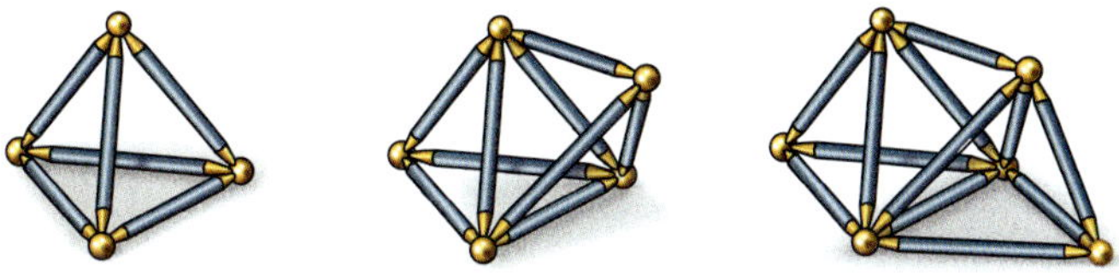

(a) (b) (c)

그림 6.14

6, 9, 12개의 부재로 구성된 공간 트러스

고, 바닥과 벽은 C에서 두 가지 힘 성분을 발휘할 수 있으며, 바닥은 B에서 수직 힘을 발휘할 수 있다. A에 대한 모멘트를 합산하면, 다음과 같은 힘(kN)과 거리(m)로 표현한 평형방정식을 찾을 수 있다.

$$\Sigma F_x = A_x - 2 = 0$$
$$\Sigma F_y = A_y + B_y + C_y - 6 = 0$$
$$\Sigma F_z = A_z + C_z - 1 = 0$$

$$\Sigma M_{\text{점}\,A} = (\mathbf{r}_{AB} \times B_y\mathbf{j}) + [\mathbf{r}_{AC} \times (C_y\mathbf{j} + C_z\mathbf{k})] + (\mathbf{r}_{AD} \times \mathbf{F})$$

$$= \begin{vmatrix} \mathbf{i} & \mathbf{j} & \mathbf{k} \\ 2 & 0 & 3 \\ 0 & B_y & 0 \end{vmatrix} + \begin{vmatrix} \mathbf{i} & \mathbf{j} & \mathbf{k} \\ 4 & 0 & 0 \\ 0 & C_y & C_z \end{vmatrix} + \begin{vmatrix} \mathbf{i} & \mathbf{j} & \mathbf{k} \\ 2 & 3 & 1 \\ -2 & -6 & -1 \end{vmatrix}$$

$$= (-3B_y + 3)\mathbf{i} + (-4C_z)\mathbf{j}$$
$$+ (2B_y + C_y - 6)\mathbf{k} = 0$$

이 방정식을 풀면 $A_x = 2$ kN, $A_y = 4$ kN, $A_z = 1$ kN, $B_y = 1$ kN, $C_y = 1$ kN, $C_z = 0$의 반력을 얻는다.

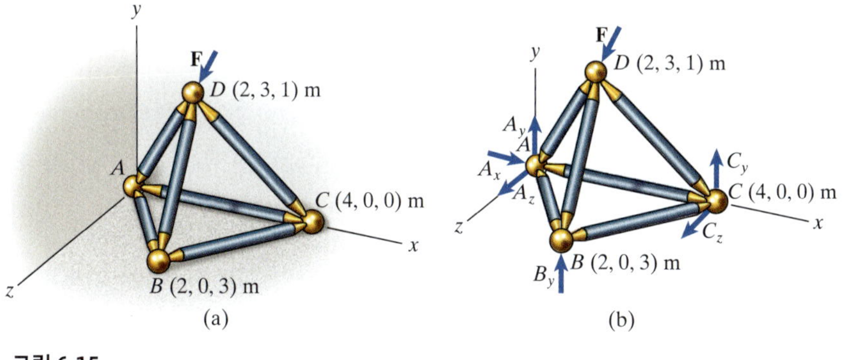

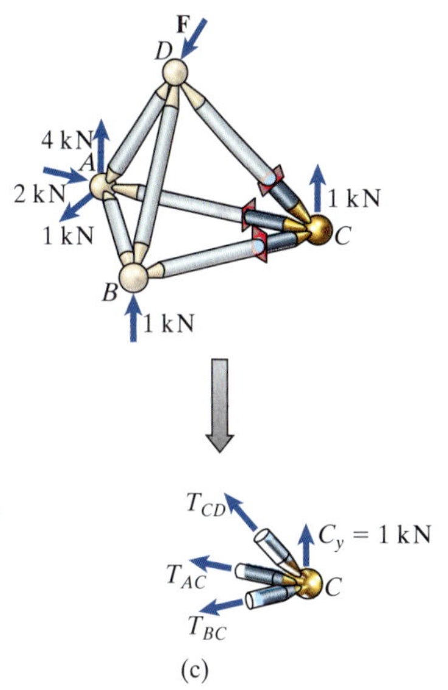

그림 6.15

(a) 하중 F를 지지하는 공간 트러스

(b) 전체 트러스의 자유물체도

(c) 조인트 C의 자유물체도를 구한다.

이 예에서 조인트 C의 자유물체도로부터 부재 C, BC, CD의 축력을 구할 수 있다(그림 6.15c). 조인트에 대한 평형방정식을 작성하려면 세 가지 축력을 해당 성분으로 표현해야 한다. 부재 AC가 x축을 따라 있기 때문에 축력 T_{AC}가 조인트 C에 가하는 힘을 벡터 $-T_{AC}\,\mathbf{i}$로 표현한다. $\mathbf{r}_{CB}$를 C에서 B까지의 위치 벡터로 설정한다.

$$\mathbf{r}_{CB} = (2 - 4)\mathbf{i} + (0 - 0)\mathbf{j} + (3 - 0)\mathbf{k} = -2\mathbf{i} + 3\mathbf{k} \text{ (m)}$$

이 벡터를 크기로 나누어 C에서 B를 가리키는 단위 벡터를 얻으면 다음이 생성된다.

$$\mathbf{e}_{CB} = \frac{\mathbf{r}_{CB}}{|\mathbf{r}_{CB}|} = -0.555\mathbf{i} + 0.832\mathbf{k}$$

그런 다음 축력 T_{BC}가 조인트 C에 가하는 힘을 벡터로 표현한다.

$$T_{BC}\,\mathbf{e}_{CB} = T_{BC}(-0.555\mathbf{i} + 0.832\mathbf{k})$$

같은 방식으로 축력 T_{CD}가 조인트 C에 가하는 힘을 벡터로 표현한다.

$$T_{CD}(-0.535\mathbf{i} + 0.802\mathbf{j} + 0.267\mathbf{k})$$

조인트에 가해지는 힘의 합을 0으로 설정하면 다음을 얻는다.

$$\begin{aligned}&-T_{AC}\mathbf{i} + T_{BC}(-0.555\mathbf{i} + 0.832\mathbf{k})\\&+ T_{CD}(-0.535\mathbf{i} + 0.802\mathbf{j} + 0.267\mathbf{k})(1\text{ kN})\mathbf{j} = 0\end{aligned}$$

그러면 세 가지 평형방정식을 얻는다.

$$\begin{aligned}\Sigma F_x &= -T_{AC} - 0.555T_{BC} - 0.535T_{CD} = 0\\ \Sigma F_y &= 0.802T_{CD} + 1\text{ kN} = 0\\ \Sigma F_z &= 0.832T_{BC} + 0.267T_{CD} = 0\end{aligned}$$

이러한 방정식을 풀면 축력은 $T_{AC} = 0.444$ kN, $T_{BC} = 0.401$ kN, $T_{CD} = -1.247$ kN이다. 부재 AC, BC는 인장 상태에 있고 부재 CD는 압축 상태에 있다. 계속해서 조인트의 자유물체도를 그리면 모든 부재의 축력을 구할 수 있다.

예제에서 보여주듯이 3차원 조인트의 자유물체도에서 세 개의 평형방정식을 얻을 수 있으므로, 일반적으로 미지의 힘이 세 개 이하의 영향을 받는 조인트를 분석 대상으로 선택해야 한다.

결과 정리

공간 트러스는 부재가 동일 평면상에 있지 않은 트러스이다. 정적으로 결정된 공간 트러스 부재의 축력은 조인트 방법을 적용해서 구할 수 있다.

시작하기 전에 일반적으로 단일 물체로 간주되는 전체 트러스의 자유물체도를 그리고 지지대에서의 반력을 구하기 위한 평형방정식을 적용하는 것이 필요하다.

↓

연결된 부재를 통해 평면을 통과시켜 개별 조인트를 분리한다. 부재의 축력을 표시해 자유물체도를 완성한다. 조인트의 자유물체도에 평형방정식 $\Sigma\mathbf{F} = \mathbf{0}$을 적용한다. 원하는 축 하중을 구할 때까지 다른 조인트에 대해 이 과정을 반복한다.

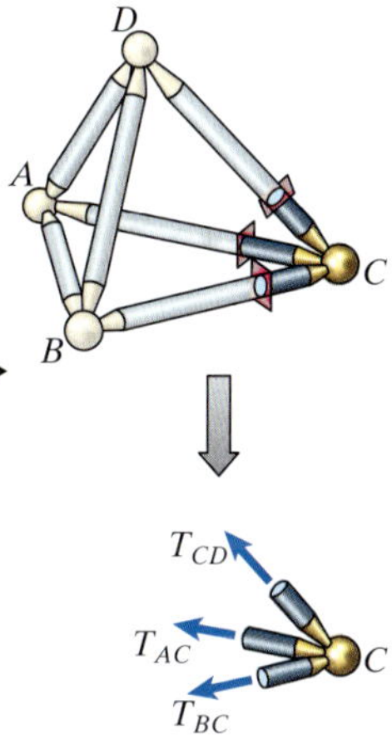

실습 예제 6.5 공간 트러스

공간 트러스가 B, C, D에 롤러 지지대를 가지고 A에서 수직 1200 lb의 하중을 지지한다. 부재 AD, BD, CD의 축력을 구하라.

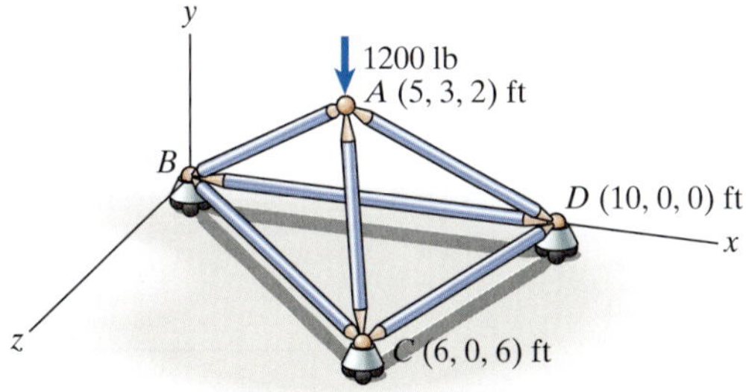

전략

먼저 전체 트러스의 자유물체도를 그려 단일 물체로 취급하고 지지대에서의 반력을 구한다. 그런 다음 조인트 D의 자유물체도를 그려 부재 AD, BD, CD의 축력을 구할 수 있다.

풀이

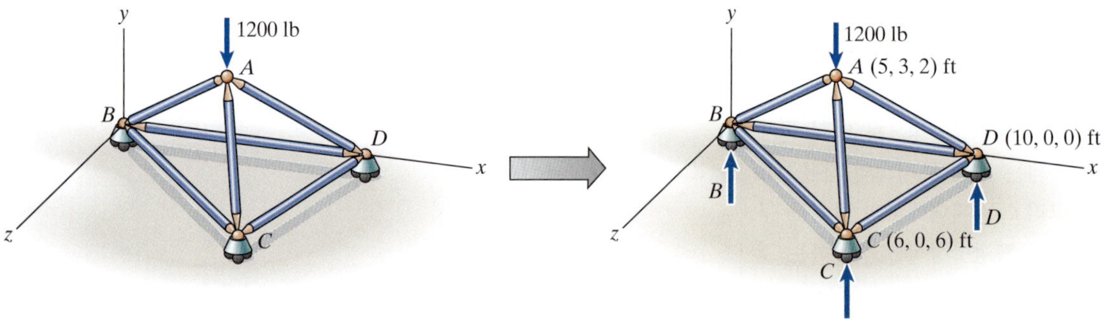

$$\Sigma F_y = B + C + D - 1200 \text{ lb} = 0$$

$$\Sigma M_{\text{점 } B} = \mathbf{r}_{BA} \times [-1200\mathbf{j} \text{ (lb)}] + \mathbf{r}_{BC} \times C\mathbf{j} + \mathbf{r}_{BD} \times D\mathbf{j}$$

$$= \begin{vmatrix} \mathbf{i} & \mathbf{j} & \mathbf{k} \\ 5 & 3 & 2 \\ 0 & -1200 & 0 \end{vmatrix} + \begin{vmatrix} \mathbf{i} & \mathbf{j} & \mathbf{k} \\ 6 & 0 & 6 \\ 0 & C & 0 \end{vmatrix} + \begin{vmatrix} \mathbf{i} & \mathbf{j} & \mathbf{k} \\ 10 & 0 & 0 \\ 0 & D & 0 \end{vmatrix}$$

$$= (2400 - 6C)\mathbf{i} + (-6000 + 6C + 10D)\mathbf{k} = 0$$

계산하면 $B = 440$ lb, $C = 400$ lb, $D = 360$ lb이다.

트러스 전체의 자유물체도를 그리고 평형방정식을 적용한다.

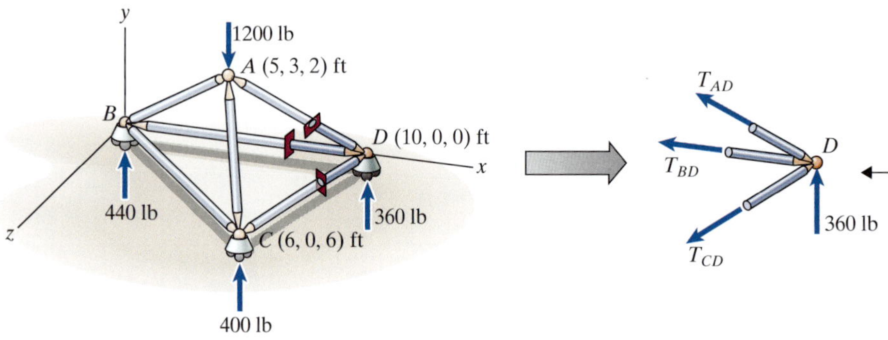

조인트 D의 자유물체도를 그린다.

$$\mathbf{r}_{DA} = -5\mathbf{i} + 3\mathbf{j} + 2\mathbf{k} \text{ (ft)}$$

$$\mathbf{e}_{DA} = \frac{\mathbf{r}_{DA}}{|\mathbf{r}_{DA}|} = -0.811\mathbf{i} + 0.487\mathbf{j} + 0.324\mathbf{k}$$

$$T_{AD}\mathbf{e}_{DA} = T_{AD}(-0.811\mathbf{i} + 0.487\mathbf{j} + 0.324\mathbf{k})$$

$$T_{BD}\mathbf{e}_{DB} = -T_{BD}\mathbf{i},$$

$$T_{CD}\mathbf{e}_{DC} = T_{CD}(-0.555\mathbf{i} + 0.832\mathbf{k})$$

D에서 A를 향하는 단위 벡터 $\mathbf{e}_{DA}$를 얻기 위해 D에서 A까지의 위치 벡터를 크기로 나눈다. AD의 축력을 성분으로 표현해 $T_{AD}\mathbf{e}_{DA}$로 표기한다. 부재 BD, CD의 축력을 성분 측면에서 동일한 방식으로 표현한다.

$$T_{AD}\mathbf{e}_{DA} + T_{BD}\mathbf{e}_{DB} + T_{CD}\mathbf{e}_{DC} + (360 \text{ lb})\mathbf{j} = 0$$

이 방정식의 **i**, **j**, **k** 성분은 각각 0과 같아야 하며 결과적으로 세 개의 방정식이 생성된다.

$$-0.811T_{AD} - T_{BD} - 0.555T_{CD} = 0$$
$$0.487T_{AD} + 360 \text{ lb} = 0$$
$$0.324T_{AD} + 0.832T_{CD} = 0$$

계산하면 $T_{AD} = -740$ lb, $T_{BD} = 440$ lb, $T_{CD} = 288$ lb를 찾을 수 있다. 따라서 축력은 *AD*: 740 lb (C), *BD*: 440lb (T), *CD*: 288 lb (T)이다.

평형을 적용한다.

실습 문제 트러스의 부재 *AB*, *AC*에 작용하는 축력을 구하라.

답: *AB*: 904 lb (C), *AC*: 680 lb (C)

연습문제

6.57 실습 예제 6.5에서 조인트 *A*의 자유물체도를 그리고, 이를 사용해 부재 *AB*, *AC*, *AD*의 축력을 구하라.

6.58 공간 트러스가 *D*에서 수직 10 kN의 하중을 지지한다. 조인트 *A*, *B*, *C* 지지대에서의 반력이 그림에 표시되어 있다. 부재 *AD*, *BD*, *CD*의 축력은 얼마인가?

6.59 조인트 *A*, *B*, *C* 지지대에서의 반력이 그림에 표시되어 있다. 부재 *AB*, *AC*, *AD*의 축력은 얼마인가?

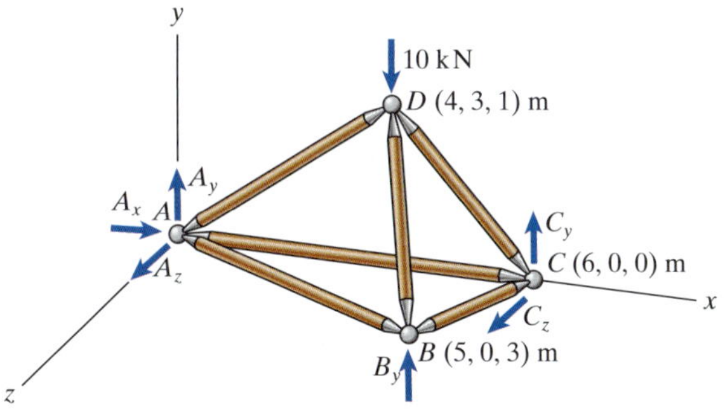

연습문제 6.58/6.59

6.60 공간 트러스의 조인트 *B*, *C*, *D*의 (*x*, *y*, *z*) 좌표(미터 단위)가 각각 (0.6, 0, 0.5), (0.8, 0, 0), (0.5, 0.4, 0.3)이다. 트러스는 조인트 *A*, *B*, *C*에서 지지되고, 지지대에서의 반력은 그림에 표시되어 있다. 트러스는 힘 $\mathbf{F} = -2\mathbf{i} - 12\mathbf{j} - 3\mathbf{k}$ (kN)에 의해 조인트 *D*에 하중을 받는다. 부재 *AB*, *AC*, *AD*의 축력을 구하라.

6.61 공간 트러스의 조인트 *B*, *C*, *D*의 (*x*, *y*, *z*) 좌표(피트 단위)는 각각 (5, 0, 4), (6 , 0, 0), (4, 4, 2)이다. 트러스는 조인트 *A*, *B*, *C*에서 지지되고, 지지대에서의 반력은 그림에 표시되어 있다. 트러스는 힘 $\mathbf{F} = -50\mathbf{i} - 320\mathbf{j} - 40\mathbf{k}$ (lb)에 의해 조인트 *D*에 하중을 받는다. 부재 *AC*, *BC*, *CD*의 축력을 구하라.

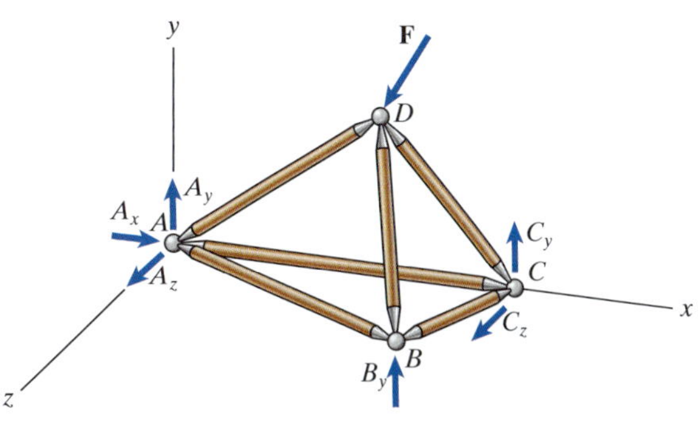

연습문제 6.60/6.61

6.62 공간 트러스가 B, C, D에 롤러 지지대를 가지고 A에서 수직 800 lb의 하중을 지지한다. 부재 AB, AC, AD의 축력은 얼마인가?

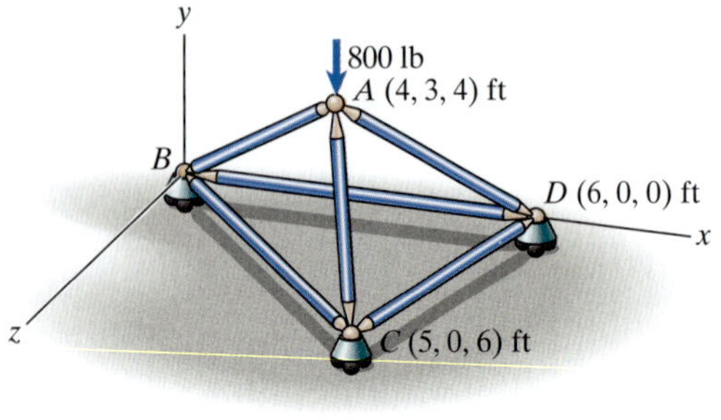

연습문제 6.62

6.63 트러스가 힘 $\mathbf{F} = 8\mathbf{i} - 4\mathbf{j} - 6\mathbf{k}$ kN에 의해 조인트 E에 하중을 받는다. 조인트 B, C, D의 지지대로 인한 반력은 그림에 표시되어 있다. 부재 AE, BE, CE, DE의 축력을 구하라.

전략: 조인트 D의 자유물체도가 부재 DE의 축력에 대해 알려주는 내용을 고려하는 것부터 시작한다.

6.64 트러스가 힘 $\mathbf{F} = 8\mathbf{i} - 4\mathbf{j} + 6\mathbf{k}$ kN에 의해 조인트 E에 하중을 받는다. 조인트 B, C, D의 지지대로 인한 반력은 그림에 표시되어 있다. 부재 AB, AC, AD, AE의 축력을 구하라.

전략: 반력 D_y를 구하고, 이를 사용해 부재 AD의 축력을 얻는 것으로 시작한다.

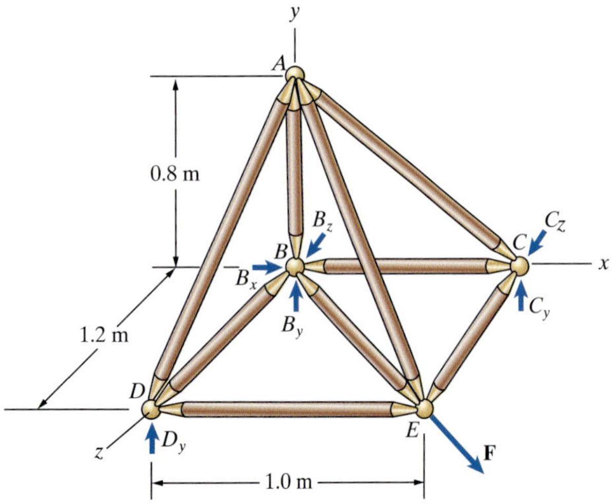

연습문제 6.63/6.64

6.65 그림에 표시된 공간 트러스는 비행기의 착륙 장치를 모델로 하고 있다. C, D, E에 볼-소켓 지지대가 있다. 바퀴가 A에 가하는 힘이 $\mathbf{F} = 40\mathbf{j}$ (kN)이라면, AB, AC, AD의 축력은 얼마인가?

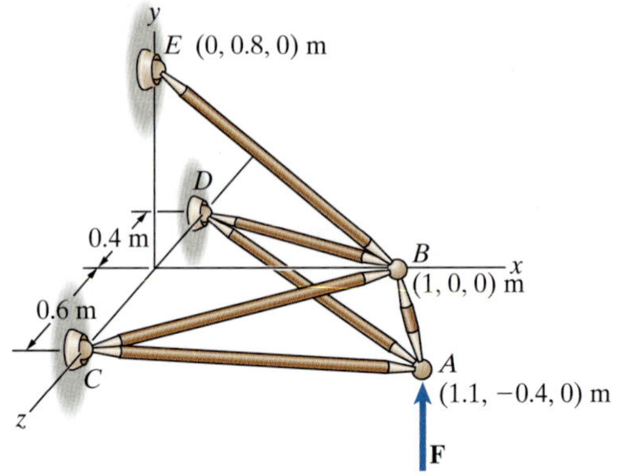

연습문제 6.63

6.66 트러스가 $\mathbf{F} = 12\mathbf{i} + 5\mathbf{j} - 5\mathbf{k}$ kip의 힘으로 조인트 E에 하중을 받는다. 조인트 A, B, C의 지지대로 인한 반력은 그림에 표시되어 있다. 부재 BG, CG, DG, EG의 축력을 구하라. (지지 반력을 구할 필요는 없다.)

6.67 트러스가 $\mathbf{F} = 12\mathbf{i} + 5\mathbf{j} - 5\mathbf{k}$ kip의 힘으로 조인트 E에 하중을 받는다. 조인트 A, B, C의 지지대로 인한 반력은 그림에 표시되어 있다. (a) 반력 A_x, A_y, A_z, B_y, B_z, C_y를 구하라. (b) 부재 BC, BD, BE의 축력을 구하라.

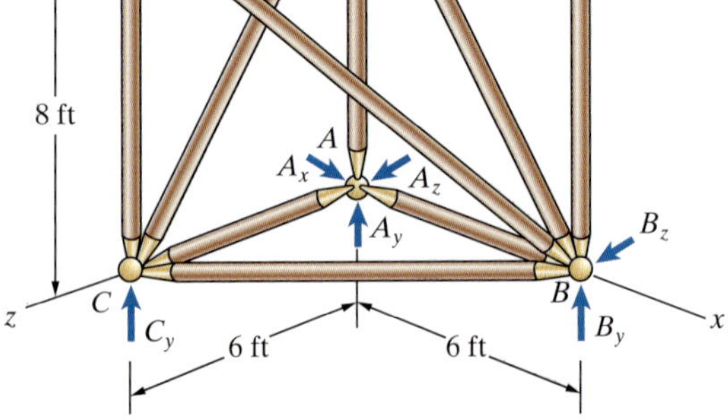

연습문제 6.66/6.67

6.68* 망원경의 미러 하우징이 막대 여섯 개의 공간 트러스로 지지된다. 하우징의 질량은 360 kg이고 무게는 G에 작용한다. z축에서 A, B, C 지점까지의 거리는 0.85 m이고, z축에서 D, E, F 지점까지의 거리는 2.4 m이다. z축이 수직(90°)이 되도록 망원경을 회전시키면 트러스 부재에 작용하는 축력은 얼마인가?

6.69* 연습문제 6.68에서 설명한 망원경이 각도 $\alpha = 20°$가 되도록 회전하면 트러스 부재에 작용하는 축력은 얼마인가?

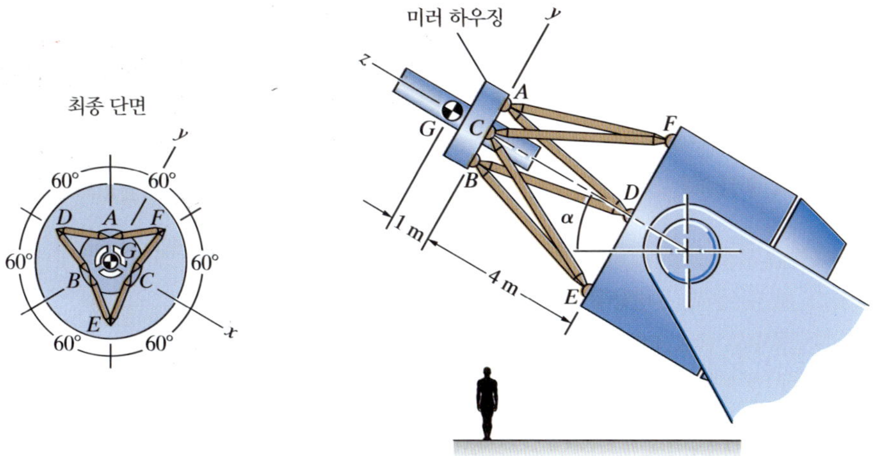

연습문제 6.68/6.69

6.5 프레임과 기계

생각해보기

- '프레임'이란 무엇이며, 트러스와 어떻게 다른가? '기계'란 무엇이며, 프레임과 어떻게 다른가?
- 프레임을 '분해'해서 분석하는 것은 무엇을 의미하는가?

배경

자동차의 프레임과 인간의 뼈, 힘줄, 근육 구조(그림 6.16)와 같은 많은 구조는 완전하게 두 힘 부재로 구성되지 않으므로 트러스로 모델링할 수 없다. 이 절에서는 트러스의 정의를 충족하지 않는 상호 연결된 부재의 구조를 고려한다. 이러한 구조가 정지상태를 유지하며 하중을 지지하도록 설계된 경우 **프레임**이라고 하며, 이동해서 하중을 가하도록 설계된 경우 **기계**라고 한다.

조인트부나 단면의 자유물체도를 얻기 위해 부재를 절단해서 트러스를 분석할 때 '절단부'에 작용하는 내력은 단순 축력이다(그림 6.4 참조). 이는 일반적으로 프레임이나 기계에는 적용되지 않으므로 다른 분석 방법이 필요하다. 부재를

그림 6.16
바이스그립의 구조와 자동차의 프레임은 트러스 구조가 아니다.

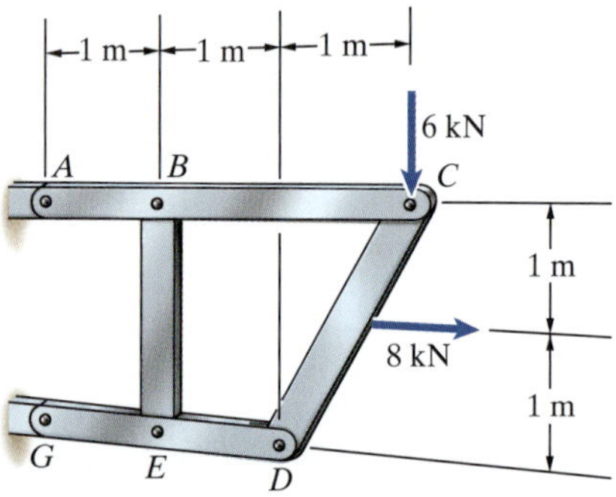

그림 6.17
두 개의 하중을 지지하는 프레임

잘라내는 대신 전체 부재를 분리하거나 경우에 따라 부재 조합을 구조에서 분리한다.

프레임 분석이나 기계 분석을 시작하기 위해 전체 구조의 자유물체도를 그리고 (즉 구조를 단일 물체로 취급) 지지대에서의 반력을 구한다. 어떤 경우에는 전체 구조가 정적으로 불확정할 수 있지만 가능한 한 많은 반력을 구하는 것이 도움이 된다. 그런 다음 개별 부재 또는 선택한 부재 조합의 자유물체도를 그리고 평형방정식을 적용해 이들에 작용하는 힘과 우력을 구한다. 예를 들어 그림 6.17의 고정 구조를 생각해보자. 부재 *BE*는 두 힘 부재이지만 다른 세 부재(*ABC*, *CD*, *DEG*)는 그렇지 않다. 이 구조는 프레임이다. 여기에서의 목표는 부재에 대한 힘을 구하는 것이다.

전체 구조 분석

그림 6.18에 전체 프레임의 자유물체도를 그려놓았다. 이것은 정적으로 불확정하

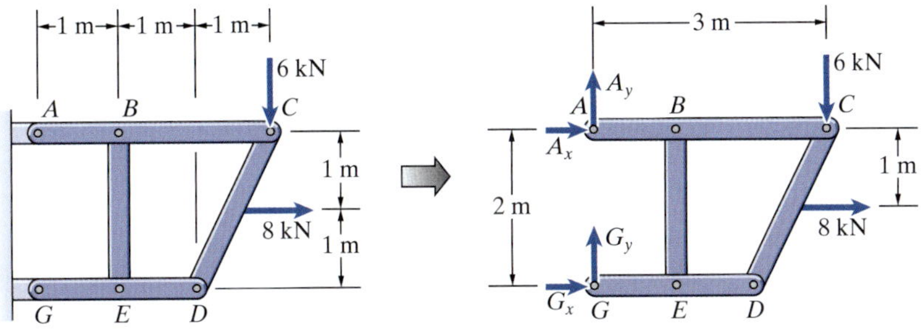

그림 6.18
전체 프레임의 자유물체도를 얻는다.

다. 즉 미지의 반력은 A_x, A_y, G_x, G_y로 네 개가 있지만, 독립적인 평형방정식은 세 개만 쓸 수 있다. 그러나 미지의 세 반력의 작용선이 A에서 교차한다는 점에 유의하라. A 변화율에 대한 모멘트를 요약하면 다음과 같다.

$$\Sigma M_{\text{점} A} = (2 \text{ m})G_x + (1 \text{ m})(8 \text{ kN}) - (3 \text{ m})(6 \text{ kN}) = 0$$

그리고 반력 $G_x = 5$ kN을 얻는다. 그러면 평형방정식으로부터

$$\Sigma F_x = A_x + G_x + 8 \text{ kN} = 0$$

반력 $A_x = -13$ kN을 얻는다. 전체 구조의 자유물체도에서는 A_y 또는 G_y를 구할 수 없지만 개별 부재를 분석하면 알 수 있다.

부재 분석

다음 단계는 각 부재의 자유물체도를 그리는 것이다. 이를 위해 부재를 다른 부재에 부착하는 것을 마치 지지대처럼 취급한다. 이러한 관점에서 볼 때, 각 부재를 제5장에서 분석한 유형의 지지 물체로 생각할 수 있다. 또한 부재 간에 서로 작용하는 힘과 모멘트는 **크기가 같고 방향이 반대**이다. 이를 간단히 살펴보자. 만약 그림 6.19a와 같이 양손을 맞잡고 오른손으로 왼손에 힘을 가하면 왼손은 오른손에 대해 같은 크기의 반대 방향 힘을 가한다(그림 6.19b). 마찬가지로 왼손에 우력을 가하면 왼손은 오른손에 대해 같은 크기의 반대 방향 우력을 가한다.

그림 6.20은 프레임을 '분해'하고 각 부재의 자유물체도를 그린 것으로, 부재 간에 서로 작용하는 힘이 같고 방향이 반대임을 관찰할 수 있다. 예를 들어 부재 ABC의 자유물체도를 보면 점 C에서 부재 CD가 가하는 힘이 성분 C_x, C_y로 나타난다. 부재 ABC가 점 C에서 부재 CD에 가하는 힘은 크기가 같고 방향이 반대

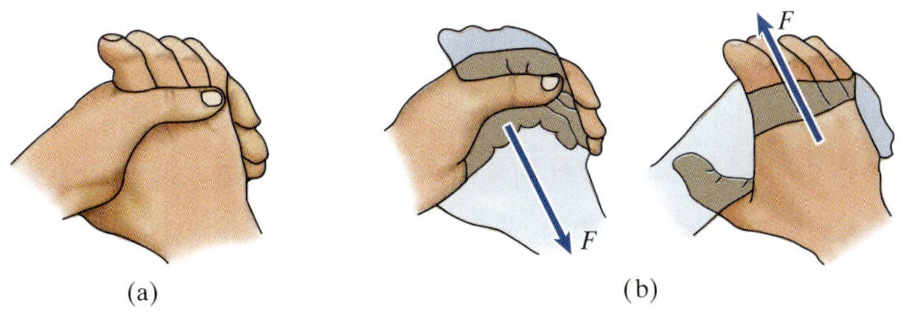

그림 6.19
뉴턴의 제3법칙을 증명하면 다음과 같다.
(a) 양손을 맞잡고 왼손을 잡아당긴다.
(b) 손은 동일하고 반대되는 힘을 발휘한다.

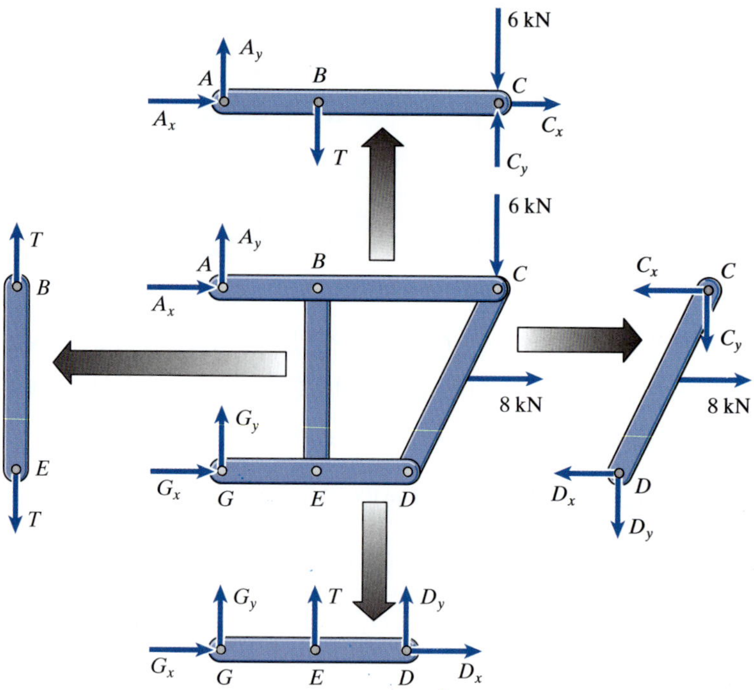

그림 6.20
부재의 자유물체도를 구한다.

이다.

분석을 완료하기 전에 이 자유물체도의 두 가지 중요한 측면에 대해 알아보자.

두 힘 부재 부재 BE는 두 힘 부재이며, 그림 6.20은 이를 고려한 자유물체도이다. 힘 T는 부재 BE의 축력이고, 이와 같은 크기의 반대 방향 힘이 B에서 부재 ABC에, E에서 부재 GED에 작용한다.

이렇게 프레임이나 기계에서 두 힘 부재를 인식하고 자유물체도를 그림으로써 미지의 힘을 줄이고 분석을 크게 단순화할 수 있다. 만약 부재 BE를 두 힘 부재로 취급하지 않는다면 자유물체도에 미지의 힘이 네 개 있을 것이다(그림 6.21a). 그러나 두 힘 부재로 취급함으로써 미지의 힘을 세 개로 줄일 수 있다(그림 6.21b).

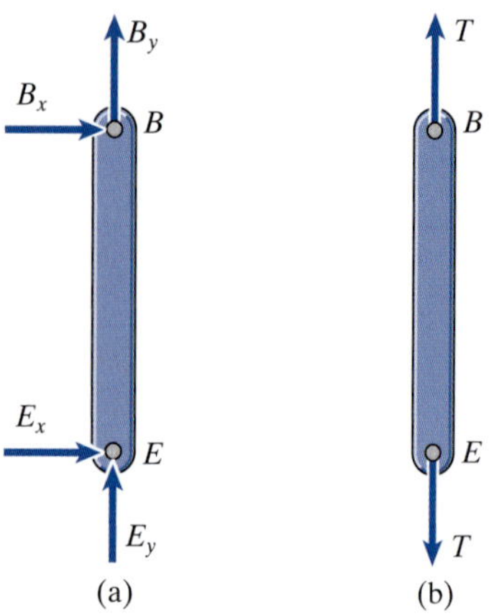

그림 6.21
부재 BE의 자유물체도
(a) 두 힘 부재로 취급하지 않는다.
(b) 두 힘 부재로 취급한다.

조인트에 가해지는 하중 조인트에 하중이 가해질 때 궁금증이 생긴다. 각 부재의 자유물체도에서 하중이 어디에 나타나야 하는가? 답은 조인트에 연결된 부재 중 하나에 하중을 배치할 수 있다는 것이다. 예를 들어 그림 6.17에서 6 kN의 하중이 부재 ABC와 부재 CD가 연결된 조인트에서 작용한다. 각 부재의 자유물체도(그림 6.20)를 그릴 때 6 kN의 하중이 부재 ABC에 작용한다고 가정했다. 부재 ABC의 자유물체도에서 힘 성분 C_x, C_y는 부재 CD가 가하는 힘이다.

이런 식으로 자유물체도를 그릴 수 있는 이유를 설명하기 위해 부재 ABC와 부재 CD를 연결하는 핀에 6 kN의 힘이 작용한다고 가정하고 핀과 두 부재의 개별 자유물체도를 그린다(그림 6.22a). 힘 성분 C'_x, C'_y는 핀이 부재 ABC에 가하는 힘을 나타내고, C_x, C_y는 핀이 부재 CD에 가하는 힘을 나타낸다. 핀과 부재 ABC의

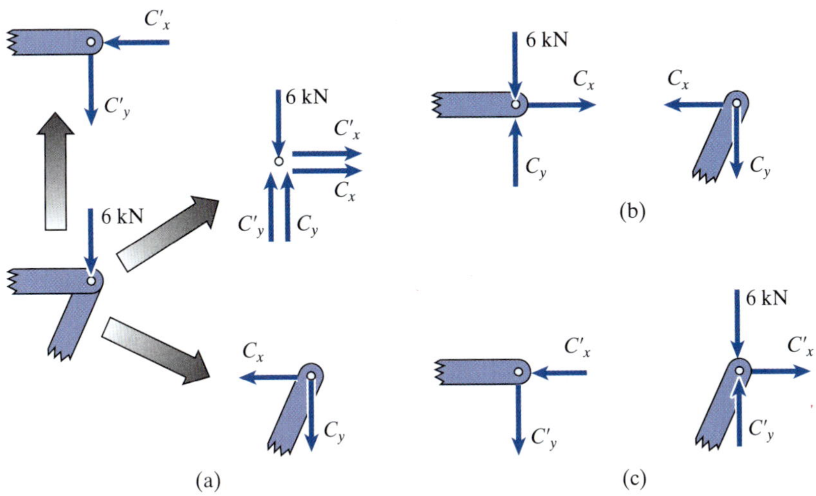

그림 6.22

(a) 핀과 두 부재의 자유물체도를 그린다.
(b) 부재 *ABC*에 핀을 겹쳐놓는다.
(c) 부재 *CD*에 핀을 겹쳐놓는다.

자유물체도를 겹쳐놓으면 그림 6.22b와 같은 두 개의 자유물체도를 얻게 된다. 반대로 핀과 부재 *CD*의 자유물체도를 겹쳐놓으면 그림 6.22c와 같은 두 개의 자유물체도를 얻는다.

따라서 만약 하중이 조인트에 가해진다면 각 부재의 자유물체도를 그릴 때 조인트에 연결된 부재 중 하나에 하중을 배치할 수 있다. 하지만 여러 부재에 동시에 배치하지 않도록 주의해야 한다.

부재를 '재조립'하는 것은 부재의 자유물체도에서 오류를 감지하는 데 도움이 된다(그림 6.23a). 부재 간 연결점에서의 힘이 상쇄되고(부재가 다시 조립되면 내력이 됨), 전체 구조물의 자유물체도가 회복된다(그림 6.23b).

마지막 단계는 부재의 자유물체도에 평형방정식을 적용하는 것이다(그림 6.24). 2차원에서는 두 힘 부재로 취급하지 않는 구조물의 각 부재에 대한 자유물체도로부터 세 개의 독립적인 평형방정식을 얻을 수 있다(두 힘 부재의 힘들이 크기가 같고 방향이 반대인 축력이라고 가정함으로써 이미 그 부재에 대한 세 개의 평형방정식을 사용했다). 이 예에서는 두 힘 부재 외에 세 개의 부재가 있으므로 $3 \times 3 = 9$개의 독립적인 평형방정식을 작성할 수 있으며, 아홉 가지 미지의 힘 A_x, A_y, C_x , C_y , D_x, D_y, G_x, G_y, T가 있다.

전체 구조물 분석에서 $A_x = -13$ kN, $G_x = 5$ kN이라는 결과를 얻었다. 전체 구조물의 자유물체도에서 얻은 평형방정식은 부재의 자유물체도로부터 얻은 평형방정식과 독립적이지 않지만, 이를 사용해 A_x, G_x를 구함으로써 부재에 대한 방정식을 해결하는 데 반영할 수 있다. 부재 *ABC*의 자유물체도(그림 6.24a)를 고려해보자. A_x를 알고 있으므로 방정식에서 C_x를 구할 수 있다.

$$\Sigma F_x = A_x + C_x = 0$$

따라서 $C_x = -A_x = 13$ kN을 얻는다. 이제 *GED*의 자유물체도를 고려해보자

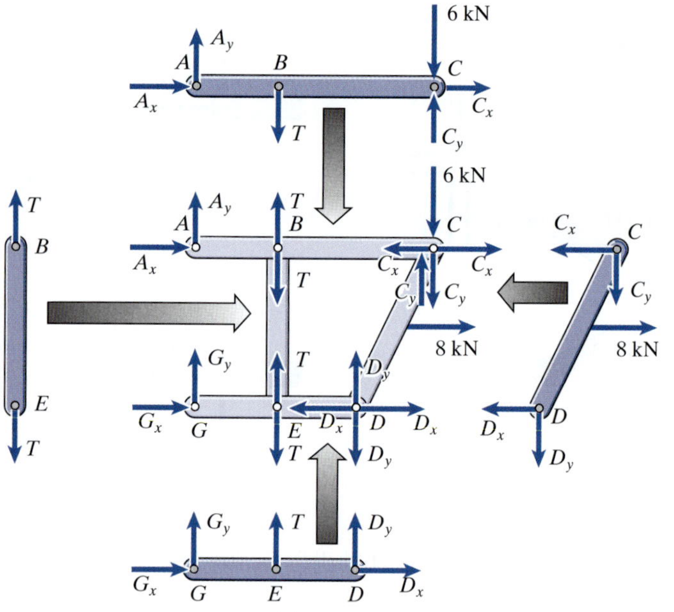

(a)

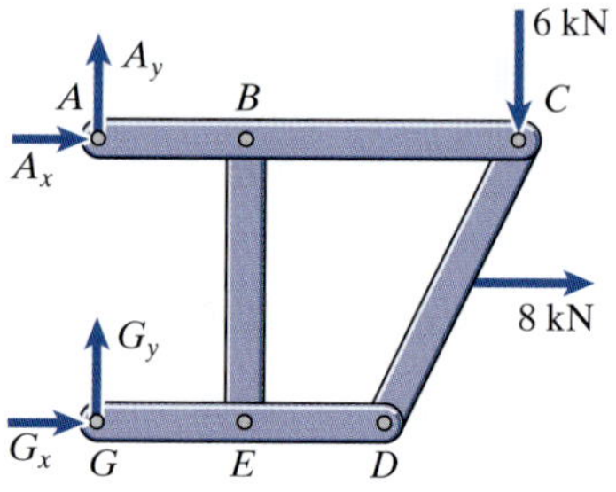

(b)

그림 6.23

(a) 개별 부재의 자유물체도를 '재조립'한다.

(b) 전체 프레임의 자유물체도가 복구된다.

(그림 6.24b). 방정식으로부터 D_x를 구할 수 있다.

$$\Sigma F_x = G_x + D_x = 0$$

따라서 $D_x = -G_x = -5$ kN을 얻는다. 이제 부재 CD의 자유물체도를 고려하자(그림 6.24c). C_x를 알고 있으므로 D에 대한 모멘트를 합산해 C_y를 구할 수 있다.

$$\Sigma M_{\text{점 } D} = (2 \text{ m})C_x - (1 \text{ m})C_y - (1 \text{ m})(8 \text{ kN}) = 0$$

따라서 $C_y = 18$ kN을 얻는다. 그러면 방정식으로부터

$$\Sigma F_y = -C_y - D_y = 0$$

$D_y = -C_y = -18$ kN임을 알 수 있다. 이제 A_y, G_y를 구하기 위해 부재 ABC, GED의 자유물체도로 돌아갈 수 있다. 부재 ABC의 점 B에 대한 모멘트를 합산하면 다음과 같다.

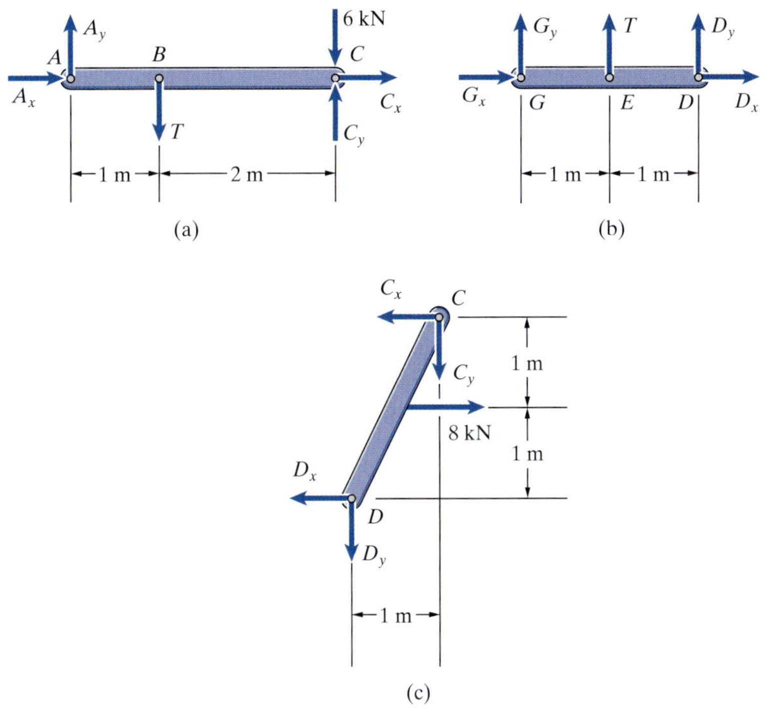

그림 6.24
부재의 자유물체도

$$\Sigma M_{\text{점 }B} = -(1\text{ m})A_y + (2\text{ m})C_y - (2\text{ m})(6\text{ kN}) = 0$$

그러면 $A_y = 2C_y - 12\text{ kN} = 24\text{ kN}$을 얻는다. 그런 다음 부재 *GED*의 *E* 지점에 대한 모멘트를 합산하면 다음과 같다.

$$\Sigma M_{\text{점 }E} = (1\text{ m})D_y - (1\text{ m})G_y = 0$$

여기에서 $G_y = D_y = -18\text{ kN}$을 얻는다. 마지막으로 부재 *GED*의 자유물체도에서 평형방정식을 사용한다.

$$\Sigma F_y = D_y + G_y + T = 0$$

결과는 $T = -D_y - G_y = 36\text{ kN}$이다. 부재에 가해지는 힘은 그림 6.25에 나와 있다. 이 예에서 알 수 있듯이 방정식을 푸는 순서를 신중하게 고려하면 부재에 가

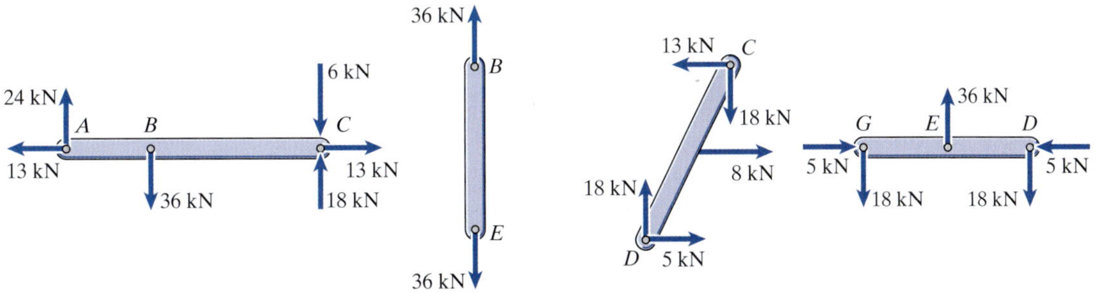

그림 6.25
프레임의 부재에 힘이 가해진다.

해지는 힘을 쉽게 구할 수 있다.

프레임과 기계의 부재에서 힘과 우력 모멘트를 구하는 데에는 두 단계가 있다.

1. 지지대에서의 반력 구하기: 전체 구조물의 자유물체도를 그리고 지지대에서의 반력을 구한다. 이 단계는 필수적이지는 않지만 부재의 분석을 크게 단순화할 수 있다. 자유물체도가 불확정하다면 가능한 한 많은 반력을 구한다.
2. 부재 분석: 부재의 자유물체도를 그리고, 평형방정식을 적용해 부재에 작용하는 힘을 구한다. 이 과정은 두 힘 부재를 식별함으로써 단순화할 수 있다. 구조물의 조인트에 하중이 가해지는 경우 해당 조인트에 연결된 부재 중 하나의 자유물체도에 하중을 배치할 수 있다.

결과 정리

트러스로 모델링할 수 없는 상호 연결된 부재의 구조를 정지상태로 유지하고 하중을 지지하도록 설계된 경우 프레임이라고 하며, 이동해서 하중을 가하도록 설계된 경우 기계라고 한다. 평형상태에 있는 프레임이나 기계의 개별 부재에 작용하는 힘과 우력 모멘트는 종종 개별 부재에 평형방정식을 적용해서 구할 수 있다.

단일 물체로 간주되는 전체 구조의 자유물체도를 그리고 평형방정식을 적용하는 것부터 시작하는 것이 유리한 경우가 많다. 전체 구조의 자유물체도가 정적으로 불확정하더라도 개별 부재에 대한 후속 해석을 통해 반력을 구하는 것이 가능할 수 있다.

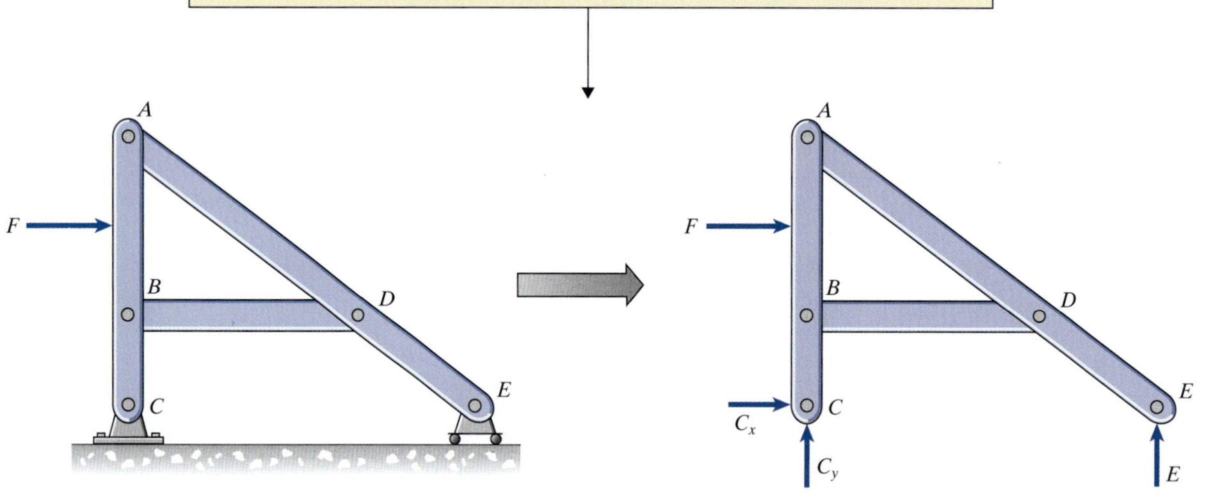

개별 부재의 자유물체도를 그리고 평형방정식을 적용한다. 두 부재가 연결된 경우 서로에게 미치는 반력은 동일하고 반대 방향이다. 부재 BD는 두 힘 부재라는 점에 유의하라. 두 힘 부재를 인식하면 구조 분석이 단순해진다.

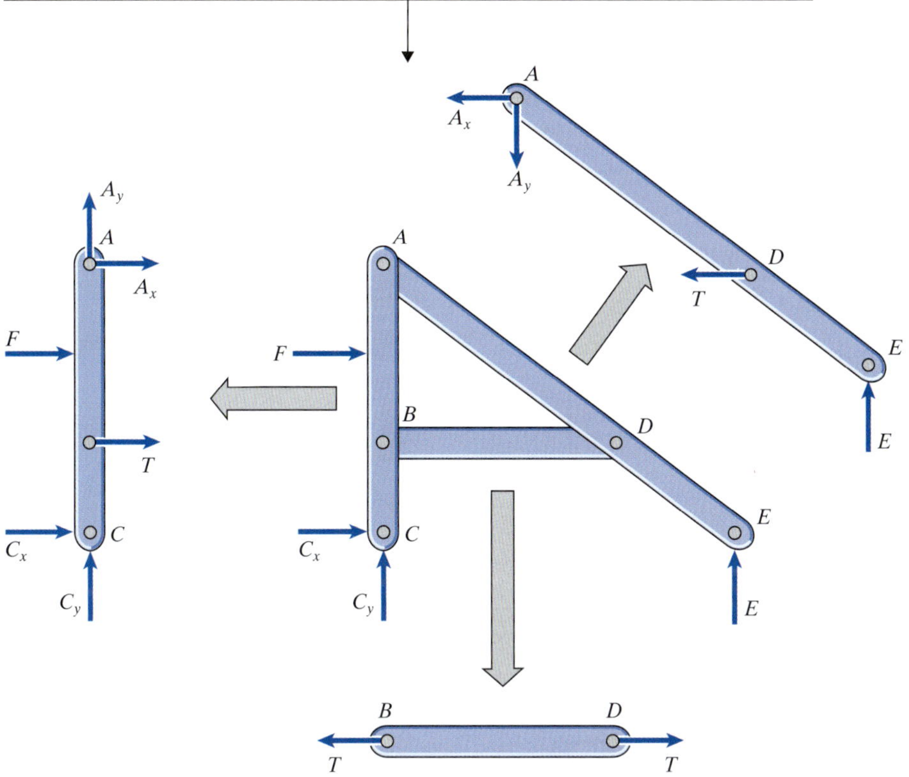

실습 예제 6.6 프레임 분석

프레임의 부재에 작용하는 힘과 우력 모멘트를 구하라.

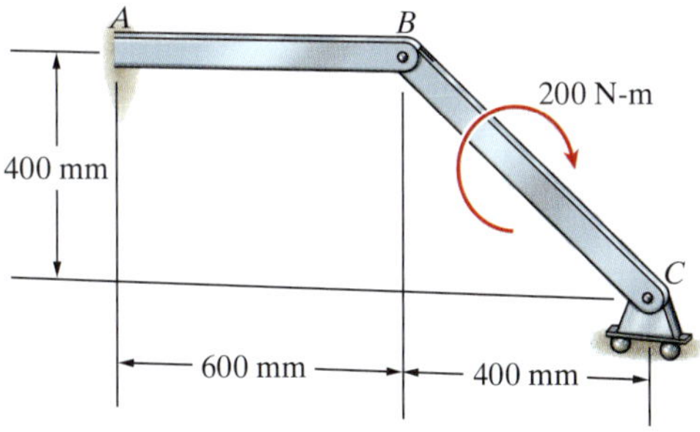

전략

먼저 전체 프레임의 자유물체도를 그려 이를 단일 물체로 취급하고 지지대에서의 반력을 구한다. 그런 다음 개별 부재의 자유물체도를 그리고 평형방정식을 적용해 부재에 작용하는 힘과 우력 모멘트를 구한다.

풀이

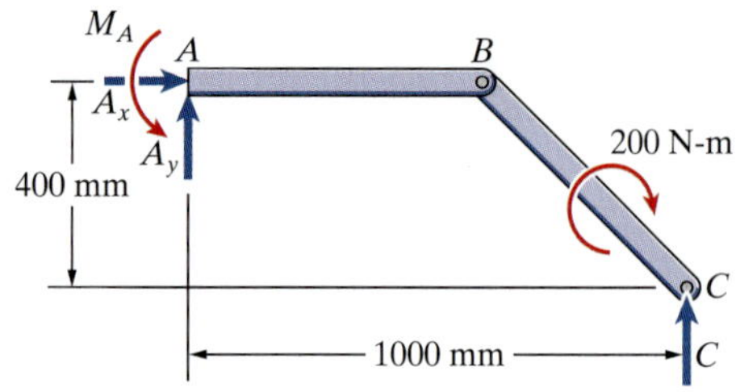

전체 프레임의 자유물체도를 그리고 평형방정식을 적용한다.

$$\Sigma F_x = A_x = 0$$

$$\Sigma F_y = A_y + C = 0$$

$$\Sigma M_{\text{점}\,A} = M_A - 200\text{ N-m} + (1.0\text{ m})C = 0$$

반력 $A_x = 0$이지만 A_y, C, M_A는 이 방정식으로 구할 수 없다. 전체 프레임의 자유물체도는 정적으로 불확정하다.

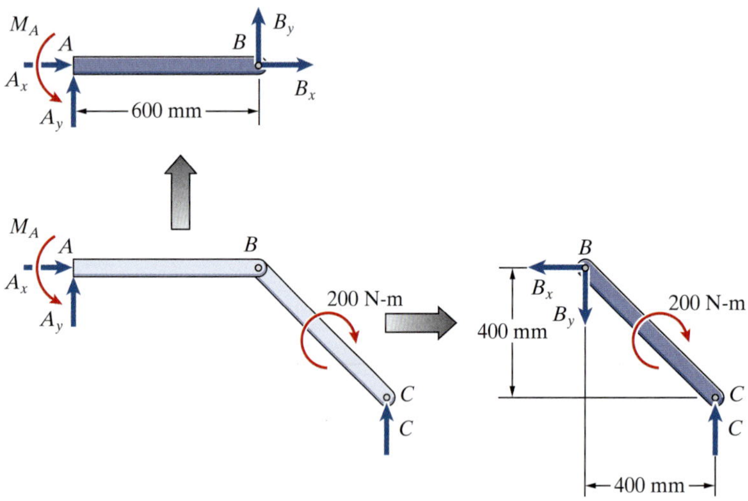

개별 부재의 자유물체도를 그린다.

$$\Sigma F_x = -B_x = 0$$

$$\Sigma F_y = -B_y + C = 0$$

$$\Sigma M_{\text{점}\,B} = -200\text{ N-m} + (0.4\text{ m})C = 0$$

계산하면 $B_x = 0$, $B_y = 500$ N, $C = 500$ N을 얻는다.

부재 BC에 평형을 적용한다.

$$\sum F_x = A_x + B_x = 0$$

$$\sum F_y = A_y + B_y = 0$$

$$\sum M_{\text{점}\,A} = M_A + (0.6\text{ m})B_y = 0$$

A_x, B_x, B_y를 이미 구했으므로 이 방정식을 A_y, M_A에 대해 풀 수 있다. 결과는 $A_y = -500$ N, $M_A = -300$ N-m이므로 풀이 과정이 완성된다.

부재 AB에 평형을 적용한다.

실습 문제 프레임에는 A와 C에 핀 지지대가 있다. B와 C에서 부재 BC에 작용하는 힘과 우력 모멘트를 구하라.

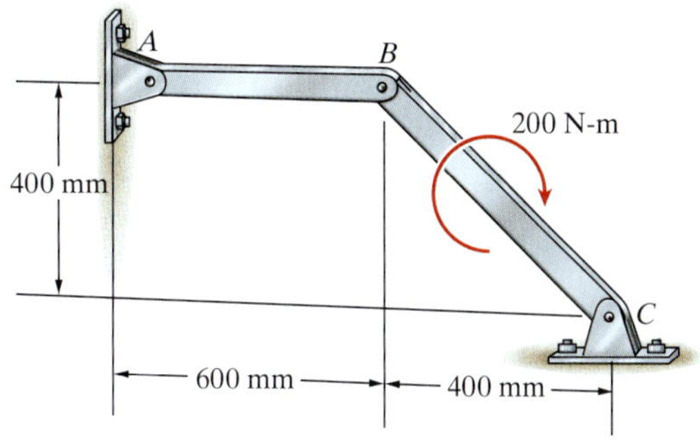

답: $B_x = -500$ N, $B_y = 0$, $C_x = 500$ N (x 성분은 오른쪽으로 양수이고 y 성분은 위쪽으로 양수이다.)

예제 6.7 프레임의 부재에 대한 힘 구하기

프레임이 매달린 무게 $W = 40$ lb를 지지한다. 부재 $ABCD$, CEG에 가해지는 힘을 구하라.

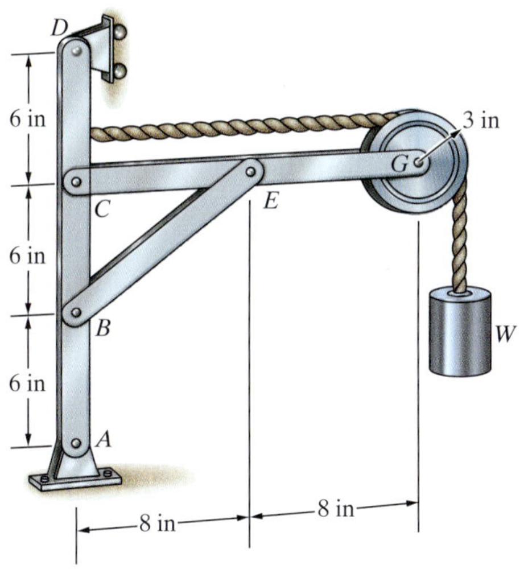

전략

전체 프레임의 자유물체도를 그리고 지지대에서의 반력을 찾는다. 그런 다음 개별 부재의 자유물체도를 그리고 평형방정식을 사용해 부재에 작용하는 힘과 우력 모멘트를 구한다. 그렇게 함으로써 부재 BE가 두 힘 부재라는 사실을 활용할 수 있다.

풀이

지지대에서의 반력 구하기 그림 a에 전체 프레임의 자유물체도가 나와 있다. 평

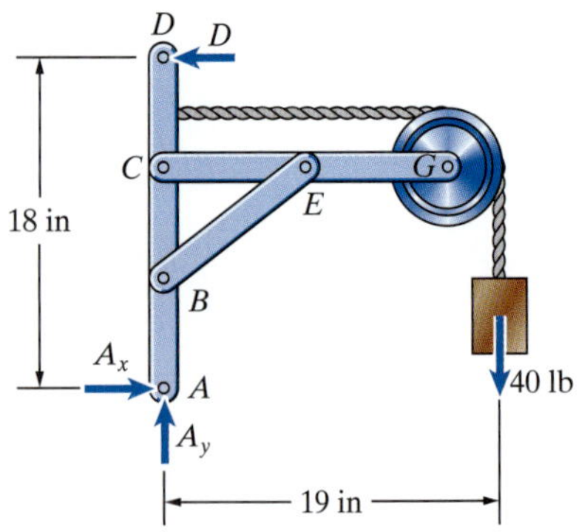

(a) 전체 프레임의 자유물체도

형방정식으로부터

$$\Sigma F_x = -C_x - R\cos\alpha - 40 \text{ lb} = 0$$
$$\Sigma F_y = -C_y - R\sin\alpha - 40 \text{ lb} = 0$$
$$\Sigma M_{\text{점 } C} = -(8 \text{ in})R\sin\alpha - (16 \text{ in})(40 \text{ lb}) = 0$$

반력 $A_x = 42.2$ lb, $A_y = 40$ lb, $D = 42.2$ lb를 얻는다.

부재 분석 그림 b에 부재의 자유물체도를 그린다. BE는 두 힘 부재라는 점에 유의하라. 각도 $\alpha = \arctan(6/8) = 36.9°$이다.

도르래의 자유물체도에는 미지의 힘이 두 개만 있다. 평형방정식으로부터

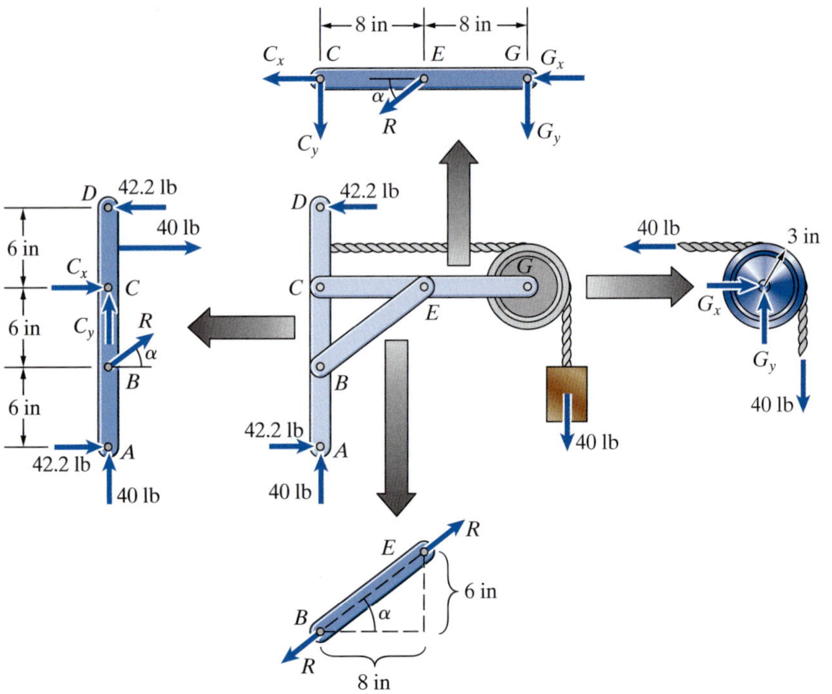

(b) 부재의 자유물체도를 구한다.

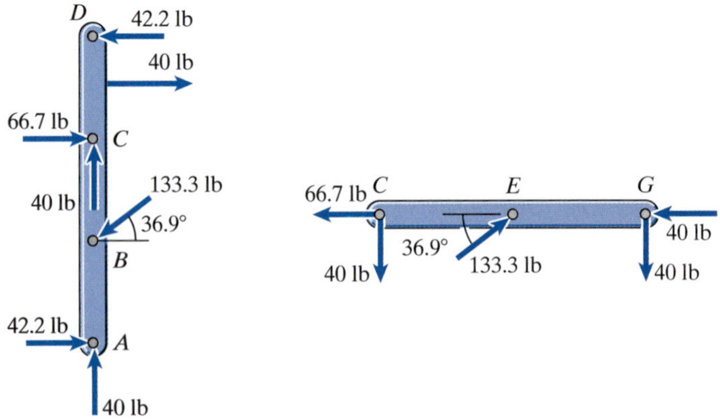

(c) 부재 $ABCD$, CEG에 작용하는 힘

$$\Sigma F_x = G_x - 40\text{ lb} = 0$$
$$\Sigma F_y = G_y - 40\text{ lb} = 0$$

$G_x = 40$ lb, $G_y = 40$ lb를 얻는다. 이제 부재 *CEG*의 자유물체도에는 세 가지 미지의 힘만 있다. 평형방정식으로부터

$$\Sigma F_x = -C_x - R\cos\alpha - 40\text{ lb} = 0$$
$$\Sigma F_y = -C_y - R\sin\alpha - 40\text{ lb} = 0$$
$$\Sigma M_{\text{점 }C} = -(8\text{ in})R\sin\alpha - (16\text{ in})(40\text{ lb}) = 0$$

$C_x = 66.7$ lb, $C_y = 40$ lb, $R = -133.3$ lb를 얻어 풀이 과정을 완성한다(그림 c).

비판적 사고

이런 종류의 문제에서는 프레임의 개별 부재에 대한 반력을 부재의 자유물체도를 통해 구할 수 있다. 왜 전체 프레임의 자유물체도를 그리고 관련 평형방정식을 풀었는가? 그 이유는 부재의 평형방정식을 푸는 데 수월하게 시작할 수 있는 상황을 제공했기 때문이다. 이 예제에서는 부재의 자유물체도를 그릴 때 *A*와 *D*의 반력을 이미 알고 있었기 때문에 나머지 분석이 단순화되었다. 전체 프레임을 분석하면 구체적인 세부 내용을 확인할 수도 있다. 부재 *ABCD*에 대해 평형방정식을 사용하지 않았음을 주목하라. 이 부재가 평형상태에 있는지 확인함으로써 전체 분석 과정을 확인할 수 있다(그림 c).

$$\Sigma F_x = 42.2\text{ lb} - 133.3\cos 36.9°\text{ lb} + 66.7\text{ lb} + 40\text{ lb} - 42.2\text{ lb} = 0$$
$$\Sigma F_y = 40\text{ lb} - 133.3\sin 36.9°\text{ lb} + 40\text{ lb} = 0$$
$$\Sigma M_{\text{점 }A} = (6\text{ in})(133.3\cos 36.9°\text{ lb}) - (12\text{ in})(66.7\text{ lb}) - (15\text{ in})(40\text{ lb}) + (18\text{ in})(42.2\text{ lb}) = 0$$

예제 6.8 기계 분석

펜치에 150 N의 힘이 가해지면 *E* 지점에서 공에 어떤 힘이 가해지는가?

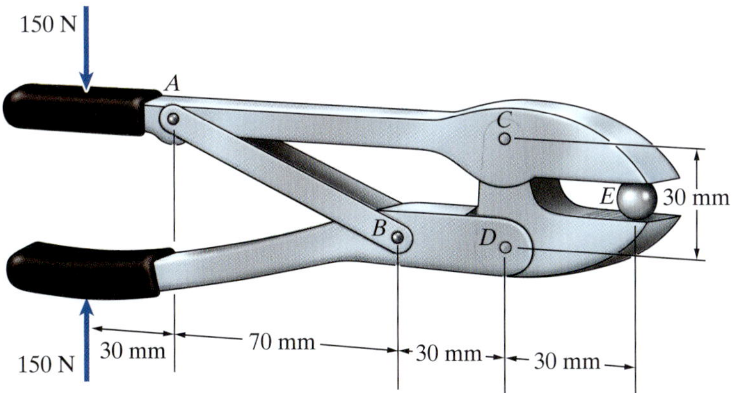

전략

한 쌍의 펜치는 힘으로 움직이고 작동되도록 설계된 기계 구조의 간단한 예이다. 부재의 상호 연결은 기계적 이점을 창출하도록 설계되어 사용자가 가하는 힘보다 물체에 더 큰 힘을 가하게 된다.

이 경우 전체 구조의 자유물체도에서 얻을 수 있는 정보는 없다. 부재의 자유물체도를 그려 공에 가해지는 힘을 구해야 한다.

풀이

(1), (2), (3)으로 표시된 부재의 자유물체도를 얻기 위해 그림 a의 펜치를 '분해'한다. 자유물체도 (1)과 (3)에서 힘 R이 두 힘 부재 AB에 의해 가해진다. 각도 $\alpha = \arctan(30/70) = 23.2°$이다. 목표는 공이 가하는 힘 E를 구하는 것이다.

부재 (3)의 자유물체도에는 세 가지 미지의 힘과 150 N의 하중만 있으므로, 이 자유물체도만으로도 R, D_x, D_y를 구할 수 있다. 평형방정식은 다음과 같다.

$$\Sigma F_x = D_x + R\cos\alpha = 0$$

$$\Sigma F_y = D_y - R\sin\alpha + 150\ \text{N} = 0$$

$$\Sigma M_{\text{점}\,B} = (30\ \text{mm})D_y - (100\ \text{mm})(150\ \text{N}) = 0$$

이 방정식을 풀면 $D_x = -1517$ N, $D_y = 500$ N, $R = 1650$ N을 얻는다. D_x를

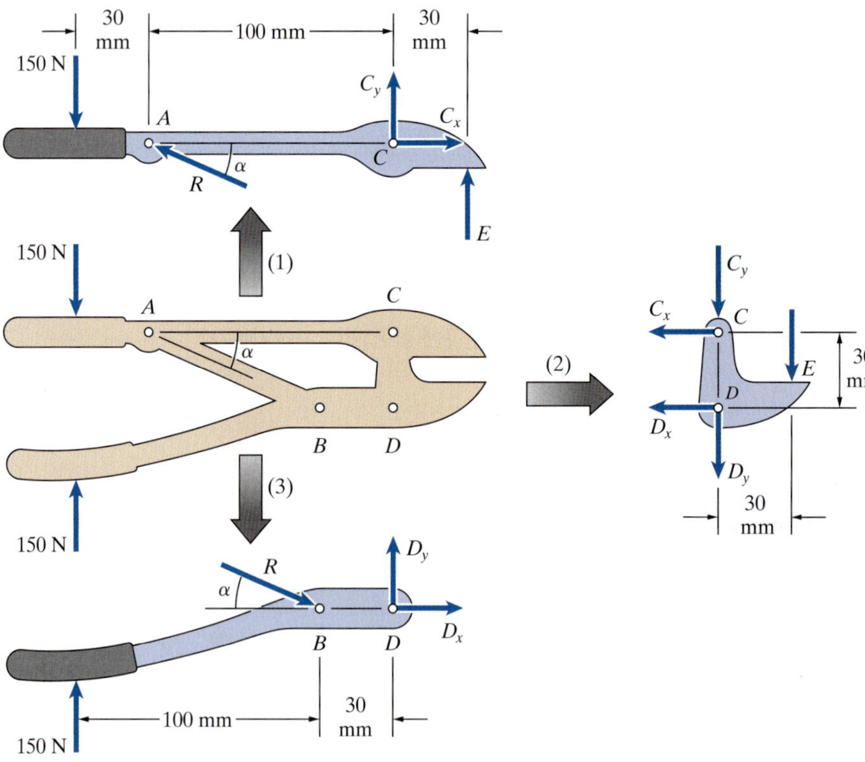

(a) 부재의 자유물체도 그리기

알면 C에 대한 모멘트를 합산해 부재 (2)의 자유물체도에서 E를 구할 수 있다.

$$\Sigma M_{\text{점 } C} = -(30\text{ mm})E - (30\text{ mm})D_x = 0$$

펜치가 공에 가하는 힘은 $E_x = -D_x = 1517$ N이다. 또한 펜치의 기계적 이점은 (1517 N)/(150 N) = 10.1이다.

비판적 사고

펜치 부재의 반력을 구하는 동기는 무엇인가? 이 과정은 기계 및 도구 설계에 필수적이다. 펜치의 구성을 설계하고 해당 부재의 재질과 치수를 선택하려면 예제에서 제시한 것처럼 부재에 작용하는 모든 힘을 구해야 한다. 힘이 알려지면 재료역학 방법을 사용해 힘을 지지하는 부재의 적절성을 평가할 수 있다.

연습문제

물체가 평형상태에 있다고 가정한다. 해답 설명에서 x 성분은 오른쪽으로 양수이고 y 성분은 위쪽으로 양수이다.

6.70 A와 B에서 부재 AB의 반력을 구하라.

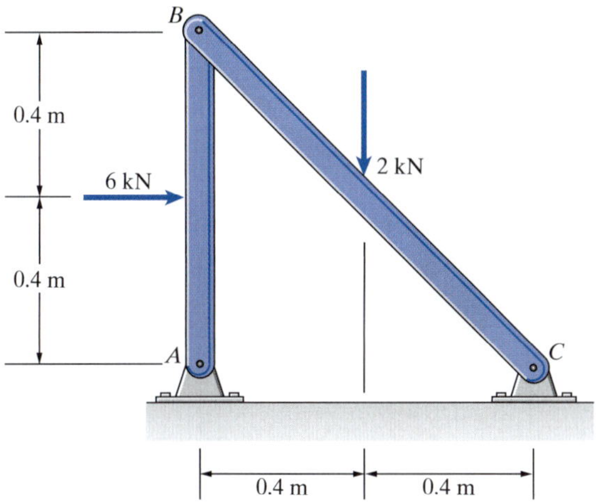

연습문제 6.70

6.71 E에 매달린 물체의 무게가 200 lb이다. A와 C에서 부재 ACD에 대한 반력을 구하라.

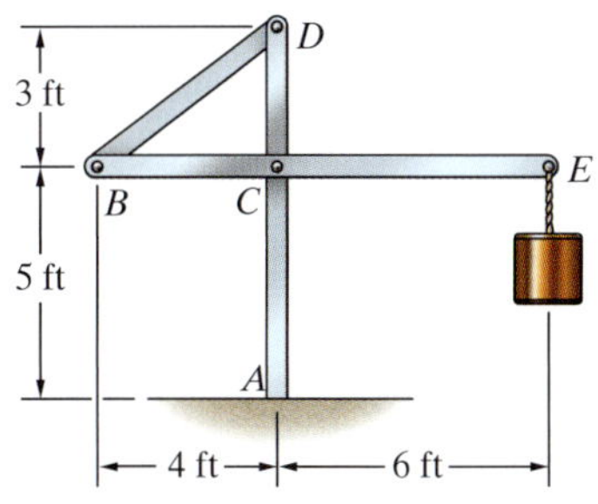

연습문제 6.71

6.72 유압 피스톤 BC가 180 kg의 질량이 놓이는 플랫폼의 높이를 조정한다. 시스템이 그림과 같은 위치에 있을 때 부재 AB, CD에 작용하는 축력은 얼마인가?

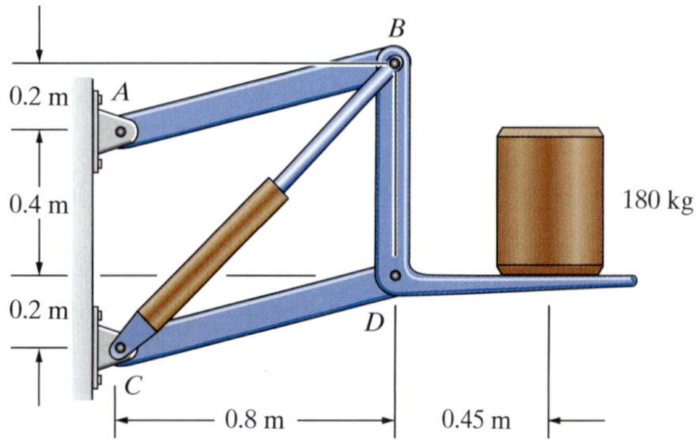

연습문제 6.72

6.73 프레임이 수평 6 kN의 힘으로 하중을 받는다. A, B, C에서 부재 ABC에 대한 반력을 구하라.

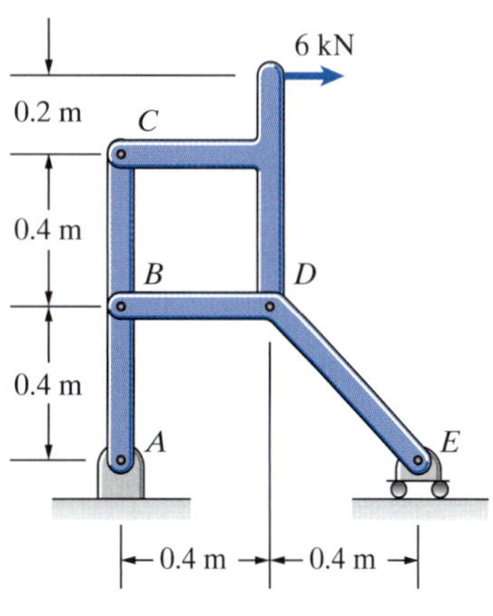

연습문제 6.73

6.74 *A*, *C*에서 프레임의 반력을 구하라.

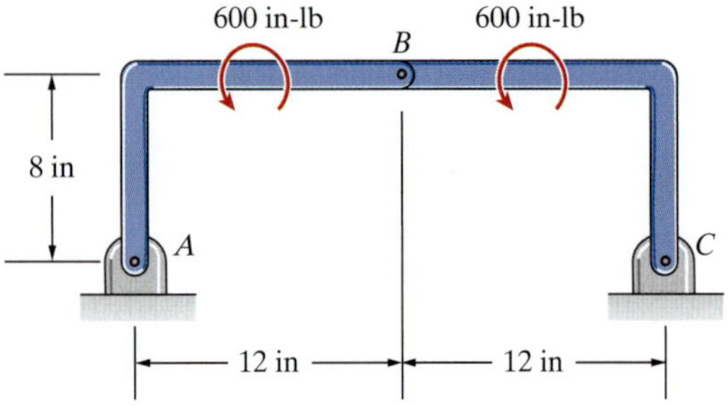

연습문제 6.74

6.75 케이블 *BD*의 장력이 500 lb이다. (1)과 (2)에 대해 *A*에서의 반력을 구하라.

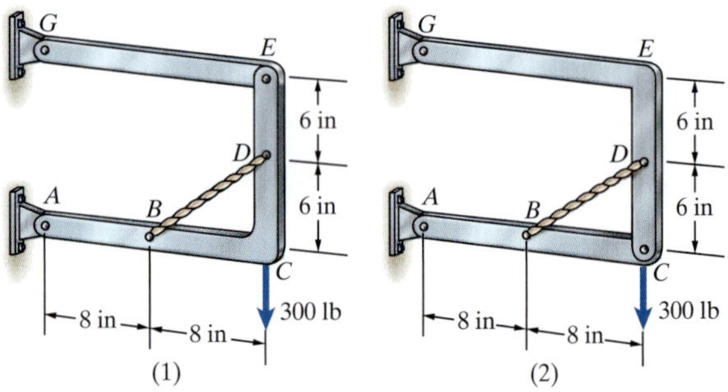

연습문제 6.75

6.76 도르래의 질량이 5 kg, 매달린 물체의 질량이 20 kg, 수평 막대의 질량이 8 kg이다. *A*, *B*의 막대에서 반력을 구하라.

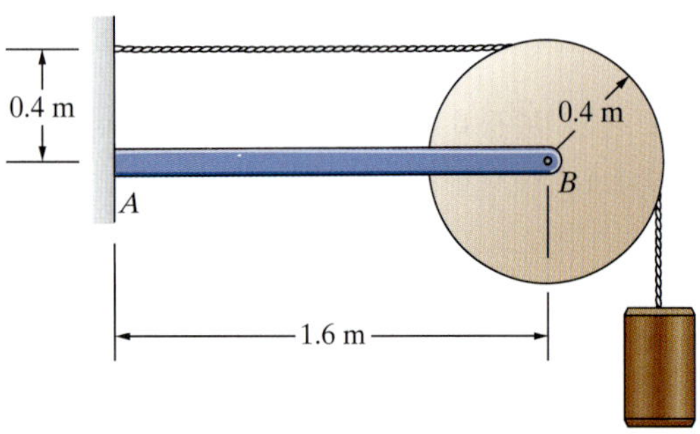

연습문제 6.76

6.77 *A*, *C*에서 부재 *ABC*에 작용하는 힘을 구하라.

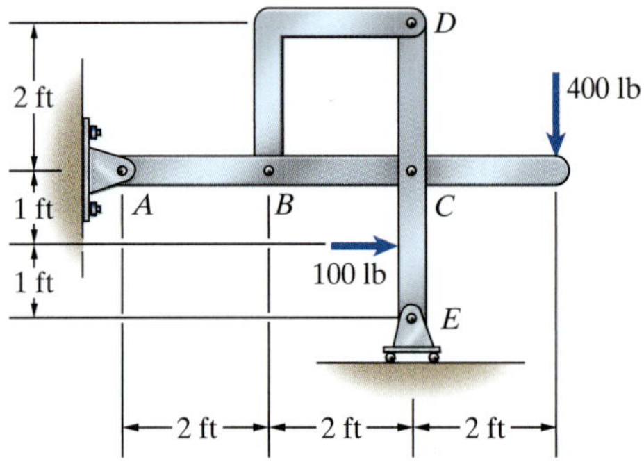

연습문제 6.77

6.78 한 운동선수가 스쿼트 스러스트 머신을 사용해 운동을 하고 있다. 막대 *ABD*를 회전시키려면 선수가 두 힘 부재 *BC*의 축력 크기가 1800 N이 되도록 *A*에서 수직 힘을 가해야 한다. 막대 *ABD*가 회전 직전에 있을 때 *D*와 *E*의 수직 막대 *CDE*에 대한 반력은 얼마인가?

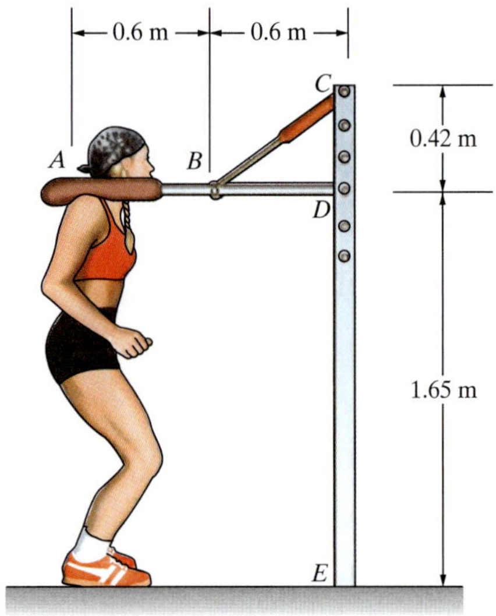

연습문제 6.78

6.79 프레임이 C에서 6 kN의 수직 하중을 지지하고, 막대 ABC, DEF는 수평이다. A와 D에서 프레임의 반력을 구하라.

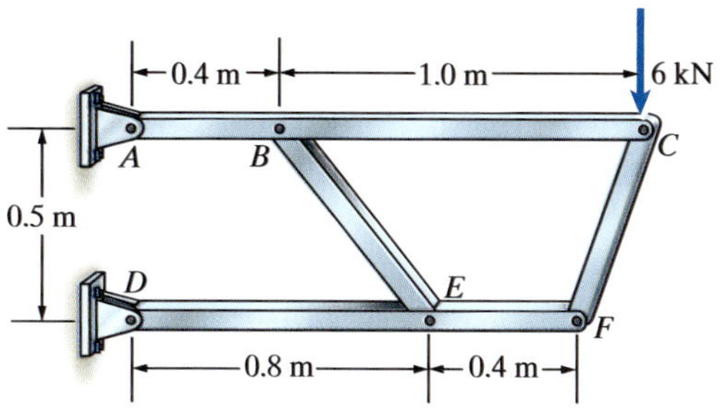

연습문제 6.79

6.80 프레임이 수직 600 lb의 힘으로 하중을 받는다. A와 D에서 프레임의 반력을 구하라.

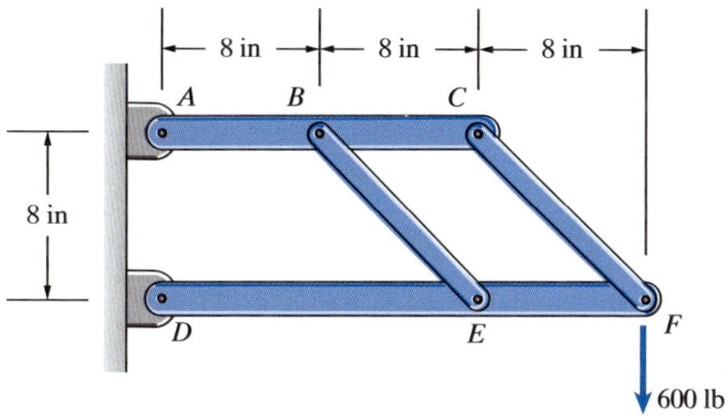

연습문제 6.80

6.81 부재 BCD의 반력을 구하라.

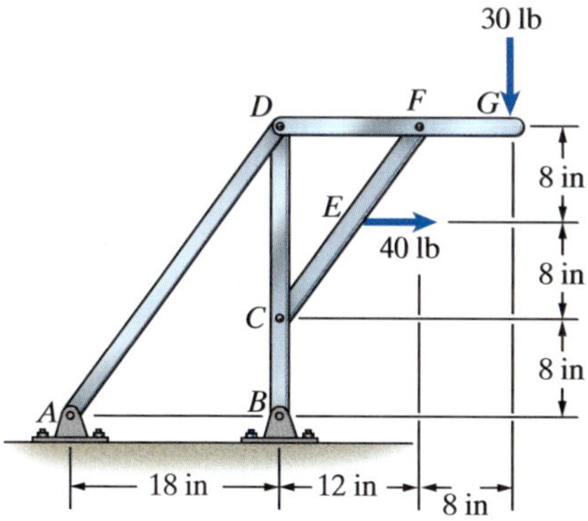

연습문제 6.81

6.82 매달린 물체의 무게 $W = 50$ lb이다. 스프링의 장력과 F에서의 반력을 구하라. (슬롯형 부재 DE는 수직이다.)

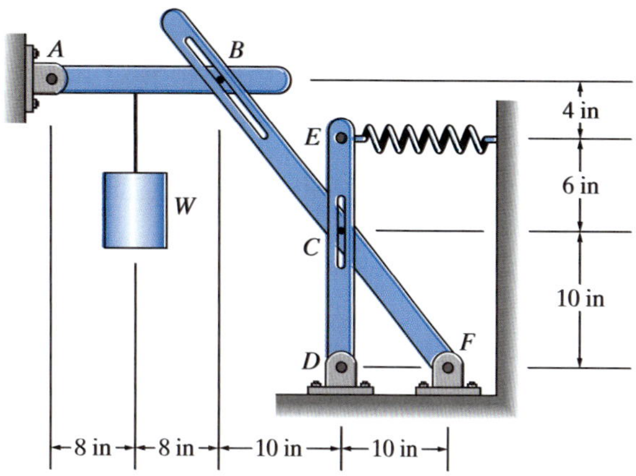

연습문제 6.82

6.83 프레임이 2 kN의 힘으로 하중을 받고 치수 $h = 0.6$ m이다. E의 핀은 매끄러운 수직 슬롯으로 미끄러진다. 두 힘 부재 CD의 축 방향 하중을 구하고, 그것이 인장 상태(T)인지 압축 상태(C)인지를 명시하라.

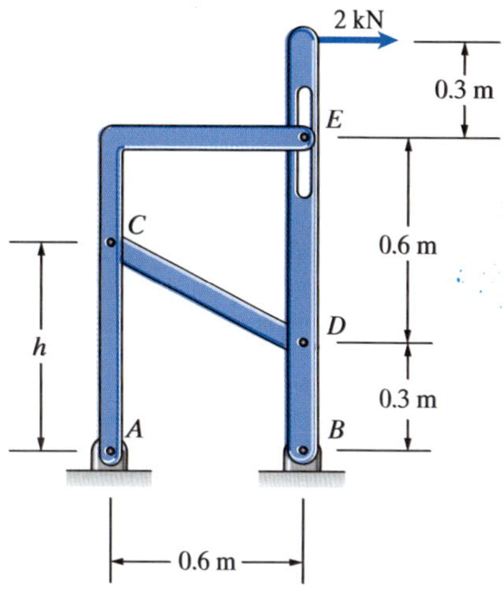

연습문제 6.83

6.84 프레임이 400 lb의 힘으로 하중을 받는다. A와 B의 부재 ABC에 대한 반력을 구하라.

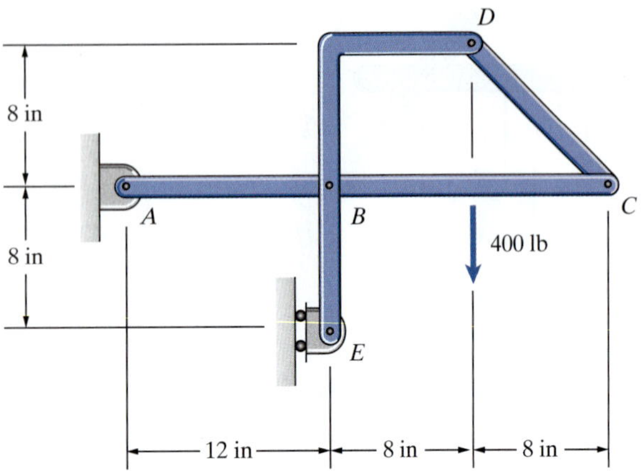

연습문제 6.84

6.85 부재 ABC에 작용하는 힘을 구하라.

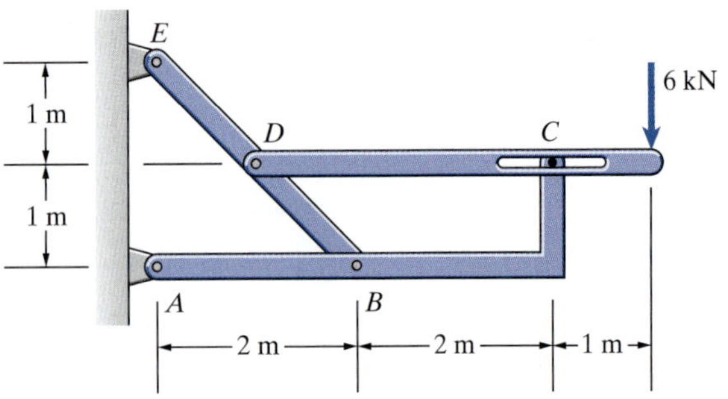

연습문제 6.85

6.86 프레임이 30 lb의 매달린 무게를 지탱한다. C와 E에서 부재 $BCDE$에 대한 반력을 구하라.

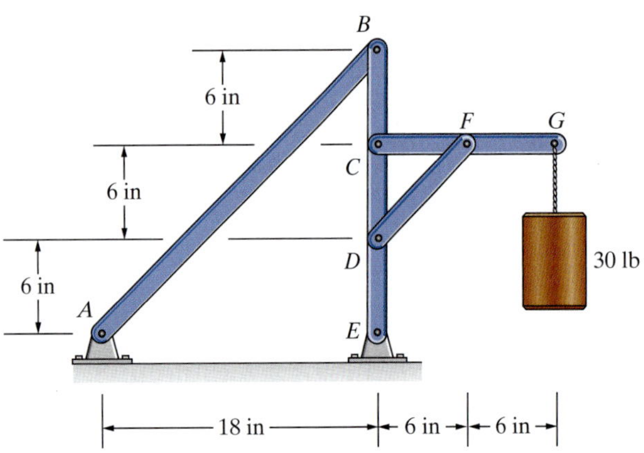

연습문제 6.86

6.87 B, C, D에서 수평 막대의 반력을 구하라.

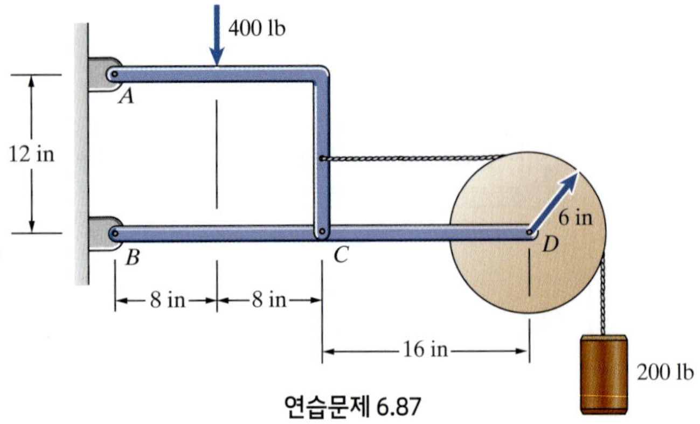

연습문제 6.87

6.88 무게 W = 80 lb이다. 부재 $ABCD$에 작용하는 힘을 구하라.

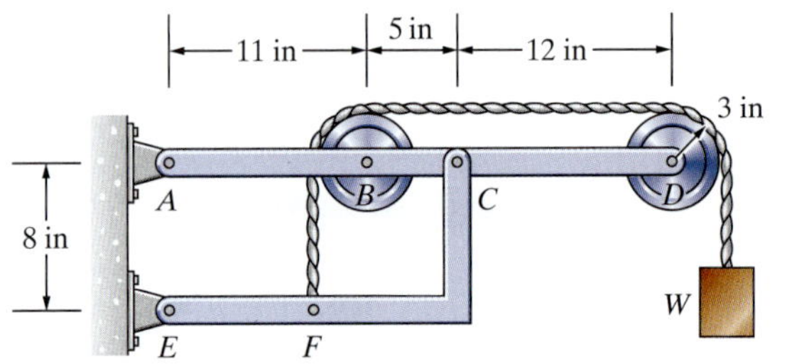

연습문제 6.88

6.89 운동기구를 사용하는 운동선수가 그림과 같은 위치에서 80 lb의 무게를 고정된 상태로 유지한다. A, C, F는 핀으로 연결되어 있고 E에는 고정 지지대가 있다. A와 C에서 부재 ACD에 대한 반력을 구하라. (평형방정식을 작성할 때 도르래의 크기는 무시한다.)

연습문제 6.89

6.90 200 lb인 물체의 무게가 지점 B와 E 사이의 중간에 효과적으로 작용한다. 유압 피스톤 DF는 D와 F에 고정되어 있다. C와 E에서 부재 CDE에 대한 반력을 구하라.

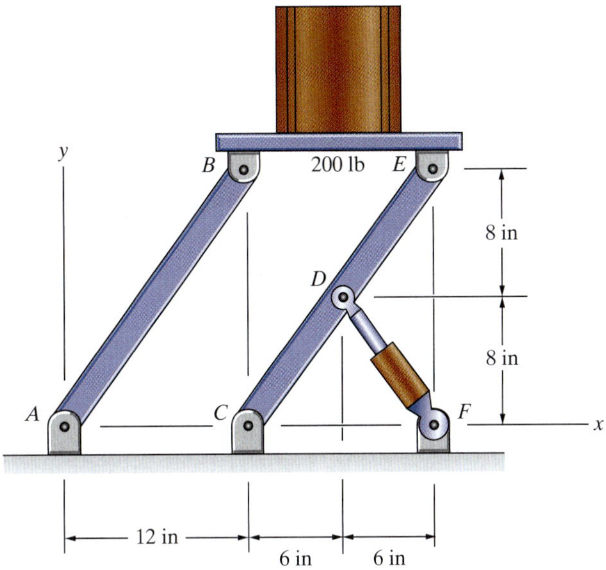

연습문제 6.90

6.91 매달린 물체의 질량 $m = 50$ kg이다. 부재 ABC에 대한 반력을 구하라.

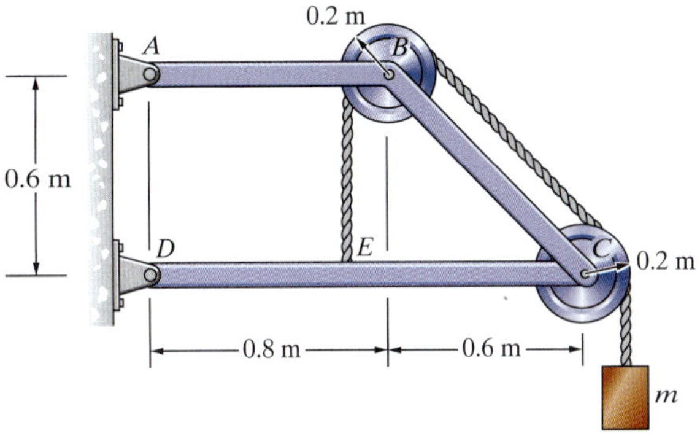

연습문제 6.91

6.92 스프링의 자유 길이가 L_0이다. 시스템이 평형상태에 있을 때 각도 $\sin\alpha = 2(L0 - 2F/k)/L$ 관계를 충족함을 증명하라.

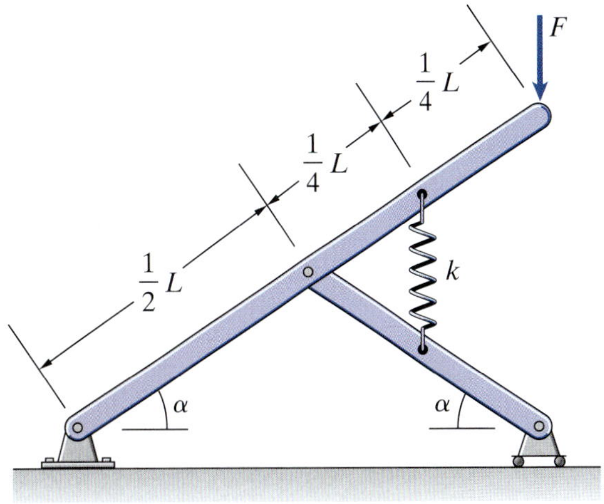

연습문제 6.92

6.93 핀 지지대 B가 24 kN 크기의 힘을 안전하게 지지한다. 이 기준에 따르면 프레임이 안전하게 지탱할 수 있는 가장 큰 질량 m은 얼마인가?

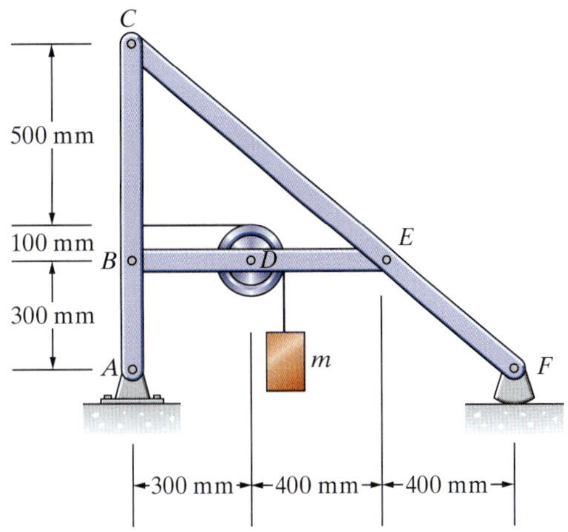

연습문제 6.93

6.94 유압 피스톤 *CD*를 확장해 수평 플랫폼의 높이를 조정할 수 있다. 플랫폼의 전기 모터의 질량이 120 kg이다. 플랫폼이 그림과 같은 위치에 있을 때 유압 피스톤의 축력 크기와 *E*의 부재 *AEF*에 대한 반력은 얼마인가?

6.95 수평 플랫폼의 전기 모터의 질량이 120 kg이다. 유압 피스톤 *CD*가 확장되어 플랫폼이 그림의 위치보다 0.2 m 위로 올라간다고 가정하자. 유압 피스톤의 축력 크기와 *E*의 부재 *AEF*에 대한 반력은 얼마인가?

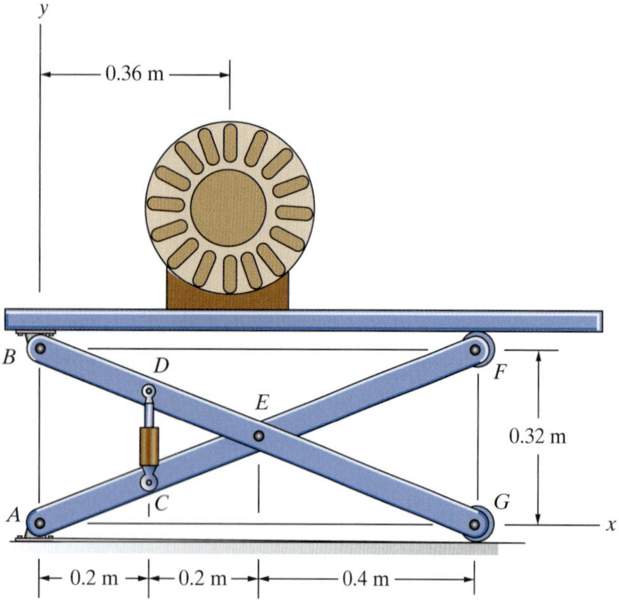

연습문제 6.94/6.95

6.96 프레임이 고장력 전선을 지지하는 데 사용된다. $b = 3$ ft, $\alpha = 30°$, $W = 200$ lb일 때 부재 *HJ*의 축력을 구하라.

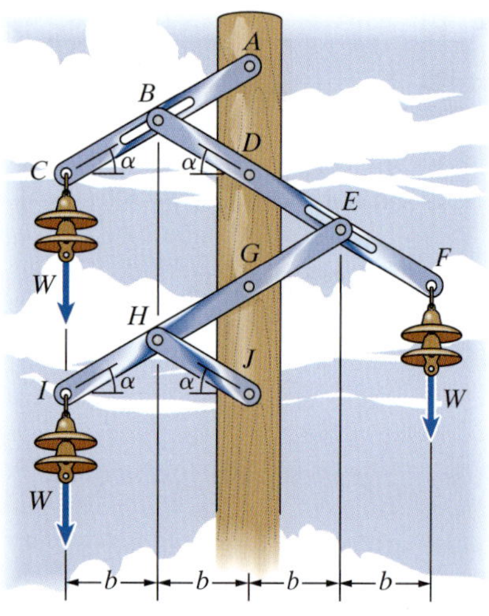

문제 6.96

6.97 볼트 절단기가 볼에 가하는 힘과 두 힘 부재 *AB*의 축력 크기를 구하라.

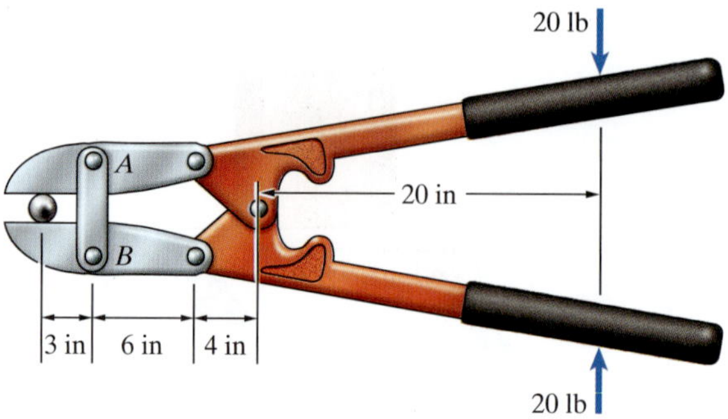

연습문제 6.97

6.98 그림과 같이 사람이 펜치에 20 N의 힘을 가한다. (a) 펜치가 *B* 지점의 볼트에 작용하는 힘의 크기는 얼마인가? (b) 고정된 연결부 *C*에서 펜치의 부재가 서로에게 작용하는 힘의 크기를 구하라.

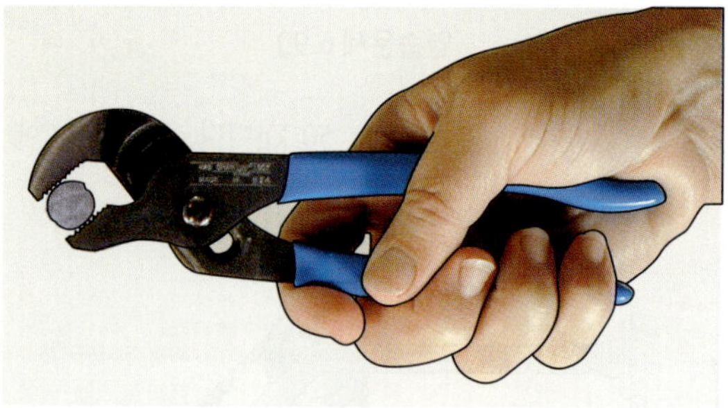

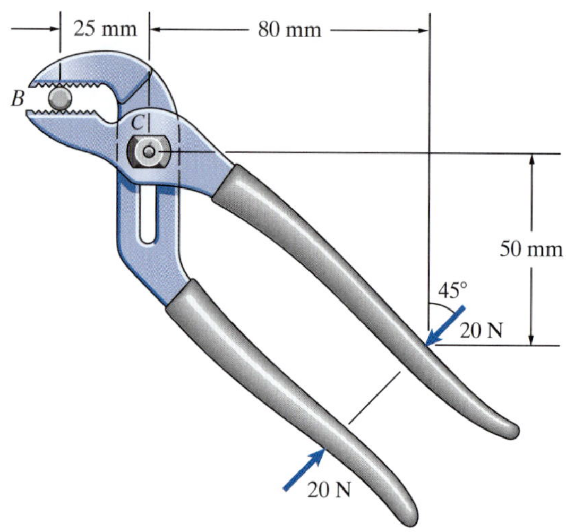

연습문제 6.98

6.99 그림 a는 덩어리를 지탱하는 사람 팔의 뼈와 팔뚝 근육의 다이어그램이다. 이두근의 장력은 그림 b의 간단한 기계 모델에서 볼 수 있듯이 팔뚝을 수평 위치로 유지한다. 팔뚝의 무게는 9 N이고, 질량 m = 2 kg이다. (a) 이두근 AB의 장력을 구하라. (b) 팔꿈치 조인트 C에서 팔뚝이 위팔에 가하는 힘의 크기를 구하라.

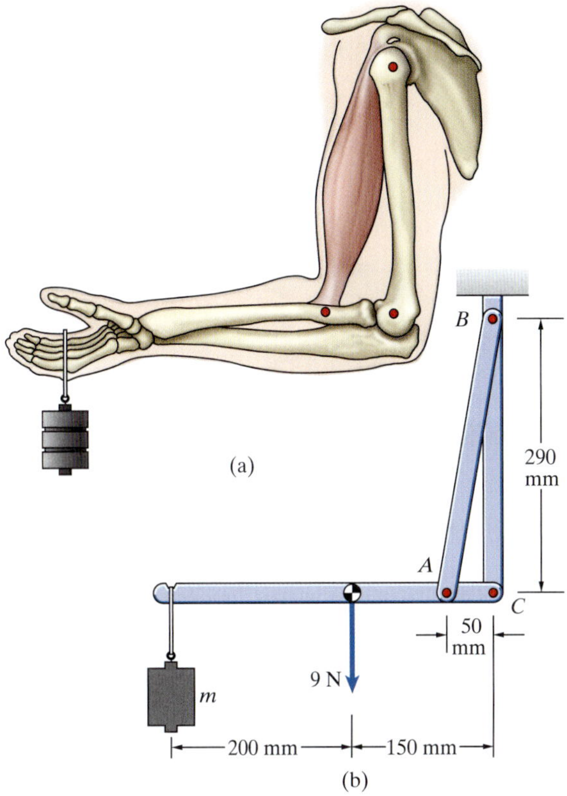

연습문제 6.99

6.100 예제 6.8에서 펜치로 잡고 있는 물체가 왼쪽으로 이동해 D에서 E에 있는 물체까지의 수평 거리가 30 mm에서 20 mm로 감소한다고 가정하자. 물체의 새로운 위치를 보여주는 펜치의 스케치를 그려라. 펜치에 150 N의 힘이 가해지면 E 지점에 있는 물체에 어떤 힘이 가해지는가?

6.101 그림 a는 말의 뒷다리뼈와 힘줄을 보여주고 다리의 생체역학적 모델은 그림 b와 같다. 말이 정지해 있고 지면이 다리에 가하는 수직력이 N = 1200 N일 때 표재수지 굴곡근 BC와 슬개골 인대 DF의 장력을 구하라.

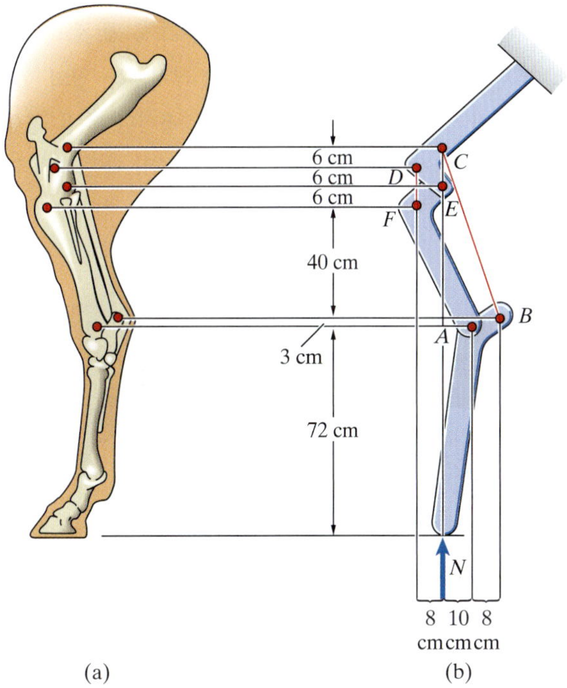

연습문제 6.101

6.102 피스톤에 가해지는 압력이 왼쪽 방향으로 2 kN이다. 시스템을 평형상태로 유지하는 데 필요한 우력 M을 구하라.

6.103 연습문제 6.102에서 A, B에서 부재 AB에 작용하는 힘을 구하라.

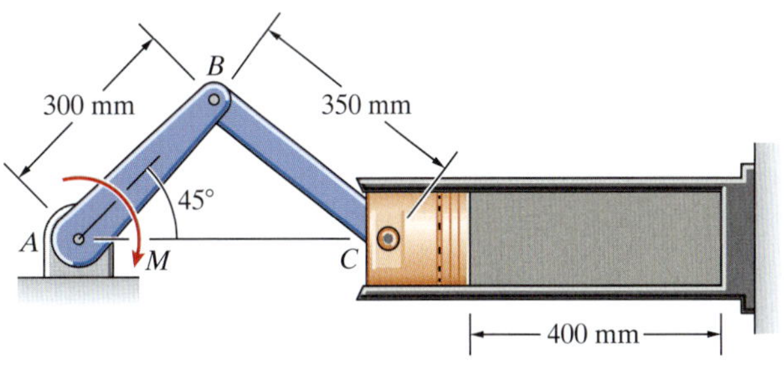

연습문제 6.102/6.103

6.104 굴착기의 삽이 E의 핀 지지대와 두 힘 부재 BC에 의해 지지된다. 삽의 300 lb 무게 W가 그림에 표시된 지점에서 작용한다. E 지점에서 삽의 반력과 두 힘 부재 BC의 축력 크기를 구하라.

6.105 굴착기의 삽이 E에서 핀 지지대로 지지대고, 삽의 위치는 삽과 유압 피스톤 AB에 의해 제어된다. 이 피스톤은 두 힘 부재 BC와 BD의 연결을 통해 삽에 부착된다. 삽의 300 lb 무게 W가 그림에 표시된 지점에서 작용한다. 삽을 평형 상태로 유지하기 위해 유압 피스톤이 수행해야 하는 힘의 크기는 얼마인가?

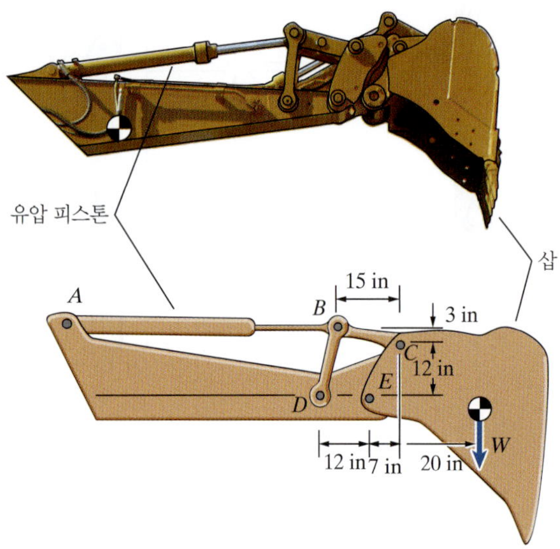

연습문제 6.104/6.105

6.106 사람이 가위 손잡이에 20 N의 힘을 가한다. A 지점에 있는 가지에 가해지는 힘의 크기를 구하라.

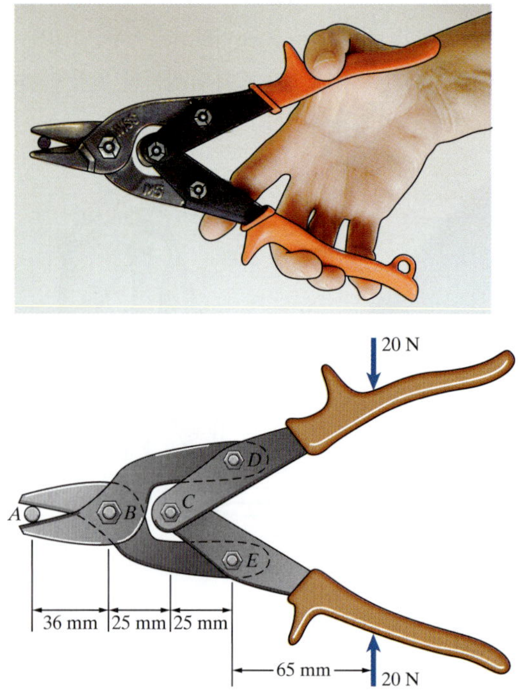

연습문제 6.106

6.107 사람이 잠금 렌치 핸들에 40 N의 힘을 가한다. 렌치가 A 지점의 볼트에 가하는 힘의 크기를 구하라.

6.108 B에서 렌치의 부재가 서로에게 작용하는 힘의 크기와 두 힘 부재 DE의 축력을 구하라.

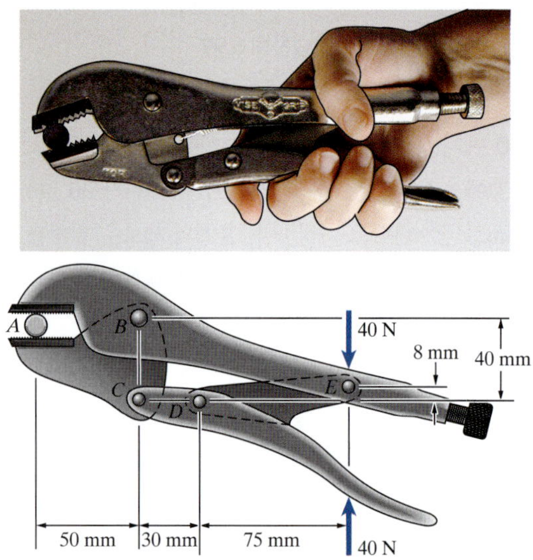

연습문제 6.107/6.108

6.109 이 장치는 스탬핑 작업을 위해 *A* 지점의 수평 막대에 큰 힘을 가하도록 설계되었다. 유압 실린더 *DE*가 800 N 및 $\alpha = 80°$의 축력을 가한다면 *A*에서 수평 막대에 가해지는 수평력은 얼마인가?

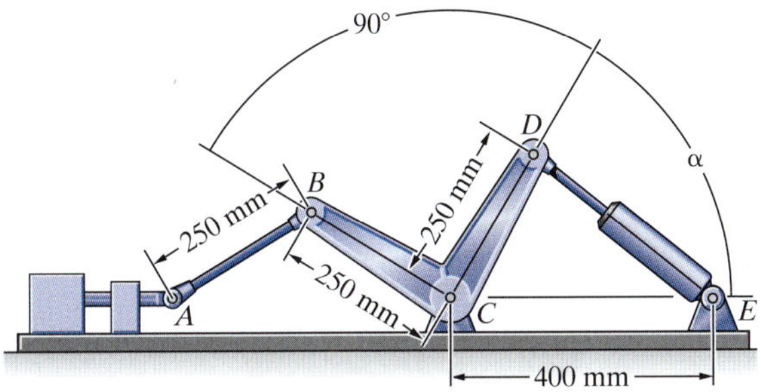

연습문제 6.109

6.110 이 장치는 유압 액추에이터 *DE*를 확장해 하중 *W*를 상승시킨다. 막대 *AD*, *BC*의 길이는 4 ft이고 거리 $b = 2.5$ ft, $h = 1.5$ ft이다. $W = 300$ lb일 때 하중을 평형상태로 유지하기 위해 액추에이터는 어떤 힘을 가해야 하는가?

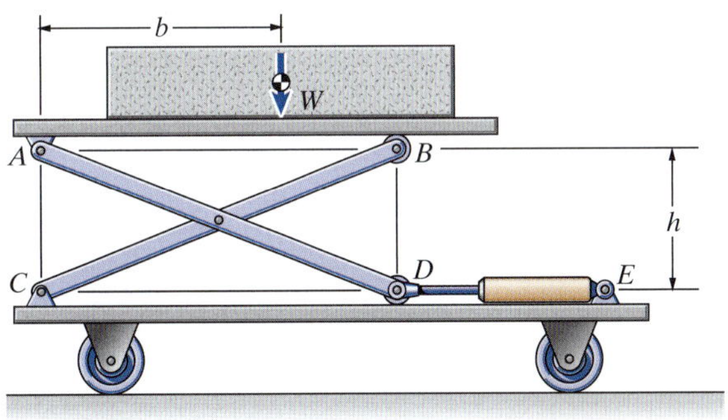

연습문제 6.110

6.111 네 개의 바 링키지가 지게차의 포크를 작동하고, 포크가 지지하는 힘 $W = 8$ kN이다. 부재 *CDE*에 대한 반력을 구하라.

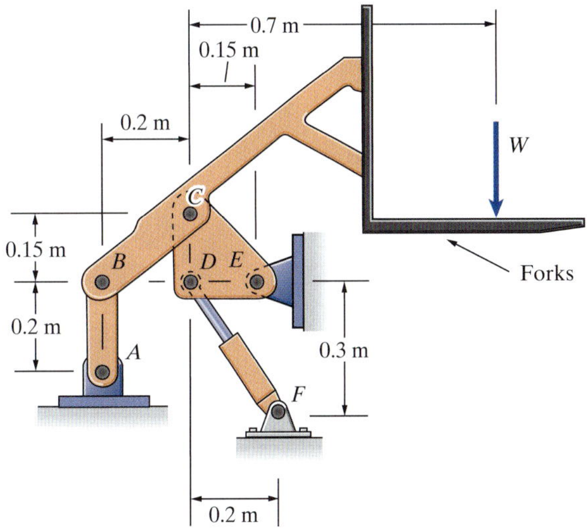

연습문제 6.111

6.112 자동차의 더블 위시본 서스펜션에서 충격 흡수 장치 *BC*가 *B*와 *C*에 고정되어 있다. 막대 *BD*는 수평이다. 도로가 타이어에 가하는 수직력이 $F = 4.0$ kN일 때 충격 흡수 장치의 축력을 구하라.

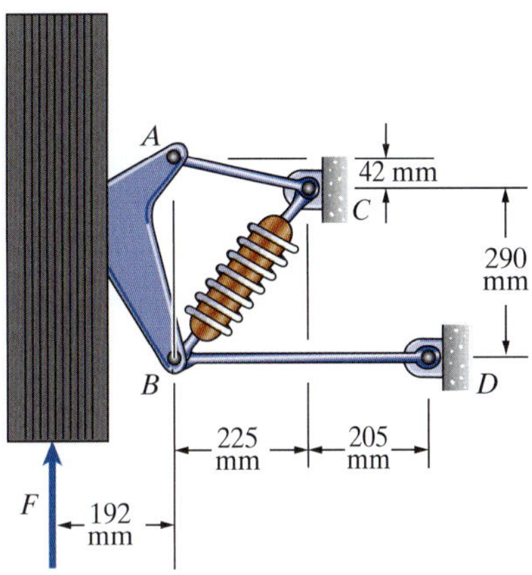

연습문제 6.112

6.113 스쿠프에 작용하는 수평력이 $F = 2000$ lb일 때 유압 액추에이터 AC의 축력 크기는 얼마인가?

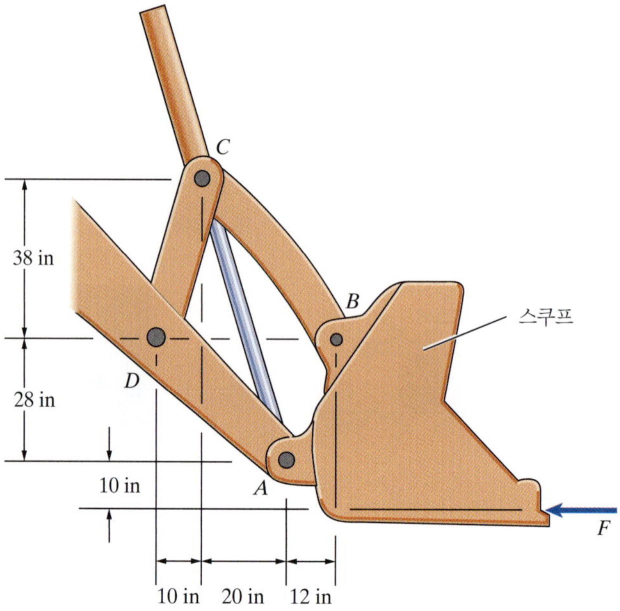

연습문제 6.113

6.114 다이어그램의 구조(굴착기의 스쿠프를 지지하는 두 개의 동일한 구조 중 하나)는 G에서 아래 방향 힘 F = 1800 N을 지지한다. 부재 BC, DH는 두 힘 부재로 취급할 수 있다. K에서 부재 CDK에 대한 반력을 구하라.

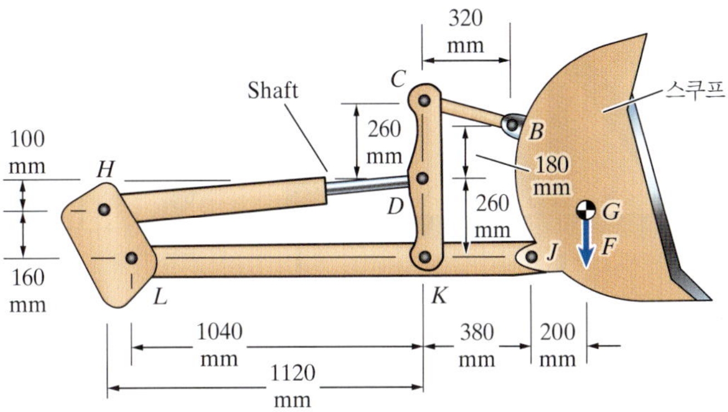

연습문제 6.114

복습문제

6.115 하중 F_1 = 440 N, F_2 = 160 N이다. 부재의 축력을 구하고, 인장 상태(T)인지 압축 상태(C)인지를 나타내라.

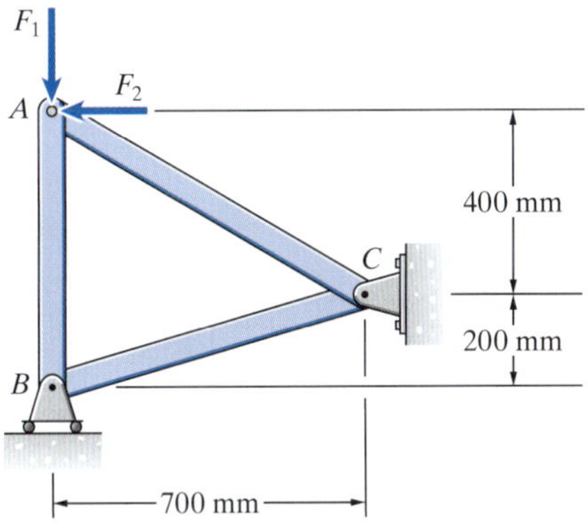

복습문제 6.115

6.116 트러스가 하중 F = 10 kN을 지지한다. 부재 AB, AC, BC의 축력을 구하라.

6.117 트러스의 각 부재가 40 kN의 인장력과 32 kN의 압축력을 안전하게 지지한다. 이 기준에 따르면 C에서 안전하게 적용될 수 있는 가장 큰 아래 방향 하중 F는 얼마인가?

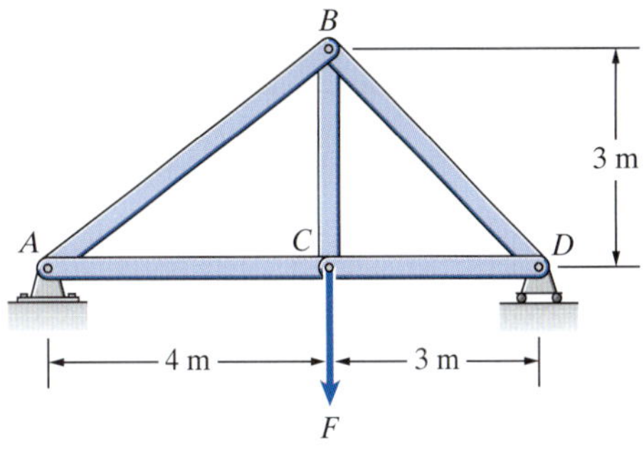

복습문제 6.116/6.117

6.118 부재 *AB*, *BC*, *BD*의 축력을 구하라.

6.119 단면 방법을 사용해 부재 *CF*, *DF*, *DE*의 축력을 구하라.

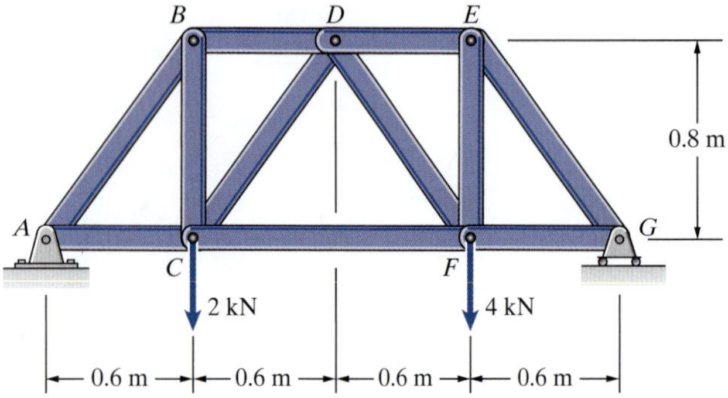

복습문제 6.118/6.119

6.120 트러스가 *F*와 *H*의 하중을 지지한다. 부재 *AB*, *AC*, *BC*, *BD*, *CD*, *CE*의 축력을 구하라.

6.121 부재 *EH*, *FH*의 축력을 구하라.

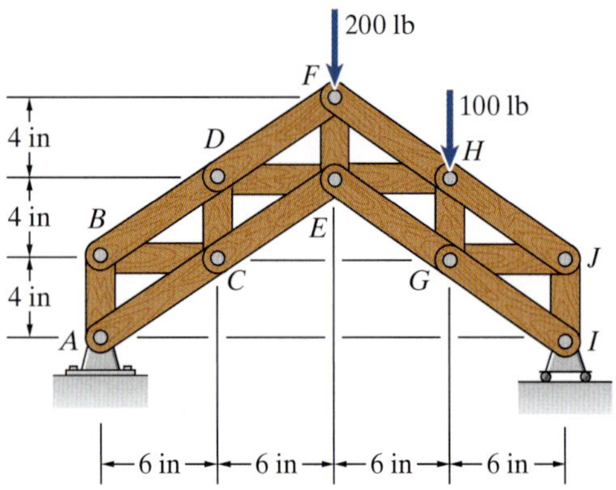

복습문제 6.120/6.121

6.122 부재 *BD*, *CD*, *CE*의 축력을 구하라.

6.123 부재 *DF*, *EF*, *EG*의 축력을 구하라.

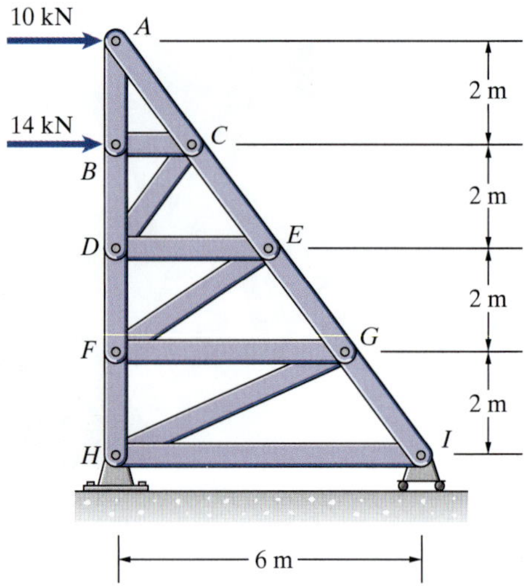

복습문제 6.122/6.123

6.124 트러스는 *G*에서 400 N의 하중을 지지한다. 부재 *AC*, *CD*, *CF*의 축력을 구하라.

6.125 부재 *CE*, *EF*, *EH*의 축력을 구하라.

6.126 인장력과 압축력이 가장 큰 부재는 무엇이며, 그 값은 얼마인가?

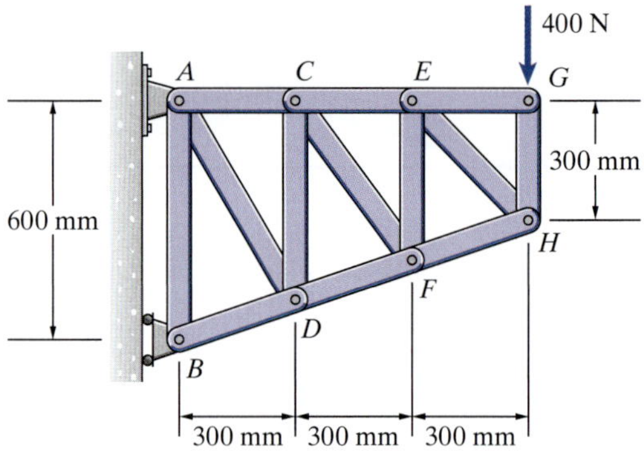

복습문제 6.124~6.126

6.127 하우 트러스는 지붕을 지지하는 데 도움이 된다. A와 G의 지지대를 롤러 지지대로 모델링한다. 조인트 방법을 사용해 부재 BC, CD, CI, CJ의 축력을 구하라.

6.128 단면 방법을 사용해 부재 CD, CJ, IJ의 축력을 구하라.

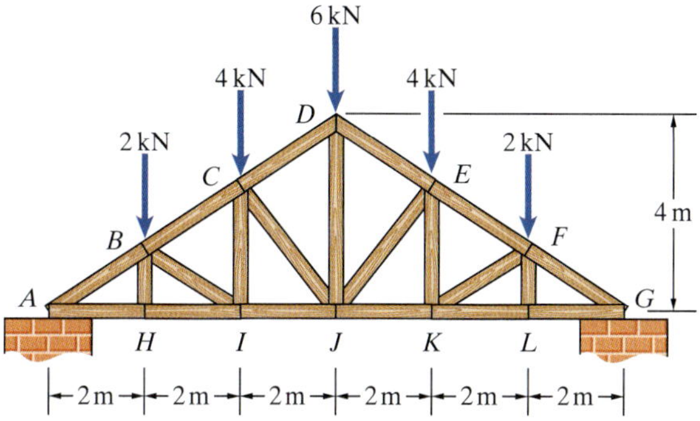

복습문제 6.127/6.128

6.129 매달린 800 lb의 상자가 트러스로 지지된다. y축은 수직이다. 부재 AB, AC, AD의 축력을 구하라.

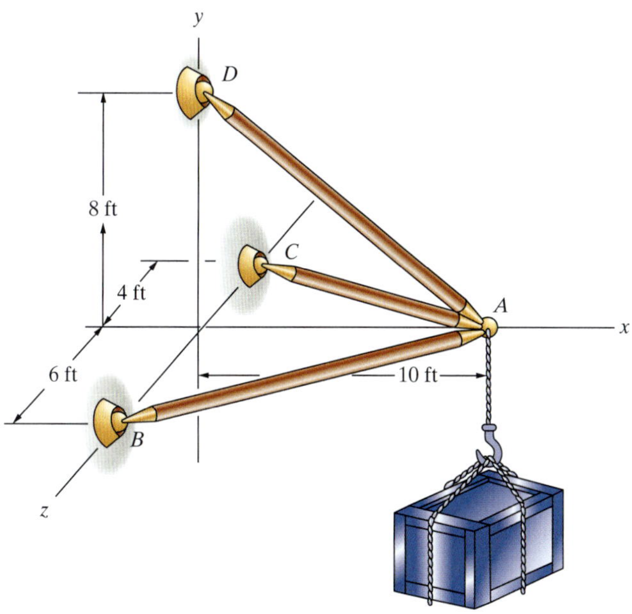

복습문제 6.129

6.130 매달린 물체의 질량이 900 kg이다. 막대 AB, AC의 축력을 구하라.

전략: 조인트 A의 자유물체도를 그린다.

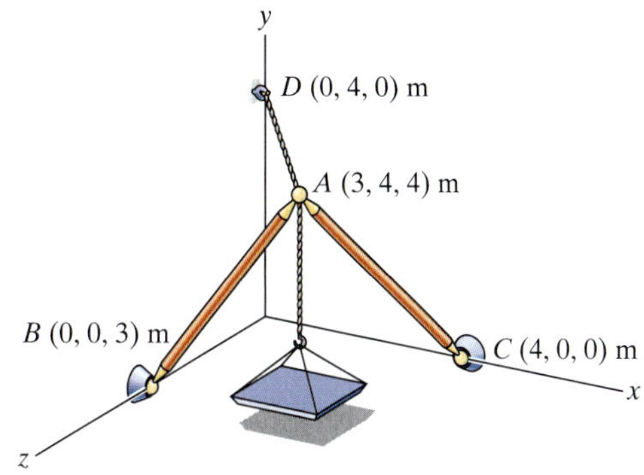

복습문제 6.130

6.131 매달린 360 kg의 상자가 트러스로 지지된다. y축은 수직이다. 부재 AB, AC, AD의 축력을 구하라.

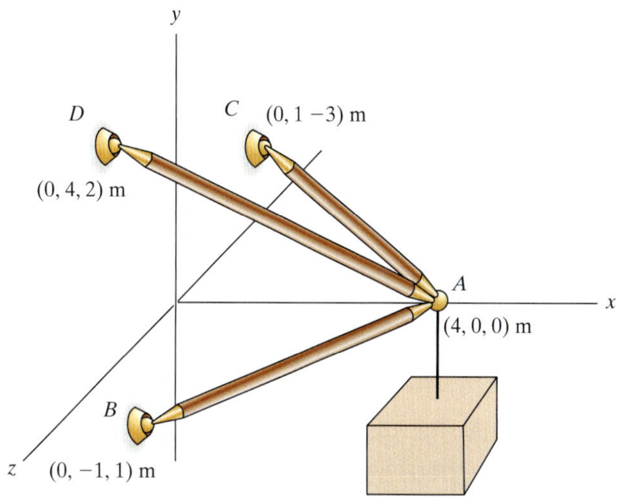

복습문제 6.131

6.132 질량 $m = 120$ kg이다. 부재 *ABC*에 작용하는 힘을 구하라.

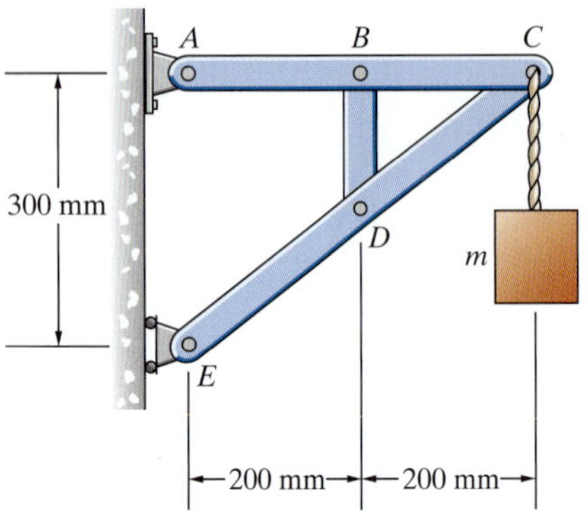

복습문제 6.132

6. 133 도르래의 질량이 5 kg, 매달린 물체의 질량이 20 kg, 수평 막대의 질량이 8 kg이다. *A*, *C* 지점에서 막대의 반력을 구하라.

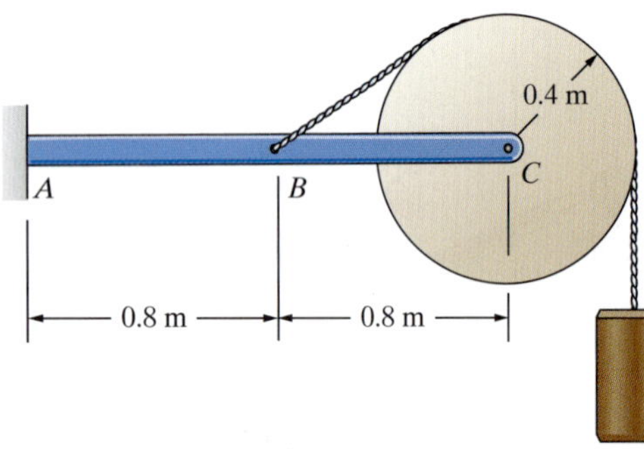

복습문제 6.133

6.134 두 힘 부재 *AB*, *AC*, *DE*에 가해지는 축력을 구하고, 이들이 인장 상태(T)인지 압축 상태(C)인지를 나타내라.

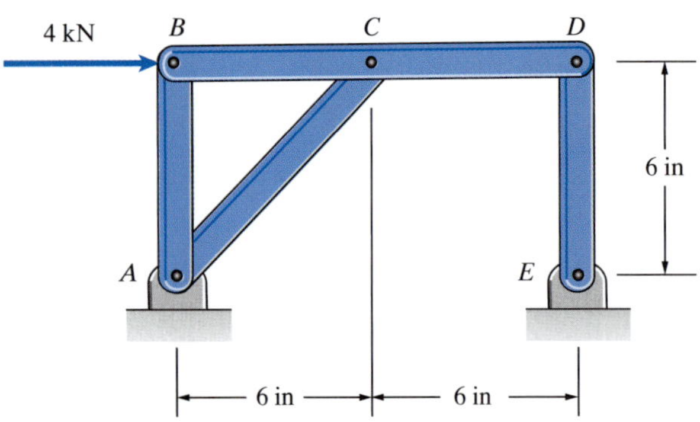

복습문제 6.134

6.135 600 lb인 스쿠프의 중량이 수직선 *CE*에서 오른쪽으로 1 ft 6 in 지점에서 작용한다. 선 *ADE*는 수평이다. 유압 액추에이터 *AB*는 두 힘 부재로 취급할 수 있다. 유압 액추에이터 *AB*의 축력과 스쿠프가 *C*, *E*에 가하는 힘을 구하라.

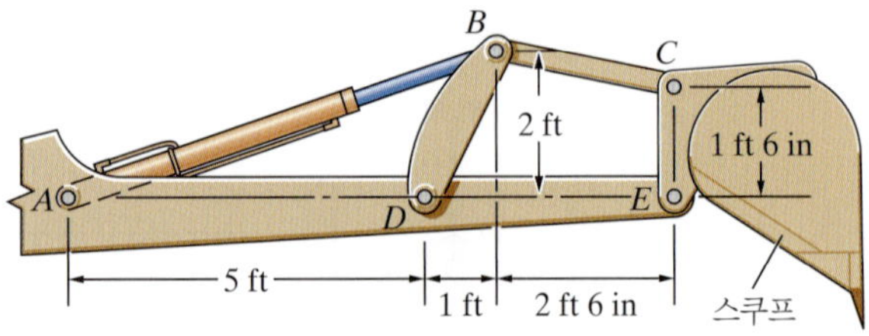

복습문제 6.135

6.136 볼트 커터로 인해 볼트에 가해지는 힘을 구하라.

6.137 볼트 커터 부재들이 핀 연결점 *B*에서 서로에게 가하는 힘의 크기와 두 힘 부재 *CD*의 축력을 구하라.

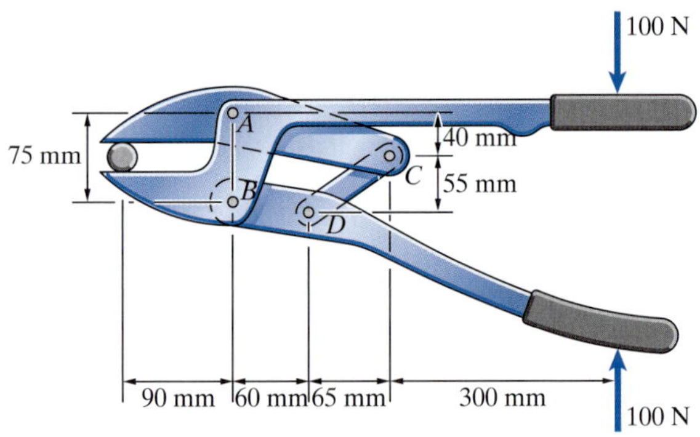

복습문제 6.136/6.137

설계 프로젝트 1

지지되지 않은 스팬(폭)이 8 m인 보행 다리를 지지할 트러스 구조를 설계하라. 만약 트러스가 나무로 만든 보도를 지지해야 한다면, 구조가 지지해야 하는 하중에 대해 보수적인 추정을 수행하라. 두 가지 옵션을 고려하라. (1) 고객은 다리가 아래에 있는 트러스로 지지되어 상부 표면이 구조로 가려지지 않기를 원한다. (2) 고객은 트러스가 다리 위에 있어 난간 역할을 할 수 있게 설계하기를 원한다. 각 옵션에 대해 정역학을 사용해서 구조의 부재가 겪을 최대 힘을 추정하라. 대체 설계를 조사하고 축력의 결과를 비교하라.

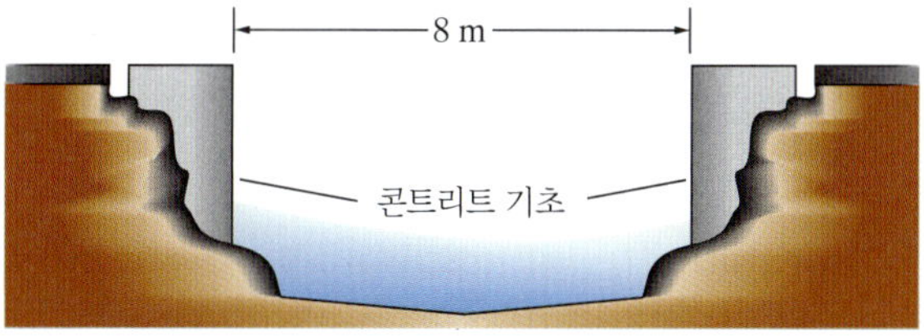

설계 프로젝트 2

주어진 트러스가 들것의 한쪽 끝을 구조용 헬리콥터에 연결한다. A와 B에서 들것을 지지하고 E와 G에서 지지되는 다른 트러스 설계를 고려하라. 여러분의 설계에서 부재의 최대 인장 하중과 압축 하중을 주어진 트러스의 부재와 비교하라. 트러스 하나의 비용이 부재들의 길이 합에 비례한다고 가정할 때, 여러분의 설계 비용을 주어진 트러스의 비용과 비교하라. 여러분의 분석을 설명하고 어떤 설계안을 선택할 것을 권장하는 간단한 보고서를 작성하라.

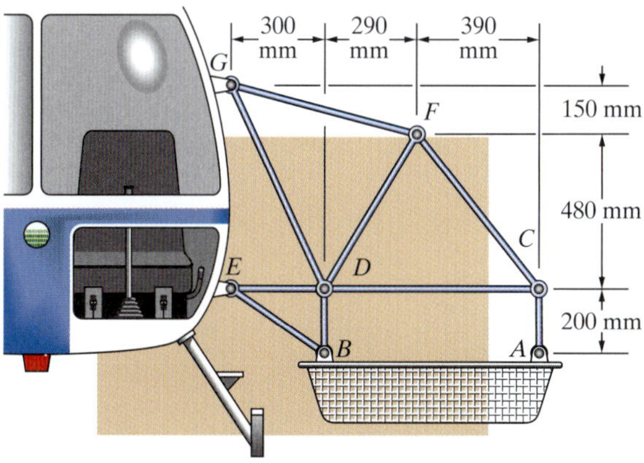

설계 프로젝트 3

피트니스 센터를 방문해 기계적으로 흥미로운 운동 장치(예: 무게, 풀리, 레버)를 선택하라. 이 기기의 치수를 측정하고(사용되지 않은 상태에서), 스케치를 그림으로 그리고 사진을 찍어 이 기기를 분석하는 데 필요한 정보를 수집하라. 정역학을 사용해 사용자가 이 기기를 사용하는 데 필요한 힘의 범위를 구하라.

이 기기의 설계를 변경하는 것을 제안하라(단순히 중량을 늘리는 것 외에). 사용자가 가할 수 있는 최대 힘을 증가시킬 수 있는 설계 변경안을 설명하라.

(1) 원래 기기에 대한 설명, (2) 기기의 모델 및 분석 제시, (3) 제안한 변경 사항 및 이를 지원하는 분석 설명, (4) 사용자가 가할 수 있는 최대 힘을 증가시키기 위해 선택한 설계 변경 사항들을 권장하는 간단한 보고서를 작성하라.

CHAPTER

7 도심과 질량 중심

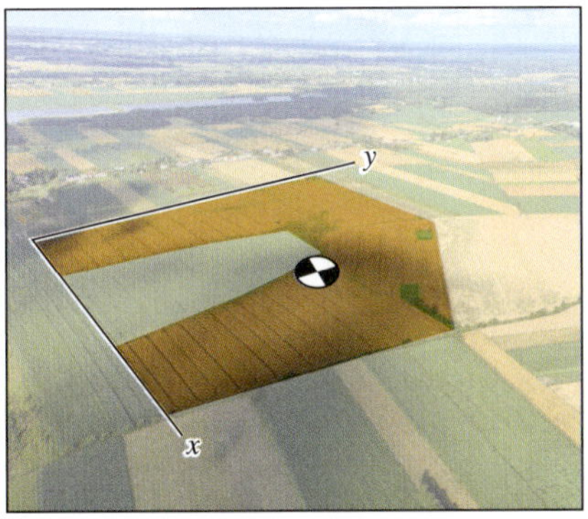

출처: Netsay/123RF 제공

물체의 무게는 단일 점에 작용하지 않고 물체의 전체 체적에 걸쳐 분산되어 있다. 그러나 무게는 질량 중심(center of mass)으로 불리는 한 점에 작용하는 단일 등가 힘으로 표현 가능하다. 평행방정식을 이용해서 지지대에 의해 어떤 물체에 작용하는 반력을 계산하고자 할 때 그 해석에 물체의 무게가 포함되어야 한다면, 해당 물체의 질량 중심의 위치를 알고 있어야만 한다. 물체의 동적 거동 또한 질량 중심의 위치에 따라 결정된다. 이 장에서는 질량 중심을 정의하고 다양한 형상의 물체에 대해 질량 중심을 구하는 방법을 제시한다. 또한 면적, 체적, 선의 평균 위치를 정의하는 방식에 대해 살펴본다. 이러한 평균 위치는 도심이라고 부른다. 도심은 특정 종류의 물체에서는 질량 중심과 일치하며, 이는 다른 많은 공학 문제에 응용된다.

▲ 농업경제학자가 단일 측정기를 이용해 들판의 평균 강우량을 측정하려 할 때에는 측정기를 들판의 평균 위치 혹은 '도심'에 놓아둘 수 있을 것이다. 이 장에서는 도심의 일반적인 정의를 알아본 후, 면적의 도심과 물체의 질량 중심 위치를 정하는 데 이를 적용한다.

7.1 면적의 도심

생각해보기

- 여러분은 여러 숫자에 대한 평균을 구하는 방식에 익숙할 것이다. 그러면 '도심'이란 무엇이며 평균과 어떤 관련이 있는가?
- 임의의 면적의 평균 위치는 어떻게 구할 수 있는가?

배경

방에 앉아 있는 여러 학생의 평균 위치를 구해보자. 우선 각 학생의 위치를 나타내기 위해 필요한 좌표계를 도입한다. 예를 들어, 방의 벽 방향을 따라 좌표계의 축을 정의할 수 있다(그림 7.1a). 각 학생에 대해 1부터 N까지 번호를 매기면 학생 1의 위치는 (x_1, y_1), 학생 2의 위치는 (x_2, y_2) 등으로 나타낼 수 있을 것이다. $\bar{x}$로 표현되는 x 좌표의 평균값은 학생들의 x 좌표 값의 합을 N으로 나눈 것으로 나타낼 수 있다.

$$\bar{x} = \frac{x_1 + x_2 + \cdots + x_N}{N} = \frac{\sum_i x_i}{N} \tag{7.1}$$

여기에서 기호 $\sum_i$는 'i 범위에 대한 전체 합'을 의미한다. y 좌표의 평균값은 다음과 같다.

$$\bar{y} = \frac{\sum_i y_i}{N} \tag{7.2}$$

그림 7.1b는 이러한 평균 위치를 기호로 도시한 것이다.

이제 학생들에게 동전을 나누어주는 상황을 생각해보자. 학생 1에게 주어진 동전의 수는 c_1, 학생 2에게 주어진 동전의 수는 c_2로 표현되며 나머지 학생들에게 주어진 동전의 수 역시 이와 같이 표현된다. 이때 방 안의 동전들의 평균 위치는 어떻게 나타낼 수 있을까? 분명히 동전들의 평균 위치와 학생들의 평균 위치가 서로 같지 않을 수도 있다. 예를 들어 방의 앞쪽에 있는 학생들이 조금 더 많은 동전을 가지고 있다면, 동전들의 평균 위치는 학생들의 평균 위치에 비해 보다 방 앞쪽에 가깝게 된다.

동전의 평균 위치에 대한 x 좌표를 구하기 위해서는 동전의 x 좌표 값의 총합을 전체 동전 수로 나누어야 한다. 동전의 x 좌표 값의 합은 각 학생의 x 좌표 값과 각 학생이 가지고 있는 동전의 수를 곱한 후 모두 더해주면 구할 수 있다. 전체 동전 수는 c_1, c_2, $\cdots$ 값을 모두 더해서 구할 수 있다. 그러면

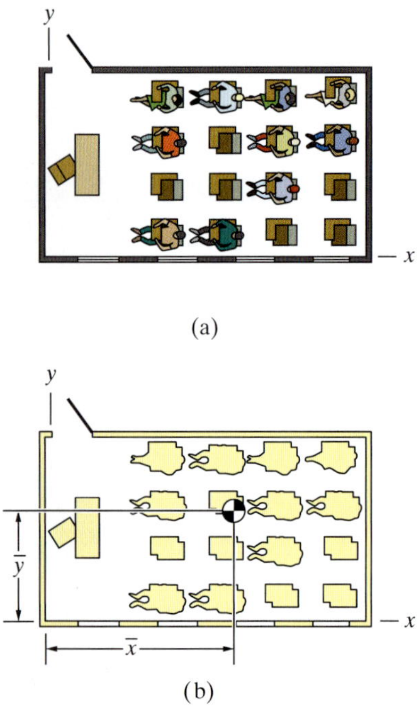

그림 7.1
(a) 교실 안의 학생들
(b) 학생들의 평균 위치

동전의 평균 x 좌표는 다음과 같이 나타낼 수 있다.

$$\bar{x} = \frac{\sum_i x_i c_i}{\sum_i c_i} \tag{7.3}$$

동일한 방식으로 동전의 평균 y 좌표를 구할 수 있다.

$$\bar{y} = \frac{\sum_i y_i c_i}{\sum_i c_i} \tag{7.4}$$

c_1, c_2, …에 다른 항목들을 정의하면 학생들과 관련된 다른 측정 항목들의 평균 위치를 구할 수도 있다. 예를 들어 학생의 나이 혹은 학생의 키에 대한 평균 위치를 구할 수도 있을 것이다.

보다 일반적인 경우에 식 (7.3) 및 식 (7.4)는 위치와 연관시킬 수 있는 임의의 정량적 값들에 대한 평균 위치를 구하는 데 사용할 수 있다. 이러한 식으로부터 구한 평균 위치를 **가중 평균 위치**(weighted average position) 또는 **도심**(centroid)이라고 부른다. 위치 (x_1, y_1)에 관련된 '가중치'를 c_1, 위치 (x_2, y_2)에 관련된 가중치를 c_2, 기타 위치에 대해서도 마찬가지로 생각해보자. 식 (7.1) 및 식 (7.2)는 각 학생에게 부여된 가중치가 1인 경우이다. 인구조사의 경우에는 전국 인구수의 도심(즉 인구수의 평균 위치)을 이러한 방식으로 구한다.

x–y 평면상에 놓인 임의의 면적 A를 생각해보자(그림 7.2a). 전체 면적을 A_1,

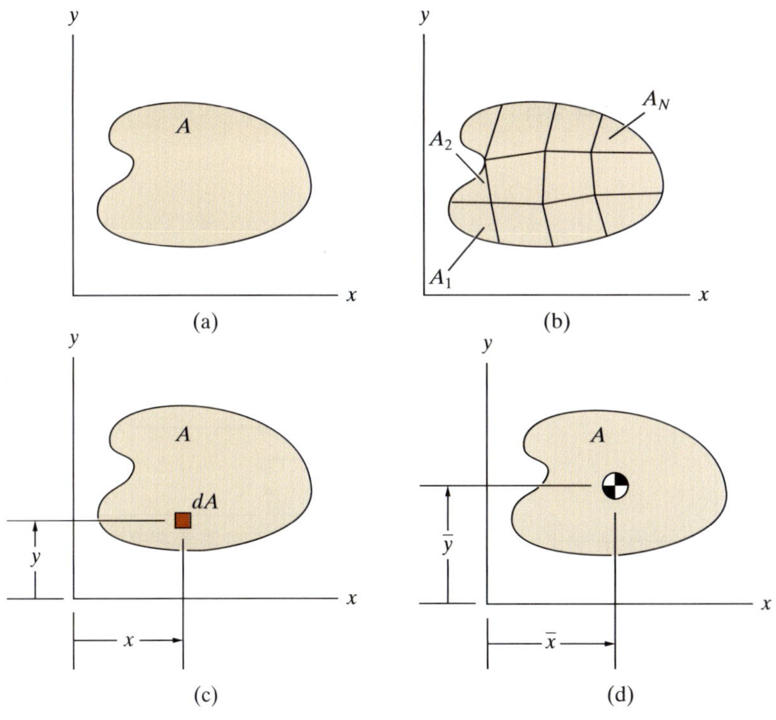

그림 7.2

(a) 면적 A

(b) 면적 A를 N개의 부분으로 나눈 것

(c) 좌표 (x, y)에 놓인 미소 면적 dA

(d) 전체 면적의 도심

A_2, ⋯, A_N과 같이 각 부분으로 나누고(그림 7.2b), 각 부분의 위치를 (x_1, y_1), (x_2, y_2), ⋯, (x_N, y_N)으로 표시해보자. 식 (7.3) 및 식 (7.4)에 가중치로 각 부분의 면적을 사용하면 전체 면적에 대한 평균 위치 혹은 도심을 구할 수 있다.

$$\bar{x} = \frac{\sum_i x_i A_i}{\sum_i A_i} \qquad \bar{y} = \frac{\sum_i y_i A_i}{\sum_i A_i} \tag{7.5}$$

이러한 방법를 따를 때 한 가지 의문점이 남는다. 각 부분 면적 A_1, A_2, ⋯, A_N의 정확한 위치는 어디인가? 전체 면적 A를 더 작은 부분으로 나눈다면 이들 위치에 대한 불확실성을 감소시킬 수 있을 것이다. 그러나 여전히 $\bar{x}$와 $\bar{y}$의 근삿값만 구할 수 있을 뿐이다. 도심의 정확한 위치를 구하기 위해서는 각 부분 면적의 크기가 0에 접근하도록 극한값을 취해야만 한다. 이러한 극한값은 식 (7.5) 대신 다음의 적분식을 취해서 얻을 수 있다.

$$\bar{x} = \frac{\int_A x\, dA}{\int_A dA} \tag{7.6}$$

$$\bar{y} = \frac{\int_A y\, dA}{\int_A dA} \tag{7.7}$$

여기에서 x, y는 미소 면적 dA의 좌표이다(그림 7.2c). 적분 기호의 아래첨자 A는 전체 면적에 대한 적분을 의미한다. 면적에 대한 도심은 그림 7.2d에 도시되어 있다.

결과 정리

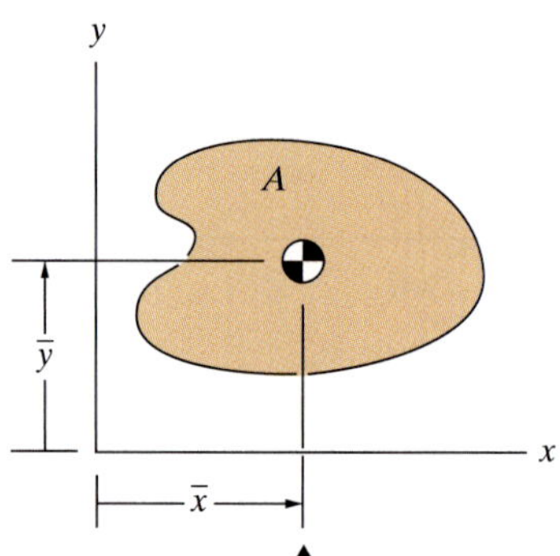

$$\bar{x} = \frac{\int_A x\, dA}{\int_A dA} \quad (7.6)$$

$$\bar{y} = \frac{\int_A y\, dA}{\int_A dA} \quad (7.7)$$

x–y 평면상에 놓은 면적 A의 도심 혹은 평균 위치의 좌표

면적의 도심은 그 면적의 평균 위치를 의미한다는 것을 염두에 두는 것이 도심을 정의하는 데 종종 도움이 된다. 한 축에 대해 대칭인 '거울 형상'의 면적의 도심은 그 대칭축상에 놓이게 된다. 어떤 면적이 두 축에 대해 대칭이라면 이러한 면적의 도심은 두 축의 접점에 놓인다.

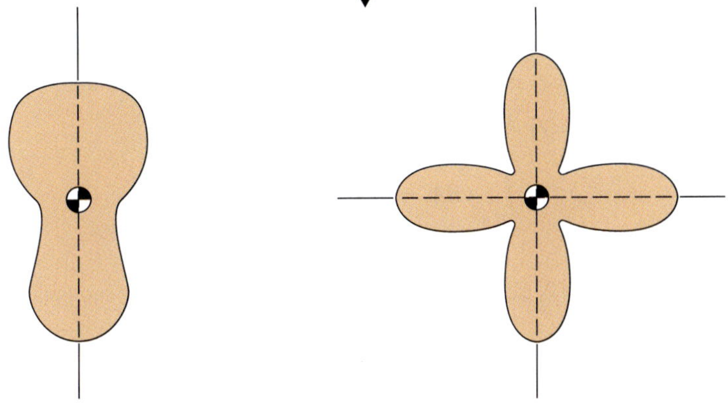

실습 예제 7.1 적분을 통한 면적의 도심

삼각형 면적의 도심을 구하라.

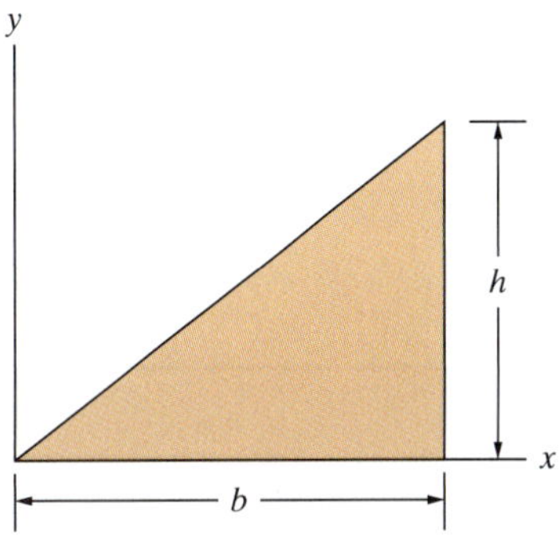

전략

폭이 dx인 얇은 수직 '띠' 형태의 면적 요소 dA를 이용해서 식 (7.6) 및 식 (7.7)을 계산한다.

풀이

$$\bar{x} = \frac{\int_A x\,dA}{\int_A dA} = \frac{\int_0^b x f(x)\,dx}{\int_0^b f(x)\,dx} = \frac{\int_0^b x\left(\frac{h}{b}\right)x\,dx}{\int_0^b \left(\frac{h}{b}\right)x\,dx} = \frac{\frac{1}{3}b^2h}{\frac{1}{2}bh} = \frac{2}{3}b$$

삼각형의 빗변은 선형 함수 $f(x) = (h/b)x$이므로, 폭이 dx인 얇은 수직 띠의 면적은 $dA = f(x)dx$가 된다. 식 (7.6)을 계산하기 위해 이러한 관계를 이용하자.

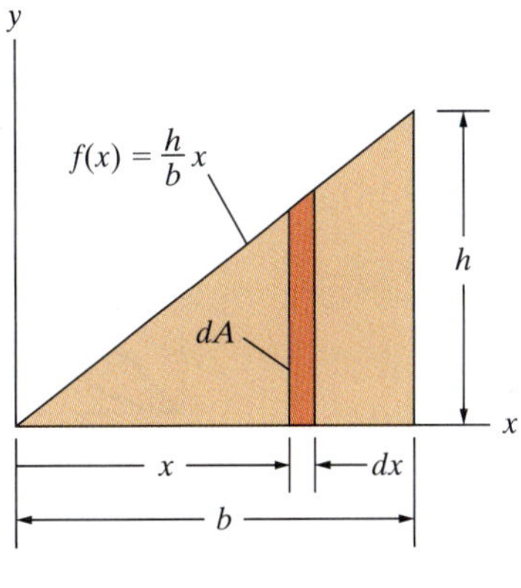

높이 dy의 수평 띠 형태의 면적 요소를 이용하면 $\bar{y}$도 동일한 방식으로 구할 수 있을 것이다. 그러나 경우에 따라 유용한 또 다른 접근법이 있다. 즉 $\bar{x}$를

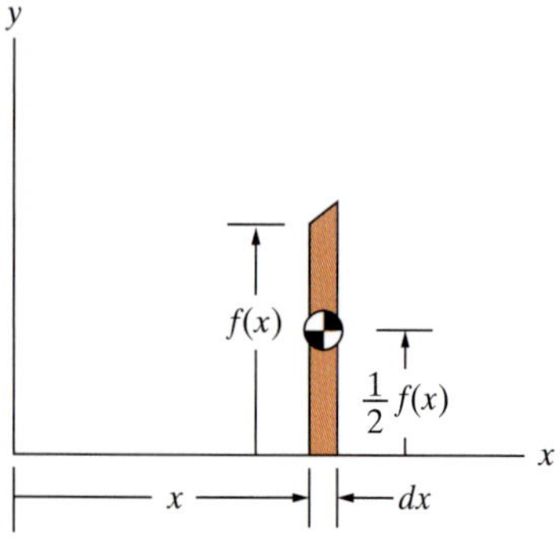

계산하기 위해 사용했던 수직 띠를 이용해 어떻게 $\bar{y}$를 구할 수 있는지 살펴보자.

식 (7.7)을 통해 임의의 면적에 대한 $\bar{y}$를 구할 수 있다.

$$\int_A y\,dA = \bar{y}\int_A dA = \bar{y}A$$

여기에서 면적이 수직 띠 요소의 면적으로 이루어진다고 생각해보자. 이 수직 띠의 도심은 중간점, 즉 $y_{띠} = (1/2)f(x)$가 된다. 그러면 수직 띠의 면적은 $dA = f(x)dx$가 되기 때문에 다음의 관계식을 얻을 수 있다.

$$\int_{A_{띠}} y\,dA = \underbrace{\frac{1}{2}f(x)}_{\bar{y}_{띠}}\,\underbrace{[f(x)dx]}_{dA}$$

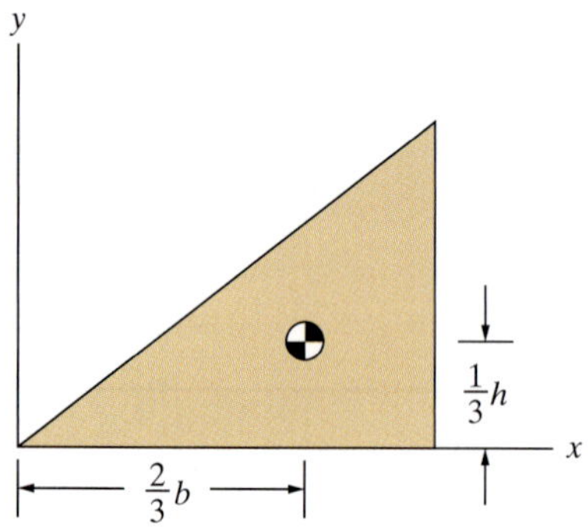

이 결과는 삼각형의 도심의 y 좌표를 구하는 데 이용할 수 있다.

$$\bar{y} = \frac{\int_A y\,dA}{\int_A dA} = \frac{\int_0^b \underbrace{\frac{1}{2}f(x)}_{\bar{y}_{띠}}\,\underbrace{[f(x)dx]}_{dA}}{\int_0^b f(x)dx}$$

$$= \frac{\int_0^b \frac{1}{2}\left(\frac{h}{b}x\right)\left(\frac{h}{b}x\,dx\right)}{\int_0^b \frac{h}{b}x\,dx}$$

$$= \frac{\frac{1}{6}bh^2}{\frac{1}{2}bh} = \frac{1}{3}h$$

수직 띠 요소로 삼각형의 $\bar{y}$를 구하기 위해서 이 결과를 적분한다.

예제 7.2 두 개의 식으로 정의된 면적

다음 면적의 도심을 구하라.

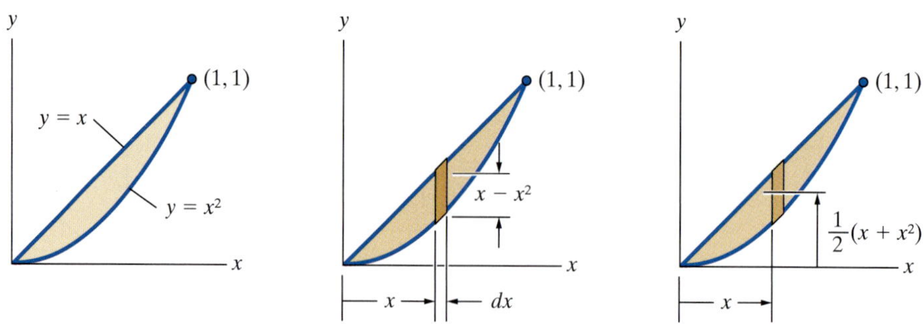

전략

실습 예제 7.1에서 구한 바와 같이 수직 띠 형태의 면적 요소를 이용해서 도심의 좌표를 구한다. 띠 요소는 아래쪽 곡선에서부터 위쪽 곡선까지 연결되도록 정의해야 한다.

풀이

$$\bar{x} = \frac{\int_A x\,dA}{\int_A dA} = \frac{\int_0^1 x(x - x^2)\,dx}{\int_0^1 (x - x^2)\,dx} = \frac{1}{2}$$

폭 dx의 수직 띠의 높이는 $x - x^2$이므로 수직 띠의 면적은 $dA = (x - x^2)dx$가 된다. 식 (7.6)을 이용해서 이 관계식을 적분한다.

예제 7.1에서 살펴본 바와 같이 동일한 수직 띠 요소를 이용해 $\bar{y}$를 구할 수 있다.

$$\bar{y} = \frac{\int_A y\,dA}{\int_A dA} = \frac{\int_0^1 \underbrace{\left[\frac{1}{2}(x + x^2)\right]}_{\bar{y}_{\text{띠}}} \underbrace{(x - x^2)\,dx}_{dA}}{\int_0^1 (x - x^2)\,dx} = \frac{2}{5}$$

수직 띠 요소의 중간점(즉 도심)의 y 좌표는 다음과 같다.

$$\bar{y}_{\text{띠}} = x^2 + \frac{1}{2}(x - x^2) = \frac{1}{2}(x + x^2)$$

비판적 사고

이 예제에서 사용한 접근 방법을 일반화할 수 있다. 두 개의 함수에 의해 위, 아래 경계조건이 정의된 임의의 어떠한 면적에 대한 x, y 좌표를 구하는 데 이러한 접근법을 이용할 수 있다.

연습문제

7.1 치수 $b = 12$ in, $h = 9$ in이다. 실습 예제 7.1에서 사용한 방법으로 다음 삼각형에 대한 도심의 좌표를 구하라.

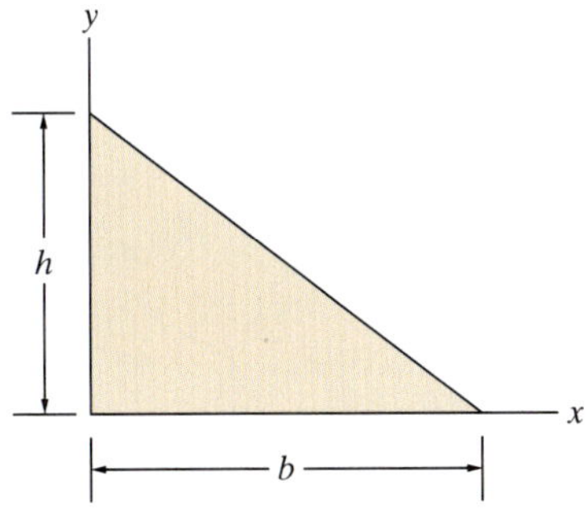

연습문제 7.1

7.2 예제 7.2에서 면적이 다음 그림과 같이 다시 정의된다. 도심의 x 좌표를 구하라.

7.3 예제 7.2에서 면적이 다음 그림과 같이 다시 정의된다. 도심의 y 좌표를 구하라.

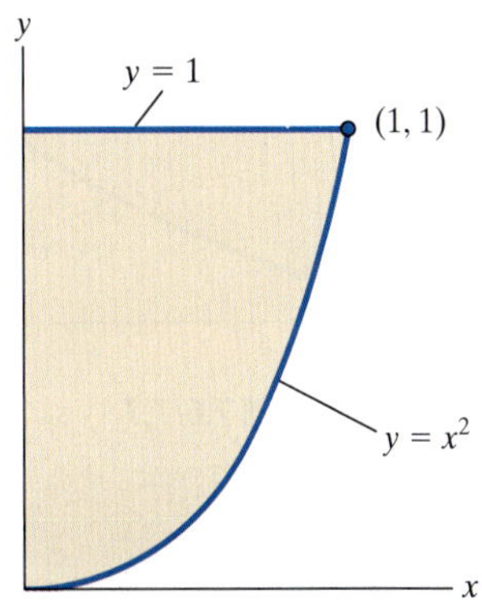

연습문제 7.2/7.3

7.4 다음 면적의 도심을 구하라.

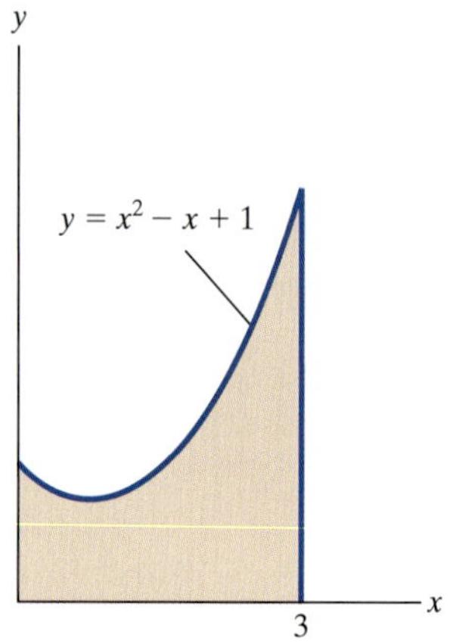

연습문제 7.4

7.5 다음 면적에서 도심의 좌표를 구하라.

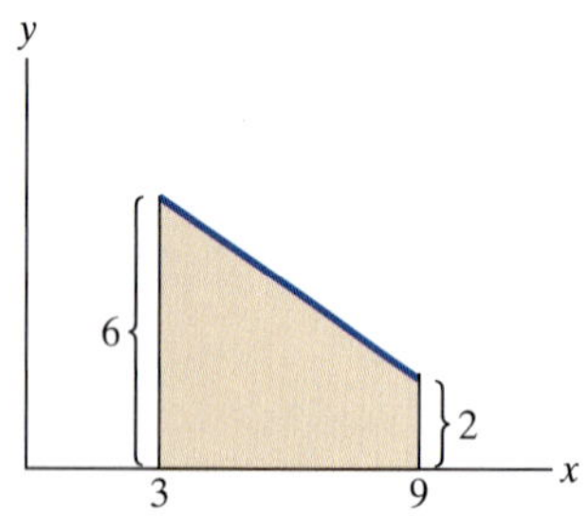

연습문제 7.5

7.6 면적이 $a = 3$ in일 때 도심의 x 좌표를 구하라.

7.7 면적이 $a = 3$ in일 때 면적 도심의 y 좌표는 어디인가? 단, 높이 dy인 수평 띠 형태의 면적 요소 dA를 이용해서 답을 구하라.

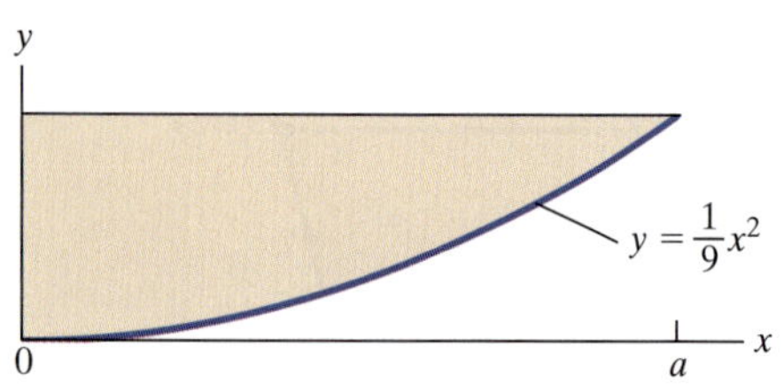

연습문제 7.6/7.7

7.8 미술 전공 학생이 다음 그림과 같이 주어진 나무판자에 색칠을 하려 한다. 해당 면적의 도심을 지나는 수직선 및 수평선을 이용하기 위한 도심의 좌표를 구하라.

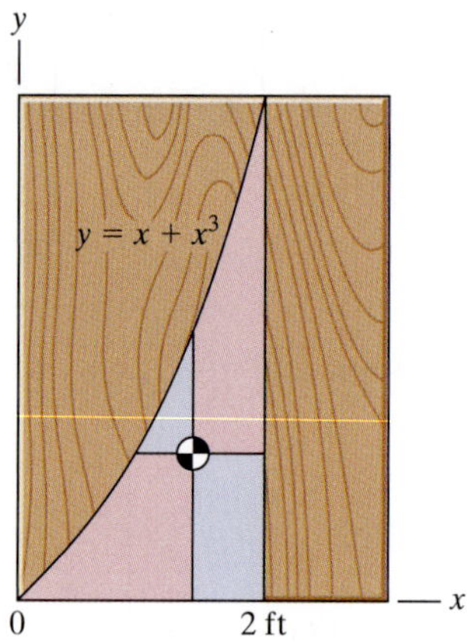

연습문제 7.8

7.9 다음 면적에서 도심의 y 좌표, 즉 $\bar{y} = 2$가 되도록 하는 상수 c의 값을 구하라. 도심의 x 좌표는 어디인가?

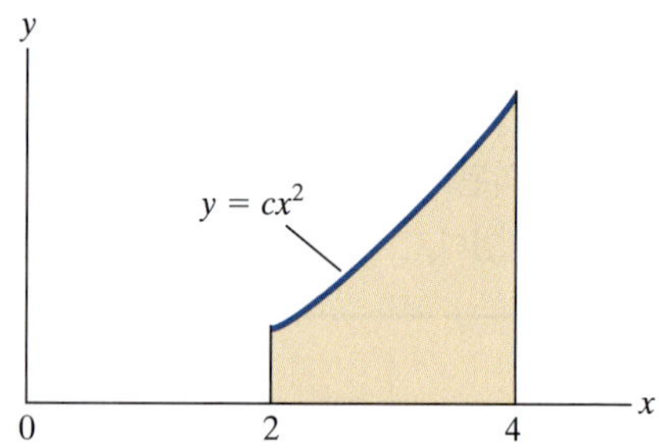

연습문제 7.9

7.10 다음 그림에서 $a = 1$ m, $b = 3$ m일 때 면적 도심의 x 좌표는 어디인가?

7.11 다음 그림에서 $a = 1$ m, $b = 3$ m일 때 면적 도심의 y 좌표는 어디인가?

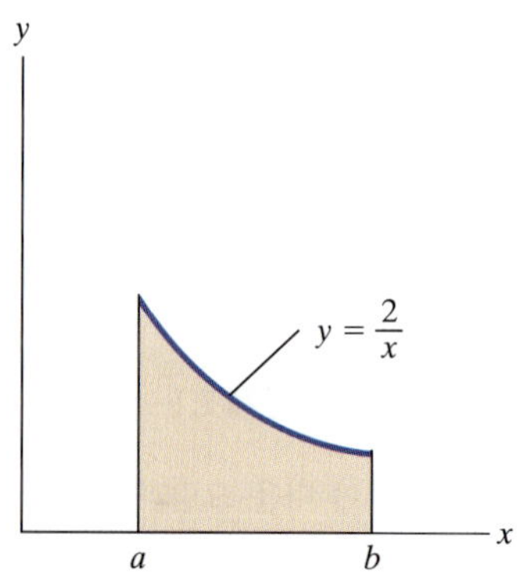

연습문제 7.10/7.11

7.12 다음 폐면적의 도심을 구하라.

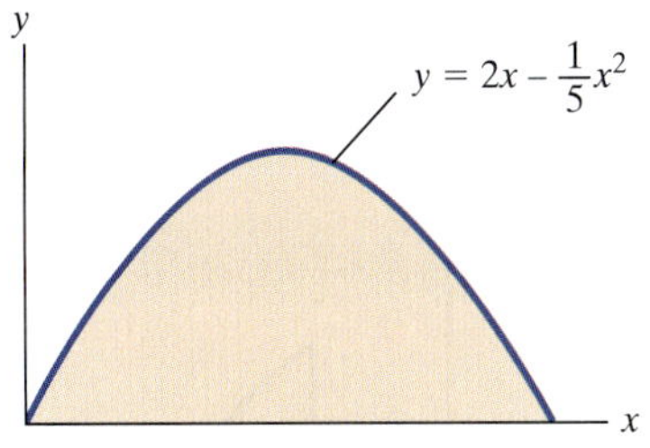

연습문제 7.12

7.13 다음 면적에서 도심의 좌표를 구하라.

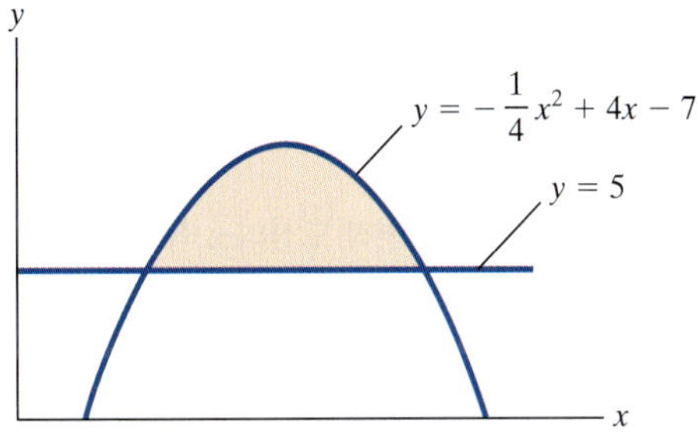

연습문제 7.13

7.14 다음 면적에서 도심의 x 좌표를 구하라.

7.15 다음 면적에서 도심의 y 좌표를 구하라.

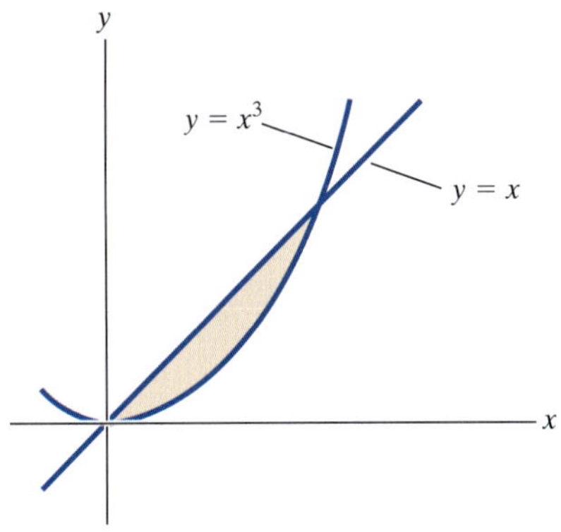

연습문제 7.14/7.15

7.16 다음과 같은 폐면적 조건에서 $h = 2$ m일 때 폐면적의 도심을 구하라.

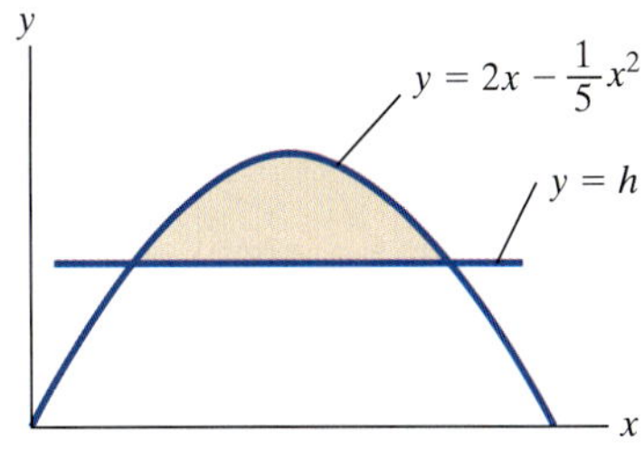

연습문제 7.16

7.17 다음과 같은 폐면적 조건에서 $\theta = 30°$일 때 폐면적에 대한 도심의 x 좌표를 구하라.

7.18 다음과 같은 폐면적 조건에서 $\theta = 30°$일 때 폐면적에 대한 도심의 y 좌표를 구하라.

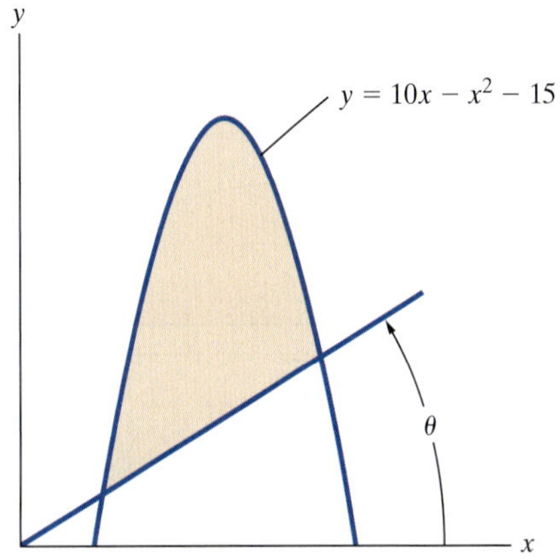

연습문제 7.17/7.18

7.19 다음 면적에서 도심의 x 좌표는 어디인가?

7.20 다음 면적에서 도심의 y 좌표는 어디인가?

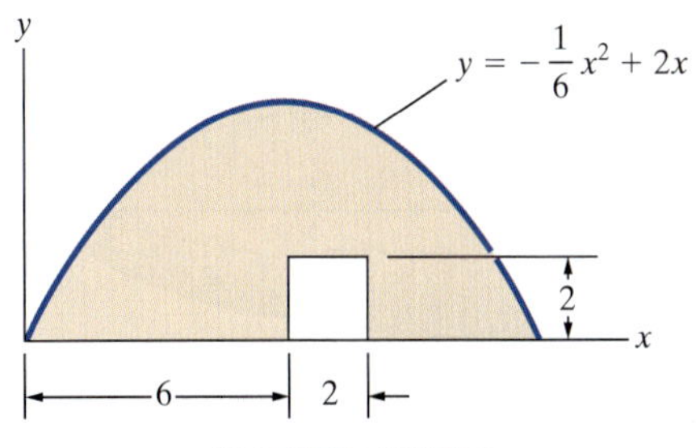

연습문제 7.19/7.20

7.21 농부가 두 길 사이에 쟁기질된 땅의 도심에서 강우량을 측정하려 한다. 측우기를 놓아야 할 위치의 좌표를 구하라.

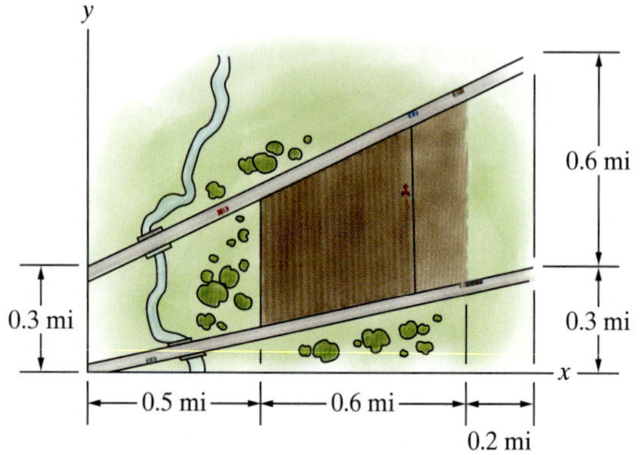

연습문제 7.21

7.22 다음은 흙으로 채워진 댐의 단면이다. 단면적에 대한 도심의 y 좌표가 10 m가 되도록 하는 계수 a, b를 구하라.

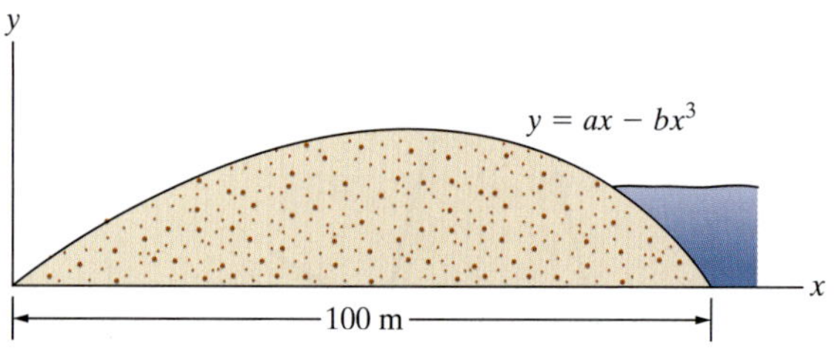

연습문제 7.22

7.23 제2차 세계대전 때 영국에서 사용된 스핏파이어(Spitfire)의 날개 단면은 타원 형상이다. 치수 a = 17 ft 4 in, b = 3 ft 6 in이다. 날개 면적에 대한 도심의 x 좌표를 구하라.

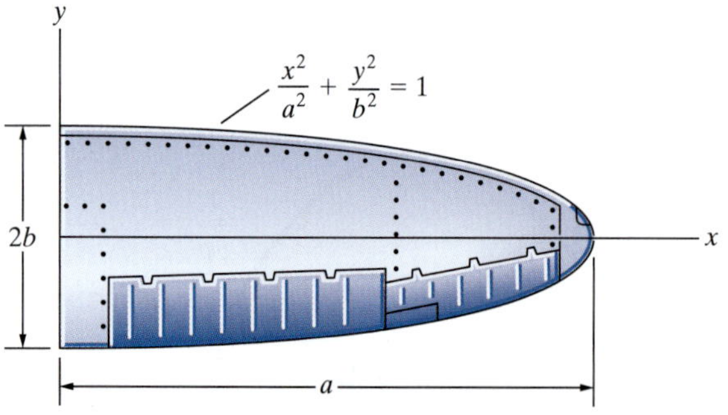

연습문제 7.23

7.24 다음 면적에서 경계선의 원형 부분의 반지름이 $R = 4$ m이다. 면적 도심의 좌표를 구하라.

전략: 경계선의 원형 부분에 대한 관계를 $y = (R^2 - x^2)^{1/2}$으로 하고, 면적 요소 dA는 폭 dx인 수직 '띠' 요소를 이용한다.

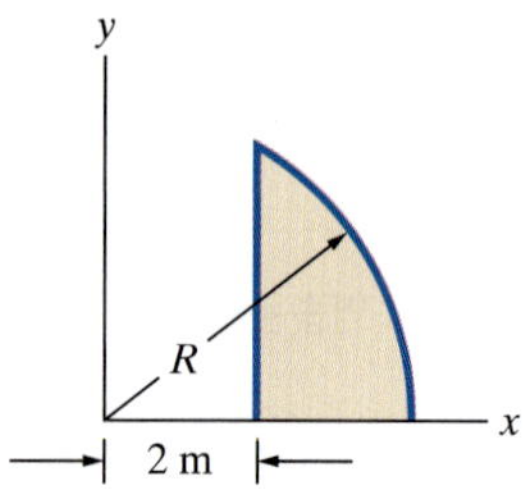

연습문제 7.24

7.25* 다음 그림에서 $R = 6$ m, $b = 3$ m일 때 면적 도심의 y 좌표를 구하라.

7.26* 연습문제 7.25에서 면적 도심의 x 좌표를 구하라.

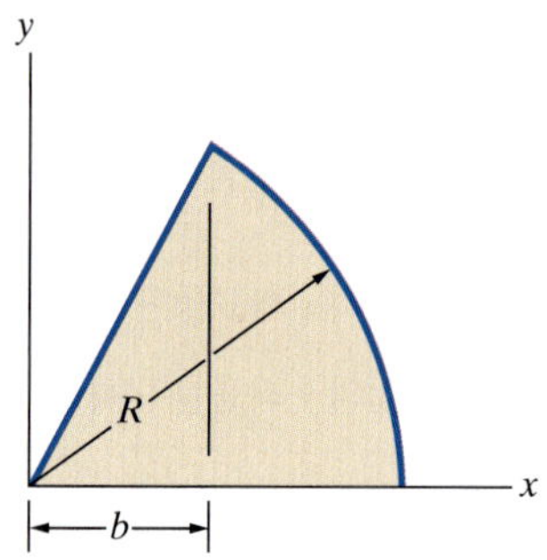

연습문제 7.25/7.26

7.2 복합 면적

생각해보기

- 복잡한 형상의 면적에 대한 도심을 구하는 데 보다 빠른 지름길이 있다는 것을 아는가?
- 복합 면적은 무엇인가? 복합 면적의 도심을 찾아내기 위해서 무엇을 알고 있어야 하는가?

배경

면적의 도심은 적분을 통해 구할 수 있으나, 이 방법은 복잡한 면적인 경우에는 어려워질 수 있다. 이 절에서는 임의의 면적을 단순형상 면적들의 조합으로 구성해서 이용할 수 있는 매우 쉬운 접근 방법을 다룬다. 단순형상이 조합된 면적은 **복합 면적**(composite area)이라 부른다. 만약 각 부분의 도심을 알고 있다면 복합 면적의 도심은 적분 없이도 구할 수 있다.

그림 7.3a의 면적은 삼각형, 사각형, 반원으로 구성되어 있으며, 이를 각각 부분 1, 2, 3이라 하자. 복합 면적의 도심의 x 좌표는 다음과 같다.

$$\bar{x} = \frac{\int_A x\,dA}{\int_A dA} = \frac{\int_{A_1} x\,dA + \int_{A_2} x\,dA + \int_{A_3} x\,dA}{\int_{A_1} dA + \int_{A_2} dA + \int_{A_3} dA} \tag{7.8}$$

그림 7.3b는 각 부분의 도심의 x 좌표를 보여준다. 부분 1의 도심의 x 좌표에 대한 관계식은 다음과 같으며,

$$\bar{x}_1 = \frac{\int_{A_1} x\,dA}{\int_{A_1} dA}$$

이를 통해 다음의 식을 얻는다.

$$\int_{A_1} x\,dA = \bar{x}_1 A_1$$

부분 2와 부분 3에 대해서도 같은 식을 적용하면 식 (7.8)을 다음과 같이 쓸 수 있다.

$$\bar{x} = \frac{\bar{x}_1 A_1 + \bar{x}_2 A_2 + \bar{x}_3 A_3}{A_1 + A_2 + A_3}$$

지금까지 각 부분의 면적을 이용해서 복합 면적의 도심의 x 좌표에 대한 관계식을 얻었다. 임의의 여러 개의 부분 면적으로 이루어진 복합 면적의 도심의 좌표는 다음과 같다.

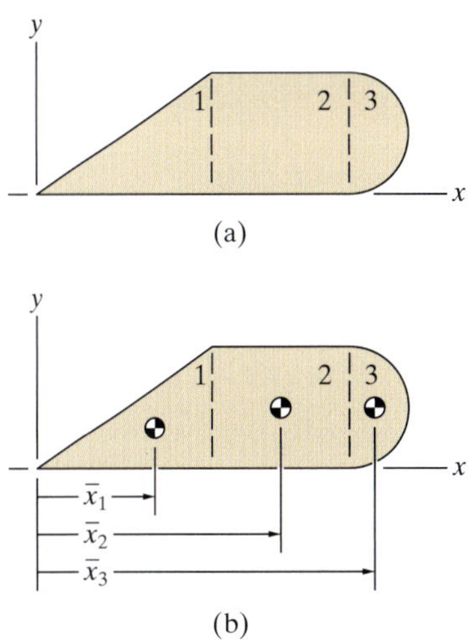

그림 7.3

(a) 세 개의 단순한 면적으로 구성된 복합 면적

(b) 각 부분의 도심

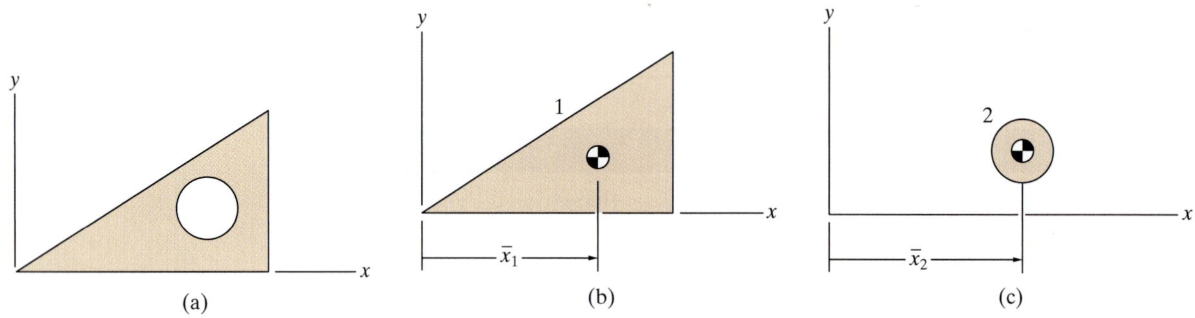

그림 7.4
(a) 구멍이 있는 면적
(b) 삼각형 면적
(c) 구멍의 면적

$$\bar{x} = \frac{\sum_i \bar{x}_i A_i}{\sum_i A_i} \qquad \bar{y} = \frac{\sum_i \bar{y}_i A_i}{\sum_i A_i} \tag{7.9}$$

전체 면적을 도심을 알고 있는 단순한 부분 면적으로 나누면 위의 식을 이용해서 전체 면적에 대한 도심을 구할 수 있다. 몇몇 단순한 면적의 도심은 부록 B에 도표로 정리되어 있다.

한 면적을 여러 개의 미소 요소로 나누고 가중 평균 위치에 대한 관계식을 이용함으로써 임의의 면적의 도심에 대한 논의를 시작했다. 그 결과 식 (7.5)는 면적의 각 부분의 위치에 대한 불확실성으로 인해 근삿값일 수밖에 없다. 정확한 식 (7.9)는 부분 면적의 위치가 도심인 것을 제외하면 동일하다.

그림 7.4a의 면적은 원형의 구멍(혹은 제거된 면적)이 있는 삼각형 영역이다. 구멍이 없는 삼각형 면적을 복합 면적의 부분 1로 지정하고(그림 7.4b) 제거된 구멍을 부분 2로 지정하면(그림 7.4c), 복합 면적에 대한 도심의 x 좌표를 다음과 같이 얻는다.

$$\bar{x} = \frac{\int_{A_1} x\,dA - \int_{A_2} x\,dA}{\int_{A_1} dA - \int_{A_2} dA} = \frac{\bar{x}_1 A_1 - \bar{x}_2 A_2}{A_1 - A_2}$$

이러한 관계식은 제거된 면적은 음수로 처리한다는 것만 제외하면 식 (7.9)의 첫 번째 식과 같다. 이 예제에서 살펴본 바처럼, 제거된 영역을 포함하는 복합 면적의 경우에는 제거된 영역을 음수의 면적으로 처리해줌으로써 식 (7.9)를 이용해 도심을 구할 수 있다.

복합 면적의 도심을 구하는 데에는 다음의 세 단계가 필요하다.

1. **부분 면적의 선택:** 도심을 알고 있거나 손쉽게 구할 수 있는 형태의 부분 면적들로 구성되도록 복합 면적을 나눈다.
2. **부분 면적의 값 계산:** 각 부분의 도심과 면적을 구한다. 각 부분의 대칭성에 유의하면 이 계산 과정이 단순해질 수 있다.
3. **도심 계산:** 복합 면적의 도심을 구하기 위해 식 (7.9)를 이용한다.

결과 정리

$$\bar{x} = \frac{\bar{x}_1 A_1 + \bar{x}_2 A_2 + \cdots}{A_1 + A_2 + \cdots} = \frac{\sum_i \bar{x}_i A_i}{\sum_i A_i}$$

$$\bar{y} = \frac{\bar{y}_1 A_1 + \bar{y}_2 A_2 + \cdots}{A_1 + A_2 + \cdots} = \frac{\sum_i \bar{y}_i A_i}{\sum_i A_i} \quad (7.9)$$

부분 1, 2, …로 구성된 복합 면적의 도심의 좌표. 여기에서 A_i는 i번째 부분의 면적이고 x_i, y_i는 A_i의 도심의 좌표를 의미한다.

어떤 면적이 구멍 혹은 제거된 영역을 포함하고 있다면 그 면적의 도심은 제거된 영역을 음의 면적으로 처리해줌으로써 식 (7.9)를 통해 구할 수 있다.

원형 구멍을 포함하고 있는 삼각형 면적

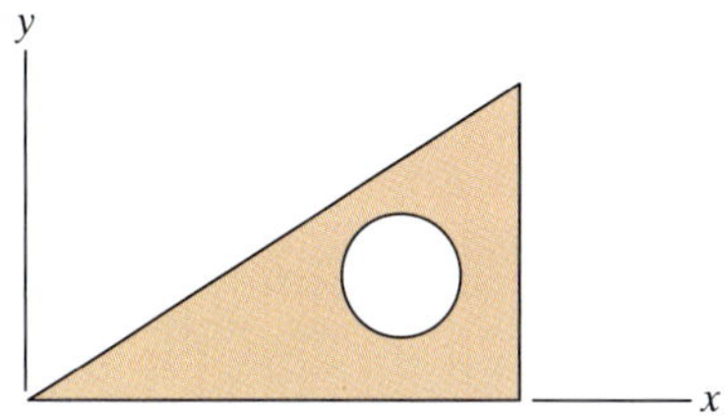

구멍이 없는 삼각형 영역. 이 면적을 A_1이라고 하고 도심의 x 좌표를 $\bar{x}_1$이라고 하자.

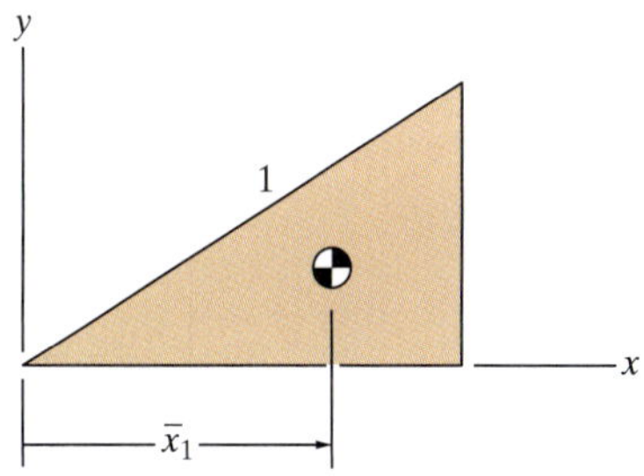

원형 구멍 영역. 이 면적을 A_2라고 하고 도심의 x 좌표를 $\bar{x}_2$라고 하자.

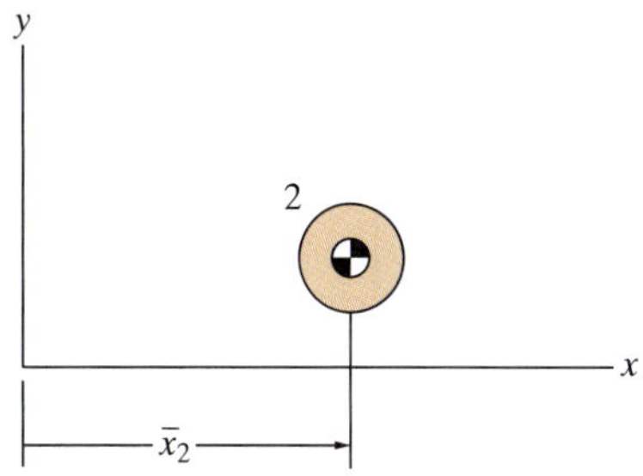

구멍이 있는 삼각형 면적의 x 좌표는 다음과 같다.

$$\bar{x} = \frac{\bar{x}_1 A_1 - \bar{x}_2 A_2}{A_1 - A_2}$$

실습 예제 7.3 복합 면적의 도심

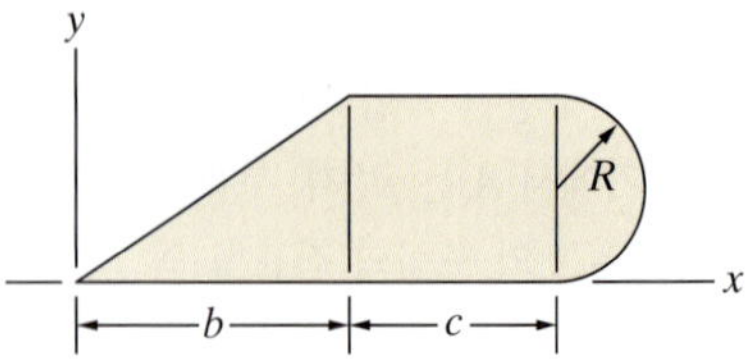

복합 면적에서 도심의 x 좌표를 구하라.

전략

전체 면적을 여러 단순한 부분으로 나누어야 한다(이 예제에서는 각 부분이 명확히 나타난다). 각 부분의 면적 및 도심의 위치를 구한 후 식 (7.9)에 적용한다.

풀이

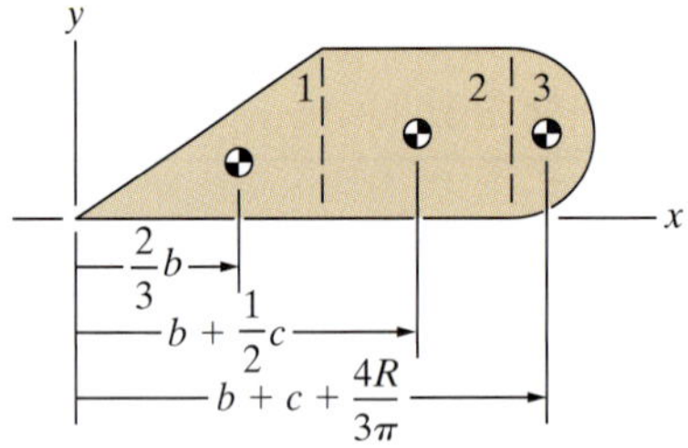

각 부분의 선택
전체 영역을 단순한 부분으로 나눈다. 각 부분의 도심의 x 좌표가 도시되어 있다.

각 부분의 값 계산
식 (7.9)에 적용하는 데 필요한 항목을 표에 정리한다. 부록 B를 참조하라.

	$\bar{x}_i$	A_i	$\bar{x}_i A_i$
부분 1(삼각형)	$\frac{2}{3}b$	$\frac{1}{2}b(2R)$	$\left(\frac{2}{3}b\right)\left[\frac{1}{2}b(2R)\right]$
부분 2(사각형)	$b+\frac{1}{2}c$	$c(2R)$	$\left(b+\frac{1}{2}c\right)[c(2R)]$
부분 3(반원)	$b+c+\frac{4R}{3\pi}$	$\frac{1}{2}\pi R^2$	$\left(b+c+\frac{4R}{3\pi}\right)\left(\frac{1}{2}\pi R^2\right)$

$$\bar{x} = \frac{\bar{x}_1 A_1 + \bar{x}_2 A_2 + \bar{x}_3 A_3}{A_1 + A_2 + A_3}$$

$$= \frac{\left(\frac{2}{3}b\right)\left[\frac{1}{2}b(2R)\right] + \left(b+\frac{1}{2}c\right)[c(2R)] + \left(b+c+\frac{4R}{3\pi}\right)\left(\frac{1}{2}\pi R^2\right)}{\frac{1}{2}b(2R) + c(2R) + \frac{1}{2}\pi R^2}$$

도심 계산
도심의 x 성분을 구하기 위해 식 (7.9)의 첫 번째 식을 사용한다.

실습 문제 복합 면적의 도심의 y 좌표를 구하라.

답: $$\bar{y} = \frac{\left[\frac{1}{3}(2R)\right]\left[\frac{1}{2}b(2R)\right] + R[c(2R)] + R\left(\frac{1}{2}\pi R^2\right)}{\frac{1}{2}b(2R) + c(2R) + \frac{1}{2}\pi R^2}$$

예제 7.4 제거된 영역이 있는 면적의 도심

다음 면적의 도심을 구하라.

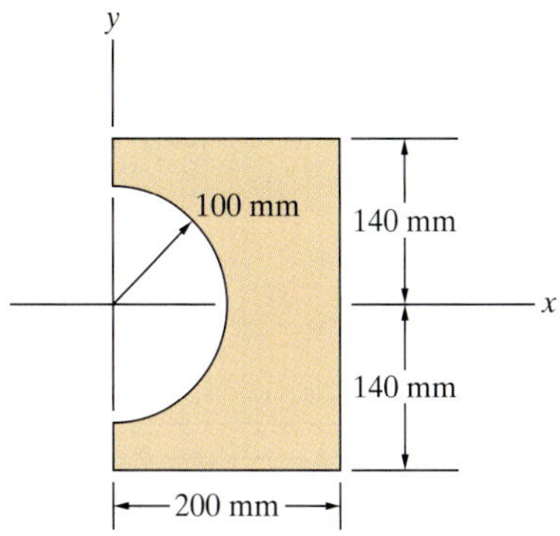

전략

전체 면적을 부분 면적으로 나누는 대신에 반원 형태의 제거된 영역이 있는 직사각형에 대한 복합 면적으로 처리하는 것이 보다 손쉬운 접근법이다. 그러면 제거된 영역은 음의 면적으로 처리하는 방향으로 식 (7.9)를 적용할 수 있을 것이다.

풀이

각 부분의 선택 반원의 제거된 영역이 없는 사각형을 부분 1, 제거된 영역을 부분 2로 각각 정한다(그림 a).

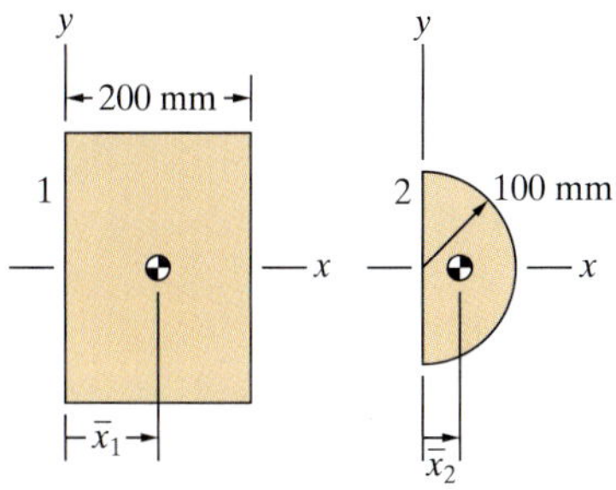

(a) 사각형 및 반원의 제거 면적

각 부분의 값 계산 부록 B로부터 제거된 면적에 대한 도심의 x 좌표는 다음과 같다.

$$\bar{x}_2 = \frac{4R}{3\pi} = \frac{4(100)}{3\pi}\ \text{mm}$$

도심의 x 좌표를 구하기 위한 정보는 다음 표에 요약되어 있다. 제거된 영역은 음의 면적으로 처리하는 것에 유의하라.

$\bar{x}$를 구하기 위한 정보

	$\bar{x}_i$ (mm)	A_i (mm^2)	$\bar{x}_i A_i$ (mm^3)
부분 1(사각형)	100	(200)(280)	(100)[(200)(280)]
부분 2(제거된 면적)	$\frac{4(100)}{3\pi}$	$-\frac{1}{2}\pi(100)^2$	$-\frac{4(100)}{3\pi}[\frac{1}{2}\pi(100)^2]$

도심 계산 도심의 x 좌표는 다음과 같다.

$$\bar{x} = \frac{\bar{x}_1 A_1 + \bar{x}_2 A_2}{A_1 + A_2} = \frac{(100)[(200)(280)] - \frac{4(100)}{3\pi}[\frac{1}{2}\pi(100)^2]}{(200)(280) - \frac{1}{2}\pi(100)^2} = 122\ \text{mm}$$

면적이 대칭 형상이기 때문에 $\bar{y} = 0$이 된다.

비판적 사고

전체 면적을 단순한 부분 면적으로 나누면 여기에서 사용한 접근 방법의 유용함을 이해할 수 있다. 제거된 영역이 없는 사각형 면적 및 반원의 제거 면적으로 구성된 두 개의 단순한 면적으로 다루면 손쉽게 면적의 도심을 구할 수 있다. 면적의 도심을 구하는 것은 종종 이와 같은 방식으로 단순화될 수 있다.

연습문제

7.27 실습 예제 7.3에 대해 다음의 그림으로 면적을 대체하라. 치수 $R = 6$ in, $c = 14$ in, $b = 18$ in라고 하자. 식 (7.9)를 이용해서 면적 도심의 x 좌표를 구하라.

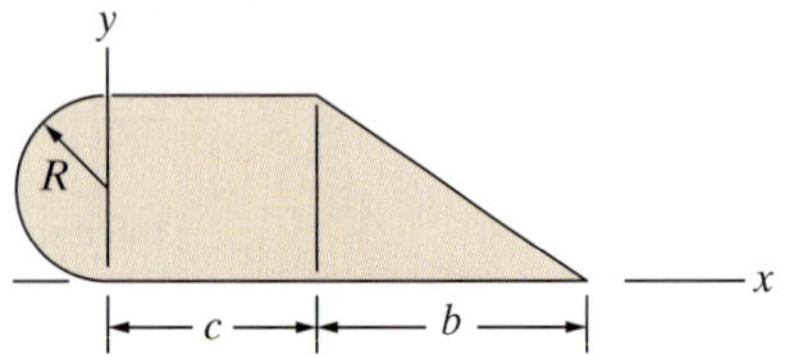

연습문제 7.27

7.28 다음 그림의 치수 $b = 4$ in, $h = 3$ in이다. 면적 도심의 좌표를 구하라.

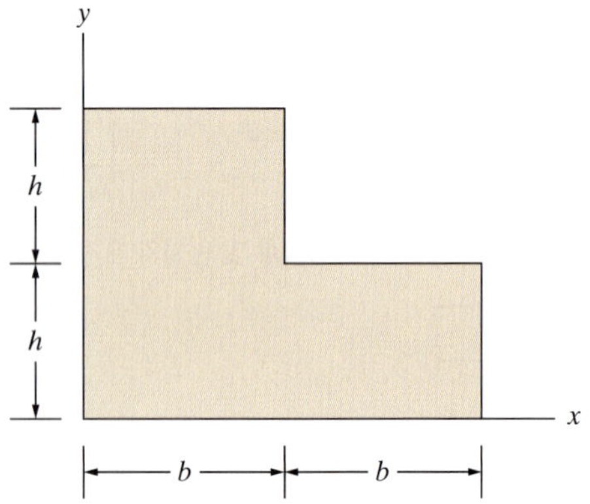

연습문제 7.28

연습문제 7.29~7.33에 대해 도심의 좌표를 구하라.

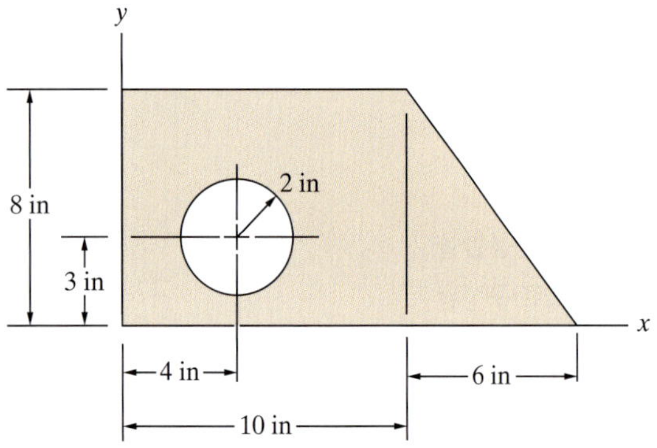

연습문제 7.29

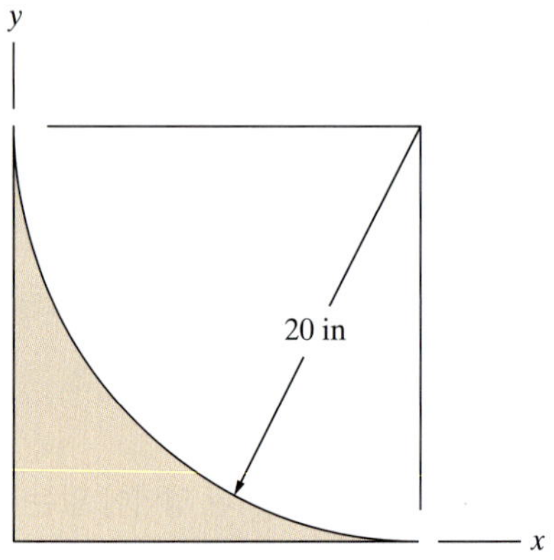

연습문제 7.30

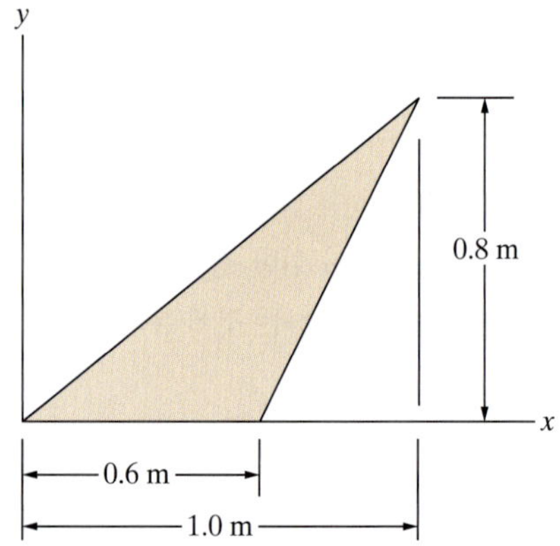

연습문제 7.31

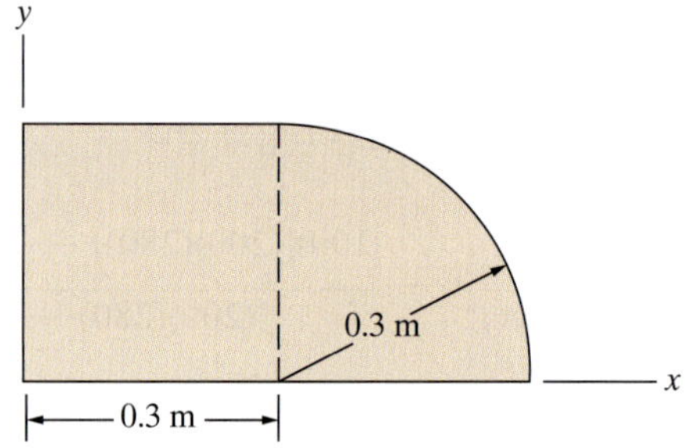

연습문제 7.32

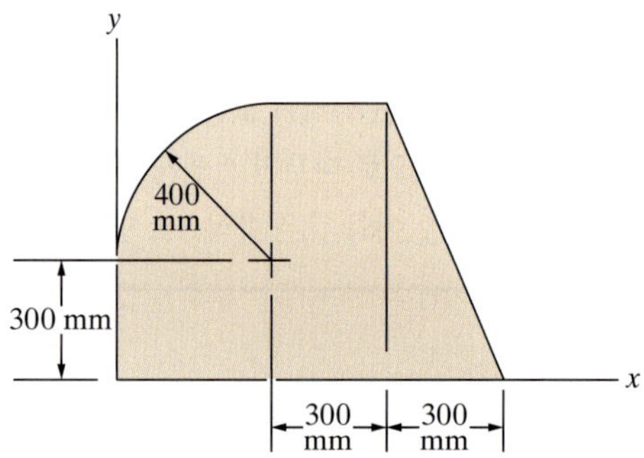

연습문제 7.33

7.34 다음 각도기에서 면적 도심의 x 좌표를 구하라.

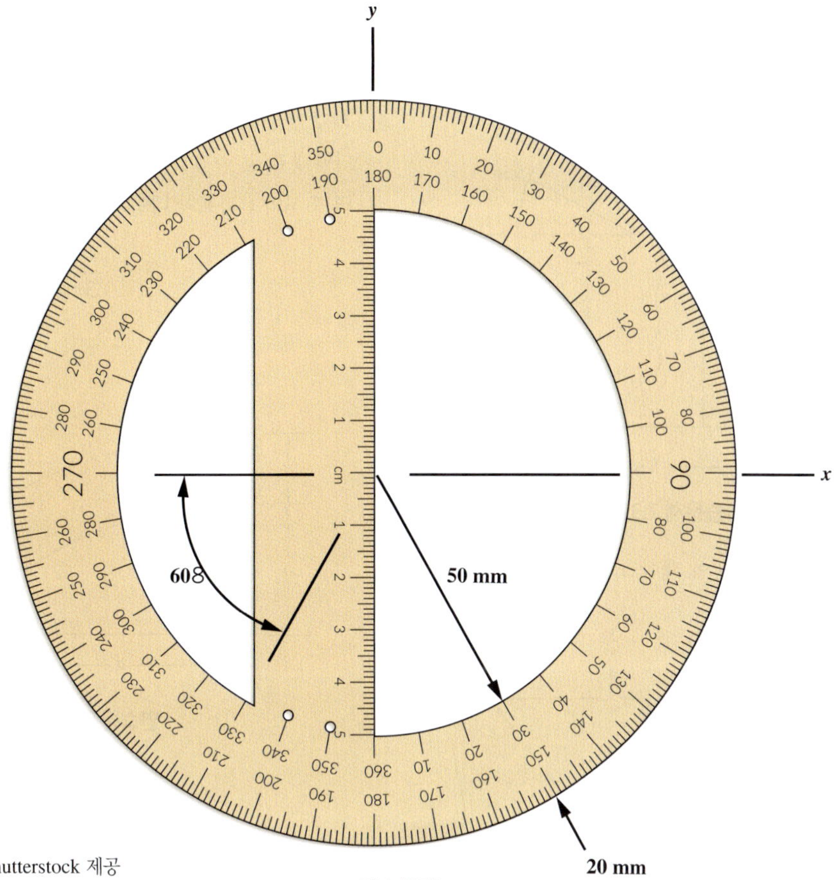

출처: Oleksii Arseniuk/Shutterstock 제공

연습문제 7.34

7.35 다음 그림에서 치수 $h = 40$ mm이다. 면적 도심의 x 좌표를 구하라.

7.36 다음 그림에서 치수 $h = 40$ mm이다. 면적 도심의 y 좌표를 구하라.

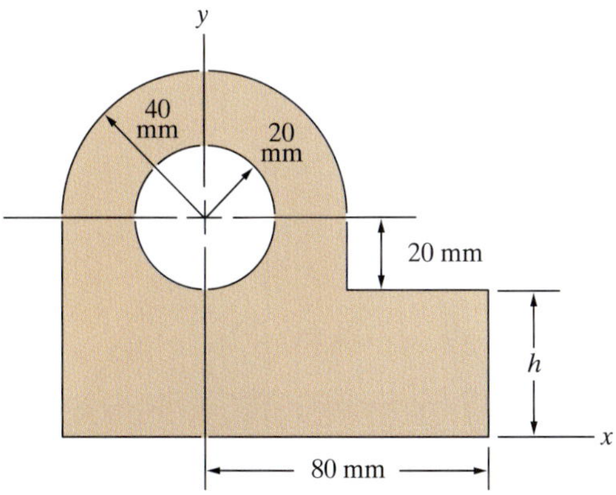

연습문제 7.35/7.36

7.37 다음 그림에서 치수 $b = 42$ mm, $h = 22$ mm이다. 보의 단면적에 대한 도심의 y 좌표를 구하라.

7.38 다음 보의 단면적이 12,000 mm^{2}이고 도심의 y 좌표는 $\bar{y} = 100$ mm이다. b, h의 치수를 구하라.

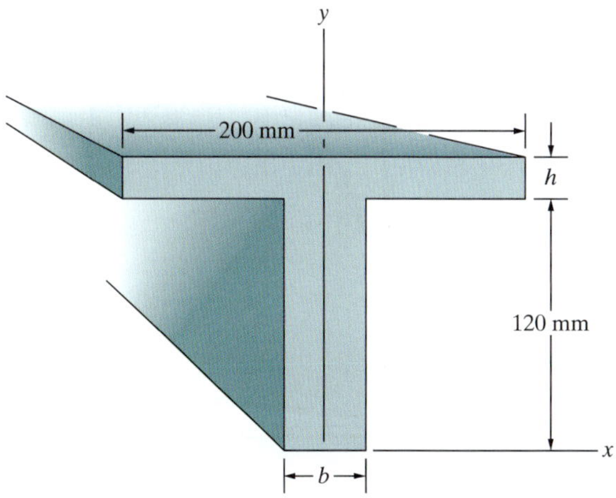

연습문제 7.37/7.38

7.39 다음 보의 단면적에 대한 도심의 y 좌표를 구하라.

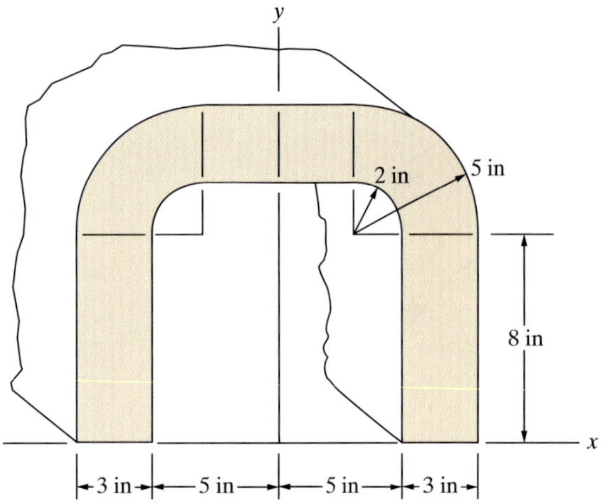

연습문제 7.39

7.40 비행기의 수직 조종면에 대한 도심의 좌표를 구하라.

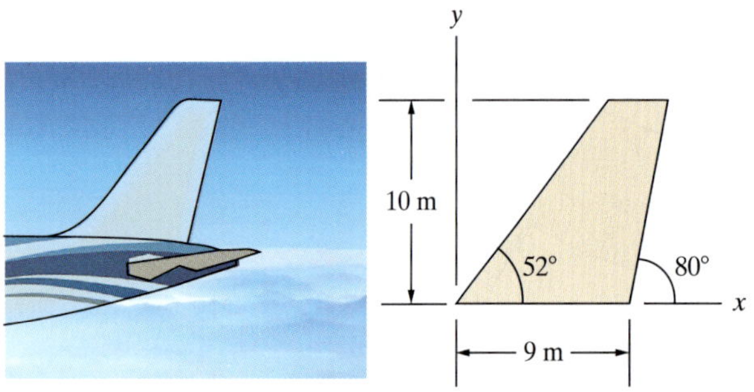

연습문제 7.40

7.41 다음 면적은 타원 형상의 경계로 이루어져 있다. a = 30 mm, b = 15 mm, ε = 6 mm일 때 면적 도심의 x 좌표를 구하라.

7.42 연습문제 7.41에서 면적 도심의 x 좌표를 a, b, ε으로 나타내고, $\varepsilon \to 0$일 때의 극한값을 평가하라. 1/4 타원형 선의 도심의 x 좌표가 다음과 같이 표현될 수 있음을 밝혀라.

$$\bar{x} = \frac{4a(a + 2b)}{3\pi(a + b)}$$

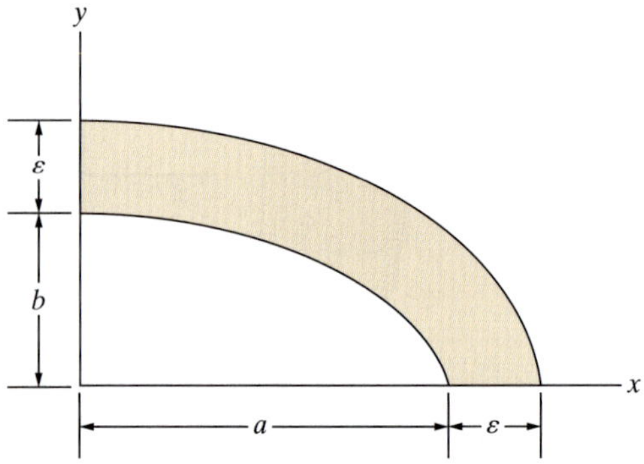

연습문제 7.41/7.42

7.43 다음 그림은 세 개의 개프리그드(gaff-rigged) 돛의 형태를 가진 범선이다. 주어진 좌표계에서 중간 돛(topsail) (a)의 도심을 구하라. 각 점의 좌표는 미터 단위이고 h = 7.0 m이다.

7.44 주어진 좌표계에서 지브(jib) (b)의 도심을 구하라. 각 점의 좌표는 미터 단위이고 h = 10.0 m이다.

7.45 주어진 좌표계에서 주돛(mainsail) (c)의 도심을 구하라. 각 점의 좌표는 미터 단위이고 h = 14.5 m이다.

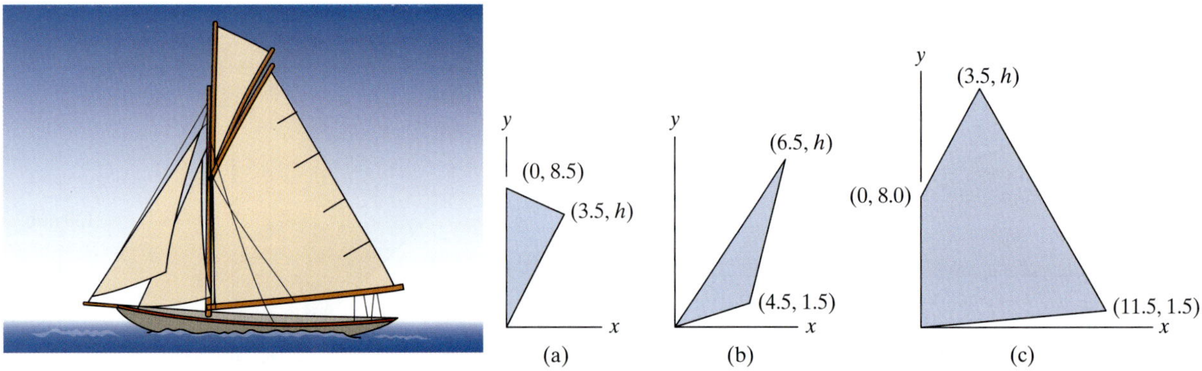

연습문제 7.43~7.45

7.3 분포 하중

생각해보기

- 기체의 압력이 면적에 걸쳐 분포하는 하중이라는 것을 알고 있다. 또 다른 종류의 분포 하중은 무엇이 있는가?
- 분포 하중이 가하는 힘 및 모멘트는 어떻게 계산할 수 있는가?

배경

건물의 바닥을 지지하는 보에 작용하는 하중은 보의 길이에 걸쳐 분포하게 된다(그림 7.5a). 텔레비전 송신탑에 바람이 가하는 하중은 탑의 높이 방향에 걸쳐 분포한다(그림 7.5b). 많은 공학 응용 문제에서 하중은 선을 따라 연속적으로 분포되어 있다. 여기에서는 면적의 도심 개념이 이러한 분포 하중을 받는 물체의 분석에 유용할 수 있음을 보여줄 것이다.

분포 하중의 표현

간단한 예를 통해 분포 하중이 어떻게 분석적으로 표현될 수 있는지 알아보자. 그림 7.6a에서와 같이 보 위에 모래주머니가 쌓여 있다고 해보자. 모래주머니에 의한 하중은 보의 길이 방향에 걸쳐서 분포하게 되고, 주어진 위치 x에서의 하중의 크기는 그 위치에 모래주머니가 얼마나 높이 쌓여 있는지에 따라 결정된다. 이 하중을 표현하기 위해 함수 w를 정의하면, 보의 작은 미소 요소 dx에 작용하는 아래 방향의 힘은 $w\,dx$가 된다. 이 함수를 이용해서 모래주머니가 가하는 하중의 가변 크기를 모델링할 수 있다(그림 7.6b). 그림에서 화살표는 하중이 아래 방향으로 작

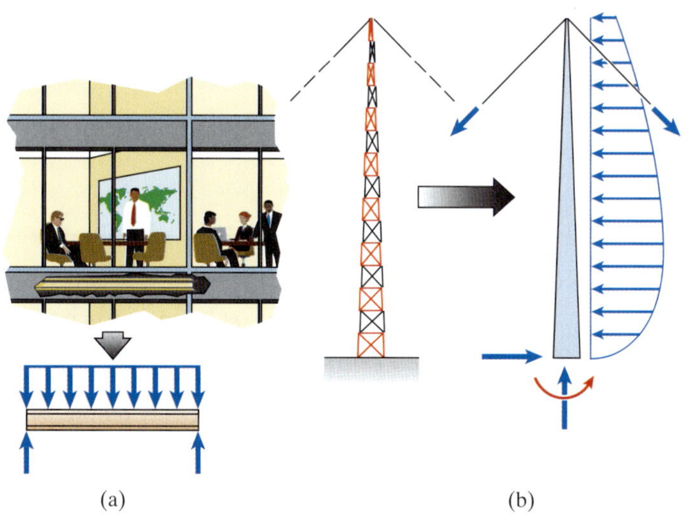

그림 7.5
분포 하중의 예
(a) 바닥으로부터 건물 프레임의 보에 가해지는 균일한 분포 하중
(b) 탑의 높이 방향에 걸쳐 분포하는 바람에 의한 하중

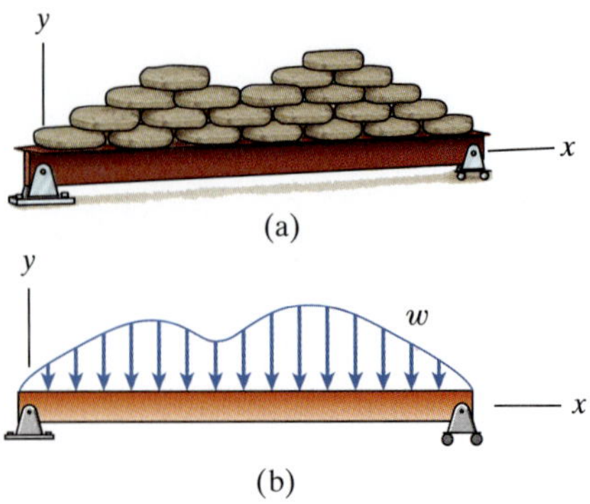

그림 7.6

(a) 모래주머니가 보에 작용하는 하중
(b) 분포 하중 w는 모래주머니가 가한 하중을 모델링한다.

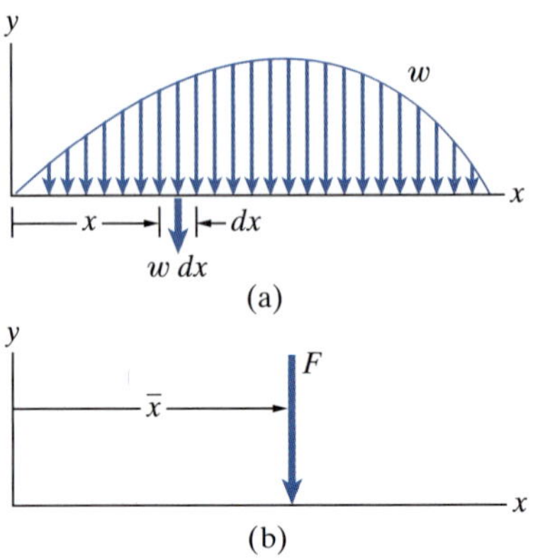

그림 7.7

(a) 분포 하중 및 미소 요소 dx에 가해진 힘
(b) 등가 힘

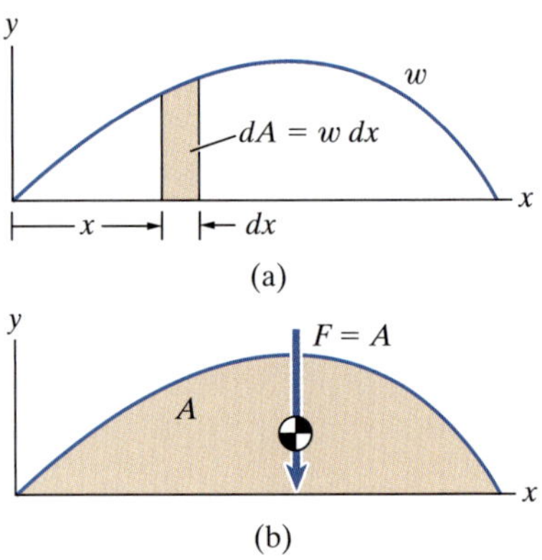

그림 7.8

(a) 함수 w와 x축 사이의 '면적' 결정
(b) 등가 힘은 이 '면적'과 같으며, 작용선은 면적의 도심을 지난다.

용하는 것을 나타낸다. 길이에 따라 분포하는 하중은 보의 자중과 같은 단순한 경우에서 비행기 날개에 분포하는 양력과 같은 복잡한 경우까지 w의 함수를 통해 모델링된다. w와 dx의 곱은 힘이기 때문에 w의 치수는 (힘)/(길이)가 된다. 예를 들어 w는 SI 단위에서는 N/m, 미국 관습 단위에서는 lb/ft로 표현된다.

힘과 모멘트의 결정

어떤 특정 분포 하중을 나타내는 함수 w를 알고 있다고 가정하자(그림 7.7a). 이때 w의 그래프는 **하중 곡선**(loading curve)이라고 부른다. 선의 미소 요소 dx에 작용하는 힘은 $w\,dx$이기 때문에, 분포 하중에 의해 생기는 전체 힘 F는 x에 대해 하중 곡선을 적분해서 구할 수 있다.

$$F = \int_L w\,dx \tag{7.10}$$

분포 하중에 의해 생기는 한 점에 관한 모멘트 역시 적분을 통해 구할 수 있다. 예를 들어 요소 dx에 가해지는 힘의 원점에 대한 모멘트는 $xw\,dx$가 된다. 그러므로 분포 하중에 의한 원점에 대한 총모멘트는 다음과 같다.

$$M = \int_L xw\,dx \tag{7.11}$$

분포 하중에 의해 생기는 총힘과 모멘트만 고려할 때 분포 하중은 단일 등가 하중 F로 표현될 수 있다(그림 7.7b). 등가 관계를 위해 힘 F는 x축 상의 $\bar{x}$의 위치에 작용해야만 하며, 이에 원점에 대한 F의 모멘트가 분포 하중의 모멘트와 같아지게 된다.

$$\bar{x}F = \int_L xw\,dx$$

그러므로 힘 F가 다음의 위치에 작용할 때 분포 하중과 등가 관계가 된다.

$$\bar{x} = \frac{\int_L xw\,dx}{\int_L w\,dx} \tag{7.12}$$

면적의 상사성

$w\ dx$ 항은 하중 곡선과 x축 사이에서의 '면적' 요소 dA와 같다(그림 7.8a). ($w\ dx$는 실제로는 면적이 아니고 힘이므로 작은따옴표를 사용했다.) 이러한 방식을 이용하면, 식 (7.10)은 분포 하중에 의해 가해진 총힘이 하중 곡선과 x축 사이의 '면적' A와 같다는 것을 의미한다.

$$F = \int_L w\,dx = \int_A dA = A \tag{7.13}$$

$w\,dx = dA$의 관계를 식 (7.12)에 대입하면 다음과 같다.

$$\bar{x} = \frac{\int_L xw\,dx}{\int_L w\,dx} = \frac{\int_A x\,dA}{\int_A dA} \tag{7.14}$$

힘 F가 하중 곡선과 x축 사이에 생기는 '면적'의 도심에 작용한다면, 이는 분포 하중과 등가의 관계가 된다(그림 7.8b). 하중 곡선이 상대적으로 단순할 때 분포 하중을 등가 힘으로 나타내는 이 상사성을 사용하는 것이 유용할 수 있다.

결과 정리

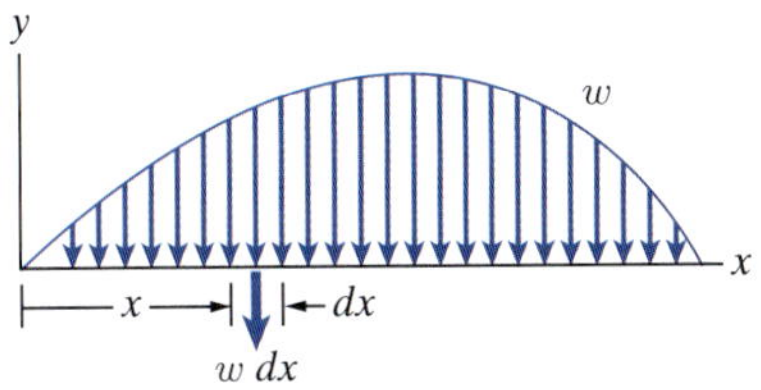

x축에 걸쳐 분포하는 하중을 표현하기 위해 함수 w를 정의한다. 그러면 x축상의 미소 요소 dx에 작용하는 아래 방향 힘은 $w\,dx$가 된다. w의 그래프는 **하중 곡선**이라 부른다.

$$F = \int_L w\,dx \tag{7.10}$$

$$M = \int_L xw\,dx \tag{7.11}$$

x축상의 L 범위에 걸쳐 작용하는 분포 하중 w에 의한 총 아래 방향 힘과 원점에 대한 시계 방향 총모멘트는 적분을 통해 구할 수 있다.

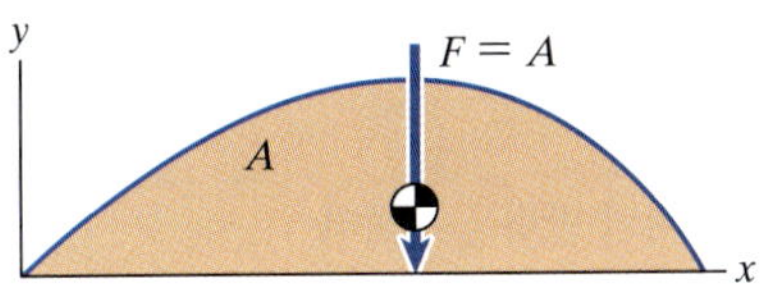

분포 하중에 의한 총 아래 방향 힘 F는 하중 곡선과 x축 사이에 형성되는 '면적' A와 같다. 이 힘을 벡터로 표현할 때, 힘이 '면적'의 도심에 위치한다면 힘 벡터는 분포 하중과 등가 관계가 된다. (다시 말해 힘 벡터에 의한 원점에 대한 시계 방향 모멘트는 M과 같다.) 이를 **면적 상사성(area analogy)**이라고 한다.

실습 예제 7.5 분포 하중을 받는 보

보가 그림과 같이 '삼각형' 형태의 분포 하중을 받고 있으며, B 지점에서의 하중 값은 100 N/m이다(즉 함수 w는 A 지점에서 $w = 0$이고 B 지점에서 $w = 100$ N/m인 선형적 증가 관계를 가진다). A, B에서의 보의 반력을 구하라.

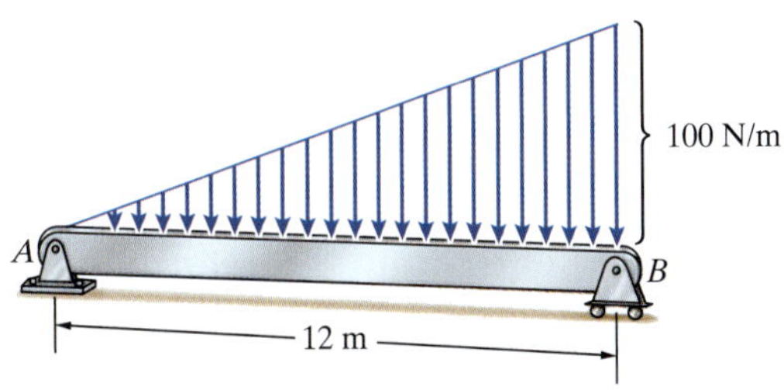

전략

분포 하중을 등가 힘으로 표현하기 위해 면적 상사성을 이용할 수 있다. 그러고 나서 A, B에서의 반력을 구하기 위해 평형방정식을 적용할 수 있다.

풀이

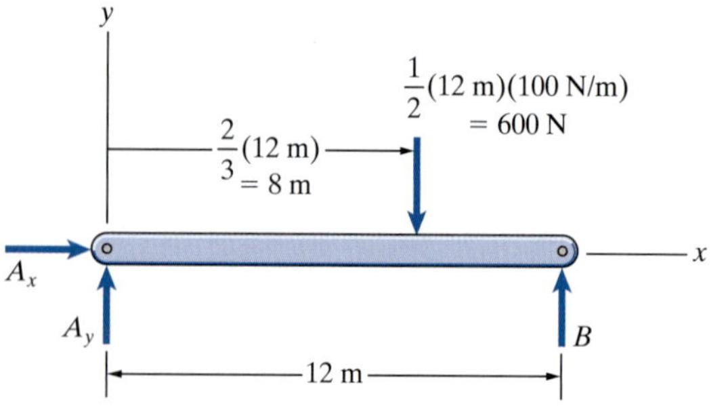

삼각형 형태의 분포 하중의 '면적'은 삼각형의 밑변과 높이 곱의 1/2이다. 다시 말해 $\frac{1}{2}(12\text{ m}) \times (100\text{ N/m}) = 600\text{ N}$이다. 삼각형 '면적'의 도심은 $\bar{x} = \frac{2}{3}(12\text{ m}) = 8\text{ m}$에 위치하게 된다.

평형방정식을 적용한다.

$$\Sigma F_x = A_x = 0$$
$$\Sigma F_y = A_y + B - 600\text{ N} = 0$$
$$\Sigma M_{\text{점}A} = (12\text{ m})B - (8\text{ m})(600\text{ N}) = 0$$

위 식을 풀면 $A_x = 0$, $A_y = 200$ N, $B = 400$ N이 된다.

실습 문제 (a) 위 예제에서 삼각형 형태의 분포 하중에 대해 w를 x의 함수로 표현하라. (b) 식 (7.10) 및 식 (7.11)을 이용해서 삼각형 분포 하중에 의해 발생하는 총 아래 방향 힘 및 보의 왼쪽 끝 점에 대한 총 시계 방향 모멘트를 각각 구하라.

답: (a) $w = \frac{100}{12}x$ N/m, (b) $F = 600$ N, $M = 4800$ N-m

예제 7.6 여러 개의 분포 하중을 받는 보

보가 두 개의 분포 하중을 받고 있다. A, B 지점에서의 반력을 구하라.

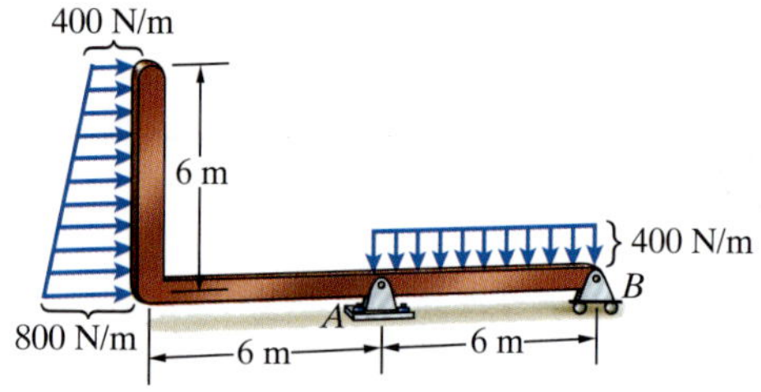

전략

A와 B 사이에 작용하는 균일한 분포 하중에 대해 면적 상사성을 쉽게 적용할 수 있다. 보의 수직 부분에 작용하는 분포 하중은 균일한 분포 하중 및 삼각형 형태의 분포 하중의 합으로 다룰 것이다. 여기에 면적 상사성을 이용하면 각 분포 하중을 각각의 등가 힘으로 나타내게 된다.

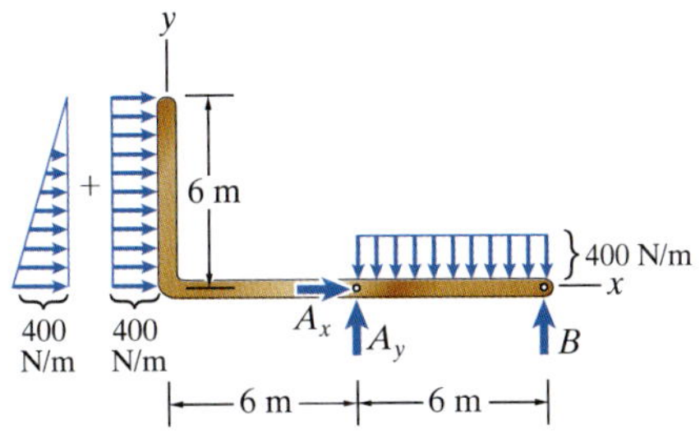

(a) 보의 자유물체도

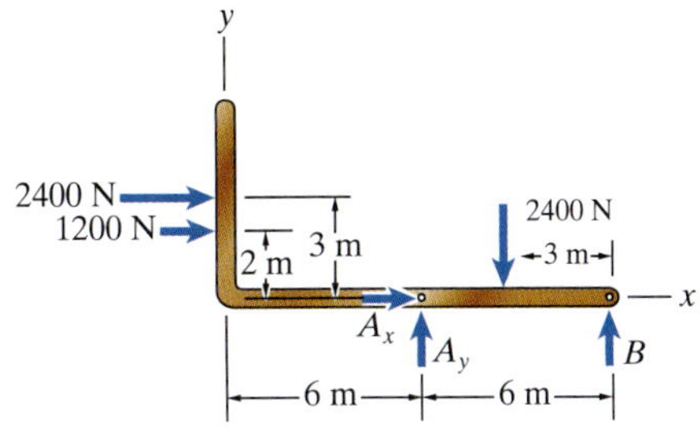

(b) 분포 하중을 등가 힘으로 표시

풀이

그림 a에 보의 자유물체도를 나타내었다. 여기에서 보의 왼편에 있는 분포 하중은 균일한 분포 하중과 삼각형 분포 하중의 합으로 표현된다. 그림 b에서는 세 개의 분포 하중을 각 등가 힘으로 표현했다. 보의 오른편에 있는 균일한 분포 하중의 '면적'은 (6 m) × (400 N/m) = 2400 N이며, 도심은 3 m이다. 보의 수직 부분에 있는 균일한 분포 하중의 면적은 (6 m) × (400 N/m) = 2400 N이고, 도심은 y = 3 m에 위치한다. 삼각형 분포 하중의 면적은 $\frac{1}{2}$(6 m) × (400 N/m) = 1200 N이며, 도심은 $y = \frac{1}{3}$(6 m) = 2 m에 위치한다.

평형방정식으로부터 다음의 관계식을 얻는다.

$$\Sigma F_x = A_x + 1200 \text{ N} + 2400 \text{ N} = 0$$
$$\Sigma F_y = A_y + B - 2400 \text{ N} = 0$$
$$\Sigma M_{\text{점 } A} = (6 \text{ m})B - (3 \text{ m})(2400 \text{ N}) - (2 \text{ m})(1200 \text{ N}) - (3 \text{ m})(2400 \text{ N}) = 0$$

위 식을 풀면, $A_x = -3600$ N, $A_y = -400$ N, $B = 2800$ N이 된다.

비판적 사고

분포 하중이 포함된 문제를 해석할 때 분포 하중을 나타내기 위해 예제와 같이 항상 면적 상사성을 이용해야 할까? 면적 상사성은 하중 곡선이 간단한 편이고 면적과 도심의 위치를 쉽게 구할 수 있을 때 유용한 방법이다. 이러한 경우가 아니라면 분포 하중에 의해 발생하는 힘과 모멘트를 구하기 위해 식 (7.10) 및 식 (7.11)을 사용할 수 있다. 예제 7.7은 이러한 접근 방법을 다루고 있다.

예제 7.7 분포 하중을 받는 보

보가 분포 하중, 힘, 우력(짝힘)을 받고 있다. 분포 하중은 $w = 300x - 50x^2 + 0.3x^4$ lb/ft이다. 고정 지지대 A에서의 반력을 구하라.

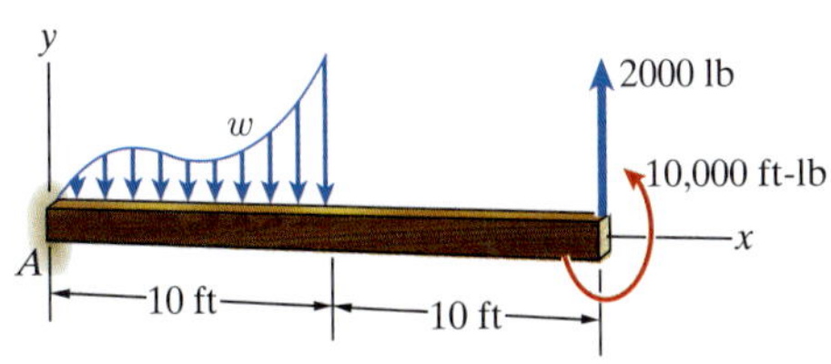

전략

함수 w가 주어졌기 때문에 식 (7.10) 및 식 (7.11)을 이용해서 분포 하중이 보에 가하는 힘 및 모멘트를 구할 수 있다. 그러면 평형방정식을 이용해서 점 A에서의 반력을 구할 수 있다.

풀이

보를 고립시킨 후 고정 지지대의 반력을 그림 a에 표시했다. 분포 하중에 의한 아래 방향 힘은 다음과 같다.

$$\int_L w\,dx = \int_0^{10}(300x - 50x^2 + 0.3x^4)\,dx = 4330 \text{ lb}$$

분포 하중에 의해 발생하는 점 A에 대한 시계 방향 모멘트는 다음과 같다.

$$\int_L xw\,dx = \int_0^{10} x(300x - 50x^2 + 0.3x^4)\,dx = 25{,}000 \text{ ft-lb}$$

평형방정식으로부터 다음 관계식을 얻는다.

$$\Sigma F_x = A_x = 0$$
$$\Sigma F_y = A_y - 4330 \text{ lb} + 2000 \text{ lb} = 0$$
$$\Sigma M_{\text{점 } A} = M_A - 25{,}000 \text{ ft-lb} + (20 \text{ ft})(2000 \text{ lb}) + 10{,}000 \text{ ft-lb} = 0$$

위 식을 풀면 $A_x = 0$, $A_y = 2330$ lb, $M_A = -25{,}000$ ft-lb이다.

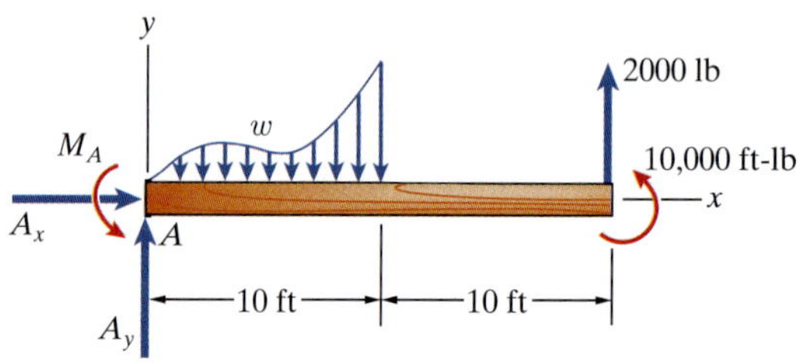

(a) 보의 자유물체도

비판적 사고

식 (7.11)을 이용하면서 분포 하중 w에 의한 원점 $x = 0$에 대한 시계 방향 모멘트를 계산하고 있다는 것을 이해하는 것이 중요하다.

연습문제

7.46 보가 핀 및 롤러로 지지되어 있고 삼각형 분포 하중이 작용한다. 점 A, B에서의 반력을 구하라.

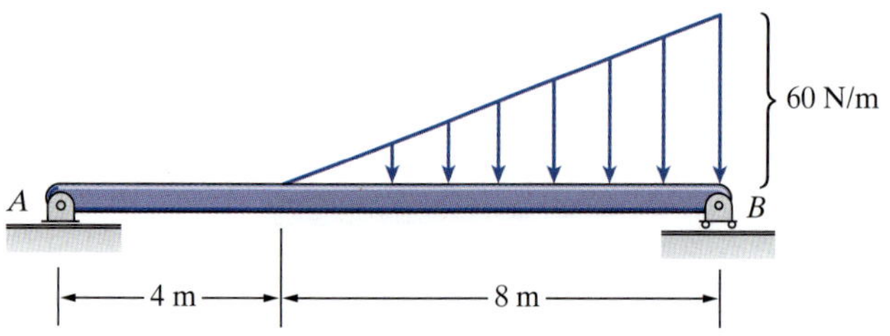

연습문제 7.46

7.47 점 A, B의 반력을 구하라.

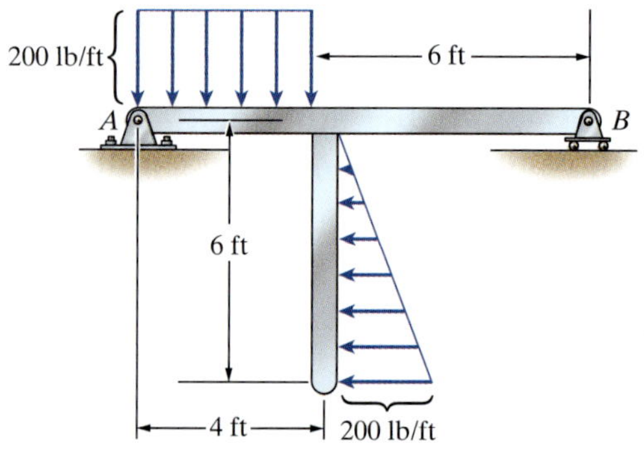

연습문제 7.47

7.48 예제 7.6에서 분포 하중 조건이 다음과 같이 수정되었다. 점 A, B에서 보에 작용하는 반력을 구하라.

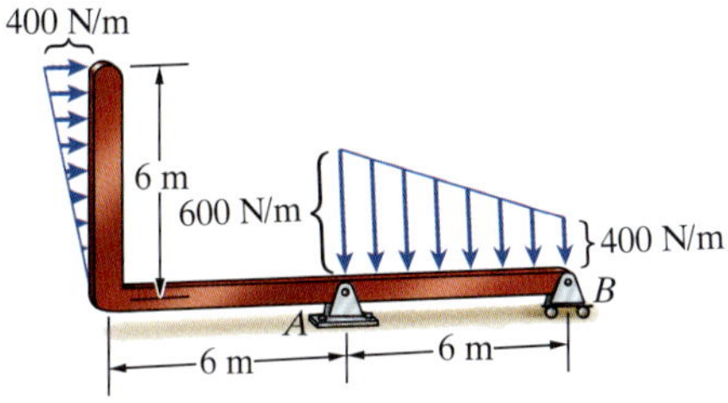

연습문제 7.48

7.49 예제 7.7에서 $x = 0$부터 $x = 10$ ft의 범위에 걸친 분포 하중이 $w = 350 + 0.3x^3$ lb/ft라고 하자. (a) 분포 하중에 의해 발생하는 아래 방향 힘과 점 A에 대한 시계 방향 모멘트를 구하라. (b) 고정 지지대에서의 반력을 구하라.

7.50 보에 가해지는 분포 하중이 그림에 주어진 식에 의해 근사적으로 표현될 수 있다. 치수 $a = 1$ m, $b = 3$ m이다. 고정 지지대 A에서의 반력을 구하라.

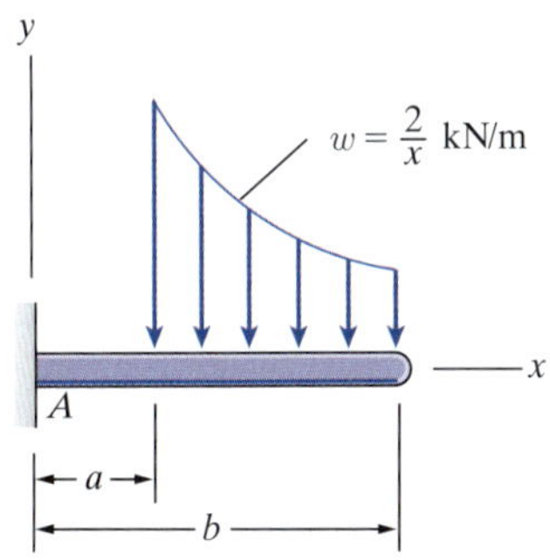

연습문제 7.50

7.51 공학자가 건물 기초의 10 m 범위 토양이 가하는 힘을 측정한다. 측정된 힘은 $w = -10x - x^2 + 0.2x^3$ kN/m의 분포 하중으로 표현되었다. (a) 분포 하중에 의해 건물 기초에 작용하는 총힘의 크기를 구하라. (b) 분포 하중에 의해 발생하는 점 A에 대한 모멘트의 크기를 구하라.

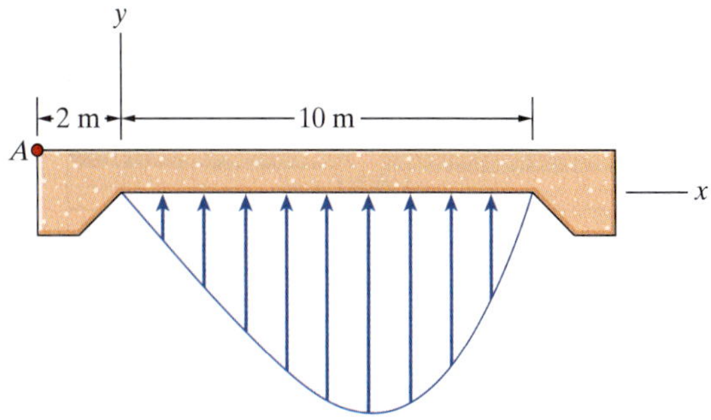

연습문제 7.51

7.52 보의 점 A, B에서의 반력을 구하라.

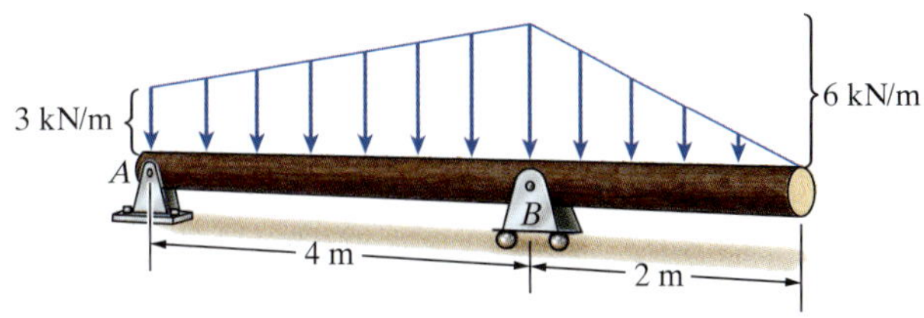

연습문제 7.52

7.53 비행기 날개의 공기역학적 양력이 다음과 같은 분포 하중으로 표현된다. $w = -300\sqrt{1 - 0.04x^2}$ N/m. 날개의 질량은 27 kg이고, 질량 중심은 날개 뿌리 R로부터 2 m에 위치해 있다. (a) 날개의 양력에 의해 발생하는 힘의 크기와 점 R에 대한 모멘트의 크기를 구하라. (b) 날개의 점 R에서의 반력을 구하라.

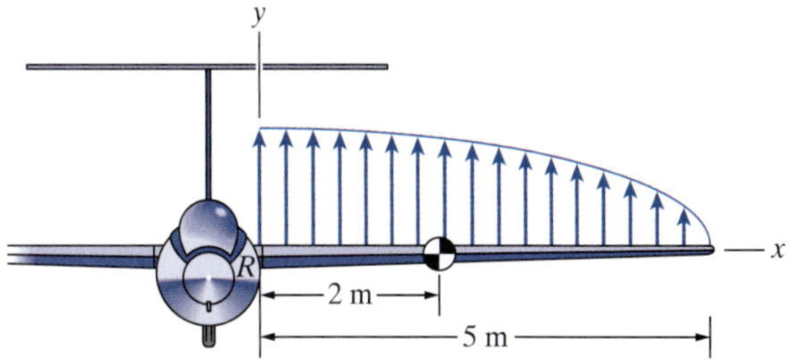

연습문제 7.53

7.54 막대의 점 A, B에서의 반력을 구하라.

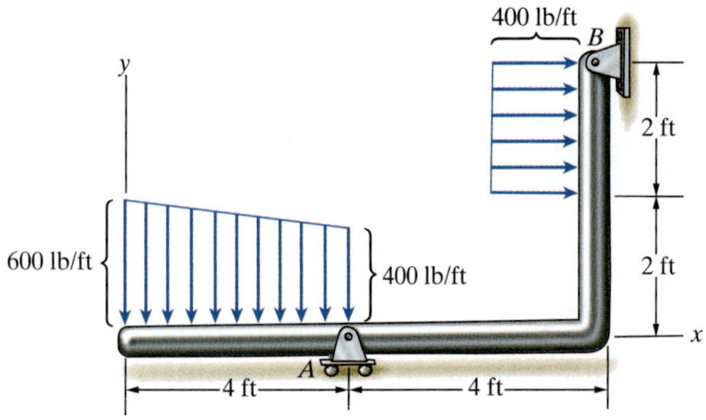

연습문제 7.54

7.55 부재 AB의 점 A, B에서의 반력을 구하라.

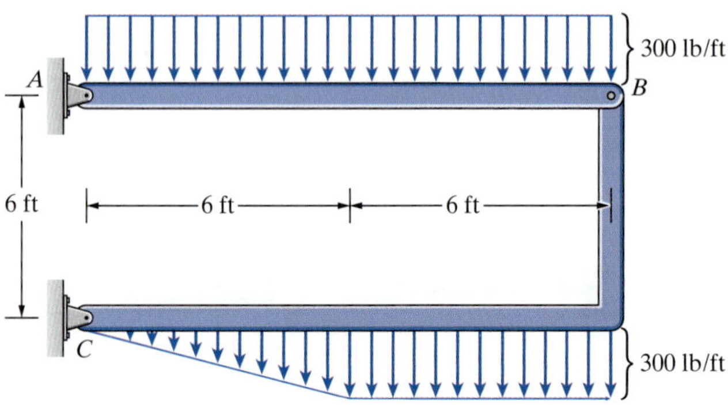

연습문제 7.55

7.56 트러스 구조에서 부재 BD, CD, CE의 축력을 구하고, 인장 상태(T)인지 압축 상태(C)인지 밝혀라.

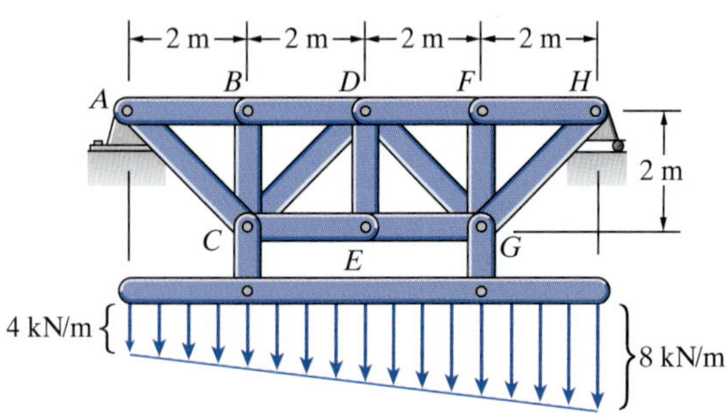

연습문제 7.56

7.57 부재 ABC에서 점 A, B에서의 반력을 구하라.

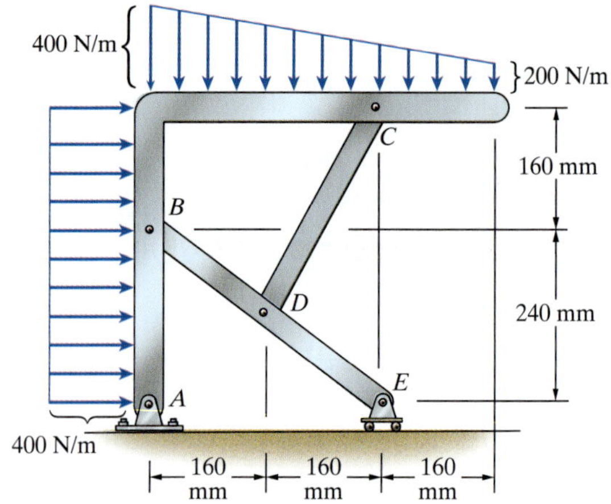

연습문제 7.57

7.58 프레임 구조의 부재 ABC에 작용하는 힘을 구하라.

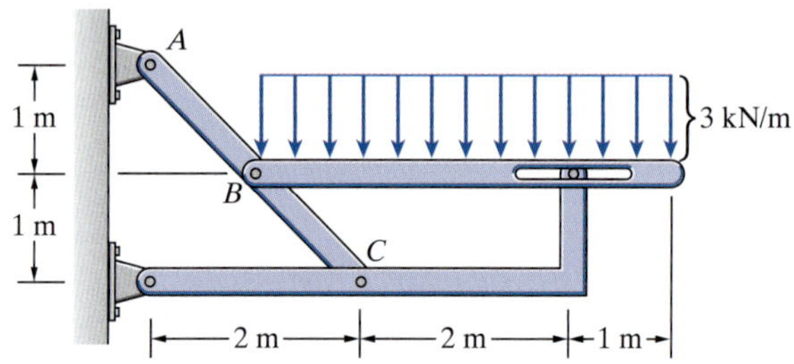

연습문제 7.58

7.4 체적과 선의 도심

생각해보기

- 선 혹은 체적의 평균 위치를 왜 알아야 하는가?
- 체적의 도심은 어떨 때 면적의 도심과 일치하는가?

배경

이 절에서는 체적과 선의 평균 위치 혹은 도심을 정의하고, 복합 체적 및 선의 도심을 구하는 방법을 살펴본다. 7.7절에서는 체적 및 선의 도심을 알면 특정 형태의 물체에 대한 질량 중심을 구할 수 있음을 다룰 것이다. 이는 물체의 무게가 유효하게 작용하는 곳이 어디인지 알려준다.

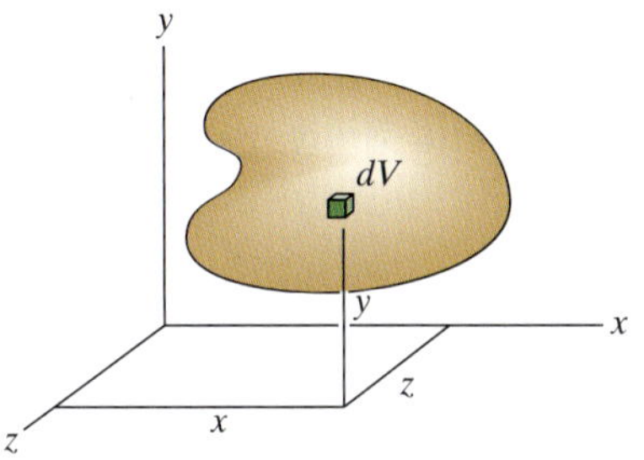

그림 7.9
체적 V와 미소 체적 dV

체적 체적 V에서 좌표 x, y, z의 미소 체적 dV를 생각해보자(그림 7.9). 식 (7.6) 및 식 (7.7)과의 상사 관계에 의해 V의 도심의 좌표는 다음과 같이 나타낸다.

$$\bar{x} = \frac{\int_V x\,dV}{\int_V dV} \qquad \bar{y} = \frac{\int_V y\,dV}{\int_V dV} \qquad \bar{z} = \frac{\int_V z\,dV}{\int_V dV} \tag{7.15}$$

적분 기호에서 아래첨자 V는 적분이 전체 체적에 걸쳐 계산됨을 의미한다.

어떤 체적이 균일한 두께와 단면 A를 가진 판의 형태라면(그림 7.10a) 판의 도심은 A의 도심과 일치하고, 두 면 사이의 중간점에 놓이게 된다. 이것이 사실임을 밝히기 위해 체적의 두께 T에 걸쳐 단면 요소 dA를 투영해서 얻은 체적 요소 dV를 정의하면 $dV = T\,dA$를 구할 수 있다(그림 7.10b). 그러면 체적 도심의 x, y 좌표는 다음과 같다.

$$\bar{x} = \frac{\int_V x\,dV}{\int_V dV} = \frac{\int_A xT\,dA}{\int_A T\,dA} = \frac{\int_A x\,dA}{\int_A dA}$$

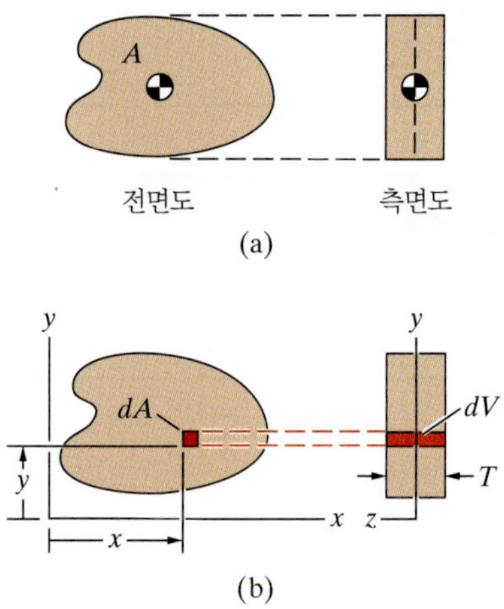

그림 7.10
(a) 균일한 두께의 체적
(b) dA를 체적에 대해 투영해서 얻은 dV

$$\bar{y}=\frac{\int_V y\,dV}{\int_V dV}=\frac{\int_A yT\,dA}{\int_A T\,dA}=\frac{\int_A y\,dA}{\int_A dA}$$

대칭 관계에 의해 $\bar{z}=0$이다. 이러한 형태의 체적에 대해 단면적의 도심을 알고 있거나 구할 수 있다면 체적의 도심을 알 수 있다.

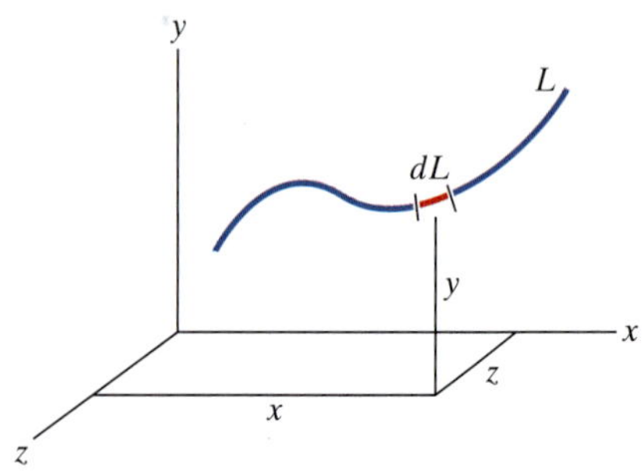

그림 7.11
선 L과 미소 요소 dL

선 선 L의 도심의 좌표는 다음과 같다.

$$\bar{x}=\frac{\int_L x\,dL}{\int_L dL}\qquad \bar{y}=\frac{\int_L y\,dL}{\int_L dL}\qquad \bar{z}=\frac{\int_L z\,dL}{\int_L dL}\tag{7.16}$$

여기에서 dL은 좌표 x, y, z에서 선의 미소 길이이다(그림 7.11).

결과 정리

$$\bar{x}=\frac{\int_V x\,dV}{\int_V dV}$$

$$\bar{y}=\frac{\int_V y\,dV}{\int_V dV}\tag{7.15}$$

$$\bar{z}=\frac{\int_V z\,dV}{\int_V dV}$$

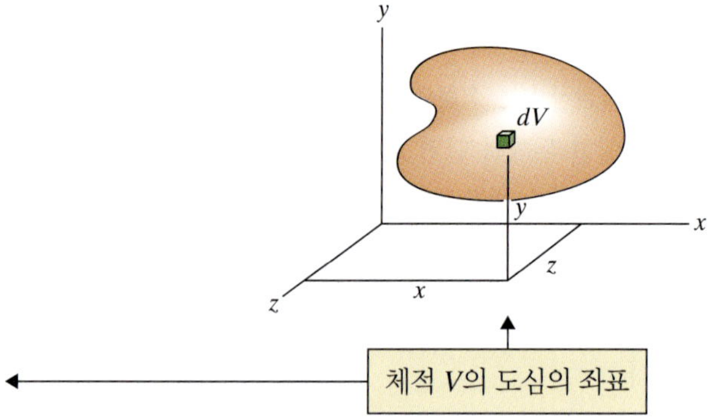

어떤 체적이 두께가 균일한 판의 형태이고 단면적이 A일 때, 체적의 도심은 A의 도심과 일치하고 두 면 사이의 중간점에 놓이게 된다.

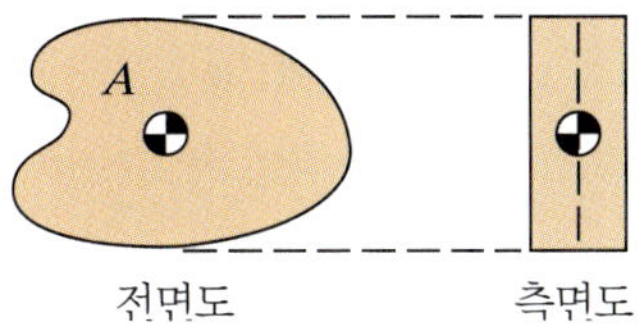

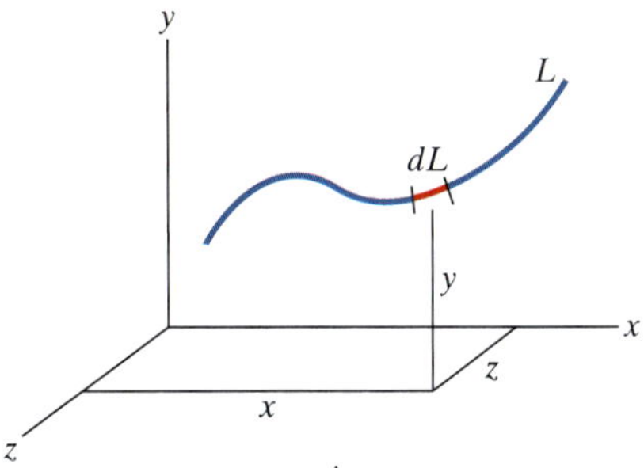

$$\bar{x} = \frac{\int_L x\,dL}{\int_L dL}$$

$$\bar{y} = \frac{\int_L y\,dL}{\int_L dL} \qquad (7.16)$$

$$\bar{z} = \frac{\int_L z\,dL}{\int_L dL}$$

선 L의 도심의 좌표

실습 예제 7.8 적분을 통한 원뿔의 도심

원뿔의 도심을 구하라.

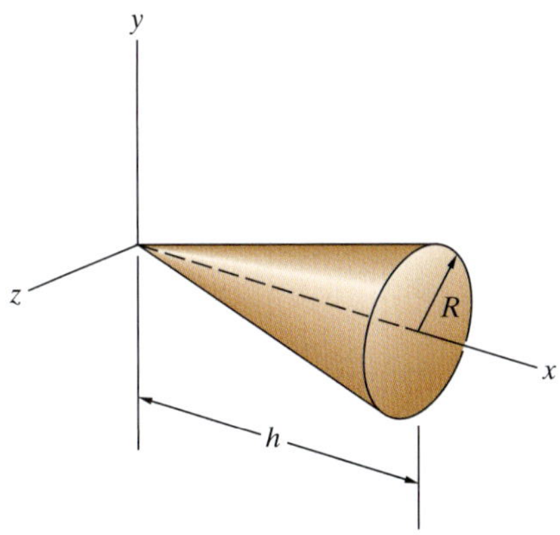

전략

원뿔의 축 방향 대칭성으로 인해 도심은 x축상에 위치해야 한다. 두께 dx의 원판 형태에 대한 체적 요소 dV를 이용해서 식 (7.15)를 적용하면 도심의 x 좌표를 구할 수 있다.

풀이

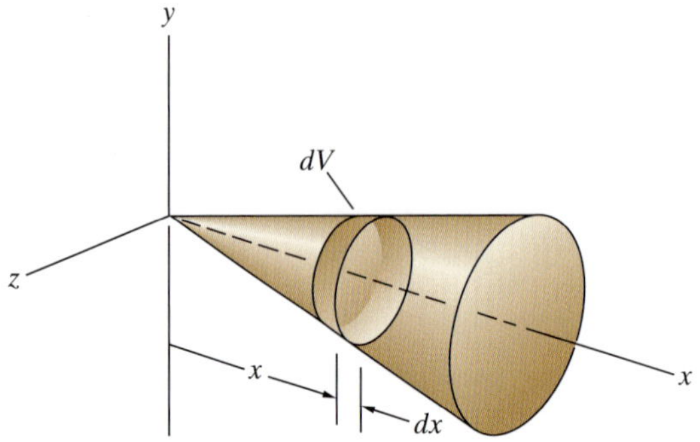

원판 형태의 체적 요소

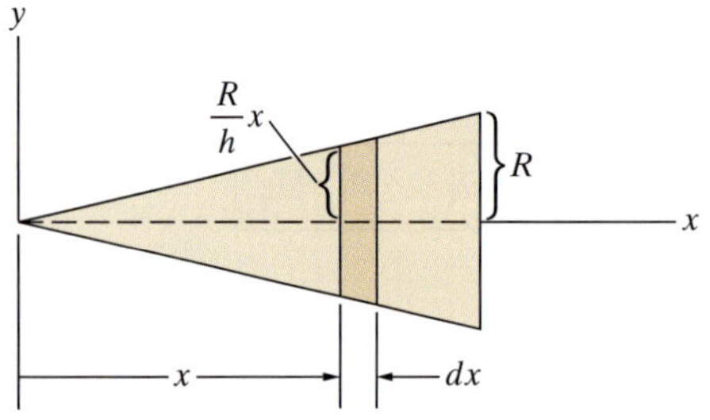

위치 x에서 원판 요소의 반지름은 $(R/h)x$이다. 원판 요소의 체적은 원판의 면적과 두께의 곱으로 표현된다.

$$dV = \pi\left[\left(\frac{R}{h}\right)x\right]^2 dx$$

$$\bar{x} = \frac{\int_V x\,dV}{\int_V dV} = \frac{\int_0^h x\pi\left[\left(\frac{R}{h}\right)x\right]^2 dx}{\int_0^h \pi\left[\left(\frac{R}{h}\right)x\right]^2 dx} = \frac{3}{4}h$$

식 (7.15)를 적용한다.

실습 문제 잘려진 원뿔의 원형 단면의 반지름을 x의 함수(ft 단위)로 표현하면 $r = 1 + \frac{1}{4}x$이다. 원뿔의 도심의 x 좌표를 구하라.

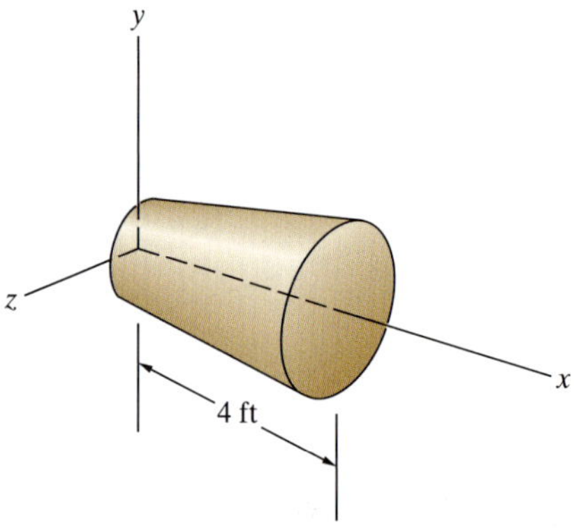

답: 2.43 ft

예제 7.9 적분을 통한 도심

선 L은 $y = x^2$의 함수에 의해 정의된다. 선의 도심의 x 좌표를 구하라.

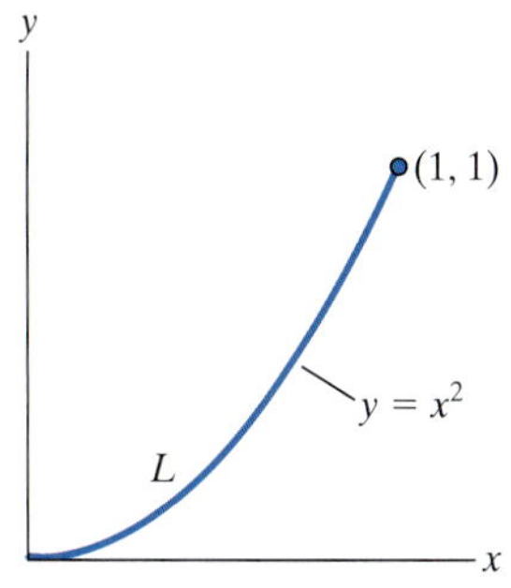

전략

미소 선 요소 dL(그림 a)은 dx와 dy로 다음과 같이 나타낼 수 있다.

$$dL = \sqrt{dx^2 + dy^2} = \sqrt{1 + \left(\frac{dy}{dx}\right)^2}\ dx$$

선을 나타내는 관계식으로부터 미분을 취하면 $dy/dx = 2x$가 되고, x에 대한 식으로 dL을 표현하면 다음과 같다.

$$dL = \sqrt{1 + 4x^2}\ dx$$

풀이

전체 선에 걸쳐 적분하기 위해 $x = 0$에서 $x = 1$에 걸쳐 적분을 취해야 한다. 도심의 x 좌표는 다음과 같다.

$$\bar{x} = \frac{\int_L x\ dL}{\int_L dL} = \frac{\int_0^1 x\sqrt{1 + 4x^2}\ dx}{\int_0^1 \sqrt{1 + 4x^2}\ dx} = 0.574$$

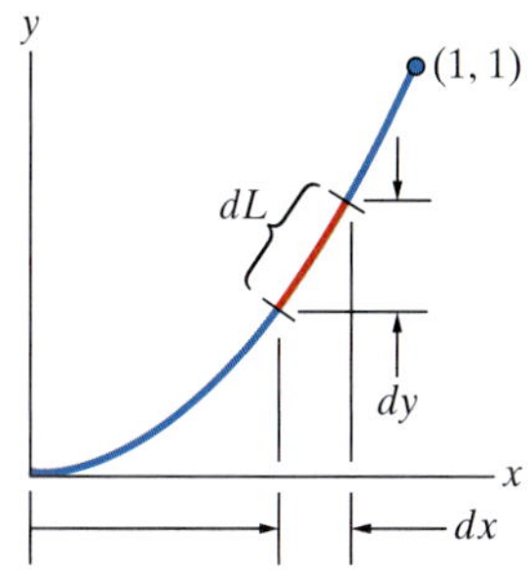

(a) 미소 선 요소 dL

비판적 사고

이 예제에서 사용한 접근 방법은 선이 $y = f(x)$ 형태의 함수로 표현되어 있는 경우에 선의 도심을 구하기에 적합하다. 예제 7.10에서는 극좌표로 표현된 선의 도심을 구하는 방법에 대해 살펴본다.

예제 7.10 적분을 통한 반원호의 도심

반원호의 도심을 구하라.

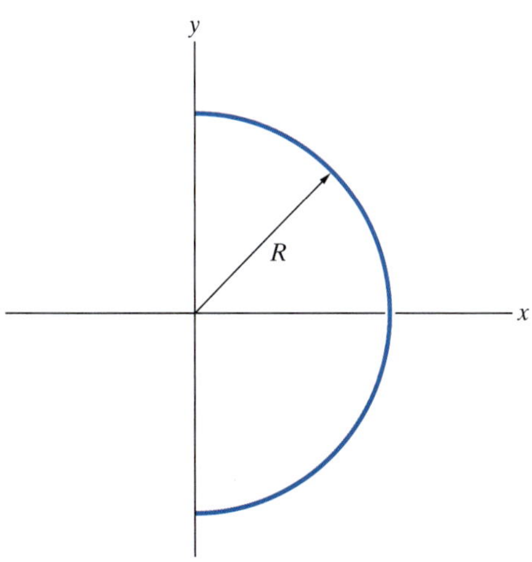

전략

선의 대칭성으로 인해 도심은 x축상에 놓인다. $\bar{x}$를 구하기 위해 극좌표에 대해 적분을 취할 것이다. θ의 변화량을 $d\theta$로 놓으면 길이에 대한 미소 선 요소는 $dL = R\,d\theta$가 된다(그림 a). dL의 x 좌표는 $x = R\cos\theta$이다.

풀이

전체 선에 대해 적분하기 위해 $\theta = -\pi/2$부터 $\theta = +\pi/2$의 범위에서 θ에 대해 적분해야 한다.

$$\bar{x} = \frac{\int_L x\,dL}{\int_L dL} = \frac{\int_{-\pi/2}^{\pi/2}(R\cos\theta)R\,d\theta}{\int_{-\pi/2}^{\pi/2} R\,d\theta} = \frac{R^2[\sin\theta]_{-\pi/2}^{\pi/2}}{R[\theta]_{-\pi/2}^{\pi/2}} = \frac{2R}{\pi}$$

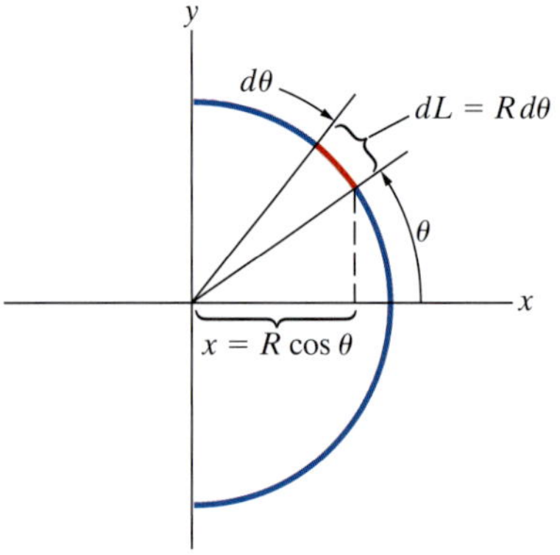

(a) 미소 선 요소 $dL = R\,d\theta$

비판적 사고

위의 적분 과정은 선의 정확한 길이를 구하는 것임을 유의하라.

$$\int_L dL = \int_{-\pi/2}^{\pi/2} R\,d\theta = R[\theta]_{-\pi/2}^{\pi/2} = \pi R$$

연습문제

7.59 실습 예제 7.8에서 이용한 방법을 사용해서 다음의 잘려진 원뿔의 도심을 구하라.

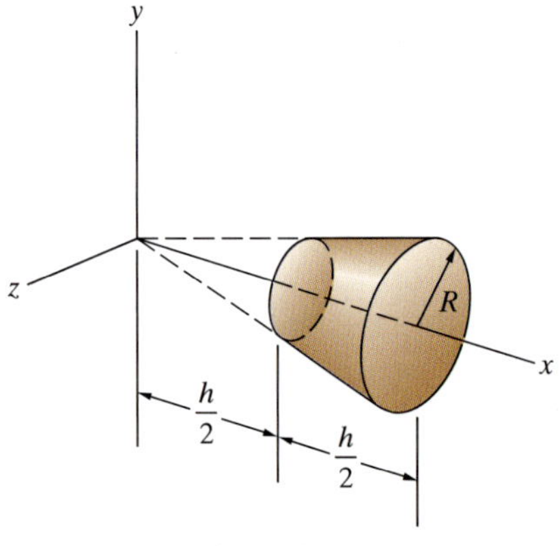

연습문제 7.59

7.60 곡물 저장 탱크가 다음과 같은 단면 형상이 회전한 표면 형태를 가진다. 탱크의 높이는 7 m이고 지면부에서의 직경은 10 m이다. 탱크의 체적을 구하고, 탱크의 체적 도심의 위치를 지면으로부터의 높이로 구하라.

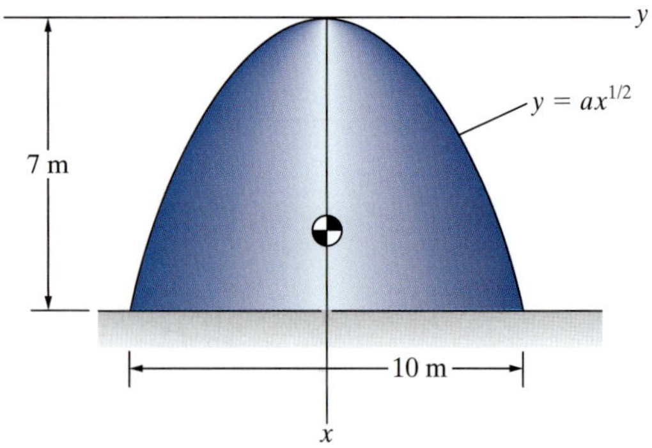

연습문제 7.60

7.61 스피커의 받침대를 설계하면서 얻은 다음 물체는 곡선 $y = 0.167x^2$을 x축에 대해 회전시켜 얻은 형상을 가진다. 물체의 도심의 x 좌표를 구하라.

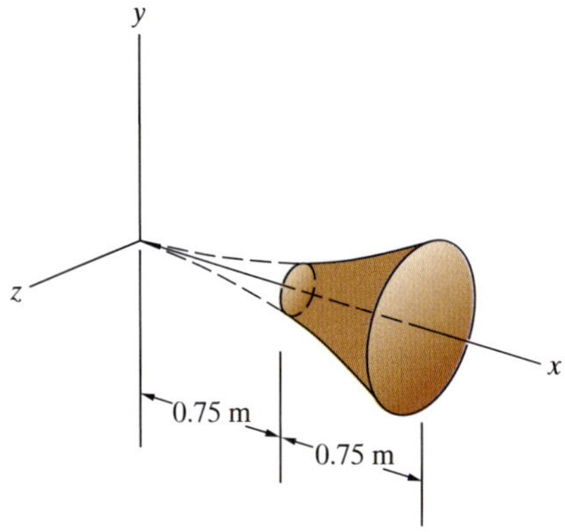

연습문제 7.61

7.62 함수 $y = x - 0.2x^2$을 x축에 대해 회전해서 다음과 같은 원뿔 형상의 체적을 얻었다. (a) 원뿔의 체적은 얼마인가? (b) 체적 도심의 x 좌표를 구하라.

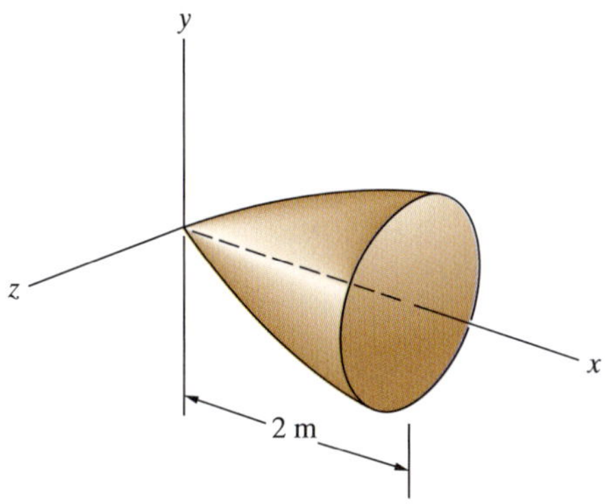

연습문제 7.62

7.63 반구형 체적의 도심을 구하라.

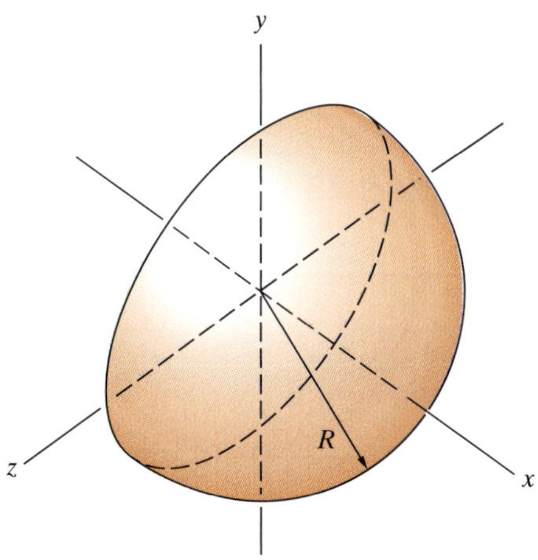

연습문제 7.63

7.64 다음 체적은 반경 R인 구의 일부분으로 구성된다. 체적의 도심을 구하라.

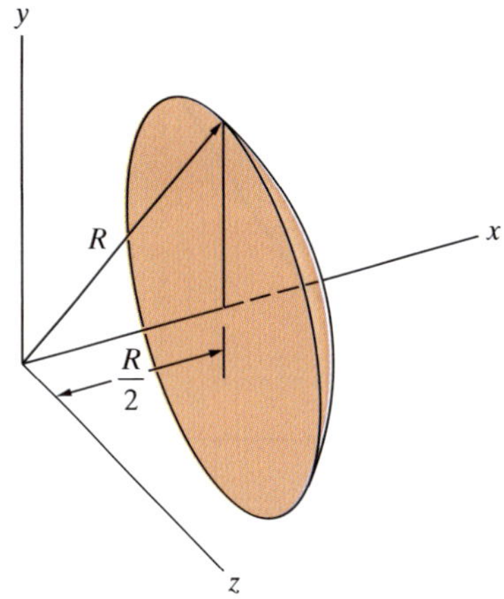

연습문제 7.64

7.65 곡선 $x^2/a^2 + y^2/b^2 = 1$을 x축에 대해 회전해서 다음과 같은 회전체를 얻었다. 도심을 구하라.

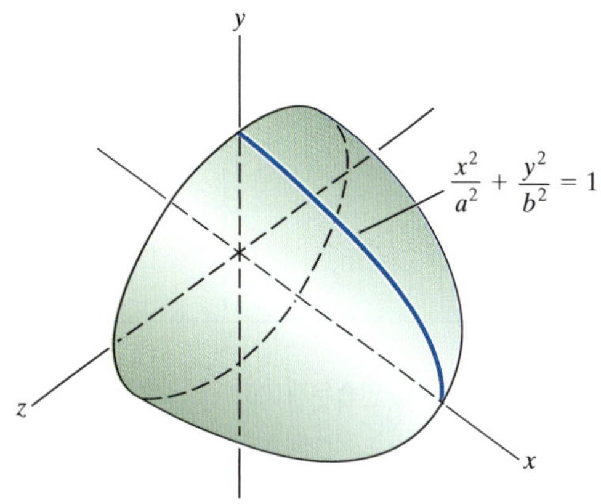

연습문제 7.65

7.66 예제 7.9에서 선의 도심의 y 좌표를 구하라.

7.67 다음 선에서 도심의 좌표를 구하라.

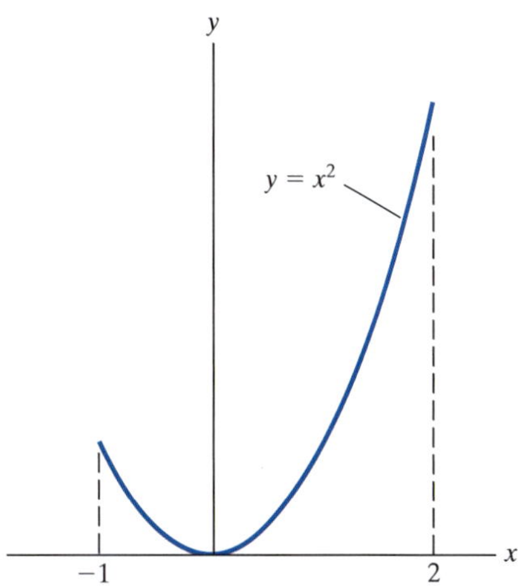

연습문제 7.67

7.68 다음 선에서 도심의 x 좌표를 구하라.

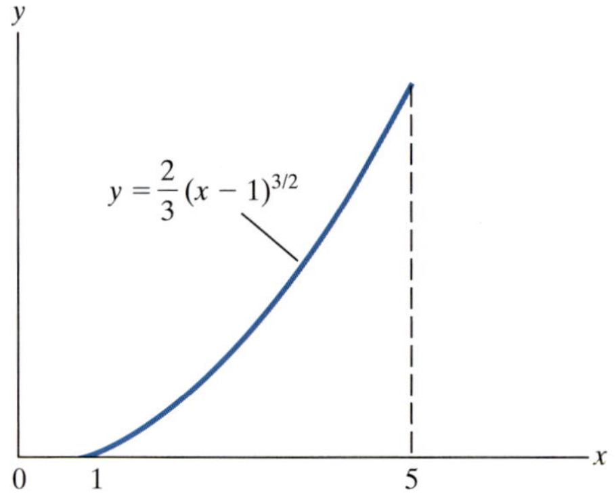

연습문제 7.68

7.69 다음 선에서 도심의 x 좌표를 구하라.

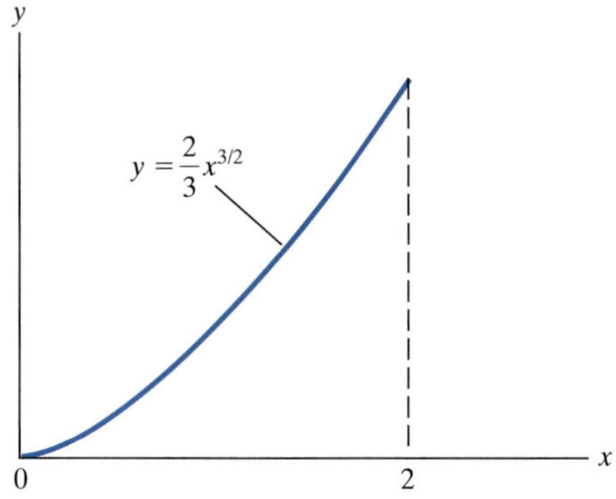

연습문제 7.69

7.70 예제 7.10의 방법을 이용해서 다음 원호의 도심을 구하라.

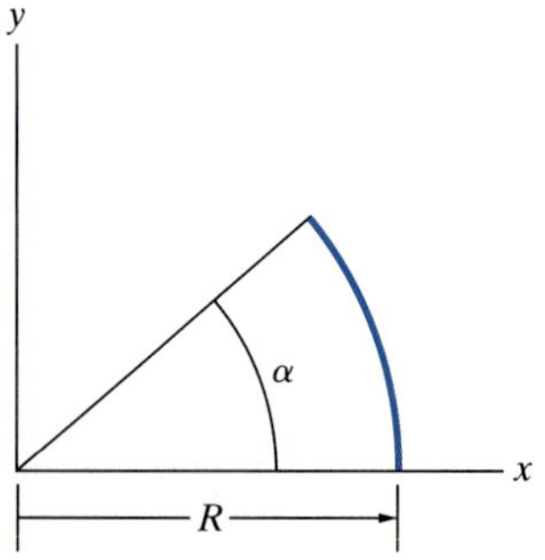

연습문제 7.70

7.5 복합 체적 및 선

생각해보기

- 복합 면적은 단순화된 면적의 조합으로 구성될 수 있음을 알고 있다. 복합 선은 어떻게 다룰 수 있는가?
- 복합 면적의 도심을 찾는 데 사용한 방법을 선 혹은 체적의 도심을 구하는 데에도 적용할 수 있는가?

배경

복합 체적 및 복합 선의 도심은 복합 면적을 구하는 데 이용했던 방식과 동일하게 구할 수 있다. 복합 체적의 도심의 좌표는 다음과 같다.

$$\bar{x} = \frac{\sum_i \bar{x}_i V_i}{\sum_i V_i} \quad \bar{y} = \frac{\sum_i \bar{y}_i V_i}{\sum_i V_i} \quad \bar{z} = \frac{\sum_i \bar{z}_i V_i}{\sum_i V_i} \tag{7.17}$$

그리고 복합 선의 도심의 좌표는 다음과 같다.

$$\bar{x} = \frac{\sum_i \bar{x}_i L_i}{\sum_i L_i} \quad \bar{y} = \frac{\sum_i \bar{y}_i L_i}{\sum_i L_i} \quad \bar{z} = \frac{\sum_i \bar{z}_i L_i}{\sum_i L_i} \tag{7.18}$$

몇몇 단순한 체적 및 선의 도심은 부록 B 및 부록 C의 표에 정리되어 있다.

복합 체적 및 복합 선의 도심을 구하는 데 다음의 세 단계가 필요하다.

1. 부분의 선택: 이미 알고 있거나 손쉽게 구할 수 있는 도심을 가지고 있는 부분으로 복합체를 나눈다.
2. 각 부분의 값 계산: 각 부분의 도심을 구하고, 체적 혹은 길이를 구한다. 대칭성에 유의하면 계산 과정이 단순해질 수 있다.
3. 도심 계산: 식 (7.17) 및 식 (7.18)을 이용해서 복합 체적 혹은 복합 선의 도심을 구한다.

실습 예제 7.11 복합 체적의 도심

복합 체적에서 도심의 x 좌표를 구하라.

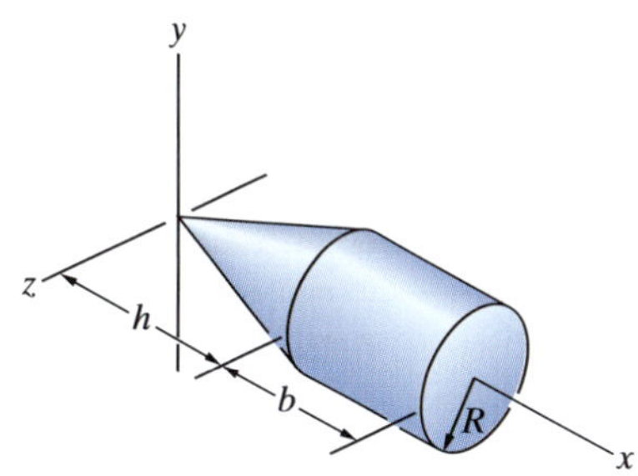

전략

체적을 단순한 부분으로 나누고(이 예제에서 각 부분의 구분은 명확함) 각 부분의 체적 및 도심을 구한 후 식 (7.17)에 적용한다.

풀이

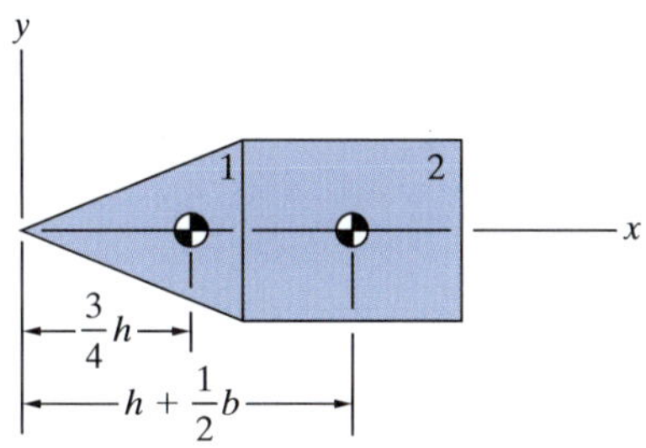

부분의 선택
주어진 체적을 단순한 부분으로 나눈다. 각 부분의 도심의 x 좌표가 도시되어 있다. 부록 C를 참조한다.

각 부분의 값 계산
식 (7.17)에 적용하기 위해 필요한 항목을 표에 정리한다.

	$\bar{x}_i$	V_i	$\bar{x}_i V_i$
부분 1(원뿔)	$\frac{3}{4}h$	$\frac{1}{3}\pi R^2 h$	$\left(\frac{3}{4}h\right)\left(\frac{1}{3}\pi R^2 h\right)$
부분 2(원통)	$h + \frac{1}{2}b$	$\pi R^2 b$	$\left(h + \frac{1}{2}b\right)(\pi R^2 b)$

도심 계산
식 (7.17)을 이용해서 도심의 x 좌표를 구한다.

$$\bar{x} = \frac{\bar{x}_1 V_1 + \bar{x}_2 V_2}{V_1 + V_2} = \frac{\left(\frac{3}{4}h\right)\left(\frac{1}{3}\pi R^2 h\right) + \left(h + \frac{1}{2}b\right)(\pi R^2 b)}{\frac{1}{3}\pi R^2 h + \pi R^2 b}$$

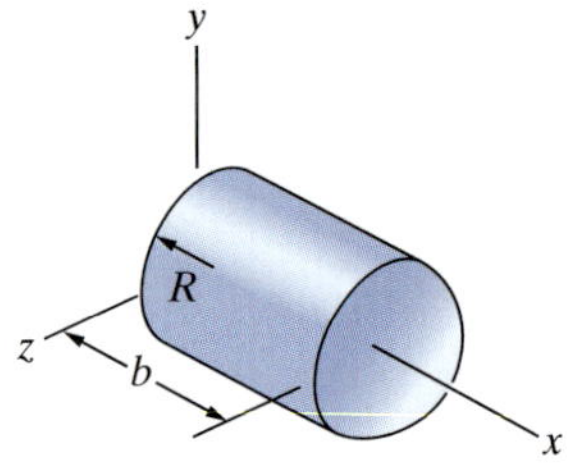

실습 문제 복합 체적이 원형 기둥과 반구로 구성된 경우를 생각해보자. 체적 도심의 x 좌표를 구하라.

답: $\bar{x} = \dfrac{(\frac{1}{2}b)(\pi R^2 b) + (b + \frac{3}{8}R)(\frac{2}{3}\pi R^3)}{\pi R^2 b + \frac{2}{3}\pi R^3}$

예제 7.12 제거된 부분이 있는 체적의 도심

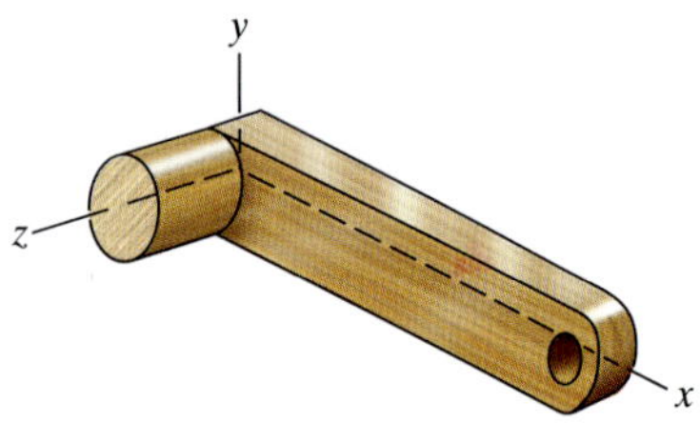

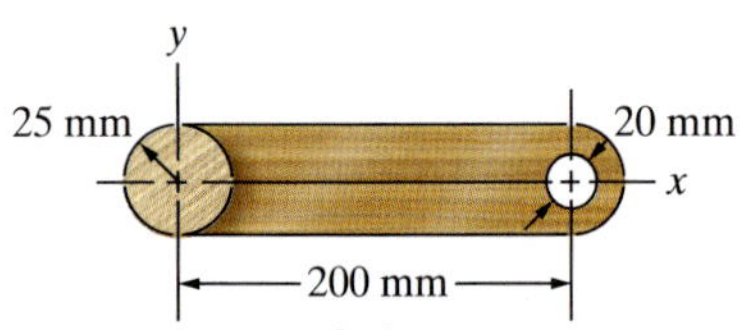

측면도

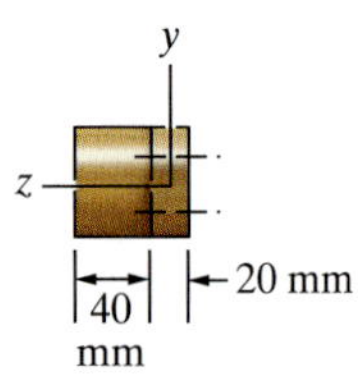

끝면도

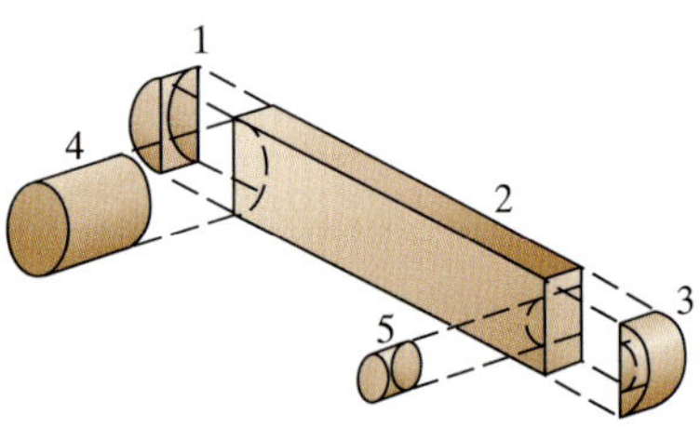

(a) 다섯 부분으로 나눈 체적

다음 체적의 도심을 구하라.

전략

그림 a에 도시된 바와 같이 주어진 체적을 다섯 개의 단순한 부분으로 나눌 수 있다. 부분 2와 부분 3은 제거된 부분이 없다는 점에 유의하자. 즉 이 부분들이 '꽉 채워져 있다'고 가정하면 기하학적 형상이 단순해질 수 있다. 직경이 20 mm인 구멍의 체적에 해당하는 부분 5는 식 (7.17)에서 음의 체적으로 처리된다.

풀이

부분의 선택 그림 a에 도시된 바와 같이 주어진 체적을 다섯 개의 단순한 부분으로 나눌 수 있다. 부분 5는 20 mm 직경을 가진 구멍의 체적이다.

각 부분의 값 계산 부분 1과 부분 3의 도심은 반원의 단면적에 대한 도심에 위치한다(그림 b). 도심의 x 좌표를 구하기 위한 정보가 다음 표에 정리되어 있다. 부분 5는 음의 체적이다.

$\bar{x}$를 구하기 위한 정보

	$\bar{x}_i$ (mm)	V_i (mm³)	$\bar{x}_i V_i$ (mm⁴)
부분 1	$-\dfrac{4(25)}{3\pi}$	$\dfrac{\pi(25)^2}{2}(20)$	$\left[-\dfrac{4(25)}{3\pi}\right]\left[\dfrac{\pi(25)^2}{2}(20)\right]$
부분 2	100	(200)(50)(20)	(100)[(200)(50)(20)]
부분 3	$200 + \dfrac{4(25)}{3\pi}$	$\dfrac{\pi(25)^2}{2}(20)$	$\left[200 + \dfrac{4(25)}{3\pi}\right]\left[\dfrac{\pi(25)^2}{2}(20)\right]$
부분 4	0	$\pi(25)^2(40)$	0
부분 5	200	$-\pi(10)^2(20)$	$-200[\pi(10)^2(20)]$

도심 계산 복합 체적의 도심에 대한 x 좌표는 다음과 같다.

$$\bar{x} = \frac{\bar{x}_1 V_1 + \bar{x}_2 V_2 + \bar{x}_3 V_3 + \bar{x}_4 V_4 + \bar{x}_5 V_5}{V_1 + V_2 + V_3 + V_4 + V_5}$$

$$= \frac{\left\{\left[-\frac{4(25)}{3\pi}\right]\left[\frac{\pi(25)^2}{2}(20)\right] + (100)[(200)(50)(20)] + \left[200 + \frac{4(25)}{3\pi}\right]\left[\frac{\pi(25)^2}{2}(20)\right] + 0 - (200)[\pi(10)^2(20)]\right\}}{\frac{\pi(25)^2}{2}(20) + (200)(50)(20) + \frac{\pi(25)^2}{2}(20) + \pi(25)^2(40) - \pi(10)^2(20)}$$

$$= 72.77 \text{ mm}$$

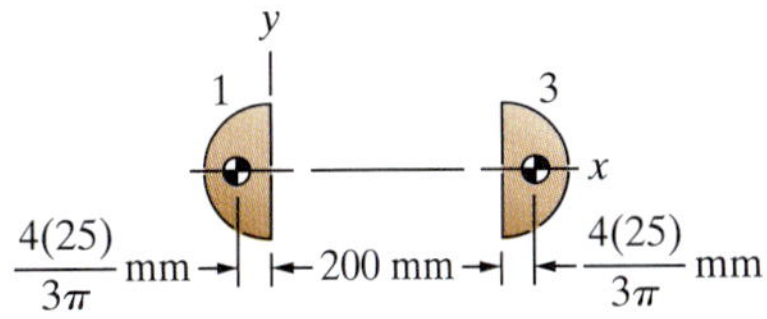

(b) 부분 1, 부분 3의 도심 위치

$\bar{z}_4 = 30$ mm 위치를 제외한 다른 부분들의 z 좌표 도심은 0이다. 그러므로 복합 체적의 도심에 대한 z 좌표는 다음과 같다.

$$\bar{z} = \frac{\bar{z}_4 V_4}{V_1 + V_2 + V_3 + V_4 + V_5}$$

$$= \frac{30[\pi(25)^2(40)]}{\frac{\pi(25)^2}{2}(20) + (200)(50)(20) + \frac{\pi(25)^2}{2}(20) + \pi(25)^2(40) - \pi(10)^2(20)}$$

$$= 7.56 \text{ mm}$$

대칭성을 고려하면 $\bar{y} = 0$이 된다.

비판적 사고

위 예제에서의 체적이 기계 장치의 부품이 될 수도 있다는 점에 유의하자. 많은 제조 부품이 단순 형태의 체적으로 조합된 체적으로 구성되기에 도심을 구할 때 위 예제에서 이용한 방법을 이용할 수 있다. 또한 균질한 재료에 대해서는 질량 중심을 구할 수도 있다.

예제 7.13 복합 선의 도심

다음 선의 도심을 구하라. 1/4 원호는 y–z 평면상에 놓여 있다.

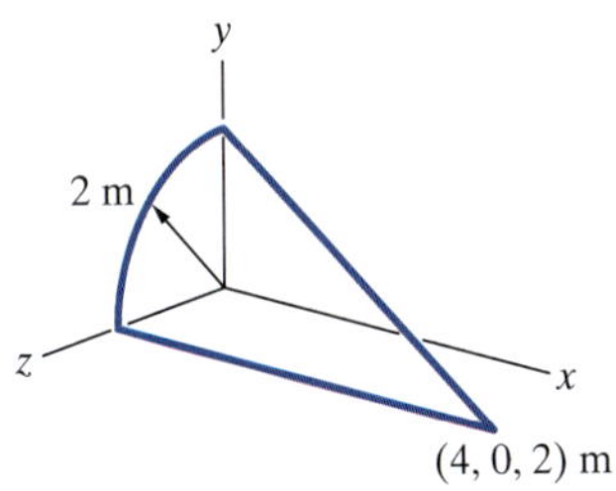

전략

선을 여러 부분으로 나누어야 한다(이 경우에 1/4 원호와 두 개의 직선 부분이 된다). 각 부분의 도심을 구하고 식 (7.18)을 적용한다.

풀이

부분의 선택 전체 선은 1/4 원호와 두 개의 직선으로 구성된다. 이를 각각 부분 1, 2, 3이라 하자(그림 a).

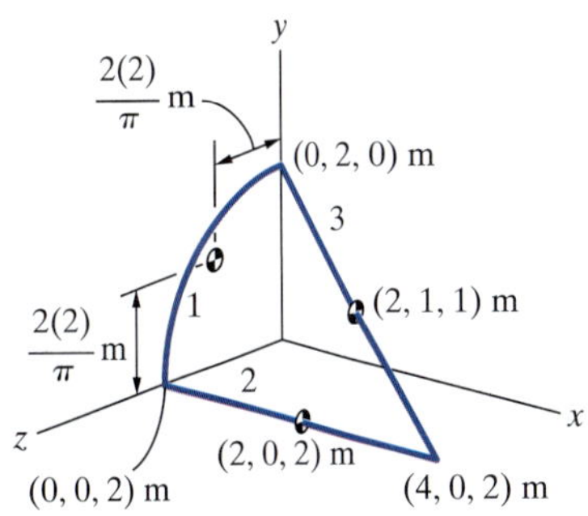

(a) 선을 세 부분으로 분할

각 부분의 값 계산 부록 B로부터 1/4 원호의 도심에 대한 좌표는 $\bar{x}_1 = 0$, $\bar{y}_1 = \bar{z}_1 = 2(2)/\pi$ m이다. 직선 부분의 도심은 그 중간점에 놓인다. 부분 2의 경우 $\bar{x}_2 = 2$ m, $\bar{y}_2 = 0$, $\bar{z}_2 = 2$ m이며, 부분 3의 경우 $\bar{x}_3 = 2$ m, $\bar{y}_3 = 1$ m, $\bar{z}_3 = 1$ m이다. 부분 3의 길이는 $L_3 = \sqrt{(4)^2 + (2)^2 + (2)^2} = 4.90$ m이다. 위 수치 정보는 다음 표에 정리되어 있다.

도심을 구하기 위한 정보

	$\bar{x}_i$ (m)	$\bar{y}_i$ (m)	$\bar{z}_i$ (m)	L_i (m)
부분 1	0	$2(2)/\pi$	$2(2)/\pi$	$\pi(2)/2$
부분 2	2	0	2	4
부분 3	2	1	1	4.90

도심 계산 복합 선의 도심에 대한 좌표는 다음과 같다.

$$\bar{x} = \frac{\bar{x}_1 L_1 + \bar{x}_2 L_2 + \bar{x}_3 L_3}{L_1 + L_2 + L_3} = \frac{0 + (2)(4) + (2)(4.90)}{\pi + 4 + 4.90} = 1.478 \text{ m}$$

$$\bar{y} = \frac{\bar{y}_1 L_1 + \bar{y}_2 L_2 + \bar{y}_3 L_3}{L_1 + L_2 + L_3} = \frac{[2(2)/\pi][\pi(2)/2] + 0 + (1)(4.90)}{\pi + 4 + 4.90} = 0.739 \text{ m}$$

$$\bar{z} = \frac{\bar{z}_1 L_1 + \bar{z}_2 L_2 + \bar{z}_3 L_3}{L_1 + L_2 + L_3} = \frac{[2(2)/\pi][\pi(2)/2] + (2)(4) + (1)(4.90)}{\pi + 4 + 4.90} = 1.404 \text{ m}$$

비판적 사고

선에 대한 도심(즉 평균 위치)을 구하려는 이유가 무엇이라 생각하는가? 7.7절에서 가느다랗고 균질한 재질의 막대에 대한 질량 중심에 대해 다루게 된다. 막대의 무게가 등가 힘으로 표현될 수 있다면 질량 중심 점은 근사적으로 막대 축의 도심에 놓이게 된다.

연습문제

7.71 실습 예제 7.11에서 그림과 같이 속이 비어 있고 내경이 $R/2$인 원통을 고려하자. 치수 $R = 6$ in, $h = 12$ in, $b = 10$ in일 때 체적의 도심에 대한 x 좌표는 어디인가?

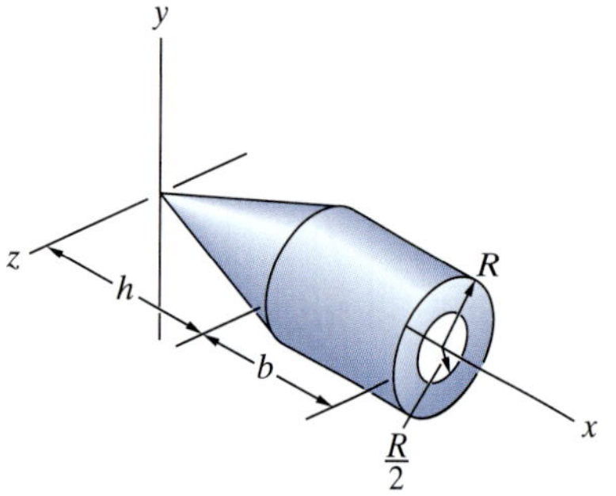

연습문제 7.71

7.72 예제 7.12의 과정을 이용해서 다음에 주어진 체적의 도심에 대한 x 좌표를 구하라.

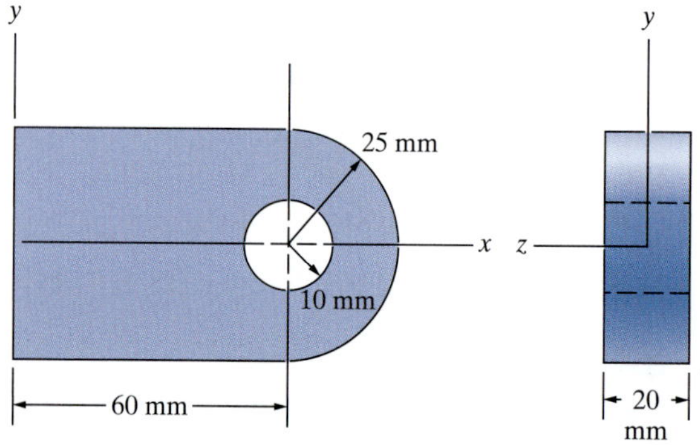

연습문제 7.72

연습문제 7.73~7.78에 대해 체적의 도심을 구하라.

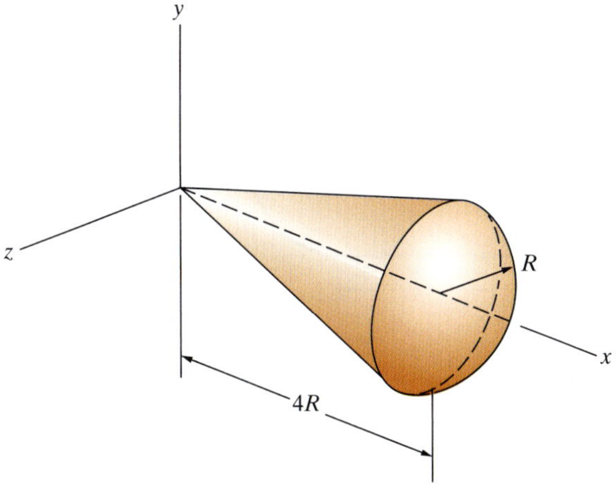

연습문제 7.73

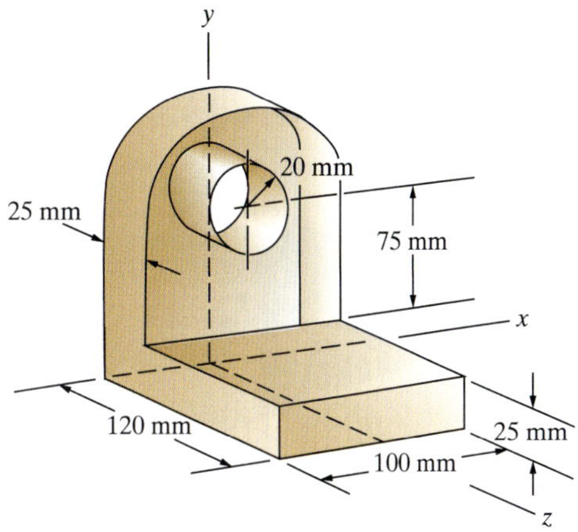

연습문제 7.76

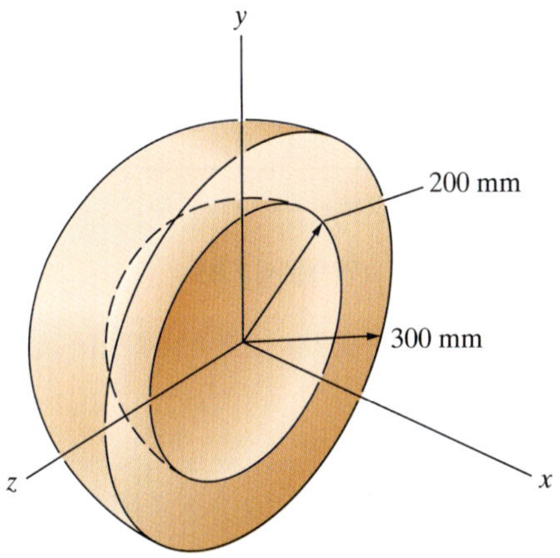

연습문제 7.74

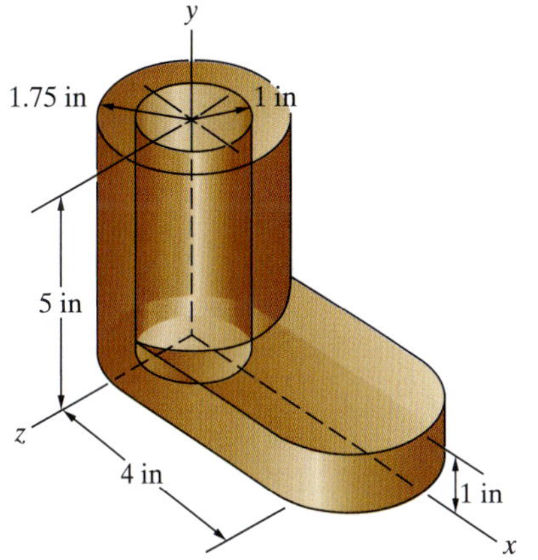

연습문제 7.77

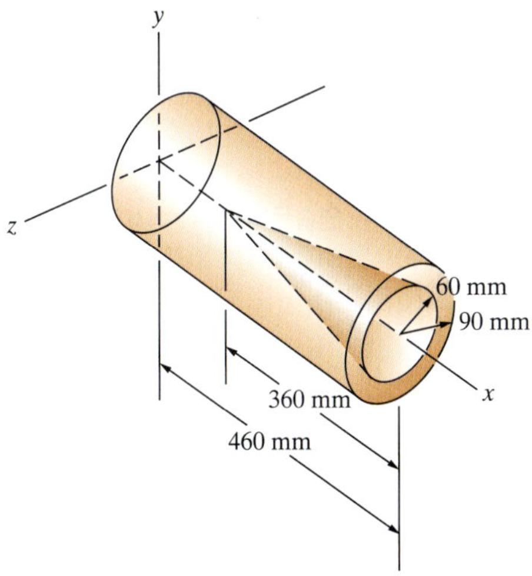

연습문제 7.75

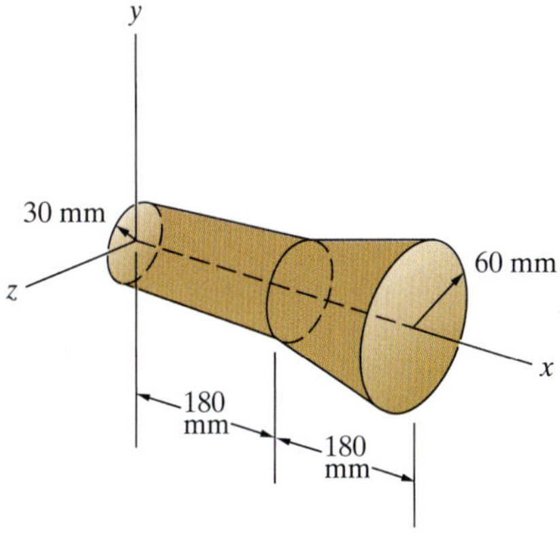

연습문제 7.78

7.79 제미니(Gemini) 우주선의 주요 치수는 미터 단위로 $a = 0.70$, $b = 0.88$, $c = 0.74$, $d = 0.98$, $e = 1.82$, $f = 2.20$, $g = 2.24$, $h = 2.98$이다. 체적의 도심을 구하라.

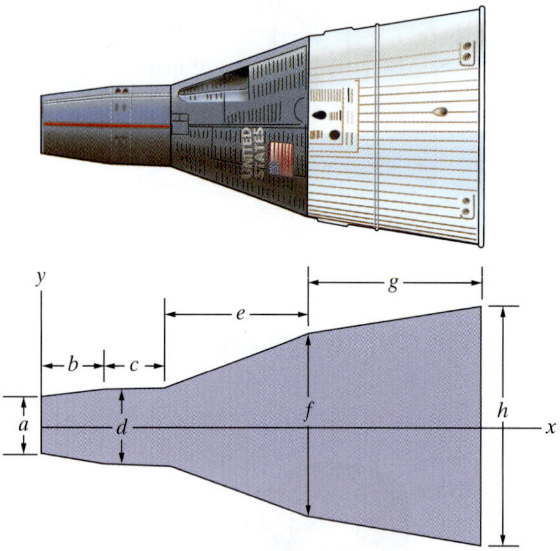

연습문제 7.79

7.80 다음 그림은 어떤 기계 요소에 대한 두 가지 방향의 도면이다. 체적의 도심을 구하라.

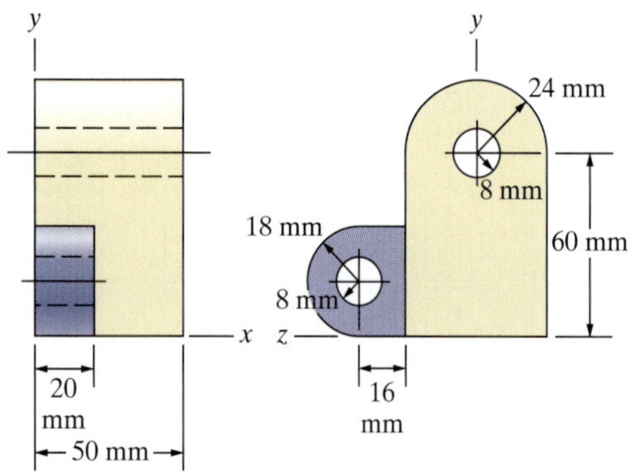

연습문제 7.80

7.81 예제 7.13에서 원호가 다음과 같은 직선으로 대체된 경우를 생각해보자. 세 부분 선에 대한 도심을 구하라.

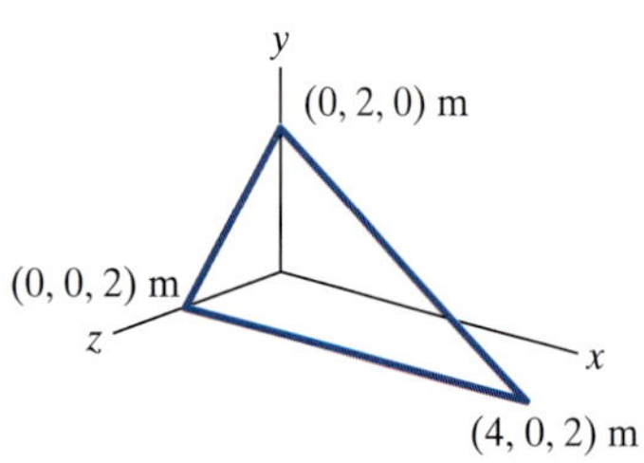

연습문제 7.81

연습문제 7.82~7.83에 대해 선의 도심을 구하라.

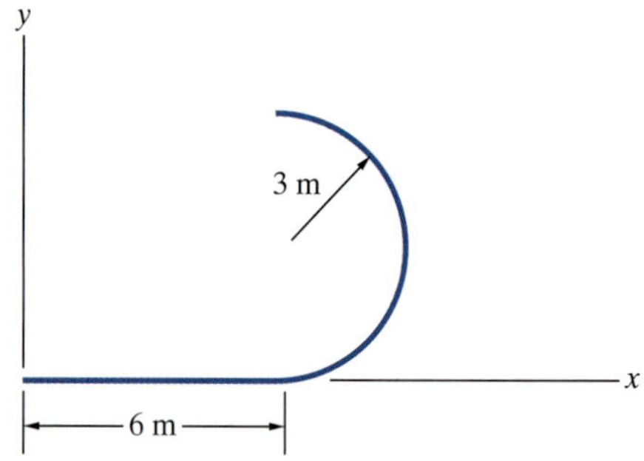

연습문제 7.82

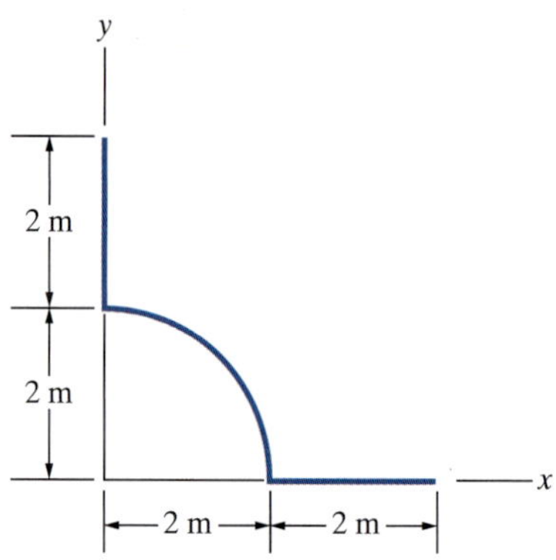

연습문제 7.83

7.84 다음 선의 반원 부분이 x–z 평면상에 있다. 선의 도심을 구하라.

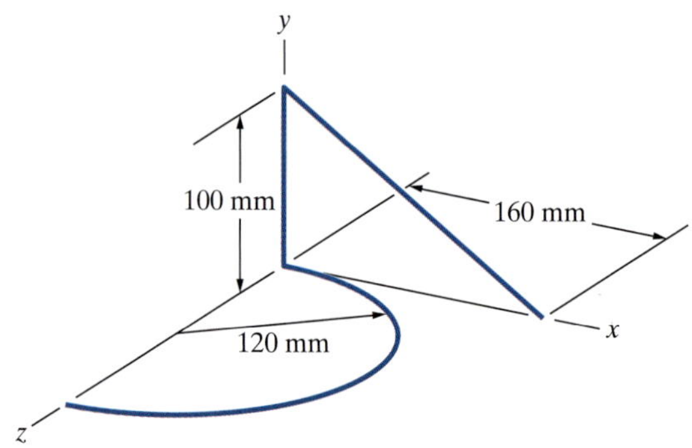

연습문제 7.84

7.85 다음 선의 도심을 구하라.

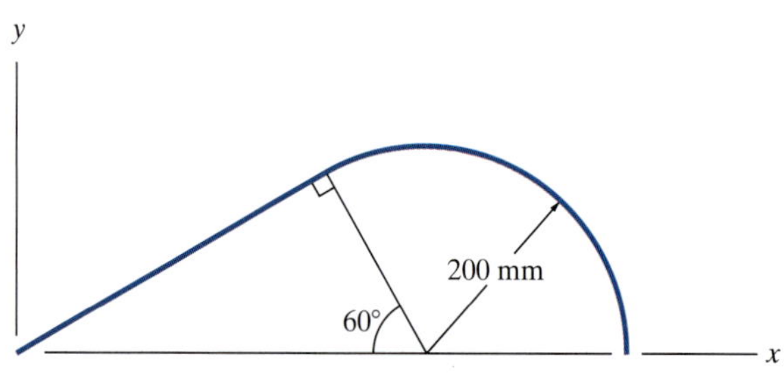

연습문제 7.85

7.6 파푸스-굴디누스의 정리

생각해보기

- 표면 또는 체적의 회전체는 무엇이 되는가?
- 이를 결정하는 데 도심을 어떻게 사용할 수 있는가?

배경

이 절에서는 표면 및 체적의 회전체를 생성하는 선 및 면적의 도심과 연관시킬 수 있는 두 가지 간단하고 유용한 정리에 대해 알아볼 것이다. 이 정리는 4세기에 알렉산드리아의 파푸스(Pappus of Alexandria, 290~350), 17세기에 폴 굴딘(Paul Guldin, 1577~1643)이 각각 발견했다.

제1정리

x–y 평면상에 x축을 지나지 않는 선 L을 생각해보자(그림 7.12a). 이 선의 도심의 좌표를 $(\bar{x}, \bar{y})$라고 하자. 이 선을 x축에 대해 회전시키면 하나의 표면을 얻을 수 있다(그림 7.12b). 선을 x축에 대해 회전시키면 선의 도심은 반경 $\bar{y}$인 도심을 따라 회전하게 된다.

첫 번째 파푸스-굴디누스 정리에 따르면, 회전 표면의 면적은 선의 도심이 이동하는 거리와 선의 길이의 곱과 같다.

$$A = 2\pi\bar{y}\ L \tag{7.19}$$

이 결과를 증명하기 위해 x축에 대해 회전하는 선을 살펴보자. 선 요소 dL에 의한

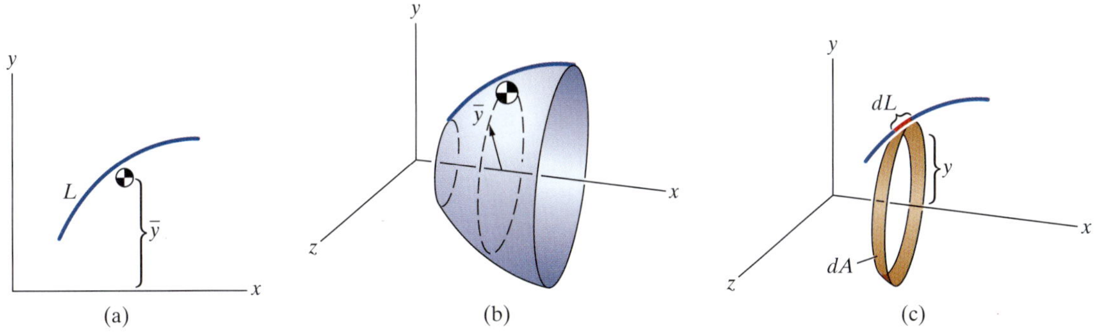

그림 7.12

(a) 선 L과 도심의 y 좌표
(b) 선 L의 x축에 대한 회전에 의해 생성된 표면 및 선의 도심이 이동한 경로
(c) 선 요소 dL 및 선 요소가 생성한 면적 요소 dA

면적 $dA = 2\pi y\ dL$이며, 여기에서 y는 dL 요소의 y 좌표 값이다(그림 7.12c). 그러므로 회전체 표면의 전체 면적은 다음과 같다.

$$A = 2\pi \int_L y\, dL \tag{7.20}$$

선의 도심의 y 좌표에 대한 정의로부터 다음 식을 얻는다.

$$\bar{y} = \frac{\int_L y\, dL}{\int_L dL}$$

이를 정리하면 다음과 같다.

$$\int_L y\, dL = \bar{y}L$$

이 결과를 식 (7.20)에 대입하면 식 (7.19)를 얻는다.

제2정리

x축을 지나지 않는 x–y 평면상의 면적 A를 생각해보자(그림 7.13a). 이 면적의 도심의 좌표를 $(\bar{x}, \bar{y})$라고 하자. 이 면적을 x축에 대해 회전시키면 하나의 체적을 얻을 수 있다(그림 7.13b). 면적을 x축에 대해 회전시키면 면의 도심은 길이 $2\pi\bar{y}$인 원형 궤적을 따라 이동한다.

두 번째 파푸스–굴디누스 정리에 따르면, 회전체의 체적 V는 면적의 도심이 이동하는 거리와 면적의 곱과 같다.

$$V = 2\pi\bar{y}A \tag{7.21}$$

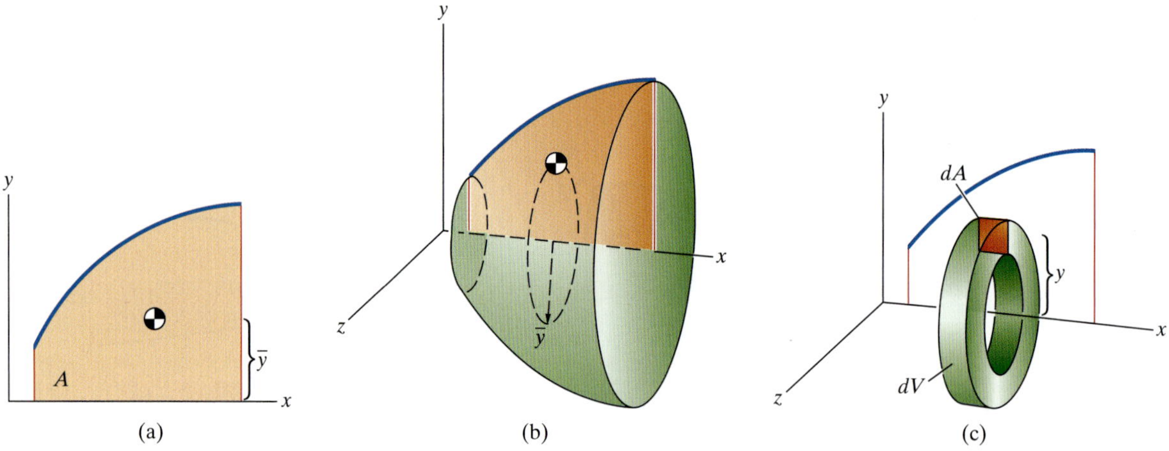

그림 7.13

(a) 면적 A와 도심의 y 좌표

(b) 면적 A의 x축에 대한 회전에 의해 생성된 체적 및 면의 도심이 이동한 경로

(c) 면적 요소 dA 및 면적 요소가 생성한 체적 요소 dV

x축에 대해 회전하는 면적에서 면적 요소 dA에 의해 생성된 체적 $dV = 2\pi y\ dA$이며, 여기에서 y는 dA 요소의 y 좌표 값이다(그림 7.13c). 그러므로 전체 체적은 다음과 같다.

$$V = 2\pi \int_A y\ dA \tag{7.22}$$

면적의 도심의 y 좌표에 대한 정의로부터 다음 식을 얻는다.

$$\bar{y} = \frac{\int_A y\ dA}{\int_A dA}$$

이를 정리하면 다음과 같다.

$$\int_A y\ dA = \bar{y}A$$

이 결과를 식 (7.22)에 대입하면 식 (7.21)을 얻는다.

결과 정리

파푸스-굴디누스 제1정리

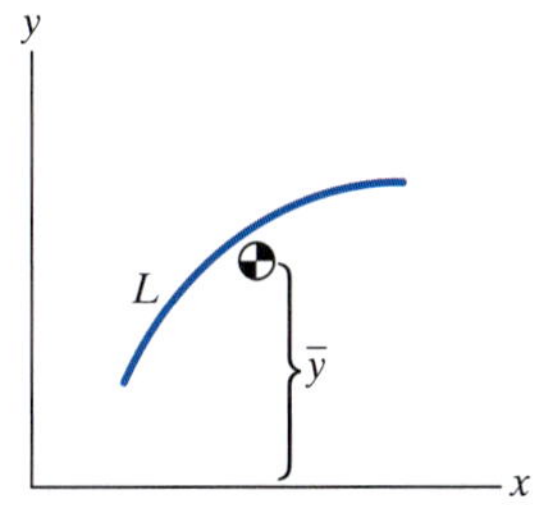

선 L은 x–y 평면상에 있다. L의 도심의 y 좌표는 $\bar{y}$이다.

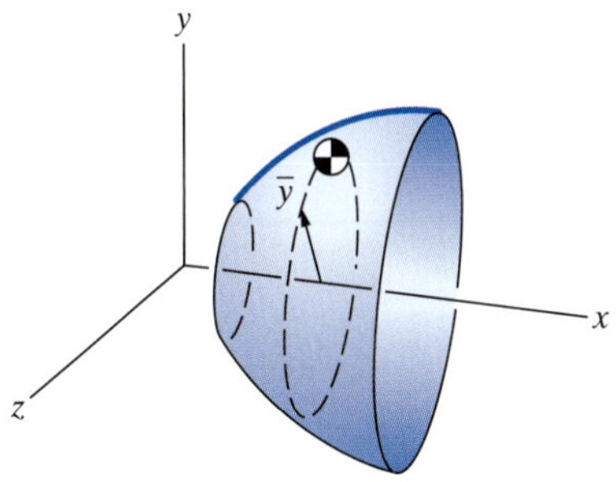

선 L이 x축에 대해 회전할 때 그 도심은 반경 $\bar{y}$의 원형 경로를 따라 이동한다. L이 회전하면서 L에 의해 생성된 회전 표면의 면적은 도심이 이동한 거리와 길이 L의 곱과 같다.

$$A = 2\pi\bar{y}L \tag{7.19}$$

파푸스-굴디누스 제2정리

면적 A는 x–y 평면상에 있다. A의 도심의 y 좌표는 $\bar{y}$이다.

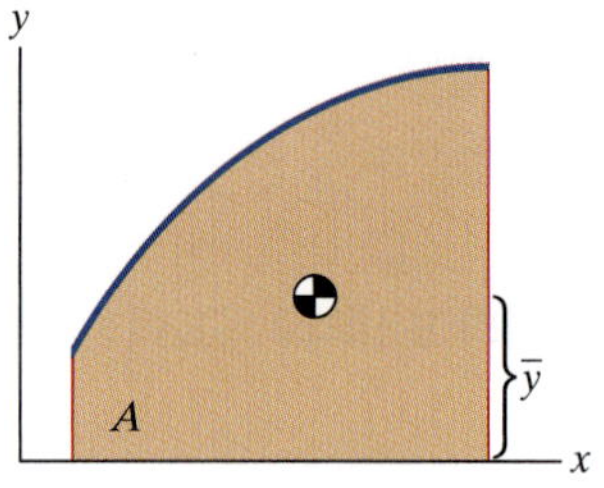

면적 A가 x축에 대해 회전할 때 그 도심은 반경 $\bar{y}$의 원형 경로를 따라 이동한다. A가 회전하면서 A에 의해 생성된 회전체의 체적은 도심이 이동한 거리와 면적 A의 곱과 같다.

$$V = 2\pi\bar{y}A \qquad (7.21)$$

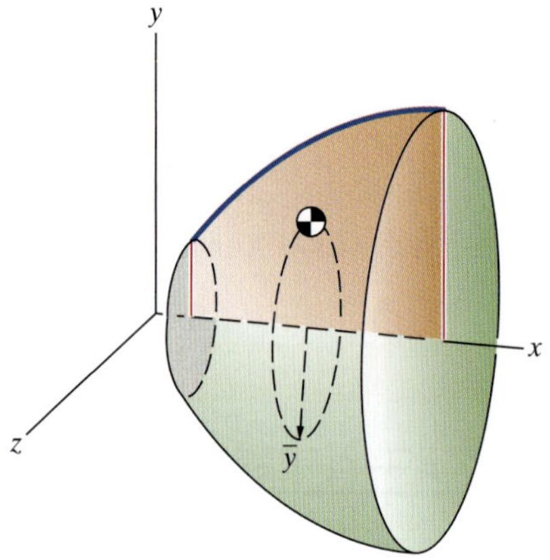

실습 예제 7.14 파푸스-굴디누스 정리

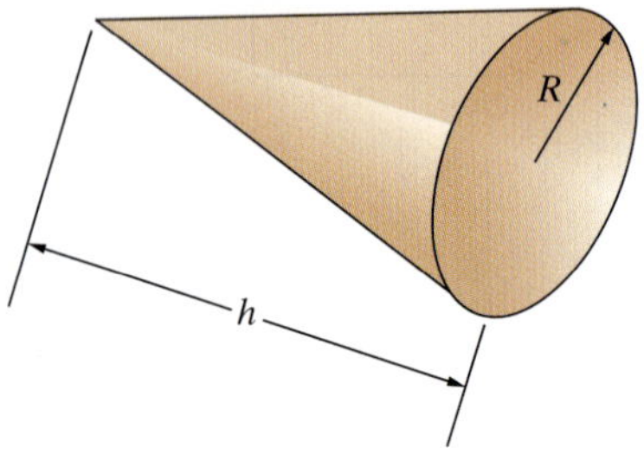

파푸스-굴디누스 제1정리를 이용해서 원뿔의 표면적을 구하라.

전략

직선을 어떤 한 축에 대해 회전시키면 원뿔의 곡면을 생성할 수 있다. 직선의 도심 위치가 주어졌기 때문에 파푸스-굴디누스 제1정리를 이용해서 곡면의 면적을 구할 수 있다.

풀이

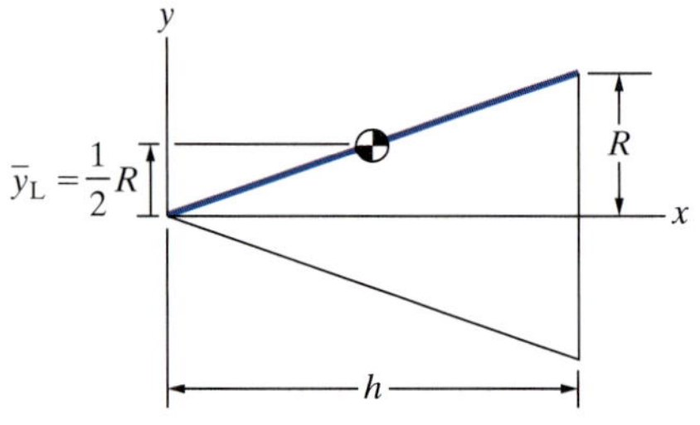

여기에 주어진 직선을 x축에 대해 회전시키면 원뿔의 곡면을 생성할 수 있다. 선의 도심에 대한 y 좌표가 도시되어 있다. 선의 길이는 $L = \sqrt{h^2 + R^2}$이다. 곡면의 면적은 다음과 같다.

$$A = 2\pi\bar{y}_L L = \pi R\sqrt{h^2 + R^2}$$

여기에 바닥의 면적을 더하면 원뿔의 전체 표면적은 $\pi R\sqrt{h^2 + R^2} + \pi R^2$이 된다.

실습 문제 파푸스-굴디누스 제2정리를 이용해서 원뿔의 체적을 구하라.

답: $V = \frac{1}{3}\pi h R^2$

예제 7.15 파푸스-굴디누스 정리를 이용해서 도심 구하기

반경이 R인 구의 원주 길이가 $2\pi R$이며 표면적은 $4\pi R^2$이다. 이 정보를 이용해서 반원호에 대한 도심을 구하라.

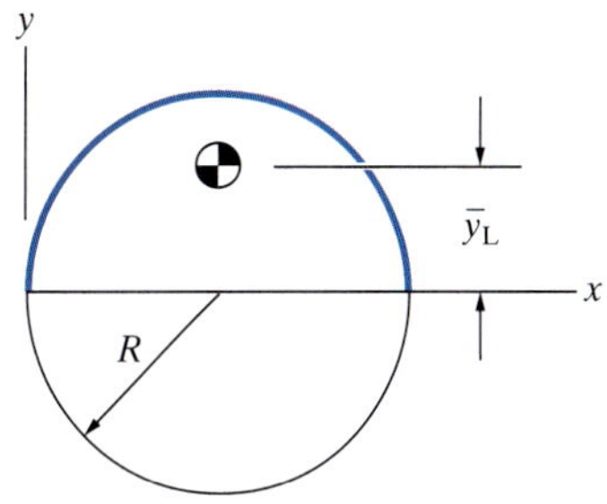

x축에 대한 반원호의 회전

전략

반원호를 어떤 축에 대해 회전시키면 구형의 표면을 생성하게 된다. 면적이 주어져 있다면, 파푸스-굴디누스 제1정리를 이용해서 사용되는 선(호)의 도심을 구할 수 있다.

풀이

반원호의 길이는 $L = \pi R$이며, 도심의 y 좌표는 $\bar{y}_L$이다. x축에 대해 이 선을 회전시키면 구형의 표면을 얻는다. 파푸스-굴디누스 제1정리에 따르면, 구형의 표면적은 다음과 같다.

$$(2\pi \bar{y}_L)L = 2\pi^2 R\bar{y}_L$$

위의 식을 주어진 표면적 $4\pi R^2$과 같다고 놓으면 $\bar{y}_L$은 다음과 같이 구하게 된다.

$$\bar{y}_L = \frac{2R}{\pi}$$

비판적 사고

파푸스-굴디누스 정리를 이용해서 결과를 얻을 수 있다면, 다른 접근법보다 시간과 계산 노력을 줄일 수 있다. 이 예제를 예제 7.10과 비교해보라. 예제 7.10에서는 적분을 통해 반원호의 도심을 구했다.

연습문제

7.86 실습 예제 7.14의 방법을 이용해서 잘려진 원뿔 표면의 곡면부 면적을 구하라.

7.87 파푸스-굴디누스 제2정리를 이용해서 잘려진 원뿔의 체적을 구하라.

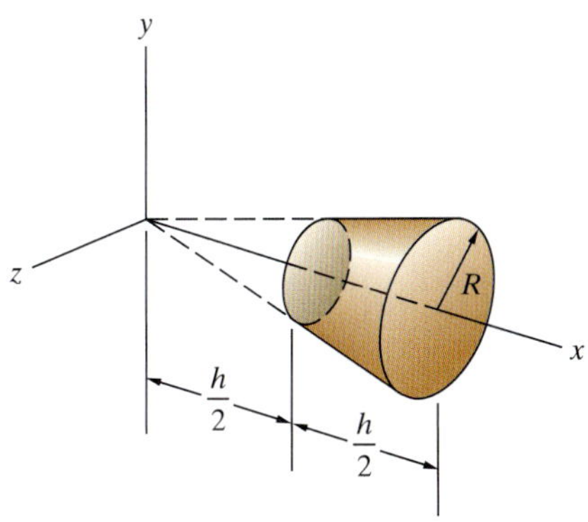

연습문제 7.86/7.87

7.88 음영으로 표시된 반원의 면적이 $\frac{1}{2}\pi R^2$이고 구의 체적은 $\frac{4}{3}\pi R^3$이다. 예제 7.15의 접근법을 파푸스-굴디누스 제2정리로 확장시켜 반원 면적의 도심 $\bar{y}_S$를 구하라.

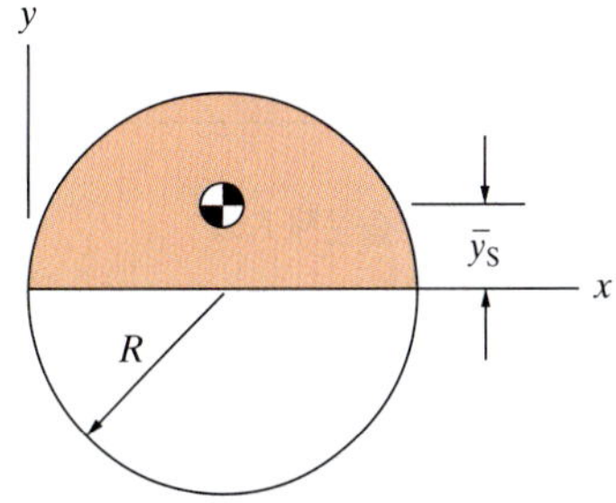

연습문제 7.88

7.89 파푸스-굴디누스 제2정리를 이용해서 y축에 대해 회전하는 곡선에 의한 체적을 구하라.

7.90 곡선의 길이 $L = 1.479$이고, 이 선을 x축에 대해 회전시켜 얻은 면적 $A = 3.810$이다. 파푸스-굴디누스 제1정리를 이용해서 곡선의 도심에 대한 y 좌표를 구하라.

7.91 파푸스-굴디누스 제1정리를 이용해서 y축에 대해 회전하는 곡선에 의한 표면적을 구하라.

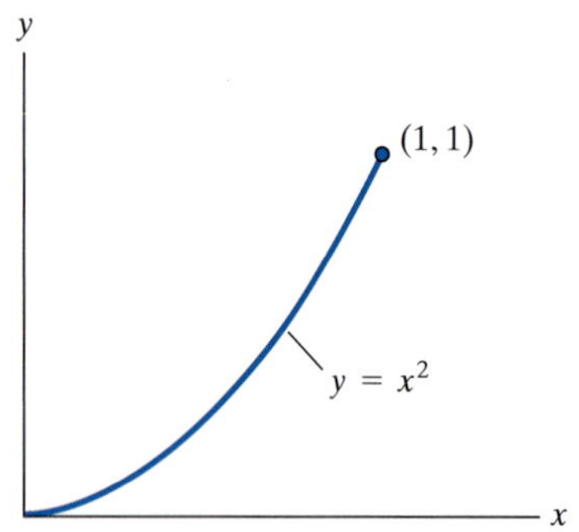

연습문제 7.89~7.91

7.92 로켓의 원추형 탄두부(nose cone)의 형상을 나타내는 식이 그림에 표시되어 있다. 파푸스-굴디누스 제2정리를 이용해서 원추형 탄두부의 체적을 구하라.

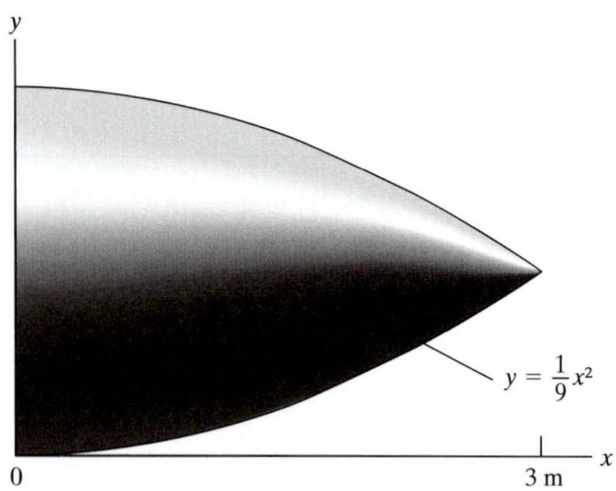

연습문제 7.92

7.93 다음 선의 도심에 대한 좌표가 $\bar{x} = 332$ mm, $\bar{y} = 118$ mm이다. 파푸스-굴디누스 제1정리를 이용해서 선의 x축 회전에 의해 얻는 회전 표면의 면적을 구하라.

7.94 다음 선과 x축 사이에 형성된 면적 도심의 좌표가 $\bar{x} = 355$ mm, $\bar{y} = 78.4$ mm이다. 파푸스-굴디누스 제2정리를 이용해서 x축 회전에 의해 얻는 면적의 체적을 구하라.

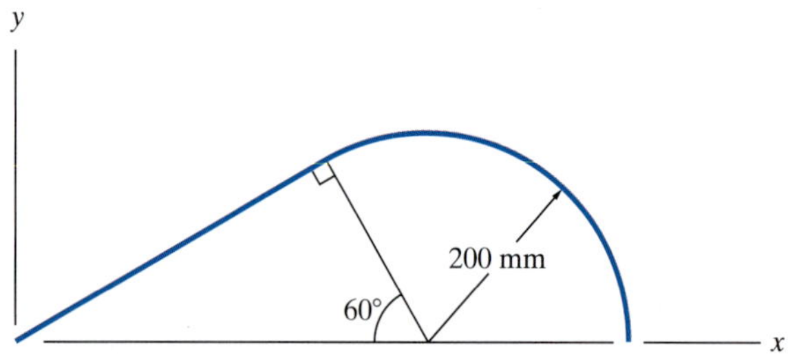

연습문제 7.93/7.94

7.95 회전체에 반경이 R인 구멍이 뚫려 있다. (a) 적분을 통해 체적을 구하라. (b) 파푸스-굴디누스 제2정리를 이용해서 체적을 구하라.

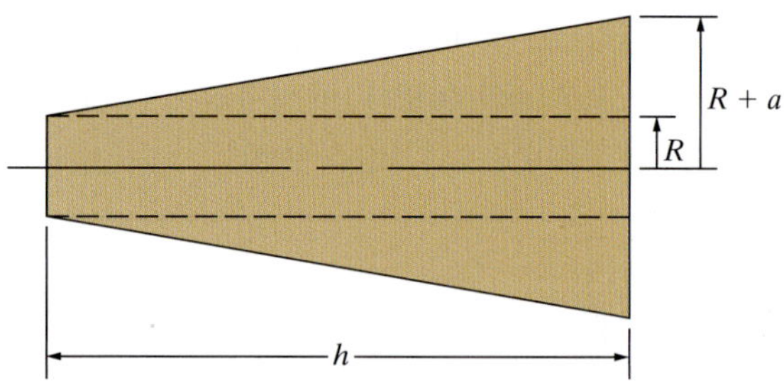

연습문제 7.95

7.96 회전체의 체적을 구하라.

7.97 회전체의 표면적을 구하라.

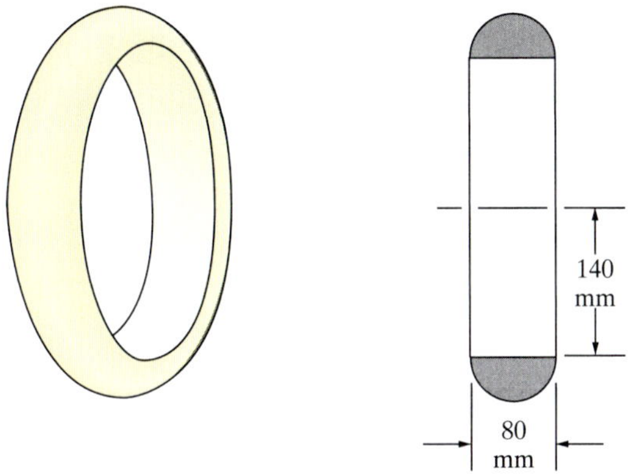

연습문제 7.96/7.97

7.98 회전체의 단면이 타원형이다. 체적을 구하라.

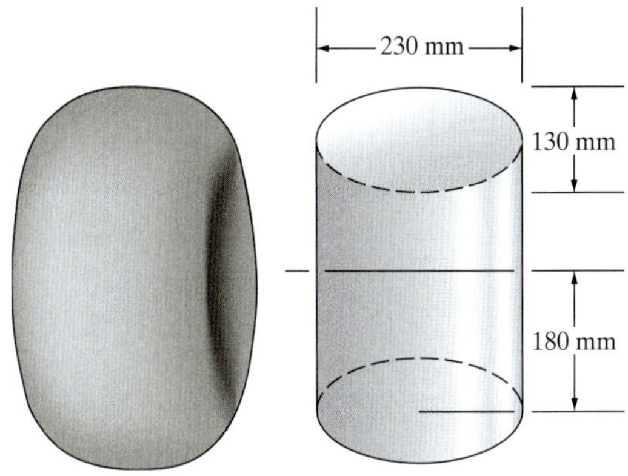

연습문제 7.98

7.7 물체의 질량 중심

생각해보기

- 물체의 체적에 분포되어 있는 무게는 어떻게 단일 힘과 등가의 관계가 될 수 있는가?
- 물체의 질량 중심은 어떻게 찾을 수 있는가?

배경

물체의 **질량 중심**(center of mass)은 그 물체의 질량에 대한 도심 혹은 평균 위치이다. 이 절에서는 질량 중심에 대해 분석적으로 정의하고 그것의 가장 중요한 성질 중의 하나에 대해 설명할 것이다. 즉 **물체의 무게는 그 물체의 질량 중심에 작용하는 단일 등가 힘으로 나타낼 수 있다.** 그리고 질량 중심을 구하는 방법에 대해 논의하고 체적, 면적, 선의 도심과 질량 중심이 일치하는 특수한 물체에 대해 보여줄 것이다.

물체의 질량 중심은 다음과 같이 정의된다.

$$\bar{x} = \frac{\int_m x\,dm}{\int_m dm} \qquad \bar{y} = \frac{\int_m y\,dm}{\int_m dm} \qquad \bar{z} = \frac{\int_m z\,dm}{\int_m dm} \tag{7.23}$$

여기에서 x, y, z는 미소 질량 요소 dm의 좌표이다(그림 7.14). 아래첨자 m은 물체의 전체 질량에 걸쳐 적분이 이루어져야 함을 의미한다.

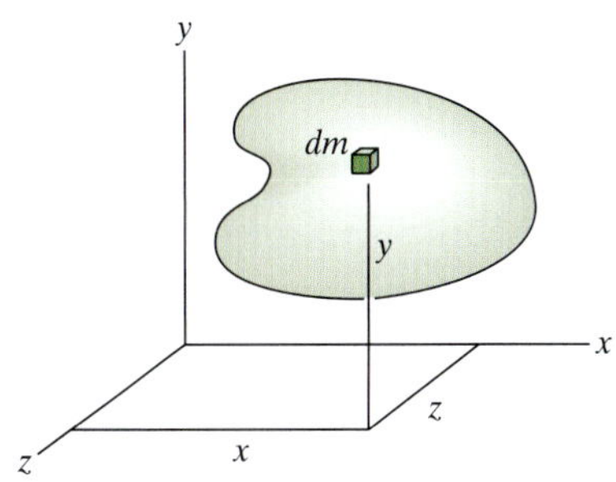

그림 7.14
어떤 물체와 질량 미소 요소 dm

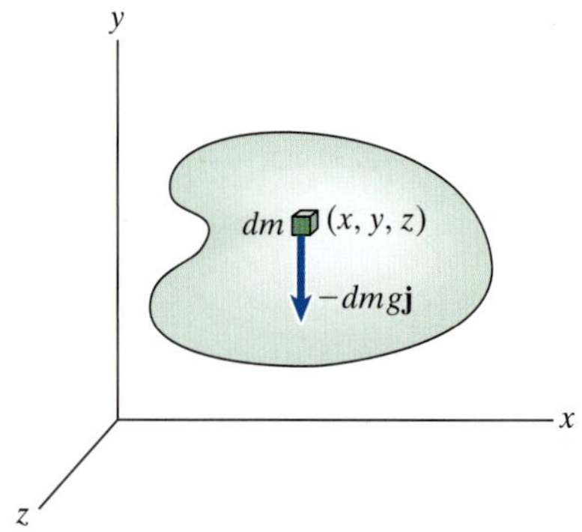

(a)

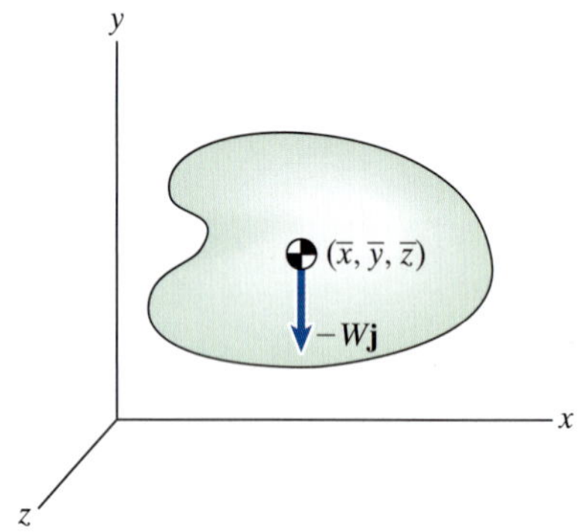

(b)

그림 7.15

(a) 요소 dm의 무게

(b) 질량 중심에서의 단일 힘으로 표현한 무게

물체의 질량 중심을 구하는 방법을 생각해보기 전에 물체의 무게는 그 질량 중심에 작용하는 단일 등가 힘에 의해 나타낼 수 있음을 보여줄 것이다. 물체의 질량 요소 dm을 생각해보자(그림 7.15a). 좌표계의 y축이 위 방향을 향한다면, dm의 무게는 $-dmg\mathbf{j}$이다. 이를 질량 m에 대해 적분하면 물체의 전체 무게는 다음과 같이 구할 수 있다.

$$\int_m -g\mathbf{j}\, dm = -mg\mathbf{j} = -W\mathbf{j}$$

원점에 대한 요소 dm의 무게에 의한 모멘트는 다음과 같다.

$$(x\mathbf{i} + y\mathbf{j} + z\mathbf{k}) \times (-dmg\mathbf{j}) = gz\mathbf{i}\, dm - gx\mathbf{k}\, dm$$

위 식을 m에 대해 적분하면, 원점에 대해 물체의 무게에 의한 총모멘트는 다음과 같다.

$$\int_m (gz\mathbf{i}\, dm - gx\mathbf{k}\, dm) = mg\bar{z}\mathbf{i} - mg\bar{x}\mathbf{k} = W\bar{z}\mathbf{i} - W\bar{x}\mathbf{k}$$

질량 중심에 작용하는 힘 $-W\mathbf{j}$로 물체의 무게를 표현한다면(그림 7.15b), 원점에 대한 이 힘의 모멘트는 무게에 의해 발생하는 총모멘트와 같아야 한다.

$$(\bar{x}\mathbf{i} + \bar{y}\mathbf{j} + \bar{z}\mathbf{k}) \times (-W\mathbf{j}) = W\bar{z}\mathbf{i} - W\bar{x}\mathbf{k}$$

위 결과는 물체의 무게에 의해 발생하는 총힘과 총모멘트만을 고려할 때 그 무게는 질량 중심에 작용하는 것으로 가정할 수 있음을 보여준다.

식 (7.23)을 특정 물체에 적용하기 위해 **밀도**를 이용해서 적분의 변수를 질량이 아닌 체적으로 바꾸어보자. 물체의 밀도 ρ는 체적의 미소 요소 dV에 대한 질량이 $dm = \rho\, dV$가 되도록 정의된다. 그러므로 ρ의 치수는 (질량)/(체적)이 된다. 예를 들어 SI 단위에서는 $\mathrm{kg/m^3}$이고, 미국 관습 단위에서는 $\mathrm{slug/ft^3}$이다. 물체의 전체 질량은 다음과 같다.

$$m = \int_m dm = \int_V \rho\, dV \qquad (7.24)$$

밀도가 그 체적에 걸쳐 균일한 물체는 **균질하다**고 할 수 있다. 이 경우 전체 질량은 밀도와 체적의 곱과 같다.

$$m = \rho \int_V dV = \rho V \quad \text{균질한 물체} \qquad (7.25)$$

비중(weight density)은 $\gamma = g\rho$로 정의된다. SI 단위로는 $\mathrm{N/m^3}$이고 미국 관습 단위로는 $\mathrm{lb/ft^3}$이다. 물체의 미소 체적 요소 dV의 무게는 $dW = \gamma\, dV$이고 균질한 물체의 전체 무게는 γV이다.

$dm = \rho\, dV$를 식 (7.23)에 대입하면, 체적 적분의 항으로 질량 중심에 대한 좌표를 표현할 수 있다.

$$\bar{x} = \frac{\int_V \rho x \, dV}{\int_V \rho \, dV} \qquad \bar{y} = \frac{\int_V \rho y \, dV}{\int_V \rho \, dV} \qquad \bar{z} = \frac{\int_V \rho z \, dV}{\int_V \rho \, dV} \qquad (7.26)$$

ρ가 물체 내 위치에 대한 함수로 주어져 있다면 물체의 질량 중심을 위 식으로부터 구할 수 있다. 더 나아가 위 식을 이용하면 특정 종류의 물체의 질량 중심은 체적, 면적, 선의 도심과 일치한다는 것을 밝힐 수도 있다.

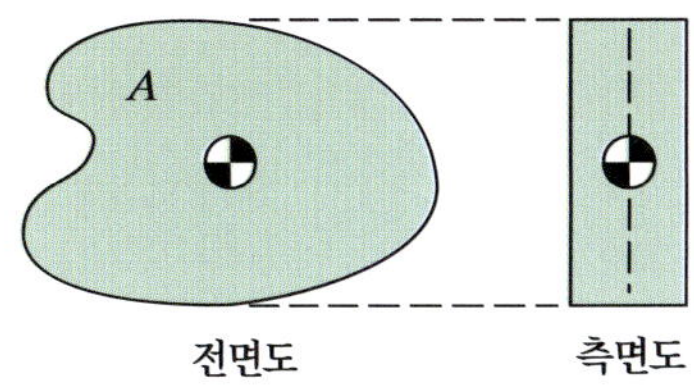

그림 7.16
균일한 두께의 판

- **균질한 물체의 질량 중심은 체적의 도심과 일치한다.** 물체가 균질하다면 ρ는 일정하며 식 (7.26)은 다음과 같이 체적의 도심에 대한 식으로 나타낸다.

$$\bar{x} = \frac{\int_V x \, dV}{\int_V dV} \qquad \bar{y} = \frac{\int_V y \, dV}{\int_V dV} \qquad \bar{z} = \frac{\int_V z \, dV}{\int_V dV}$$

- **균일한 두께의 균질한 판의 질량 중심은 판 단면적의 도심과 일치한다**(그림 7.16). 판의 질량 중심이 그 체적의 도심과 일치하면, 7.4절에서 본 바와 같이 균일한 두께인 판 체적의 도심은 그 판의 단면적과 일치한다.
- **균일한 단면적을 가진 균질하고 가느다란 막대의 질량 중심은 막대 축의 도심과 근사적으로 일치한다**(그림 7.17a). 막대의 축은 단면의 도심을 지나는 선으로 정의된다. $dm = \rho A \, dL$이라고 하자. A는 막대의 단면적이고 dL은 막대 축의 미소 길이 요소이다(그림 7.17b). 이 식을 식 (7.26)에 대입하면 막대 축의 도심에 대한 관계식은 다음과 같다.

$$\bar{x} = \frac{\int_L x \, dL}{\int_L dL} \qquad \bar{y} = \frac{\int_L y \, dL}{\int_L dL} \qquad \bar{z} = \frac{\int_L z \, dL}{\int_L dL}$$

요소 dm의 질량 중심은 막대가 구부러진 부분의 단면 도심과 일치하지는 않기 때문에 이 결과는 근삿값이다.

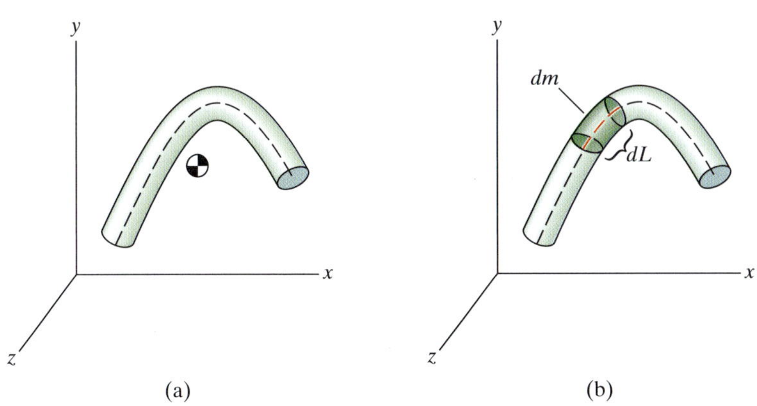

그림 7.17
(a) 가느다란 막대와 그 축의 도심
(b) 질량 요소 dm

결과 정리

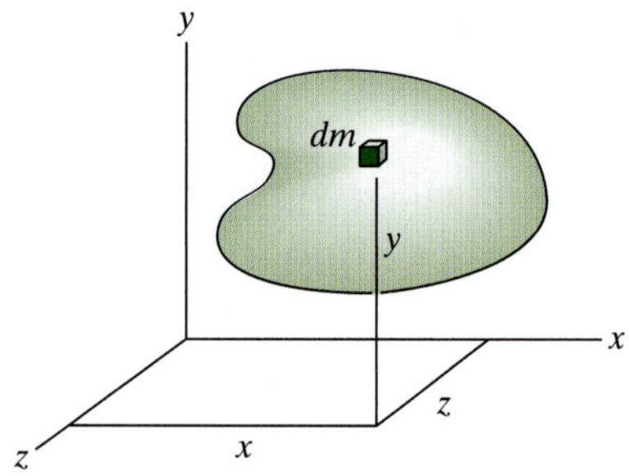

$$\bar{x} = \frac{\int_m x\, dm}{\int_m dm} = \frac{\int_V \rho x\, dV}{\int_V \rho\, dV}$$

$$\bar{y} = \frac{\int_m y\, dm}{\int_m dm} = \frac{\int_V \rho y\, dV}{\int_V \rho\, dV} \qquad (7.23),\ (7.26)$$

$$\bar{z} = \frac{\int_m z\, dm}{\int_m dm} = \frac{\int_V \rho z\, dV}{\int_V \rho\, dV}$$

어떤 물체의 질량 중심의 좌표이다. dm은 미소 질량 요소이고, ρ는 밀도이다.

어떤 물체의 밀도 ρ가 일정 혹은 균일하다면 그 물체는 균질하다. 균질한 물체의 질량 중심은 그 물체의 체적의 도심과 일치한다.

균일한 두께인 균질한 판의 질량 중심은 그 단면적의 도심과 일치한다.

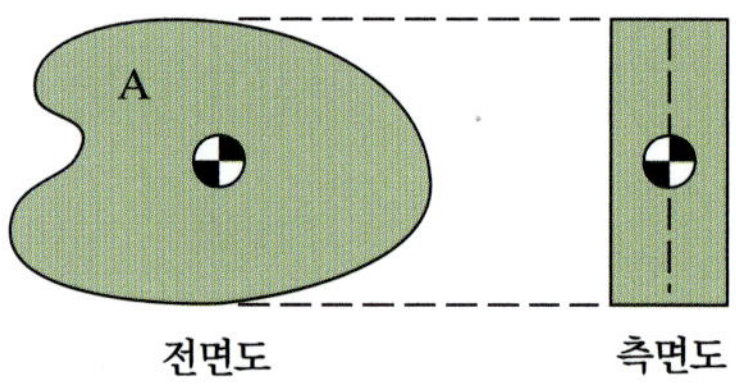

균일한 단면적을 가진 균질하고 가느다란 막대의 질량 중심은 막대 축의 도심과 근사적으로 일치한다.

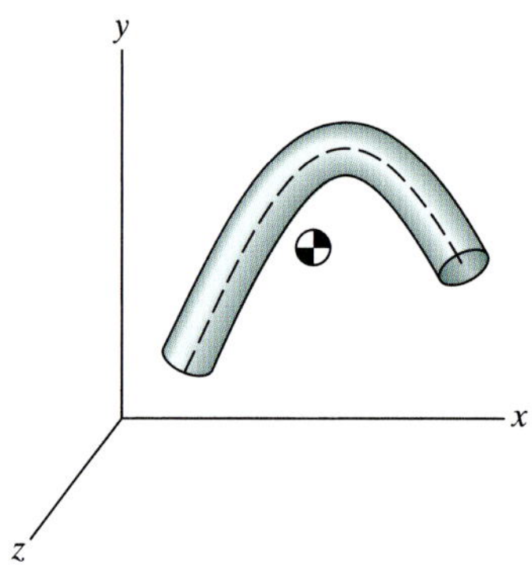

실습 예제 7.16 L자형 막대의 무게에 대한 표현

다음의 균질하고 가느다란 막대의 질량이 80 kg이다. A와 B에서의 반력은 얼마인가?

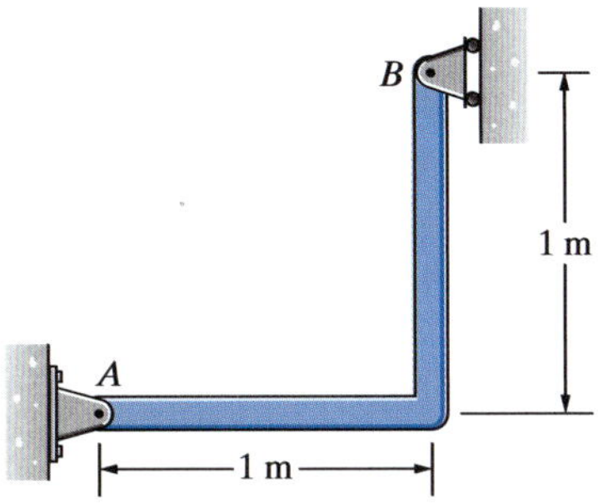

전략

두 가지 방식으로 반력을 구할 수 있다.

첫 번째 방법 막대의 각 직선 부분의 무게를 각 부분의 질량 중심에 작용하는 힘으로 표현한다.

두 번째 방법 전체 막대의 질량 중심이 막대 축의 도심에 위치하는 것으로 생각해서 이를 구한다. 전체 막대의 무게는 질량 중심에 작용하는 힘으로 표현한다.

풀이

첫 번째 방법

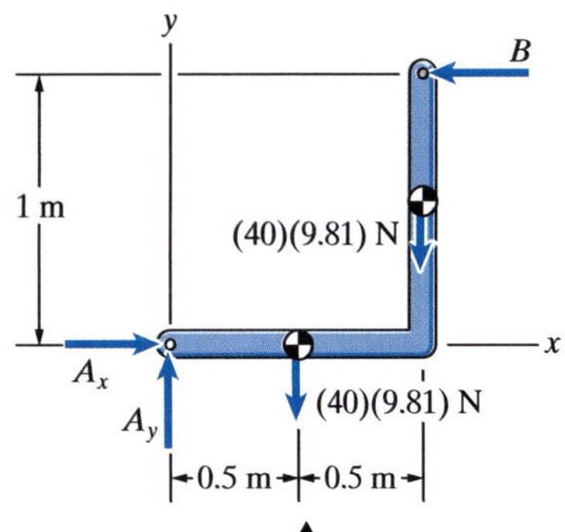

$\Sigma F_x = A_x - B = 0$

$\Sigma F_y = A_y - (40)(9.81)\text{ N} - (40)(9.81)\text{ N} = 0$

$\Sigma M_{점 A} = (1\text{ m})B - (1\text{ m})[(40)(9.81)\text{ N}] - (0.5\text{ m})[(40)(9.81)\text{ N}] = 0$

이를 풀면 $A_x = 589$ N, $A_y = 785$ N, $B = 589$ N이다.

막대의 직선 부분의 무게를 각 부분의 질량 중심에 작용하는 힘으로 표현하고, 평형방정식을 적용한다.

두 번째 방법

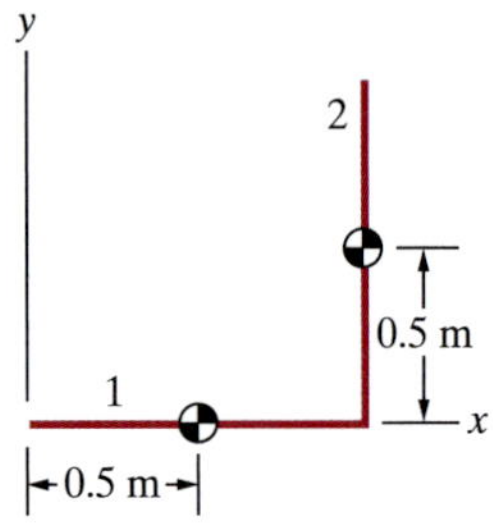

$$\bar{x} = \frac{\bar{x}_1 L_1 + \bar{x}_2 L_2}{L_1 + L_2} = \frac{(0.5)(1) + (1)(1)}{1 + 1} = 0.75 \text{ m}$$

$$\bar{y} = \frac{\bar{y}_1 L_1 + \bar{y}_2 L_2}{L_1 + L_2} = \frac{(0)(1) + (0.5)(1)}{1 + 1} = 0.25 \text{ m}$$

막대의 축을 부분 1과 부분 2에 대한 복합 선으로 처리하고, 복합 선의 도심에 대한 좌표를 계산한다.

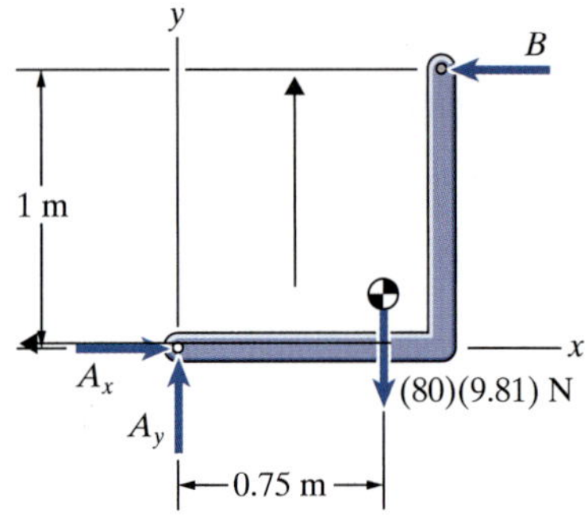

$\Sigma F_x = A_x - B = 0$

$\Sigma F_y = A_y - (80)(9.81) \text{ N} = 0$

$\Sigma M_{\text{점 }A} = (1 \text{ m})B - (0.75 \text{ m})\,[(80)(9.81) \text{ N}] = 0$

이를 다시 풀면 $A_x = 589$ N, $A_y = 785$ N, $B = 589$ N이다.

전체 막대의 무게를 질량 중심 위치에 놓고 평형방정식을 적용한다.

실습 문제 다음의 균질한 원형 막대의 질량이 80 kg이다. A와 B에서의 반력을 구하라.

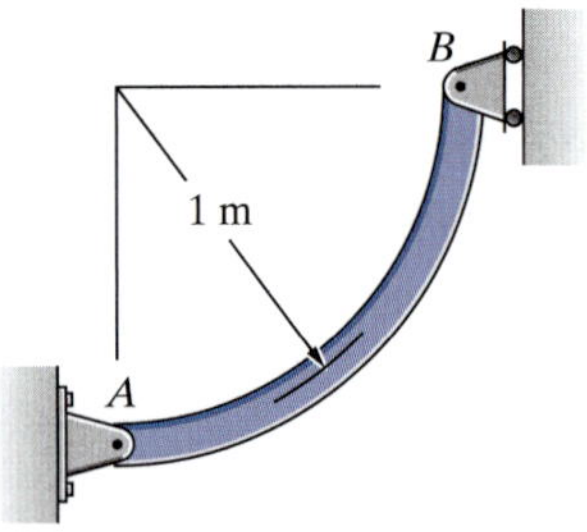

답: $A_x = 500$ N, $A_y = 785$ N, $B = 500$ N

예제 7.17 균일하지 않은 밀도의 원통

다음 경우에 대해 원통의 질량을 계산하고 질량 중심의 위치를 구하라. (a) 밀도 ρ_0가 균질한 경우, (b) 밀도가 식 $\rho = \rho_0(1 + x/L)$로 주어진 경우

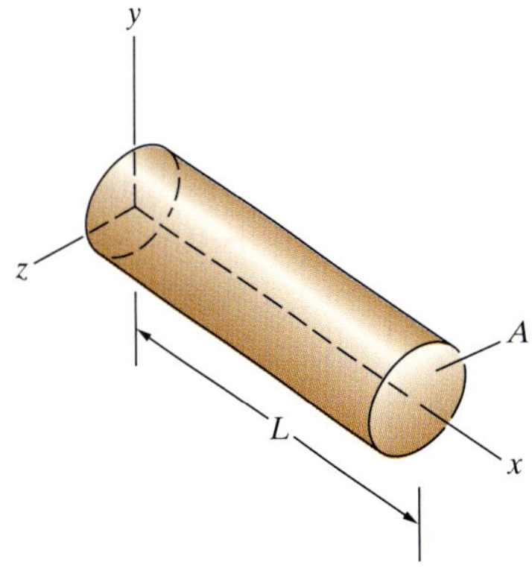

전략

(a)에서 원통의 질량은 단순히 밀도와 체적의 곱이며, 질량 중심은 체적의 도심에 위치한다. (b)에서는 원통이 균질하지 않으므로 식 (7.24) 및 식 (7.26)을 사용해서 질량 및 질량 중심을 구해야 한다.

풀이

(a) 원통의 체적은 LA이므로 질량은 $\rho_0 LA$가 된다. 질량 중심이 원통의 체적의 도심과 일치하기 때문에 질량 중심의 좌표는 $\bar{x} = \frac{1}{2}L$, $\bar{y} = 0$, $\bar{z} = 0$이다.

(b) 두께 dx인 원판 형태의 체적 요소 dV를 사용해서 원통의 질량을 구할 수 있다(그림 a). 미소 체적은 $dV = Adx$이다. 원통의 질량은 다음과 같다.

$$m = \int_v \rho\, dV = \int_0^L \rho_0 \left(1 + \frac{x}{L}\right) A\, dx = \frac{3}{2}\rho_0 AL$$

질량 중심의 x 좌표는 다음과 같다.

$$\bar{x} = \frac{\int_v x\rho\, dV}{\int_v \rho\, dV} = \frac{\int_0^L \rho_0 \left(x + \frac{x^2}{L}\right) A\, dx}{\frac{3}{2}\rho_0 AL} = \frac{5}{9}L$$

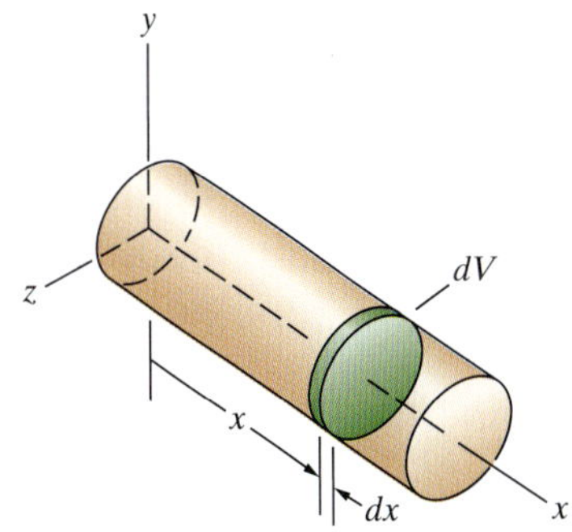

(a) 원판 형태의 체적 요소 dV

밀도는 y 혹은 z에 의존하지 않기 때문에 대칭 조건에 의해 $\bar{y} = 0$, $\bar{z} = 0$이다.

비판적 사고

균일하지 않은 원통의 질량 중심은 체적의 도심에 위치하지 않는다는 점에 유의하라. 밀도가 왼쪽에서 오른쪽으로 증가하므로 질량 중심은 원통의 중간점의 오른쪽에 위치한다. 공학 문제에서 다루는 많은 물체는 균질하지 않지만, 이 예제처럼 물체의 밀도가 체적에 대해 연속적으로 변화하는 경우도 일반적이지 않다. 더 흔하게는 각 부분이 다른 재료로 구성되어 있어서 각각이 다른 밀도를 가진 부분들의 조립체로 물체가 구성(복합체)된다. 종종 각 부분은 근사적으로 균질하다. 다음 절에서는 이러한 복합체의 질량 중심을 구하는 것에 대해 논의할 것이다.

연습문제

7.99 실습 예제 7.16의 막대를 100 kg의 균질한 막대로 대체하자. (a) 막대의 질량 중심의 x 좌표는 어디인가? (b) A, B에서의 반력을 구하라.

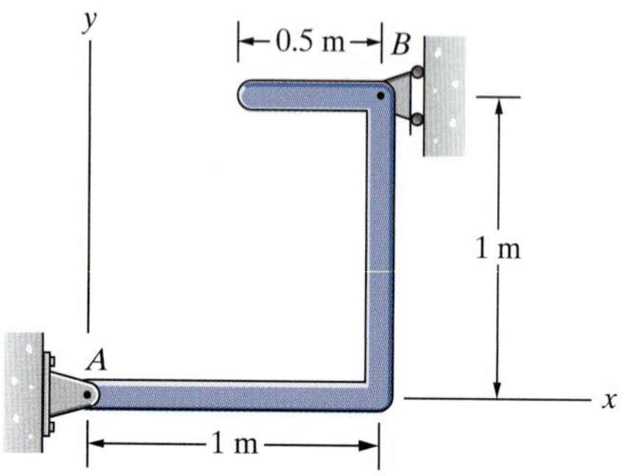

연습문제 7.99

7.100 균질하고 평평한 판의 질량이 50 kg이다. 지지대 A, B에서의 반력을 구하라.

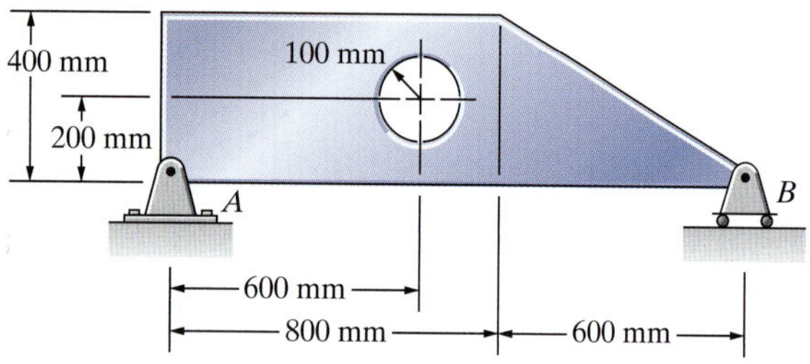

연습문제 7.100

7.101 다음 표지판은 질량 130 kg의 균질하고 평평한 판이다. 부재 AD, CE에 걸리는 축력을 구하라(y축은 아래쪽이 양의 방향임에 유의하라).

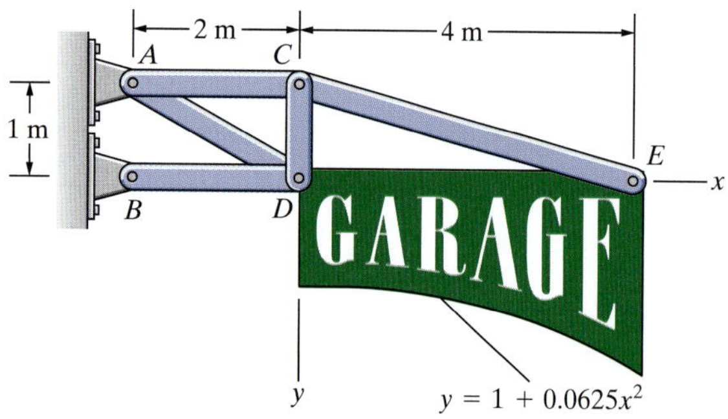

연습문제 7.101

7.102 막대의 질량이 80 kg이다. A, B에서의 반력을 구하라.

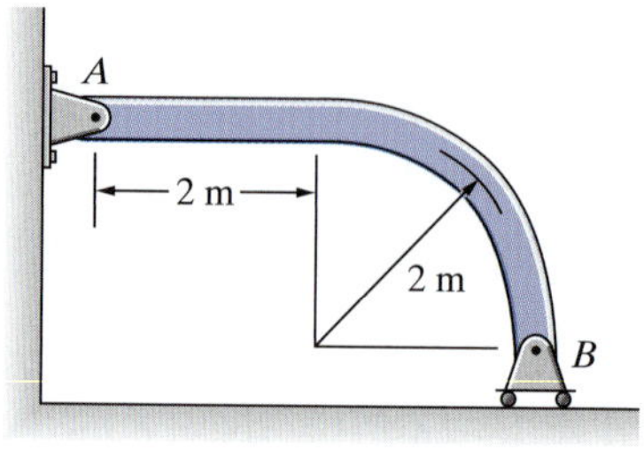

연습문제 7.102

7.103 막대의 단위 길이당 질량이 2 kg/m이다. 매달려 있는 부재 BC가 수평이 되도록 b를 구하라. b의 길이는 얼마인가? A에서 막대에 작용하는 반력은 얼마인가?

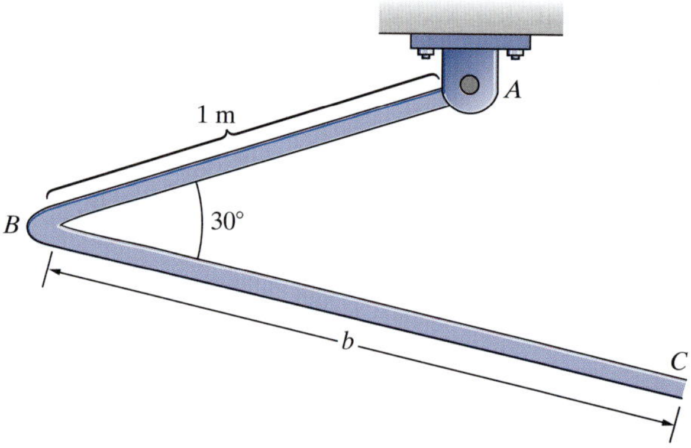

연습문제 7.103

7.104 균질하고 가느다란 막대의 반원형 부분이 x–z 평면상에 놓여 있다. 막대의 질량 중심을 구하라.

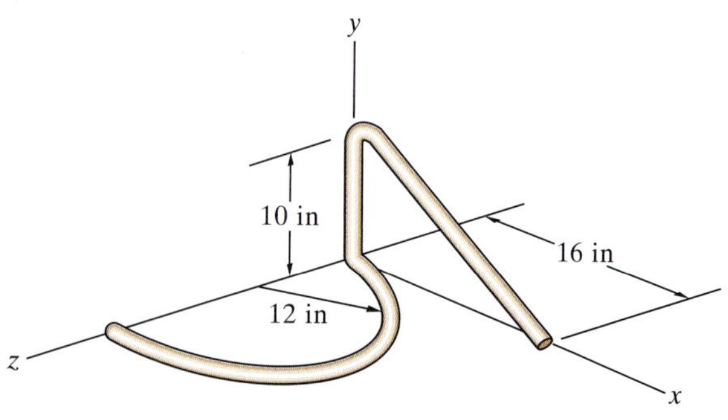

연습문제 7.104

7.105 원뿔의 밀도가 식 $\rho = \rho_0(1 + x/h)$로 주어지고, ρ_0은 일정하다. 예제 7.17에서 사용했던 절차를 이용해서 원뿔의 질량이 $m = (7/4)\rho_0 V$가 됨을 밝혀라. V는 원뿔의 체적이고, 원뿔의 질량 중심의 x 좌표는 $\bar{x} = (27/35)h$이다.

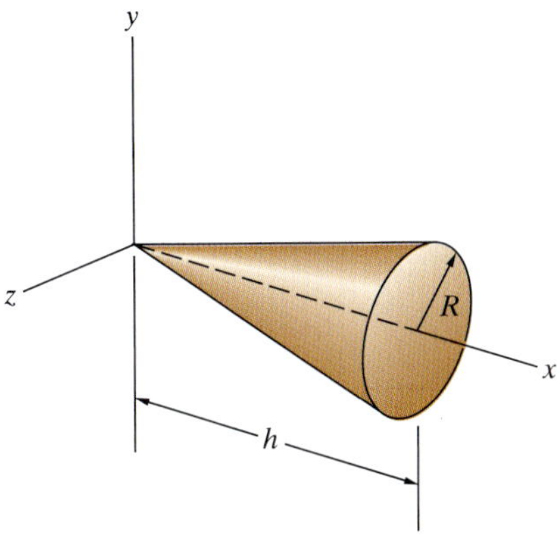

연습문제 7.105

7.106 길이가 800 mm이고 반경이 200 mm인 수평 방향 원뿔이 A에 고정 지지대로 지지되어 있다. 밀도 $\rho = 6000(1 + 0.4x^2)$ kg/m^{3}이고, x의 단위는 미터이다. A에서의 반력은 얼마인가?

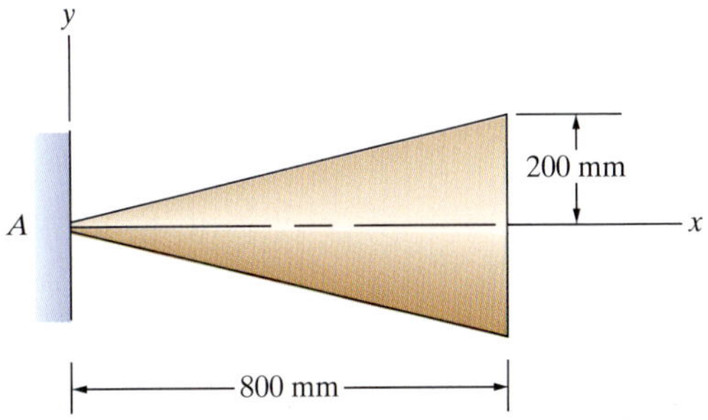

연습문제 7.106

7.8 복합체의 질량 중심

생각해보기

- 많은 제조된 물체가 균질한 부분들의 조합으로 구성된다. 이들의 질량 중심을 구하는 데 어떻게 이러한 사실을 이용할 수 있는가?
- 어떤 경우에 물체의 질량 중심이 물체의 체적의 도심과 일치하는가?

배경

어떤 물체의 각 부분에 대한 질량 중심이 주어져 있다면, 이 부분의 조합으로 구성된 물체에 대한 질량 중심을 구할 수 있다. 부분의 질량이 m_1, m_2, $\cdots$로 구성된 복합체의 질량 중심에 대한 좌표는 다음과 같다.

$$\bar{x} = \frac{\sum_i \bar{x}_i m_i}{\sum_i m_i} \quad \bar{y} = \frac{\sum_i \bar{y}_i m_i}{\sum_i m_i} \quad \bar{z} = \frac{\sum_i \bar{z}_i m_i}{\sum_i m_i} \tag{7.27}$$

여기에서 $\bar{x}$, $\bar{y}$, $\bar{z}$는 각 부분의 질량 중심의 좌표이다. 각 부분의 무게는 질량과 $W_i = gm_i$의 관계가 있으므로, 식 (7.27)은 또한 다음과 같이 표현될 수 있다.

$$\bar{x} = \frac{\sum_i \bar{x}_i W_i}{\sum_i W_i} \quad \bar{y} = \frac{\sum_i \bar{y}_i W_i}{\sum_i W_i} \quad \bar{z} = \frac{\sum_i \bar{z}_i W_i}{\sum_i W_i} \tag{7.28}$$

복합체의 각 부분의 질량 또는 무게 그리고 질량 중심이 주어져 있을 때, 위의 식을 통해 복합체의 질량 중심을 구할 수 있다.

복합체의 질량 중심을 구하기 위해 다음 세 단계를 따른다.

1. 부분의 선택: 물체를 질량 중심을 알고 있거나 구하기 쉬운 형태의 부분으로 나눈다.
2. 각 부분의 값 결정: 각 부분의 질량 중심을 구하고 질량 또는 무게를 구한다. 각 부분의 대칭성에 유의하면 이 계산 과정이 단순해질 수 있다.
3. 질량 중심 계산: 식 (7.27) 및 식 (7.28)을 이용해서 복합체의 질량 중심을 구한다.

실습 예제 7.18 복합체의 질량 중심

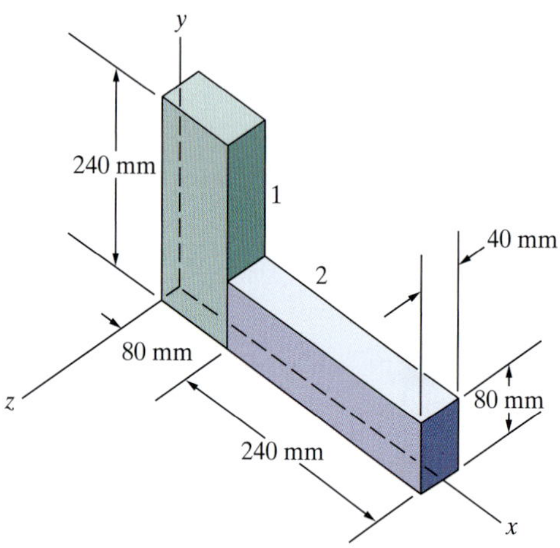

L자형 기계 부품이 두 개의 균질한 막대로 구성되어 있다. 막대 1은 밀도 14,000 kg/m³인 텅스텐 합금이고 막대 2는 밀도 7800 kg/m³인 강철이다. 기계 부품의 질량 중심에 대한 x 좌표를 구하라.

전략

각 균질한 막대의 질량을 구하고 질량 중심의 x 좌표를 구해서 식 (7.27)에 적용한다.

풀이

막대 1의 질량 →

막대 1의 체적은 다음과 같다.

$$V_1 = (80\text{ mm})(240\text{ mm})(40\text{ mm}) = 7.68 \times 10^5\text{ mm}^3 = 7.68 \times 10^{-4}\text{ m}^3$$

따라서 질량은 다음과 같다.

$$m_1 = \rho_1 V_1 = (14{,}000\text{ kg/m}^3)(7.68 \times 10^{-4}\text{ m}^3) = 10.8\text{ kg}$$

막대 1의 질량 중심 →

질량 중심은 막대의 체적의 도심과 일치한다. 그러므로

$$\bar{x}_1 = \frac{1}{2}(80\text{ mm}) = 40\text{ mm}$$

막대 2의 질량 →

막대 2는 막대 1과 같은 체적을 가지기 때문에 막대 2의 질량은 다음과 같다.

$$m_2 = \rho_2 V_2 = (7800\text{ kg/m}^3)(7.68 \times 10^{-4}\text{ m}^3) = 5.99\text{ kg}$$

막대의 체적의 도심에 대한 x 좌표는 다음과 같다.

$$\bar{x}_2 = 80 \text{ mm} + \frac{1}{2}(240 \text{ mm}) = 200 \text{ mm}$$

← 막대 2의 질량 중심

$$\bar{x} = \frac{\bar{x}_1 m_1 + \bar{x}_2 m_2}{m_1 + m_2} = \frac{(40 \text{ mm})(10.8 \text{ kg}) + (200 \text{ mm})(5.99 \text{ kg})}{10.8 \text{ kg} + 5.99 \text{ kg}} = 97.2 \text{ mm}$$

← 식 (7.27)의 적용

실습 문제 L자형 기계 부품의 질량 중심의 y 좌표를 구하라.

답: $\bar{y} = 91.4$ mm

예제 7.19 복합체의 질량 중심

다음 복합체가 원통에 용접된 막대로 구성되어 있다. 균질한 막대는 알루미늄(비중 168 lb/ft³)이고, 균질한 원통은 청동(비중 530 lb/ft³)이다. 물체의 질량 중심을 구하라.

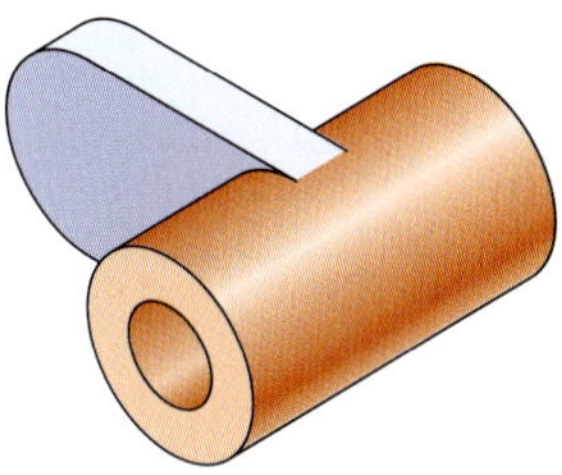

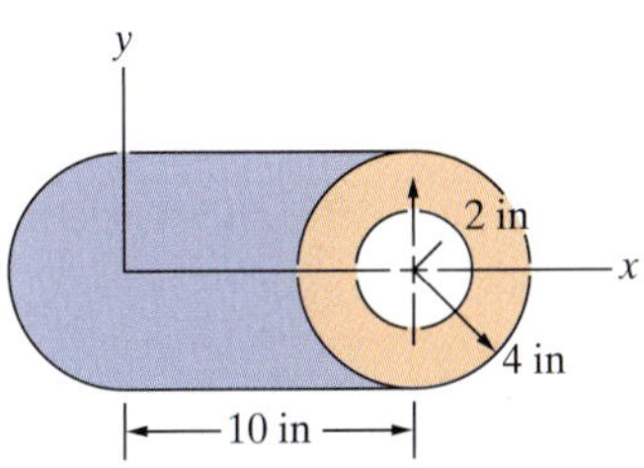

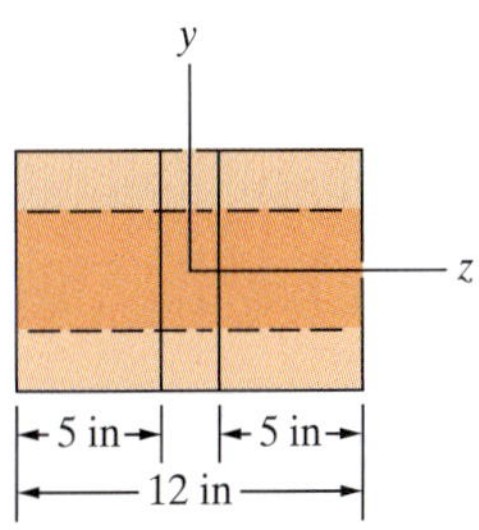

전략

체적과 비중을 곱해서 각 균질한 부분의 무게를 구할 수 있다. 또한 각 부분의 질량 중심은 각 부분의 체적의 도심과 일치한다. 원통의 도심은 그 중심에 위치하지만, 막대의 도심은 복합 체적으로 처리해야 구할 수 있다.

풀이

원통의 체적은 다음과 같다.

$$V_{\text{원통}} = (12 \text{ in})[\pi(4 \text{ in})^2 - \pi(2 \text{ in})^2] = 452 \text{ in}^3 = 0.262 \text{ ft}^3$$

따라서 무게는 다음과 같다.

$$W_{\text{원통}} = (0.262 \text{ ft}^3)(530 \text{ lb/ft}^3) = 138.8 \text{ lb}$$

무게 중심의 x 좌표는 $\bar{x}_{\text{원통}} = 10$ in이다. 막대의 체적은 다음과 같다.

$$V_{\text{막대}} = (10 \text{ in})(8 \text{ in})(2 \text{ in}) + \tfrac{1}{2}\pi(4 \text{ in})^2(2 \text{ in}) - \tfrac{1}{2}\pi(4 \text{ in})^2(2 \text{ in}) = 160 \text{ in}^3 = 0.0926 \text{ ft}^3$$

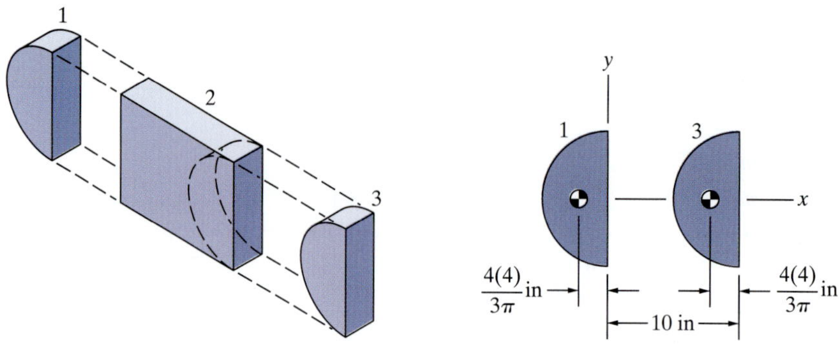

(a) 막대를 세 부분으로 분할

(b) 두 개의 반원 부분의 도심

그러면 무게는 다음과 같다.

$$W_{막대} = (0.0926\ \text{ft}^3)(168\ \text{lb/ft}^3) = 15.6\ \text{lb}$$

막대를 세 부분의 복합 체적으로 처리해서 막대의 체적에 대한 도심을 구할 수 있다(그림 a). 부분 3은 반원 형상의 제거된 영역이다. 부분 1의 도심과 반원형의 제거된 영역 3에 대한 도심은 각각의 반원 단면에 대한 도심에 위치한다(그림 b). 아래 표에 정리된 정보를 이용하면 다음 결과를 얻을 수 있다.

$$\begin{aligned}\bar{x}_{막대} &= \frac{\bar{x}_1V_1 + \bar{x}_2V_2 + \bar{x}_3V_3}{V_1 + V_2 + V_3}\\ &= \frac{-\frac{4(4)}{3\pi}[\frac{1}{2}\pi(4)^2(2)] + 5[(10)(8)(2)] - \left[10 - \frac{4(4)}{3\pi}\right][\frac{1}{2}\pi(4)^2(2)]}{\frac{1}{2}\pi(4)^2(2) + (10)(8)(2) - \frac{1}{2}\pi(4)^2(2)}\\ &= 1.86\ \text{in}\end{aligned}$$

막대의 도심에 대한 x 좌표를 구하기 위한 정보

	$\bar{x}_i$ (in)	V_i (in^3)	$\bar{x}_iV_i$ (in^4)
부분 1	$-\frac{4(4)}{3\pi}$	$\frac{1}{2}\pi(4)^2(2)$	$-\frac{4(4)}{3\pi}[\frac{1}{2}\pi(4)^2(2)]$
부분 2	5	(10)(8)(2)	5[(10)(8)(2)]
부분 3	$10 - \frac{4(4)}{3\pi}$	$-\frac{1}{2}\pi(4)^2(2)$	$-\left[10 - \frac{4(4)}{3\pi}\right][\frac{1}{2}\pi(4)^2(2)]$

그러므로 복합체의 질량 중심의 x 좌표는 다음과 같다.

$$\begin{aligned}\bar{x} &= \frac{\bar{x}_{막대}W_{막대} + \bar{x}_{원통}W_{원통}}{W_{막대} + W_{원통}}\\ &= \frac{(1.86\ \text{in})(15.6\ \text{lb}) + (10\ \text{in})(138.8\ \text{lb})}{15.6\ \text{lb} + 138.8\ \text{lb}}\\ &= 9.18\ \text{in}\end{aligned}$$

막대의 대칭성으로 인해 질량 중심의 y, z 좌표는 $\bar{y} = 0$, $\bar{z} = 0$이다.

비판적 사고

이 예제의 복합체는 균질하지 않다. 이는 곧 복합체의 질량 중심이 체적의 도심과 일치한다고 가정할 수 없음을 의미한다. 그러나 막대 및 원통은 균질한 재료이므로 이들의 질량 중심은 체적의 도심을 찾아서 구할 수 있다. 이 예제에서 가장 어려운 부분은 반원형의 끝단부와 반원형의 제거된 영역으로 구성된 막대의 체적에 대한 도심을 구하는 데 있다.

예제 7.20 자동차의 질량 중심

자동차가 각각의 타이어가 가하는 수직력을 측정하는 플랫폼 위에 놓여 있다. 수평으로 위치한 플랫폼과 $\alpha = 15°$로 기울어진 플랫폼에서 측정된 결과가 다음 표에 나타나 있다. 자동차의 질량 중심의 위치를 구하라.

타이어에 의해 가해지는 수직력의 측정 결과

축 간 거리 = 2.82 m 바퀴 간 거리 = 1.55 m	측정된 하중(N)	
	$\alpha = 1$	$\alpha = 15°$
좌측 앞바퀴(N_{LF})	5104	4463
우측 앞바퀴(N_{RF})	5027	4396
좌측 뒷바퀴(N_{LR})	3613	3956
우측 뒷바퀴(N_{RR})	3559	3898

전략

주어진 측정 결과는 플랫폼에 의해 자동차 타이어에 가해진 수직 반력의 값을 말해준다. 두 위치에서의 자동차의 자유물체도를 각각 그리고 평형방정식을 적용하면, 자동차의 질량 중심의 좌표 위치를 구할 수 있는 식들을 얻을 수 있다.

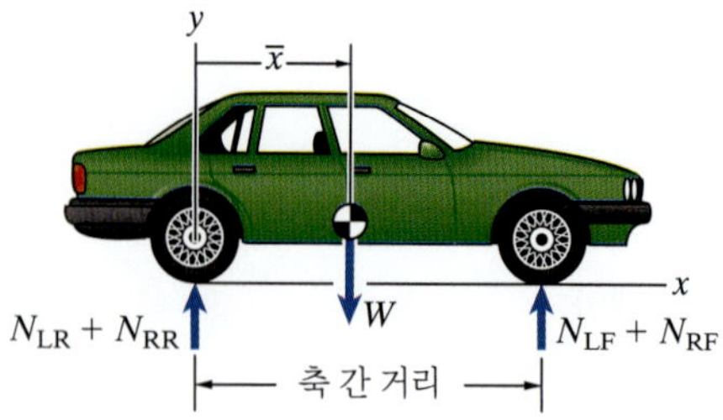

(a) 평면 플랫폼에서의 자유물체도의 측면도

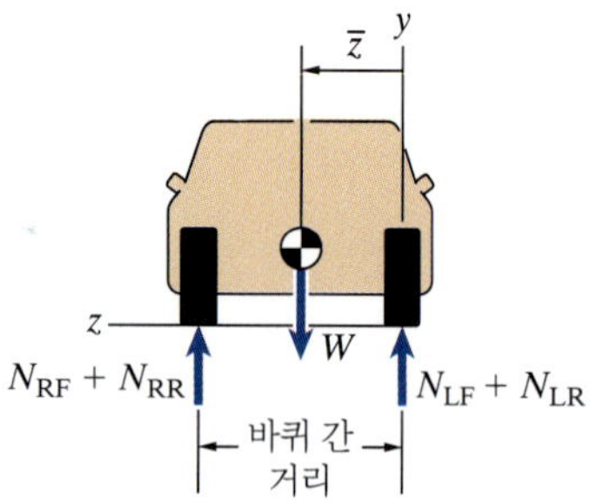

(b) 수평 플랫폼에서의 자유물체도의 전면도

풀이

플랫폼이 그림 a, b와 같이 수평 위치에 있을 때 자동차에 대한 자유물체도를 그린다. 자동차의 무게는 다음과 같이 주어진다.

$$\begin{aligned} W &= N_{LF} + N_{RF} + N_{LR} + N_{RR} \\ &= 5104 + 5027 + 3613 + 3559 \\ &= 17{,}303 \text{ N} \end{aligned}$$

그림 a로부터 평형방정식을 구하면 다음과 같다.

$$\Sigma M_{z축} = (\text{축 간 거리})(N_{LF} + N_{RF}) - \bar{x}W = 0$$

여기에서 $\bar{x}$는 다음을 통해 구할 수 있다.

$$\begin{aligned} \bar{x} &= \frac{(\text{축 간 거리})(N_{LF} + N_{RF})}{W} \\ &= \frac{(2.82 \text{ m})(5104 \text{ N} + 5027 \text{ N})}{17{,}303 \text{ N}} \\ &= 1.651 \text{ m} \end{aligned}$$

그림 b로부터

$$\Sigma M_{x축} = \bar{z}W - (\text{바퀴 간 거리})(N_{RF} + N_{RR}) = 0$$

여기에서 $\bar{z}$는 다음을 통해 구할 수 있다.

$$\begin{aligned} \bar{z} &= \frac{(\text{바퀴 간 거리})(N_{RF} + N_{RR})}{W} \\ &= \frac{(1.55 \text{ m})(5027 \text{ N} + 3559 \text{ N})}{17{,}303 \text{ N}} \\ &= 0.769 \text{ m} \end{aligned}$$

이제 $\bar{x}$를 구했으니 플랫폼이 기울어져 있는 조건에서의 자동차에 대한 자유물체도로부터 $\bar{y}$를 구할 수 있다(그림 c). 평형방정식으로부터

$$\begin{aligned} \Sigma M_{z축} &= (\text{축 간 거리})(N_{LF} + N_{RF}) + \bar{y}W\sin 15° - \bar{x}W\cos 15° \\ &= 0 \end{aligned}$$

따라서 다음 결과를 얻는다.

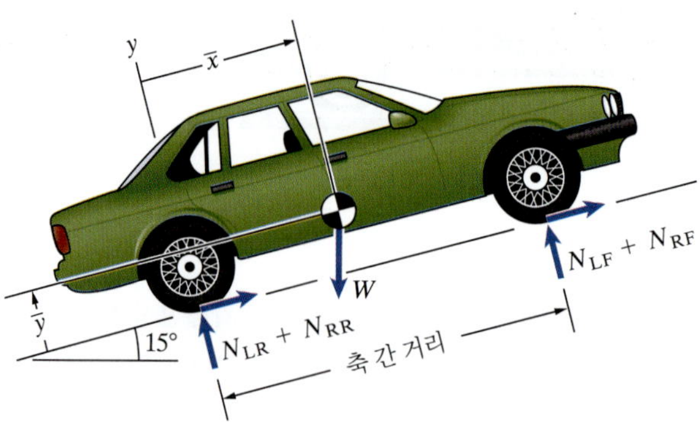

(c) 기울어진 플랫폼에서의 자유물체도의 측면도

$$\bar{y} = \frac{\bar{x}W\cos15^\circ - (\text{축 간 거리})(N_{LF} + N_{RF})}{W\sin15^\circ}$$
$$= \frac{(1.651\text{ m})(17{,}303\text{ N})\cos15^\circ - (2.82\text{ m})(4463\text{ N} + 4396\text{ N})}{(17{,}303\text{ N})\sin15^\circ}$$
$$= 0.584\text{ m}$$

자동차가 기울어진 경우의 측정 결과 없이는 $\bar{y}$를 구할 수 없음에 유의하라.

연습문제

7.107 실습 예제 7.18에서 막대 1을 밀도 2600 kg/m³인 알루미늄 합금으로 구성된 동일 형상의 막대로 대체하자. 해당 기계 부품의 질량 중심에 대한 x 좌표를 구하라.

7.108 원통 관이 밀도 2700 kg/m³인 알루미늄으로, 원통 마개가 밀도 7800 kg/m³인 강철로 만들어져 있다. 복합체의 질량 중심의 좌표를 구하라.

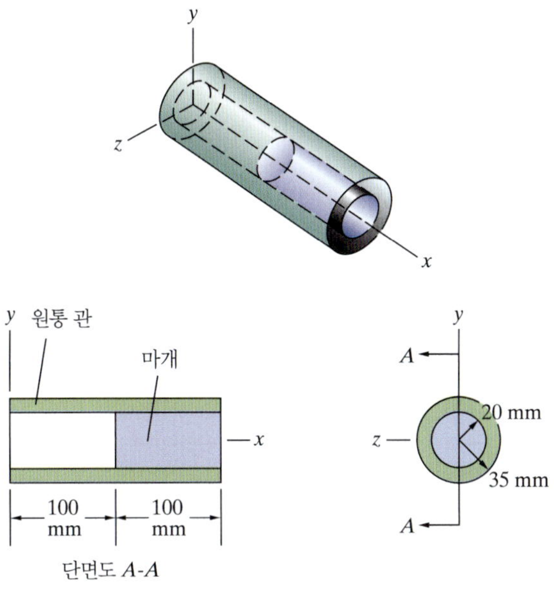

연습문제 7.108

7.109 예제 7.19의 물체를 재설계해서 속이 빈 원통의 구멍 반경을 2 in에서 3 in로 늘렸다. 이 물체의 질량 중심에 대한 x 좌표를 구하라.

7.110 세 부분으로 구성된 기계를 생각해보자. 이 중 두 부품의 질량 및 질량 중심의 위치를 다음 표에 나타냈다.

부품	질량(kg)	$\bar{x}$(mm)	$\bar{y}$(mm)	$\bar{z}$(mm)
1	2.0	100	50	−20
2	4.5	150	70	0

부품 3의 질량은 2.5 kg이다. 설계 엔지니어가 부품 3을 움직여서 기계의 질량 중심 위치가 $\bar{x}$ = 120 mm, $\bar{y}$ = 80 mm, $\bar{z}$ = 0이 되도록 조정하려 한다. 부품 3의 질량 중심이 되어야 하는 위치를 구하라.

7.111 다음은 기계 요소의 두 가지 도면이다. 부품 1은 밀도 2800 kg/m³인 알루미늄 합금이고, 부품 2는 밀도 7800 kg/m³인 강철이다. 질량 중심의 좌표를 구하라.

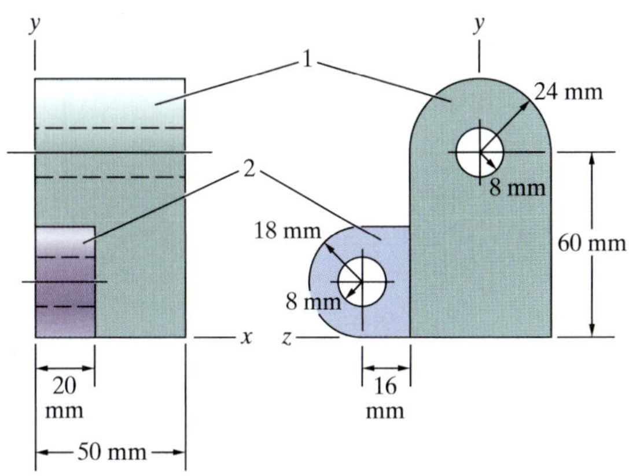

연습문제 7.111

7.112 하중 $F_1 = F_2 = 25$ kN이고, 트러스 구조의 질량이 900 kg이다. 트러스 부재들은 균일한 단면 형상의 균질한 재료의 막대이다. (a) 트러스의 질량 중심의 x 좌표는 어디인가? (b) 점 A, G에서의 반력을 구하라.

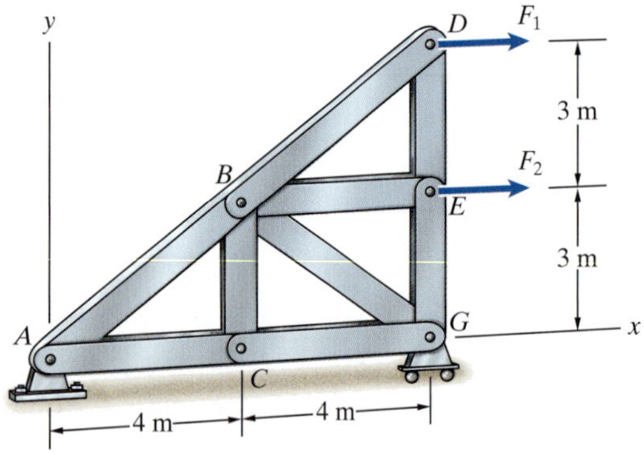

연습문제 7.112

7.113 엔진 탈거 상태의 자동차의 질량이 1100 kg이고 질량 중심 위치는 점 C이다. 엔진의 질량은 220 kg이다. (a) 자동차의 질량 중심이 앞바퀴 A와 뒷바퀴 B 사이의 중간점에 위치하게 하는 엔진의 질량 중심점 E의 위치를 구하려 한다. 거리 b를 구하라. (b) 자동차가 경사면의 위쪽을 바라보면서 15°의 경사면에 주차해 있을 때, 도로가 뒷바퀴 B에 가하는 총수직력은 얼마인가?

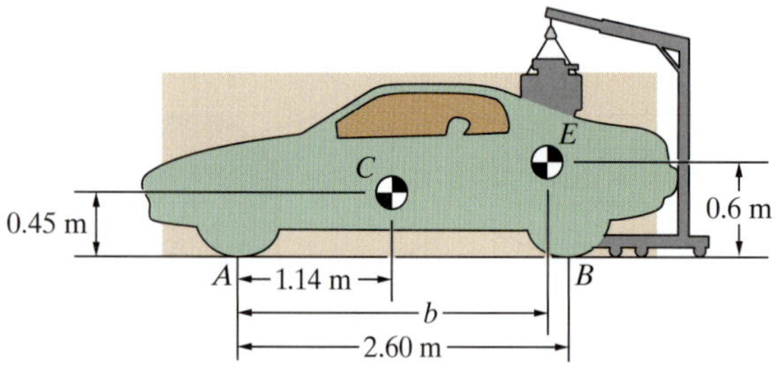

연습문제 7.113

7.114 비행기가 저울 위에 랜딩 기어가 위치하도록 주기되어 있다. A, B, C 위치에서 측정된 무게는 각각 30 kN, 140 kN, 146 kN이고, 화물을 비행기에 실은 후 A, B, C 위치에서 측정된 무게는 각각 31 kN, 142 kN, 147 kN이다. 화물의 질량 및 질량 중심에 대한 x, y 좌표를 구하라.

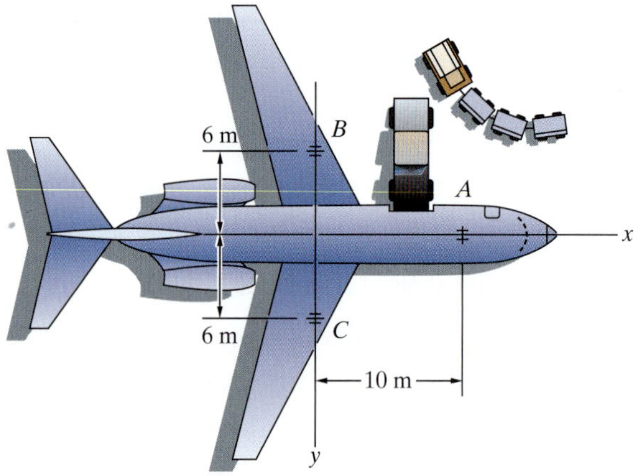

연습문제 7.114

7.115 질량 90 kg인 여행 가방을 예제 7.20의 자동차 트렁크에 실었다. 여행 가방의 질량 중심 위치는 $\bar{x}_s = -0.533$ m, $\bar{y}_s = 0.762$ m, $\bar{z}_s = -0.305$ m이다. 여행 가방을 자동차의 한 부분으로 간주할 때 자동차의 새로운 질량 중심 위치는 어디인가?

7.116 공학 전공 학생들이 예제 7.20에 나온 자동차의 미니어처를 만들어서 질량 중심을 구하는 데 사용하려 한다. 학생들이 가지고 있는 정보는 다음과 같다.

축 간 거리 = 36 in 바퀴 간 거리 = 30 in	측정된 하중(lb)	
	$\alpha = 0$	$\alpha = 10°$
좌측 앞바퀴(N_{LF})	35	32
우측 앞바퀴(N_{RF})	36	33
좌측 뒷바퀴(N_{LR})	27	34
우측 뒷바퀴(N_{RR})	29	30

예제 7.20과 같은 좌표계를 이용해서 자동차의 질량 중심을 구하라.

복습문제

7.117 dA를 폭 dx인 얇은 수직 띠로 생각하고 면적의 도심을 구하라.

7.118 dA를 높이 dy인 얇은 수평 띠로 생각하고 면적의 도심을 구하라.

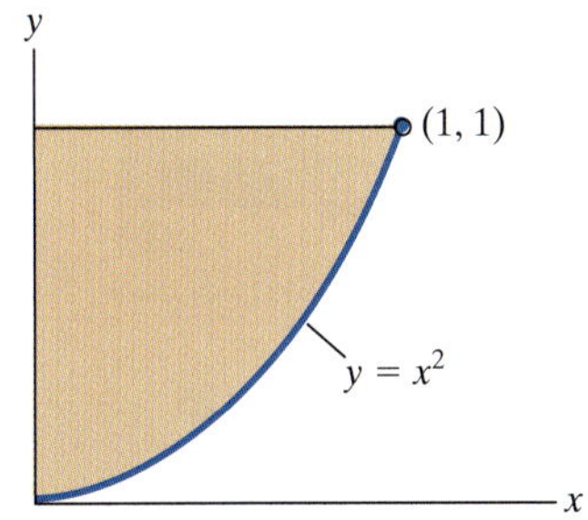

복습문제 7.117/118

7.119 면적의 도심을 구하라.

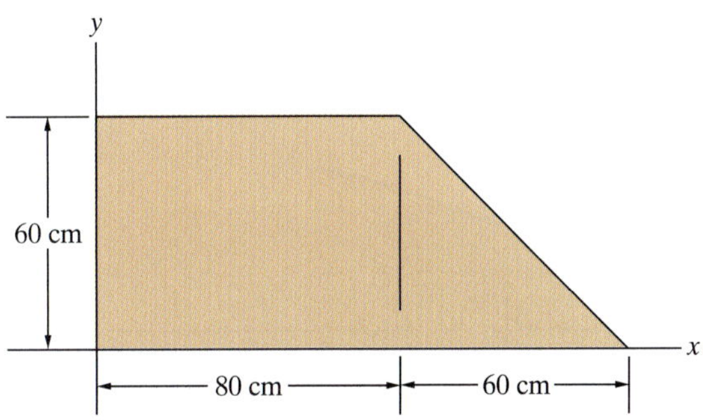

복습문제 7.119

7.120 면적의 도심을 구하라.

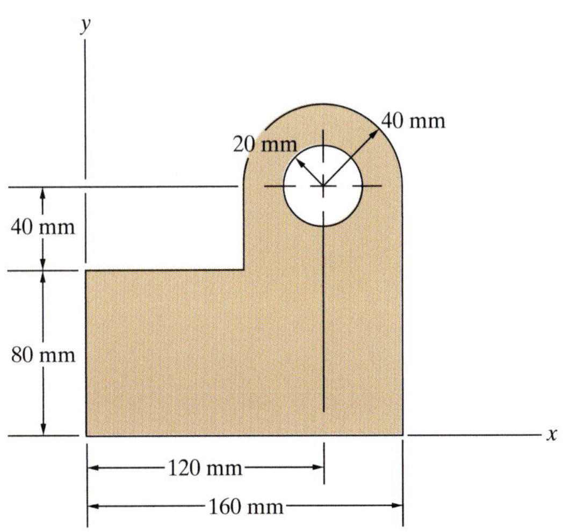

복습문제 7.120

7.121 외팔보가 삼각형 분포 하중을 받고 있다. 점 A에서 반력은 얼마인가?

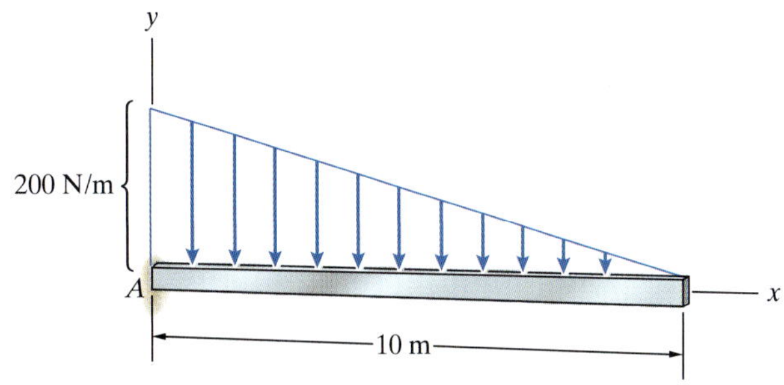

복습문제 7.121

7.122 프레임 구조에서 부재 BD의 축 하중을 구하라.

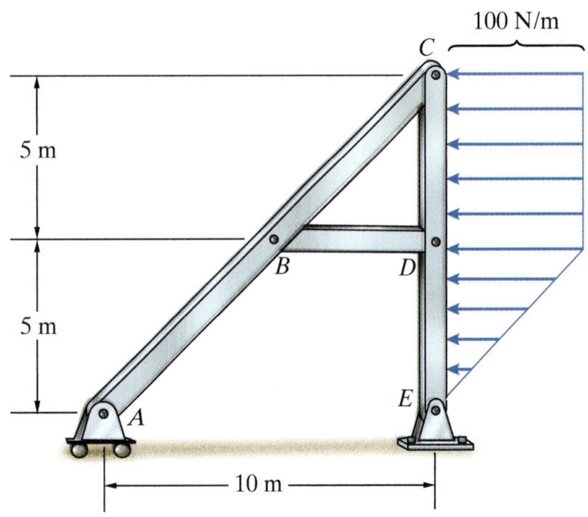

복습문제 7.122

7.123 어떤 공학자가 그림 a의 40 m 탑에서의 최대 풍력이 그림 b와 같은 분포 하중으로 표현됨을 알아냈다. 탑 꼭대기로부터 탑 바닥에 대해 15 m의 동일한 간격으로 배치된 지점에 연결된 세 개의 케이블 *A*, *B*, *C*가 탑을 지지하고 있다(그림 c). 바람이 서쪽에서 불고 케이블 *B*, *C*가 느슨한 상태일 때 케이블 *A*의 장력을 구하라(탑의 바닥은 볼-소켓 지지대로 모델링함).

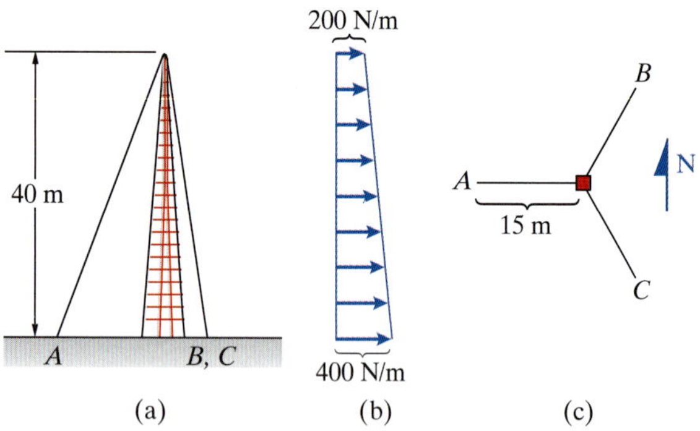

복습문제 7.123

7.124 부재 *ABCD*에서 *A*, *D* 지점의 반력을 구하라.

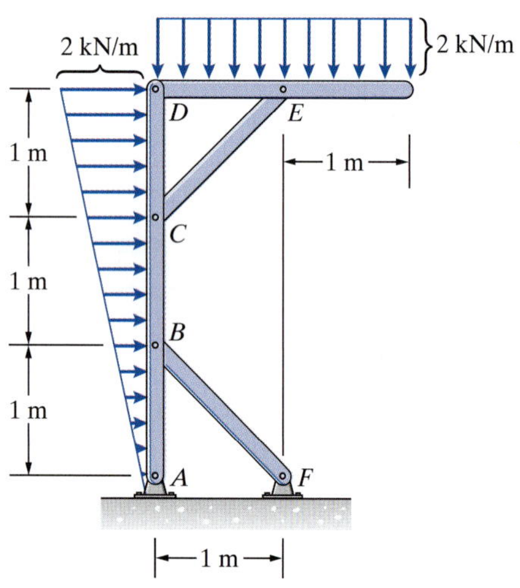

복습문제 7.124

7.125 아폴로 우주왕복선을 원뿔과 원통 형상으로 처리해서 (로켓 노즐은 제외) 체적의 도심을 구하라.

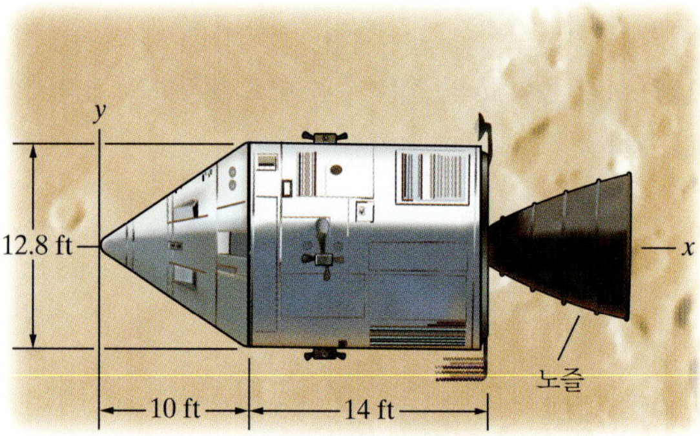

복습문제 7.125

7.126 아폴로 우주왕복선의 로켓 노즐의 형상은 대략적으로 다음 곡선이 *x*축에 대해 회전한 모양이다. 다음에 주어진 좌표계에서 노즐의 체적에 대한 도심을 구하라.

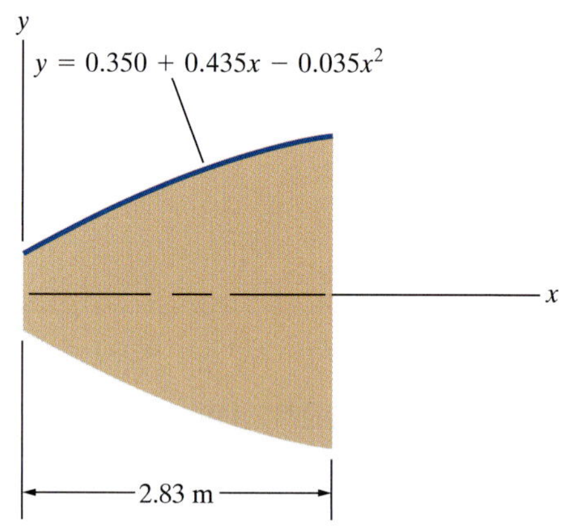

복습문제 7.126

7.127 체적 도심의 좌표를 구하라.

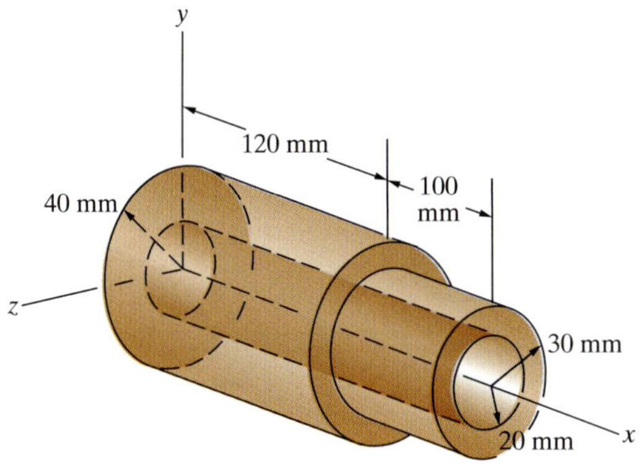

복습문제 7.127

7.128 회전 체적의 표면적을 구하라.

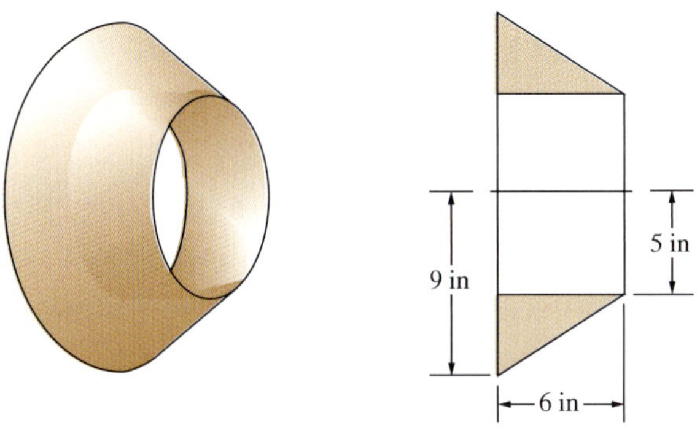

복습문제 7.128

7.129 균질한 강철 판의 질량 중심의 y 좌표를 구하라.

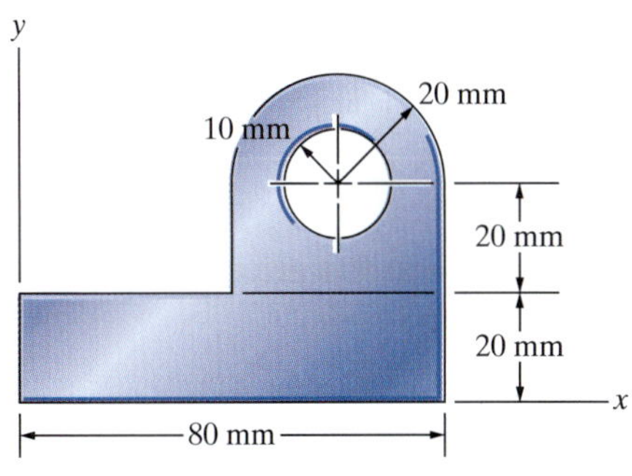

복습문제 7.129

7.130 균질한 강철 판의 질량 중심의 x 좌표를 구하라.

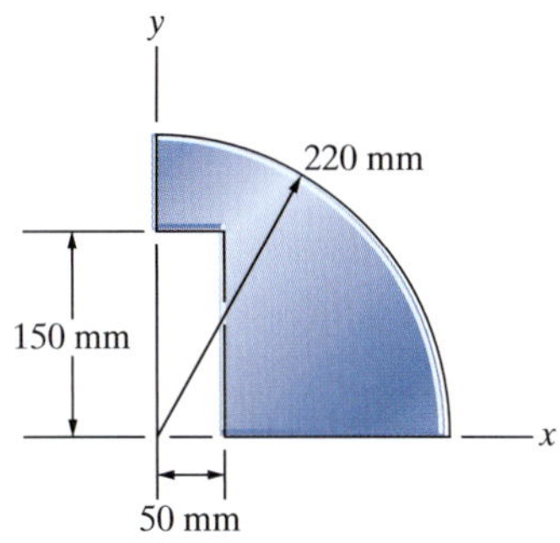

복습문제 7.130

7.131 균질한 판의 면적이 10 ft^2이고, 점 A, B에서 판의 수직 반력이 각각 80 lb, 84 lb이다. 판에 1 ft 지름의 구멍을 뚫어 A와 B에서의 반력을 동일하게 조정하려 한다. 구멍의 중심점은 점 A로부터 얼만큼의 수평 거리에 위치해야 하는가? 그 결과 A와 B에서의 반력은 얼마인가?

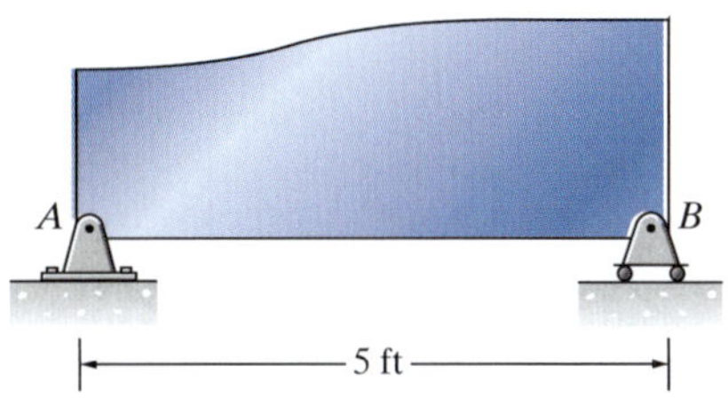

복습문제 7.131

7.132 다음 판은 균일한 두께이며, 단위 면적당 질량이 2 kg/m^2인 균질한 재료이다. A, B 지점에서의 수직 반력은 각각 6 N, 10 N이다. 구멍의 도심의 x 좌표를 구하라.

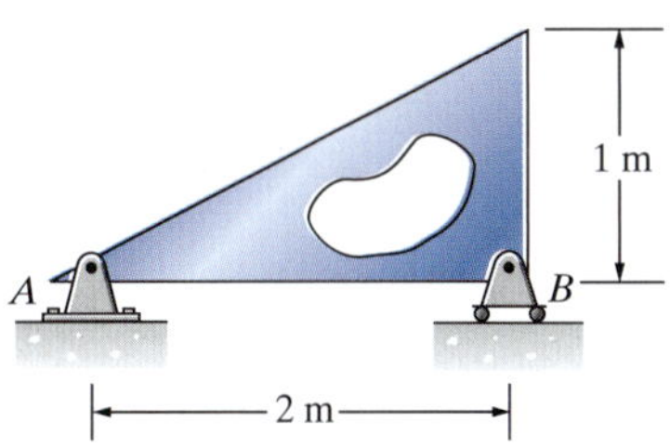

복습문제 7.132

7.133 균질한 금속판의 질량 중심을 구하라.

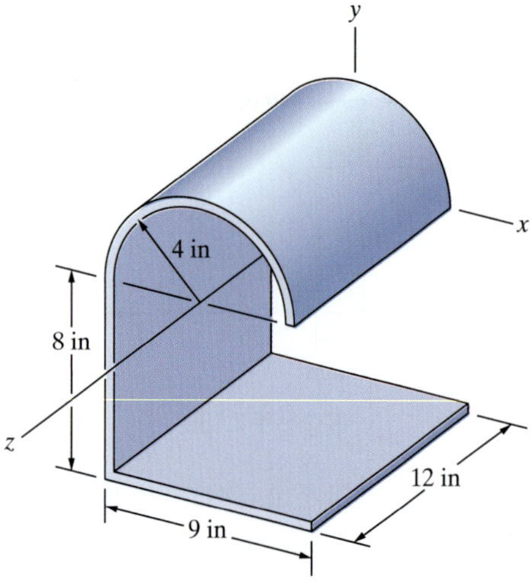

복습문제 7.133

7.134 균질한 물체의 질량 중심을 구하라.

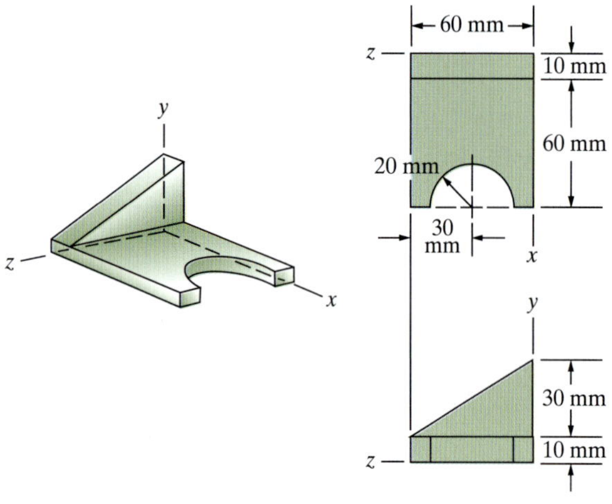

복습문제 7.134

7.135 균질한 물체의 질량 중심을 구하라.

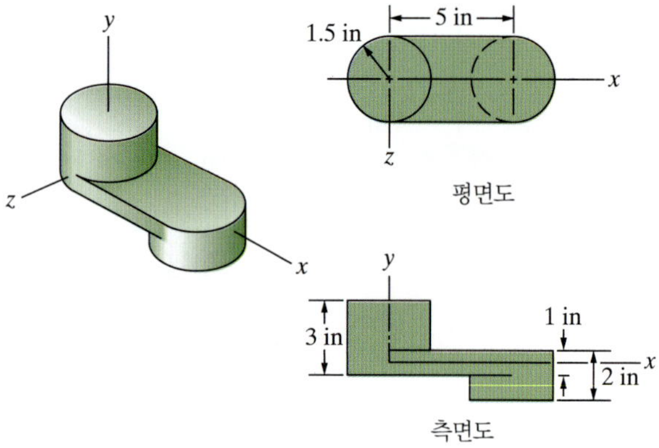

복습문제 7.135

7.136 어떤 사람의 질량 중심의 위치를 구하는 데 그림과 같은 배치를 이용할 수 있다. 수평판이 A 지점에서는 핀으로 지지되어 있고, B 지점에서는 무게를 재는 저울 위에 놓여 있다. A와 B 간 거리는 2.3 m이다. 판 위에 사람이 없을 때 B 지점에서 측정한 무게는 90 N이다. (a) 63 kg인 사람이 위치 (1)에 있을 때 B 지점에서 측정한 무게가 496 N이다. 이 사람의 질량 중심의 x 좌표를 구하라. (b) 이 사람이 위치 (2)에 있을 때 측정한 무게가 523 N이다. 이 사람의 질량 중심의 x 좌표를 구하라.

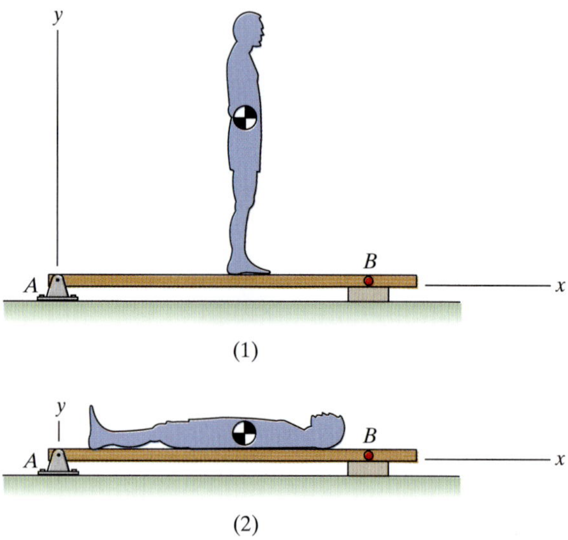

복습문제 7.136

7.137 다음과 같은 가느다란 막대의 A 지점에 어떤 끈을 묶어서 막대가 자유롭게 걸려 있을 때, AB와 수직선 사이의 각도는 얼마인가?

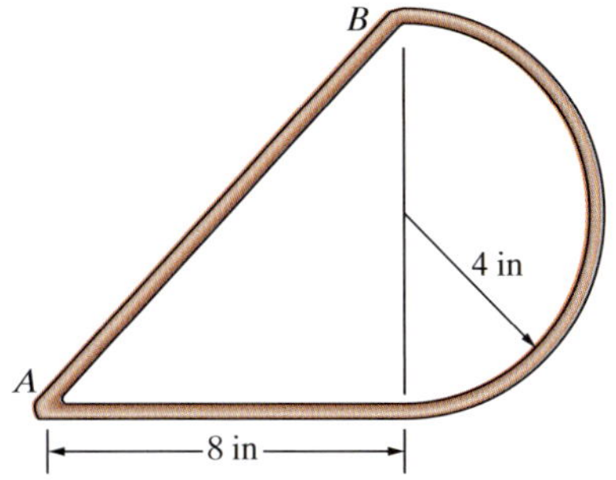

복습문제 7.137

7.138 트럭에서 짐을 내릴 때 앞바퀴 및 뒷바퀴에 걸리는 전체 반력이 각각 $A = 54$ kN, $B = 36$ kN이다. 트럭에 실린 짐인 자갈의 밀도 $\rho = 1600$ kg/m³이다. 실린 짐의 z 방향 길이는 3 m이다. 짐의 표면 형상은 다음의 함수로 주어지며 z 방향과는 관련이 없다. 짐이 적재된 트럭의 앞바퀴 및 뒷바퀴에서의 전체 반력은 얼마인가?

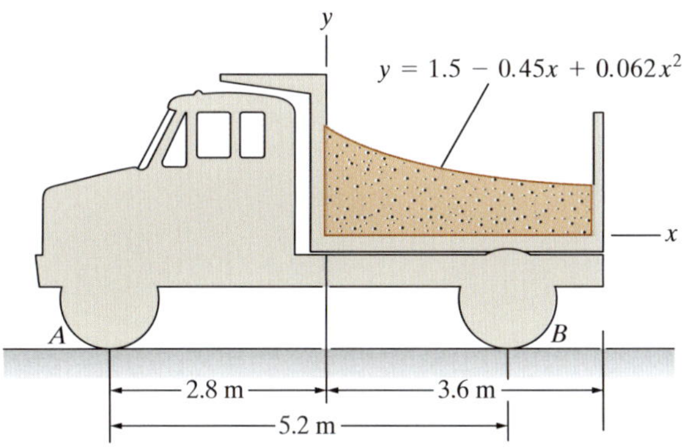

복습문제 7.138

7.139 달의 질량은 지구 질량의 0.0123배이다. 만약 달의 질량 중심이 지구의 질량 중심으로부터 383,000 km에 위치해 있다면 지구의 질량 중심과 지구–달 계의 질량 중심 사이의 거리는 얼마인가?

설계 프로젝트

그림 a와 같은 형상의 균질한 얇은 판을 만들어보라. (종이 판지를 이용해서 이 판을 만들자. 각자가 길이를 정하되 가능한 한 크게 만들어보자.) 판의 질량 중심의 위치를 계산하라. 가능한 한 주의 깊게 측정해서 판의 양면에 질량 중심의 위치를 명확히 표기하라. 그리고 다음 실험을 진행하라.

(a) 손가락 위에서 판의 균형을 맞추어보라(그림 b). 이 실험의 결과를 판의 자유물체도를 그려서 설명하라.

(b) 이번 실험은 바늘이나 가는 못, 긴 끈, 작은 추가 필요하다. 추를 끈의 한쪽 끝에 매달고 끈의 다른 끝에는 작은 고리를 만들라. 바늘을 판의 질량 중심이 아닌 임의의 지점에 찌른다. 바늘을 수평 위치가 되도록 붙들어서 판이 자유롭게 걸려 있게 한다(그림 c). 끈의 고리를 이용해서 추를 바늘에 건다. 추가 자유롭게 걸려서 끈이 판 표면을 따라 놓이도록 한다. 바늘로 판의 여러 점을 찔러가면서 위 실험을 반복하라. 판의 자유물체도를 그려서 이 실험의 결과를 설명하라.

(c) 판의 평면이 수직 방향을 향하도록 유지하라. 그리고 프리스비(Frisbee)같이 판을 회전시키며 위로 던지라. 판이 질량 중심에 대해 회전하는 것을 관찰하라.

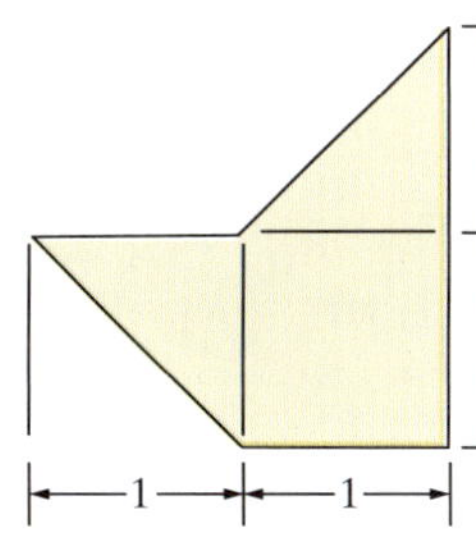

(a)

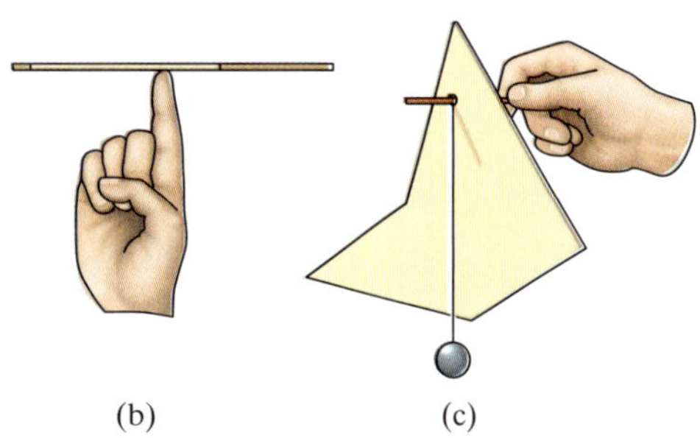

(b) (c)

관성모멘트

CHAPTER 8

출처: Jon Kempner/Alamy Stock Photo 제공

관성모멘트라고 불리는 물리량은 공학 응용 문제의 분석에 자주 등장한다. 면적의 관성모멘트는 분포 하중의 분석과 보의 변형을 구하는 데 이용된다. 물에 잠겨 있는 평평한 판재가 받는 압력에 의한 모멘트는 평판 면적에 대한 관성모멘트의 항으로 나타낼 수 있다. 동역학에서는 물체의 회전 운동을 예측하는 데 질량 관성모멘트가 사용된다. 이 장에서는 단순한 면적과 물체의 관성모멘트를 계산하는 방법을 다룬다. 그리고 조금 더 복잡한 형태의 면적과 물체에 대해서는 평행축 정리를 이용해서 관성모멘트를 구한다.

▲ 건물이나 교량의 구조물에 종종 이용되는 'I-빔'의 단면적은 큰 관성모멘트를 가지도록 설계해야 하중을 효과적으로 지탱할 수 있다. 이 장에서는 면적의 관성모멘트에 대해 알아보고 이를 계산하는 방법을 다룬다.

면적

8.1 정의

생각해보기

- 면적의 성질인 관성모멘트는 왜 이런 이름을 가지게 되었는가?
- 면적의 관성모멘트를 구하는 것은 면적의 도심을 구하는 과정과 어떻게 비슷한가?

이 절에서 고려할 물리량은 **관성모멘트**(moments of inertia)라고 부른다. 이 물리량은 같은 면적을 가진 어떤 평판이 임의의 축에 대해 회전하기 위해 필요한 작용력과 관련된다. 이러한 물리량은 관성과 관련이 없는 다른 공학 문제에서도 나타난다. x–y 평면상의 면적 A를 생각해보자(그림 8.1a). A의 네 가지 관성모멘트가 다음과 같이 정의된다.

1. x축에 대한 관성모멘트

$$I_x = \int_A y^2\,dA \tag{8.1}$$

여기에서 y는 미소 면적 요소 dA의 y 좌표 값이다(그림 8.1b). 관성모멘트를 x축에 대한 **회전반경**(radius of gyration) k_x로 보통 표현하며, 다음과 같이 정의된다.

$$I_x = k_x^2 A \tag{8.2}$$

2. y축에 대한 관성모멘트

$$I_y = \int_A x^2\,dA \tag{8.3}$$

여기에서 x는 미소 면적 요소 dA의 x 좌표 값이다(그림 8.1b). y축에 대한 회전반경은 다음과 같이 정의된다.

$$I_y = k_y^2 A \tag{8.4}$$

3. 관성곱

$$I_{xy} = \int_A xy\,dA \tag{8.5}$$

4. 극관성모멘트

$$J_O = \int_A r^2\,dA \tag{8.6}$$

여기에서 r은 좌표계의 원점과 dA 사이의 반경 거리이다(그림 8.1b). 원점에 대한 회전반경 k_O는 다음과 같다.

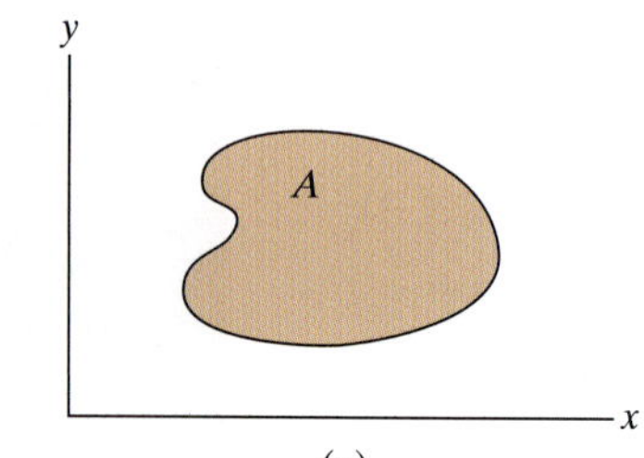

(a)

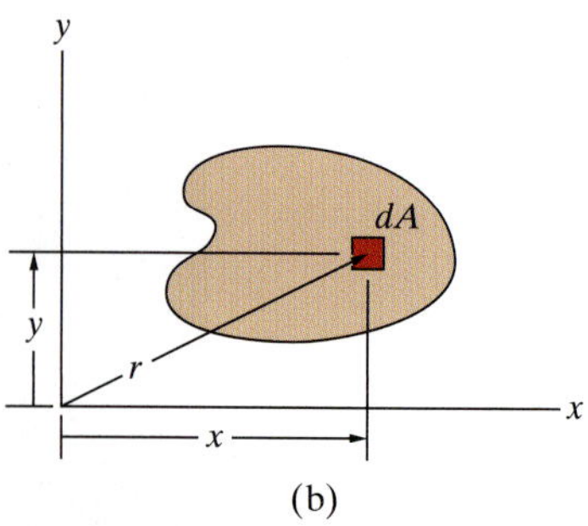

(b)

그림 8.1

(a) x–y 평면상의 면적 A

(b) A의 미소 면적

$$J_O = k_O^2 A \tag{8.7}$$

극관성모멘트는 x축 및 y축에 대한 관성모멘트의 합과 같다.

$$J_O = \int_A r^2\, dA = \int_A (y^2 + x^2)\, dA = I_x + I_y$$

회전반경에 대한 항으로 나타낸 관성모멘트를 위 식에 대입하면 다음을 얻을 수 있다.

$$k_O^2 = k_x^2 + k_y^2$$

어떤 면적이 x축에 대해 대칭이라면, 그림 8.2a에 나타낸 것처럼 좌표 (x, y)에 있는 각 요소 dA에 대해 이에 상응하는 dA 요소가 좌표 $(x, -y)$에 있게 된다. 이에 두 요소가 면적의 관성곱 I_{xy}에 미치는 영향은 상쇄된다. 따라서 $xy\, dA + (-xy)\, dA = 0$, 즉 면적의 관성곱은 0이 된다. 동일한 논의를 y축에 대해 대칭인 임의의 면적에 적용할 수 있다. **만약 어떤 면적이 x축 혹은 y축에 대해 대칭이라면 그 관성곱은 0이 된다.**

그림 8.2b와 같이 x축에 대해 반사된 면적을 생각해보자. 좌표 (x, y)에 원래 면적의 미소 면적 요소 dA가 있을 때, 원래 면적에 대해 반사된 면적의 미소 면적 요소 dA가 좌표 $(x, -y)$에 위치한다. 이 두 가지 면적의 x축 또는 y축에 대한 관성모멘트에서 미소 면적 요소의 영향은 동일하다. 하지만 원래 면적의 관성곱 I_{xy}에서 미소 면적 요소가 영향을 미치는 부분인 $xy\, dA$는 반사된 면적의 관성곱에서 미소 면적 요소가 영향을 미치는 부분인 $(-xy)dA$와 반대 부호이다. 즉 이 두 가지 면적의 관성곱은 서로에 대해 부호가 반대이다. 이러한 설명을 y축에 대해 반사된 면적에도 적용할 수 있다. **이와 같이 어떤 축에 대해 반사된 임의의 면적이 있을 때 원래 면적 및 반사된 면적의 관성모멘트는 그대로인 반면, 반사된 면적의 관성곱은 원래 면적의 관성곱과 반대 부호이다.**

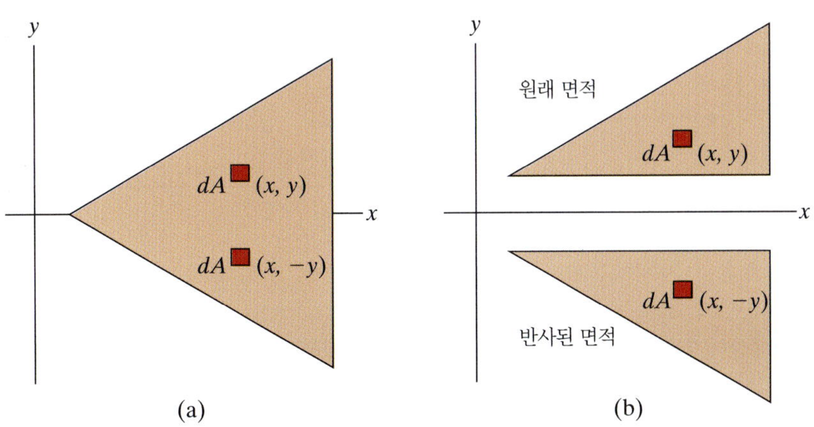

그림 8.2

실습 예제 8.1 삼각형의 관성모멘트

다음 삼각형 면적에 대해 I_x, I_y, I_{xy}를 구하라.

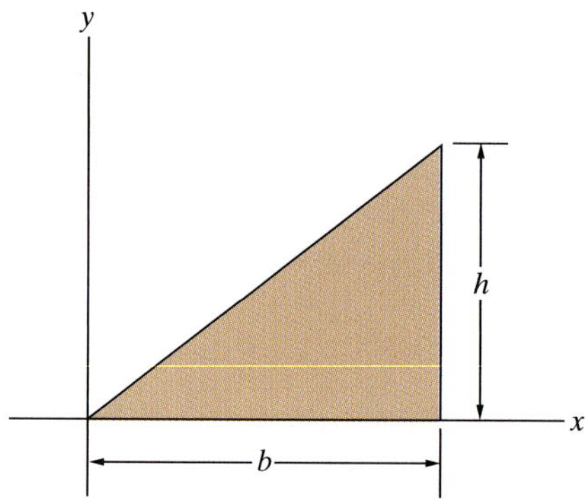

전략

y축에 대한 관성모멘트인 식 (8.3)은 면적 도심의 x 좌표를 구하는 식의 형태와 매우 유사하다. 그러므로 폭 dx인 수직 띠의 형태를 가진 미소 면적 요소 dA를 이용하면 정확히 같은 방식으로 관성모멘트를 계산할 수 있다. 그러고 나서 같은 면적 요소를 이용해 I_x, I_{xy}를 구할 수 있다.

풀이

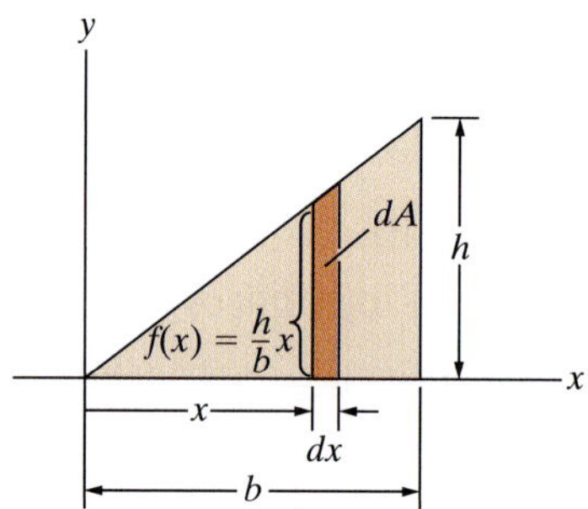

$$I_y = \int_A x^2\,dA = \int_0^b x^2 f(x)\,dx = \int_0^b x^2\left(\frac{h}{b}\right)x\,dx = \frac{1}{4}hb^3$$

위치 x에 있는 폭 dx인 띠의 높이가 $f(x) = (h/b)x$이므로 미소 면적은 $dA = f(x)dx$이다. 이 관계를 이용해서 식 (8.3)을 계산한다.

I_x를 계산하기 위해 우선 수직 띠 dA의 x축에 대한 관성모멘트를 구할 것이다.

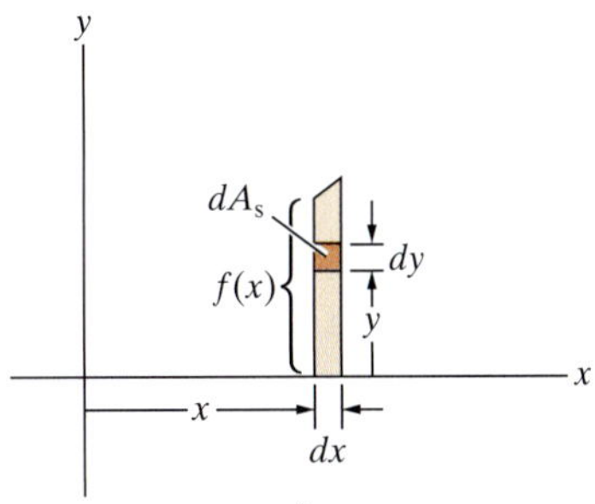

$$(I_x)_{띠} = \int_{띠} y^2 dA_s = \int_0^{f(x)} (y^2 dx)\, dy = \frac{1}{3}[f(x)]^3 dx$$

dA_s를 수직 띠 요소 dA로 두고 식 (8.1)을 적용한다.

$$I_x = \int_0^b \frac{1}{3}[f(x)]^3\, dx = \int_0^b \frac{1}{3}\left(\frac{h}{b}x\right)^3 dx = \frac{1}{12}bh^3$$

$(I_x)_{띠}$를 $x = 0$부터 $x = b$의 범위에 걸쳐 x에 대해 적분해서 삼각형의 I_x를 구한다.

I_{xy} 역시 같은 방식으로 구한다. 즉 수직 띠 dA의 관성곱을 계산한다.

$$(I_x)_{띠} = \int_{띠} xy\, dA_s = \int_0^{f(x)} (x\, dx)y\, dy = \frac{1}{2}[f(x)]^2\, x\, dx$$

적분해서 수직 띠 dA의 관성곱을 구한다.

$$I_{xy} = \int_0^b \frac{1}{2}[f(x)]^2\, x\, dx = \int_0^b \frac{1}{2}\left(\frac{h}{b}x\right)^2 x\, dx = \frac{1}{8}b^2h^2$$

$(I_{xy})_{띠}$를 $x = 0$부터 $x = b$의 범위에 걸쳐 x에 대해 적분해서 삼각형의 I_{xy}를 구한다.

실습 문제 삼각형의 I_{xy}를 구하라. 수직 띠 dA에 대한 관성곱을 구하고 관련식을 $x = 0$부터 $x = b$의 범위에 걸쳐 x에 대한 적분을 취한다.

답: $I_{xy} = \frac{1}{8}b^2h^2$

예제 8.2 원형 면적의 관성모멘트

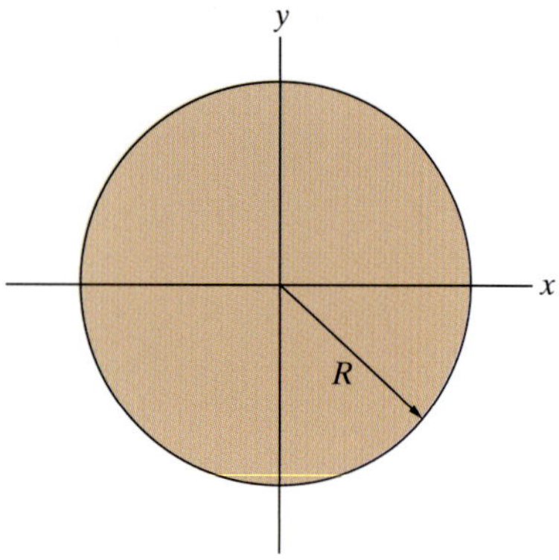

다음 원형 면적의 관성모멘트와 회전반경을 구하라.

전략

우선 극좌표에서 적분을 취해서 극관성모멘트 J_O를 구할 것이다. 면적의 대칭성으로부터 $I_x = I_y$임을 알 수 있으며, $I_x + I_y = J_O$이므로 관성모멘트 I_x, I_y는 각각 ½J_O가 된다. 또한 면적의 대칭성에 의해 $I_{xy} = 0$이 된다.

풀이

r을 dr만큼 변화시키면 면적 $dA = 2\pi r\ dr$인 원형 고리 요소를 얻는다(그림 a). 극관성모멘트는 다음과 같다.

$$J_O = \int_A r^2\ dA = \int_0^R 2\pi r^3\ dr = 2\pi\left[\frac{r^4}{4}\right]_0^R = \frac{1}{2}\pi R^4$$

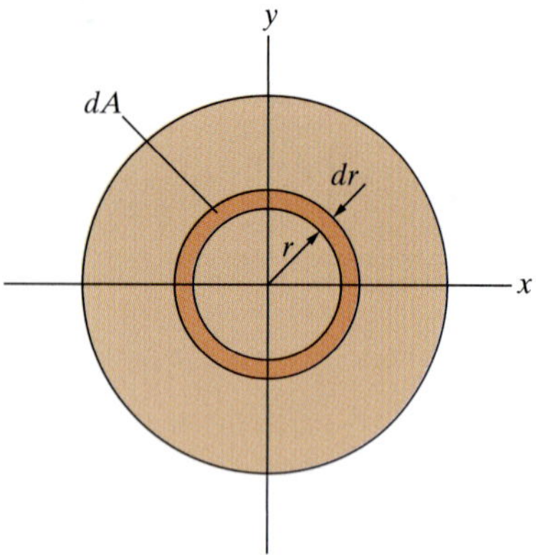

(a) 원형 고리 요소 dA

그리고 점 O에 대한 회전반경은 다음과 같다.

$$k_O = \sqrt{\frac{J_O}{A}} = \sqrt{\frac{(1/2)\pi R^4}{\pi R^2}} = \frac{1}{\sqrt{2}}R$$

x축과 y축에 대한 관성모멘트는 다음과 같다.

$$I_x = I_y = \frac{1}{2}J_O = \frac{1}{4}\pi R^4$$

그러면 x축과 y축에 대한 회전반경은 다음과 같이 구할 수 있다.

$$k_x = k_y = \sqrt{\frac{I_x}{A}} = \sqrt{\frac{(1/4)\pi R^4}{\pi R^2}} = \frac{1}{2}R$$

관성곱은 다음과 같이 0이 된다.

$$I_{xy} = 0$$

비판적 사고

이 예제에서는 대칭성의 도움으로 I_x, I_y, I_{xy}를 적분 없이 구할 수 있었다. 대칭성이 계산 과정을 줄일 수 있음을 명심하자. 특히 면적이 x축 또는 y축에 대해 대칭인 경우 $I_{xy} = 0$이 되는 것을 기억하자.

연습문제

8.1 실습 예제 8.1의 방법을 이용해서 다음 사각형 면적의 I_y, k_y를 구하라.

8.2 실습 예제 8.1의 방법을 이용해서 다음 사각형 면적의 I_x, k_x를 구하라.

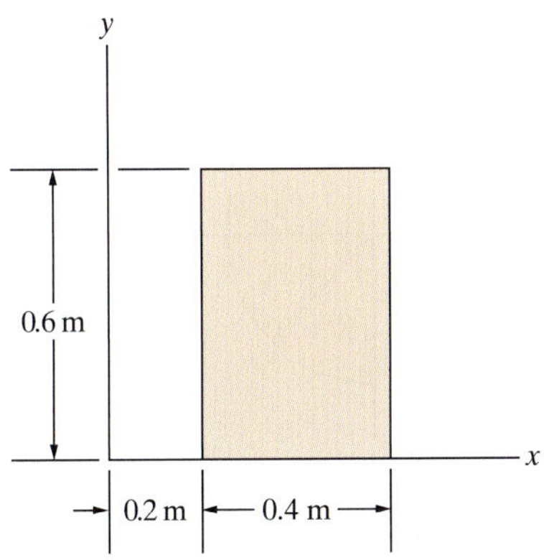

연습문제 8.1/8.2

8.3 면적의 치수 $b = 4$ in, $h = 3$ in이다. 실습 예제 8.1 방법을 이용해서 다음 면적의 I_y, k_y를 구하라.

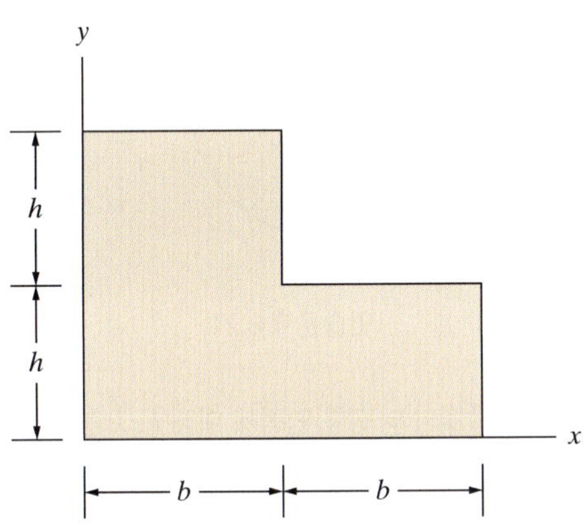

연습문제 8.3

8.4 (a) 보에서 사각형 단면의 y축에 대한 관성모멘트 I_y를 구하라. (b) 단면의 y'축에 대한 관성모멘트 $I_{y'}$을 구하라. 구한 수치를 이용해서 $I_y = I_{y'} + d_x^2A$가 됨을 밝혀라. A는 단면적이다.

8.5 (a) 보에서 사각형 단면의 원점 O에 대한 극관성모멘트 J_O를 구하라. (b) 원점 O'에 대한 극관성모멘트 $J_{O'}$을 구하라. 구한 수치를 이용해서 $J_O = J_{O'} + (d_x^2 + d_y^2)A$가 됨을 밝혀라. A는 단면적이다.

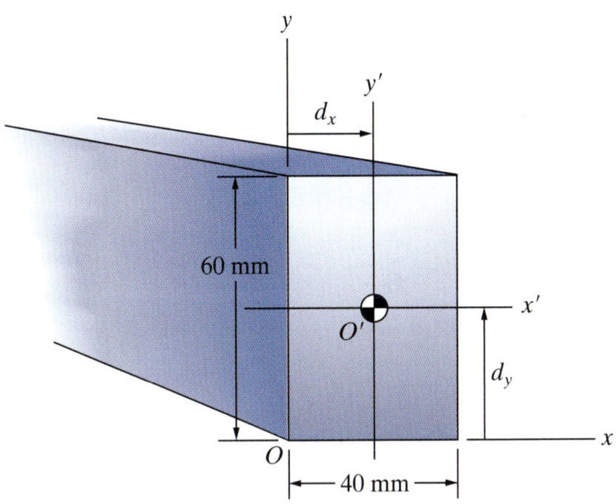

연습문제 8.4/8.5

8.6 I_y, k_y를 구하라.

8.7 J_O, k_O를 구하라.

8.8 I_{xy}를 구하라.

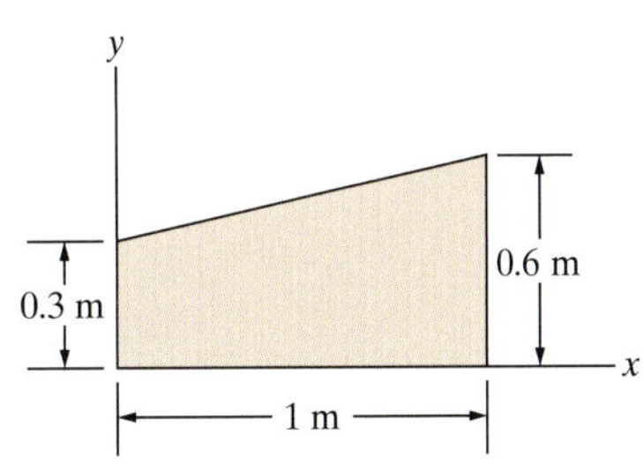

연습문제 8.6~8.8

8.9 면적에서 $a = 1$ m, $b = 3$ m이다. I_y를 구하라.

8.10 면적에서 $a = 1$ m, $b = 3$ m이다. I_x를 구하라.

8.11 면적에서 $a = 1$ m, $b = 3$ m이다. J_O를 구하라.

8.12 면적에서 $a = 1$ m, $b = 3$ m이다. I_{xy}를 구하라.

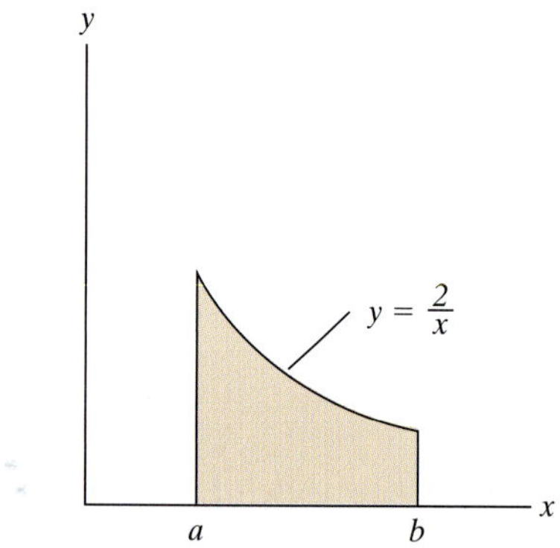

연습문제 8.9~8.12

8.13 I_y, k_y를 구하라.

8.14 I_x, k_x를 구하라.

8.15 J_O, k_O를 구하라.

8.16 I_{xy}를 구하라.

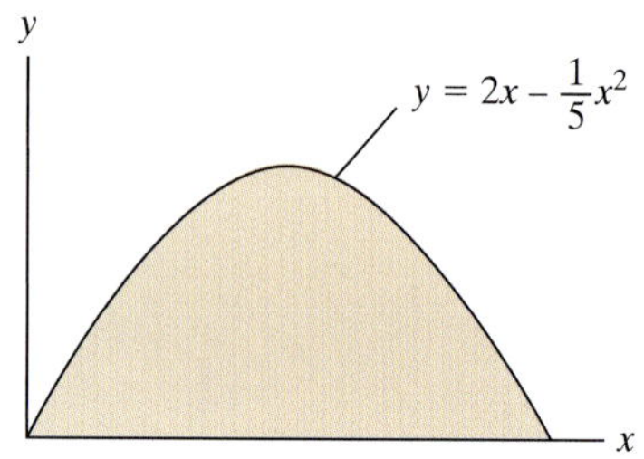

연습문제 8.13~8.16

8.17 I_y, k_y를 구하라.

8.18 I_x, k_x를 구하라.

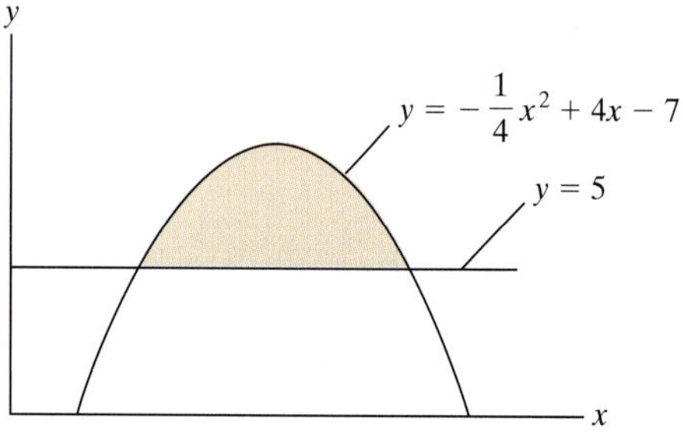

연습문제 8.17/8.18

8.19 (a) 폭 dx인 수직 띠를 dA로 두고 면적의 I_y, k_y를 구하라. (b) 원형 면적의 원 중심에 대한 극관성모멘트 $J_O = \frac{1}{2}\pi R^4$이다. 이 정보를 이용해서 (a)의 답을 확인하라.

8.20 (a) 높이 dy인 수평 띠를 dA로 두고 면적의 I_x, k_x를 구하라. (b) 원형 면적의 원 중심에 대한 극관성모멘트 $J_O = \frac{1}{2}\pi R^4$이다. 이 정보를 이용해서 (a)의 답을 확인하라.

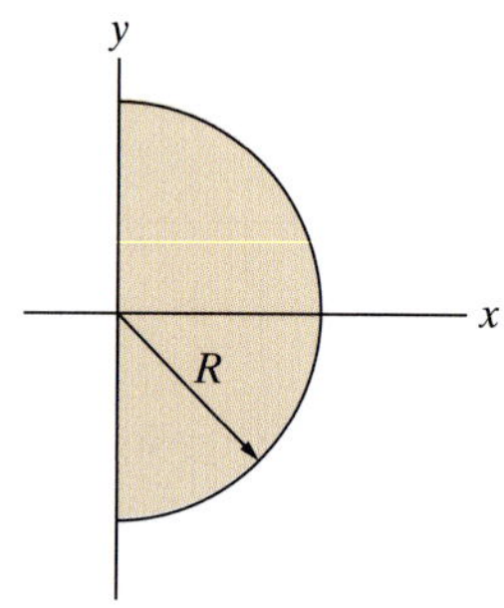

연습문제 8.19/8.20

8.21 예제 8.2에서 이용한 방식을 통해 원형 고리에 대한 관성모멘트 I_x, I_y를 구하라.

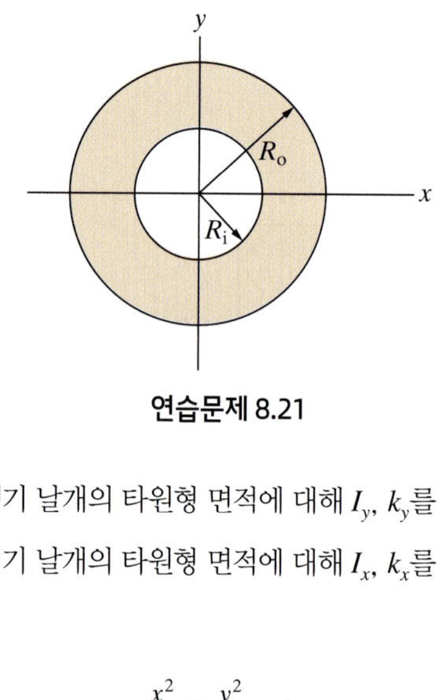

연습문제 8.21

8.22 비행기 날개의 타원형 면적에 대해 I_y, k_y를 구하라.

8.23 비행기 날개의 타원형 면적에 대해 I_x, k_x를 구하라.

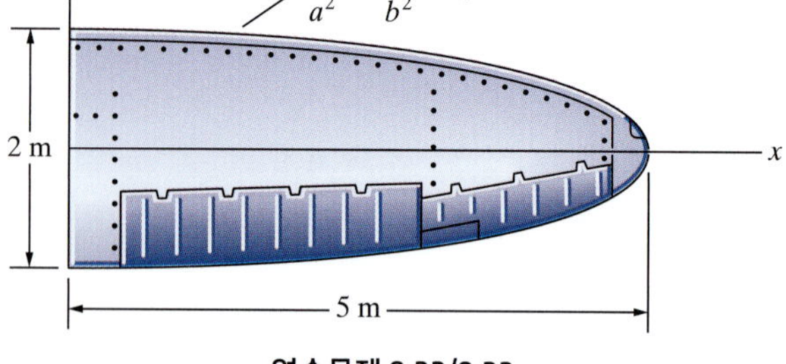

연습문제 8.22/8.23

8.24 면적에서 $R = 50$ mm이다. 폭 dx인 수직 띠를 dA로 두고 I_y를 구하라.

8.25 면적에서 $R = 50$ mm이다. 폭 dx인 수직 띠를 dA로 두고 I_{xy}를 구하라(실습 예제 8.1 참조).

8.26 면적에서 $R = 50$ mm이다. 예제 8.2의 방법을 이용해서 다음 1/4 원형 면적에 대한 I_x, I_y를 구하라.

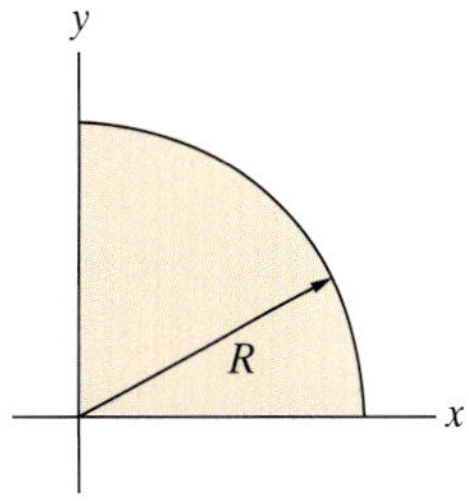

연습문제 8.24~8.26

8.2 평행축 정리

생각해보기

- 한 좌표축에서 어떤 관성모멘트 값을 알고 있을 때, 또 다른 좌표축에서 이 값을 나타내려면 무엇을 해야 하는가?
- 이제 복합 면적에 대해 이해했을 것이다. 관성모멘트를 구하는 비슷한 방법이 있는가?

배경

면적의 관성모멘트 값은 면적에 상대적인 좌표계의 위치에 따라 결정된다.

특정 좌표계에 대한 면적의 관성모멘트는 알고 있지만 이를 어떤 다른 좌표계에 대한 관성모멘트로 구하고자 하는 경우가 있다. 이 두 좌표계가 평행하다면 구하려는 관성모멘트는 이 절에서 다룰 정리를 이용해서 구할 수 있다. 더 나아가 각 부분의 관성모멘트가 주어진 경우 복합 면적의 관성모멘트를 구하기 위해 이 정리를 이용할 수 있다.

원점이 도심인 $x'y'$ 좌표계에서 면적 A의 관성모멘트가 주어져 있고, 평행 좌표계 xy에 대한 이 면적의 관성모멘트를 구하고자 한다(그림 8.3a). xy 좌표계에 대한 면적 A의 도심 좌표는 (d_x, d_y)이고 xy 좌표계의 원점과 도심 사이의 거리는 $d = \sqrt{d_x^2 + d_y^2}$이다(그림 8.3b).

평행축 정리를 유도하기 위해 두 개의 식이 필요하다. $x'y'$ 좌표계에서 A의 도심의 좌표는 다음과 같다.

$$\bar{x}' = \frac{\int_A x'\,dA}{\int_A dA} \qquad \bar{y}' = \frac{\int_A y'\,dA}{\int_A dA}$$

그러나 $x'y'$ 좌표계의 원점은 A의 도심에 위치하기 때문에 $\bar{x}' = 0$, $\bar{y}' = 0$이다. 그러므로 다음과 같다.

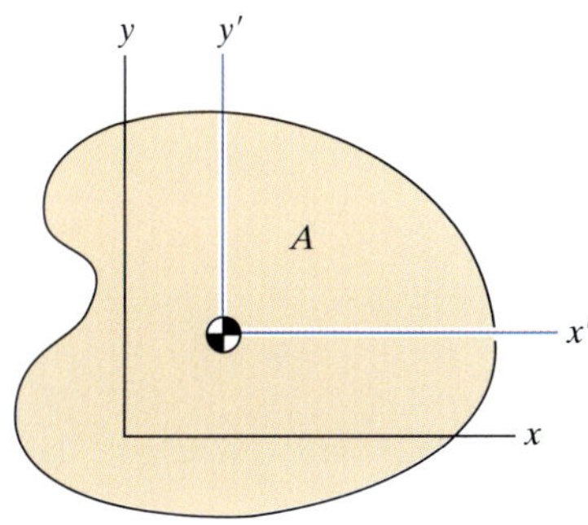

(a)

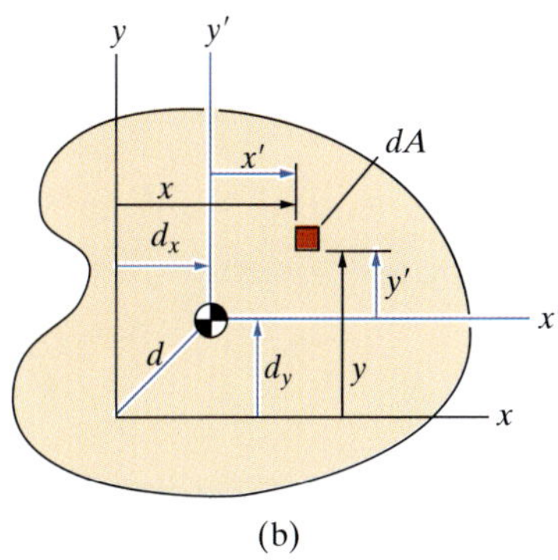

(b)

그림 8.3

(a) 면적 A와 좌표계 $x'y'$ 및 xy

(b) 미소 면적 요소 dA

$$\int_A x' \, dA = 0 \qquad \int_A y' \, dA = 0 \tag{8.8}$$

x축에 대한 관성모멘트 xy 좌표계에서 x축에 대한 A의 관성모멘트는 다음과 같다.

$$I_x = \int_A y^2 \, dA \tag{8.9}$$

여기에서 y는 xy 좌표계에 상대적인 면적 요소 dA의 좌표이다. 그림 8.3b에는 $y = y' + dy$가 주어져 있으며, y'은 $x'y'$ 좌표계에 상대적인 dA의 좌표이다. 이 관계식을 식 (8.9)에 대입하면 다음 관계를 얻는다.

$$I_x = \int_A (y' + d_y)^2 \, dA = \int_A (y')^2 \, dA + 2d_y \int_A y' \, dA + d_y{}^2 \int_A dA$$

오른쪽의 첫 번째 적분은 x'축에 대한 A의 관성모멘트이다. 식 (8.8)로부터 오른쪽의 두 번째 적분항은 0이 된다. 그러므로 다음 관계식을 얻는다.

$$I_x = I_{x'} + d_y{}^2 A \tag{8.10}$$

위 식이 **평행축 정리**(parallel-axis theorem)이다. 이 식은 도심을 지나는 x'축에 대한 A의 관성모멘트와 평행축 x에 대한 관성모멘트의 관계를 설명한다(그림 8.4).

y축에 대한 관성모멘트 xy 좌표계에서 y축에 대한 A의 관성모멘트는 다음과 같다.

$$\begin{aligned} I_y &= \int_A x^2 \, dA = \int_A (x' + d_x)^2 \, dA \\ &= \int_A (x')^2 \, dA + 2d_x \int_A x' \, dA + d_x^2 \int_A dA \end{aligned}$$

식 (8.8)로부터 오른쪽의 두 번째 적분은 0이 된다. 그러므로 도심을 지나는 y'축에 대한 A의 관성모멘트와 평행축 y에 대한 관성모멘트의 관계를 설명하는 평행축 정리는 다음과 같다.

$$I_y = I_{y'} + d_x^2 A \tag{8.11}$$

관성곱 xy 좌표계에서 관성곱은 다음과 같다.

$$\begin{aligned} I_{xy} &= \int_A xy \, dA = \int_A (x' + d_x)(y' + d_y) \, dA \\ &= \int_A x'y' \, dA + d_y \int_A x' \, dA + d_x \int_A y' \, dA + d_x d_y \int_A dA \end{aligned}$$

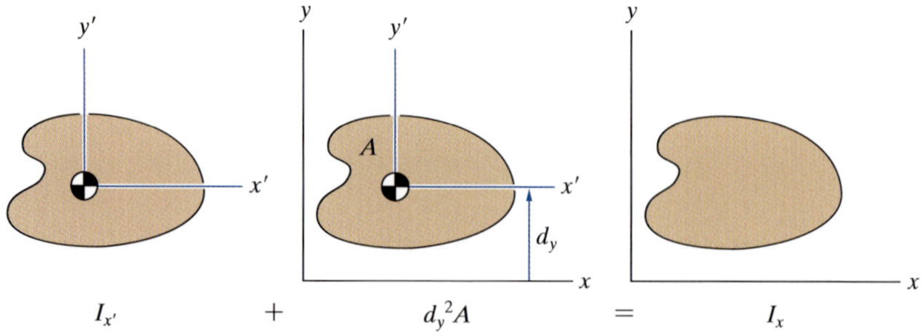

그림 8.4
x축에 대한 관성모멘트의 평행축 정리

두 번째 및 세 번째 적분항은 식 (8.8)로부터 0이 된다. 관성곱의 평행축 정리는 다음과 같다.

$$I_{xy} = I_{x'y'} + d_x d_y A \tag{8.12}$$

극관성모멘트 극관성모멘트 $J_O = I_x + I_y$이다. 식 (8.10)과 식 (8.11)을 더해서 표현한 극관성모멘트의 평행축 정리는 다음과 같다.

$$J_O = J'_O + (d_x^2 + d_y^2)A = J'_O + d^2A \tag{8.13}$$

여기에서 d는 $x'y'$ 좌표계의 원점과 xy 좌표계의 원점 사이의 거리이다.

그러면 복합 면적의 관성모멘트를 구하는 데에는 평행축 정리를 어떻게 이용할 수 있을까? 그림 8.5a에 주어진 면적에서 y축에 대한 관성모멘트를 구해보자. 주어진 면적은 삼각형, 반원, 제거된 원형으로 나눌 수 있으며, 각각 부분 1, 2, 3으로 정의하자(그림 8.5b). I_y에 대한 평행축 정리를 이용하면 각 부분의 y축에 대한 관성모멘트를 구할 수 있다. 예를 들어 부분 2(반원)의 y축에 대한 관성 모멘트는 다음과 같다(그림 8.5c).

$$(I_y)_2 = (I_{y'})_2 + (d_x)_2^2 A_2$$

여기에서 $(I_{y'})_2$와 $(d_x)_2$를 알아야만 한다. 몇몇 단순 형상의 면적에 대한 관성모멘트와 도심의 위치가 부록 B에 표로 정리되어 있다. 일단 각 부분에 대해 관성모멘트를 구하고 나면 복합 면적의 관성모멘트는 다음과 같이 구할 수 있다.

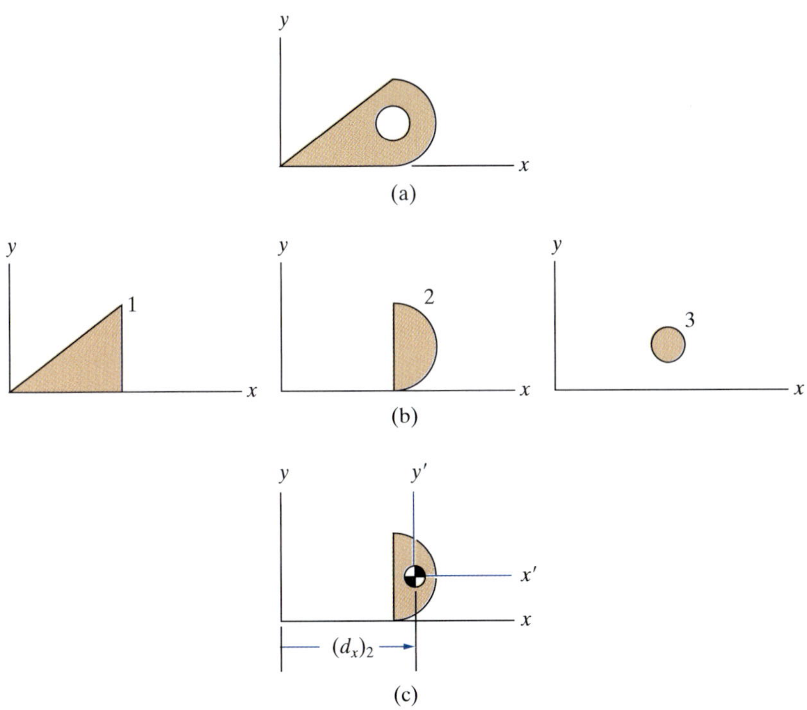

그림 8.5
(a) 복합 면적
(b) 세 부분으로 나눈 면적
(c) $(I_{y'})_2$ 결정

$$I_y = (I_y)_1 + (I_y)_2 - (I_y)_3$$

제거된 원형에 대한 관성모멘트는 빼주어야 함에 유의하라.

주어진 좌표계에 대한 복합 면적의 관성모멘트를 구하기 위해 다음 세 단계를 따른다.

1. 부분의 선택: 복합 면적을 관성모멘트가 주어져 있거나 구하기 쉬운 형태의 부분으로 나눈다.
2. 부분의 관성모멘트 결정: 각 부분의 도심에 원점을 두고 있는 평행 좌표계에서 각 부분의 관성모멘트를 구한다. 그리고 평행축 정리를 이용해서 주어진 좌표계에 대한 관성모멘트를 구한다.
3. 결과 합산: 각 부분의 관성모멘트를 더해서(제거된 영역의 경우에는 빼준다) 복합 면적의 관성모멘트를 구한다.

결과 정리

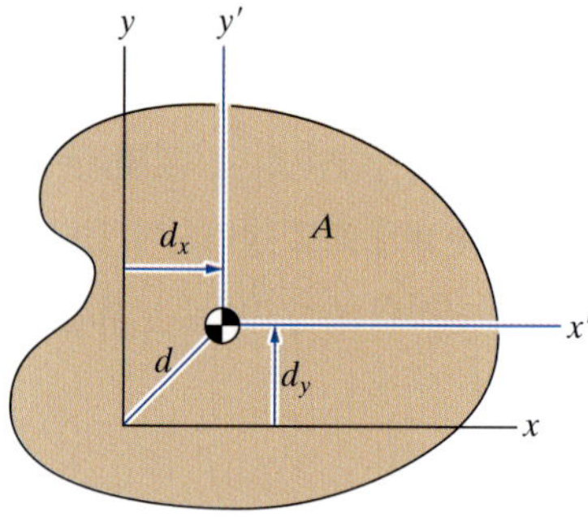

$$I_x = I_{x'} + d_y^2 A \qquad (8.10)$$

$$I_y = I_{y'} + d_x^2 A \qquad (8.11)$$

$$I_{xy} = I_{x'y'} + d_x d_y A \qquad (8.12)$$

$$J_O = J'_O + d^2 A \qquad (8.13)$$

평행축 정리는 $x'y'z'$ 좌표계(원점이 면적의 도심인 좌표계)와 xyz 평행 좌표계에서 나타낸 면적의 관성모멘트와 관성곱 사이의 관계이다.

복합 면적의 각 부분의 모멘트와 관성곱이 각 부분의 도심에 원점이 위치한 평행 좌표계에 주어져 있을 때, 주어진 좌표계 xyz에 대한 복합 면적의 관성모멘트와 관성곱은 평행축 정리를 통해 구할 수 있다. xyz 좌표계에서 각 부분의 관성모멘트 및 관성곱을 더해주면(제거된 영역의 경우에는 빼주면) 복합 면적에 대한 값을 구할 수 있다.

실습 예제 8.3 복합 면적의 관성모멘트

다음 복합 면적에 대한 I_x를 구하라.

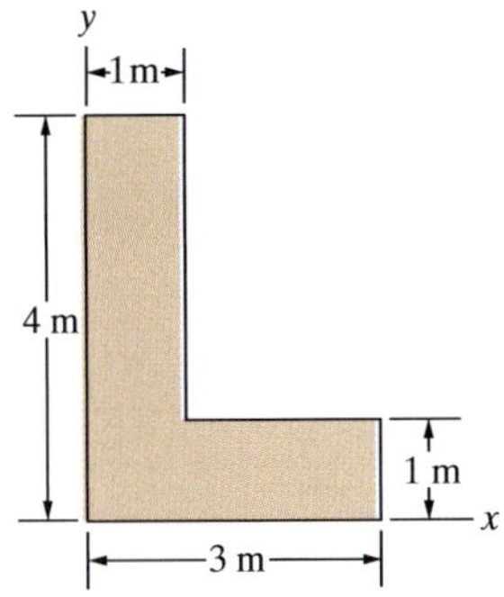

전략

주어진 면적을 두 개의 사각형으로 나눌 수 있다. 평행축 정리를 이용해서 각 사각형에 대한 I_x를 xy 좌표계에 대해 구해야 한다. 이 값들을 더해서 복합 면적에 대한 I_x를 구할 수 있다.

풀이

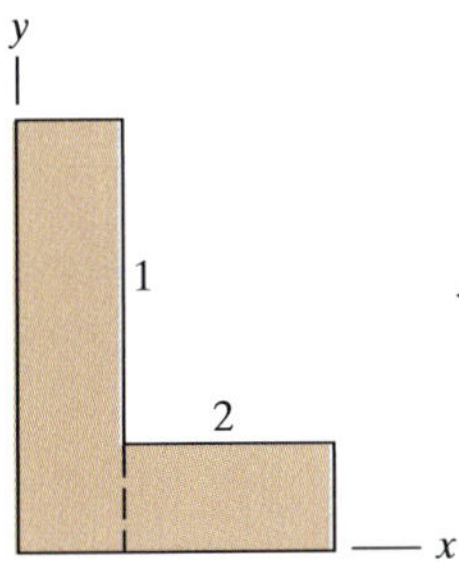

복합 면적을 두 개의 사각형으로 나눈다.

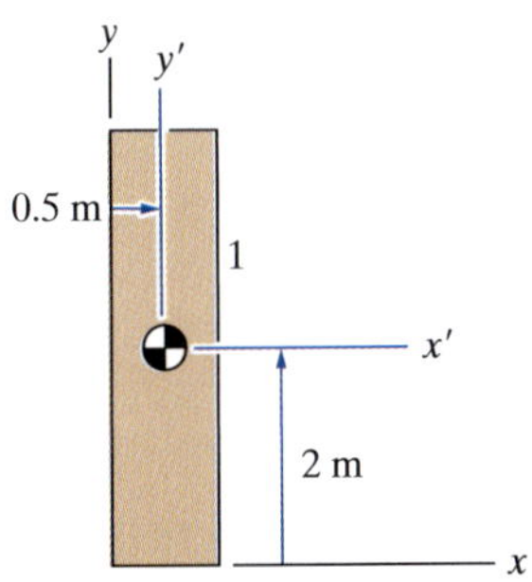

식 (8.10)을 면적 1에 적용한다.

부록 B로부터 면적 1의 x'축에 대한 관성모멘트를 다음과 같이 구한다.

$$(I_{x'})_1 = \frac{1}{12}(1\ \text{m})(4\ \text{m})^3 = 5.33\ \text{m}^4$$

평행축 정리를 적용하면 면적 1의 x축에 대한 관성모멘트는 다음과 같다.

$$(I_x)_1 = 5.33\ \text{m}^4 + (2\ \text{m})^2(1\ \text{m})(4\ \text{m}) = 21.3\ \text{m}^4$$

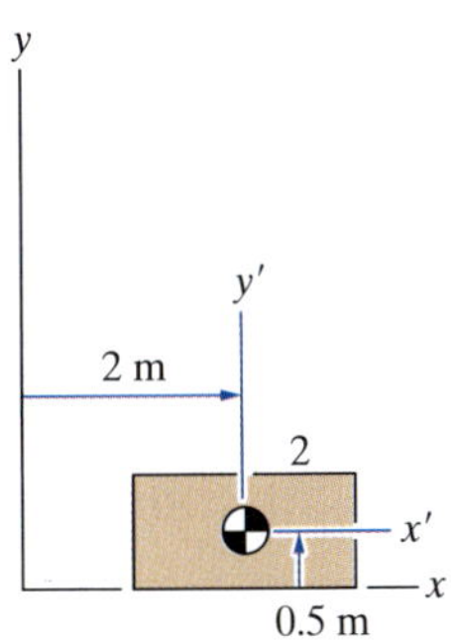

식 (8.10)을 면적 2에 적용한다.

면적 2의 x'축에 대한 관성모멘트는 다음과 같다.

$$(I_{x'})_2 = \frac{1}{12}(2\ \text{m})(1\ \text{m})^3 = 0.167\ \text{m}^4$$

평행축 정리를 적용하면 면적 2의 x축에 대한 관성모멘트는 다음과 같다.

$$(I_x)_2 = 0.167\ \text{m}^4 + (0.5\ \text{m})^2(2\ \text{m})(1\ \text{m}) = 0.667\ \text{m}^4$$

각 부분의 값을 더한다. → 복합 면적의 x축에 대한 관성모멘트는 다음과 같다.

$$\begin{aligned} I_x &= (I_x)_1 + (I_x)_2 \\ &= 21.3\ \text{m}^4 + 0.667\ \text{m}^4 \\ &= 22.0\ \text{m}^4 \end{aligned}$$

실습 문제 복합 면적에 대한 I_{xy}를 구하라.

답: $I_{xy} = 6\ \text{m}^4$

예제 8.4 복합 면적의 관성모멘트

다음 복합 면적에 대한 I_y, k_y를 구하라.

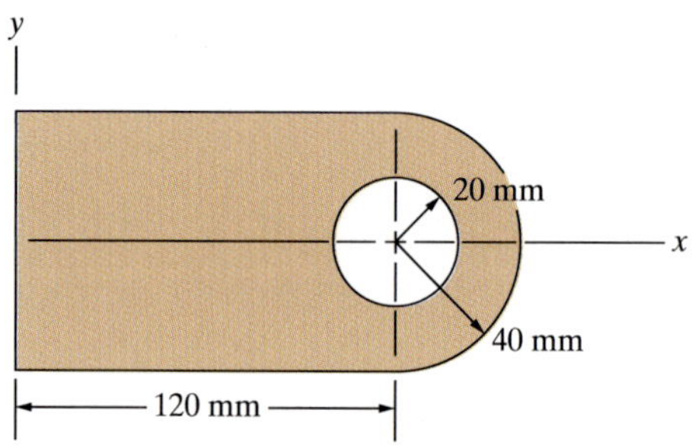

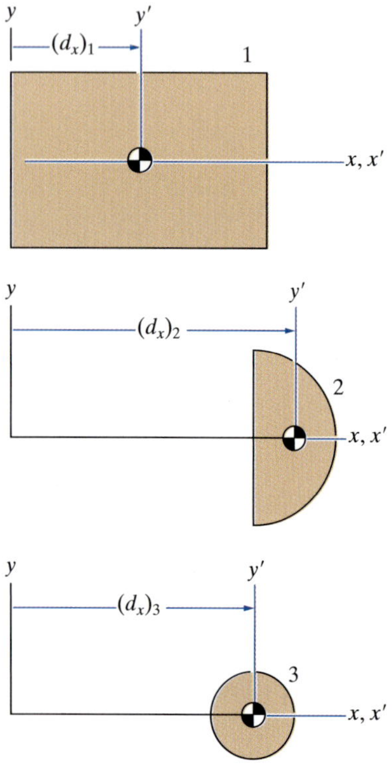

(a) 부분 1, 2, 3

전략

주어진 면적을 제거된 반원이 없는 사각형, 제거된 반원이 없는 반원형, 제거된 원형부로 나눌 수 있다. 평행축 정리를 이용해서 xy 좌표계에 대한 각 부분의 I_y를 구할 수 있다. 그러면 사각형과 반원형의 값을 더하고 제거된 원형부의 값을 빼면 복합 면적에 대한 I_y를 구할 수 있다. 그리고 식 (8.4)를 이용해서 복합 면적에 대한 회전반경 k_y를 구할 수 있다.

풀이

부분의 선택 주어진 면적을 사각형, 반원형, 제거된 원형부로 나누고, 각 부분을 부분 1, 2, 3이라고 하자(그림 a).

부분의 관성모멘트 결정 $x'y'$ 좌표계에 대한 각 부분의 관성모멘트와 반원형 부분의 도심 위치는 부록 B에 주어져 있다. 다음 표와 같이 평행축 정리를 이용하면 y축에 대한 각 부분의 관성모멘트를 구할 수 있다.

각 부분의 관성모멘트 결정

	d_x (mm)	A (mm^2)	$I_{y'}$ (mm^4)	$I_y = I_{y'} + d_x^2 A$ (mm^4)
부분 1	60	(120)(80)	$\frac{1}{12}(80)(120)^3$	4.608×10^7
부분 2	$120 + \dfrac{4(40)}{3\pi}$	$\frac{1}{2}\pi(40)^2$	$\left(\dfrac{\pi}{8} - \dfrac{8}{9\pi}\right)(40)^4$	4.744×10^7
부분 3	120	$\pi(20)^2$	$\frac{1}{4}\pi(20)^4$	1.822×10^7

결과 합산 y축에 대한 복합 면적의 관성모멘트는 다음과 같다.

$$I_y = (I_y)_1 + (I_y)_2 - (I_y)_3 = (4.608 + 4.744 - 1.822) \times 10^7 \text{ mm}^4$$
$$= 7.530 \times 10^7 \text{ mm}^4$$

전체 면적은 다음과 같다.

$$A = A_1 + A_2 - A_3 = (120 \text{ mm})(80 \text{ mm}) + \frac{1}{2}\pi(40 \text{ mm})^2 - \pi(20 \text{ mm})^2$$
$$= 1.086 \times 10^4 \text{ mm}^2$$

그러면 y축에 대한 회전반경은 다음과 같다.

$$k_y = \sqrt{\frac{I_y}{A}} = \sqrt{\frac{7.530 \times 10^7 \text{ mm}^4}{1.086 \times 10^4 \text{ mm}^2}} = 83.3 \text{ mm}$$

비판적 사고

적분은 더하는 과정이기 때문에 복합 면적의 관성모멘트는 각 부분의 관성모멘트를 더해줌(제거된 영역에 대해서는 빼줌)으로써 구할 수 있다. 그러나 복합 면적의 회전반경은 각 부분의 회전반경을 더하거나 빼서는 구할 수 없다. 이것은 면적, 회전반경, 관성모멘트에 관련된 식으로부터 알 수 있다. 이 예제에서는 이것을 다음과 같이 수치적으로 검증할 수 있다.

$$(k_y)_1 + (k_y)_2 - (k_y)_3 = \sqrt{\frac{(I_y)_1}{A_1}} + \sqrt{\frac{(I_y)_2}{A_2}} - \sqrt{\frac{(I_y)_3}{A_3}} = 86.3 \text{ mm}$$

위 값은 복합 면적의 회전반경을 정확히 구하지 못한다.

예제 8.5 보의 단면

다음은 동일한 면적을 가진 몇몇 보의 단면을 나타낸다. (두 번째 단면의 보는 I-빔이라고 한다.) 이들의 x축에 대한 관성모멘트를 비교하라.

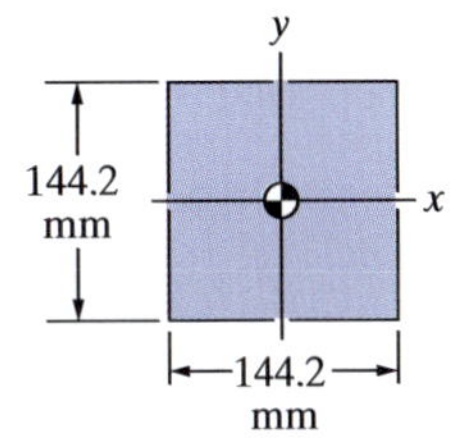

전략

부록 B로부터 정사각형 단면의 관성모멘트를 얻을 수 있다. I-빔의 단면은 세 개의 사각형으로 나누며, 평행축 정리를 이용해서 관성모멘트를 구한다.

풀이

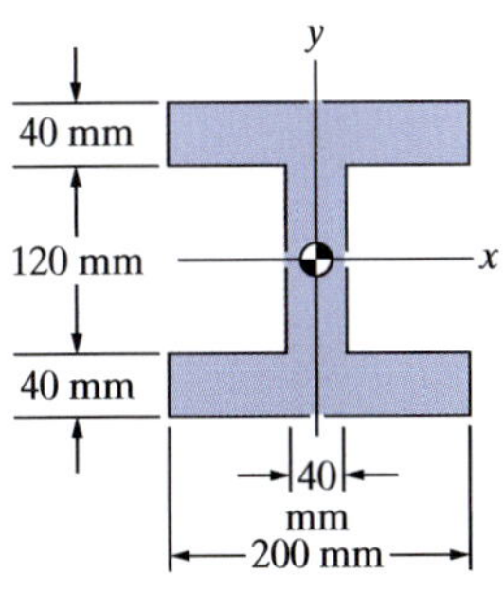

정사각형 단면 부록 B로부터 x축에 대한 정사각형 단면의 관성모멘트는 다음과 같다.

$$I_x = \frac{1}{12}(144.2 \text{ mm})(144.2 \text{ mm})^3 = 3.60 \times 10^7 \text{ mm}^4$$

I-빔 단면 주어진 면적을 그림 a와 같이 사각형 부분으로 나눌 수 있다. 각 부분의 도심이 원점인 좌표계 $x'y'$을 적용하고(그림 b), 평행축 정리를 이용해서 x축에 대한 관성모멘트를 구할 수 있다(다음 표 참조). 그 합은 다음과 같다.

$$I_x = (I_x)_1 + (I_x)_2 + (I_x)_3 = (5.23 + 0.58 + 5.23) \times 10^7 \text{ mm}^4$$
$$= 11.03 \times 10^7 \text{ mm}^4$$

x축에 대한 각 부분의 관성모멘트 결정

	d_y (mm)	A (mm^2)	$I_{x'}$ (mm^4)	$I_x = I_{x'} + d_y^2 A$ (mm^4)
부분 1	80	(200)(40)	$\frac{1}{12}(200)(40)^3$	5.23×10^7
부분 2	0	(40)(120)	$\frac{1}{12}(40)(120)^3$	0.58×10^7
부분 3	−80	(200)(40)	$\frac{1}{12}(200)(40)^3$	5.23×10^7

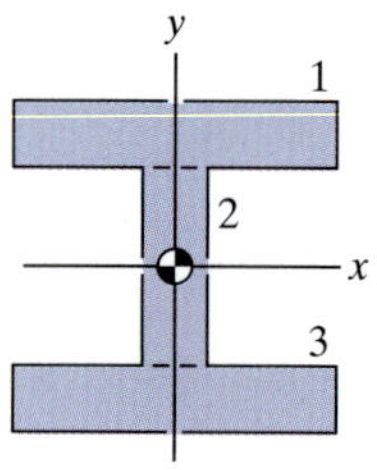

(a) 각 부분으로 나눈 I-빔

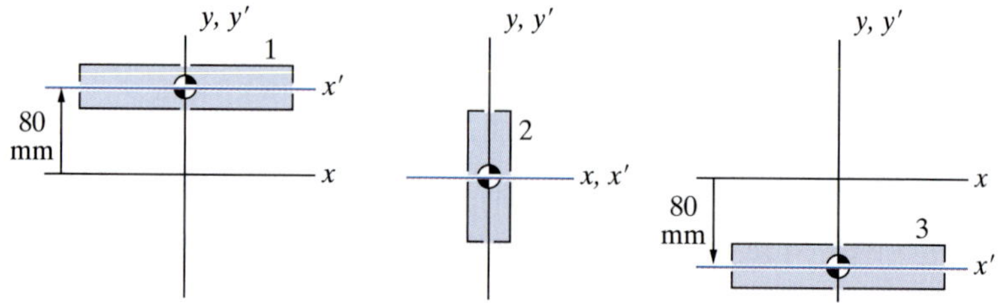

(b) 각 부분의 도심이 원점인 $x'y'$ 평행 좌표계

비판적 사고

I-빔의 관성모멘트는 같은 면적의 정사각형 단면의 관성모멘트의 3.06배이다. 일반적으로 관성모멘트가 큰 보는 굽힘에 대한 저항이 더 크기 때문에 더 큰 측면하중을 지탱할 수 있다. 큰 관성모멘트를 얻기 위해서는 I-빔 형상의 단면을 설계한다.

연습문제

8.27 면적에서 치수 $b = 4$ in, $h = 3$ in이다. 면적을 두 사각형으로 나누어서 복합 면적의 I_x, k_x를 구하라.

8.28 면적에서 치수 $b = 4$ in, $h = 3$ in이다. 면적을 두 사각형으로 나누어서 복합 면적의 I_y, k_y를 구하라.

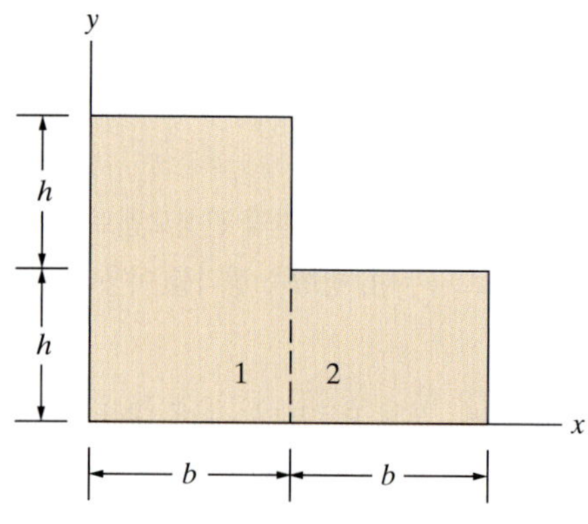

연습문제 8.27/8.28

8.29 치수 $d = 300$ mm, $b_f = 120$ mm, $t_f = 20$ mm, $t_w = 15$ mm이다. 보의 단면에 대해 I_x, k_x를 구하라.

출처: aliaksab/123RF 제공

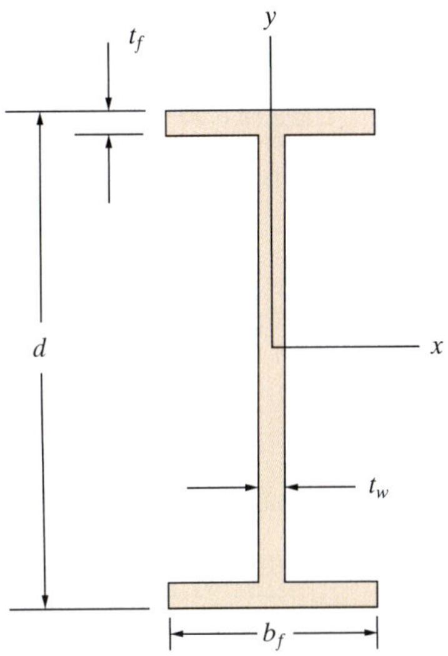

연습문제 8.29

8.30 실습 예제 8.4에서 복합 면적에 대한 I_x, k_x를 구하라.

8.31 I_x, k_x를 구하라.

8.32 I_y, k_y를 구하라.

8.33 J_O, k_O를 구하라.

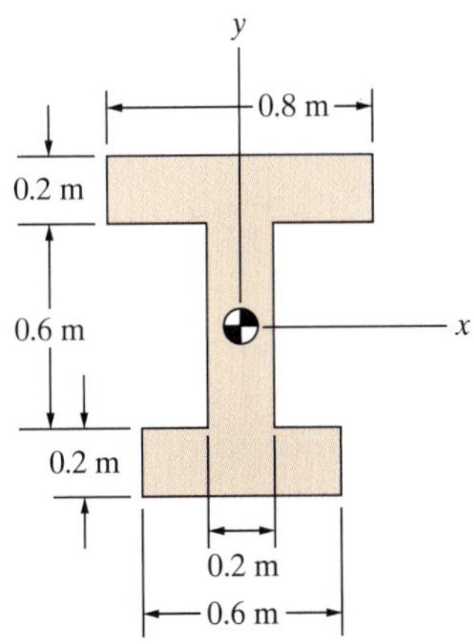

연습문제 8.31~8.33

8.34 설계한 보의 단면적에서 $I_x = 6.4 \times 10^5$ mm^{4}라면 I_y, J_O는 얼마가 되어야 하는가?

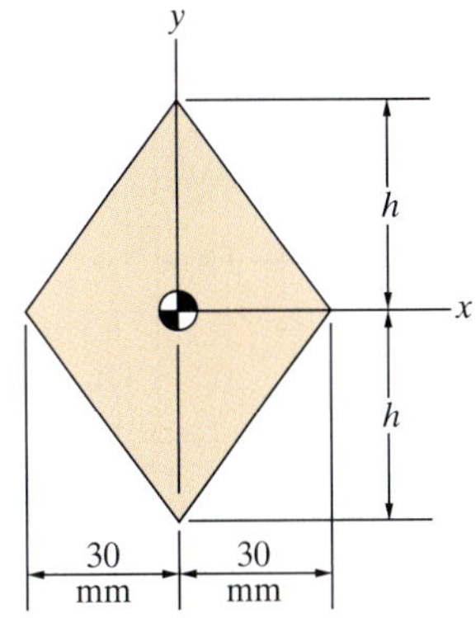

연습문제 8.34

8.35 I_y, k_y를 구하라.

8.36 I_x, k_x를 구하라.

8.37 I_{xy}를 구하라.

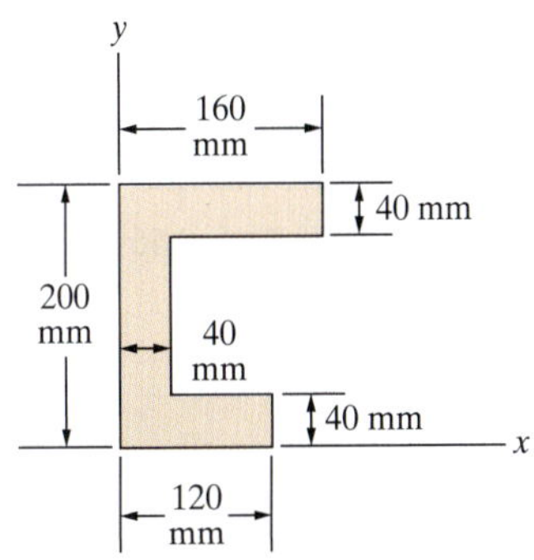

연습문제 8.35~8.37

8.38 I_x, k_x를 구하라.

8.39 I_y, k_y를 구하라.

8.40 I_{xy}를 구하라.

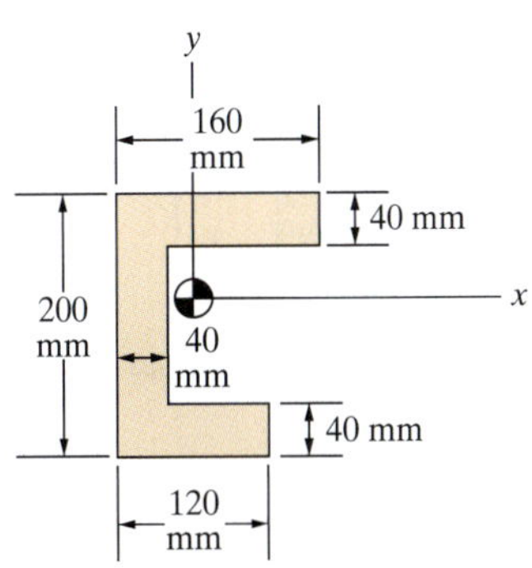

연습문제 8.38~8.40

8.41 I_x, k_x를 구하라.

8.42 J_O, k_O를 구하라.

8.43 I_{xy}를 구하라.

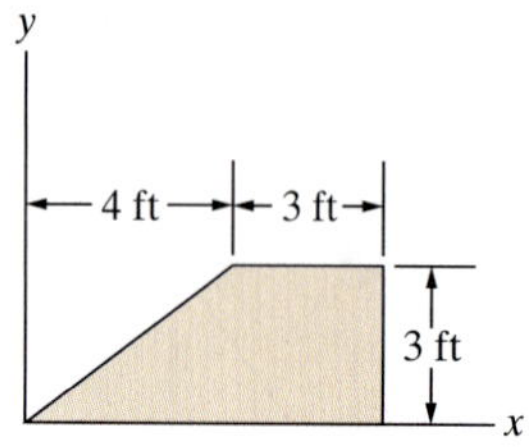

연습문제 8.41~8.43

8.44 I_x, k_x를 구하라.

8.45 J_O, k_O를 구하라.

8.46 I_{xy}를 구하라.

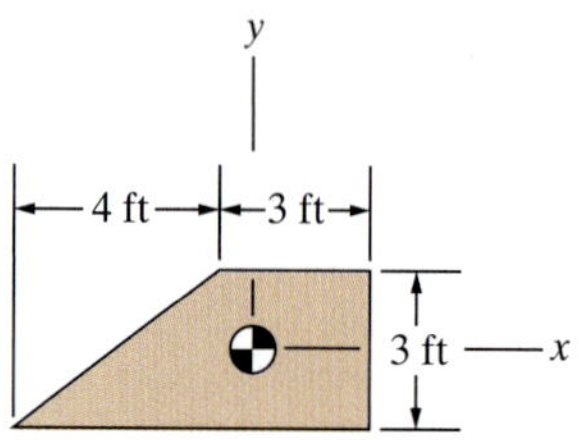

연습문제 8.44~8.46

8.47 I_x, k_x를 구하라.

8.48 J_O, k_O를 구하라.

8.49 I_{xy}를 구하라.

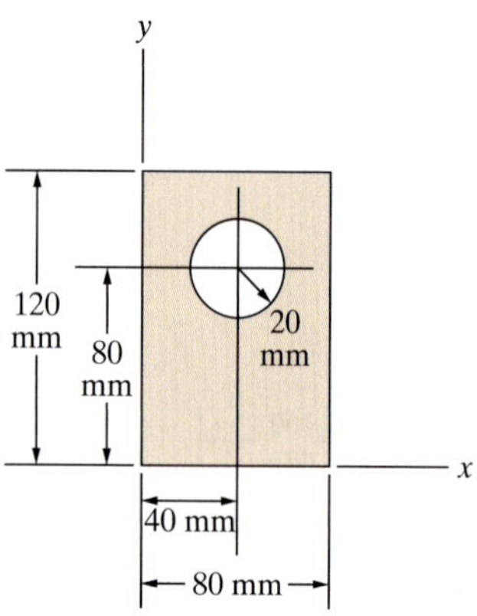

연습문제 8.47~8.49

8.50 I_x, k_x를 구하라.

8.51 I_y, k_y를 구하라.

8.52 J_O, k_O를 구하라.

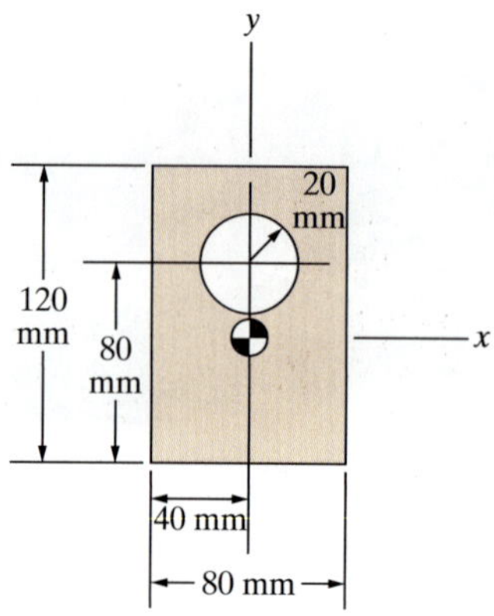

연습문제 8.50~8.52

8.53 I_y, k_y를 구하라.

8.54 J_O, k_O를 구하라.

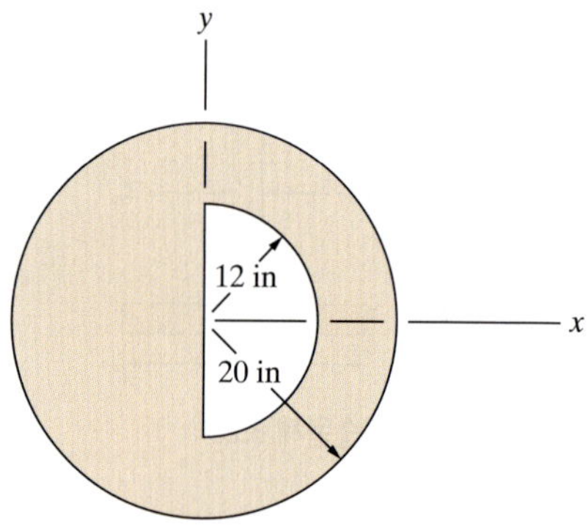

연습문제 8.53/8.54

8.55 $h = 3$ m일 때 I_y, k_y를 구하라.

8.56 $h = 3$ m일 때 I_x, k_x를 구하라.

8.57 $I_y = 5$ m^4일 때 h의 치수는 얼마인가?

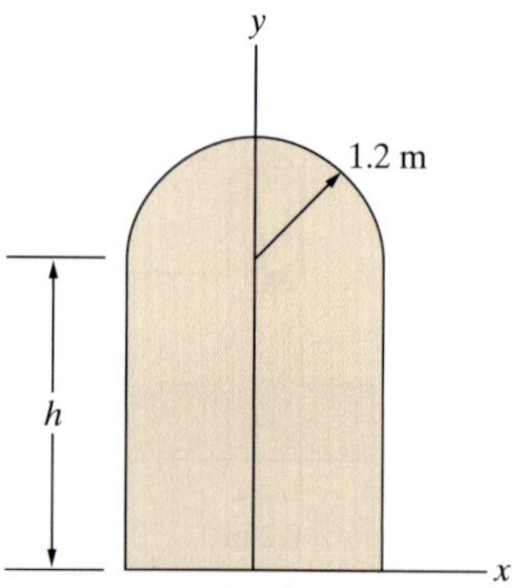

연습문제 8.55~8.57

8.58 각도기의 면적에 대해 x축에 대한 관성모멘트를 구하라.

8.59 각도기의 면적에 대해 y축에 대한 관성모멘트를 구하라.

8.60 각도기의 면적 도심을 지나는 y'축에 대한 관성모멘트를 구하라.
전략: y축에 대한 관성모멘트를 구한 후 전체 면적에 대한 평행축 정리를 적용한다.

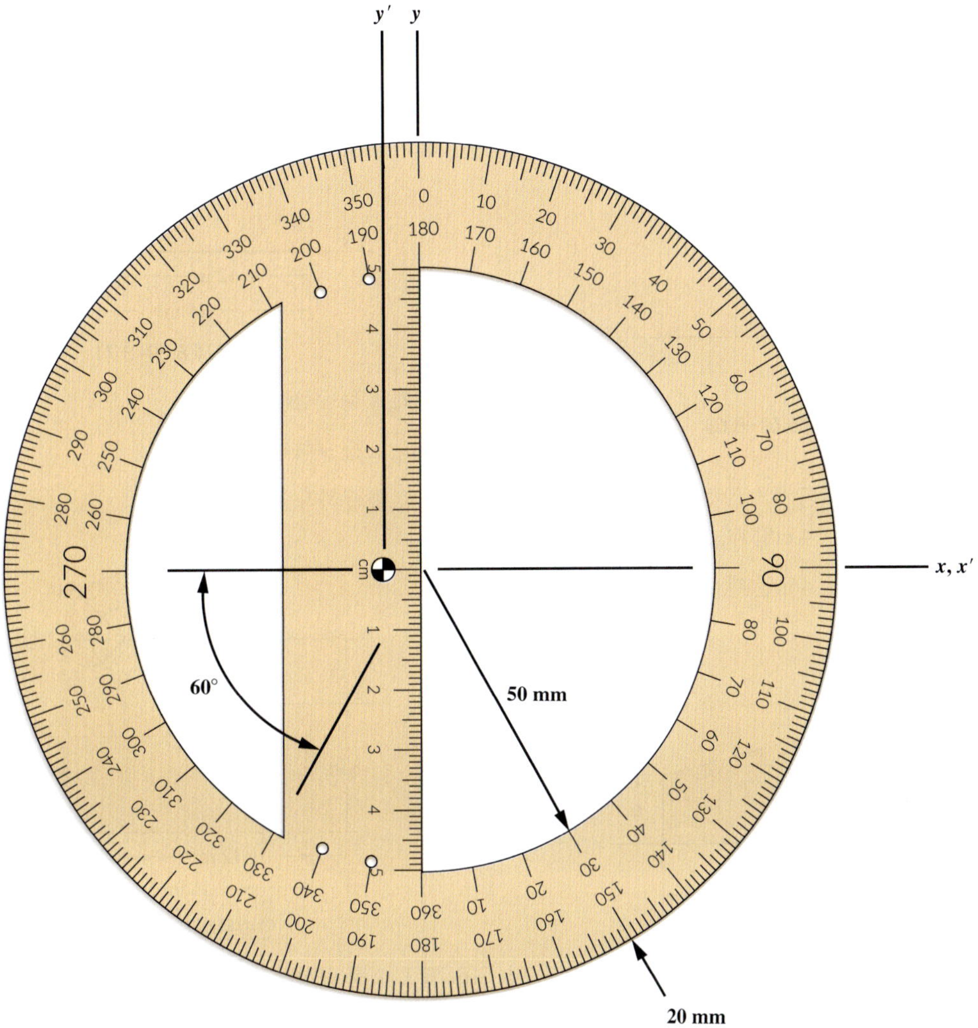

출처: narahmommy/123RF 제공

연습문제 8.58~8.60

8.61 I_y, k_y를 구하라.

8.62 I_x, k_x를 구하라.

8.63 I_{xy}를 구하라.

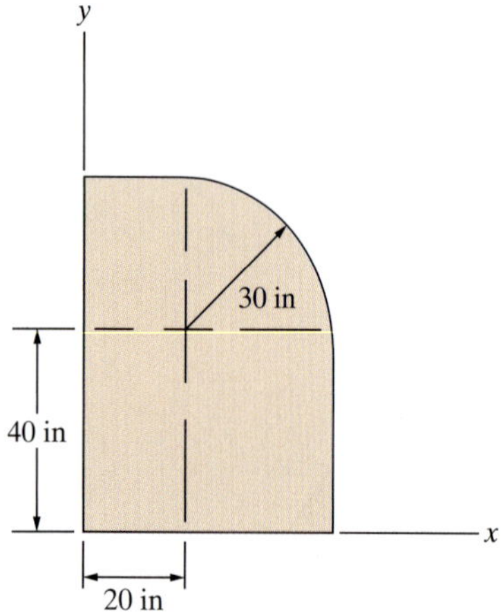

연습문제 8.61~8.63

8.64 치수 $b = 16$ in, $h = 4$ in일 때, I_y를 구하라.

8.65 치수 $b = 16$ in, $h = 4$ in일 때, J_O를 구하라.

8.66 치수 $b = 16$ in, $h = 4$ in일 때, I_{xy}를 구하라.

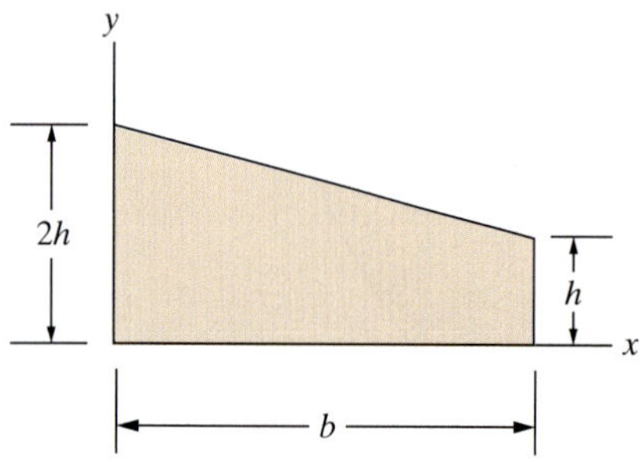

연습문제 8.64~8.66

8.67 I_y, k_y를 구하라.

8.68 J_O, k_O를 구하라.

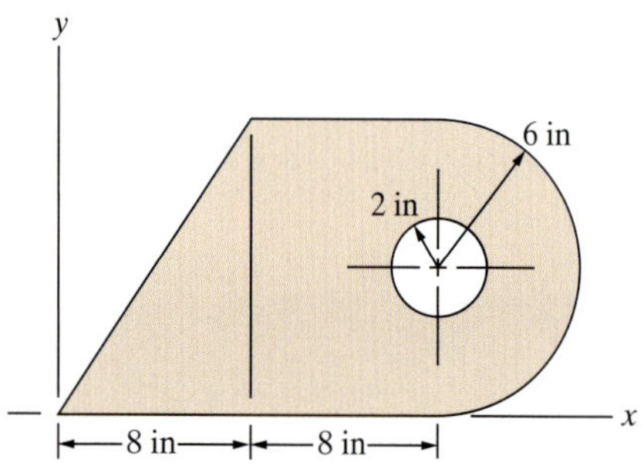

연습문제 8.67/8.68

8.69 I_y, k_y를 구하라.

8.70 I_x, k_x를 구하라.

8.71 I_{xy}를 구하라.

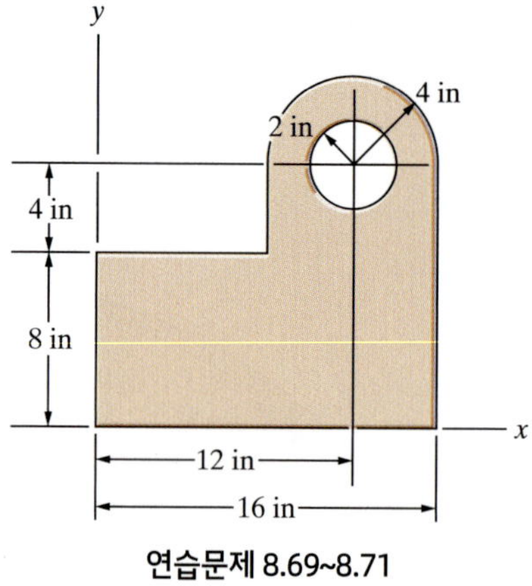

연습문제 8.69~8.71

8.72 I_y, k_y를 구하라.

8.73 I_x, k_x를 구하라.

8.74 I_{xy}를 구하라.

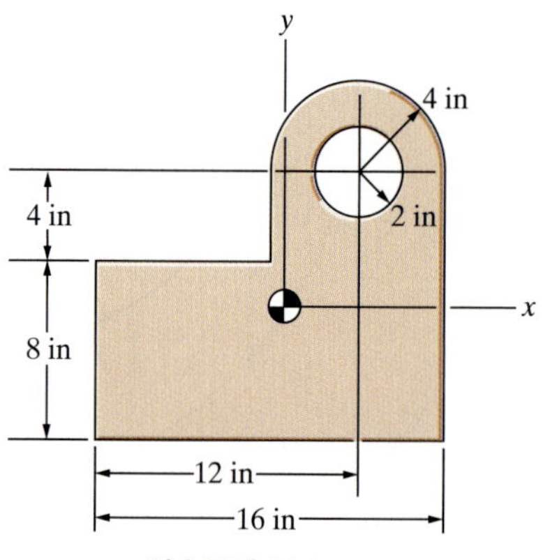

연습문제 8.72~8.74

8.75 I_y, k_y를 구하라.

8.76 J_O, k_O를 구하라.

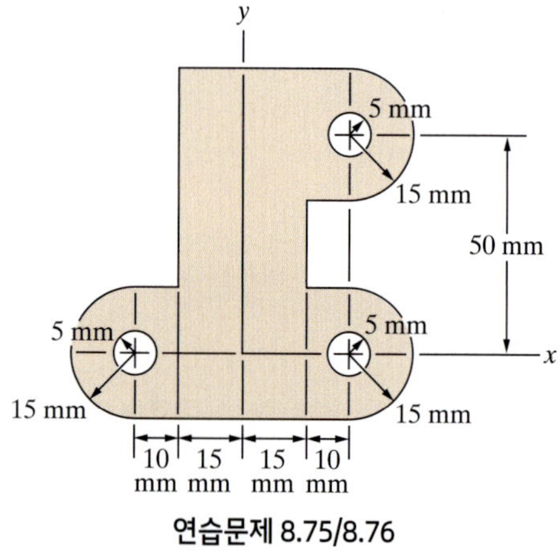

연습문제 8.75/8.76

8.77 보 단면에 대해 I_x, I_y를 구하라.

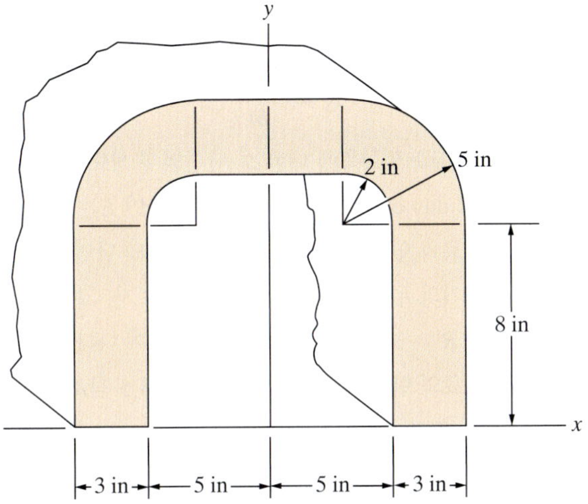

연습문제 8.77

8.78 보 단면에 대해 I_x, I_y를 구하라.

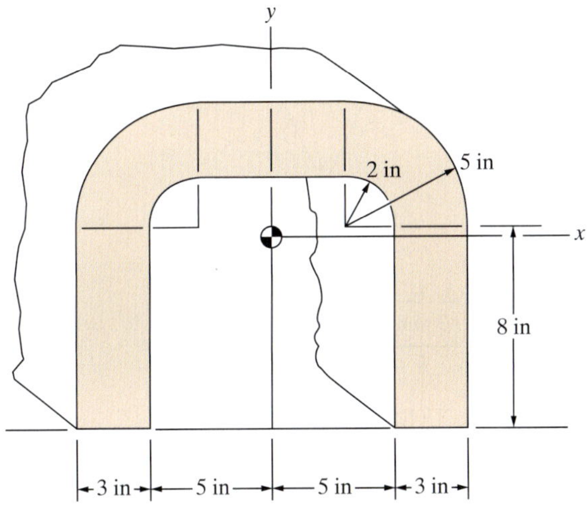

연습문제 8.78

8.79 주어진 면적 $A = 2 \times 10^4\ \text{mm}^2$이고, y축에 대한 관성모멘트 $I_y = 3.2 \times 10^8\ \text{mm}^4$이다. $\hat{y}$축에 대한 관성모멘트를 구하라.

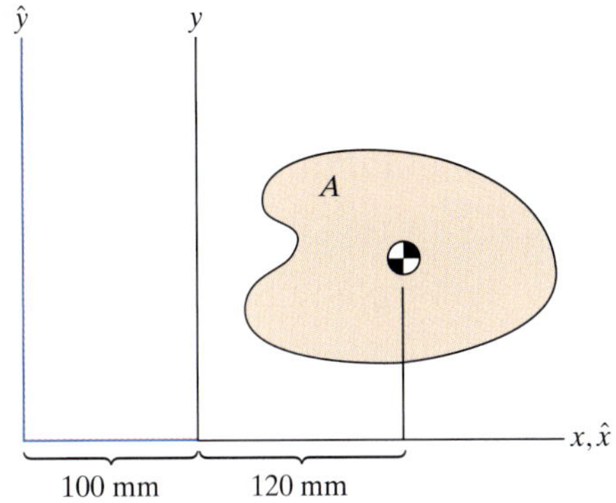

연습문제 8.79

8.80 주어진 면적 $A = 100\ \text{in}^2$이고 x'축에 대해 대칭이다. 관성모멘트는 각각 $I_{x'} = 420\ \text{in}^4$, $I_{y'} = 580\ \text{in}^4$, $J_O = 11{,}000\ \text{in}^4$, $I_{xy} = 4800\ \text{in}^4$이다. I_x, I_y를 구하라.

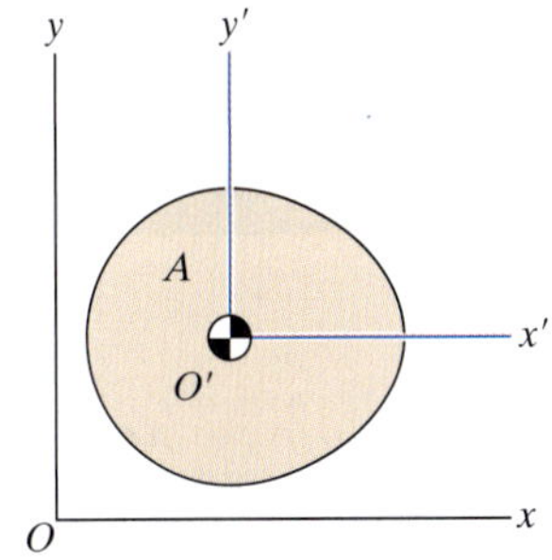

연습문제 8.80

8.81 보 단면의 x축에 대한 관성모멘트를 구하라. 구한 결과를 동일한 면적의 속이 차 있는 정사각형 단면의 관성모멘트와 비교하라(예제 8.5 참조).

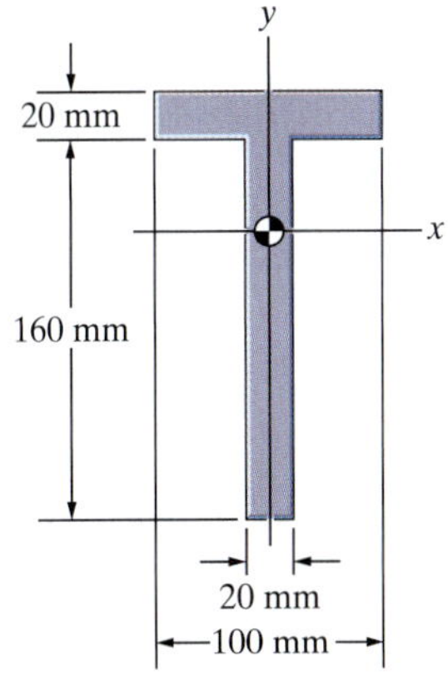

연습문제 8.81

8.82 여객기의 날개에 있는 몇몇 점의 좌표가 주어진 좌표계에서 다음과 같다.

A: (19.0, 35.0) m, B: (22.6, 35.0) m, C: (13.2, 9.4) m
D: (10.0, 0) m, E: (13.2, 0) m

날개 면적의 x축에 대한 관성모멘트를 구하라. [점 A, B의 윗부분에 위치한 날개 부분인 '윙렛(winglet)'의 면적은 무시한다.]

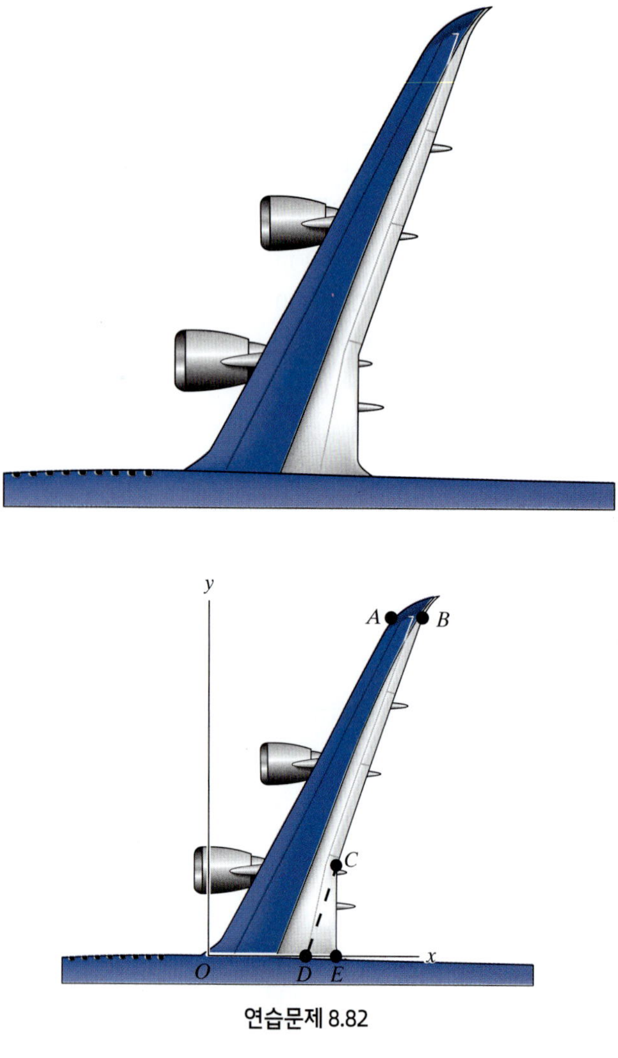

연습문제 8.82

8.83 그림 a의 보에 크기 M인 x축에 대한 우력이 작용할 때(그림 b) 보의 길이 방향 축은 원호 형태로 굽힘 변형이 나타나며, 이때 굽힘반경 R은 다음과 같다.

$$R = \frac{EI_x}{M}$$

여기에서 I_x는 x축 및 y축에 대한 보 단면의 관성모멘트이다. **탄성계수**(modulus of elasticity)라 불리는 항인 E는 보를 이루고 있는 재료와 연관된다. 그림 c와 같이 보의 단면에 M = 180 N-m 크기의 우력이 작용한다고 생각해보자. 그 결과 보의 축은 반경 R = 3 m인 원호의 형태로 굽힘이 나타났다. 보를 이루는 재료의 탄성계수는 얼마인가(예제 8.5 참조)?

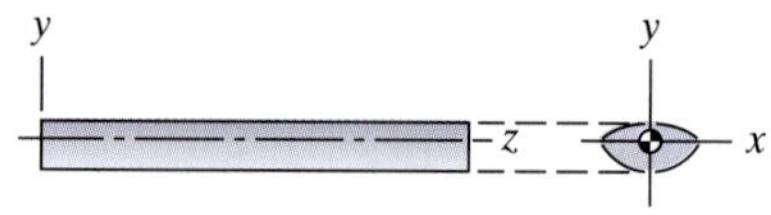

(a) 하중 제거 상태

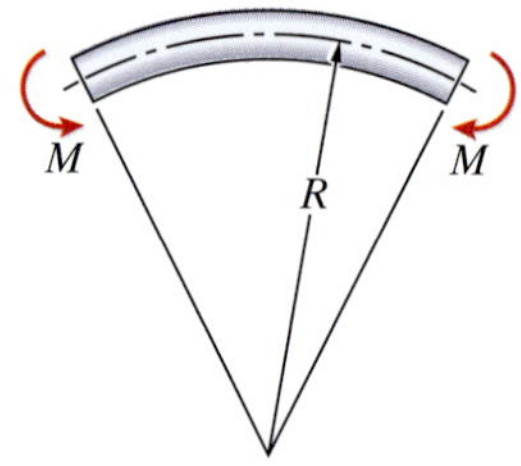

(b) 양단에 작용하는 우력

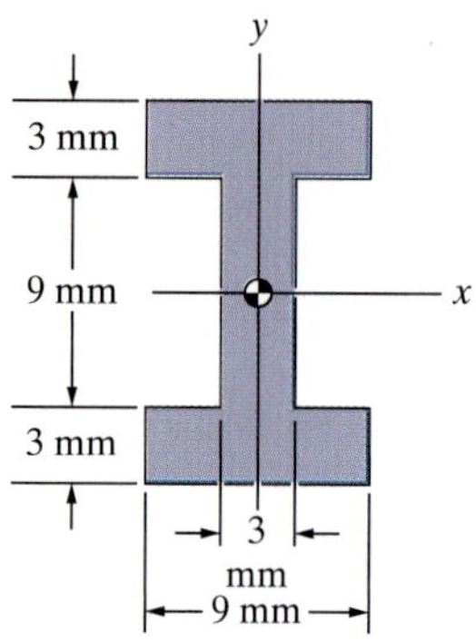

(c) 보의 단면적

연습문제 8.83

8.84 밀도가 8000 kg/m^{3}인 재료로 만들어진 보를 설계하려 한다. 보의 길이는 4 m이고 질량은 320 kg이다. $I_x = 3 \times 10^{-5}$ m가 되는 보의 단면을 설계하라(예제 8.5 참조).

8.85 그림 a의 면적은 C230 × 30 미국 표준 채널 빔 단면적이다. 단면적 $A = 3790\ \text{mm}^2$이고, x축 및 y축에 대한 관성모멘트 $I_x = 25.3 \times 10^6\ \text{mm}^4$, $I_y = 1 \times 10^6\ \text{mm}^4$이다. C230 × 30 단면을 가진 두 보의 리벳 이음을 통해 그림 b와 같은 단면을 가진 복합 보를 얻게 된다. 복합 보의 x축 및 y축에 대한 관성모멘트를 구하라.

8.86 그림 a의 면적은 L152 × 102 × 12.7인 앵글 빔 단면이다. 단면적 $A = 3060\ \text{mm}^2$이고, x축 및 y축에 대한 관성모멘트 $I_x = 7.24 \times 10^6\ \text{mm}^4$, $I_y = 2.61 \times 10^6\ \text{mm}^4$이다. L152 ×102 × 12.7 단면을 가진 네 개의 보에 대한 리벳 이음을 통해 그림 b와 같은 단면을 가진 복합 보를 얻게 된다. 복합 보의 x축 및 y축에 대한 관성모멘트를 구하라.

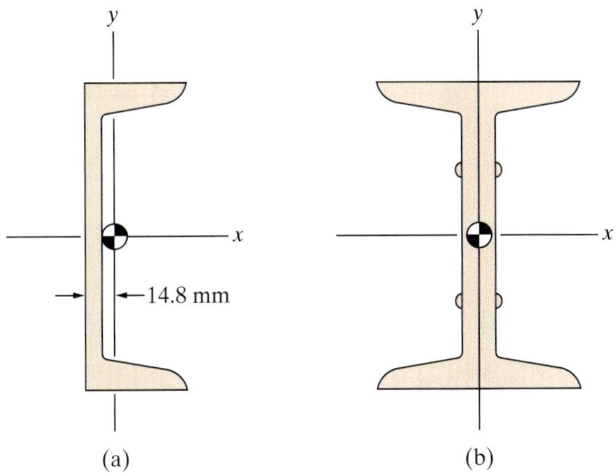

연습문제 8.85

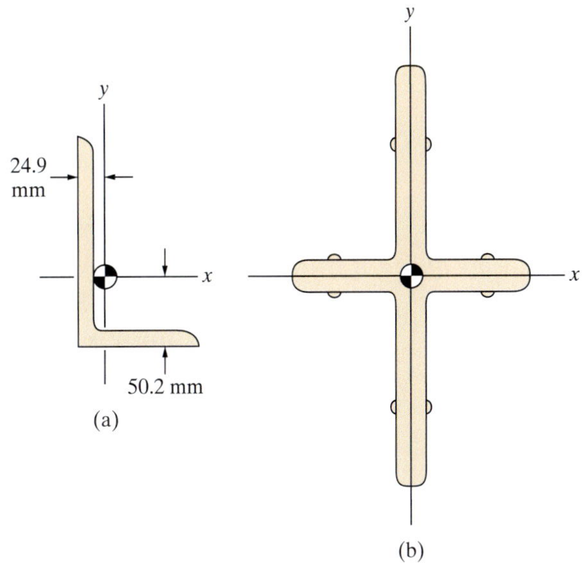

연습문제 8.86

8.3 회전축 및 주축

생각해보기

- 관성모멘트는 보의 굽힘에 대해 무슨 역할을 하는가?
- 면적의 관성모멘트가 주어져 있을 때, 좌표계를 회전시키면 관성모멘트는 어떻게 구할 수 있는가?

배경

그림 8.6a에 주어진 외팔보 단면을 생각해보자. 수직력이 보의 끝단에 가해질 때, 단면이 그림 8.6c의 단면 배치보다는 그림 8.6b의 단면 배치에 대해 더 큰 수직 변형이 나타나게 된다. 관성모멘트 I_x가 최대가 되도록 보의 단면 방향을 조정하면 보의 수직 변형은 최소가 된다(그림 8.6d).

많은 공학 문제에서 어떤 좌표계에 대해 다양한 각도 방향에 따라 달라지는 면

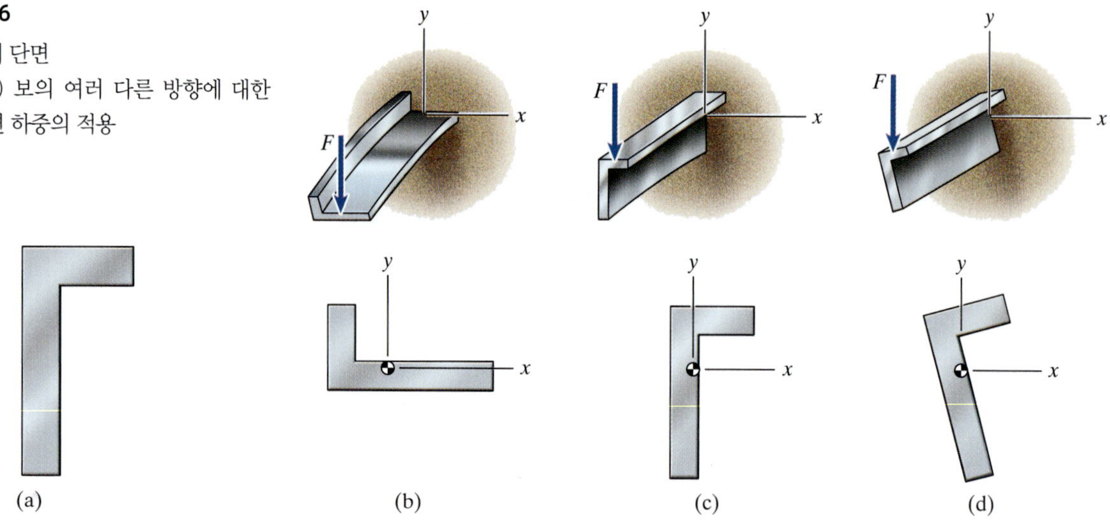

그림 8.6
(a) 보의 단면
(b)~(d) 보의 여러 다른 방향에 대한 측면 하중의 적용

적 관성모멘트를 구해야 하는 경우가 있다. 또한 어떤 각도 방향에서 관성모멘트가 최댓값 혹은 최솟값인지 구해야 하는 경우도 있다. 이 절에서는 이러한 과정에 대해 논의할 것이다.

회전축

면적 A, xy 좌표계, xy 좌표계에 대해 각도 θ만큼 회전한 두 번째 좌표계 $x'y'$을 생각해보자(그림 8.7a). xy 좌표계에 대한 A의 관성모멘트는 주어져 있다고 하자. 이때 $x'y'$ 좌표계에 대한 관성모멘트를 구하려고 한다.

그림 8.7b와 같이 미소 면적 요소 dA의 반경 거리 r과 각도 α에 대해 xy 좌표계 상의 dA의 좌표는 다음과 같다.

$$x = r\cos\alpha \tag{8.14}$$

$$y = r\sin\alpha \tag{8.15}$$

$x'y'$ 좌표계에서 dA의 좌표는 다음과 같다.

$$x' = r\cos(\alpha - \theta) = r(\cos\alpha\cos\theta + \sin\alpha\sin\theta) \tag{8.16}$$

$$y' = r\sin(\alpha - \theta) = r(\sin\alpha\cos\theta - \cos\alpha\sin\theta) \tag{8.17}$$

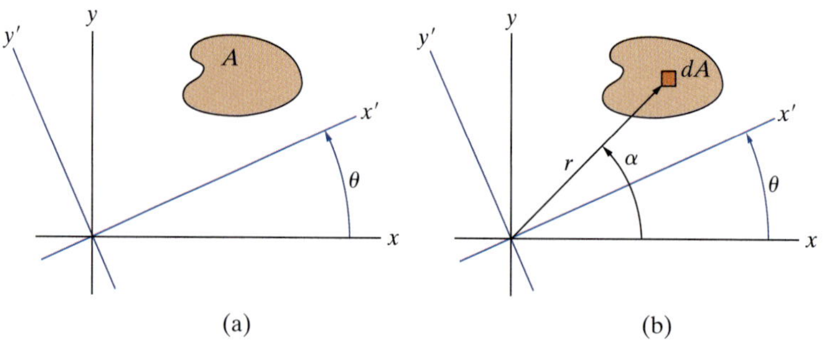

그림 8.7
(a) xy 좌표계에 대해 각도 θ만큼 회전한 $x'y'$ 좌표계
(b) 미소 면적 요소 dA

식 (8.16) 및 식 (8.17)에서 두 각도 차에 대한 코사인 및 사인 공식을 이용할 수 있다(부록 A). 식 (8.14)와 식 (8.15)를 식 (8.16) 및 식 (8.17)에 대입하면, 두 좌표계에서 dA의 좌표들을 연결해주는 관계식을 얻게 된다.

$$x' = x\cos\theta + y\sin\theta \tag{8.18}$$

$$y' = -x\sin\theta + y\cos\theta \tag{8.19}$$

위 관계식을 이용하면 xy 및 $x'y'$ 좌표계에서 A의 관성모멘트 간의 관계를 나타낼 수 있다.

X′축에 대한 관성모멘트

$$\begin{aligned} I_{x'} &= \int_A (y')^2\,dA = \int_A (-x\sin\theta + y\cos\theta)^2\,dA \\ &= \cos^2\theta \int_A y^2\,dA - 2\sin\theta\cos\theta \int_A xy\,dA + \sin^2\theta \int_A x^2\,dA \end{aligned}$$

이 식으로부터 다음을 얻는다.

$$I_{x'} = I_x\cos^2\theta - 2I_{xy}\sin\theta\cos\theta + I_y\sin^2\theta \tag{8.20}$$

Y′축에 대한 관성모멘트

$$\begin{aligned} I_{y'} &= \int_A (x')^2\,dA = \int_A (x\cos\theta + y\sin\theta)^2\,dA \\ &= \sin^2\theta \int_A y^2\,dA + 2\sin\theta\cos\theta \int_A xy\,dA + \cos^2\theta \int_A x^2\,dA \end{aligned}$$

이 식으로부터 다음을 얻는다.

$$I_{y'} = I_x\sin^2\theta + 2I_{xy}\sin\theta\cos\theta + I_y\cos^2\theta \tag{8.21}$$

관성곱 $x'y'$ 좌표계에서 A의 관성곱은 다음과 같다.

$$I_{x'y'} = (I_x - I_y)\sin\theta\cos\theta + (\cos^2\theta - \sin^2\theta)I_{xy} \tag{8.22}$$

극관성모멘트 식 (8.20) 및 식 (8.21)로부터 $x'y'$ 좌표계의 극관성모멘트는 다음과 같이 구한다.

$$J'_O = I_{x'} + I_{y'} = I_x + I_y = J_O$$

그러므로 극관성모멘트 값은 좌표계의 회전과 무관하다.

주축

그림 8.7a와 같이 $x'y'$ 좌표계에서 A의 관성모멘트는 각도 θ에 영향을 받는다는 것을 알았다. 이제 다음의 질문을 생각해보자. θ가 어떤 값을 가질 때 관성모멘트

$I_{x'}$이 최대 혹은 최소가 되는가?

이 질문에 답하기 위해 다음 공식을 사용하면 편리하다.

$$\sin 2\theta = 2\sin\theta\cos\theta$$
$$\cos 2\theta = \cos^2\theta - \sin^2\theta = 1 - 2\sin^2\theta = 2\cos^2\theta - 1$$

위의 관계식으로부터 식 (8.20)~(8.22)를 다음과 같이 나타낼 수 있다.

$$I_{x'} = \frac{I_x + I_y}{2} + \frac{I_x - I_y}{2}\cos 2\theta - I_{xy}\sin 2\theta \tag{8.23}$$

$$I_{y'} = \frac{I_x + I_y}{2} - \frac{I_x - I_y}{2}\cos 2\theta + I_{xy}\sin 2\theta \tag{8.24}$$

$$I_{x'y'} = \frac{I_x - I_y}{2}\sin 2\theta + I_{xy}\cos 2\theta \tag{8.25}$$

이제 $I_{x'}$이 θ_p에 의해 최대 또는 최소가 될 때의 θ 값을 나타낼 것이다. θ_p를 구하기 위해 식 (8.23)의 2θ에 대한 미분을 계산해서 0이 되게 하면 다음 관계를 얻을 수 있다.

$$\tan 2\theta_p = \frac{2I_{xy}}{I_y - I_x} \tag{8.26}$$

또한 식 (8.24)를 2θ에 대해 미분하고 0이 되게 해서 $I_{y'}$이 최대 또는 최소가 되기 위한 θ 값을 구하면 식 (8.26)을 얻게 된다. 2θ에 대한 $I_{x'}$, $I_{y'}$의 2차 미분은 서로에 대해 반대 부호를 나타낸다. 즉 다음과 같다.

$$\frac{d^2 I_{x'}}{d(2\theta)^2} = -\frac{d^2 I_{y'}}{d(2\theta)^2}$$

위 식은 $I_{x'}$은 최대이고 $I_{y'}$은 최소가 되기 위한 각도 θ_p를 나타낸다. 또는 $I_{x'}$은 최소이고 $I_{y'}$은 최대가 되기 위한 각도 θ_p를 나타낸다.

$I_{x'}$, $I_{y'}$이 최대 또는 최소 값을 가지도록 조정된 회전 좌표계 $x'y'$을 면적 A의 주축(principal axes)이라고 한다. 이와 관련된 관성모멘트 $I_{x'}$과 $I_{y'}$은 **주관성모멘트**(principal moments of inertia)라고 한다. 다음 절에서는 주축과 관련된 관성곱 $I_{x'y'}$이 0이 되는 것을 밝힐 것이다.

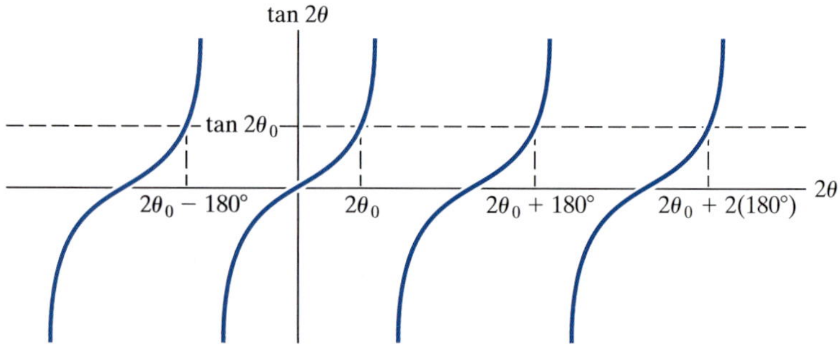

그림 8.8
주어진 $\tan 2\theta_0$ 값에 대해 다중 해 $2\theta_0 + n(180°)$가 존재한다.

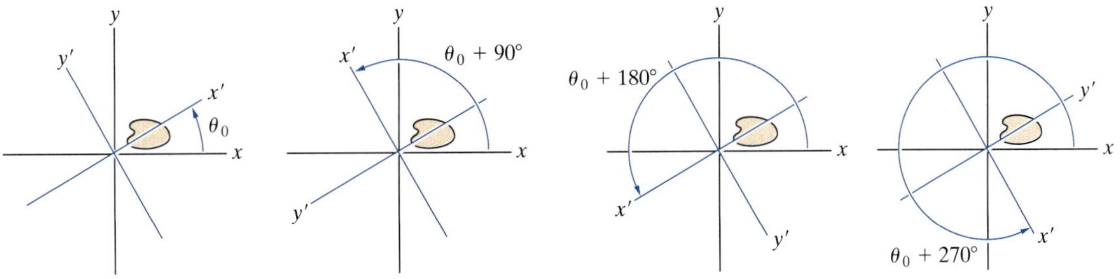

그림 8.9

$x'y'$ 좌표계의 방향은 90°의 배수로 결정된다.

탄젠트는 주기 함수이므로, 식 (8.26)은 각도 θ_p에 대해 단일 해를 가지지는 않는다. 하지만 이것은 90°의 어떤 배수에서 주축의 방향이 결정된다는 것을 보여준다. 그림 8.8에서 $2\theta_0$가 식 (8.26)의 해라면, 어떤 상수 n의 $2\theta_0 + n(180°)$ 역시 그 해가 된다. 결과적인 $x'y'$ 좌표계의 방향이 그림 8.9에 나타나 있다.

결과 정리

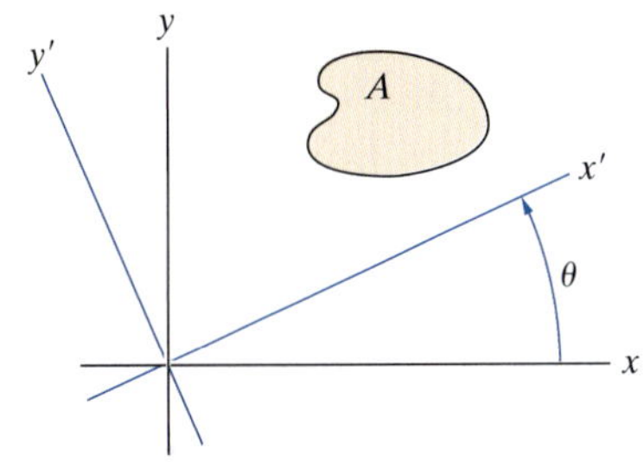

어떤 회전 좌표계 $x'y'$에서 면적의 관성모멘트와 관성곱은 xy 좌표계의 관성모멘트와 관성곱, 각도 θ로 표현될 수 있다.

$$I_{x'} = I_x \cos^2\theta - 2I_{xy}\sin\theta\cos\theta + I_y\sin^2\theta \tag{8.20}$$

$$I_{y'} = I_x \sin^2\theta + 2I_{xy}\sin\theta\cos\theta + I_y\cos^2\theta \tag{8.21}$$

$$I_{x'y'} = (I_x - I_y)\sin\theta\cos\theta + (\cos^2\theta - \sin^2\theta)I_{xy} \tag{8.22}$$

식 (8.20)~(8.22)를 다음과 같이 표현하면 유용하다.

$$I_{x'} = \frac{I_x + I_y}{2} + \frac{I_x - I_y}{2}\cos 2\theta - I_{xy}\sin 2\theta \tag{8.23}$$

$$I_{y'} = \frac{I_x + I_y}{2} - \frac{I_x - I_y}{2}\cos 2\theta + I_{xy}\sin 2\theta \tag{8.24}$$

$$I_{x'y'} = \frac{I_x - I_y}{2}\sin 2\theta + I_{xy}\cos 2\theta \tag{8.25}$$

식 (8.23)에서 얻은 관성모멘트 $I_{x'}$이 최대 혹은 최소가 되도록 하는 θ 값은 θ_p로 나타낸다. 만약 $\theta = \theta_p$에서 $I_{x'}$이 최대라면 $I_{y'}$은 $\theta = \theta_p$에서 최소가 된다. 또한 $I_{x'}$이 최소라면 $I_{y'}$은 최대가 된다. $\theta = \theta_p$ 조건에서의 회전 좌표계 $x'y'$이 면적 A의 **주축**을 정의하며, 주축에 대한 관성모멘트는 **주관성모멘트**이다. $\theta = \theta_p$ 조건에서의 관성곱 $I_{x'y'}$은 0이다.

I_x, I_y, I_{xy} 값이 주어져 있다면 각도 θ_p는 다음 식으로부터 구할 수 있다.

$$\tan 2\theta_p = \frac{2I_{xy}}{I_y - I_x} \tag{8.26}$$

위 식은 고유한 주축을 정의하지만 $x'y'$ 좌표계의 방향은 90°의 배수에 대해서만 정의된다. 예를 들어 θ_0가 식 (8.26)의 해라면, $\theta_0 + 90°$, $\theta_0 + 180°$, $\theta_0 + 270°$ 역시 해가 되어 $x'y'$ 좌표계에 대한 네 가지의 유효한 방향을 설정하게 된다.

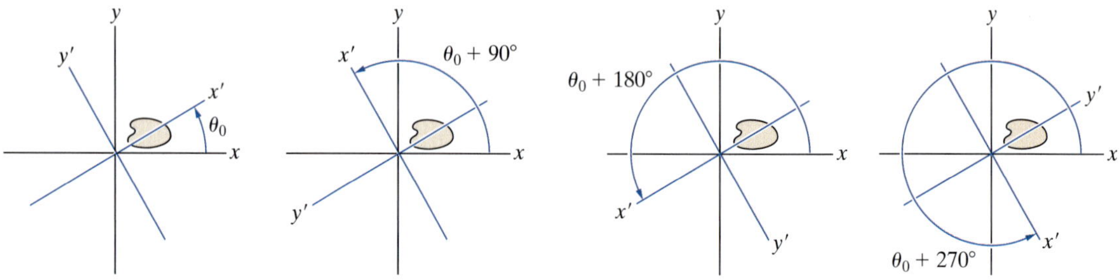

주어진 면적 A와 좌표계 xy에 대한 주축 및 주관성모멘트를 구하는 데 다음 세 단계가 필요하다.

1. I_x, I_y, I_{xy}를 구한다.
2. 식 (8.26)을 이용해서 90°의 배수에 대한 θ_p를 구한다.
3. $x'y'$ 좌표계의 방향을 선택하고 식 (8.23)과 식 (8.24)를 이용해서 주관성모멘트를 구한다.

실습 예제 8.6 주축과 관성모멘트

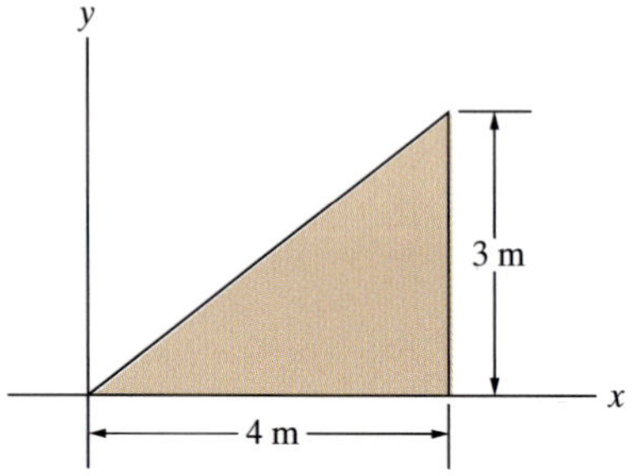

다음 삼각형 면적에 대해 주축을 구하고 주관성모멘트를 구하라.

전략

부록 B를 참조해서 xy 좌표계에 관한 삼각형 면적의 관성모멘트 및 관성곱을 구할 수 있다. 그리고 식 (8.26)을 이용해서 주축의 방향을 정하고 식 (8.23)과 식 (8.24)를 가지고 주관성모멘트를 계산할 수 있다.

풀이

$$I_x = \frac{1}{12}(4\text{ m})(3\text{m})^3 = 9\text{ m}^4$$
$$I_y = \frac{1}{4}(4\text{ m})^3(3\text{ m}) = 48\text{ m}^4$$
$$I_{xy} = \frac{1}{8}(4\text{ m})^2(3\text{ m})^2 = 18\text{ m}^4$$

부록 B로부터 관성모멘트와 관성곱을 구한다.

$$\tan 2\theta_p = \frac{2I_{xy}}{I_y - I_x} = \frac{2(18)}{48-9} = 0.923$$

이를 계산하면, $\theta_p = 21.4°$

식 (8.26)으로부터 θ_p를 구한다.

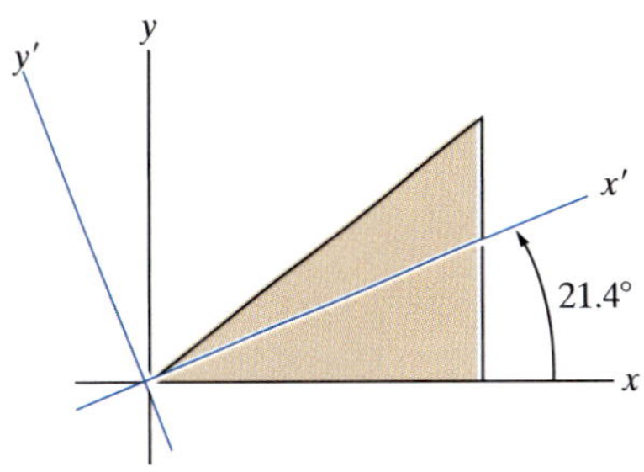

$$I_{x'} = \frac{I_x + I_y}{2} + \frac{I_x - I_y}{2}\cos 2\theta - I_{xy}\sin 2\theta$$
$$= \left(\frac{9+48}{2}\right) + \left(\frac{9-48}{2}\right)\cos[2(21.4°)] - (18)\sin[2(21.4°)]$$
$$= 1.96\text{ m}^4$$
$$I_{y'} = \frac{I_x + I_y}{2} - \frac{I_x - I_y}{2}\cos 2\theta + I_{xy}\sin 2\theta$$
$$= \left(\frac{9+48}{2}\right) - \left(\frac{9-48}{2}\right)\cos[2(21.4°)] + (18)\sin[2(21.4°)]$$
$$= 55.0\text{ m}^4$$

식 (8.23)과 식 (8.24)로부터 주관성모멘트를 계산한다.

실습 문제 삼각형 면적의 관성모멘트와 관성곱이 $I_x = 9\text{ m}^4$, $I_y = 16\text{ m}^4$, $I_{xy} = 6\text{ m}^4$이다. 주축 및 주관성모멘트를 구하라.

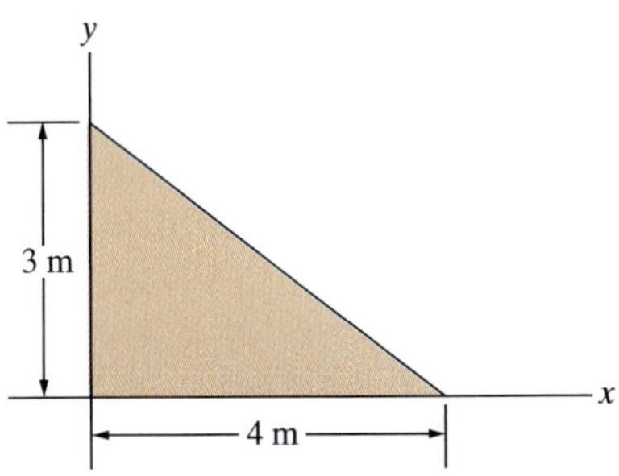

답: $\theta_p = 29.9°$, $I_{x'} = 5.55\text{ m}^4$, $I_{y'} = 19.4\text{ m}^4$

예제 8.7 회전축 및 주축

다음 면적의 xy 좌표계에 대한 관성모멘트 $I_x = 22\ \text{ft}^4$, $I_y = 10\ \text{ft}^4$, $I_{xy} = 6\ \text{ft}^4$이다. (a) $\theta = 30°$일 때 $I_{x'}$, $I_{y'}$, $I_{x'y'}$을 구하라. (b) 주축 및 주관성모멘트를 구하라.

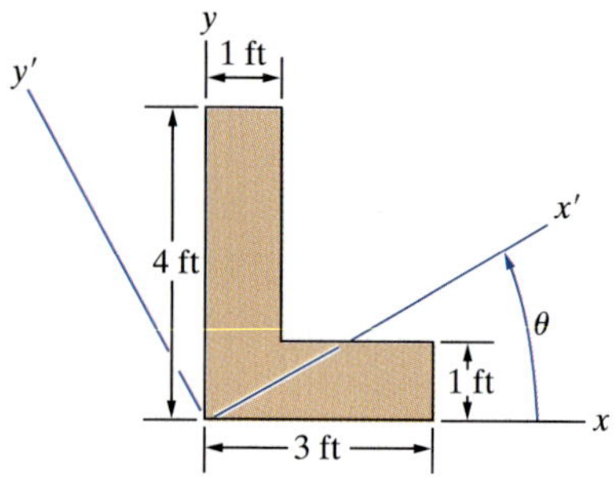

전략

(a) $\theta = 30°$를 식 (8.23)~(8.25)에 대입하면 $x'y'$ 좌표계에 대한 관성모멘트를 구할 수 있다.

(b) θ_p에 대해 식 (8.26)을 풀면 주축의 방향을 구할 수 있다. 일단 θ_p를 구하면, 주축에 대한 관성모멘트는 식 (8.23) 및 식 (8.24)로부터 구할 수 있다.

풀이

(a) $I_{x'}$, $I_{y'}$, $I_{x'y'}$ 구하기 식 (8.23)~(8.25)에서 $\theta = 30°$로 두면 다음을 얻을 수 있다(관성모멘트의 차원은 ft^4이다).

$$I_{x'} = \frac{I_x + I_y}{2} + \frac{I_x - I_y}{2}\cos 2\theta - I_{xy}\sin 2\theta$$

$$= \left(\frac{22 + 10}{2}\right) + \left(\frac{22 - 10}{2}\right)\cos[2(30°)] - (6)\sin[2(30°)] = 13.8\ \text{ft}^4$$

$$I_{y'} = \frac{I_x + I_y}{2} - \frac{I_x - I_y}{2}\cos 2\theta + I_{xy}\sin 2\theta$$

$$= \left(\frac{22 + 10}{2}\right) - \left(\frac{22 - 10}{2}\right)\cos[2(30°)] + (6)\sin[2(30°)] = 18.2\ \text{ft}^4$$

$$I_{x'y'} = \frac{I_x - I_y}{2}\sin 2\theta + I_{xy}\cos 2\theta$$

$$= \left(\frac{22 - 10}{2}\right)\sin[2(30°)] + (6)\sin[2(30°)] = 8.2\ \text{ft}^4$$

(b) θ_p 구하기 xy 좌표계에 대한 관성모멘트를 식 (8.26)에 대입하면 다음을 구할 수 있다.

$$\tan 2\theta_p = \frac{2I_{xy}}{I_y - I_x} = \frac{2(6)}{10 - 22} = -1$$

그러면 $\theta_p = -22.5°$가 된다. 이 θ_p 값과 관련한 주축을 그림 a에 나타내었다.

(c) $I_{x'}$, $I_{y'}$ 구하기 $\theta_p = -22.5°$를 식 (8.23) 및 식 (8.24)에 대입하면 다음의 주 관성모멘트를 구하게 된다.

$$I_{x'} = 24.5 \text{ ft}^4 \quad I_{y'} = 7.5 \text{ ft}^4$$

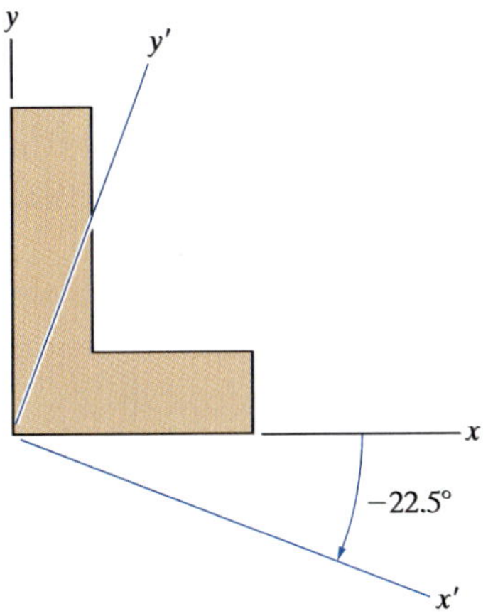

(a) $\theta_p = -22.5°$에 대한 주축

비판적 사고

주축의 방향이 90°의 배수로만 결정된다는 것을 기억하자. 이 예제에서는 그림 a의 축을 양의 방향 x', y'축으로 정해주었지만, 네 가지 중 어떠한 선택이든 유효하다.

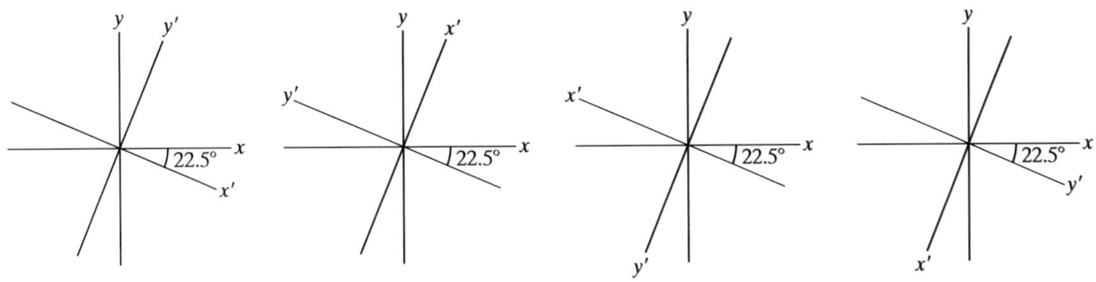

연습문제

8.87 면적의 치수 $b = 4$ in, $h = 3$ in이다. xy 좌표계에 대한 면적의 관성모멘트 $I_x = 324$ in^4, $I_y = 576$ in^4, $I_{xy} = 252$ in^{4}이다. $\theta = 50°$에 대한 $I_{x'}$, $I_{y'}$, $I_{x'y'}$을 구하라.

8.88 면적의 치수 $b = 4$ in, $h = 3$ in이다. xy 좌표계에 대한 면적의 관성모멘트 $I_x = 324$ in^4, $I_y = 576$ in^4, $I_{xy} = 252$ in^{4}이다. 주축 및 주관성모멘트를 구하라.

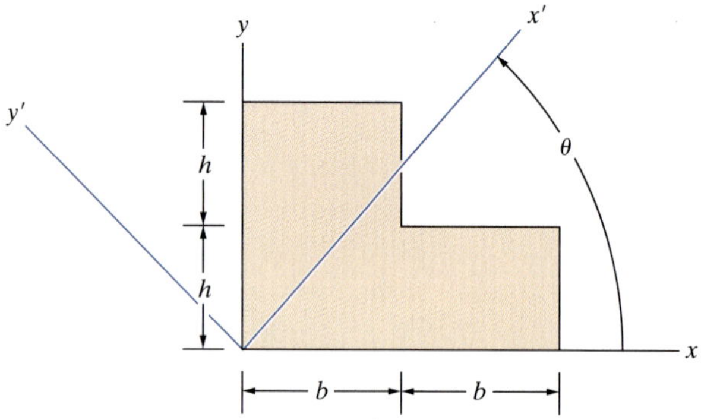

연습문제 8.87/8.88

8.89 예제 8.7의 면적을 그림에 주어진 조건으로 다시 생각해보자. 주축 및 주관성모멘트를 구하라. 예제 8.7의 결과를 가지고 식 (8.26) 없이 θ_p 값을 예측할 수 있는가?

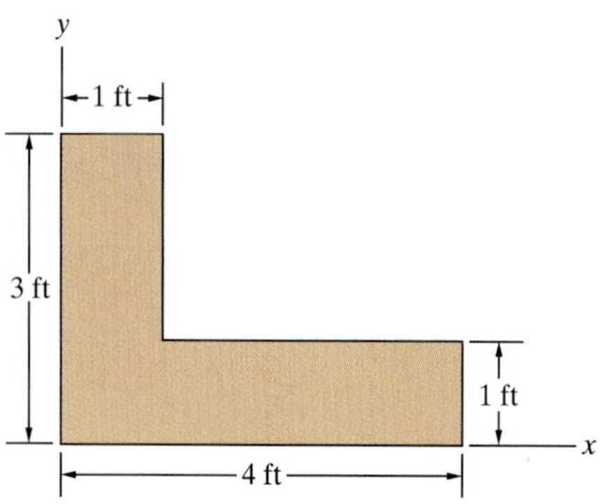

연습문제 8.89

8.90 면적의 관성모멘트 $I_x = 1.26 \times 10^6$ in^4, $I_y = 6.55 \times 10^5$ in^4, $I_{xy} = -1.02 \times 10^5$ in^{4}이다. $\theta = 30°$일 때 $I_{x'}$, $I_{y'}$, $I_{x'y'}$을 구하라.

8.91 면적의 관성모멘트 $I_x = 1.26 \times 10^6$ in^4, $I_y = 6.55 \times 10^5$ in^4, $I_{xy} = -1.02 \times 10^5$ in^{4}이다. 주축 및 주관성모멘트를 구하라.

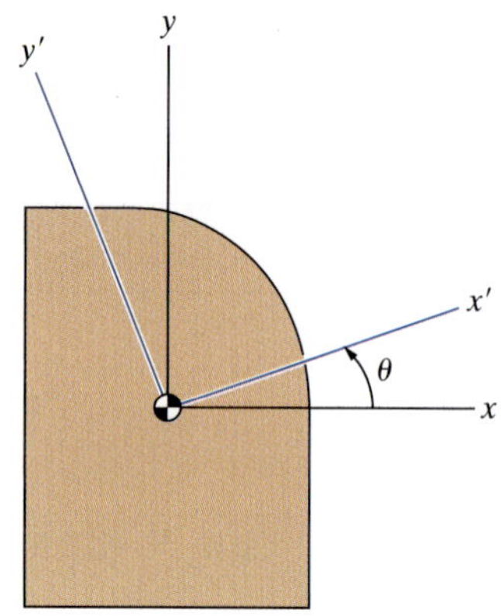

연습문제 8.90/8.91

8.92* 주축 및 주관성모멘트를 구하라.

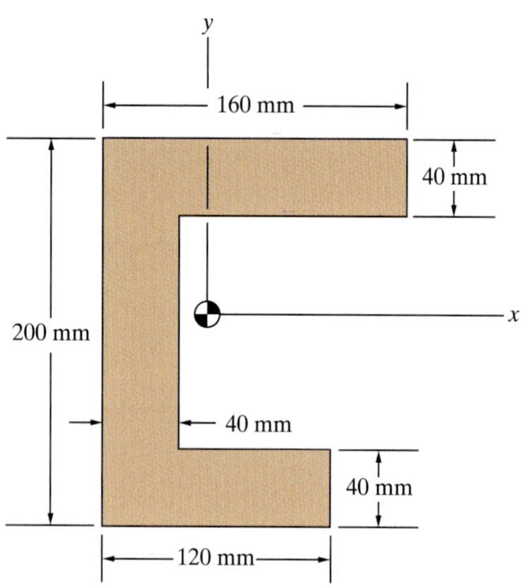

연습문제 8.92

8.4 모어 원

생각해보기

- 많은 학생이 모어 원을 배우기 싫어한다. 실제로 모어 원은 배울 만한 가치가 있는가?
- 어떻게 하면 관성모멘트와 관성모멘트의 최댓값, 최솟값을 시각적으로 표현할 수 있는가?

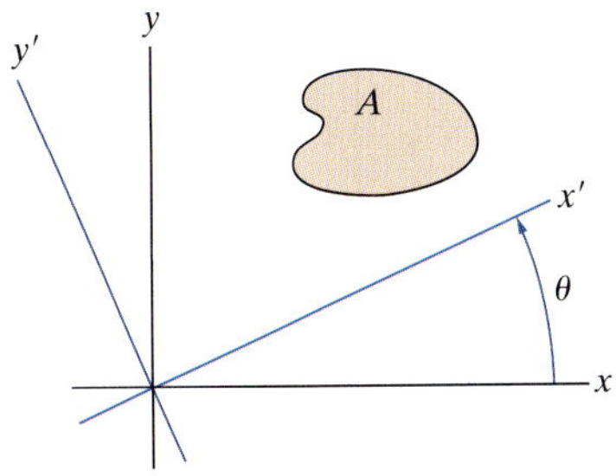

그림 8.10

xy 좌표계와 회전한 $x'y'$ 좌표계

배경

지금까지 특정 좌표계에 대해 어떤 면적의 관성모멘트가 주어져 있을 때 회전 좌표계에 대한 관성모멘트, 주축의 방향, 주관성모멘트를 구하는 식을 알아보았다. 마찬가지로 모어 원(Mohr's circle)이라 부르는 도시 방법을 사용해서도 이러한 정보를 구할 수 있다. 이는 식 (8.23)~(8.25)의 해를 시각적으로 나타내는 매우 유용한 방법이다.

$I_{x'}, I_{y'}, I_{x'y'}$의 결정

우선 모어 원을 그리는 방법에 대해 다룬 후, 그 작용 원리에 대해 설명할 것이다. 어떤 면적의 관성모멘트 I_x, I_y, I_{xy}가 xy 좌표계에 대해 주어져 있을 때 회전 좌표계 $x'y'$에 대한 관성모멘트를 구하려고 한다(그림 8.10). 모어 원을 그리는 과정은 다음 세 단계를 따른다.

1. 수평 및 수직 축을 설정하고 두 점을 표시한다. 그림 8.11a와 같이 좌표 (I_x, I_{xy})에 점 1, 좌표 $(I_y, -I_{xy})$에 점 2를 표시한다.
2. 점 1과 2를 연결하는 직선을 그린다. 이 직선과 수평선 사이의 교차점을 중심점으로 두고, 이 두 점을 지나는 하나의 원을 그린다(그림 8.11b).
3. 점 1로부터 시계 반대 방향의 각도 2θ에 원의 중심점을 지나는 직선을 그린다. 그림 8.11c와 같이 이 선은 좌표 $(I_{x'}, I_{x'y'})$에 있는 점 1′과 $(I_{y'}, -I_{x'y'})$에 있는 점 2′을 지나는 원을 교차한다.

그러므로 각도 θ가 주어져 있을 때 점 1′, 2′의 좌표는 회전 좌표계에 대한 관성모멘트를 결정한다. 이러한 도시 방법의 원리는 무엇인가? 그림 8.12에 점 1, 2와 모어 원을 나타냈다. 원의 중심의 수평 좌표는 $(I_x + I_y)/2$이다. 각도 β에 대한 사인 및 코사인 관계는 다음과 같다.

$$\sin\beta = \frac{I_{xy}}{R} \qquad \cos\beta = \frac{I_x - I_y}{2R}$$

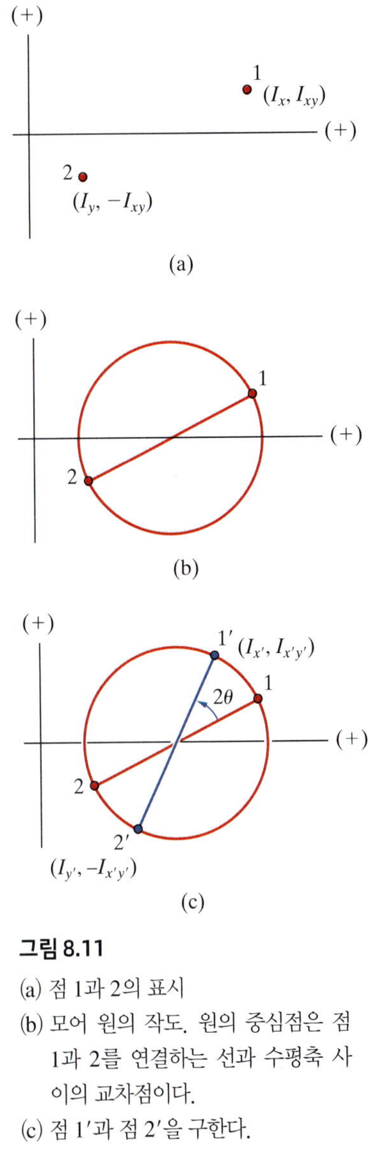

그림 8.11

(a) 점 1과 2의 표시

(b) 모어 원의 작도. 원의 중심점은 점 1과 2를 연결하는 선과 수평축 사이의 교차점이다.

(c) 점 1′과 점 2′을 구한다.

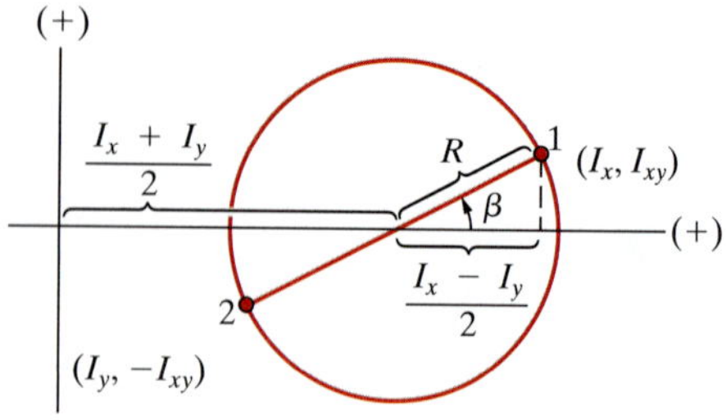

그림 8.12

점 1, 2와 모어 원

여기에서 원의 반경인 R은 다음과 같다.

$$R = \sqrt{\left(\frac{I_x - I_y}{2}\right)^2 + (I_{xy})^2}$$

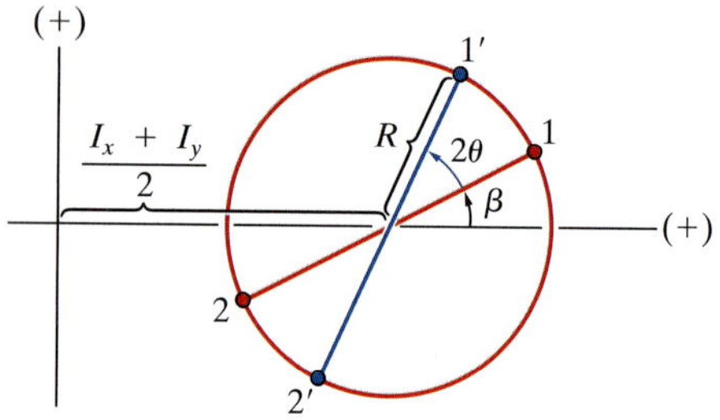

그림 8.13

점 1′, 2′

그림 8.13은 점 1′과 2′을 작도해서 보여준다. 점 1′의 수평 좌표는 다음과 같다.

$$\begin{aligned}\frac{I_x + I_y}{2} &+ R\cos(\beta + 2\theta)\\ &= \frac{I_x + I_y}{2} + R(\cos\beta\cos 2\theta - \sin\beta\sin 2\theta)\\ &= \frac{I_x + I_y}{2} + \frac{I_x - I_y}{2}\cos 2\theta - I_{xy}\sin 2\theta = I_{x'}\end{aligned}$$

그리고 점 2′의 수평 좌표는 다음과 같다.

$$\begin{aligned}\frac{I_x + I_y}{2} &- R\cos(\beta + 2\theta)\\ &= \frac{I_x + I_y}{2} - R(\cos\beta\cos 2\theta - \sin\beta\sin 2\theta)\\ &= \frac{I_x + I_y}{2} - \frac{I_x - I_y}{2}\cos 2\theta + I_{xy}\sin 2\theta = I_{y'}\end{aligned}$$

점 1′의 수직 좌표는 다음과 같다.

$$\begin{aligned}R\sin(\beta + 2\theta) &= R(\sin\beta\cos 2\theta + \cos\beta\sin 2\theta)\\ &= I_{xy}\cos 2\theta + \frac{I_x - I_y}{2}\sin 2\theta = I_{x'y'}\end{aligned}$$

그리고 점 2′의 수직 좌표는 다음과 같다.

$$-R\sin(\beta + 2\theta) = -I_{x'y'}$$

따라서 점 1′의 좌표는 $(I_{x'}, I_{x'y'})$이고 점 2′의 좌표는 $(I_{y'}, -I_{x'y'})$임을 알게 된다.

주축과 주관성모멘트의 결정

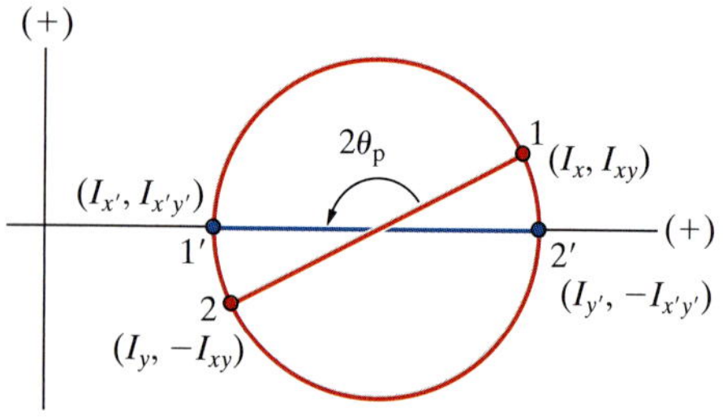

그림 8.14

주축 방향의 결정. 점 1′, 2′은 원이 수평축을 교차하는 지점에 있다.

관성모멘트 $I_{x'}$, $I_{y'}$은 모어 원의 점 1′, 2′의 수평 좌표 값이기 때문에 이들의 최대, 최소 값은 점 1′, 2′이 원과 수평축 사이의 교차점에 일치하게 될 때 나타난다(그림 8.14). (점 1′으로 정한 이 교차점은 임의의 지점이다. 그림 8.14에서는 최소 관성모멘트를 점 1′으로 정했다.) 점 1과 점 1′이 이루는 각도 $2\theta_p$를 측정하면 주축의 방향을 구할 수 있고, 점 1′, 2′의 좌표는 주관성모멘트가 된다.

모어 원은 주축과 관련된 관성곱 $I_{x'y'}$(즉 그림 8.14에서 점 1′의 수직 좌표)이 항상 0이 되는 것을 보여주고 있음에 주목하자. 또한 그림

8.12를 이용하면 원과 수평축 사이 교차점들의 수평 좌표에 대한 해석적 표현을 얻을 수 있다. 다시 말해 주관성모멘트는 다음과 같이 표현된다.

$$\text{주관성모멘트} = \frac{I_x + I_y}{2} \pm R$$
$$= \frac{I_x + I_y}{2} \pm \sqrt{\left(\frac{I_x - I_y}{2}\right)^2 + (I_{xy})^2}$$

결과 정리

알려진 면적 A에 대해 I_x, I_y, I_{xy}가 주어져 있을 때, 모어 원을 이용하면 주어진 각도 θ에 대한 $I_{x'}$, $I_{y'}$, $I_{x'y'}$ 값을 구할 수 있다.

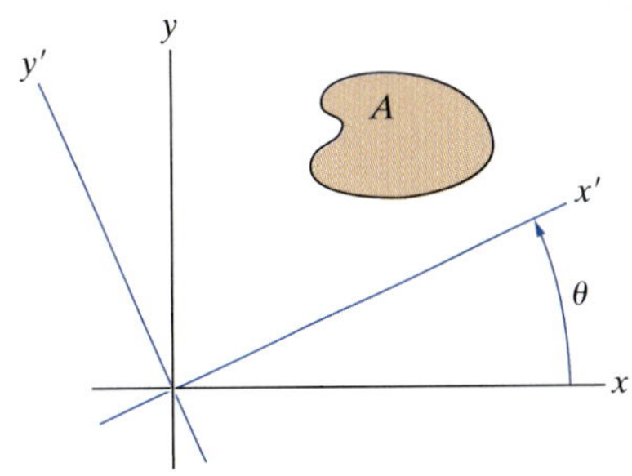

수평축 및 수직축을 정하고 두 점, 즉 (I_x, I_{xy}) 위치의 점 1과 $(I_y, -I_{xy})$ 위치의 점 2를 표시한다.

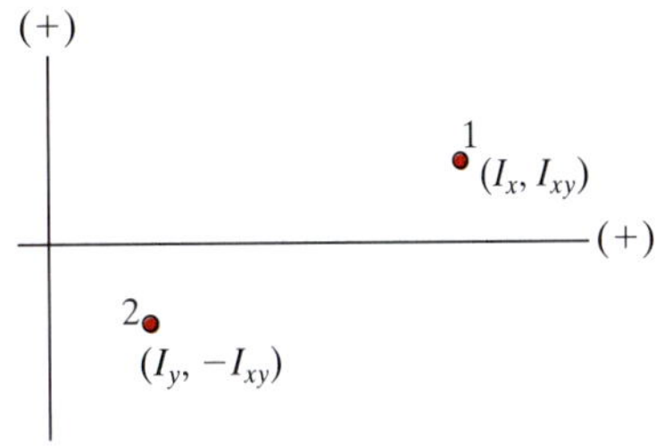

점 1과 점 2를 연결하는 직선을 그린다. 수평축과 직선 사이의 교차점을 중심으로 두고 이 두 점을 지나는 원을 작도한다.

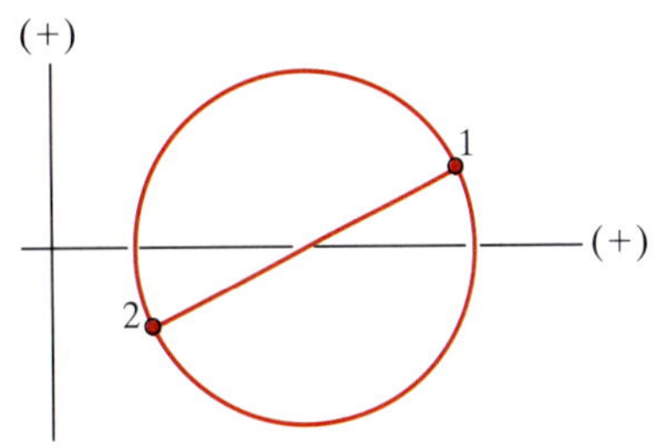

점 1로부터 시계 반대 방향의 각도 2θ에 원의 중심점을 지나는 직선을 그린다. 이 선은 $(I_{x'}, I_{x'y'})$ 위치의 점 1′과 $(I_{y'}, -I_{x'y'})$ 위치의 점 2′을 교차한다.

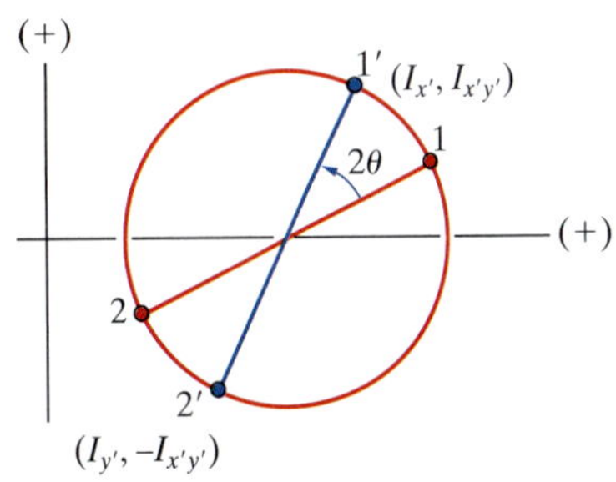

또한 모어 원은 주축의 방향 및 주관성모멘트를 구하는 데에도 사용할 수 있다.

모어 원이 수평축을 교차하는 점 중 하나를 점 1′으로 한다. 그러면 점 1′과 점 2′으로부터 찾은 $I_{x'}$, $I_{y'}$의 값이 주관성모멘트가 된다. 점 1과 점 1′ 사이의 시계 반대 방향의 각도는 $2\theta_p$이며, 이로부터 주축의 방향을 구할 수 있다.

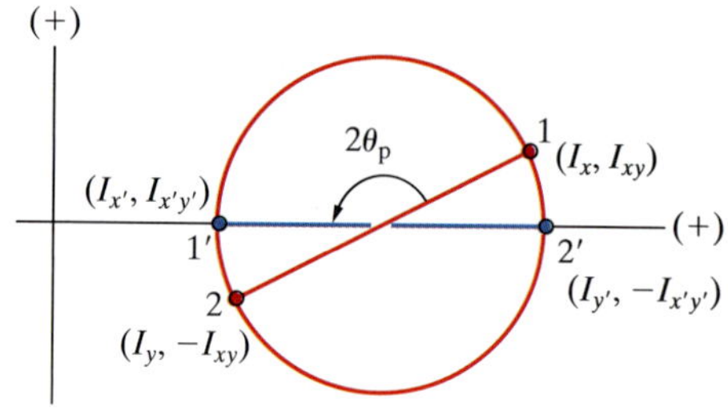

실습 예제 8.8 모어 원

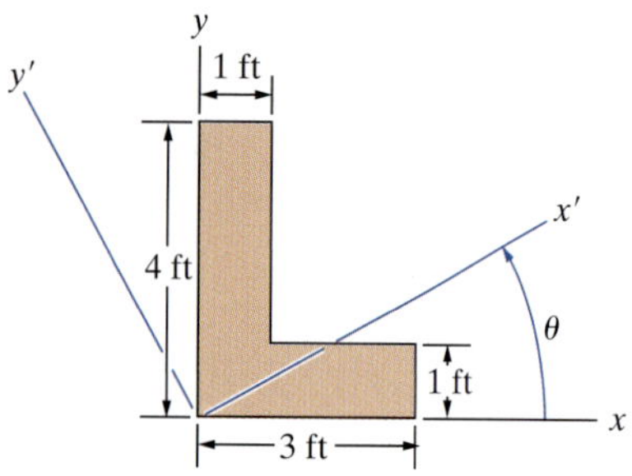

xy 좌표계에 대해 다음 면적의 관성모멘트와 관성곱 $I_x = 22$ ft^4, $I_y = 10$ ft^4, $I_{xy} = 6$ ft^{4}이다. 모어 원을 이용해서 $\theta = 30°$에서의 관성모멘트 $I_{x'}$, $I_{y'}$, $I_{x'y'}$을 구하라.

전략

주어진 I_x, I_y, I_{xy} 값을 이용해서 모어 원을 작도하면 $\theta = 30°$에서의 관성모멘트 $I_{x'}$, $I_{y'}$, $I_{x'y'}$을 구할 수 있다.

풀이

(I_x, I_{xy}) 위치의 점 1 = (22, 6) ft^4
$(I_y, -I_{xy})$ 위치의 점 2 = (10, −6) ft^4

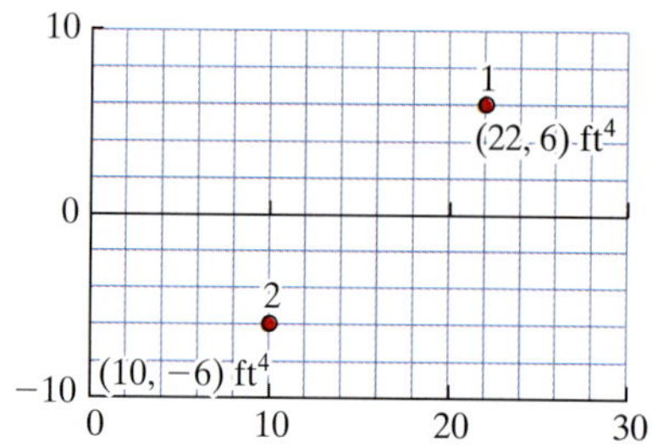

점 1과 점 2를 연결하는 직선을 그린다. 수평축과 직선 사이의 교차점을 중심으로 두고 이 두 점을 지나는 원을 작도한다.

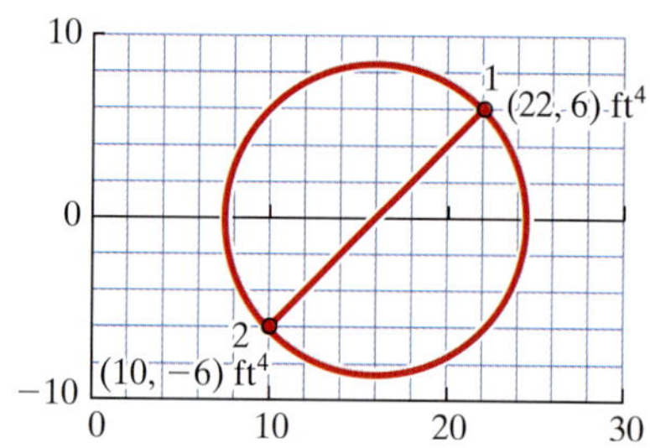

점 1로부터 시계 반대 방향의 각도 $2\theta = 60°$에 원의 중심점을 지나는 직선을 그린다. 점 1′, 2′의 좌표로부터 $I_{x'} = 14$ ft^4, $I_{y'} = 18$ ft^4, $I_{x'y'} = 8$ ft^{4}를 구할 수 있다.

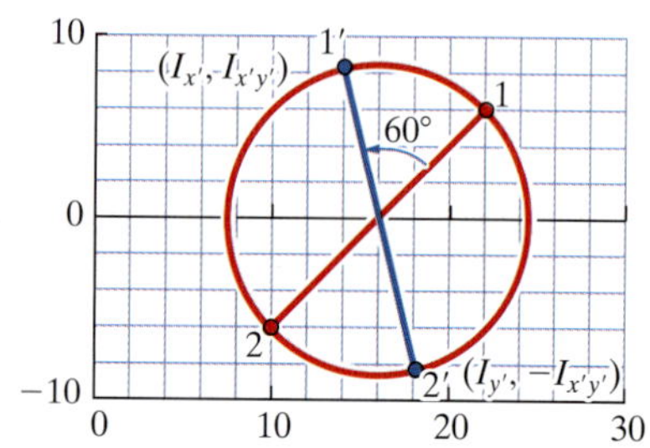

실습 문제 모어 원을 이용해서 면적의 주축 방향과 주관성모멘트를 구하라.

답: $\theta_p = 67.5°$, $I_{x'} = 75\ ft^4$, $I_{y'} = 24.5\ ft^4$

연습문제

8.93 예제 8.6에서 삼각형 면적의 수직 방향 크기를 3 m에서 4 m로 늘리자. 모어 원을 이용해서 주축과 주관성모멘트를 구하라.

8.94 연습문제 8.89의 면적에 대해 모어 원을 이용해서 $\theta = 30°$에서의 관성모멘트 $I_{x'}$, $I_{y'}$, $I_{x'y'}$을 구하라(예제 8.7 참조).

8.95 모어 원을 이용해서 연습문제 8.89를 풀라.

8.96 모어 원을 이용해서 연습문제 8.90을 풀라.

8.97 모어 원을 이용해서 연습문제 8.91을 풀라.

8.98* 모어 원을 이용해서 연습문제 8.92를 풀라.

8.99 식 (8.20)과 식 (8.21)을 도출하기 위해 이용했던 과정을 따라서 관성곱에 대한 식 (8.22)를 전개하라.

질량

8.5 단순 물체

생각해보기

- 이제 면적의 관성모멘트에 대해서는 이해했을 것이다. 3차원 물체의 관성모멘트는 어떠한가? 또한 3차원 물체의 관성모멘트는 왜 필요한가?
- 면적의 관성모멘트를 알면 얇은 판의 관성모멘트에 대해서는 무엇을 알게 되는가?

배경

힘이 어떤 물체에 작용할 때, 결과적인 가속도는 물체의 질량에 따라 결정된다. 어떤 물체에 작용하는 우력과 힘에 의한 결과는 **물체의 질량 관성모멘트**(mass moments of inertia of the object)라는 물리량에 따라 결정된다. 이 절에서는 특정 물체의 질량 관성모멘트를 구하는 방법에 대해 알아볼 것이다. 어떤 특정 물체의 질량 관성모멘트는 면적의 관성모멘트에 대한 항으로 나타낼 수 있다. 이는 면적 적분이라는 이름이 어떻게 생겨났는지를 설명한다.

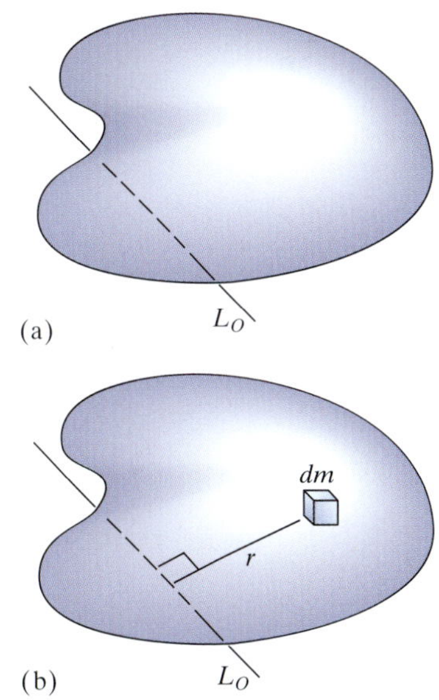

그림 8.15
(a) 물체와 축 L_O
(b) 미소 질량 요소 dm

어떤 물체 그리고 선 혹은 '축' L_O가 그림 8.15a에 도시되어 있다. 그 물체의 축 L_O에 대한 **관성모멘트**는 다음과 같이 정의된다.

$$I_O = \int_m r^2\, dm \tag{8.27}$$

여기에서 r은 축과 미소 질량 요소 dm 사이의 수직 거리를 의미한다(그림 8.15b).

종종 L_O는 물체가 회전하는 축이 되는데, 그러면 I_O는 L_O에 대해 주어진 우력이 야기하는 각가속도 또는 회전율의 변화율을 구하는 데 필요하다. 물체의 관성모멘트의 치수는 (질량) × (길이)²이다. 이 정의에 따라 그 값은 양수가 되는 것에 유의하라.

가느다란 막대

직선형의 가느다란 막대의 질량 중심을 지나는 수직축 L에 대한 관성모멘트를 구해보자(그림 8.16a). '가느다란'이라는 단어는 막대의 길이가 그 폭에 비해 훨씬 크도록 가정해야 한다는 것을 의미한다. 길이 l, 단면적 A, 질량 m인 막대를 생각해보자. A는 길이 방향을 따라 균일하며 재료는 균질하다고 가정한다.

막대의 질량 중심으로부터 거리 r에 위치한 막대의 미소 길이 요소 dr을 생각해보자(그림 8.16b). 질량 요소는 막대의 체적과 밀도의 곱과 같다. 즉 $dm = \rho A\, dr$이다. 이 관계식을 식 (8.27)에 대입하면 질량 중심을 통과하는 수직축에 대한 막대의 관성모멘트를 구하게 된다.

$$I = \int_m r^2\, dm = \int_{-l/2}^{l/2} \rho A r^2\, dr = \frac{1}{12}\rho A l^3$$

막대의 질량은 막대의 질량 밀도와 체적의 곱과 같다. 즉 $m = \rho A l$이므로, 관성모멘트는 다음과 같이 표현할 수 있다.

$$I = \frac{1}{12} m l^2 \tag{8.28}$$

위 결과를 얻을 때 막대의 측면 방향 길이는 무시했다. 다시 말해 미소 질량 요소 dm이 마치 막대의 축에 집중되어 있는 것처럼 처리했다. 결과적으로 식 (8.28)은 막대의 관성모멘트에 대한 근삿값이 된다. 다음 절에서는 유한한 측면 길이의 막대에 대한 관성모멘트를 구해서, 길이 대비 폭이 작은 막대에 대해서는 식 (8.28)이 적당한 근삿값이 되는 것을 밝힐 것이다.

얇은 판

질량이 m이고 균일한 두께 T를 가지는 균질한 평판을 생각해보자. 판의 단면적의 형상은 정의하지 않은 채로 둘 것이다. 직교 좌표계의 방향을 조정해서 판이 x–y

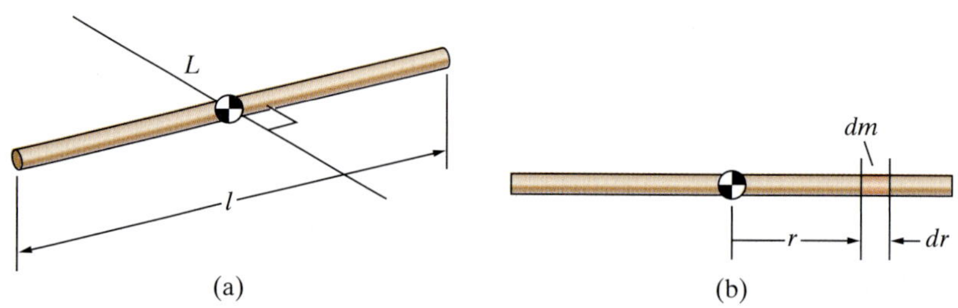

그림 8.16
(a) 가느다란 막대
(b) 미소 길이 요소 dr

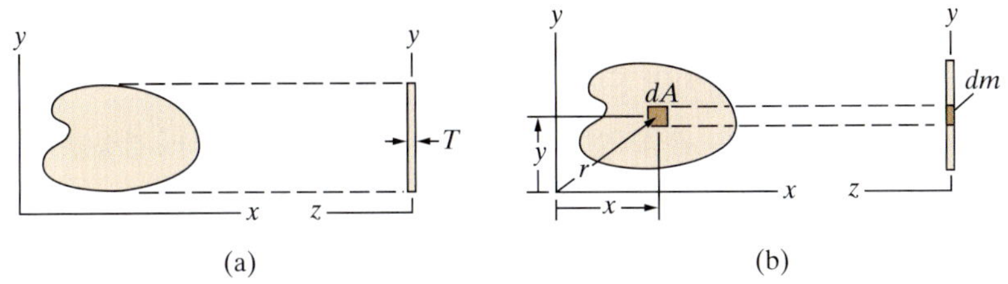

그림 8.17
(a) 임의의 형상의 판과 균일한 두께 T
(b) 면적 요소 dA를 판을 따라 투영해서 얻은 체적 요소

평면상에 놓이도록 해보자(그림 8.17a). 여기에서의 목적은 x, y, z축에 대한 판의 관성모멘트를 구하는 것이다.

평판의 두께 T를 따라서 미소 면적 요소 dA를 투영하면 판의 미소 체적 요소를 얻을 수 있다(그림 8.17b). 결과적인 체적은 $T\,dA$가 된다. 이 체적 요소의 질량은 밀도와 체적의 곱과 같다. 즉 $dm = \rho T\,dA$이다. 이 관계식을 식 (8.27)에 대입하면 다음과 같이 z축에 대한 평판의 관성모멘트를 구할 수 있다.

$$I_{z축} = \int_m r^2\,dm = \rho T \int_A r^2\,dA$$

여기에서 r은 z축과 dA 사이의 거리이다. 평판의 질량은 $m = \rho T A$이므로, $\rho T = m/A$이 된다. 여기에서 A = 판의 단면적이다. 오른쪽의 적분항은 판의 단면적의 극관성모멘트 J_O이다. 그러므로 z축에 대한 판의 관성모멘트는 다음과 같이 쓸 수 있다.

$$I_{z축} = \frac{m}{A} J_O \tag{8.29}$$

그림 8.17b로부터 x축과 면적 요소 dA 사이의 수직 거리가 dA의 y 좌표임을 알게 된다. 그러므로 x축에 대한 판의 관성모멘트는 다음과 같다.

$$I_{x축} = \int_m y^2\,dm = \rho T \int_A y^2\,dA = \frac{m}{A} I_x \tag{8.30}$$

여기에서 I_x는 x축에 대한 평판 단면적의 관성모멘트이다. y축에 대한 판의 관성모멘트는 다음과 같다.

$$I_{y축} = \int_m x^2\,dm = \rho T \int_A x^2\,dA = \frac{m}{A} I_y \tag{8.31}$$

여기에서 I_y는 y축에 대한 평판 단면적의 관성모멘트이다.

면적 관성모멘트 I_x와 I_y의 합은 극관성모멘트 J_O와 같으므로, 얇은 판의 z축에 대한 질량 관성모멘트는 x축 및 y축에 대한 관성모멘트의 합과 같다.

$$I_{z축} = I_{x축} + I_{y축} \qquad \text{얇은 판} \tag{8.32}$$

여기에서 일정한 두께를 가진 얇고 균질한 판의 관성모멘트를 판 단면적의 관성모멘트의 항으로 나타내었다. 사실 이 결과는 왜 면적 적분 I_x, I_y, J_O가 관성모멘트로 불리는지 설명한다. 면적의 관성모멘트와 물체의 관성모멘트에 대해 같은 용어와 비슷한 기호를 사용하면 혼란스러울 수는 있지만, 공학 문제에는 이미 자리 잡은 개념이다. 언급되는 관성모멘트의 종류는 문맥이나 단위로부터 결정될 수 있다. 즉 면적의 관성모멘트는 (길이)^{4}이 되고 질량의 관성모멘트는 (질량) × (길이)^{2}이 된다.

결과 정리

물체의 관성모멘트

축 L_O에 대한 물체의 관성모멘트는 다음과 같이 정의된다.

$$I_O = \int_m r^2\, dm \tag{8.27}$$

여기에서 r은 L_O와 미소 질량 요소 dm 사이의 수직 거리이다.

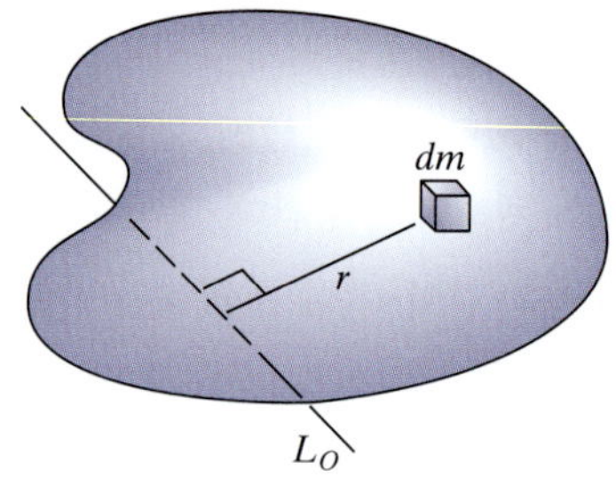

가느다란 막대

미소 질량 요소 $dm = \rho A\, dr$이다. 여기에서 ρ는 균질한 막대의 밀도이고 A는 막대의 균일한 단면적이다. 길이 l인 가느다란 막대의 질량 중심을 통과하는 수직축 L에 대한 관성모멘트는 다음과 같다.

$$I = \int_m r^2\, dm = \int_{-l/2}^{l/2} \rho A r^2\, dr = \frac{1}{12}\rho A l^3$$

막대 질량 $m = \rho A l$로 위 식을 나타내면 다음과 같다.

$$I = \frac{1}{12} m l^2 \tag{8.28}$$

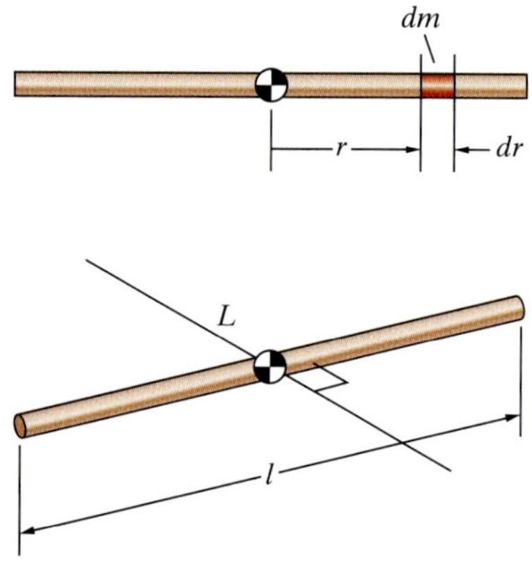

얇은 판

x–y 평면상에 놓여 있는 균일한 두께와 질량 m을 가진 얇고 균질한 판의 관성모멘트는 판의 단면적 A의 관성모멘트에 대한 항으로 표현할 수 있다.

$$I_{x축} = \frac{m}{A} I_x \tag{8.30}$$

$$I_{y축} = \frac{m}{A} I_y \tag{8.31}$$

$$I_{z축} = \frac{m}{A} J_O = I_{x축} + I_{y축} \tag{8.32}$$

여기에서 I_x는 A의 x축에 대한 관성모멘트이고, I_y는 A의 y축에 대한 관성모멘트이며, J_O는 A의 원점에 대한 극관성모멘트이다.

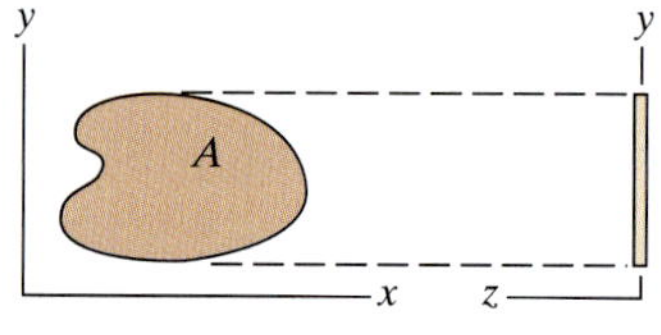

실습 예제 8.9 삼각형 판의 관성모멘트

질량이 m인 균일한 두께의 얇고 균질한 판이 있다. x축에 대한 관성모멘트를 구하라.

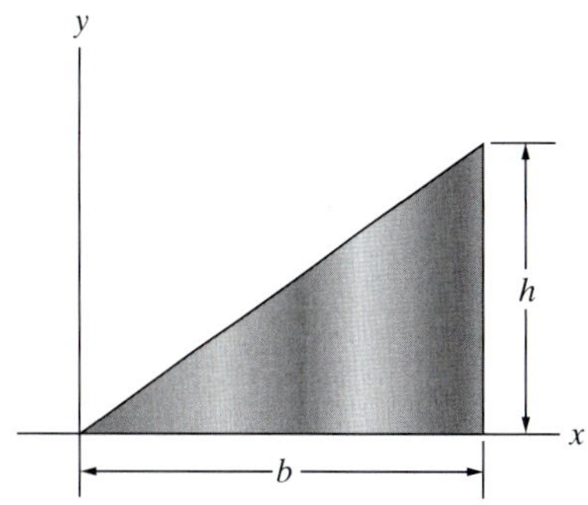

전략

x축에 대한 판의 관성모멘트는 식 (8.30)과 같이 x축에 대한 판의 면적 관성모멘트의 항으로 나타낼 수 있다. 그러면 부록 B로부터 면적의 관성모멘트를 구할 수 있다.

풀이

부록 B로부터

$$I_x = \frac{1}{12}bh^3$$

← x축에 대한 판의 면적 관성모멘트를 구한다.

x축에 대한 판의 관성모멘트는 다음과 같다.

$$\begin{aligned} I_{x축} &= \frac{m}{A}I_x \\ &= \frac{m}{\frac{1}{2}bh}\left(\frac{1}{12}bh^3\right) \\ &= \frac{1}{6}mh^2 \end{aligned}$$

← 식 (8.30)을 적용한다.

실습 문제 y축에 대한 판의 관성모멘트를 구하라.

답: $I_{y축} = \frac{1}{2}mb^2$

예제 8.10 가느다란 막대의 관성모멘트

각각 길이가 l이고 질량이 m이며 단면적은 A인 두 개의 균질한 막대가 L자 형태의 물체가 되도록 접합되어 있다. 점 O를 통과하는 축 L_O에 대한 물체의 관성모멘트를 구하라. (축 L_O는 두 개의 막대에 대해 직각이다.)

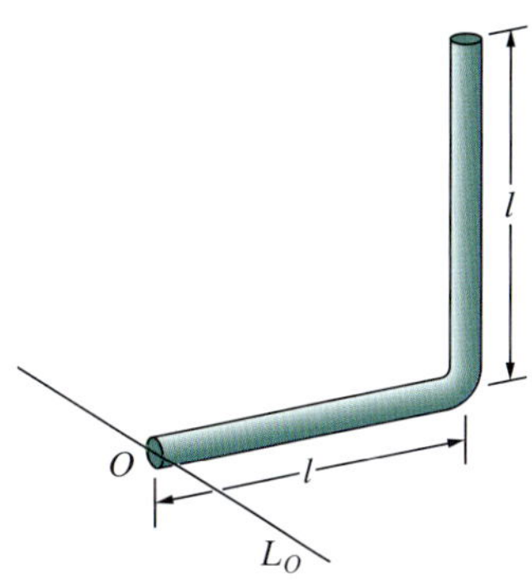

전략

단일 막대와 같은 적분 과정을 따르면 L_O에 대한 각 막대의 관성모멘트를 구할 수 있으므로 그 값들을 더해주면 된다.

풀이

첫 번째 단계는 L_O 방향을 따르는 z축과 막대 1과 같은 방향이 되도록 배치된 x축을 가진 좌표계를 도입하는 것이다(그림 a). 길이 dx인 막대 1의 미소 질량 요소 $dm = \rho A\,dx$이다. L_O에 대한 막대 1의 관성모멘트는 다음과 같다.

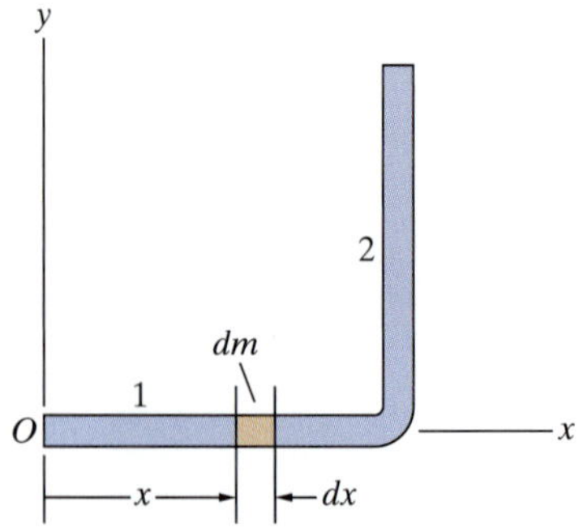

(a) 막대 1의 미소 요소

$$(I_O)_1 = \int_m r^2\,dm = \int_0^l \rho A x^2\,dx = \frac{1}{3}\rho A l^3$$

이를 막대의 질량의 항으로 표현하면 $m = \rho Al$이므로 위 결과를 다음과 같이 쓸 수 있다.

$$(I_O)_1 = \frac{1}{3}ml^2$$

그림 b에 나타낸 것처럼 길이 dy인 막대 2의 질량 요소는 $dm = \rho A\,dy$이다. 그림으로부터 L_O와 질량 요소 사이의 수직 거리는 $r = \sqrt{l^2 + y^2}$으로 주어진다. 그러므로 L_O에 대한 막대 2의 관성모멘트는 다음과 같다.

$$(I_O)_2 = \int_m r^2\,dm = \int_0^l \rho A(l^2 + y^2)\,dy = \frac{4}{3}\rho A l^3$$

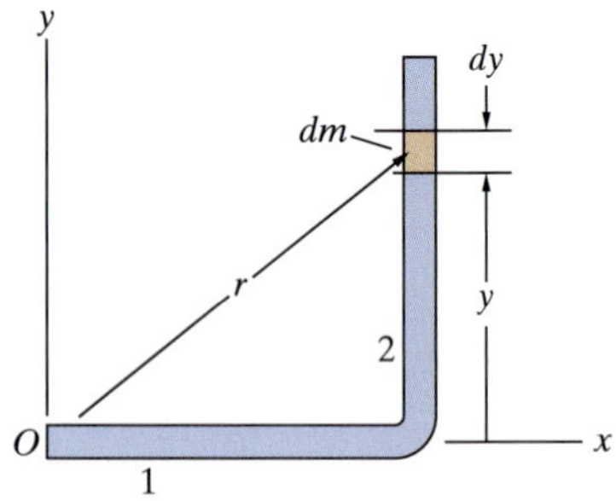

(b) 막대 2의 미소 요소

이를 막대의 질량에 대한 항으로 표현하면 다음과 같다.

$$(I_O)_2 = \frac{4}{3}ml^2$$

L_O에 대한 L자형 물체의 관성모멘트는 다음과 같다.

$$I_O = (I_O)_1 + (I_O)_2 = \frac{1}{3}ml^2 + \frac{4}{3}ml^2 = \frac{5}{3}ml^2$$

비판적 사고

이 예제에서는 적분 과정을 통해 두 개의 직선형 막대로 이루어진 어떤 물체의 관성모멘트를 구했다. 보다 복잡한 물체에 대해서도 같은 과정이 적용될 수 있지만, 확실히 문제는 더 까다로워진다. 일단 식 (8.28)과 같이 적분을 이용해서 단일 막대의 관성모멘트를 구했다면, 적분 과정에 의존하지 않고 단일 막대로부터 얻은 결과를 사용해서 여러 개의 막대로 이루어진 복합체의 관성모멘트를 구하는 것이 더 편리할 것이다. 다음 절에서는 이러한 과정이 어떻게 이루어질 수 있는지 살펴본다.

연습문제

8.100 축 L_O는 L자형의 가느다란 막대의 두 부분에 대해 직각이다. 막대의 질량은 6 kg이고 재료는 균질하다. 예제 8.10의 방법을 이용해서 L_O에 대한 막대의 관성모멘트를 구하라.

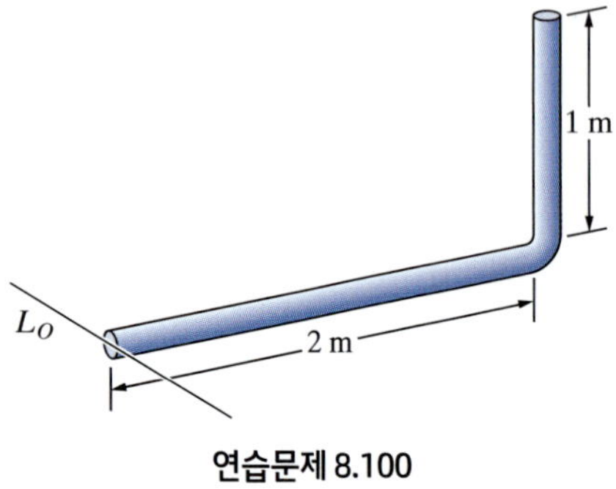

연습문제 8.100

8.101 각각 질량이 m이고 길이가 l인 두 개의 균질하고 가느다란 막대가 T자 형태를 이루도록 서로 접합되어 있다. 적분을 이용해서 두 막대에 수직이고 점 O를 통과하는 축에 대한 물체의 관성모멘트를 구하라.

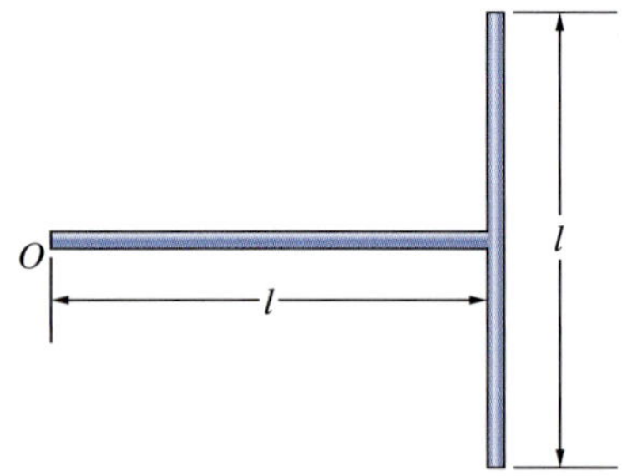

연습문제 8.101

8.102 가느다란 막대가 x–y 평면상에 있다. 질량은 6 kg이고 재료는 균질하다. 적분을 이용해서 z축에 대한 관성모멘트를 구하라.

8.103 적분을 이용해서 질량 6 kg인 가느다란 막대의 y축에 대한 관성모멘트를 구하라.

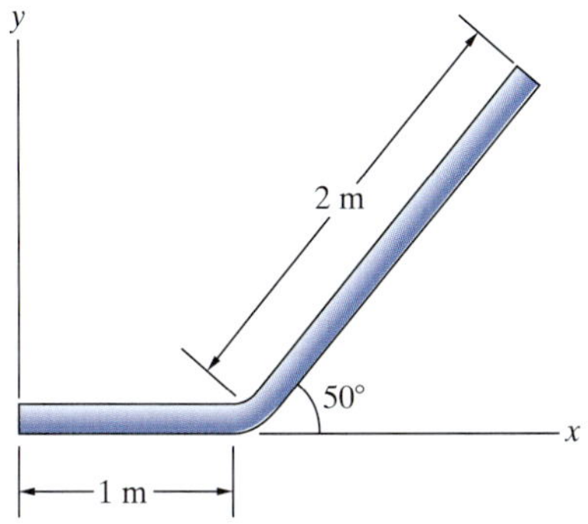

연습문제 8.102/8.103

8.104 얇고 균질한 판의 질량이 $m = 12$ kg이고 치수는 각각 $b = 2$ m, $h = 1$ m이다. 실습 예제 8.9의 방법을 이용해서 x축 및 y축에 대한 판의 관성모멘트를 구하라.

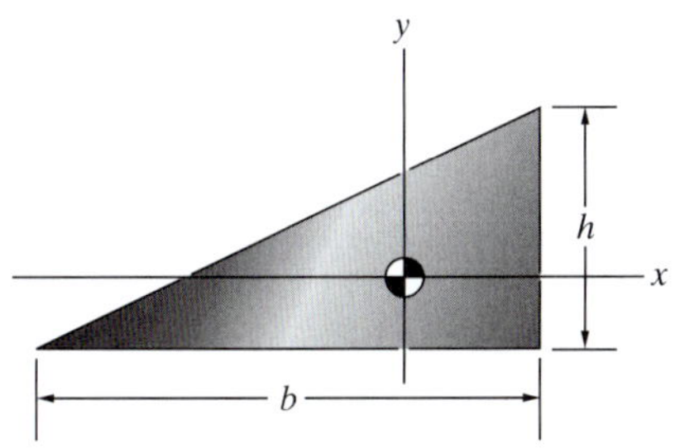

연습문제 8.104

8.105 균질한 얇은 판의 두께가 일정하고 질량은 m이다. (a) x축 및 z축에 대한 관성모멘트를 구하라. (b) $R_i = 0$의 조건에 대해 구한 결과를 얇은 판에 대한 부록 C의 값과 비교하라.

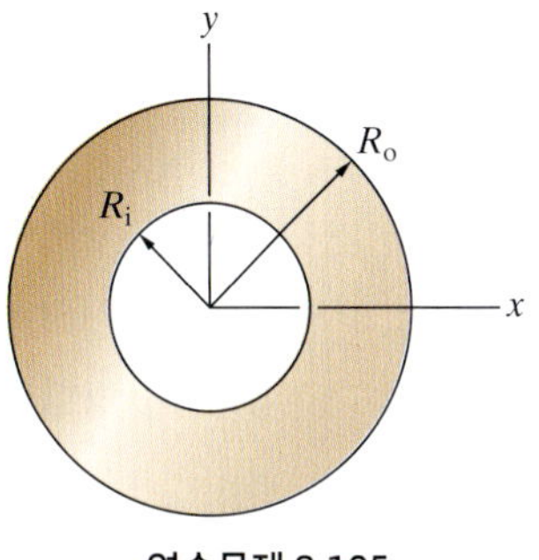

연습문제 8.105

8.106 균질한 얇은 판의 두께가 일정하고 질량은 20 lb이다. y축에 대한 관성모멘트를 구하라.

8.107 판의 x축에 대한 관성모멘트를 구하라.

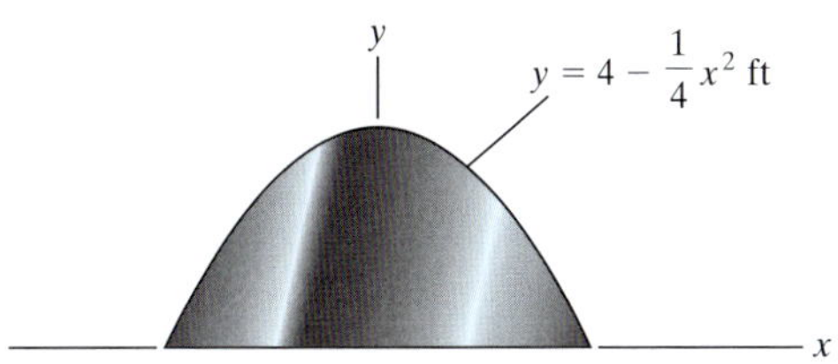

연습문제 8.106/8.107

8.6 평행축 정리

생각해보기

- 특정 축에 대해 어떤 물체의 관성모멘트가 주어져 있다면 다른 축에서도 관성모멘트를 알 수 있는가?
- 거의 모든 물체는 복합체로 되어 있다. 평행축 정리가 복합체의 관성모멘트를 구하는 데 어떻게 도움을 줄 수 있는가?

배경

물체의 질량 중심을 통과하는 평행축에 대한 관성모멘트가 주어져 있을 때 평행축 정리를 통해 임의의 축에 대한 물체의 관성모멘트를 구할 수 있다. 이 정리를 이용하면 물체의 각 부분의 평행축에 대한 관성모멘트가 주어졌을 때 임의의 축에 대한 복합체의 관성모멘트를 계산할 수 있다.

어떤 물체의 질량 중심을 지나는 축 L에 대한 관성모멘트가 I로 주어져 있을 때, 평행축 L_O에 대한 관성모멘트 I_O를 구하고자 한다(그림 8.18a). 그림 8.18b에 도시되어 있는 것처럼, I_O를 구하기 위해 L_O 방향의 z축을 가진 평행 좌표계 xyz와 L 방향의 z'축을 가진 $x'y'z'$ 좌표계를 도입하자. (이 그림에서 축 L_O와 L은 그림 표면에 대해 직각이다). xyz 좌표계의 원점 O는 $x'y'$ 평면에 구속된다. d_x, d_y 항은 xyz 좌표계의 상대적 위치에 있는 질량 중심의 좌표이다.

L_O에 대한 물체의 관성모멘트는 다음과 같다.

$$I_O = \int_m r^2\, dm = \int_m (x^2 + y^2)\, dm \tag{8.33}$$

여기에서 r은 L_O와 미소 질량 요소 dm 사이의 수직 거리이며, x, y는 x–y 평면상에서 dm의 좌표이다. 두 좌표계에서 dm의 좌표는 다음 관계식을 따른다.

$$x = x' + d_x \qquad y = y' + d_y$$

이 관계식을 식 (8.33)에 대입하면 다음과 같이 쓸 수 있다.

$$\begin{aligned} I_O = &\int_m [(x')^2 + (y')^2]\, dm + 2d_x \int_m x'\, dm + 2d_y \int_m y'\, dm \\ &+ \int_m (d_x^{\,2} + d_y^{\,2})\, dm \end{aligned} \tag{8.34}$$

$(x')^2 + (y')^2 = (r')^2$이므로 위 식의 오른쪽의 첫 번째 적분은 L에 대한 물체의 관성모멘트 I가 된다. 여기에서 r'은 L과 dm 사이의 수직 거리이다. $x'y'z'$ 좌표계의 상대적 위치에 있는 물체의 질량 중심에 대한 x', y' 방향의 좌표는 다음과 같다.

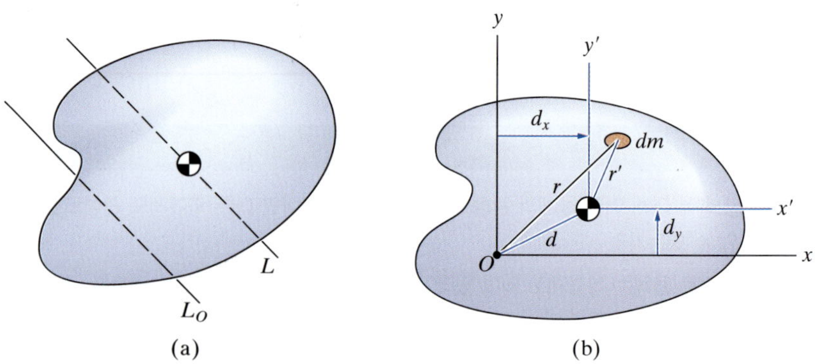

그림 8.18
(a) 물체의 질량 중심을 통과하는 축 L과 평행축 L_O
(b) xyz 및 $x'y'z'$ 좌표계

$$\bar{x}' = \frac{\int_m x'\,dm}{\int_m dm} \qquad \bar{y}' = \frac{\int_m y'\,dm}{\int_m dm}$$

물체의 질량 중심점은 $x'y'z'$ 좌표계의 원점에 있기 때문에 $\bar{x}' = 0$, $\bar{y}' = 0$이다. 그러므로 식 (8.34)의 오른쪽의 두 번째 및 세 번째 항의 적분은 0이 된다. 그림 8.18b로부터 $dx^2 + dy^2 = d^2$이 주어진다. 여기에서 d는 축 L과 L_O 사이의 수직 거리이다. 그러므로 다음의 관계를 얻는다.

$$I_O = I + d^2 m \tag{8.35}$$

위 식이 물체의 관성모멘트에 대한 **평행축 정리**이다. 식 (8.35)는 **질량 중심을 통과하는 축에 대한 물체의 관성모멘트 I와 임의의 평행축에 대한 관성모멘트 I_O의 관계를 나타낸다. 여기에서 d는 두 축 간의 수직 거리이고, m은 물체의 질량이다.

축 L_O에 대한 물체의 관성모멘트는 보통 다음 세 단계를 거쳐 구한다.

1. 부분의 선택: 물체를 이미 알고 있거나 쉽게 구할 수 있는 질량 관성모멘트로 이루어진 부분으로 나눈다.
2. 각 부분의 관성모멘트 결정: 우선 각 부분의 질량 중심을 통과하며 L_O에 평행한 축에 대해 각 부분의 관성모멘트를 구한다. 그리고 평행축 정리를 이용하면 L_O에 대한 물체의 관성모멘트를 구할 수 있다.
3. 결과의 합산: 각 부분의 관성모멘트 값들을 합해서(구멍 나거나 제거된 영역에 대해서는 뺀다) 복합체의 관성모멘트를 구한다.

결과 정리

평행축 정리

축 L_O에 대한 질량 m인 물체의 관성모멘트는 다음과 같이 주어진다.

$$I_O = I + d^2 m \tag{8.35}$$

여기에서 I는 질량 중심을 통과하는 평행축에 대한 물체의 관성모멘트이고 d는 두 축 사이의 수직 거리이다.

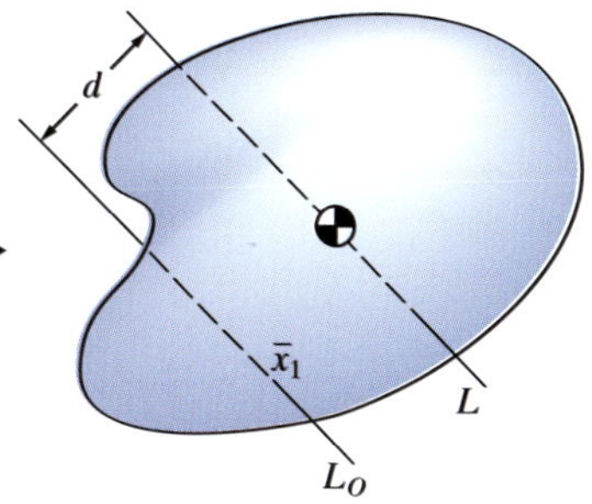

복합체

평행축 정리를 이용하면 주어진 축 L_O에 대한 복합체의 관성모멘트를 구할 수 있다. 각 부분의 관성모멘트는 L_O에 평행하고 각 부분의 질량 중심을 통과하는 축에 대해서 구해야 한다. 그리고 각 부분에 대해 평행축 정리를 적용해서 L_O에 대한 각각의 관성모멘트를 구한다. 이들 결과를 모두 합하면 L_O에 대한 복합체의 관성모멘트를 알 수 있다.

실습 예제 8.11 평행축 정리

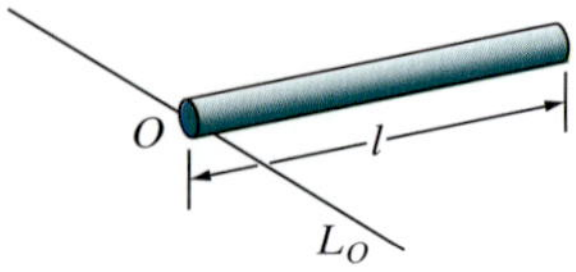

질량이 m, 길이가 l인 균질하고 가느다란 막대가 있다. 축 L_O는 막대에 대해 수직이다.

(a) 적분을 이용해서 L_O에 대한 막대의 관성모멘트를 구하라.

(b) 막대 방향에 수직이고 질량 중심을 통과하는 축에 대한 막대의 관성모멘트 $I = (1/12)ml^2$이다. 이 결과와 평행축 정리를 이용해서 L_O에 대한 막대의 관성모멘트를 구하라.

풀이

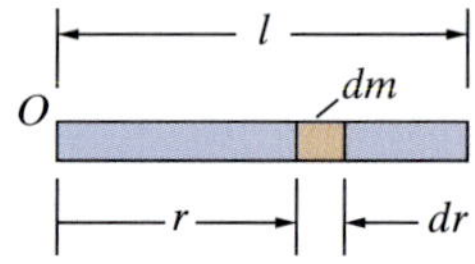

(a) 적분으로 L_O에 대한 관성모멘트를 구한다.

미소 질량 요소 $dm = \rho A\ dr$이다. ρ는 균질한 막대의 밀도이고 A는 일정한 단면적이다. 관성모멘트는 다음과 같다.

$$I_O = \int_m r^2\, dm = \int_0^l \rho A r^2\, dr = \frac{1}{3}\rho A l^3$$

막대의 질량 $m = \rho A l$에 대해 나타내면 다음과 같다.

$$I_O = \frac{1}{3}ml^2$$

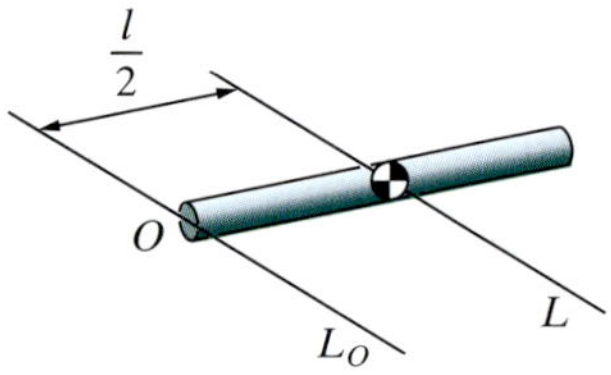

(b) 평행축 정리를 적용한다.

$$\begin{aligned} I_O &= I + d^2 m \\ &= \frac{1}{12}ml^2 + \left(\frac{1}{2}l\right)^2 m \\ &= \frac{1}{3}ml^2 \end{aligned}$$

실습 문제 길이가 l이고 질량이 m인 두 개의 균질하고 가느다란 막대가 L자형 물체를 이루도록 서로 접합되어 있다. 평행축 정리를 이용해서 축 L_O에 대한 물체의 관성모멘트를 구하라(축 L_O는 두 막대에 대해 직각 방향에 있다).

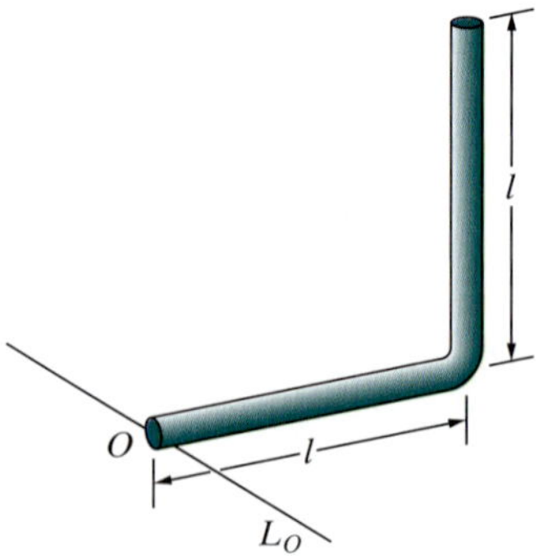

답: $I_O = \frac{5}{3}ml^2$

예제 8.12 복합체의 관성모멘트

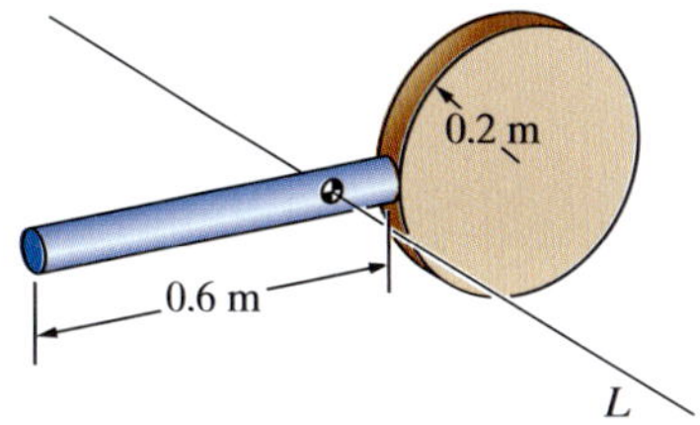

다음 물체는 가느다란 3 kg의 막대와 얇은 2 kg의 원판이 접합되어 만들어졌다. 질량 중심을 통과하는 축 L에 대한 관성모멘트를 구하라(축 L은 막대 및 원판에 수직이다).

전략

우선 복합체의 질량 중심을 찾고 평행축 정리를 각 물체에 따로따로 적용한 후 나온 결과를 더한다.

풀이

부분의 선택 각 부분은 막대와 원판으로 되어 있다. 그림 a의 좌표계를 도입하면 복합체의 질량 중심의 x 좌표는 다음과 같다.

$$\bar{x} = \frac{\bar{x}_{막대}m_{막대} + \bar{x}_{원판}m_{원판}}{m_{막대} + m_{원판}} = \frac{(0.3 \text{ m})(3 \text{ kg}) + (0.6 \text{ m} + 0.2 \text{ m})(2 \text{ kg})}{(3 \text{ kg}) + (2 \text{ kg})} = 0.5 \text{ m}$$

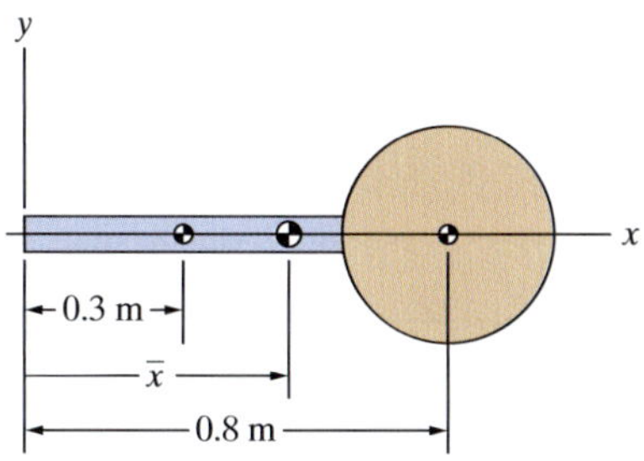

(a) 물체의 질량 중심의 좌표 $\bar{x}$

각 부분의 관성모멘트 결정 막대의 질량 중심과 복합체의 질량 중심 사이의 거리는 0.2 m이다(그림 b). 그러므로 막대의 L에 대한 관성모멘트는 다음과 같다.

$$I_{막대} = \frac{1}{12}(3 \text{ kg})(0.6 \text{ m})^2 + (3 \text{ kg})(0.2 \text{ m})^2 = 0.210 \text{ kg-m}^2$$

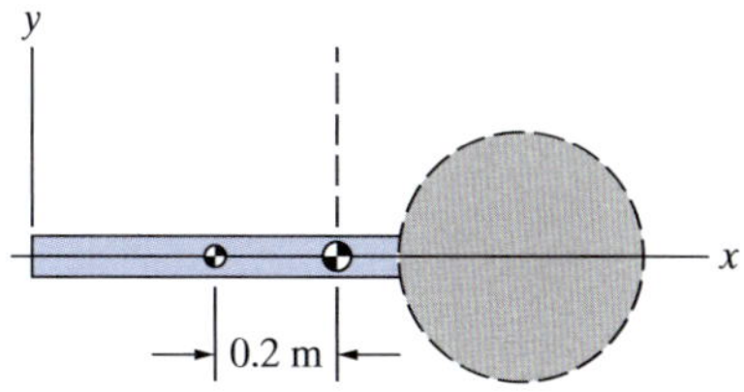

(b) L과 막대의 질량 중심 사이의 거리

원판의 질량 중심과 복합체의 질량 중심 사이의 거리는 0.3 m이다(그림 c). 원판의 관성모멘트는 다음과 같다.

$$I_{원판} = \frac{1}{2}(2\ \text{kg})(0.2\ \text{m})^2 + (2\ \text{kg})(0.3\ \text{m})^2 = 0.220\ \text{kg-m}^2$$

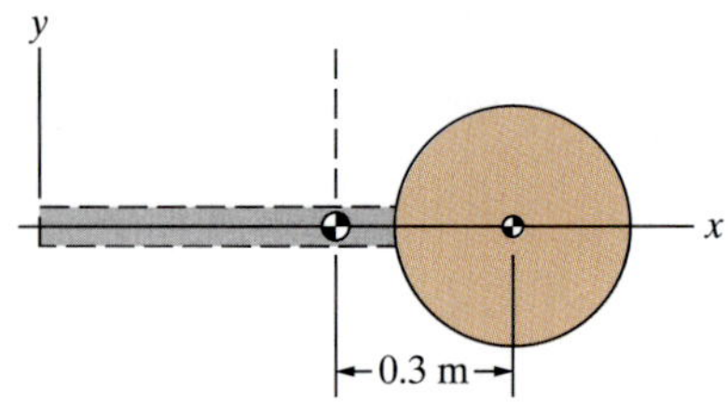

(c) L과 원판의 질량 중심 사이의 거리

결과 합산 L에 대한 복합체의 관성모멘트는 다음과 같다.

$$I = I_{막대} + I_{원판} = 0.430\ \text{kg-m}^2$$

비판적 사고

이 예제는 공학 응용 문제에서 물체의 관성모멘트를 구하는 가장 흔한 절차에 대해 보여주었다. 물체는 보통 각 부분이 조립된 형태로 구성된다. 따라서 우선 각 부분의 질량 중심과 그 질량 중심을 통과하는 축에 대한 관성모멘트를 구해야 한다. (이러한 정보는 실험으로 구하거나 부품의 제작자로부터 제공받을 수 있다.) 그러면 복합체의 질량 중심을 구하고 평행축 정리를 이용해서 복합체의 질량 중심을 통과하는 축에 대한 각 부분의 관성모멘트를 구할 수 있다. 최종적으로 개별 관성모멘트를 모두 더하면 복합체에 대한 관성모멘트를 얻을 수 있다.

예제 8.13 원통의 관성모멘트

다음의 균질한 원통은 질량이 m, 길이가 l, 반경이 R이다. x, y, z축에 대한 관성모멘트를 구하라.

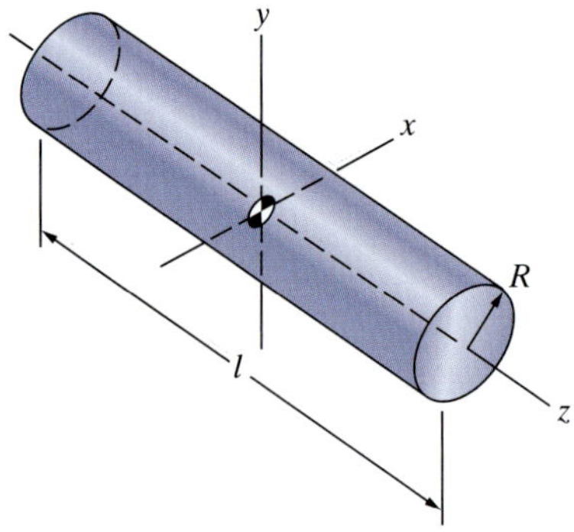

전략

우선 두께 dz인 원판으로 구성된 원통의 미소 요소의 x, y, z축에 대한 관성모멘트를 구한다. 그리고 z에 대해서 이 결과를 적분하면 원통에 대한 관성모멘트를 구할 수 있다. x, y축에 대한 원판의 관성모멘트를 구하기 위해서는 평행축 정리를 이용해야 한다.

풀이

원통의 중심으로부터 거리 z에 있는 두께 dz인 원통의 요소를 생각해보자(그림 a). (원통의 축에 수직한 방향으로 원통을 '얇게 썰어서' 얻은 요소를 생각해볼 수 있다.) 이 요소의 질량은 질량 밀도와 요소의 체적의 곱과 같다. 즉 $dm = \rho(\pi R^2\, dz)$이다. 부록 C에 주어진 얇은 평판에 대한 값을 이용하면 이 요소의 관성모멘트를 구할 수 있다. z축에 대한 관성모멘트는 다음과 같다.

$$dI_{z축} = \frac{1}{2} dmR^2 = \frac{1}{2}(\rho\pi R^2\ dz)R^2$$

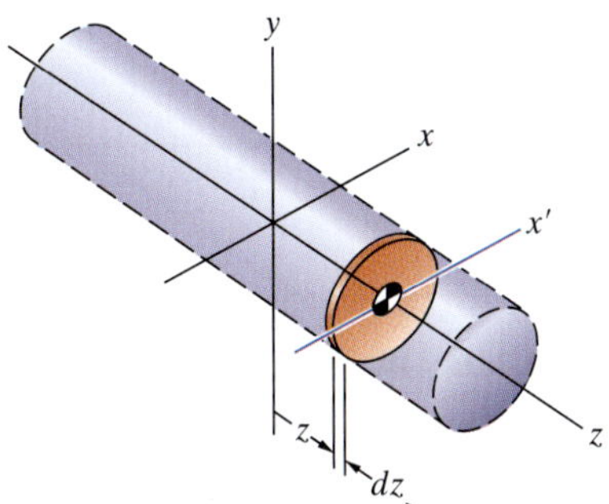

(a) 원판 형태로 나타낸 원통의 미소 요소

이 결과를 $-l/2$에서 $l/2$의 범위에 걸쳐 z에 대해 적분하면 원통을 구성하는 미소 원판 요소의 질량 관성모멘트를 더하는 것이 된다. 그 결과 z축에 대한 원통의 관성모멘트가 된다.

$$I_{z축} = \int_{-l/2}^{l/2} \frac{1}{2}\rho\pi R^4\, dz = \frac{1}{2}\rho\pi\ R^4 l$$

이 결과를 원통의 질량 $m = \rho(\pi R^2\ l)$로 쓸 수 있으므로

$$I_{z축} = \frac{1}{2}mR^2$$

x'축에 대한 원판 요소의 관성모멘트는 다음과 같다.

$$dI_{x'축} = \frac{1}{4}dm\ R^2 = \frac{1}{4}(\rho\pi R^2\ dz)R^2$$

위 결과와 평행축 정리를 이용하면 x축에 대한 요소의 관성모멘트를 구할 수 있다.

$$dI_{x축} = dI_{x'축} + z^2\ dm = \frac{1}{4}(\rho\pi R^2\ dz)R^2 + z^2(\rho\pi R^2\ dz)$$

이 관계식을 $-1/2$에서 $1/2$의 범위에 걸쳐 z에 대해 적분하면 x축에 대한 원통의 관성모멘트를 구할 수 있다.

$$I_{x축} = \int_{-l/2}^{l/2}\left(\frac{1}{4}\rho\pi R^4 + \rho\pi R^2 z^2\right) dz = \frac{1}{4}\rho\pi R^4 l + \frac{1}{12}\rho\pi R^2 l^3$$

원통의 질량으로 표현하면

$$I_{x축} = \frac{1}{4}mR^2 + \frac{1}{12}ml^2$$

원통의 대칭성을 이용하면

$$I_{y축} = I_{x축}$$

비판적 사고

원통이 폭에 비해 매우 길다면(즉 $l \gg R$), $I_{x축}$에 대한 식의 첫 번째 항은 무시할 수 있어서 수직축에 대한 가느다란 막대의 관성모멘트를 얻을 수 있다(식 8.28). 반대로 원통의 반경이 길이에 비해 훨씬 큰 경우에는(즉 $R \gg l$) $I_{x축}$에 대한 식의 두 번째 항을 무시할 수 있어서 원판에 평행한 축에 대한 얇은 원판의 관성모멘트를 구할 수 있다. 이는 '가느다란' 막대와 '얇은' 원판의 관성모멘트에 대한 근삿값을 이용하고자 할 때 무시할 수 있는 항의 범위를 나타낸다.

연습문제

8.108 물체의 질량이 10 kg이고 L_1에 대한 관성모멘트가 10 kg-m²이다. L_2에 대한 관성모멘트는 얼마인가? (세 축 모두 같은 평면상에 있다.)

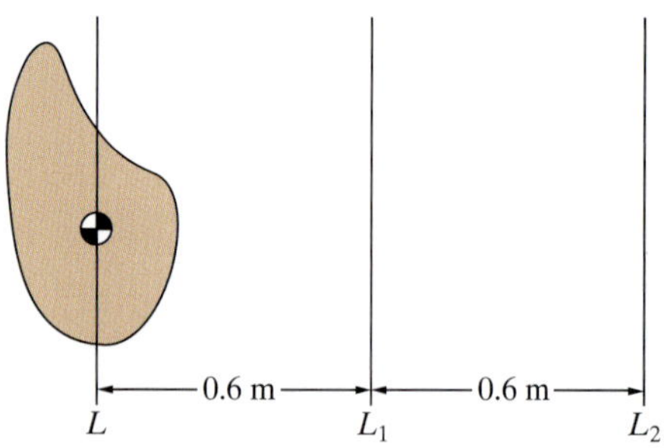

연습문제 8.108

8.109 엔지니어가 다음과 같은 자세제어 기구를 설계하기 위해 데이터를 측정해서 우주비행사의 질량 중심이 x = 1.01 m, y = 0.16 m 위치에 있고 z축에 대한 관성모멘트가 105.6 kg-m²임을 확인했다. 우주비행사의 무게가 81.6 kg일 때, 우주비행사의 질량 중심을 통과하는 z'축에 대한 관성모멘트를 구하라.

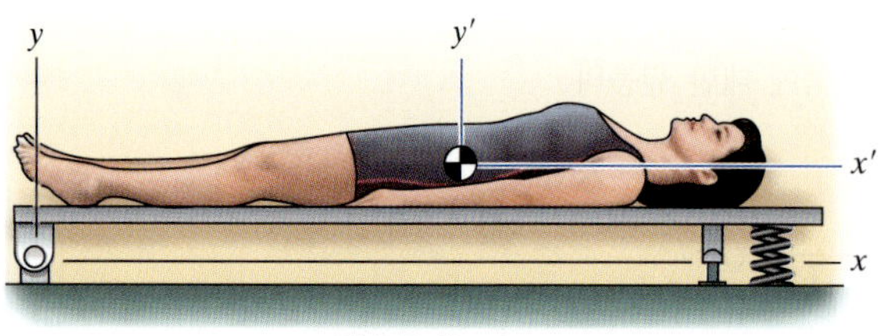

연습문제 8.109

8.110 각각의 질량이 m이고 길이가 l인 두 개의 균질하고 가느다란 막대를 T자형의 물체가 되도록 접합했다. 평행축 정리를 이용해서 막대에 수직하며 점 O를 통과하는 축에 대한 물체의 관성모멘트를 구하라.

8.111 평행축 정리를 이용해서 두 개의 막대에 수직이며 물체의 질량 중심을 통과하는 축에 대한 T자형 물체의 관성모멘트를 구하라(실습 예제 8.11 참조).

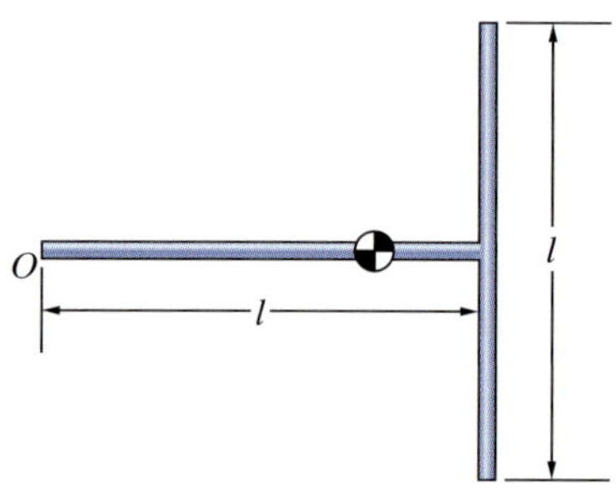

연습문제 8.110/8.111

8.112 무게가 5 lb인 균질한 막대가 있다. z축에 대한 관성모멘트를 구하라.

8.113 막대의 질량 중심을 통과하는 z'축에 대한 5 lb 막대의 관성모멘트를 구하라.

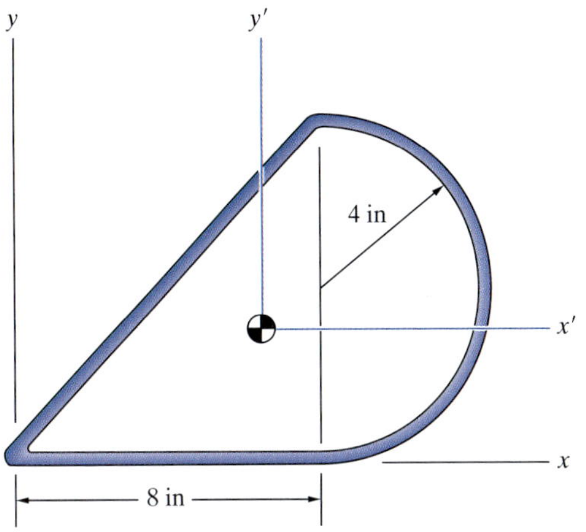

연습문제 8.112/8.113

8.114 가느다란 막대의 길이 $L = 2$ m이고, 막대는 점 O의 핀 지지대를 기준으로 흔들린다. 막대를 수직 위치로부터 약간 움직인 후 다시 놓아주었을 때, 막대가 한 번 완전히 흔들리는 데 필요한 시간은 초(s) 단위로 다음과 같이 나타낸다.

$$T = 2\pi\sqrt{\frac{I_z}{mgd}}$$

여기에서 $g = 9.81$ m/s^{2}이고 m은 막대의 질량이며, I_z는 점 O를 통과하며 막대에 대해서는 수직인 z축에 대한 막대의 관성모멘트이다. 거리 $d = 0.3$ m일 때, 시간 T를 구하라.

8.115 연습문제 8.114에서 막대가 한 번 완전히 흔들리는 데 필요한 시간 T가 최솟값이 되기 위한 거리 d를 구하라. 이 때 걸리는 시간은 얼마인가?

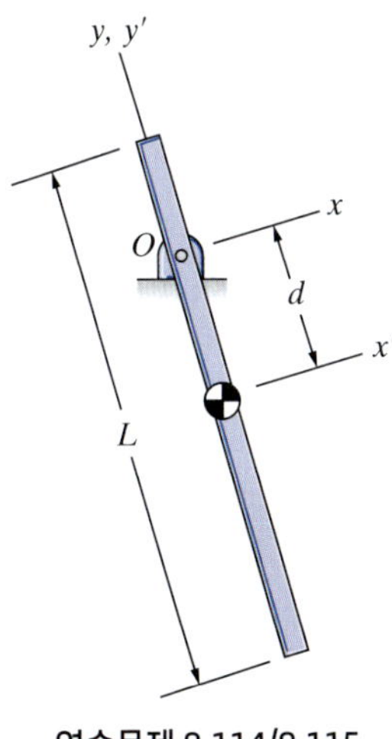

연습문제 8.114/8.115

8.116 대기 연구에 사용되는 로켓의 무게 및 질량 중심(연료 포함)을 통과하는 z축에 대한 관성모멘트가 각각 10 kip, 10,200 slug-ft^{2}이다. 연료의 무게는 6000 lb이고 질량 중심의 위치는 $x = -3$ ft, $y = 0$, $z = 0$이다. z축에 평행하고 연료의 질량 중심을 통과하는 축에 대한 연료의 관성모멘트는 2200 slug-ft^{2}이다. 연료가 다 소모되었을 때, z축에 평행하고 새로운 질량 중심을 통과하는 축에 대한 로켓의 관성모멘트를 구하라.

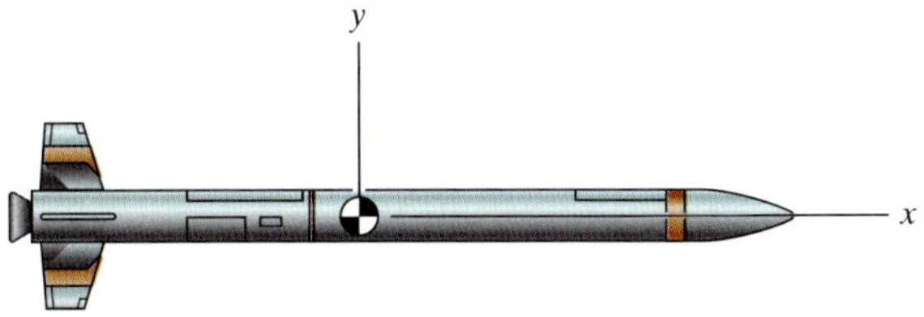

연습문제 8.116

8.117 균질하고 얇은 판의 질량이 36 kg이다. x축에 대한 관성모멘트를 구하라.

8.118 36 kg 판의 z축에 대한 관성모멘트를 구하라.

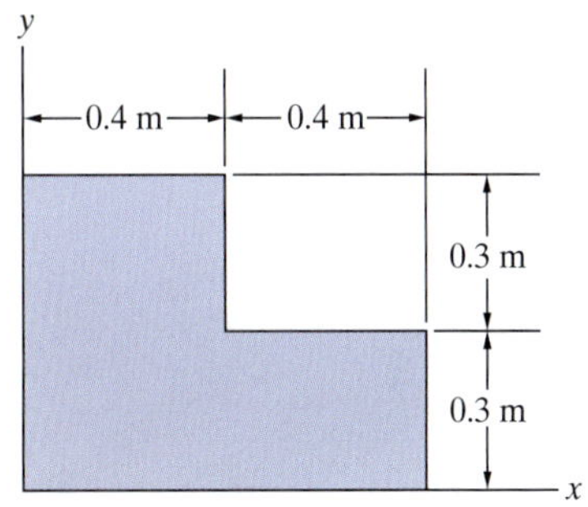

연습문제 8.117/8.118

8.119 무게가 10 lb인 균질하고 얇은 판이 있다. x축에 대한 관성모멘트를 구하라.

8.120 10 lb인 판의 y축에 대한 관성모멘트를 구하라.

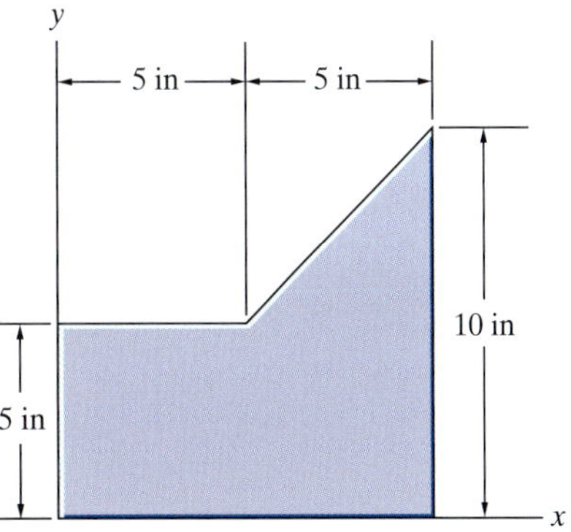

연습문제 8.119/8.120

8.121 방열기(인공위성으로부터 발생하는 과도한 열을 제거)가 다음과 같이 균질하고 얇은 사각형 판으로 만들어질 수 있다. 그 질량은 5 slugs이다. x, y, z축에 대한 관성모멘트를 구하라.

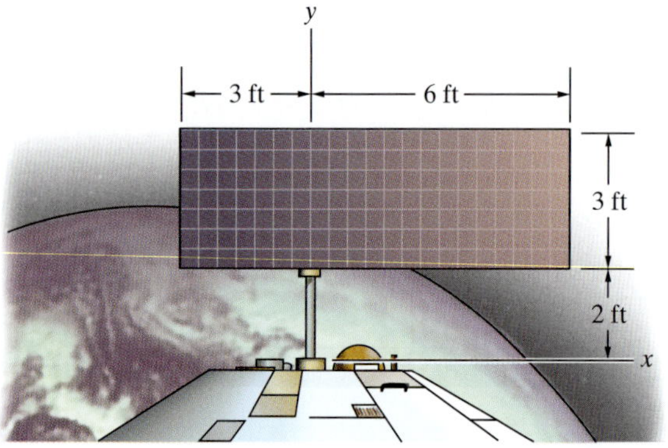

연습문제 8.121

8.122 질량이 m, 길이가 l, 반경이 R인 균질한 원통이 있다. 예제 8.13의 적분을 이용해서 x축에 대한 관성모멘트를 구하라.

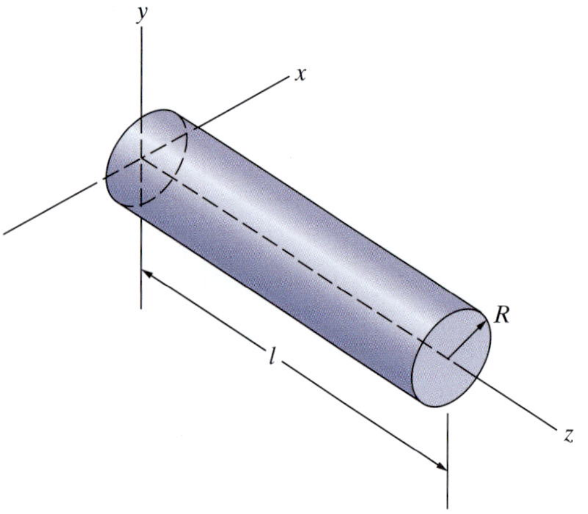

연습문제 8.122

8.123 질량이 m인 균질한 원뿔이 있다. z축에 대한 관성모멘트를 구하라. 그리고 구한 결과를 부록 C에 주어진 값과 비교하라(예제 8.13 참조).

8.124 질량이 m인 균질한 원뿔의 x, y축에 대한 관성모멘트를 구하라. 구한 결과를 부록 C의 값과 비교하라.

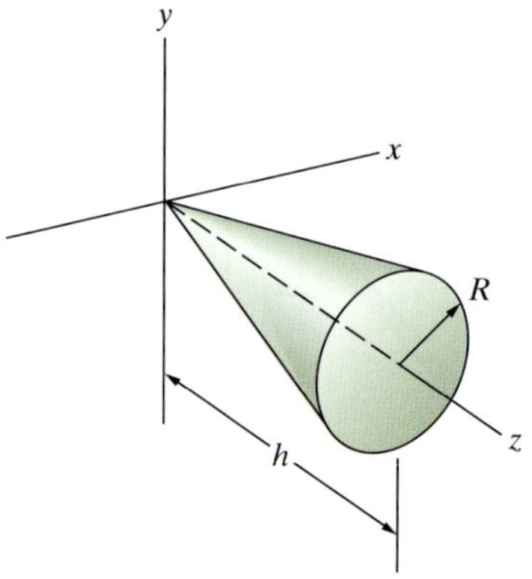

연습문제 8.123/8.124

8.125 질량이 m인 균질한 쐐기가 있다. 예제 8.13의 적분을 이용해서 z축에 대한 관성모멘트를 구하라(답을 m, a, b, h로 나타내라).

8.126 질량이 m인 균질한 쐐기가 있다. 예제 8.13의 적분을 이용해서 x축에 대한 관성모멘트를 구하라(답을 m, a, b, h로 나타내라).

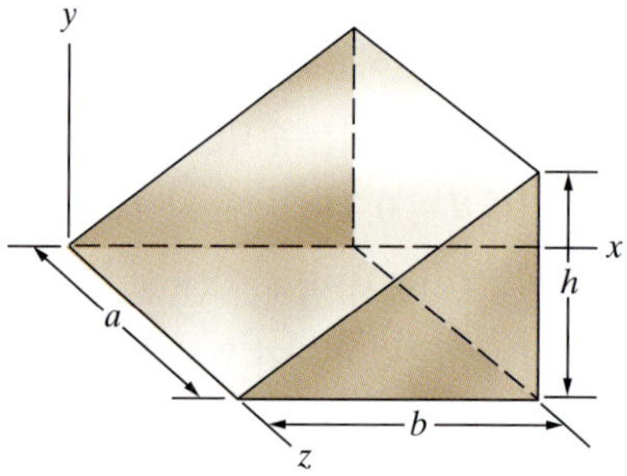

연습문제 8.125/8.126

8.127 예제 8.12에서 3 kg의 막대 부분을 잘라내서 막대의 길이가 0.4 m, 질량이 2 kg이 되었다. 수정된 물체의 질량 중심을 통과하는 수직축 L에 대한 복합체의 관성모멘트를 구하라.

8.128 L자형 기계 부품이 두 개의 균질한 막대로 이루어져 있다. 막대 1은 밀도 14,000 kg/m³인 텅스텐 합금이고, 막대 2는 밀도 7,800 kg/m³인 강철이다. x축에 대한 관성모멘트를 구하라.

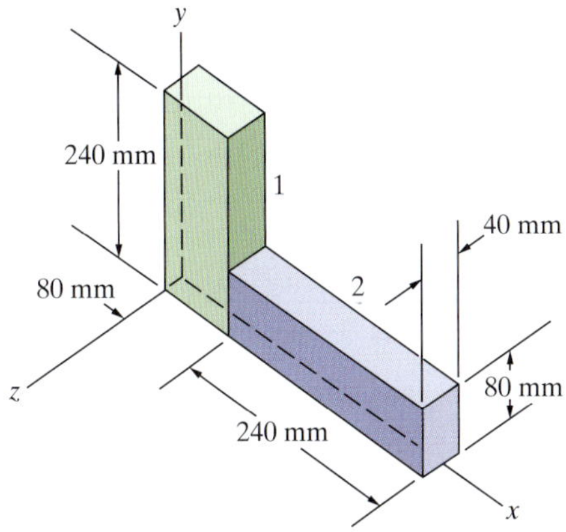

연습문제 8.128

8.129 원뿔형 구멍이 나 있는 균질한 원뿔이 있다. 치수는 $R_1 = 2$ in, $R_2 = 1$ in, $h_1 = 6$ in, $h_2 = 3$ in이다. 물체는 밀도 5 slug/ft³인 알루미늄 합금으로 구성되어 있다. x축에 대한 관성모멘트를 구하라.

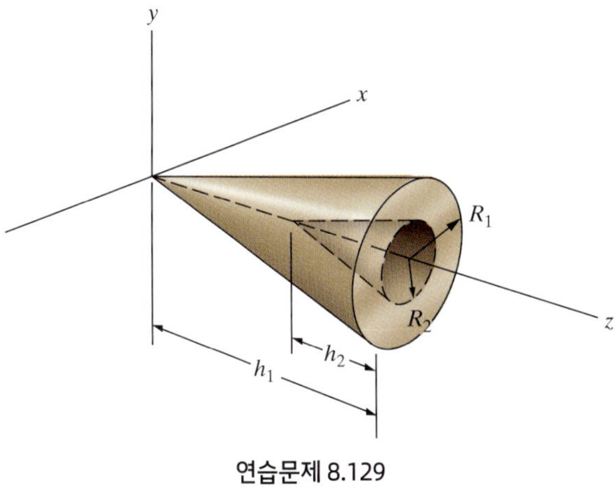

연습문제 8.129

8.130 원통이 밀도 2700 kg/m³인 알루미늄(Al)과 밀도 7860 kg/m³인 철(Fe)로 만들어져 있다. x', y'축에 대한 관성모멘트를 구하라.

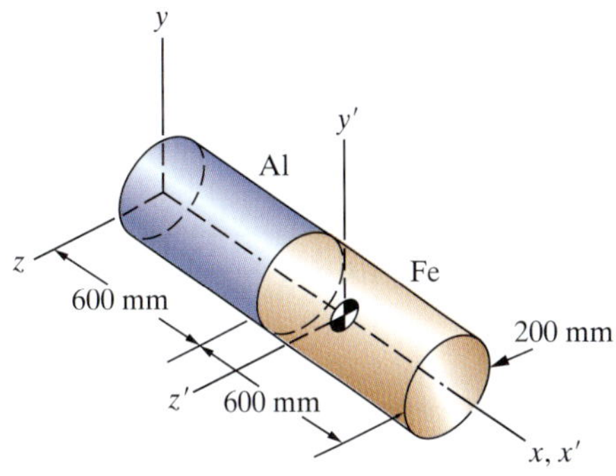

연습문제 8.130

8.131 질량이 m인 균질한 반원형 통이 있다. 물체의 질량중심을 통과하는 축 L에 대한 관성모멘트를 구하라.

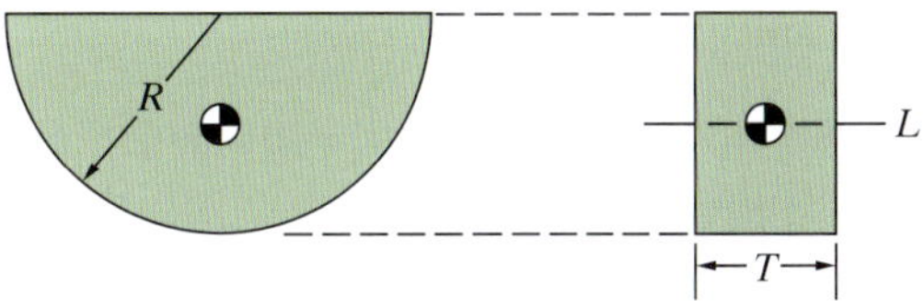

연습문제 8.131

8.132 균질한 기계 부품이 밀도가 2800 kg/m³인 알루미늄 합금으로 만들어져 있다. z축에 대한 부품의 관성모멘트를 구하라.

8.133 연습문제 8.132의 기계 부품의 관성모멘트를 x축에 대해 구하라.

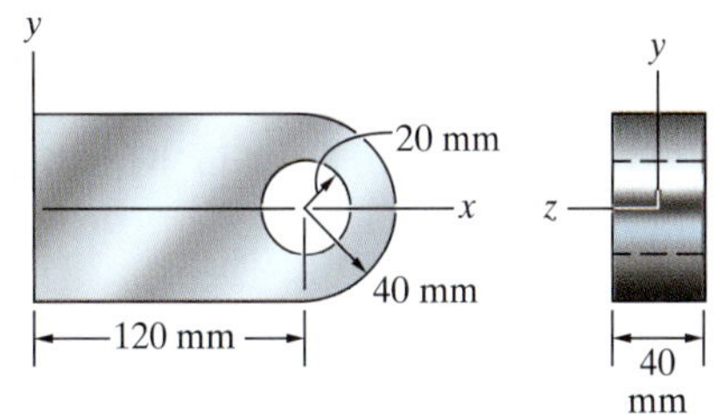

연습문제 8.132/8.133

8.134 물체가 밀도 7800 kg/m^3인 강철로 구성되어 있다. 축 L_O에 대한 관성모멘트를 구하라.

8.135 연습문제 8.134의 물체에서 L_O에 대해 평행하고 물체의 질량 중심을 통과하는 축에 대한 관성모멘트를 구하라.

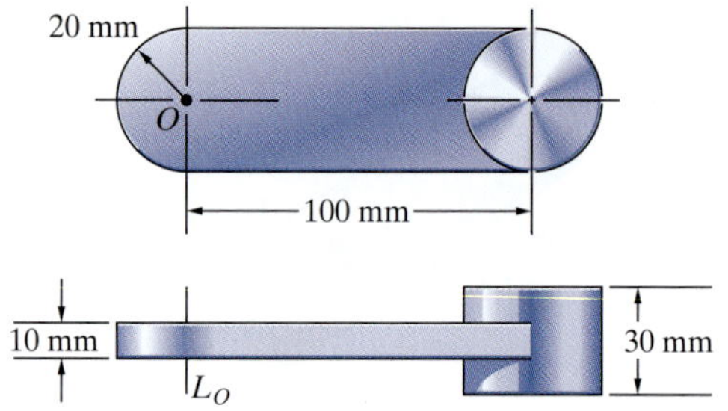

연습문제 8.134/8.135

8.136 두꺼운 판이 밀도 ρ = 15 $slug/ft^3$인 강철로 구성되어 있다. z축에 대한 판의 관성모멘트를 구하라.

8.137 연습문제 8.136의 판에 대해 x축에 대한 관성모멘트를 구하라.

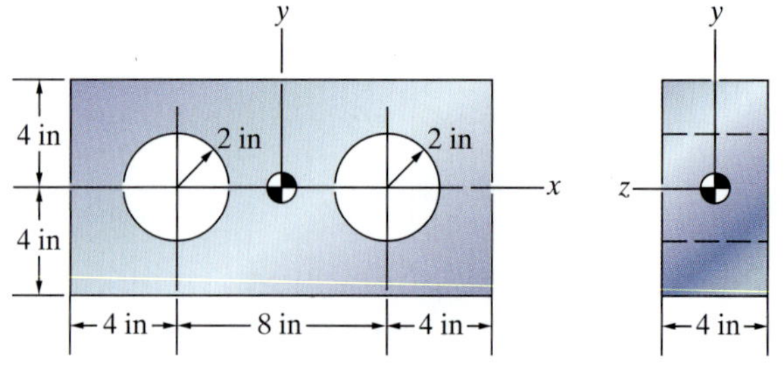

연습문제 8.136/8.137

복습문제

8.138 면적의 치수 b = 40 mm, h = 30 mm이다. 실습 예제 8.1의 방법을 이용해서 I_y, k_y를 구하라.

8.139 면적의 치수 b = 40 mm, h = 30 mm이다. 실습 예제 8.1의 방법을 이용해서 I_{xy}를 구하라.

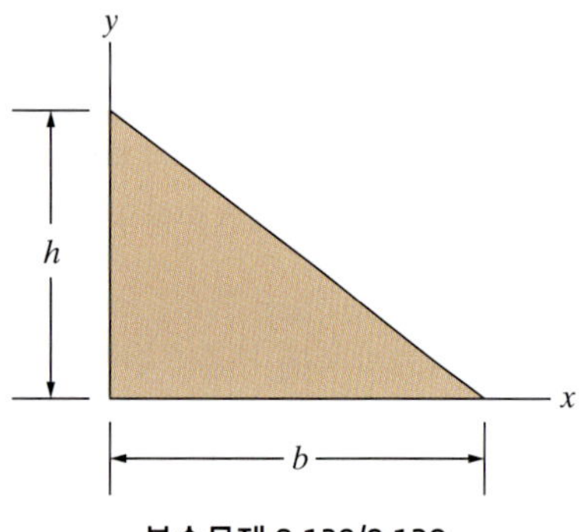

복습문제 8.138/8.139

8.140 면적의 치수 b = 16 in, h = 4 in이다. 실습 예제 8.1의 방법을 이용해서 I_y를 구하라.

8.141 면적의 치수 b = 16 in, h = 4 in이다. 실습 예제 8.1의 방법을 이용해서 J_O를 구하라.

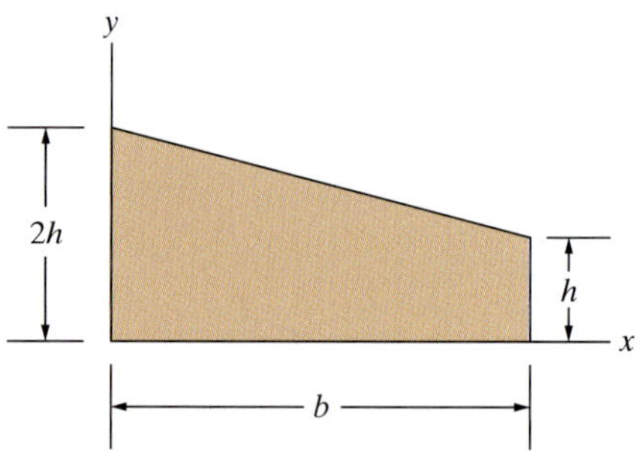

복습문제 8.140/8.141

8.142 I_y, k_y를 구하라.

8.143 I_x, k_x를 구하라.

8.144 I_{xy}를 구하라.

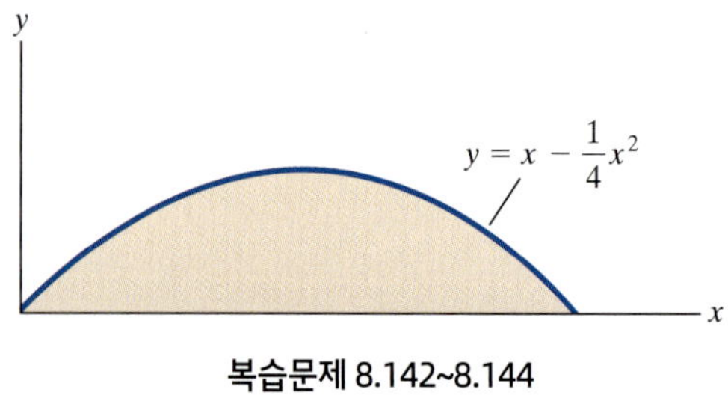

복습문제 8.142~8.144

8.145 $I_{y'}$, $k_{y'}$을 구하라.

8.146 $I_{x'}$, $k_{x'}$을 구하라.

8.147 $I_{x'y'}$을 구하라.

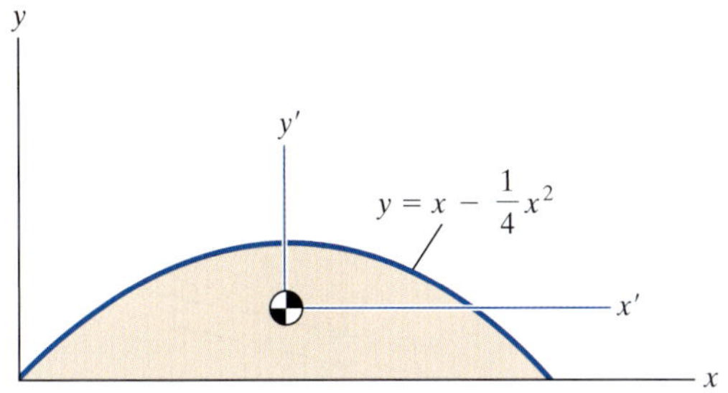

복습문제 8.145~8.147

8.148 I_y, k_y를 구하라.

8.149 I_x, k_x를 구하라.

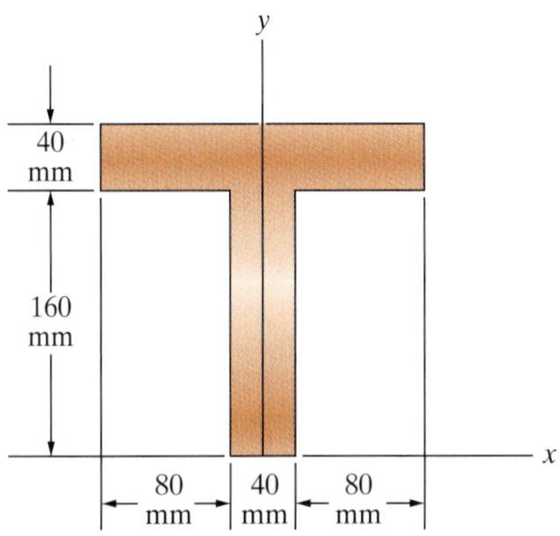

복습문제 8.148/8.149

8.150 I_x, k_x를 구하라.

8.151 J_O, k_O를 구하라.

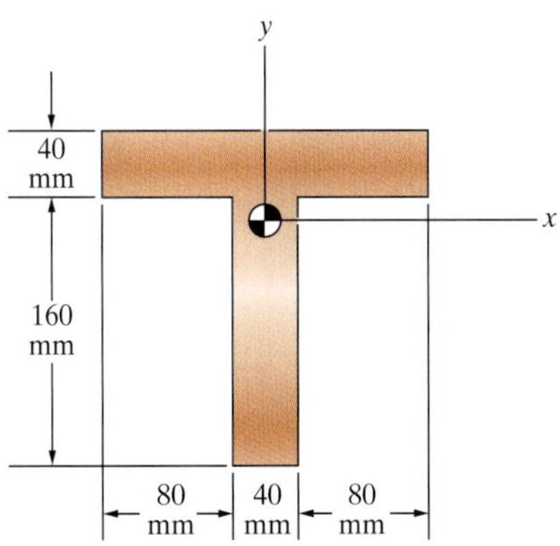

복습문제 8.150/8.151

8.152 I_y, k_y를 구하라.

8.153 J_O, k_O를 구하라.

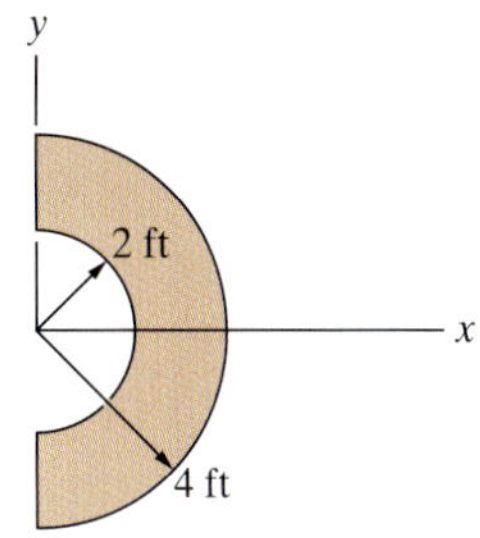

복습문제 8.152/8.153

8.154 I_x, k_x를 구하라.

8.155 I_y, k_y를 구하라.

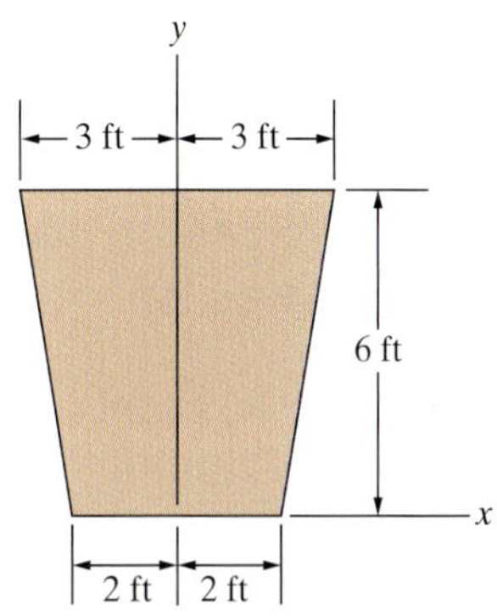

복습문제 8.154/8.155

8.156 면적의 관성모멘트 $I_x = 36\ \text{m}^4$, $I_y = 145\ \text{m}^4$, $I_{xy} = 44.25\ \text{m}^4$이다. 주축과 주관성모멘트를 구하라.

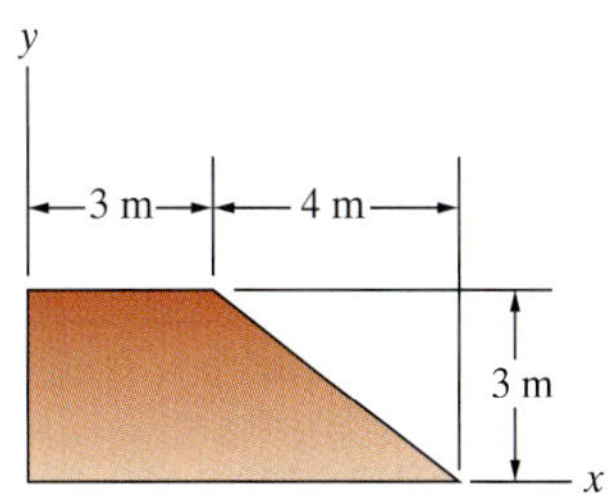

복습문제 8.156

8.157 점 B를 통과하는 수직축에 대한 31 oz 배트의 관성모멘트가 0.093 slug-ft^{2}이다. 점 A를 지나는 수직축에 대한 배트의 관성모멘트는 얼마인가? (점 A는 배트의 '순간 중심' 혹은 그림에 묘사된 순간에 대한 회전 중심이다.)

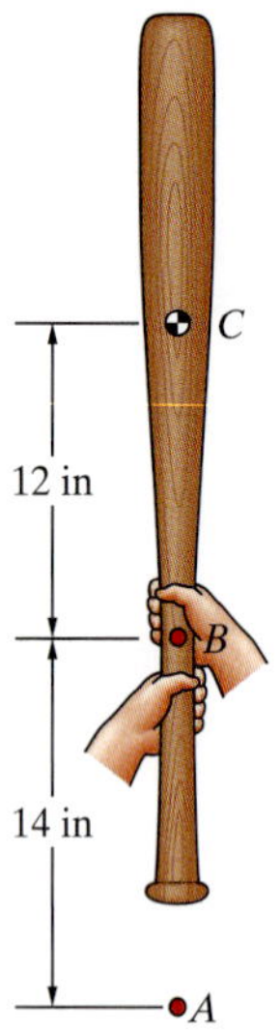

복습문제 8.157

8.158 얇고 균질한 판의 질량이 4 kg이다. y축에 대한 관성모멘트를 구하라.

8.159 4 kg인 판의 z축에 대한 관성모멘트를 구하라.

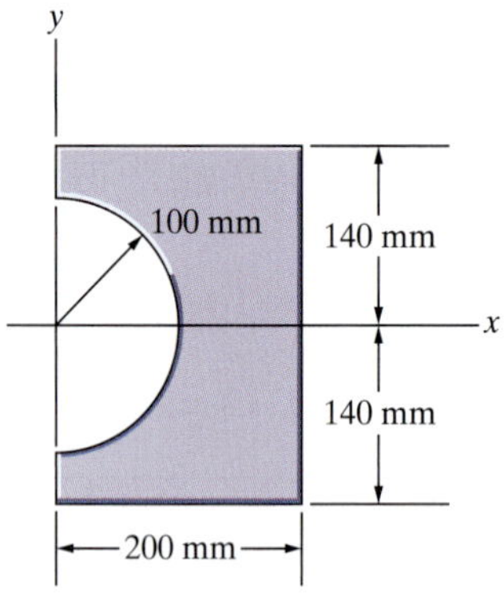

복습문제 8.158/8.159

8.160 질량이 m인 균질한 피라미드형 물체가 있다. z축에 대한 물체의 관성모멘트를 구하라.

8.161 질량이 m인 균질한 피라미드형 물체가 있다. x축 및 y축에 대한 물체의 관성모멘트를 구하라.

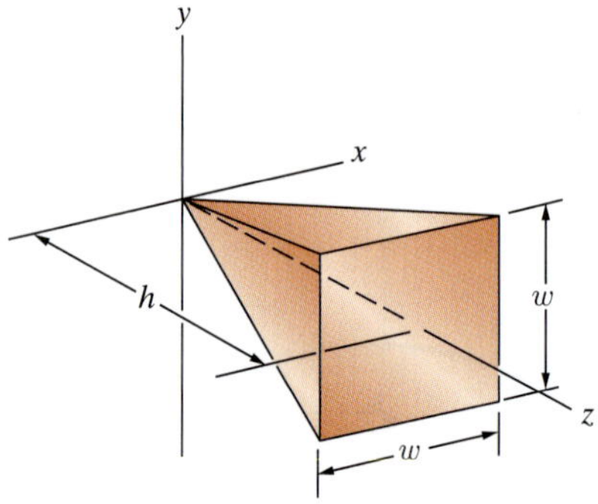

복습문제 8.160/8.161

8.162 무게가 400 lb인 균질한 물체가 있다. x축에 대한 물체의 관성모멘트를 구하라.

8.163 무게가 400 lb인 균질한 물체가 있다. y축과 z축에 대한 관성모멘트를 구하라.

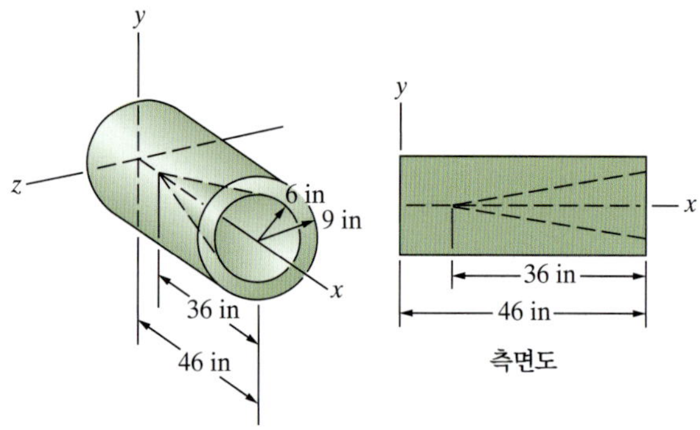

복습문제 8.162/8.163

8.164 14 kg인 플라이휠의 축 L에 대한 관성모멘트를 구하라.

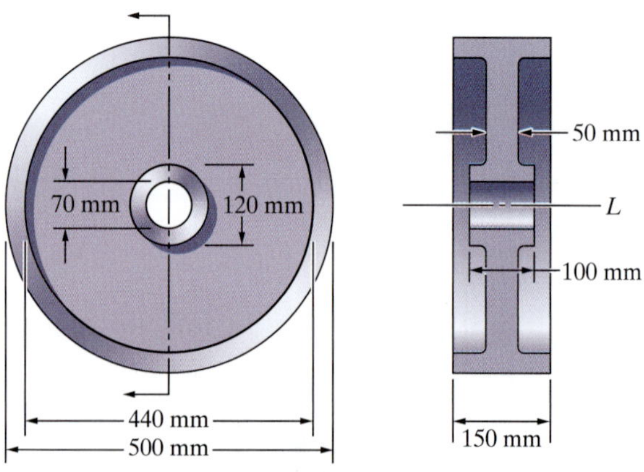

복습문제 8.164

CHAPTER

9 마찰

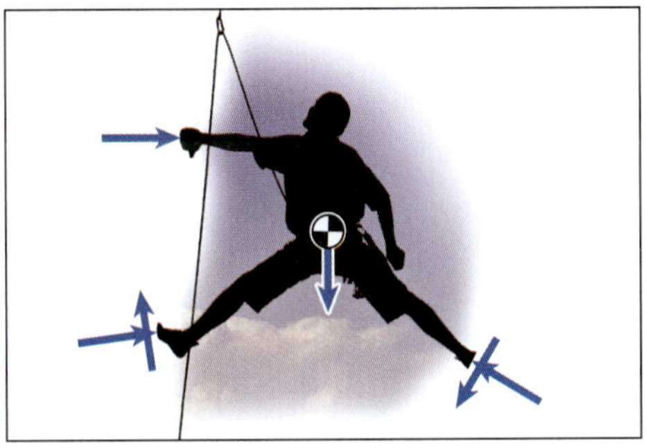

출처: Greg Epperson/Shutterstock 제공

마찰력은 공학 응용 분야에서 바람직하거나 바람직하지 않은 매우 중요한 영향을 미친다. 쿨롱의 마찰 이론은 미끄러지지 않는 접촉면에서 발생하는 최대 마찰력과 미끄러지는 표면에서 발생하는 마찰력을 추정할 수 있게 해준다. 이 마찰 이론은 쐐기, 나사 연결, 베어링, 벨트 등 새로운 종류의 지지대와 기계를 분석할 수 있는 길을 열어준다.

▲ 등반가의 체중은 신발의 마찰력에 의해 부분적으로 지탱된다. 등반가가 서 있는 표면이 충분히 거칠지 않으면 미끄러질 위험에 처할 수 있다. 이 장에서는 접촉면 사이의 마찰력을 분석한다.

9.1 건마찰 이론

생각해보기

- 여러분은 일상적인 마찰 사례에 익숙할 것이다. 마찰을 어떻게 정의할 것인가?
- 책이 탁자 위에 놓여 있는데 탁자를 천천히 기울여도 마찰로 인해 책은 제자리에 있다. 책이 미끄러지기 시작하는 각도를 예측할 수 있는가? 어떻게 예측할 수 있는가?

배경

한 사람이 매끄러운 벽에 기대어 있는 사다리를 올라간다고 가정해보자. 그림 9.1a는 사람과 사다리의 자유물체도를 보여준다. 사람이 사다리에 대해 정지해 있다면 평형방정식을 사용해 마찰력을 구할 수 있다. 하지만 평형방정식만으로는 답할 수 없는 또 다른 질문이 있다. 사다리가 제자리를 유지할 것인가, 아니면 바닥에서 미끄러질 것인가? 트럭이 경사면에 주차되어 있는 경우, 도로가 타이어에 가하는 전체 마찰력으로 인해 트럭이 경사면 아래로 미끄러지지 않는다(그림 9.1b). 이 역시 평형방정식을 사용해 전체 마찰력을 구할 수 있다. 하지만 여기에도 답할 수 없는 또 다른 질문이 있다. 트럭이 미끄러지지 않고 주차할 수 있는 가장 가파른 경사는 얼마인가?

이러한 질문에 답하기 위해서는 마찰력의 성질을 좀 더 자세히 살펴봐야 한다. 그림 9.2a와 같이 탁자 위에 책을 놓고 작은 수평력으로 책을 밀어보라. 가하는 힘이 충분히 작으면 책이 움직이지 않는다. 책의 자유물체도는 그림 9.2b에 나와 있다. 힘 W는 책의 무게이고, N은 탁자와 접촉하는 책의 표면에 탁자가 가하는 총수직력이다. 힘 F는 사용자가 가하는 수평력이며, f는 탁자가 가하는 총마찰력이다. 책이 평형상태이므로 $f = F$이다.

이제 책에 가하는 힘을 조금씩 증가시키자. 책이 평형을 유지하는 한 마찰력은

그림 9.1
마찰력에 의해 지지된 물체

그림 9.2

(a) 책에 수평력을 가하기
(b) 책의 자유물체도

사용자가 가하는 힘과 같으므로 그에 따라 증가해야 한다. 가하는 힘이 너무 커지면 책이 움직여 탁자 위에서 미끄러진다. 마찰력이 특정 최댓값에 도달하면 마찰력은 더 이상 책을 평형상태로 유지할 수 없다. 또한 일단 책이 움직인 후에 책을 탁자 위에서 계속 움직이게 하기 위해 가해야 하는 힘은 책이 미끄러지기 시작하는 시점에 가한 힘보다 작다는 것에 유의하라(가구를 바닥에서 밀어본 적이 있다면 이 현상에 친숙할 것이다).

탁자는 어떻게 책에 마찰력을 가하는가? 책이 미끄러지는 이유는 무엇인가? 책이 탁자를 가로질러 미끄러지는 상태를 유지하기 위해 필요한 힘이 책을 움직이기 시작하게 만드는 힘보다 작은 이유는 무엇인가? 탁자와 책의 표면을 충분히 확대하면 울퉁불퉁하게 보일 것이다(그림 9.3). 마찰력은 부분적으로 접촉하는 표면의 거칠기, 즉 **요철**의 상호작용에서 발생한다. 책과 탁자의 거친 표면의 간단한 2차원 모델을 고려하면 이러한 마찰 메커니즘에 대한 통찰력을 얻을 수 있다.

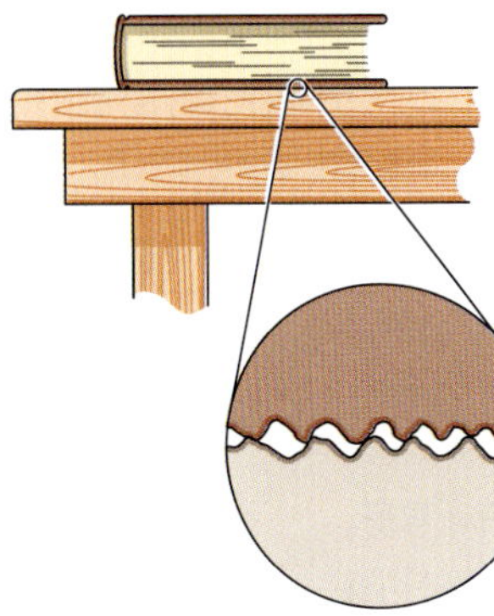

그림 9.3

표면의 거칠기(요철)는 확대해서 확인할 수 있다.

그림 9.4a와 같이 책과 탁자의 요철을 2차원 '톱니' 형상의 윤곽으로 이상화하자. 수평력 F가 증가함에 따라, 그림 9.4b와 같이 책이 위로 미끄러질 정도로 힘이 충분히 커질 때까지 책은 정지된 상태로 유지된다. 이런 일이 일어나려면 어떤 수평력이 필요할까? 이를 알아내려면 그림 9.4b의 '미끄러진' 위치에서 책이 평형을 이루기 위해 필요한 F의 값을 구해야 한다. 그림 9.4c에는 책의 톱니 모양 요철에 가해지는 정상 힘 C_i가 나와 있다(이 간단한 모델에서는 접촉하고 있는 경사면

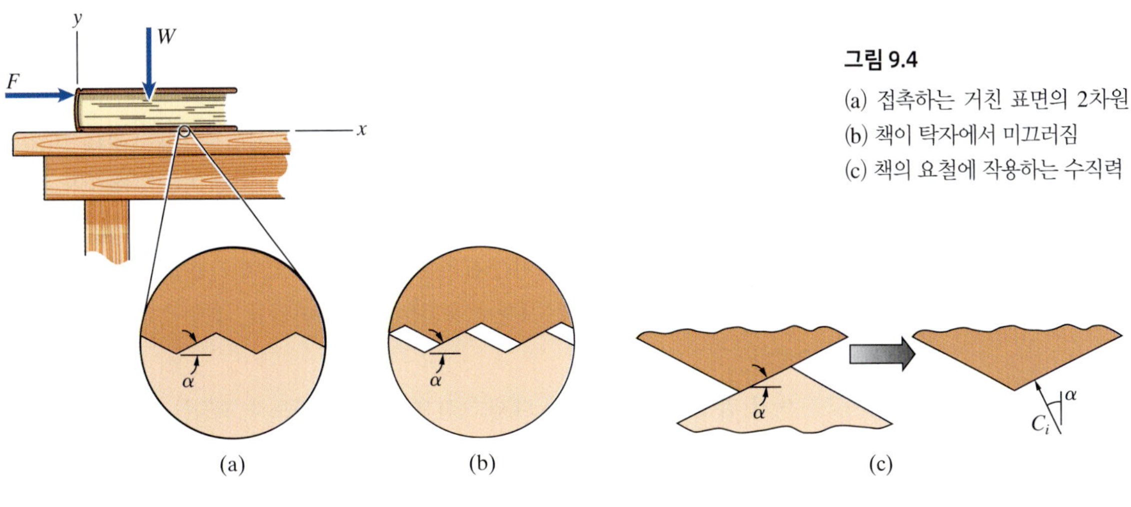

그림 9.4

(a) 접촉하는 거친 표면의 2차원 모델
(b) 책이 탁자에서 미끄러짐
(c) 책의 요철에 작용하는 수직력

이 매끄럽다고 가정한다). 탁자가 책의 톱니 모양 요철에 가하는 수직력의 합을 $C = \sum_i C_i$로 표시하면 다음과 같은 평형방정식을 얻을 수 있다.

$$\Sigma F_x = F - C\sin\alpha = 0$$
$$\Sigma F_y = C\cos\alpha - W = 0$$

위 방정식에서 C를 제거하면 탁자 위에 놓여 있는 책이 미끄러지기 시작하는 데 필요한 힘을 구할 수 있다.

$$F = (\tan\alpha)W$$

표 9.1 전형적인 정마찰계수 값

재료	정마찰계수 μ_s
금속과 금속	0.15~0.20
벽돌과 벽돌	0.60~0.70
나무와 나무	0.25~0.50
금속과 벽돌	0.30~0.70
금속과 나무	0.20~0.60
고무와 콘크리트	0.50~0.90

책을 미끄러지게 하는 데 필요한 힘은 톱니 표면을 서로 누르는 힘(책의 무게)에 비례한다는 것을 알 수 있다. 책을 점점 더 많이 쌓고 수평으로 힘을 가한다고 생각해보자. 책의 수가 증가함에 따라 책이 미끄러지려면 점점 더 큰 힘이 필요하다. 또한 2차원 사고 실험에서 각도 α는 톱니로 이상화된 표면의 거칠기를 나타내는 척도이다. $\alpha \to 0$이 되면 표면이 매끄러워지고 책이 미끄러지는 데 필요한 힘은 0에 가까워진다. α가 증가하면 거칠기가 증가해 책이 미끄러지는 데 필요한 힘이 증가한다.

이어지는 절에서는 이제까지 설명한 현상을 통합하고 건조한 표면 사이의 마찰력을 설명하는 데 유용한 이론을 소개한다(윤활된 표면 사이의 마찰은 유체 역학 현상이며 따라서 유체 역학의 관점에서 해석해야 한다).

마찰계수

건마찰(dry friction) 또는 쿨롱(Coulomb) 마찰 이론은 서로 고정되어 있는 건조한 접촉면이 가할 수 있는 최대 마찰력을 예측한다. 또한 이 이론은 표면이 상대운동 중이거나 미끄러질 때 표면이 가하는 마찰력을 예측한다. 먼저 상대운동하지 않는 표면을 고려해보자.

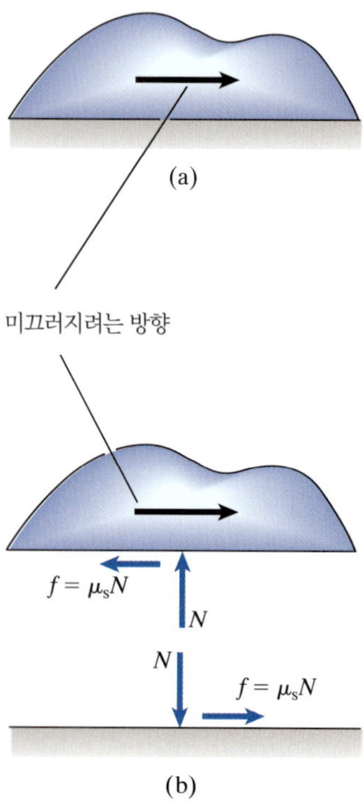

그림 9.5

(a) 윗면이 오른쪽으로 미끄러지기 직전이다.

(b) 마찰력의 방향

정마찰계수 상대운동 없이 접촉하는 두 건조한 평면 사이에 가해질 수 있는 최대 마찰력의 크기는 다음과 같다.

$$f = \mu_s N \qquad (9.1)$$

여기에서 N은 표면 사이의 접촉력의 수직 성분이고 μ_s는 정마찰계수라고 불리는 상수이다. μ_s의 값은 접촉하는 표면의 재질과 표면의 상태(매끄러움 및 다른 재질에 의한 오염 정도)에만 의존한다고 가정한다. 다양한 재료에 대한 μ_s의 전형적인 값이 표 9.1에 나와 있다. 주어진 값의 범위는 표면 조건에 따른 μ_s의 민감도를 반영한다. 공학적 응용에서는 보통 사용되는 실제 표면의 μ_s 값을 측정하는 것이 필요하다.

탁자 위에 책이 놓여 있는 예제(그림 9.2)로 돌아가보자. 특정한 값을 가지는 수평력 F가 책에 가해지고 책이 평형상태를 유지한다면, 탁자가 책에 가하는 마찰력은 얼마인가? 그림 9.2b의 자유물체도에서 $f = F$임을 알 수 있다. 이 질문에 답하기 위해 식 (9.1)을 사용하지 않음에 유의하라. 하지만 책이 미끄러지지 않게 유지하면서 책에 가할 수 있는 가장 큰 힘 F를 알고 싶다고 가정하자. 책과 탁자 사이의 정마찰계수 μ_s를 알고 있다면, 식 (9.1)은 탁자가 책에 가할 수 있는 가장 큰 마찰력을 알려준다. 따라서 책이 미끄러지지 않게 하면서 가할 수 있는 가장 큰 힘 F는 $F = f = \mu_s N$이다. 또한 그림 9.2b의 자유물체도에서 $N = W$임을 알 수 있으므로, 책이 미끄러지지 않게 유지하면서 가할 수 있는 가장 큰 힘은 $F = \mu_s W$이다.

식 (9.1)은 최대 마찰력의 크기는 결정하지만 그 방향은 결정하지 않는다. 두 표면이 서로에 대해 미끄러지기 직전일 때 마찰력이 최대이며 이때 식 (9.1)을 적용할 수 있다. 이런 상황을 미끄러짐이 **임박**했다고 말하며, 마찰력은 임박한 움직임을 저지한다. 그림 9.5a에서 아래쪽 표면은 고정되어 있고 위쪽 표면이 오른쪽으로 미끄러짐에 임박하다고 가정하자. 위쪽 표면에 작용하는 마찰력은 임박한 움직임을 저지한다(그림 9.5b). 아래쪽 표면에 작용하는 마찰력은 반대 방향이다.

동마찰계수 건마찰 이론에 따르면 서로 상대운동하는(미끄러지는) 건조한 두 접촉면 사이의 마찰력의 크기는 다음과 같다.

$$f = \mu_k N \tag{9.2}$$

여기에서 N은 표면 사이의 수직력이고 μ_k는 **동마찰계수**이다. μ_k의 값은 표면들의 조합과 조건에만 의존한다고 가정하자. 주어진 한 쌍의 표면에 대해 그 값은 일반적으로 μ_s보다 작다.

그림 9.2의 책을 탁자 위에서 미끄러지게 만들었다면 마찰력은 $f = \mu_k N = \mu_k W$이다. 따라서 책을 일정한 운동상태로 유지하기 위해 가해야 하는 힘은 $F = f = \mu_k W$이다.

두 표면이 서로 상대적으로 미끄러질 때 마찰력은 상대적인 움직임을 저지하도록 작용한다. 그림 9.6a에서 아래쪽 표면이 고정되어 있고 위쪽 표면이 오른쪽으로 이동한다고 가정해보자. 위쪽 표면에 작용하는 마찰력은 그 움직임의 반대 방향으로 작용한다(그림 9.6b). 아래쪽 표면에 작용하는 마찰력은 위쪽 표면에 작용

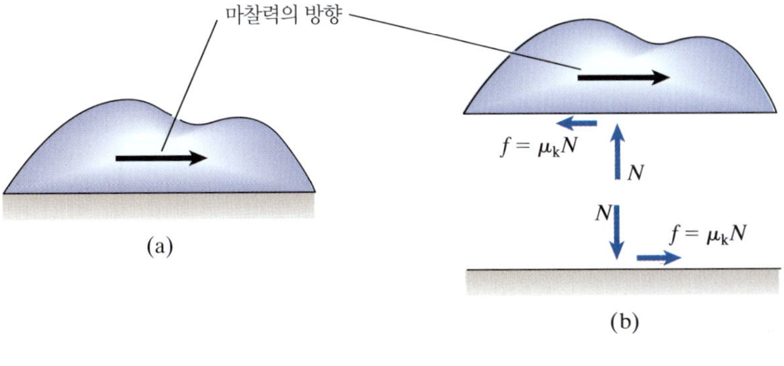

그림 9.6
(a) 윗면이 아랫면에 대해 상대적으로 오른쪽으로 이동하고 있다.
(b) 상대운동의 방향

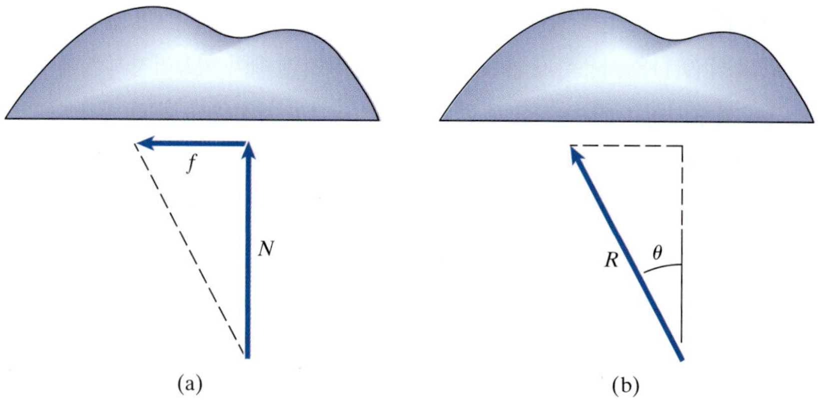

그림 9.7
(a) 마찰력 f와 수직력 N
(b) 크기 R과 마찰각 θ

하는 마찰력과 반대 방향이다.

마찰각

다른 표면과의 접촉으로 인해 표면에 가해지는 반력은 표면에 평행하고 수직인 성분, 즉 마찰력 f와 수직력 N으로 표현한다(그림 9.7a). 하지만 어떤 상황에서는 반력을 크기 R과 반력과 수직력 사이의 **마찰각** θ로 표현하는 것이 더 편리하다(그림 9.7b). 힘 f와 N은 R과 θ에 의해 다음과 같은 관계가 있다.

$$f = R\sin\theta \tag{9.3}$$

$$N = R\cos\theta \tag{9.4}$$

미끄러짐이 임박했을 때의 θ 값은 **정마찰각** θ_s라고 부르고 표면이 서로 상대적으로 미끄러질 때 값은 **동마찰각** θ_k라고 부른다. 식 (9.1)~(9.4)를 사용해서 정마찰각과 동마찰각을 마찰계수로 표현할 수 있다.

$$\tan\theta_s = \mu_s \tag{9.5}$$

$$\tan\theta_k = \mu_k \tag{9.6}$$

결과 정리

평평한 표면의 접촉으로 인해 발생하는 힘은 두 가지 다른 방식으로 표현될 수 있다.

수직력과 N과 마찰력 f의 관점

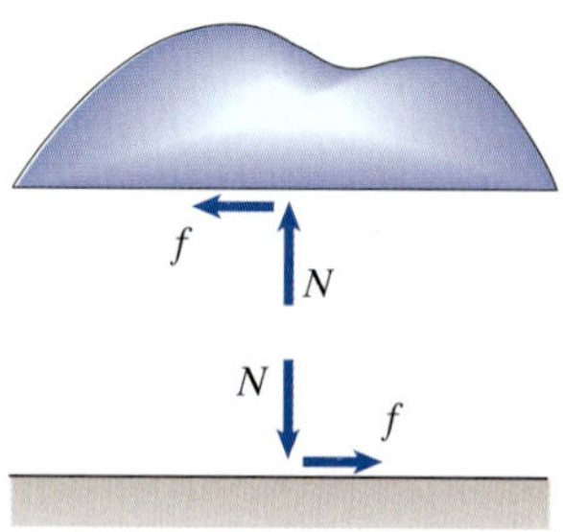

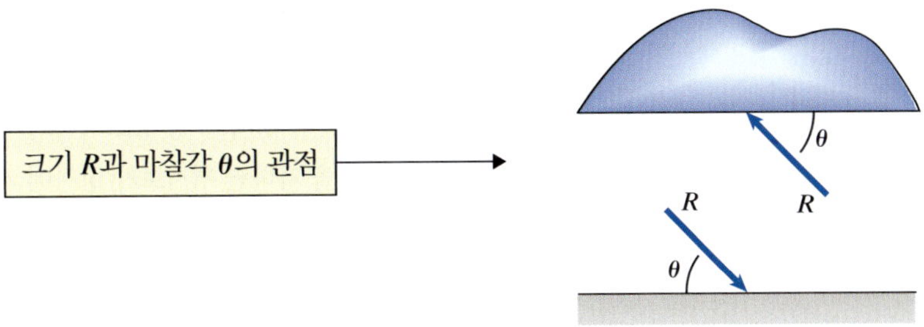

마찰계수

서로에 대해 정지상태에 있는(즉 미끄러짐이 임박한 경우) 건조한 표면들이 가할 수 있는 최대 마찰력의 크기는 다음과 같다.

$$f = \mu_s N \qquad (9.1)$$

여기에서 μ_s는 **정마찰계수**이다. 미끄러짐이 임박했을 때 마찰각은 정마찰계수와 다음과 같은 관계가 있다.

$$\tan\theta_s = \mu_s \qquad (9.5)$$

서로에 대해 운동 중인(미끄러지는) 건조한 표면들이 가하는 마찰력의 크기는 다음과 같다.

$$f = \mu_k N \qquad (9.2)$$

여기에서 μ_k는 **동마찰계수**이다. 표면들이 미끄러지고 있을 때 마찰각은 동마찰계수와 다음과 같은 관계가 있다.

$$\tan\theta_k = \mu_k \qquad (9.6)$$

마찰력과 마찰각을 평가하려면 일련의 결정 과정이 필요하다.

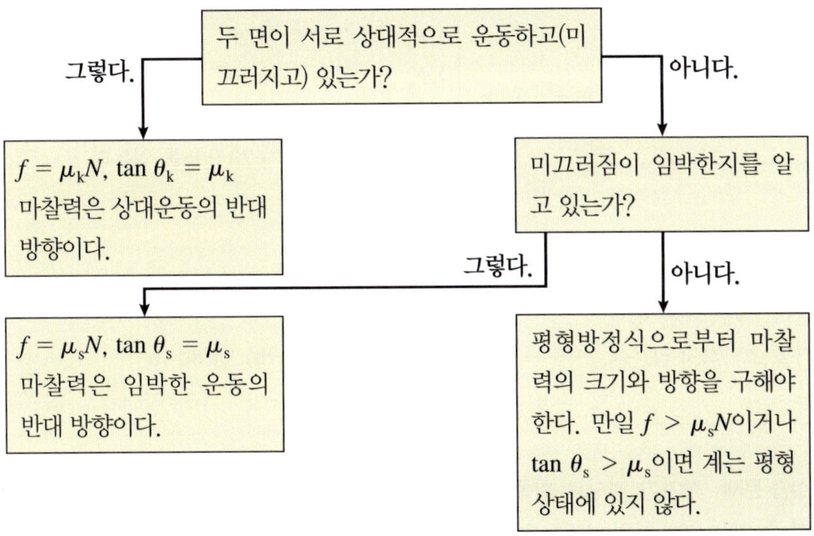

실습 예제 9.1 마찰력 구하기

로프가 고정된 180 lb의 상자에 수평으로 힘을 가한다. 상자와 경사로 사이의 정마찰계수 $\mu_s = 0.4$이다. 로프가 상자에 90 lb의 힘을 가하면 경사로가 상자에 가하는 마찰력은 얼마인가?

전략

상자가 경사로에서 미끄러지지 않고 있고, 미끄러짐이 임박한지 알 수 없으므로 평형방정식을 적용해서 마찰력을 구해야 한다.

풀이

상자의 자유물체도를 그린다. 마찰력 f의 방향은 알 수 없으므로 임의로 선택한다. f의 부호는 f의 방향을 나타낸다.

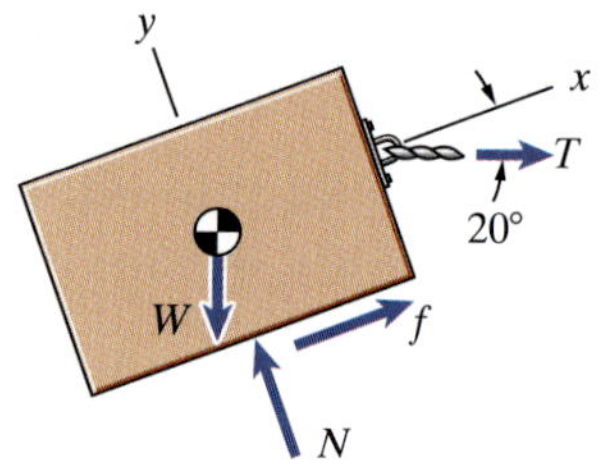

평형을 적용한다. 마찰력의 값이 음수라면 마찰력의 방향이 경사로 아래쪽으로 작용함을 나타낸다.

$$\Sigma F_x = f + T\cos 20° - W\sin 20° = 0$$
$$\Sigma F_y = N - T\sin 20° - W\cos 20° = 0$$

W와 T에 각각 180 lb와 90 lb를 대입하면 $N = 200$ lb, $f = -23.0$ lb를 얻는다.

표면이 지탱할 최대 마찰력을 계산해서 평형에 필요한 마찰력의 크기를 초과하지 않는지 확인한다.

$$\mu_s N = (0.4)(200 \text{ lb}) = 80 \text{ lb}$$

실습 문제 상자가 경사로 위쪽으로 미끄러지지 않게 하면서 로프가 수평으로 가할 수 있는 최대 힘의 크기는 얼마인가?

답: 161 lb

예제 9.2 마찰 브레이크 분석하기

브레이크 ABC가 C에 가하는 마찰력에 의해 원판의 움직임이 제어된다. 유압 액추에이터 BE는 B에서 브레이크에 수평 방향의 크기 F의 힘을 가한다. 원판과 브레이크 사이의 마찰계수는 μ_s와 μ_k이다. 원판을 시계 반대 방향으로 일정한 속도로 회전시키는 데 필요한 우력 M은 얼마인가?

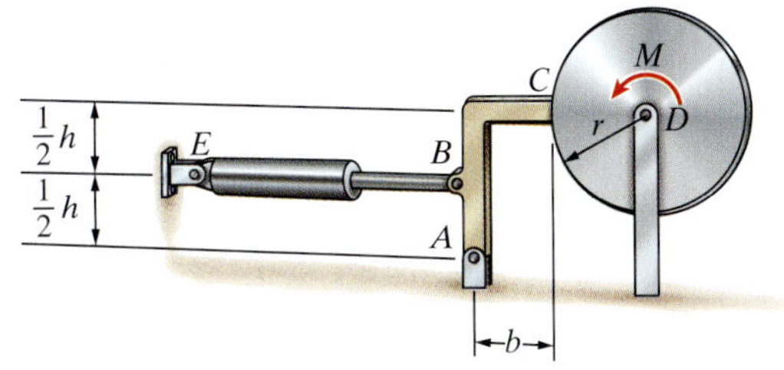

전략

원판의 자유물체도를 사용해 M과 브레이크가 원판에 가하는 반력 사이의 관계를 구한 다음, 브레이크의 자유물체도를 사용해서 F의 관점에서 반력을 구할 수 있다.

풀이

그림 a에 원판의 자유물체도를 그려서 브레이크가 가하는 힘을 단일 힘 R로 나타낸다. 힘 R은 원판의 시계 반대 방향 회전에 반대하고 마찰각은 운동마찰각 $\theta_k = \arctan \mu_k$이다. D에 대한 모멘트의 합은 다음과 같다.

$$\Sigma M_{\text{점 } D} = M - (R\sin\theta_k)r = 0$$

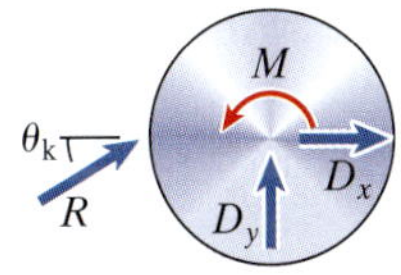

(a) 원판의 자유물체도

그런 다음 브레이크의 자유물체도(그림 b)에서 다음을 얻는다.

$$\Sigma M_{\text{점 } A} = -F\left(\frac{1}{2}h\right) + (R\cos\theta_k)h - (R\sin\theta_k)b = 0$$

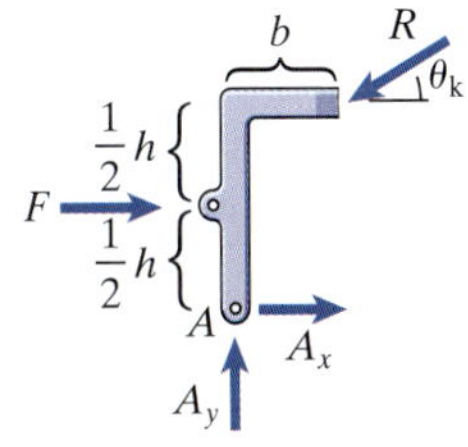

(b) 브레이크의 자유물체도

위 두 방정식을 풀어서 M과 R을 구한다. 우력 M의 해는 다음과 같다.

$$M = \frac{(1/2)hr\ F\sin\theta_k}{h\cos\theta_k - b\sin\theta_k} = \frac{(1/2)hr\ F\mu_k}{h - b\mu_k}$$

비판적 사고

마찰계수 μ_k가 충분히 작으면, 위에서 얻은 우력 M의 해에서 분모인 항 $h\cos\theta_k - b\sin\theta_k$는 양이다. μ_k가 증가함에 따라 $\cos\theta_k$는 감소하고 $\sin\theta_k$는 증가하기 때문에 분모는 작아진다. 분모가 0에 가까워짐에 따라 원판을 회전시키는 데 필요한 우력은 무한대에 가까워진다. 이 결과를 이해하기 위해 분모가 0이 될 때 $\tan\theta_k = h/b$임을 주목하라. 이는 힘 R의 작용선이 점 A를 통과한다는 것을 의미한다(그림 c 참조). μ_k가 증가해 R의 작용선이 점 A에 가까워짐에 따라, F에 의한 A에 대한 모멘트와 균형을 맞추기 위해 R의 크기는 무한대에 가까워진다. 결과적으로 해석적으로 예측하면 M은 무한대에 접근한다. 물론 M이 어느 정도 큰 값에 도달하면 힘 F와 R이 브레이크가 지탱할 수 있는 값의 한도를 초과할 것이다.

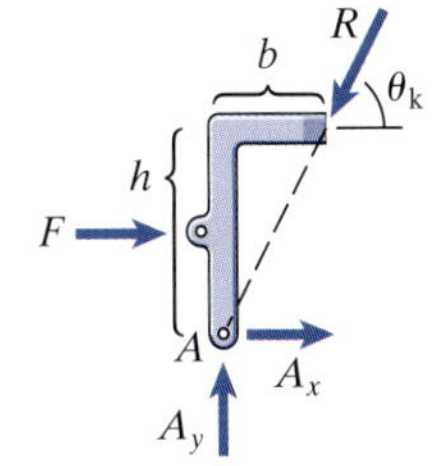

(c) 점 A를 지나는 R의 작용선

예제 9.3 물체가 기울어질지 여부 결정하기

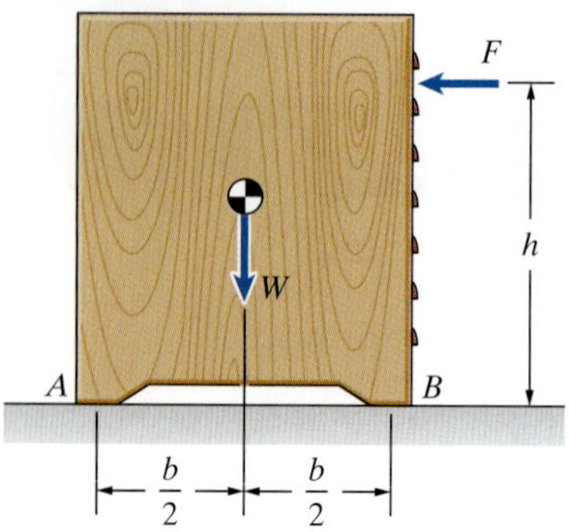

도구 상자를 바닥에 수평한 힘 F를 가해 민다고 가정하자. 만약 너무 높은 h에서 힘을 가하면 상자는 미끄러지기 전에 기울어질 것이다. 바닥과 상자 사이의 정마찰계수가 μ_s일 때, 상자가 기울어지기 전에 미끄러지게 되는 h의 최댓값은 얼마인가?

전략

상자가 기울어지기 직전 상태일 때, B에서의 반력이 없는 평형상태에 있다. 이 조건을 사용해 h에 대한 F를 구할 수 있다. 그런 다음 상자가 미끄러지게 할 F의 값을 구함으로써 상자가 기울어지기 직전 상태와 미끄러지기 직전 상태에 있는 h의 값을 구할 수 있다.

풀이

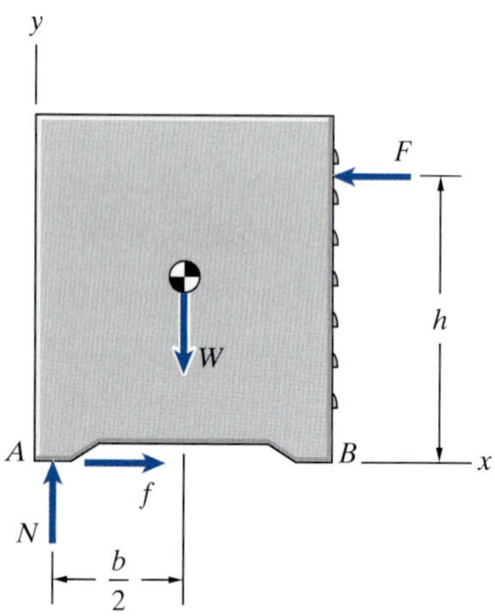

(a) 상자가 기울어지기 직전의 자유물체도

상자가 기울어지기 직전 상태에 대한 자유물체도를 그림 a에 그린다. A에 대한 모멘트를 합산하면 다음을 구할 수 있다.

$$\Sigma M_{\text{점 } A} = Fh - W\left(\frac{1}{2}b\right) = 0$$

평형 조건에 따라 $f = F$, $N = W$이다.

상자가 미끄러지기 직전일 때 다음을 만족한다.

$$f = \mu_s N$$

따라서

$$F = f = \mu_s N = \mu_s W$$

이 표현을 모멘트 방정식에 대입하면 다음을 얻는다.

$$\mu_s Wh - W\left(\frac{1}{2}b\right) = 0$$

위 방정식을 풀어서 h를 구하면 다음 식과 같으며, 만약 이 높이에서 힘을 가하면 상자는 미끄러지기 직전이면서 또한 기울어지기 직전 상태이다.

$$h = \frac{b}{2\mu_s}$$

만약 h가 위 값보다 작다면, 상자는 기울어지기 전에 미끄러지기 시작할 것이다.

비판적 사고

상자가 기울어지기 전에 미끄러지게 하는 h의 최댓값은 F와 무관하다는 것을 주목하라. 상자가 기울어지는지 여부는 힘이 작용하는 위치에 따라 결정되며, 힘의 크기와는 무관하다. 이 예제의 해로부터 무엇을 알 수 있는가? 무거운 물체가 기울어져서 넘어지는 것은 위험하므로, 이러한 종류의 분석은 물체의 설계에 영향을 줄 수 있다. 무거운 물체를 사용한다면 안전관리기사가 지침(예를 들어 수직 캐비닛이나 기계에 밀지 말아야 할 상단의 수평선을 표시하는 등)을 설정할 수 있다.

연습문제

9.1 실습 예제 9.1에서 180 lb의 상자와 경사로 사이의 정마찰계수 $\mu_s = 0.3$이라고 가정하자. 상자가 경사로를 미끄러지지 않게 막기 위해 로프가 상자에 가해야 하는 가장 작은 수평력의 크기는 얼마인가?

9.2 어떤 사람이 2 lb의 책을 15° 기울어진 테이블 위에 놓았다. 책과 연마된 표면을 가진 탁자 사이의 마찰계수는 $\mu_s = 0.22$, $\mu_k = 0.18$이다. (a) 책이 미끄러지지 않게 하기 위해 정지해 있는 책에 (탁자 표면에 평행하게) 가해야 하는 가장 작은 힘은 무엇인가? (b) 책이 미끄러져 올라가기 시작하게 하려면 어떤 힘을 가해야 하는가?

연습문제 9.2

9.3 한 학생이 바닥을 따라 44 kg의 책 상자를 밀려고 한다. 상자와 카펫 사이의 정마찰계수 $\mu_s = 0.6$이다. (a) 학생이 힘 F를 20°로 가한다면, 상자를 움직이기 시작하는 데 필요한 힘은 얼마인가? (b) 학생이 무릎을 더 굽히고 힘을 5°로 가할 때 필요한 힘은 얼마인가?

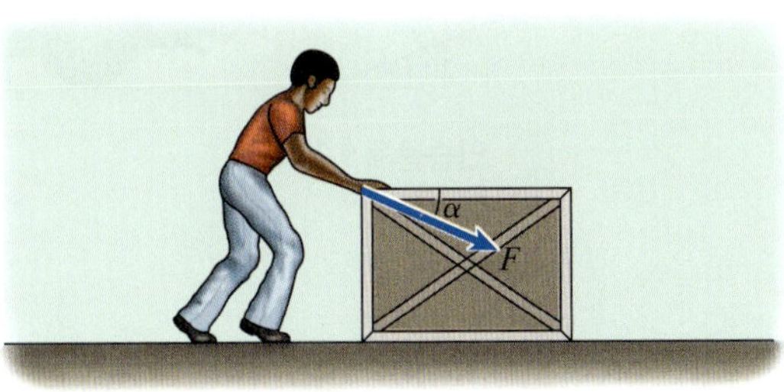

연습문제 9.3

9.4 2975 lb의 차량이 경사진 길에 주차되어 있으며, 차량의 전방 및 후방 바퀴에 브레이크가 적용되었다. (a) 차량의 타이어와 도로 사이의 정마찰계수 $\mu_s = 0.8$일 때, 차량이 평형상태를 유지할 수 있는 가장 가파른 경사(수평에 대한 각도로)는 얼마인가? (b) 얼음으로 덮인 길에서 차량의 타이어와 도로 사이의 정마찰계수 $\mu_s = 0.2$일 때, 차량이 평형상태를 유지할 수 있는 가장 가파른 경사는 얼마인가?

연습문제 9.4

9.5 1080 kg의 차량이 경사진 길에 주차되어 있다. 그림은 차량의 바퀴와 질량 중심의 위치를 보여주며, 얼음으로 덮인 도로에서 차량의 타이어와 도로 사이의 정마찰계수 $\mu_s = 0.2$이다. (a) 차량의 전방 및 후방 바퀴에 브레이크가 적용된 경우, (b) 전방(하부) 바퀴에만 브레이크가 적용된 경우, 차량이 평형상태를 유지할 수 있는 가장 가파른 경사(수평에 대한 각도로)를 구하라.

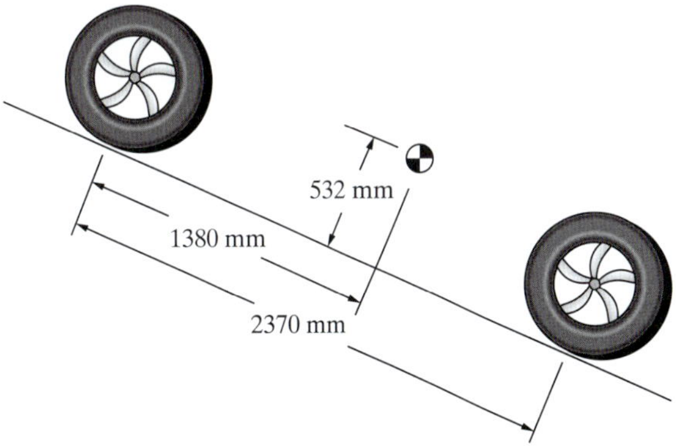

연습문제 9.5

9.6 600 lb의 상자와 경사로 사이의 동마찰계수 $\mu_k = 0.18$이다. 스프링의 자유 길이는 4 ft이고, 스프링 상수 $k = 250$ lb/ft이다. 상자는 경사로 위에 놓이고 스프링에 의해 평형상태로 천천히 내려간다. 상자가 정지해 평형상태일 때 거리 x는 얼마인가?

9.7 50 kg의 상자와 경사로 사이의 정마찰계수 $\mu_s = 0.35$이다. 스프링의 자유 길이는 800 mm이고, 스프링 상수 $k = 660$ N/m이다. 상자가 경사로 위에서 정지상태를 유지할 수 있는 x의 최솟값은 얼마인가?

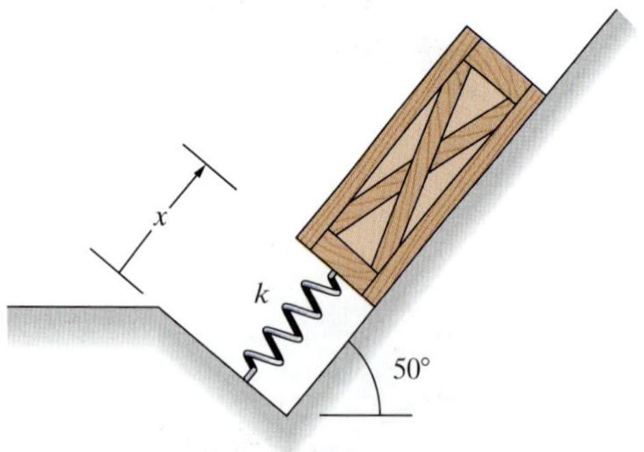

연습문제 9.6/9.7

9.8 30 kg의 상자와 경사로 사이의 정마찰계수 $\mu_s = 0.6$, 동마찰계수 $\mu_k = 0.45$이다. 만약 각도 $\alpha = 20°$일 때, 정지해 있는 상자를 경사로 위로 움직이게 하기 위해 사람이 가해야 하는 인장력은 얼마인가?

9.9 30 kg의 상자와 경사로 사이의 정마찰계수 $\mu_s = 0.6$, 동마찰계수 $\mu_k = 0.45$이다. 일정한 속도로 상자를 경사로 위로 끌어 올리기 위해 사람이 가해야 하는 인장력을 최소화하는 각도 α의 값은 얼마인가? 최소 인장력은 얼마인가?

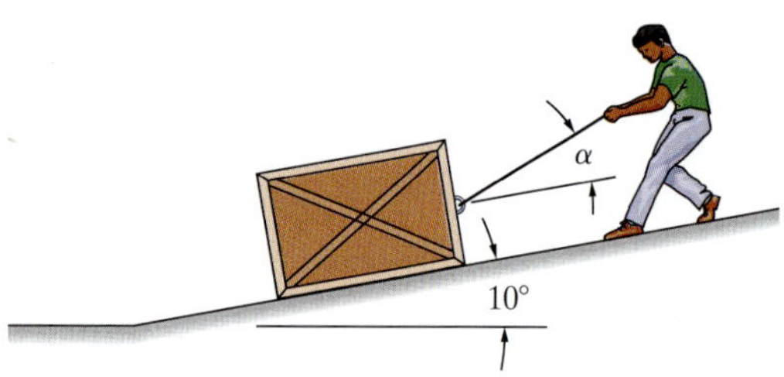

연습문제 9.8/9.9

9.10 상자 A의 질량이 30 kg이고, 상자 B의 질량이 10 kg이다. 상자 A와 경사로 사이의 정마찰계수 $\mu_s = 0.30$, 동마찰계수 $\mu_k = 0.28$이다. 그림에 제시된 위치에서 상자들이 평형상태를 유지할 수 있는가? 만약 그렇다면 경사로가 상자 A에 가하는 마찰력의 크기는 얼마인가?

9.11 상자 A의 무게가 100 lb이고, 상자 A와 경사로 사이의 정마찰계수 $\mu_s = 0.30$, 동마찰계수 $\mu_k = 0.28$이다. 시스템이 정지상태를 유지할 수 있는 상자 B의 무게 범위는 얼마인가?

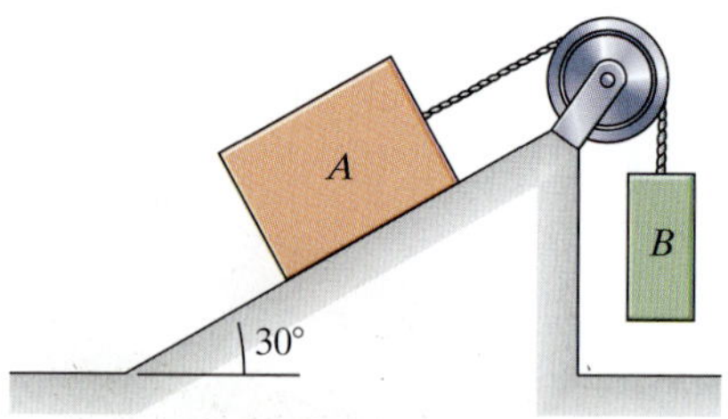

연습문제 9.10/9.11

9.12 트럭의 무게가 4000 lb이고 사륜구동이다. 타이어와 진흙투성이 도로의 표면 사이의 정마찰계수 $\mu_s = 0.4$이다. 경사진 경사로 위의 철 덩어리는 9000 lb이며, 그 표면과 경사로 사이의 정마찰계수 $\mu_s = 0.6$이다. 케이블은 수평이다. 운전자가 트럭을 전진시키려고 하고 경사로를 따라 블록을 밀어내려고 할 때, 블록이나 트럭의 타이어 중 어느 것이 먼저 미끄러지는가?

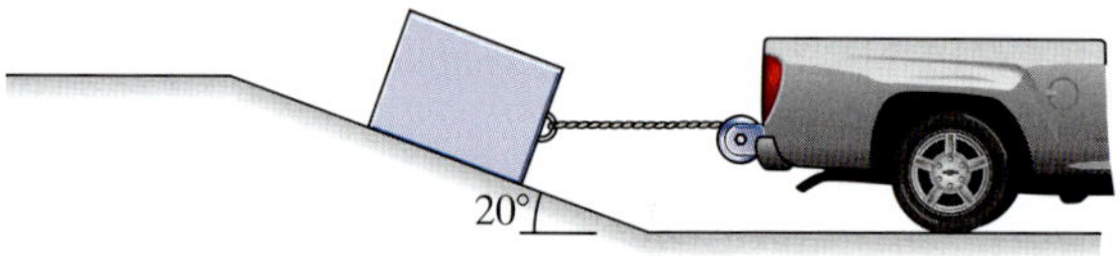

연습문제 9.12

9.13 100 kg의 상자와 경사진 표면 사이의 동마찰계수가 0.35이다. 상자를 일정한 속도로 표면을 따라 끌어 올리는 데 필요한 인장력 T를 구하라.

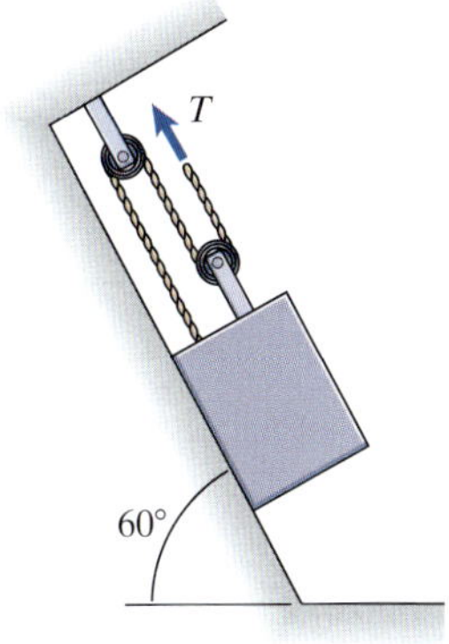

연습문제 9.13

9.14 각도 $\alpha = 15°$, $\beta = 35°$이고 상자의 질량이 15 kg이다. 상자와 경사로 사이의 마찰계수는 $\mu_s = 0.30$, $\mu_k = 0.28$이다. 상자는 일정한 속도로 경사로를 내려가고 있다. 인장력 T는 얼마인가?

9.15 쿨롱은 1779년에 로슈포르항에서의 배 출항 관찰을 설명하면서, 상자가 경사진 표면 위에 정지해 있는 데 필요한 최소 인장력 T를 구하기 위해 다음에 제시된 시스템을 분석했다. 다음 결과를 밝혀라.

$$T = \frac{(\sin\alpha - \mu_s \cos\alpha)mg}{\cos\beta - \mu_s \sin\beta}$$

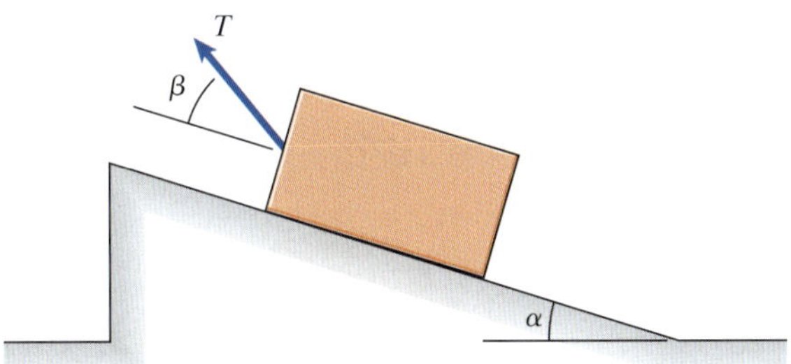

연습문제 9.14/9.15

9.16 트럭 위에 놓인 합판 A와 B의 무게가 각각 $W = 40$ lb이다. 두 합판 사이의 마찰계수는 $\mu_s = 0.30$, $\mu_k = 0.28$이고, 합판 B와 트럭 사이의 마찰계수는 $\mu_s = 0.26$, $\mu_k = 0.22$이다. (a) 만약 여러분이 합판 A에 수평력을 가하고 합판 B에는 아무런 힘도 가하지 않는다면, B를 움직이지 않고 A를 트럭에서 미끄러지게 할 수 있는가? A가 움직이기 시작하는 데 필요한 힘은 얼마인가? (b) 합판 A가 움직이지 않도록 A에 수평력을 가하면서 합판 B가 움직이게 하려면, B에 가해야 하는 수평력은 얼마인가?

연습문제 9.16

9.17 두 상자의 무게가 각각 $W_1 = 100$ lb, $W_2 = 50$ lb이다. 왼쪽 상자와 경사진 표면 사이의 마찰계수는 $\mu_s = 0.12$, $\mu_k = 0.10$이다. 상자들을 일정한 속도로 위로 끌어 올리기 위해 사람이 로프에 가해야 하는 인장력을 구하라.

9.18 연습문제 9.17에서 상자들이 정지상태를 유지할 때, 사람이 로프에 가할 수 있는 인장력의 범위는 얼마인가?

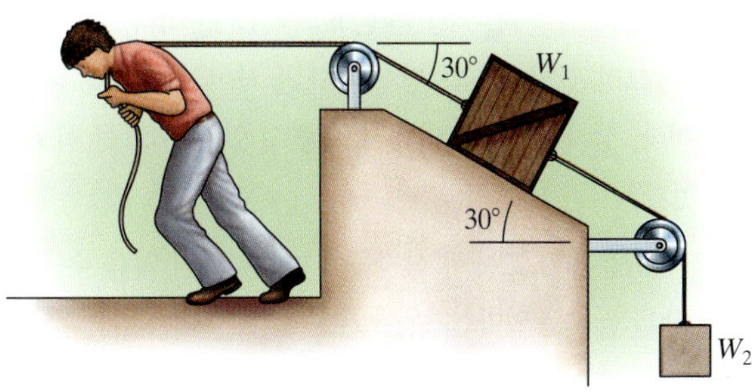

연습문제 9.17/9.18

9.19 균질한 수평 막대 AB의 무게가 20 lb이고, 균질한 원판의 무게가 30 lb이다. 원판과 경사진 표면 사이의 동마찰계수 $\mu_k = 0.24$이다. 원판을 시계 방향으로 일정한 속도로 회전시키기 위해 가해야 하는 우력의 크기는 얼마인가?

9.20 균질한 수평 막대 AB의 무게가 20 lb이고, 균질한 원판의 무게가 30 lb이다. 원판과 경사진 표면 사이의 동마찰계수 $\mu_k = 0.24$이다. 원판을 시계 반대 방향으로 일정한 속도로 회전시키기 위해 가해야 하는 우력의 크기는 얼마인가?

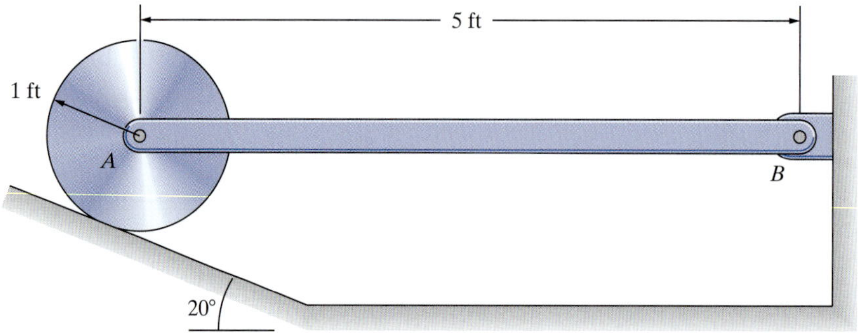

연습문제 9.19/9.20

9.21 각 상자의 무게가 10 lb이다. 상자 A와 상자 B 사이의 정마찰계수는 0.24이고, 상자 B와 경사진 표면 사이의 정마찰계수는 0.3이다. 상자 B가 미끄러지지 않을 수 있는 가장 큰 각도 α는 얼마인가?

전략: 두 상자의 개별 자유물체도를 그리고 상자 B의 미끄러짐이 임박한 상태를 가정해 이들의 평형방정식을 작성한다.

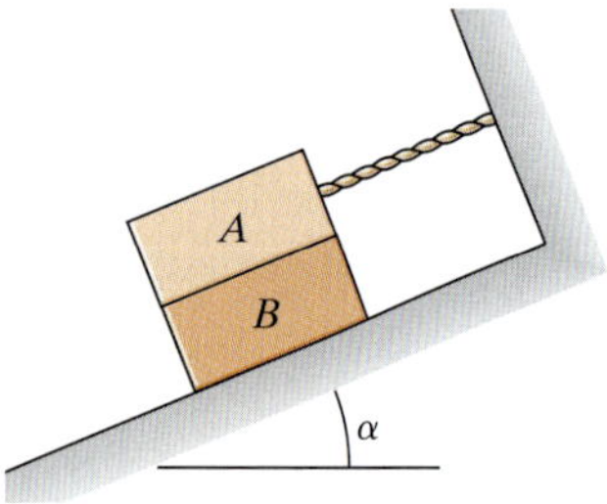

연습문제 9.21

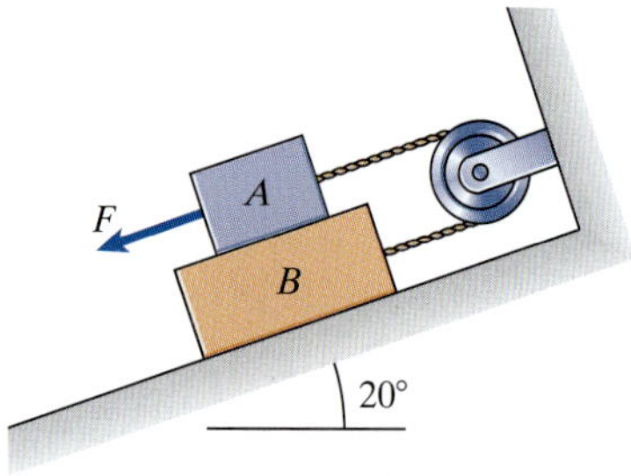

연습문제 9.22/9.23

9.22 상자의 질량 $m_A = 15$ kg, $m_B = 15$ kg이다. 상자 A와 B 사이 그리고 상자 B와 경사진 표면 사이의 정마찰계수는 0.12이다. 상자들이 미끄러지지 않을 수 있는 가장 큰 힘 F는 얼마인가?

9.23 연습문제 9.22에서 상자들이 미끄러지지 않을 수 있는 가장 작은 힘 F는 얼마인가?

9.24 각도 $\alpha = 30°$이다. 균질한 원통의 무게가 50 lb, 반지름이 1 ft이고 왼쪽 표면은 매끄럽다. 원통의 표면과 오른쪽 표면 사이의 정마찰계수 $\mu_s = 0.3$이다. 원통이 미끄러지지 않는 최대 우력 M을 구하라. 우력이 (a) 시계 반대 방향일 때, (b) 시계 방향일 때 각각 얼마인가?

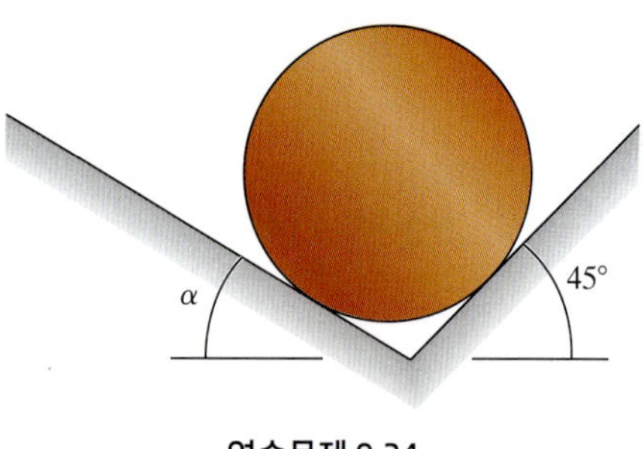

연습문제 9.24

9.25 막대의 질량이 4 kg이고, 막대와 바닥 사이의 정마찰계수는 0.3이다. 막대와 벽 사이의 마찰은 무시한다. (a) $\alpha = 20°$일 때, 바닥이 막대에 가하는 마찰력의 크기는 얼마인가? (b) 막대가 미끄러지지 않을 최대 각도 α는 얼마인가?

9.26 막대와 바닥 그리고 4 kg의 막대와 벽 사이의 정마찰계수가 0.3이다. 막대가 미끄러지지 않을 최대 각도 α는 얼마인가?

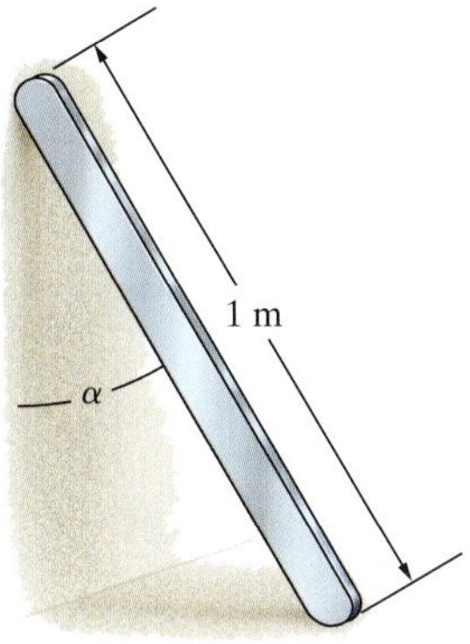

연습문제 9.25/9.26

9.27 원판의 무게가 50 lb이고 막대의 무게가 25 lb이다. 원판과 경사진 표면 사이의 마찰계수는 $\mu_s = 0.6$, $\mu_k = 0.5$이다. (a) 원판이 회전하지 않고 정지상태를 유지하게 하는 최대 우력 M은 얼마인가? (b) 원판을 일정한 속도로 회전시키기 위해 필요한 우력 M은 얼마인가?

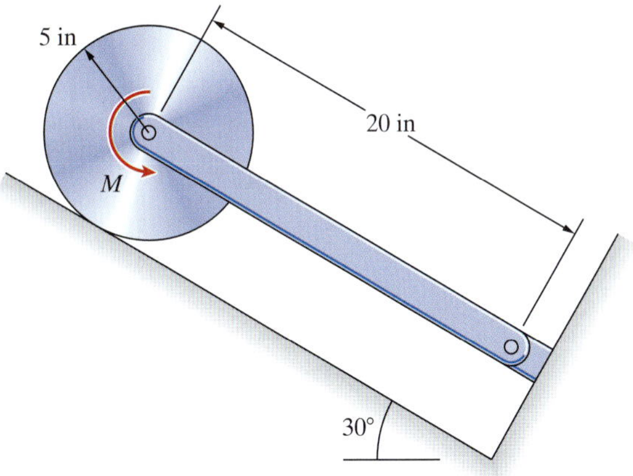

연습문제 9.27

9.28 사다리와 사람의 무게가 각각 30 lb, 180 lb이다. 12 ft 사다리의 질량 중심은 중앙에 있고 각도 $\alpha = 30°$이다. 벽이 사다리에 미치는 마찰력은 무시할 수 있을 정도로 작다고 가정하자. (a) $x = 4$ ft일 때, 바닥이 사다리에 가하는 마찰력의 크기는 얼마인가? (b) 사람이 미끄러지지 않고 사다리 꼭대기까지 올라갈 수 있게 하기 위해 필요한 사다리와 바닥 사이의 최소 정마찰계수는 얼마인가?

9.29 30 lb인 사다리의 길이 $L = 12$ ft이다. 벽에서의 마찰은 무시할 수 있다. 사다리에 고마찰 받침을 설계하면서 보수적으로 각도 $\alpha = 40°$이고 무게가 300 lb인 사람이 사다리 꼭대기에 있다고 가정하자(즉 그의 질량 중심이 $x = L \sin \alpha$에 있다). 미끄러짐을 방지하기 위해 필요한 최소 마찰계수는 얼마인가?

9.30 사다리와 사람의 무게가 각각 30 lb, 200 lb이다. 사다리의 길이 $L = 12$ ft이고, 사다리 발과 바닥 사이의 정마찰계수 $\mu_s = 0.4$이다. 벽에서의 마찰은 무시할 수 있다. 각도 $\alpha = 30°$일 때, 사다리가 미끄러지지 않게 유지하면서 사람이 사다리를 얼마나 높이 올라갈 수 있는가? 즉 수평 위치 x를 구하라. 시스템이 평형상태에 있다고 가정한다.

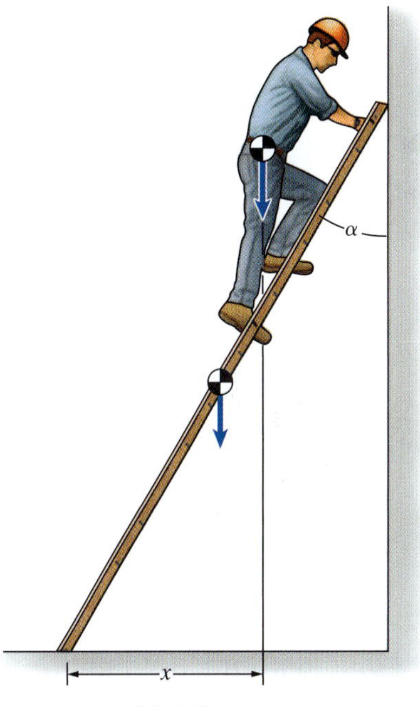

연습문제 9.28~9.30

9.31 40 kg인 균질한 원통의 반지름 $R = 0.15$ m이다. 기울어진 벽은 매끄러우며 각도 $\alpha = 30°$이다. 원통과 바닥 사이의 정마찰계수 $\mu_s = 0.2$이다. 원통에 미끄러짐을 유발하지 않는 최대 우력 M은 얼마인가?

9.32 균질한 원통의 무게가 W이고, 원통과 두 표면 사이의 정마찰계수가 μ_s이다. 원통에 미끄러짐을 유발하지 않으면서 가할 수 있는 최대 우력 M은 얼마인가? (원통이 미끄러지기 전에 경사진 표면을 올라간다고 가정한다.)

9.33 균질한 원통의 무게가 W이고, 원통과 두 표면 사이의 정마찰계수는 μ_s이다. 우력 M이 작용할 때 원통이 미끄러지지 않고 경사진 표면을 올라가기 시작하게 하는 μ_s의 최솟값은 얼마인가?

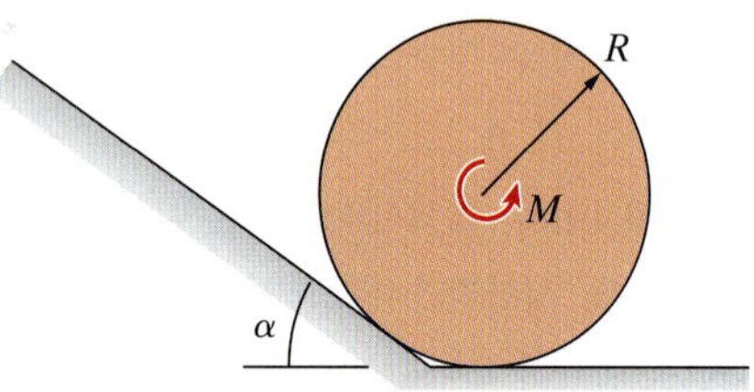

연습문제 9.31~9.33

9.34 가윗날과 그것이 잡고 있는 물체 사이의 정마찰계수가 0.36이다. 물체가 미끄러져 나가지 않는 최대 각도 α는 얼마인가? 물체의 무게는 무시한다.

전략: 물체의 자유물체도를 그리고 미끄러짐이 임박한 상태를 가정한다.

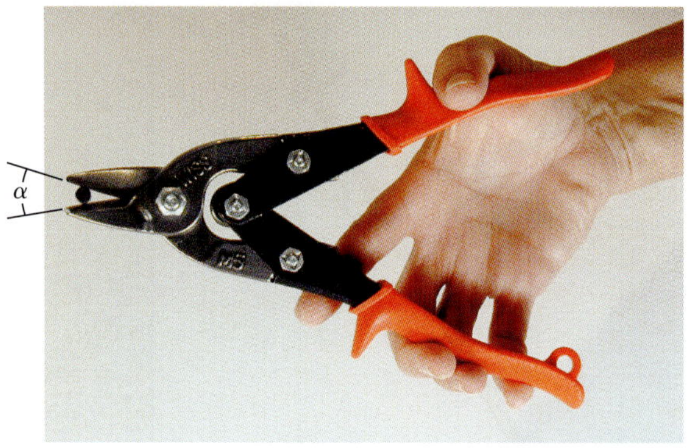

연습문제 9.34

9.35 정지된 원판이 D에서 핀 지지대에 부착되어 있다. 이 원판의 반지름은 300 m이며, 브레이크 ABC가 C에서 원판에 접촉해 원판을 제자리에 고정한다. 유압 액추에이터 BE는 B에서 브레이크에 400 N의 수평력을 가한다. 원판과 브레이크 사이의 마찰계수는 $\mu_s = 0.6$, $\mu_k = 0.5$이다. 원판을 시계 반대 방향으로 미끄러지게 하기 위해 가해야 하는 우력은 얼마인가?

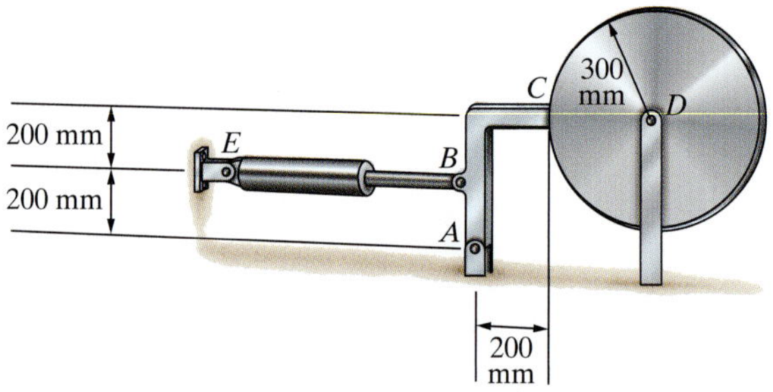

연습문제 9.35

9.36 그림은 로프에 제동력을 가하는 장치에 대한 초기 개념의 아이디어를 보여준다. 로프와 두 막대 사이의 동마찰계수 $\mu_k = 0.22$이다. 힘 $F = 10$ lb, 각도 $\alpha = 30°$이다. (a) 로프를 일정한 속도로 아래로 당기는 데 필요한 힘 T를 구하라. (b) 힘 T가 로프의 상단에서 위로 작용할 때, 로프를 일정한 속도로 위로 당기는 데 필요한 힘을 구하라.

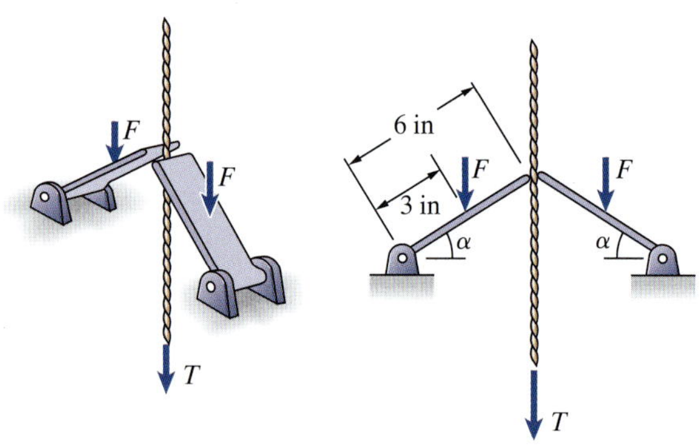

연습문제 9.36

9.37 블록 B의 질량이 8 kg이다. 집게와 블록 표면 사이의 정마찰계수 $\mu_s = 0.2$이다. 집게가 그림과 같이 정렬되었을 때, 블록이 미끄러져 나가는 것을 방지하기 위해 스프링이 최소 얼마의 힘을 가해야 하는가?

9.38 연습문제 9.37에 제시된 집게의 치수를 변경해 재설계해서, 블록이 미끄러져 나가는 것을 방지하기 위해 스프링이 가해야 하는 최소 힘을 180 N으로 만들라. 새로운 설계의 스케치를 그려라.

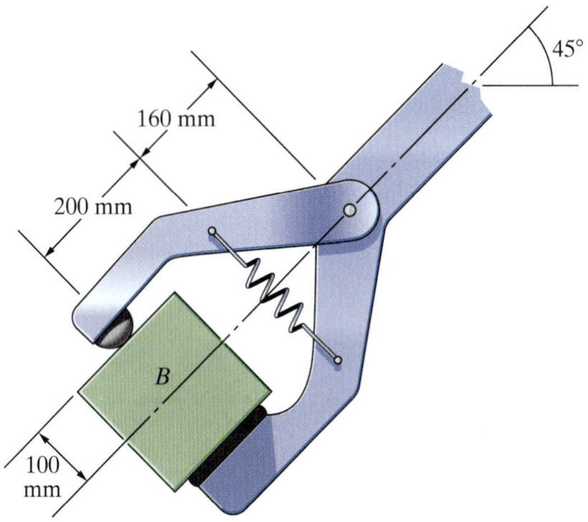

연습문제 9.37/9.38

9.39 수평 막대가 매끄러운 수직 막대 위를 미끄러지는 칼라(원통)에 부착되어 있다. P에서 칼라가 매끄러운 수평 막대 위에서 미끄러진다. 수평 막대와 두 칼라의 총질량은 12 kg이다. 이 장치는 원형의 홈에 핀으로 연결되어 있다. 핀은 홈의 아래쪽 표면과만 접촉하며, 핀과 홈 사이의 정마찰계수는 0.8이다. 장치가 평형상태이고 y = 260 mm일 때, 홈이 핀에 가하는 마찰력의 크기는 얼마인가?

9.40 연습문제 9.39에서 장치가 평형상태를 유지할 수 있는 최소 높이 y는 얼마인가?

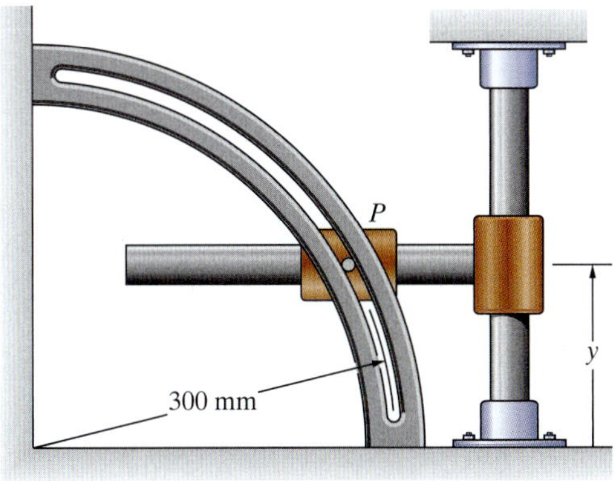

연습문제 9.39/9.40

9.41 100 lb인 직사각형 판이 핀 A와 B에 의해 지지되어 있다. A에서 마찰을 무시할 수 있고 B의 핀과 홈 사이의 정마찰계수 μ_s = 0.4일 때, 판이 미끄러지지 않는 최대 각도 α는 얼마인가?

9.42 B에서 마찰을 무시할 수 있고 A의 핀과 홈 사이의 정마찰계수 μ_s = 0.4일 때, 100 lb인 판이 미끄러지지 않는 최대 각도 α는 얼마인가?

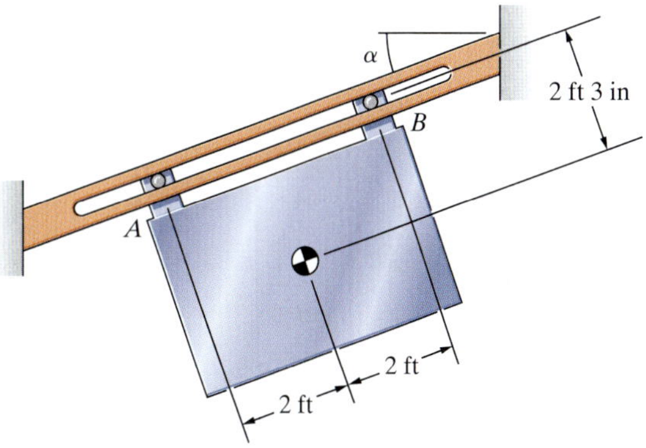

연습문제 9.41/9.42

9.43 비행기의 무게 W = 2400 lb이다. 브레이크는 뒷바퀴를 고정하며, 바퀴와 활주로 사이의 정마찰계수 μ_s = 0.6이다. 앞바퀴는 자유롭게 회전할 수 있어 활주로에 미치는 마찰력은 무시할 수 있다. 뒷바퀴를 미끄러지지 않게 하면서 비행기의 프로펠러가 생성할 수 있는 최대 수평 추력 T를 구하라.

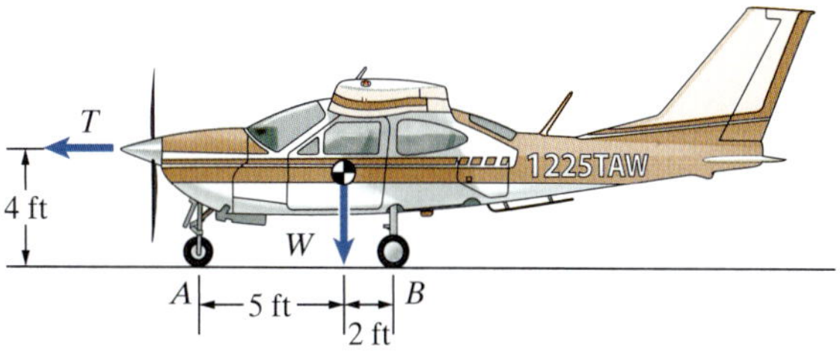

연습문제 9.43

9.44 냉장고의 무게가 220 lb이고 A와 B에서 지지되어 있다. 지지대와 바닥 사이의 정마찰계수 $\mu_s = 0.2$이다. 냉장고가 미끄러지기 전에 기울어지지 않는다고 가정할 때, 미끄러지기 직전의 힘 F는 얼마인가?

9.45 냉장고의 무게가 220 lb이고 A와 B에서 지지되어 있다. 지지대와 바닥 사이의 정마찰계수 $\mu_s = 0.2$이다. 거리 $h = 60$ in이고 치수 $b = 30$ in이다. 힘 F가 작용해 냉장고를 바닥을 가로질러 밀 때, 냉장고는 미끄러지기 전에 기울어져 넘어질 것인가? (예제 9.3 참조)

연습문제 9.44/9.45

9.46 회전하는 자동차의 안정성에 대한 예비 평가를 위해, 정지된 자동차에 질량 중심의 높이에서 증가하는 측면 힘 F를 가하고 자동차가 넘어지기 전에 측면으로 미끄러질지 결정하라. 만약 $b/h > 2\mu_s$이면 이러한 상황이 발생한다는 것을 밝혀라. (자동차의 폭에 대비한 질량 중심 높이의 중요성에 유의하라. 이것은 상대적으로 높은 질량 중심을 가진 스포츠 유틸리티 차량과 밴의 안정성에 대한 최근 논의를 반영한다.)

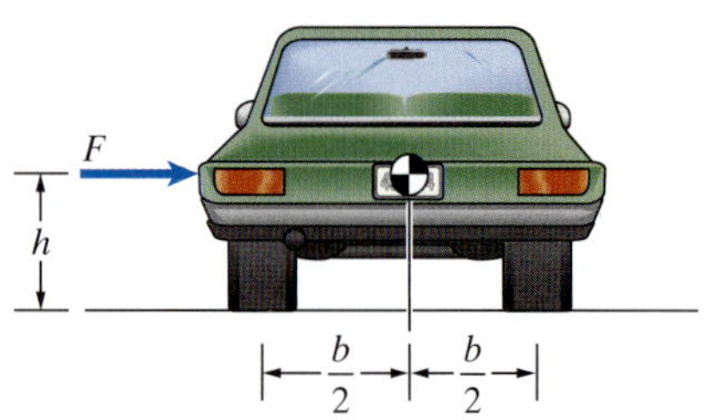

연습문제 9.46

9.47 도움을 주기 위해 멈춘 운전자가 $\alpha = 20°$의 각도로 차에 힘 P를 가한다. 1760 kg인 차량은 전륜구동이다. 운전자는 앞바퀴를 회전시키고, 동마찰계수 $\mu_k = 0.02$이다. 후방 타이어 뒤에 있는 눈이 수평 저항력 S를 가한다. 차를 움직이려면 420 N의 저항력 S를 극복해야 한다. 남자는 얼마의 힘 P를 가해야 하는가?

9.48 연습문제 9.47에서 눈이 후방 타이어에 가하는 420 N의 저항력 S를 극복하기 위해 남자가 가해야 하는 힘 P의 크기를 최소화하는 각도 α의 값은 얼마인가? 그는 얼마의 힘을 가해야 하는가?

출처: T.Den_Team/Shutterstock 제공

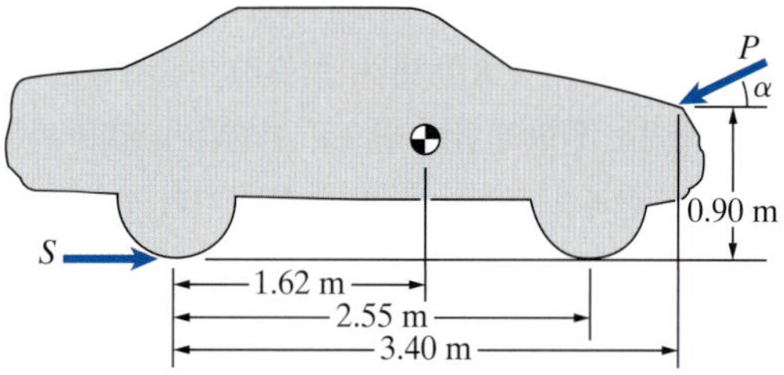

연습문제 9.47/9.48

9.49 3000 lb인 자동차의 타이어와 도로 사이의 정마찰계수 $\mu_k = 0.5$이다. 자동차가 (a) 후륜구동일 때, (b) 전륜구동일 때, (c) 사륜구동일 때 일정한 속도로 올라갈 수 있는 가장 가파른 경사(각도 α의 최댓값)를 구하라.

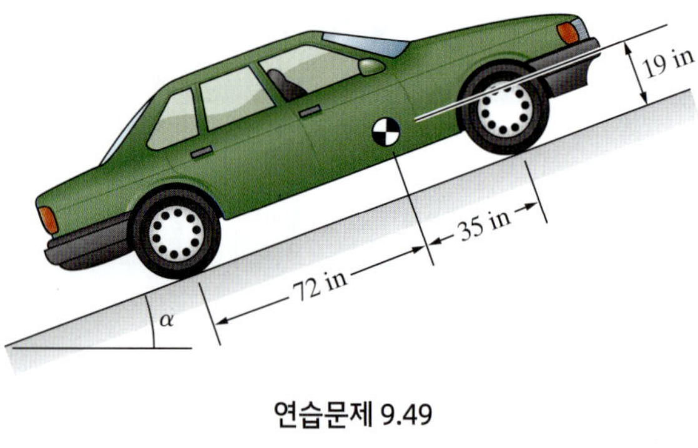

연습문제 9.49

9.50 정지해 있는 캐비닛의 무게가 W이다. (a) A와 B에서의 정마찰계수가 μ_s일 때, (b) A에서의 정마찰계수가 μ_{sA}이고 B에서의 정마찰계수가 μ_{sB}일 때, 캐비닛을 움직이기 위해 가해야 하는 힘 F를 구하라.

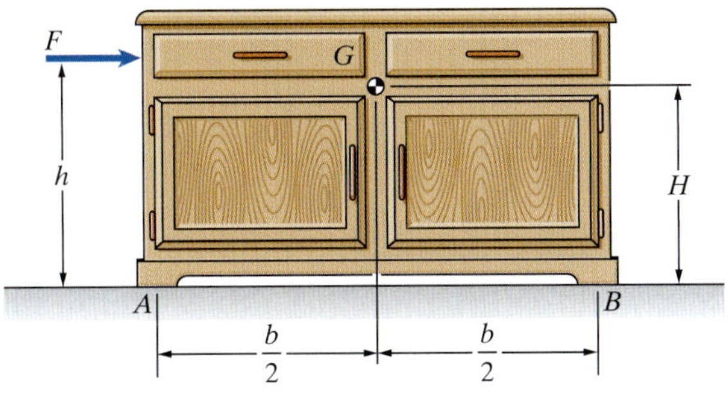

연습문제 9.50

9.51 탁자의 무게가 50 lb이고, 다리와 경사진 표면 사이의 정마찰계수는 0.7이다. (a) A에서 경사진 표면과 평행하게 힘을 가해 탁자를 경사진 표면 위로 밀려고 한다면, 탁자는 미끄러지기 전에 넘어질 것인가? 그렇지 않다면 탁자를 움직이기 시작하는 데 필요한 힘은 얼마인가? (b) B에서 경사진 표면과 평행하게 힘을 가해 탁자를 경사진 표면 아래로 밀려고 한다면, 탁자는 미끄러지기 전에 넘어질 것인가? 그렇지 않다면 탁자가 움직이기 시작할 때 가한 힘은 얼마인가?

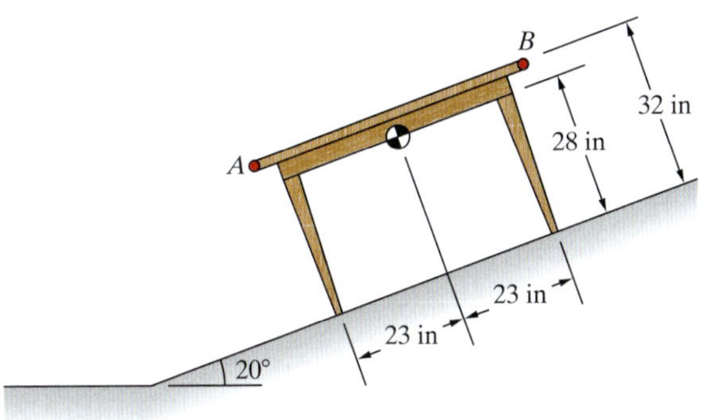

연습문제 9.51

9.52 A에서 막대와 표면 사이의 정마찰계수 $\mu_s = 0.6$이다. 막대의 무게는 무시한다. $\alpha = 20°$일 때 A에서 발생하는 마찰력의 크기는 얼마인가?

9.53 A에서 막대와 표면 사이의 정마찰계수 $\mu_s = 0.6$이다. 막대의 무게는 무시한다. 트러스가 미끄러지지 않고 정지상태를 유지할 때 각도 α의 최댓값은 얼마인가?

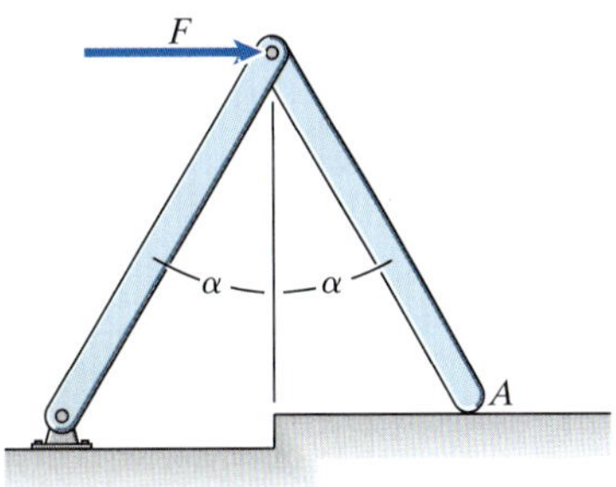

연습문제 9.52/9.53

9.54 막대 BC가 C에서 거친 바닥에 의해 지지되어 있다. $F = 2$ kN이고 막대 BC가 C에서 미끄러지지 않을 때, C에서 막대에 가해지는 마찰력의 크기는 얼마인가?

9.55 막대 BC가 C에서 거친 바닥에 의해 지지되어 있다. $F = 2$ kN일 때, 막대 BC가 C에서 미끄러지지 않기 위한 정마찰계수의 최솟값은 얼마인가?

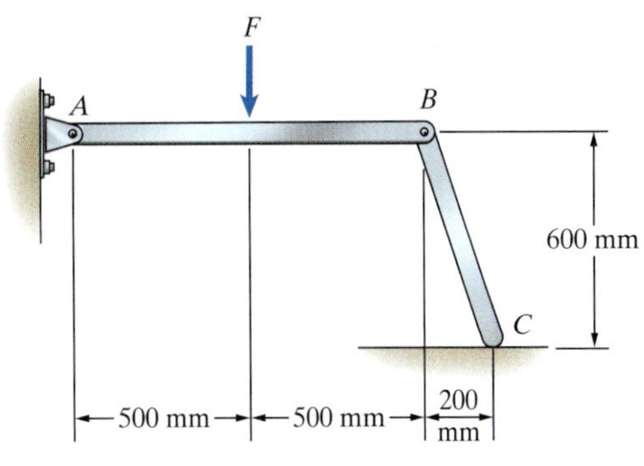

연습문제 9.54/9.55

9.56 상자의 무게가 20 lb이고 상자와 바닥 사이의 정마찰계수 $\mu_s = 0.65$이다. 막대의 무게는 무시한다. 상자가 미끄러지지 않을 때 힘 F의 최댓값은 얼마인가?

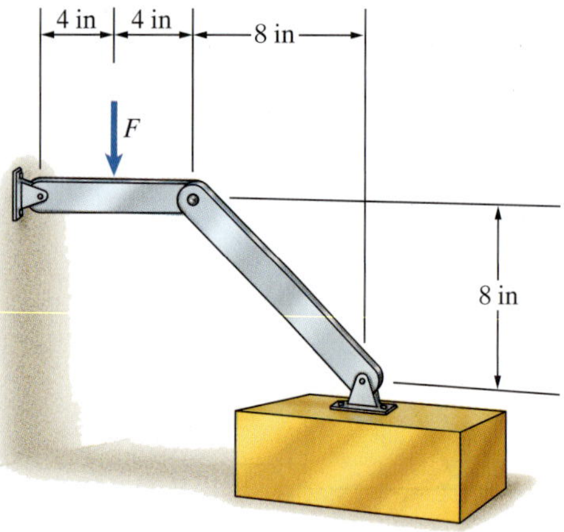

연습문제 9.56

9.57 막대 BC가 C에서 거친 바닥에 의해 지지되어 있다. $F = 4$ kN이고 막대 BC가 C에서 미끄러지지 않는다면, 막대에 가해지는 마찰력의 크기는 얼마인가?

9.58 막대 BC가 C에서 거친 바닥에 의해 지지되어 있다. $F = 2$ kN일 때, 구조물이 평형상태를 유지하는 데 필요한 정마찰계수의 최솟값은 얼마인가?

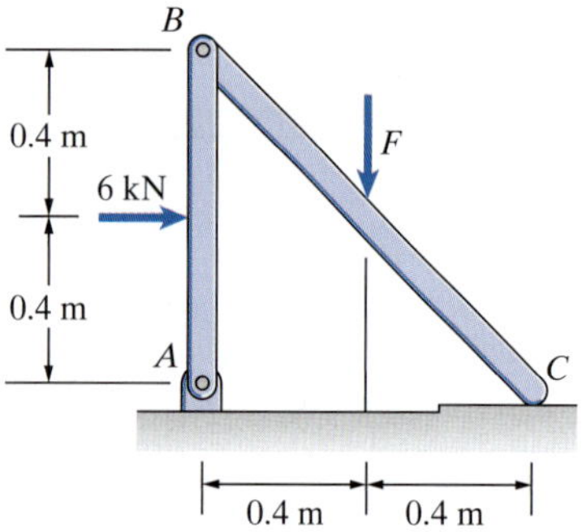

연습문제 9.57/9.58

9.59 프레임이 고정된 표면에 의해 A와 G에서 판에 가해지는 수직력과 마찰력으로 지지되어 있다. A에서의 정마찰계수 $\mu_s = 0.6$이다. 주어진 하중을 받았을 때 프레임이 A에서 미끄러지는가?

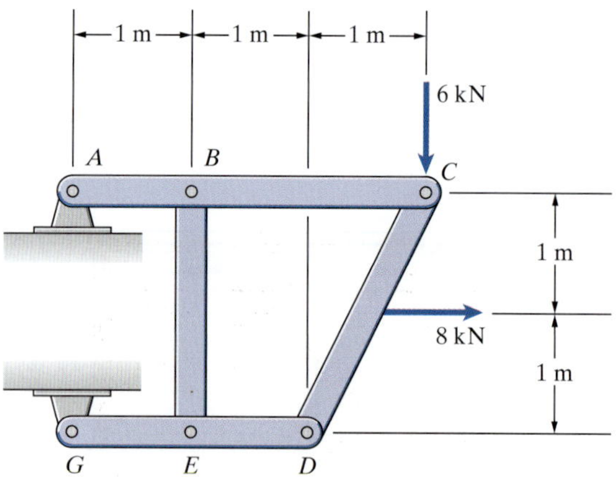

연습문제 9.59

9.60 A에서 벽이 판에 가하는 수직력과 마찰력에 의해 프레임이 지지되어 있다. (a) A에서 판에 가해지는 마찰력의 크기는 얼마인가? (b) 구조물이 평형상태를 유지하기 위해 A에 필요한 정마찰계수의 최솟값은 얼마인가?

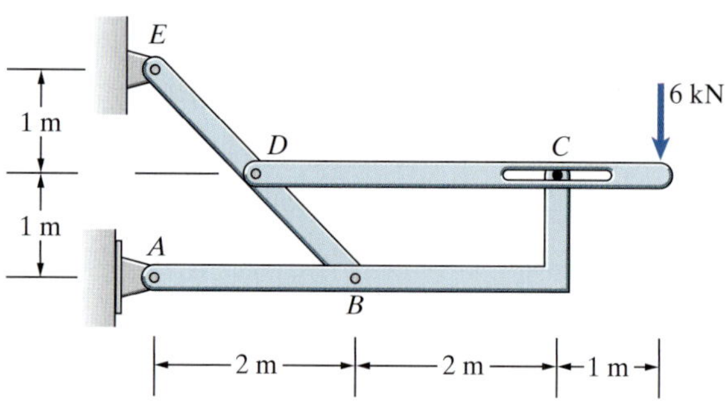

연습문제 9.60

9.61 크레인 케이블의 방향 코사인이 $\cos\theta_x = 0.588$, $\cos\theta_y = 0.766$, $\cos\theta_z = 0.260$이다. y축은 지면에 수직이다. 케이블이 부착된 정지된 구조물의 무게는 2000 lb이며 수평 지면 위에 놓여 있다. 구조물과 지면 사이의 정마찰계수 $\mu_s = 0.4$일 때, 구조물이 미끄러지게 하는 케이블의 장력은 얼마인가?

연습문제 9.60

9.62* 10 lb의 금속 원판 A가 경사진 표면의 중앙에 있다. 줄 AB의 장력은 5 lb이다. 원판이 미끄러지지 않게 유지하는 데 필요한 원판과 표면 사이의 정마찰계수의 최솟값은 얼마인가?

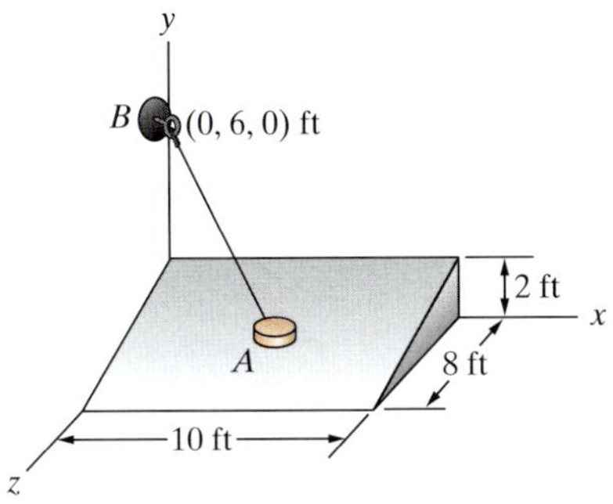

연습문제 9.62

9.63* 5 kg의 상자가 경사진 표면 위에 정지해 있다. y축은 위쪽을 가리킨다. 단위 벡터 $0.557\mathbf{i} + 0.743\mathbf{j} + 0.371\mathbf{k}$는 경사진 표면에 수직이다. 표면이 상자에 가하는 마찰력의 크기는 얼마인가?

9.64* 연습문제 9.63에서 상자가 경사진 표면 위에서 정지상태를 유지하는 데 필요한 정마찰계수의 최솟값은 얼마인가?

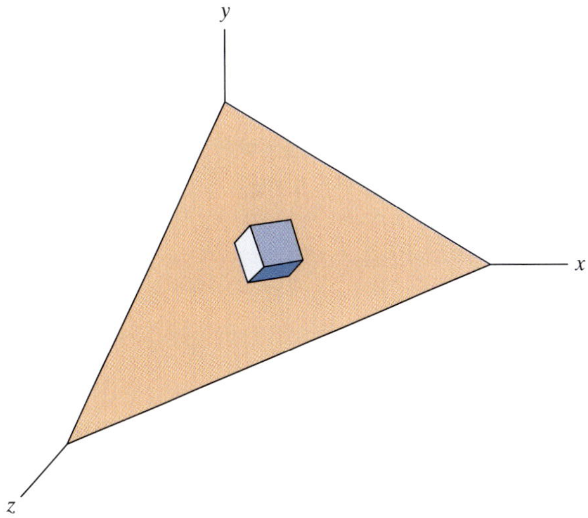

연습문제 9.63/9.64

9.2 쐐기

생각해보기

- 'driving a wedge'는 이간질한다(사이를 좋지 않게 만들어 갈라놓는다)는 의미이다. 실제 쐐기는 무엇인가?
- 쐐기를 박는 데 필요한 힘을 어떻게 구할 수 있는가?

쐐기는 두 날이 작은 예각을 이루는 양면 도구이다(그림 9.8a, b). 쐐기가 앞으로 밀려 나갈 때, 날 사이의 작은 각도로 인해 큰 수직력이 발생한다(그림 9.8c). 쐐기는 여러 가지 형태로 많은 공학 응용 분야에서 사용된다.

쐐기에 의해 생성된 큰 측면 힘은 하중을 들어 올리는 데 사용될 수 있다(그림 9.9a). 하중의 무게를 W_L, 쐐기의 무게를 W_W라 하자. 하중을 들어 올리기 시작하는 데 필요한 힘 F를 구하기 위해 하중과 쐐기의 미끄러짐이 임박했다고 가정하자(그림 9.9b). 하중의 자유물체도에서 다음과 같은 평형방정식을 얻는다.

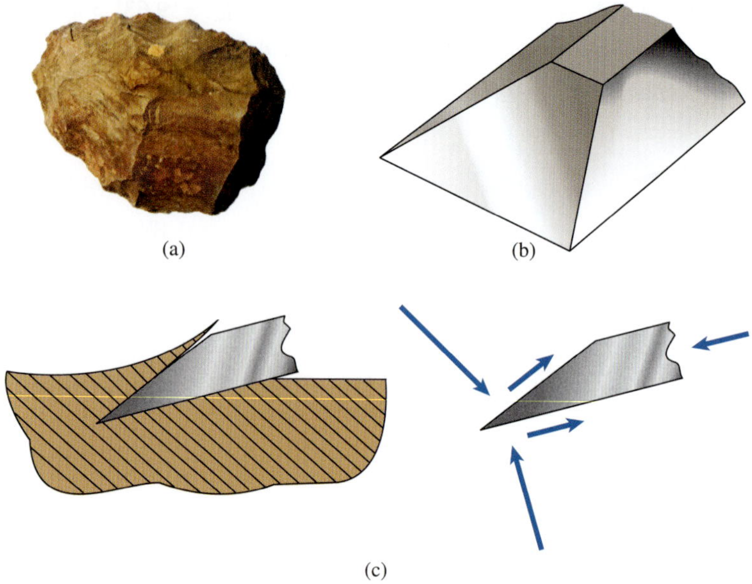

그림 9.8

(a) 초기 쐐기 도구: 텍사스주 오스틴 근처에서 발견된 돌로 만든 도끼날
(b) 현대의 끌 날
(c) 쐐기의 날은 측면으로 큰 힘을 가할 수 있다.

$$\Sigma F_x = Q - N\sin\alpha - \mu_s N\cos\alpha = 0$$

$$\Sigma F_y = N\cos\alpha - \mu_s N\sin\alpha - \mu_s Q - W_L = 0$$

쐐기의 자유물체도에서 다음 방정식을 얻는다.

$$\Sigma F_x = N\sin\alpha + \mu_s N\cos\alpha + \mu_s P - F = 0$$

$$\Sigma F_y = P - N\cos\alpha + \mu_s N\sin\alpha - W_W = 0$$

이 네 개의 방정식은 세 개의 수직력 Q, N, P와 힘 F를 결정한다. F는 다음과 같다.

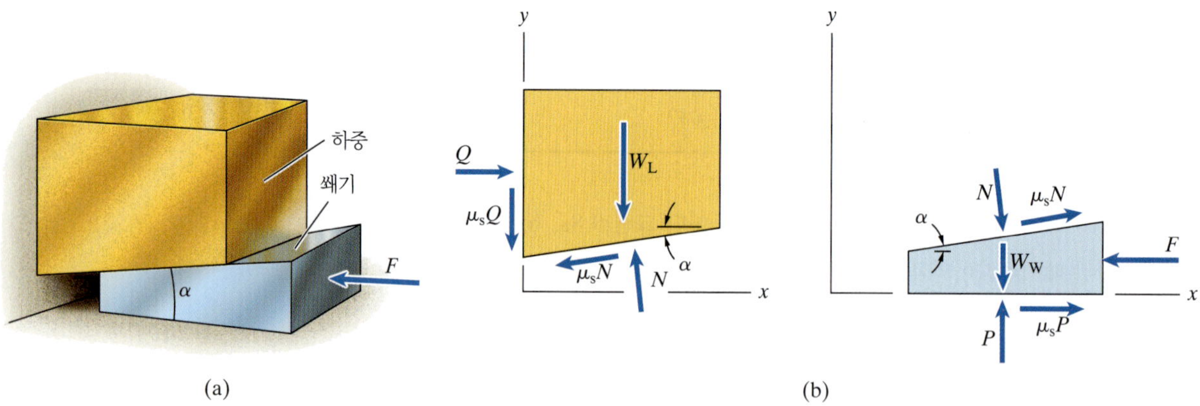

그림 9.9

(a) 쐐기를 이용해 하중 들어 올리기
(b) 미끄러짐이 임박했을 때의 하중과 쐐기의 자유물체도

$$F = \mu_s W_W + \left[\frac{(1-\mu_s{}^2)\tan\alpha + 2\mu_s}{(1-\mu_s{}^2) - 2\mu_s\tan\alpha}\right] W_L$$

$W_W = 0.2W_L$이고 $\alpha = 10°$라고 가정해보자. $\mu_s = 0$이라면, 하중을 들어 올리는 데 필요한 힘은 단지 $0.176W_L$이다. 하지만 $\mu_s = 0.2$일 경우에는 힘이 $0.680W_L$로 증가하고, $\mu_s = 0.4$일 경우에는 $1.44W_L$이 된다. 이 관점에서 보면 마찰은 바람직하지 않다. 하지만 마찰이 없다면, 힘 F가 제거되었을 때 쐐기는 제자리에 그대로 머물러 있지 않을 것이다.

실습 예제 9.4 쐐기에 작용하는 힘

통나무를 쪼개는 데 쐐기가 사용된다. 각도 $\alpha = 10°$이다. 쐐기와 통나무 사이의 마찰계수는 $\mu_s = 0.22$, $\mu_k = 0.20$이다. 쐐기가 수직력 F에 의해 일정한 속도로 통나무에 박힐 때, 쐐기가 통나무에 가하는 수직력의 크기는 얼마인가? (즉 통나무를 쪼개는 데 작용하는 힘의 크기는 얼마인가?)

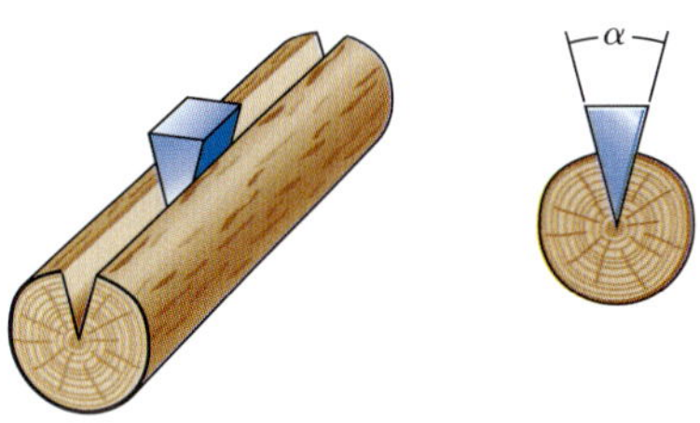

전략

통나무가 쐐기에 가하는 마찰력은 쐐기가 통나무 안으로 들어가는 움직임을 저지하며, 그 크기는 $\mu_k N$이다. 쐐기에 대해 평형을 적용해서 N을 F에 관한 항으로 구할 수 있다.

풀이

쐐기의 자유물체도를 그린다.

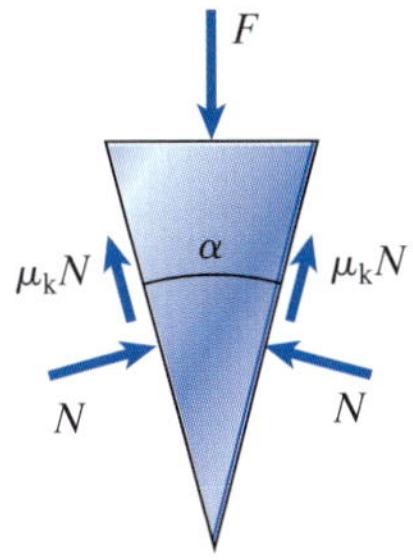

수직력의 합은 다음과 같다.

$$2N\sin\left(\frac{\alpha}{2}\right) + 2\mu_k N\cos\left(\frac{\alpha}{2}\right) - F = 0$$

N에 대해 풀면 다음과 같은 결과를 구한다.

$$N = \frac{F}{2[\sin(\alpha/2) + \mu_k\cos(\alpha/2)]}$$

$$= \frac{F}{2[\sin(10°/2) + (0.20)\cos(10°/2)]} = 1.75F$$

평형을 적용한다.

실습 문제 만약 힘 F가 제거된다면 쐐기는 통나무 안에 그대로 머물러 있는가?

답: 그렇다.

연습문제

9.65 실습 예제 9.4에서 쐐기와 통나무 사이의 마찰계수가 $\mu_s = 0.22$, $\mu_k = 0.20$이다. 힘 F가 제거되었을 때 쐐기가 통나무 안에 그대로 남아 있게 하는 쐐기 각도 α의 최댓값은 얼마인가?

9.66 통나무를 쪼개는 데 쐐기가 사용된다. 쐐기의 무게는 20 lb이고 각도 α는 30°이다. 쐐기의 면과 통나무 사이의 동마찰계수는 0.28이다. 통나무를 쪼개기 위해 쐐기의 각 면에 의해 가해지는 수직력이 각각 150 lb여야 한다면, 쐐기를 일정한 속도로 통나무 안으로 박기 위해 필요한 수직력 F는 얼마인가? (실습 예제 9.4 참조)

9.67 연습문제 9.66에서 쐐기와 통나무의 면 사이의 정마찰계수가 0.30이다. 수직력 F가 제거되었을 때 쐐기가 통나무 안에 그대로 남아 있는가? (실습 예제 9.4 참조)

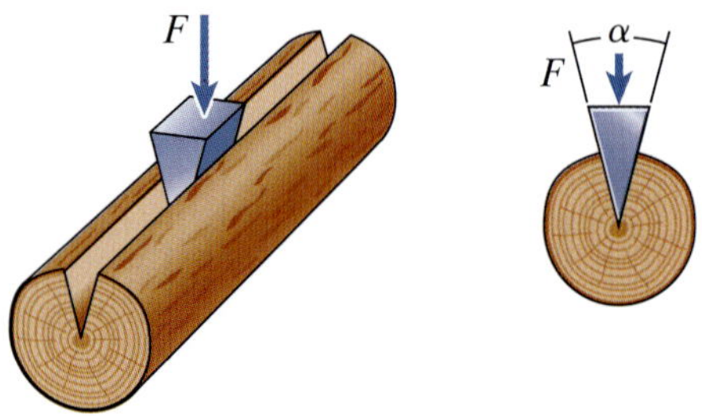

연습문제 9.66/9.67

9.68 블록의 무게 $W_A = 100$ lb, $W_B = 25$ lb이다. 모든 접촉면 사이의 $\mu_s = 0.32$, $\mu_k = 0.30$이다. 일정한 속도를 유지하며 B를 왼쪽으로 움직이는 데 필요한 힘 F는 얼마인가?

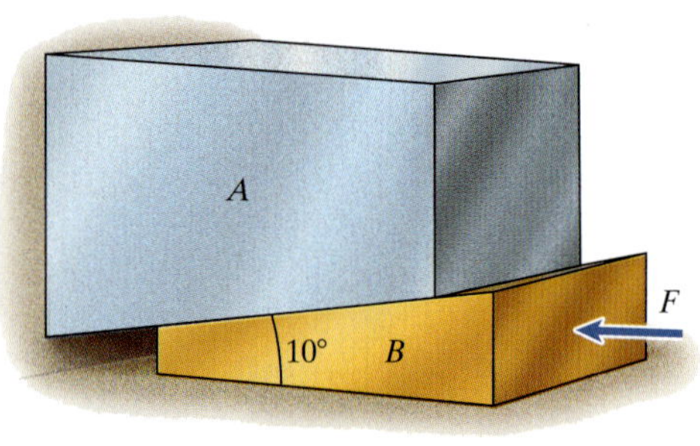

연습문제 9.68

9.69 블록의 질량 $m_A = 30$ kg, $m_B = 70$ kg이다. 모든 접촉면 사이의 $\mu_s = 0.1$이다. 블록이 미끄러지지 않게 유지하면서 가할 수 있는 최대 힘 F는 얼마인가?

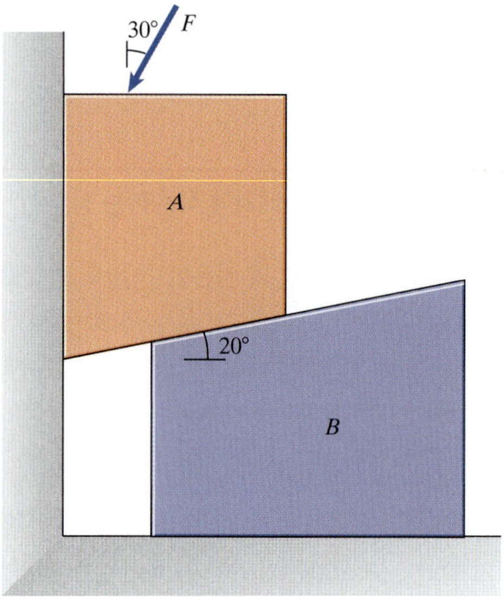

연습문제 9.69

9.70 각 블록의 무게가 200 lb이다. 모든 접촉면 사이의 $\mu_s = 0.1$이다. 블록 B가 위로 미끄러지지 않게 유지하면서 가할 수 있는 최대 힘 F는 얼마인가?

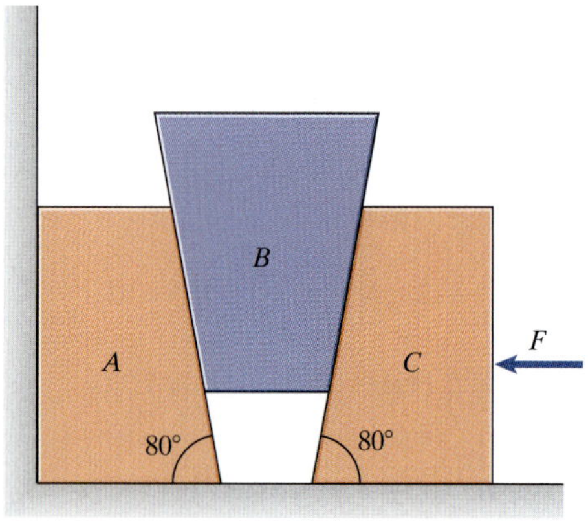

연습문제 9.70

9.71 물체를 제자리에 고정하는 데 메움쇠라는 작은 쐐기를 사용할 수 있다. 접촉면 사이의 동마찰계수는 0.4이다. 물체 A에 200 N의 수평력이 가해질 때까지 메움쇠를 아래로 밀기 위해 필요한 힘 F는 얼마인가?

9.72 접촉면 사이의 정마찰계수는 0.44이다. 메움쇠가 제자리에 있고 물체 A에 200 N의 수평력을 가할 때, 왼쪽 메움쇠를 풀기 위해 위로 가해져야 하는 힘은 얼마인가?

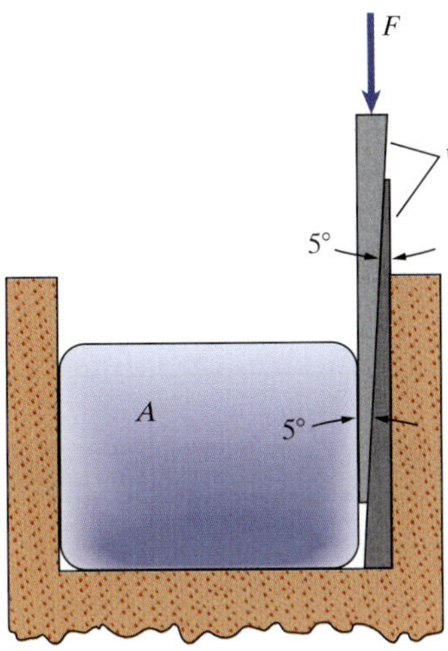

연습문제 9.71/9.72

9.73 상자 A의 무게가 600 lb이다. 모든 접촉면 사이의 $\mu_s = 0.32$, $\mu_k = 0.30$이다. 쐐기의 무게는 무시한다. A를 일정한 속도로 오른쪽으로 움직이는 데 필요한 힘 F는 얼마인가?

9.74 모든 접촉면 사이의 $\mu_s = 0.32$, $\mu_k = 0.30$이다. 쐐기의 무게는 무시한다. A를 일정한 속도로 오른쪽으로 움직이는 데 800 N의 힘이 필요하다면 A의 질량은 얼마인가?

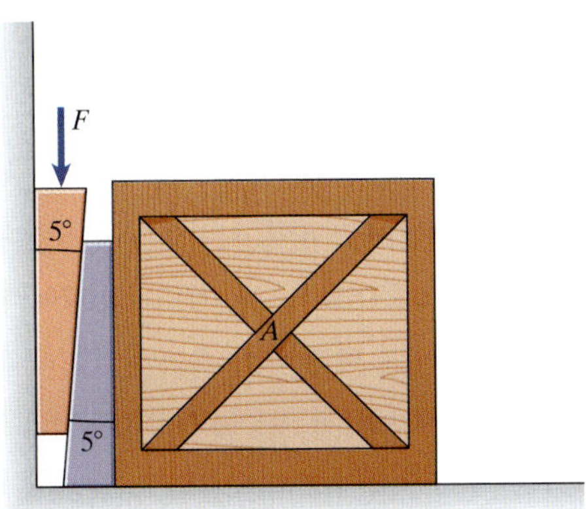

연습문제 9.73/9.74

9.75 상자 A의 질량이 80 kg이고, 쐐기 B의 질량이 40 kg이다. 모든 접촉면 사이의 $\mu_s = 0.15$, $\mu_k = 0.12$이다. A를 일정한 속도로 들어 올리는 데 필요한 힘 F는 얼마인가?

9.76 A의 무게가 800 lb, B의 무게가 400 lb라고 가정하자. 모든 접촉면 사이의 마찰계수는 $\mu_s = 0.15$, $\mu_k = 0.12$이다. 힘 F가 제거되면 B는 제자리에 남아 있는가?

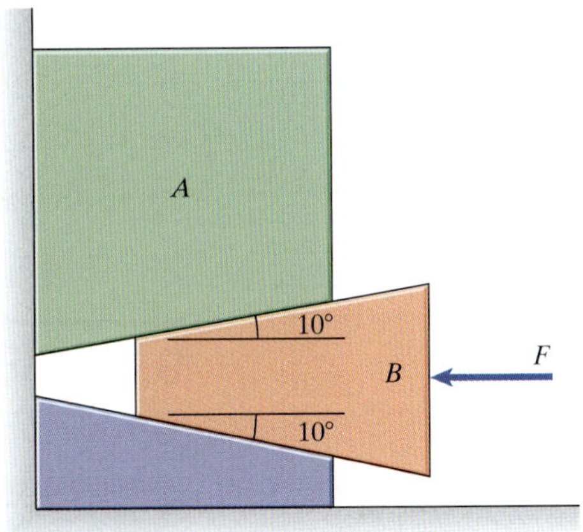

연습문제 9.75/9.76

9.77 A와 B 사이의 $\mu_s = 0.20$, B와 C 사이의 $\mu_s = 0.18$, C와 벽 사이의 $\mu_s = 0.30$이다. 무게 $W_B = 20$ lb, $W_C = 80$ lb이다. C를 위로 움직이기 시작하는 데 필요한 힘 F는 얼마인가?

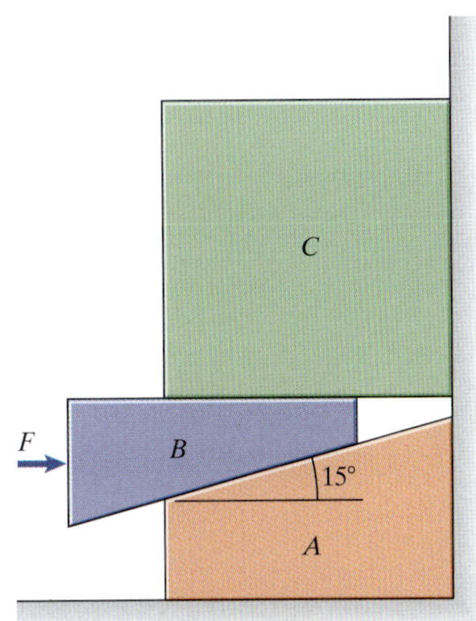

연습문제 9.77

9.78 A, B, C의 질량이 각각 8 kg, 12 kg, 80 kg이다. 모든 접촉면 사이의 $\mu_s = 0.4$이다. C를 위로 움직이기 시작하는 데 필요한 힘 F는 얼마인가?

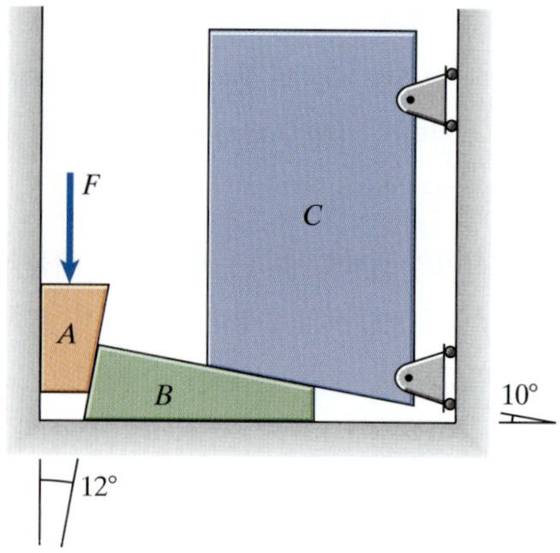

연습문제 9.78

9.3 나사산

생각해보기

- '나사산'이란 무엇인가? 나사산의 '피치'란 무엇인가?
- 드라이버는 어떻게 작동하는가?

배경

나사산은 보통 나무 나사, 기계 나사, 그 밖의 기계 요소에 사용되어 우리에게 익숙하다. 그림 9.10a에서는 사각 나사산을 가진 기계 나사를 보여준다. 하나의 나사산에서 다음 나사산까지의 축 방향 거리 p를 나사산의 피치라고 하며, 각도 α는 나사산의 경사라고 부른다. 그림 9.10b에서는 축의 원통형 표면을 '평평하게 펼쳐' 나사산을 더 잘 보여준다. 피치와 경사 사이의 관계는 다음과 같다.

$$\tan\alpha = \frac{p}{2\pi r} \tag{9.7}$$

여기에서 r은 나사산의 평균 반지름이다.

드라이버는 나사에 축력 F와 또한 우력 M을 가해 나사를 회전시킨다(그림 9.11). 나사산은 회전하는 나사를 축 방향으로 이동시킨다. 우력의 방향에 따라 축 방향 운동은 축력의 방향과 반대이거나(나사를 빼는 경우) 축력의 방향과 같다(나사를 박는 경우). 여기에서 목표는 각 경우에 나사가 회전을 시작하기 위한 우력을 구하는 것이다.

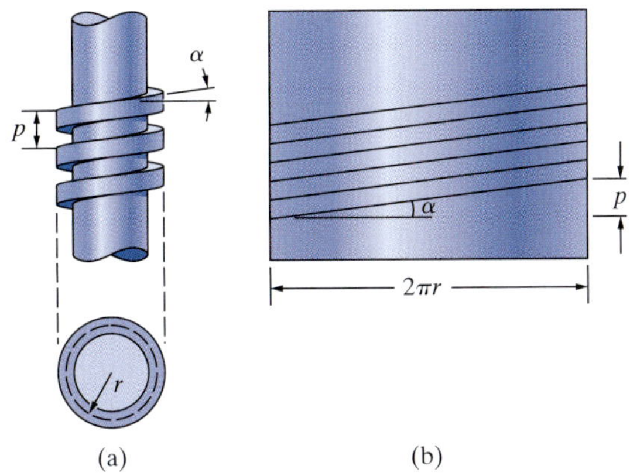

그림 9.10
(a) 사각 나사산을 가진 나사의 축
(b) 원통형 표면을 펼친 모습

나사가 축력의 방향과 반대로 움직일 때

그림 9.11a는 축력 F와 우력 M을 받는 기계 나사를 보여준다. 우력이 나사를 위로, 축력의 방향과 반대로 움직이게 할 것임을 볼 수 있다. 길이 dL인 나사산의 미소 요소에 대한 자유물체도를 그림 9.11b에서 그리고, 맞물리는 홈이 가하는 반력을 힘 dR로 나타낸다. 만약 축이 회전 직전이라면 dR은 임박한 움직임을 저지하며 마찰 각도는 정마찰각 θ_s이다(마찰 각도의 정의를 9.1절에서 다시 복습하라). 요소에 대한 반력의 수직 성분은 $dR\cos(\theta_s + \alpha)$이다. 나사산에 작용하는 전체 수직력을 구하기 위해 $dR\cos(\theta_s + \alpha)$를 나사산의 길이 L에 대해 적분해야 한다. 평형을 이루기 위해 결과는 축에 작용하는 축력 F와 같아야 한다.

$$\cos(\theta_s + \alpha)\int_L dR = F \tag{9.8}$$

반력으로 인한 축 중심에 대한 모멘트는 $r\,dR\sin(\theta_s + \alpha)$이다. 총모멘트는 축에 가해진 우력 M과 같아야 한다.

$$r\sin(\theta_s + \alpha)\int_L dR = M$$

위 식을 식 (9.8)로 나누어서 축이 F의 축 방향과 반대 방향으로 움직이기 시작하도록 만드는 우력 M을 얻는다.

$$M = rF\tan(\theta_s + \alpha) \tag{9.9}$$

이 표현식에서 정마찰각 θ_s를 동마찰각 θ_k로 대체하면, 축이 일정한 속도로 회전하는 데 필요한 우력을 얻을 수 있다.

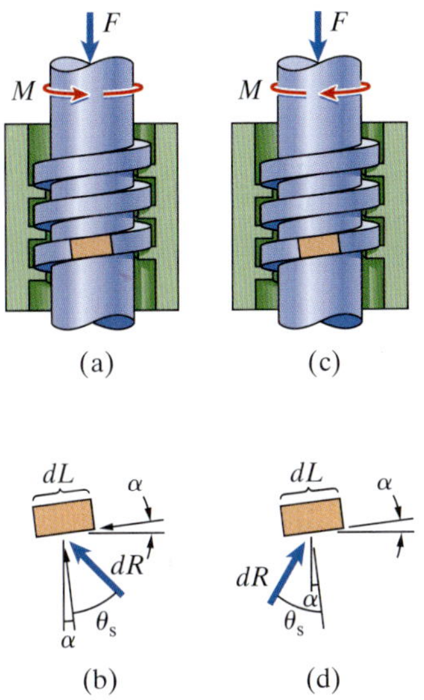

그림 9.11
(a) 축이 F의 축 방향과 반대로 움직이게 할 수 있는 M의 방향
(b) 미끄러짐이 임박했을 때의 나사산의 미소 요소
(c) 축이 F의 축 방향으로 움직이게 할 수 있는 M의 방향
(d) 미끄러짐이 임박했을 때의 나사산의 미소 요소

나사가 축력의 방향으로 움직일 때

우력 M이 반대 방향으로 적용될 경우(그림 9.11c), 축은 축력 F의 방향으로 움직일 수 있다. 그림 9.11d는 미끄러짐이 임박했을 때 나사산의 미소 요소에 대한 반력을 보여준다. 반력의 방향은 축의 회전을 저지한다. 이 경우, 요소에 대한 반력

의 수직 성분은 $dR\cos(\theta_s - \alpha)$이다. 평형을 이루기 위해 다음 식이 요구된다.

$$\cos(\theta_s - \alpha)\int_L dR = F \tag{9.10}$$

반력으로 인한 축 중심에 대한 모멘트는 $dR\sin(\theta_s - \alpha)$이므로 다음 식을 얻을 수 있다.

$$r\sin(\theta_s - \alpha)\int_L dR = M$$

위 식을 식 (9.10)으로 나누면, 축이 회전해 F의 방향으로 움직이기 직전에 있도록 하는 우력 M을 얻는다.

$$M = rF\tan(\theta_s - \alpha) \tag{9.11}$$

위 식에서 정마찰각 θ_s를 동마찰각 θ_k로 대체하면 축을 일정한 속도로 회전시키는 데 필요한 우력을 얻을 수 있다. 식 (9.11)에서 주목할 점은 $\theta_s = \alpha$라면 움직임을 시작하기 위한 우력이 0이라는 것이다. 정마찰각이 α보다 작으면, 축은 우력 없이도 F의 방향으로 움직일 것이다.

논의를 단순하게 하기 위해 사각 나사산과 홈을 분석했지만, 동일한 절차를 다른 기하학적 형상을 가진 나사산과 홈에 적용할 수 있다.

결과 정리

나사산의 경사 α는 피치 p와 r로 나타낼 수 있다.

$$\tan\alpha = \frac{p}{2\pi r} \tag{9.7}$$

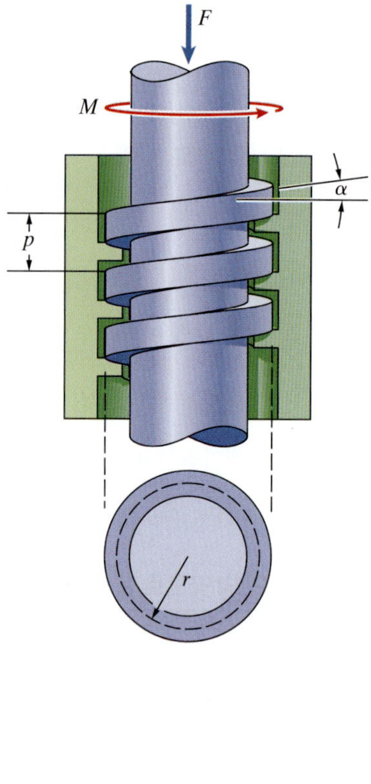

$$M = rF\tan(\theta_s + \alpha) \qquad (9.9)$$

나사가 축력의 방향과 반대로 움직이기 시작하게 만들기 위한 우력 M은 식 (9.9)와 같다. 여기에서 $\theta_s = \arctan \mu_s$이다.

$$M = rF\tan(\theta_s - \alpha) \qquad (9.11)$$

나사가 축력의 방향으로 움직이기 시작하게 만들기 위한 우력 M은 식 (9.11)과 같다. $\theta_s < \alpha$이면 나사는 우력이 작용하지 않더라도 축력 방향으로 저절로 움직인다.

실습 예제 9.5 나사산이 있는 칼라의 회전

막대 AB의 오른쪽 끝은 나사산이 없는 칼라 B에 고정되어 있으며, 이 칼라는 나사산이 있는 칼라 C 위에 놓여 있다. 나사산이 있는 수직 축의 평균 반지름 $r = 1.6$ in이며, 피치 $p = 0.2$ in이다. 칼라 C의 나사산과 수직 축 사이의 마찰계수는 $\mu_s = 0.25$, $\mu_k = 0.22$이다. 칼라 C를 회전시켜 400 lb의 매달린 물체를 올리거나 내릴 수 있다. 시스템이 그림과 같이 막대 AB가 수평일 때, 매달린 물체를 위로 움직이게 하기 위해 칼라 C에 가해야 하는 우력의 크기는 얼마인가?

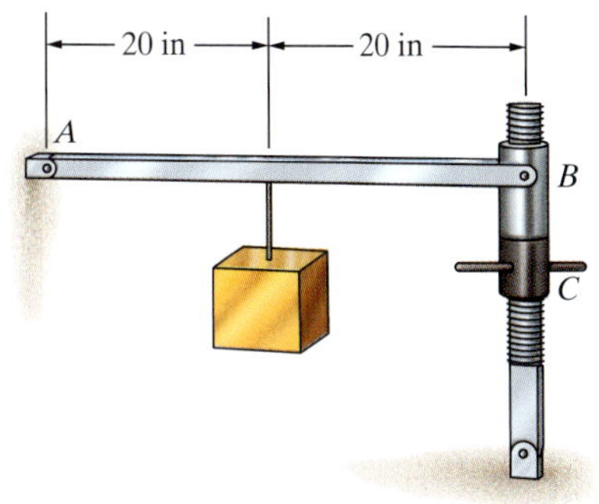

전략

막대 AB와 칼라 B의 자유물체도를 그려서 칼라 C에 가해지는 축력을 구할 수 있다. 그다음 필요한 우력을 구하기 위해 μ_s를 μ_k로 대체해 식 (9.9)를 사용할 수 있다.

풀이

막대와 칼라 B의 자유물체도를 그린다.

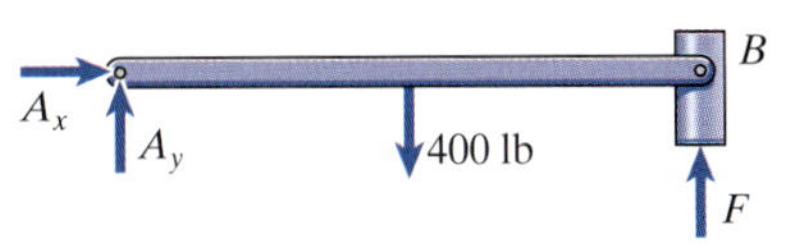

평형을 적용한다.

점 A를 기준으로 모멘트의 합을 구하면 다음과 같다.

$$\Sigma M_{점\,A} = (40 \text{ in})F - (20 \text{ in})(400 \text{ lb}) = 0$$

힘 $F = 200$ lb이다. 이 축력은 C에 작용한다.

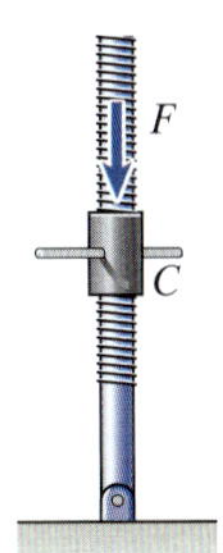

식 (9.7)로부터 다음을 구한다.

$$\tan\alpha = \frac{p}{2\pi r} = \frac{0.2\ \text{in}}{2\pi(1.6\ \text{in})} = 0.0199$$

나사산의 경사 $\alpha = 1.14°$이다.

동마찰각은 다음과 같다.

$$\theta_k = \arctan \mu_k = \arctan (0.22) = 12.4°$$

위 값을 식 (9.9)에 대입하면 모멘트를 구할 수 있다.

$$\begin{aligned} M &= rF\tan(\theta_k + \alpha) \\ &= (1.6\ \text{in})(200\ \text{lb})\tan(12.4° + 1.14°) \\ &= 77.1\ \text{in-lb} \end{aligned}$$

식 (9.9)를 적용한다.

실습 문제 막대 *AB*가 수평일 때, 매달린 물체를 아래로 움직이게 하기 위해 칼라 *C*에 가해야 하는 우력의 크기는 얼마인가?

답: 63.8 in-lb

연습문제

9.79 실습 예제 9.5에서 나사산의 피치가 $p = 0.2$ in에서 $p = 0.24$ in로 변경된다고 가정하자. 나사산의 경사는 얼마인가? 매달린 물체를 위로 움직이게 하기 위해 칼라 *C*에 얼마의 우력을 가해야 하는가?

9.80 나사산이 있는 축의 피치 $p = 2$ mm이고, 나사산의 평균 반지름 $r = 20$ mm이다. 나사산과 맞물리는 홈 사이의 마찰계수는 $\mu_s = 0.22$, $\mu_k = 0.20$이다. 무게 $W = 500$ N이다. 나사산이 있는 축의 무게는 무시한다. 무게를 일정한 속도로 내리기 위해 나사산이 있는 축에 얼마의 우력을 가해야 하는가?

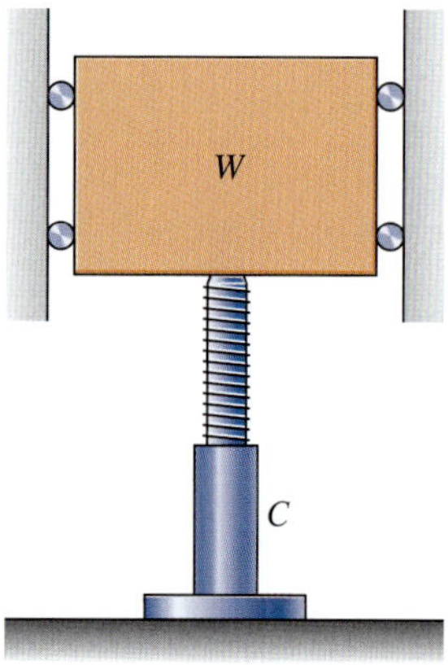

연습문제 9.80

9.81 기계 나사 *A*를 돌려 수평 보의 위치를 조절할 수 있다. 보의 무게는 무시한다. 나사의 피치 $p = 1$ mm이고, 나사산의 평균 반지름 $r = 4$ mm이다. 나사산과 맞물리는 홈 사이의 마찰계수는 $\mu_s = 0.20$, $\mu_k = 0.18$이다. 시스템이 처음에 정지상태일 때, (a) 위로 움직일 경우, (b) 아래로 움직일 경우 보가 움직이기 시작하기 위해 나사에 얼마의 우력을 가해야 하는가?

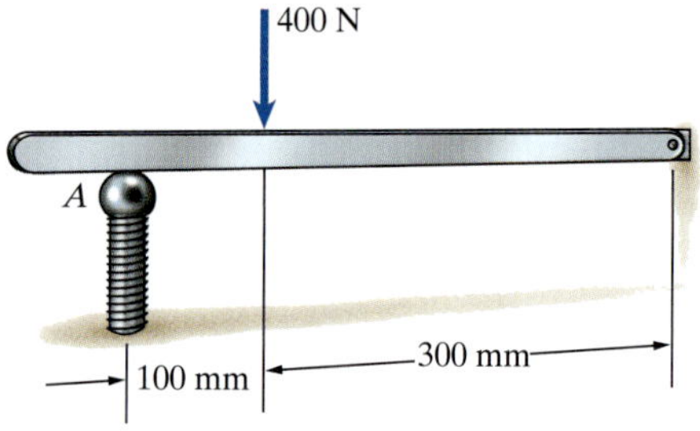

연습문제 9.81

9.82 죔쇠의 나사산이 있는 축의 피치 $p = 0.05$ in이고, 나사산의 평균 반지름 $r = 0.15$ in이다. 나사산이 있는 축과 맞물리는 칼라 사이의 마찰계수는 $\mu_s = 0.18$, $\mu_k = 0.16$이다. (a) 조여진 물체에 30 lb의 힘을 가하기 위해 축에 가해야 하는 최대 우력은 얼마인가? (b) 조여진 물체에 30 lb의 힘이 가해진다면, 죔쇠를 풀기 시작하기 위해 축에 얼마의 우력을 가해야 하는가?

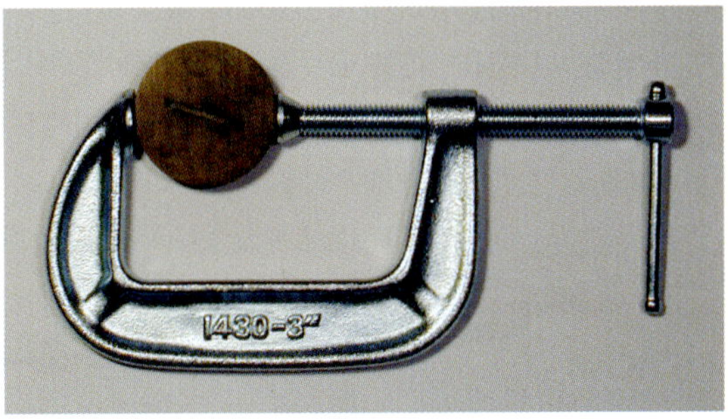

연습문제 9.82

9.83 블록 A의 질량이 60 kg이다. 5° 쐐기의 무게는 무시한다. 블록 A, 쐐기, 탁자, 벽의 접촉면 사이의 동마찰계수 $\mu_k = 0.4$이다. 나사산이 있는 축의 피치는 5 mm이고, 나사산의 평균 반지름은 15 mm이며, 나사산과 맞물리는 홈 사이의 동마찰계수는 0.2이다. 블록 A를 일정한 속도로 들어 올리기 위해 나사산이 있는 축에 얼마의 우력을 가해야 하는가?

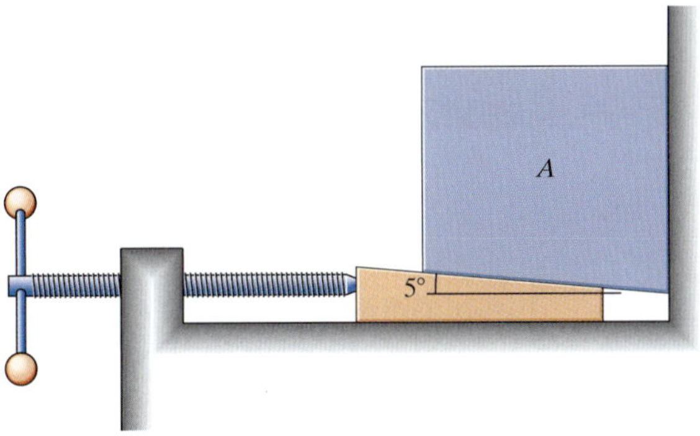

연습문제 9.83

9.84 바이스가 A에 80 lb의 힘을 가한다. 나사산이 있는 축은 바이스의 턱에 의해 축 방향 하중만 받는다. 나사산의 피치 $p = 1/8$ in이고, 나사산의 평균 반지름 $r = 1$ in이며, 나사산과 맞물리는 홈 사이의 정마찰계수는 0.2이다. 하나의 축을 돌려 바이스를 풀려고 한다고 가정하자. (a) 축 B를 돌릴 경우, (b) 축 C를 돌릴 경우 가해야 하는 우력을 구하라.

9.85 연습문제 9.84에서 하나의 축을 돌려 바이스를 조이려고 한다고 가정하자. (a) 축 B를 돌릴 경우, (b) 축 C를 돌릴 경우 얼마의 우력을 가해야 하는가?

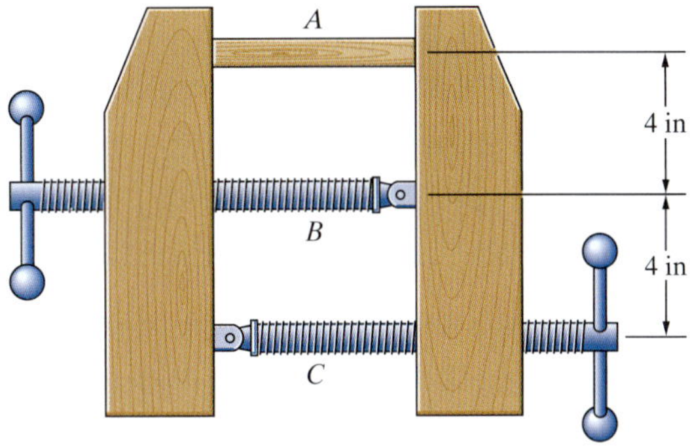

연습문제 9.84/9.85

9.86 나사산이 있는 축이 B에서 볼-소켓 지지대를 가지고 있다. 400 lb의 하중 A는 나사산이 있는 축을 회전시켜 축에 대해 나사산이 있는 칼라 C를 상대적으로 움직이게 함으로써 올리거나 내릴 수 있다. 부재의 무게는 무시한다. 축의 피치 $p = 1/4$ in이고, 나사산의 평균 반지름 $r = 1$ in이며, 나사산과 맞물리는 홈 사이의 정마찰계수는 0.24이다. 시스템이 주어진 위치에서 정지상태일 때, 하중을 위로 움직이기 위한 우력은 얼마인가?

9.87 연습문제 9.86에서 시스템이 주어진 위치에서 정지상태일 때, 하중을 아래로 움직이기 위한 우력은 얼마인가?

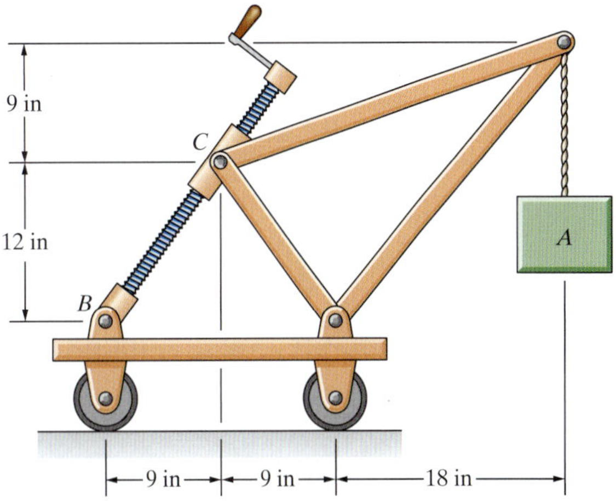

연습문제 9.86/9.87

9.88 자동차 잭이 A에서 수평 나사산이 있는 축을 돌려 작동한다. 나사산이 있는 축은 B에서 맞물리는 나사산이 있는 칼라에 맞춰진다. 축이 돌면 A와 B 지점은 서로 가까워지거나 멀어져 잭을 올리거나 내린다. 나사산이 있는 축의 피치 p = 0.1 in이고, 나사산의 평균 반지름 r = 0.2 in이며, 나사산이 있는 축과 B에서 맞물리는 칼라 사이의 동마찰계수는 0.15이다. 그림과 같은 위치에서 잭을 일정한 속도로 회전시켜 올릴 때 하중 L = 1400 lb라면 A에 가해야 하는 우력은 얼마인가?

9.89 자동차 잭이 A에서 수평 나사산이 있는 축을 돌려 작동한다. 나사산이 있는 축은 B에서 맞물리는 나사산이 있는 칼라에 맞춰진다. 축이 돌면 A와 B 지점은 서로 가까워지거나 멀어져 잭을 올리거나 내린다. 나사산이 있는 축의 피치 p = 0.1 in이고, 나사산의 평균 반지름은 r = 0.2 in이며, 나사산이 있는 축과 B에서 맞물리는 칼라 사이의 동마찰계수는 0.15이다. 그림과 같은 위치에서 잭을 일정한 속도로 회전시켜 내릴 때 하중 L = 1400 lb라면 A에 가해야 하는 우력은 얼마인가?

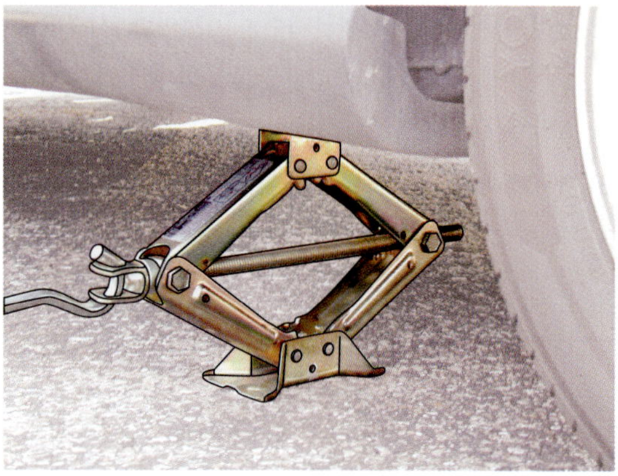

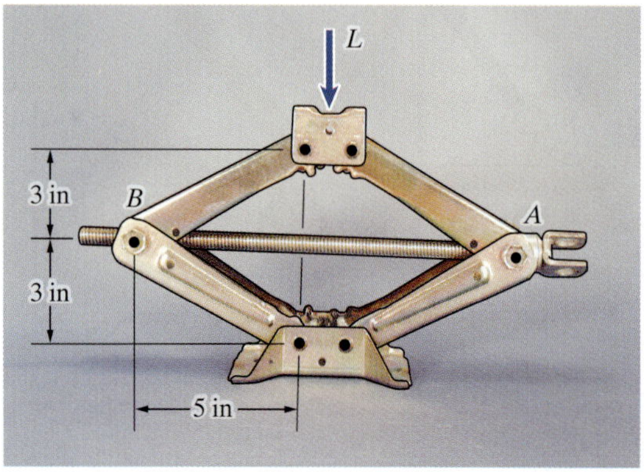

연습문제 9.88/9.89

9.90 막대나 케이블의 길이나 장력을 조절하는 데 턴버클이 사용된다. 이는 양쪽 끝이 나사산으로 되어 있으며, 회전시키면 막대나 케이블의 나사산이 있는 끝이 서로 당겨지거나 멀어진다. 나사산의 피치 p = 0.05 in, 평균 반지름 r = 0.25 in이고, 나사산과 맞물리는 홈 사이의 정마찰계수가 0.24라고 가정하자. T = 200 lb일 때, 턴버클이 정지해 있다면 턴버클을 조이기 위해서 얼마의 우력을 가해야 하는가?

9.91 턴버클의 나사산 피치 p = 0.05 in, 평균 반지름 r = 0.25 in이고, 나사산과 맞물리는 홈 사이의 정마찰계수가 0.24라고 가정하자. T = 200 lb일 때, 턴버클이 정지해 있다면 턴버클을 풀기 위해 얼마의 우력을 가해야 하는가?

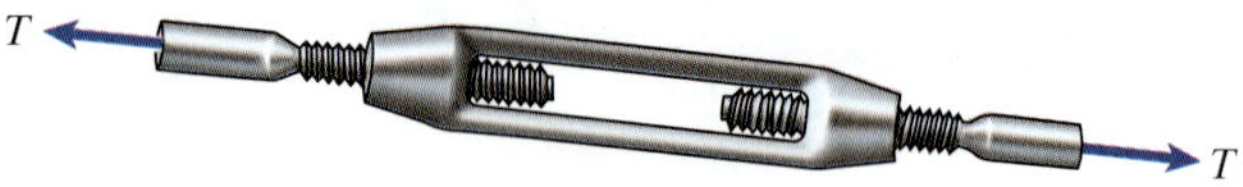

연습문제 9.90/9.91

9.92 프레임의 부재 BE에 턴버클이 있다(연습문제 9.90 참조). 나사산의 피치 p = 1 mm, 평균 반지름 r = 6 mm이고, 나사산과 맞물리는 홈 사이의 정마찰계수는 0.2이다. 턴버클 풀기 위해 가해야 하는 우력은 얼마인가?

9.93 연습문제 9.92에서 턴버클을 조이기 위해 가해야 하는 우력은 얼마인가?

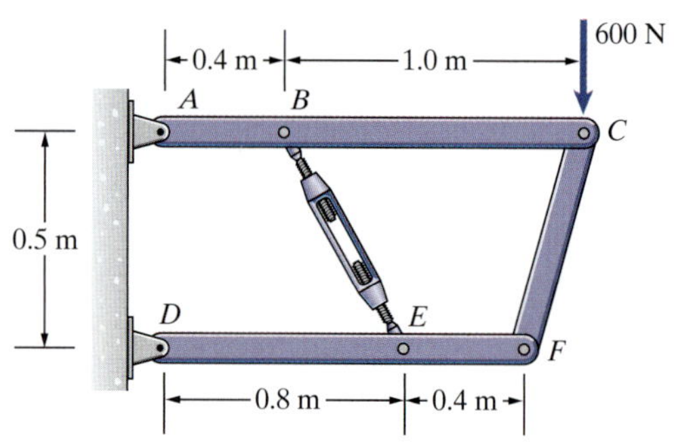

연습문제 9.92/9.93

9.94 트러스의 부재 CD, DG에 턴버클이 있다(연습문제 9.90 참조). 나사산의 피치 p = 4 mm, 평균 반지름 r = 10 mm이고, 나사산과 맞물리는 홈 사이의 정마찰계수는 0.18이다. 부재 CD의 턴버클을 풀기 위해 가해야 하는 우력은 얼마인가?

9.95 연습문제 9.94에서 부재 DG의 턴버클을 풀기 위해 가해야 하는 우력은 얼마인가?

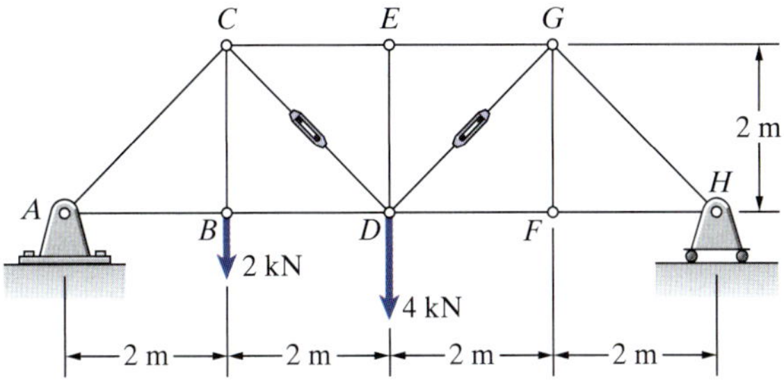

연습문제 9.94/9.95

9.96* 나사산이 있는 축을 회전시켜 하중 $W = 800$ N을 올리거나 내릴 수 있다. 거리 $b = 75$ mm, $h = 200$ mm이고, 핀이 박힌 막대의 길이는 각각 300 mm이다. 나사산이 있는 축의 피치 $p = 5$ mm, 나사산의 평균 반지름 $r = 15$ mm이고, 나사산과 맞물리는 홈 사이의 동마찰계수는 0.2이다. 시스템이 그림과 같은 상태일 때, 하중을 올리며 나사산이 있는 축을 일정한 속도로 회전시키기 위해 얼마의 우력을 가해야 하는가?

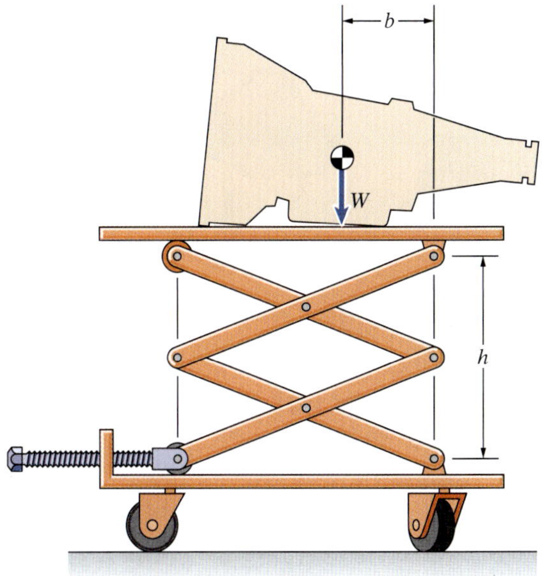

연습문제 9.96

9.4 저널 베어링

생각해보기

- '베어링'이란 무엇인가? 왜 '저널 베어링'은 단순한가?
- 자동차 타이어나 천장 선풍기와 같은 회전 장치에서 마찰을 최소화하려면 어떻게 해야 하는가?

배경

베어링은 일종의 지지대이다. 베어링은 일반적으로 지지되는 물체가 움직일 수 있도록 설계된 지지대를 가리킨다. 예를 들어 그림 9.12a에서 수평축은 두 개의 저널 베어링에 의해 지지되며, 이 베어링들은 축이 회전할 수 있게 한다. 그런 다음 축은 축에 수직인 하중, 예를 들어 풀리에 의해 가해지는 하중(그림 9.12b)을 지지하는 데 사용될 수 있다.

축이 통과하는 구멍이 있는 브래킷으로 구성된 저널 베어링을 분석해보자. 축의 반지름은 베어링의 구멍 반지름보다 약간 작다. 여기에서 목표는 얼마의 우력이

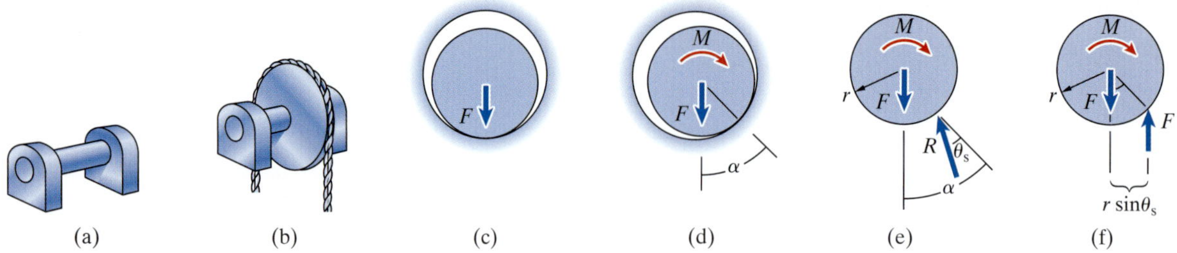

그림 9.12

(a) 저널 베어링으로 지지된 축
(b) 축에 의해 지지되는 풀리
(c) 축에 우력이 적용되지 않았을 때의 축과 베어링
(d) 우력이 축을 베어링 내에서 굴린다.
(e) 축의 자유물체도
(f) 축에 작용하는 두 힘은 같고 방향은 반대여야 한다.

축에 가해져야 베어링이 회전을 시작하는지 결정하는 것이다. F를 축 자체의 무게를 포함한 축에 의해 지지되는 전체 하중이라 하자. 축에 우력이 가해지지 않을 때, 힘 F는 그림 9.12c에서 나타난 것처럼 축을 베어링에 대해 누른다. 우력 M이 축에 가해질 때, 축은 베어링의 표면을 따라 굴러 올라간다(그림 9.12d). α는 우력 M이 적용될 때 축의 원래 접촉점에서 현재 접촉점까지의 각도이다.

그림 9.12e는 M이 충분히 커서 미끄러짐이 임박한 상태의 자유물체도를 보여준다. R은 두 베어링에 의해 축에 가해지는 전체 반력이다. R과 F가 축에 작용하는 유일한 힘이므로, 평형을 이루기 위해 $\alpha = \theta_s$이고 $R = F$이다(그림 9.12f). 베어링이 축에 가한 반력은 축의 중심을 통과하는 수직선으로부터 $r \sin \theta_s$만큼 떨어진 거리에 위치한다. 축의 중심에 대한 모멘트를 합산함으로써 축이 미끄러짐을 시작하게 하는 우력 M을 얻는다.

$$M = rF\sin\theta_s \tag{9.12}$$

이는 축이 정지상태일 때 회전을 시작하지 않게 하면서 축에 가할 수 있는 가장 큰 우력이다. 이 표현식에서 θ_s를 동마찰각 θ_k로 교체하면 축이 회전하는 상태일 때 축을 일정한 속도로 회전시키기 위해 필요한 우력을 얻을 수 있다.

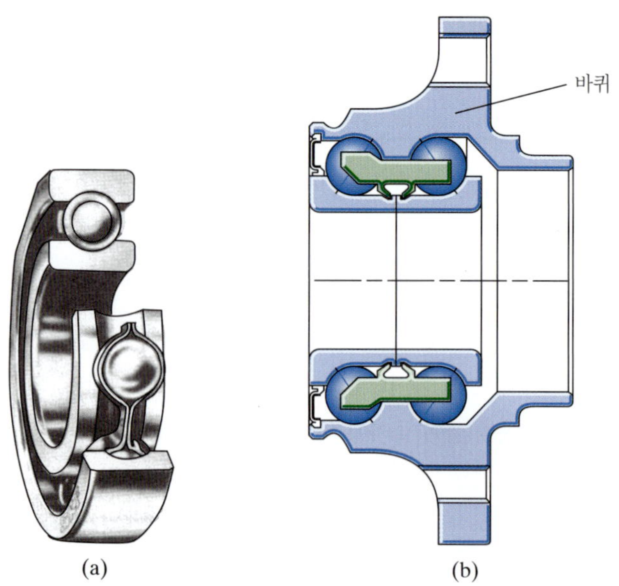

그림 9.13

(a) 한 열의 볼을 가진 저널 베어링
(b) 자동차 바퀴의 저널 베어링 조립체. 회전하는 바퀴와 고정된 내부 원통 사이에 두 열의 볼이 있다.

여기에서 설명한 간단한 형태의 저널 베어링은 대부분의 응용 분야에 적용하기에는 너무 단순하다. 축과 베어링이 접촉하는 표면은 빠르게 마모될 것이다. 설계자들은 일반적으로 마찰을 최소화하기 위해 저널 베어링에 '볼' 또는 '롤러' 베어링을 결합한다(그림 9.13).

결과 정리

저널 베어링은 지지하는 원형 축보다 약간 큰 원형 구멍을 가지고 있다.

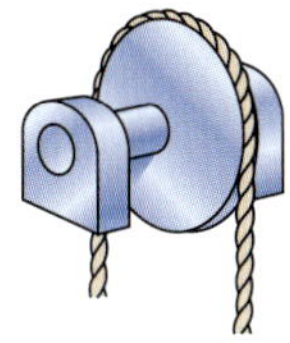

원형 축이 저널 베어링에 대해 미끄러짐을 시작하게 하기 위해서는 다음과 같은 우력 M을 가해야 한다.

$$M = rF \sin\theta_s \qquad (9.12)$$

여기에서 r은 축의 반지름이고, F는 축이 지지하는 측면 하중이며, $\theta_s = \arctan\mu_s$이다.

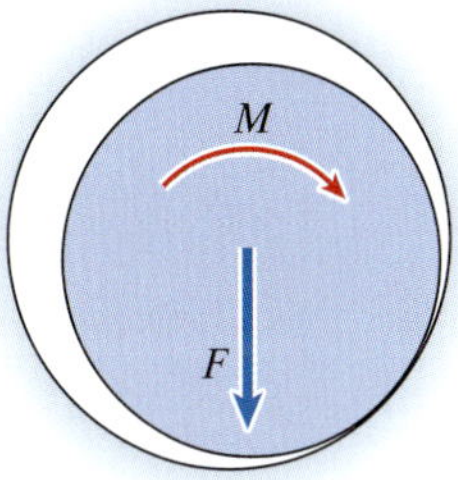

실습 예제 9.6 저널 베어링에 의해 지지되는 풀리

로프에 매달린 하중의 무게 $W = 1000$ lb이다. 풀리 P는 반지름이 6 in이고 저널 베어링으로 지지되는 수평 원형 축에 견고하게 부착되어 있다. 축의 반지름은 0.5 in이고, 축과 베어링 사이의 동마찰계수 $\mu_k = 0.2$이다. 풀리와 축의 무게는 무시할 수 있다. 하중을 일정한 속도로 올리기 위해 윈치 A가 로프에 가해야 하는 인장력은 얼마인가?

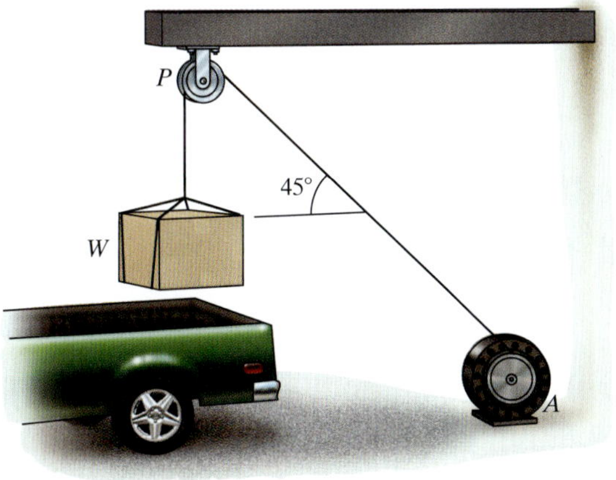

전략

식 (9.12)에서 θ_s를 θ_k로 바꾸면 풀리를 일정한 속도로 돌리는 데 필요한 우력 M과 축에 가해지는 힘의 합력 F와의 관계를 얻을 수 있다. M과 F를 하중 W와 윈치의 인장력의 항으로 표현하고, 식 (9.12)를 이용해 필요한 인장력을 구할 수 있다.

풀이

로프가 풀리에 가하는 힘. 힘 T는 윈치가 가하는 인장력이다.

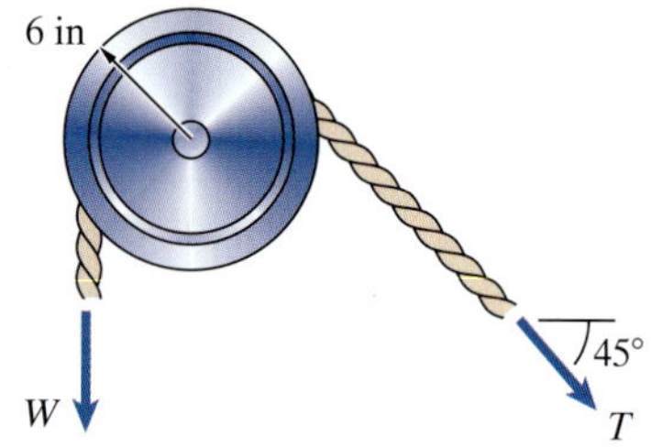

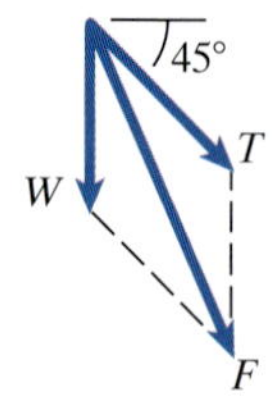

로프가 풀리에 가하는 힘의 벡터 합은 풀리의 축이 지지해야 하는 힘 F이다. F의 크기는 W와 T의 관계로 표현될 수 있다.

$$F = \sqrt{(W + T\sin 45°)^2 + (T\cos 45°)^2}$$

풀리는 시계 방향으로 움직인다. T와 W의 관계로 풀리에 대한 시계 방향 우력을 표현한다.

$$M = (6\text{ in})(T - W)$$

식 (9.12)를 적용한다.

동마찰각은 다음과 같다.

$$\theta_k = \arctan\mu_k = \arctan(0.2) = 11.3°$$

식 (9.12)는 다음과 같이 표현된다.

$$M = rF\sin\theta_k:$$

$$(6\text{ in})(T - W) = (0.5\text{ in})\sqrt{(W + T\sin 45°)^2 + (T\cos 45°)^2}\sin 11.3°$$

하중 $W = 1000$ lb를 대입하면 인장력을 구할 수 있다.

$$T = 1030\text{ lb}$$

실습 문제 하중을 일정한 속도로 내리기 위해 윈치 A가 로프에 가해야 하는 인장력은 얼마인가?

답: $T = 970$ lb

연습문제

9.97 실습 예제 9.6에서 윈치 A의 위치가 변경되어 A에서 P로 가는 로프와 수평선 사이의 각도가 45°에서 60°로 증가한다고 가정하자. 매달린 하중이 1500 lb일 때, 하중을 일정한 속도로 올리기 위해 윈치가 로프에 얼마의 인장력을 가해야 하는가?

9.98 풀리의 반지름이 4 in이다. 풀리는 두 개의 저널 베어링으로 지지되는 수평축에 견고하게 부착되어 있다. 축의 반지름은 1 in이고, 풀리와 축의 결합된 무게는 20 lb이다. 축과 베어링 사이의 마찰계수는 $\mu_s = 0.30$, $\mu_k = 0.28$이다. 축이 정지상태를 유지하면서 매달릴 수 있는 최대 무게 W를 구하라.

9.99 연습문제 9.98에서 무게 $W = 4$ lb라고 가정하자. 하중을 일정한 속도로 올리기 위해 수평축에 얼마의 우력을 가해야 하는가?

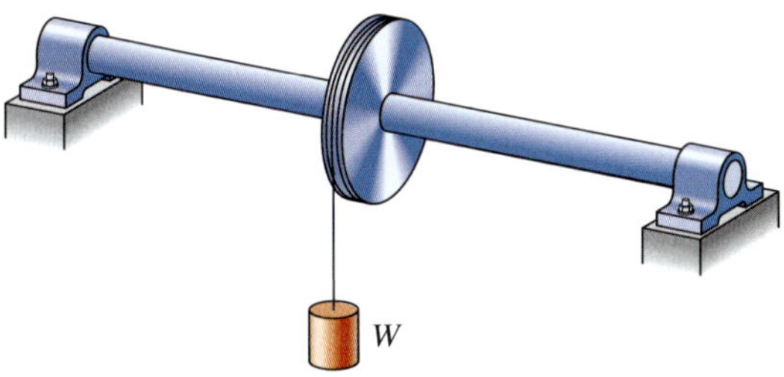

연습문제 9.98/9.99

9.100 풀리가 저널 베어링으로 지지되는 수평축에 장착되어 있다. 축과 베어링 사이의 동마찰계수 $\mu_k = 0.3$이다. 축의 반지름은 20 mm이고, 풀리의 반지름은 150 mm이다. 질량 $m = 10$ kg이다. 풀리와 축의 질량은 무시한다. 하중을 일정한 속도로 올리기 위해 케이블에 가해야 하는 힘 T는 얼마인가?

9.101 연습문제 9.100에서 하중을 일정한 속도로 내리기 위해 케이블에 가해야 하는 힘 T는 얼마인가?

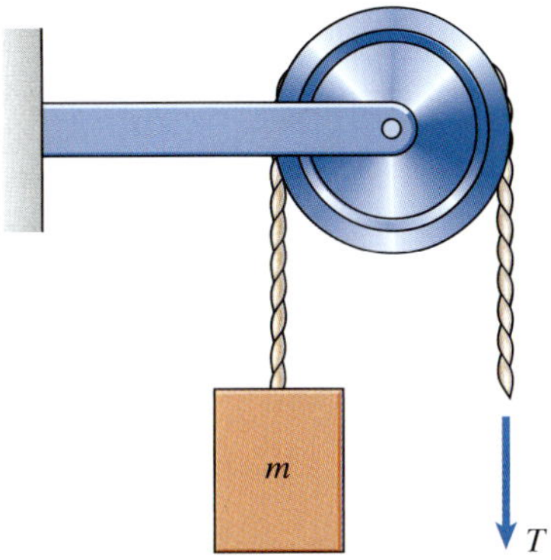

연습문제 9.100/9.101

9.102 반지름이 8 in인 풀리가 1 in 반지름의 축에 장착되어 있다. 축은 두 저널 베어링으로 지지되어 있다. 베어링과 축 사이의 정마찰계수 $\mu_s = 0.15$이다. 풀리와 축의 무게는 무시한다. 50 lb의 블록 A가 바닥에 놓여 있다. 양동이 B에 모래를 천천히 추가할 때, 축이 베어링에서 미끄러져 회전을 시작할 때 양동이와 모래의 무게는 얼마인가?

연습문제 9.102

9.103 반지름이 50 mm인 풀리가 반지름이 10 mm인 축에 장착되어 있다. 축은 두 저널 베어링으로 지지되어 있다. 블록 *A*의 질량은 8 kg이다. 풀리와 축의 무게는 무시한다. 블록 *A*를 일정한 속도로 올리는 데 필요한 힘 T = 84 N일 때 축과 베어링 사이의 동마찰계수는 얼마인가?

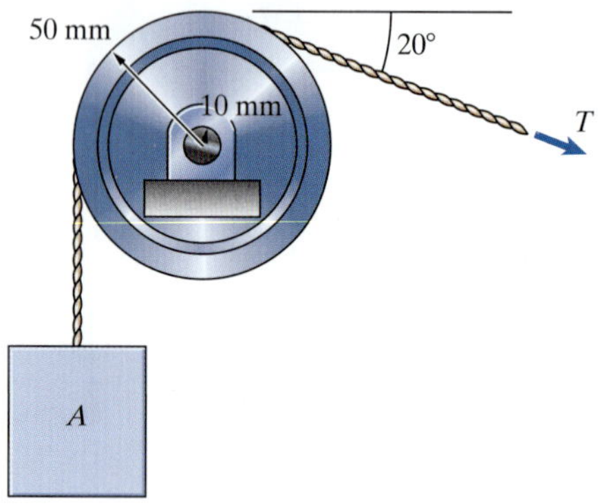

연습문제 9.103

9.104 매달린 물체의 질량이 4 kg이다. 풀리는 반지름이 100 mm이며 저널 베어링으로 지지되는 수평축에 견고하게 부착되어 있다. 수평축의 반지름은 10 mm이고, 축과 베어링 사이의 동마찰계수는 0.26이다. 하중을 일정한 속도로 올리기 위해 사람이 로프에 가해야 하는 인장력은 얼마인가?

9.105 연습문제 9.104에서 하중을 일정한 속도로 내리기 위해 사람이 가해야 하는 인장력은 얼마인가?

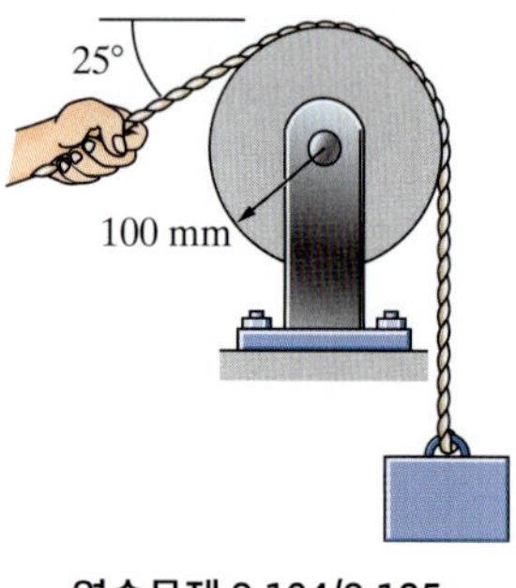

연습문제 9.104/9.105

9.106 풀리의 반지름이 200 mm이고, 반지름이 20 mm인 축에 장착되어 있다. 풀리와 축 사이의 정마찰계수 μ_s = 0.18이다. F_A = 200 N일 때, 풀리의 회전을 유발하지 않으면서 가할 수 있는 F_B의 최댓값은 얼마인가? 풀리의 무게는 무시한다.

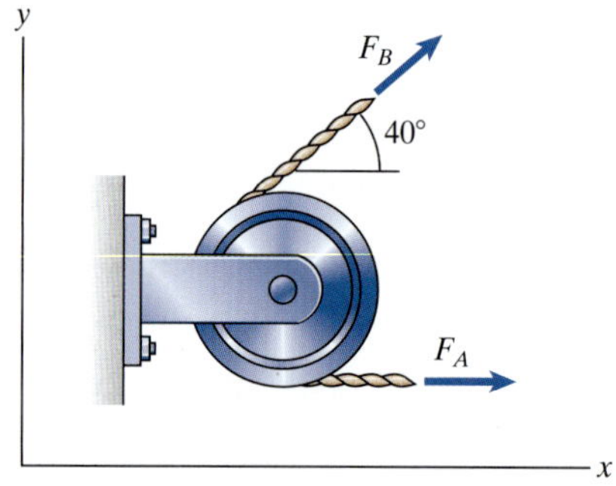

연습문제 9.106

9.107 상자의 질량이 m_A = 15 kg, m_B = 60 kg이다. 상자 *A*와 *B* 사이 그리고 상자 *B*와 경사면 사이의 정마찰계수는 0.12이다. 풀리의 반지름은 60 mm이고, 반지름이 10 mm인 축에 장착되어 있다. 풀리와 축 사이의 정마찰계수는 0.16이다. 상자의 미끄러짐을 유발하지 않으면서 가할 수 있는 힘 F의 최댓값은 얼마인가?

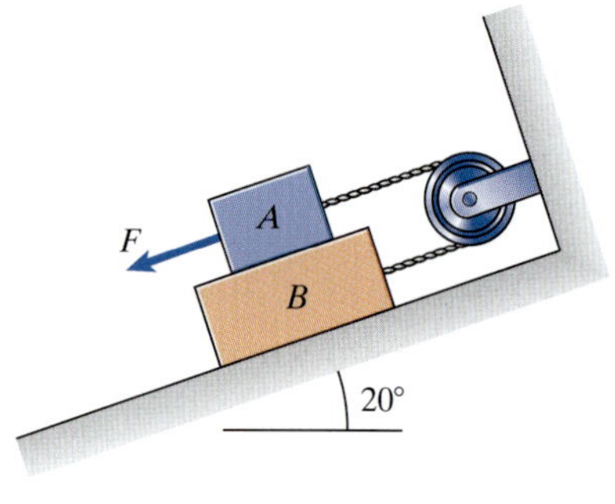

연습문제 9.107

9.108 두 풀리의 반지름이 4 in이고, 반지름이 1 in인 축에 장착되어 저널 베어링으로 지지된다. 풀리와 축의 무게는 무시한다. 스프링의 인장력은 40 lb이다. 축과 베어링 사이의 동마찰계수 μ_k = 0.3이다. 왼쪽 풀리를 일정한 속도로 회전시키기 위해 필요한 우력 M은 얼마인가?

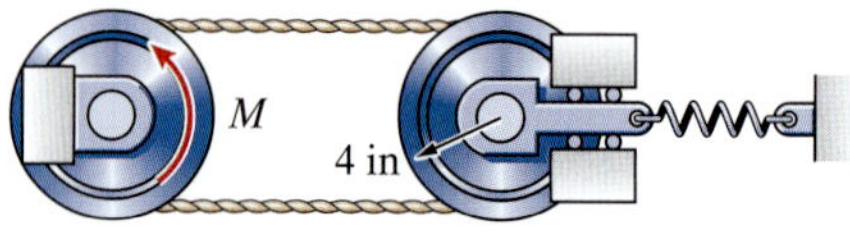

연습문제 9.108

9.109 상자의 무게 $W_A = 65$ lb, $W_B = 130$ lb이다. 상자 A와 B 사이 그리고 상자 B와 바닥 사이의 정마찰계수는 0.12이다. 풀리의 반지름은 4 in이고, 반지름이 0.8 in인 축에 장착되어 있다. 풀리와 축 사이의 정마찰계수는 0.16이다. 상자가 미끄러지지 않도록 하는 최대 힘 F의 값은 얼마인가?

9.110 경사면과 100 kg 상자 사이의 동마찰계수가 0.35이다. 각 풀리의 반지름은 100 mm이고, 저널 베어링으로 지지되는 반지름 5 mm인 축에 장착되어 있다. 축과 저널 베어링 사이의 동마찰계수는 0.18이다. 상자를 경사면을 따라 일정한 속도로 당기기 위해 필요한 인장력 T를 구하라.

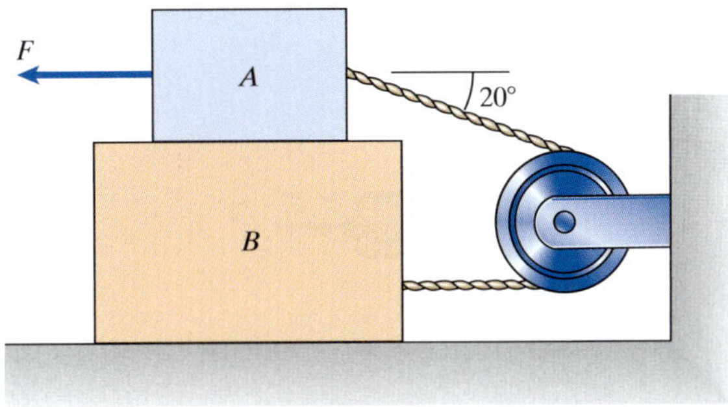

연습문제 9.109

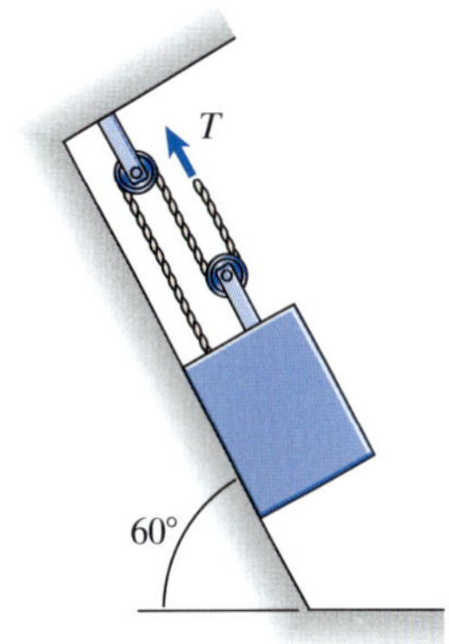

연습문제 9.110

9.5 스러스트 베어링과 클러치

생각해보기

- '스러스트 베어링'은 무엇을 지지하는가?
- '슬립 클러치'에 대해 들어본 적이 있는가? 이것은 무엇인가?

배경

스러스트 베어링은 축 방향 하중을 받는 회전축을 지지한다. 그림 9.14a, b에 표시된 바와 같이, 축의 원추형 끝부분은 축 방향 하중 F에 의해 맞물리는 원추형 공동부에 눌러진다. 축을 회전시키기 위해 필요한 우력 M을 구해보자.

그림 9.14c에서 면적의 미소 요소 dA는 다음과 같다.

$$dA = 2\pi r\,ds = 2\pi r\left(\frac{dr}{\cos\alpha}\right)$$

$r = r_i$에서 $r = r_o$까지 위 표현식을 적분하면 접촉 면적 A를 구할 수 있다.

$$A = \frac{\pi(r_o{}^2 - r_i{}^2)}{\cos\alpha}$$

만약 맞물리는 표면이 균일한 압력 p를 가한다고 가정하면 p에 의한 총힘의 축 방

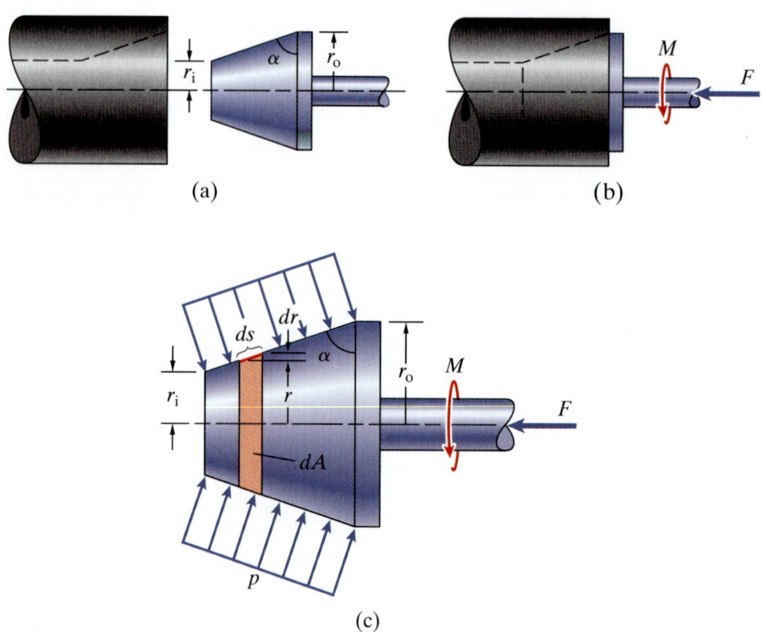

그림 9.14

(a), (b) 스러스트 베어링은 축 방향 하중을 받는 축을 지지한다.
(c) 미소 요소 dA와 공동부에서 가해지는 균일한 압력 p

향 성분은 F와 같아야 한다. 즉 $pA\cos\alpha = F$이다. 따라서 압력은 다음과 같다.

$$p = \frac{F}{A\cos\alpha} = \frac{F}{\pi(r_o^2 - r_i^2)}$$

축이 회전하고 있으므로, dA 요소에 작용하는 마찰력으로 인한 축에 대한 모멘트는 $r\mu_k(p\,dA)$이다. 총모멘트는 다음과 같다.

$$M = \int_A \mu_k rp\,dA = \int_{r_i}^{r_o} \mu_k r\left[\frac{F}{\pi(r_o^2 - r_i^2)}\right]\left(\frac{2\pi r\,dr}{\cos\alpha}\right)$$

적분하면 일정한 속도로 축을 회전시키기 위해 필요한 우력 M을 구할 수 있다.

$$M = \frac{2\mu_k F}{3\cos\alpha}\left(\frac{r_o^3 - r_i^3}{r_o^2 - r_i^2}\right) \tag{9.13}$$

더 단순한 스러스트 베어링이 그림 9.15a, b에 나타나 있다. 받침대는 반지름이 r인 평평한 끝단을 가진 축을 지지하는데, 이 축은 축 방향 하중 F를 받는다. $\alpha = 0$, $r_i = 0$, $r_o = r$로 설정함으로써 식 (9.13)으로 축을 일정한 속도로 회전시키기 위해 필요한 우력을 얻을 수 있다.

$$M = \tfrac{2}{3}\mu_k Fr \tag{9.14}$$

비록 앞에서 설명한 스러스트 베어링이 마찰력 분석의 좋은 예이긴 하지만, 실제로 적용하면 너무 빨리 마모되어 사용하기에 적합하지 않다. 그림 9.16의 스러

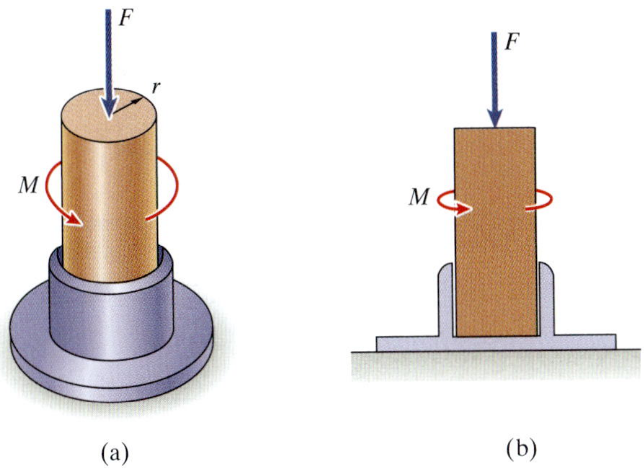

그림 9.15
끝이 평탄한 축을 지지하는 스러스트 베어링

스트 베어링은 '롤러' 베어링을 결합함으로써 마찰을 최소화한다.

클러치는 두 개의 동축의 회전축을 연결하고 분리하는 데 사용되는 장치이다. 그림 9.17a, b와 같은 유형은 축 끝에 부착된 반지름이 r인 원판들로 구성되어 있다. 원판이 분리될 때(그림 9.17a) 클러치는 해제되며, 축은 서로에 대해 자유롭게 회전할 수 있다. 축력 F로 원판들을 눌러 클러치를 결합할 때(그림 9.17b), 축은 두 원판 사이의 마찰력으로 인해 우력 M을 지지할 수 있다. 우력 M이 너무 커지면 클러치는 미끄러진다.

한 클러치 면이 다른 면에 가하는 마찰력은 그림 9.15의 평평한 끝단을 가진 축에 브래킷이 가하는 마찰력과 동일하다. 따라서 식 (9.14)에서 μ_k를 μ_s로 대체함으로써 클러치가 미끄러지지 않고 지지할 수 있는 가장 큰 우력을 구할 수 있다.

$$M = \tfrac{2}{3}\mu_s F r \qquad (9.15)$$

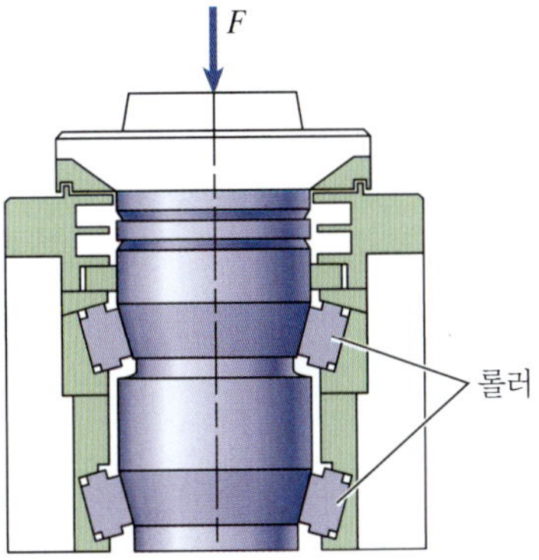

그림 9.16
축과 고정 지지대 사이에 두 열의 원통 롤러를 가진 스러스트 베어링

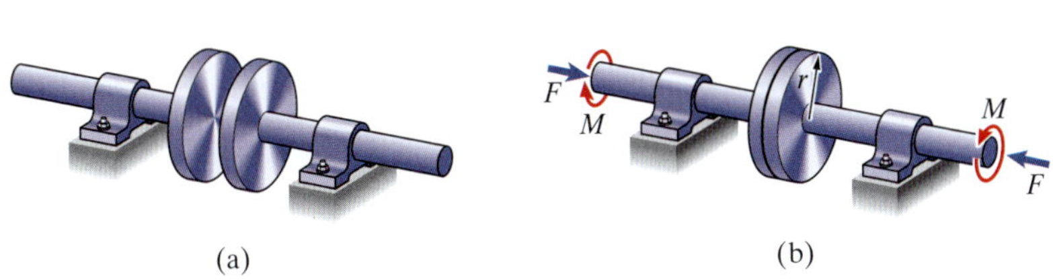

그림 9.17
클러치
(a) 맞물리지 않은 위치
(b) 맞물린 위치

결과 정리

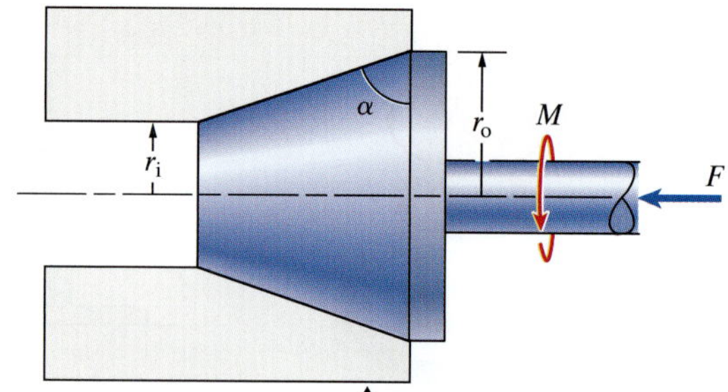

$$M = \frac{2\mu_k F}{3\cos\alpha}\left(\frac{r_o^3 - r_i^3}{r_o^2 - r_i^2}\right) \qquad (9.13)$$

스러스트 베어링으로 지지되는 축이 축 방향 하중을 지탱하는 경우, 축을 회전시키기 위해 필요한 우력

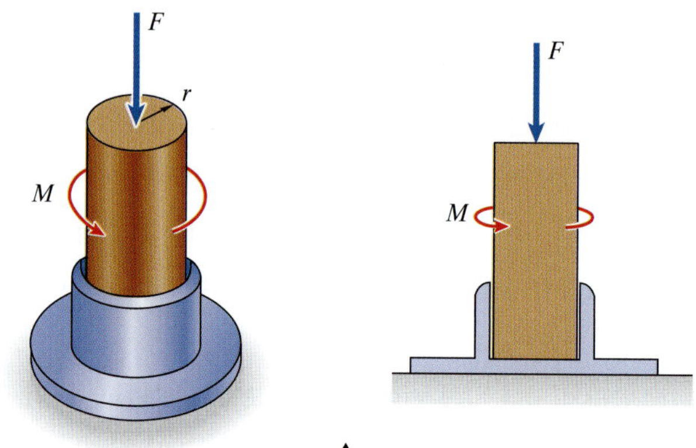

$$M = \frac{2}{3}\mu_k F r \qquad (9.14)$$

평평한 끝단을 가진 축이 스러스트 베어링으로 지지되면서 축 방향 하중을 지탱하는 경우, 축을 회전시키기 위해 필요한 우력

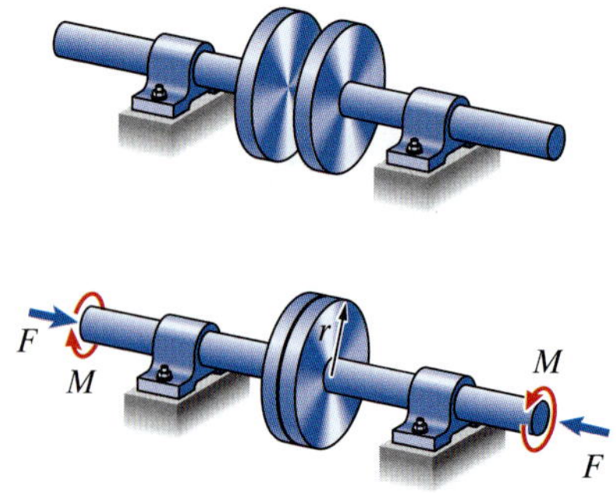

$$M = \frac{2}{3}\mu_s F r \qquad (9.15)$$

축력을 받는 클러치가 미끄러지기 직전일 때 우력 M

실습 예제 9.7 스러스트 베어링

스러스트 베어링에 작용하는 축력 $F = 200$ lb이다. 지름 $D_o = 3\frac{1}{2}$ in, $D_i = 1$ in이고, 각도 $\alpha = 72°$이다. 동마찰계수 $\mu_k = 0.18$이다. 축을 일정한 속도로 회전시키기 위해 필요한 우력은 얼마인가?

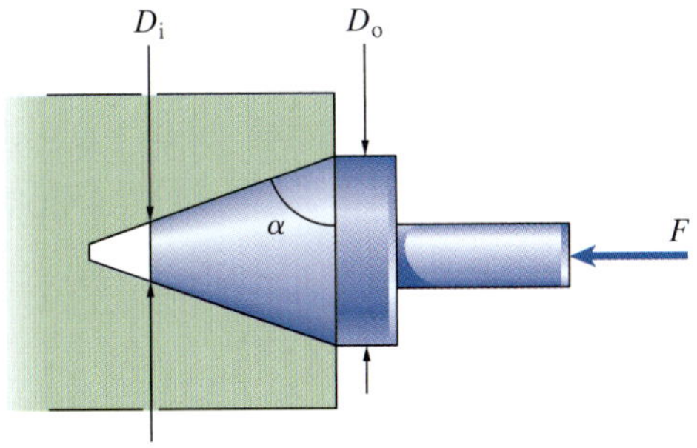

전략

우력은 식 (9.13)에 의해 주어진다.

풀이

반지름 $r_o = 1.75$ in, $r_i = 0.5$ in이다.

$$M = \frac{2\mu_k F}{3\cos\alpha}\left(\frac{r_o^3 - r_i^3}{r_o^2 - r_i^2}\right) = \frac{2(0.18)(200 \text{ lb})}{3\cos 72°}\left[\frac{(1.75 \text{ in})^3 - (0.5 \text{ in})^3}{(1.75 \text{ in})^2 - (0.5 \text{ in})^2}\right] = 145 \text{ in-lb}$$

식 (9.13)을 적용한다.

실습 문제 스러스트 베어링에 작용하는 축력 $F = 200$ lb이다. 지름 $D_o = 3\frac{1}{2}$ in, $D_i = 1$ in이고, 치수 $b = 5$ in이다. 동마찰계수 $\mu_k = 0.18$이다. 축을 일정한 속도로 회전시키기 위해 필요한 우력은 얼마인가?

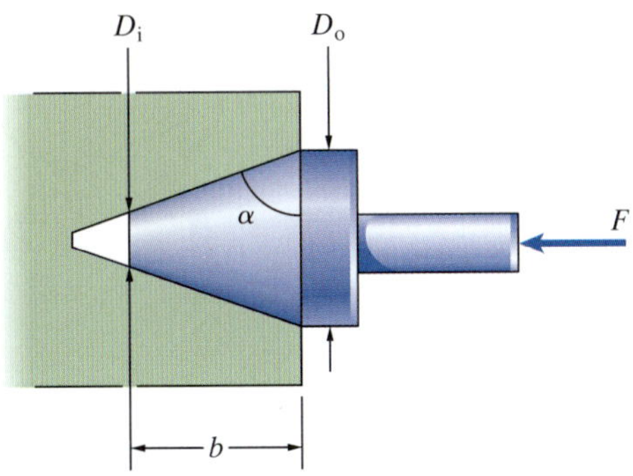

답: $M = 184$ in-lb

예제 9.8 샌더판의 마찰

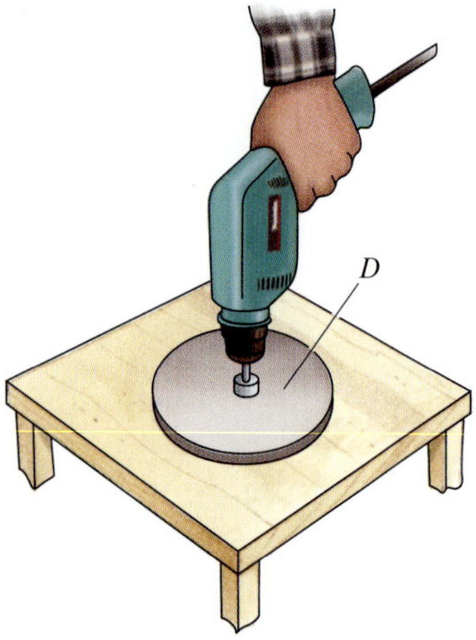

사포가 부착된 반지름이 4 in인 회전 원판 D가 휴대용 샌더에 부착되어 있다. 작업자와 샌더의 무게로 인해 가해지는 아래 방향 총힘은 15 lb이다. 사포와 접촉면 사이의 동마찰계수 $\mu_k = 0.6$이다. 샌더를 일정한 속도로 회전시키기 위해 모터가 발휘해야 할 우력(토크) M은 얼마인가?

전략

원판 D가 회전하므로, 스러스트 베어링으로 지지된 평평한 끝단을 가진 축에 작용하는 마찰력과 유사한 마찰력이 발생한다. 식 (9.14)를 통해 원판 D를 일정한 속도로 회전시키기 위해 필요한 우력을 구할 수 있다.

풀이

원판을 일정한 속도로 회전시키기 위해 필요한 우력은 다음과 같다.

$$M = \frac{2}{3}\mu_k rF = \frac{2}{3}(0.6)(4\text{ in})(15\text{ lb}) = 24\text{ in-lb}$$

비판적 사고

식 (9.13)~(9.15)는 수직력(그리고 그 결과로 발생하는 마찰력)이 접촉면 전체에 균일하게 분포한다는 가정하에 도출되었다. 이 가정이 적절한지 평가할 필요가 있다. 이 예제의 휴대용 샌더와 같은 특정 응용 분야에서 접촉면의 변형을 고려해 가정을 개선할 필요가 있다.

연습문제

9.111 실습 예제 9.7에서 지름 $D_o = 3\frac{1}{2}$ in, $D_i = 1$ in이고 각도 $\alpha = 72°$라고 가정하자. 축을 일정한 속도로 회전시키는 데 필요한 우력은 얼마인가?

9.112 끝단이 평평한 원형 축이 축 방향 하중 600 lb에 의해 스러스트 베어링에 눌린다. 축의 무게는 무시할 수 있다. 축 끝과 베어링 사이의 마찰계수는 $\mu_s = 0.20$, $\mu_k = 0.15$이다. 베어링에서 회전하지 않고 정지된 축에 적용할 수 있는 가장 큰 우력 M은 얼마인가?

9.113 끝단이 평평한 원형 축이 축 방향 하중 600 lb에 의해 스러스트 베어링에 눌린다. 축의 무게는 무시할 수 있다. 축 끝과 베어링 사이의 마찰계수는 $\mu_s = 0.20$, $\mu_k = 0.15$이다. 축을 일정한 속도로 회전시키기 위해 필요한 우력 M은 얼마인가?

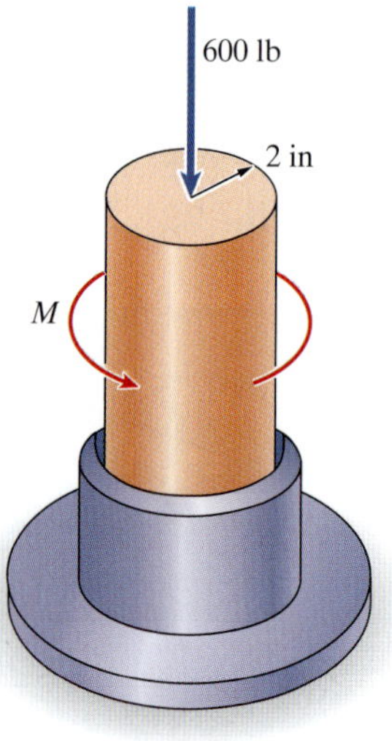

연습문제 9.112/9.113

9.114 수직 축에 원판 D가 견고하게 부착되어 있다. 축은 스러스트 베어링으로 지지되는 평평한 끝을 가지고 있다. 원판과 축의 총질량은 220 kg이고, 축의 지름은 50 mm이다. 상단 스러스트 베어링이 축 끝에 가하는 수직력은 440 N이다. 축 끝과 베어링 사이의 동마찰계수는 0.25이다. 축을 일정한 속도로 회전시키는 데 필요한 우력 M은 얼마인가?

9.115 연습문제 9.114의 축 끝이 그림 9.14에 나타난 유형의 스러스트 베어링으로 지지된다고 가정하자. 여기에서 $r_o = 25$ mm, $r_i = 6$ mm, $\alpha = 45°$, $\mu_k = 0.25$이다. 축을 일정한 속도로 회전시키는 데 필요한 우력 M은 얼마인가?

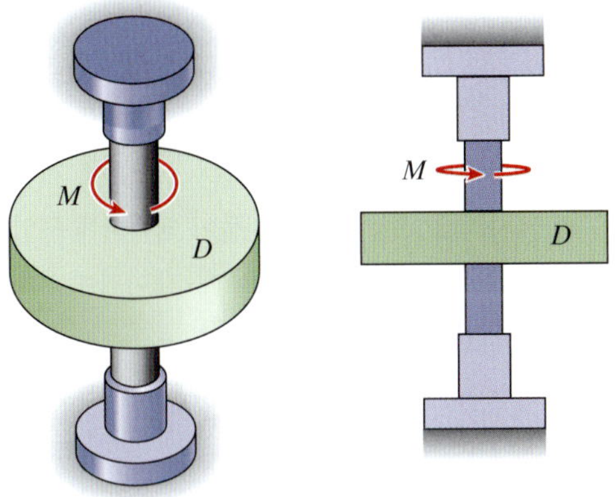

연습문제 9.114/9.115

9.116 축이 800 N의 축 방향 하중을 가하는 스러스트 베어링으로 지지된다. 축과 왼쪽 및 오른쪽 베어링 사이의 동마찰계수는 각각 0.20과 0.26이다. 축을 일정한 속도로 회전시키는 데 필요한 우력은 얼마인가?

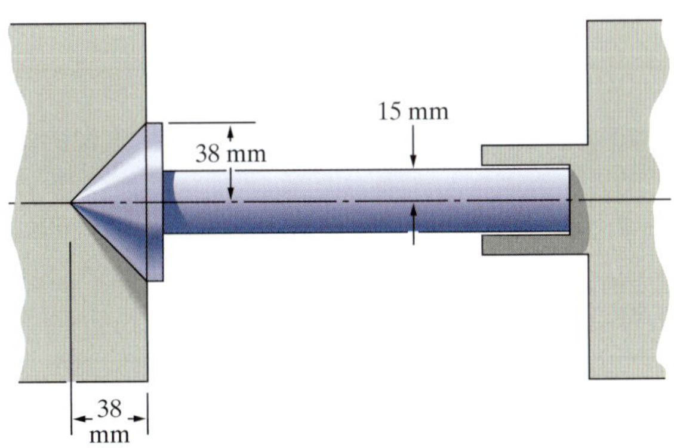

연습문제 9.116

9.117 화학 물질을 섞기 위한 패들을 회전시키기 위해 모터를 사용한다. 모터의 축은 그림 9.17과 같은 형태의 마찰 클러치를 사용해 패들에 연결된다. 클러치의 원판의 반지름은 120 mm이고, 원판 사이의 정마찰계수는 0.6이다. 모터가 패들에 최대 15 N-m의 토크를 전달한다면, 미끄러짐을 방지하기 위해 클러치 판 사이에 필요한 최소 수직력은 얼마인가?

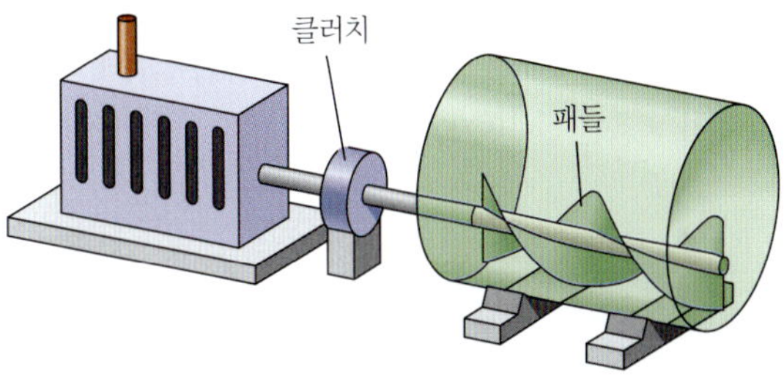

연습문제 9.117

9.118 스러스트 베어링이 고정된 판과 칼라 C의 접촉으로 지지되고 있다. 접촉 영역은 내경 $D_1 = 40$ mm, 외경 $D_2 = 120$ mm의 원형 테 모양이다. 칼라와 판 사이의 동마찰계수 $\mu_k = 0.3$이고, 힘 $F = 400$ N이다. 축을 일정한 속도로 회전시키기 위해 필요한 우력 M은 얼마인가? (예제 9.8 참조)

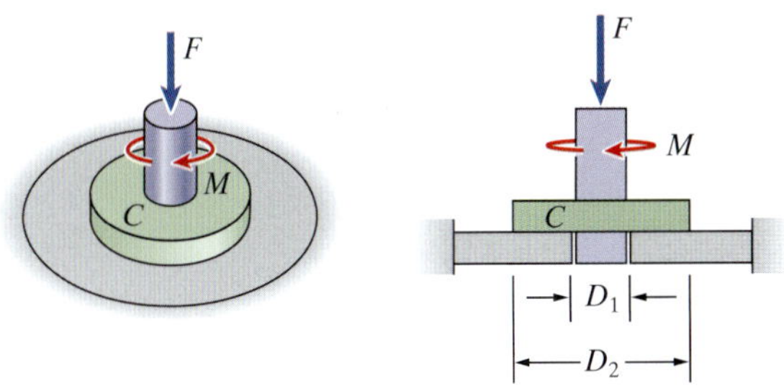

연습문제 9.118

9.119 고정된 빨간 원형 테 모양의 판을 회전하는 바퀴에 눌러서 실험용 자동차 브레이크 설계를 작동한다. $\mu_k = 0.6$일 때, 바퀴에 200 N-m의 우력을 가하기 위해 판을 바퀴에 누르는 데 필요한 힘 F는 얼마인가?

9.120 고정된 빨간 원형 테 모양의 판을 회전하는 바퀴에 눌러서 실험용 자동차 브레이크 설계를 작동한다. $\mu_k = 0.65$이고, 판을 바퀴에 압착하는 힘 F가 2 kN일 때, (a) 바퀴에 가해지는 우력은 얼마인가? (b) 브레이크의 외부 반지름을 90 mm에서 100 mm로 증가시켰을 때, 바퀴에 가해지는 우력의 증가 비율은 얼마인가?

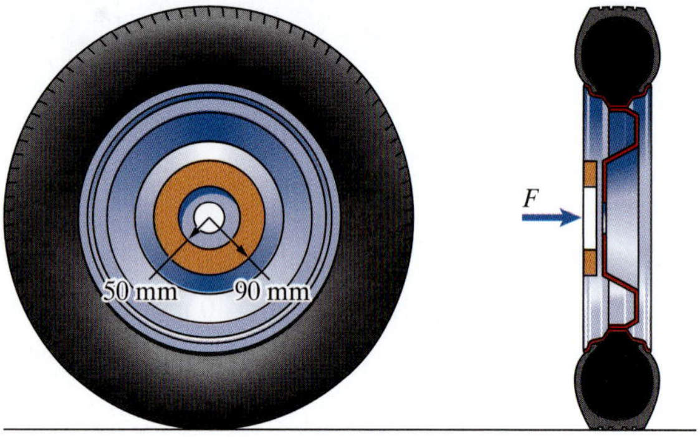

연습문제 9.119/9.120

9.121 자동차 클러치 판 사이의 정마찰계수가 0.8이다. 판을 2.60 kN의 힘으로 압착할 때, 클러치가 미끄러지지 않고 지탱할 수 있는 최대 토크는 얼마인가?

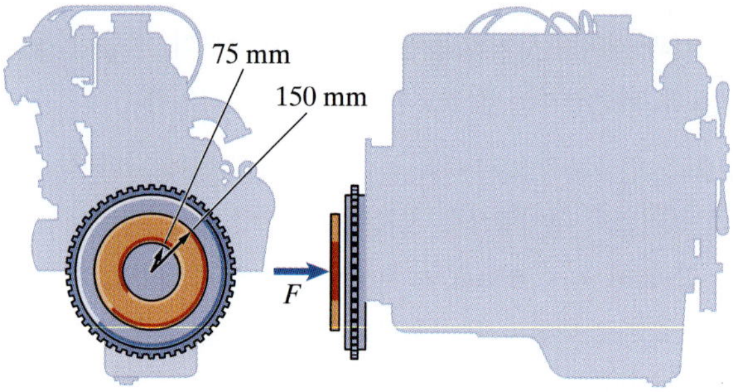

연습문제 9.121

9.122* 기계공의 선반에서 작업물을 지지하는 데 '모스(Morse) 테이퍼'가 사용된다. 테이퍼는 스핀들에 끼워서 마찰을 통해 제자리에 고정한다. 스핀들이 테이퍼에 균일한 압력 $p = 15$ psi를 가하고 $\mu_s = 0.2$일 때, 테이퍼에 가해야 하는 우력은 얼마인가?

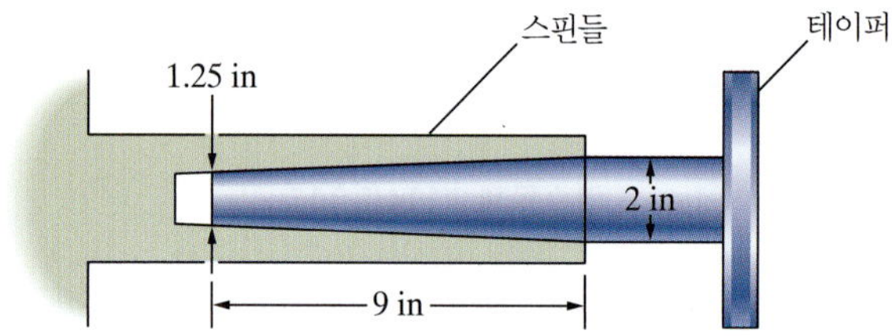

연습문제 9.122

9.6 벨트 마찰

생각해보기

- 자동차에는 팬, 발전기 등을 작동시키는 벨트가 있을 수 있다. 이것들은 어떻게 작동하는가?
- 요트의 윈치는 어떻게 큰 장력을 지탱할 수 있는가?

그림 9.18
기둥 둘레에 감긴 로프

배경

그림 9.18에서 보듯이, 고정된 기둥 주위에 로프가 감겨 있을 때 한쪽 끝에 가해진 큰 힘 T_2는 다른 한쪽 끝에 적용된 상대적으로 작은 힘 T_1에 의해 지탱될 수 있다.

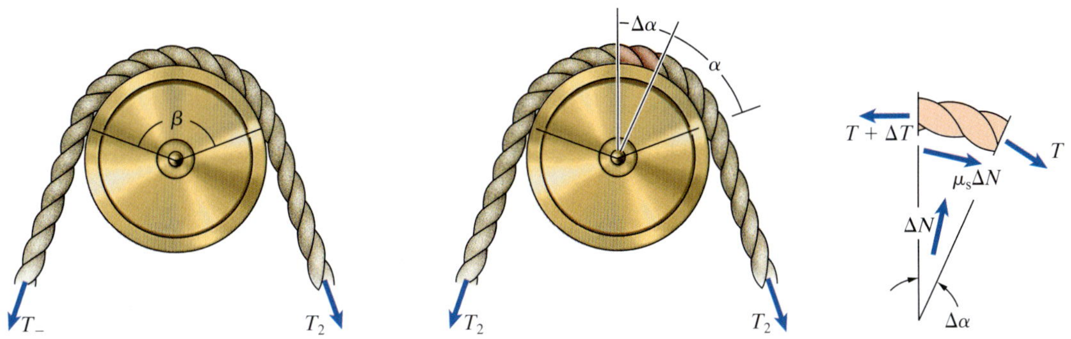

(a) (b) (c)

그림 9.19

(a) 고정된 원기둥 둘레에 감긴 로프

(b) 각도 α와 $\alpha + \Delta\alpha$ 사이의 미분 요소

(c) 요소의 자유물체도

이 절에서는 이러한 익숙한 현상을 분석한다. 이 현상은 **벨트 마찰**로 부르는데, 이와 유사한 접근 방식을 자동차의 발전기와 기타 장치를 구동하는 기계의 벨트 분석에 사용할 수 있기 때문이다.

고정된 원기둥 주위에 각도 β를 통해 감긴 로프를 고려하자(그림 9.19a). 인장력 T_1이 알려져 있다고 가정한다. 여기에서 목표는 로프가 미끄러지지 않고 다른 한쪽 끝에 적용될 수 있는 가장 큰 힘 T_2를 구하는 것이다.

원통과 접촉하는 지점에서 경계가 각도 α와 $\alpha + \Delta\alpha$인 로프의 요소에 대한 자유물체도를 그려서 시작하자(그림 9.19b, c). 힘 T는 각도 α로 정의된 위치에서 로프의 인장력이다. 이미 로프의 인장력이 위치에 따라 변한다는 것을 알고 있다. 왜냐하면 $\alpha = 0$에서 T_1부터 $\alpha = \beta$에서 T_2까지 증가하기 때문이다. 따라서 위치 $\alpha + \Delta\alpha$에서 로프의 인장력을 $T + \Delta T$로 쓴다. 힘 ΔN은 원통이 요소에 가하는 수직력이다. 로프가 미끄러지지 않을 최대의 T_2 값을 구하려고 하기 때문에, 마찰력을 그 가능한 최댓값 $\mu_s\Delta N$으로 가정한다. 여기에서 μ_s는 로프와 원통 사이의 정마찰계수이다.

로프의 중심선에 접하는 방향과 수직 방향에서의 평형방정식은 다음과 같다.

$$\Sigma F_{\text{접함}} = \mu_s \Delta N + T\cos\left(\frac{\Delta\alpha}{2}\right) - (T + \Delta T)\cos\left(\frac{\Delta\alpha}{2}\right) = 0$$
$$\Sigma F_{\text{수직}} = \Delta N - (T + \Delta T)\sin\left(\frac{\Delta\alpha}{2}\right) - T\sin\left(\frac{\Delta\alpha}{2}\right) = 0 \qquad (9.16)$$

두 식에서 ΔN을 제거하면, 식을 다음과 같이 쓸 수 있다.

$$\left[\cos\left(\frac{\Delta\alpha}{2}\right) - \mu_s \sin\left(\frac{\Delta\alpha}{2}\right)\right]\frac{\Delta T}{\Delta\alpha} - \mu_s T\,\frac{\sin(\Delta\alpha/2)}{\Delta\alpha/2} = 0$$

다음 식을 사용해 $\Delta\alpha \rightarrow \Delta$에 따른 극한을 취하면

$$\frac{\sin(\Delta\alpha/2)}{\Delta\alpha/2} \rightarrow 1$$

다음 식을 얻을 수 있다.

$$\frac{dT}{d\alpha} - \mu_s T = 0$$

이 미분방정식은 로프의 인장력의 변화를 정의하는 식이다. 변수 분리를 통해 다음 식을 얻는다.

$$\frac{dT}{T} = \mu_s \, d\alpha$$

인장력 T_2를 인장력 T_1과 각도 β의 항으로 구하기 위해 다음과 같이 적분을 취한다.

$$\int_{T_1}^{T_2} \frac{dT}{T} = \int_0^{\beta} \mu_s \, d\alpha$$

이렇게 해서 로프의 한쪽 끝의 힘이 T_1일 때 로프가 미끄러지지 않게 하면서 다른 쪽 끝에 가할 수 있는 최대 힘 T_2를 다음과 같이 얻을 수 있다.

$$T_2 = T_1 e^{\mu_s \beta} \tag{9.17}$$

이 식에서 각도 β는 라디안으로 표현해야 한다. 정마찰계수 μ_s를 동마찰계수 μ_k로 대체하면, 로프가 일정한 속도로 미끄러지게 하는 데 필요한 힘 T_2를 얻을 수 있다.

식 (9.17)은 로프가 고정 지지대 주위에 감겨 있을 때 상대적으로 작은 힘으로 큰 힘을 지탱할 수 있는 이유를 설명한다. 로프가 미끄러지게 하는 데 필요한 힘은 로프가 감긴 각도의 함수로서 지수적으로 증가한다. $\mu_s = 0.3$일 때, 로프가 기둥 주위를 한 바퀴 완전히 감았을 때($\beta = 2\pi$) 비율 T_2/T_1는 6.59이다. 로프가 기둥 주위를 네 바퀴 완전히 감았을 때($\beta = 8\pi$) 비율 T_2/T_1는 1880이다.

결과 정리

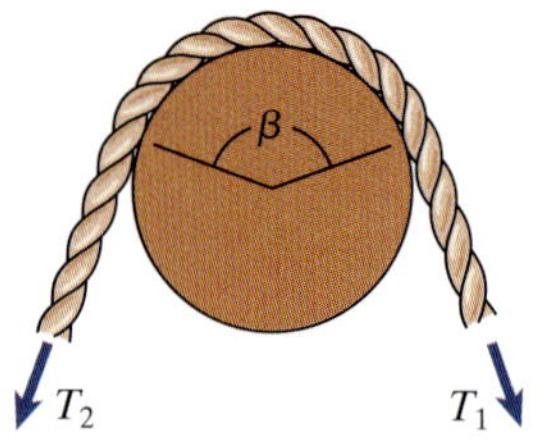

β는 라디안 단위이고 μ_s는 로프와 지지대 사이의 정마찰계수일 때, 힘 T_1을 받고 있는 로프가 미끄러짐을 시작하기 위해 필요한 T_2는 다음과 같이 구할 수 있다.

$$T_2 = T_1 e^{\mu_s \beta} \tag{9.17}$$

실습 예제 9.9 두 원기둥 둘레에 감긴 로프

100 lb의 상자가 두 개의 고정된 원통을 지나는 로프에 매달려 있다. 로프와 왼쪽 원통 사이의 정마찰계수는 0.2이고, 로프와 오른쪽 원통 사이의 정마찰계수는 0.4이다. 이 여성이 정지된 상자를 지탱하기 위해 로프에 가해야 하는 최소 힘은 얼마인가?

전략

여성이 필요한 최소 힘을 가할 때에는 두 원통에서 로프의 미끄러짐이 임박한 상태이다. 미끄러짐이 임박했다고 가정하고 각 원통에 대해 식 (9.17)을 적용하면, 여성이 가해야 할 힘을 구할 수 있다.

풀이

두 원통 사이의 로프에서의 인장력을 T라고 하자. 무게 W는 100 lb이고 F는 여성이 가하는 힘이다. 로프는 각도 $\beta = \pi/2$를 걸쳐서 원통을 감싼다.

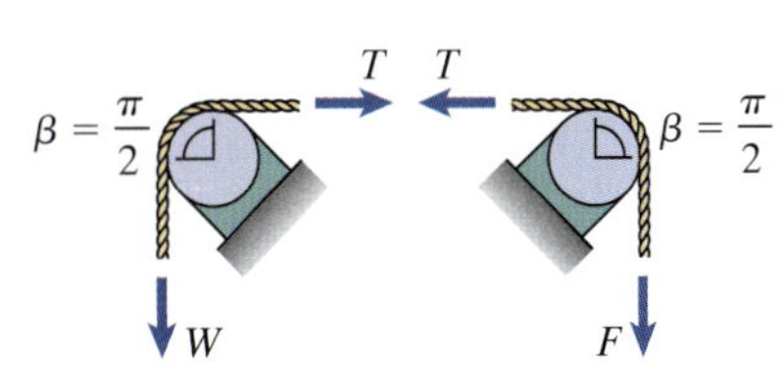

$$W = Te^{\mu_s \beta} = Te^{(0.2)(\pi/2)}$$

T에 대해 풀면 다음을 얻는다.

$$T = We^{-(0.2)(\pi/2)} = (100\ \text{lb})e^{-(0.2)(\pi/2)} = 73.0\ \text{lb}$$

왼쪽 원통에 대해 식 (9.17)을 적용한다. 힘 W의 방향으로 로프의 미끄러짐이 임박했다고 가정한다.

$$T = Fe^{\mu_s \beta} = Fe^{(0.4)(\pi/2)}$$

F에 대해 풀면 다음을 얻는다.

$$F = Te^{-(0.4)(\pi/2)} = (73.0\ \text{lb})e^{-(0.4)(\pi/2)} = 39.0\ \text{lb}$$

오른쪽 원통에 대해 식 (9.17)을 적용한다. 힘 T의 방향으로 로프의 미끄러짐이 임박했다고 가정한다.

실습 문제 여성이 당기는 방향으로 로프가 미끄러지기 위해서 여성이 로프에 가해야 할 힘은 얼마인가? 즉 여성이 상자를 위로 움직이기 직전까지 당기기 위해서는 얼마나 힘을 줘야 하는가? 여성은 도움이 필요한가?

답: 257 lb. 그렇다.

예제 9.10 벨트와 풀리

풀리들이 일정한 속도로 회전한다. 큰 풀리는 고정 지지대에 부착되어 있다. 작은 풀리는 매끄러운 수평 홈에 의해 지지되고 힘 F = 200 N에 의해 오른쪽으로 당겨진다. 풀리와 벨트 사이의 정마찰계수 $\mu_s = 0.8$이고, 치수 b = 500 mm이며, 풀리의 반지름 R_A = 200 mm, R_B = 100 mm이다. 벨트가 미끄러지지 않게 하는 우력 M_A, M_B의 최댓값은 얼마인가?

전략

두 풀리의 자유물체도를 그리고 평형방정식을 사용해서 벨트의 두 인장력과 M_A, M_B의 관계를 구하고, 벨트의 두 인장력과 힘 F 사이의 관계를 얻을 수 있다. 미끄러짐이 임박했을 때 식 (9.17)을 사용해서 두 인장력 사이의 관계를 얻을 수 있다. 이 식들로부터 M_A, M_B를 구할 수 있다.

풀이

큰 풀리의 자유물체도(그림 a)로부터 다음의 평형방정식을 얻는다.

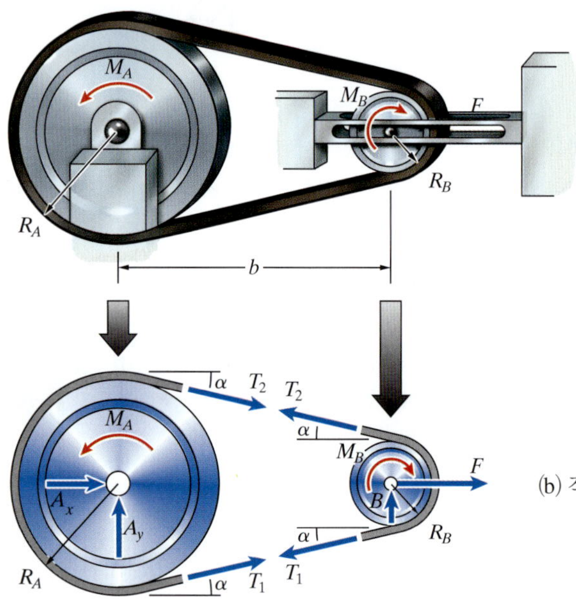

(a) 큰 풀리의 자유물체도

(b) 작은 풀리의 자유물체도

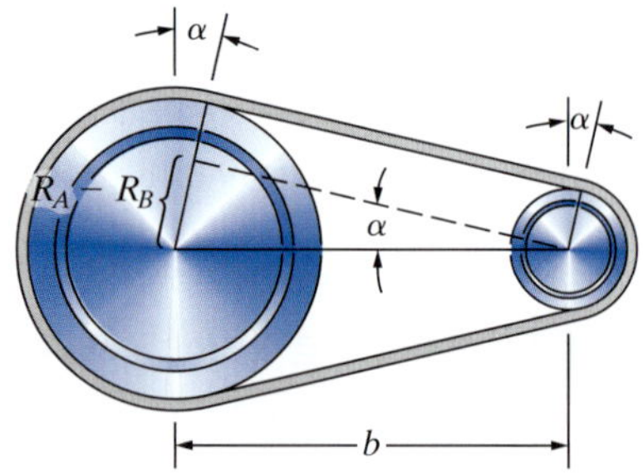

(c) 각도 α 구하기

$$M_A = R_A(T_2 - T_1) \qquad (1)$$

그리고 작은 풀리의 자유물체도(그림 b)로부터 다음의 평형방정식을 얻는다.

$$F = (T_1 + T_2)\cos\alpha \qquad (2)$$

$$M_B = R_B(T_2 - T_1) \qquad (3)$$

벨트는 각도 $\pi - 2\alpha$에 걸쳐서 작은 풀리와 접촉하고 있다(그림 c). 벨트에 평행한 접선으로부터 각도 α가 다음 관계식을 만족하는 것을 알 수 있다.

$$\sin\alpha = \frac{R_A - R_B}{b} = \frac{200\text{ mm} - 100\text{ mm}}{500\text{ mm}} = 0.2$$

따라서 $\alpha = 11.5° = 0.201$ rad이다. 작은 풀리와 벨트 사이에 미끄러짐이 임박했다고 가정하면 식 (9.17)을 다음과 같이 쓸 수 있다.

$$T_2 = T_1 e^{\mu_s \beta} = T_1 e^{0.8(\pi - 2\alpha)} = 8.95 T_1$$

이 식을 식 (2)와 함께 연립해서 풀면 인장력 $T_1 = 20.5$ N, $T_2 = 183.6$ N이다. 그러면 식 (1)과 식 (3)으로부터 우력 $M_A = 32.6$ N-m, $M_B = 16.3$ N-m이다.

큰 풀리와 벨트 사이에서 미끄러짐이 임박했다고 가정하면 $M_A = 36.3$ N-m, $M_B = 18.1$ N-m를 얻는다. 따라서 벨트는 더 작은 우력을 가진 풀리에서 미끄러진다.

연습문제

9.123 실습 예제 9.9에서 왼쪽 고정 원통이 풀리로 대체된다고 가정하자. 풀리 양쪽의 로프 인장력이 대략 동일하다고 가정할 때, 여성이 정지상태의 상자를 지지하기 위해 로프에 가해야 하는 최소 힘은 얼마인가?

9.124 나뭇가지에 로프를 걸고 50 lb의 상자를 들어 올리려고 한다고 상상해보자. 로프와 가지 사이의 정마찰계수는 0.2이고, 로프는 가지 주위에 135° 각도로 감겨 있다. 상자를 들어 올리기 시작하기 위해 얼마나 많은 힘을 가해야 하는가?

연습문제 9.124

9.125 요트에 사용되는 윈치는 돛이 로프(시트)에 가하는 힘을 지탱하는 데 도움을 준다. 윈치는 (위에서 볼 때) 시계 방향으로는 회전하지만 시계 반대 방향으로는 회전하지 않는 기둥이다. 돛은 로프에 $T_S = 800$ N의 인장력을 가한다고 하는데, 로프는 윈치 주위에 두 바퀴 완전히 감겨 있다. 로프와 윈치 사이의 정마찰계수 $\mu_s = 0.2$이다. 로프가 윈치에서 미끄러지지 않도록 유지하기 위해 선원이 시트에 가해야 하는 인장력 T_C는 얼마인가?

9.126 연습문제 9.125에서 로프와 윈치 사이의 동마찰계수 $\mu_k = 0.16$이다. 선원이 돛을 풀어 로프가 일정한 속도로 미끄러지게 하려면, 미끄러짐이 시작될 때 선원이 로프에 가해야 하는 초기 인장력 T_C는 얼마인가?

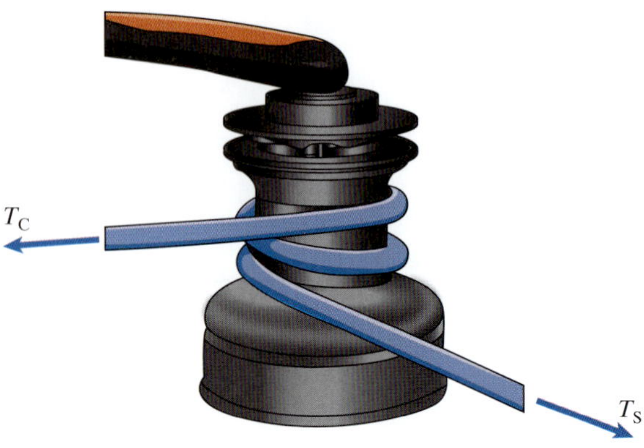

연습문제 9.125/9.126

9.127 상자 A의 무게가 20 lb이다. 로프는 고정된 목재 포스트 주위에 $1\frac{1}{4}$ 바퀴 감겨 있다. 로프와 기둥 사이의 마찰계수는 $\mu_s = 0.15$, $\mu_k = 0.12$이다. (a) 남성이 정지상태의 상자를 지지하기 위해 가해야 하는 최소 힘은 얼마인가? (b) 상자를 일정한 속도로 들어 올리기 위해 남성이 가해야 하는 힘은 얼마인가?

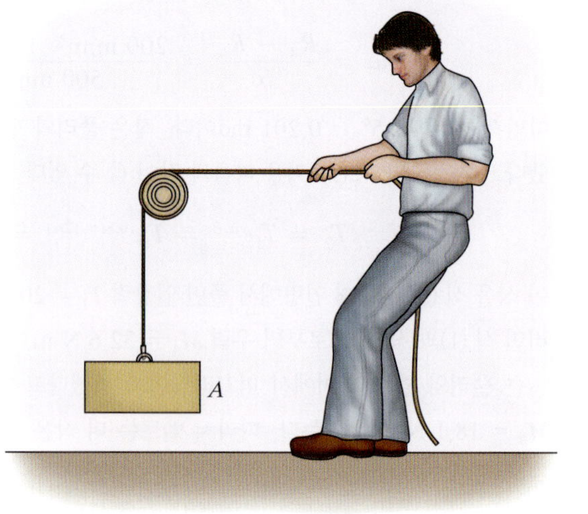

연습문제 9.127

9.128 벽돌 A의 무게가 W이다. 원판은 매끄러운 베어링에 의해 지지된다. 원판과 벨트 사이의 동마찰계수는 μ_k이다. 원판을 일정한 속도로 회전시키기 위해 필요한 우력 M은 얼마인가?

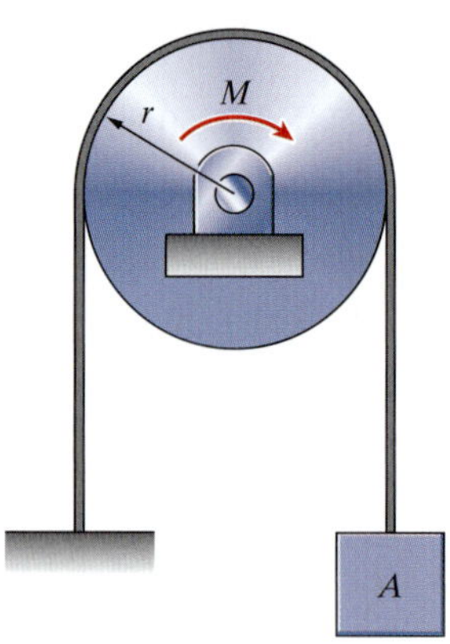

연습문제 9.128

9.129 연습용 자전거의 바퀴를 회전시키는 데 필요한 우력이 무게 W를 변경함으로써 조정된다. 바퀴와 벨트 사이의 동마찰계수는 μ_k이다. 바퀴가 시계 방향으로 회전한다고 가정하자. (a) 바퀴를 회전시키는 데 필요한 우력 $M = WR(1 - e^{-3.4\mu_k})$임을 밝혀라. (b) $W = 40$ lb이고 $\mu_k = 0.2$일 때, 자전거를 사용 중일 때 눈금 S가 나타내는 힘은 얼마인가?

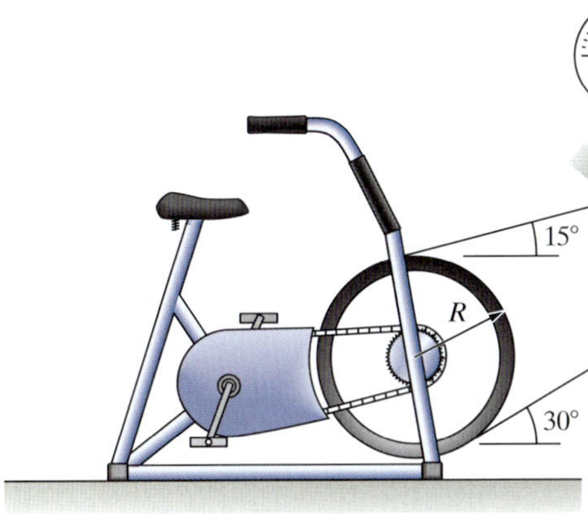

연습문제 9.129

9.130 상자 B의 무게가 50 lb이다. 케이블과 고정된 원형 지지대 사이의 마찰계수는 $\mu_s = 0.4$, $\mu_k = 0.3$이다. (a) 상자를 지지하는 데 필요한 최소 힘 F는 얼마인가? (b) 상자를 일정한 속도로 위로 이동시키는 데 필요한 힘 F는 얼마인가?

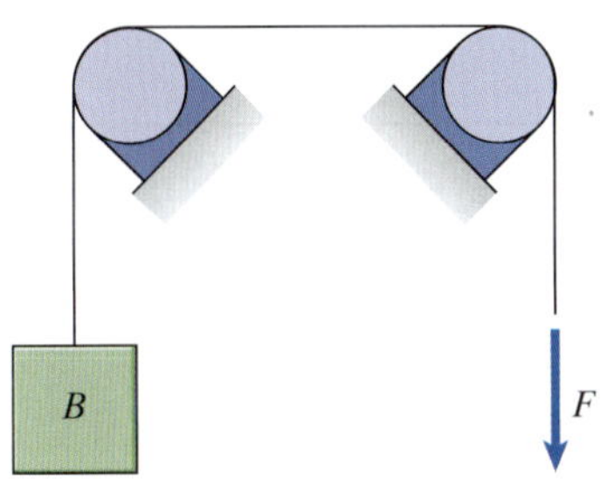

연습문제 9.130

9.131 50 lb의 상자와 경사면 사이의 정마찰계수가 0.10이다. 로프와 고정된 원통 사이의 정마찰계수는 0.05이다. 상자가 경사면에서 위로 움직이게 하기 위해 여성이 로프에 가해야 하는 힘을 구하라.

9.132 연습문제 9.131에서 여성이 상자를 경사면에서 평형상태로 유지하기 위해 로프에 가해야 하는 최소 힘은 얼마인가?

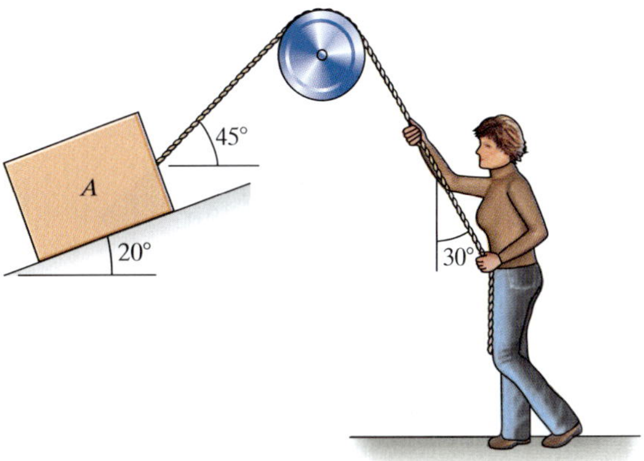

연습문제 9.131/9.132

9.133 예제 9.10에서 힘 F가 400 N으로 증가하면, 벨트가 미끄러지지 않는 조건에서 M_A, M_B의 최댓값은 얼마인가?

9.134 스프링이 왼쪽 풀리에 320 N의 힘을 가한다. 평평한 벨트와 풀리 사이의 정마찰계수 $\mu_s = 0.5$이다. 오른쪽 풀리는 회전할 수 없다. 벨트가 미끄러지지 않는 조건에서 왼쪽 풀리에 가해질 수 있는 최대 우력 M은 얼마인가?

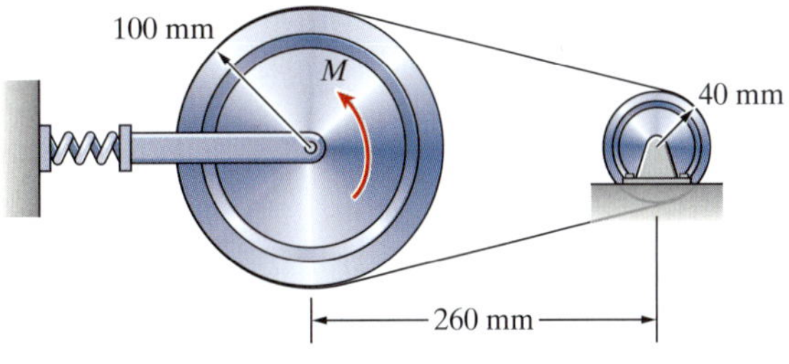

연습문제 9.133/9.134

9.135 상자 B, C의 질량이 각각 20 kg이고, 접촉면에서 정마찰계수는 0.2이다. 상자 A는 고정된 원통 위로 걸쳐진 로프에 의해 매달려 있으며, 상자 B에 연결되어 있다. 로프와 원통 사이의 정마찰계수는 0.3이다. 상자 B가 왼쪽으로 미끄러지지 않게 하는 블록 A의 최대 질량은 얼마인가?

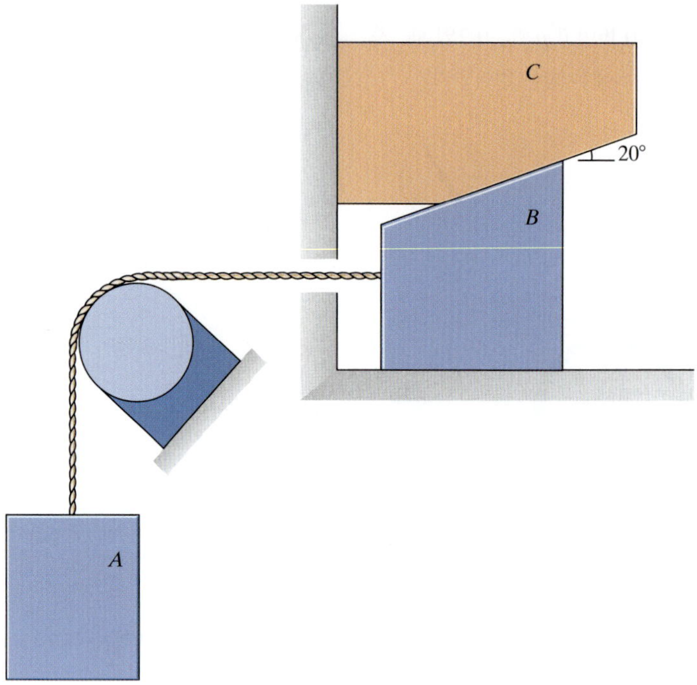

연습문제 9.135

9.7 마찰에 대한 최근 연구

Kenneth M. Liechti
텍사스대학교 오스틴캠퍼스

쿨롱의 마찰 이론에서 얻은 건마찰에 대한 관점은 많은 상황에서 잘 작동하며 특히 큰 거시적 수준에서 잘 작동하는 실용적인 접근법이다. 동시에 쿨롱의 마찰 이론은 마찰에 대한 가장 단순한 시각을 제공한다. 마찰은 **트라이볼로지**(tribology)의 한 주제이며 트라이볼로지는 상대운동을 하며 상호작용하는 표면을 대상으로 하는 과학과 공학의 한 분야이다. 트라이볼로지는 고체 및 유체 역학, 물리학, 화학, 수학, 심지어 생물학까지 포함한다. 접촉하는 표면 사이에는 화학 반응과 물리적 상호작용이 있을 수 있다. 9.1절에서 쿨롱의 마찰 이론에 사용된 요철은 변형되고 마모될 수 있다고 했다. 표면에서 일어나는 이러한 모든 현상은 마찰 표면이 어떻게 상호작용하는지를 이해하기 위해 수행하는 이론적, 실험적, 계산 연구의 영역에서 고려된다.

건마찰 측면에서 쿨롱의 법칙은 동마찰계수를 마찰하는 표면 사이의 상대적 운동 속도의 함수로 만들도록 확장되었다. 소성 변형과 마모 측면에서 표면의 상태도 이 현상학적 접근법에 통합되었다.

최근 접근법은 건마찰을 단일 요철 접촉을 이용해 이해하려 한다. 즉 표면 거칠기를 고려대상에서 제외하고 마찰을 제어할 수 있는 더 본질적인 매개변수에 초점을 맞춘다. 거칠기의 영향은 나중에 추가된다. 단일 요철 접촉과 마찰을 연구하는 가장 일반적인 실험 도구는 원자력 현미경이다. 이는 날카로운 탐침 끝(단일 요철)이 있는 외팔보로 구성되어 관심 있는 표면과 접촉한다. 탐침에 작용하는 수직력과 전단력은 보의 수직 처짐과 비틀림을 측정함으로써 구한다. 수직력은 보통 대상 표면과 접촉하도록 탐침 끝을 보 위에서 이동시키는 자세제어기에 의해 제어된다. 그런 다음 두 번째 자세제어기가 보를 옆으로 이동시켜 비틀림 측정을 통해 마찰 반응을 검토할 수 있다. 이 접근 방식에서 마찰력 $f = \tau A$는 접촉 쌍 사이의 상호작용의 전단 강도 τ와 실제 접촉 면적 A에 의해 결정된다. 따라서 이 접근 방식은 쿨롱의 마찰 이론보다 더 근본적으로 간주되며, 전단 강도가 (마찰계수와는 대조적으로) 재료 속성이 된다. 이 스케일에서 전단 강도는 접촉 쌍의 표면 근처의 원자 사이의 힘이나 접착력에 의해 영향을 받는다. 이는 외부 수직력이 접촉 쌍에 적용될 때 더욱 영향을 받을 수 있다. 소성, 마모, 다중 요철 접촉이 고려되고, 실제 접촉 면적이 적용된 수직 하중에 선형적으로 의존할 때, 쿨롱의 마찰 이론이 적용될 수 있다.

복습문제

9.136 박스의 무게 $W = 30$ lb이며, 힘 F는 경사면에 수직이다. 박스와 경사면 사이의 정마찰계수 $\mu_s = 0.2$이다. (a) $F = 30$ lb일 때, 정지상태인 박스에 가해지는 마찰력의 크기는 얼마인가? (b) $F = 10$ lb일 때, 박스가 경사면에서 정지상태를 유지할 수 없음을 밝혀라.

9.137 경사면에서 박스를 정지상태로 유지하는 데 필요한 최소 힘 F는 얼마인가?

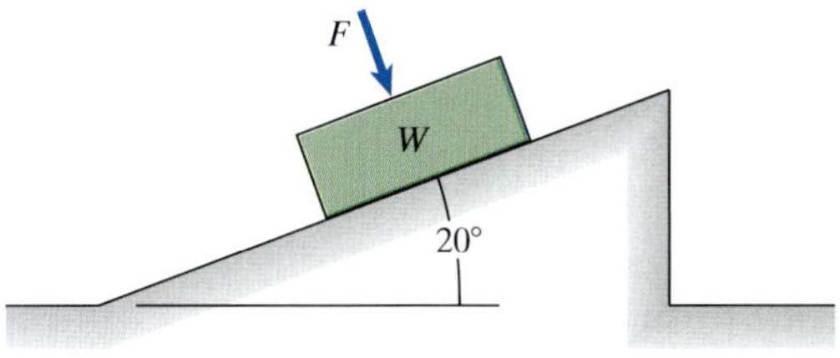

복습문제 9.136/9.137

9.138 균질한 막대 AB의 무게가 20 lb이고, 균질한 원판의 무게가 30 lb이다. 원판과 바닥 C 사이의 정마찰계수 $\mu_s = 0.24$이다. 원판을 시계 반대 방향으로 회전하기 시작하게 하려면 얼마나 큰 우력을 가해야 하는가?

9.139 균질한 막대 AB의 무게가 20 lb이며, 균질한 원판의 무게가 30 lb이다. 원판과 바닥 C 사이의 정마찰계수 $\mu_s = 0.24$이다. 원판을 시계 방향으로 회전하기 시작하게 하려면 얼마나 큰 우력을 가해야 하는가?

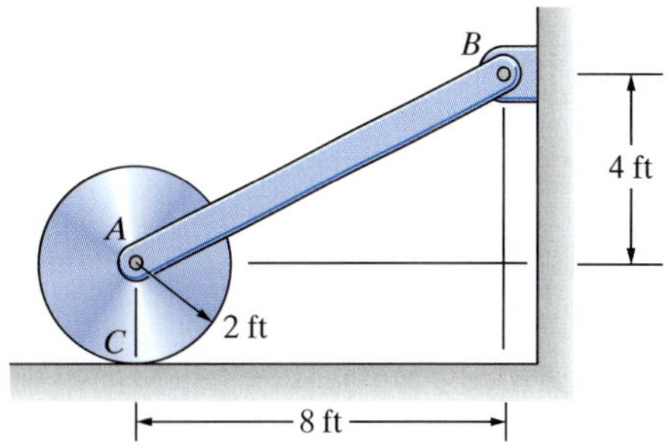

복습문제 9.138/9.139

9.140 상자 A와 B의 질량이 각각 25 kg, 30 kg이다. 접촉 표면 사이의 정마찰계수 $\mu_s = 0.34$이다. 상자들이 평형상태를 유지할 수 있는 α의 최댓값은 얼마인가?

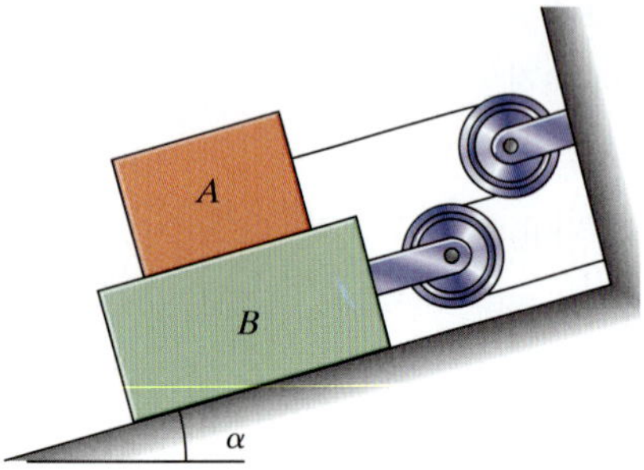

복습문제 9.140

9.141 토사 제방 한쪽 면의 경사가 45°이다(그림 a). 토사 대 토사의 정마찰계수 $\mu_s = 0.6$일 때 제방이 안정적인가, 붕괴되는가? 붕괴된다면, 안정적일 수 있는 최소 경사는 얼마인가?

전략: 그림 b에 나타낸 것처럼 제방의 일부를 분리해서 자유물체도를 그려라.

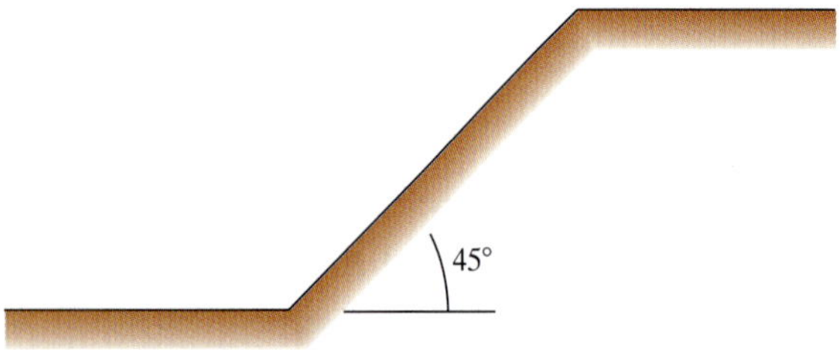

(a)

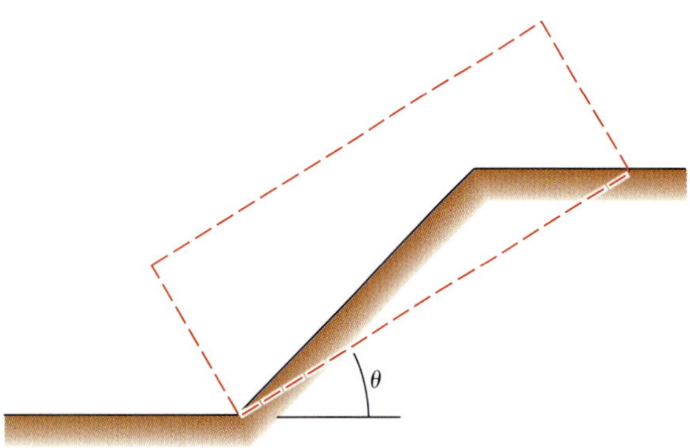

(b)

복습문제 9.141

9.142 밴의 질량이 2250 kg이며, 타이어와 도로 사이의 정마찰계수는 0.6이다. 만약 앞바퀴는 잠기고 뒷바퀴는 자유롭게 회전할 수 있다면, 밴이 평형상태를 유지할 수 있는 α의 최댓값은 얼마인가?

9.143 밴이 경사를 올라가는 방향을 향하고 있을 때, 평형상태를 유지할 수 있는 α의 최댓값은 얼마인가?

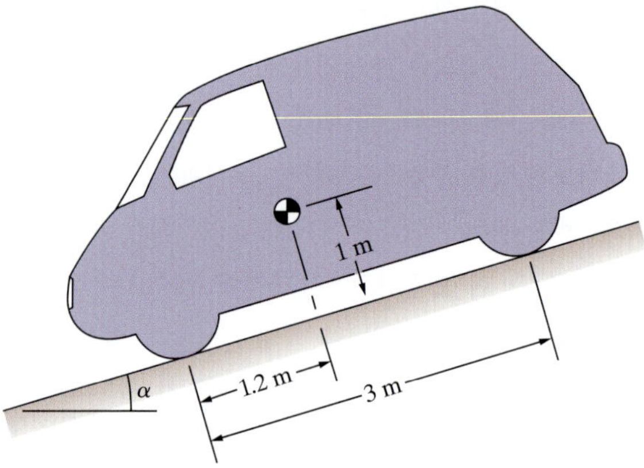

복습문제 9.142/9.143

9.144 선반이 수직 보 위의 어떤 높이에서도 설치할 수 있도록 설계되었다. 선반은 두 개의 수평 원통과 수직 보 사이의 마찰에 의해 지지되고, 선반과 카메라의 총무게는 W이다. 수직 보와 수평 원통 사이의 정마찰계수가 μ_s일 때, 선반이 제자리에 머물도록 하는 데 필요한 최소 거리 b는 얼마인가?

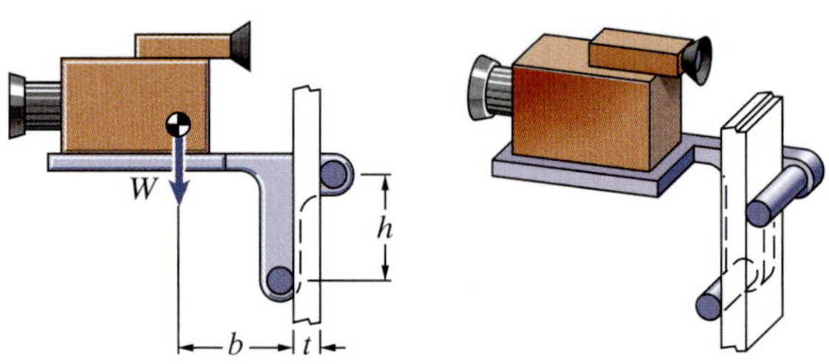

복습문제 9.144

9.145 20 lb의 균질한 물체가 A와 B에서 지지된다. 거리 $h = 4$ in이고, B에서는 마찰을 무시할 수 있으며, A에서의 정마찰계수는 0.4이다. 물체가 미끄러지게 하지 않으면서 가할 수 있는 최대 힘 F는 얼마인가?

9.146 B에서의 정마찰계수가 0.36이라고 가정하자. 물체가 넘어지기 전에 미끄러지게 하는 h의 최댓값은 얼마인가?

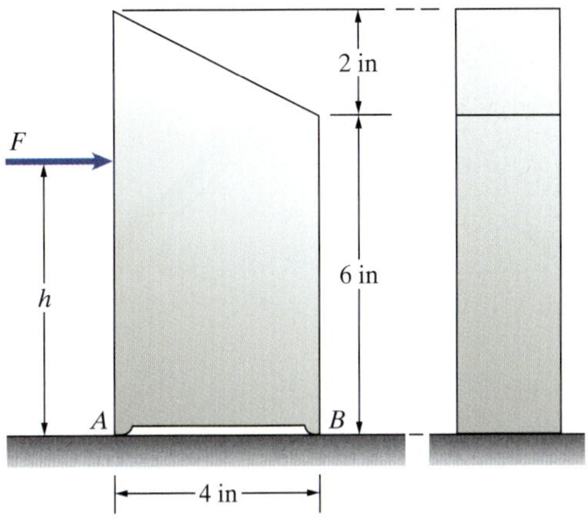

복습문제 9.145/9.146

9.147 180 lb의 등반가가 신발과 등에 가해진 수직력과 마찰력에 의해 암벽의 틈에서 지지된다. 신발과 벽 사이 그리고 등과 벽 사이의 정마찰계수는 각각 0.8과 0.6이다. 신발이 가해야 하는 최소 수직력은 얼마인가?

복습문제 9.147

9.148 벽의 홈에 느슨하게 맞춰진 200 lb의 문이 A와 B의 케이블에 의해 일정한 속도로 올라간다. 문과 홈 사이의 동마찰계수 $\mu_k = 0.3$이다. B의 케이블이 끊어진 경우 A의 케이블이 문을 계속 일정한 속도로 올리기 위해 가해야 하는 힘은 얼마인가?

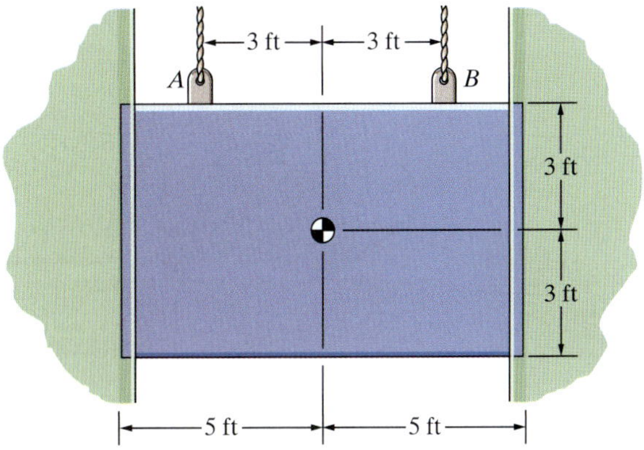

복습문제 9.148

9.149 1000 kg인 트랙터의 타이어와 땅 사이 그리고 450 kg 상자와 땅 사이의 정마찰계수가 각각 0.8, 0.3이다. 정지 상태에서 시작해 상자를 움직이기 위해 트랙터의 엔진이 뒷바퀴에 가해야 하는 토크는 얼마인가? (전륜은 자유롭게 회전할 수 있다.)

9.150 트랙터의 엔진이 충분한 토크를 발휘할 수 있을 때, 트랙터가 정지상태에서 움직일 수 있는 가장 무거운 상자는 얼마인가? 필요한 토크는 얼마인가?

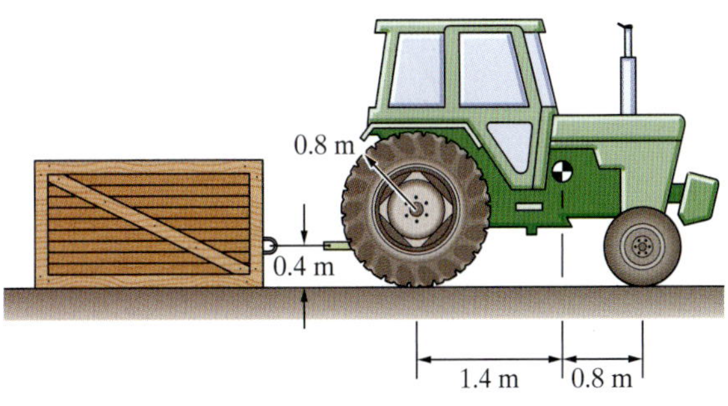

복습문제 9.149/9.150

9.151 차량의 질량이 900 kg이고, 후륜구동이다. 타이어와 지면 사이의 정마찰계수는 0.65이고 상자와 지면 사이의 정마찰계수는 0.4이다. 차량이 경사를 올라 상자를 끌어 올리려 할 때, 차량의 타이어가 미끄러지기 전에 상자가 경사면 위로 미끄러지는 질량의 최댓값은 얼마인가?

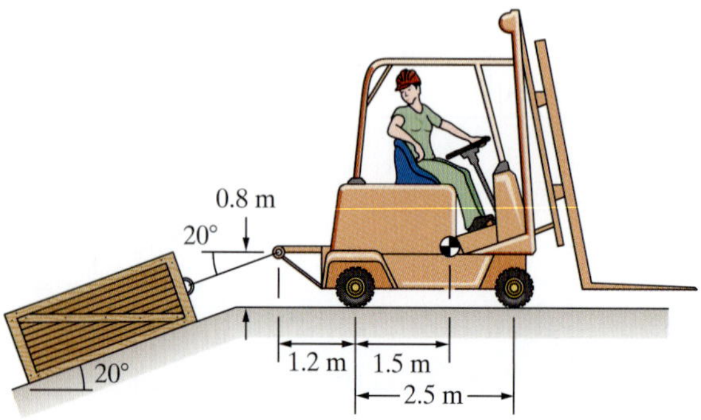

복습문제 9.151

9.152 무게가 각각 12 lb인 막대의 길이가 L = 4 ft이다. 각 막대의 무게는 그 중심에서 작용한다고 가정하자. $\alpha = 30°$일 때, 오른쪽 막대가 C에서 바닥에 가하는 마찰력의 크기는 얼마인가?

9.153 무게가 각각 12 lb인 막대의 길이가 L = 4 ft이다. 각 막대의 무게는 그 중심에서 작용한다고 가정하자. 오른쪽 막대와 바닥 C 사이의 정마찰계수 $\mu_s = 0.4$일 때, 시스템이 평형상태로 있을 수 있는 α의 최댓값은 얼마인가?

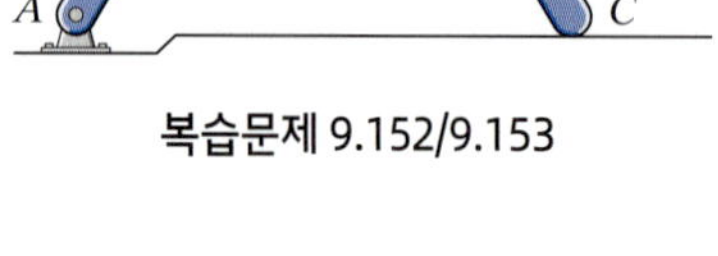

복습문제 9.152/9.153

9.154 칼라 A와 B는 각각 2 kg이다. B와 막대 사이의 마찰을 무시할 때, 칼라들이 평형상태로 유지되기 위해 칼라 A와 막대 사이에 필요한 최소 정마찰계수는 얼마인가?

9.155 2 kg짜리 칼라 A와 B 그리고 막대 사이의 정마찰계수가 μ_s로 동일할 때, 칼라들이 평형상태로 유지되기 위해 필요한 μ_s의 최솟값은 얼마인가? (A와 B에서 미끄러짐이 임박한 상황을 가정한다.)

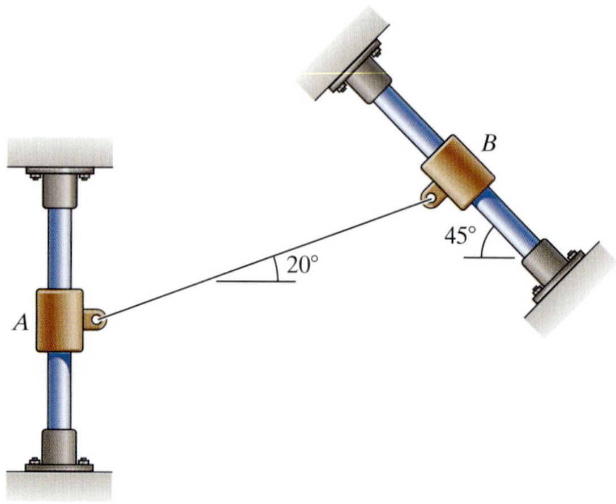

복습문제 9.154/9.155

9.156 집게가 나무 두 조각을 함께 누른다. 나사의 피치 p = 2 mm, 나사의 평균 반지름 r = 8 mm이며, 나사와 맞물리는 홈 사이의 동마찰계수는 0.24이다. 나무 조각들을 200 N으로 누르기 위해 나사축에 가해야 하는 우력은 얼마인가?

9.157 나사와 맞물리는 홈 사이의 정마찰계수가 0.28이다. 200 N의 힘으로 나무 조각들을 충분히 누를 만큼 나사산이 있는 축을 충분히 회전시킨 후에 축을 느슨하게 하려면 얼마의 우력을 가해야 하는가?

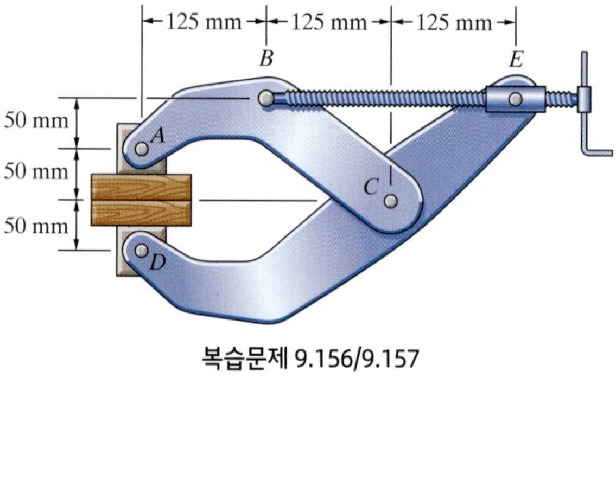

복습문제 9.156/9.157

9.158 트램의 축이 저널 베어링으로 지지된다. 바퀴의 반지름은 75 mm, 축의 반지름은 15 mm이며, 축과 베어링 사이의 동마찰계수 $\mu_k = 0.14$이다. 트램과 그 안의 짐의 총질량은 160 kg이다. 트램과 짐의 무게가 축 사이에 고르게 분배된다면, 트램을 일정한 속도로 밀기 위해 필요한 힘 P는 얼마인가?

복습문제 9.158

9.159 두 풀리의 반지름이 6 in이며, 저널 베어링에 의해 지지되는 반지름 1 in의 축에 설치되어 있다. 풀리와 축의 무게는 무시할 수 있다. 축과 베어링 사이의 동마찰계수 $\mu_k = 0.2$이다. 사람을 일정한 속도로 올리기 위해 필요한 힘 $T = 200$ lb일 때, 사람의 무게는 얼마인가?

9.160 사람의 무게가 160 lb일 때, 그를 일정한 속도로 내리는 데 필요한 힘 T는 얼마인가?

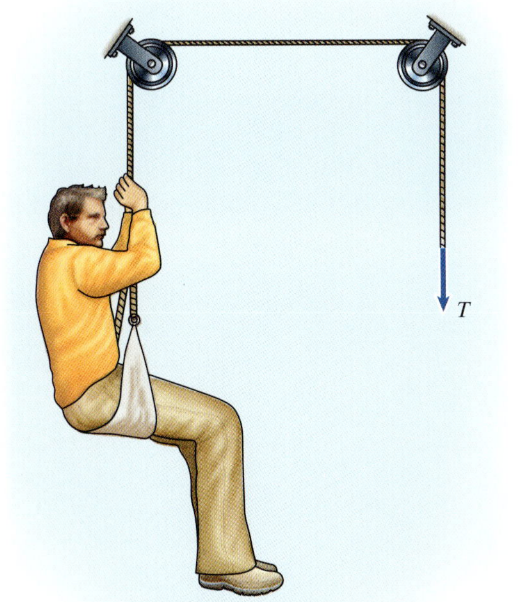

복습문제 9.159/9.160

9.161 두 원통이 고정된 상태일 때 두 추가 정지상태를 유지할 수 있는 W의 범위는 얼마인가?

9.162 시스템이 처음에는 정지상태이고, 왼쪽 원통이 천천히 회전한다. (a) W를 올릴 경우, (b) W를 내릴 경우의 최대 무게 W를 구하라.

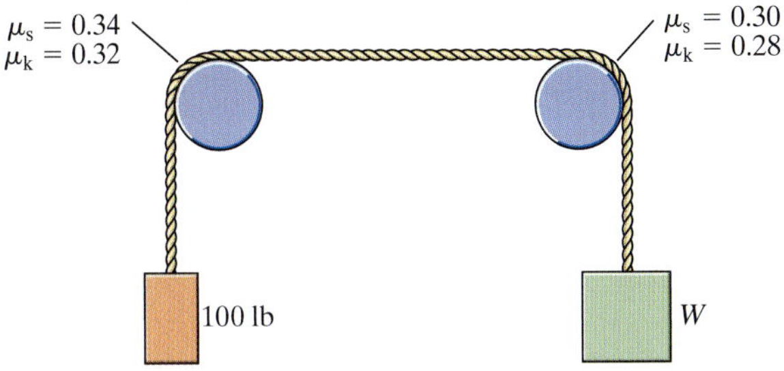

복습문제 9.161/9.162

설계 프로젝트 1

그림에서 보듯이 나무를 쪼개기 위해 통나무에 망치로 박을 때 쐐기가 사용된다(실습 예제 9.4 참조). 이러한 쐐기를 철물점에서 판매하기 위해 설계하려 한다고 가정하자. 실험에 따르면, 강철 쐐기와 다양한 종류의 목재 사이의 정마찰계수는 0.2~0.4까지 다양하다. (a) 주어진 정마찰계수 범위를 기반으로, 외력이 작용하지 않는 상태에서 통나무에 쐐기가 자리 잡고 있을 수 있는 최대 쐐기 각도 α를 구하라. (b) (a)에서 구한 쐐기 각도를 사용하고, 동마찰계수가 정마찰계수의 0.9배라고 가정해 통나무에 쐐기를 일정한 속도로 박기 위해 필요한 수직력의 범위를 구하라. (c) 여러분의 분석 과정을 설명하고 제작된 제품에 대한 쐐기 각도를 추천하는 간단한 보고서를 작성하라. 선택한 쐐기 각도에 안전율이 적절한지 고려하라.

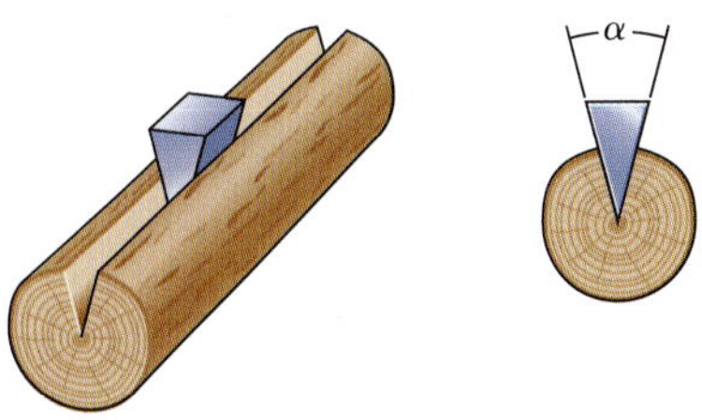

설계 프로젝트 2

두 재료 사이의 정마찰계수 μ_s를 측정하기 위한 장치를 설계하고 제작하라. 표 9.1에 나열된 재료 중 여러 가지에 대해 μ_s를 측정하고 표에 나온 값과 결과를 비교하라. 여러분의 장치에서 발생할 수 있는 오차의 가능한 원인을 논의하고 동일한 재료를 사용해 반복 실험을 했을 때 값이 얼마나 가깝게 일치하는지 파악하라.

CHAPTER

10

내력과 모멘트

출처: stoyanh/123Rf 제공

우리는 개별 물체의 자유물체도를 그려 물체에 작용하는 미지의 힘과 모멘트를 구함으로써 평형에 대한 학습을 시작했다. 이 장에서는 한 단계 더 나아가 개별 물체의 부분에 대한 자유물체도를 그려 내력과 모멘트를 구한다. 이렇게 함으로써 구조 설계 엔지니어의 핵심 관심사인 물체의 내력이 외력을 지지할 것인지를 구할 수 있다.

▲ 댐은 물이 댐의 표면에 가하는 분포 하중을 지탱한다. 이 장에서는 보에 작용하는 분포 하중, 매달린 케이블에 작용하는 힘, 정지상태의 유체가 가하는 힘을 분석한다.

보

10.1 축력, 전단력, 굽힘모멘트

생각해보기

- 밥을 많이 먹은 후 몸의 내부에서 내력이 느껴지는가? 내력은 모든 물체에서 발생할 수 있으며 구조 설계에서 매우 중요하다.
- 보는 다양한 종류의 구조물에 사용된다. 보의 내력(및 모멘트)을 어떻게 설명할 수 있는가?

배경

구조물의 부재가 힘과 모멘트에 의해 파손(부러지거나 붕괴)되지 않는 것을 보장하기 위해서 설계자는 부재에 작용하는 외력과 반력뿐만 아니라 부재 내의 힘과 모멘트도 알아야 한다.

외력과 반력이 작용하는 보에서(그림 10.1a) 어떻게 보 내부의 힘과 모멘트를

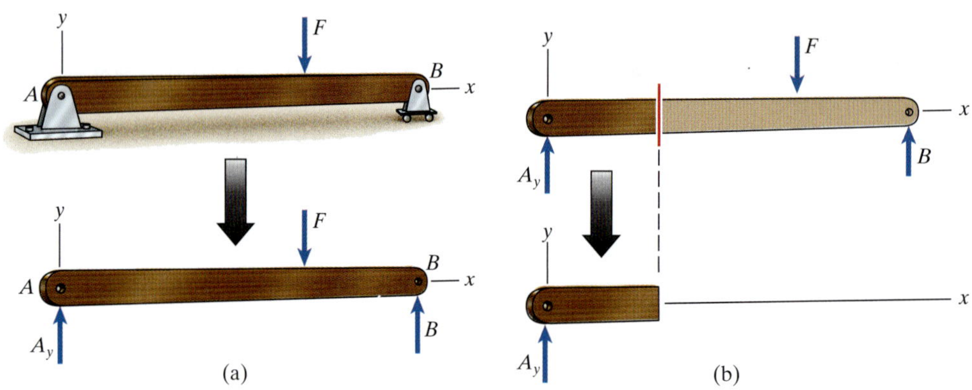

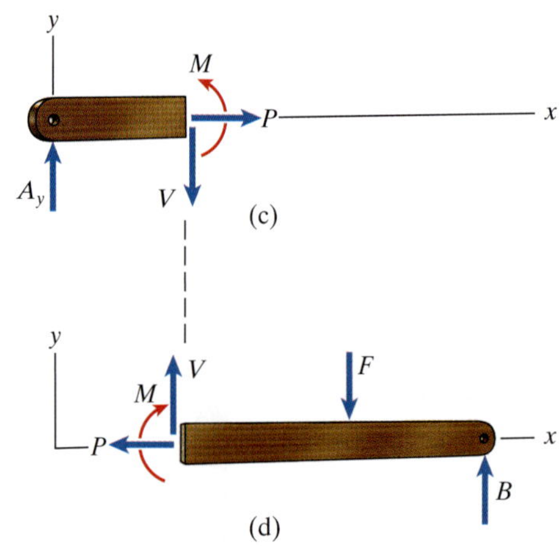

그림 10.1

(a) 단일 하중과 반력이 작용하는 보
(b) 보의 부분을 분리한 모양
(c), (d) 축력, 전단하중, 굽힘모멘트

구할 수 있을까? 그림 10.1b에 나타낸 바와 같이 보의 임의의 단면을 평면으로 '절단'해 평면의 왼쪽 보를 분리한다. 보의 다른 부분과 연결되는 면에 특정한 힘과 모멘트가 작용하지 않으면 분리된 부재는 평형이 될 수 없는 것이 명확하다. 이 값들이 여기에서 구하고자 하는 내력과 모멘트이다.

제4장에서 힘과 모멘트로 이루어진 계는 힘과 우력(짝힘)으로 된 등가 계로 나타낼 수 있다고 배웠다. 보에 작용하는 외력과 반력의 계가 2차원이므로 내력과 모멘트는 두 성분의 힘과 하나의 우력으로 이루어진 등가 계로 나타낼 수 있다(그림 10.1c). 여기에서 보의 축과 평행인 성분 P를 **축력**, 보의 축과 수직인 성분 V를 **전단력**이라 하고 우력 M을 **굽힘모멘트**라 한다. 절단면의 오른쪽 보의 축력, 전단력, 굽힘모멘트를 그림 10.1d에서 보여주고 있다. 이 값들은 그림 10.1c의 자유물체도에 나타난 내력 및 모멘트와 크기는 같고 방향이 반대임을 나타낸다.

그림 10.1c와 그림 10.1d에 나타낸 축력, 전단력, 굽힘모멘트의 방향은 양(+)의 방향으로 정의한다. 양의 방향 축력 P는 보를 인장상태로 만든다. 양의 방향 전단력 V는 보의 축을 시계 방향으로 회전시키려 한다(그림 10.2a). 양의 방향 굽힘모멘트 M은 보의 축을 아래로 오목하게 하는 곡률을 가지게 한다(그림 10.2b). 양의 방향 굽힘모멘트는 보의 위쪽 부분에 압축이 걸리게 하고 보의 축과 평행한 방향으로 보의 길이를 줄어들게 하며, 보의 아래쪽 부분에 인장력이 걸리게 하고 보의 축과 평행한 방향으로 보의 길이를 늘어나게 한다.

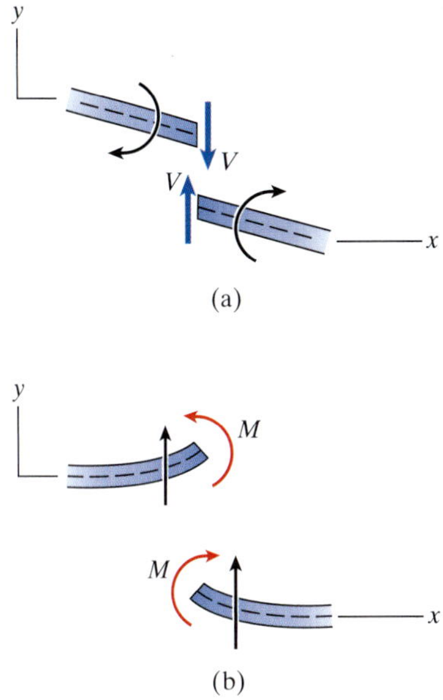

그림 10.2

(a) 양의 방향 전단력은 보의 축을 시계 방향으로 회전시킨다.

(b) 양의 방향 굽힘모멘트는 보의 축을 아래로 오목하게 굽힌다.

결과 정리

축력 P, 전단력 V, 굽힘모멘트 M은 보의 단면에서 내력과 모멘트를 나타내는 등가 계이다. 그림은 정의된 양의 방향을 나타낸다.

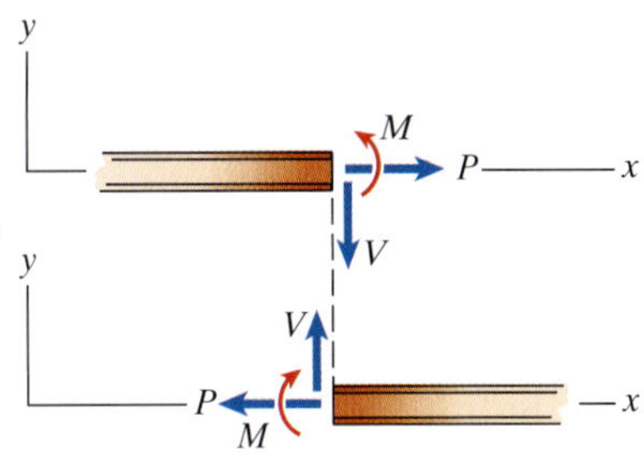

보의 특정 단면에서 P, V, M의 값을 구하는 것은 일반적으로 세 단계를 포함한다.

1. 보의 자유물체도를 그리고 지지대에서의 반력을 구한다.
2. 내력과 모멘트를 구할 위치에서 평면에 보를 통과시켜 보를 절단한다. 자른 보의 한 부분의 자유물체도를 그리고, 정의된 양의 방향으로 P, V, M을 나타낸다.
3. 평형방정식을 적용해 P, V, M을 구한다.

실습 예제 10.1 내력과 모멘트

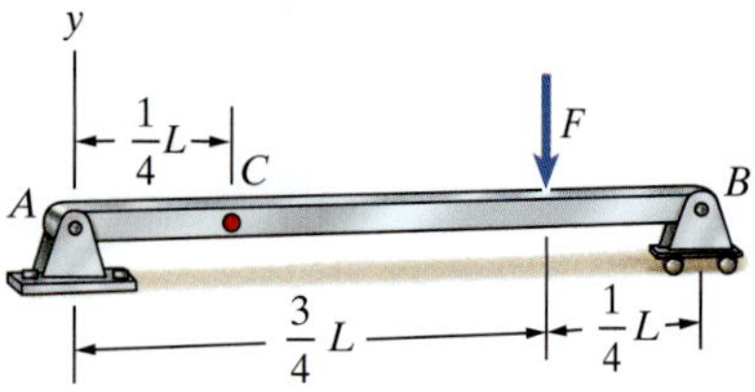

C에서의 내력과 모멘트를 구하라.

전략

먼저 전체 보의 자유물체도를 그리고 A와 B에서의 반력을 구해야 한다. 그런 다음 C에서 평면으로 보를 절단하고, 평면의 왼쪽에 있는 보의 부분에 대한 자유물체도를 그린다. 평형방정식을 적용함으로써 C에서의 내력과 모멘트의 값을 얻을 수 있다.

풀이

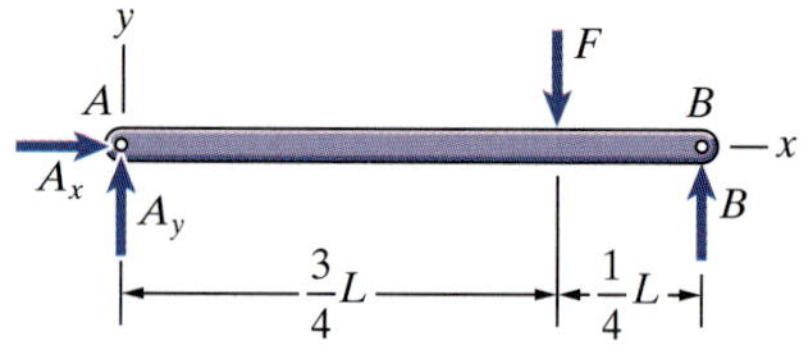

$$\Sigma F_x = A_x = 0,$$
$$\Sigma F_y = A_y + B - F = 0$$
$$\Sigma M_{점\,A} = LB - \left(\frac{3}{4}L\right)F = 0$$

이를 풀면, $A_x = 0, \quad A_y = \frac{1}{4}F, \quad B = \frac{3}{4}F$

전체 보에 대한 자유물체도를 그리고 지지점에서의 반력을 구하기 위해 평형을 적용한다.

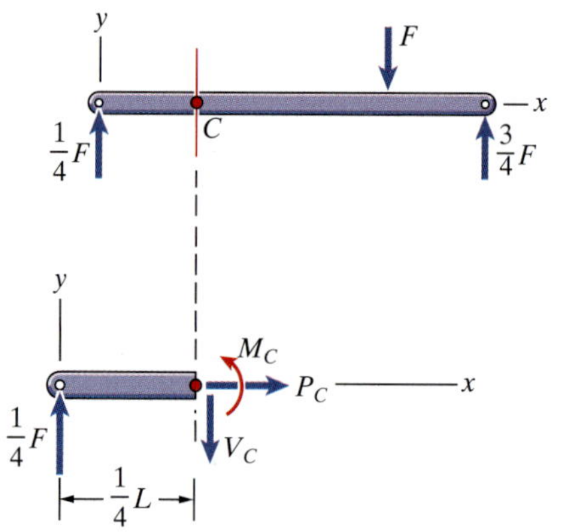

$$\Sigma F_x = P_C = 0$$
$$\Sigma F_y = \frac{1}{4}F - V_C = 0$$
$$\Sigma M_{점\,C} = M_C - \left(\frac{1}{4}L\right)\left(\frac{1}{4}F\right) = 0$$

이를 풀면, $P_C = 0, \quad V_C = \frac{1}{4}F, \quad M_C = \frac{1}{16}LF$

C에서 보를 절단하고 C의 왼쪽에 있는 보의 부분에 대한 자유물체도를 그린다. 내력과 모멘트를 구하기 위해 평형을 적용한다.

실습 문제 C에서 보를 통과하는 평면을 그리고 C의 오른쪽에 있는 보의 부분에 대한 자유물체도를 그려서 C에서의 내력과 모멘트를 구하라.

답: $P_C = 0$, $V_C = \frac{1}{4}F$, $M_C = \frac{1}{16}LF$

예제 10.2 내력과 모멘트

B에서의 내력과 모멘트를 구하라.

전략

지지대의 반력을 구하기 위해 삼각형 분포 하중을 등가 힘으로 나타낸다. 그다음, B에서의 내력과 모멘트를 구하기 위해 B에서 보를 절단하는 평면을 그리고 평면의 왼쪽에 있는 보의 부분에 대한 자유물체도를 분포 하중을 고려해서 그린다.

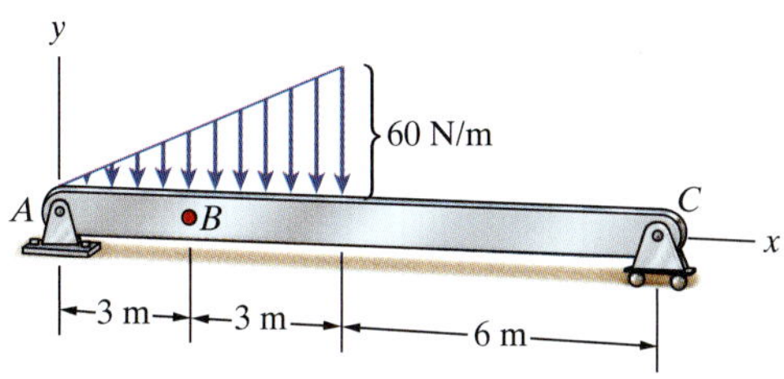

풀이

외력과 모멘트 결정하기 보의 자유물체도를 그리고 분포 하중을 그림 a에서 등가 힘으로 나타낸다. 평형방정식은 다음과 같다.

$$\Sigma F_x = A_x = 0$$
$$\Sigma F_y = A_y + C - 180 \text{ N} = 0$$
$$\Sigma M_{\text{점} A} = (12 \text{ m})C - (4 \text{ m})(180 \text{ N}) = 0$$

위 방정식을 풀면 $A_x = 0$, $A_y = 120$ N, $C = 60$ N을 얻는다.

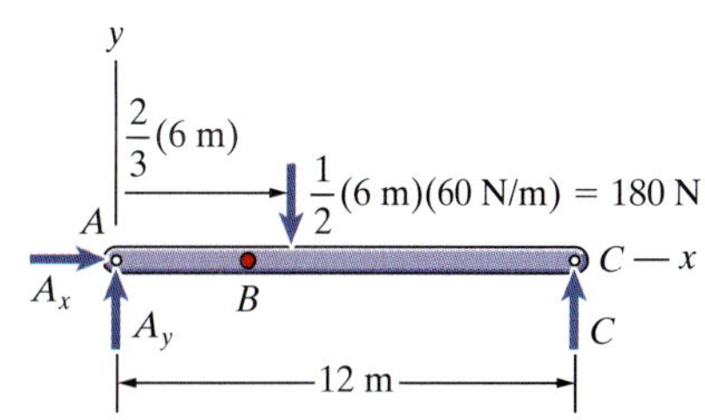

(a) 분포 하중을 등가 힘으로 대체한 전체 보의 자유물체도

보의 일부에 대한 자유물체도 그리기 B에서 보를 절단해 그림 b의 자유물체도를 얻는다. 점 B가 삼각형 분포 하중의 중간점에 위치하기 때문에, B에서의 분포 하중 값은 30 N/m이다. 그림 b에서 분포 하중을 등가 힘으로 나타내어 그림 c의 자유물체도를 얻는다. 평형방정식으로부터

$$\Sigma F_x = P_B = 0$$
$$\Sigma F_y = 120 \text{ N} - 45 \text{ N} - V_B = 0$$
$$\Sigma M_{\text{점} B} = M_B + (1 \text{ m})(45 \text{ N}) - (3 \text{ m})(120 \text{ N}) = 0$$

이다. 따라서 $P_B = 0$, $V_B = 75$ N, $M = 315$ N-m을 얻는다.

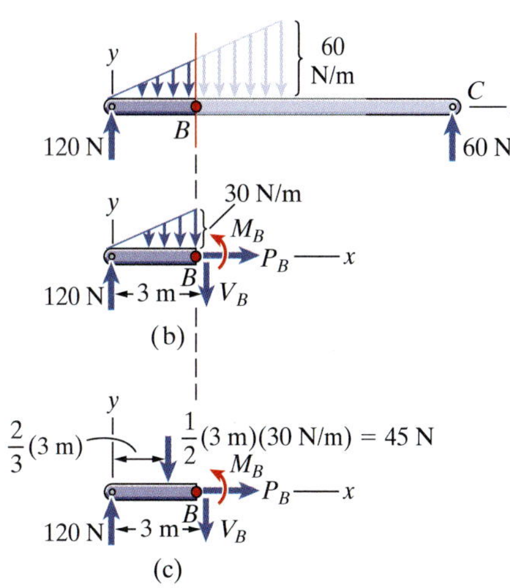

(b), (c) 점 B의 왼쪽 보에 대한 자유물체도

비판적 사고

만약 그림 a의 자유물체도에서 B를 절단해 B에서의 내력과 모멘트를 구하려고 시도한다면 정확한 결과를 얻을 수 없다. (B의 왼쪽 보의 부분에 대한 결과로 나오는 자유물체도에서 $P_B = 0$, $V_B = 120$ N, $M_B = 360$ N-m를 확인할 수 있다.) 자유물체도에서 분포 하중의 영향을 적절히 고려하지 않기 때문이다. 분포 하중이 작용하는 부분에 대해 등가 힘으로 나타내기 전에 분포 하중을 포함해서 보의 일부를 분리해야 한다.

연습문제

10.1 보가 A에서 고정 지지되고 C에서 80 lb의 힘을 받는다. 전체 보에 대한 자유물체도도 함께 나타나 있다. B에서의 내력과 모멘트를 구하라.

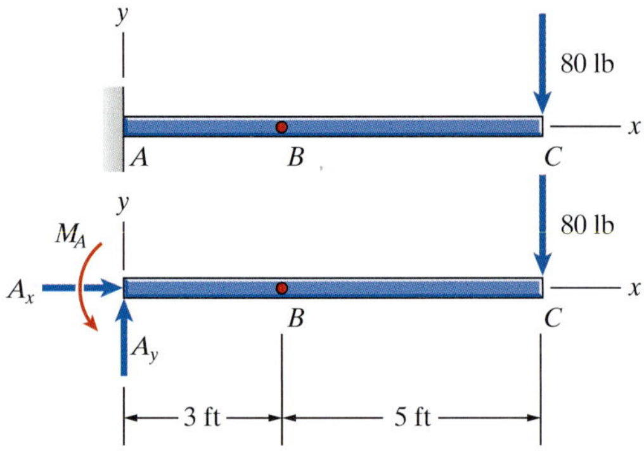

연습문제 10.1

10.2 삼각형 분포 하중의 크기가 $w_0 = 2$ kN/m이다. A에서의 내력과 모멘트를 구하라.

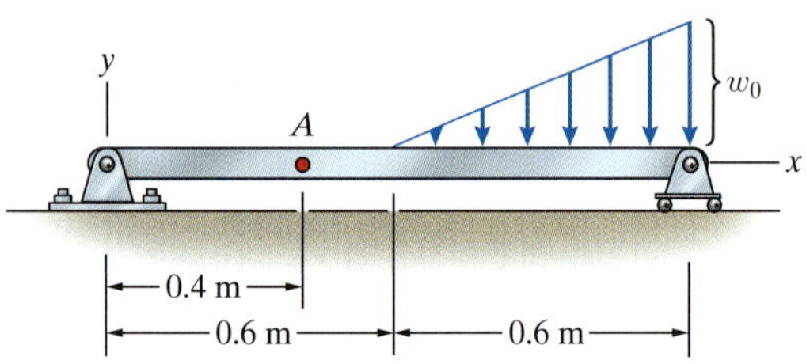

연습문제 10.2

10.3 C-클램프가 조여진 물체에 30 lb의 힘을 가한다. A에서 클램프의 내력과 모멘트를 구하라.

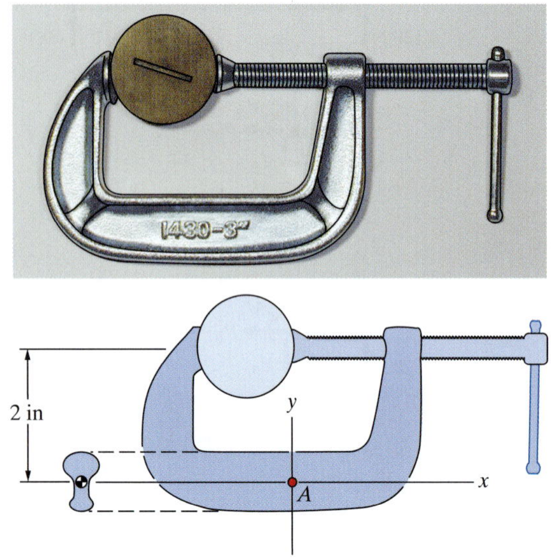

연습문제 10.3

10.4 A에서의 내력과 모멘트를 구하라.

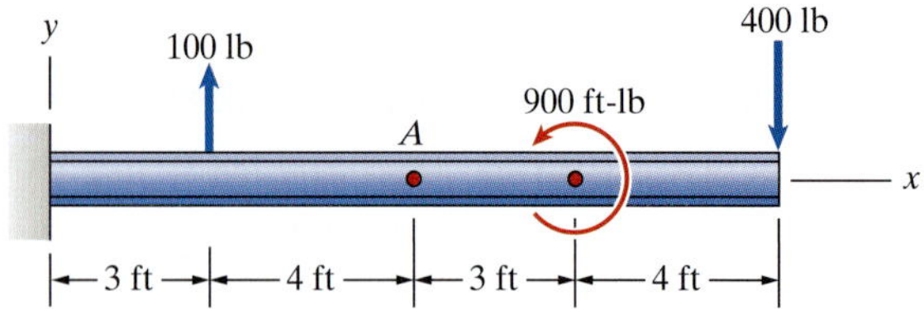

연습문제 10.4

10.5 파이프가 왼쪽 끝에서 고정 지지되고 있을 때 A에서의 내력과 모멘트를 구하라.

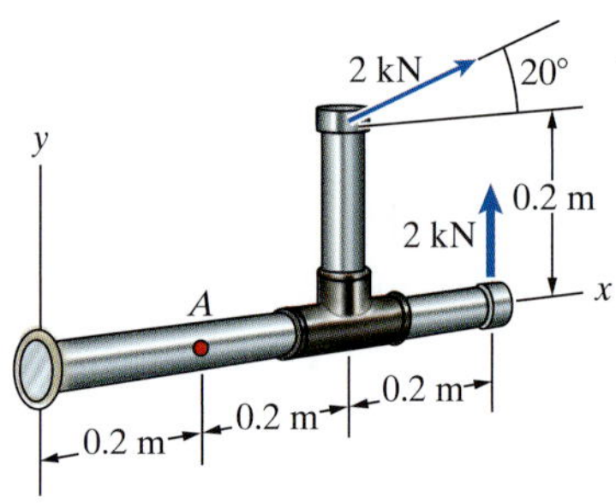

연습문제 10.5

10.6 각각의 하중에 대해 A에서의 내력과 모멘트를 구하라.

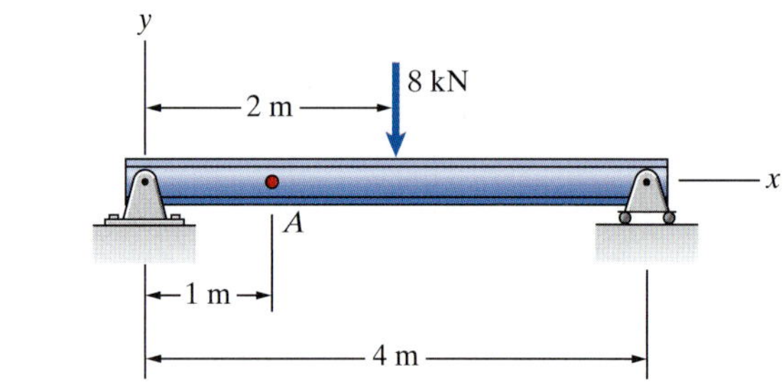

(a)

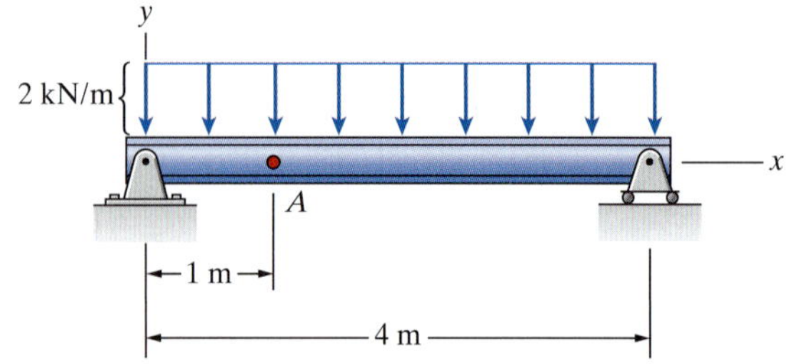

(b)

연습문제 10.6

10.7 사람의 신발이 가하는 750 N의 하중이 균일하게 분포되어 있는 것으로 간주해서 사다리 발판을 단순 지지(핀 지지) 보로 모델링하라. A에서의 내력과 모멘트를 구하라.

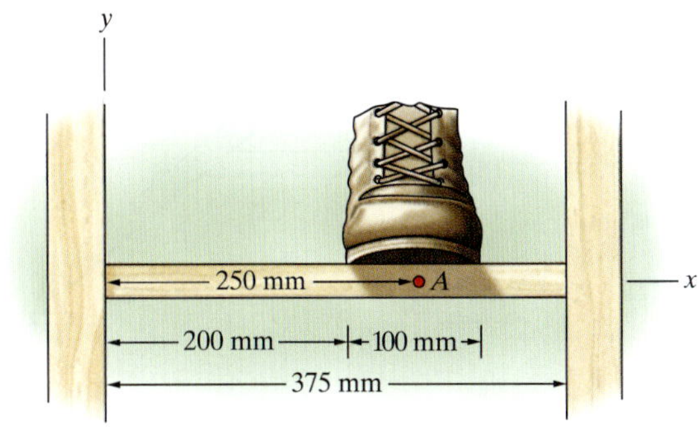

연습문제 10.7

10.8 예제 10.2에서 지점 A에서 B까지의 거리가 3 m에서 4 m로 증가한다고 하자. B가 새 위치에 있는 보를 그려라. B에서의 내력과 모멘트를 구하라.

10.9 $x = 3$ ft일 때 A에서의 내력과 모멘트는 얼마인가?

10.10 $x = 4$ ft일 때 A에서의 내력과 모멘트는 얼마인가?

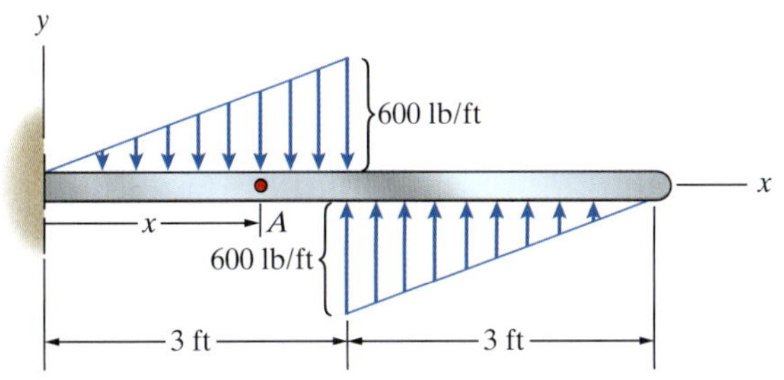

연습문제 10.9/10.10

10.11 하중 (a)와 (b)에 대해 A에서의 내력과 모멘트를 구하라.

10.12 하중 (a)와 (b)에 대해 B에서의 내력과 모멘트를 구하라.

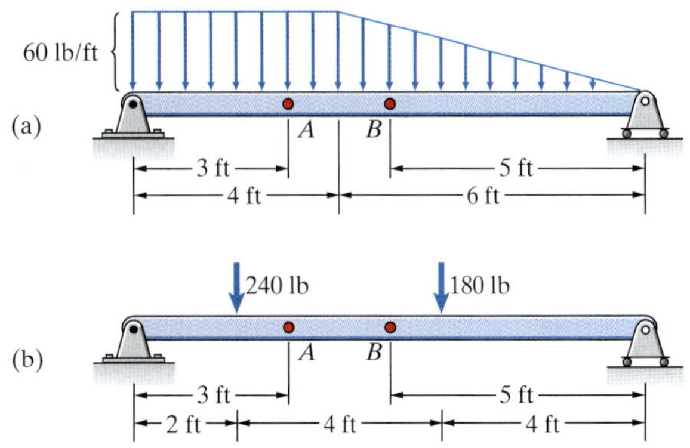

연습문제 10.11/10.12

10.13 A에서의 내력과 모멘트를 구하라.

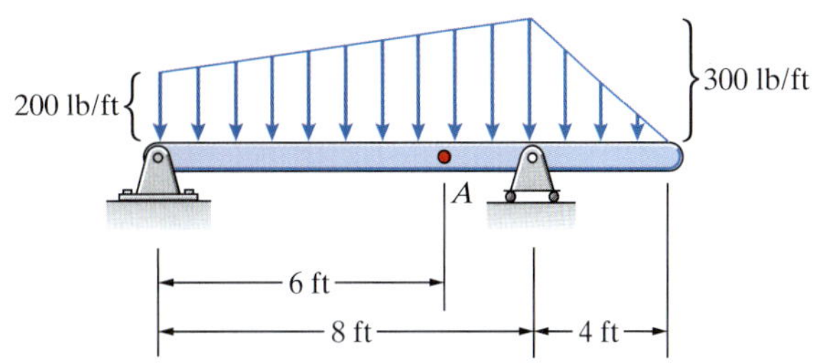

연습문제 10.13

10.14 A에서의 내력과 모멘트를 구하라.

10.15 B에서의 내력과 모멘트를 구하라.

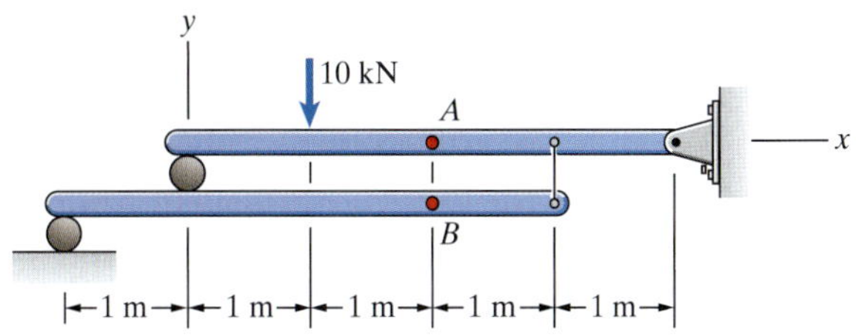

연습문제 10.14/10.15

10.16 A에서의 내력과 모멘트를 구하라.

10.17 B에서의 내력과 모멘트를 구하라.

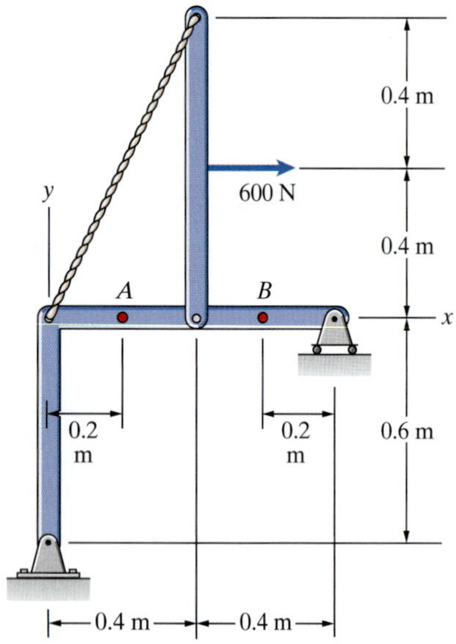

연습문제 10.16/10.17

10.18 로프의 장력이 10 kN이다. A 지점에서의 내력과 모멘트를 구하라.

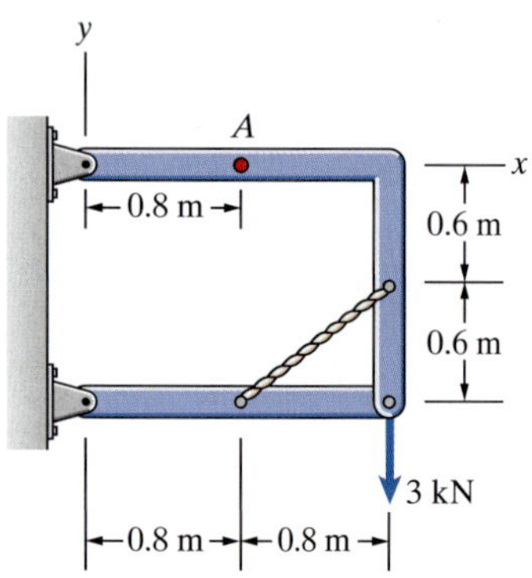

연습문제 10.18

10.19 A에서의 내력과 모멘트를 구하라.

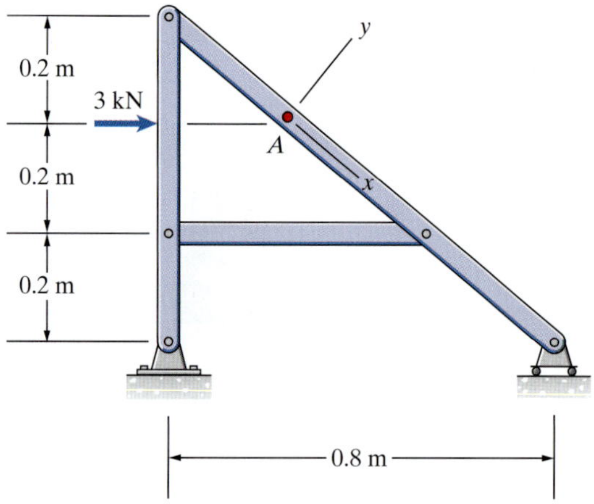

연습문제 10.19

10.20 A에서의 내력과 모멘트를 구하라.

10.21 B에서의 내력과 모멘트를 구하라.

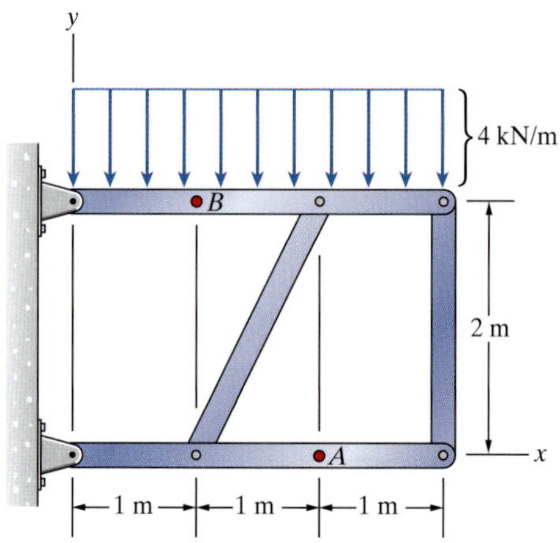

연습문제 10.20/10.21

10.2 전단력과 굽힘모멘트 선도

생각해보기

- 보의 전체 영역에서 어떻게 내력과 모멘트를 시각화할 수 있는가?
- 서로 다른 보의 부분에서 내력과 모멘트를 설명하기 위해 다른 방정식을 구해야 하는가?

배경

보를 설계하기 위해서 엔지니어는 보의 전체 길이에 해당하는 영역에 대한 내력과 모멘트를 알아야 한다. 그리고 최대 및 최소 내력과 모멘트 값과 발생 위치를 정확히 알아야 한다. 이 절에서는 P, V, M의 값을 함수에 따라 어떻게 구하는지를 보여주고, 전단력과 모멘트 선도를 소개한다.

그림 10.3a와 같이 단일 힘이 작용하는 단순 지지 보를 생각해보자. 내력과 모멘트를 구하기 위해 특정 단면에서 보를 절단하는 대신 보의 왼쪽 끝과 하중 F 사이의 임의의 위치 x에서 절단한다(그림 10.3b). 자유물체도에 평형방정식을 적용하면 다음을 얻는다.

$$\left.\begin{aligned} P &= 0 \\ V &= \frac{1}{3}F \\ M &= \frac{1}{3}Fx \end{aligned}\right\} \quad 0 < x < \frac{2}{3}L$$

$\frac{2}{3}L$보다 큰 값 x에 대한 내력과 모멘트를 구하기 위해 보의 오른쪽 끝과 하중 F 사이의 임의의 위치에서 보를 절단해 자유물체도를 작성한다(그림 10.3c). 결과는 다음과 같다.

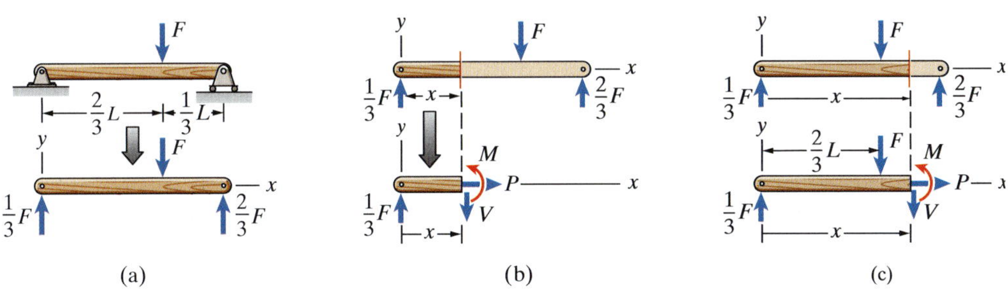

그림 10.3

(a) 단일 힘 F가 가해진 보와 자유물체도
(b) F의 왼쪽의 임의 지점 x를 절단한 모양
(c) F의 오른쪽의 임의 지점 x를 절단한 모양

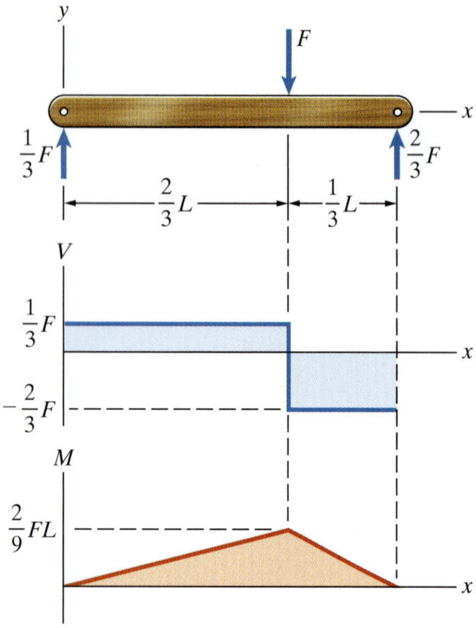

그림 10.4

V와 M의 최대 및 최소 값을 나타내는 전단력 및 모멘트 선도

$$\left.\begin{aligned} P &= 0 \\ V &= -\frac{2}{3}F \\ M &= \frac{2}{3}F(L-x) \end{aligned}\right\} \quad \frac{2}{3}L < x < L$$

전단력과 굽힘모멘트 선도는 단순히 x 함수에 관한 V와 M 각각의 그래프이다(그림 10.4). 선도는 보의 길이를 따라 변화하는 전단력과 굽힘모멘트 값을 보여줄 뿐만 아니라 최대 및 최소 값을 나타낸다(최대는 가장 작은 상한값을 의미하고, 최소는 가장 큰 하한값을 의미한다).

따라서 보의 끝으로부터 임의의 거리 x에 놓인 평면을 고려하고 x 함수에 따라 P, V, M을 풀어서 보에서의 내력과 모멘트의 분포를 구할 수 있다. 하중이 여러 개 존재할 때에는 전체 보 길이에 따라 분포를 구하기 위해 여러 개의 자유물체도를 작성할 필요가 있다. V와 M에 대한 결과식을 이용해 전단력과 모멘트 선도를 작도할 수 있다.

결과 정리

보의 임의의 위치 x에서 보를 절단하는 평면을 고려하면 P, V, M의 값을 x의 함수로 구할 수 있다. 하중과 지지 조건에 따라, 전체 보에서 이들 값의 분포를 구하기 위해 여러 자유물체도를 그릴 필요가 있다.

보에 대한 전단력과 굽힘모멘트 선도는 단순히 V와 M을 x의 함수로 표현한 그래프이다.

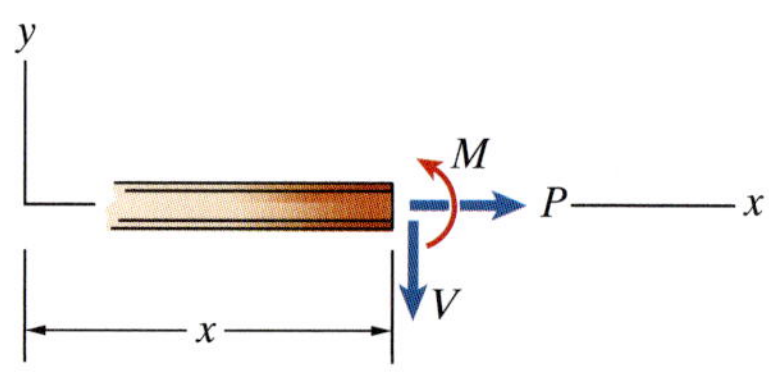

실습 예제 10.3 전단력과 굽힘모멘트

선도 $0 < x < 2$ m에 대해 보의 전단력 V와 굽힘모멘트 M을 x의 함수로 구하라.

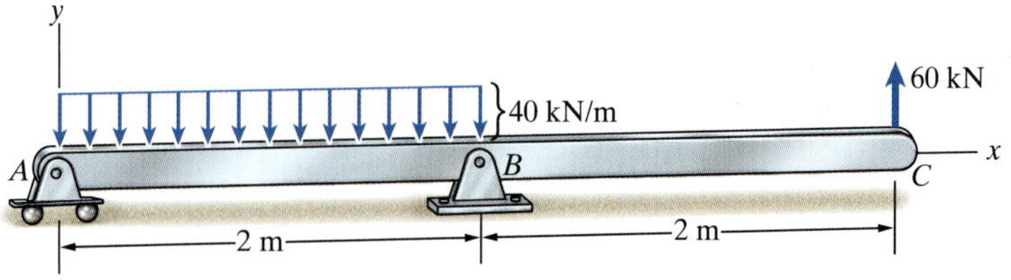

전략

먼저 전체 보의 자유물체도를 그리고 A와 B에서의 반력을 구해야 한다. 그다음 A

와 B 사이의 임의의 위치 x에서 보를 평면으로 절단해 $0 < x < 2\ m$ 범위에서 유효한 V와 M을 얻는다.

풀이

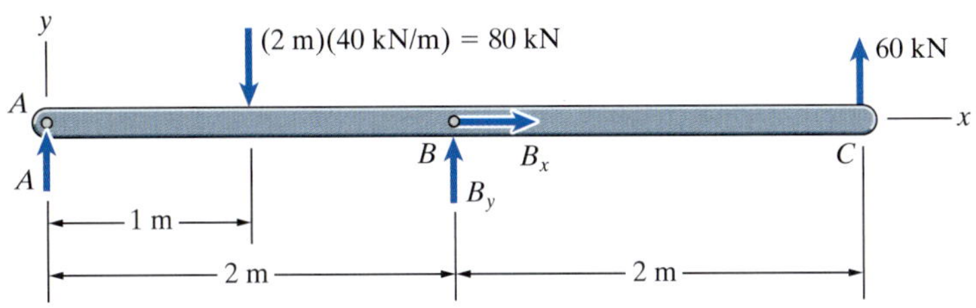

전체 보의 자유물체도를 그린다. 분포 하중은 등가 힘으로 표현된다.

$$\Sigma F_x = B_x = 0$$
$$\Sigma F_y = A + B_y - 80\text{ kN} + 60\text{ kN} = 0$$
$$\Sigma M_{\text{점 }A} = (2\text{ m})B_y - (1\text{ m})(80\text{ kN}) + (4\text{ m})(60\text{ kN}) = 0$$

이를 풀면, $A = 100\text{ kN},\ B_x = 0,\ B_y = 80\text{ kN}$

A와 B에서의 반력을 구하기 위해 평형을 적용한다.

A와 B 사이의 임의의 위치 x에서 보를 평면으로 절단한다. 분포 하중은 보의 일부를 분리하기 전에 등가 힘으로 표현되어서는 안 된다.

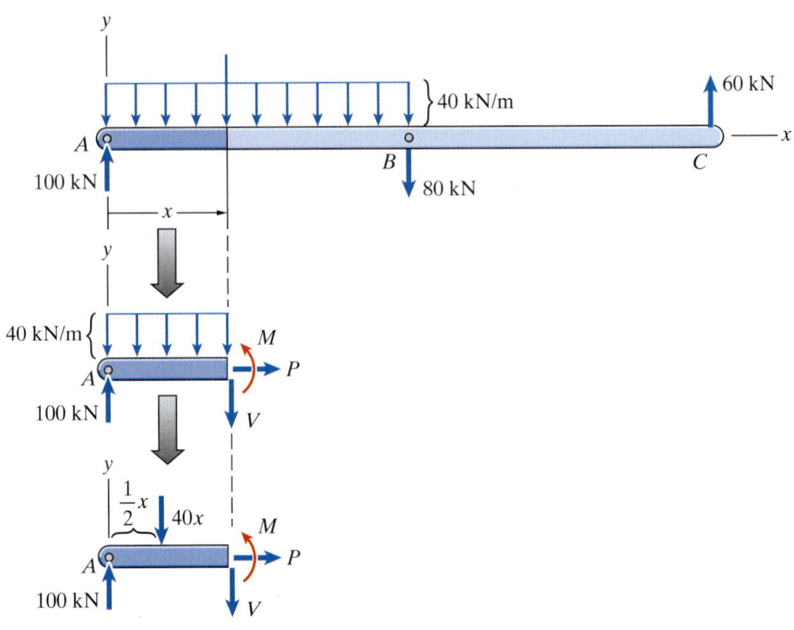

$$\Sigma F_x = P = 0$$
$$\Sigma F_y = 100 - 40x - V = 0$$
$$\Sigma M_{\text{오른쪽 끝}} = M - 100x + \left(\frac{1}{2}x\right)(40x) = 0$$

이를 풀면,

$$\left.\begin{aligned} V &= 100 - 40x \text{ kN} \\ M &= 100x - 20x^2 \text{ kN-m} \end{aligned}\right\} \quad 0 < x < 2\text{m}$$

*V*와 *M*을 구하기 위해 평형을 적용한다.

실습 문제 (a) $0 < x < 2$ *m*에 대해 보의 전단력 *V*와 굽힘모멘트 *M*을 *x*의 함수로 구하라. (b) 전체 보에 대한 전단력과 굽힘모멘트 선도를 그려라.

답: $V = -60$ kN, $M = 60(4 - x)$ kN-m

연습문제

10.22 *x*의 함수로 전단력과 굽힘모멘트를 구하라.

전략: 보를 임의의 위치 *x*에서 절단하고 절단면 왼쪽의 보 부분에 대한 자유물체도를 그린다.

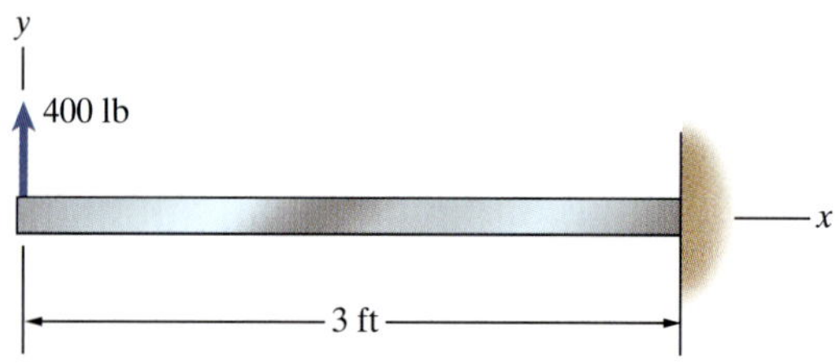

연습문제 10.22

10.23 (a) *x*의 함수로 전단력과 굽힘모멘트를 구하라. (b) 전단력과 굽힘모멘트 선도를 그려라.

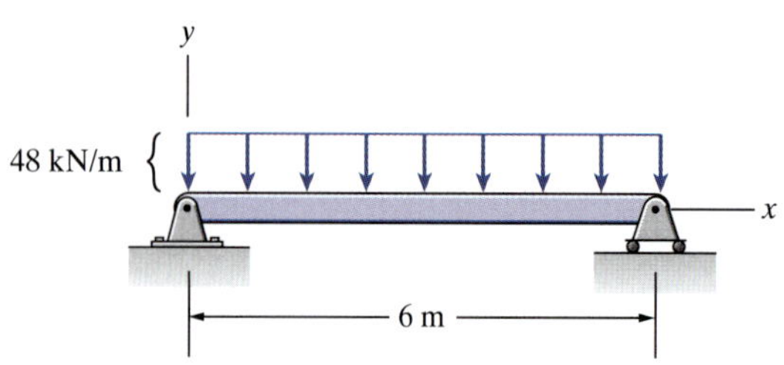

연습문제 10.23

10.24 (a) *x*의 함수로 전단력과 굽힘모멘트를 구하라. (b) *V*와 *M*에 대한 방정식이 $V = dM/dx$을 만족함을 밝혀라.

10.25 보에 대한 전단력과 굽힘모멘트 선도를 그려라.

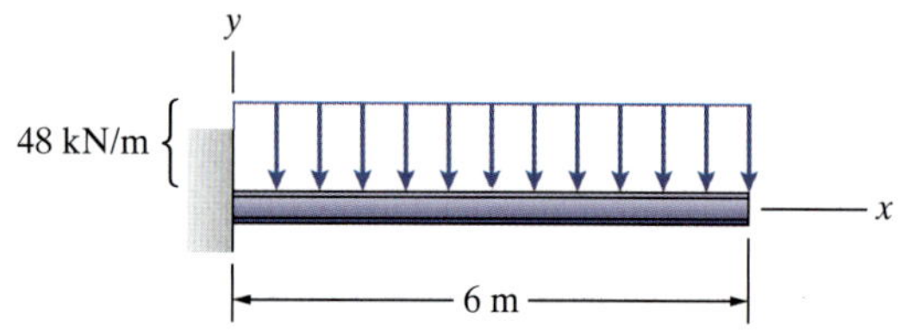

연습문제 10.24/10.25

10.26 $0 < x < 2$ m에 대해 *x*의 함수로 전단력과 굽힘모멘트를 구하라.

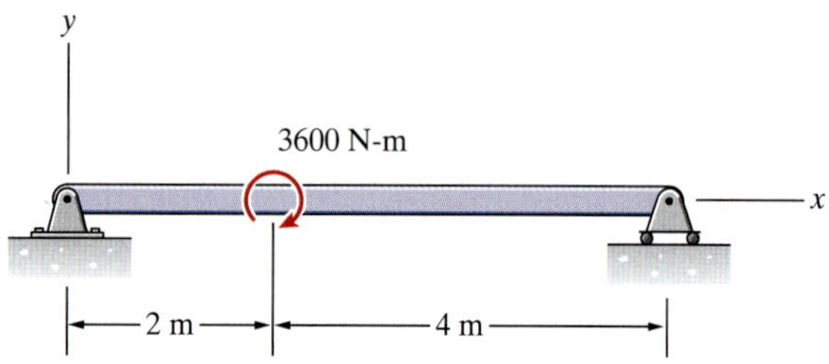

연습문제 10.26

10.27 $0 < x < 6$ ft에 대해 *x*의 함수로 전단력과 굽힘모멘트를 구하라.

10.28 $6 < x < 12$ ft에 대해 x의 함수로 전단력과 굽힘모멘트를 구하라.

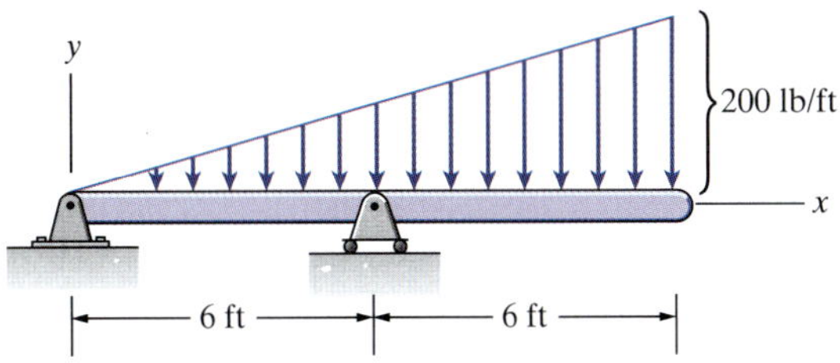

연습문제 10.27/10.28

10.29 하중 $F = 200$ N, $C = 800$ N-m이다. (a) x의 함수로 내력과 모멘트를 구하라. (b) 전단력과 굽힘모멘트 선도를 그려라.

10.30 보는 각각 2 kN, 6.5 kN-m의 크기를 가진 전단력과 굽힘모멘트를 안전하게 지탱할 수 있다. 이 기준에 따라 하중 $F = 1$ kN, $C = 1.6$ kN-m를 안전하게 지지할 수 있는가?

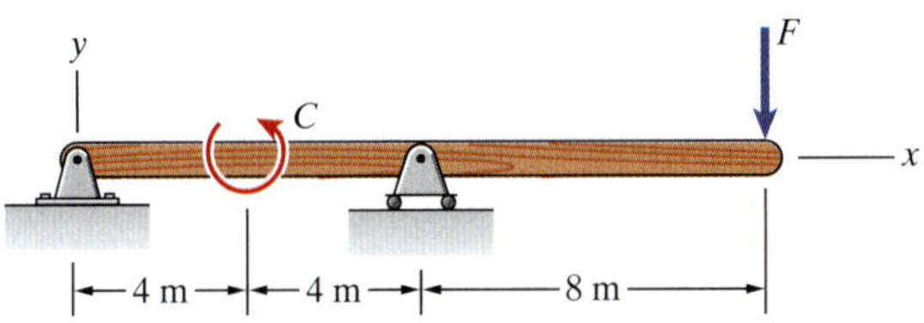

연습문제 10.29/10.30

10.31 사다리 발판을 단순 지지(핀 지지) 보로 모델링하고, 사람의 신발이 가하는 750 N 하중이 균일하게 분포되어 있다고 가정하자. 전단력과 굽힘모멘트 선도를 그려라.

10.32 연습문제 10.31에서 사다리 발판의 최대 굽힘모멘트는 얼마이며, 어디에서 발생하는가?

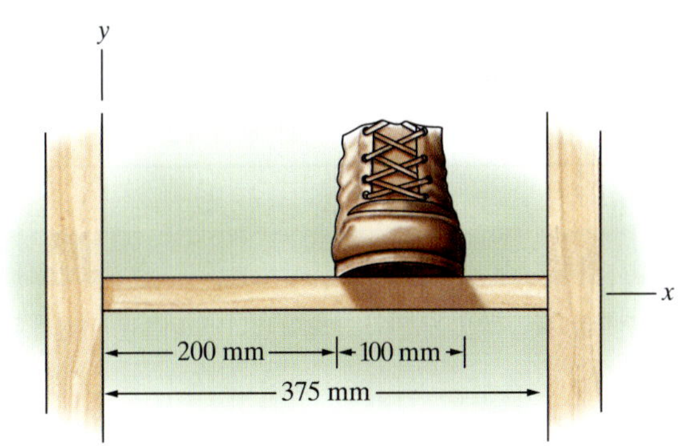

연습문제 10.31/10.32

10.33 보가 놓인 표면이 균일하게 분포된 하중을 가한다고 가정하자. 전단력과 굽힘모멘트 선도를 그려라.

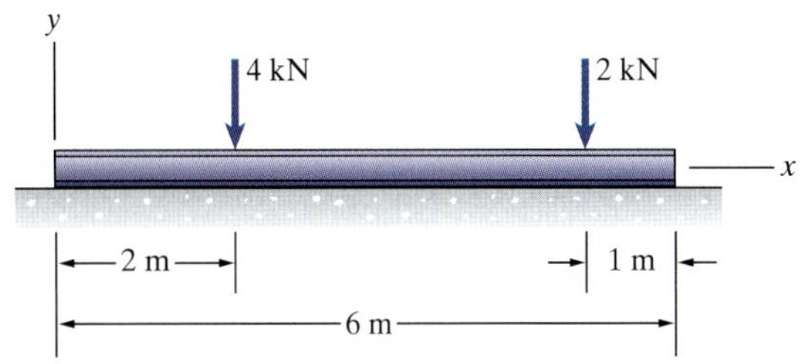

연습문제 10.33

10.34 $0 < x < 3$ ft에 대해 x의 함수로 전단력과 굽힘모멘트를 구하라.

10.35 $3 < x < 6$ ft에 대해 x의 함수로 전단력과 굽힘모멘트를 구하라.

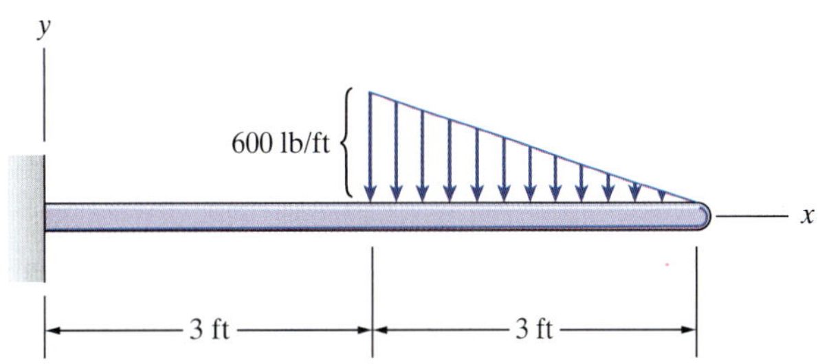

연습문제 10.34/10.35

10.36 $0 < x < 3$ ft에 대해 x의 함수로 보의 전단력 V와 굽힘모멘트 M을 구하라.

10.37 보에 대한 전단력과 굽힘모멘트 선도를 그려라.

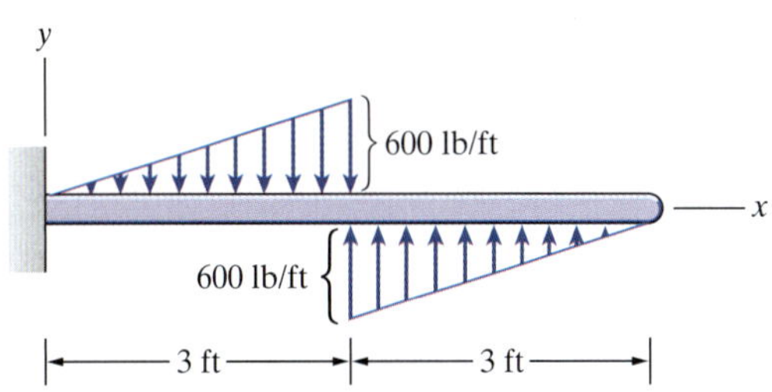

연습문제 10.36/10.37

10.38 예비 설계 연구에서 비행기 날개에 작용하는 수직력이 그림과 같이 모델링된다. 공기역학적 힘과 날개의 무게가 가하는 힘은 분포 하중으로 모델링한다. $x = 4.4$ m에서 80 kN의 힘은 엔진의 무게가 가하는 힘을 모델링한다. $0 < x < 4.4$ m 범위에서 날개의 전단력과 굽힘모멘트 선도를 그려라.

10.39 전체 날개에 대한 전단력과 굽힘모멘트 선도를 그려라.

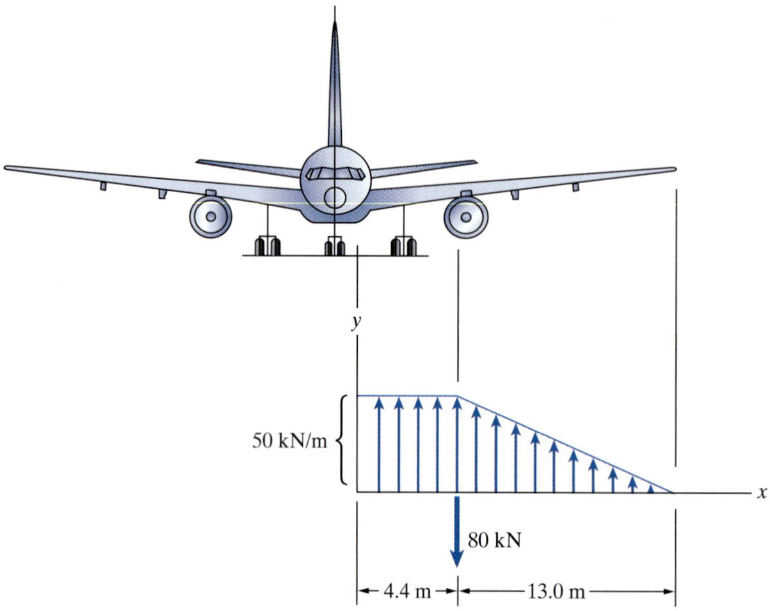

연습문제 10.38/10.39

10.40* 전단력과 굽힘모멘트 선도를 그려라.

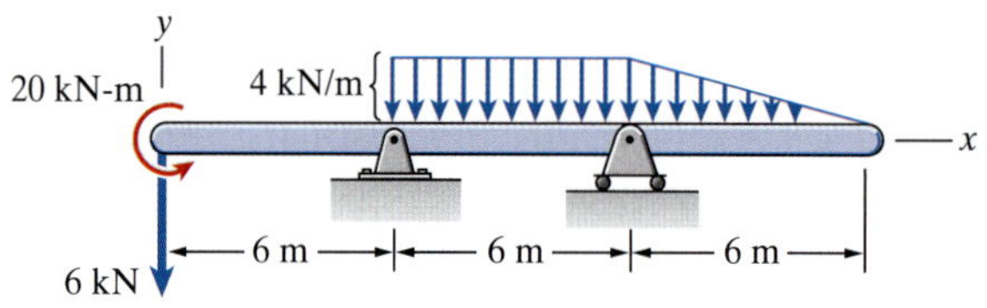

연습문제 10.40

10.3 분포 하중, 전단력, 굽힘모멘트 사이의 관계

생각해보기

- 보에서의 전단력과 굽힘모멘트는 독립적인가? 만약 그렇지 않다면, 이들은 어떻게 관련되어 있는가?
- 보의 일부분에 하중이 전혀 가해지지 않는다면, 전단력과 굽힘모멘트 선도에 대해 무엇을 알 수 있는가?

배경

단일 분포 하중이 작용하는 보에서 전단력과 굽힘모멘트는 단순한 미분방정식으로 표현된다. 이 절에서는 이러한 식을 유도해 전단력과 굽힘모멘트 선도를 얻는 유용하고 흥미로운 방법을 제시한다. 이들 식은 보의 변형을 구하는 데에도 역시 유용하게 사용할 수 있다.

보의 일부분에 그림 10.5a와 같이 분포 하중 w가 가해진다고 가정하자. 그림 10.5b에서 x와 $x + \Delta x$ 위치의 보를 절단해 자유물체도를 작도한다. ΔP, ΔV, ΔM은 각각 x로부터 $x + \Delta x$까지의 축력, 전단력, 굽힘모멘트의 변화량이다. x 방향의 힘의 합은 다음과 같다.

$$\Sigma F_x = P + \Delta P - P = 0$$

위 식에 Δx를 나누고 $\Delta x \to 0$의 극한을 취하면 다음을 얻는다.

$$\frac{dP}{dx} = 0$$

이 식으로부터 축 방향에 대한 측면 분포 하중만 가해지는 보의 경우에는 축력이 x 값에 의존하지 않음을 알 수 있다. y 방향으로 자유물체도에 작용하는 힘을 모두 합해 분포 하중에 의해 발생되는 힘을 구해야 한다. 그림 10.5b에서 자유물체도 왼쪽 끝단으로부터의 거리를 나타내는 좌표 $\hat{x}$을 도입한다. 좌표계에 의해 자유물체도에서 분포 하중에 의한 아래 방향 힘은 다음 식으로 나타난다.

$$\int_0^{\Delta x} w(x + \hat{x})\, d\hat{x}$$

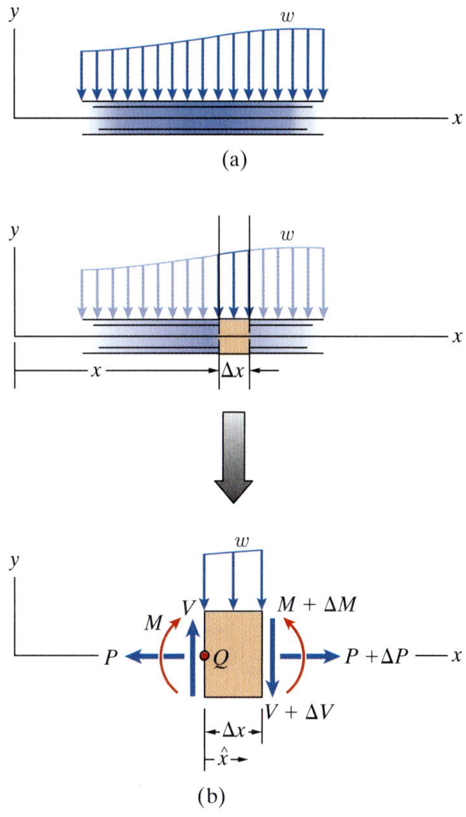

그림 10.5

(a) 분포 하중 w가 작용하는 보의 일부분
(b) 보의 요소에 대한 자유물체도 그리기

여기에서 $w(x + \hat{x})$은 $x + \hat{x}$에서 w의 값을 나타낸다. 이 적분을 계산하기 위해 $w(x + \hat{x})$을 $\hat{x}$에 관한 테일러 급수로 나타내면 다음과 같다.

$$w(x + \hat{x}) = w(x) + \frac{dw(x)}{dx}\hat{x} + \frac{1}{2}\frac{d^2w(x)}{dx^2}\hat{x}^2 + \cdots \qquad (10.1)$$

위의 식을 아래 방향 힘에 대한 적분에 대입시켜 적분하면 다음을 얻는다.

$$\int_0^{\Delta x} w(x + \hat{x})\, d\hat{x} = w(x)\Delta x + \frac{1}{2}\frac{dw(x)}{dx}(\Delta x)^2 + \cdots$$

y 방향에서 자유물체도 위의 모든 힘을 합하면 다음 식이 되고,

$$\Sigma F_y = V - V - \Delta V - w(x)\Delta x - \frac{1}{2}\frac{dw(x)}{dx}(\Delta x)^2 + \cdots = 0$$

식에 Δx를 나누고 $\Delta x \to 0$의 극한을 취하면 다음을 얻는다.

$$\frac{dV}{dx} = -w \qquad (10.2)$$

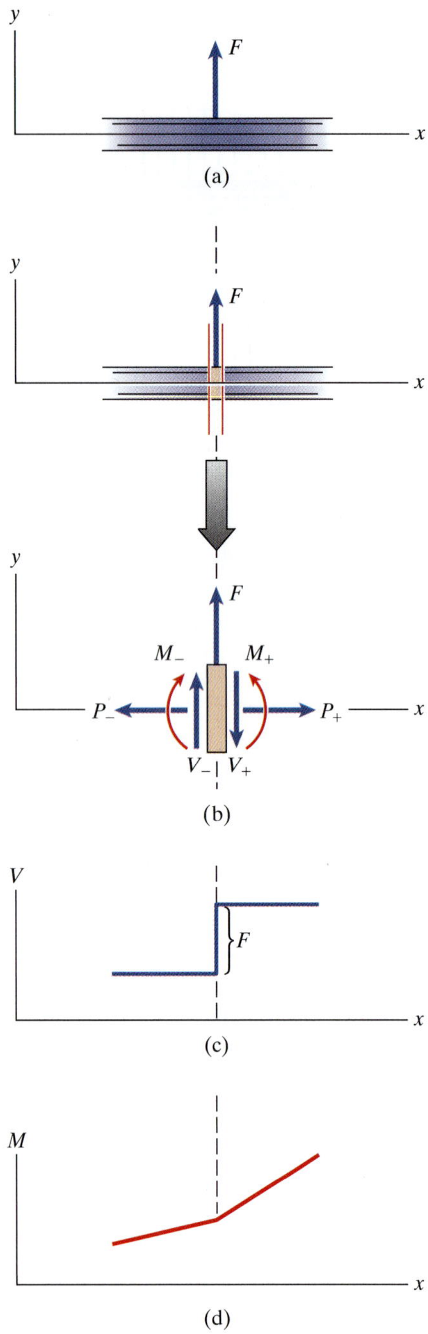

그림 10.6

(a) 양의 y 방향에서 힘 F가 가해진 보의 일부분
(b) F의 좌우를 절단해 얻은 자유물체도
(c) F 크기만큼의 양의 점프를 나타낸 전단력 선도
(d) 굽힘모멘트 선도가 연속이다.

여기에서 $w = w(x)$이다.

이제 그림 10.5b의 자유물체도 위의 점 Q에 관한 모멘트의 합을 구해 보자. 분포 하중에 의한 0에 관한 시계 방향 모멘트는 다음과 같이 나타난다.

$$\int_0^{\Delta x} \hat{x} w(x + \hat{x})\, d\hat{x}$$

식 (10.1)을 대입해 각 항을 적분하면 Q에 관한 모멘트는 다음과 같다.

$$\int_0^{\Delta x} \hat{x} w(x + \hat{x})\, d\hat{x} = \frac{1}{2} w(x)(\Delta x)^2 + \frac{1}{3}\frac{dw(x)}{dx}(\Delta x)^3 + \cdots$$

Q에 관한 모멘트의 합은 다음과 같이 계산되고,

$$\Sigma M_{\text{점 } Q} = M + \Delta M - M - (V + \Delta V)\,\Delta x$$
$$-\frac{1}{2} w(x)(\Delta x)^2 - \frac{1}{3}\frac{dw(x)}{dx}(\Delta x)^3 + \cdots = 0$$

위 식에 Δx를 나누고 $\Delta x \rightarrow 0$의 극한을 취하면 다음을 얻는다.

$$\frac{dM}{dx} = V \tag{10.3}$$

원칙적으로 식 (10.2)와 식 (10.3)을 사용해 보의 전단력과 굽힘모멘트 선도를 구할 수 있다. 식 (10.2)는 x 함수로 적분하면 V를 구할 수 있고 식 (10.3)은 x 함수로 적분하면 M을 구할 수 있다. 하지만 하나의 분포 하중이 작용하는 보의 단편(segment)에 대해 위의 식이 유도된다. 좀 더 일반적인 경우에 대해 위의 식을 적용하려면 보 위에 작용하는 집중 하중과 우력의 영향을 고려해야 한다.

그림 10.6a에서 y의 양(+)의 방향의 단일 힘 F가 작용하는 보의 전단력과 굽힘모멘트 선도가 어떻게 되는지 알아보자. 하중 근처의 좌우 보를 절단해 그림 10.6b와 같이 자유물체도를 얻는다. 여기에서 −와 +는 하중의 왼쪽과 오른쪽 값을 나타낸다. 평형은 다음 식을 요구한다.

$$V_+ - V_- = F$$
$$M_+ - M_- = 0$$

전단력 선도는 F 크기의 점프 불연속이 보이며(그림 10.6c), 굽힘모멘트 선도는 연속이다(그림 10.6d). 전단력의 점프는 하중이 y의 양의 방향이면 양수이다.

보에 시계 반대 방향 우력 C가 작용할 때(그림 10.7a) 전단력과 굽힘모멘트 선도가 어떻게 되는지 알아보자. 우력의 좌우 근처의 보를 절단해(그림 10.7d) 다음을 구한다.

$$V_+ - V_- = 0$$
$$M_+ - M_- = -C$$

전단력 선도는 연속이지만(그림 10.7c), 굽힘모멘트 선도는 우력이 작용하는 지점에 C 크기의 점프 불연속이 발생한다(그림 10.7d). 우력의 점프는 우력이 시계 반대 방향이면 음수이다.

이로써 전단력과 굽힘모멘트 선도 작성에 필요한 결과를 얻었다.

전단력 선도 작성

단일 분포 하중이 가해지는 보의 단편에서 전단력과 분포 하중은 다음과 같은 관계식으로 나타난다.

$$\frac{dV}{dx} = -w \tag{10.4}$$

이 식은 x에 대한 전단력의 미분 또는 기울기가 분포 하중의 음수와 같다는 것을 의미한다. 전체 단편에 걸쳐서 분포 하중이 없다면($w = 0$), 기울기는 0이고 전단력은 일정하다. 만약 w가 전체 단편에 걸쳐서 일정하면, 전단력의 기울기는 일정하고 단편에 대한 전단력 선도는 단일 직선임을 의미한다. 식 (10.4)를 위치 x_A부터 x_B까지 x에 관해 적분하면 다음 식과 같이 된다.

$$\int_{x_A}^{x_B} \frac{dV}{dx}\,dx = -\int_{x_A}^{x_B} w\,dx$$
$$V_B - V_A = -\int_{x_A}^{x_B} w\,dx$$

두 위치 사이의 전단력 변화는 이들 위치 사이의 하중곡선으로 정의된 면적의 음수와 같다(그림 10.8).

$$V_B - V_A = -(x_A\text{부터 } x_B\text{까지 분포 하중 면적}) \tag{10.5}$$

양의 y 방향으로 크기 F의 집중 하중이 가해지는 보의 경우 전단력 선도는 크기 F만큼의 증가가 발생한다. 우력이 작용하는 보의 경우 전단력 선도는 변화가 없다(연속이다).

그림 10.9의 보에 대한 전단력 선도를 구하는 방법에 대해 예를 들어 보자. 보에 힘 F가 아래 방향으로 가해지면 A와 C에서 위쪽으로 반력이 생긴다. 여기에는 분포 하중이 없다. 먼저 보의 왼쪽 끝부터 시작해서 선도를 왼쪽에서 오른쪽으로 그린다. 그림 10.10a는 A에서 위쪽 반력으로 인해 V 값이 증가하는 것을 보여준다. 분포 하중이 없기 때문에 V 값은 A와 B 사이에서 변화 없이 일정하다(그림 10.10b). B에서는 아래 방향 힘 때문에 V 값이 감소한다(그림 10.10c). B와 C 사이에서 V 값은 일정한

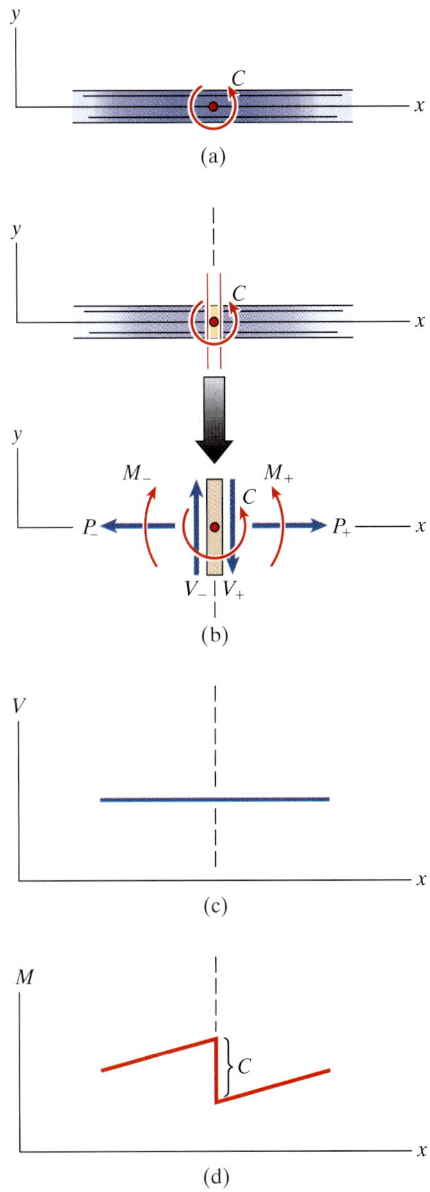

그림 10.7

(a) 시계 반대 방향 우력 C가 작용하는 보의 일부분

(b) C의 좌우를 절단해 얻은 자유물체도

(c) 전단력 선도는 연속이다.

(d) C 크기만큼의 음의 점프를 나타낸 굽힘모멘트 선도

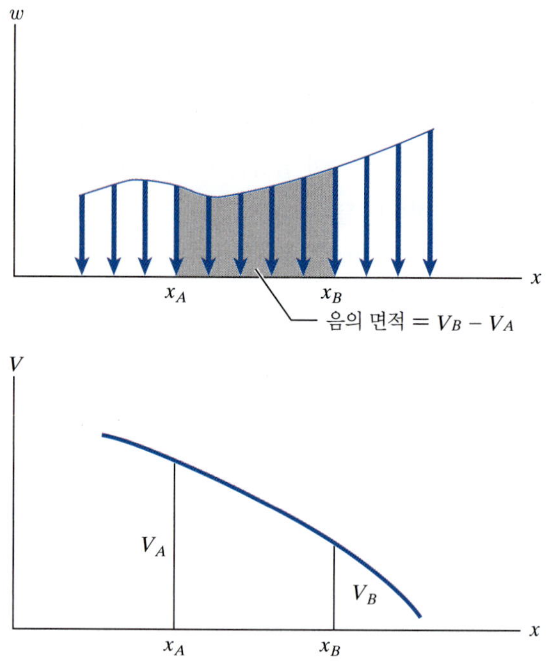

그림 10.8
전단력의 변화량은 하중곡선의 음의 면적과 같다.

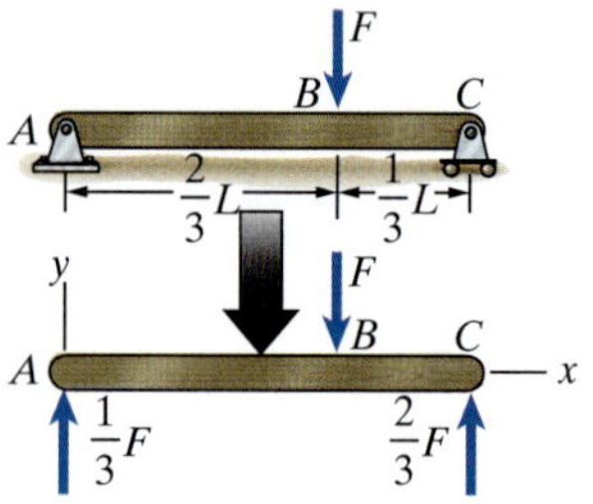

그림 10.9
단일 힘 F가 가해진 보와 자유물체도

값을 나타낸다. 이것으로 전단력 선도가 완성된다(그림 10.10d). 그림 10.10d와 평형방정식 적용 및 자유물체도 작성으로 얻은 그림 10.4의 전단력 선도와 비교해 보라.

굽힘모멘트 선도 작성

단일 분포 하중이 가해지는 보 단편에서 굽힘모멘트와 전단력은 다음과 같은 관계식을 나타낸다.

$$\frac{dM}{dx} = V \tag{10.6}$$

이 식은 x에 대한 굽힘모멘트의 기울기가 전단력과 같음을 나타낸다. V가 보 단편 전체에 걸쳐서 일정하면 굽힘모멘트는 보 단편에 걸쳐서 일정하다. 식 (10.6)을 위치 x_A부터 x_B까지 x에 관해 적분하면 다음 식이 된다.

$$M_B - M_A = \int_{x_A}^{x_B} V\, dx$$

두 위치 사이의 굽힘모멘트의 변화는 이들 위치 사이의 전단력 선도로 정의된 면적과 같다(그림 10.11).

$$M_B - M_A = (x_A\text{로부터 } x_B\text{까지 전단력 면적}) \tag{10.7}$$

크기 C의 시계 반대 방향 우력이 작용하는 보의 위치에서 굽힘모멘트는 크기 C만큼 감소한다. 집중 하중이 작용하는 보의 위치에서 굽힘모멘트 선도는 변하지 않는다.

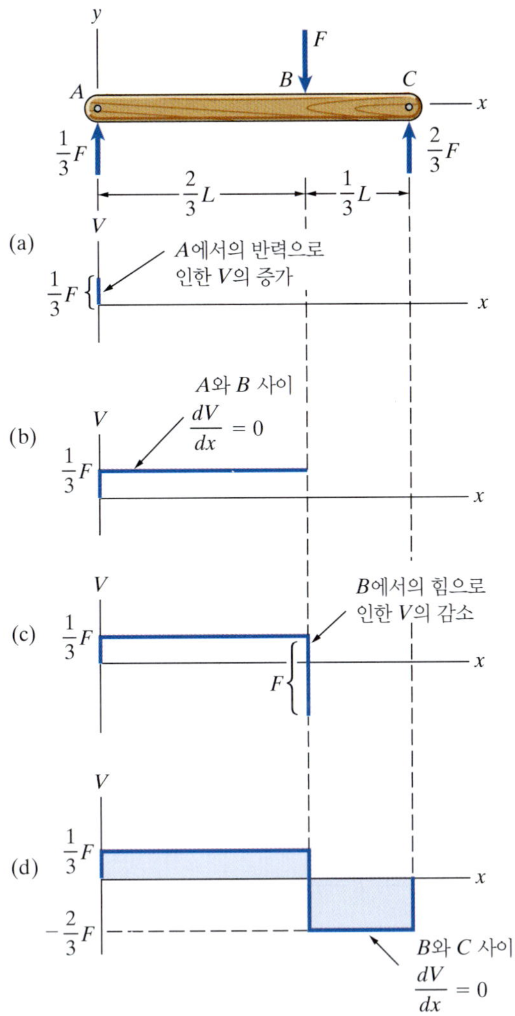

그림 10.10

그림 10.9의 보에 대한 전단력 선도 작성

예를 들어 그림 10.9의 보에 대해 굽힘모멘트 선도를 그려보자. 먼저 그림 10.12a와 같이 전단력 선도를 가지고 왼쪽부터 오른쪽으로 굽힘모멘트 선도를 작성해나간다. 보의 A에는 우력이 작용하지 않기 때문에 $M_A = 0$이다. A와 B 사이의 굽힘모멘트의 기울기는 일정하다($dM/dx = V = F/3$). 이는 A와 B 사이의 굽힘모멘트가 직선임을 시사한다(그림 10.12b). A부터 B까지의 굽힘모멘트의 변화는 두 점 사이의 전단력으로 정의된 면적과 같다.

$$M_B - M_A = (\tfrac{2}{3}L)(\tfrac{1}{3}F) = \tfrac{2}{9}LF$$

따라서 $M_B = 2LF/9$이다. B와 C 사이의 굽힘모멘트의 기울기도 일정하며($dM/dx = V = -2F/3$), 이에 따라 B와 C 사이의 굽힘모멘트 선도는 직선이다. B부터 C까지의 굽힘모멘트의 변화는 두 점 사이의 전단력으로 정의된 면적과 같다.

$$M_C - M_B = (\tfrac{1}{3}L)(-\tfrac{2}{3}F) = -\tfrac{2}{9}LF$$

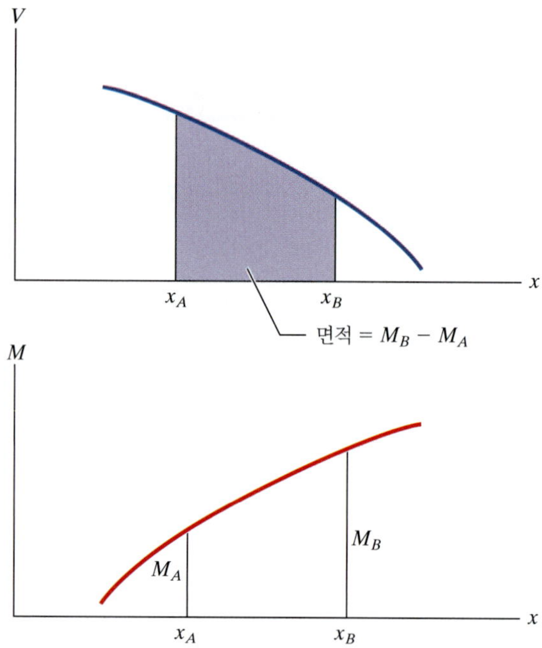

그림 10.11
굽힘모멘트의 변화량은 전단력 선도로 정의된 면적과 같다.

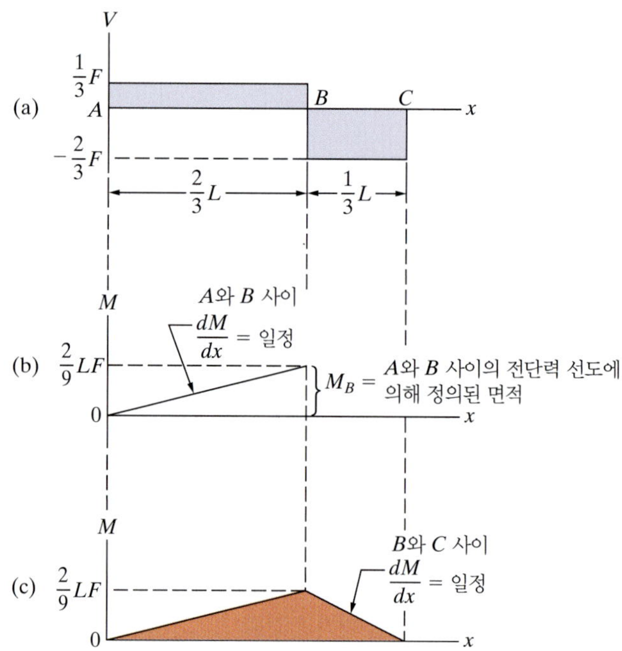

그림 10.12
그림 10.9의 보에 대한 굽힘모멘트 선도 작성

위 식으로부터 $M_C = M_B - 2LF/9 = 0$을 얻는다. (보에서 C에는 우력이 작용하지 않기 때문에 $M_C = 0$이라는 결론을 얻기 위해 실질적인 계산을 할 필요가 없다.) 완성된 굽힘모멘트를 그림 10.12c에서 보여준다. 그림 10.12c와 평형방정식 적용 및 자유물체도 작성으로 얻은 그림 10.4의 굽힘모멘트 선도와 비교해보라.

결과 정리

분포 하중만을 받는 보의 단편에서 전단력은 분포 하중과 다음 방정식으로 연관되어 있다.

$$\frac{dV}{dx} = -w \tag{10.4}$$

두 위치 사이의 전단력 변화는 해당 위치 사이의 하중곡선에 의해 정의된 면적의 음수와 같다.

$$V_B - V_A = -\left(\begin{matrix} x_A\text{부터 } x_B\text{까지 } w\text{로} \\ \text{정의된 면적} \end{matrix}\right) \tag{10.5}$$

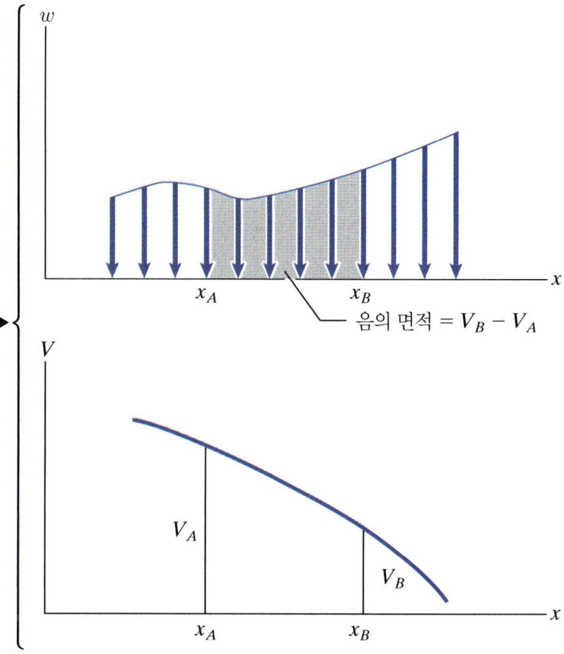

분포 하중만을 받는 보의 단편에서, 굽힘모멘트는 전단력과 다음과 같이 관련된다.

$$\frac{dM}{dx} = V \tag{10.6}$$

두 위치 사이의 굽힘모멘트 변화는 해당 위치 사이의 전단력에 의해 정의된 면적과 같다.

$$M_B - M_A = \left(\begin{matrix} x_A\text{부터 } x_B\text{까지 } V\text{로} \\ \text{정의된 면적} \end{matrix}\right) \tag{10.7}$$

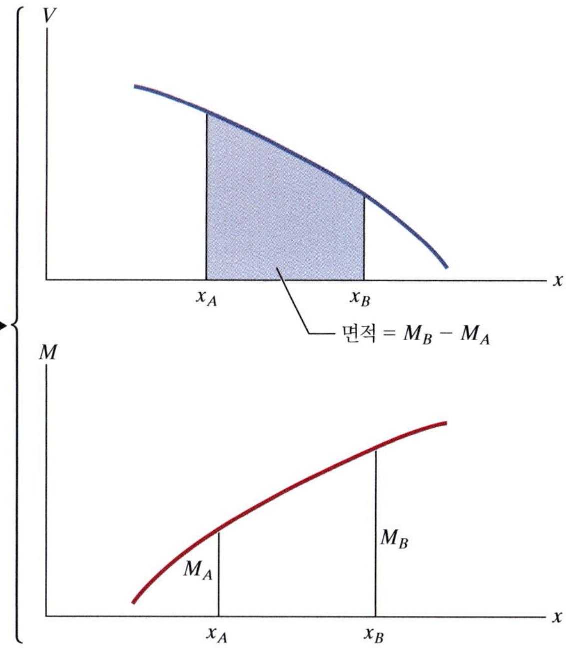

양의 y 방향으로 힘 F를 받는 보에서 전단력 선도는 크기 F만큼 증가한다. 굽힘모멘트 선도는 연속이다.

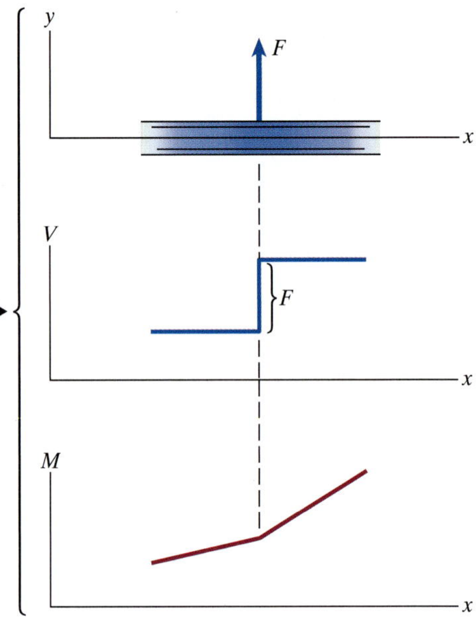

보가 시계 반대 방향의 우력 C를 받는 경우, 굽힘모멘트 선도는 크기 C만큼 감소한다. 전단력 선도는 연속이다.

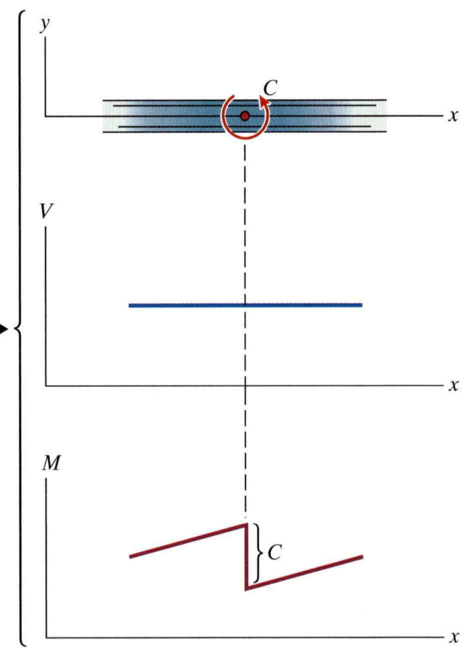

실습 예제 10.4 식 (10.4)~(10.7)을 이용한 전단력과 굽힘모멘트 선도

식 (10.4)와 식 (10.5)를 사용해 보의 전단력 선도를 그려라.

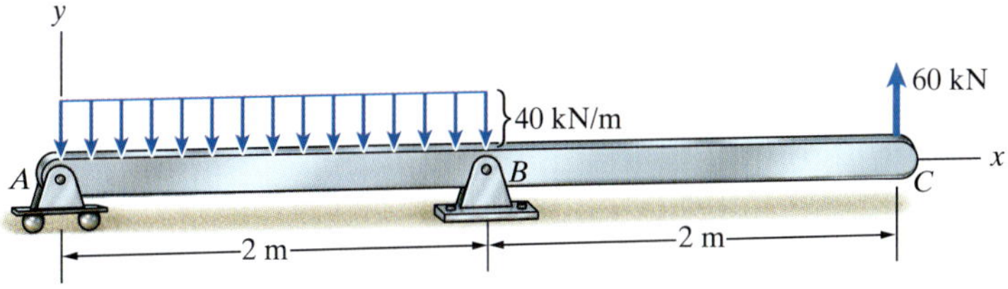

전략

첫 번째 단계는 보의 자유물체도를 그리고 A와 B에서의 반력을 구하는 것이다. 이는 실습 예제 10.3에서 수행했다. 보의 왼쪽 끝에서 시작해 오른쪽으로 진행하면서 전단력 선도를 구성한다.

풀이

보의 왼쪽 끝에서 시작하는 것이 도움이 되며, 초기 전단력 값은 0이라고 생각한다. A에서 100 kN의 위 방향 반력은 전단력을 100 kN 크기만큼 증가시킨다.

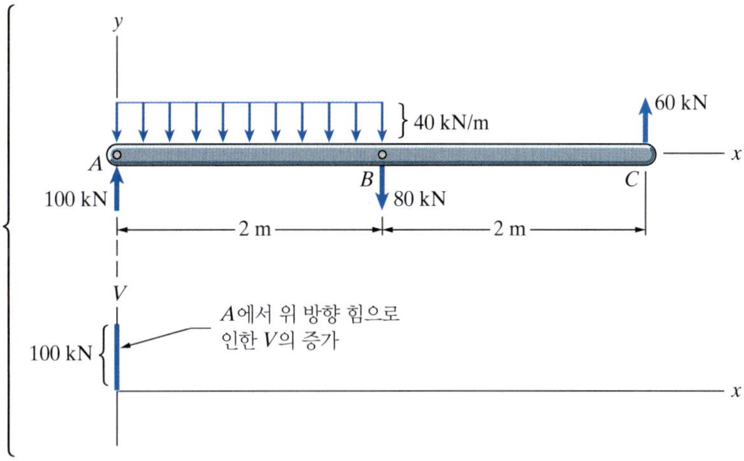

A와 B 사이에서 보에 작용하는 분포 하중은 일정하다. 식 (10.4)에서 이는 A와 B 사이에서 전단력 선도의 기울기가 일정함을 의미한다. 즉 전단력 선도는 직선이다. A와 B 사이의 V의 변화는 식 (10.5)로 구한다.

$$
\begin{aligned}
V_B - V_A &= -(2\ \text{m})(40\ \text{kN/m}) \\
&= -80\ \text{kN}
\end{aligned}
$$

따라서 V는 A의 100 kN에서 B의 100 kN − 80 kN = 20 kN으로 선형적으로 감소한다.

이 결과는 식 (10.4)를 다음과 같이 적분해서 구할 수 있다.

$$\int_{100}^{V} dV = \int_{0}^{x} -40\, dx$$

$$V = 100 - 40x\ \text{kN}$$

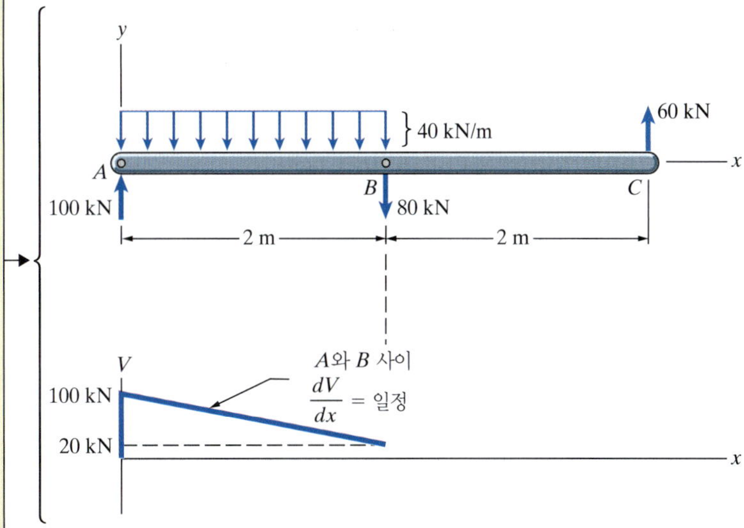

*B*에서 80 kN의 아래 방향 반력은 전단력을 80 kN 크기만큼 감소시킨다.

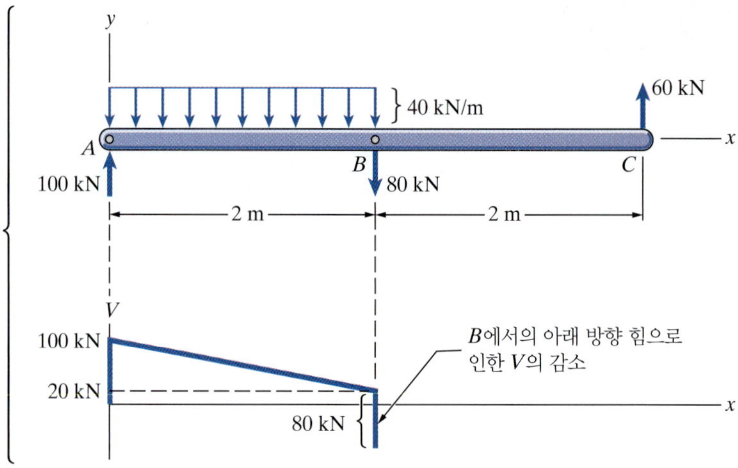

*B*와 *C* 사이에는 보에 작용하는 분포 하중이 없다. 식 (10. 4)에서 이는 *B*와 *C* 사이에서 *V*가 일정함을 의미하며, 이로써 전단력 선도를 완성할 수 있다.

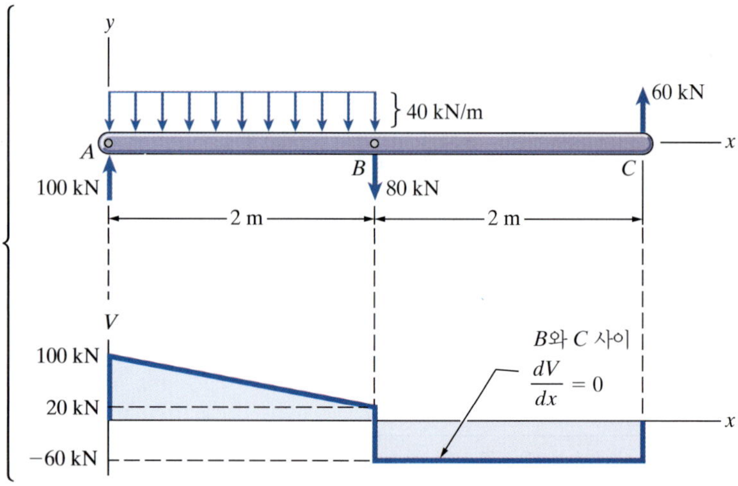

실습 문제 식 (10.6)과 식 (10.7)을 사용해서 보의 굽힘모멘트 선도를 그려라.

예제 10.5 식 (10.4)~(10.7)을 사용한 전단력 및 굽힘모멘트 선도

보의 전단력 및 굽힘모멘트 선도를 그려라.

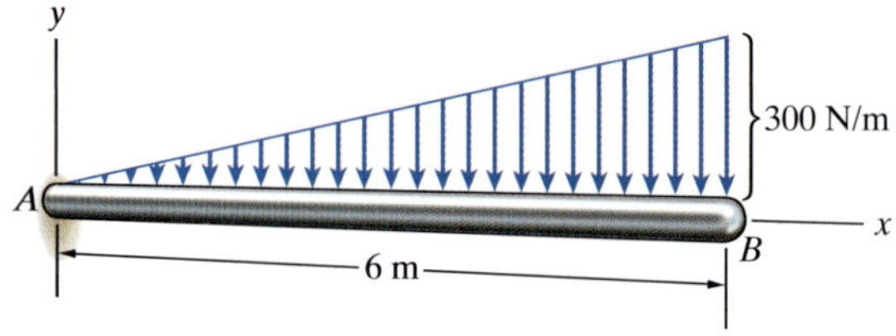

전략

보의 자유물체도를 시작으로 식 (10.4)와 식 (10.5)를 사용해 전단력 선도를 작성할 수 있다. 그런 다음 전단력 선도와 식 (10.6) 및 식 (10.7)을 사용해 굽힘모멘트 선도를 작성할 수 있다. 전단력 및 굽힘모멘트 선도를 결정하는 데에는 보에 작용하는 점 하중과 우력의 효과를 고려해야 한다.

풀이

전단력 선도 첫 번째 단계는 보의 자유물체도를 그리고 고정 지지대 *A*에서의 반력을 구하는 것이다. 이 단계의 결과를 그림 a에 나타내고, 전단력 선도를 작성하기 위해 왼쪽에서 오른쪽으로 진행한다. 그림 b는 *A*에서 위 방향 힘으로 인해 *V* 값이 증가하는 것을 보여준다. *A*와 *B* 사이에서 보에 작용하는 분포 하중은 0에서 300 N/m까지 선형적으로 증가한다. 따라서 전단력 선도의 기울기는 0에서 −300 N/m까지 선형적으로 감소한다. *B*에서 전단력은 0이어야 한다. 왜냐하면 거기서는 힘이 작용하지 않기 때문이다. 이 정보를 가지고 전단력 선도를 정성적으로 그릴 수 있다(그림 c).

*A*와 *B* 사이의 전단력에 대한 명시적인 방정식은 식 (10.4)를 적분함으로써 얻을 수 있다. *x*의 함수로서 분포 하중은 $w = (x/6)300 = 50x$ N/m이다. 식 (10.4)를 다음과 같이 쓸 수 있다.

$$dV = -w\,dx = -50x\,dx$$

그리고 임의의 위치 *x*에서 *V*를 구하기 위해 적분한다.

$$\int_{V_A}^{V} dV = \int_0^x -50x\,dx$$

$$V - V_A = -25x^2$$

*A*에서 900 N의 위 방향 반력으로 인해 $V = 900$ N이 되므로 다음을 얻는다.

$$V = 900 - 25x^2 \text{ N} \tag{1}$$

굽힘모멘트 선도 왼쪽에서 오른쪽으로 굽힘모멘트 선도를 구성한다. 그림 d는 *A*에서 시계 반대 방향 우력으로 인해 *M* 값이 감소하는 것을 보여준다. *A*와 *B* 사이에서 굽힘모멘트 선도의 기울기가 전단력 *V*와 같다. 전단력 선도(그림 c)로부터 *A*에서 굽힘모멘트 선도의 기울기가 양의 값(900 N)을 가진다는 것을 볼 수 있다. *x*

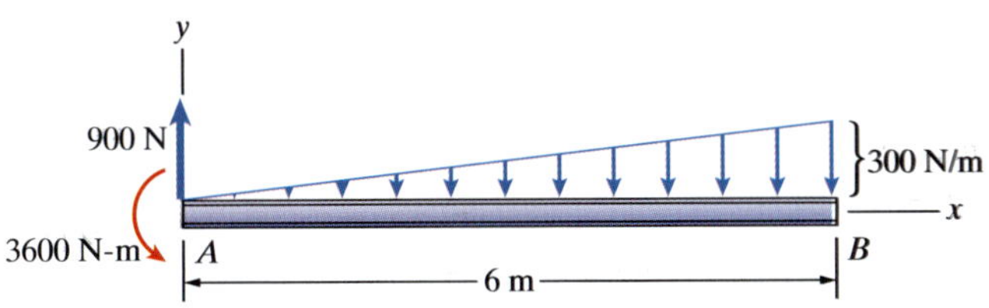

(a)

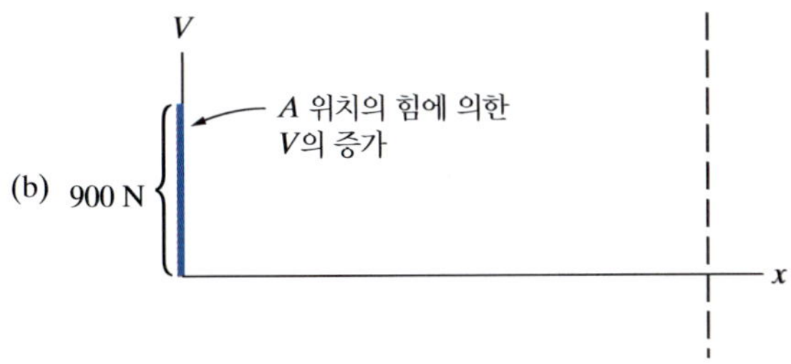

(b)

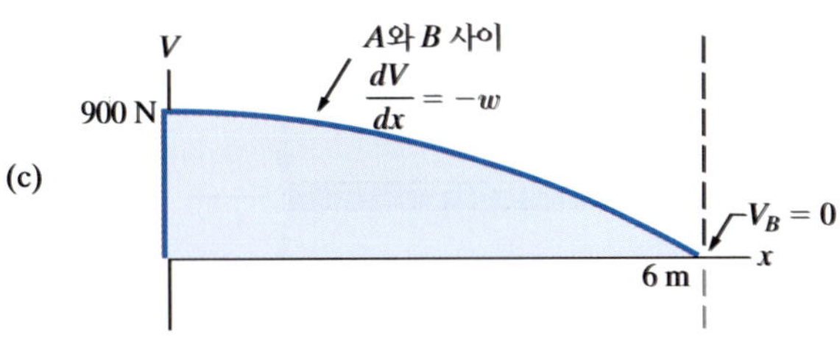

(c)

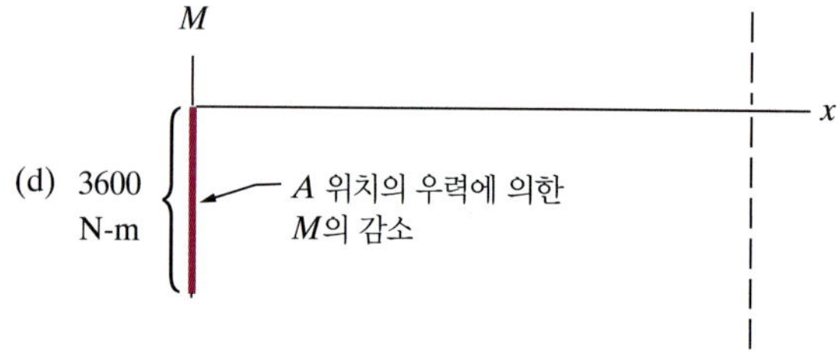

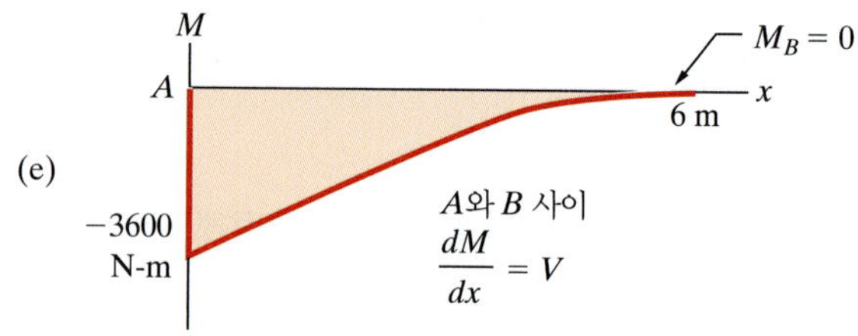

가 증가함에 따라 기울기가 감소하기 시작하고, B에서 기울기 값이 0에 도달할 때까지 감소 속도가 커진다. B에는 우력이 작용하지 않기 때문에 B에서는 굽힘모멘트 값이 0임을 알 수 있다. 이 정보를 가지고 굽힘모멘트 선도를 정성적으로 그릴 수 있다(그림 e). 기울기는 A의 양의 값에서 B의 0으로 감소하며, x가 증가함에 따라 감소 속도가 커진다는 것을 알 수 있다.

A와 B 사이의 굽힘모멘트에 대한 방정식은 식 (10.6)을 적분함으로써 얻을 수 있다. x의 함수로서 전단력은 식 (1)에 의해 주어진다. 식 (10.6)을 다음과 같이 쓸 수 있다.

$$dM = V\,dx = (900 - 25x^2)\,dx$$

적분하면 다음과 같다.

$$\int_{M_A}^{M} dM = \int_0^x (900 - 25x^2)\,dx$$

$$M - M_A = 900x - \tfrac{25}{3}x^3$$

A에서 3600 N-m 시계 반대 방향 우력의 결과로 $M = -3600$ N-m가 되어 굽힘모멘트를 얻는다.

$$M = -3600 + 900x - \tfrac{25}{3}x^3 \text{ N-m}$$

비판적 사고

예시한 바와 같이 식 (10.4)~(10.7)은 두 가지 방법으로 적용될 수 있다. 이들은 전단력과 굽힘모멘트 선도의 정성적 그림을 빠르게 얻기 위한 기반을 제공한다. 또한 식 (10.4)와 식 (10.6)을 적분함으로써 선도의 명시적인 식을 얻을 수 있다.

연습문제

식 (10.4)~(10.7)을 사용해서 다음 연습문제를 풀라.

10.41 전단력 및 굽힘모멘트 선도를 그려라.

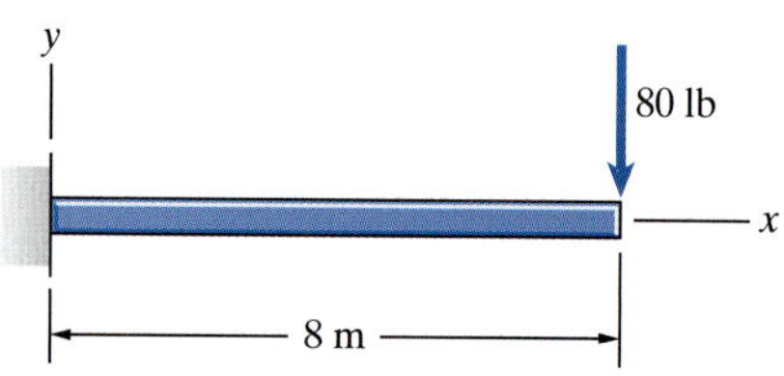

연습문제 10.41

10.42 전단력 및 굽힘모멘트 선도를 그려라.

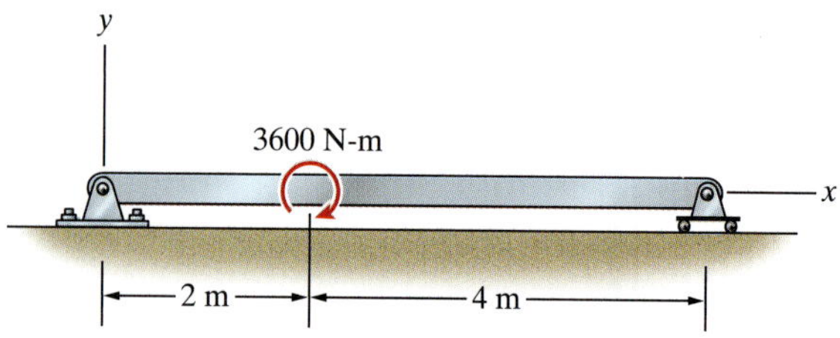

연습문제 10.42

10.43 다음은 보의 단편에 균일한 굽힘모멘트를 가하기 위해 사용되는 보와 추의 구성이다. 전단력 및 굽힘모멘트 선도를 그려라.

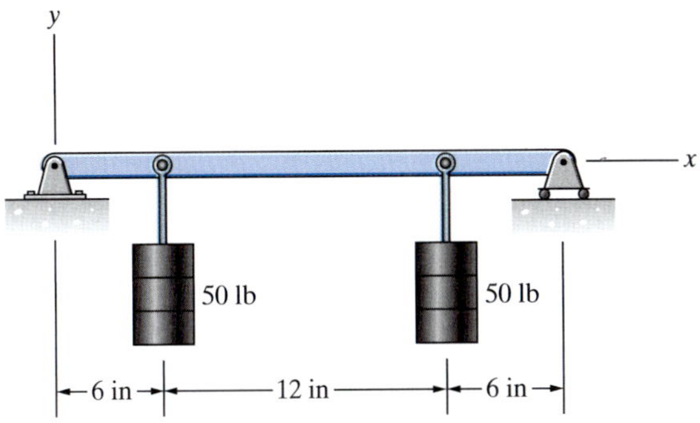

연습문제 10.43

10.44 예제 10.5에서 설명한 절차를 사용해 보의 전단력 및 굽힘모멘트 선도를 그려라.

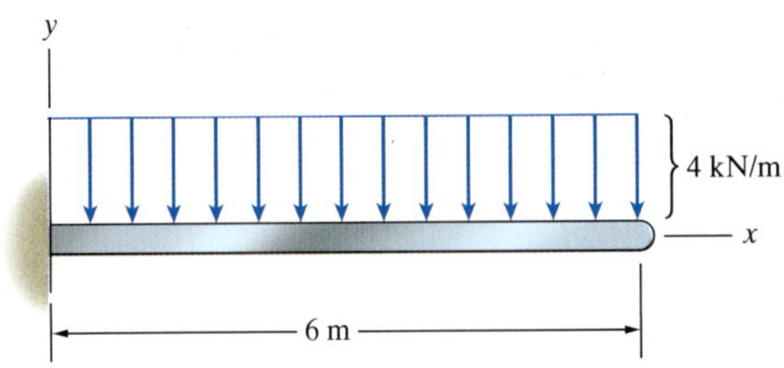

연습문제 10.44

10.45 전단력 및 굽힘모멘트 선도를 그려라.

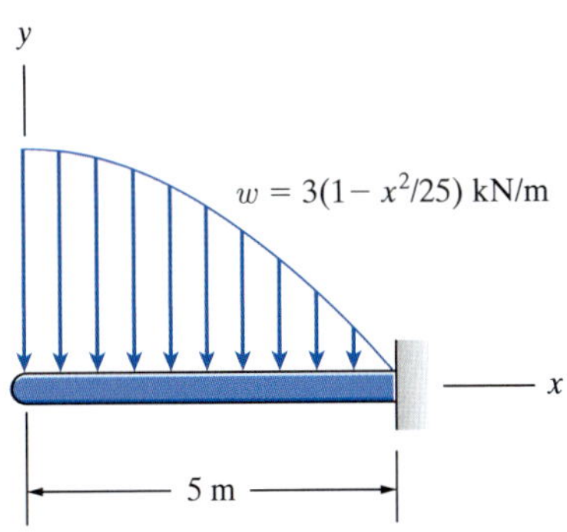

연습문제 10.45

10.46 전단력 및 굽힘모멘트 선도를 그려라.

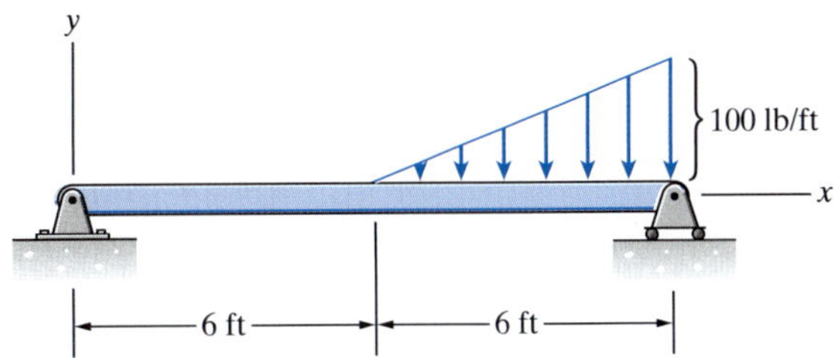

연습문제 10.46

10.47 전단력 및 굽힘모멘트 선도를 그려라.

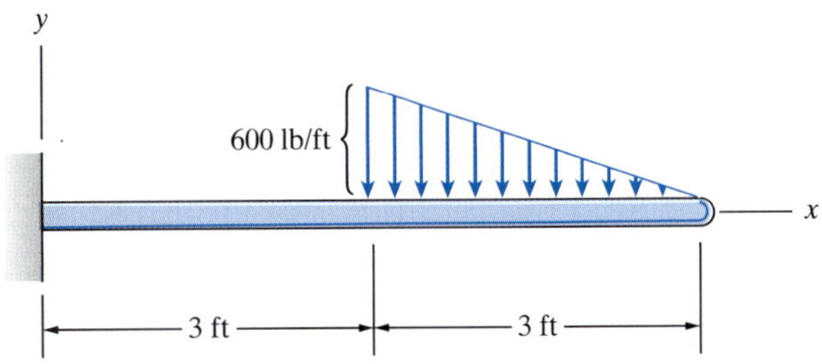

연습문제 10.47

10.48 전단력 및 굽힘모멘트 선도를 그려라.

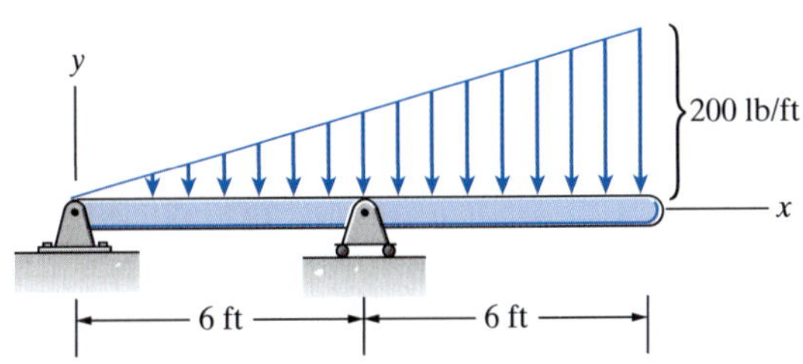

연습문제 10.48

10.49 보 AB에 대한 전단력 및 굽힘모멘트 선도를 그려라.

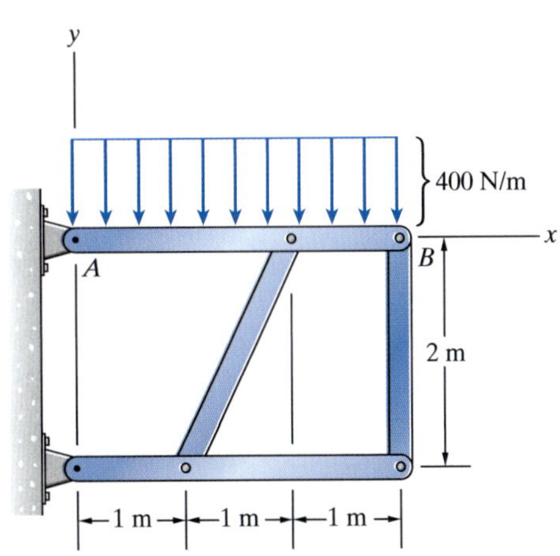

연습문제 10.49

케이블

강도, 경량, 유연성의 독특한 조화 때문에 로프와 케이블은 구조물, 기계, 수송기기에서 하중을 지지하고 힘을 전달하는 데 사용된다. 대형 현수교는 거대한 강철 케이블로 지지된다. 건축학자는 그림 10.13과 같이 개방식 옥내 공간의 미학적 구조물을 창조하는 데 케이블을 사용한다. 다음 절에서는 분포 및 이산 하중이 가해지는 로프와 케이블에서의 인장력을 구하는 방법을 배운다.

그림 10.13
운동경기장 지붕을 지지하는 케이블의 사용은 관중들이 지지기둥에 방해받지 않고 경기를 관람할 수 있게 한다.

출처: Konrad Krajewski/Shutterstock 제공

10.4 직선을 따라 균일하게 분포된 하중

생각해보기

- 현수교는 아름답다. 현수교의 주 케이블의 곡선을 설명하는 방정식은 무엇인가?
- 현수교의 주 케이블에서 최대 인장력을 어떻게 구할 수 있는가? 가장 낮은 점에서 발생하는가, 아니면 가장 높은 점에서 발생하는가?

배경

현수교의 주 케이블은 직선을 따라 균일하게 분포된 하중을 받는 케이블의 전형적인 예시이다(그림 10.14). 다리의 무게는 (대략적으로) 수평으로 균일하게 분포되어 있다. 많은 수의 수직 케이블이 주 케이블로 전달하는 하중은 분포 하중으로 모델링될 수 있다. 이 절에서는 이와 같은 방식으로 하중을 받는 케이블의 모양과 인장력의 변화를 구한다.

수평선을 따라 균일하게 분포된 하중을 받는 매달린 케이블을 고려하자(그림

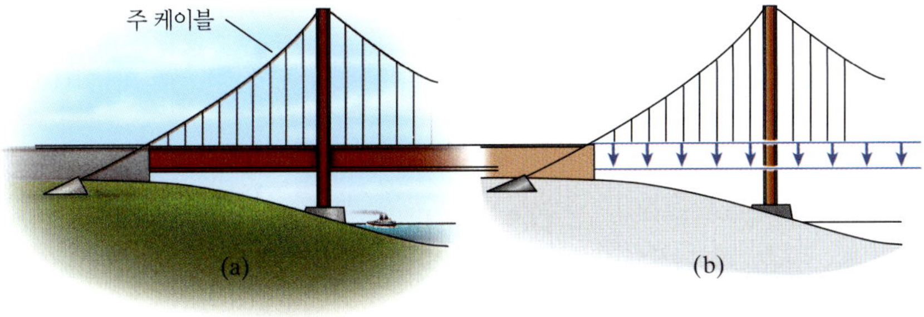

그림 10.14
(a) 현수교의 주 케이블
(b) 하중은 수평선을 따라 분포한다.

10.15a). 케이블의 무게는 무시한다. 좌표계의 원점은 케이블의 가장 낮은 점에 위치한다. 함수 $y(x)$가 x–y 평면에서 케이블을 나타내는 곡선이라 하자. 여기에서 목표는 곡선 $y(x)$와 케이블의 인장력을 구하는 것이다.

케이블의 모양

케이블의 가장 낮은 점과 임의의 위치 x에서 케이블을 잘라 자유물체도를 그릴 수 있다(그림 10.15b). T_0는 가장 낮은 점에서의 케이블의 인장력이고, T는 x에서의 인장력이다. 아래로 작용하는 분포 하중에 의한 힘은 wx이다. 이 자유물체도로부터 다음 평형방정식을 얻는다.

$$\begin{aligned} T\cos\theta &= T_0 \\ T\sin\theta &= wx \end{aligned} \tag{10.8}$$

두 번째 식을 첫 번째 식으로 나누어 인장력 T를 제거하면 다음과 같다.

$$\tan\theta = \frac{w}{T_0}x = ax$$

여기에서

$$a = \frac{w}{T_0}$$

x에서 케이블의 기울기는 $dy/dx = \tan\theta$이므로, 케이블로 설명되는 곡선을 지배

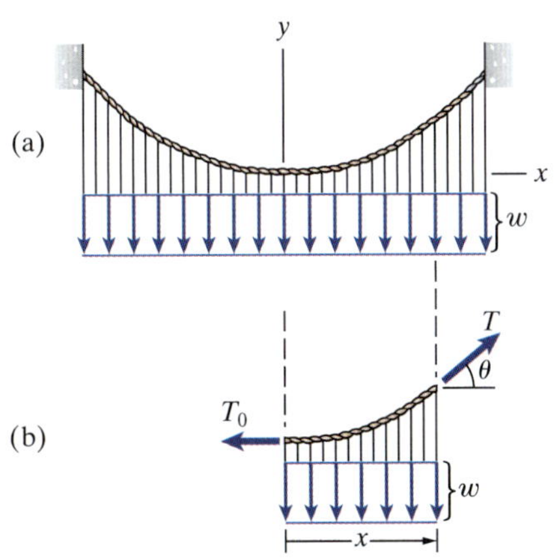

그림 10.15
(a) 수평선을 따라 균일하게 분포된 하중을 받는 케이블
(b) $x = 0$과 임의의 위치 x 사이의 케이블에 대한 자유물체도

하는 미분방정식을 얻는다.

$$\frac{dy}{dx} = ax \tag{10.9}$$

좌표계를 $y = 0$에서 $x = 0$으로 선택한다. 식 (10.9)를 적분하면,

$$\int_0^y dy = \int_0^x ax\,dx$$

케이블 곡선의 식은 포물선이며 다음과 같다.

$$y = \frac{1}{2}ax^2 \tag{10.10}$$

케이블의 인장력

케이블 내의 인장력 분포를 구하기 위해, 식 (10.8)의 양변을 제곱하고 합해 다음을 얻는다.

$$T = T_0\sqrt{1 + a^2x^2} \tag{10.11}$$

인장력은 케이블의 가장 낮은 점에서 최소이며, 가장 낮은 점으로부터의 거리가 증가함에 따라 단조롭게 증가한다.

케이블의 길이

케이블의 길이를 x의 함수로 나타낼 경우 유용할 때가 있다. 여기에서 $ds^2 = dx^2 + dy^2$의 관계를 가지며 ds는 케이블의 길이 요소이다(그림 10.16). 이를 다음과 같이 나타낼 수 있다.

$$ds = \sqrt{1 + \left(\frac{dy}{dx}\right)^2}\,dx$$

위 식에 식 (10.9)를 대입하고 적분하면, 0에서 x까지의 수평 방향 범위에 대한 케이블의 길이 s의 식을 얻을 수 있다.

$$s = \frac{1}{2}\left\{x\sqrt{1 + a^2x^2} + \frac{1}{a}\ln\left[ax + \sqrt{1 + a^2x^2}\right]\right\} \tag{10.12}$$

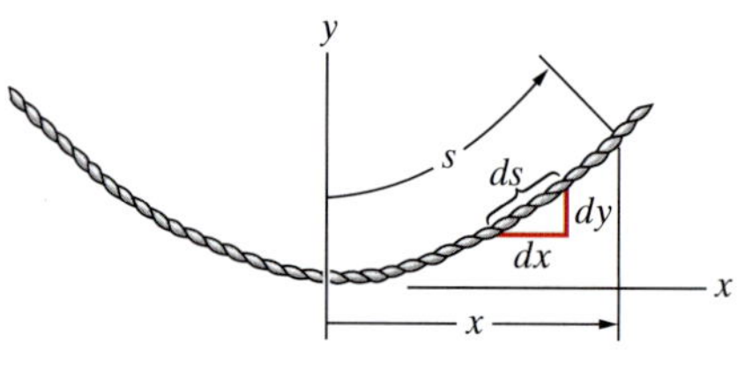

그림 10.16
0에서 x까지 수평 범위에 있는 케이블의 길이 s

결과 정리

수평선을 따라 균일하게 분포된 수직 하중을 받는 케이블이 있다. 좌표계의 원점은 케이블의 가장 낮은 점에 있다. 케이블로 설명되는 곡선은 포물선이다.

$$y = \frac{1}{2}ax^2 \qquad (10.10)$$

매개변수 a는 w/T_0로, 여기에서 w는 분포하중의 크기이고 T_0는 케이블의 가장 낮은 점에서의 인장력이다.

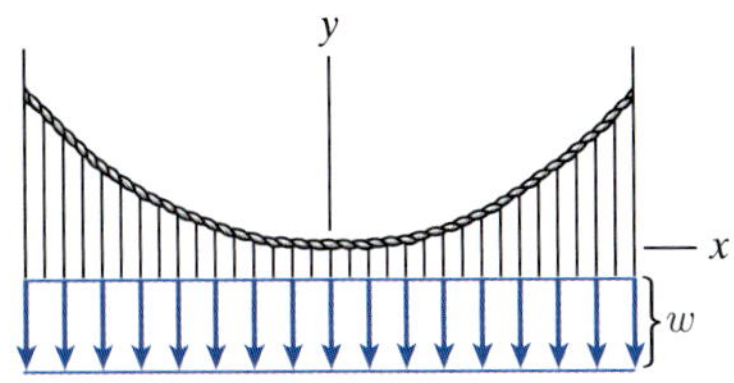

인장력

가장 낮은 점에서의 인장력과 케이블의 가장 낮은 점에 대한 수평 좌표 x로 표현된 케이블의 인장력

$$T = T_0\sqrt{1 + a^2x^2} \qquad (10.11)$$

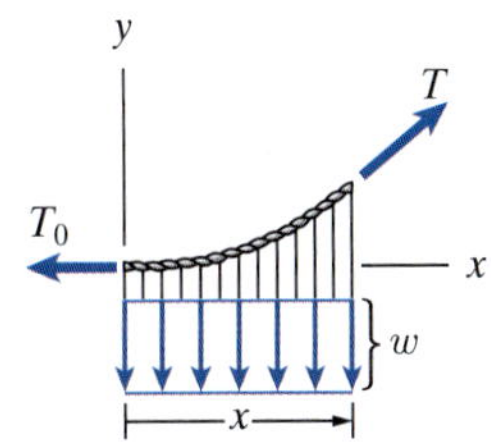

길이

가장 낮은 점 $x = 0$에서부터 수평 좌표 x까지 측정된 케이블의 길이

$$s = \frac{1}{2}\left\{x\sqrt{1 + a^2x^2} + \frac{1}{a}\ln\left[ax + \sqrt{1 + a^2x^2}\right]\right\} \qquad (10.12)$$

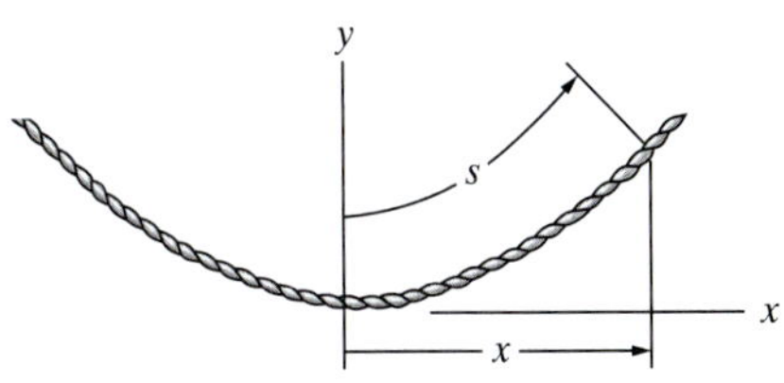

실습 예제 10.6 수평으로 분포된 하중을 받는 케이블

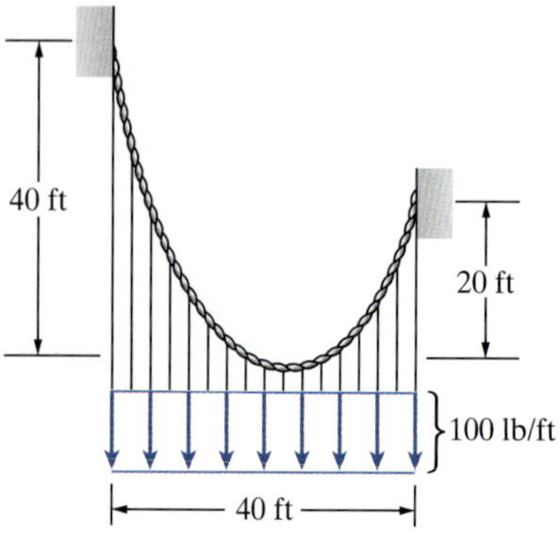

케이블은 분포 하중 100 lb/ft를 지지한다. 가장 낮은 점에서의 인장력은 얼마인가?

전략

케이블의 가장 낮은 점의 수평 위치는 주어지지 않았다. 그러나 가장 낮은 점을 원점으로 가지는 좌표계를 가정하자. 케이블이 연결된 점은 식 (10.10)을 만족해야 한다. 이러한 조건을 가지고 연결점의 수평 좌표를 구할 수 있다. 식 (10.10)은 $a = w/T_0$를 구하는 데 사용할 수 있으며, 이는 가장 낮은 점에서의 인장력을 알려준다.

풀이

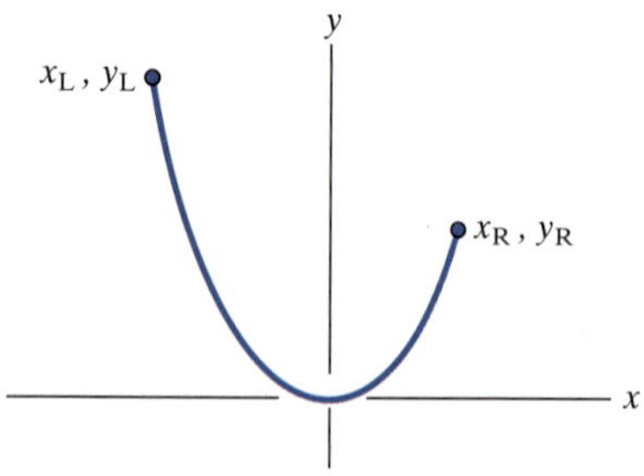

식 (10.10)을 사용해 연결점의 수평 좌표를 구한다.

두 연결점 모두에 대해 식 (10.10)을 만족해야 한다.

$$y_L = 40 \text{ ft} = \frac{1}{2}ax_L^2 \qquad y_R = 20 \text{ ft} = \frac{1}{2}ax_R^2$$

첫 번째 식을 두 번째 식으로 나누면

$$\frac{x_L^2}{x_R^2} = 2$$

케이블의 수평 범위는

$$x_R - x_L = 40 \text{ ft}$$

이 두 식을 풀면 $x_L = 0.146$ ft, $x_R = 16.6$ ft이다.

식 (10.10)을 사용해 가장 낮은 점에서의 인장력을 구한다.

오른쪽 연결점의 좌표를 식 (10.10)에 대입하면 다음과 같다.

$$y_R = \frac{1}{2}ax_R^2$$

$$20 \text{ ft} = \frac{1}{2}a(16.6 \text{ ft})^2$$

이를 풀면 $a = 0.146 \text{ ft}^{-1}$가 나온다. 따라서 가장 낮은 점에서의 인장력은 다음과 같다.

$$T_0 = \frac{w}{a} = \frac{100 \text{ lb/ft}}{0.146 \text{ ft}^{-1}} = 686 \text{ lb}$$

실습 문제 케이블에서의 최대 인장력을 구하라.

답: 2440 lb

예제 10.7 수평으로 분포된 하중을 받는 케이블

뉴욕에 있는 베라자노-내로스 다리의 지지 탑 사이의 수평 거리가 4260 ft이다. 탑의 정상은 주 지지 케이블의 가장 낮은 지점보다 420 ft 위에 있다. 케이블의 곡선식을 구하라.

전략

케이블의 연결점 좌표를 알고 있다. 좌표는 케이블의 최저점을 기준으로 구한다. 이 좌표를 식 (10.10)에 대입함으로써 매개변수 a를 구할 수 있다. a를 알면, 식 (10.10)이 케이블의 모양을 설명할 수 있다.

풀이

그림 a에 나타난 좌표계에 따르면, 지지 케이블의 가장 낮은 점에 대한 오른쪽 지지 탑 정상의 좌표는 $x_R = 2130$ ft, $y_R = 420$ ft이다. 이 값을 식 (10.10)에 대입하면,

$$y = \frac{1}{2}x^2:$$

$$420 \text{ ft} = \frac{1}{2}a(2130 \text{ ft})^2$$

$a = 1.85E - 4 \text{ ft}^{-1}$를 얻는다. x와 y가 피트 단위일 때, 지지 케이블의 모양을 설명하는 식은 다음과 같다.

$$y = \frac{1}{2}ax^2 = (9.26\text{E}-5)x^2$$

그림 a는 이 포물선을 케이블 사진 위에 중첩해서 보여준다.

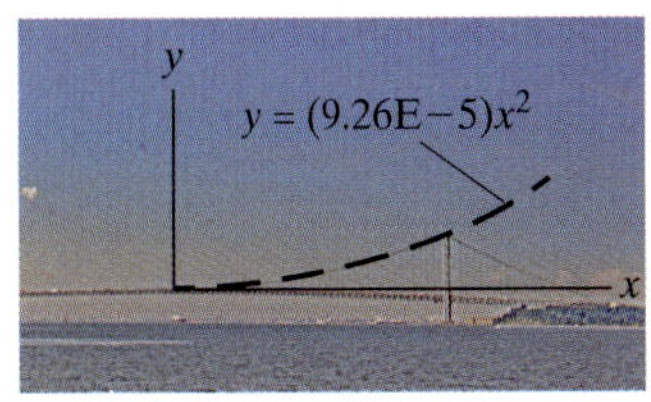

(a) 지지 케이블의 사진 위에 겹쳐 그린 이론적 곡선

비판적 사고

케이블의 가장 높은 점과 가장 낮은 점의 상대적 위치를 알고 있으므로 a의 값을 구할 수 있다. 이 매개변수 a는 예제에서 보여준 것처럼 케이블의 모양을 설명하는 식을 구할 뿐만 아니라, 케이블에 작용하는 분포 하중 w와 케이블의 가장 낮은 점에서의 인장력 사이의 비율이기도 하다. 만약 w의 값도 알려져 있다면, 케이블 전체의 인장력은 식 (10.11)로 구할 수 있을 것이다.

연습문제

10.50 케이블이 분포 하중 $w = 12{,}000$ lb/ft를 지지하고 있다. 실습 예제 10.6에서 설명한 방법을 사용해 케이블의 최대 인장력을 구하라.

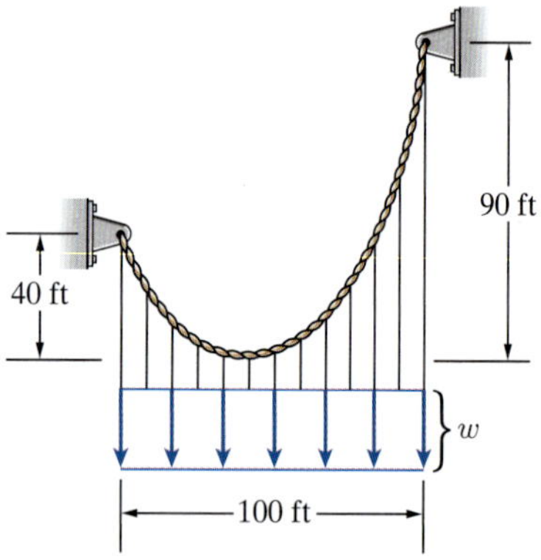

연습문제 10.50

10.51 케이블이 수평으로 균일하게 분포된 하중 $w = 80$ lb/ft를 받는다. 왼쪽 및 오른쪽 연결점에서 케이블의 인장력은 얼마인가?

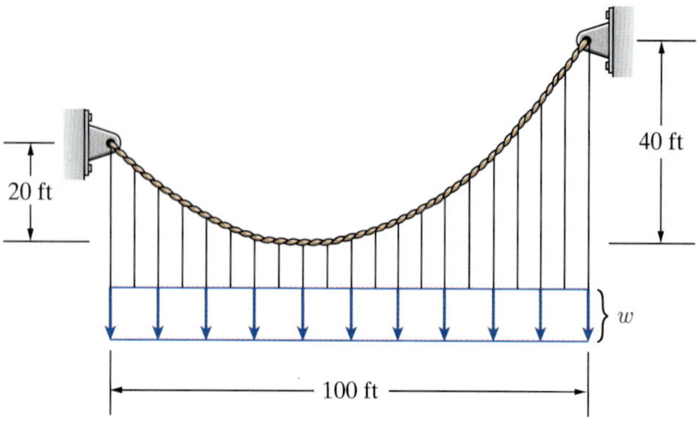

연습문제 10.51

10.52 케이블이 강 위의 파이프라인을 지지한다. 케이블을 지지하는 탑은 36 m이다. 케이블의 최저점은 탑의 정상에서 1.4 m 아래에 있다. 매달린 파이프의 질량은 2700 kg이다. (a) 케이블의 최대 인장력은 얼마인가? (b) 지지 케이블의 길이는 얼마인가?

10.53 케이블이 강 위의 파이프라인을 지지한다. 케이블을 지지하는 탑은 서로 200 ft 떨어져 있다. 매달린 파이프는 케이블에 균일한 분포 하중 130 lb/ft를 가한다. 케이블의 최저점이 탑의 정상으로부터 거리 h 아래에 있다고 가정할 때, 케이블이 안전하게 100,000 lb의 인장력을 견딜 경우 h의 안전한 값 중 최솟값은 얼마인가?

연습문제 10.52/10.53

10.54 케이블이 균일한 분포 하중 $w = 750$ N/m을 지지하고 있다. 케이블의 최저점은 연결점 C와 D 아래로 0.18 m이다. 트러스 부재 AC, BC에 작용하는 축력을 구하라.

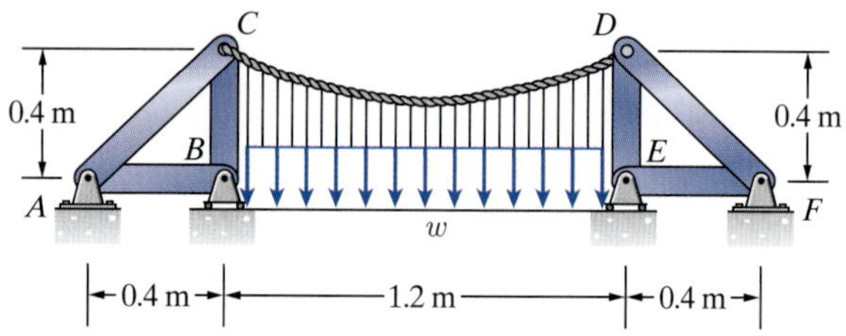

연습문제 10.54

10.55 케이블이 두 터널 사이의 철도 다리를 지지하고 있다. 분포 하중 $w = 1$ MN/m이고, $h = 40$ m이다. (a) 케이블의 최대 인장력은 얼마인가? (b) 케이블의 길이는 얼마인가?

10.56 연습문제 10.55의 케이블이 40 MN의 인장력을 안전하게 견딘다. 사용 가능한 가장 짧은 케이블의 길이는 얼마이며, 이에 해당하는 h 값은 얼마인가?

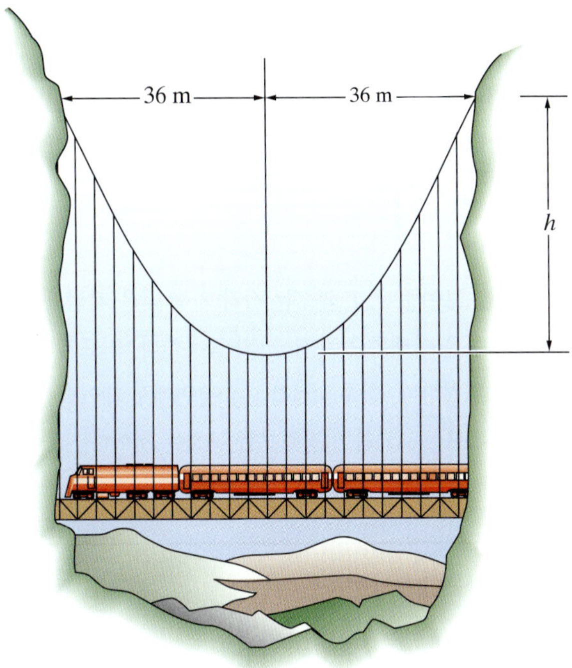

연습문제 10.55/10.56

10.57* 해양 탐사선이 연구 장비를 케이블로 견인한다. 유체 역학적 저항이 케이블에 균일하게 수직 방향으로 30 N/m으로 작용한다. 케이블에서 1과 2의 인장력은 각각 3800 N, 6000 N이다. 거리 h를 구하라.

10.58* 해양 탐사선이 연구 장비를 케이블로 견인한다. 유체 역학적 저항이 케이블에 균일하게 수직 방향으로 30 N/m으로 작용한다. 케이블에서 1과 2의 인장력은 각각 3800 N, 6000 N이다. 케이블의 곡선 형태를 그려라.

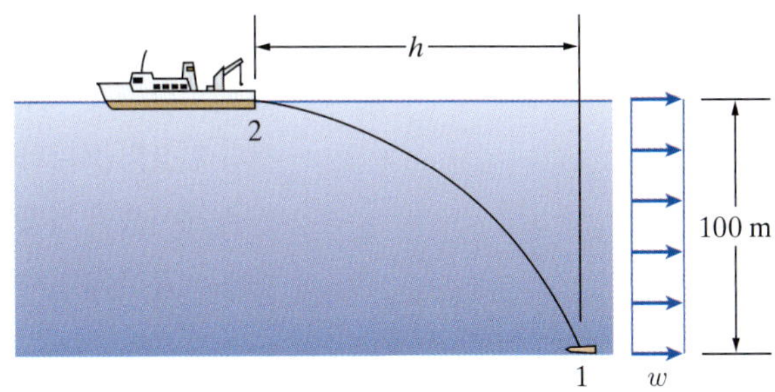

연습문제 10.57/10.58

10.5 케이블을 따라 균일하게 분포된 하중

생각해보기

- 고속도로를 따라 우아한 곡선으로 늘어진 전선을 볼 수 있다. 이들을 설명하는 방정식은 무엇인가?
- '현수선'은 무엇인가?

배경

케이블 무게 자체가 케이블 길이에 따라 균일하게 분포된 하중으로 작용한다. 케이블이 길이에 따라 균일하게 배치된 동등하고 평행한 힘을 받는다면, 케이블에 가해지는 하중은 그 길이에 따라 균일한 분포 하중으로 간주할 수 있다. 이 절에서는 케이블의 모양과 인장력의 변화를 어떻게 구하는지 보여준다.

케이블에서 길이의 단편 ds에 $w\ ds$의 힘이 작용한다고 가정하자. 여기에서 w는 상수이다. 그림 10.17에서는 케이블을 가장 낮은 지점과 그 길이에 따른 거리 s 지

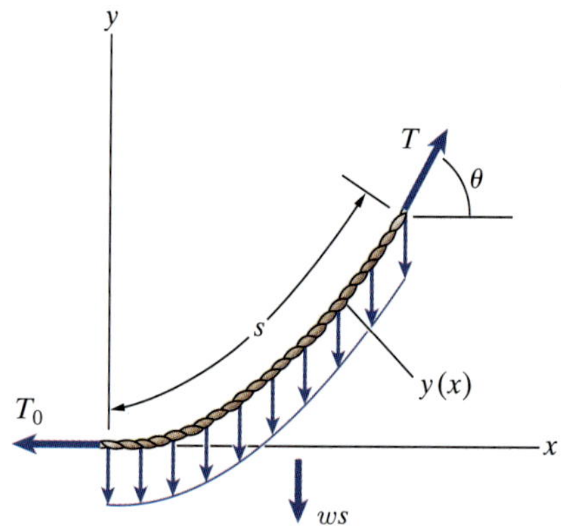

그림 10.17
길이를 따라 균일하게 분포된 하중이 가해진 케이블

점에서 자른 후 얻은 자유물체도를 보여준다. T_0와 T는 각각 가장 낮은 지점과 s에서의 인장력을 나타낸다. 분포 하중은 아래쪽으로 힘 ws가 작용한다. 좌표계의 원점은 케이블의 가장 낮은 지점에 위치한다. 함수 $y(x)$가 x–y 평면에서 케이블을 나타내는 곡선이라 하자. 여기에서 목표는 $y(x)$와 인장력 T를 구하는 것이다.

케이블의 모양

그림 10.17의 자유물체도로부터 다음 평형방정식을 얻는다.

$$T\sin\theta = ws \tag{10.13}$$

$$T\cos\theta = T_0 \tag{10.14}$$

식 (10.13)을 식 (10.14)로 나누면 다음을 얻는다.

$$\tan\theta = \frac{w}{T_0}s = as \tag{10.15}$$

여기에서

$$a = \frac{w}{T_0} \tag{10.16}$$

케이블의 기울기 $dy/dx = \tan\theta$이다. 따라서 식 (10.15)는 다음 식이 된다.

$$\frac{dy}{dx} = as$$

위 식을 x에 관해 미분한다.

$$\frac{d}{dx}\left(\frac{dy}{dx}\right) = a\frac{ds}{dx} \tag{10.17}$$

다음의 관계를 이용해

$$ds^2 = dx^2 + dy^2$$

x에 관한 s의 미분을 다음 식으로 나타낼 수 있다.

$$\frac{ds}{dx} = \sqrt{1 + \left(\frac{dy}{dx}\right)^2} = \sqrt{1 + \sigma^2} \tag{10.18}$$

여기에서

$$\sigma = \frac{dy}{dx} = \tan\theta$$

는 기울기이다. 이제 식 (10.18)을 이용해서 식 (10.17)을 다음으로 나타낸다.

$$\frac{d\sigma}{\sqrt{1+\sigma^2}} = a\,dx$$

$x = 0$에서 기울기 $\sigma = 0$이다. 위 식을 적분한다.

$$\int_0^{\sigma} \frac{d\sigma}{\sqrt{1+\sigma^2}} = \int_0^{x} a\,dx$$

그러면 x의 함수로서 기울기를 얻는다.

$$\sigma = \frac{dy}{dx} = \frac{1}{2}(e^{ax} - e^{-ax}) = \sinh\, ax \tag{10.19}$$

위의 x에 관한 식을 적분해서 케이블 곡선식을 얻는다. 이 식을 **현수선**이라 부른다.

$$y = \frac{1}{2a}(e^{ax} + e^{-ax} - 2) = \frac{1}{a}(\cosh\, ax - 1) \tag{10.20}$$

케이블의 인장력

식 (10.14)와 $dx = \cos\theta\, ds$의 관계를 이용해 다음을 얻는다.

$$T = \frac{T_0}{\cos\theta} = T_0\frac{ds}{dx}$$

식 (10.18)을 위 식에 대입하고 식 (10.19)를 이용해 x의 함수에 따른 인장력 식을 구한다.

$$T = T_0\sqrt{1 + \frac{1}{4}(e^{ax} - e^{-ax})^2} = T_0\cosh\, ax \tag{10.21}$$

케이블의 길이

식 (10.15)로부터 원점에서 x축과의 각도가 θ인 지점까지의 케이블 길이 s가 다음과 같다.

$$s = \frac{1}{a}\tan\theta = \frac{\sigma}{a}$$

식 (10.19)를 위의 식에 대입하면, 최저점으로부터 x까지 수평 방향 간격의 길이 s에 대한 표현식은 다음과 같이 얻어진다.

$$s = \frac{1}{2a}(e^{ax} - e^{-ax}) = \frac{\sinh\, ax}{a} \tag{10.22}$$

결과 정리

케이블의 길이를 따라 균일하게 분포된 수직 하중을 받는 케이블이 매달려 있다. 좌표계의 원점은 케이블의 가장 낮은 지점이다. 케이블의 곡선은 현수선이다.

$$y = \frac{1}{2a}(e^{ax} + e^{-ax} - 2) = \frac{1}{a}(\cosh ax - 1) \qquad (10.20)$$

매개변수 $a = w/T_0$이다. 여기에서 w는 분포된 하중의 크기이고, T_0는 케이블의 가장 낮은 지점에서 케이블의 인장력이다.

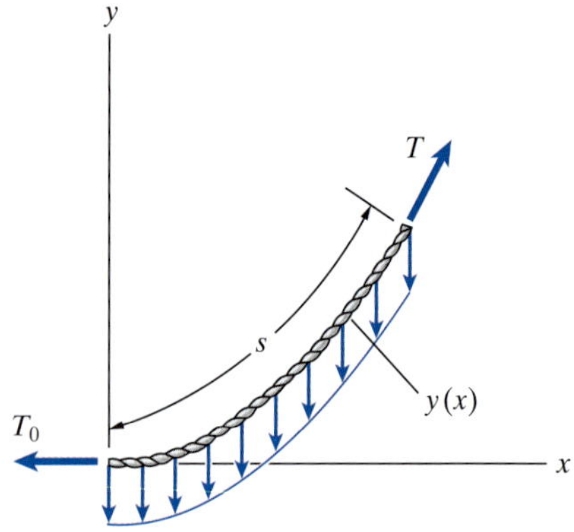

인장력

케이블의 인장력은 케이블의 가장 낮은 지점에서의 인장력과 케이블의 가장 낮은 지점에 대한 수평 좌표 x로 표현된다.

$$T = T_0\sqrt{1 + \frac{1}{4}(e^{ax} - e^{-ax})^2} = T_0 \cosh ax \qquad (10.21)$$

길이

케이블의 길이는 가장 낮은 지점 $x = 0$에서부터 수평 좌표 x 지점까지 측정된다.

$$s = \frac{1}{2a}(e^{ax} - e^{-ax}) = \frac{\sinh ax}{a} \qquad (10.22)$$

실습 예제 10.8 하중을 받는 케이블

케이블의 단위 길이당 질량이 1 kg/m이다. 가장 낮은 지점에서의 인장력은 50 N이다. 가장 낮은 지점 대비 부착 지점의 높이 h를 구하라.

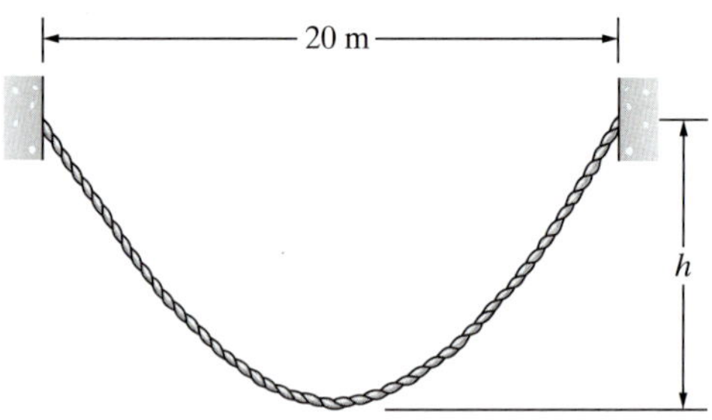

전략

케이블 길이에 따라 $w = (9.81\text{m}/s^2)(1 \text{ kg/m}) = 9.81 \text{ N/m}$의 균일한 분포 하중이 작용한다. w와 T_0가 알려져 있기 때문에, $a = w/T_0$를 구할 수 있다. 그런 다음 식 (10.20)을 사용해 h를 구할 수 있다.

풀이

$$a = \frac{w}{T_0} = \frac{9.81 \text{ N/m}}{50 \text{ N}} = 0.196 \text{ m}^{-1}$$

매개변수 a를 구한다.

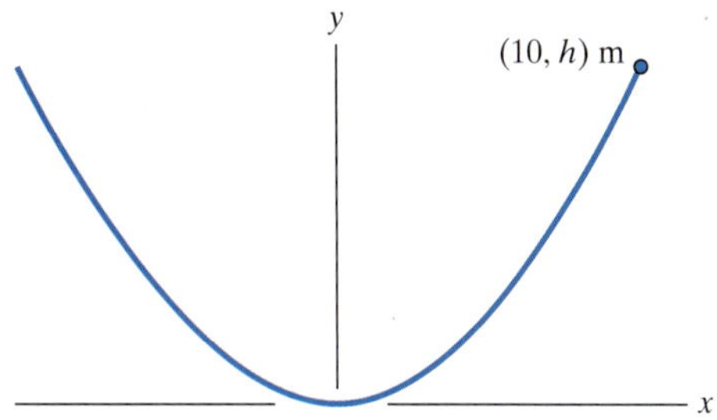

$$y = \frac{1}{a}(\cosh ax - 1)$$

$$h = \frac{1}{0.196 \text{ m}^{-1}}\{\cosh[(0.196 \text{ m}^{-1})(10 \text{ m})] - 1\}$$

$$= 13.4 \text{ m}$$

식 (10.20)을 적용한다.

실습 문제 케이블의 최대 인장력을 구하라.

답: 181 N

연습문제

10.59 보도교가 두 개의 케이블로 지지되고 있다. 간격은 80 ft이다. 각 케이블은 길이 단위당 평균 8 lb/ft의 힘을 받는다. 각 케이블의 중앙에서의 인장력은 650 lb이다. (a) 각 케이블의 최대 인장력과 (b) 그 길이를 구하라.

출처: Esteban De Armas/Alamy Stock Photo 제공

연습문제 10.59

10.60 정지된 풍선의 계류줄이 트럭에 부착된 O 지점에서 수평이다. 계류줄의 단위 길이당 질량은 0.45 kg/m이다. 계류줄이 트럭에 50 N의 수평력을 가한다. O 지점으로부터 계류줄이 풍선에 부착된 A 지점까지의 수평 거리는 20 m이다. A 지점의 높이는 O 지점에 대해 얼마인가?

10.61 계류줄이 A 지점에서 풍선에 가하는 힘의 수평 및 수직 성분의 크기를 구하라.

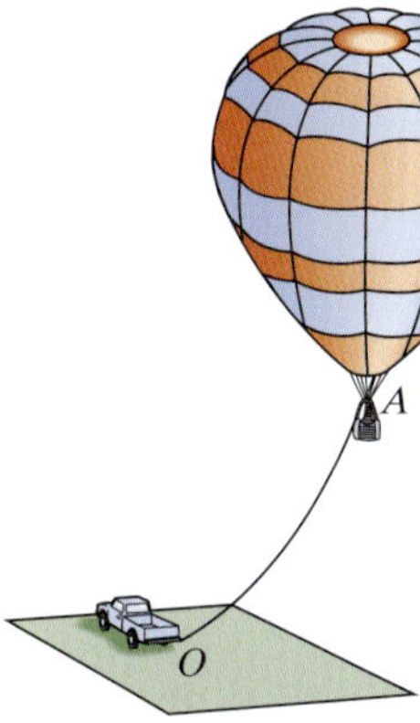

연습문제 10.60/10.61

10.62 선 AB, BC의 단위 길이당 질량이 2 kg/m이다. 케이블 AB의 가장 낮은 지점에서의 인장력은 1.8 kN이다. 두 선은 B에서 동일한 수평력을 가한다. (a) h_1, h_2의 처짐을 구하라. (b) 두 선의 최대 인장력을 구하라.

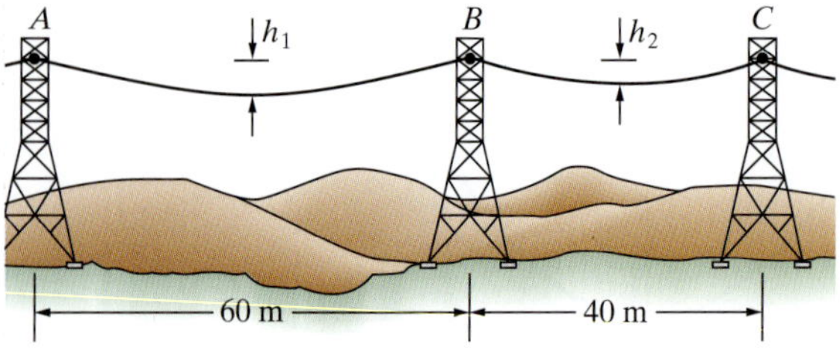

연습문제 10.62

10.63* 가벼운 줄이 길이 단위당 평균 0.0006 N/mm의 무게를 받는다. 가장 낮은 지점에서의 인장력을 구하라.

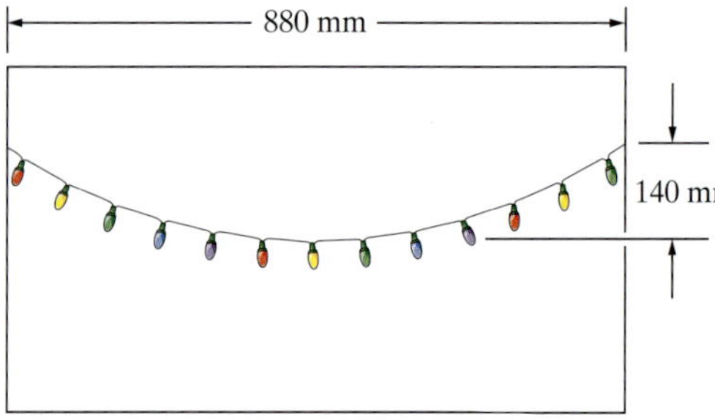

연습문제 10.63

10.6 이산 하중

생각해보기

- 케이블이 점 하중을 받는 경우, 그 형태를 결정하기 위해 무엇을 알아야 하는가?
- 이산 하중이 연속 하중을 어떻게 근사화하는가? 그 반대의 경우는 어떻게 되는가?

배경

제3장에서 평형의 첫 번째 응용은 매달린 물체를 지지하는 케이블의 인장력을 구하는 것이었다. 이 절에서는 임의의 개수 N의 물체가 케이블에 매달린 경우를 고려하자(그림 10.18a). 케이블의 무게는 매달린 무게에 비해 무시할 수 있으며, 케이블은 부분적으로 직선으로 표현할 수 있을 만큼 유연하다고 가정한다.

인장력과 케이블 모양의 결정

수평 거리 간격이 b_1, b_2, ⋯, b_{N+1}이고 케이블의 오른쪽 연결점의 수직 거리가 h_{N+1}이라고 가정하자. 여기에서는 두 가지 목표가 있다. (1) 각 무게의 연결점에서 수직 거리 h_1, h_2, ⋯, h_N을 구함으로써 케이블의 형상을 구한다. (2) 케이블의 1, 2, ⋯, $N+1$의 간격에서 인장력을 구한다.

그림 10.18b와 같이 케이블의 왼쪽 연결점과 무게 W_1의 바로 오른쪽에서 케이블을 자르고 자유물체도를 그린다. 왼쪽 연결점에서 케이블의 인장력을 수평 및 수직 성분 $T_{\rm h}$와 $T_{\rm v}$로 분해한다. 연결점 A_1에 관한 모멘트의 합을 구하면 다음 식을 얻는다.

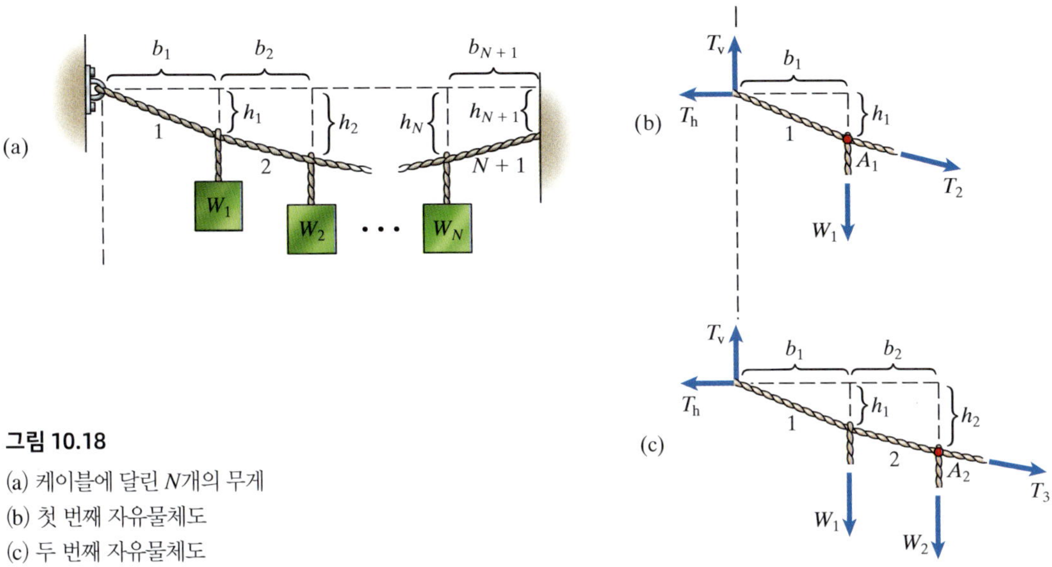

그림 10.18

(a) 케이블에 달린 N개의 무게
(b) 첫 번째 자유물체도
(c) 두 번째 자유물체도

$$\Sigma M_{\text{점 } A_1} = h_1 T_h - b_1 T_v = 0$$

다음 단계는 그림 10.18c와 같이 케이블의 왼쪽 연결점과 무게 W_2의 바로 오른쪽에서 케이블을 잘라 자유물체도를 그리는 것이다. A_2에 관한 모멘트를 구하면 다음 식을 얻는다.

$$\Sigma M_{\text{점 } A_2} = h_2 T_h - (b_1 + b_2) T_v + b_2 W_1 = 0$$

이러한 방법을 계속 수행해서 N번째 물체의 바로 오른쪽에 있는 케이블을 잘라 N번째 방정식을 얻는다. 케이블의 왼쪽과 오른쪽 연결점에서 케이블을 자르고 오른쪽 연결점에 대해 모멘트를 합함으로써 자유물체도를 그릴 수도 있다. 이 방법으로 인장력의 두 성분 T_h, T_v와 연결점의 수직 거리 h_1, h_2, ⋯, h_N에 대해 $N+1$개의 방정식을 얻는다. 연결점의 수직 거리를 단 하나만 알고 있어도 다른 위치의 수직 거리 방정식을 풀 수 있고 케이블의 모양을 구할 수 있다. (이 절차는 비선형 대수 방정식 시스템의 해를 요구한다는 것에 주목하라.)

케이블의 모양과 힘 T_h를 알면, 왼쪽 연결점과 해당 구간 내에서 케이블을 자르고 수평 방향의 힘을 합해 해당 구간에서 인장력을 구할 수 있다.

분포 하중과 이산 하중 모델 분석

분산 하중과 이산 하중을 받는 케이블을 비교함으로써 공학적으로 연속 및 이산 시스템을 어떻게 모델링하는지 관찰할 수 있다. 그림 10.19a와 같이 수평 방향 분포 하중 w를 받는 케이블을 고려하자. 케이블에 가해지는 총힘은 wL이다. 케이블이 지점 $x = L/2$, $y = L/2$을 통과하기 때문에, 식 (10.10)에서 $a = 4/L$이고 케이블의 곡선에 대한 방정식은 $y = (2/L)x^2$이다.

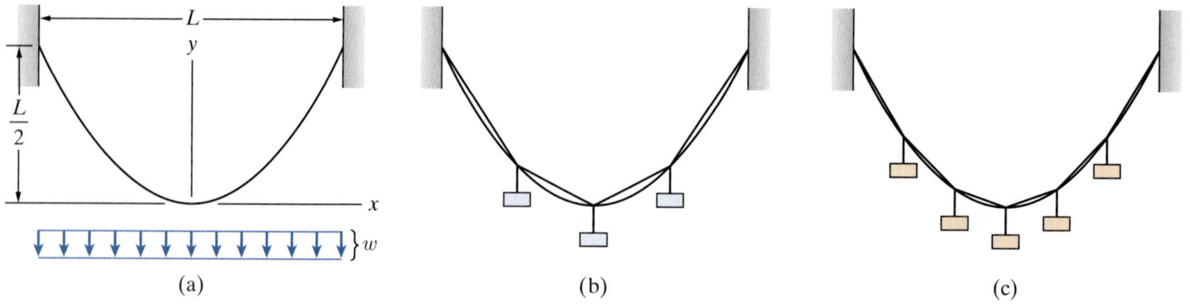

그림 10.19

(a) 분포 하중이 가해진 케이블
(b) 세 개의 이산 하중이 가해진 케이블
(c) 다섯 개의 이산 하중이 가해진 케이블

그림 10.19b에서 분포 하중이 가해지는 케이블의 곡선과 간격이 같고 세 개의 이산 하중 $W = wL/3$을 받는 케이블(케이블의 자중은 무시함)의 곡선 모양을 비교해보자. (중앙에서 두 케이블의 높이가 같아지도록 이산 하중을 가진 케이블의 치수를 정한다.) 그림 10.19c에서 분포 하중이 가해지는 케이블의 곡선과 간격이 같고 다섯 개의 이산 하중 $W = wL/5$을 받는 케이블의 곡선 모양을 비교해보자. 그림 10.20a와 10.20b에서 분포 하중을 받는 케이블의 인장력을 세 개와 다섯 개의 이산 하중을 받는 케이블의 인장력과 비교한다.

분포 하중을 받는 케이블의 모양과 인장력은 이산 하중을 받는 케이블의 모양과 인장력으로 근사할 수 있다. 인장력의 경우 근사화가 모양의 근사화보다 비슷한 경향은 떨어지지만, 이산 하중의 수가 증가할수록 분포 하중의 결과와 비슷해진다.

연속된 분포를 이산화된 모델로 근사하는 방법은 공학적으로 중요한 의미를 가진다. 이것은 유한요소법과 유한차분법의 출발점이 된다. 반대의 방법인 이산 하중을 분포 하중으로 모델링하는 방법도 널리 활용되는데, 예를 들어 교량에 가해지는 교통량의 힘을 분포 하중으로 모델링할 때 이러한 방법이 사용된다.

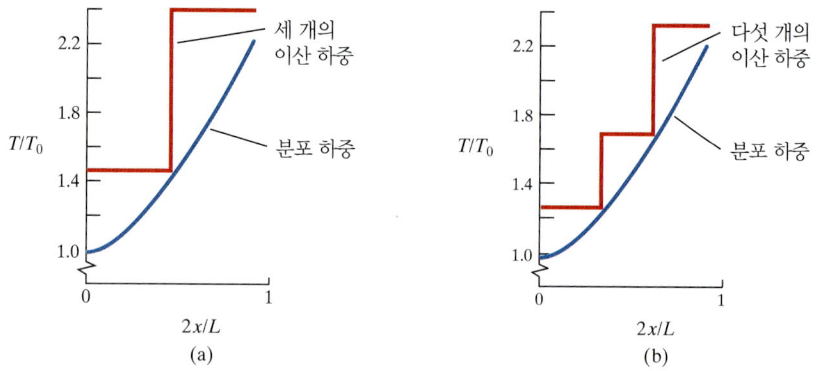

그림 10.20

(a) 분포 하중을 받는 케이블과 세 개의 이산 하중이 가해진 케이블의 인장력 비교
(b) 분포 하중을 받는 케이블과 다섯 개의 이산 하중이 가해진 케이블의 인장력 비교

결과 정리

무게, 수평 거리 $b_1, b_2, \cdots, b_{N+1}$, 수직 거리 h_{N+1}이 알려져 있다. 목표는 수직 거리 $h_1, h_2, \cdots, h_N$과 케이블의 각 구간에서 인장력을 구하는 것이다.

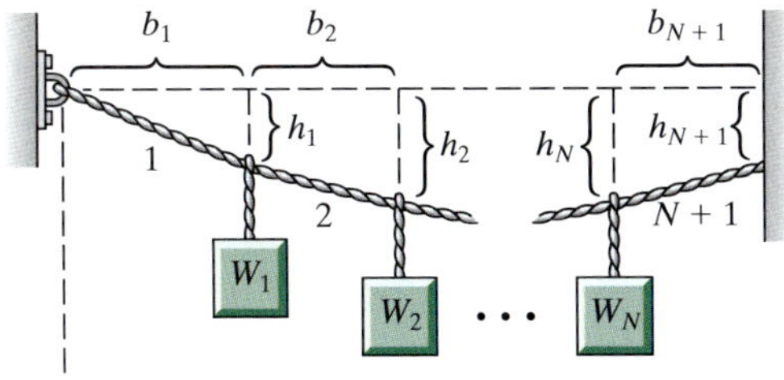

케이블의 왼쪽 연결점과 무게 W_1의 바로 오른쪽에서 케이블을 자른다. A_1에 대한 모멘트를 합한다.

$$\Sigma M_{\text{점}\,A_1} = h_1 T_h - b_1 T_v = 0$$

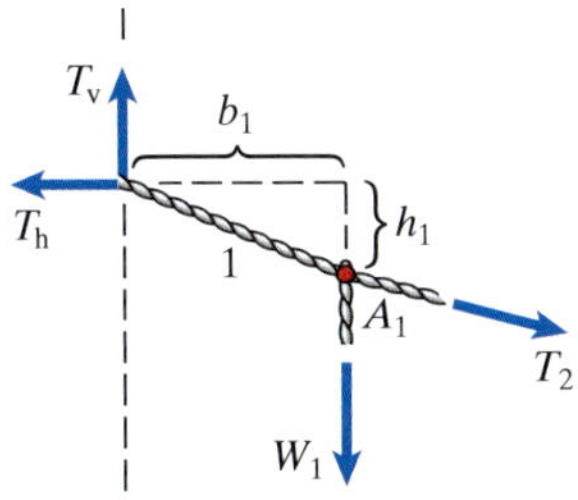

케이블의 왼쪽 연결점과 무게 W_2의 바로 오른쪽에서 케이블을 자른다. A_2에 대한 모멘트를 합한다.

$$\Sigma M_{\text{점}\,A_2} = h_2 T_h - (b_1 + b_2) T_v + b_2 W_1 = 0$$

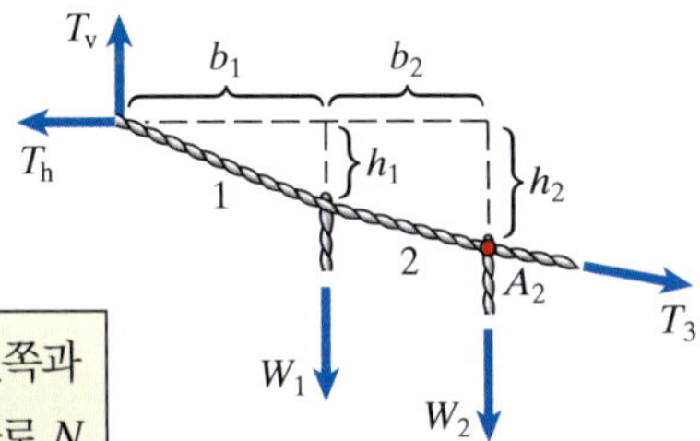

이런 방식으로 계속하면 N개의 방정식을 구할 수 있다. 덧붙여 케이블을 왼쪽과 오른쪽 연결점에서 자르고 오른쪽 연결점에 대해 모멘트를 합한다. 이 결과로 $N + 2$개의 미지수에 대해 $N + 1$개의 방정식을 얻는다. 이는 오른쪽 연결점에서의 인장력의 두 성분 T_h, T_v 그리고 수직 위치 $h_1, h_2, \cdots, h_N$이다. 한 무게의 수직 위치가 지정되면, 케이블의 모양과 성분 T_h, T_v를 구할 수 있다. 이 과정이 완료되면, 케이블의 왼쪽 연결점과 구간 내에서 케이블을 자르고 수평 방향의 힘을 합해 케이블의 임의의 구간에서 인장력을 구할 수 있다.

실습 예제 10.9 이산 하중이 가해진 케이블

케이블에 두 질량 $m_1 = 10$ kg, $m_2 = 20$ kg이 매달려 있다. 수직 거리 h_2를 구하라.

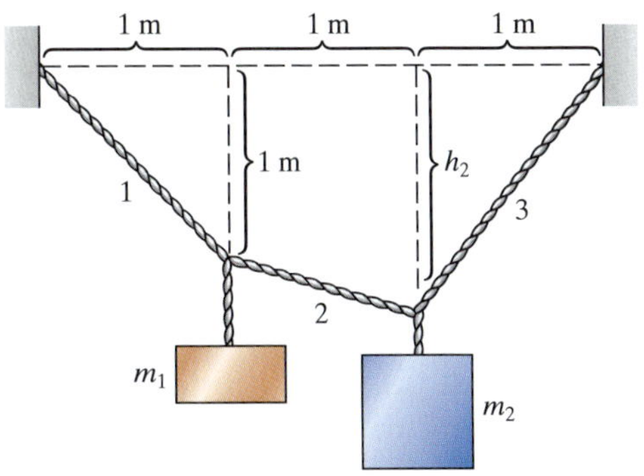

전략

위의 '결과 정리' 절에서 설명한 절차를 따르면, 오른쪽 연결점에서 인장력의 수평 및 수직 성분과 수직 거리 h_2에 대한 세 개의 방정식을 구할 수 있다.

풀이

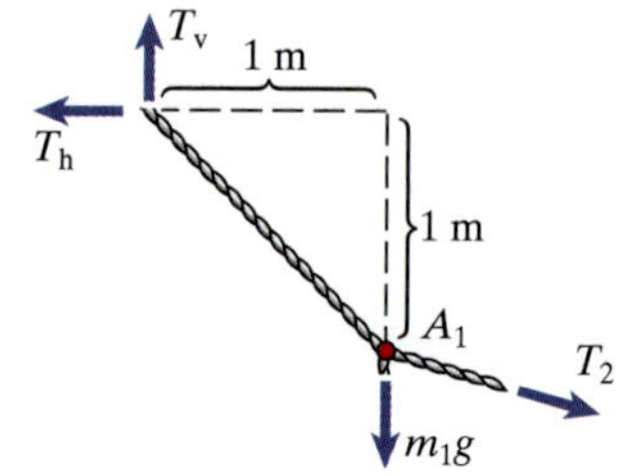

케이블의 왼쪽 연결점과 질량 m_1의 바로 오른쪽에서 케이블을 자르고 A_1에 대한 모멘트를 합한다.

$$\Sigma M_{\text{점 } A_1} = (1\text{ m})T_h - (1\text{ m})T_v = 0$$

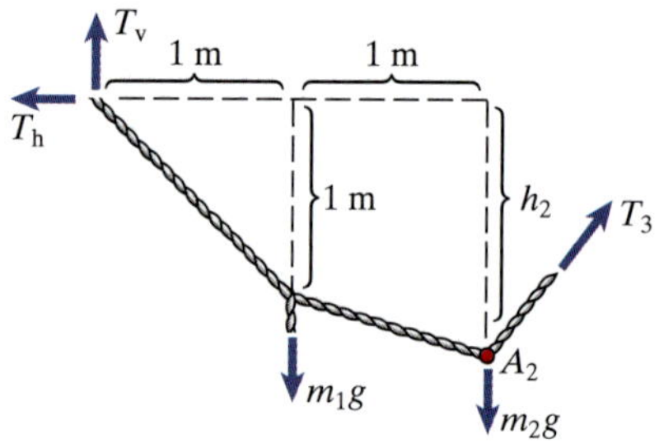

케이블의 왼쪽 연결점과 질량 m_2의 바로 오른쪽에서 케이블을 자르고 A_2에 대한 모멘트를 합한다.

$$\Sigma M_{\text{점 } A_2} = h_2T_h - (2\text{ m})T_v + (1\text{ m})m_1g = 0$$

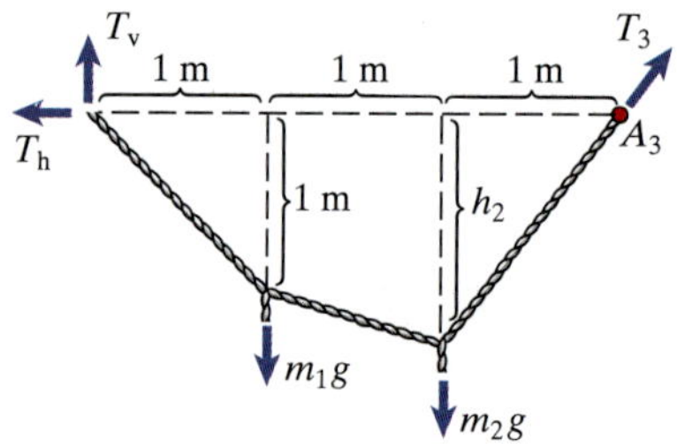

케이블을 왼쪽과 오른쪽 연결점에서 자르고 A_3에 대해 모멘트를 합한다.

$$\Sigma M_{\text{점 } A_3} = -(3\text{ m})T_v + (2\text{ m})m_1g + (1\text{ m})m_2g = 0$$

세 개의 미지수 T_h, T_v, h_2에 대한 세 개의 방정식을 풀면 $T_h = T_v = 131$ N, $h_2 = 1.25$ m이다.

실습 문제 케이블의 구간 2에서 인장력을 구하라.

답: 135 N

연습문제

10.64 로프의 B, C 지점에 매달린 상자 각각의 무게가 8 lb이다. (a) 치수 h는 얼마인가? (b) AB 구간의 인장력은 얼마인가?

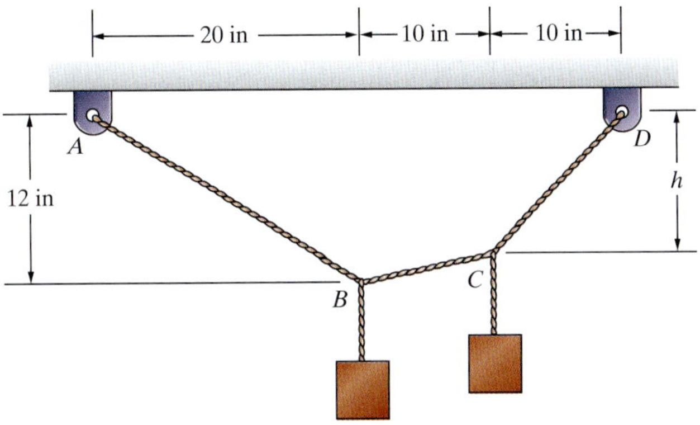

연습문제 10.64

10.65 각각의 램프 무게가 12 lb이다. (a) 램프를 그림과 같이 매달기 위해 필요한 와이어 $ABCD$의 길이는 얼마인가? (b) 와이어에서의 최대 인장력은 얼마인가?

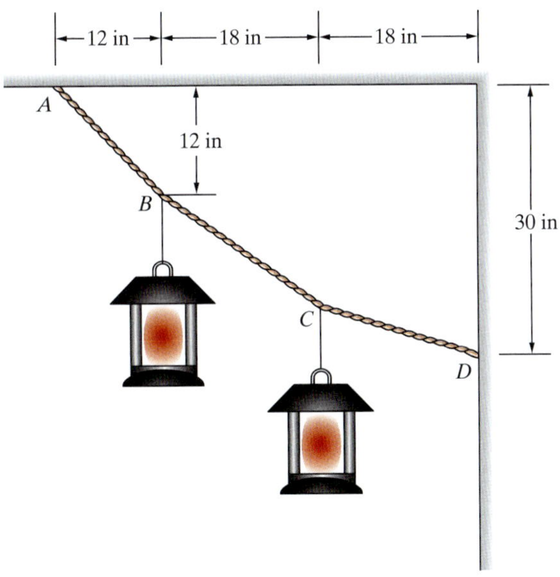

연습문제 10.65

10.66 두 개의 무게 $W_1 = W_2 = 50$ lb가 케이블에 매달려 있다. 수직 거리 $h_1 = 4$ ft이다. (a) 수직 거리 h_2를 구하라. (b) 케이블에서의 최대 인장력은 얼마인가?

10.67 무게 $W_1 = 50$ lb, $W_2 = 100$ lb이며, 수직 거리 $h_1 = 4$ ft이다. (a) 수직 거리 h_2를 구하라. (b) 케이블에서의 최대 인장력은 얼마인가?

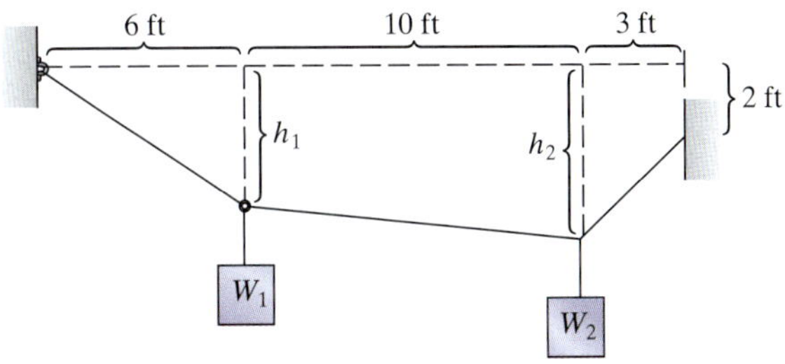

연습문제 10.66/10.67

10.68* 세 개의 동일한 질량 $m = 10$ kg이 케이블에 매달려 있다. 수직 거리 h_1, h_3를 구하고 케이블의 모양을 그려라.

10.69* 케이블 구간 1, 2에서의 인장력은 얼마인가?

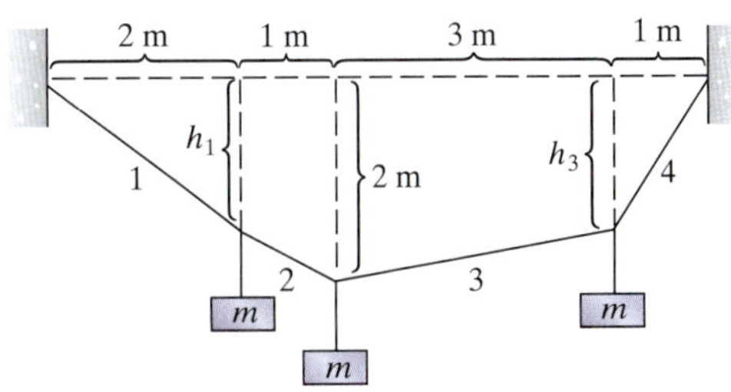

연습문제 10.68/10.69

10.70* 세 개의 질량이 케이블에 매달려 있으며, $m = 30$ kg이고 수직 거리 $h_1 = 400$ mm이다. 수직 거리 h_2, h_3를 구하라.

10.71 케이블에서의 최대 인장력은 얼마이며, 어디에서 발생하는가?

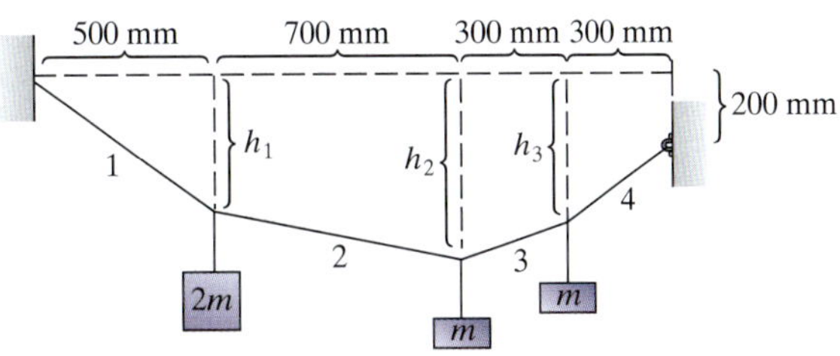

연습문제 10.70/10.71

10.72* 매달려 있는 각 물체의 무게가 같다. 수직 거리 h_2, h_3를 구하라.

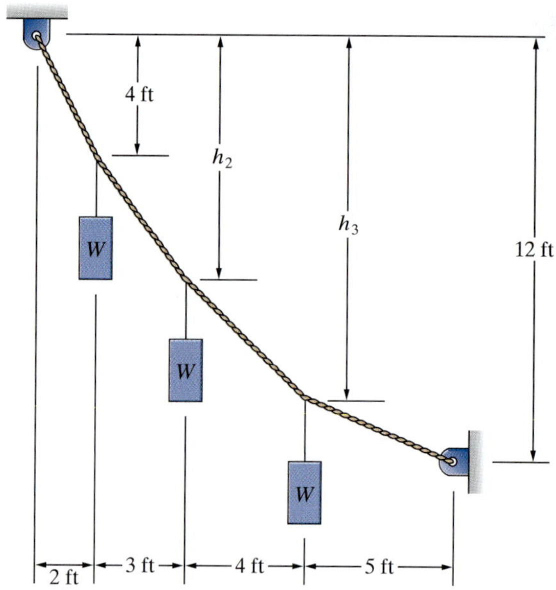

연습문제 10.72

액체와 가스

10.7 압력과 압력 중심

생각해보기

- 압력이 표면에 가하는 힘과 모멘트는 무엇인가? '압력 중심'이란 무엇인가?
- 사용하지 않는 수영장과 같은 정적인 액체에서 물의 압력은 깊이에 따라 어떻게 달라지는가?

배경

건물에 작용하는 풍하중과 자동차 및 비행기에 작용하는 공기역학적 하중은 면적에 분포하는 힘의 한 예이다. 자갈에 의해 덤프트럭에 아래 방향으로 작용하는 힘은 덤프트럭 적재함의 면적 위에 분포한다. 건물을 지지하는 위 방향 힘은 건물 기초의 면적에 분포한다. 건물 지붕에 쌓인 눈에 의해 분포되는 하중은 위험할 수 있다. 공학적으로 관심의 대상인 하중 중 상당수가 면적에 분포하는 하중이다. 이 절에서는 액체나 가스의 압력이 가하는 힘과 관련된 가장 일반적인 예를 분석한다.

가스나 액체에 잠겨 있는 표면은 분자 운동에 의해 힘이 가해진다. 만약 가스나 액체가 정지상태이면 하중은 **압력** p의 함수로 표현되고 표면의 미소 요소 dA 위에

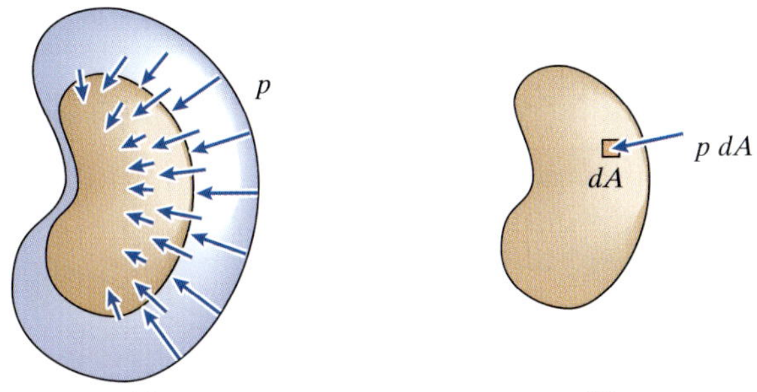

그림 10.21
(a) 면적 위의 압력
(b) 요소 *dA* 위의 하중은 *p dA*이다.

작용하는 수직 하중은 *p dA*이다(그림 10.21a, b). (선을 따라 분포하는 하중 *w*와 압력 사이의 유사성에 주목하라. 이는 선의 미소 요소 *dx*에 가해지는 힘이 *w dx*임을 의미한다.)

*p*의 치수는 (힘)/(면적)이다. 이는 미국 관습 단위로 lb/(ft)^2 또는 lb/(in)^2(= psi)이다. SI 단위로는 N/m^2, 파스칼(Pa)이라 부른다.

일부 응용에서는 **게이지 압력**을 사용하는 것이 편리하다.

$$p_g = p - p_{\text{atm}} \tag{10.23}$$

여기에서 p_{atm}은 대기압이다. 대기압은 장소와 기후에 따라 변한다. 수면 위의 값은 SI 단위로는 약 1×10^5 Pa이고 미국 관습 단위로는 14.7 psi 또는 2120 lb/(ft)^{2}이다.

압력 중심

표면 위의 압력에 의한 분포 하중을 등가 힘으로 나타냈을 때 표면 위에 힘이 작용하는 선이 통과하는 점을 **압력 중심**이라 한다. 압력 *p*를 받는 평면 면적 *A*에 대해 생각해보자. 면적이 놓여 있는 평면을 *x–y* 좌표계로 표시한다(그림 10.22a). 면적 *dA*의 각 미소 요소에 대한 수직력은 *p dA*이다(그림 10.22b). *A*에 대한 총수직력은 다음과 같다.

$$F = \int_A p\, dA \tag{10.24}$$

다음은 압력 중심의 좌표 (x_p, y_p)를 구한다(그림 10.22c). 원점에 관한 *F*의 모멘트와 압력에 의한 총모멘트를 계산해서 수식으로 나타내면 다음과 같다.

$$(x_p\mathbf{i} + y_p\mathbf{j}) \times (-F\mathbf{k}) = \int_A (x\mathbf{i} + y\mathbf{j}) \times (-p\, dA\mathbf{k})$$

식 (10.24)를 이용해 다음을 얻는다.

$$x_p = \frac{\int_A xp\, dA}{\int_A p\, dA} \qquad y_p = \frac{\int_A yp\, dA}{\int_A p\, dA} \tag{10.25}$$

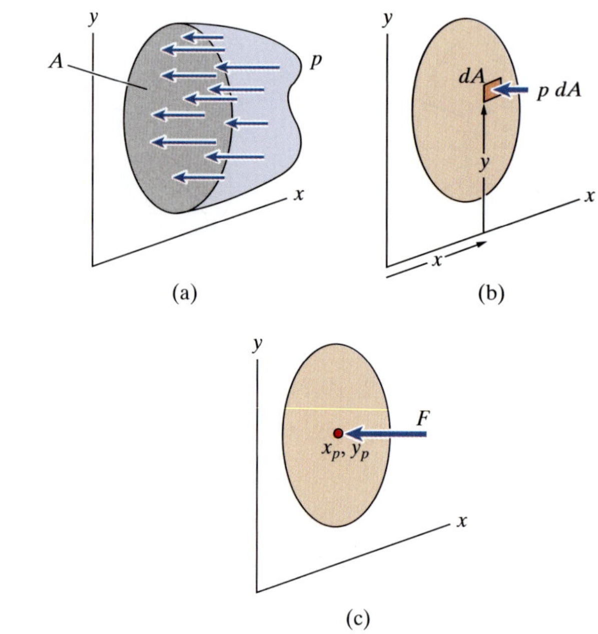

그림 10.22
(a) 압력이 가해지는 평면 면적
(b) 미소 요소 dA에 가해지는 힘
(c) 압력 중심에 가해지는 총힘

위 식으로 압력 p가 알려져 있을 때 압력 중심의 위치를 구할 수 있다. 압력 p가 균일하면, 총수직력은 $F = pA$이고 식 (10.25)는 압력 중심이 A의 도심임을 나타낸다.

제7장에서 선을 따라 분포된 하중에 의해 정의된 '면적'을 계산하고 그 결과 힘을 그 도심에 놓으면 그 힘이 분포 하중과 동등하다는 것을 보았다. 비슷한 결과가 평면 영역에 분포된 압력에도 적용된다. 식 (10.24)에서 $p\,dA$는 압력 분포에 의해 정의된 표면과 면적 A 사이의 '체적' 미소 요소 dV와 같다(그림 10.23a). 따라서 압력이 가하는 총힘은 이 '체적'과 같다.

$$F = \int_V dV = V$$

$p\,dA = dV$를 식 (10.25)에 대입하면 다음을 얻는다.

$$x_p = \frac{\int_V x\,dV}{\int_V dV} \qquad y_p = \frac{\int_V y\,dV}{\int_V dV}$$

압력 중심은 '체적' 중심의 x, y 좌표와 일치한다(그림 10.23b).

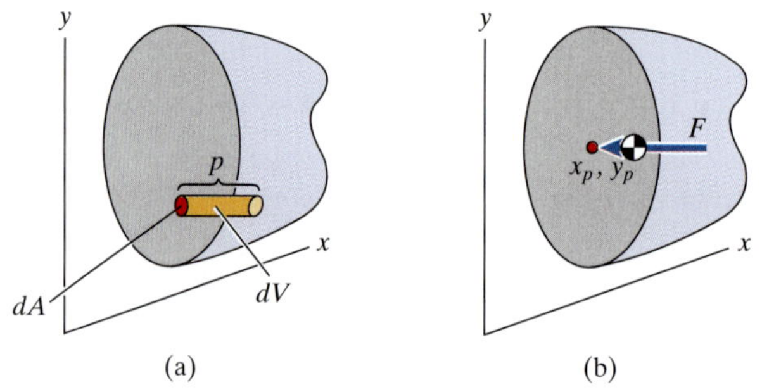

그림 10.23
(a) 미소 요소 $dV = p\,dA$
(b) V의 도심을 통과하는 F의 작용선

정지상태인 액체에서의 압력

압력 용기 및 배관, 선박, 댐, 기타 수중 구조물의 설계자들은 물의 압력이 가하는 힘과 모멘트를 고려해야 한다. 정지상태의 액체에 의한 압력은 깊이에 따라 증가한다. 수영장 밑바닥으로 내려갔을 때 귀에 압력이 가해지는 현상에서 이를 알 수 있다. 액체 밀도 변화의 영향은 무시하고 깊이의 변화에만 국한해서 간단한 자유물체도를 그리고 깊이에 따른 압력의 영향을 구할 수 있다.

그림 10.24a와 같이 액체의 표면을 원점으로 하고 아래 방향을 x의 양의 방향으로 설정한다. 표면에서 깊이 x 방향으로 놓여 있는 액체 원통의 자유물체도를 그린다(그림 10.24b). 원통의 상단에 압력 p_0가 가해진다. 원통의 하단과 측면은 주변 액체의 압력이 작용하는데, 이 압력 값은 표면압 p_0에서 깊이 x에 따라 p 값으로 증가한다. 실린더의 부피는 Ax이고, 여기에서 A는 단면적이다. 따라서 실린더의 무게는 $W = \gamma Ax$이다. 여기에서 γ는 액체의 비중이다. (질량과 무게의 관계는 $\gamma = \rho g$이다.) 액체가 정지상태이므로 원통은 평형상태이다. 평형방정식은 다음과 같다.

$$\Sigma F_x = p_0 A - pA + \gamma Ax = 0$$

깊이 x에서 액체의 압력 p에 대한 식은 다음과 같다.

$$p = p_0 + \gamma x \tag{10.26}$$

따라서 압력은 깊이에 따라 선형적으로 증가한다. 위의 유도는 다음의 이유를 보여준다. 즉 주어진 깊이에서의 압력은 그 깊이 위의 액체를 실제로 지탱한다. 액체의 표면이 대기에 노출되어 있다면, $p_0 = p_{atm}$이며, 식 (10.26)을 게이지 압력 $p_g = p - p_{atm}$에 대해 다음과 같이 쓸 수 있다.

$$p_g = \gamma x \tag{10.27}$$

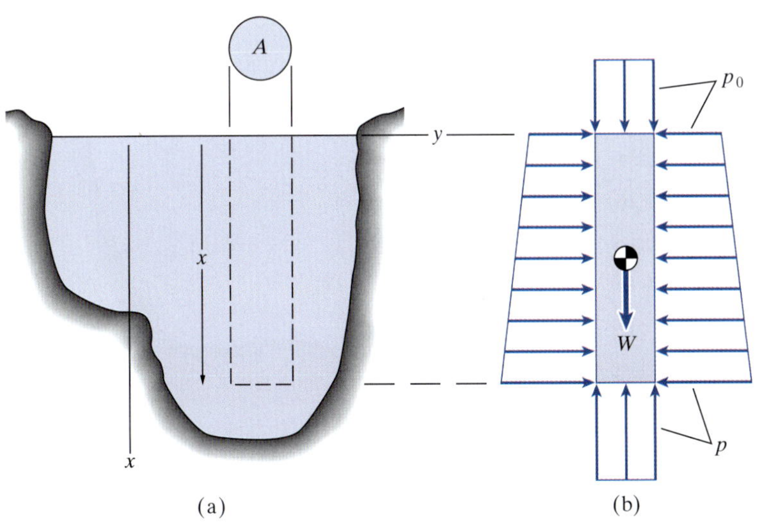

그림 10.24
(a) 정적인 액체 표면에서 깊이 x까지의 원통형 부피
(b) 원통의 자유물체도

해수면 조건에서 물의 밀도는 SI 단위로 $\rho = 1000 \text{ kg/m}^3$이므로, 그 비중은 약 $\gamma = \rho g = 9.81 \text{ kN/m}^3$이다. 미국 관습 단위로는 62.4 lb/ft^3이다.

결과 정리

압력의 정의

액체나 가스의 압력 p는 표면의 면적 dA의 요소에 가해지는 수직력 $p\,dA$로 정의된다. 표면에 대한 압력 분포로 인한 힘과 모멘트는 적분을 통해 구할 수 있다.

게이지 압력은 다음과 같이 정의된다.

$$p_g = p - p_{atm} \qquad (10.23)$$

여기에서 p_{atm}은 대기압이다. 해수면에서의 대기압은 SI 단위로 약 1×10^5 Pa이고 미국 관습 단위로 14.7 psi 또는 2120 lb/(ft)^2이다.

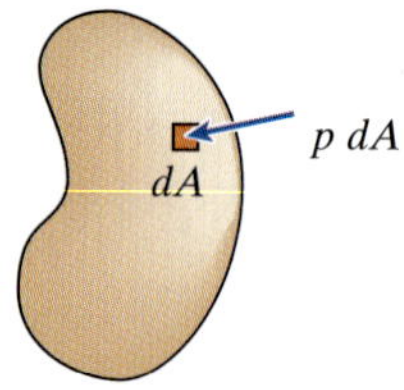

압력 중심

압력 분포에 의해 면적 A에 가해지는 힘이 동등한 힘 벡터로 표현될 때, 힘 벡터의 작용선이 A와 교차하는 지점을 압력 중심이라고 한다.

체적 유사성

압력 p의 분포에 의해 평면의 면적 A에 가해지는 총힘 F는 A와 함수 p 사이의 '체적'과 같다. 만약 F가 '체적'의 도심에서 작용하는 힘 벡터로 표현된다면, 이 힘 벡터는 압력에 의한 등가 힘이다. 힘의 작용선은 압력 중심에서 A와 교점을 이룬다.

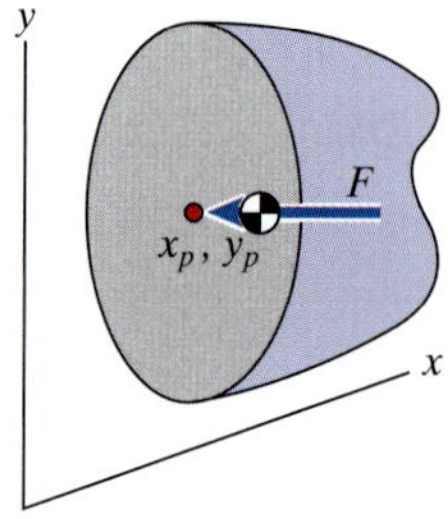

정지상태인 액체에서의 압력

정지상태인 액체에서 깊이 x에서의 압력은 다음과 같다.

$$p = p_0 + \gamma x \qquad (10.26)$$

여기에서 p_0는 표면에서의 압력이고, $\gamma = \rho g$는 액체의 비중이다. 물의 비중은 SI 단위로 9.81 kN/m^3이며, 미국 관습 단위로는 62.4 lb/ft^3이다. 만약 $p_0 = p_{atm}$이라면 식 (10.26)은 게이지 압력에 대해 다음과 같이 표현될 수 있다.

$$p_g = \gamma x \qquad (10.27)$$

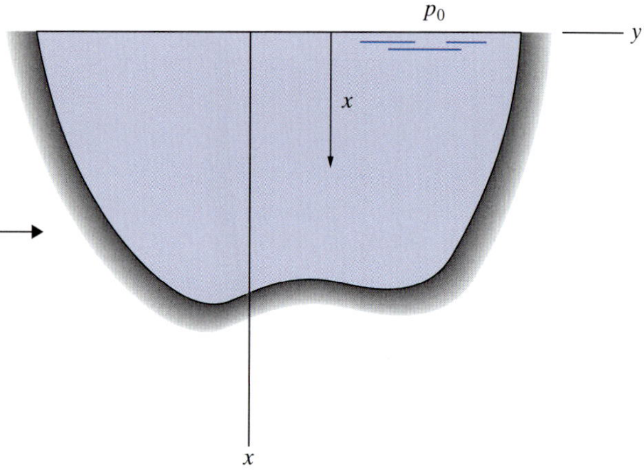

실습 예제 10.10 압력이 가해진 수문

정지상태의 물이 수문 AB의 오른쪽 면에 압력을 가한다. 수문의 너비(종이를 뚫고 들어가는 방향의 크기)는 3 ft이며, 수문의 무게는 100 lb이다. 물의 비중은 62.4 lb/ft^{3}이다. 지지점 A와 B에서 수문에 작용하는 반력을 구하라.

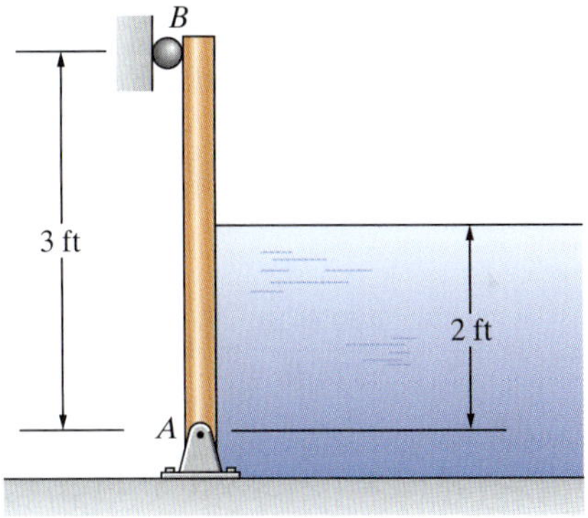

전략

물의 압력이 수문에 가하는 힘과 모멘트를 구하기 위해 적분을 사용할 것이다. 그다음 수문의 자유물체도에 평형을 적용해 A와 B에서의 반력을 구할 수 있다.

풀이

수문의 왼쪽 면과 물 표면 위의 오른쪽 면은 대기압에 노출되어 있다. 식 (10.23)과 식 (10.26)으로부터 물 안에서의 압력은 대기압과 게이지 압력 $\rho g = \gamma x$의 합이며, 여기에서 x는 물 표면으로부터 아래로 측정된다. 대기압의 영향은 수문에 대해 상쇄되므로, 게이지 압력이 수문에 가하는 힘과 모멘트만 고려해야 한다.

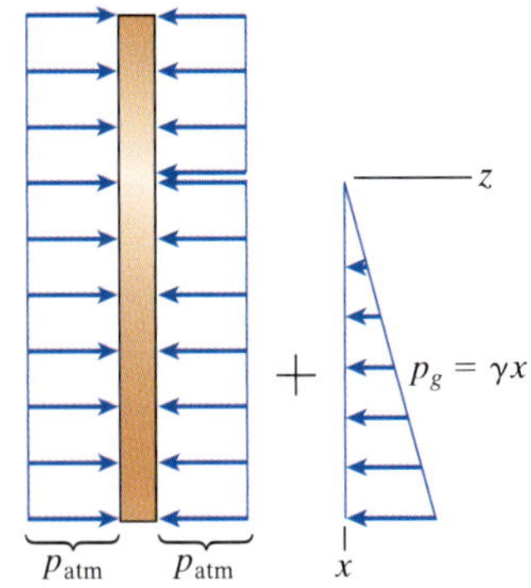

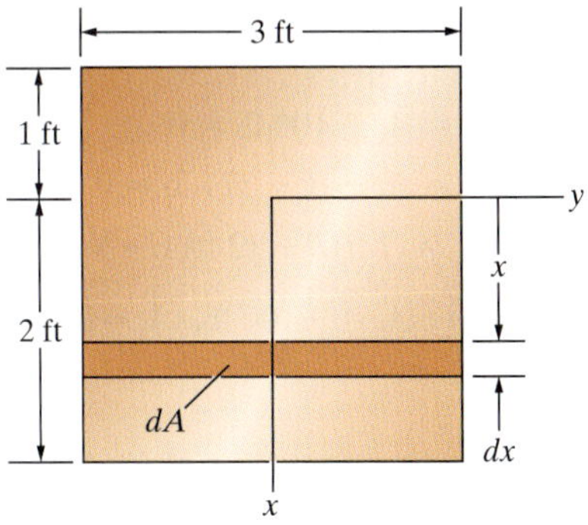

게이지 압력이 수문에 가하는 총힘을 구하기 위해 적분한다.

좌표계의 원점은 물 표면에 있다. 수문의 미소 요소 $dA = (3\text{ ft})dx$이다. 게이지 압력이 가하는 총힘은 다음과 같다.

$$F = \int_A p_g\,dA = \int_0^2 (\gamma x)(3\text{ ft})dx = 374\text{ lb}$$

게이지 압력이 가하는 y축에 대한 총모멘트는 다음과 같다.

$$M = \int_A x p_g \, dA = \int_0^2 x(\gamma x)(3 \text{ ft})\, dx = 499 \text{ ft-lb}$$

게이지 압력이 수문에 가하는 총모멘트를 구하기 위해 적분한다.

$$x_p = \frac{M}{F} = \frac{499 \text{ ft-lb}}{374 \text{ lb}} = 1.33 \text{ ft}$$

다음의 동등성을 나타내는 조건으로 압력 중심의 위치를 구한다.

$$M = x_p F$$

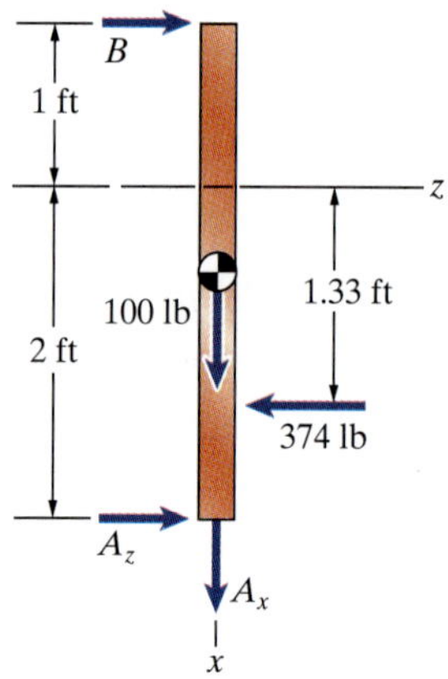

수문의 자유물체도를 그리고 게이지 압력이 가하는 총힘을 압력 중심에 가한다고 설정한다. A와 B에서 반력을 구하기 위해 평형 조건을 적용해야 한다.

$$\Sigma F_x = A_x + 100 \text{ lb} = 0$$
$$\Sigma F_z = A_z + B - 374 \text{ lb} = 0$$
$$\Sigma M_{y\text{축}} = (1 \text{ ft})B - (2 \text{ ft})A_z + (1.33 \text{ ft})(374 \text{ lb}) = 0$$

이를 풀면, $A_x = -100$ lb, $A_z = 291$ lb, $B = 83.2$ lb

실습 문제 지지점 A와 B에서 수문에 작용하는 반력을 구하라. 이를 위해 게이지 압력이 수문에 가하는 총힘과 압력 중심의 위치를 구하기 위해 체적 유사성을 사용하라.

답: $A_x = -100$ lb, $A_z = 291$ lb, $B = 83.2$ lb

예제 10.11 압력에 의한 하중과 압력 중심

운하 수문의 예비 설계 연구를 진행 중인 공학자가 수중에 잠긴 직사각형 판에 가해지는 압력에 의한 총힘과 압력 중심의 위치를 구해야 한다. 판의 상단은 수면 아래 6 m에 있다. 대기압 $p_{atm} = 1 \times 10^5$ Pa이고 물의 비중 $\gamma = 9.81$ kN/m³이다.

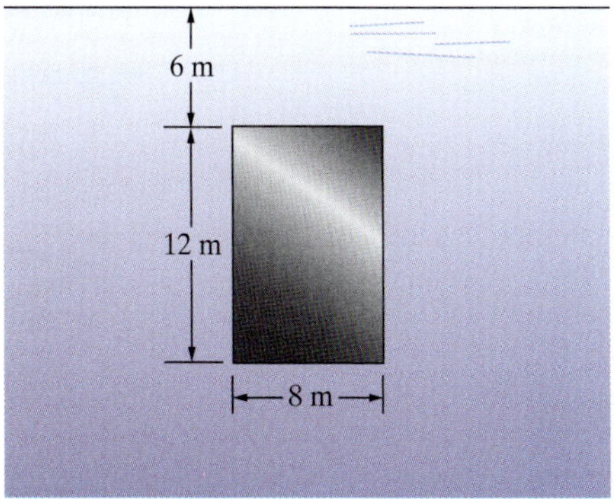

전략

수평 띠 형태의 판의 미소 면적 위의 압력에 의한 총힘과 총모멘트를 구하기 위해 적분한다.

풀이

수면 위를 원점으로 하고 수면 아래 방향이 x의 양(+)의 방향으로 설정된 좌표계(그림 a)에 의해 수압 $p = p_{atm} + \gamma x$이다. 미소 면적 $dA = (8\text{ m})\,dx$이다. 압력이 판의 면에 가하는 총힘은 다음과 같다.

$$
\begin{aligned}
F &= \int_A p\,dA = \int_6^{18} (p_{atm} + \gamma x)(8\text{ m})\,dx \\
&= p_{atm}(8\text{ m})\int_6^{18} dx + \gamma(8\text{ m})\int_6^{18} x\,dx \\
&= \left(1 \times 10^5 \frac{\text{N}}{\text{m}^2}\right)(8\text{ m})(12\text{ m}) + \left(9810\frac{\text{N}}{\text{m}^3}\right)(8\text{ m})(144\text{ m}^2) \\
&= 20.9 \times 10^6\text{ N}
\end{aligned}
$$

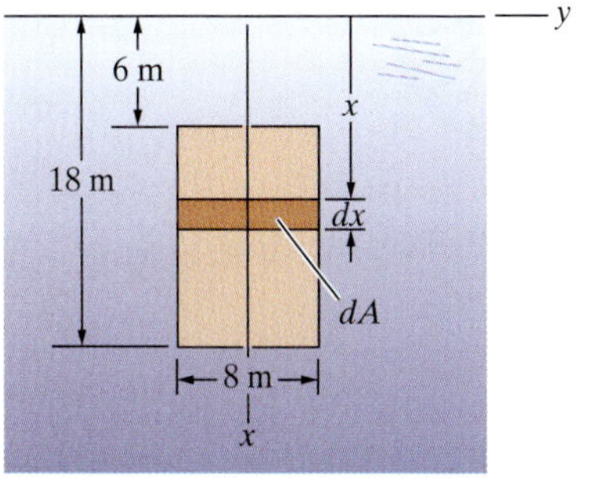

(a) 수평 띠 형태의 면적 요소

판에 대한 압력으로 인한 y축에 대한 모멘트는 다음과 같다.

$$
\begin{aligned}
M &= \int_A xp\,dA = \int_6^{18} x(p_{atm} + \gamma x)(8\text{ m})\,dx \\
&= p_{atm}(8\text{ m})\int_6^{18} x\,dx + \gamma(8\text{ m})\int_6^{18} x^2\,dx \\
&= 262 \times 10^6\text{ N-m}
\end{aligned}
$$

압력 중심에서 작용하는 힘 F는 y축에 대해 M과 같은 모멘트를 발생시킨다.

$$x_pF = M$$

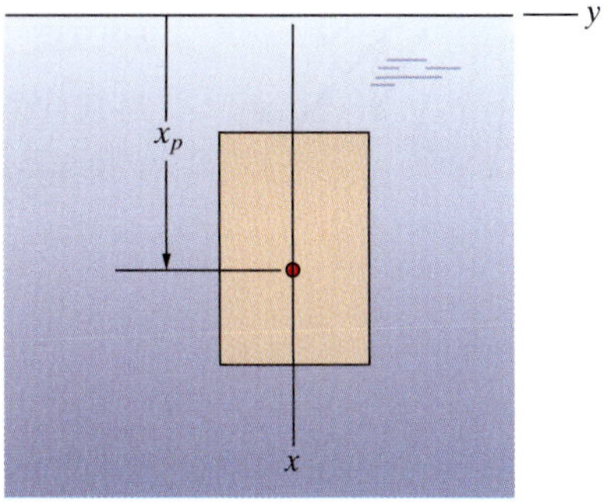

(b) 압력 중심

따라서 압력 중심의 위치는 다음과 같다.

$$x_p = \frac{M}{F} = \frac{262\text{ MN-m}}{20.9\text{ MN}} = 12.5\text{ m}$$

비판적 사고

압력 중심이 면적의 도심과 일치하지 않는다는 점을 주목하라. 평면 영역의 압력 중심은 일반적으로 압력이 균일하게 분포될 때만 면적의 도심과 일치한다. 이 예제에서는 압력이 깊이에 따라 증가하며, 결과적으로 압력 중심은 도심 아래에 위치한다.

예제 10.12 압력에 의한 힘의 결정

컨테이너가 비중이 γ인 액체로 채워져 있다. 원통 벽 AB에 액체의 압력이 가하는 힘을 구하라.

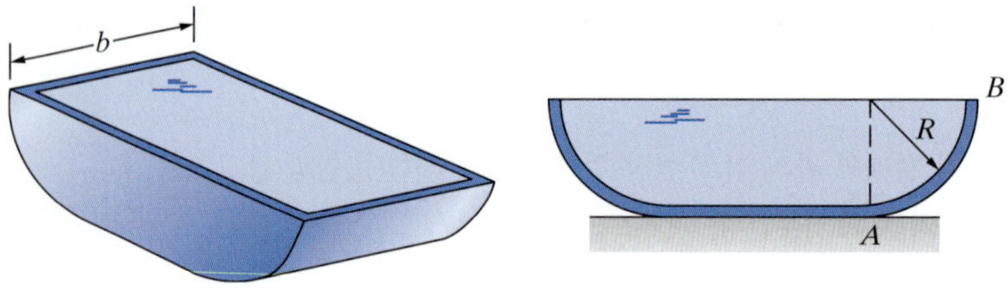

전략

원통 벽에 대한 액체의 압력은 깊이에 따라 변한다(그림 a). 여기에서 구하려는 것은 이 압력 분포에 의해 가해지는 힘이다. 원통 표면에 대해 적분함으로써 이를 구할 수 있지만, A의 오른쪽 4분의 1 원통형 액체의 자유물체도를 그림으로써 이 과정을 피할 수 있다.

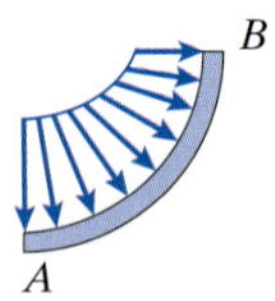

(a) 벽 AB에서 액체에 의한 압력

풀이

4분의 1 원통형 액체의 자유물체도를 그림 b에 그린다. 액체의 원통형 표면에 대한 압력 분포는 원통 벽에 작용하는 것과 동일하다. 이 압력 분포에 의해 액체에 가해지는 힘을 $\mathbf{F}_p$로 표시하면, 원통 벽에 액체가 가하는 힘은 $-\mathbf{F}_p$이다.

x–y 평면에 평행하게 작용하는 4분의 1 원통형 액체에 대한 다른 힘은 무게, 상부 표면에 대한 대기압, 왼쪽 면에 대한 액체의 압력 분포이다. 액체의 부피는 $(\frac{1}{4}\pi R^2)b$이므로, 자유물체도에 액체의 무게가 가하는 힘은 $\frac{1}{4}\gamma\pi R^2 b\mathbf{i}$이다. 상부 표면에 대해 대기압이 가하는 힘은 $Rbp_{\text{atm}}\mathbf{i}$이다.

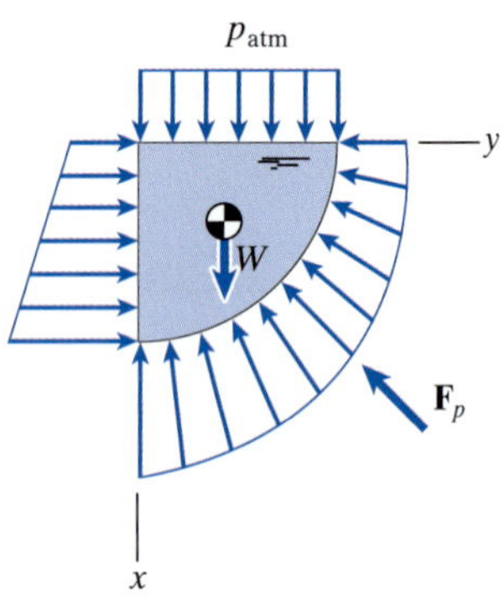

(b) A의 오른쪽 액체의 자유물체도

자유물체도의 왼쪽 면에 대해 압력이 가하는 힘을 구하기 위해 적분을 계산할 수 있다. 그 크기는 다음과 같다.

$$\int_A p\,dA = \int_0^R (p_{\text{atm}} + \gamma x)b\,dx = Rb\left(p_{\text{atm}} + \frac{1}{2}\gamma R\right)$$

평형방정식으로부터 다음을 나타낸다.

$$\Sigma\mathbf{F} = \frac{1}{4}\gamma\pi R^2 b\mathbf{i} + Rbp_{\text{atm}}\mathbf{i} + Rb\left(p_{\text{atm}} + \frac{1}{2}\gamma R\right)\mathbf{j} + \mathbf{F}_p = \mathbf{0}$$

따라서 액체의 압력이 벽 AB에 가하는 힘을 다음과 같이 얻는다.

$$-\mathbf{F}_p = Rb\left(p_{\text{atm}} + \frac{\pi}{4}\gamma R\right)\mathbf{i} + Rb\left(p_{\text{atm}} + \frac{1}{2}\gamma R\right)\mathbf{j}$$

비판적 사고

종종 적당한 자유물체도를 선택해서 압력에 의한 힘을 계산하기 위해 곡면에 대한 적분을 계산하는 것을 피할 수 있다.

연습문제

10.73 정지상태의 물속에 정육면체가 매달려 있다. 거리 $d = 3$ ft이고 치수 $b = 6$ ft이다. 물의 비중 $\gamma = 62.4$ lb/ft^{3}이고, 표면의 대기압은 2120 lb/ft^{2}이다. (a) 정육면체의 상단 면에 대해 압력이 가하는 힘의 크기는 얼마인가? (b) 바닥 면에 가해지는 힘의 크기는 얼마인가?

10.74 정지상태의 물속에 정육면체가 매달려 있다. 거리 $d = 3$ ft이고 치수 $b = 6$ ft이다. 물의 비중 $\gamma = 62.4$ lb/ft^{3}이고, 표면의 대기압은 2120 lb/ft^{2}이다. 적분을 사용해서 정육면체의 한쪽 면에 대해 압력이 가하는 힘의 크기를 구하라.

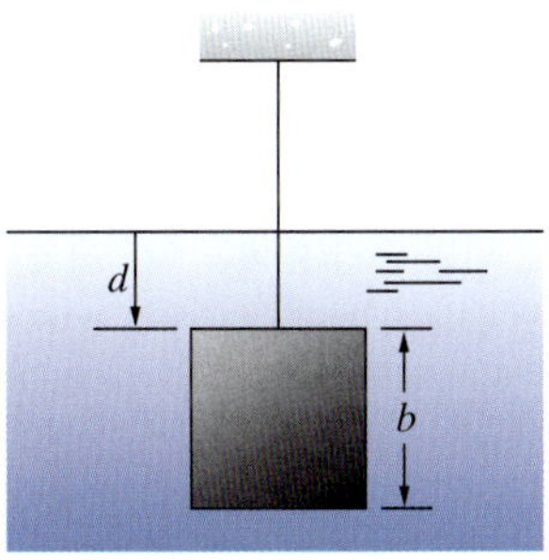

연습문제 10.73/10.74

10.75 주어진 면적이 균일한 압력 $p_{atm} = 1 \times 10^5$ Pa을 받는다. (a) 압력이 면적에 가하는 총힘은 얼마인가? (b) 면적에 대한 압력으로 인한 y축에 대한 모멘트는 얼마인가?

10.76 주어진 면적이 균일한 압력을 받는다. 압력 중심의 좌표를 구하라.

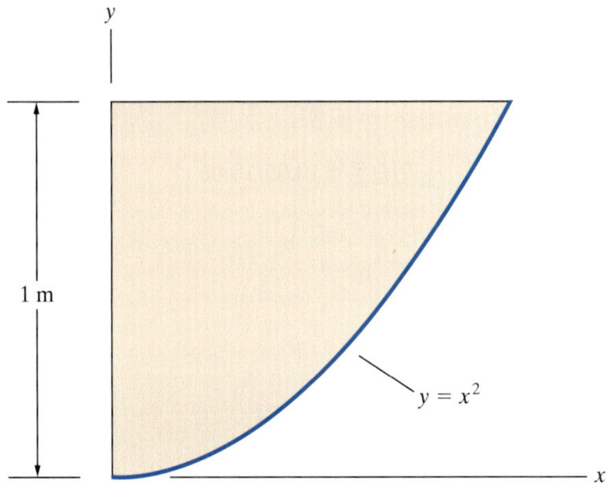

연습문제 10.75/10.76

10.77 좌표 $a = 1$ m, $b = 3$ m이다. 면적은 균일한 압력 $p_{atm} = 1E5$ Pa을 받는다. (a) 압력이 면적에 가하는 힘의 크기는 얼마인가? (b) 압력으로 인한 y축에 대한 모멘트의 크기를 구하기 위해 적분을 사용하라.

10.78 좌표 $a = 1$ m, $b = 3$ m이다. 면적은 균일한 압력 $p_{atm} = 1E5$ Pa를 받는다. 압력 중심의 좌표는 어디인가?

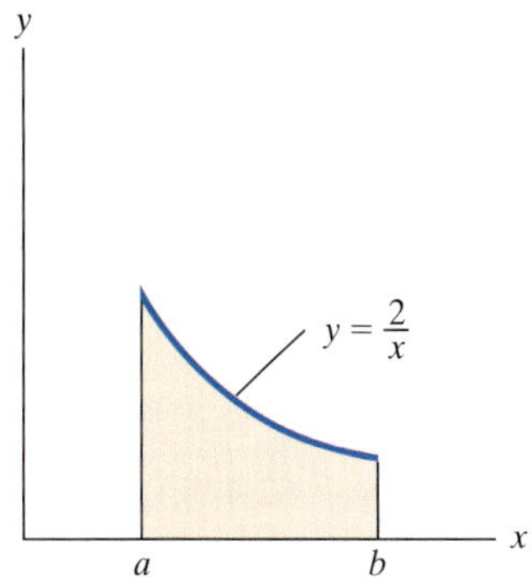

연습문제 10.77/10.78

10.79 그림은 대기압을 측정하는 데 사용되는 수은 기압계를 보여준다. 관 내의 수은 위는 진공상태라고 가정하자. 수은의 밀도 $\rho_{Hg} = 13{,}500$ kg/m^{3}이다. 관 내의 수은 기둥의 높이가 760 mm일 때, 대기압은 파스칼로 얼마인가?

전략: 수은 기둥의 자유물체도를 그린다.

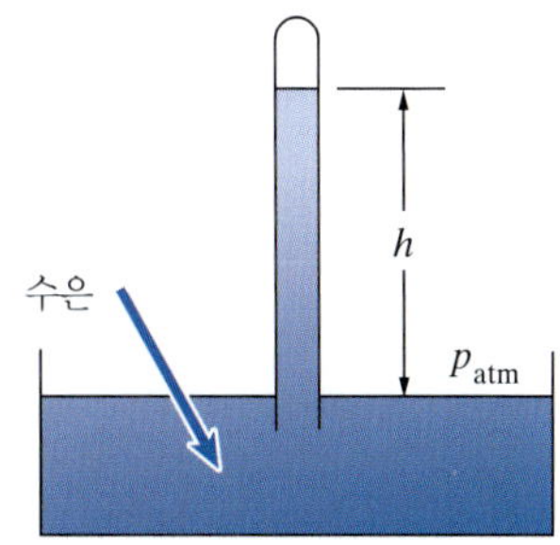

연습문제 10.79

10.80 직사각형 판의 윗부분이 호수 표면에서 2 m 아래에 있다. 물의 밀도 $\rho = 1000$ kg/m^{3}이다. 물의 게이지 압력이 판의 한 면에 가하는 힘의 크기는 얼마인가?

10.81 직사각형 판의 윗부분이 호수 표면에서 2 m 아래에 있다. 물의 밀도 $\rho = 1000\ \text{kg/m}^3$이다. 물의 게이지 압력으로 인한 압력 중심은 판의 윗부분으로부터 얼마나 아래인가?

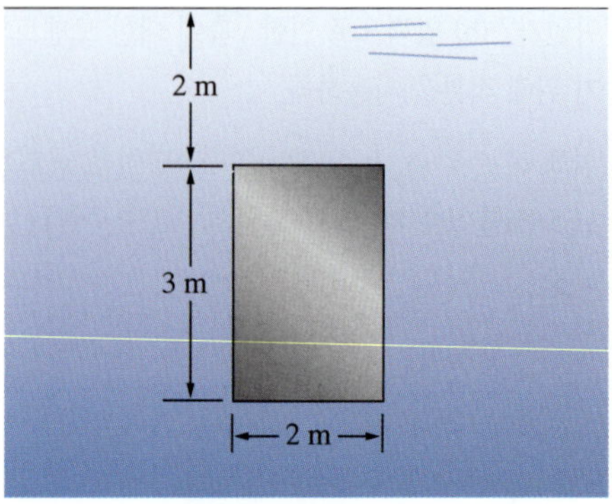

연습문제 10.80/10.81

10.82 게이트의 너비(종이를 뚫고 들어가는 방향의 크기)가 4 ft이다. 물의 비중 $\gamma = 62.4\ \text{lb/ft}^3$이다. 대기압 $P_{\text{atm}} = 2120\ \text{lb/ft}^2$이다. 지점 A에서 게이트에 가해지는 힘과 우력은 얼마인가?

10.83 게이트의 너비(종이를 뚫고 들어가는 방향의 크기)가 4 ft이다. 물의 비중 $\gamma = 62.4\ \text{lb/ft}^3$이다. 대기압 $P_{\text{atm}} = 2120\ \text{lb/ft}^2$이다. 게이트의 오른쪽 면에 대한 대기압과 게이지 압력의 합을 고려하자. 압력 중심의 위치는 게이트의 윗부분으로부터 얼마나 아래인가?

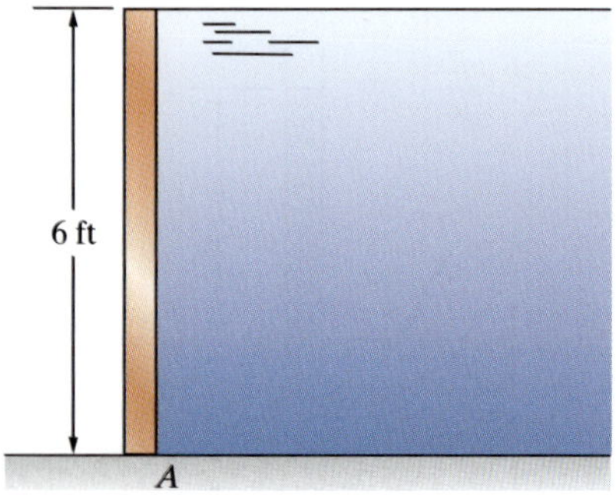

연습문제 10.82/10.83

10.84 균질한 게이트의 무게가 100 lb이고, 너비(종이를 뚫고 들어가는 방향의 크기)는 3 ft이다. 물의 비중 $\gamma = 62.4\ \text{lb/ft}^3$이고, 대기압 $P_{\text{atm}} = 2120\ \text{lb/ft}^2$이다. A와 B에서의 반력을 구하라.

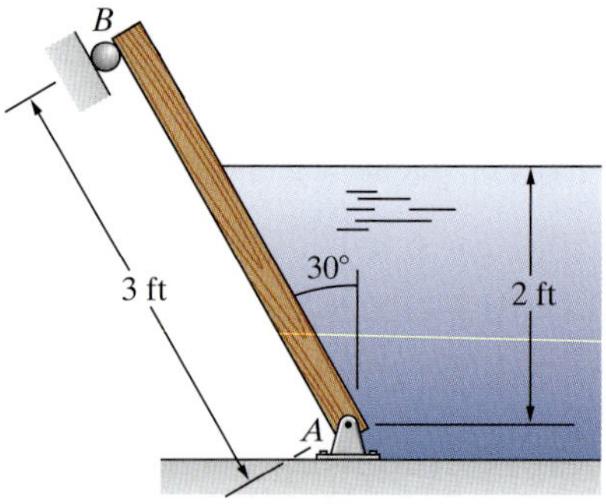

연습문제 10.84

10.85 게이트의 너비(종이를 뚫고 들어가는 방향의 크기)가 2 m이고, 오른쪽 면에는 물이 $d = 1$ m 깊이로 있다. 대기압 $P_{\text{atm}} = 1 \times 10^5$ Pa이고, 물의 밀도 $\rho = 1000\ \text{kg/m}^3$이다. A와 B에서 게이트에 가해지는 수평 힘을 구하라.

10.86 깊이 d가 특정 값을 초과하면 물을 방출하도록 게이트가 설계되었다. 그 깊이는 얼마인가?

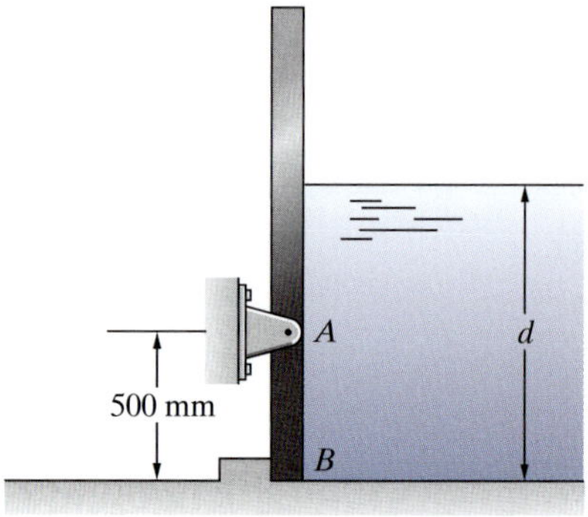

연습문제 10.85/10.86

10.87* 댐의 한쪽 면에는 4 ft 깊이의 물이 있다. 댐의 너비(종이를 뚫고 들어가는 방향의 크기)는 8 ft이다. 물의 비중 $\gamma = 62.4\ \text{lb/ft}^3$이고, 대기압 $P_{\text{atm}} = 2120\ \text{lb/ft}^2$이다. 댐의 무게를 무시한다면 A와 B에서의 반력은 얼마인가?

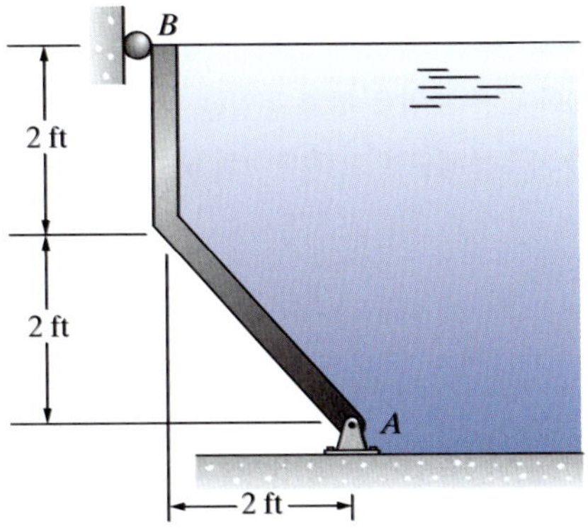

연습문제 10.87

10.88* 댐의 한쪽 면에는 4 ft 깊이의 물이 있다. 댐의 너비(종이를 뚫고 들어가는 방향의 크기)는 8 ft이다. 물의 비중 $\gamma = 62.4\ \text{lb/ft}^3$이고, 대기압 $P_{\text{atm}} = 2120\ \text{lb/ft}^2$이다. 댐의 무게를 무시한다면 A와 B에서의 반력은 얼마인가?

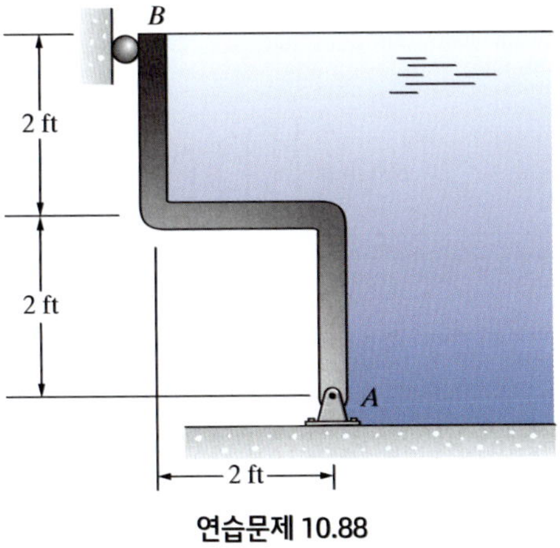

연습문제 10.88

10.89 액체의 표면 아래에 있는 수직 평면 A를 고려하자. 액체 표면에서 압력은 p_0이다. (a) 면적 위에서 압력이 가하는 힘 $F = \bar{p}A$임을 밝혀라. 여기에서 $\bar{p} = p_0 + \gamma\bar{x}$는 면적 도심에서 액체의 압력이다. (b) 압력 중심의 x 좌표는 다음과 같다.

$$x_p = \bar{x} + \frac{\gamma I_{y'}}{\bar{p}A}$$

여기에서 $I_{y'}$은 영역의 도심을 통과하는 y'축에 대한 단면 관성 모멘트이다.

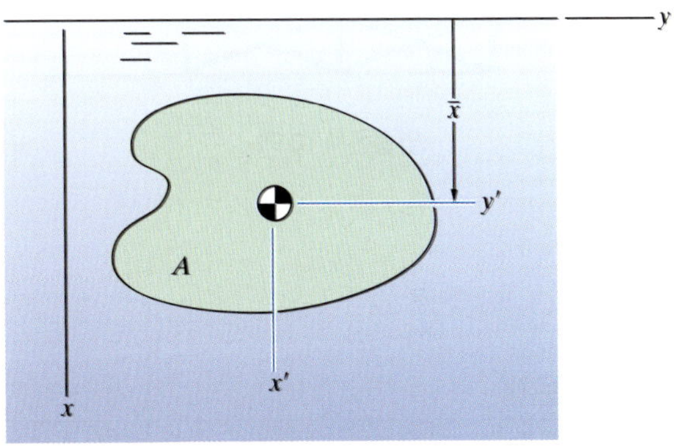

연습문제 10.89

10.90 1 m 반지름의 원형 판이 수조 내에 정지된 물속에 있다. $P_{\text{atm}} = 1.00E5$ Pa이고 물의 밀도 $\rho = 1000\ \text{kg/m}^3$이다. (a) 물의 압력이 판의 한 면에 가하는 힘을 구하라. (b) 압력 중심의 x 좌표를 구하라(연습문제 10.89 참조).

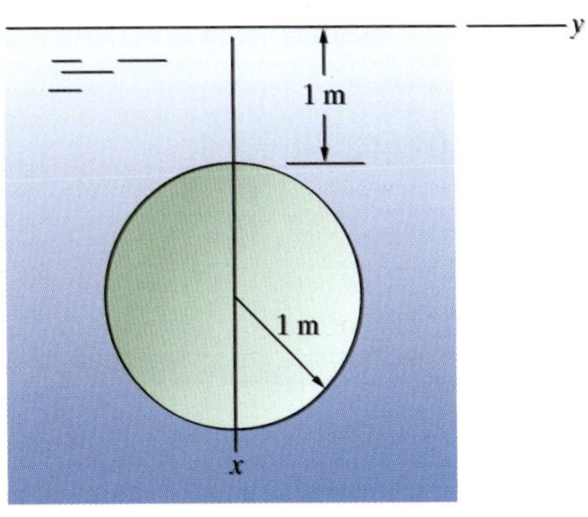

연습문제 10.90

10.91* 양 끝이 반구로 된 원통 탱크에 물(ρ = 1000 kg/m^3)이 채워져 있다. 탱크 상단의 수압은 140 kPa이다. 탱크의 반구 끝에 작용하는 수압에 의한 힘의 크기를 구하라(예제 10.12 참조).

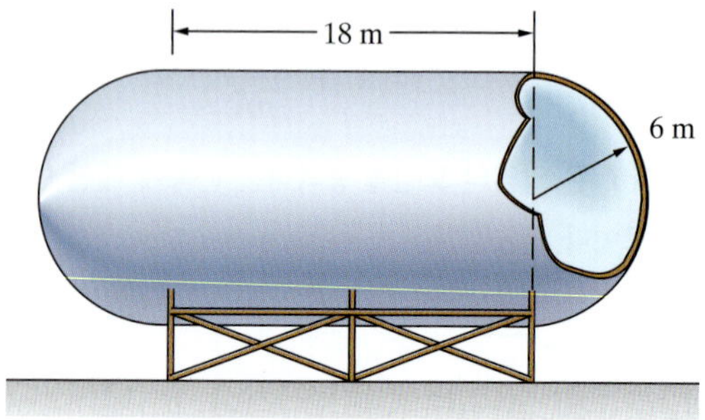

연습문제 10.91

10.92 비중이 γ인 정지상태의 액체의 수면 아래에 부피 V와 무게 W를 가진 물체가 매달려 있다(그림 a). 줄의 인장력이 $W - V\gamma$임을 밝혀라. 이는 물체의 표면에 작용하는 압력에 의한 힘은 체적과 비중 γ의 곱과 같은 크기를 가지며 위로 향한다는 의미이다. 이 결과는 아르키메데스(기원전 287~212)가 제시했다.

전략: 물체와 같은 모양을 하고 동일한 위치에 있는 액체의 부피에 대한 자유물체도를 그린다(그림 b).

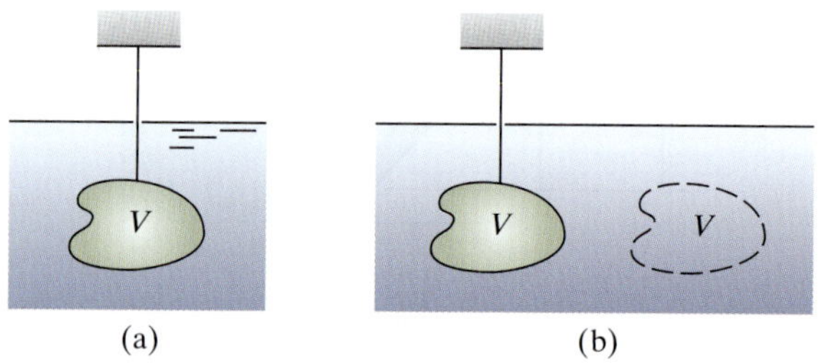

연습문제 10.92

복습문제

10.93 B에서 내력과 모멘트를 구하라.

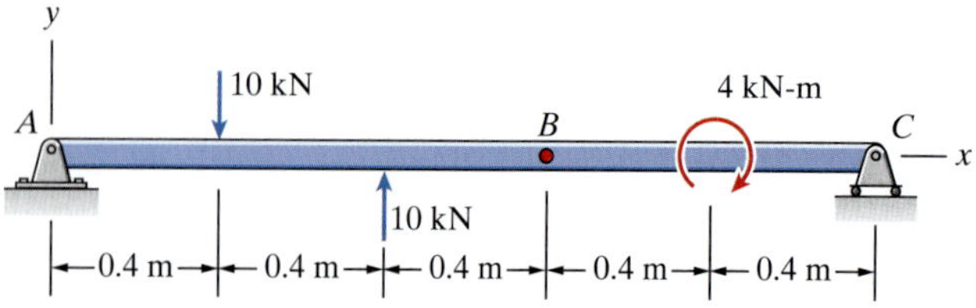

복습문제 10.93

10.94 B에서 내력과 모멘트를 구하라.

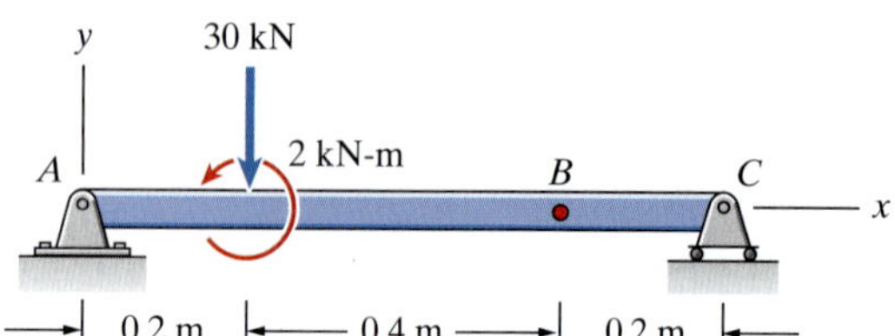

복습문제 10.94

10.95 x = 2 ft일 때, A에서 내력과 모멘트는 얼마인가?

10.96 x = 4 ft일 때, A에서 내력과 모멘트는 얼마인가?

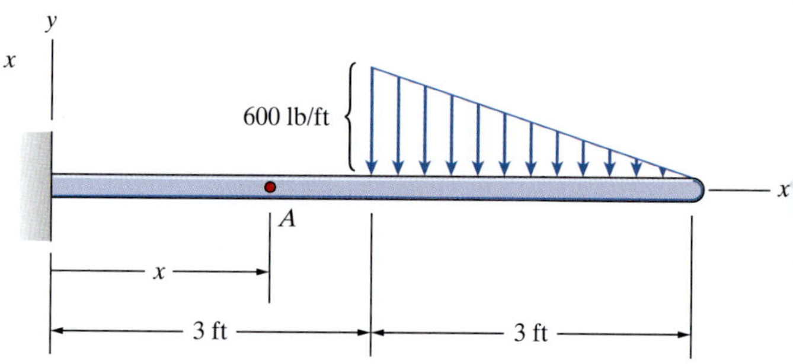

복습문제 10.95/10.96

10.97 보의 전단력과 굽힘모멘트 선도를 그려라.

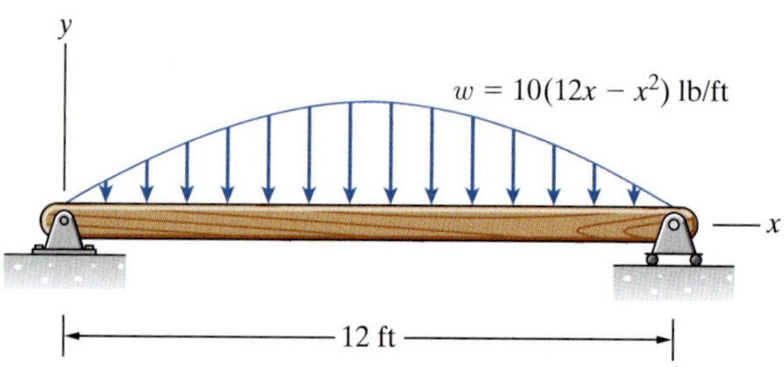

복습문제 10.97

10.98 보 ABC에 대한 V와 M을 x의 함수로 구하라.

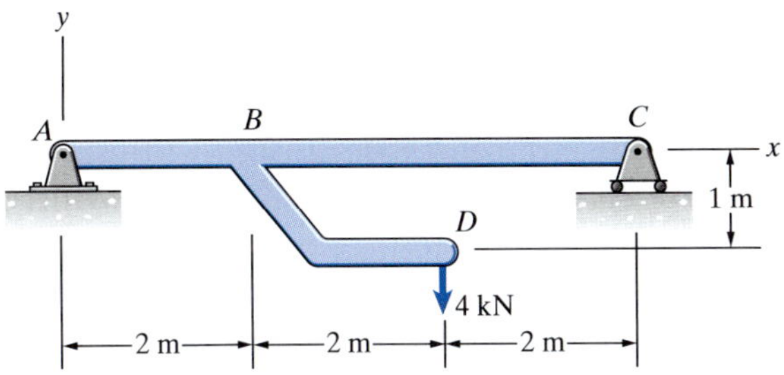

복습문제 10.98

10.99 B에서의 내력과 모멘트를 구하라.

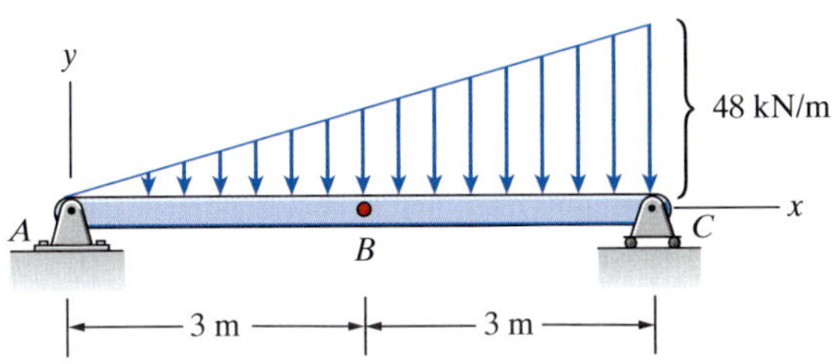

복습문제 10.99

10.100 B에서의 내력과 모멘트를 구하라.

10.101 D에서의 내력과 모멘트를 구하라.

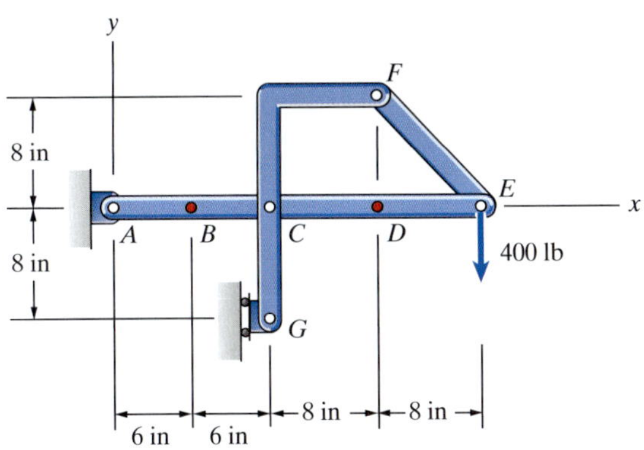

복습문제 10.100/10.101

10.102 C에서의 내력과 모멘트를 구하라.

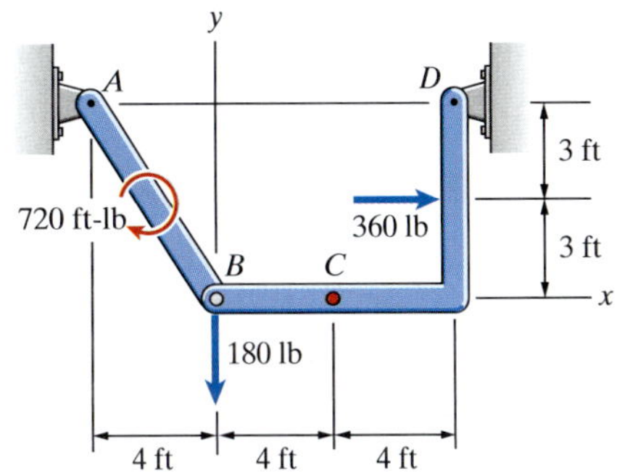

복습문제 10.102

10.103 전단력과 굽힘모멘트 선도를 그려라.

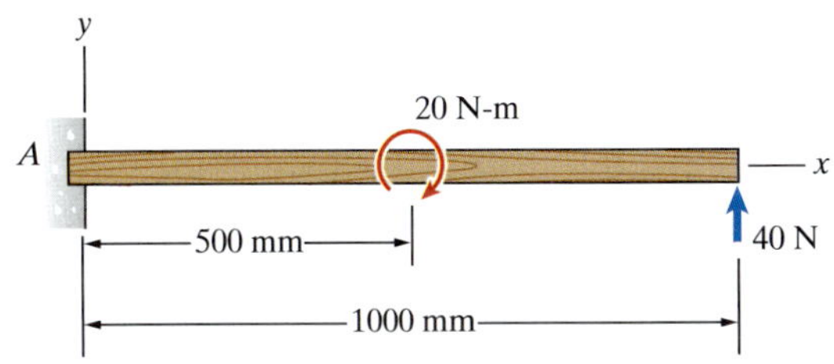

복습문제 10.103

10.104 무게가 1000 lb인 균질한 보의 중점에서 내력과 굽힘모멘트는 얼마인가?

10.105 무게가 1000 lb인 균질한 보의 중점에서 전단력과 굽힘모멘트 선도를 그려라.

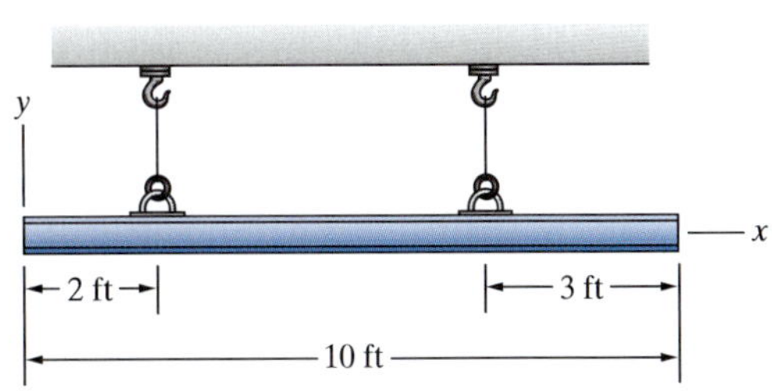

복습문제 10.104/10.105

10.106 A에서는 현수교의 주 케이블이 수평이고 인장력이 1×10^8 lb이다. (a) 케이블에 작용하는 분포 하중을 구하라. (b) B에서의 인장력은 얼마인가?

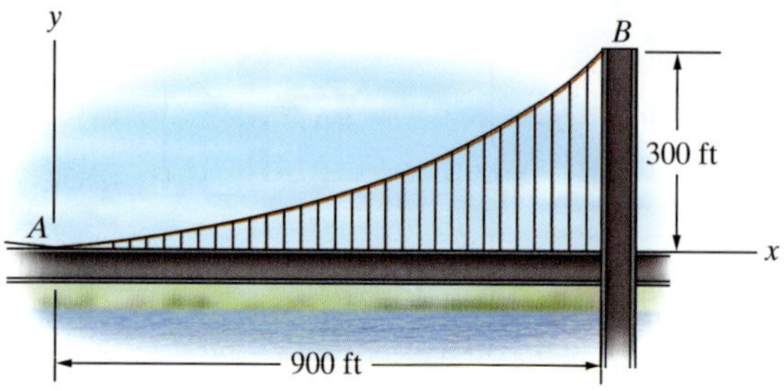

복습문제 10.106

10.107 전력선의 단위 길이당 질량이 1.4 kg/m이다. 전선은 안전하게 5 kN의 인장력을 견딜 수 있다. 0.4 kg/m의 얼음이 쌓여도 안전한지 판단하라.

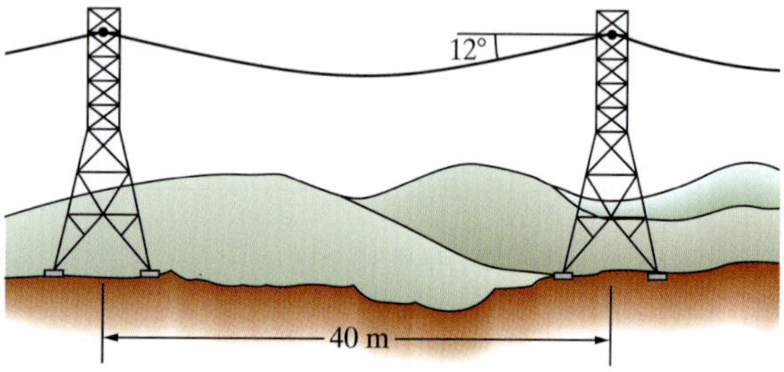

복습문제 10.107

10.108 타원형 창문의 중앙에서의 수심이 20 ft이다. 바닷물의 압력과 반대편 공기의 대기압에 의해 창문에 작용하는 힘의 크기를 구하라(연습문제 10.89 참조).

10.109 타원형 창문의 중앙에서의 수심이 20 ft이다. 바닷물(γ = 64 lb/ft^3)의 압력과 반대편 공기의 대기압에 의해 창문에 대해 수평축 L을 중심으로 작용하는 모멘트의 크기를 구하라(연습문제 10.89 참조).

복습문제 10.108/10.109

10.110* 수문이 한쪽 면에 2 m 깊이의 물을 지탱한다. 수문의 폭(종이를 뚫고 들어가는 방향의 크기)은 4 m이고, 질량은 160 kg이다. 물의 밀도 ρ = 1000 kg/m^{3}이고 대기압 P_{atm} = 1×10^5 Pa이다. A와 B에서 수문에 작용하는 반력을 구하라. (B에서는 수평 반력만 지지한다.)

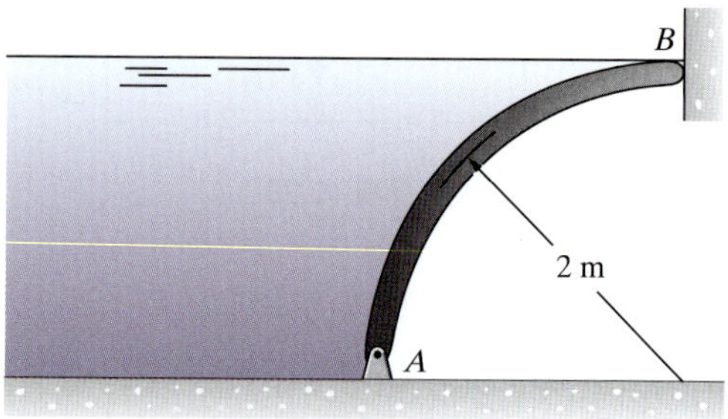

복습문제 10.110

10.111 반지름이 400 mm인 구형 탱크에 물(ρ = 1000 kg/m^3)이 가득 차 있다. 탱크 상단의 수압은 4×10^5 Pa이다. (a) 탱크 바닥에서 물의 압력은 얼마인가? (b) 물의 압력에 의해 탱크의 내부 표면에 작용하는 총힘은 얼마인가?

전략: (b)를 풀기 위해 탱크 안의 물에 대한 구 모양의 자유물체도를 그린다.

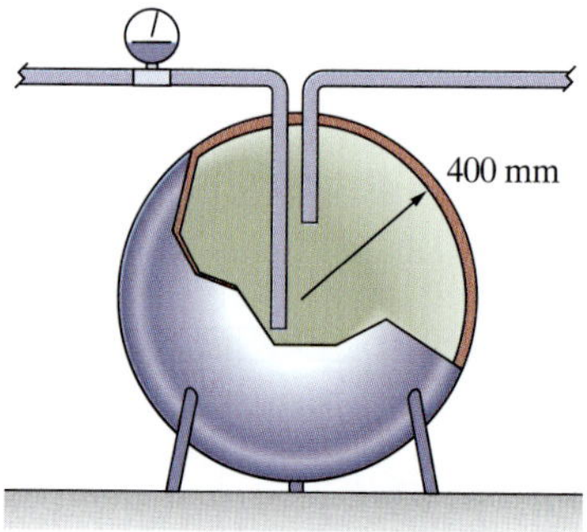

복습문제 10.111

CHAPTER

11

가상일과 퍼텐셜 에너지

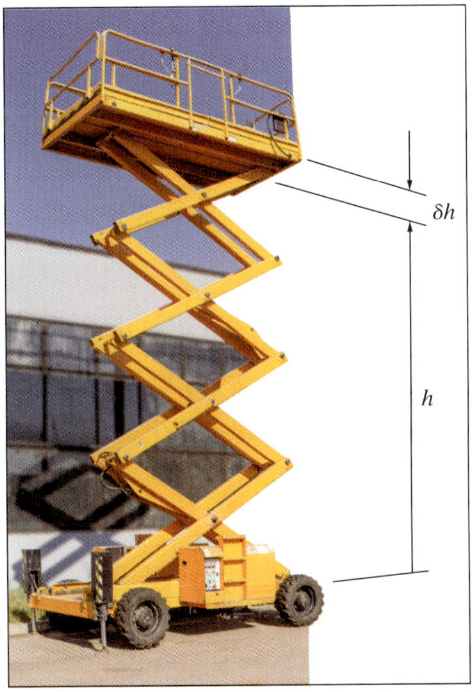

출처: anmbph/123RF 제공

스프링이 늘어났을 때 생성된 일은 스프링 내에 퍼텐셜 에너지로 저장된다. 크레인으로 물체를 들어 올리면, 중력에 의한 물체의 퍼텐셜 에너지가 증가한다. 이 장에서는 일과 퍼텐셜 에너지의 정의에 대해 알아보고, 가상일의 원리에 대해 소개한다.

▲ 가상일의 방법은 리프트를 올리는 데 필요한 힘을 분석하는 데 유용하다. 이 장에서는 평형상태에 있는 물체를 분석하기 위해 가상일과 퍼텐셜 에너지의 개념을 이용한다.

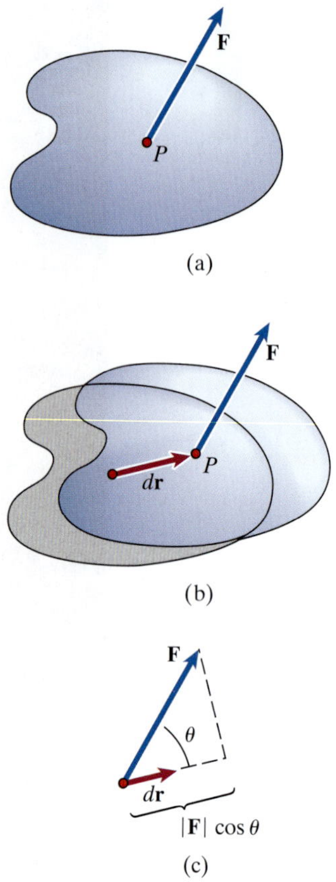

그림 11.1

(a) 물체에 작용하는 힘 **F**
(b) P의 변위 $d\mathbf{r}$
(c) 일 $dU = (|\mathbf{F}|\cos\theta)|d\mathbf{r}|$

11.1 가상일

생각해보기

- 대학생으로서 일에 대해 익숙할 것이다. 그렇다면 역학적 관점에서 일은 어떻게 정의되는가?
- '가상변위'는 무엇인가? 이것은 상상 속의 변위인가?

배경

가상일의 원리는 물체나 구조물에 다양한 가상 운동이 가해질 때 힘과 우력이 수행한 일에 대해 나타낸 것이다. 가상일의 원리를 알아보기 전에 먼저 일에 대한 개념을 정의해야 한다.

일

점 P에서 물체에 작용하는 힘을 고려하자(그림 11.1a). 물체가 미소 운동을 수행한다면 P는 미소변위 $d\mathbf{r}$로 움직인다(그림 11.b). 그림 11.1b에서 보듯이 점 P가 $d\mathbf{r}$의 변위를 가질 때, $\mathbf{F}$가 수행한 일 dU는 다음과 같이 나타낼 수 있다.

$$dU = \mathbf{F} \cdot d\mathbf{r} \tag{11.1}$$

내적의 정의로부터 $dU = (|\mathbf{F}|\cos\theta)|d\mathbf{r}|$로 나타낼 수 있으며, 여기에서 θ는 $\mathbf{F}$와 $d\mathbf{r}$ 사이의 각도이다(그림 11.1c). 일은 $d\mathbf{r}$의 크기와 방향의 $\mathbf{F}$ 성분과의 곱과 같다. $d\mathbf{r}$과 평행인 $\mathbf{F}$의 성분과 $d\mathbf{r}$의 방향이 반대이면 일은 음수가 된다. 또한 $d\mathbf{r}$

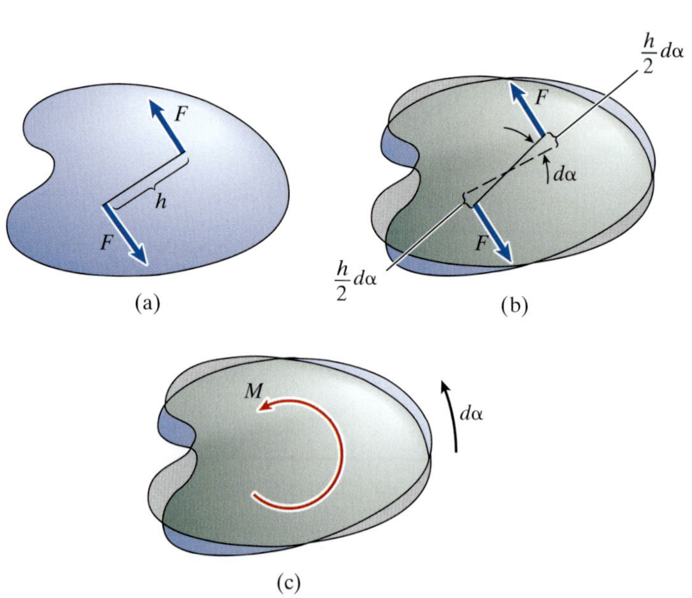

그림 11.2

(a) 물체에 작용하는 우력
(b) 물체의 미소 회전
(c) 우력 M에 의해 $d\theta$ 각도로 회전하는 물체

과 **F**가 수직이면 일은 0이 된다. 일의 치수는 (힘) × (길이)이다.

다음으로 물체에 작용하는 우력에 대해 알아보자(그림 11.2a). 우력에 의한 모멘트는 시계 반대 방향으로 $M = Fh$이다. 물체가 시계 반대 방향으로 미소 각도 $d\alpha$만큼 회전하게 되면(그림 11.2b), 힘이 가해진 점은 미소 거리 $\frac{1}{2}h\ d\alpha$만큼 움직인다. 결과적으로 총일은 다음과 같이 나타낼 수 있다.

$$dU = F(\tfrac{1}{2}h\ d\alpha) + F(\tfrac{1}{2}h\ d\alpha) = M\,d\alpha$$

우력 M이 작용하는 물체가 우력의 방향과 같은 방향으로 $d\alpha$ 각도로 회전할 때(그림11.2c), 총일은 다음과 같이 나타낼 수 있다.

$$dU = M\,d\alpha \tag{11.2}$$

만약 우력의 방향이 $d\alpha$와 반대이면 일은 음의 부호를 가진다.

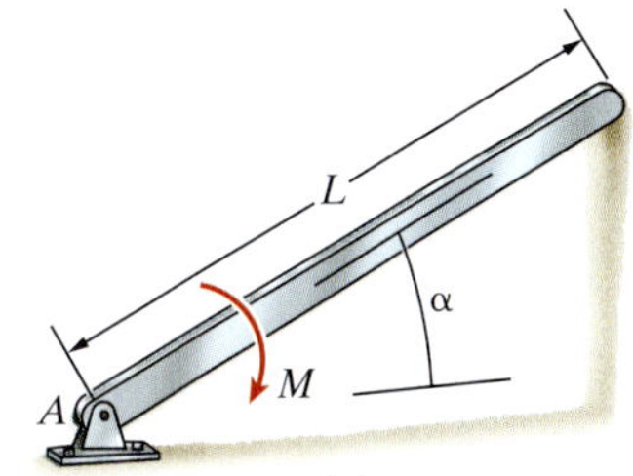

(a)

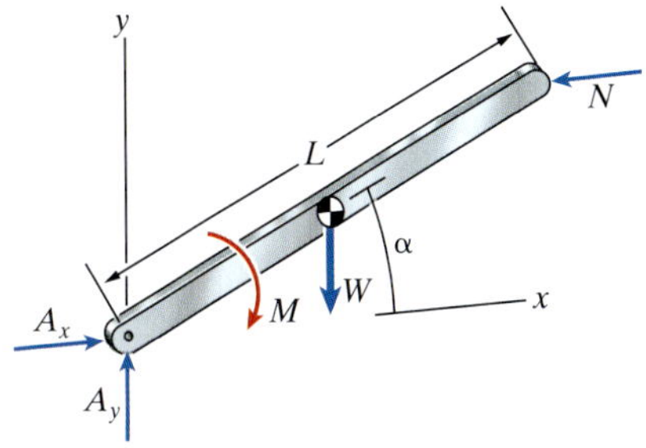

(b)

그림 11.3
(a) 우력 M이 작용하는 막대
(b) 막대의 자유물체도

가상일의 원리

앞 절에서 힘과 우력이 수행한 일을 정의했고, 이 절에서는 가상일의 원리에 대해 알아본다. 먼저 원리를 이해하기 위한 예시를 살펴보자.

그림 11.3a의 균질 막대가 벽과 점 A에 핀 지지대로 지지되어 있고, 우력 M이 가해지고 있다. 막대의 자유물체도는 그림 11.3b에 나타나 있으며, 평형방정식은 다음과 같다.

$$\Sigma F_x = A_x - N = 0 \tag{11.3}$$

$$\Sigma F_y = A_y - W = 0 \tag{11.4}$$

$$\Sigma M_{\text{점}\,A} = NL\sin\alpha - W\frac{1}{2}L\cos\alpha - M = 0 \tag{11.5}$$

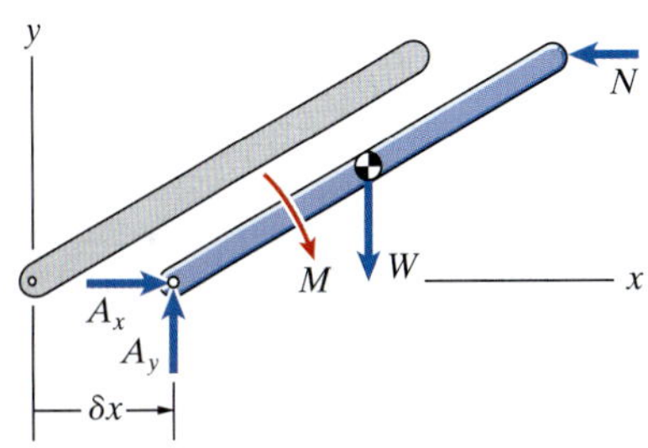

그림 11.4
가상변위 δx

위 식을 이용해 반력 A_x, A_y, N을 구할 수 있다. 하지만 여기에서는 다른 관점에서 위 결과를 살펴본다.

다음 질문을 생각해보자. 막대에 그림 11.3b와 같이 힘과 우력이 가해지고, 그림 11.4와 같이 x 방향으로 가상적으로 미소 이동을 한다면 일은 얼마가 되는가? 가상적인 변위 δx는 막대의 **가상변위**라 하고, 일 δU를 **가상일**이라고 한다. 핀 지지대와 벽은 막대가 x 방향으로 실제 움직이는 것을 막는다. 따라서 가상변위는 이론적인 현상임을 알 수 있다. 여기에서의 목표는 총가상일을 계산하는 것이다.

$$\delta U = A_x\delta x + (-N)\delta x = (A_x - N)\delta x \tag{11.6}$$

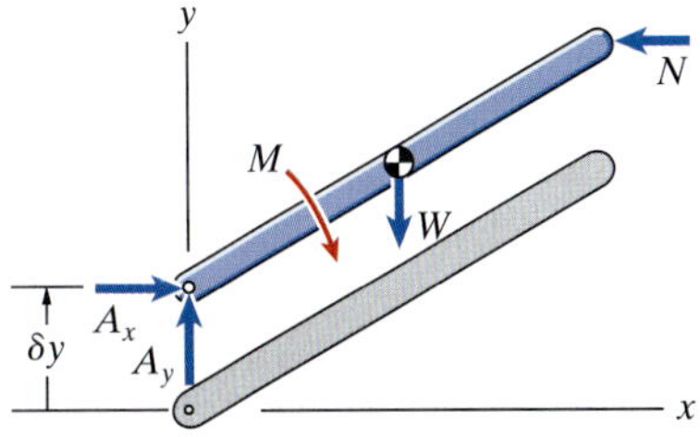

그림 11.5
가상변위 δy

힘 A_y와 W는 변위 방향에 대해 수직으로 작용하므로 일은 0이다. 막대가 회전하지 않으므로 우력 M에 의한 일 또한 0이다. 위 식을 식 (11.3)과 비교하면, 가상일은 0인 것을 알 수 있다.

막대가 y 방향으로 가상변위를 나타내면(그림 11.5), 총가상일은 다음과 같다.

$$\delta U = A_y\delta y + (-W)\delta y = (A_y - W)\delta y \tag{11.7}$$

식 (11.4)로부터 가상일은 0인 것을 알 수 있다.

마지막으로 고정된 점 A에 대해 막대가 가상 회전을 하는 경우를 살펴보자(그림 11.6a). 힘 A_x, A_y는 작용점이 움직이지 않기 때문에 일이 없다. 우력 M에 의해 발생한 일은 $-M\,\delta\alpha$로 나타낼 수 있는데, 가상 회전 방향과 반대 방향이기 때문에 음수로 나타난다. N과 W에 의한 점의 변위는 그림 11.6b에 나타나 있으며, 변위 방향으로의 힘의 성분은 그림 11.6c에 나타나 있다. N에 의한 일은 $(N\sin\alpha)(L\,\delta\alpha)$로 나타나고, W에 의한 일은 $(-W\cos\alpha)(\frac{1}{2}L\,\delta\alpha)$로 나타난다. 따라서 총일은 다음 식으로 나타낼 수 있다.

$$\begin{aligned}\delta U &= (N\sin\alpha)(L\delta\alpha) + (-W\cos\alpha)\left(\frac{1}{2}L\delta\alpha\right) - M\;\delta\alpha \\ &= \left(NL\sin\alpha - W\frac{1}{2}L\cos\alpha - M\right)\delta\alpha.\end{aligned} \tag{11.8}$$

식 (11.5)로부터 가상 회전에 의한 총가상일 또한 0임을 알 수 있다.

지금까지 막대의 세 가지 가상 운동으로 인한 일이 0인 것을 살펴보았다. 이러한 결과는 가상일의 원리에 대한 하나의 예이다.

물체가 평형상태에 놓여 있으면, 물체에 작용하는 외력과 우력에 의해 발생한 가상일은 모든 가상 병진이나 회전에 대해 0이다.

$$\delta U = 0 \tag{11.9}$$

예시에서 살펴본 것과 같이 가상일의 원리는 물체의 평형방정식을 유도하는 데 사

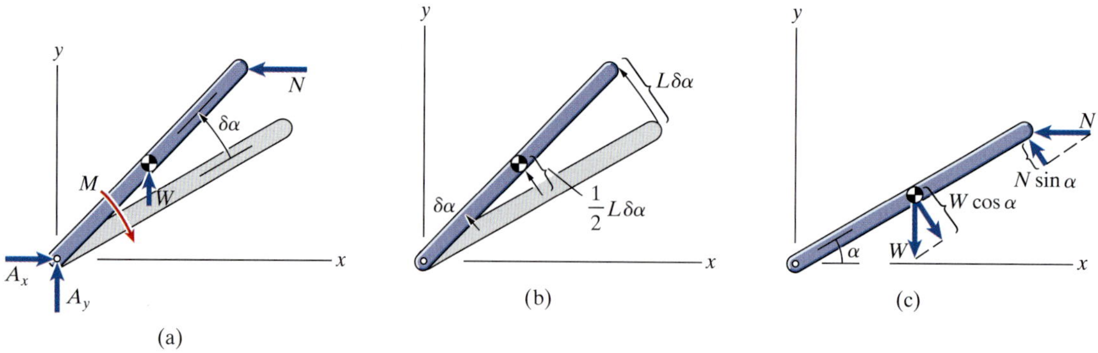

그림 11.6

(a) 가상 회전 $\delta\alpha$

(b) N과 W의 작용점의 변위

(c) 변위의 방향에 대한 N과 W의 성분

용될 수 있다. 막대에 가상 병진 δx, δy와 가상 회전 $\delta\alpha$가 가해질 때의 결과가 식 (11.6)~(11.8)에 나타나 있다. 각각의 경우 가상일은 반드시 0이 되어야 하기 때문에 식 (11.3)~(11.5)를 얻을 수 있다. 하지만 이러한 방식은 물체의 자유물체도를 그리고 평형방정식을 세워서 풀이하는 방법과 비교했을 때 이점이 없다. 가상일의 원리의 이점은 구조물에 적용할 때 확실히 나타난다.

구조물 적용

앞 절에서는 구조물의 각 부재에 가상일의 원리를 적용하는 것을 알아보았다. 가상 운동을 평형상태인 구조물의 각 형태에 적용시키고 전체 가상일을 계산함으로써 부재 내의 내력과 각 지지점의 미지의 반력을 구할 수 있다. 이러한 절차는 알려진 하중과 미지의 힘 및 우력이 수행한 가상일로 인한 가상 운동을 찾는 것을 포함하고 있다.

그림 11.7a의 트러스에서 부재 BD의 축 하중을 구하는 것을 알아보자. 트러스의 다른 부재에는 4 kN의 하중과 부재 BD가 가하는 힘을 받게 된다(그림 11.7b). 그림 11.7c에 나타난 것처럼 가상 회전 $\delta\alpha$가 구조물에 주어지면, 가상일은 B 지점에 작용하는 힘 T_{BD}와 C 지점에 작용하는 4 kN의 하중에 의해 수행된다. 내력에 의한 가상일은 서로 상쇄되기 때문에 이 두 힘이 구조물의 부재에 수행한 가상일은 전체의 가상일이 된다. 예를 들어 조인트 C(그림 11.7d)를 살

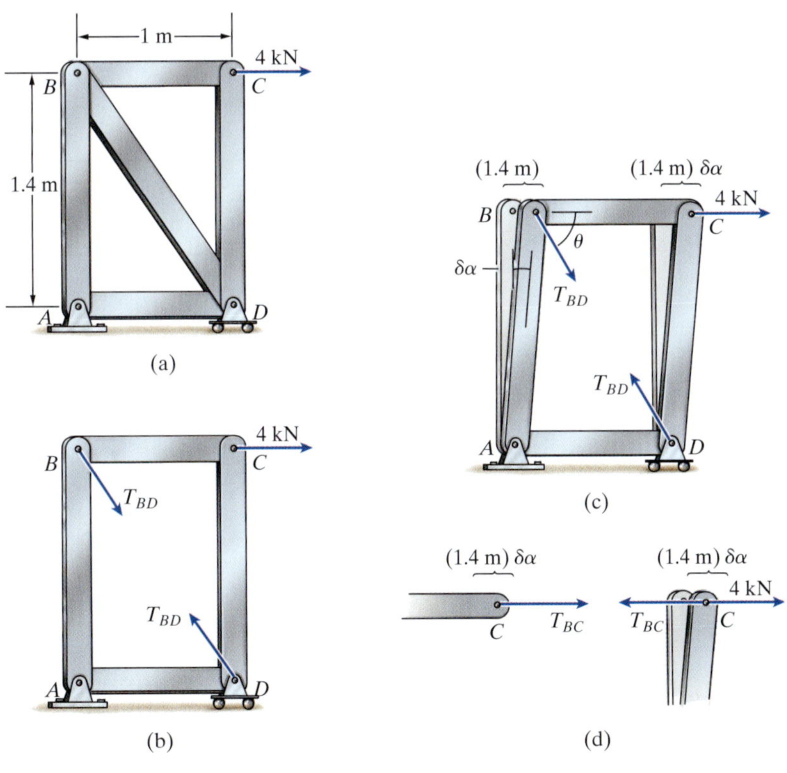

그림 11.7

(a) 4 kN의 하중이 작용하고 있는 트러스

(b) 부재 BD에 의한 힘

(c) 구조물의 가상 운동

(d) 조인트 C에서 부재 BC, CD에 작용하는 가상일

펴보자. 힘 T_{BC}는 부재 BC에 작용하고 있는 축 하중이며, 부재 BC의 C 지점에서 수행된 가상일은 $T_{BC}(1.4\text{ m})\,\delta\alpha$, 부재 CD의 C 지점에서 수행된 일은 $(4\text{ kN} - T_{BC})(1.4\text{ m})\,\delta\alpha$로 나타낼 수 있다. 구조물에 수행된 총가상일을 얻기 위해 부재에 수행된 가상일을 전부 더하면 내력 T_{BC}에 의해 가상일이 상쇄된다. (핀 지지대에서의 마찰력과 같이 C 지점에 내부 우력이 작용한다면 가상일이 상쇄되지 않는다.) 따라서 구조물에서 총일을 계산할 때 내력에 의한 가상일을 무시할 수 있다.

$$\delta U = (T_{BD}\cos\theta)(1.4\text{ m})\,\delta\alpha + (4\,\text{kN})(1.4\text{ m})\,\delta\alpha = 0$$

각도 $\theta = \arctan(1.4/1) = 54.5°$로 계산되고, 위 식을 풀면 $T_{BD} = -6.88\text{ kN}$이다.

결과 정리

일

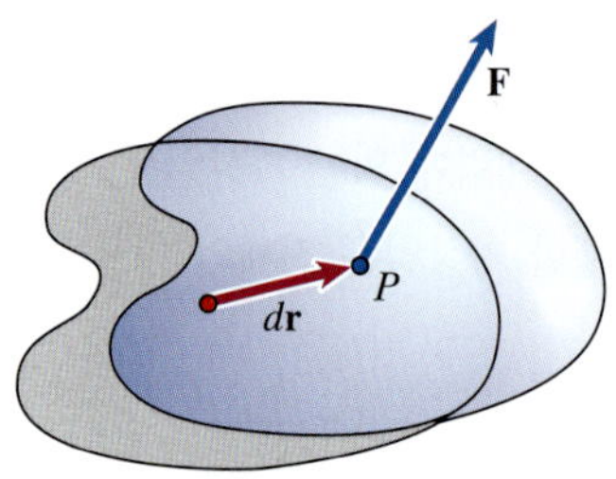

$dU = \mathbf{F}\cdot d\mathbf{r}$ (11.1)

작용점의 가상변위 $d\mathbf{r}$과 힘 $\mathbf{F}$가 수행한 일

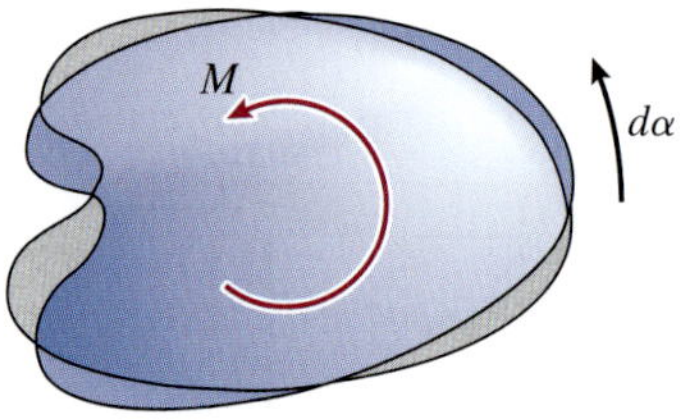

$dU = M\,d\alpha$ (11.2)

모멘트 M과 같은 방향으로 가상 회전 $d\alpha$와 우력 모멘트 M이 수행한 일

가상일의 원리

물체가 평형상태에 놓여 있으면, 물체에 작용하는 외력과 우력에 의해 발생한 가상일은 모든 가상 병진이나 회전에 대해 0이다.

$$\delta U = 0 \qquad (11.9)$$

가상변위 혹은 회전은 가상적인 미소 변위 혹은 회전이다.

가상일의 원리는 내력에 의한 일이 없고, 부재들 사이에서 서로 힘이 가해지고 있는 구조물에 적용할 수 있다. 여기에는 두 단계가 포함된다.

1. 가상 운동의 선택: 구해야 할 미지의 힘 또는 우력과 주어진 하중에 의해 가상일이 수행되는 구조의 가상 운동을 정한다.
2. 가상일 결정: 미지의 힘 또는 우력에 대한 식을 얻기 위해 가상 운동을 이용해 총가상일을 계산한다.

실습 예제 11.1 구조물에 가상일 적용하기

가상일의 원리를 이용해 구조물의 C 지점에서의 수평 방향 반력을 구하라.

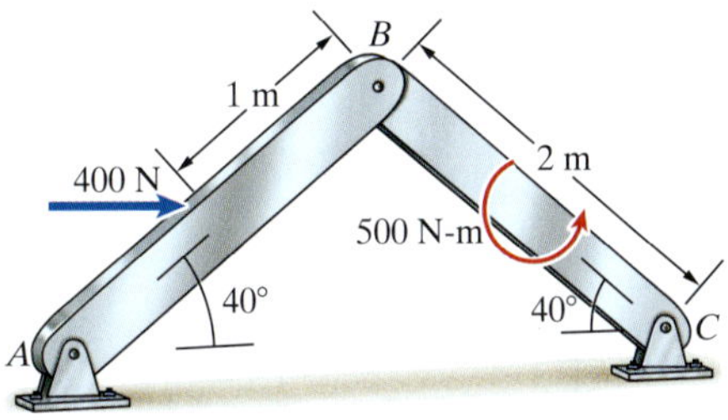

전략

비록 구조물의 A, C 지점이 고정되어 있지만 가상의 가상 운동을 가할 수 있다. 반드시 C 지점에서의 수평 방향 반력에 대한 가상 운동을 선택해야 하고, 구조에 가해지고 있는 외력은 일을 수행한다. 총가상일을 계산해서 C 지점에서의 수평 방향 반력을 구할 수 있다.

풀이

구조물의 자유물체도. C_x를 구하는 것이 목표이다.

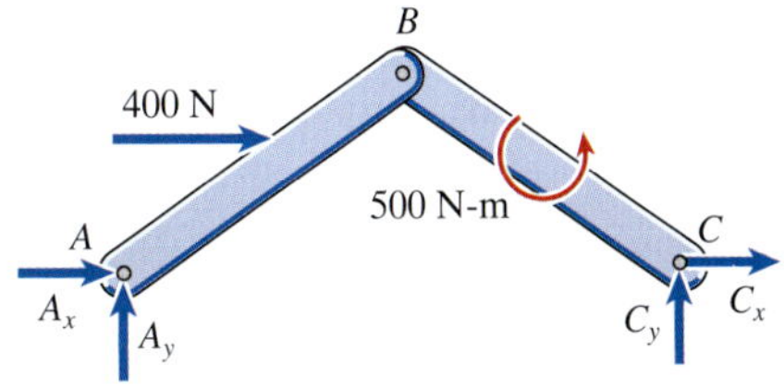

가상 운동의 선택: A 지점은 그대로 고정시키고, C 지점에 수평 방향의 가상변위 δx를 설정한다. 그 결과 막대 AB에 시계 방향으로 가상 회전 $\delta\alpha$가 발생한다.

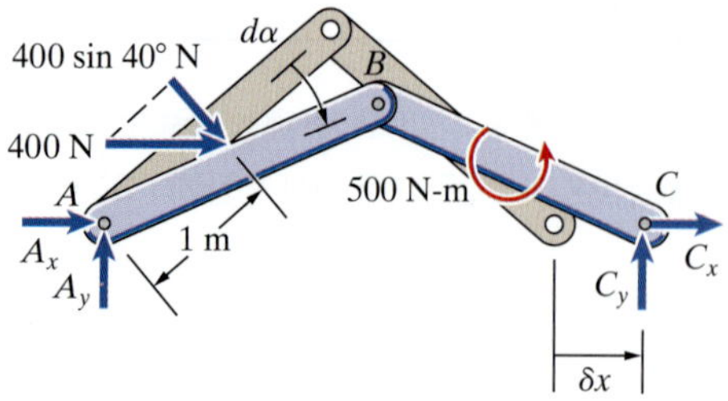

400 N에 의한 일은 다음과 같다.

$$(400 \sin 40° \text{ N})(1 \text{ m})\delta\alpha$$

막대 BC는 시계 반대 방향으로 $\delta\alpha$만큼 회전하고, 우력에 의한 일은 (500 N-m)$\delta\alpha$이다. 반력 C_x에 의한 일은 $C_x\,\delta x$로 나타나고, 총가상일은 다음과 같다.

$$\delta U = (400 \sin 40° \text{N})(1 \text{ m})\delta\alpha + (500 \text{ N-m})\delta\alpha + C_x\delta x = 0$$

위 식으로부터 C_x를 구하기 위해서는 $\delta\alpha$와 δx의 관계식이 필요하다.

가상일 결정

구조물의 형상으로부터

$$x = 2(2\cos\alpha)$$

α에 관해 위 식을 미분하면 다음 식이 된다.

$$\frac{dx}{d\alpha} = -4\sin\alpha$$

따라서 x의 미소 변화는 α의 미소 변화와 관련된다.

$$dx = -4\sin\alpha\, d\alpha$$

시계 방향으로의 가상 회전 $\delta\alpha$는 α에서 감소하므로, δx와 $\delta\alpha$는 다음 식으로 정리된다.

$$\delta x = 4\sin 40°\,\delta\alpha$$

위 식을 전체 가상일에 관한 식에 대입해 풀면 다음과 같이 나타낼 수 있고,

$$\delta U = [(400 \sin 40° \text{N})(1 \text{ m}) + (500 \text{ N-m}) + (4\sin 40° \text{m})C_x]\delta\alpha = 0$$

$C_x = -294$ N을 얻는다.

δx와 $\delta\alpha$의 관계식 결정

실습 문제 가상일의 원리를 사용해 C 지점에서의 수직 방향 반력을 구하라. A 지점은 그대로 고정시키고, 전체 구조물에 시계 방향의 가상 회전 $\delta\alpha$를 적용하라.

답: Cy = −79.3 N

예제 11.2 기계에 가상일 적용하기

유압 실린더 BC에 의해 올라가고 내려가는 확장 가능한 플랫폼이 있다. 플랫폼과 작업자의 총무게가 W이고, 플랫폼을 지지하는 보의 무게는 무시할 때, 그림에서 플랫폼이 평형상태를 유지하기 위해 유압 실린더에 작용하는 축 하중은 얼마가 되어야 하는가?

전략

유압 실린더의 길이가 변할 때 플랫폼과 보의 실제 운동과 일치하는 가상 운동을 사용할 수 있다. 유압 실린더와 작업자와 플랫폼의 무게로 인한 가상일을 계산해 유압 실린더에 작용하는 힘을 구할 수 있다.

풀이

가상 운동의 선택 실린더에 의해 작용하는 힘 F를 구하기 위해 먼저 그림 a에 나타나 있듯 플랫폼과 보의 자유물체도를 그린다. 점 A를 고정점으로 두고, 점 C에 수평 방향의 가상변위 δx가 가해지면 F와 무게 W만이 가상일을 발생시키는 힘이 된다. (점 C는 롤러 지지대로 되어 있기 때문에 반력은 가상변위에 수직 방향으로 작용한다.)

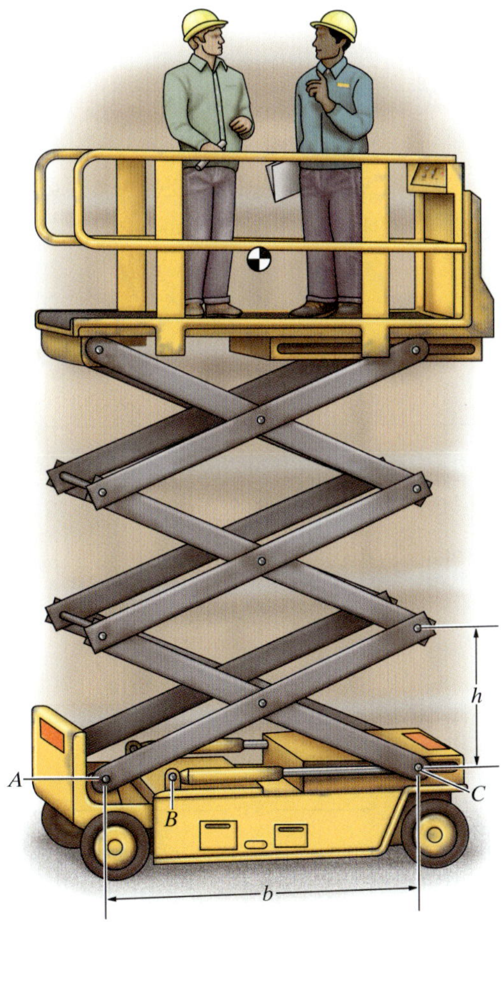

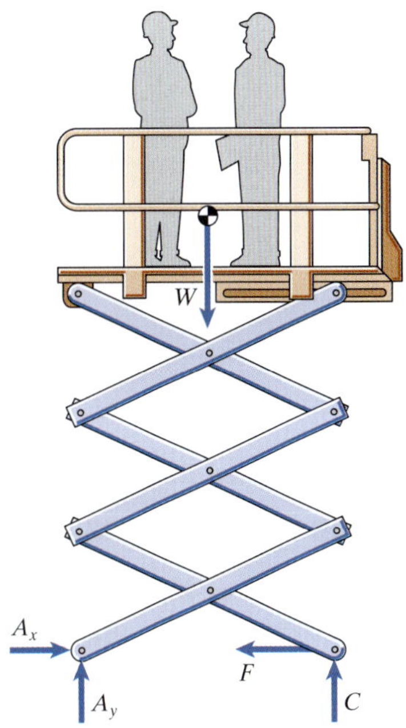

(a) 플랫폼과 지지보의 자유물체도

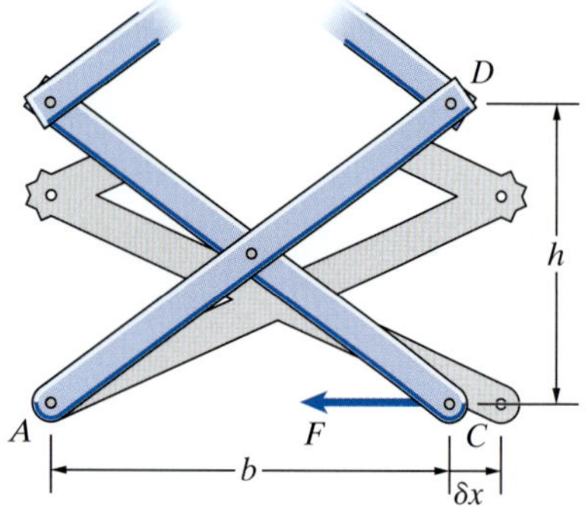

(b) 고정된 A와 수평 방향으로 움직이는 C의 가상변위

가상일 결정 점 C가 오른쪽 방향으로 가상변위 δx를 가질 때 힘 F에 의한 가상일은 $-F\,\delta x$이다(그림 b). 무게 W에 의한 가상일을 계산하기 위해, 먼저 점 C가 오른쪽 방향으로 δx만큼 이동할 때 점 D의 수직 방향 변위(그림 b)를 구해야 한다. b와 h의 치수는 다음 식으로 나타낼 수 있다.

$$b^2 + h^2 = L^2$$

L은 보 AD의 길이이며, 위 식을 b에 관해 미분하면 다음 식을 얻는다.

$$2b + 2h\frac{dh}{db} = 0$$

dh를 db를 이용해 나타내면 다음 식으로 나타난다.

$$dh = -\frac{b}{h}db$$

따라서 b가 δx만큼 증가하면 h의 치수는 $(b/h)\delta x$만큼 감소한다. 세 쌍의 보가 있기 때문에 플랫폼은 아래쪽으로 $(3b/h)\delta x$만큼 움직이고, 무게에 의한 가상일은 $(3b/h)W\,\delta x$가 된다. 총가상일은 다음 식으로 나타낼 수 있으며,

$$\delta U = \left[-F + \left(\frac{3b}{h}\right)W\right]\delta x = 0$$

F는 $(3b/h)W$으로 계산된다.

비판적 사고

이 예제는 특정 유형의 문제에서 가상일의 방법이 얼마나 유용한지 보여준다. 유압 실린더에 작용하는 힘을 구하기 위해 플랫폼을 지지하는 프레임의 모든 부재에 대한 자유물체도를 그린 뒤 평형방정식을 푸는 것은 다소 비효율적일 수 있다. 반면 프레임에 작용하는 외력에 의한 가상일을 구하는 것은 비교적 간단함을 알 수 있다.

연습문제

가상일의 원리를 이용해 다음 연습문제를 풀라.

11.1 A에서의 반력을 구하라.

전략: 보에 세 가지 가상 운동이 적용된다. **1.** 수평 방향 변위 δx, **2.** 수직 방향 변위 δy, **3.** A에 관한 회전 $\delta\theta$

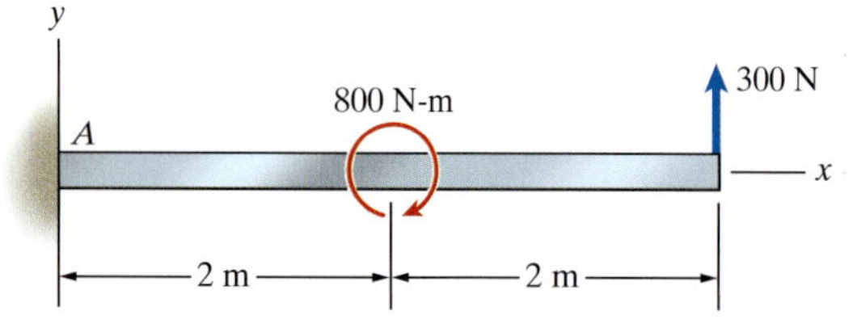

연습문제 11.1

11.2 F_1 = 1200 lb, F_2 = 600 lb일 때, 가상일을 이용해 A 지점에서의 반력을 구하라.

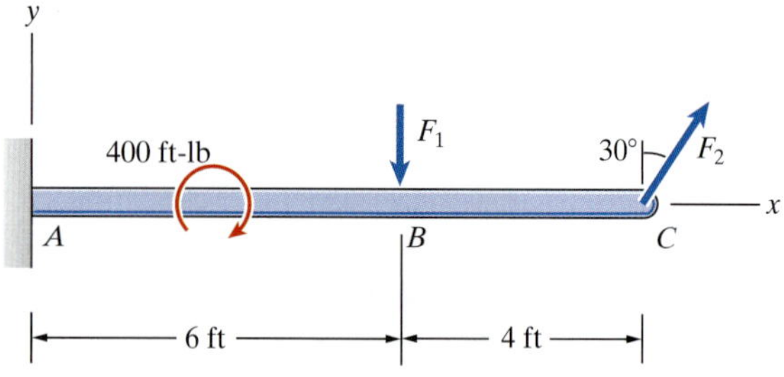

연습문제 11.2

11.3 케이블의 인장력을 구하라.

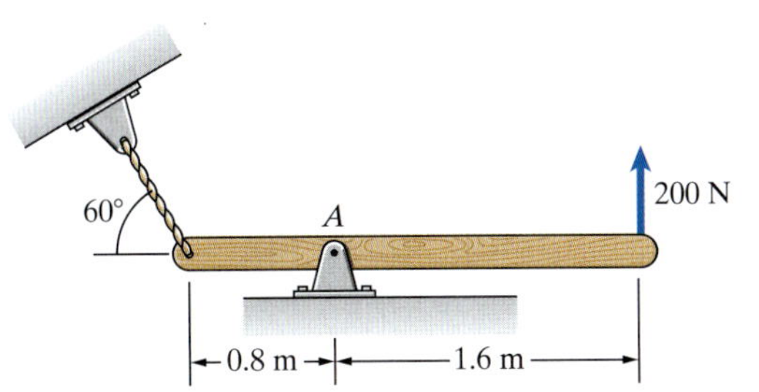

연습문제 11.3

11.4 막대가 평형상태에 있을 때 다음 상황, 즉 (a) 가상변위가 δy일 때, (b) A에서의 가상 회전이 시계 반대 방향으로 $\delta\alpha$로 주어질 때, 막대에 작용하는 힘과 우력에 의한 총가상일을 구하라.

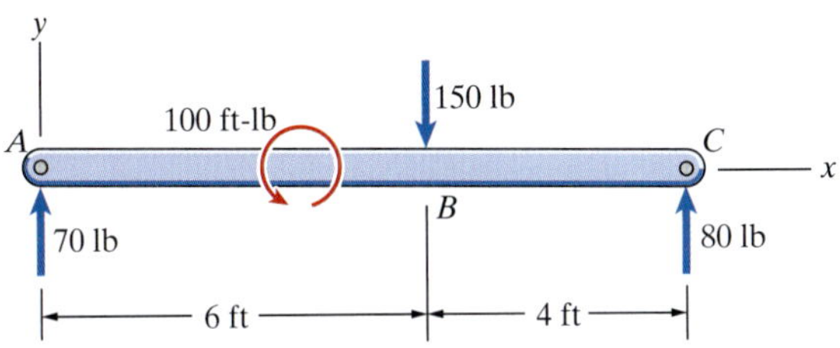

연습문제 11.4

11.5* 보의 길이와 분포 하중이 각각 $L = 12$ ft, $w_0 = 200$ lb/ft이다. 보의 A 지점에 가상 회전 $\delta\alpha$가 작용하고 있을 때, (a) 적분을 이용해 분포 하중에 의한 가상일을 구하라. (b) 분포 하중을 등가 힘으로 나타내고 등가 힘에 의한 가상일을 구하라. (답은 $\delta\alpha$에 대한 식으로 나타날 것이다.)

11.6 $L = 12$ ft이고 $w_0 = 200$ lb/ft일 때, 가상일을 이용해 A, B에서의 반력을 구하라.

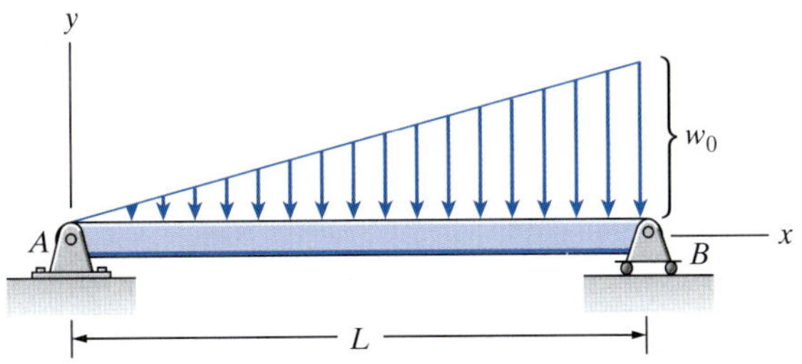

연습문제 11.5/11.6

11.7 막대의 길이가 6 ft이고, 거리 $b = 4$ ft, 각도 $\alpha = 30°$이다. 막대의 무게가 50 lb로 막대 중앙에서 작용하고 있을 때, 스프링에 작용하는 인장력은 얼마인가?

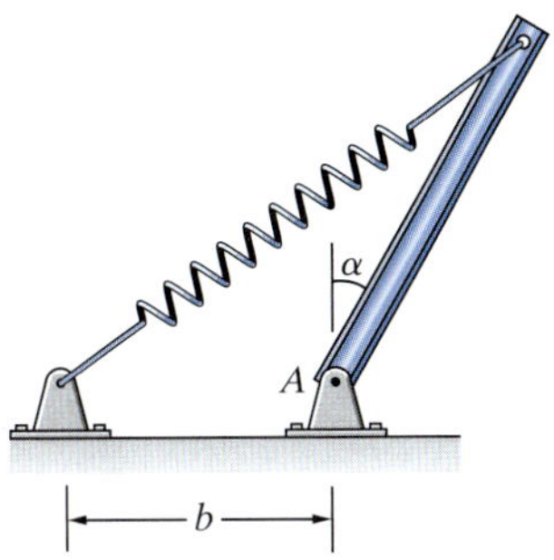

연습문제 11.7

11.8 (a) 막대의 A 지점의 가상변위가 δx일 때, B 지점에서의 가상변위가 다음과 같음을 밝혀라.

$$\delta y = \frac{b}{h}\delta x$$

(b) 거리 $b = 3$ ft, $h = 6$ ft이고 힘 $F_1 = 200$ lb일 때, 막대가 평형상태를 유지하기 위한 F_2는 얼마인가? (막대의 무게는 무시한다.)

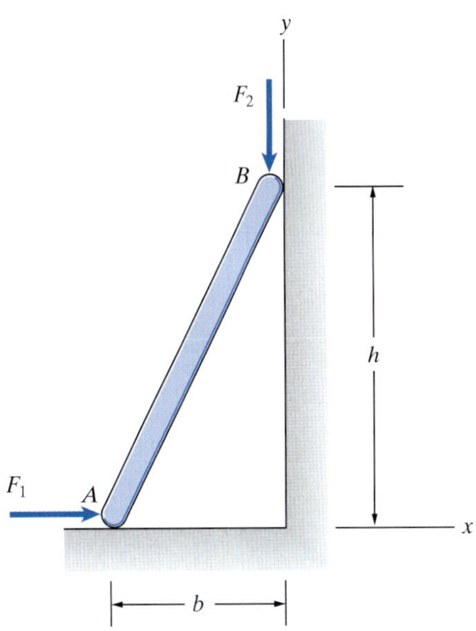

연습문제 11.8

11.9 롤러 지지대에서의 반력을 구하라.

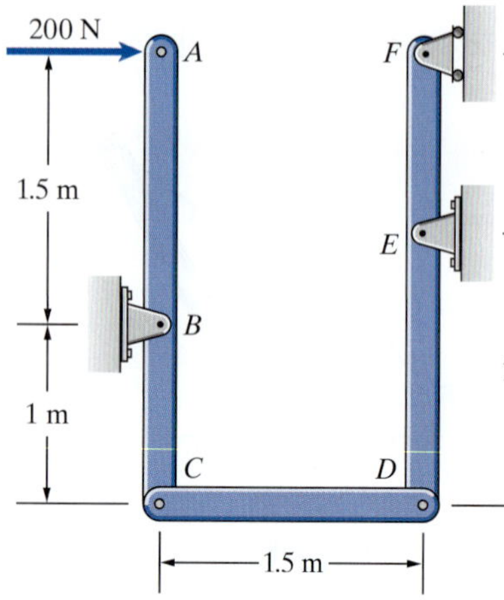

연습문제 11.9

11.10 거리 $b = 2$ m, $h = 4$ m이고, 막대의 양 끝부분이 부드러운 표면에서 미끄러진다. A 지점의 가상변위가 δx일 때, 막대의 가상 회전 $\delta\alpha$를 구하라. (답은 $\delta\alpha$에 대한 식으로 나타날 것이다.)

11.11 거리 $b = 2$ m, $h = 4$ m이고, 막대의 양 끝부분이 부드러운 표면에서 미끄러진다. 막대는 $F = 400$ N에서 평형 상태를 유지하고 있다. 바의 무게를 무시할 때, 스프링에 가해지는 압축력의 크기를 구하라.

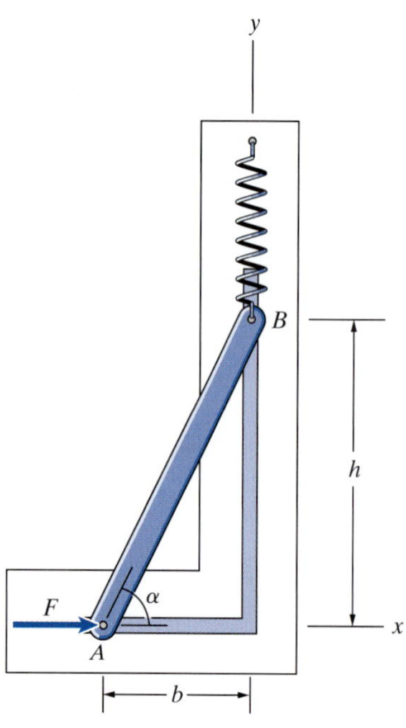

연습문제 11.10/11.11

11.12* 식 $\delta x = (L_1 \tan\beta)\,\delta\alpha$에 의해 δx가 $\delta\alpha$와 연관됨을 밝혀라(실습 예제 11.1 참조).

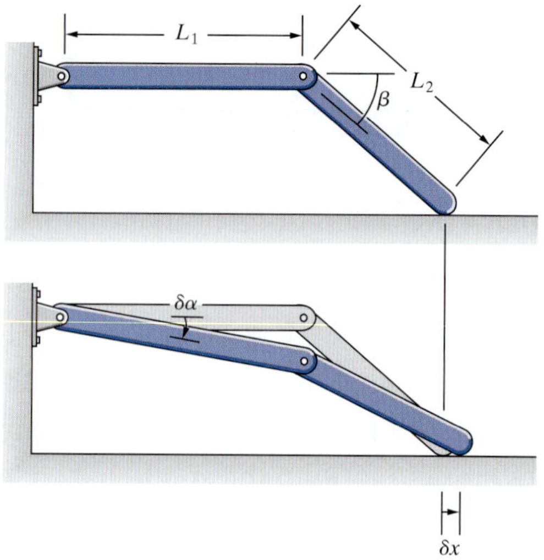

연습문제 11.12

11.13 δx가 $\delta\alpha$에 대한 다음의 식으로 나타남을 증명하라.

$$\delta x = \frac{L_1 x \sin\alpha}{x - L_1 \cos\alpha}\delta\alpha$$

전략: α에 대한 코사인 법칙(부록 A)을 이용하고, α에 대한 결과 방정식의 도함수를 평가한다(실습 예제 11.1 참조).

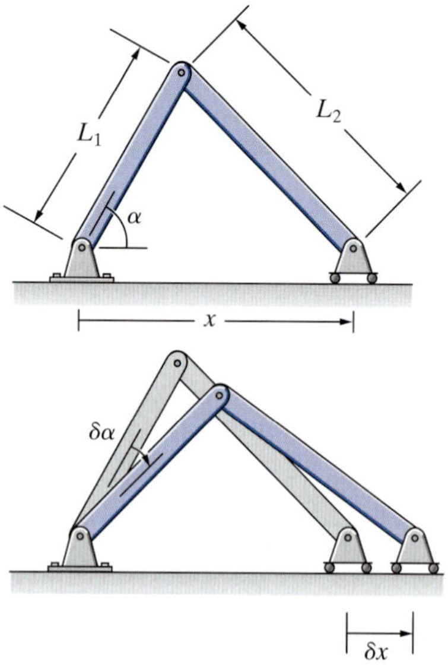

연습문제 11.13

11.14 부드러운 수평면에서 그림과 같은 시스템이 평형상태가 되는 데 필요한 수평 방향의 힘 F를 구하라(실습 예제 11.1 참조).

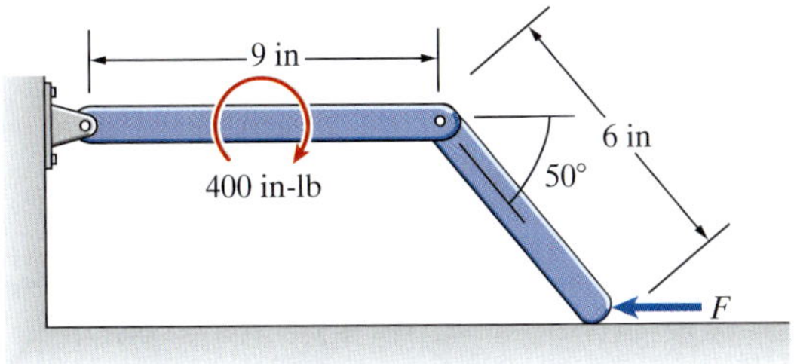

연습문제 11.14

11.15 각도 $\alpha = 60°$, $\beta = 45°$일 때 힘 F를 구하라(연습문제 11.14 참조).

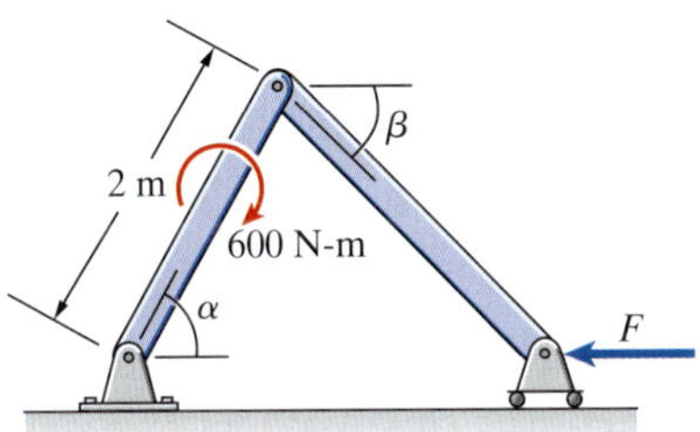

연습문제 11.15

11.16 막대 BD에 막대 AC가 부드러운 수직 슬롯에 핀으로 연결되어 있다. 막대의 질량은 무시할 수 있다. $M_A = 30$ N-m 일 때 장치가 평형상태를 유지하기 위한 우력 M_B를 구하라.

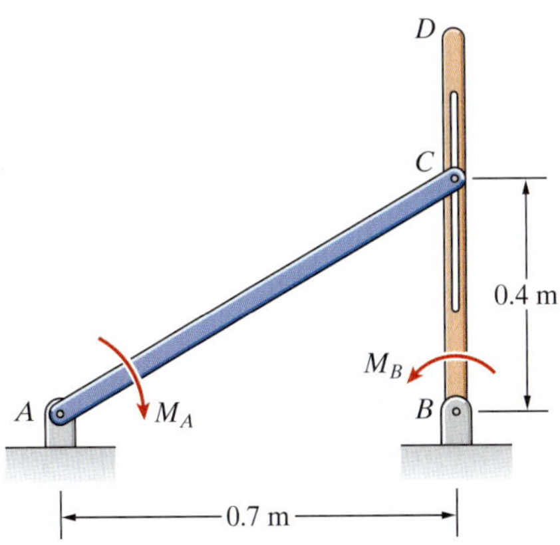

연습문제 11.16

11.17 기구가 평형상태일 때 힘 F를 구하라(실습 예제 11.1 참조).

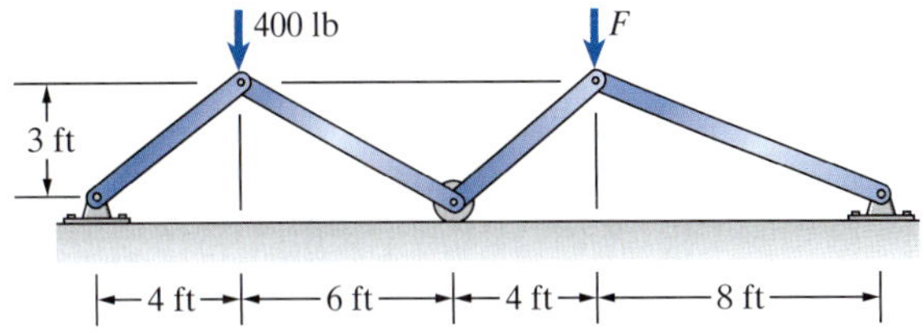

연습문제 11.17

11.18 힘 $F_1 = 800$ lb일 때, 구조물이 평형상태를 유지하기 위한 힘 F_2를 구하라(연습문제 11.12 참조).

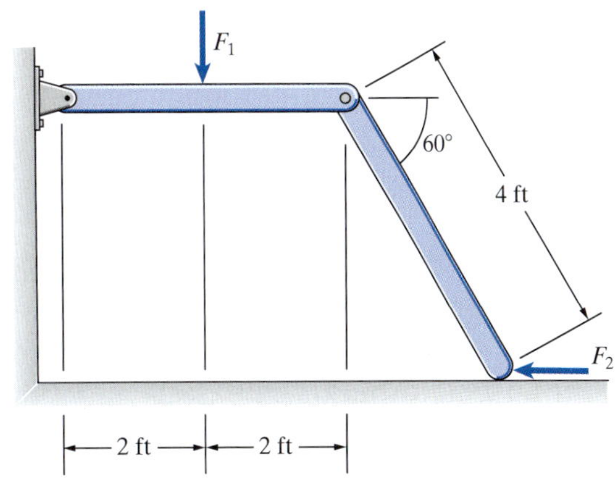

연습문제 11.18

11.19 A와 B 사이의 반력을 구하라. (평형방정식을 이용해 반력의 수평 방향 성분을 구하고, 예제 11.2에서 살펴보았던 과정을 이용해 수직 방향 성분을 구하라.)

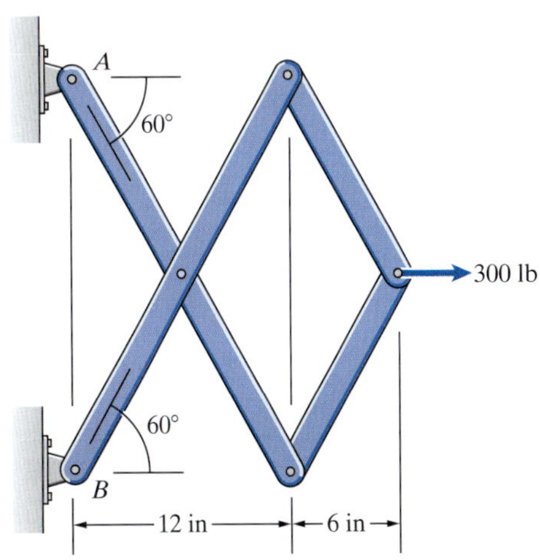

연습문제 11.19

11.20 구조물에 800 lb의 하중이 가해지고, 수평 방향의 케이블에 의해 평형상태로 유지되고 있다. 케이블의 인장력을 구하라.

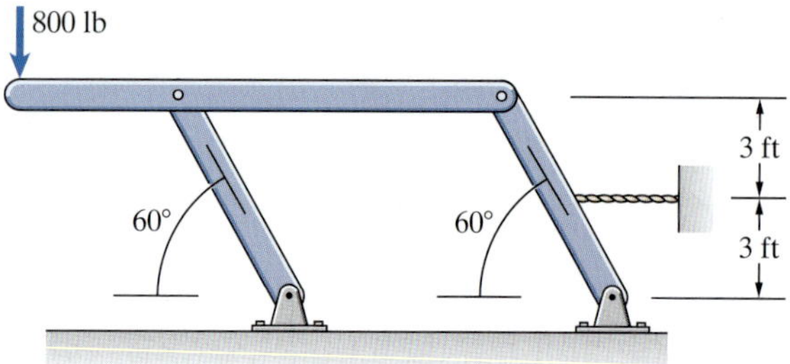

연습문제 11.20

11.21 차의 잭에 L = 6.5 kN의 하중이 가해지고 있을 때, A와 B 사이의 나사축에 걸리는 인장력을 구하라.

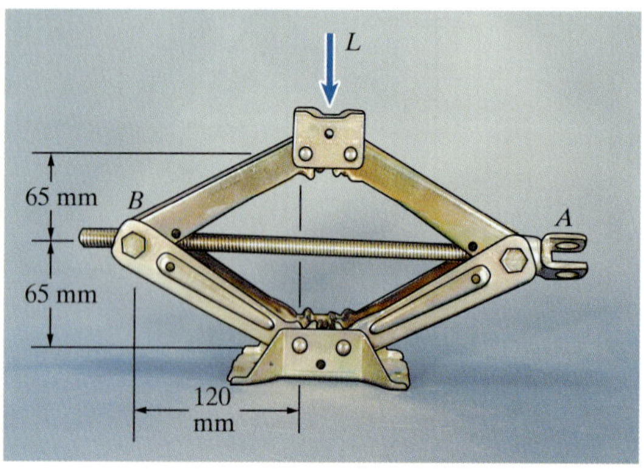

연습문제 11.21

11.22 유압 액추에이터 DE를 가동해 하중 W를 들어 올리는 장치가 있다. 막대 AD, BC의 치수가 길이 2 m, b = 1.4 m, h = 0.8 m로 주어졌다. W = 4 kN일 때, 평형상태로 하중을 지지하기 위해 액추에이터에 가해지는 힘은 얼마인가?

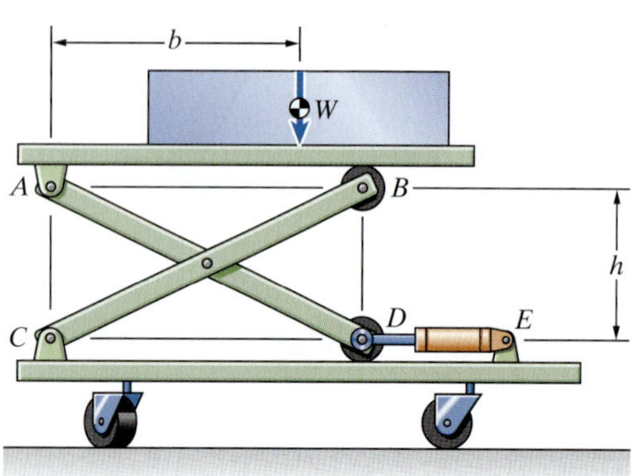

연습문제 11.22

11.23 그림과 같은 장치가 평형상태가 되기 위해 필요한 힘 P를 구하라.

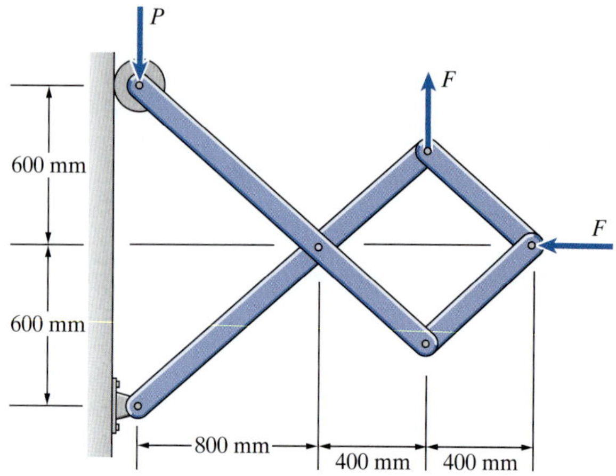

연습문제 11.23

11.24 부드러운 수직 막대에 부착된 칼라 A가 미끄러진다. A와 B의 질량은 m_A = 20 kg, m_B = 10 kg이다. (a) 칼라 A의 가상변위 δy가 위쪽 방향으로 주어진다면, 질량 B의 아래 방향 변위는 얼마인가? (b) 가상일을 이용해 스프링에 걸리는 인장력을 구하라.

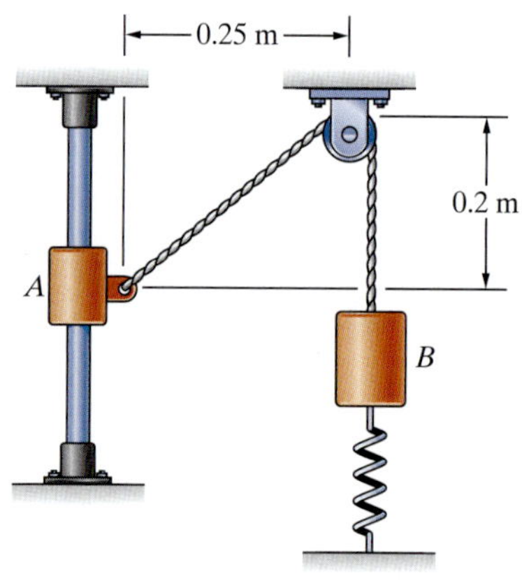

연습문제 11.24

11.2 퍼텐셜 에너지

생각해보기

- 낙하산 점프를 시도할 때, 비행기에서 내릴 때부터 낙하산이 열릴 때까지의 동작에 대해 생각해보자. 이것이 '퍼텐셜' 에너지의 의미에 대한 어렴풋한 느낌을 주는가?
- 한 발로 균형을 잡으려는 것은 '안정'과 '불안정'의 의미를 잘 보여준다. 안정성과 퍼텐셜 에너지 사이의 관계는 무엇인가?

배경

힘 $\mathbf{F}$와 작용점의 미소변위에 의한 일은 다음 식으로 나타낼 수 있다.

$$dU = \mathbf{F} \cdot d\mathbf{r}$$

위치함수 V를 $d\mathbf{r}$에 대해 나타내면 다음과 같다.

$$dU = \mathbf{F} \cdot d\mathbf{r} = -dV \tag{11.10}$$

함수 V를 힘 $\mathbf{F}$와 연관된 퍼텐셜 에너지라고 하고, $\mathbf{F}$는 보존적이라 한다. (위 식에서 음의 부호는 V를 '퍼텐셜' 에너지로 해석하기 때문이며, 위치함수 V가 감소하면 일은 양의 부호를 가진다.) 시스템에 일을 수행한 힘이 보존적이면 시스템의 전체 퍼텐셜 에너지는 평형 위치를 구하는 데 사용될 수 있다.

보존력의 예

물체의 무게와 선형 스프링에 의해 발생하는 힘은 보존적이다. 이 절에서는 이러한 힘들과 관련된 퍼텐셜 에너지에 대해 알아본다.

무게 y축이 위를 향하는 좌표계에서 물체의 무게에 의한 힘은 $\mathbf{F} = -W\mathbf{j}$이다(그림 11.8a). 물체의 임의의 변위가 $d\mathbf{r} = dx\mathbf{i} + dy\mathbf{j} + dz\mathbf{k}$로 주어질 때(그림 11.8b), 무게에 의한 일은 다음과 같이 나타낼 수 있다.

$$dU = \mathbf{F} \cdot d\mathbf{r} = (-W\mathbf{j}) \cdot (dx\mathbf{i} + dy\mathbf{j} + dz\mathbf{k}) = -W\,dy$$

퍼텐셜 에너지 V는 다음과 같다.

$$dU = -W\,dy = -dV \tag{11.11}$$

또는

$$\frac{dV}{dy} = W$$

높이에 따른 무게의 변화를 무시하고 적분하면 다음과 같이 정리할 수 있으며,

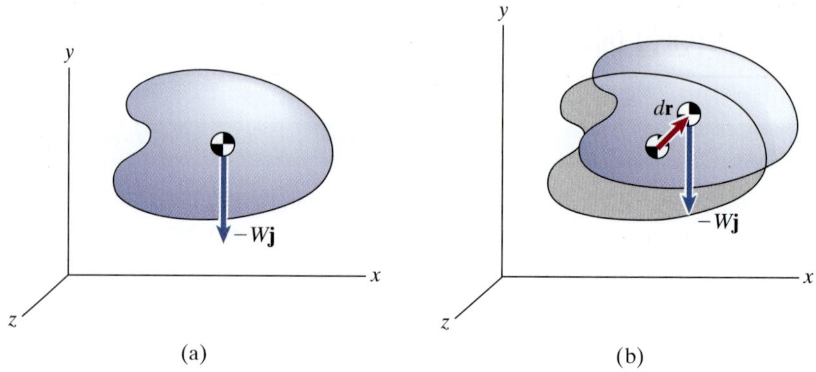

그림 11.8
(a) 물체의 무게에 의한 힘
(b) 미소변위

$$V = Wy + C$$

상수 C는 임의의 수이다. C 값에 상관없이 식 (11.11)을 만족하기 때문에 $C = 0$으로 놓으면 좌표계의 원점의 위치를 임의로 선택할 수 있다. 따라서 물체의 무게와 관련된 퍼텐셜 에너지는 다음 식으로 나타낼 수 있다.

$$V = Wy \tag{11.12}$$

여기에서 y는 임의로 정한 기준 위치(datum)로부터 물체의 높이이다.

스프링 그림 11.9a와 같이 물체를 고정 지지대에 연결하는 선형 스프링을 살펴보자. 스프링의 길이를 r, 스프링의 자유 길이를 r_0라 했을 때 늘어난 길이 $S = r - r_0$에 대해 물체에 가해지는 힘은 kS이다(그림 11.9b). 스프링이 물체에 연결된 지점이 미소변위 $d\mathbf{r}$(그림 11.9c)로 움직이면, 물체에 가해진 힘이 하는 일은 다음의 식으로 나타난다.

$$dU = -kS\ dS$$

여기에서 dS는 변위에 의해 늘어난 스프링의 길이이다(그림 11.9d). 퍼텐셜 에너지 V는 다음과 같다.

$$dU = -kS\ dS = -dV \tag{11.13}$$

또는

$$\frac{dV}{dS} = kS$$

위 식을 적분하고 적분 상수를 0으로 놓으면, 선형 스프링에 의한 힘과 관련된 퍼텐셜 에너지를 다음과 같이 구할 수 있다.

$$V = \frac{1}{2}kS^2 \tag{11.14}$$

위 식에서 스프링이 늘어나든지(S가 양수) 압축되든지(S가 음수)와 상관없이 V는 양수이다. 퍼텐셜 에너지(일을 수행할 수 있는 퍼텐셜)는 스프링이 늘어나거나 압

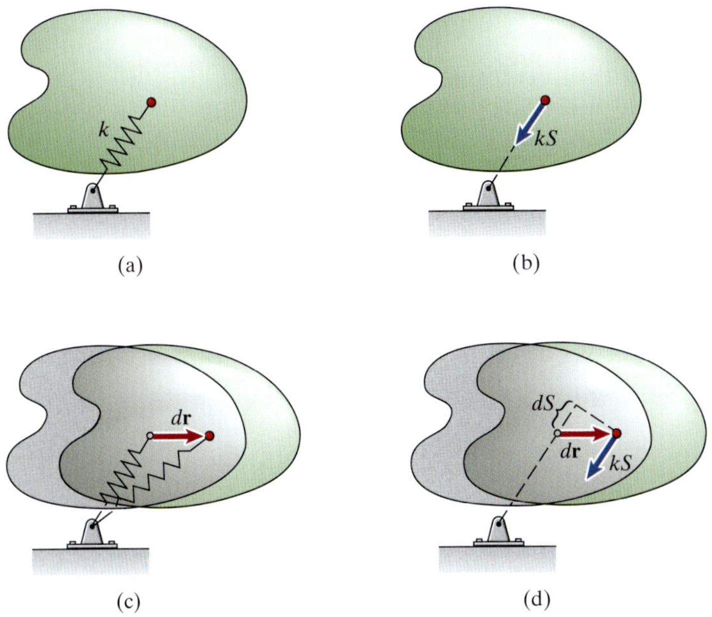

그림 11.9
(a) 물체에 연결된 스프링
(b) 물체에 작용하는 힘
(c) 물체의 미소변위
(d) 힘에 의한 일 $dU = -kS\,dS$

축되는 형태로 스프링에 저장된다.

보존력에 대한 가상일의 원리

보존력에 대한 일은 식 (11.10)에 의해 퍼텐셜 에너지의 형태로 표현되기 때문에, 물체에 보존력이 작용할 때 가상일의 원리에 대한 또 다른 정의를 할 수 있다.

> 물체가 평형상태일 때 가상 병진이나 회전에 의해 물체에 일을 하게 되는 힘과 우력이 보존적이면 전체 퍼텐셜 에너지의 변화는 0이다.

$$\delta V = 0 \tag{11.15}$$

위 결과를 만족하기 위해서는 오직 일을 수행하는 힘이나 우력만이 보존적이어야 하며, 물체에 작용하는 모든 힘과 우력이 보존적일 필요는 없음을 알아두어야 한다. 일을 하는 외력이 보존적이거나 물체 사이의 연결점에서의 내력이 일을 하지 않거나 보존적이면, 이 원리는 상호 연결된 물체의 시스템에도 적용된다. 이러한 시스템을 **보존 시스템**이라 한다.

만약 시스템의 위치를 단일 좌표계 q로 표현할 수 있으면 이 시스템은 1 자유도(degree of freedom)를 가진다고 한다. 보존적이면서 1 자유도를 가진 시스템의 퍼텐셜 에너지는 식 (11.15)와 같이 q에 관한 식으로 표현할 수 있다.

$$\delta V = \frac{dV}{dq}\delta q = 0$$

따라서 물체나 시스템이 평형상태이면, q에 대한 전체 퍼텐셜 에너지의 미분값은 0이 된다.

$$\frac{dV}{dq} = 0 \tag{11.16}$$

위 식은 시스템이 평형상태일 때 q값을 구하는 데 사용할 수 있다.

평형 안전성

무게 W와 길이 L의 균질한 막대가 한쪽 끝이 핀 지지대로 매달려 있다. 그림 11.10a에 나타낸 것처럼, 각도 α를 이용해 핀 고정부로부터 질량 중심까지의 높이는 $-\frac{1}{2}L\cos\alpha$로 나타낼 수 있다. 핀 지지대의 위치를 기준 위치로 정하면, 막대의 무게에 관한 퍼텐셜 에너지는 다음 식으로 나타난다.

$$V = -\frac{1}{2}WL\cos\alpha$$

막대가 평형상태일 때

$$\frac{dV}{d\alpha} = \frac{1}{2}WL\sin\alpha = 0$$

위 식은 $\alpha = 0$일 때(그림 11.10b) 그리고 $\alpha = 180°$일 때(그림 11.10c) 만족한다.

막대의 두 평형위치 사이에는 중요한 차이점이 있다. 그림 11.10b의 상태에서는 막대를 평형위치에서 약간 이동시켰다가 놓으면 평형위치 근처에서 막대의 위치가 유지된다. 이러한 평형위치를 **안정**이라 한다. 그림 11.10c의 상태에서는 막대를 평형위치에서 약간 이동시켰다가 놓으면 막대는 평형위치에서 멀어진다. 이러한 평형위치를 **불안정**이라 한다.

그림 11.11a는 막대의 퍼텐셜 에너지 V를 α에 관한 함수로 나타낸 그래프를 보여주고 있다. 막대의 퍼텐셜 에너지는 $\alpha = 0$인 안정 평형위치에서 최솟값을 가지며, $\alpha = 180°$인 불안정 평형위치에서 최댓값을 가진다. V의 1차 도함수(그림 11.11b)는 두 평형위치에서 모두 0이다. V의 2차 도함수(그림 11.11c)는 $\alpha = 0$

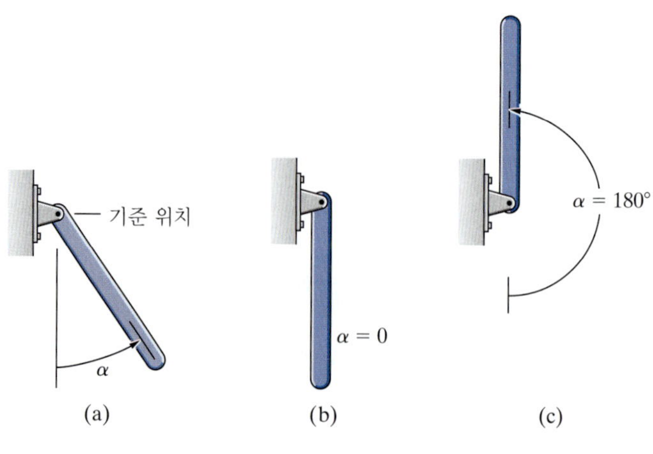

그림 11.10
(a) 한쪽 끝이 매달린 막대
(b) $\alpha = 0$일 때 평형위치
(c) $\alpha = 180°$일 때 평형위치

인 안정 평형위치에서 양수이고, $\alpha = 180°$인 불안정 평형위치에서 음수이다.

보존적이고 1 자유도를 가진 시스템이 평형상태에 있을 때, 평형위치에서 V의 2차 도함수가 양수인 경우 평형위치는 안정적이며, V의 2차 도함수가 음수이면 불안정하다(그림 11.12).

$$\frac{dV}{dq} = 0, \qquad \frac{d^2V}{dq^2} > 0 \text{ (안정 평형상태)}$$

$$\frac{dV}{dq} = 0, \qquad \frac{d^2V}{dq^2} < 0 \text{ (불안정 평형상태)}$$

위 결과를 증명하기 위해 평형위치 근처에서 시스템의 운동을 분석할 필요가 있다.

자유도를 가진 시스템의 평형을 분석하기 위해 퍼텐셜 에너지를 이용하는 방법에는 세 가지 절차가 있다.

1. 퍼텐셜 에너지 구하기: 시스템의 위치를 단일 좌표계의 전체 퍼텐셜 에너지로 나타낸다.
2. 평형위치 구하기: 퍼텐셜 에너지의 1차 도함수를 통해 평형 위치를 찾는다.
3. 안정성 검토하기: 평형위치가 안정적인지 결정하기 위해 퍼텐셜 에너지의 2차 도함수의 부호를 이용한다.

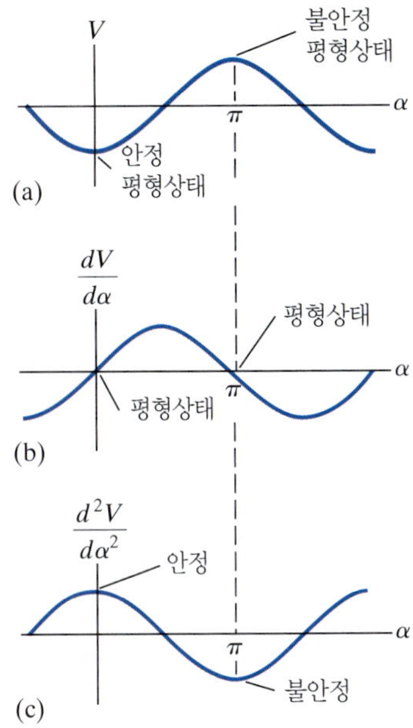

그림 11.11
V, $dV/d\alpha$, $d^2V/d\alpha^2$의 그래프

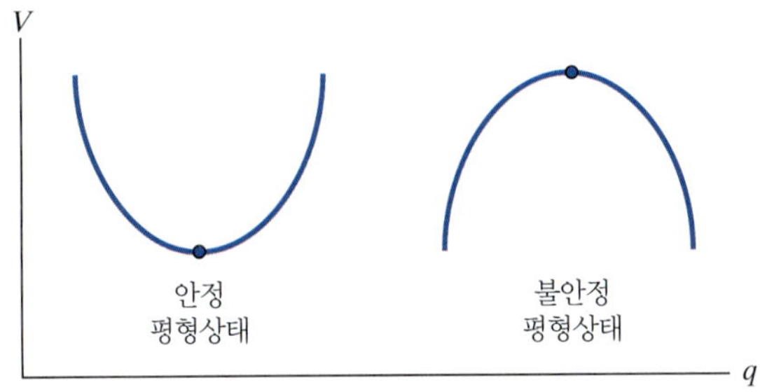

그림 11.12
안정 및 불안정 평형위치를 나타내는 q 좌표계에 대한 함수로서 퍼텐셜 에너지 V의 그래프

결과 정리

퍼텐셜 에너지

위치함수 V가 존재하고 임의의 미소변위 $d\mathbf{r}$에 대해 힘 $\mathbf{F}$가 한 일은 다음 식으로 나타낼 수 있다.

$$dU = \mathbf{F} \cdot d\mathbf{r} = -dV$$

이때의 위치함수 V를 힘에 대한 퍼텐셜 에너지라 하며, 힘 $\mathbf{F}$는 보존력이라 한다.

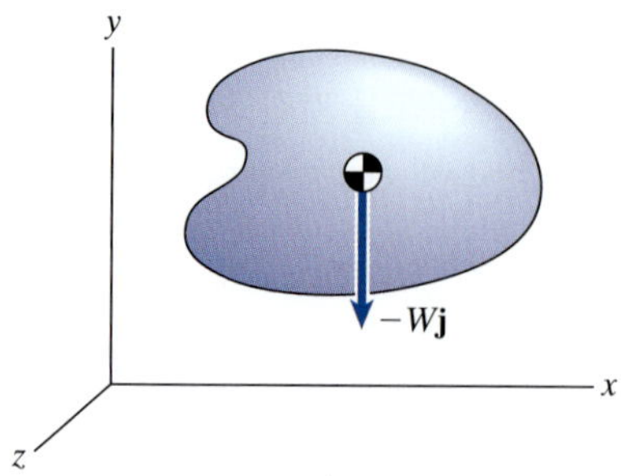

물체의 무게에 대한 퍼텐셜 에너지. y 좌표계는 특정 지점, 즉 기준 위치로부터 질량 중심까지의 높이를 나타낸다.

$$V = Wy \qquad (11.12)$$

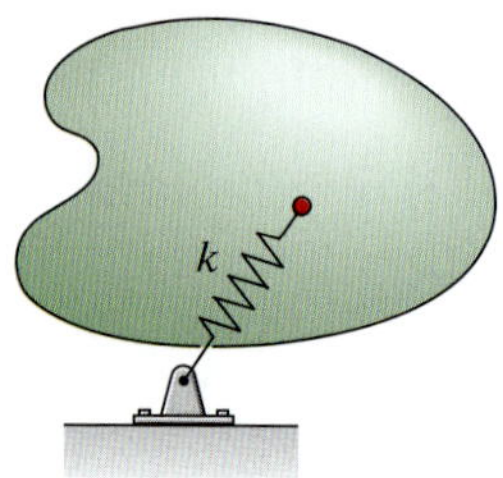

스프링에 대한 퍼텐셜 에너지. S는 스프링의 초기 길이에 비해 늘어난 스프링의 길이를 나타낸다.

$$V = \frac{1}{2}kS^2 \qquad (11.14)$$

보존력에 대한 가상일의 원리

물체가 평형상태일 때 가상 병진이나 회전에 의해 물체에 일을 하게 되는 힘과 우력이 보존적이면 전체 퍼텐셜 에너지의 변화는 0이다.

$$\delta V = 0 \qquad (11.15)$$

일을 하는 외력이 보존적이거나 물체 사이의 연결점에서의 내력이 일을 하지 않거나 보존적이면, 이 원리는 상호 연결된 물체의 시스템에도 적용된다. 이러한 시스템을 보존 시스템이라 한다.

만약 시스템의 위치를 단일 좌표계 q로 표현할 수 있으면, 이 시스템은 1 자유도(degree of freedom)를 가진다고 한다. 보존적이면서 1 자유도를 가진 평형상태의 시스템은 다음 식으로 나타낼 수 있다.

$$\frac{dV}{dq} = 0 \qquad (11.16)$$

q에 대한 V의 2차 도함수가 양수인 경우 평형위치는 안정적이며, V의 2차 도함수가 음수이면 평형위치는 불안정하다.

실습 예제 11.3 보존 시스템의 안정성

무게 W의 나무상자가 스프링으로 천장에 매달려 있다. x 좌표는 스프링이 늘어나지 않았을 때의 나무상자의 위치를 기준으로 나무상자의 질량 중심의 수직 방향 위치를 나타낸다. 스프링이 늘어나지 않았을 때의 위치를 기준으로 나무상자의 평형위치를 구하라.

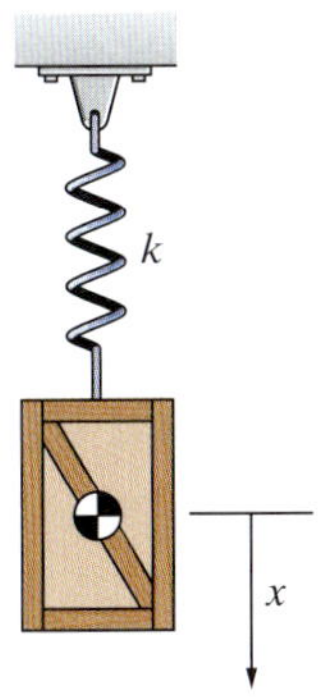

전략

나무상자에 작용하는 힘(나무상자의 무게와 스프링에 의한 힘)은 보존적이다. 전체 퍼텐셜 에너지를 x 좌표를 이용해 나타낼 수 있고, 식 (11.16)을 이용해 평형위치를 구한다.

풀이

$x = 0$를 기준 위치로 설정한다. x 좌표의 아래 방향이 양수이기 때문에, 퍼텐셜 에너지는 $-Wx$가 된다. ← 무게와 관련된 퍼텐셜 에너지

스프링이 x만큼 늘어났을 때의 퍼텐셜 에너지는 다음과 같다. ← 스프링과 관련된 퍼텐셜 에너지

$$\frac{1}{2}kx^2$$

전체 퍼텐셜 에너지는 다음과 같다. ← 식 (11.16) 적용

$$V = \frac{1}{2}kx^2 - Wx$$

나무상자가 평형상태일 때, 다음과 같다.

$$\frac{dV}{dx} = kx - W = 0$$

평형 위치는 아래와 같다.

$$x = \frac{W}{k}$$

실습 문제 나무상자의 평형위치가 안정적인지 판단하라.

답: 안정적이다.

예제 11.4 평형위치의 안정성

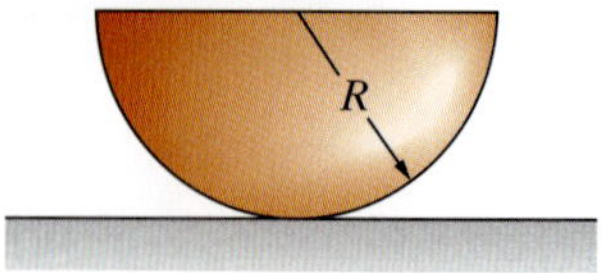

균질한 반구가 평평한 표면에 정지상태로 놓여 있다. 이 상태의 위치가 평형상태임을 밝혀라. 평형위치는 안정적인가?

전략

반구가 평형상태인지, 안정적인지 판단하기 위해 반구의 위치를 나타내는 좌표를 설정하고, 해당 좌표에 대한 반구의 퍼텐셜 에너지를 나타내야 한다. 그림의 위치에 대한 반구의 회전각 좌표를 사용할 수 있다.

풀이

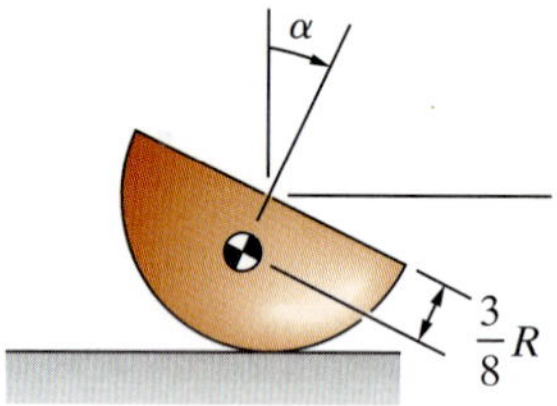

(a) 각도 α만큼 회전한 반구

퍼텐셜 에너지 구하기 반구가 처음 위치에 대해 각도 α로 회전했다고 가정한다(그림 a). 기준 위치로부터 반구의 무게 W에 관련된 퍼텐셜 에너지는 다음과 같이 나타낼 수 있다.

$$V = -\frac{3}{8}RW\cos\alpha$$

평형위치 구하기 반구가 평형상태일 때 다음과 같이 나타낼 수 있고,

$$\frac{dV}{d\alpha} = \frac{3}{8}RW\sin\alpha = 0$$

$\alpha = 0$일 때 평형위치가 된다.

안정성 검토하기 퍼텐셜 에너지의 2차 도함수는 다음과 같고,

$$\frac{d^2V}{d\alpha^2} = \frac{3}{8}RW\cos\alpha$$

위 식은 $\alpha = 0$에서 양의 부호를 가진다. 따라서 평형위치는 안정적이다.

비판적 사고

평면이 반구에 작용하는 수직 방향 반력은 일을 하지 않고, 퍼텐셜 에너지에 영향을 미치지 않기 때문에 무시할 수 있다.

예제 11.5 평형위치의 안정성

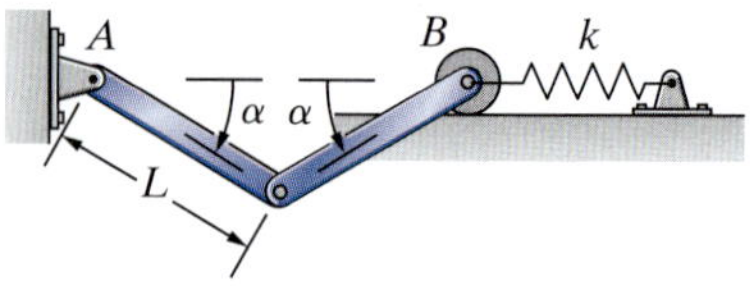

핀으로 연결된 막대가 스프링에 의해 제자리에 고정되어 있고, 각 막대의 무게는 W, 길이는 L이다. $\alpha = 0$일 때 스프링이 늘어나지 않은 상태이며, 막대는 $\alpha = 60°$에서 평형상태가 된다. 이때의 스프링 상수 k를 구하고, 평형위치가 안정적인지 불안정한지 판단하라.

전략

막대에 일을 발생시키는 힘은 막대의 무게와 스프링에 의한 힘이다. 식 (11.16)을 이용해 전체 퍼텐셜 에너지를 α에 대해 표현하면 스프링 상수 k를 풀 수 있는 방정식을 얻을 수 있다.

풀이

퍼텐셜 에너지 구하기 그림 a에 나타낸 기준 위치를 사용해서 두 막대의 무게와 관련된 퍼텐셜 에너지를 나타내면 다음과 같다.

$$W\left(-\frac{1}{2}L\sin\alpha\right) + W\left(-\frac{1}{2}L\sin\alpha\right) = -WL\sin\alpha$$

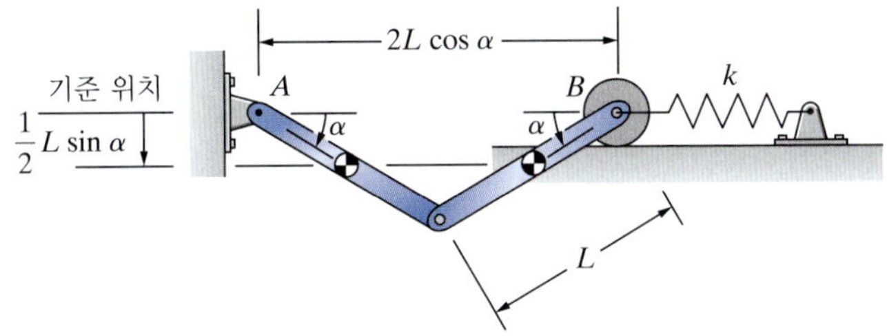

(a) 전체 퍼텐셜 에너지 결정

$\alpha = 0$일 때 스프링은 늘어나지 않은 상태이고, 지점 A와 B 사이의 거리는 $2L\cos\alpha$이며(그림. a), 스프링이 늘어난 길이는 $2L - 2L\cos\alpha$이다. 따라서 스프링과 관련된 퍼텐셜 에너지는 $\frac{1}{2}k(2L - 2L\cos\alpha)^2$이 되며, 전체 퍼텐셜 에너지는 다음과 같다.

$$V = -WL\sin\alpha + 2kL^2(1 - \cos\alpha)^2$$

시스템이 평형상태일 때 식은 다음과 같이 정리된다.

$$\frac{dV}{d\alpha} = -WL\cos\alpha + 4kL^2\,(\sin\alpha)(1 - \cos\alpha) = 0$$

$\alpha = 60°$일 때 시스템은 평형상태이기 때문에, W와 L을 이용해 스프링 상수에 관한 식을 풀 수 있다.

$$k = \frac{W\cos\alpha}{4L\,(\sin\alpha)(1 - \cos\alpha)} = \frac{W\cos 60°}{4L\,(\sin 60°)(1 - \cos 60°)} = \frac{0.289\,W}{L}$$

안정성 검토하기 퍼텐셜 에너지의 2차 도함수는 아래와 같다.

$$\begin{aligned}\frac{d^2V}{d\alpha^2} &= WL\sin\alpha + 4kL^2\,(\cos\alpha - \cos^2\alpha + \sin^2\alpha)\\ &= WL\sin 60° + 4kL^2\,(\cos 60° - \cos^2 60° + \sin^2 60°)\\ &= 0.866WL + 4kL^2\end{aligned}$$

위 식은 양수이기 때문에 평형위치는 안정적이다.

비판적 사고

시스템에 작용하는 보존력에 대해 가상일의 원리를 적용해야 할 때를 어떻게 알 수 있는가? 시스템은 반드시 보존적이어야 하며, 이것은 시스템의 가상 운동을 수행할 때 일을 수행하는 힘과 우력이 보존적이어야 한다는 것을 뜻한다. 보존력은 퍼텐셜 에너지가 존재하는 힘이다. 예를 들어 일이 막대의 무게나 스프링에 의한 힘으로 수행될 때, 이때의 힘을 보존력이라 한다.

연습문제

11.25 보존 시스템의 퍼텐셜 에너지가 $V = 2x^3 + 3x^2 - 12x$일 때, (a) 시스템이 평형상태일 때 x는 얼마인가? (b) (a)에서 구한 평형위치가 안정인지 불안정인지 결정하라.

11.26 보존 시스템의 퍼텐셜 에너지가 $V = 2q^3 - 21q^2 + 72q$일 때, (a) 시스템이 평형상태일 때 q는 얼마인가? (b) (a)에서 구한 평형위치가 안정인지 불안정인지 결정하라.

11.27 질량 $m = 2$ kg, 스프링 상수 $k = 100$ N/m이고, 스프링이 늘어나지 않았을 때 $x = 0$이다. (a) 질량이 평형상태일 때 x를 구하라. (b) 평형위치가 안정인지 불안정인지 결정하라(실습 예제 11.3 참조).

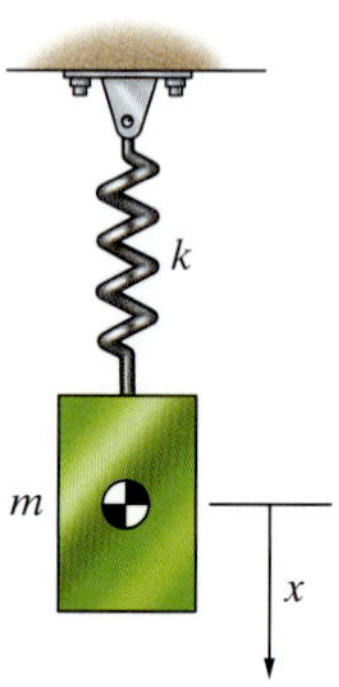

연습문제 11.27

11.28 비선형 스프링에 힘 $-kx + \varepsilon x^3$이 질량에 작용한다. k와 ε은 상수이다. 스프링에 의해 질량에 작용하는 힘과 관련된 퍼텐셜 에너지 V를 구하라(실습 예제 11.3 참조).

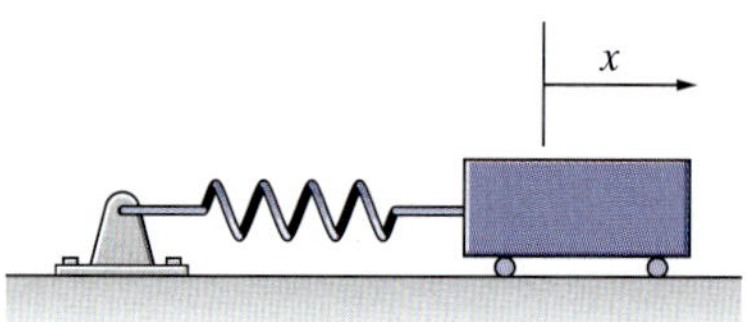

연습문제 11.28

11.29 연습문제 11.28의 비선형 스프링을 이용해 1 kg 질량의 물체가 매달려 있다. 상수는 각각 $k = 10$, $\varepsilon = 1$이고 x는 미터 단위로 주어졌다. (a) x가 각각 $x = 1.12$ m, $x = 2.45$ m일 때, 질량이 평형상태임을 밝혀라. (b) 평형위치가 안정인지 불안정인지 결정하라(실습 예제 11.3 참조).

연습문제 11.29

11.30 두 막대의 무게와 길이가 각각 W, L이다. (a) $0 < \alpha_0 < 90°$, (b) $90° < \alpha_0 < 180°$일 때, 평형위치가 안정적인지 판단하라.

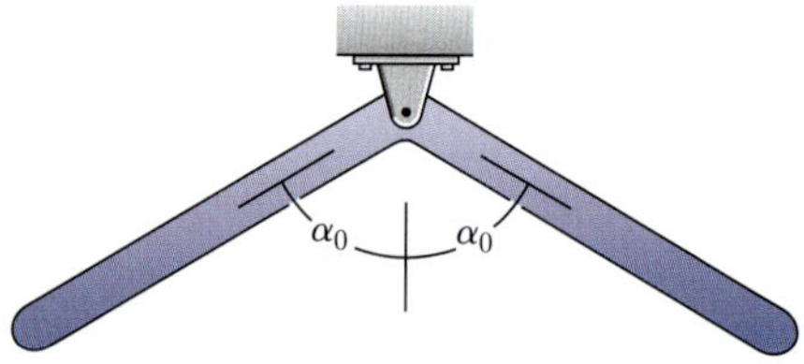

연습문제 11.30

11.31 균질 복합재료 물체가 원통과 반구로 이루어져 있고, 평면 위에 놓여 있다. $L < R/\sqrt{2}$일 때만이 평형상태가 안정적임을 밝혀라(예제 11.4 참조).

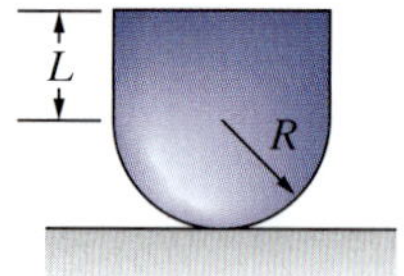

연습문제 11.31

11.32 균질 복합재료 물체가 절반의 원통과 삼각 프리즘으로 이루어져 있고, 평면 위에 놓여 있다. $h < \sqrt{2}R$일 때만이 평형상태가 안정적임을 밝혀라(예제 11.4 참조).

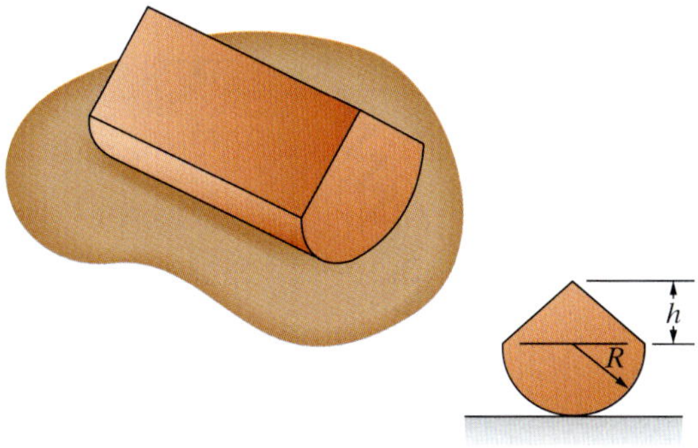

연습문제 11.32

11.33 균질 막대의 무게가 W이고, 막대가 수직($\alpha = 0$)일 때 스프링은 늘어나지 않은 상태이다. (a) 퍼텐셜 에너지를 이용해 $\alpha = 0$일 때 평형상태임을 밝혀라. (b) $\alpha = 0$의 평형위치가 $2kL > W$일 때만이 안정적임을 밝혀라.

11.34 연습문제 11.33의 막대가 $\alpha = 20°$일 때 평형상태이다. (a) 스프링 상수 $k = 0.490\ W/L$임을 밝혀라. (b) 평형위치가 안정적인지 판단하라.

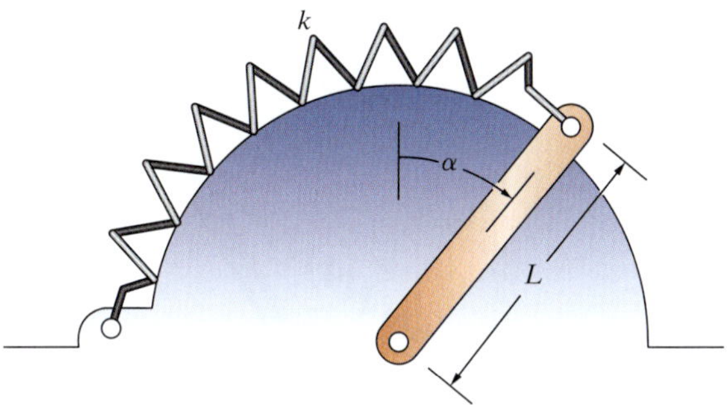

연습문제 11.33/11.34

11.35 막대 AB의 질량이 m, 길이가 L이고, 막대가 수직일 때($\alpha = 0$) 스프링은 늘어나지 않은 상태이다. 가벼운 칼라 C가 스프링의 수평상태가 유지되도록 부드러운 수직 막대에서 미끄러진다. $2kL > \text{mg}$일 때만이 평형상태 $\alpha = 0$이 안정적임을 밝혀라.

11.36 막대 AB의 질량 $m = 4$ kg, 길이 $L = 2$ m, 스프링 상수 $k = 12$ N/m일 때, (a) $0 < \alpha < 90°$ 범위에서 막대가 평형상태가 되는 α를 구하라. (b) (a)에서 구한 평형위치는 안정적인가?

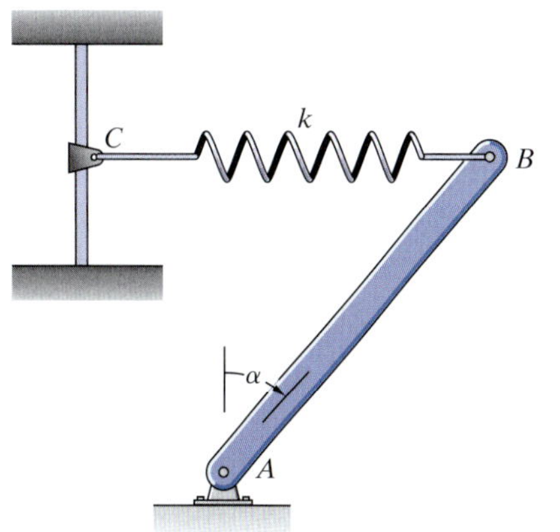

연습문제 11.35/11.36

11.37 막대 AB의 질량이 m, 길이가 L이고, 막대가 수직일 때($\alpha = 0$) 스프링은 늘어나지 않은 상태이다. 가벼운 칼라 C가 스프링의 수직상태가 유지되도록 부드러운 수평 막대에서 미끄러진다. $\alpha = 0$에서의 평형위치가 불안정적임을 밝혀라.

11.38 막대 AB의 질량 $m = 2$ kg, 스프링 상수 $k = 80$ N/m일 때, (a) $0 < \alpha < 90°$ 범위에서 막대가 평형상태가 되는 α를 구하라. (b) (a)에서 구한 평형위치는 안정적인가?

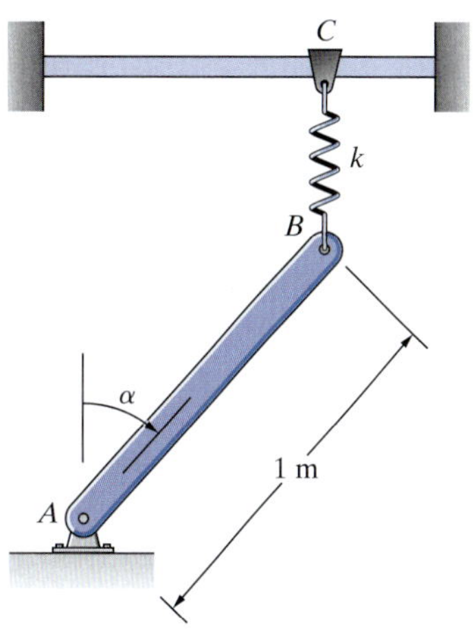

연습문제 11.37/11.38

11.39 균질한 막대의 길이와 무게가 각각 4 ft, 6 lb이고, 막대의 양 끝이 부드러운 표면에서 미끄러진다. 각도 $\alpha = 90°$에서 스프링은 늘어나지 않은 상태이고 스프링 상수 k = 5 lb/ft이다. $\alpha > 0$에서 막대가 평형상태가 되는 각도를 구하라.

11.40 균질한 막대의 길이와 무게가 각각 4 ft, 6 lb이고, 막대의 양 끝이 부드러운 표면에서 미끄러진다. 각도 $\alpha = 90°$에서 스프링은 늘어나지 않은 상태이고 스프링 상수 k = 5 lb/ft이다. 막대가 평형상태인 각도 $\alpha > 0$에서 안정적임을 밝혀라.

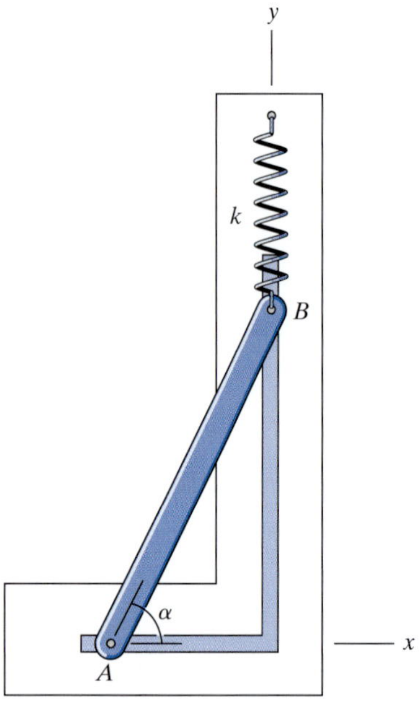

연습문제 11.39/11.40

11.41 핀으로 연결된 막대가 선형 스프링으로 고정되어 있다. 막대의 무게와 길이는 각각 W, L이며, $\alpha = 90°$일 때 스프링은 늘어나지 않은 상태이다. $0 < \alpha < 90°$의 범위에서 그림의 시스템이 평형상태가 되는 α를 구하라(예제 11.5 참조).

11.42 연습문제 11.41에서 구한 평형위치가 안정적인지 불안정인지 결정하라(예제 11.5 참조).

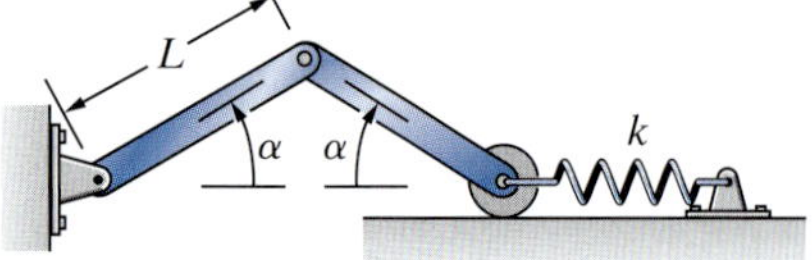

연습문제 11.41/11.42

11.43 막대의 무게가 15 lb이고, $\alpha = 0$에서 스프링이 늘어나지 않은 상태이다. $\alpha = 30°$일 때 막대는 평형상태이다. 이때의 스프링 상수 k를 구하라.

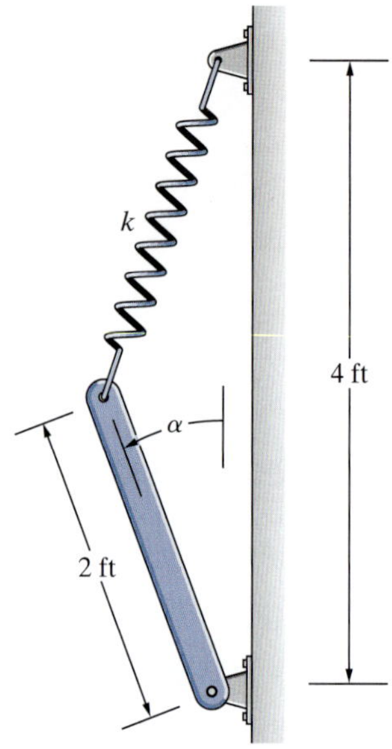

연습문제 11.43

11.44 막대의 길이와 무게가 각각 6 ft, 50 lb이고, 무게가 막대의 중심에서 작용한다. 거리 b = 4 ft, 스프링 상수 k = 20 lb/ft이고, 막대가 수직일 때 스프링은 늘어나지 않은 상태이다. $\alpha > 0$에서 막대가 평형상태가 되는 각도를 구하라.

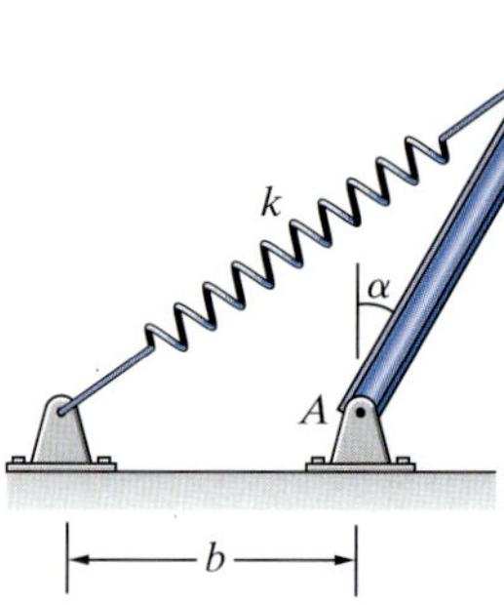

연습문제 11.44

복습문제

11.45 (a) 보의 A 지점에 작용하는 우력을 구하라. (b) 보의 A 지점에 작용하는 수직 방향 힘을 구하라.

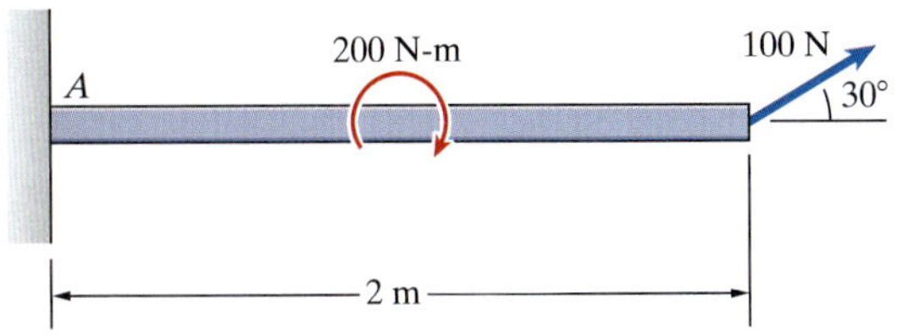

복습문제 11.45

11.46 구조물에 20 kN-m의 우력이 작용하고 있다. C에서의 수평 방향 반력을 구하라.

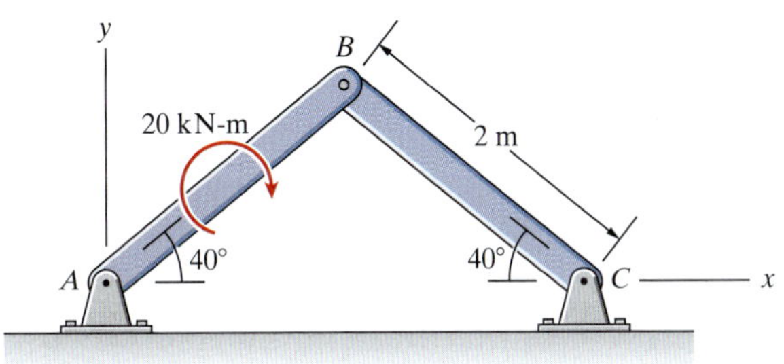

복습문제 11.46

11.47 그림의 '랙 & 피니언' 기구는 A 지점에서 샘플에 스탬핑 동작을 가할 때 사용된다. 핸들에 $F = 30$ lb의 힘이 가해질 때, 가상일의 원리를 이용해 샘플에 가해지는 힘을 구하라.

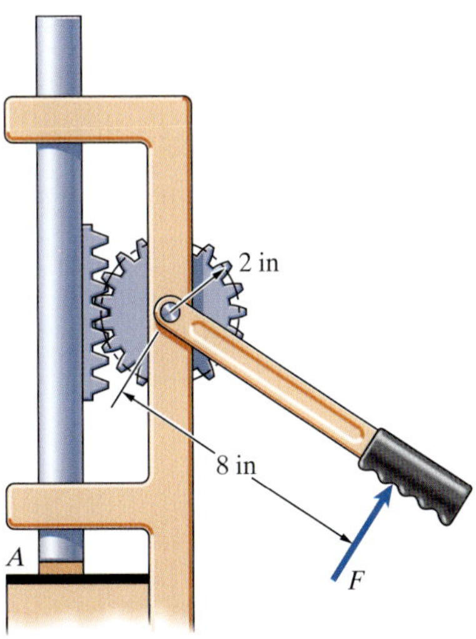

복습문제 11.47

11.48 그림 a와 같이 그립에 힘 F가 작용할 때, 플라이어가 볼트에 가하는 힘을 계산하도록 되어 있으면 먼저 치수를 주의 깊게 측정하고 자유물체도를 작도해서 평형방정식을 사용할 수 있다. 또 다른 접근법은 손잡이 사이의 거리가 조금씩 변할 때 턱(jaw) 사이의 거리 변화를 측정하는 방법이 있다. 거리 측정에서 그림 b와 같이 D의 거리가 8 mm 감소하면 d의 거리는 1 mm 감소한다. 힘 F가 작용할 때, 각각의 턱에 의해 볼트에 작용하는 힘은 대략 얼마인가?

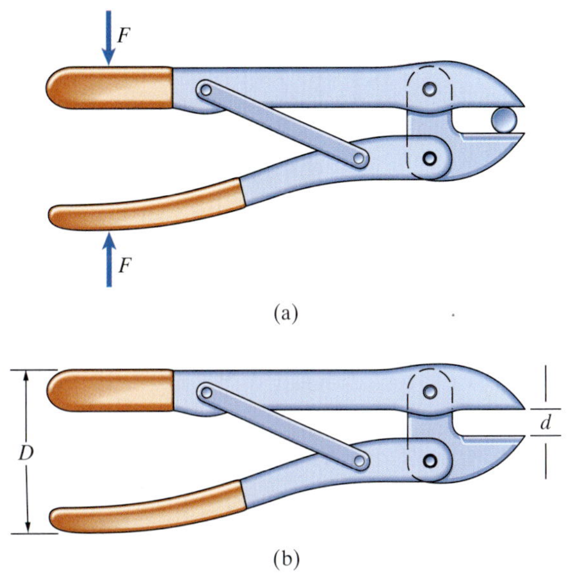

복습문제 11.48

11.49 그림과 같은 시스템이 평형상태에 있다. (a) 자유물체도를 그리고 평형방정식을 사용해 우력 M을 구하라. (b) (a)의 결과와 가상일의 원리를 이용해 풀리 A가 α만큼 회전할 때, 풀리 B가 회전하는 각도를 구하라.

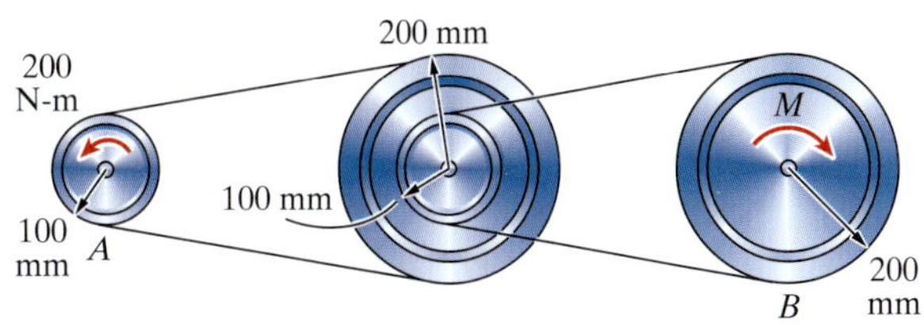

복습문제 11.49

11.50 그림과 같은 시스템이 평형상태에 있고, 매달려 있는 하중과 어셈블리 A의 전체 무게는 300 lb이다. (a) 평형을 이용해 F를 구하라. (b) (a)의 결과와 가상일의 원리를 이용해 B가 아래로 1 ft 당겨질 때 매달린 하중이 올라간 거리를 구하라.

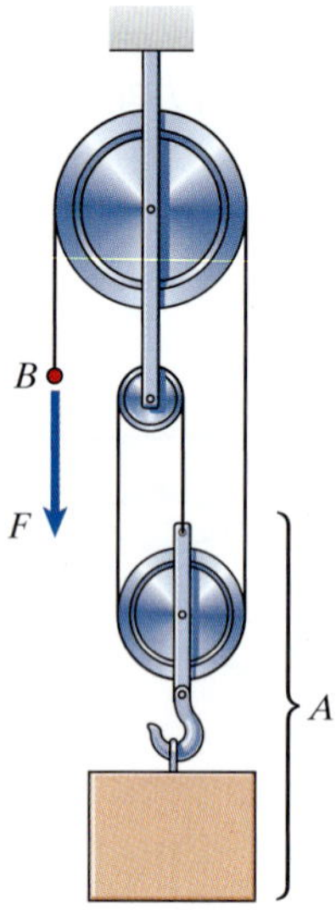

복습문제 11.50

11.51 그림과 같은 기구가 평형상태에 있다. 수평 방향 막대와 칼라 사이의 마찰을 무시할 때, F, α, L을 이용해 M을 구하라.

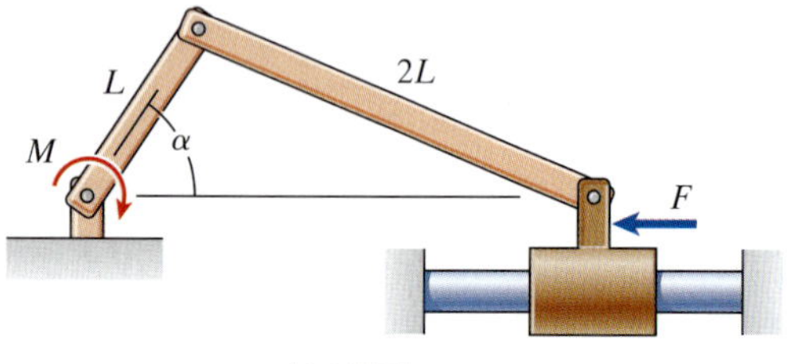

복습문제 11.51

11.52 사출 주조기에서 암 AB에 적용된 우력 M이 C의 사출 피스톤에 힘을 가한다. C에 가해진 힘의 수평 성분이 4 kN일 때, 가상일의 원리를 사용해 M을 구하라.

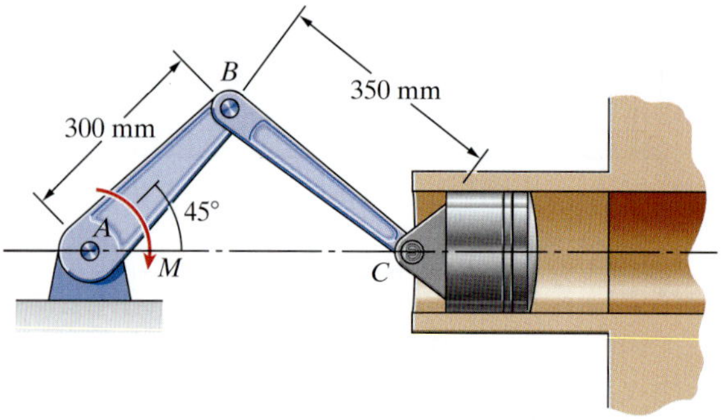

복습문제 11.52

11.53 막대 AB에 시계 방향의 가상 회전 $\delta\alpha$가 작용할 때, 막대 CD는 시계 반대 방향의 가상 회전 $(b/a)\ \delta\alpha$가 작용함을 밝혀라.

11.54 그림과 같은 시스템이 평형상태에 있으며, $a = 800$ mm, $b = 400$ mm이다. 가상일의 원리를 이용해 힘 F를 구하라.

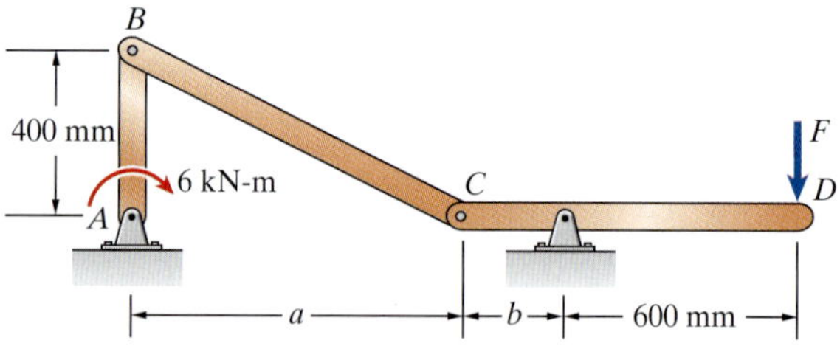

복습문제 11.53/11.54

11.55 막대 AB에 시계 방향의 가상 회전 $\delta\alpha$가 작용할 때, 막대 CD는 시계 방향의 가상 회전 $[ad/(ac + bc - bd)]\ \delta\alpha$가 작용함을 밝혀라.

11.56 그림과 같은 시스템이 평형상태에 있으며, $a = 300$ mm, $b = 350$ mm, $c = 350$ mm, $d = 200$ mm이다. 가상일의 원리를 이용해 우력 M을 구하라.

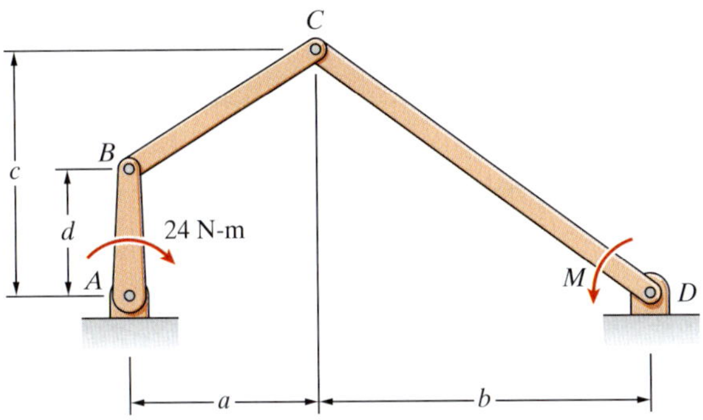

복습문제 11.55/11.56

11.57 막대의 질량이 10 kg, 길이가 1 m이다. 두 칼라의 질량은 무시하고 막대가 수직일 때($\alpha = 0$) 스프링은 늘어나지 않은 상태이며, 스프링 상수 $k = 100$ N/m이다. 막대가 평형상태일 때의 α 값을 구하라.

11.58 복습문제 11.57에서 구한 막대의 평형위치가 안정적인지 불안정한지 결정하라.

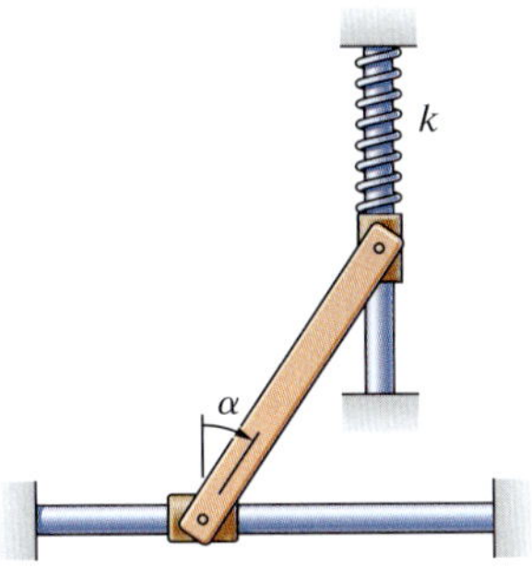

복습문제 11.57/11.58

11.59 $\alpha = 90°$일 때 스프링이 늘어나지 않은 상태이다. $0 < \alpha < 90°$의 범위에서 그림의 시스템이 평형상태가 되는 α를 구하라.

11.60 복습문제 11.59에서 구한 평형위치가 안정적인지 불안정한지 결정하라.

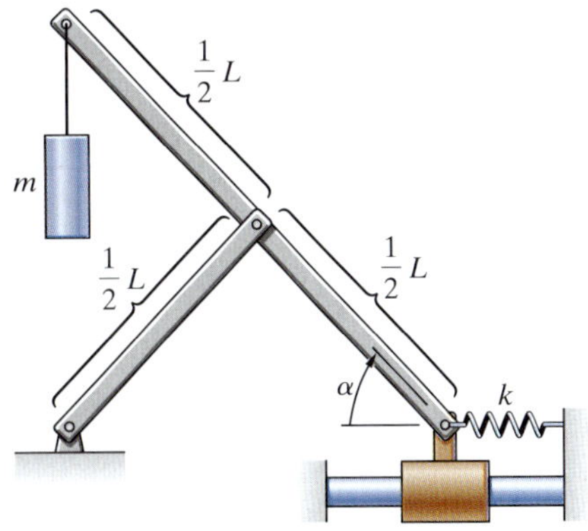

복습문제 11.59/11.60

11.61 유압 실린더 C가 A의 수평 방향으로 힘을 가해 무게 W를 들어 올린다. 무게를 지지하는 유압 실린더의 힘의 크기를 W와 α를 이용해 나타내라.

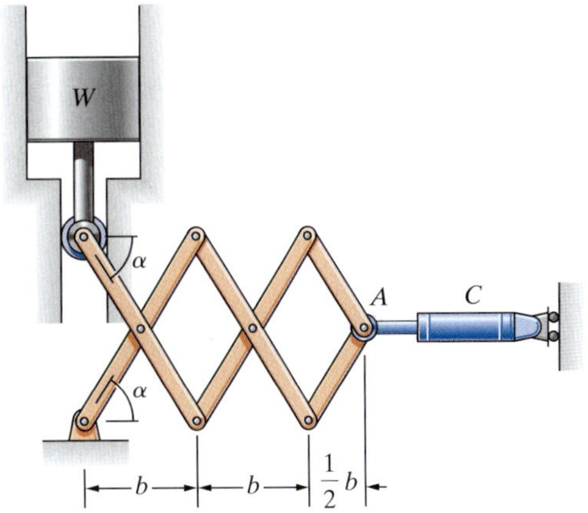

복습문제 11.61

11.62 균질한 복합재료인 물체가 반구와 원뿔로 이루어져 있고, 평면 위에 놓여 있다. $h < \sqrt{3}R$일 때만이 평형상태가 안정적임을 밝혀라.

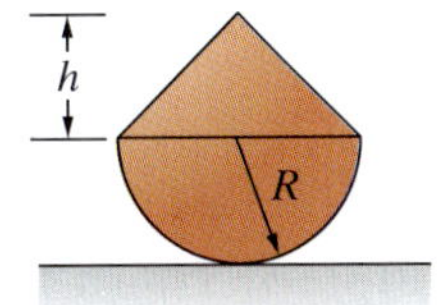

복습문제 11.62

부록 A 수학적 수식

A.1 대수학

이차방정식

이차방정식의 해는 다음과 같다.

$$ax^2 + bx + c = 0$$

$$x = \frac{-b \pm \sqrt{b^2 - 4ac}}{2a}$$

자연로그

양의 실수 x의 자연로그는 $\ln x$로 표시되며, 다음과 같은 숫자로 정의된다.

$$e^{\ln x} = x$$

여기에서 $e = 2.7182\cdots$는 자연로그의 밑이다.

로그에는 다음과 같은 속성이 있다.

$$\ln(xy) = \ln x + \ln y$$

$$\ln(x/y) = \ln x - \ln y$$

$$\ln y^x = x \ln y$$

A.2 삼각함수

직각삼각형의 삼각함수는 다음과 같다.

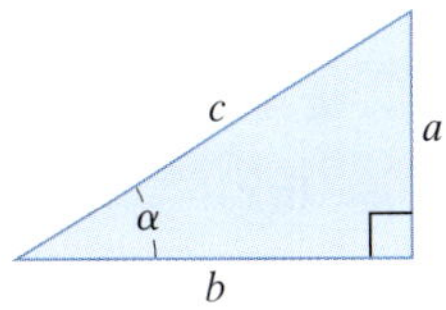

$$\sin\alpha = \frac{1}{\csc\alpha} = \frac{a}{c} \quad \cos\alpha = \frac{1}{\sec\alpha} = \frac{b}{c} \quad \tan\alpha = \frac{1}{\cot\alpha} = \frac{a}{b}$$

사인과 코사인은 다음 관계를 만족한다.

$$\sin^2\alpha + \cos^2\alpha = 1$$

두 각도의 합과 차의 사인과 코사인은 다음 식을 만족한다.

$$\sin(\alpha + \beta) = \sin\alpha\cos\beta + \cos\alpha\sin\beta$$

$$\sin(\alpha - \beta) = \sin\alpha\cos\beta - \cos\alpha\sin\beta$$

$$\cos(\alpha + \beta) = \cos\alpha\cos\beta - \sin\alpha\sin\beta$$

$$\cos(\alpha - \beta) = \cos\alpha\cos\beta + \sin\alpha\sin\beta$$

임의의 삼각형에 대한 **코사인 법칙**은 다음과 같다.

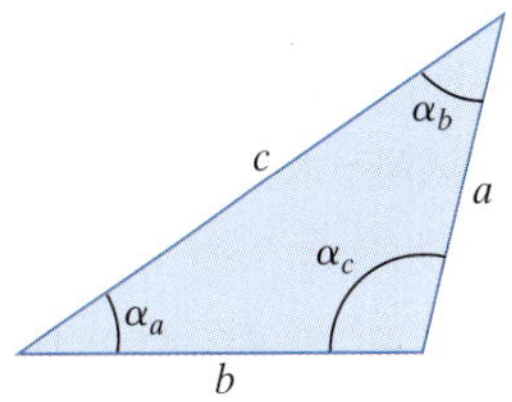

$$c^2 = a^2 + b^2 - 2ab\cos\alpha_c$$

사인의 법칙은 다음과 같다.

$$\frac{\sin\alpha_a}{a} = \frac{\sin\alpha_b}{b} = \frac{\sin\alpha_c}{c}$$

A.3 미분

$$\frac{d}{dx}x^n = nx^{n-1} \qquad \frac{d}{dx}\sin x = \cos x \qquad \frac{d}{dx}\sinh x = \cosh x$$

$$\frac{d}{dx}e^x = e^x \qquad \frac{d}{dx}\cos x = -\sin x \qquad \frac{d}{dx}\cosh x = \sinh x$$

$$\frac{d}{dx}\ln x = \frac{1}{x} \qquad \frac{d}{dx}\tan x = \frac{1}{\cos^2 x} \qquad \frac{d}{dx}\tanh x = \frac{1}{\cosh^2 x}$$

A.4 적분

$$\int x^n dx = \frac{x^{n+1}}{n+1} \qquad (n \neq -1)$$

$$\int x^{-1} dx = \ln x$$

$$\int \frac{dx}{a+bx} = \frac{1}{b}\ln(a+bx)$$

$$\int \frac{dx}{a+x^2} = \frac{1}{a^{1/2}}\arctan\frac{x}{a^{1/2}}$$

$$\int \frac{dx}{a-bx^2} = \frac{1}{(ab)^{1/2}}\operatorname{arctanh}\frac{(ab)^{1/2}x}{a}$$

$$= \frac{1}{2(ab)^{1/2}}\ln\frac{a+(ab)^{1/2}x}{a-(ab)^{1/2}x}$$

$$\int \frac{x\,dx}{a-bx^2} = -\frac{1}{2b}\ln(a-bx^2)$$

$$\int (a+bx)^{1/2} dx = \frac{2}{3b}(a+bx)^{3/2}$$

$$\int x(a+bx)^{1/2} dx = -\frac{2(2a-3bx)(a+bx)^{3/2}}{15b^2}$$

$$\int (1+a^2x^2)^{1/2} dx = \frac{1}{2}\left\{x(1+a^2x^2)^{1/2} + \frac{1}{a}\ln\left[x+\left(\frac{1}{a^2}+x^2\right)^{1/2}\right]\right\}$$

$$\int x(1+a^2x^2)^{1/2} dx = \frac{a}{3}\left(\frac{1}{a^2}+x^2\right)^{3/2}$$

$$\int x^2(1+a^2x^2)^{1/2} dx = \frac{1}{4}ax\left(\frac{1}{a^2}+x^2\right)^{3/2} - \frac{1}{8a^2}x(1+a^2x^2)^{1/2} - \frac{1}{8a^3}\ln\left[x+\left(\frac{1}{a^2}+x^2\right)^{1/2}\right]$$

$$\int (1-a^2x^2)^{1/2} dx = \frac{1}{2}\left[x(1-a^2x^2)^{1/2} + \frac{1}{a}\arcsin ax\right]$$

$$\int x(1-a^2x^2)^{1/2} dx = -\frac{a}{3}\left(\frac{1}{a^2}-x^2\right)^{3/2}$$

$$\int x^2(a^2-x^2)^{1/2} dx = -\frac{1}{4}x(a^2-x^2)^{3/2} + \frac{1}{8}a^2\left[x(a^2-x^2)^{1/2} + a^2\arcsin\frac{x}{a}\right]$$

$$\int \frac{dx}{(1+a^2x^2)^{1/2}} = \frac{1}{a}\ln\left[x+\left(\frac{1}{a^2}+x^2\right)^{1/2}\right]$$

$$\int \frac{dx}{(1-a^2x^2)^{1/2}} = \frac{1}{a}\arcsin ax \quad \text{or} \quad -\frac{1}{a}\arccos ax$$

$$\int \sin x\,dx = -\cos x$$

$$\int \cos x\,dx = \sin x$$

$$\int \sin^2 x\,dx = -\frac{1}{2}\sin x\cos x + \frac{1}{2}x$$

$$\int \cos^2 x\,dx = \frac{1}{2}\sin x\cos x + \frac{1}{2}x$$

$$\int \sin^3 x\,dx = -\frac{1}{3}\cos x(\sin^2 x + 2)$$

$$\int \cos^3 x\,dx = \frac{1}{3}\sin x(\cos^2 x + 2)$$

$$\int \cos^4 x\,dx = \frac{3}{8}x + \frac{1}{4}\sin 2x + \frac{1}{32}\sin 4x$$

$$\int \sin^n x\cos x\,dx = \frac{(\sin x)^{n+1}}{n+1} \qquad (n \neq -1)$$

$$\int \sinh x\,dx = \cosh x$$

$$\int \cosh x\,dx = \sinh x$$

$$\int \tanh x\,dx = \ln\cosh x$$

$$\int e^{ax} dx = \frac{e^{ax}}{a}$$

$$\int xe^{ax} dx = \frac{e^{ax}}{a^2}(ax-1)$$

A.5 테일러 급수

함수 $f(x)$의 테일러 급수는 다음과 같다.

$$f(a+x) = f(a) + f'(a)x + \frac{1}{2!}f''(a)x^2 + \frac{1}{3!}f'''(a)x^3 + \cdots$$

여기에서 프라임(′)은 도함수를 나타낸다.

자주 사용하는 테일러 급수로는 다음과 같은 것들이 있다.

$$e^x = 1 + x + \frac{x^2}{2!} + \frac{x^3}{3!} + \cdots$$

$$\sin(a+x) = \sin a + (\cos a)x - \frac{1}{2}(\sin a)x^2 - \frac{1}{6}(\cos a)x^3 + \cdots$$

$$\cos(a+x) = \cos a - (\sin a)x - \frac{1}{2}(\cos a)x^2 + \frac{1}{6}(\sin a)x^3 + \cdots$$

$$\tan(a+x) = \tan a + \left(\frac{1}{\cos^2 a}\right)x + \left(\frac{\sin a}{\cos^3 a}\right)x^2 + \left(\frac{\sin^2 a}{\cos^4 a} + \frac{1}{3\cos^2 a}\right)x^3 + \cdots$$

A.6 벡터 해석

직교 좌표계

스칼라장 ψ의 기울기는 다음과 같다.

$$\nabla\psi = \frac{\partial\psi}{\partial x}\mathbf{i} + \frac{\partial\psi}{\partial y}\mathbf{j} + \frac{\partial\psi}{\partial z}$$

벡터장 $\mathbf{v} = v_x\mathbf{i} + v_y\mathbf{j} + v_z\mathbf{k}$의 발산과 회전은 다음과 같다.

$$\nabla\cdot\mathbf{v} = \frac{\partial v_x}{\partial x} + \frac{\partial v_y}{\partial y} + \frac{\partial v_z}{\partial z}$$

$$\nabla\times\mathbf{v} = \begin{vmatrix} \mathbf{i} & \mathbf{j} & \mathbf{k} \\ \frac{\partial}{\partial x} & \frac{\partial}{\partial y} & \frac{\partial}{\partial z} \\ v_x & v_y & v_z \end{vmatrix}$$

원통 좌표계

스칼라장 ψ의 기울기는 다음과 같다.

$$\nabla\psi = \frac{\partial\psi}{\partial r}\mathbf{e}_r + \frac{1}{r}\frac{\partial\psi}{\partial\theta}\mathbf{e}_\theta + \frac{\partial\psi}{\partial z}\mathbf{e}_z$$

벡터장 $\mathbf{v} = v_r\mathbf{e}_r + v_\theta\mathbf{e}_\theta + v_z\mathbf{e}_z$의 발산과 회전은 다음과 같다.

$$\nabla\cdot\mathbf{v} = \frac{\partial v_r}{\partial r} + \frac{v_r}{r} + \frac{1}{r}\frac{\partial v_\theta}{\partial\theta} + \frac{\partial v_z}{\partial z}$$

$$\nabla\times\mathbf{v} = \frac{1}{r}\begin{vmatrix} \mathbf{e}_r & r\mathbf{e}_\theta & \mathbf{e}_z \\ \frac{\partial}{\partial r} & \frac{\partial}{\partial\theta} & \frac{\partial}{\partial z} \\ v_r & rv_\theta & v_z \end{vmatrix}$$

A.7 행렬

$M \times N$('M 곱하기 N'이라 부름) 행렬 A는 M개의 행과 N개의 열을 가진 요소 a_{ij}의 테이블이다.

$$A = \begin{bmatrix} a_{11} & a_{12} & \cdots & a_{1N} \\ a_{21} & a_{22} & & \\ \vdots & & \ddots & \\ a_{M1} & & & a_{MN} \end{bmatrix}$$

두 개의 $M \times N$ 행렬 A와 B의 합은 요소 $c_{ij} = a_{ij} + b_{ij}$를 포함하는 $M \times N$ 행렬 $C = A + B$이며 빼기도 동일한 방식으로 정의된다. 숫자 r과 $M \times N$ 행렬 A의 곱은 요소 $c_{ij} = ra_{ij}$를 가진 $M \times N$ 행렬 $C = rA$이다. $M \times N$ 행렬 A의 전치는 요소 $a_{ij}^{\mathrm{T}} = a_{ji}$를 가진 $N \times M$ 행렬 A^{T}이다. 예를 들어

$$A = \begin{bmatrix} 1 & 2 & 3 \\ 4 & 5 & 6 \end{bmatrix} \qquad A^{\mathrm{T}} = \begin{bmatrix} 1 & 4 \\ 2 & 5 \\ 3 & 6 \end{bmatrix}$$

전치는 45° 대각선을 중심으로 행렬을 회전시킨다. 행렬이 단일 행으로 구성된 경우 해당 전치는 단일 열이고 그 반대 경우도 마찬가지이다.

두 행렬 A와 B의 곱은 A의 열 개수와 B의 행 개수가 같을 때 정의된다. 즉 $M \times N$ 행렬 A와 $N \times P$ 행렬 B의 곱이 정의되고, 그 결과 $C = AB$는 $M \times P$ 행렬이다. C의 요소를 평가하는 것은 직교 성분 측면에서 두 벡터의 내적을 평가하는 것과 유사하다. 요소 c_{ij}는 A의 i번째 행과 B의 j번째 열의 내적이다.

$$c_{ij} = a_{i1}b_{1j} + a_{i2}b_{2j} + \cdots + a_{iN}b_{Nj}$$

예를 들면

$$\underset{(3 \times 2)}{A} \quad \underset{(2 \times 3)}{B} \quad = \quad \underset{(3 \times 3)}{C}$$

$$\begin{bmatrix} a_{11} & a_{12} \\ a_{21} & a_{22} \\ a_{31} & a_{32} \end{bmatrix} \begin{bmatrix} b_{11} & b_{12} & b_{13} \\ b_{21} & b_{22} & b_{23} \end{bmatrix} = \begin{bmatrix} a_{11}b_{11} + a_{12}b_{21} & a_{11}b_{12} + a_{12}b_{22} & a_{11}b_{13} + a_{12}b_{23} \\ a_{21}b_{11} + a_{22}b_{21} & a_{21}b_{12} + a_{22}b_{22} & a_{21}b_{13} + a_{22}b_{23} \\ a_{31}b_{11} + a_{32}b_{21} & a_{31}b_{12} + a_{32}b_{22} & a_{31}b_{13} + a_{32}b_{23} \end{bmatrix}$$

요소 c_{23}은 빨간색으로 표시되어 있다. 이는 A의 두 번째 행과 B의 세 번째 열의 내적이다.

행렬곱을 정의하면 선형 대수방정식 시스템을 행렬로 편리하게 표현할 수 있다. 예를 들어 다음 식은

$$\begin{aligned} 4x + 2y - z &= 12 \\ -2x + 6y + 2z &= -4 \\ 8x - 4y - 4z &= 8 \end{aligned} \tag{A.1}$$

다음 식으로 쓸 수 있으며

$$Cx = d \tag{A.2}$$

여기에서

$$C = \begin{bmatrix} 4 & 2 & -1 \\ -2 & 6 & 2 \\ 8 & -4 & -4 \end{bmatrix} \quad x = \begin{bmatrix} x \\ y \\ z \end{bmatrix} \quad d = \begin{bmatrix} 12 \\ -4 \\ 8 \end{bmatrix} \tag{A.3}$$

단위 또는 항등 행렬 I는 주대각선 요소가 1이고 다른 요소가 0인 $N \times N$('정방형') 행렬이다.

$$I = \begin{bmatrix} 1 & 0 & \cdots & 0 \\ 0 & 1 & & \\ \vdots & & \ddots & \\ 0 & & & 1 \end{bmatrix}$$

곱이 정의된 행렬 A의 경우 $IA = AI = A$이다.

$N \times N$ 행렬 A의 역행렬은 $A^{-1}A = AA^{-1} = I$라는 속성을 가진 $N \times N$ 행렬 A^{-1}이다. 행렬방정식 $Cx = d$를 C가 상수 계수의 $N \times N$ 행렬, x가 N개의 미지수 열, d가 N 상수의 열인 N개의 선형 대수 연립방정식이라고 가정하자. C의 역행렬이 존재하는 경우 방정식은 C^{-1}을 곱해서 풀 수 있다.

$$\begin{aligned} Cx &= d \\ C^{-1}Cx &= Ix = C^{-1}d \\ x &= C^{-1}d \end{aligned}$$

상업용 소프트웨어에는 일반적으로 역행렬을 구하는 매크로가 포함되어 있다. 식 (A.2)와 식 (A.3)에 설명된 연립방정식을 고려하자. MATLAB을 사용하면 식 (A.3)에서 행렬 C의 역행렬은 다음과 같다.

$$C^{-1} = \begin{bmatrix} 2 & -1.5 & -1.25 \\ -1 & 1 & 0.75 \\ 5 & -4 & -3.5 \end{bmatrix}$$

따라서 다음과 같은 결과를 얻을 수 있다.

$$x = C^{-1}d:$$

$$\begin{bmatrix} x \\ y \\ z \end{bmatrix} = \begin{bmatrix} 2 & -1.5 & -1.25 \\ -1 & 1 & 0.75 \\ 5 & -4 & -3.5 \end{bmatrix} \begin{bmatrix} 12 \\ -4 \\ 8 \end{bmatrix} = \begin{bmatrix} 20 \\ -10 \\ 48 \end{bmatrix}$$

식 (A.1)의 미지수는 $x = 20$, $y = -10$, $z = 48$이다.

부록 B 면적 및 선의 성질

B.1 면적

면적 A의 도심 좌표는 다음과 같다.

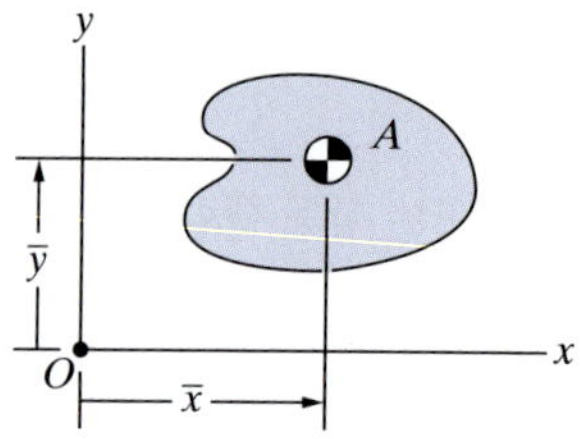

$$\bar{x} = \frac{\int_A x\, dA}{\int_A dA} \qquad \bar{y} = \frac{\int_A y\, dA}{\int_A dA}$$

x축에 대한 관성모멘트 I_x, y축에 대한 관성모멘트 I_y, 관성곱 I_{xy}는 다음과 같다.

$$I_x = \int_A y^2\, dA \qquad I_y = \int_A x^2\, dA \qquad I_{xy} = \int_A xy\, dA$$

O에 대한 극관성모멘트는 다음과 같다.

$$J_O = \int_A r^2\, dA = \int_A (x^2 + y^2)\, dA = I_x + I_y$$

면적 $= bh$

$$I_x = \frac{1}{3}bh^3 \qquad I_y = \frac{1}{3}hb^3 \qquad I_{xy} = \frac{1}{4}b^2h^2$$

$$I_{x'} = \frac{1}{12}bh^3 \qquad I_{y'} = \frac{1}{12}hb^3 \qquad I_{x'y'} = 0$$

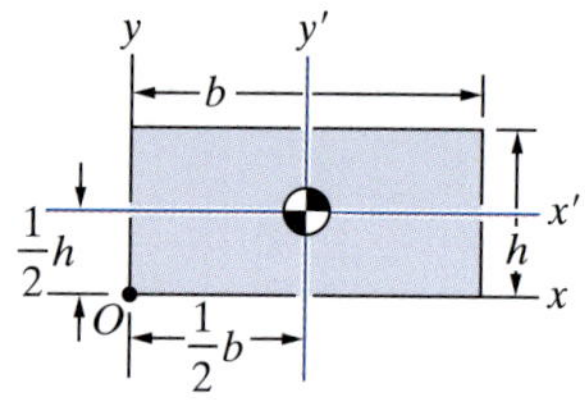

직사각형 면적

면적 $= \frac{1}{2}bh$

$$I_x = \frac{1}{12}bh^3 \qquad I_y = \frac{1}{4}hb^3 \qquad I_{xy} = \frac{1}{8}b^2h^2$$

$$I_{x'} = \frac{1}{36}bh^3 \qquad I_{y'} = \frac{1}{36}hb^3 \qquad I_{x'y'} = \frac{1}{72}b^2h^2$$

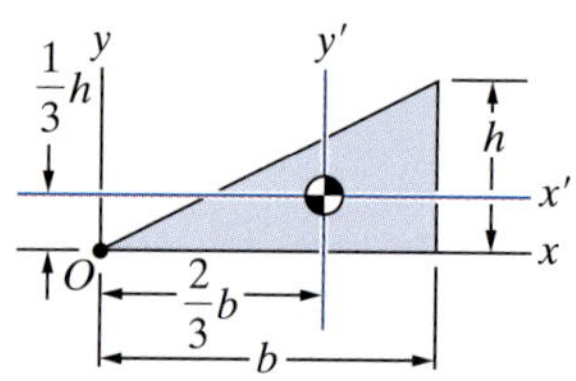

삼각형 면적

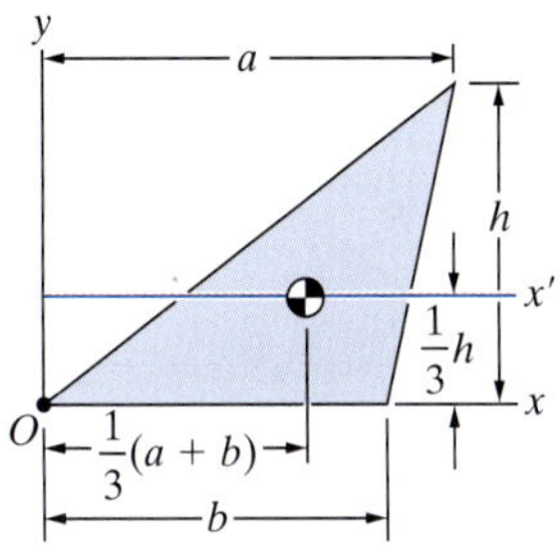

삼각형 면적

$$\text{면적} = \frac{1}{2}bh \qquad I_x = \frac{1}{12}bh^3 \qquad I_{x'} = \frac{1}{36}bh^3$$

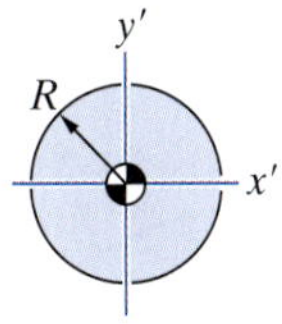

원 면적

$$\text{면적} = \pi R^2 \qquad I_{x'} = I_{y'} = \frac{1}{4}\pi R^4 \qquad I_{x'y'} = 0$$

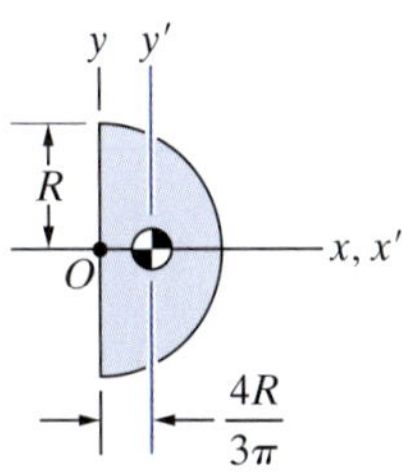

반원 면적

$$\text{면적} = \frac{1}{2}\pi R^2 \qquad I_x = I_y = \frac{1}{8}\pi R^4 \qquad I_{xy} = 0$$

$$I_{x'} = \frac{1}{8}\pi R^4 \qquad I_{y'} = \left(\frac{\pi}{8} - \frac{8}{9\pi}\right)R^4 \qquad I_{x'y'} = 0$$

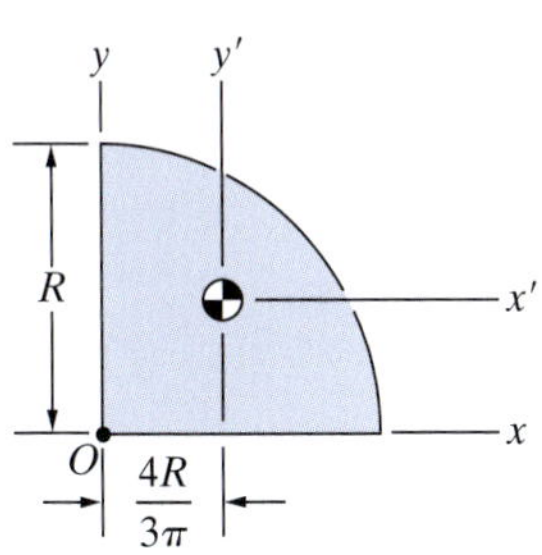

1/4 원 면적

$$\text{면적} = \frac{1}{4}\pi R^2 \qquad I_x = I_y = \frac{1}{16}\pi R^4 \qquad I_{xy} = \frac{1}{8}R^4$$

$$I_{x'} = I_{y'} = \left(\frac{\pi}{16} - \frac{4}{9\pi}\right)R^4 \qquad I_{x'y'} = \left(\frac{1}{8} - \frac{4}{9\pi}\right)R^4$$

면적 $= \alpha R^2$

$$I_x = \frac{1}{4}R^4\left(\alpha - \frac{1}{2}\sin 2\alpha\right) \qquad I_y = \frac{1}{4}R^4\left(\alpha + \frac{1}{2}\sin 2\alpha\right)$$

$$I_{xy} = 0$$

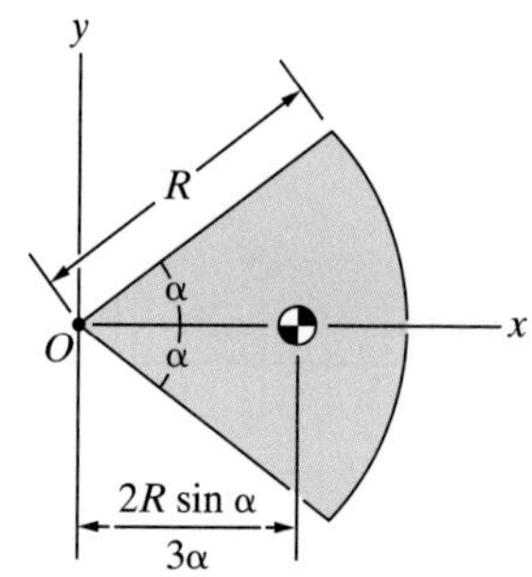

원의 일부

면적 $= \frac{1}{4}\pi ab$

$$I_x = \frac{1}{16}\pi ab^3 \qquad I_y = \frac{1}{16}\pi a^3 b \qquad I_{xy} = \frac{1}{8}a^2b^2$$

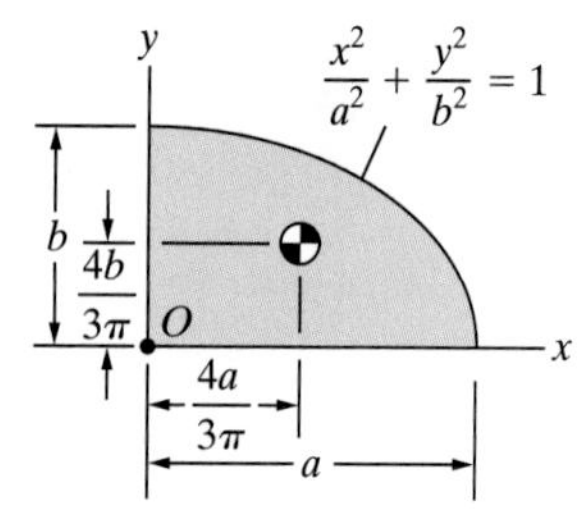

1/4 타원 면적

면적 $= \frac{cb^{n+1}}{n+1}$

$$I_x = \frac{c^3b^{3n+1}}{9n+3} \qquad I_y = \frac{cb^{n+3}}{n+3} \qquad I_{xy} = \frac{c^2b^{2n+2}}{4n+4}$$

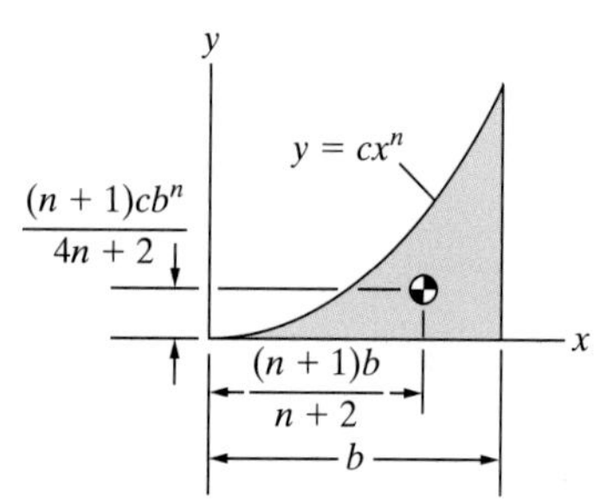

스팬드럴

B.2 선

선 L의 도심 좌표는 다음과 같다.

$$\bar{x} = \frac{\int_L x\, dL}{\int_L dL} \qquad \bar{y} = \frac{\int_L y\, dL}{\int_L dL} \qquad \bar{z} = \frac{\int_L z\, dL}{\int_L dL}$$

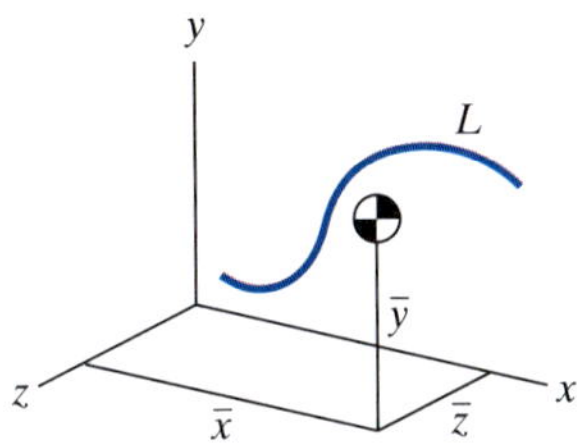

길이 $= \pi R$

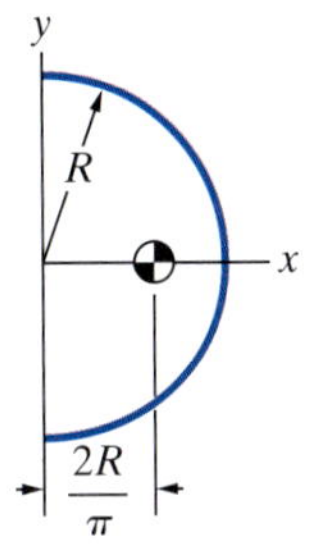

1/2 원주

길이 $= \frac{1}{2}\pi R$

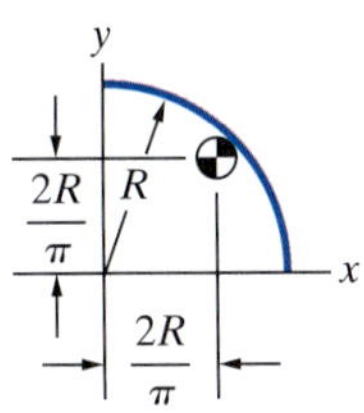

1/4 원주

길이 $= 2\alpha R$

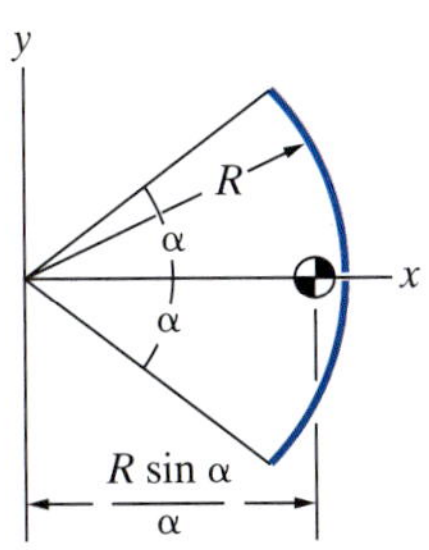

일부 원주

부록 C 체적 및 균질 물체의 성질

xyz 좌표계에서 질량 관성모멘트는 다음과 같다.

$$I_{x축} = I_{xx} = \int_m (y^2 + z^2)\, dm$$

$$I_{y축} = I_{yy} = \int_m (x^2 + z^2)\, dm$$

$$I_{z축} = I_{zz} = \int_m (x^2 + y^2)\, dm$$

$$I_{xy} = \int_m xy\, dm, \quad I_{yz} = \int_m yz\, dm$$

$$I_{zx} = \int_m zx\, dm$$

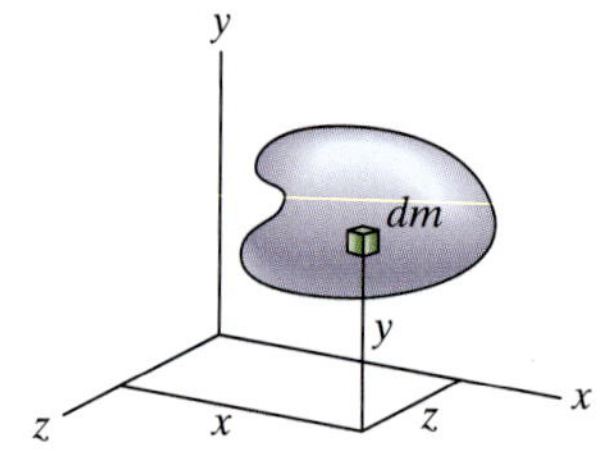

$$I_{x축} = 0 \qquad I_{y축} = I_{z축} = \frac{1}{3}ml^2$$

$$I_{xy} = I_{yz} = I_{zx} = 0$$

$$I_{x'축} = 0 \qquad I_{y'축} = I_{z'축} = \frac{1}{12}ml^2$$

$$I_{x'y'} = I_{y'z'} = I_{z'x'} = 0$$

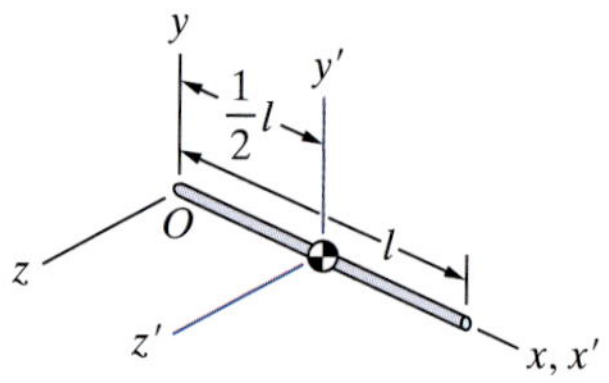

가느다란 막대

$$I_{x'축} = I_{y'축} = \frac{1}{4}mR^2 \qquad I_{z'축} = \frac{1}{2}mR^2$$

$$I_{x'y'} = I_{y'z'} = I_{z'x'} = 0$$

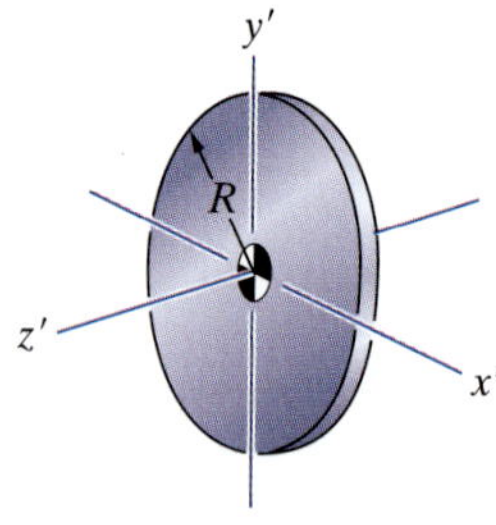

얇은 원판

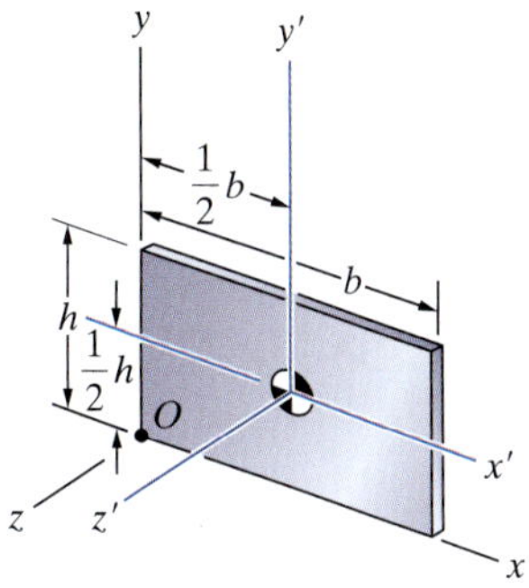

직사각형 판

$$I_{x축} = \frac{1}{3}mh^2 \qquad I_{y축} = \frac{1}{3}mb^2 \qquad I_{z축} = \frac{1}{3}m(b^2 + h^2)$$

$$I_{xy} = \frac{1}{4}mbh \qquad I_{yz} = I_{zx} = 0$$

$$I_{x'축} = \frac{1}{12}mh^2 \qquad I_{y'축} = \frac{1}{12}mb^2 \qquad I_{z'축}\frac{1}{12}m(b^2 + h^2)$$

$$I_{x'y'} = I_{y'z'} = I_{z'x'} = 0$$

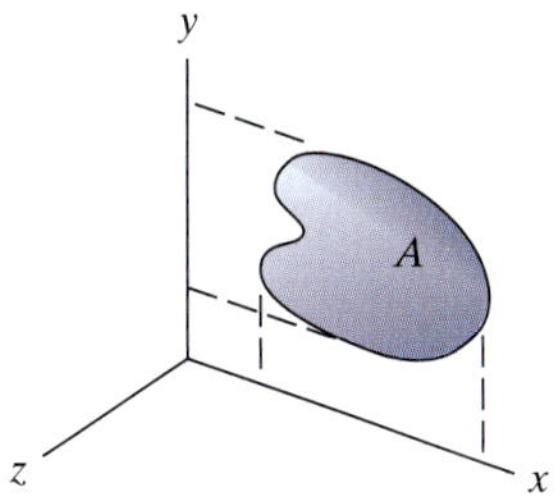

얇은 판

$$I_{x축} = \frac{m}{A}I_x \qquad I_{y축} = \frac{m}{A}I_y \qquad I_{z축} = I_{x축} = I_{y축}$$

$$I_{xy} = \frac{m}{A}I_{xy}^A \qquad I_{yz} = I_{zx} = 0$$

(I_x, I_y, I_{xy}^A 항은 판의 단면적 A의 질량 관성모멘트이다.)

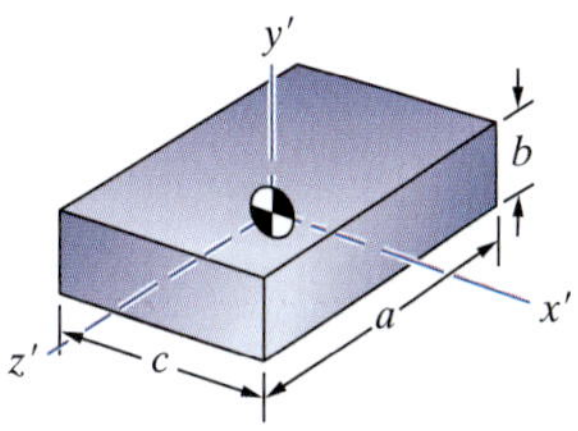

직육면체

체적 $= abc$

$$I_{x'축} = \frac{1}{12}m(a^2 + b^2) \qquad I_{y'축} = \frac{1}{12}m(a^2 + c^2)$$

$$I_{z'축} = \frac{1}{12}m(b^2 + c^2) \qquad I_{x'y'} = I_{y'z'} = I_{z'x'} = 0$$

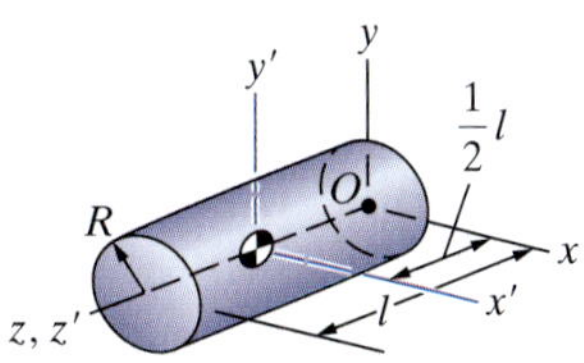

원통

체적 $= \pi R^2 l$

$$I_{x축} = I_{y축} = m\left(\frac{1}{3}l^2 + \frac{1}{4}R^2\right) \qquad I_{z축} = \frac{1}{2}mR^2$$

$$I_{xy} = I_{yz} = I_{zx} = 0$$

$$I_{x'축} = I_{y'축} = m\left(\frac{1}{12}l^2 + \frac{1}{4}R^2\right) \qquad I_{z'축} = \frac{1}{2}mR^2$$

$$I_{x'y'} = I_{y'z'} = I_{z'x'} = 0$$

$$체적 = \frac{1}{3}\pi R^2 h$$

$$I_{x축} = I_{y축} = m\left(\frac{3}{5}h^2 + \frac{3}{20}R^2\right) \qquad I_{z축} = \frac{3}{10}mR^2$$

$$I_{xy} = I_{yz} = I_{zx} = 0$$

$$I_{x'축} = I_{y'축} = m\left(\frac{3}{80}h^2 + \frac{3}{20}R^2\right) \qquad I_{z'축} = \frac{3}{10}mR^2$$

$$I_{x'y'} = I_{y'z'} = I_{z'x'} = 0$$

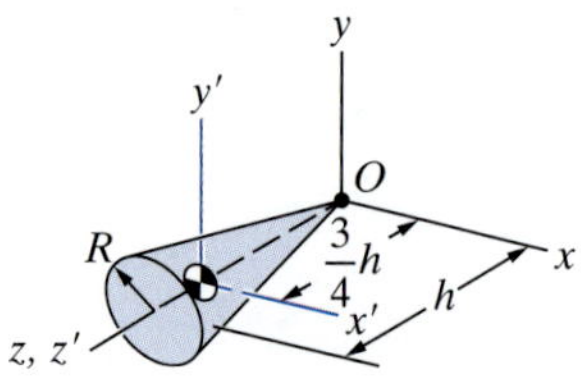

원뿔

$$체적 = \frac{4}{3}\pi R^3$$

$$I_{x'축} = I_{y'축} = I_{z'축} = \frac{2}{5}mR^2$$

$$I_{x'y'} = I_{y'z'} = I_{z'x'} = 0$$

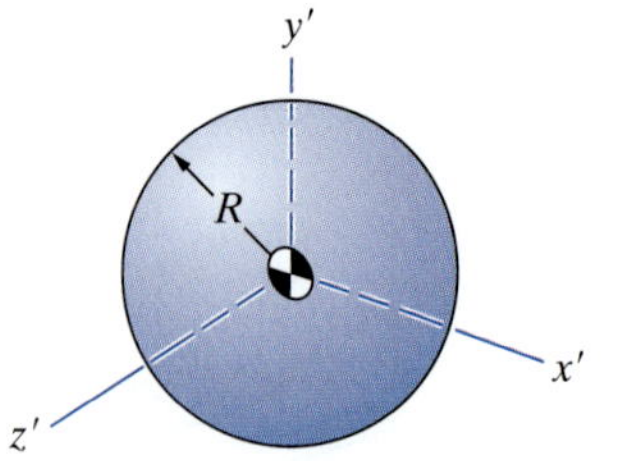

구

$$체적 = \frac{2}{3}\pi R^3$$

$$I_{x축} = I_{y축} = I_{z축} = \frac{2}{5}mR^2$$

$$I_{x'축} = I_{y'축} = \frac{83}{320}mR^2 \qquad I_{z'축} = \frac{2}{5}mR^2$$

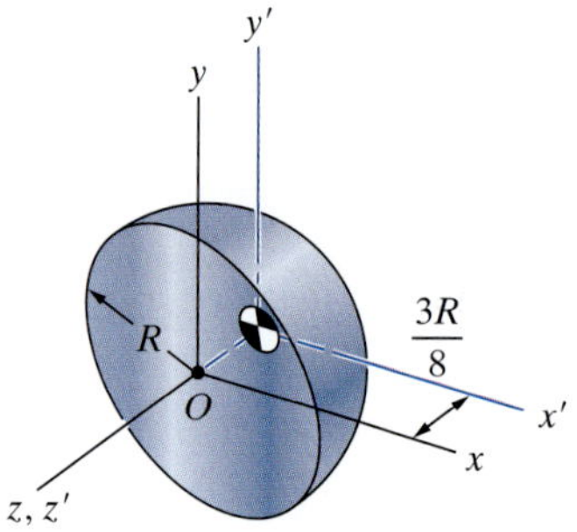

반구

실습 문제 풀이

실습 예제 1.1

피트를 마일로 변환한다.

초를 시간으로 변환한다.

$$10 \text{ ft/s} = 10 \text{ ft/s}\left(\frac{1 \text{ mi}}{5280 \text{ ft}}\right)\left(\frac{3600 \text{ s}}{1 \text{ h}}\right)$$
$$= 6.82 \text{ mi/h}$$

실습 예제 1.2

평방피트당 파운드 단위의 압력을 평방인치당 파운드로 변환하면 다음을 얻는다.

ft^2를 in^2로 변환한다.

$$62{,}700 \text{ lb/ft}^2 = 62{,}700 \text{ lb/ft}^2\left(\frac{1 \text{ ft}}{12 \text{ in}}\right)^2$$
$$= 435 \text{ lb/in}^2$$

실습 예제 1.3

(a) 명시적으로 표시된 단위를 사용해서 주어진 방정식을 작성하면

이 식의 단위는 $\frac{\text{lb}}{\text{ft}^2}$이다.

이 식의 단위는 lb-ft^2를 I 단위로 나눈 것이다.

$$\sigma \text{ lb/ft}^2 = \frac{(M \text{ ft-lb})(y \text{ ft})}{I}$$

I의 단위는 ft^4이다.

(b) 단위 환산 계수를 사용하면,

$$60 \text{ lb/ft}^2 = 60 \text{ lb/ft}^2\left(\frac{4.448 \text{ N}}{1 \text{ lb}}\right)\left(\frac{3.281 \text{ ft}}{1 \text{ m}}\right)^2$$
$$= 2870 \text{ N/m}^2$$

실습 예제 1.4

$W = mg = (0.397 \text{ kg})(9.81 \text{ m/s}^2) = 3.89 \text{ N}$

뉴턴 단위로 무게를 계산하기 위해 식 (1.6)을 사용한다.

실습 예제 1.5

해왕성에 대해 식 (1.3)을 작성하고 r을 행성의 반경과 동일하게 설정하면 표면의 중력으로 인한 가속도를 구할 수 있다.

$$a = \frac{Gm_N}{r^2} = \frac{(6.67\text{E}-11 \text{ m}^3/\text{kg-s}^2)(1.02\text{E}26 \text{ kg})}{(2.46\text{E}7 \text{ m})^2}$$
$$= 11.2 \text{ m/s}^2$$

실습 예제 1.6

무게를 구하기 위해 식 (1.5)를 화성에 맞게 수정한다.

$$W = mg_M \frac{R_M{}^2}{r^2}$$
$$= (899 \text{ kg})(3.72 \text{ m/s}^2)\frac{(3.39\text{E}6 \text{ m})^2}{(3.39\text{E}6 \text{ m} + 125{,}000 \text{ m})^2}$$
$$= 3110 \text{ N (699 lb)}$$

실습 예제 2.1

벡터 **U**와 2**V**를 크기에 맞춰 그려서 머리에 꼬리를 배치한다.

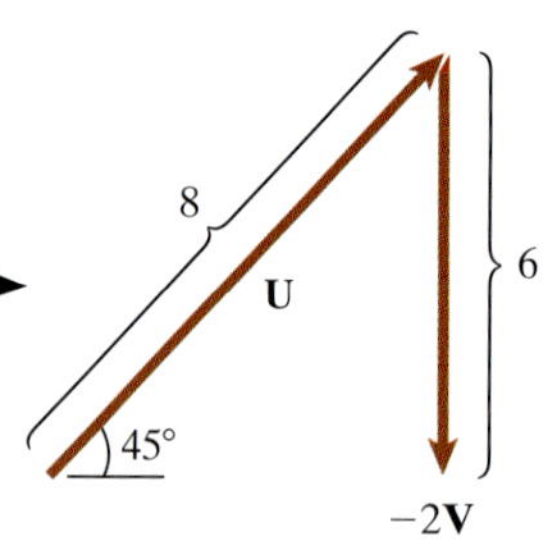

|**U** − 2**V**|의 측정값은 5.7이다.

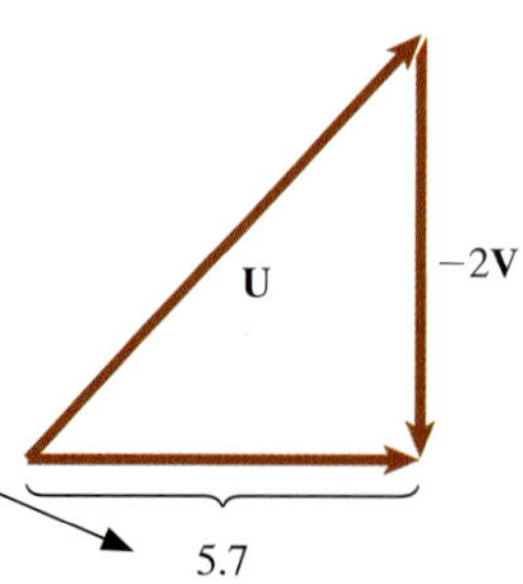

실습 예제 2.3

$|F_y| = 3|F_x|$

F의 크기는 다음과 같다.

$$900 \text{ N} = \sqrt{F_x^2 + F_y^2}$$
$$= \sqrt{F_x^2 + (3F_x)^2}$$

이 식을 풀면 $F_x = 285$이다. 벡터 F를 성분으로 표현하면

$$\mathbf{F} = 285\mathbf{i} - 3(285)\mathbf{j} \text{ (N)}$$
$$= 285\mathbf{i} - 854\mathbf{j} \text{ (N)}$$

F의 y 성분의 크기는 x 성분 크기의 3배가 되어야 한다.

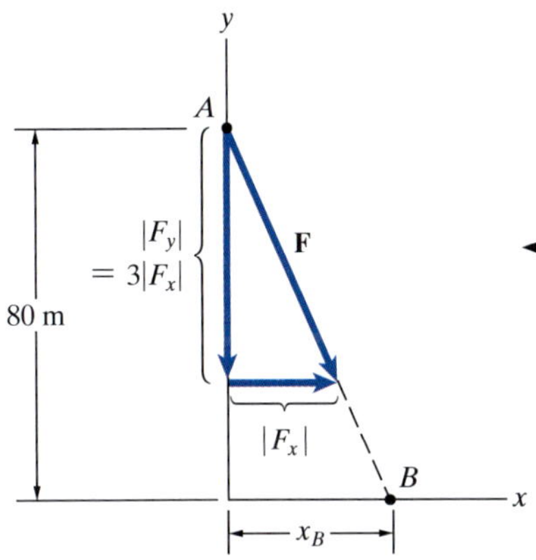

닮은꼴 삼각형을 사용해서 점 B의 위치를 구한다.

$$\frac{x_B}{80 \text{ m}} = \frac{|F_x|}{3|F_x|}:$$
$$x_B = 26.7 \text{ m}$$

실습 예제 2.6

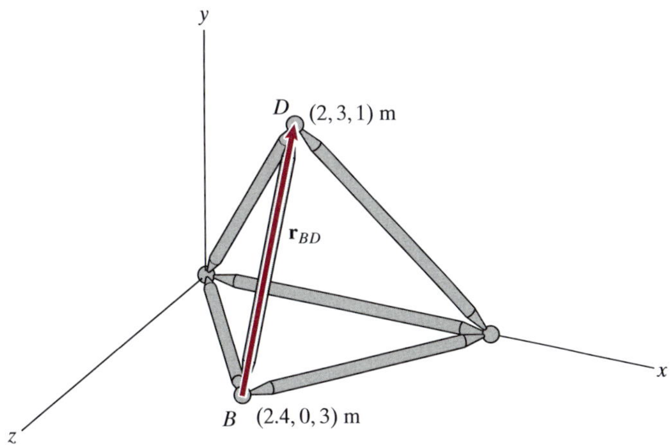

$$\mathbf{r}_{BD} = (x_D - x_B)\mathbf{i} + (y_D - y_B)\mathbf{j} + (z_D - z_B)\mathbf{k}$$
$$= (2 - 2.4)\mathbf{i} + (3 - 0)\mathbf{j} + (1 - 3)\mathbf{k} \text{ (m)}$$
$$= -0.4\mathbf{i} + 3\mathbf{j} - 2\mathbf{k} \text{ (m)}$$

해당 성분을 이용해서 위치 벡터 $\mathbf{r}_{BD}$를 구한다.

$$\begin{aligned}|\mathbf{r}_{BD}| &= \sqrt{r_{BDx}^2 + r_{BDy}^2 + r_{BDz}^2}\\ &= \sqrt{(-0.4\text{ m})^2 + (3\text{ m})^2 + (-2\text{ m})^2}\\ &= 3.63\text{ m}\end{aligned}$$

$\mathbf{r}_{BD}$의 크기를 계산한다.

$$\begin{aligned}\mathbf{e}_{BD} &= \frac{\mathbf{r}_{BD}}{|\mathbf{r}_{BD}|}\\ &= \frac{-0.4\mathbf{i} + 3\mathbf{j} - 2\mathbf{k}\text{ (m)}}{3.63\text{ (m)}}\\ &= -0.110\mathbf{i} + 0.827\mathbf{j} - 0.551\mathbf{k}\end{aligned}$$

$\mathbf{r}_{BD}$를 크기로 나누어서 $\mathbf{e}_{BD}$의 성분을 구한다.

실습 예제 2.11

$\mathbf{U} \cdot \mathbf{V} = 0$이면 벡터 $\mathbf{U}$와 $\mathbf{V}$는 수직이다. 이 조건을 사용해서 V_x를 구한다.

$$\begin{aligned}\mathbf{U} \cdot \mathbf{V} &= U_xV_x + U_yV_y + U_zV_z\\ &= (6)V_x + (-5)(2) + (-3)(2)\\ &= 6V_x - 16\end{aligned}$$

벡터의 성분으로 $\mathbf{U} \cdot \mathbf{V}$를 계산한다.

$$\begin{aligned}\mathbf{U} \cdot \mathbf{V} &= 6V_x - 16 = 0\\ V_x &= 2.67\end{aligned}$$

$\mathbf{U} \cdot \mathbf{V}$를 0으로 놓고 V_x를 구한다.

실습 예제 2.14

외적 $\mathbf{U} \times \mathbf{V}$는 $\mathbf{U}$와 $\mathbf{V}$에 수직이다. 각 벡터 성분을 이용해 벡터 $\mathbf{U} \times \mathbf{V}$를 구한 결과를 크기 $|\mathbf{U} \times \mathbf{V}|$로 나누면 $\mathbf{U}$와 $\mathbf{V}$에 수직인 단위 벡터의 성분을 얻을 수 있다.

$$\begin{aligned}\mathbf{U} \times \mathbf{V} &= (U_yV_z - U_zV_y)\mathbf{i} - (U_xV_z - U_zV_x)\mathbf{j}\\ &\quad + (U_xV_y - U_yV_x)\mathbf{k}\\ &= [(2)(-4) - (-1)(-3)]\mathbf{i} - [(3)(-4) - (-1)(5)]\mathbf{j}\\ &\quad + [(3)(-3) - (2)(5)]\mathbf{k}\\ &= -11\mathbf{i} + 7\mathbf{j} - 19\mathbf{k}\end{aligned}$$

각 벡터 성분을 이용해 벡터 $\mathbf{U} \times \mathbf{V}$를 계산한다.

$$\begin{aligned}|\mathbf{U} \times \mathbf{V}| &= \sqrt{(-11)^2 + (7)^2 + (-19)^2}\\ &= 23.0.\\ \frac{\mathbf{U} \times \mathbf{V}}{|\mathbf{U} \times \mathbf{V}|} &= \frac{-11\mathbf{i} + 7\mathbf{j} - 19\mathbf{k}}{23.0}\\ &= -0.477\mathbf{i} + 0.304\mathbf{j} - 0.825\mathbf{k}\end{aligned}$$

벡터 $\mathbf{U} \times \mathbf{V}$를 그 크기로 나눈다.

실습 예제 3.1

자동차의 자유물체도 그리기

격리시킨 자동차를 스케치한다.

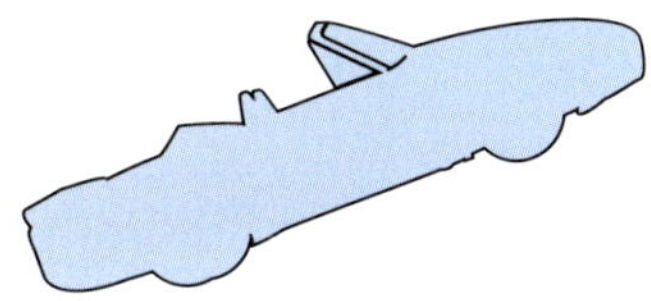

자동차의 무게, 케이블, 경사로가 자동차에 가하는 힘을 표시해서 자유물체도를 완성한다.

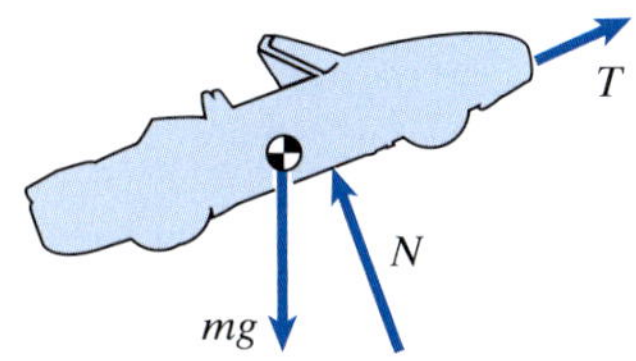

평형방정식 적용하기

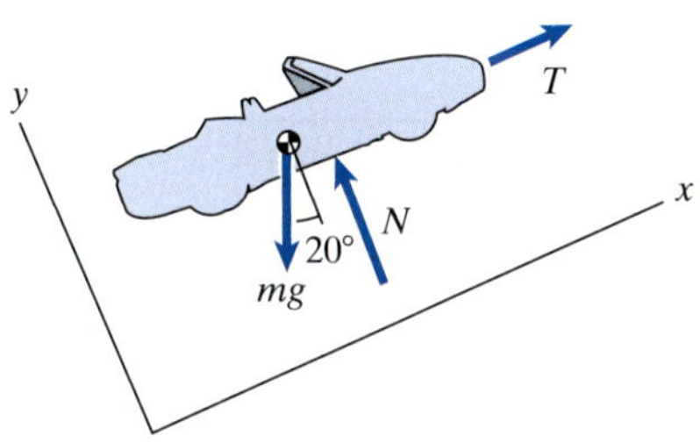

$\sum F_x = T - mg \sin 20° = 0$

$\sum F_y = N - mg \cos 20° = 0$

T에 대해 풀면

$T = mg \sin 20°$

$= (1440\ \text{kg})(9.81\ \text{m/s}^2) \sin 20°$

$= 4830\ \text{N}$

실습 예제 3.5

자유물체도를 그려서 평형상태 적용하기

점 *A* 근처 케이블 계의 일부를 격리하고 케이블 장력이 가하는 힘을 표시한다. 힘의 합은 0이 되어야 한다.

$\sum \mathbf{F} = \mathbf{T}_{AB} + \mathbf{T}_{AC} + \mathbf{T}_{AD} - (981\ \text{N})\mathbf{j} = \mathbf{0}$

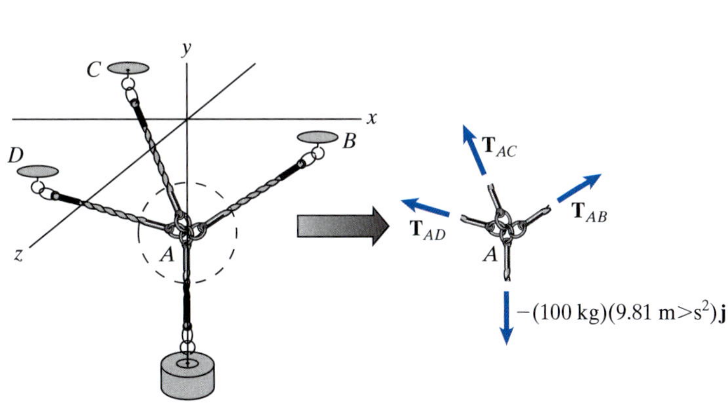

힘을 성분으로 쓰기

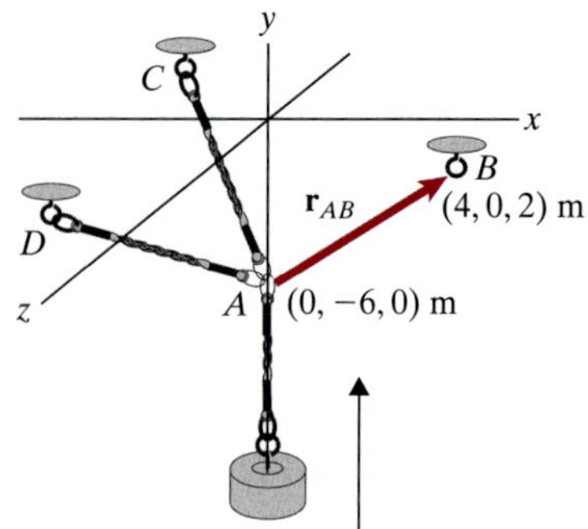

점 A에서 B로 향하는 위치 벡터 $\mathbf{r}_{AB}$의 크기로 힘 $\mathbf{T}_{AB}$를 나누어 $\mathbf{T}_{AB}$와 같은 방향을 가진 단위 벡터를 구한다.

$$\mathbf{r}_{AB} = (x_B - x_A)\mathbf{i} + (y_B - y_A)\mathbf{j} + (z_B - z_A)\mathbf{k} = 4\mathbf{i} + 6\mathbf{j} + 2\mathbf{k}\ (\text{m})$$

$$\mathbf{e}_{AB} = \frac{\mathbf{r}_{AB}}{|\mathbf{r}_{AB}|} = 0.535\mathbf{i} + 0.802\mathbf{j} + 0.267\mathbf{k}$$

힘 $\mathbf{T}_{AB}$를 케이블 AB의 장력 $\mathbf{T}_{AB}$와 단위 벡터 $\mathbf{e}_{AB}$의 곱으로 표현해서 성분으로 나타낸다. 동일한 절차를 사용해서 힘 $\mathbf{T}_{AC}$, $\mathbf{T}_{AD}$를 성분으로 나타낸다.

$$\begin{aligned}
\mathbf{T}_{AB} &= T_{AB}\mathbf{e}_{AB} \\
&= T_{AB}(0.535\mathbf{i} + 0.802\mathbf{j} + 0.267\mathbf{k}) \\
\mathbf{T}_{AC} &= T_{AC}(-0.302\mathbf{i} + 0.905\mathbf{j} - 0.302\mathbf{k}) \\
\mathbf{T}_{AD} &= T_{AD}(-0.408\mathbf{i} + 0.817\mathbf{j} + 0.408\mathbf{k})
\end{aligned}$$

이 식을 평형방정식에 대입하면 다음과 같다.

$$\mathbf{T}_{AB} + \mathbf{T}_{AC} + \mathbf{T}_{AD} - (981\ \text{N})\mathbf{j} = \mathbf{0}$$

i, **j**, **k** 성분은 각각 0이어야 하므로 세 가지 방정식이 얻어진다.

$$\begin{aligned}
0.535T_{AB} - 0.302T_{AC} - 0.408T_{AD} &= 0 \\
0.802T_{AB} + 0.905T_{AC} + 0.817T_{AD} - 981\ \text{N} &= 0 \\
0.267T_{AB} - 0.302T_{AC} + 0.408T_{AD} &= 0
\end{aligned}$$

세 방정식을 풀면 $T_{AB} = 432$ N, $T_{AC} = 574$ N, $T_{AD} = 141$ N이다.

실습 예제 4.1

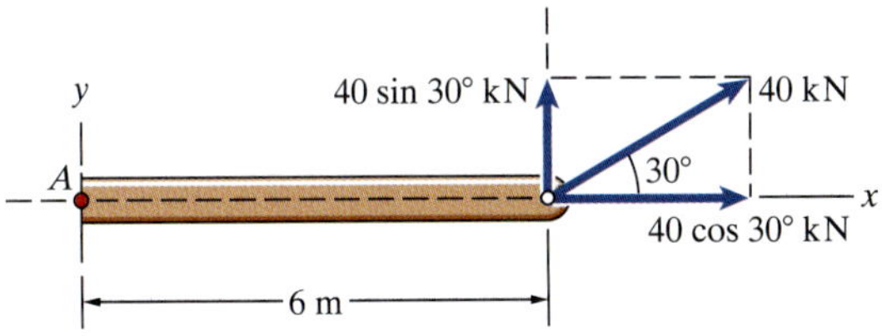

40 kN의 힘을 수평 및 수직 성분으로 분해한다.

점 A에 대한 수평 성분의 모멘트 크기는 0이다. 수직 성분의 모멘트 크기는 (6m)(40 sin 30° N) = 120 kN-m이다. 방향은 시계 반대 방향이므로 모멘트의 합은 M_A = 120 kN-m이다.

A에 대한 성분의 모멘트 합을 계산한다.

실습 예제 4.4

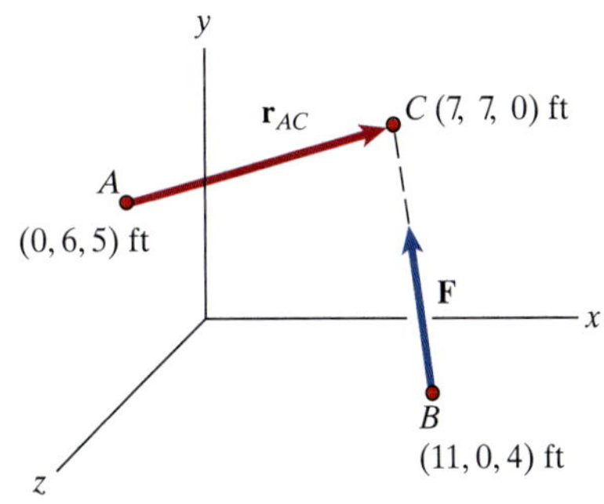

$$\begin{aligned}\mathbf{r}_{AC} &= (x_C - x_A)\mathbf{i} + (y_C - y_A)\mathbf{j} + (z_C - z_A)\mathbf{k} \\ &= 7\mathbf{i} + \mathbf{j} - 5\mathbf{k}\ (\text{ft}) \\ \mathbf{M}_A &= \mathbf{r}_{AC} \times \mathbf{F} \\ &= \begin{vmatrix} \mathbf{i} & \mathbf{j} & \mathbf{k} \\ 7 & 1 & -5 \\ -40 & 70 & -40 \end{vmatrix} \\ &= 310\mathbf{i} + 480\mathbf{j} + 530\mathbf{k}\ (\text{ft-lb})\end{aligned}$$

(a) 점 A에 대한 $\mathbf{F}$의 모멘트를 구하기 위해 식 (4.2)를 적용한다.

$$\begin{aligned}D &= \frac{|\mathbf{M}_A|}{|\mathbf{F}|} \\ &= \frac{\sqrt{(310)^2 + (480)^2 + (530)^2}\ \text{ft-lb}}{90\ \text{lb}} \\ &= 8.66\ \text{ft}\end{aligned}$$

(b) $|\mathbf{M}_A| = D|\mathbf{F}|$ 관계를 이용한다. 이때 D는 A에서 $\mathbf{F}$의 작용선까지의 수선 거리이다.

실습 예제 4.6

$$\mathbf{r} = (x_A - x_C)\mathbf{i} + (y_A - y_C)\mathbf{j} + (z_A - z_C)\mathbf{k} = 4\mathbf{i} - 2\mathbf{j} + 2\mathbf{k}\ (\text{m})$$

점 C에서 $\mathbf{F}$의 작용점까지의 벡터 성분을 구한다.

$$\mathbf{M}_C = \mathbf{r} \times \mathbf{F} = \begin{vmatrix} \mathbf{i} & \mathbf{j} & \mathbf{k} \\ 4 & -2 & 2 \\ -2 & 6 & 3 \end{vmatrix} = -18\mathbf{i} - 16\mathbf{j} + 20\mathbf{k}\ (\text{kN-m})$$

점 C에 대한 $\mathbf{F}$의 모멘트를 계산한다.

$$\begin{aligned}\mathbf{M}_{BC} &= (\mathbf{e}_{BC} \cdot \mathbf{M}_C)\mathbf{e}_{BC} \\ &= [(0)(-18) + (0.8)(-16) + (-0.6)(20)]\mathbf{e}_{BC} \\ &= -24.8\mathbf{e}_{BC}\ (\text{kN-m})\end{aligned}$$

식 (4.4)를 적용해서 축 BC에 대한 $\mathbf{F}$의 모멘트를 구한다. 점 C에 대한 $\mathbf{F}$의 모멘트는 점 B에 대한 $\mathbf{F}$의 모멘트와 동일하지 않지만 축 BC에 평행한 성분은 동일하다.

실습 예제 4.9

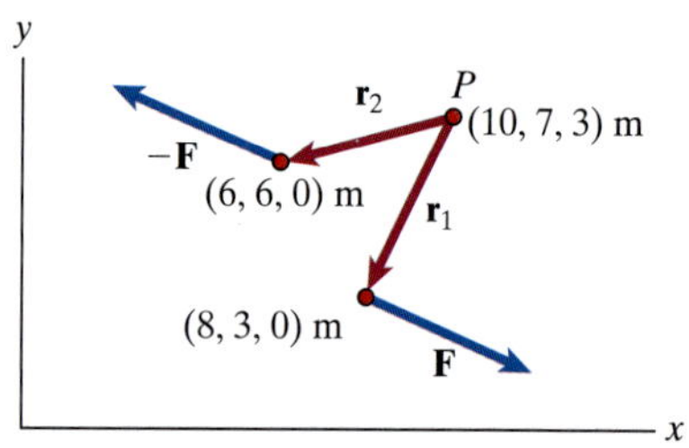

$$\mathbf{M} = (\mathbf{r}_1 \times \mathbf{F}) + [\mathbf{r}_2 \times (-\mathbf{F})] = \begin{vmatrix} \mathbf{i} & \mathbf{j} & \mathbf{k} \\ -2 & -4 & -3 \\ 10 & -4 & 0 \end{vmatrix} + \begin{vmatrix} \mathbf{i} & \mathbf{j} & \mathbf{k} \\ -4 & -1 & -3 \\ -10 & 4 & 0 \end{vmatrix} = 22\mathbf{k}\ (\text{N-m})$$

점 P에 대한 두 힘의 모멘트 합을 계산한다.

모멘트의 크기는 22 N-m이다. 오른손 엄지손가락을 단위 벡터 $\mathbf{k}$ 방향으로 가리키면 x–y 평면에서 모멘트의 방향은 시계 반대 방향이다.

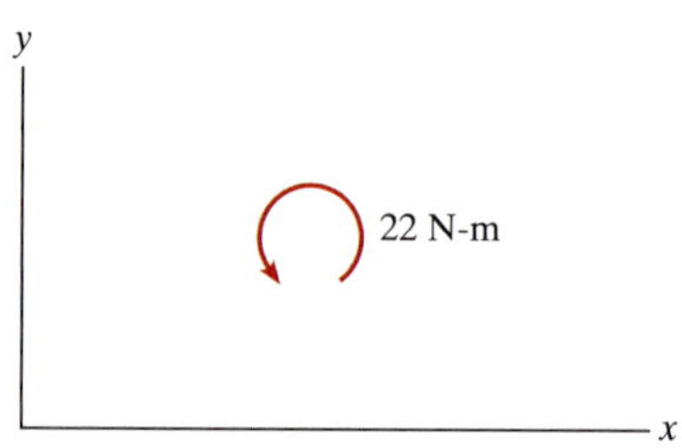

실습 예제 4.12

$$\left.\begin{aligned}\mathbf{F}' &= \mathbf{F}\\ &= 20\mathbf{i} + 15\mathbf{j} - 5\mathbf{k}\ (\text{kN})\end{aligned}\right\}$$

← 힘 **F′**은 계 2의 힘의 합과 같아야 한다.

$$\left.\begin{aligned}\mathbf{M}' &= \begin{vmatrix} \mathbf{i} & \mathbf{j} & \mathbf{k} \\ 4 & 3 & -2 \\ 20 & 15 & -5 \end{vmatrix} + (-105\mathbf{i} + 110\mathbf{j} + 90\mathbf{k})\\ &= -90\mathbf{i} + 90\mathbf{j} + 90\mathbf{k}\ (\text{kN-m})\end{aligned}\right\}$$

← 우력 **M′**은 계 2의 힘과 모멘트로 인한 원점에 대한 모멘트의 합과 같아야 한다.

실습 예제 5.1

(a) 핀과 롤러 지지대로부터 분리된 보의 자유물체도를 그리고 지지대에 의한 반력을 표시한다.

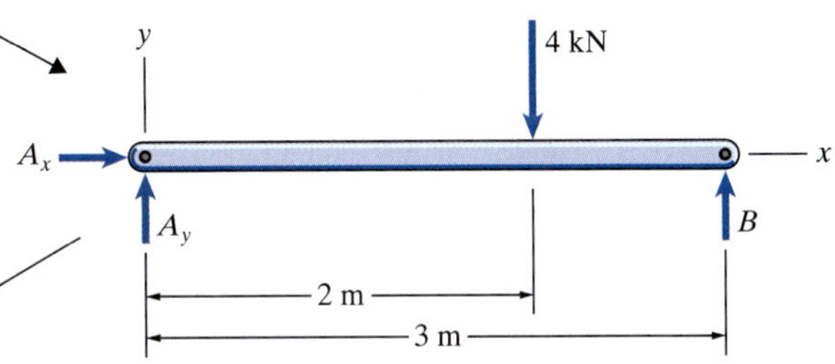

(b) 평형방정식을 구한다.

$$\Sigma F_x = A_x = 0$$

$$\Sigma F_y = A_y + B - 4\ \text{kN} = 0$$

$$\Sigma M_{\text{왼쪽 끝}} = (3\ \text{m})B - (2\ \text{m})(4\ \text{kN}) = 0$$

이를 풀면 다음 결과를 얻는다.

$A_x = 0,\ A_y = 1.33\ \text{kN},\ B = 2.67\ \text{kN}$

실습 예제 5.5

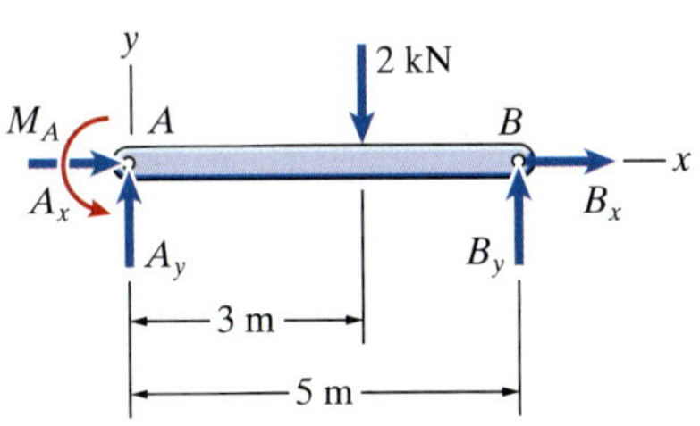

← 보의 자유물체도를 그린다. 미지의 반력이 다섯 개 있다.

$$\left.\begin{aligned}\sum F_x &= A_x + B_x = 0\\ \sum F_y &= A_y + B_y - 2\ \text{kN} = 0\\ \sum M_{\text{점}\,A} &= M_A + (5\ \text{m})B_y - (3\ \text{m})(2\ \text{kN}) = 0\end{aligned}\right\}$$

← 평형방정식을 작성한다.

세 개의 독립된 평형방정식이 있으므로 보는 정적으로 불확정하며 중복 정도는 5 − 3 = 2이다. 평형방정식에서는 어떤 반력도 구할 수 없다.

실습 예제 5.7

막대의 자유물체도 그리기

막대를 분리하고 케이블과 볼-소켓 지지대가 가하는 반력을 표시한다.

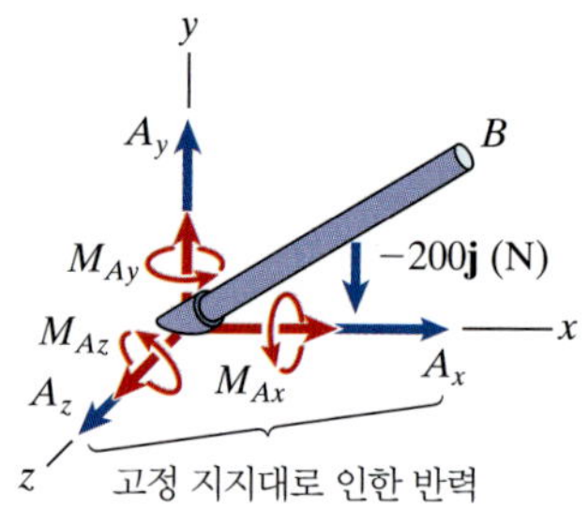

평형방정식 적용하기

$$\begin{aligned} \sum F_x &= A_x = 0 \\ \sum F_y &= A_y - 200 \text{ N} = 0 \\ \sum F_z &= A_z = 0 \end{aligned}$$

각 좌표 방향의 힘의 합은 0이다.

$$\begin{aligned} \sum \mathbf{M}_{\text{점 } A} &= M_{Ax}\mathbf{i} + M_{Ay}\mathbf{j} + M_{Az}\mathbf{k} + \left[\frac{1}{2}\mathbf{r}_{AB} \times (-200\mathbf{j})\right] \\ &= M_{Ax}\mathbf{i} + M_{Ay}\mathbf{j} + M_{Az}\mathbf{k} + \begin{vmatrix} \mathbf{i} & \mathbf{j} & \mathbf{k} \\ 0.5 & 0.3 & 0.2 \\ 0 & -200 & 0 \end{vmatrix} \\ &= (M_{Ax} + 40)\mathbf{i} + M_{Ay}\mathbf{j} + (M_{Az} - 100)\mathbf{k} \end{aligned}$$

임의의 점에 대한 모멘트의 합은 0이다.

이 벡터의 성분(세 좌표축에 대한 모멘트의 합)은 각각 0이어야 한다.

$$\begin{aligned} \sum M_x &= M_{Ax} + 40 \text{ N-m} = 0 \\ \sum M_y &= M_{Ay} = 0 \\ \sum M_z &= M_{Az} - 100 \text{ N-m} = 0 \end{aligned}$$

여섯 개의 스칼라 평형방정식을 풀면 $A_x = 0$, $A_y = 200$ N, $A_z = 0$, $M_{Ax} = -40$ N-m, $M_{Ay} = 0$, $M_{Az} = 100$ N-m를 구한다.

실습 예제 5.10

막대 AB가 판에 가하는 힘은 A와 B 사이의 선을 따라야 하며, 판 무게의 작용선은 수직이므로 판에 작용하는 세 힘은 평행하지 않다. 따라서 작용선이 한 점에서 만나야 한다.

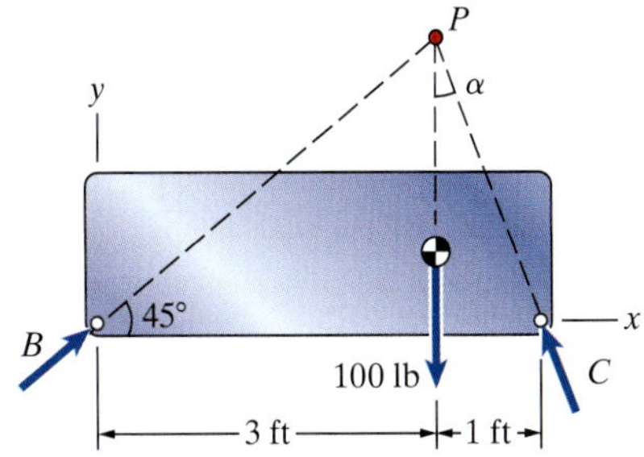

각도 $\alpha = \arctan(1/3) = 18.4°$이다.

$$\sum F_x = B\sin 45° - C\sin\alpha = 0$$

$$\sum F_y = B\cos 45° + C\cos\alpha - 100 \text{ lb} = 0$$

위 식을 풀면 반력 $B = 35.4$ lb, $C = 79.1$ lb를 얻는다.

평형방정식을 적용한다.

실습 예제 6.1

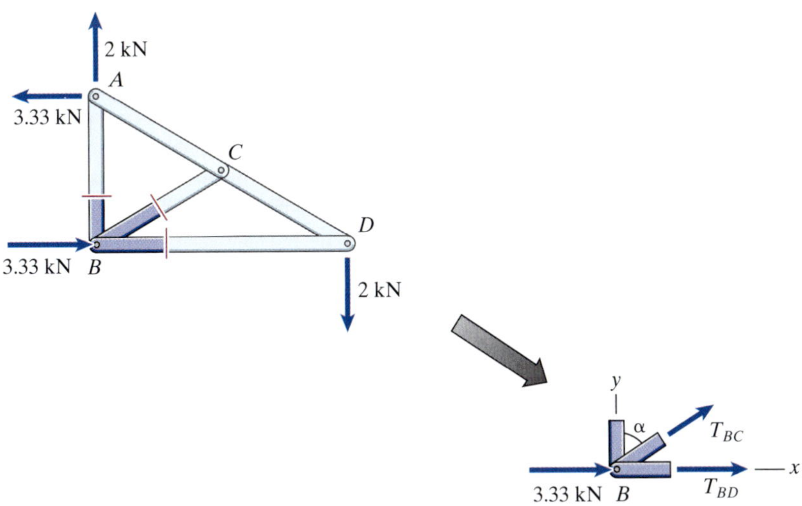

각도 $\alpha = \arctan(5/3) = 59.0°$이다.

$$\sum F_x = T_{BC}\sin\alpha + T_{BD} + 3.33 \text{ kN} = 0$$

$$\sum F_y = T_{BC}\cos\alpha = 0.$$

방정식을 풀면 $T_{BC} = 0$, $T_{BD} = -3.33$ kN이다.
부재 BC의 축력은 0이고 부재 BD의 축력은 압축 방향으로 3.33 kN이다.

BC: 0, BD: 3.33kN(C).

(조인트 C는 우리가 공부한 '특수 조인트' 중 하나이다. 관찰을 통해 $T_{BC} = 0$을 구할 수 있다.)

조인트 B의 자유물체도를 그리고 평형방정식을 적용한다.

실습 예제 6.3

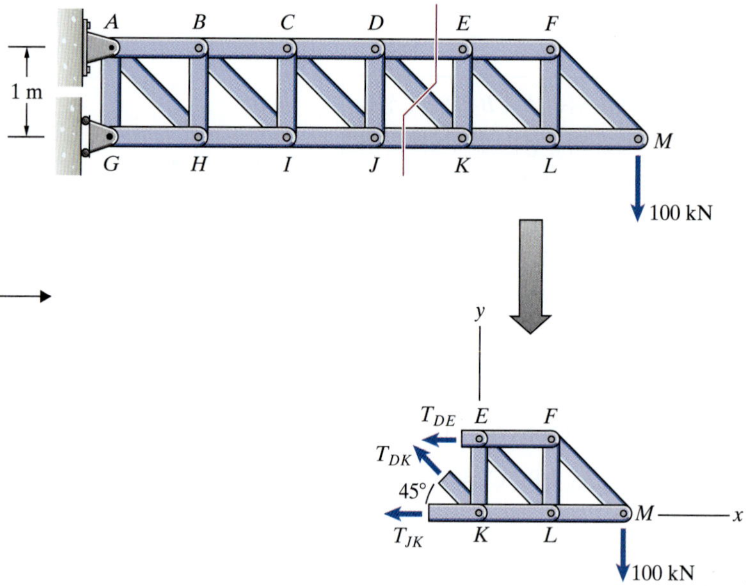

부재 *DE*, *DK*, *JK*를 통과하는 평면을 절단해서 단면의 자유물체도를 그린다.

$$\sum F_x = -T_{DE} - T_{DK}\cos 45° - T_{JK} = 0$$

$$\sum F_y = T_{DK}\sin 45° - 100\text{ kN} = 0$$

$$\sum M_{\text{점 }K} = (1\text{ m})T_{DE} - (2\text{ m})(100\text{ kN}) = 0$$

식을 풀면 $T_{DE} = 200$ kN, $T_{DK} = 141$ kN, $T_{JK} = -300$ kN 이다. 축력은 다음과 같다.

DE: 200 kN (T), *DK*: 141 *kN* (T)

JK: 300 kN (C)

평형방정식을 적용한다.

실습 예제 6.5

조인트 A를 분석해서 부재 AB, AC의 축력을 구할 수 있다.

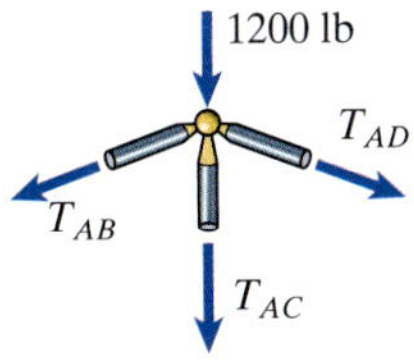

조인트 A의 자유물체도를 그린다.

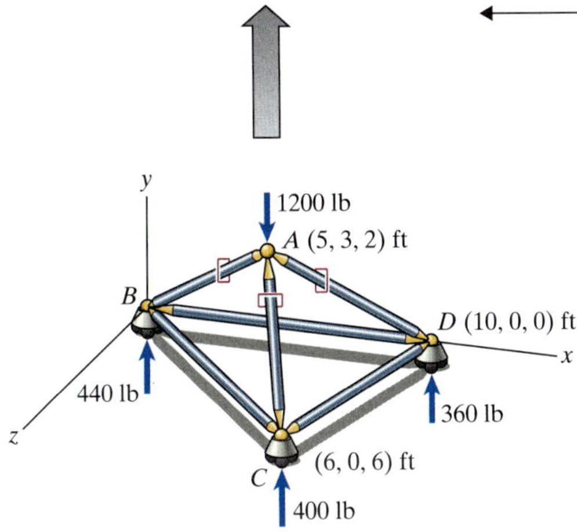

$$\mathbf{r}_{AB} = -5\mathbf{i} - 3\mathbf{j} - 2\mathbf{k} \text{ (ft)}$$
$$\mathbf{e}_{AB} = \frac{\mathbf{r}_{AB}}{|\mathbf{r}_{AB}|} = -0.811\mathbf{i} - 0.487\mathbf{j} - 0.324\mathbf{k}$$
$$T_{AB}\mathbf{e}_{AB} = -T_{AB}(0.811\mathbf{i} + 0.487\mathbf{j} + 0.324\mathbf{k})$$
$$T_{AC}\mathbf{e}_{AC} = T_{AC}(0.196\mathbf{i} - 0.588\mathbf{j} + 0.784\mathbf{k})$$
$$T_{AD}\mathbf{e}_{AD} = T_{AD}(0.811\mathbf{i} - 0.487\mathbf{j} - 0.324\mathbf{k})$$

A에서 B로 향하는 위치 벡터를 크기로 나누어 A에서 B로 향하는 단위 벡터 $\mathbf{e}_{AB}$를 얻는다. 부재 AB의 축력을 성분으로 $\mathbf{T}_{AB}\mathbf{e}_{AB}$로 나타낸다. 같은 방법으로 부재 AC, AD의 축력을 해당 성분으로 나타낸다.

$$T_{AB}\mathbf{e}_{AB} + T_{AC}\mathbf{e}_{AC} + T_{AD}\mathbf{e}_{AC} - (1200 \text{ lb})\mathbf{j} = 0$$

방정식의 $\mathbf{i}$, $\mathbf{j}$, $\mathbf{k}$의 성분이 모두 0이어야 하므로 결과적으로 세 가지 방정식이 도출된다.

$$\begin{aligned} -0.811T_{AB} + 0.196T_{AC} + 0.811T_{AD} &= 0 \\ 0.487T_{AB} + 0.588T_{AC} + 0.487T_{AD} + 1200 \text{ lb} &= 0 \\ -0.324T_{AB} + 0.784T_{AC} - 0.324T_{AD} &= 0 \end{aligned}$$

식을 풀면 $T_{AB} = -904$ lb, $T_{AC} = -680$ lb, $T_{AD} = -740$ lb이다. 축력은 다음과 같다.

$$AB: 904 \text{ lb (C)},\ AC: 680 \text{ lb (C)}$$

평형방정식을 적용한다.

실습 예제 6.6

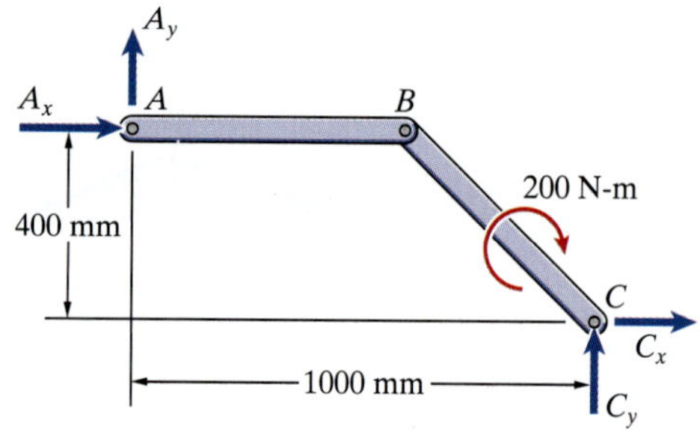

$$\sum F_x = A_x + C_x = 0$$
$$\sum F_y = A_y + C_y = 0$$
$$\sum M_{점\,A} = -200 \text{ N-m} + (0.4 \text{ m})C_x + (1 \text{ m})C_y = 0$$

이 식으로는 어떤 반력도 구할 수 없다. 전체 프레임의 자유물체도는 정적으로 불확정하다.

← 전체 프레임의 자유물체도를 그리고 평형방정식을 적용한다.

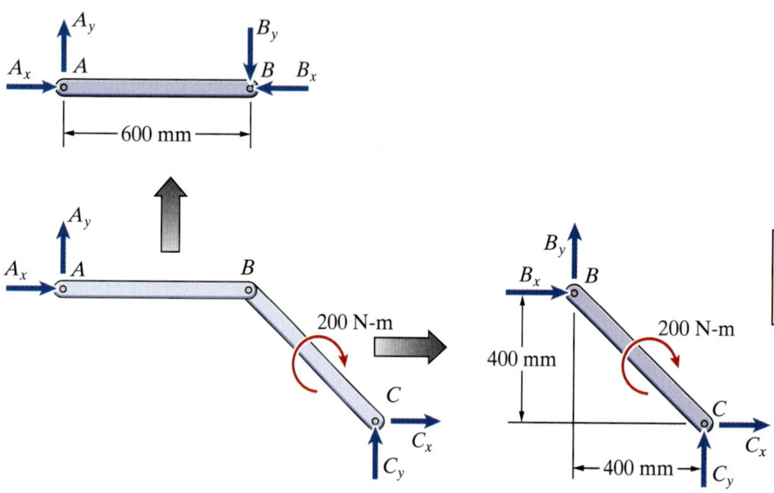

각 부재의 자유물체도를 그린다.

$$\sum F_x = A_x - B_x = 0$$
$$\sum F_y = A_y - B_y = 0$$
$$\sum M_{점\,A} = -(0.6 \text{ m})B_y = 0$$

방정식을 풀면 $A_y = 0$, $B_y = 0$, $A_x = B_x$이다. (*AB*는 두 힘 부재임에 유의하라. 관찰을 통해 이러한 결론을 얻을 수 있다.)

← 부재 *AB*에 평형방정식을 적용한다.

$$\sum F_x = B_x + C_x = 0$$
$$\sum F_y = B_y + C_y = 0$$
$$\sum M_{점\,B} = -200 \text{ N-m} + (0.4 \text{ m})C_x + (0.4 \text{ m})C_y = 0$$

$B_y = 0$은 이미 구했으므로 이 방정식을 B_x, C_x, C_y에 대해 풀 수 있다. 결과는 $B_x = -500$ N, $C_x = 500$ N, $C_y = 0$이다.

← 부재 *AC*에 평형방정식을 적용한다.

실습 예제 7.1

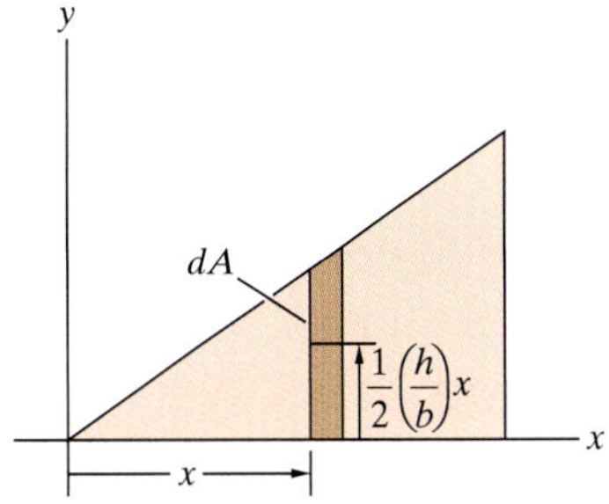

띠의 면적은 $dA = (h/b)x\,dx$이다. 띠의 중간점 높이는 $y = (1/2)(h/b)x$이다. 식 (7.7)에 이들을 적용한다.

$$\bar{y} = \frac{\int_A y\,dA}{\int_A dA} = \frac{\int_0^b \frac{1}{2}\left(\frac{h}{b}x\right)\left(\frac{h}{b}x\,dx\right)}{\int_0^b \frac{h}{b}x\,dx} = \frac{\frac{1}{2}\left(\frac{h}{b}\right)^2\left[\frac{x^3}{3}\right]_0^b}{\frac{h}{b}\left[\frac{x^2}{2}\right]_0^b} = \frac{1}{3}h$$

실습 예제 7.3

각 부분의 선택

전체 영역을 단순한 부분으로 나눈다. 각 부분 도심의 y 좌표가 주어져 있다.

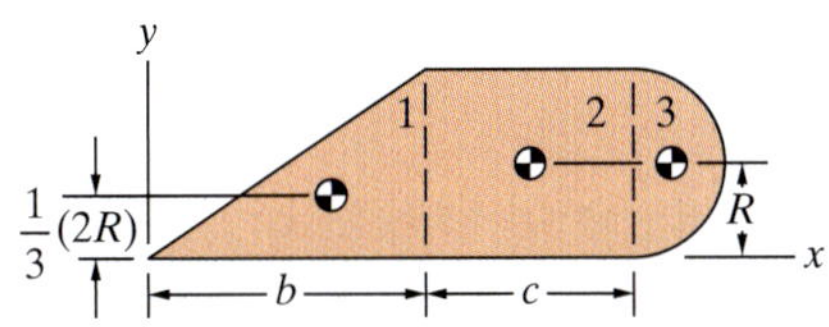

각 부분의 값 계산

식 (7.9)에 적용하는 데 필요한 값들을 표로 정리한다.

	$\bar{y}_i$	A_i	$\bar{y}_i A_i$
부분 1(삼각형)	$\frac{1}{3}(2R)$	$\frac{1}{2}b(2R)$	$\left[\frac{1}{3}(2R)\right]\left[\frac{1}{2}b(2R)\right]$
부분 2(사각형)	R	$c(2R)$	$R[c(2R)]$
부분 3(반원)	R	$\frac{1}{2}\pi R^2$	$R\left(\frac{1}{2}\pi R^2\right)$

$$\bar{y} = \frac{\bar{y}_1 A_1 + \bar{y}_2 A_2 + \bar{y}_3 A_3}{A_1 + A_2 + A_3}$$
$$= \frac{\left[\frac{1}{3}(2R)\right]\left[\frac{1}{2}b(2R)\right] + R[c(2R)] + R\left(\frac{1}{2}\pi R^2\right)}{\frac{1}{2}b(2R) + c(2R) + \frac{1}{2}\pi R^2}$$

도심 계산
중심의 y 성분을 구하기 위해 식 (7.9)의 두 번째 식을 사용한다.

실습 예제 7.5

(a)

$$w = ax + b$$

w를 x의 임의의 선형 함수로 나타낸다.

$$0 = a(0) + b$$
$$100 \text{ N/m} = a(12 \text{ m}) + b$$

식을 풀면 $a = (100/12)\ \text{N/m}^2$, $b = 0$이다. 따라서

$$w = \frac{100}{12} x \text{ N/m}$$

$x = 0$과 $x = 12$ m에서 주어진 w 값을 사용해 상수 a와 b를 구한다.

(b)

$$F = \int_L w dx$$
$$= \int_0^{12} \frac{100}{12} x\, dx$$
$$= 600 \text{ N}$$

식 (7.10)을 적용해서 분포 하중이 가하는 아래 방향 힘을 구한다.

$$M = \int_L xw\, dx$$
$$= \int_0^{12} \frac{100}{12} x^2\, dx$$
$$= 4800 \text{ N-m}$$

식 (7.11)을 적용해서 분포 하중에 의해 발생되는 원점에 대한 시계 방향 모멘트를 구한다.

실습 예제 7.8

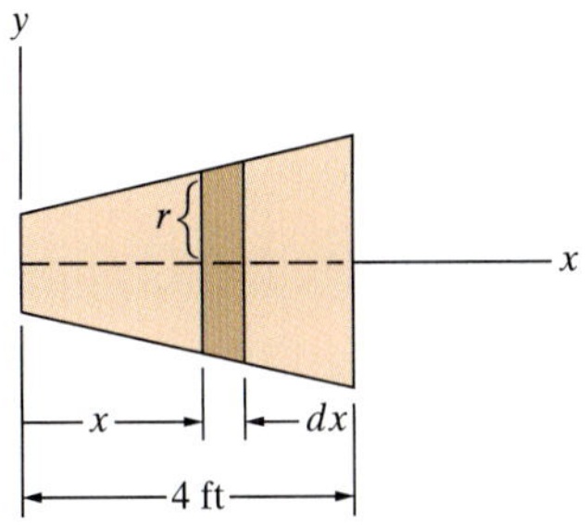

두께가 dx인 원판의 부피는 다음과 같다.

$$dV = \pi r^2 dx$$
$$= \pi\left(1 + \frac{1}{4}x\right)^2 dx$$

$$\bar{x} = \frac{\int_V x\, dV}{\int_V dV} = \frac{\int_0^4 x\pi\left(1 + \frac{1}{4}x\right)^2 dx}{\int_0^4 \pi\left(1 + \frac{1}{4}x\right)^2 dx} = 2.43 \text{ ft}$$

식 (7.15)의 첫 번째 식을 적용한다.

실습 예제 7.11

부분 선택
체적을 단순한 부분으로 나눈다. 각 부분 도심의 x 좌표가 주어져 있다. 부록 C를 참조하라.

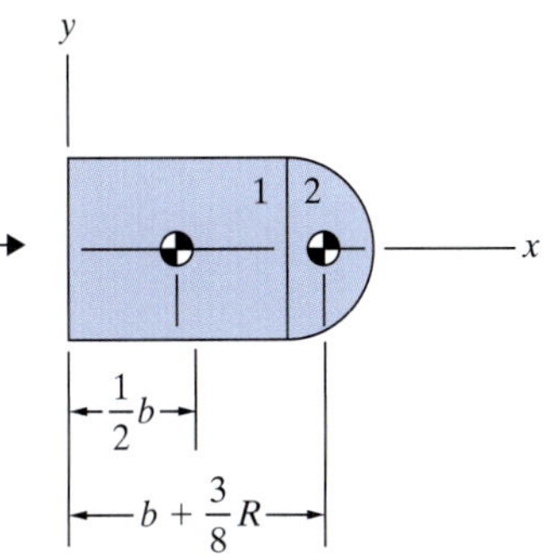

부분의 수치 결정
식 (7.17)에 적용하는 데 필요한 항을 표로 나타낸다.

	$\bar{x}_i$	V_i	$\bar{x}_i V_i$
부분 1(원통)	$\frac{1}{2}b$	$\pi R^2 b$	$\left(\frac{1}{2}b\right)(\pi R^2 b)$
부분 2(반구)	$b + \frac{3}{8}R$	$\frac{2}{3}\pi R^3$	$\left(b + \frac{3}{8}R\right)\left(\frac{2}{3}\pi R^3\right)$

$$\bar{x} = \frac{\bar{x}_1 V_1 + \bar{x}_2 V_2}{V_1 + V_2} = \frac{\left(\frac{1}{2}b\right)(\pi R^2 b) + \left(b + \frac{3}{8}R\right)\left(\frac{2}{3}\pi R^3\right)}{\pi R^2 b + \frac{2}{3}\pi R^3}$$

도심 계산
식 (7.17)을 사용해서 도심의 x 성분을 구한다.

실습 예제 7.14

x축을 중심으로 이 삼각형을 회전시키면 원뿔의 체적이 생성된다. 면적 도심의 y 좌표가 주어져 있다. 삼각형의 면적 $A = \frac{1}{2}$이다. 원뿔의 부피는 $V = 2\pi\bar{y}_T A = \frac{1}{3}\pi h R^2$이다.

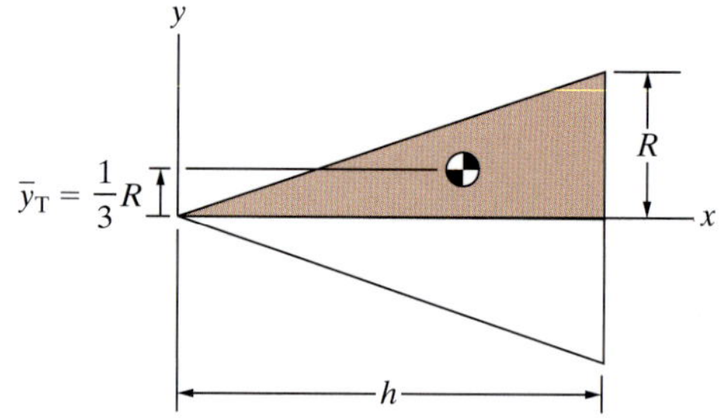

실습 예제 7.16

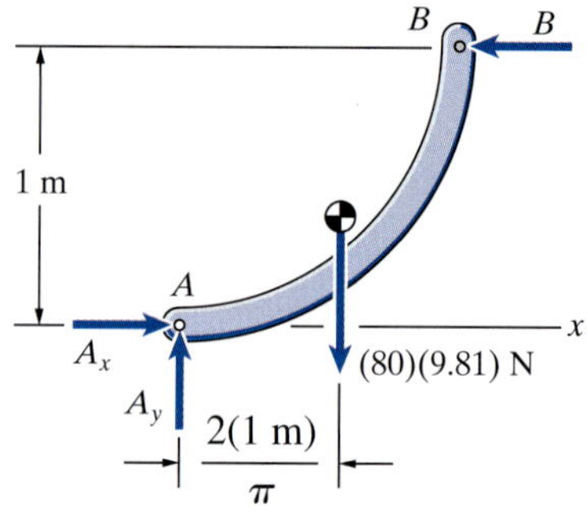

$$\sum F_x = A_x - B = 0$$

$$\sum F_y = A_y - (80)(9.81)\text{ N} = 0$$

$$\sum M_{\text{점 }A} = (1\text{ m})B - \frac{2(1\text{ m})}{\pi}[(80)(9.81)\text{ N}] = 0$$

이 식을 풀면 $A_x = 500$ N, $A_y = 785$ N, $B = 500$ N을 구할 수 있다.

막대의 무게를 질량 중심(축의 중심, 부록 B.2 참조)에 놓고 평형방정식을 적용한다.

실습 예제 7.18

질량 중심은 막대의 체적의 도심과 일치하므로 다음과 같다.

$$\bar{y}_1 = \frac{1}{2}(240\ \text{mm}) = 120\ \text{mm}$$

막대 1의 질량 중심

체적 도심의 좌표는 다음과 같다.

$$\bar{y}_2 = \frac{1}{2}(80\ \text{mm}) = 40\ \text{mm}$$

막대 2의 질량 중심

$$\begin{aligned}\bar{y} &= \frac{\bar{y}_1 m_1 + \bar{y}_2 m_2}{m_1 + m_2} \\ &= \frac{(120\ \text{mm})(10.8\ \text{kg}) + (40\ \text{mm})(5.99\ \text{kg})}{10.8\ \text{kg} + 5.99\ \text{kg}} \\ &= 91.4\ \text{mm}\end{aligned}$$

식 (7.27)을 적용한다.

실습 예제 8.1

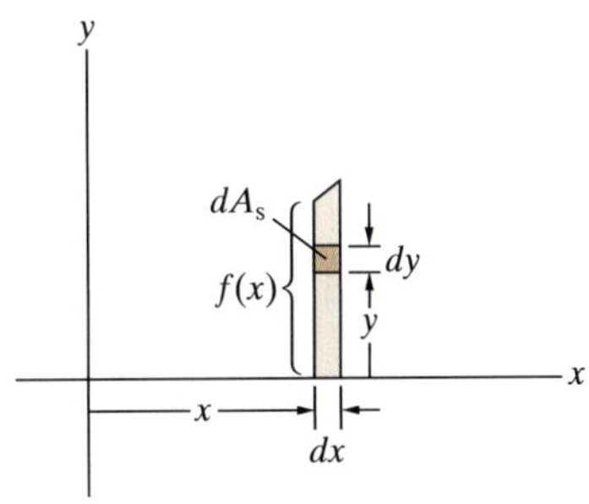

$$\begin{aligned}(I_{xy})_{\text{띠}} &= \int_{\text{띠}} xy\, dA_s \\ &= \int_0^{f(x)} (xy\, dx)\, dy \\ &= \frac{1}{2}[f(x)]^2 x\, dx\end{aligned}$$

dA_s를 수직 띠 요소 dA로 두고 식 (8.5)를 적용한다.

$$\begin{aligned}I_{xy} &= \int_0^b \frac{1}{2}[f(x)]^2\ x\, dx \\ &= \int_0^b \frac{1}{2}\left(\frac{h}{b}x\right)^2 x\, dx \\ &= \frac{1}{8}\, b^2 h^2\end{aligned}$$

$x = 0$에서 $x = b$의 범위에 걸쳐 x에 대해 $(I_{xy})_{\text{띠}}$에 대한 표현식을 적분해서 삼각형에 대한 I_x를 구한다.

실습 예제 8.3

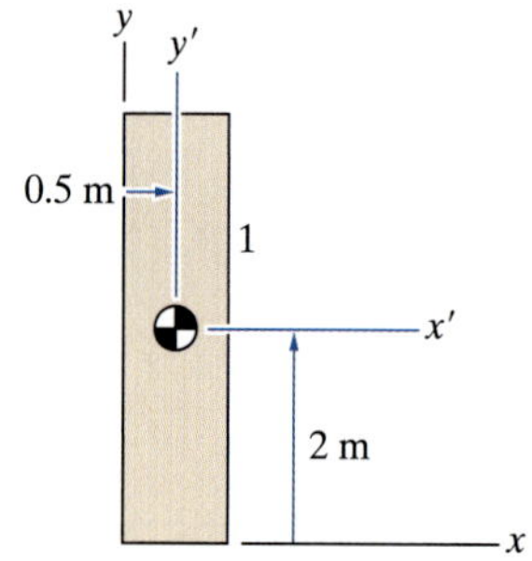

부록 B에서 $x'y'$ 좌표계 기준 면적 1의 관성곱은 다음과 같다.

$$(I_{x'y'})_1 = 0$$

따라서 xy 좌표계 기준 면적 1의 관성곱은 다음과 같다.

$$(I_{xy})_1 = 0 + (0.5\text{ m})(2\text{ m})(1\text{ m})(4\text{ m}) = 4\text{ m}^4$$

면적 1에 식 (8.12)를 적용한다.

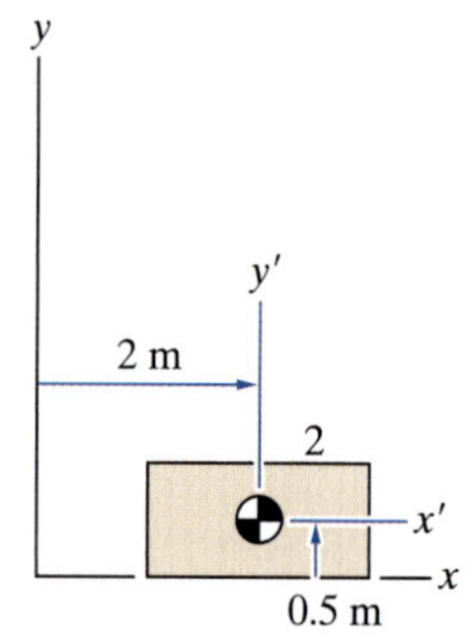

$x'y'$ 좌표계를 기준으로 면적 2의 관성곱은 다음과 같다.

$$(I_{x'y'})_2 = 0$$

xy 좌표계를 기준으로 면적 2의 관성곱은 다음과 같다.

$$(I_{xy})_2 = 0 + (2\text{ m})(0.5\text{ m})(2\text{ m})(1\text{ m}) = 2\text{ m}^4$$

면적 2에 식 (8.12)를 적용한다.

xy 좌표계에 대한 전체 면적의 관성곱은 다음과 같다.

$$\begin{aligned} I_{xy} &= (I_{xy})_1 + (I_{xy})_2 \\ &= 4\text{ m}^4 + 2\text{ m}^4 \\ &= 6\text{ m}^4 \end{aligned}$$

각 부분의 값을 더한다.

실습 예제 8.6

$$\tan 2\theta_p = \frac{2I_{xy}}{I_y - I_x} = \frac{2(6)}{16-9} = 1.71$$

따라서 θ_p의 값은 29.9°이다.

식 (8.26)으로 θ_p를 구한다.

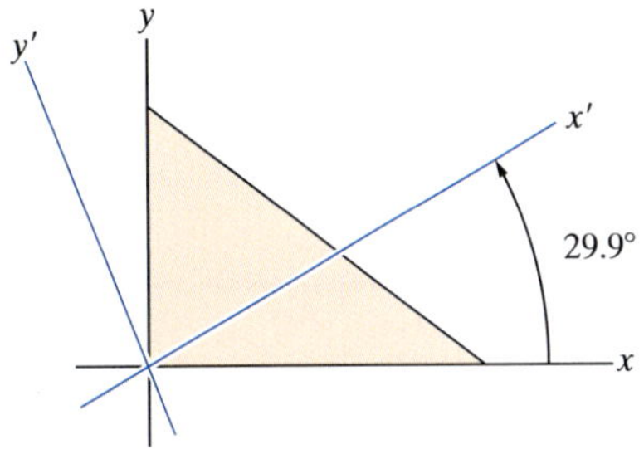

$$\begin{aligned} I_{x'} &= \frac{I_x + I_y}{2} + \frac{I_x - I_y}{2}\cos 2\theta - I_{xy}\sin 2\theta \\ &= \left(\frac{9+16}{2}\right) + \left(\frac{9-16}{2}\right)\cos[2(29.9°)] - (6)\sin[2(29.9°)] \\ &= 5.55\ \text{m}^4 \\ I_{y'} &= \frac{I_x + I_y}{2} - \frac{I_x - I_y}{2}\cos 2\theta + I_{xy}\sin 2\theta \\ &= \left(\frac{9+16}{2}\right) - \left(\frac{9-16}{2}\right)\cos[2(29.9°)] + (6)\sin[2(29.9°)] \\ &= 19.4\ \text{m}^4 \end{aligned}$$

식 (8.23)과 식 (8.24)로부터 주관성모멘트를 계산한다.

실습 예제 8.8

모어 원이 수평축과 교차하는 지점 중 하나에 1′을 배치한다. 주관성모멘트 $I_{x'}$ = 7.5 ft⁴, $I_{y'}$ = 24.5 ft⁴이다. 점 1에서 점 1′까지 시계 반대 방향으로 측정된 각도는 $2\theta_p$ = 135°이므로 θ_p = 67.5°이다.

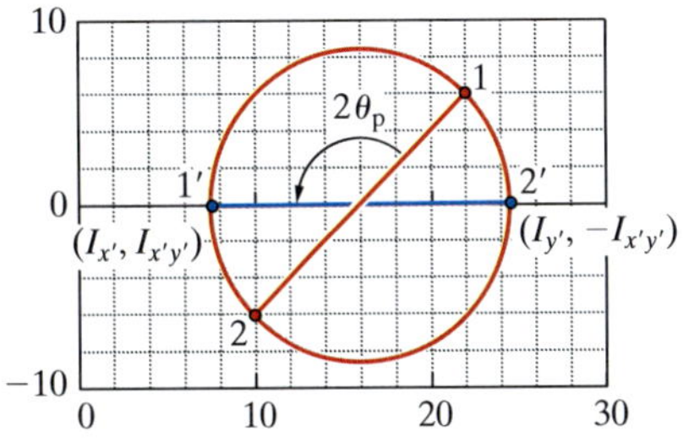

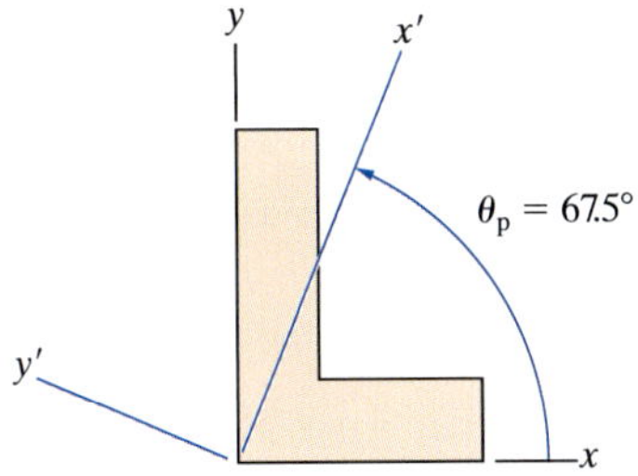

실습 예제 8.9

부록 B로부터 다음과 같다.

$$I_y = \frac{1}{4}hb^3$$

y축에 대한 판의 면적 관성모멘트를 구한다.

y축에 대한 판의 관성모멘트는 다음과 같다.

$$I_{y축} = \frac{m}{A}I_y = \frac{m}{\frac{1}{2}bh}\left(\frac{1}{4}hb^3\right) = \frac{1}{2}mb^2$$

식 (8.30)을 적용한다.

실습 예제 8.11

물체를 막대 1과 2로 구성된 복합체로 취급한다. 축 L_O와 두 막대의 질량 중심을 통과하는 평행축 사이의 거리가 표시된다.

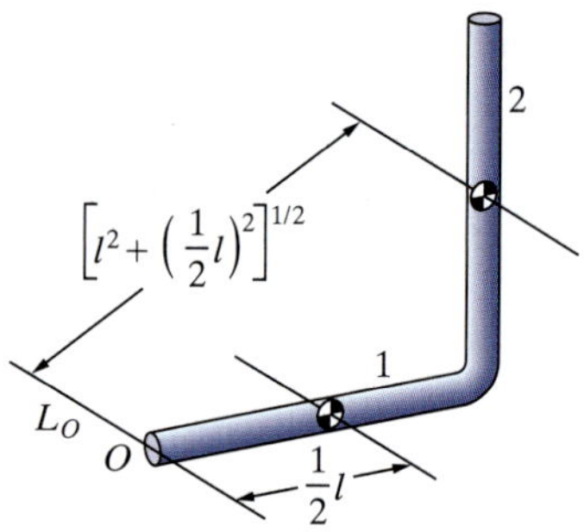

$$(I_O)_1 = I + d^2m = \frac{1}{12}ml^2 + \left(\frac{1}{2}l\right)^2 m = \frac{1}{3}ml^2$$

막대 1에 평행축 정리를 적용한다.

$$(I_O)_2 = I + d^2m = \frac{1}{12}ml^2 + \left[l^2 + \left(\frac{1}{2}l\right)^2\right]m = \frac{4}{3}ml^2$$

막대 2에 평행축 정리를 적용한다.

$$I_O = (I_O)_1 + (I_O)_2 = \frac{1}{3}ml^2 + \frac{4}{3}ml^2 = \frac{5}{3}ml^2$$

결과를 합산한다.

실습 예제 9.1

상자의 자유물체도를 그린다. 경사로를 따라 위로 상자가 미끄러지기 직전이라 가정하므로 상자에 가해지는 마찰력의 방향은 경사로 아래 방향이고 그 크기는 $\mu_s N$이다.

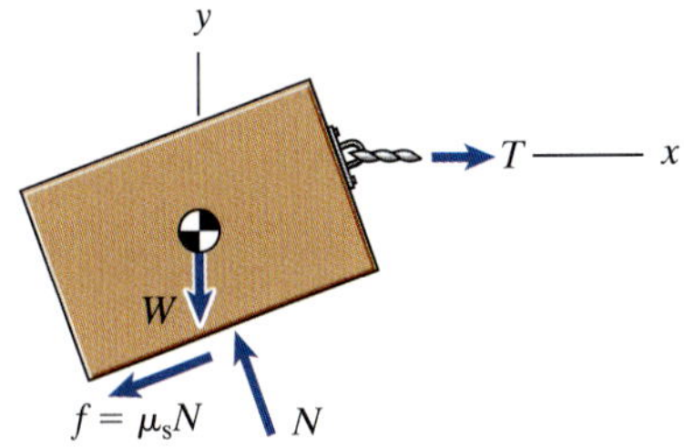

$$\Sigma F_x = T - N\sin 20^\circ - \mu_s N\cos 20^\circ = 0$$
$$\Sigma F_y = N\cos 20^\circ - \mu_s N\sin 20^\circ - W = 0$$

이를 풀면 $T = 161$ lb이다.

평형방정식을 적용한다.

실습 예제 9.4

$F = 0$이며 통나무 밖으로 쐐기가 미끄러지기 직전이라 가정하고 쐐기의 자유물체도를 그린다.

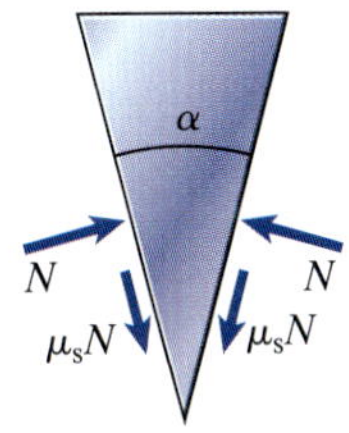

수직 방향의 힘의 합은 다음과 같다.

$$2N\sin\left(\frac{\alpha}{2}\right) - 2\mu_s N\cos\left(\frac{\alpha}{2}\right) = 0$$

다음과 같은 경우에 쐐기는 평형을 이룬다.

$$\mu_s = \tan\left(\frac{\alpha}{2}\right) = \tan\left(\frac{10^\circ}{2}\right) = 0.0875$$

이는 쐐기가 통나무에서 제자리를 유지해 미끄러지지 않는 데 필요한 최소 정마찰계수이다.

평형방정식을 적용한다.

실습 예제 9.5

힘 $F = 200$ lb, 나사산의 기울기 $\alpha = 1.14^\circ$이고, 마찰각은 다음과 같다.

$$\theta_k = \arctan\,\mu_k = \arctan\,(0.22) = 12.4^\circ$$

이 값을 식 (9.11)에 대입하면 다음과 같다.

$$\begin{aligned} M &= rF\,\tan(\theta_k - \alpha) \\ &= (1.6\text{ in})(200\text{ lb})\tan(12.4^\circ - 1.14^\circ) \\ &= 63.8\text{ in-lb} \end{aligned}$$

식 (9.11)을 적용한다.

실습 예제 9.6

$M = (6\text{ in})(W - T)$ ← 풀리는 시계 반대 방향으로 움직인다. 풀리의 시계 반대 방향 우력을 T와 W로 표현한다.

동마찰각은 다음과 같다.

$$\theta_k = \arctan\mu_k = \arctan(0.2) = 11.3°$$

식 (9.12)는

$M = rF\sin\theta_k$:

$(6\text{ in})(W - T) = (0.5\text{ in})\sqrt{(W + T\sin 45°)^2 + (T\cos 45°)^2}\sin 11.3°$

$W = 1000$ lb로 설정하고 풀면 $T = 970$ lb이다.

← 식 (9.12)를 적용한다.

실습 예제 9.7

반경 $r_o = 1.75\text{in}$, $r_i = 0.5$ in이므로,

$\alpha = \arctan[b/(r_o - r_i)] = \arctan[5/(1.75 - 0.5)] = 76.0°$

← 각도 α를 구한다.

$$\begin{aligned} M &= \frac{2\mu_k F}{3\cos\alpha}\frac{r_o^3 - r_i^3}{r_o^2 - r_i^2} \\ &= \frac{2(0.18)(200\text{ lb})}{3\cos 76.0°}\left[\frac{(1.75\text{ in})^3 - (0.5\text{ in})^3}{(1.75\text{ in})^2 - (0.5\text{ in})^2}\right] \\ &= 184\text{ in-lb} \end{aligned}$$

← 식 (9.13)을 적용한다.

실습 예제 9.9

$T = We^{\mu_s\beta} = (100\text{ lb})e^{(0.2)(\pi/2)} = 137\text{ lb}$ ← 왼쪽 원통에 식 (9.17)을 적용한다. 힘 T의 방향으로 로프의 미끄러짐이 임박했다고 가정한다.

$F = Te^{(0.4)(\pi/2)} = (137\text{ lb})e^{(0.4)(\pi/2)} = 257\text{ lb}$ ← 오른쪽 원통에 식 (9.17)을 적용한다. 힘 F의 방향으로 로프의 미끄러짐이 임박했다고 가정한다.

실습 예제 10.1

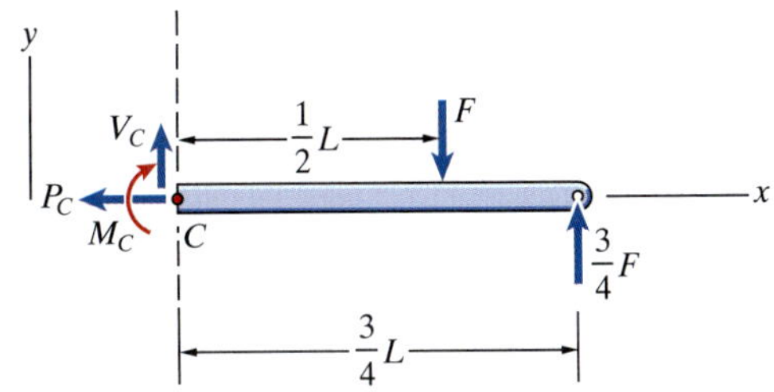

C의 오른쪽에 있는 보의 부분에 대한 자유물체도를 그린다. (정의된 양의 방향 P_C, V_C, M_C에 유의하라.) 평형을 적용해서 내력과 모멘트를 구한다.

$$\sum F_x = -P_C = 0$$

$$\sum F_y = V_C - F + \frac{3}{4}F = 0$$

$$\sum M_{\text{점 } C} = -M_C - \left(\frac{1}{2}L\right)F + \left(\frac{3}{4}L\right)\left(\frac{3}{4}F\right) = 0$$

이를 풀면 $P_C = 0$, $V_C = \frac{1}{4}F$, $M_C = \frac{1}{16}LF$이다.

실습 예제 10.3

(a) B와 C 사이의 임의의 위치 x에서 보를 통과하는 평면을 고려한다. 가장 간단한 자유물체도는 평면 오른쪽에 보의 일부를 분리해서 얻는다.

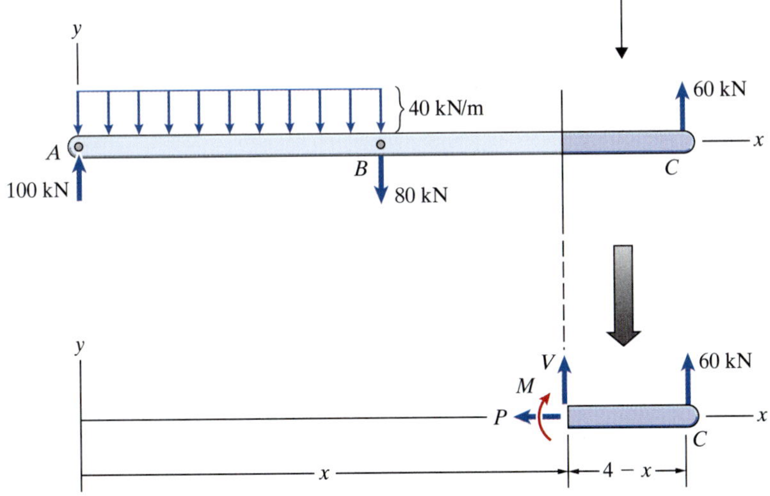

$$\Sigma F_x = -P = 0$$
$$\Sigma F_y = V + 60 = 0$$
$$\Sigma M_{\text{왼쪽 끝}} = -M + 60(4 - x) = 0$$

이를 풀면 다음 결과를 얻는다.

$$\left.\begin{aligned} V &= -60 \text{ kN} \\ M &= 60(4 - x) \text{ kN-m} \end{aligned}\right\} 2 < x < 4 \text{ m}$$

평형을 적용해서 V와 M을 구한다.

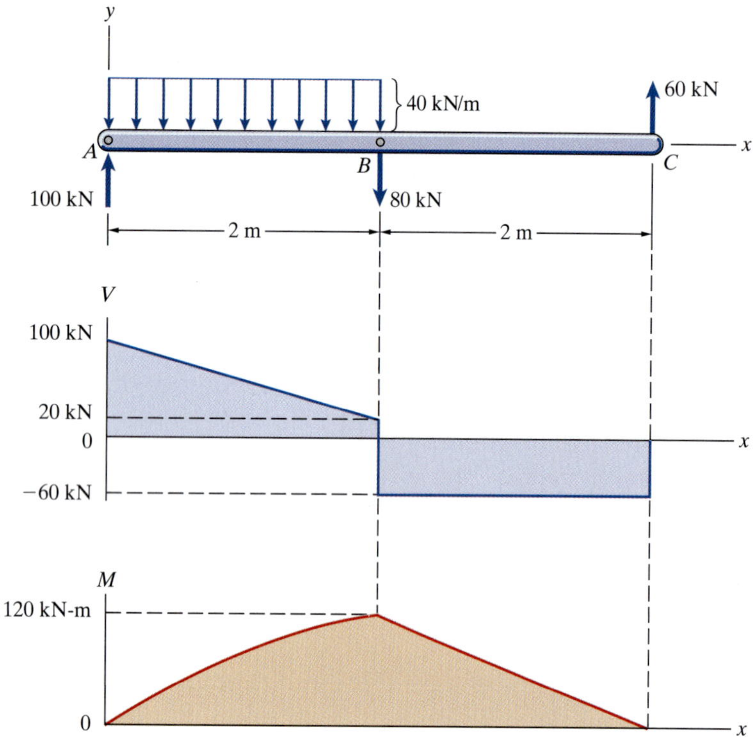

실습 예제 10.4

A의 보에는 우력이 적용되지 않으므로 A의 굽힘모멘트는 0이다. A와 B 사이의 전단력 $V = 100 - 40x$ kN이다. 이 식을 식 (10.6)을 적분해서 A와 B 사이의 굽힘모멘트를 구할 수 있다.

$$\int_0^M dM = \int_0^x (100 - 40x)\,dx:$$

$$M = 100x - 20x^2 \text{ kN-m}$$

B에서 M의 값은 다음과 같다.

$$100(2) - 20(2)^2 = 120 \text{ kN-m}$$

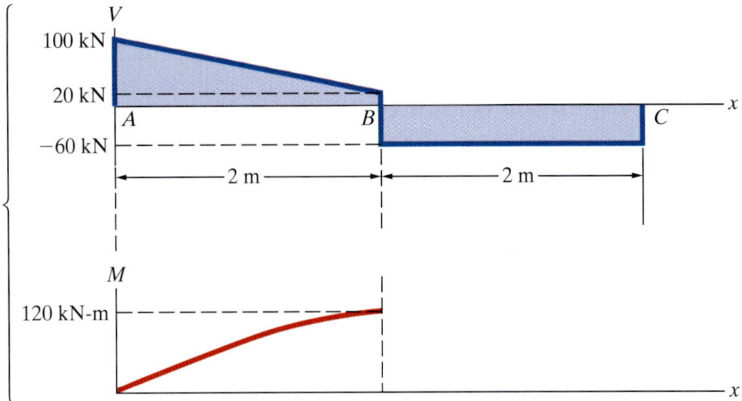

B와 C 사이의 전단력 $V = -60$ kN이다. V가 일정하기 때문에 식 (10.6)은 굽힘모멘트의 기울기가 일정하고 굽힘모멘트 선도가 직선이라는 것을 의미한다. C에서 보에 우력이 적용되지 않기 때문에 C에서 굽힘모멘트는 0이다. 따라서 M은 B의 120 kN-m에서 C의 0으로 선형적으로 감소한다. 이 결과는 식 (10.6)을 적분해서 얻을 수도 있다.

$$\int_{120}^M dM = \int_2^x -60\,dx:$$

$$M = 240 - 60x \text{ kN-m}$$

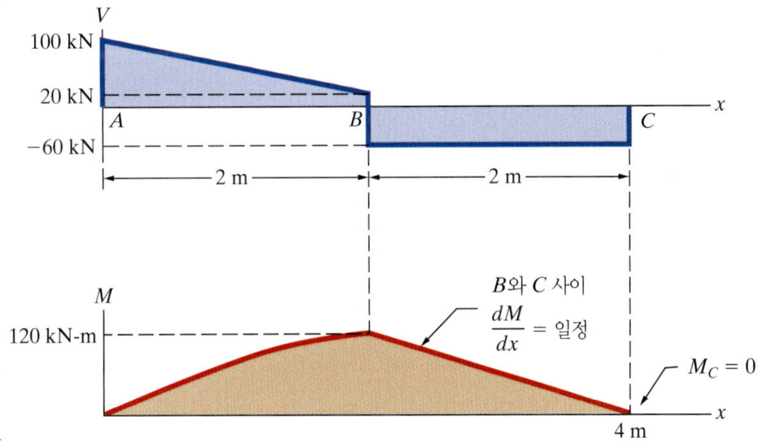

실습 예제 10.6

인장력은 가장 낮은 점에서의 인장력과 가장 낮은 점에 대한 수평 좌표로 식 (10.11)에 의해 주어진다. 식 (10.11)로부터 최대 인장력은 가장 낮은 지점(이 예제에서는 왼쪽 부착 지점)으로부터 수평 거리가 가장 큰 곳에서 분명히 발생한다. 최대 인장력은 다음과 같다.

$$\begin{aligned} T &= T_0\sqrt{1 + a^2 x_L^2} \\ &= (686 \text{ lb})\sqrt{1 + (0.146 \text{ ft}^{-1})^2(-23.4 \text{ ft})^2} \\ &= 2440 \text{ lb} \end{aligned}$$

식 (10.11)을 적용해서 최대 인장력을 구한다.

실습 예제 10.8

최대 인장력은 $x = 10$ m에서 가장 낮은 지점으로부터 수평 거리가 가장 큰 곳에서 발생한다.

$$\begin{aligned} T &= T_0 \cosh ax \\ &= (50\,\mathrm{N})\cosh[(0.196\,\mathrm{m}^{-1})(10\,\mathrm{m})] \\ &= 181\,\mathrm{N} \end{aligned}$$

식 (10.21)를 적용한다.

실습 예제 10.9

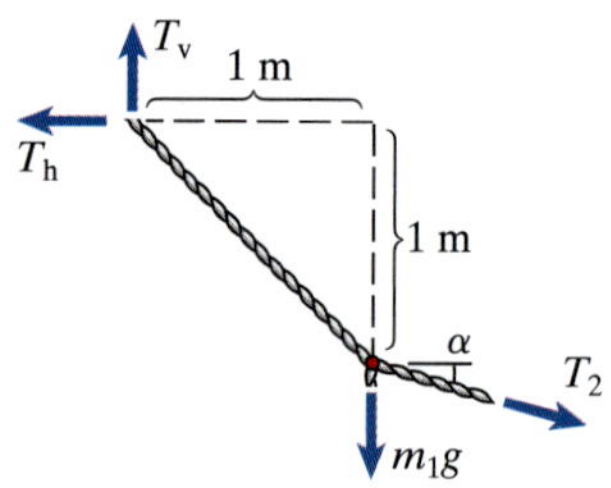

각도 α는 다음과 같다.

$$\begin{aligned} \alpha &= \arctan\left(\frac{h_2 - 1\,\mathrm{m}}{1\,\mathrm{m}}\right) \\ &= \arctan\left(\frac{1.25\,\mathrm{m} - 1\,\mathrm{m}}{1\,\mathrm{m}}\right) \\ &= 14.0^\circ \end{aligned}$$

수평 방향 힘의 합은 다음과 같다.

$$T_2 \cos\alpha - T_h = 0$$

따라서 T_2는 다음과 같다.

$$\begin{aligned} T_2 &= \frac{T_h}{\cos\alpha} \\ &= \frac{131\,\mathrm{N}}{\cos 14.0^\circ} \\ &= 135\,\mathrm{N} \end{aligned}$$

왼쪽 부착 지점과 구간 2 내에서 케이블을 자르고 수평 방향 힘을 합한다.

실습 예제 10.10

게이지 압력 $p_g = \gamma x$는 물 표면의 $p_g = 0$에서 수문 바닥의 $p_g = (2\ \text{ft})\gamma$까지 선형적으로 증가한다. 분포의 중심은 그림과 같다.

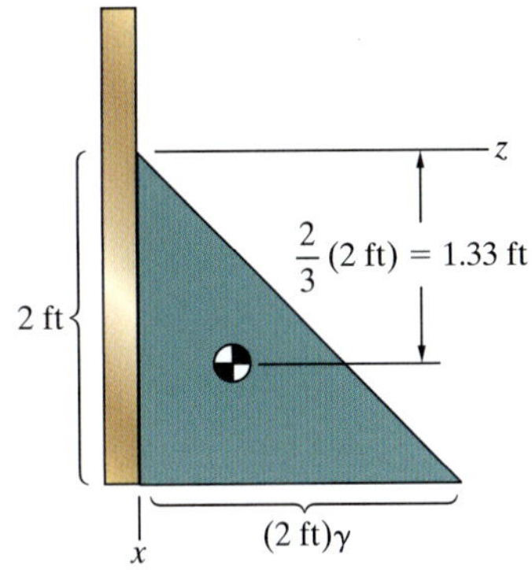

압력 분포의 '체적'을 계산해 게이지 압력이 가하는 총힘을 구한다. '체적'은 위 그림의 삼각형 '면적'과 지면 안으로 들어가는 수문의 크기를 곱한 값이다.

$$F = \frac{1}{2}(2\ \text{ft})[(2\text{ft})(62.4\ \text{lb/ft}^2)](3\ \text{ft}) = 374\ \text{lb}$$

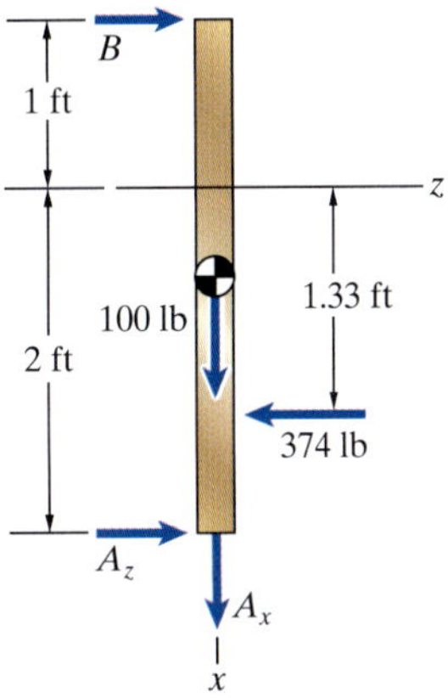

게이지 압력에 의해 가해지는 총힘을 압력 중심에 작용시킨 게이트의 자유물체도를 그린다. A와 B에서의 반력을 구하기 위해 평형을 적용한다.

$$\sum F_x = A_x + 100\ \text{lb} = 0$$
$$\sum F_z = A_z + B - 374\ \text{lb} = 0$$
$$\sum M_{y축} = (1\ \text{ft})B - (2\ \text{ft})A_z + (1.33\ \text{ft})(374\ \text{lb}) = 0$$

이를 풀면 $A_x = -100\ \text{lb}$, $A_z = 291\ \text{lb}$, $B = 83.2\ \text{lb}$이다.

실습 예제 11.1

400 N 힘이 한 일은 $(400\sin 40°\ \text{N})(1\ \text{m})\delta\alpha$이다. 막대 BC는 시계 방향으로 $\delta\alpha$ 회전하므로 우력이 한 일은 $-(500\ \text{N-m})\delta\alpha$이다. 반력 C_y가 수행한 일은 $-C_y 2(2\cos 40°)\delta\alpha$이다. 총가상일은 다음과 같다.

$$\delta U = (400\sin 40°\ \text{N})(1\ \text{m})\delta\alpha - (500\ \text{N-m})\delta\alpha - C_y 2(2\cos 40°)\delta\alpha = 0$$

이를 풀면 $C_y = -79.3$ N이다.

가상일을 구한다.

실습 예제 11.3

좌표 x에 대한 퍼텐셜 에너지의 미분은 다음과 같다.

$$\frac{dV}{dx} = kx - W$$

2차 도함수는 다음과 같다.

$$\frac{d^2V}{dx^2} = k$$

구한 2차 도함수가 양수이므로 평형 위치는 안정적이다.

V의 2차 도함수가 양수(안정)인지 음수(불안정)인지 확인한다.

선별된 문제 해답

제1장

1.2 (a) $e = 2.72$. (b) $e^2 = 7.39$. (c) $e^2 = 7.40$.
1.4 $17.8\ \text{m}^2$.
1.6 8.14 N-m.
1.8 (a) 267 mi/h; (b) 392 ft/s.
1.10 310 N-m.
1.12 $g = 32.2\ \text{ft/s}^2$.
1.14 $5.24\ \text{slug/ft}^3$.
1.16 2.07×10^6 Pa.
1.18 147 ft/s, 44.7 m/s, 161 km/h.
1.20 $813\ \text{kg-m}^2$.
1.22 (a) 706 N. (b) 4.93 slugs. (c) 159 lb.
1.24 (a) 4.60×10^{19} slugs; (b) 6.71×10^{20} kg.
1.26 163 lb.
1.28 32.1 km.
1.30 (a) 2640 km. (b) 1640 mi.

제2장

2.2 148 kN(수평선에서 28° 방향)
2.4 $|\mathbf{U}| = 3.6$.
2.6 $\alpha = 50°$, $|\mathbf{F}_A| = 173$ lb, $|\mathbf{F}_B| = 100$ lb.
2.8 $|\mathbf{W}| = 1740$ lb.
2.10 $\alpha = 45°$, $|\mathbf{N}| = |\mathbf{f}| = 18.8$ kN.
2.12 $|\mathbf{F}_{BA}| = 174$ lb.
2.14 $|\mathbf{r}_{BC}| = 390$ m, $\alpha = 21.2°$.
2.18 $|\mathbf{B}| = 5.37$, $|\mathbf{C}| = 17.7$.
2.20 $c = 48$ kN, 크기 = 13.4 kN.
2.22 $|\mathbf{U}| = 4.36$.
2.24 (a) $\mathbf{F} = 28.2\mathbf{i} - 110\mathbf{j}$ (lb). (b) 113 lb.
2.26 $\alpha = 24.0°$.
2.28 (a) $|\mathbf{F}| = 196$ lb. (b) $\mathbf{F} = 77.9\mathbf{i} + 180\mathbf{j}$ (lb).
2.30 $|\mathbf{A} + \mathbf{B}| = 20.3$.
2.32 (a) $\mathbf{r}_{AB} = 52.0\mathbf{i} + 30\mathbf{j}$ (mm);
(b) $\mathbf{r}_{AB} = -42.4\mathbf{i} - 42.4\mathbf{j}$ (mm).
2.34 $\mathbf{r}_{OA} = 59.1\mathbf{i} + 110\mathbf{j}$ (m).
2.36 $\mathbf{e}_{CA} = 0.458\mathbf{i} - 0.889\mathbf{j}$.
2.38 $\mathbf{e} = 0.806\mathbf{i} + 0.593\mathbf{j}$.
2.40 $\mathbf{F}_{CD} = 557\mathbf{i} + 223\mathbf{j}$ (N).
2.42 14,500 lb.
2.44 $|\mathbf{F}_{BA}| = 802$ N.
2.46 $|\mathbf{F}_A| = 1720$ lb, $\alpha = 33.3°$.
2.48 $57.9° \le \alpha \le 90°$.
2.50 $|\mathbf{F}_A| = 10$ kN, $|\mathbf{F}_D| = 8.66$ kN.
2.52 $|\mathbf{L}| = 214$ lb, $|\mathbf{D}| = 85.4$ lb.
2.54 $|\mathbf{F}_B| = 1590$ lb, $|\mathbf{F}_C| = 1310$ lb.
2.56 $|\mathbf{F}_{AC}| = 2.11$ kN, $|\mathbf{F}_{AD}| = 2.76$ kN.
2.58 $x = 75 - 0.880s$, $y = 12 + 0.476s$.
2.60 $\mathbf{r} = (0.814s - 6)\mathbf{i} + (0.581s + 1)\mathbf{j}$ (m).
2.62 (a) $|\mathbf{F}_A| = 70.0$ lb, $|\mathbf{F}_B| = 51.0$ lb.
(b) $|\mathbf{F}_A + \mathbf{F}_B| = 94.3$ lb.
2.64 $U_x = 3.61$, $U_y = -7.22$, $U_z = -28.89$
또는 $U_x = -3.61$, $U_y = 7.22$, $U_z = 28.89$.
2.66 (a) $\mathbf{r}_{AB} = 14\mathbf{i} - 8\mathbf{j} + 5\mathbf{k}$(ft). (b) $|\mathbf{r}_{AB}| = 16.9$ ft.
2.68 (a) $\cos\theta_x = 0.333$, $\cos\theta_y = -0.667$,
$\cos\theta_z = -0.667$;
(b) $\mathbf{e} = 0.333\mathbf{i} - 0.667\mathbf{j} - 0.667\mathbf{k}$.
2.70 $-55.7\mathbf{i} + 13.9\mathbf{j} - 55.7\mathbf{k}$ (N).
2.72 $\mathbf{r}_{BD} = -\mathbf{i} + 3\mathbf{j} - 2\mathbf{k}$ (m), $|\mathbf{r}_{BD}| = 3.74$ m.
2.74 $\mathbf{e}_{CD} = -0.535\mathbf{i} + 0.802\mathbf{j} + 0.267\mathbf{k}$.
2.76 $\mathbf{F} = 300\mathbf{i} + 477\mathbf{j} + 205\mathbf{k}$ (lb).
2.78 (a) $|\mathbf{r}_{AB}| = 16.2$ m;
(b) $\cos\theta_x = 0.615$, $\cos\theta_y = -0.492$,
$\cos\theta_z = -0.615$.
2.80 $\mathbf{r}_{AR}$: $\cos\theta_x = 0.667$, $\cos\theta_y = 0.667$,
$\cos\theta_z = 0.333$. $\mathbf{r}_{BR}$: $\cos\theta_x = -0.242$,
$\cos\theta_y = 0.970$, $\cos\theta_z = 0$.
2.82 $h = 8848$ m (29,030 ft).
2.84 $|\mathbf{F}_A + \mathbf{F}_B| = 217$ lb.
2.86 $\mathbf{r}_{AB} = -16.9\mathbf{i} + 4.92\mathbf{j} + 12.1\mathbf{k}$ (km),
거리 = 21.3 km.
2.88 (a) $\mathbf{e}_{BC} = -0.286\mathbf{i} - 0.857\mathbf{j} + 0.429\mathbf{k}$;
(b) $\mathbf{F} = -2.29\mathbf{i} - 6.86\mathbf{j} + 3.43\mathbf{k}$ (kN).
2.90 $20.6\mathbf{i} - 16.4\mathbf{j} + 14.4\mathbf{k}$ (lb).
2.92 $3.34\mathbf{i} - 4.46\mathbf{j} + 2.23\mathbf{k}$ (kN).
2.94 $|\mathbf{F}_A + \mathbf{F}_B| = 7.87$ kN.
2.96 $1.86\mathbf{i} - 0.489\mathbf{j} - 0.540\mathbf{k}$ (kN).
2.98 $\mathbf{T} = -41.1\mathbf{i} + 28.8\mathbf{j} + 32.8\mathbf{k}$ (N).
2.100 32.4°.
2.102 (a), (b) $\mathbf{P}\cdot\mathbf{Q} = 96\ \text{m}^2$.
2.104 $F_x = 10.9$ N, $F_y = 7.55$ N.
2.106 80.7°.
2.110 $\theta = 53.5°$.
2.112 $14.0\mathbf{i} + 11.2\mathbf{j} - 8.40\mathbf{k}$ (N).
2.114 60.5°.
2.116 $\mathbf{F}_\text{p} = 32.4\mathbf{i} - 48.6\mathbf{j} - 64.8\mathbf{k}$ (lb),
$\mathbf{F}_\text{n} = -7.41\mathbf{i} - 51.4\mathbf{j} + 34.8\mathbf{k}$ (lb).
2.118 $\mathbf{T}_\text{n} = -37.1\mathbf{i} + 31.6\mathbf{j} + 8.2\mathbf{k}$ (N).
2.120 $\mathbf{F}_{Ap} = -31.2\mathbf{i} + 108\mathbf{j} + 54.0\mathbf{k}$ (lb),
$\mathbf{F}_{An} = 149\mathbf{i} + 20.6\mathbf{j} + 44.5\mathbf{k}$ (lb).
2.122 $\mathbf{v}_\text{p} = -1.30\mathbf{i} - 1.68\mathbf{j} - 3.36\mathbf{k}$ (m/s).
2.124 (a) $\mathbf{W} = 120\mathbf{i} - 120\mathbf{j} + 120\mathbf{k}$.
(b) $\mathbf{U}\cdot\mathbf{W} = 0$, $\mathbf{V}\cdot\mathbf{W} = 0$. 벡터 외적의 정의에 따라 $\mathbf{W}$는 $\mathbf{U}$와 $\mathbf{V}$에 모두 수직이다.
2.126 (a), (b) $\mathbf{P} \times \mathbf{Q} = 80\mathbf{j}\ (\text{m}^2)$.
2.128 $|\mathbf{V}| = 0$ 또는 $\mathbf{V}$는 $\mathbf{U}$에 평행하다.
2.130 (a) $\mathbf{e}_\text{p} = 0.206\mathbf{i} - 0.928\mathbf{j} - 0.309\mathbf{k}$.
(b) $\mathbf{e}_\text{n} = -0.316\mathbf{j} + 0.949\mathbf{k}$.
2.134 (a) $\mathbf{r}_{OA} \times \mathbf{r}_{OB} - 4\mathbf{i} + 36\mathbf{j} + 32\mathbf{k}\ (\text{m}^2)$;
(b) $-0.083\mathbf{i} + 0.745\mathbf{j} + 0.662\mathbf{k}$
또는 $0.083\mathbf{i} = 0.745\mathbf{j} = 0.662\mathbf{k}$.

2.136 $\mathbf{r}_{AB} \times \mathbf{F} = -2400\mathbf{i} + 9600\mathbf{j} + 7200\mathbf{k}$ (ft-lb).
2.138 $\mathbf{r}_{CA} \times \mathbf{T} = -4.72\mathbf{i} - 3.48\mathbf{j} - 7.96\mathbf{k}$ (N-m).
2.140 (a) $\mathbf{e} = 0.849\mathbf{i} + 0.509\mathbf{j} + 0.141\mathbf{k}$.
(b) $(x_B, y_B, z_B) = (17.9, 7.13, 1.98)$ ft.
2.143 $\mathbf{k}' = -0.530\mathbf{i} + 0.152\mathbf{j} + 0.834\mathbf{k}$.
$\mathbf{F} = 81.7\mathbf{i}' + 40.8\mathbf{j}' + 7.61\mathbf{k}'$ (N).
2.144 1.8×10^6 mm^2.
2.146 $|\mathbf{F}_A \times \mathbf{F}_B| = 25{,}000$ lb^2.
2.148 $|\mathbf{A}| = 1110$ lb, $\alpha = 29.7°$.
2.150 $|\mathbf{E}| = 313$ lb, $|\mathbf{F}| = 140$ lb.
2.152 $\mathbf{e}_{AB} = 0.625\mathbf{i} - 0.469\mathbf{j} - 0.625\mathbf{k}$.
2.154 $\mathbf{F}_p = 8.78\mathbf{i} - 6.59\mathbf{j} - 8.78\mathbf{k}$ (lb).
2.156 $\mathbf{r}_{BA} \times \mathbf{F} = -70\mathbf{i} + 40\mathbf{j} - 100\mathbf{k}$ (ft-lb).
2.158 (a), (b) $686\mathbf{i} - 486\mathbf{j} - 514\mathbf{k}$ (ft-lb).
2.160 (a) $\mathbf{F} = 139\mathbf{i} + 58.2\mathbf{j} + 80\mathbf{k}$ (lb);
(b) $\theta_x = 35.5°$, $\theta_y = 70°$, $\theta_z = 62.0°$.
2.162 $\mathbf{F}_p = 1.29\mathbf{i} - 3.86\mathbf{j} + 2.57\mathbf{k}$ (kN),
$\mathbf{F}_n = -1.29\mathbf{i} - 2.14\mathbf{j} - 2.57\mathbf{k}$ (kN).
2.164 $\mathbf{r}_{AG} \times \mathbf{W} = -16.4\mathbf{i} - 82.4\mathbf{k}$ (N-m).
2.166 $\mathbf{r}_{BC} \times \mathbf{T} = 33.3\mathbf{i} - 125\mathbf{j} - 183\mathbf{k}$ (N-m).

제3장

3.2 $F_2 = 4.77$ lb, $\alpha = 35.2°$.
3.4 $T_{AB} = T_{AC} = 1.53$ kN.
3.6 $F_A = 52.2$ lb, $F_J = 154$ lb.
3.8 $P = 120$ N, $\alpha = 50°$.
3.10 $F_A = 85.0$ N, $F_E = 49.1$ N.
3.12 (a) $|N| = 11.06$ kN, $|f| = 4.03$ kN; (b) $\alpha = 31.0°$.
3.14 (a) 254 lb; (b) 41.8°.
3.16 $m = 128$ kg. AB: 1.20 kN, BC: 1.14 kN.
3.18 (a) 128 N; (b) 98.1 N.
3.20 (a) 장력 = 346 lb. (b) $\alpha = 35.3°$.
3.22 AB: 83.2 N, BD: 83.2 N.
3.24 (a) 66.1 lb; (b) 12.3 lb.
3.26 AB: 2.87 kN. BC: 2.01 kN.
3.28 $T = 538$ lb.
3.30 $T_{AB} = 1.21$ N, $T_{AD} = 2.76$ N.
3.32 33.9 lb.
3.34 $F_B = 3680$ lb, $F_C = 2330$ lb.
3.36 $h = 0.25$ m.
3.38 60.7 lb.
3.40 10.8 lb.
3.42 AB: 38.6 lb, AD: 20.3 lb.
3.44 $\alpha = 79.7°$, $T_{AB} = 120$ N,
$T_{BC} = 21.4$ N, $T_{CD} = 62.6$ N.
3.46 $W_1 = 133$ lb.
3.48 (b) 왼쪽 표면: 36.6 lb; 오른쪽 표면: 25.9 lb.
3.50 $k = 1420$ N/m.
3.52 $m = 16.2$ kg.
3.54 $k = 8.63$ lb/in.
3.56 $m_2 = 12.5$ kg.
3.58 $T = 40$ lb.
3.60 A: 26.9 lb, B: 10.6 lb.
3.62 24.7 kg.
3.64 AB: 421 lb. AC: 119 lb. AD: 154 lb.
3.66 BC: 99.7 N, BD: 83.1 N.
3.68 $R = 101$ N, $S = 239$ N, $T = 280$ N.
3.70 AC: 1.56 kN, AD: 1.31 kN, 질량 = 360 kg.
3.72 $D = 1176$ N, $T_{OA} = 6774$ N.
3.74 AB: 43.4 lb, AC: 55.3 lb, 수직력 = 34.1 lb.
3.76 AB: 19.7 N, AC: 14.6 N, AD: 22.4 N.
3.78 (a) 장력 = 2.70 kN;
(b) 막대가 가하는 힘 = $1.31\mathbf{i} - 1.31\mathbf{k}$ (kN).
3.80 $T_{AB} = 357$ N.
3.82 수직력 = 165 N, 마찰력 = 106 N.
3.84 $W = 25.0$ lb.
3.86 (a) 83.9 lb; (b) 230.5 lb.
3.88 1300 lb.
3.90 $F = 162.0$ N.
3.92 $T_{AB} = 420$ N, $T_{AC} = 533$ N, $|\mathbf{F}_S| = 969$ N.
3.94 수직력 = 9.97 kN, 마찰력 = 3.16 kN.
3.96 $T_{AC} = 16.7$ lb, $T_{AD} = 17.2$ lb, $T_{AE} = 9.21$ lb.
3.98 228 N.

제4장

4.2 134 N-m.
4.4 9.58 kN-m (시계 반대 방향)
4.6 25.0 kN-m (시계 방향)
4.8 171 in-lb (시계 반대 방향)
4.10 4710 in-lb(시계 방향)
4.12 $F_B = 1.24$ kN.
4.14 2.50 N-m(시계 반대 방향)
4.16 (a) $A_x = 0$, $A_y = 40$ lb, $B = 80$ lb. (b) 0.
4.18 $F_2 = 22.2$ N, $F_3 = 29.7$ N.
4.20 69.5 N-m (시계 반대 방향)
4.22 3.86 N-m(시계 반대 방향)
4.24 640 lb.
4.26 $F = 1.80$ kN.
4.27 (a) 8060 ft-lb(시계 반대 방향)
(b) 3720 ft-lb (시계 반대 방향)
4.30 (a) $A_x = 300$ lb, $A_y = 257$ lb, $B = 263$ lb.
(b) 모멘트 합은 0이다.
4.32 101 ft-lb (시계 반대 방향)
4.34 (a) 4.74 kN-m, 5.60 kN-m, 7.05 kN-m, 7.55 kN-m (시계 반대 방향) 총모멘트 = 24.9 kN-m (시계 반대 방향)
(b) $\mathbf{T} = 12.5\mathbf{i} + 9.55\mathbf{j}$ (kN-m). 모멘트 = 24.9 kN-m (시계 반대 방향)
4.36 800 lb.
4.38 47.6 kN.
4.40 4580 in-lb(시계 반대 방향)
4.42 $M_A = -3.00$ kN-m, $M_D = 7.50$ kN-m.
4.44 796 N.
4.46 (a), (b) 480$\mathbf{k}$ (N-m).
4.48 (a) 800$\mathbf{k}$ (kN-m); (b) $-400\mathbf{k}$ (kN-m).
4.50 $\mathbf{F} = 20\mathbf{i} + 50\mathbf{j}$ (N).
4.52 (a), (b) 60$\mathbf{k}$ (N-m).
4.54 (a), (b) 1270 N-m.
4.56 128 ft-lb.
4.58 $|\mathbf{F}| = 244$ lb.
4.60 $58\mathbf{i} - 48\mathbf{j} - 236\mathbf{k}$ (in-lb).
4.62 (a) $|\mathbf{F}| = 1586$ N; (b) $|\mathbf{F}| = 1584$ N.
4.64 $-16.4\mathbf{i} - 111.9\mathbf{k}$ (N-m).

4.66 $-0.0860\mathbf{i} + 0.521\mathbf{j} + 1.27\mathbf{k}$ (N-m).
4.68 $\mathbf{M}_D = 1.25\mathbf{i} + 1.25\mathbf{j} - 6.25\mathbf{k}$ (kN-m).
4.70 (a) 685 N-m. (b) 5.71 m.
4.72 394 ft-lb.
4.74 $T_{BC} = 886$ N, $T_{BD} = 555$ N.
4.76 $\mathbf{M} = 482\mathbf{k}$ (kN-m).
4.78 (a) $\mathbf{M}_{x축} = 80\mathbf{i}$ (N-m); (b) $\mathbf{M}_{y축} = -140\mathbf{j}$ (N-m); (c) $\mathbf{M}_{z축} = \mathbf{0}$.
4.80 (a) 0; (b) 2.7 **k** (kN-m).
4.82 (a) $\mathbf{M}_{x축} = -16\mathbf{i}$ (kN-m); (b) $\mathbf{M}_{z축} = 15\mathbf{k}$ (kN-m).
4.84 $\mathbf{F} = 80\mathbf{i} + 80\mathbf{j} + 40\mathbf{k}$ (lb).
4.86 $-16.4\mathbf{i}$ (N-m).
4.88 $-236\mathbf{k}$ (in-lb).
4.90 49.9 kN-m.
4.92 $\mathbf{M}_{AB} = 77.1\mathbf{j} - 211.9\mathbf{k}$ (ft-lb).
4.94 $\mathbf{M}_{y축} = 215\mathbf{j}$ (N-m).
4.96 $\mathbf{M}_{x축} = 44\mathbf{i}$ (N-m).
4.98 $-338\mathbf{j}$ (ft-lb).
4.100 $|\mathbf{F}| = 13$ lb.
4.102 $\mathbf{M}_{축} = -478\mathbf{i} - 174\mathbf{k}$ (N-m).
4.104 12.1 in-lb.
4.106 $124\mathbf{k}$ (ft-lb).
4.108 28 N-m(시계 방향)
4.110 (a) $547\mathbf{k}$ (N-m). (b) $\alpha = 51.3°$, $640\mathbf{k}$ (N-m).
4.112 (b) $FL \cos 30°$.
4.114 40 ft-lb(시계 방향) 또는 $-40\mathbf{k}$ (ft-lb).
4.116 2200 ft-lb(시계 방향).
4.118 (a) $C = 26$ kN-m; (b) 0.
4.120 $-222\mathbf{i} - 158\mathbf{j} - 60.0\mathbf{k}$ (ft-lb).
4.122 356 ft-lb.
4.124 $|\mathbf{M}| = 6.13$ kN-m.
4.126 $M_{Cy} = 7$ kN-m, $M_{Cz} = -2$ kN-m.
4.128 $F = 150$ N, $D = 1.33$ m.
4.130 계 1, 2, 4는 등가이다.
4.132 $F = 20$ N, $C = 55$ N-m.
4.134 $F = 265$ N.
4.136 $F = 70$ lb, $M = 130$ in-lb.
4.138 (a) $\mathbf{F} = -10\mathbf{j}$ (lb), $M = -10$ ft-lb; (b) $D = 1$ ft.
4.140 $\mathbf{F} = 200\mathbf{i} + 180\mathbf{j}$ (N), $d = 0.317$ m.
4.142 (a) $F_A = 46.3$ lb, $F_B = 43.2$ lb. (b) $\mathbf{F} = 50\mathbf{j}$ (lb), $x = 8$ in.
4.144 $\mathbf{F} = 104\mathbf{j}$ (kN), $M = 13.2$ kN-m(시계 반대 방향)
4.146 $\mathbf{F} = 100\mathbf{j}$ (lb), $\mathbf{M} = \mathbf{0}$.
4.148 $\mathbf{F} = 106{,}000\mathbf{i}$ (lb), $M = 180{,}000$ ft-lb (시계 반대 방향)
4.150 $\mathbf{F} = 800\mathbf{j}$ (lb), $x = 7.5$ in 지점에서 교차한다.
4.152 (a) $-360\mathbf{k}$ (in-lb); (b) $-36\mathbf{j}$ (in-lb); (c) $\mathbf{F} = 10\mathbf{i} - 30\mathbf{j} + 3\mathbf{k}$ (lb), $\mathbf{M} = -36\mathbf{j} - 360\mathbf{k}$ (in-lb).
4.154 $x = 2.00$ ft, $z = -0.857$ ft.
4.156 $\mathbf{F} = 100\mathbf{j} + 80\mathbf{k}$ (N), $\mathbf{M} = 240\mathbf{j} - 300\mathbf{k}$ (N-m).
4.158 (a) $\mathbf{F} = \mathbf{0}$, $\mathbf{M} = rA\mathbf{i}$; (b) $\mathbf{F}' = \mathbf{0}$, $\mathbf{M}' = rA\mathbf{i}$.
4.160 $\mathbf{F} = -2\mathbf{i} + 2\mathbf{j}$ (kN), $x = 3.85$ m.
4.162 $\mathbf{F} = -20\mathbf{i} + 20\mathbf{j} + 10\mathbf{k}$ (lb), $\mathbf{M} = 50\mathbf{i} + 250\mathbf{j} + 100\mathbf{k}$ (in-lb).
4.164 $x = 0$, $z = 0$에서 $\mathbf{F} = 392\mathbf{j}$ (N)
4.166 $\mathbf{F} = 100\mathbf{i} + 20\mathbf{j} - 20\mathbf{k}$ (N), $\mathbf{M} = -143\mathbf{i} + 406\mathbf{j} - 280\mathbf{k}$ (N-m).
4.168 $\mathbf{M}_p = 0$, $y = 0$, $z = 2$ ft 지점에서 작용선이 교차한다.
4.170 $x = 2.41$ m, $y = 3.80$ m.
4.172 $\mathbf{F} = 40.8\mathbf{i} + 40.8\mathbf{j} + 81.6\mathbf{k}$ (N), $\mathbf{M} = -179.6\mathbf{i} + 391.9\mathbf{j} - 32.7\mathbf{k}$ (N-m).
4.174 (a) $320\mathbf{i}$ (in-lb); (b) $\mathbf{F} = -20\mathbf{k}$ (lb), $\mathbf{M} = 320\mathbf{i} + 660\mathbf{j}$ (in-lb); (c) $\mathbf{M}_t = 0$, $x = 33$ in, $y = -16$ in.
4.176 $|\mathbf{M}_P| = 244$ N-m.
4.178 $F_B = 6.15$ kN, $F_C = 3.70$ kN.
4.180 $|\mathbf{F}| = 224$ lb, $|\mathbf{M}| = 1600$ ft-lb.
4.182 501 lb.
4.184 1.09 kN-m.
4.186 $\mathbf{M}_{x축} = -153\mathbf{i}$ (ft-lb).
4.188 $\mathbf{M}_{CD} = -173\mathbf{i} + 1038\mathbf{k}$ (ft-lb).
4.190 (a) $\mathbf{T}_{AB} = T_{CD} = 173.2$ lb; (b) $\mathbf{F} = 300\mathbf{j}$ (lb) at $x = 4$ ft.
4.192 $\mathbf{F} = -20\mathbf{i} + 70\mathbf{j}$ (N), $M = 22$ N-m.
4.194 $\mathbf{F}' = -100\mathbf{i} + 40\mathbf{j} + 30\mathbf{k}$ (lb), $\mathbf{M} = -80\mathbf{i} + 200\mathbf{k}$ (in-lb).
4.196 $\mathbf{F} = 1166\mathbf{i} + 566\mathbf{j}$ (N), $y = 13.9$ m.
4.198 $\mathbf{F} = 190\mathbf{j}$ (N), $\mathbf{M} = -98\mathbf{i} + 184\mathbf{k}$ (N-m).
4.200 $\mathbf{F} = -0.364\mathbf{i} + 4.908\mathbf{j} + 1.090\mathbf{k}$ (kN), $\mathbf{M} = -0.131\mathbf{i} - 0.044\mathbf{j} + 1.112\mathbf{k}$ (kN-m).

제5장

5.2 $A_x = -1$ kN, $A_y = -5.73$ kN, $M_A = -22.9$ kN-m.
5.4 장력 = 386 lb, $B_x = 493$ lb, $B_y = 186$ lb.
5.6 $F_B = 771$ N, $F_E = 880$ N, $\alpha = 78.8°$.
5.8 (b) $A_x = 0$, $A_y = -5$ kN, $B_y = 15$ kN.
5.10 (b) $A = 100$ lb, $B = 200$ lb.
5.12 $A_x = 0$, $A_y = 353$ N, $M_A = 557$ N-m.
5.14 $B_x = 15.0$ kN, $B_y = -2.87$ kN.
5.16 각 손에 66.3 lb. 각 발에 23.7 lb.
5.18 $A_x = 0$, $A_y = 8$ lb, $B = 22$ lb.
5.20 $k = 3380$ N/m, $B_x = -188.0$ N, $B_y = 98.7$ N.
5.22 $A_x = 25$ lb, $A_y = -52.8$ lb, $B_y = 96.1$ lb.
5.24 $R = 12.5$ lb, $B_x = 11.3$ lb, $B_y = 15.3$ lb.
5.26 (a) 21.2 lb; (b) 30 lb.
5.27 $W_L = 1125$ lb.
5.30 6.23 lb.
5.32 $B_x = 233$ N, $B_y = -5.08$ N.
5.34 장력 = 1225 lb, $B_x = 1043$ lb, $B_y = 1343$ lb.
5.36 $A_x = -1.83$ kN, $A_y = 1.91$ kN, $B = 2.65$ kN.
5.38 $k = 3.21$ lb/ft.
5.40 수직력 = 190 lb, 마찰력 = 67.6 lb.
5.42 $A_x = 4.65$ kN, $A_y = -1.31$ kN.
5.44 $\mathbf{F} = 1.41\mathbf{i} + 5.41\mathbf{j}$ (kN), $D = 2.11$ m.
5.46 $A_x = -1.57$ kN, $A_y = 1.57$ kN, $E_x = 1.57$ kN.
5.48 $A_x = 0$, $A_y = -1.18$ kN.
5.50 $A_x = 57.7$ lb, $A_y = -13.3$ lb, $B = 15.3$ lb.
5.52 $W = 15$ kN.
5.54 블록에 가해지는 힘 = 52 N, C의 반력 = 140 N.
5.56 $T_{BC} = 5.45$ lb, $A_x = 5.03$ lb, $A_y = 7.90$ lb.

5.58 20.3 kN.

5.60 $W_2 = 2484$ lb, $A_x = -2034$ lb, $A_y = 2425$ lb.

5.62 $\alpha = 18.6°$.

5.64 $\alpha = 49.3°$.

5.66 $W = 132$ lb.

5.68

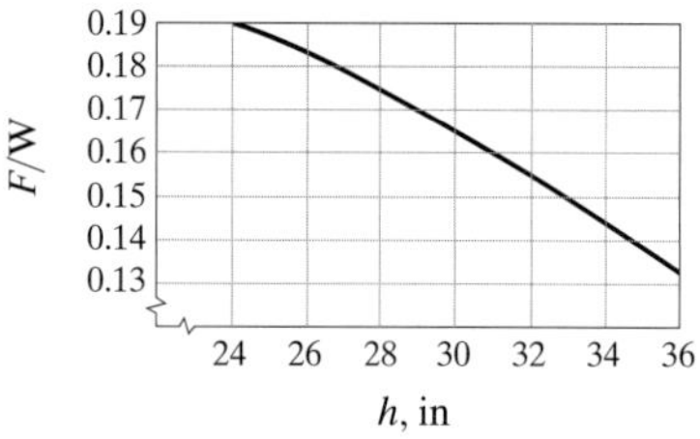

5.76 (1)과 (2)는 부적절하게 지지됨. (3)의 반력 $A = F/2$, $B = F/2$, $C = F$.

5.78 (b) $A_x = -6.53$ kN, $A_y = -3.27$ kN, $A_z = 3.27$ kN, $M_{Ax} = 0$, $M_{Ay} = -6.53$ kN-m, $M_{Az} = -6.53$ kN-m.

5.80 374 lb.

5.82 $A_x = -223$ N, $A_y = 297$ N, $A_z = -149$ N, $M_{Ax} = 0$, $M_{Ay} = 223$ N-m, $M_{Az} = 446$ N-m.

5.84 (a) $-17.8\mathbf{i} - 62.8\mathbf{k}$ (N-m); (b) $A_x = 0$, $A_y = 360$ N, $A_z = 0$, $M_{Ax} = 17.8$ N-m, $M_{Ay} = 0$, $M_{Az} = 62.8$ N-m.

5.86 $A_x = 166.7$ N, $A_y = 200$ N, $A_z = 66.7$ N, $T_{BC} = 100$ N, $T_{BD} = 170$ N.

5.88 $|\mathbf{F}| = 10.9$ kN.

5.90 $T_{AB} = 553$ lb, $T_{AC} = 289$ lb, $O_x = 632$ lb, $O_y = 574$ lb, $O_z = 0$.

5.92 $x = 0.1$ m, $z = 0.133$ m.

5.94 A: 128 lb; B: 44.8 lb; C: 87.4 lb.

5.96 $\mathbf{F} = 4\mathbf{j}$ (kN) at $x = 0$, $z = 0.15$ m.

5.98 (b) $A_x = -0.74$ kN, $A_y = 1$ kN, $A_z = -0.64$ kN, $B_x = 0.74$ kN, $B_z = 0.64$ kN.

5.100 $F_y = 34.5$ lb.

5.102 $T_{BD} = 1.47$ kN, $T_{BE} = 1.87$ kN, $A_x = 0$, $A_y = 4.24$ kN, $A_z = 0$.

5.104 $T = 139$ lb, $A_x = 46.4$ lb, $A_y = -26.8$ lb, $A_z = 31.7$ lb, $M_{Ax} = -63.4$ ft-lb, $M_{Ay} = -110$ ft-lb.

5.106 장력 = 60 N, $B_x = -10$ N, $B_y = 90$ N, $B_z = 10$ N, $M_{By} = 1$ N-m, $M_{Bz} = -3$ N-m.

5.108 장력 = 60 N, $B_x = -10$ N, $B_y = 75$ N, $B_z = 15$ N, $C_y = 15$ N, $C_z = -5$ N.

5.110 $C_x = 75.0$ lb, $C_y = 40.4$ lb, $C_z = 37.5$ lb, $D_y = -19.1$ lb, $D_z = 3.41$ lb.

5.111 $A_x = 0$, $A_y = 400$ N, $B_x = 1000$ N, $B_y = -400$ N, $B_z = 0$, $T = 1080$ N.

5.114 $A_x = -46.1$ N, $A_y = 41.1$ N, $A_z = 27.5$ N, $B_y = 27.6$ N, $B_z = 110$ N.

5.116 $A_x = 5.23$ kN, $A_y = 0$, $A_z = -1.46$ kN, $D_y = -1.08$ kN, $D_z = 5.46$ kN.

5.118 $T_{AB} = 488$ lb, $T_{CD} = 373$ lb, 반력 = $31\mathbf{i} + 823\mathbf{j} - 87\mathbf{k}$ (lb).

5.120 $A_x = -76.7$ N, $A_y = 97.0$ N, $A_z = -54.3$ N, $M_{Ax} = -2.67$ N-m, $M_{Ay} = 6.39$ N-m, $M_{Az} = 2.13$ N-m.

5.122 (a) 60 lb; (b) $A_x = 38.1$ lb, $A_y = 46.3$ lb 또는 $A_x = -38.1$ lb, $A_y = -46.3$ lb.

5.124 장력 = 33.3 lb; 반력 크기 = 44.1 lb.

5.126 $\alpha = 10.9°$, $F_A = 1.96$ kN, $F_B = 2.27$ kN.

5.128 (a) 3 kN-m의 우력이 존재하므로 아니다. (b) A에서 7.88 kN, B에서 6.66 kN, (c) 아니다.

5.130 (b) $A_x = -8$ kN, $A_y = 2$ kN, $C_x = 8$ kN.

5.134 (b) $T_A = 7.79$ lb, $T_B = 10.28$ lb; (c) 6.61 lb.

5.136 (a) 네 개의 미지의 반력과 세 개의 평형방정식이 있기 때문이다. (b) $A_x = -50$ lb, $B_x = 50$ lb.

5.138 (b) 못에 가하는 힘 = 55 lb, 수직력 = 50.77 lb, 마찰력 = 9.06 lb.

5.140 $k = 13{,}500$ N/m.

5.142 $\alpha = 90$, $T_{BC} = W/2$, $A = W/2$.

5.143 $A_y = 727$ lb, $H_x = 225$ lb, $H_y = 113$ lb.

5.145 $\alpha = 0$, $\alpha = 59.4°$.

5.147 힘 F는 위쪽 방향으로 800 N이며 힘의 작용선은 판의 중간점을 지난다.

5.149 $m = 67.2$ kg.

제6장

6.2 AB: 149 lb (T); BC: 189 lb (T).

6.4 AB: 150 lb (T); AC: 70.7 lb (T); AD: 200 lb (T); BC: 212 lb (C); CD: 283 lb (C).

6.6 AB: 4.66 kN (T); BC: 7.28 kN (C); CD: 2 kN (C).

6.8 AC, CE, EG, GH: 33.3 kip (T), BD, DF: 44.4 kip (C).

6.10 $F_R = 8.89$ kN.

6.12 BD: 1200 lb (T); CD: 721 lb (T); CE: 2160 lb (C).

6.14 AB: 6 kN (C); AD: 0; BC: 6 kN (C); BD: 8.49 kN (T); CD: 0.

6.16 AC: 14.4 kN (C); AE: 174 kN (C).

6.18 AB: 10.56 kN (T); AC: 17.58 kN (C); BC: 6.76 kN (T); BD: 1.81 kN (T); CD: 16.23 kN (C).

6.20 CE: 1.20 kN (T); DE: 7.33 kN (C); EF: 11 kN (T); EG: 12.0 kN (C).

6.22 BC: 90.1 kN (T); CD: 90.1 kN (C); CE: 300 kN (T).

6.24 BC: 1200 kN (C); BI: 300 kN (T); BJ: 636 kN (T).

6.26 AB: 36.6 kip (C); BD: 33.3 kip (C); CD: 36.6 kip (C).

6.28 CD: 8 kip (C); DE: 3.33 kip (T); DG: 2.67 kip (T).

6.32 BC: 400 kN (T), BI: 141 kN (T), HI: 500 kN (C).

6.34 (a), (b) 141 kN (C).

6.36 BD: 1200 lb (T); CD: 721 lb (T); CE: 2160 lb (C).

6.38 BD: 12.0 kN (C); CD: 1 kN (C); CE: 1.20 kN (T).

6.40 AC: 1.81 kN (C); BC: 7.28 kN (C); BD: 2.40 kN (T).

6.42 96.2 kN (T).

6.44 BD: 533 lb (C); BE: 94.3 lb (T); CE: 467 lb (T).

6.46 BD: 2.67 kN (C); CD: 16.7 kN (T); CE: 26.7 kN (C).

6.48 CE: 6.67 kip (C); DE: 3.33 kip (T); DG: 2.67 kip lb (T).

6.50 CE: 696 kN (T); CF: 448 kN (C); DF: 333 kN (C).

6.52 (a) 1160 lb (C).
6.54 *LN*: 8 kN (C); *LO*: 8.94 kN (C); *MO*: 16 kN (T).
6.56 부재 *DF*, *EF*, *EG*를 분리한다.
6.58 *AD*: 4.72 kN (C); *BD*: 4.16 kN *CD* (C); *CD*: 4.85 kN (C).
6.60 *AB*: 2.11 kN (T); *AC*: 1.76 kN (T); *AD*: 7.60 kN (C).
6.62 *AB*: 379 lb (C); *AC*: 665 lb (C); *AD*: 160 lb (C).
6.64 *AE*: 8.78 kN (T); *BE*: 4.69 kN (C); *CE*: 3.60 kN (T). *DE*: 0.
6.66 *BG*: 9.72 kip (C); *CG*: 6.67 kip (T); *DG*: 0; *EG*: 7.07 kip (T).
6.68 개별 부재당 665 N(C)
6.70 $A_x = -3$ kN, $A_y = -2$ kN, $B_x = -3$ kN, $B_y = 2$ kN.
6.72 *AB*: 3.79 kN (T); *CD*: 1.37 kN (C).
6.74 $A_x = 0$, $A_y = 50$ lb, $C_x = 0$, $C_y = -50$ lb.
6.76 $A_x = 196$ N, $A_y = 324$ N, $M_A = 455$ N-m (시계 반대 방향) $B_x = -196$ N, $B_y = -245$ N.
6.78 $D_x = -1475$ N, $D_y = -516$ N, $E_x = 0$, $E_y = -516$ N, $M_E = 619$ N-m.
6.80 $A_x = -1800$ lb, $A_y = 1800$ lb, $D_x = 1800$ lb, $D_y = -1200$ lb.
6.82 장력 = 62.5 lb, $F_x = -75$ lb, $F_y = 25$ lb.
6.84 $A_x = -1000$ lb, $A_y = 400$ lb, $B_x = 1500$ lb, $B_y = -500$ lb.
6.86 $C_x = 60$ lb, $C_y = 30$ lb, $E_x = 20$ lb, $E_y = 50$ lb.
6.88 $A_x = -310$ lb, $A_y = -35$ lb, $B_x = 80$ lb, $B_y = -80$ lb, $C_x = 310$ lb, $C_y = 195$ lb, $D_x = -80$ lb, $D_y = -80$ lb.
6.90 $C_x = 75$ lb, $C_y = -100$ lb, $E_x = 75$ lb, $E_y = -100$ lb.
6.94 크기 = 2.35 kN, $E_x = 0$, $E_y = 2.24$ kN.
6.96 300 lb (C).
6.98 *B*: 73.5 N; *C*: 88.8 N.
6.101 $T_{BC} = 1410$ N, $T_{DF} = 625$ N.
6.103 $A_x = 2$ kN, $A_y = -1.52$ kN, $B_x = -2$ kN, $B_y = 1.52$ kN.
6.104 $E_x = 604$ lb, $E_y = 179$ lb, 축력 = 616 lb.
6.106 100 N.
6.108 *B*: 1750 N. *DE*: 1320 N (C).
6.110 742 lb.
6.113 1150 lb.
6.114 $K_x = 847$ N, $K_y = 363$ N.
6.116 $T_{AB} = 7.14$ kN (C), $T_{AC} = 5.71$ kN (T), $T_{BC} = 10$ kN (T).
6.118 *AB*: 3.13 kN (C); *BC*: 2.5 kN (T); *BD*: 1.88 kN (C).
6.120 *AB*: 125 lb (C); *AC*: 0; *BC*: 188 lb (T); *BD*: 225 lb (C); *CD*: 125 lb (C); *CE*: 225 lb (T).
6.122 $T_{BD} = 13.3$ kN (T), $T_{CD} = 11.7$ kN (T), $T_{CE} = 28.3$ kN (C).
6.124 *AC*: 480 N (T); *CD*: 240 N (C); *CF*: 300 N (T).
6.126 인장력: 부재 *AC*, 480 lb (T); 압축력: 부재 *BD*, 633 lb (C).
6.128 *CD*: 11.42 kN (C); *CJ*: 4.17 kN (C); *IJ*: 12.00 kN (T).
6.130 *AB*: 7.20 kN (C); *AC*: 4.56 kN (C).
6.132 $A_x = -1.57$ kN, $A_y = 1.18$ kN, $B_x = 0$, $B_y = -2.35$ kN, $C_x = 1.57$ kN, $C_y = 1.18$ kN.
6.134 *AB*: 2 kN (C); *AC*: 5.66 kN (T); *DE*: 2 kN (C).
6.136 973 N.
6.138 $A_x = -52.33$ kN, $A_y = -43.09$ kN, $E_x = 0.81$ kN, $E_y = -14.86$ kN.

제7장

7.2 $\bar{x} = 0.375$.
7.4 $\bar{x} = 2.1$, $\bar{y} = 1.94$.
7.6 $\bar{x} = 1.125$ in.
7.8 $\bar{x} = 1.51$ ft, $\bar{y} = 2.81$ ft.
7.10 $\bar{x} = 1.82$ m.
7.12 $\bar{x} = 5$, $\bar{y} = 2$.
7.14 $\bar{x} = 0.533$.
7.16 $\bar{x} = 5$, $\bar{y} = 3.20$.
7.18 $\bar{y} = 5.60$.
7.20 $\bar{y} = 2.53$.
7.22 $a = 0.656$, $b = 6.56 \times 10^{-5}$ m^{-2}.
7.24 $\bar{x} = 2.82$ m, $\bar{y} = 1.36$ m.
7.26 $\bar{x} = 3.31$.
7.28 $\bar{x} = 3.33$ in, $\bar{y} = 2.50$ in.
7.30 $\bar{x} = \bar{y} = 4.47$ in.
7.32 $\bar{x} = 0.272$ m, $\bar{y} = 0.140$ m.
7.34 $\bar{x} = -2.94$ mm.
7.36 $\bar{y} = 38.4$ mm.
7.38 $b = 47.2$ mm, $h = 31.7$ mm.
7.40 $\bar{x} = 6.49$ m, $\bar{y} = 4.16$ m.
7.44 $\bar{x} = 3.67$ m, $\bar{y} = 3.83$ m.
7.46 $A_x = 0$, $A_y = 53.3$ N, $B = 187$ N.
7.48 $A_x = -1200$ N, $A_y = 800$ N, $B = 2200$ N.
7.50 $A_x = 0$, $A_y = 2.20$ kN, $M_A = 4$ kN-m (시계 반대 방향)
7.52 $A_x = 0$, $A_y = 7$ kN, $B = 17$ kN.
7.54 $A_y = 3267$ lb, $B_x = -800$ lb, $B_y = -1267$ lb.
7.56 *BD*: 21.3 kN (C); *CD*: 3.77 kN (C); *CE*: 24 kN (T).
7.58 $A_x = -18$ kN, $A_y = 20$ kN, $B_x = 0$, $B_y = -4$ kN, $C_x = 18$ kN, $C_y = -16$ kN.
7.60 $V = 275$ m^3, 높이 = 2.33 m.
7.62 $V = 4.16$ m^3, $\bar{x} = 1.41$ m.
7.64 $\bar{x} = 0.675R$, $\bar{y} = 0$, $\bar{z} = 0$.
7.66 $\bar{y} = 0.410$.
7.68 $\bar{x} = 3.24$.
7.70 $\bar{x} = R \sin\alpha/\alpha$, $\bar{y} = R(1 - \cos\alpha)/\alpha$.
7.72 $\bar{x} = 38.3$ mm.
7.74 $\bar{x} = -128$ mm, $\bar{y} = \bar{z} = 0$.
7.76 $\bar{x} = 0$, $\bar{y} = 43.7$ mm, $\bar{z} = 38.2$ mm.
7.78 $\bar{x} = 229.5$ mm, $\bar{y} = \bar{z} = 0$.
7.80 $\bar{x} = 23.65$ mm, $\bar{y} = 36.63$ mm, $\bar{z} = 3.52$ mm.
7.82 $\bar{x} = 6$ m, $\bar{y} = 1.83$ m.
7.84 $\bar{x} = 65.9$ mm, $\bar{y} = 21.7$ mm, $\bar{z} = 68.0$ mm.
7.86 $A = \frac{3}{4}\pi R\sqrt{h^2 + R^2}$.
7.88 $\bar{y}_s = 4R/3\pi$.
7.90 $\bar{y} = 0.410$.
7.92 체적 = 5.03 m^3.
7.94 $V = 0.0377$ m^3.
7.96 $V = 2.48 \times 10^6$ mm^3.
7.98 체적 = 0.0266 m^3.

7.100 $A_x = 0$, $A_y = 294$ N, $B_y = 196$ N.
7.102 $A_x = 0$, $A_y = 316$ N, $B = 469$ N.
7.104 $\bar{x} = 6.59$ in, $\bar{y} = 2.17$ in, $\bar{z} = 6.80$ in.
7.106 $A_x = 0$, $A_y = 3.16$ kN, $M_A = 1.94$ kN-m.
7.108 $\bar{x} = 121$ mm, $\bar{y} = 0$, $\bar{z} = 0$.
7.110 $\bar{x}_3 = 82$ mm, $\bar{y}_3 = 122$ mm, $\bar{z}_3 = 16$ mm.
7.112 (a) $\bar{x} = 5.17$ m;
(b) $A_x = -50$ kN, $A_y = -25.0$ kN, $G = 33.8$ kN.
7.114 질량 = 408 kg, $\bar{x} = 2.5$ m, $\bar{y} = -1.5$ m.
7.116 $\bar{x} = 20.10$ in, $\bar{y} = 8.03$ in, $\bar{z} = 15.35$ in.
7.118 $\bar{x} = 3/8$, $\bar{y} = 3/5$.
7.120 $\bar{x} = 87.3$ mm, $\bar{y} = 55.3$ mm.
7.122 917 N (T).
7.124 $A_x = 7$ kN, $A_y = -6$ kN, $D_x = 4$ kN, $D_y = 0$.
7.126 $\bar{x} = 1.87$ m.
7.128 $\underline{A} = 682$ in^2.
7.130 $\underline{x} = 110$ mm.
7.132 $\underline{x} = 1.70$ m.
7.134 $x = 25.24$ mm, $\bar{y} = 8.02$ mm, $\bar{z} = 27.99$ mm.
7.136 (a) $\bar{x} = 1.511$ m; (b) $\bar{x} = 1.611$ m.
7.138 $A = 80.7$ kN, $B = 171.6$ kN.

제8장

8.2 $I_x = 0.0288$ m^4, $k_x = 0.346$ m.
8.4 (a) $I_y = 12.8 \times 10^5$ mm^4; (b) $I_{y'} = 3.2 \times 10^5$ mm^4.
8.6 $I_y = 0.175$ m^4, $k_y = 0.624$ m.
8.8 $I_{xy} = 0.0638$ m^4.
8.10 $I_x = 1.19$ m^4.
8.12 $I_{xy} = 2.20$ m^4.
8.14 $I_x = 190$, $k_x = 2.39$.
8.16 $I_{xy} = 333$.
8.18 $I_x = 953$, $k_x = 6.68$.
8.20 (a) $I_x = \frac{1}{8}\pi R^4$, $k_x = \frac{1}{2}R$.
8.22 $I_y = 49.09$ m^4, $k_y = 2.50$ m.
8.24 $I_y = 1.23$E6 mm^4.
8.26 $I_x = I_y = 1.23$E6 mm^4.
8.28 $I_y = 576$ in^4, $k_y = 4$ in.
8.30 $I_x = 6.00 \times 10^6$ mm^4, $k_x = 23.5$ mm.
8.32 $I_y = 0.0125$ m^4, $k_y = 0.177$ m.
8.34 $I_y = 3.6 \times 10^5$ mm^4, $J_O = 1 \times 10^6$ mm^4.
8.36 $I_x = 2.65 \times 10^8$ mm^4, $k_x = 129$ mm.
8.38 $I_x = 7.79 \times 10^7$ mm^4, $k_x = 69.8$ mm.
8.40 $I_{xy} = 1.08 \times 10^7$ mm^4.
8.42 $J_O = 363$ ft^4, $k_O = 4.92$ ft.
8.44 $I_x = 10.7$ ft^4, $k_x = 0.843$ ft.
8.46 $I_{xy} = 7.1$ ft^4.
8.48 $J_O = 5.63 \times 10^7$ mm^4, $k_O = 82.1$ mm.
8.50 $I_x = 1.08 \times 10^7$ mm^4, $k_x = 36.0$ mm.
8.52 $J_O = 1.58 \times 10^7$ mm^4, $k_O = 43.5$ mm.
8.54 $J_O = 2.35 \times 10^5$ in^4, $k_O = 15.1$ in.
8.56 $I_x = 49.7$ m^4, $k_x = 2.29$ m.
8.58 $I_x = 1.58$E7 mm^4.
8.60 $I_{y'} = 1.43$E7 mm^4.
8.62 $I_x = 4.94$E6 in^4, $k_x = 38.6$ in.
8.64 $I_y = 6827$ in^4.
8.66 $I_{xy} = 1877$ in^4.
8.68 $J_O = 4.01 \times 10^4$ in^4, $k_O = 14.6$ in.
8.70 $I_x = 8.89 \times 10^3$ in^4, $k_x = 7.18$ in.
8.72 $I_y = 3.52 \times 10^3$ in^4, $k_y = 4.52$ in.
8.74 $I_{xy} = 995$ in^4.
8.76 $J_O = 5.80 \times 10^6$ mm^4, $k_O = 37.5$ mm.
8.78 $I_x = 1470$ in^4, $I_y = 3120$ in^4.
8.80 $I_x = 4020$ in^4, $I_y = 6980$ in^4, or
$I_x = 6820$ in^4, $I_y = 4180$ in^4.
8.82 $I_x = 7.45$E4 m^4.
8.86 $I_x = 59.8 \times 10^6$ mm^4, $I_y = 18.0 \times 10^6$ mm^4.
8.88 $\theta_p = 31.7°$, $I_{x'} = 168$ in^4, $I_{y'} = 732$ in^4.
8.90 $I_{x'} = 1.20 \times 10^6$ in^4, $I_{y'} = 7.18 \times 10^5$ in^4,
$I_{x'y'} = 2.11 \times 10^5$ in^4.
8.92 $\theta_p = 12.1°$, 주관성 모멘트 =
80.2×10^{-6} m^4, 27.7×10^{-6} m^4.
8.94 $I_{x'} = 5.96 \times 10^6$ mm^4, $I_{y'} = 3.89 \times 10^6$ mm^4,
$I_{x'y'} = 3.27 \times 10^6$ mm^4.
8.96 $I_{x'} = 1.20 \times 10^6$ in^4, $I_{y'} = 7.18 \times 10^5$ in^4,
$I_{x'y'} = 2.11 \times 10^5$ in^4.
8.98 $\theta_p = -12.1°$, 주관성 모멘트 =
80.2×10^{-6} m^4, 27.7×10^{-6} m^4.
8.100 $I_O = 14$ kg-m^2.
8.102 $I_{z축} = 15.1$ kg-m^2.
8.104 $I_{x축} = 0.667$ kg-m^2, $I_{y축} = 2.67$ kg-m^2.
8.106 $I_{y축} = 1.99$ slug-ft^2.
8.108 20.8 kg-m^2.
8.110 $I_O = \frac{17}{12}ml^2$.
8.112 $I_{z축} = 0.0803$ slug-ft^2.
8.114 2.38 s.
8.116 3810 slug-ft^2.
8.118 $I_{z축} = 9.00$ kg-m^2.
8.120 $I_{y축} = 0.0881$ slug-ft^2.
8.122 $I_{x축} = m(\frac{1}{3}l^2 + \frac{1}{4}R^2)$.
8.124 $I_{x축} = I_{y축} = m(\frac{3}{20}R^2 + \frac{3}{5}h^2)$.
8.126 $I_{x축} = \frac{1}{6}mh^2 + \frac{1}{3}ma^2$.
8.128 $I_{x축} = 0.221$ kg-m^2.
8.130 $I_{x'} = 0.995$ kg-m^2, $I_{y'} = 20.1$ kg-m^2.
8.132 $I_{z축} = 0.00911$ kg-m^2.
8.134 $I_O = 0.00367$ kg-m^2.
8.136 $I_{z축} = 0.714$ slug-ft^2.
8.138 $I_y = 1.60$E5 mm^4, $k_y = 16.3$ mm.
8.140 $I_y = 6827$ in^4.
8.142 $I_y = 12.8$, $k_y = 2.19$.
8.144 $I_{xy} = 2.13$.
8.146 $I_{x'} = 0.183$, $k_{x'} = 0.262$.
8.148 $I_y = 2.75 \times 10^7$ mm^4, $k_y = 43.7$ mm.
8.150 $I_x = 5.03 \times 10^7$ mm^4, $k_x = 59.1$ mm.
8.152 $I_y = 94.2$ ft^4, $k_y = 2.24$ ft.
8.154 $I_x = 396$ ft^4, $k_x = 3.63$ ft.
8.156 $\theta_p = 19.5°$, 20.3 m^4, 161 m^4.
8.158 $I_{y축} = 0.0702$ kg-m^2.

8.160 $I_{z축} = \frac{1}{10}mw^2$.
8.162 $I_{x축} = 3.83$ slug-ft^2.
8.164 0.537 kg-m^2.

제9장

9.2 (a) 0.0926 lb. (b) 0.943 lb.
9.4 (a) $\alpha = 38.7°$; (b) $\alpha = 11.3°$.
9.6 2.44 ft.
9.8 197 N (44.2 lb) 이상.
9.10 그렇다, 49.1 N.
9.12 트럭의 타이어가 먼저 미끄러질 것이다.
9.14 $T = 79.5$ N.
9.16 (a) 할 수 있다. 힘 = 12 lb. (b) 32.8 lb.
9.18 $89.6 \leq T \leq 110.4$ lb.
9.20 9.40 ft-lb.
9.22 $F = 267$ N.
9.24 (a) 7.19 ft-lb. (b) 8.44 ft-lb.
9.26 $\alpha = 33.4°$.
9.27 (a) $M = 162$ in-lb; (b) $M = 135$ in-lb.
9.29 $\mu_s = 0.801$.
9.32 $M = \mu_s RW[\sin\alpha + \mu_s(1 - \cos\alpha)]/[(1 + \mu_s^2)\sin\alpha]$.
9.34 $\alpha = 39.6°$.
9.36 (a) $T = 6.16$ lb. (b) $T = 2.76$ lb.
9.40 $y = 234$ mm.
9.42 $\alpha = 9.27°$.
9.44 $F = 44$ lb.
9.48 $\alpha = 1.54°$, $P = 202$ N.
9.50 (a) $F = \mu_s W$;
(b) $F = (W/2)(\mu_{sA} + \mu_{sB})/[1 + (h/b)(\mu_{sA} - \mu_{sB})]$.
9.52 $F/2$.
9.54 333 N.
9.56 $F = 74.3$ lb.
9.58 $\mu_s = 0.75$.
9.60 (a) $f = 8$ kN; (b) $\mu_s = 0.533$.
9.62 $\mu_s = 0.432$.
9.64 $\mu_s = 0.901$.
9.66 $F = 139$ lb.
9.68 $F = 102$ lb.
9.70 $F = 1360$ lb.
9.72 $F = 156$ N.
9.74 343 kg.
9.76 아니다. 필요한 μ_s의 최솟값은 0.176이다.
9.78 $F = 1160$ N.
9.80 1.84 N-m.
9.82 (a) 0.967 in-lb; (b) 0.566 in-lb.
9.84 (a) 2.39 ft-lb; (b) 1.20 ft-lb.
9.86 11.8 ft-lb.
9.88 108 in-lb.
9.90 27.4 in-lb.
9.92 4.18 N-m.
9.94 4.88 N-m.
9.96 17.4 N-m.
9.98 $W = 1.55$ lb.
9.100 106 N.
9.102 51.9 lb.
9.104 $T = 40.9$ N.
9.106 $F_B = 207$ N.
9.108 $M = 1.92$ ft-lb.
9.110 $T = 346$ N.
9.112 $M = 160$ in-lb.
9.114 $M = 12.7$ N-m.
9.116 $M = 7.81$ N-m.
9.118 $M = 5.20$ N-m.
9.120 (a) $M = 93.5$ N-m; (b) 8.17 percent.
9.122 9.51 ft-lb.
9.124 80.1 lb.
9.126 $T_C = 107$ N.
9.128 $M = rW(e^{\pi\mu_k} - 1)$.
9.130 (a) 14.2 lb; (b) 128.3 lb.
9.132 13.1 lb.
9.133 $M_A = 65.2$ N-m, $M_B = 32.6$ N-m.
9.136 (a) $f = 10.3$ lb.
9.138 17.1 ft-lb.
9.140 $\alpha = 65.7°$.
9.142 $\alpha = 24.2°$.
9.144 $b = (h/\mu_s - t)/2$.
9.146 $h = 5.82$ in.
9.148 286 lb.
9.150 1130 kg, 토크 = 2.67 kN-m.
9.152 3.46 lb.
9.154 $\mu_s = 0.272$.
9.156 $M = 1.13$ N-m.
9.158 $P = 43.5$ N.
9.160 146 lb.
9.162 (a) $W = 106$ lb; (b) $W = 273$ lb.

제10장

10.2 $P_A = 0$, $V_A = 100$ N, $M_A = 40$ N-m.
10.4 $P_A = 0$, $V_A = 400$ lb, $M_A = -1900$ ft-lb.
10.6 (a) $P_A = 0$, $V_A = 4$ kN, $M_A = 4$ kN-m;
(b) $P_A = 0$, $V_A = 2$ kN, $M_A = 3$ kN-m.
10.8 $P_B = 0$, $V_B = 40$ N, $M_B = 373$ N-m.
10.10 $P_A = 0$, $V_A = -400$ lb, $M_A = 267$ ft-lb.
10.12 (a) $P_B = 0$, $V_B = -31$ lb, $M_B = 572$ ft-lb;
(b) $P_B = 0$, $V_B = 24$ lb, $M_B = 600$ ft-lb.
10.14 $P_A = 0$, $V_A = -2$ kN, $M_A = 6$ kN-m.
10.16 $P_A = 300$ N, $V_A = -150$ N, $M_A = 330$ N-m.
10.18 $P_A = 4$ kN, $V_A = 6$ kN, $M_A = 4.8$ kN-m.
10.20 $P_A = 0$, $V_A = -6$ kN, $M_A = 6$ kN-m.
10.22 $V = 400$ lb, $M = 400x$ ft-lb.
10.24 (a) $P = 0$, $V = 288 - 48x$ kN,
$M = -864 + 288x - 24x^2$ kN-m.
10.26 $V = -600$ N, $M = -600x$ N-m.
10.28 $P = 0$, $V = 1200 - (25/3)x^2$ lb,
$M = -9600 + 1200x - (25/9)x^3$ ft-lb.
10.30 아니다. 굽힘모멘트의 크기는 8 kN-m이다.
10.32 $x = 233$ mm에서 $M = 54.2$ N-m
10.34 $P = 0$, $V = 900$ lb, $M = -3600 + 900x$ ft-lb.
10.36 $V = -100x^2$ lb, $M = -33.3x^3 + 1800$ ft-lb.

10.38

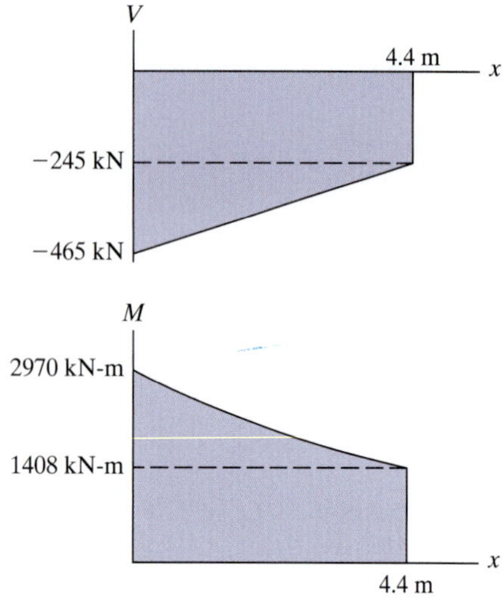

10.40

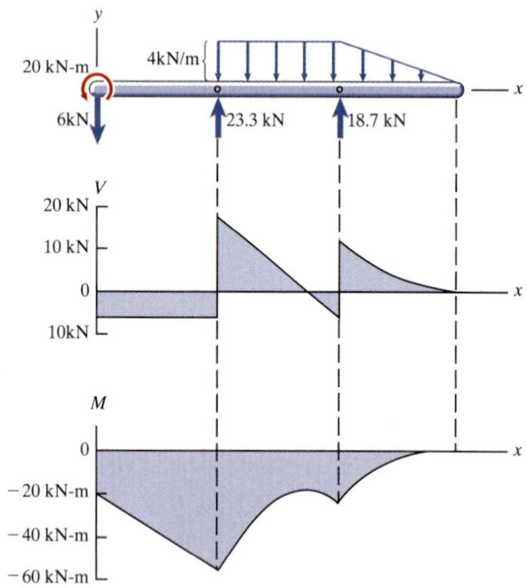

10.42

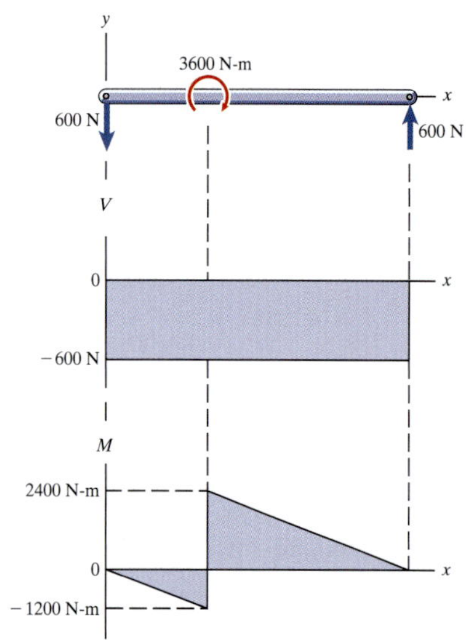

10.44

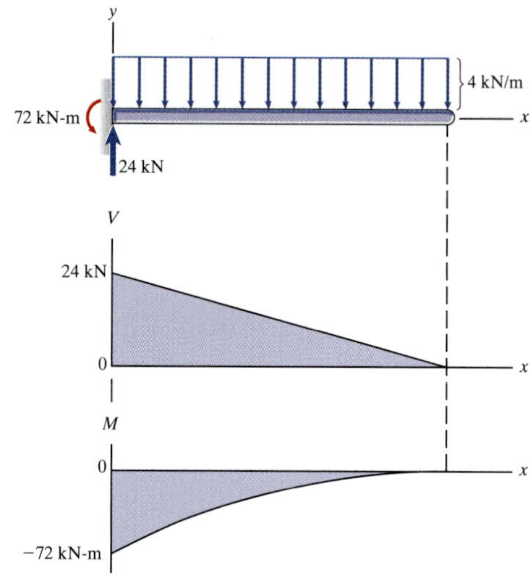

10.46

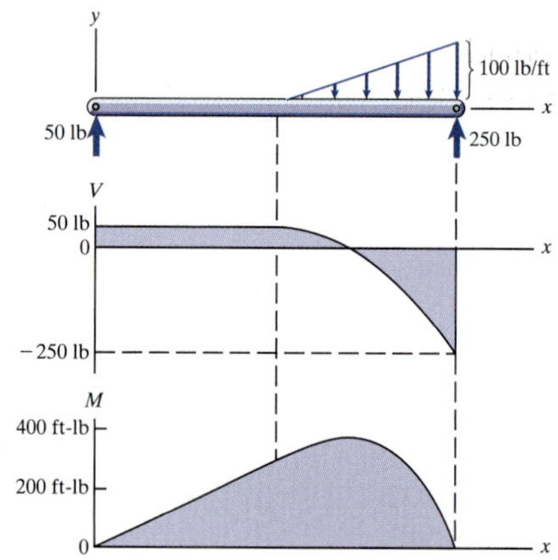

10.48

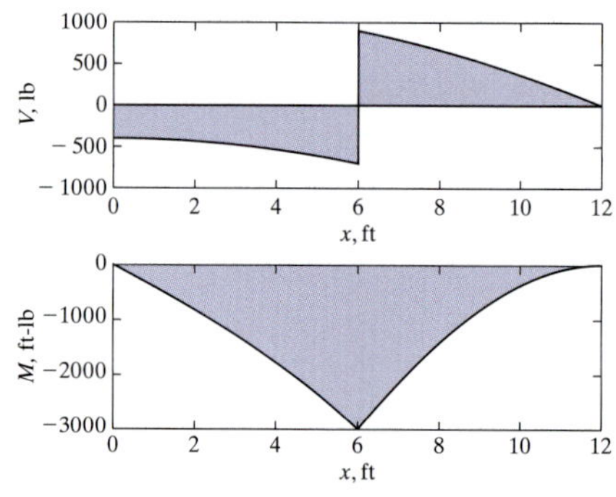

10.50 759 kip.
10.52 (a) $T_{\max} = 86.2$ kN; (b) 36.14 m.
10.54 AC: 1061 N (T), BC: 1200 N (C).
10.56 길이 = 108.3 m, $h = 37.2$ m.

10.58

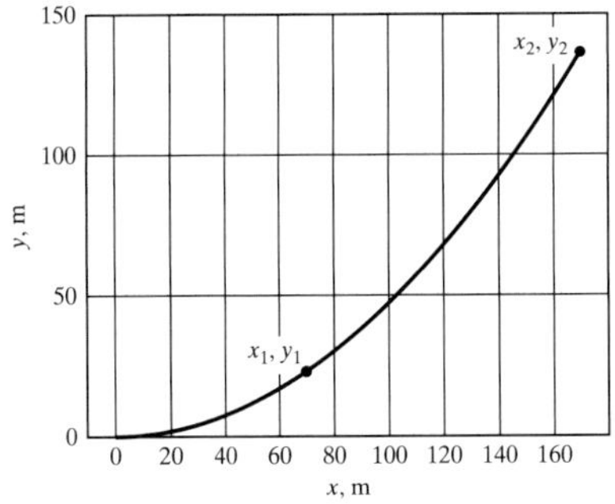

10.60 22.8 m.
10.62 (a) $h_1 = 4.95$ m, $h_2 = 2.19$ m;
(b) $T_{AB} = 1.90$ kN, $T_{BC} = 1.84$ kN.
10.64 (a) $h = 10$ in. (b) $T_{AB} = 11.7$ lb.
10.66 (a) $h_2 = 4$ ft; (b) 90.1 lb.
10.68 $h_1 = 1.739$ m, $h_3 = 0.957$ m.
10.70 $h_2 = 464$ mm, $h_3 = 385$ mm.
10.72 $h_2 = 8.15$ ft, $h_3 = 11.2$ ft.
10.74 89,800 lb.
10.76 $x_p = 3/8$ m, $y_p = 3/5$ m.
10.78 $x = 1.82$ m, $y = 0.607$ m.
10.80 206 kN (46,300 lb).
10.82 4490 lb (오른쪽), 8990 ft-lb (시계 방향).
10.84 A: 257 lb (오른쪽), 248 lb (위쪽); B: 136 lb.
10.86 $d = 1.5$ m.
10.88 $A_x = 2160$ lb, $A_y = 2000$ lb, $B_x = 1830$ lb.
10.90 (a) 376 kN (84,500 lb). (b) $x_p = 2.02$ m.
10.94 $P_B = 0$, $V_B = -5$ kN, $M_B = 1$ kN-m.
10.96 $P_A = 0$, $V_A = 400$ lb, $M_A = -267$ ft-lb.
10.98 $0 < x < 2$ m, $P = 0$, $V = 1.33$ kN,
$M = 1.33\,x$kN-m;
$2 < x < 6$ m, $P = 0$, $V = -2.67$ kN,
$M = 2.67(6 - x)$ kN-m.
10.100 $P_B = 1400$ lb, $V_B = 400$ lb, $M_B = 2400$ in-lb.
10.102 $P_C = 220$ lb, $V_C = -30$ lb, $M_C = -120$ ft-lb.
10.104 $P = 0$, $V = -100$ lb, $M = -50$ ft-lb.
10.106 (a) $w = 74{,}100$ lb/ft; (b) 1.20×10^8 lb.
10.108 84.4 kip.
10.110 A: 44.2 kN (왼쪽), 35.3 kN (위쪽); B: 34.3 kN.

제11장

11.2 $A_x = -300$ lb, $A_y = 680$ lb, $M_A = 2400$ ft-lb.
11.4 (a) $70\delta y + 80\delta y - 150\delta y$ ft-lb $= 0$;
(b) $(6)(-150)\delta\alpha + (10)(80)\delta\alpha + 100\delta\alpha$ ft-lb $= 0$.
11.6 $A_x = 0$, $A_y = 400$ lb, $B = 800$ lb.
11.9 $F = 450$ N.
11.10 $\delta\alpha = 0.25\delta x$.
11.17 $F = 360$ lb.
11.18 $F_2 = 231$ lb.
11.21 12 kN.
11.22 9.17 kN.
11.24 (a) $0.625\delta y$; (b) 216 N.
11.26 (a) $q = 3$, $q = 4$;
(b) $q = 3$ (불안정), $q = 4$ (안정).
11.28 $V = \frac{1}{2}x^2 - \frac{1}{4}\varepsilon x^4$.
11.30 (a) 안정; (b) 불안정.
11.34 (b) 안정적.
11.36 (a) $\alpha = 35.2°$; (b) 아니다.
11.38 (a) $\alpha = 28.7°$; (b) 그렇다.
11.40 안정적.
11.42 불안정.
11.44 $\alpha = 27.5°$.
11.46 $C_x = -7.78$ kN.
11.48 $8F$.
11.49 (a) $M = 800$ N-m; (b) $\alpha/4$.
11.52 $M = 1.50$ kN-m.
11.54 $F = 5$ kN.
11.56 $M = 63$ N-m.
11.58 $\alpha = 0$ (불안정), $\alpha = 59.4°$ (안정).
11.60 불안정.
11.62 $\alpha = 30°$.

찾아보기

면적 및 선의 성질

면적

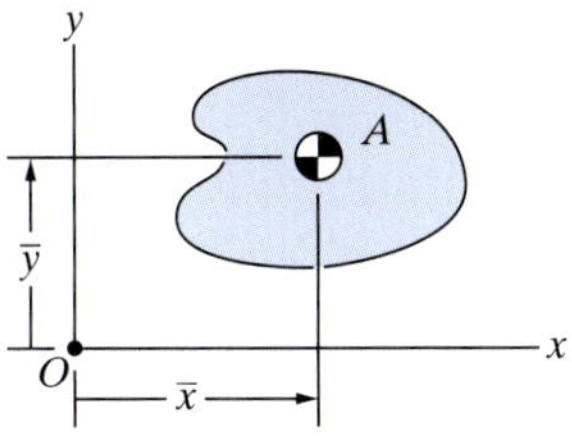

면적 A의 도심 좌표는 다음과 같다.

$$\bar{x} = \frac{\int_A x\,dA}{\int_A dA} \qquad \bar{y} = \frac{\int_A y\,dA}{\int_A dA}$$

x축에 대한 관성모멘트 I_x, y축에 대한 관성모멘트 I_y, 관성곱 I_{xy}는 다음과 같다.

$$I_x = \int_A y^2\,dA \qquad I_y = \int_A x^2\,dA \qquad I_{xy} = \int_A xy\,dA$$

O에 대한 극관성모멘트는 다음과 같다.

$$J_O = \int_A r^2\,dA = \int_A (x^2 + y^2)\,dA = I_x + I_y$$

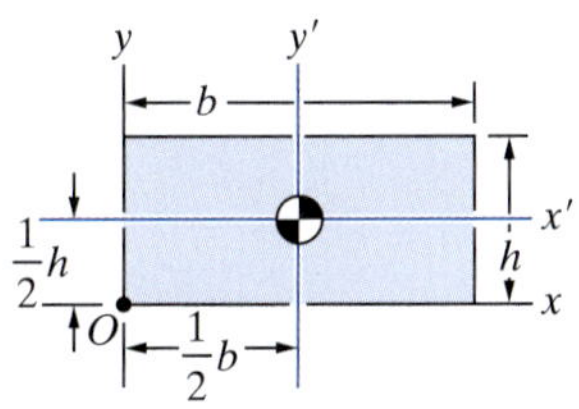

직사각형 면적

면적 $= bh$

$$I_x = \frac{1}{3}bh^3 \qquad I_y = \frac{1}{3}hb^3 \qquad I_{xy} = \frac{1}{4}b^2h^2$$

$$I_{x'} = \frac{1}{12}bh^3 \qquad I_{y'} = \frac{1}{12}hb^3 \qquad I_{x'y'} = 0$$

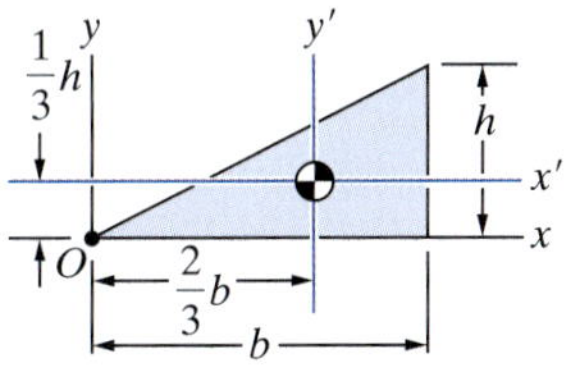

삼각형 면적

면적 $= \frac{1}{2}bh$

$$I_x = \frac{1}{12}bh^3 \qquad I_y = \frac{1}{4}hb^3 \qquad I_{xy} = \frac{1}{8}b^2h^2$$

$$I_{x'} = \frac{1}{36}bh^3 \qquad I_{y'} = \frac{1}{36}hb^3 \qquad I_{x'y'} = \frac{1}{72}b^2h^2$$

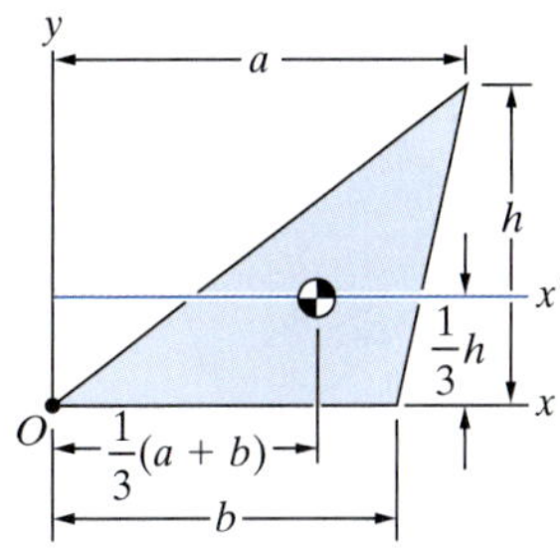

삼각형 면적

면적 $= \frac{1}{2}bh \qquad I_x = \frac{1}{12}bh^3 \qquad I_{x'} = \frac{1}{36}bh^3$

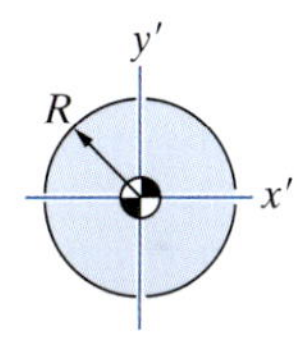

원 면적

면적 $= \pi R^2 \qquad I_{x'} = I_{y'} = \frac{1}{4}\pi R^4 \qquad I_{x'y'} = 0$

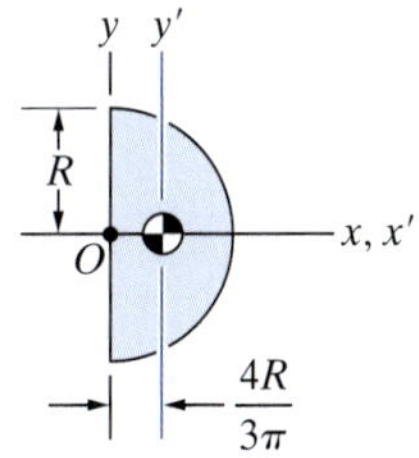

반원 면적

면적 $= \frac{1}{2}\pi R^2 \qquad I_x = I_y = \frac{1}{8}\pi R^4 \qquad I_{xy} = 0$

$$I_{x'} = \frac{1}{8}\pi R^4 \qquad I_{y'} = \left(\frac{\pi}{8} - \frac{8}{9\pi}\right)R^4 \qquad I_{x'y'} = 0$$

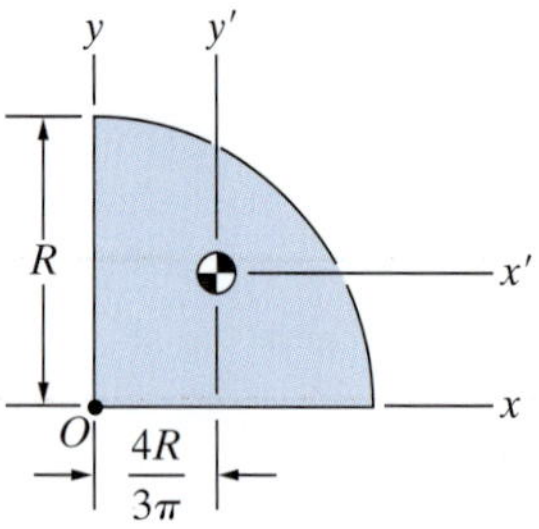

1/4 원 면적

$$\text{면적} = \frac{1}{4}\pi R^2 \qquad I_x = I_y = \frac{1}{16}\pi R^4 \qquad I_{xy} = \frac{1}{8}R^4$$

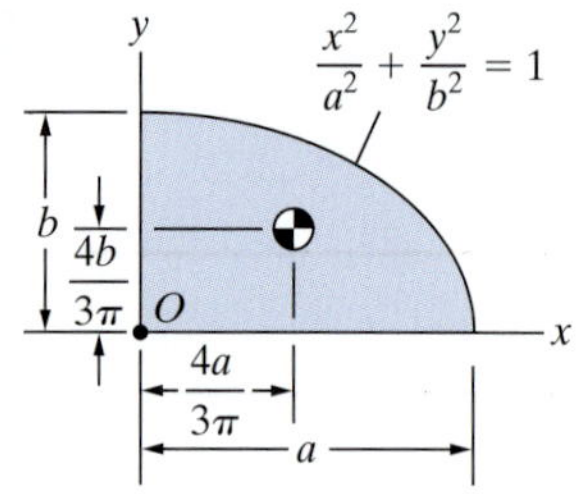

1/4 타원 면적

$$\text{면적} = \frac{1}{4}\pi ab$$

$$I_x = \frac{1}{16}\pi ab^3 \qquad I_y = \frac{1}{16}\pi a^3 b \qquad I_{xy} = \frac{1}{8}a^2b^2$$

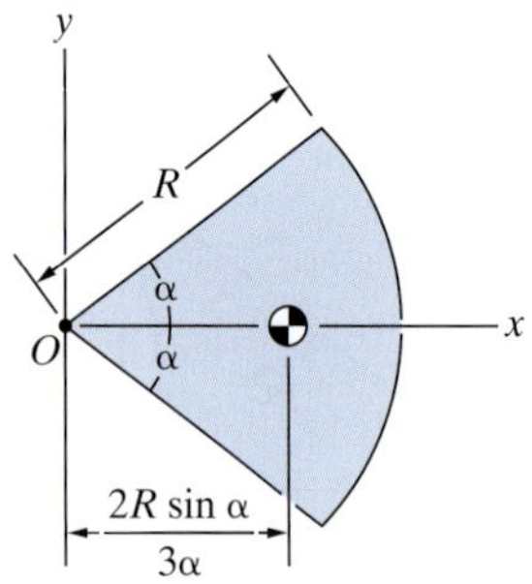

원의 일부

$$\text{면적} = \alpha R^2$$

$$I_x = \frac{1}{4}R^4\left(\alpha - \frac{1}{2}\sin 2\alpha\right) \qquad I_y = \frac{1}{4}R^4\left(\alpha + \frac{1}{2}\sin 2\alpha\right)$$

$$I_{xy} = 0$$

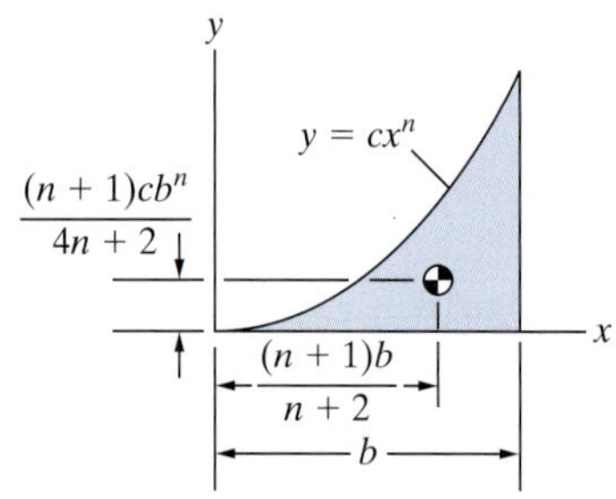

스팬드럴

$$\text{면적} = \frac{cb^{n+1}}{n+1}$$

$$I_x = \frac{c^3b^{3n+1}}{9n+3} \qquad I_y = \frac{cb^{n+3}}{n+3} \qquad I_{xy} = \frac{c^2b^{2n+2}}{4n+4}$$

선

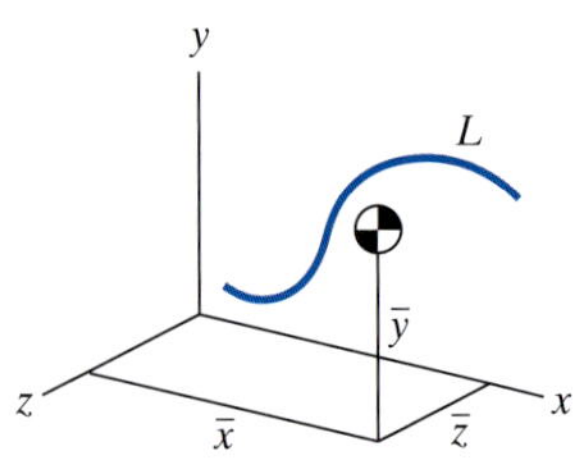

선 L의 도심 좌표는 다음과 같다.

$$\bar{x} = \frac{\int_L x\,dL}{\int_L dL} \qquad \bar{y} = \frac{\int_L y\,dL}{\int_L dL} \qquad \bar{z} = \frac{\int_L z\,dL}{\int_L dL}$$

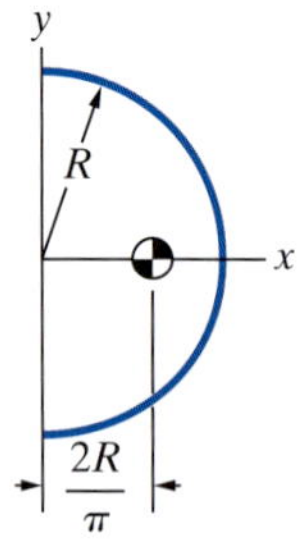

1/2 원주

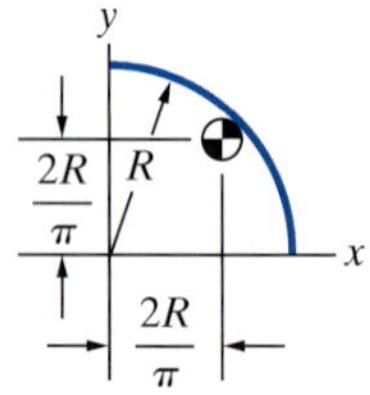

1/4 원주

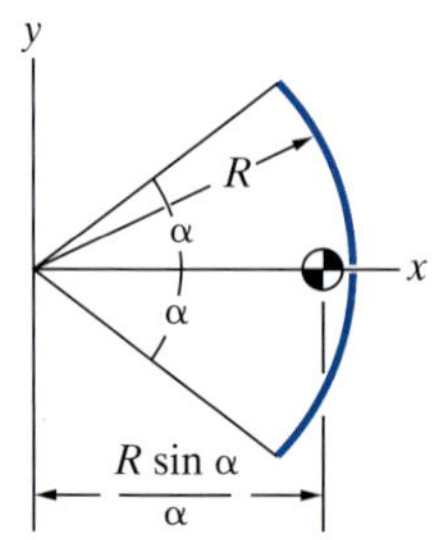

일부 원주

단위 환산 계수

시간

1 min = 60 s
1 h = 60 min = 3600 s
1 day = 24 h = 86,400 s

길이

1 m = 3.281 ft = 39.37 in
1 km = 0.6214 mi
1 in = 0.08333 ft = 0.02540 m
1 ft = 12 in = 0.3048 m
1 mi = 5280 ft = 1.609 km
1 nautical mile = 1852 m = 6080 ft

각도

1 rad = $180/\pi$ deg = 57.30 deg
1 deg = $\pi/180$ rad = 0.01745 rad
1 revolution = 2π rad = 360 deg
1 rev/min (rpm) = 0.1047 rad/s

면적

1 mm^2 = 1.550×10^{-3} in^2 = 1.076×10^{-5} ft^2
1 m^2 = 10.76 ft^2
1 in^2 = 645.2 mm^2
1 ft^2 = 144 in^2 = 0.0929 m^2

체적

1 mm^3 = 6.102×10^{-5} in^3 = 3.531×10^{-8} ft^3
1 m^3 = 6.102×10^{4} in^3 = 35.31 ft^3
1 in^3 = 1.639×10^{4} mm^3 = 1.639×10^{-5} m^3
1 ft^3 = 0.02832 m^3

속도

1 m/s = 3.281 ft/s = 39.37 in/s
1 km/h = 0.2778 m/s = 0.6214 mi/h = 0.9113 ft/s
1 mi/h = (88/60) ft/s = 1.609 km/h = 0.4470 m/s
1 knot = 1 nautical mile/h = 0.5144 m/s = 1.689 ft/s

가속도

1 m/s^2 = 3.281 ft/s^2 = 39.37 in/s^2
1 in/s^2 = 0.08333 ft/s^2 = 0.02540 m/s^2
1 ft/s^2 = 0.3048 m/s^2
1 g = 9.81 m/s^2 = 32.2 ft/s^2

질량

1 kg = 0.0685 slug
1 slug = 14.59 kg
1 t (metric tonne) = 10^3 kg   68.5 slug

힘

1 N = 0.2248 lb
1 lb = 16 oz = 4.448 N
1 kip = 1000 lb = 4448 N
1 ton = 2000 lb = 8896 N

일과 에너지

1 J = 1 N-m = 0.7376 ft-lb
1 ft-lb = 1.356 J

일률

1 W = 1 N-m/s = 0.7376 ft-lb/s = 1.340×10^{-3} hp
1 ft-lb/s = 1.356 W
1 hp = 550 ft-lb/s = 746 W

압력

1 Pa = 1 N/m^2 = 0.0209 lb/ft^2 = 1.451×10^{-4} lb/in^2
1 bar = 10^5 Pa
1 lb/in^2 (psi) = 144 lb/ft^2 = 6891 Pa
1 lb/ft^2 = 6.944×10^{-3} lb/in^2 47.85 Pa